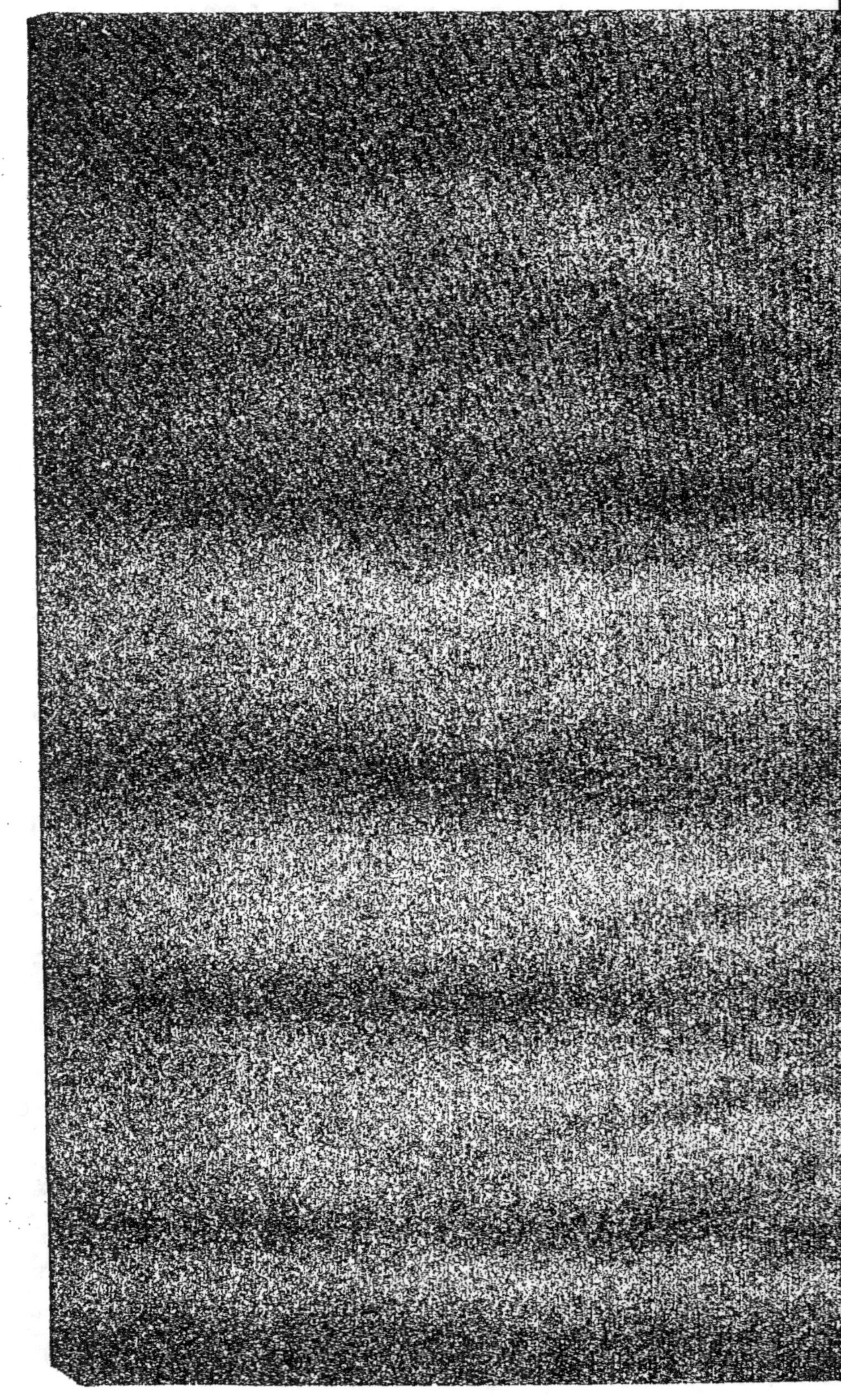

ÉLÉMENTS

DE

GÉOMÉTRIE ANALYTIQUE

COULOMMIERS

Imprimerie Paul BRODARD

ÉLÉMENTS

DE

GÉOMÉTRIE ANALYTIQUE

RÉDIGÉS CONFORMÉMENT

au programme d'admission à l'École polytechnique

et à l'École normale supérieure

PAR

H. SONNET

Docteur ès sciences, ancien inspecteur de l'Académie de Paris

ET

G. FRONTERA

Docteur ès sciences
Ancien professeur de mathématiques au lycée Charlemagne

NEUVIÈME ÉDITION

PARIS

LIBRAIRIE HACHETTE ET Cie

79, BOULEVARD SAINT-GERMAIN, 79

1899

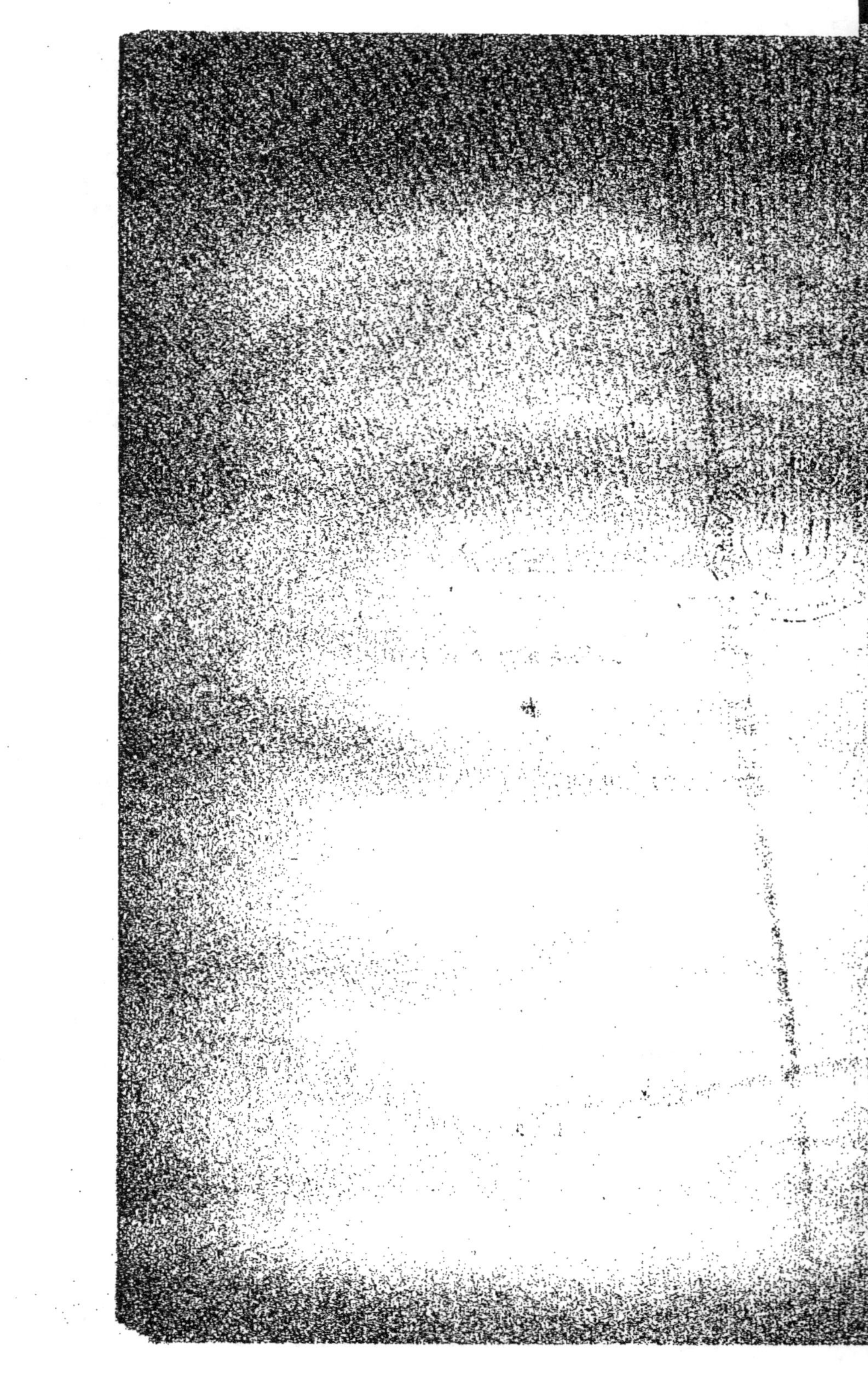

ÉLÉMENTS

DE

GÉOMÉTRIE ANALYTIQUE

INTRODUCTION

1. La Géométrie analytique est la partie des mathématiques où l'on applique l'analyse à la résolution des questions de Géométrie, et particulièrement à l'étude des lignes et des surfaces.

Elle se divise naturellement en deux parties : la Géométrie analytique à deux dimensions, et la Géométrie analytique à trois dimensions.

Dans la première partie, on applique l'analyse à l'étude des lignes tracées dans un plan; on apprend à se servir du calcul pour résoudre les questions de Géométrie plane, et, au besoin, à employer un tracé graphique pour résoudre une question de calcul, comme nous le montrerons sur plusieurs exemples.

INTRODUCTION

Dans la seconde partie, on étudie, par le secours de l'analyse, les propriétés des surfaces courbes et des lignes tracées dans l'espace; mais, dans les éléments, on se borne d'ordinaire à l'étude de la ligne droite, du plan et des surfaces courbes les plus simples.

PREMIÈRE PARTIE

GÉOMÉTRIE ANALYTIQUE A DEUX DIMENSIONS

CHAPITRE PREMIER

COORDONNÉES RECTILIGNES. — REPRÉSENTATION DES LIGNES PLANES PAR DES ÉQUATIONS

§ 1. — COORDONNÉES RECTILIGNES.

2. Une ligne plane est déterminée par sa forme et sa grandeur, et cette forme et cette grandeur sont connues quand on connaît la position de tous les points de la ligne dans son plan. Nous devons donc, avant tout, indiquer comment on détermine sur un plan la position d'un point.

La position d'un point dans un plan peut être déterminée de plusieurs manières à l'aide de données variables qui forment ce que l'on appelle un *système de coordonnées*. Nous ferons connaître dans le cours de cet ouvrage les systèmes de coordonnées les plus fréquemment employés. Pour le moment, nous ne nous occuperons que des *coordonnées rectilignes*, dont l'invention est due à Descartes, et que, pour cette raison, on nomme aussi *coordonnées cartésiennes*.

3. Position d'un point sur une ligne. — Si l'on veut fixer la position d'un point M sur une ligne donnée, droite ou courbe, XX′ (fig. 1), il suffira

Fig. 1.

de déterminer la longueur de l'arc MO compris entre le point M et un point connu O de cette ligne, et de se rappeler de quel côté du point O se trouve le point M. La longueur OM et le sens dans lequel il faut la porter pour aller de O en M, détermineront complétement ce point. Si, par exemple, OM vaut 3 mètres et si OM' vaut 2 mètres, les points M et M' seront complétement déterminés en disant qu'ils sont situés sur la courbe XX', supposée connue, l'un à 3 mètres à droite du point O, l'autre à 2 mètres à gauche de ce point.

4. On nomme *abscisse d'un point* M (fig. 1), la distance OM de ce point au point fixe O ; on convient ordinairement de regarder cette distance comme *positive* quand le point considéré est situé à droite du point O, et comme *négative* quand le point considéré est situé à gauche de ce même point O ; mais on aurait pu faire la convention contraire.

Donc, si l'on désigne d'une manière générale par x l'abscisse d'un point, la position du point M sera définie par $x = + 5^m$, et celle du point M' par $x = - 2^m$.

On nomme *origine des abscisses* le point fixe O à partir duquel les abscisses se comptent, dans un sens ou dans l'autre.

L'abscisse d'un point situé sur une ligne indéfinie peut varier depuis $- \infty$ jusqu'à $+ \infty$. L'abscisse de l'origine est *zéro*.

5. La convention précédente, qui consiste à regarder une abscisse comme une *grandeur algébrique*, dont la *valeur absolue* exprime la *distance* du point à l'origine, et dont le *signe* désigne la *position* du point par rapport à cette même origine, n'a pas simplement pour avantage d'abréger le discours, elle a surtout pour effet de généraliser les formules [1], ainsi que nous le montrerons.

6. Position d'un point sur un plan. — Pour déterminer la position d'un point M (fig. 2) dans un plan, on la rapporte à deux droites fixes XX', YY', situées dans ce plan et qui se coupent sous un angle quelconque, le plus souvent sous un angle droit. Par le point M on mène à XX' et à YY' les parallèles MQ et MP ; les points Q et P ainsi obtenus sont ce qu'on peut appeler les *projections* du point M sur les droites fixes, projections obliques ou rectangulaires, suivant que ces droites fixes

[1] On peut consulter sur ce sujet le savant ouvrage qui a pour titre : *De l'origine et des limites de la correspondance entre l'Algèbre et la Géométrie*, par A. Cournot.

se coupent obliquement ou à angle droit. Il est clair que la position du point M sera entièrement déterminée, si l'on connaît ses projections; car, en menant par les points Q et P des parallèles à XX' et à YY' on obtiendra deux droites qui se couperont en un point M, lequel sera le point demandé.

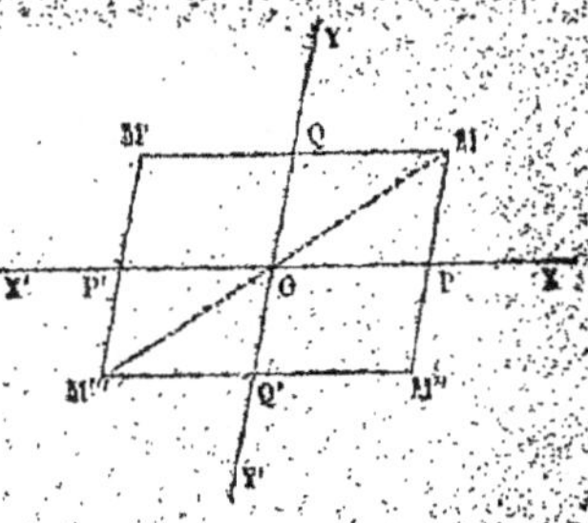

Fig. 2.

Or la position de la projection P sur XX' peut être définie par son abscisse OP, en prenant le point O pour origine des abscisses. La position de la projection Q sur YY' peut être pareillement définie par la grandeur OQ, qu'on regardera comme positive ou comme négative, suivant que le point Q sera situé au-dessus ou au-dessous de l'origine O; on donne à cette grandeur OQ le nom d'*ordonnée* du point M. L'abscisse et l'ordonnée du point M se nomment ses *coordonnées rectilignes*; le point O est l'*origine des coordonnées*; les droites fixes XX' et YY' sont les *axes coordonnés*, lesquels sont dits *obliques* ou *rectangulaires*, selon qu'ils sont obliques ou perpendiculaires l'un à l'autre.

L'habitude de désigner d'une manière générale par x l'abscisse et par y l'ordonnée d'un même point, a fait donner à l'axe XX', sur lequel se comptent les abscisses, le nom d'*axe des x*, et à l'axe YY', sur lequel se comptent les ordonnées, le nom d'*axe des y*.

Les coordonnées d'un point situé dans un plan indéfini peuvent varier toutes deux depuis $-\infty$ jusqu'à $+\infty$. Pour tous les points situés sur l'axe des x, on a $y=0$; pour tous ceux qui sont situés sur l'axe des y, on a $x=0$; les coordonnées de l'origine sont $x=0$ et $y=0$.

Enfin, la droite MQ, égale et parallèle à OP, peut aussi être regardée comme l'abscisse du point M; la droite MP, égale et parallèle à OQ, peut de même être regardée comme son ordonnée.

Remarques. — I. On voit facilement qu'avec les mêmes valeurs absolues, mais avec des signes différents, on obtient les coordonnées de quatre points distincts M, M', M'', M''', placés aux sommets d'un parallélogramme dont les côtés sont parallèles aux axes. Si a désigne la valeur *absolue* de l'une des abscisses égales OP ou OP', et b la valeur *absolue* de l'une des ordonnées égales OQ ou OQ', on aura :

$$\text{Pour le point M} \quad \quad x = +a, \quad y = +b,$$
$$\text{M'} \quad \quad x = -a, \quad y = +b,$$
$$\text{M''} \quad \quad x = +a, \quad y = -b,$$
$$\text{M'''} \quad \quad x = -a, \quad y = -b.$$

La position d'un point sur un plan est donc parfaitement déterminée, lorsqu'on connaît les coordonnées de ce point en grandeur et en signe.

II. Les points M et M''' situés sur une même droite MOM''' passant par l'origine, et à égale distance de cette origine, ont des coordonnées égales en valeur absolue, mais de signes contraires. Il en est de même des points M' et M''.

III. Enfin, dans la suite nous désignerons souvent un point par ses coordonnées placées entre parenthèses. Ainsi quand nous dirons : le point $M(x',y')$, il faudra entendre : le point M dont les coordonnées sont x' et y'.

7. Représentation des fonctions continues par des lignes. — Sachant déterminer la position d'un point dans un plan, il est aisé de concevoir la possibilité de représenter par une ligne plane toute fonction continue d'une seule variable.

Toutes les fois, en effet, que deux grandeurs variables dépendent l'une de l'autre, de telle sorte que, quand on attribue une valeur à l'une d'elles, l'autre se trouve par cela même déterminée, on peut concevoir que ces grandeurs soient liées par une équation, telle que $f(x,y) = 0$, ou même $y = \varphi(x)$, bien qu'il ne soit pas toujours possible d'assigner la forme mathématique des fonctions f ou φ. Or, si l'on regarde x et y comme les coordonnées rectilignes d'un point par rapport à deux axes tracés dans un plan, chaque couple de valeurs de x et de y satisfaisant à l'équation ci-dessus correspondra à un point du plan, et, si la fonction f ou φ est continue, la série de ces points sera elle-même continue et formera une *courbe* qui pourra tenir lieu de l'équation, et qui *peindra*, en quelque sorte, dans le système d'axes adoptés pour la construire, la relation des deux variables considérées.

Si la fonction f ou φ était discontinue, on aurait, au lieu d'une courbe, une certaine série de points isolés; mais ce cas offre peu d'intérêt, attendu que les phénomènes naturels sont, par leur essence même, soumis à la loi de continuité.

8. Représentation des courbes par des équations. — Réciproquement, toute ligne définie par une propriété géométrique commune à tous ses points, autrement dit *tout lieu géométrique*, peut être représentée par une équation entre les coordonnées de ses points.

Imaginons, en effet, une ligne plane quelconque définie géométriquement, et deux axes quelconques tracés dans son plan. L'ordonnée de tout point de cette ligne rapporté à ces axes dépend de l'abscisse de ce point; ainsi l'ordonnée est une fonction de l'abscisse, ou plus généralement, il existe entre les deux coordonnées une relation constante $f(x, y) = 0$ que la définition de la ligne considérée devra permettre de trouver. Cette relation se nomme l'*équation de la courbe*, car la ligne qu'elle représente, dans le système d'axes qui ont servi à l'obtenir, n'est autre évidemment que la ligne considérée elle-même.

9. Ainsi il résulte de ce qui précède : 1° que toute équation à deux variables telle, que l'une de ces variables est une fonction continue de l'autre, peut être représentée par une ligne; 2° que toute ligne définie géométriquement peut être représentée par une équation entre les coordonnées de ses points.

On comprend dès lors la possibilité de construire par un procédé uniforme toutes les lignes définies géométriquement, quelque compliqué que soit leur mode de génération, et d'étudier leurs propriétés à l'aide de l'*analyse*, par conséquent par des méthodes générales. C'est en cela que consiste l'idée féconde de Descartes.

Nous essayerons d'éclaircir ces généralités par des exemples; mais afin de familiariser le lecteur avec l'emploi des coordonnées rectilignes, nous résoudrons d'abord les deux questions suivantes, dont la première est importante.

10. Distance de deux points. — Lorsqu'on a les coordonnées de deux points, il est facile de calculer leur distance.

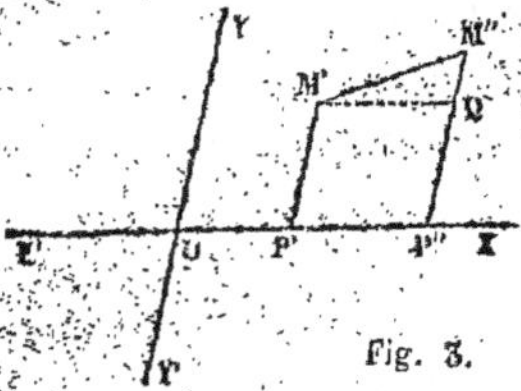

Fig. 3.

Soient M' (x', y'), et M" (x'', y'') (fig. 3) les deux points donnés. Menons M'P' et M"P" parallèles à l'axe des y, puis M'Q parallèle à l'axe des x, et soit θ l'angle YOX formé *par les parties des axes sur lesquelles se comptent les coordonnées positives.* Le triangle M'QM" donne

$$\overline{\mathrm{M'M''}}^2 = \overline{\mathrm{M'Q}}^2 + \overline{\mathrm{M''Q}}^2 - 2.\mathrm{M'Q}.\mathrm{M''Q}.\cos \mathrm{M''QM'}.$$

Or

$$\mathrm{M'Q} = \mathrm{P'P''} = \mathrm{OP''} - \mathrm{OP'} = x'' - x',$$
$$\mathrm{M''Q} = \mathrm{M''P''} - \mathrm{M'P'} = y'' - y',$$
$$\mathrm{M''QM'} = \mathrm{QP''O} = 180° - \theta.$$

Donc

$$\overline{\mathrm{M'M''}}^2 = (x'' - x')^2 + (y'' - y')^2 + 2(x'' - x')(y'' - y')\cos\theta;$$

d'où

$$\mathrm{M'M''} = \sqrt{(x'' - x')^2 + (y'' - y')^2 + 2(x'' - x')(y'' - y')\cos\theta}. \quad [1]$$

Quoique cette formule ait été obtenue dans une position particulière des points M' et M", il est facile de s'assurer qu'elle s'applique à tous les cas, pourvu qu'on se rappelle que les coordonnées d'un point sont des quantités *algébriques.*

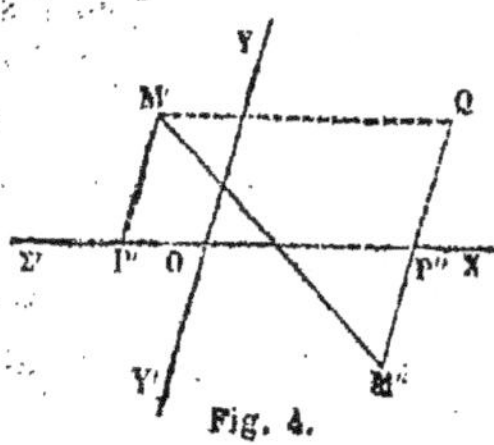

Fig. 4.

Supposons, par exemple, que les deux points M' et M" soient placés comme dans la figure 4. Le triangle M'QM" donnera encore

$$\overline{\mathrm{M'M''}}^2 = \overline{\mathrm{M'Q}}^2 + \overline{\mathrm{M''Q}}^2 - 2.\mathrm{M'Q}.\mathrm{M''Q}.\cos \mathrm{M''QM'}.$$

Or, ici, on a $\mathrm{M'Q} = \mathrm{P'P''} = \mathrm{OP''} + \mathrm{OP'}$; mais $\mathrm{OP''} = x''$ et $\mathrm{OP'} = -x'$, donc $\mathrm{M'Q} = x'' - x'$.

On a ensuite $\mathrm{M''Q} = \mathrm{M''P''} + \mathrm{QP''} = \mathrm{M''P''} + \mathrm{M'P'}$; mais $\mathrm{M''P''} = -y''$

et $M''C' = y''$; donc $M'Q = -(y'' + y')$. Enfin l'angle $M'QM''$ est ici égal à l'angle YOX ou à θ. On a donc, en substituant,

$$\overline{M'M''}^2 = (x'' - x')^2 + (y'' - y')^2 + 2(x'' - x')(y'' - y')\cos\theta;$$

ou bien

$$M'M'' = \sqrt{(x'' - x')^2 + (y'' - y')^2 + 2(x'' - x')(y'' - y')\cos\theta}.$$

On vérifierait de la même manière les autres cas.

REMARQUES. — I. Si les axes sont rectangulaires, on a $\cos\theta = 0$, et par suite,

$$M'M'' = \sqrt{(x'' - x')^2 + (y'' - y')^2}, \qquad [2]$$

formule facile à établir directement.

II. Si l'un des points est l'origine, et qu'on ait, par exemple, $x'' = 0$ et $y'' = 0$, il vient, dans le cas des axes quelconques,

$$M'M'' = \sqrt{x'^2 + y'^2 + 2x'y'\cos\theta}, \qquad [3]$$

et, dans le cas des axes rectangulaires,

$$M'M'' = \sqrt{x'^2 + y'^2}. \qquad [4]$$

EXEMPLE. Supposons que les axes fassent un angle de $80°15'42''$ et qu'on ait $x' = 0^m,321$; $y' = -0^m,156$; $x'' = -0^m,068$; $y'' = -0^m,417$. On trouvera $\overline{1},7154670$ pour le logarithme de la distance cherchée, qui est par conséquent égale à $0^m,54697\ldots$, ou sensiblement à $0^m,517$.

11. Aire d'un triangle en fonction des coordonnées de ses sommets. — Soient ABC (fig. 5 et 6) le triangle proposé, θ l'angle des axes et (x',y')

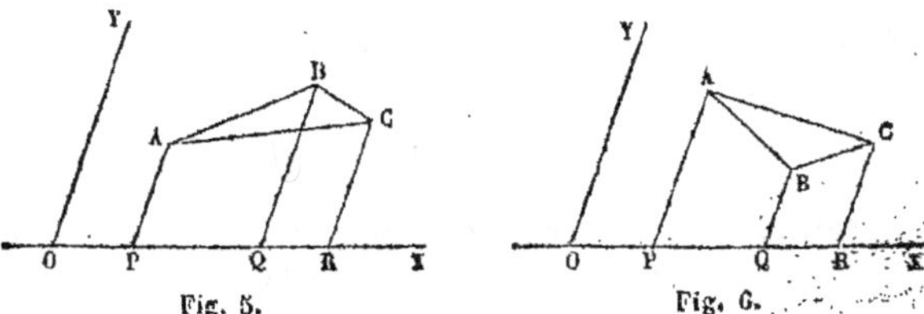

(x'',y''), (x''',y''') les coordonnées des sommets A, B, C. Dans le cas de la figure 5 on aura, en désignant par T l'aire du triangle,

$$T = \tfrac{1}{2}\sin\theta\,[(AP + BQ).PQ + (BQ + CR).QR - (CR + AP).PR],$$

ou

$$T = \tfrac{1}{2}\sin\theta\,[(y' + y'')(x'' - x') + (y'' + y''')(x''' - x'') - (y''' + y')(x''' - x')],$$

ou, en effectuant et réduisant,

$$T = \tfrac{1}{2} \sin \theta \, [(y'x'' - x'y'') + (y''x''' - x''y''') + (y'''x' - y'x''')],$$

ou encore

$$T = \tfrac{1}{2} \sin \theta \, [x' (y''' - y'') + x'' (y' - y''') + x''' (y'' - y')].$$

Dans le cas de la figure 6, on a

$$T = \tfrac{1}{2} \sin \theta \, [(AP + CB) PR - (AP + BQ) PQ - (BQ + CB) QR],$$

expression qui ne diffère de la précédente que par le signe.

On peut s'assurer, par une discussion, que cette formule est générale et subsiste quelle que soit la position des trois sommets du triangle.

Si les axes sont rectangulaires, on a

$$T = \pm \tfrac{1}{2} \, [x' (y''' - y'') + x'' (y' - y''') + x''' (y'' - y')].$$

Si les trois points A, B, étaient en ligne droite, il en résulterait $T = 0$, quels que soient les axes; et cette condition serait exprimée par la relation

$$x' (y''' - y'') + x'' (y' - y''') + x''' (y'' - y') = 0.$$

§ 2. — EXEMPLES DE LA REPRÉSENTATION DES LIEUX GÉOMÉTRIQUES PAR DES ÉQUATIONS.

12. Ligne droite. — Considérons d'abord une *droite* MM″ (fig. 7) passant par l'origine O des coordonnées. De différents points M, M′, M″, etc., de cette droite, abaissons les ordonnées MP, M′P′, M″P″, etc. La similitude des triangles MOP, M′OP′, M″OP″, etc., donne immédiatement

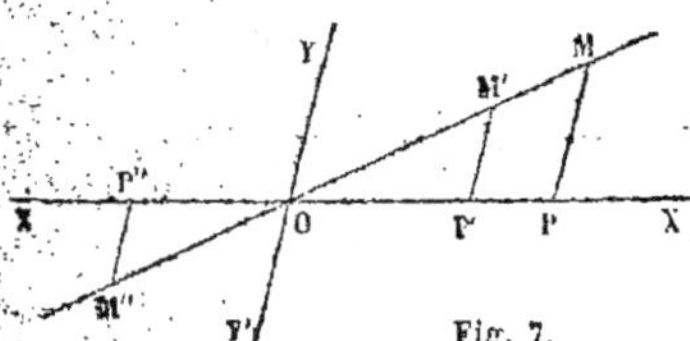

$$\frac{MP}{OP} = \frac{M'P'}{OP'} = \frac{-M''P''}{-OP''}.$$

Or les numérateurs de ces rapports sont les ordonnées des points considérés, et les dénominateurs sont les abscisses des mêmes points; pour une droite passant par l'origine, le rapport de l'ordonnée à l'abscisse est donc une quantité constante, et l'on peut écrire d'une manière générale, en désignant par a ce rapport,

$$\frac{y}{x} = a \quad \text{ou} \quad y = ax$$

On arriverait à un résultat analogue si la droite, au lieu d'être située dans l'angle YOX et dans son opposé, était située dans l'angle YOX' et dans son opposé (fig. 8), car on aurait alors

$$\frac{-MP}{OP} = \frac{-M'P'}{OP'} = \frac{M''P''}{-OP''}$$

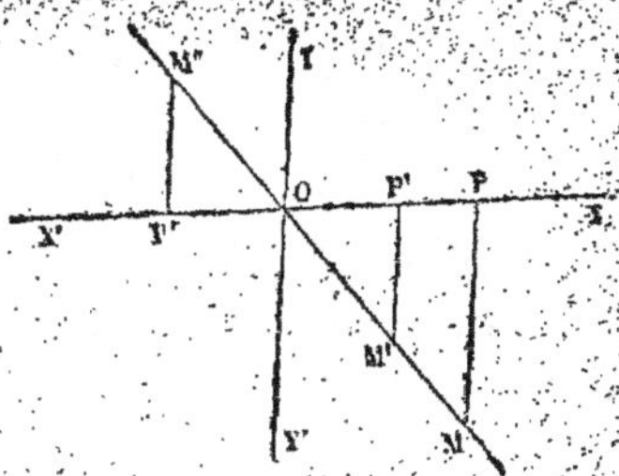

Fig. 8.

ce qui exprime encore que le rapport de l'ordonnée à l'abscisse est constant.

La relation constante $y = ax$, qui existe entre l'ordonnée et l'abscisse de chaque point de la droite, est l'*équation* de cette droite ; car, si dans cette équation on attribue à x une valeur quelconque, on en pourra tirer la valeur correspondante de y, et l'on déterminera ainsi (8) le point qui a cette abscisse et cette ordonnée ; on se procurera de la même manière autant de points de la droite que l'on voudra d'après la seule connaissance de son équation.

Soit maintenant une droite quelconque MM'' (fig. 9) qui ne passe pas par l'origine. Menons-lui par le point O la parallèle

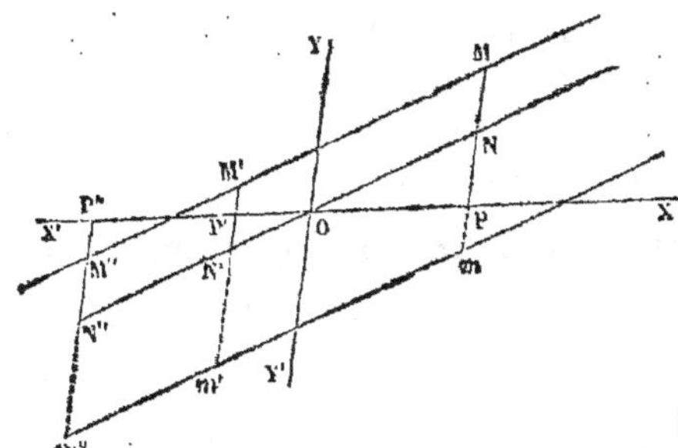

Fig. 9.

NN'', et abaissons les ordonnées MP, M'P', M''P'', qui, prolongées s'il est nécessaire, rencontreront cette parallèle respectivement en N, N', N''. Les distances MN, M'N', M''N'' seront égales, comme parallèles comprises entre parallèles ; désignons leur valeur commune par b, et soient y et y' les ordonnées de la droite MM'' et de la droite NN'' qui correspondent à une même abscisse

x. Il y aura entre ces ordonnées une relation constante très-simple, car on a :

$$\text{Pour le point M} \ldots \quad MP = NP + MN \quad \text{ou} \quad y = y' + b,$$
$$M' \ldots \quad M'P' = -N'P' + M'N' \quad \text{ou} \quad y = y' + b,$$
$$M'' \ldots \quad -M''P'' = -N''P'' + M''N'' \quad \text{ou} \quad y = y' + b.$$

Or, la droite NN'' passant par l'origine, son équation est de la forme $y' = ax$. Substituant cette valeur dans celle de y, on obtient

$$y = ax + b.$$

Telle est la relation constante qui existe entre l'abscisse et l'ordonnée d'un point quelconque de la droite MM''; c'est l'*équation* de cette droite.

Si la droite donnée rencontrait l'axe des y au-dessous de l'origine au lieu de le rencontrer au-dessus, on trouverait encore l'équation

$$y = ax + b;$$

mais b représenterait alors une distance négative.

Remarque. — Une parallèle à l'axe des x a pour équation $y = constante$; car les ordonnées de tous ses points sont égales comme parallèles comprises entre parallèles. Une parallèle à l'axe des y a pareillement pour équation $x = constante$. L'axe des x lui-même a pour équation $y = 0$, et l'équation de l'axe des y est, au contraire, $x = 0$.

13. Circonférence du cercle. — Considérons maintenant une *circonférence* de cercle (fig. 10) située d'une manière quelconque, et rapportée à des axes obliques faisant entre eux l'angle θ. Soient α et β les coordonnées du centre C, x et y celles d'un point quelconque M de la circonférence, et r le rayon du cercle. Puisque, par la définition de cette courbe, la distance CM est constamment égale à r, on doit avoir (**10**)

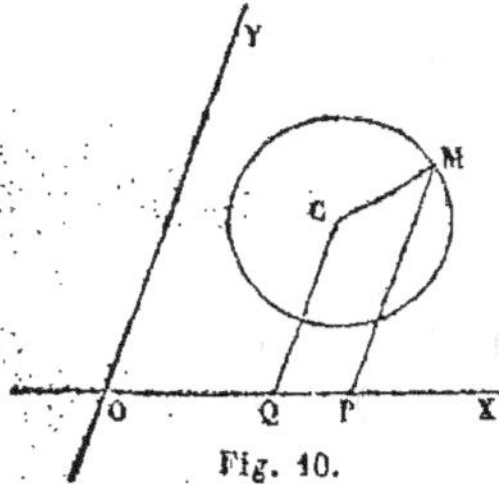

Fig. 10.

$$(x - \alpha)^2 + (y - \beta)^2 + 2(x - \alpha)(y - \beta)\cos\theta = r^2. \quad [1]$$

Telle est la relation constante qui existe entre les coordonnées d'un point quelconque de la circonférence ; c'est l'*équation* de cette circonférence.

Si les axes sont rectangulaires, le terme en 0 disparaît, et il reste

$$(x - \alpha)^2 + (y - \beta)^2 = r^2. \qquad [2]$$

Si le centre est sur l'axe des x, on a $\beta = 0$, et il reste

$$(x - \alpha)^2 + y^2 = r^2. \qquad [3]$$

Si, en même temps, la circonférence passe par l'origine, α est égal à r, et il vient, en réduisant,

$$x^2 - 2rx + y^2 = 0. \qquad [4]$$

Enfin, si le centre est l'origine des coordonnées, on a à la fois $\alpha = 0$ et $\beta = 0$, et il reste

$$x^2 + y^2 = r^2. \qquad [5]$$

Chacune de ces équations peut servir à construire par points la circonférence qu'elle représente.

14. Ellipse. — *Lieu des points tels, que la somme de leurs distances à deux points fixes* F *et* F' *(fig. 11) est constante et égale à une longueur donnée* 2a *plus grande que* FF'.

Ce lieu est l'*ovale du jardinier* à laquelle on donne en Géométrie le nom d'*ellipse*. On peut la tracer d'un mouvement continu : pour cela, on attache aux deux points fixes F et F' les extrémités d'un fil dont la longueur est égale à $2a$; on

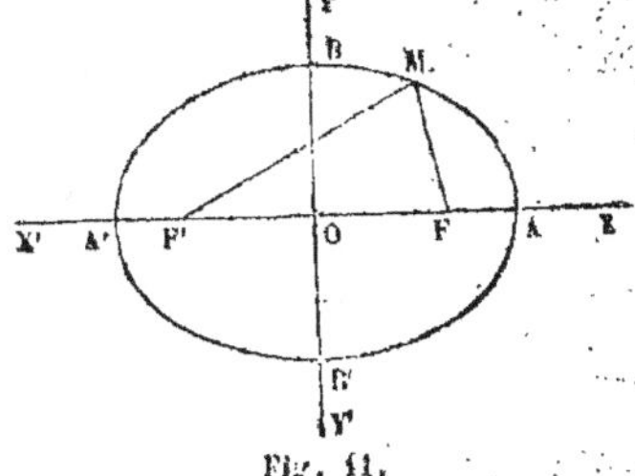

Fig. 11.

tend alors le fil au moyen d'un style, et, en faisant mouvoir celui-ci de manière que le fil reste toujours tendu, on trace sur le plan le lieu dont il s'agit. C'est une courbe fermée analogue à celle de la figure 11. Elle est évidemment symétrique par rapport à la droite FF' qui joint les deux points fixes ; elle l'est aussi par rapport à la perpendiculaire élevée sur le milieu O de FF' ; si donc

on prend ces droites pour axes coordonnés, à chaque valeur
de l'abscisse correspondront deux valeurs égales et de signes
contraires pour l'ordonnée, et à chaque valeur de l'ordonnée
correspondront deux valeurs égales et de signes contraires de
l'abscisse; en sorte que l'équation du lieu ne contiendra aucune
puissance impaire des coordonnées, ce qui la rendra beaucoup
plus simple.

Soient x et y les coordonnées d'un point quelconque M du
lieu; soit OF $=$ OF' $=c$; joignons MF et MF'. On aura

$$MF' + MF = 2a, \qquad\qquad [1]$$

$$\overline{MF'}^2 = y^2 + (x+c)^2, \qquad\qquad [2]$$

$$\overline{MF}^2 = y^2 + (x-c)^2. \qquad\qquad [3]$$

Si l'on élimine MF et MF' entre ces trois équations, on obtiendra une relation constante entre x et y, qui sera l'équation du
lieu.

Pour faire cette élimination, retranchons membre à membre
l'équation [3] de l'équation [2]; il viendra

$$\overline{MF'}^2 - \overline{MF}^2 = 4cx.$$

Or le premier membre est le produit du facteur MF' + MF
égal à $2a$ par le facteur MF' — MF; on peut donc écrire

$$2a\,(MF' - MF) = 4cx, \quad \text{d'où} \quad MF' - MF = \frac{2cx}{a}.$$

Ayant ainsi la somme et la différence des longueurs MF' et
MF, on obtient immédiatement, par une règle connue, la valeur
de chacune d'elles, savoir :

$$MF' = a + \frac{cx}{a} \quad \text{et} \quad MF = a - \frac{cx}{a}.$$

Il ne reste plus qu'à substituer la première, par exemple, dans
l'équation [2], ce qui donne

$$\left(a + \frac{cx}{a}\right)^2 = y^2 + (x+c)^2.$$

Telle est l'équation du lieu. On en tire, en réduisant,

$$a^2 y^2 + (a^2 - c^2)x^2 = a^2(a^2 - c^2).$$

Mais, comme par la nature même de l'énoncé on a $2a > 2c$ ou $a > c$, la différence $a^2 - c^2$ est positive, et peut être représentée par un carré b^2 ; ce qui donne $a^2y^2 + b^2x^2 = a^2b^2$, ou, en divisant tous les termes par a^2b^2,

$$\frac{x^2}{a^2} + \frac{y^2}{b^2} = 1 . \qquad [4]$$

Cette équation ne contient aucune puissance impaire de x ni de y, ainsi que nous l'avions annoncé, ce qui indique une courbe symétrique par rapport à chacun des deux axes ; car à chaque valeur de l'une des deux coordonnées répondent pour l'autre deux valeurs égales et de signes contraires. Comme les deux termes du premier membre sont essentiellement positifs, chacun d'eux doit rester moindre que 1 ou devenir tout au plus égal à 1. Ainsi x ne peut varier que de $-a$ à $+a$, et y que de $-b$ à $+b$. On a $x = \pm a$ pour $y = 0$, ce qui donne les points A et A' ; et $y = \pm b$ pour $x = 0$, ce qui donne les points B et B'. D'ailleurs les deux coordonnées varient en sens inverse ; si l'une augmente, il faut que l'autre diminue. Toutes ces circonstances répondent à la forme indiquée dans la figure 11.

On pourrait déduire de l'équation [4] beaucoup de propriétés de la courbe ; mais cette recherche fera l'objet d'un autre chapitre.

15. Hyperbole. — *Lieu des points tels que la différence de leurs distances à deux points fixes F et F' (fig. 12) est constante et égale à une longueur donnée 2a moindre que FF'.*

Ce lieu doit être symétrique par rapport à la droite FF' qui joint les deux points fixes, et par rapport à la perpendiculaire élevée sur le milieu de FF' ; par les raisons exposées au n° **14**, il convient donc de prendre ces lignes pour axes coordonnés. Ce lieu est indéfini dans le sens des x positifs et négatifs, ainsi que dans le sens

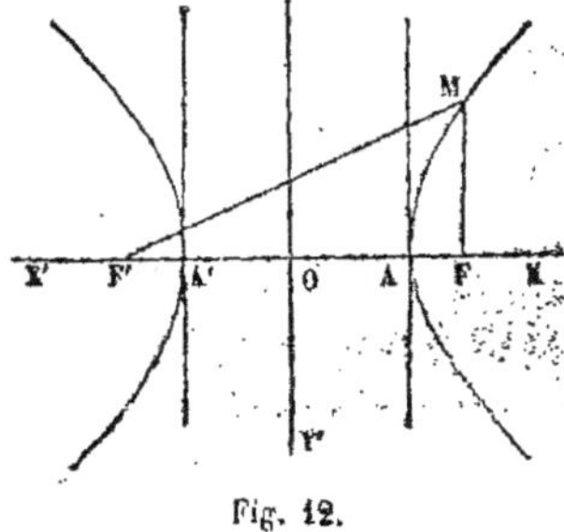

Fig. 12.

des y positifs et négatifs ; car il n'est autre chose que le lieu des intersections des circonférences décrites des points F et F' comme centres, avec des rayons qui diffèrent de $2a$; or on peut, tout en remplissant cette condition, prendre ces rayons assez grands pour que le point d'intersection soit aussi éloigné qu'on le voudra de l'origine. Si l'on prend sur FF', et à partir de l'origine, deux longueurs OA, OA' égales entre elles et à a, les points A et A' ainsi déterminés seront des points du lieu ; car on aura, par exemple,

$$AF' - AF = AA' + A'F' - AF = AA' = 2a,$$

attendu que $A'F' = AF$ comme différences de quantités respectivement égales. Si l'on compare au point A un point quelconque situé sur FF' entre A et O, on voit que sa distance à F' sera moindre, et sa distance à F plus grande ; la différence de ces deux distances sera donc moindre que $2a$; ce point sera donc situé hors du lieu. On en dirait autant de tout point situé entre O et A'. Il n'y a donc aucun point du lieu entre A et A'. Ce lieu doit donc avoir à peu près la forme indiquée dans la figure 12.

Pour obtenir son équation, on fera un calcul tout à fait analogue à celui du n° **14**, et l'on obtiendra de même

$$a^2 y^2 + (a^2 - c^2) x^2 = a^2 (a^2 - c^2).$$

Mais ici, a étant moindre que c, $a^2 - c^2$ est essentiellement négatif, et si on le remplace par $-b^2$, il viendra

$$a^2 y^2 - b^2 x^2 = -a^2 b^2 \quad \text{ou} \quad \frac{x^2}{a^2} - \frac{y^2}{b^2} = 1.$$

On voit que x ne peut être inférieur à a, car autrement le premier membre serait inférieur à 1 ou négatif ; il en résulte que si l'on mène par A et A' des parallèles à l'axe des y, la courbe n'aura aucun point entre ces deux parallèles. Pour $y = 0$, on aura $x = \pm a$; pour $x = 0$, y serait imaginaire, ce qui doit être d'après la remarque qu'on vient de faire. D'ailleurs, si x croît, il faut que y croisse en même temps pour que le premier membre reste égal à 1 ; la courbe va donc en s'éloignant des deux axes, tant du côté positif que du côté négatif ; elle est par conséquent illimitée dans tous les sens. Toutes ces circonstances répondent à la forme indiquée dans la figure 12.

Cette courbe est connue sous le nom d'*hyperbole*. On peut en tracer un arc d'un mouvement continu. Pour cela on se sert d'une règle DD' (fig. 13), dont un bord passe par l'un des deux points fixes, F' par exemple, et qu'on fait tourner autour de ce point en maintenant la distance F'D invariable. Un fil, dont la longueur est inférieure à F'D d'une quantité égale à $2a$, est attaché par l'une de ses extrémités en D, et par l'autre en F. Pendant le mouvement de la règle, on tend le fil contre son

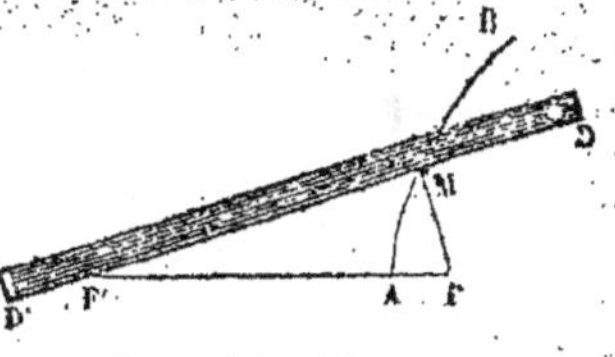

Fig. 13.

bord au moyen d'un style, dont l'extrémité décrit l'arc BA de la courbe. Il est clair, en effet, que l'on a

$$F'D - (MD + MF) = 2a,$$

ou $MF' + MD - (MD + MF) = 2a$, ou encore $MF' - MF = 2a$, ce qui est la définition du lieu.

16. Parabole. — *Lieu des points dont chacun est également distant d'une droite fixe DD' et d'un point fixe F* (fig. 14).

Ce lieu est évidemment symétrique par rapport à la perpendiculaire AX abaissée du point fixe F sur la droite fixe DD'; de plus, il doit passer par le milieu O de la distance FA. Il ne peut avoir aucun point à gauche de la perpendiculaire YY' à AX menée par le point O; car un tel point serait plus voisin de la droite DD' que du point F; le lieu est donc limité vers la gauche par la droite YY'. Mais il est aisé de voir qu'il est illimité vers la droite; car ce lieu n'est autre chose que le lieu des centres des cercles tangents à DD', et passant

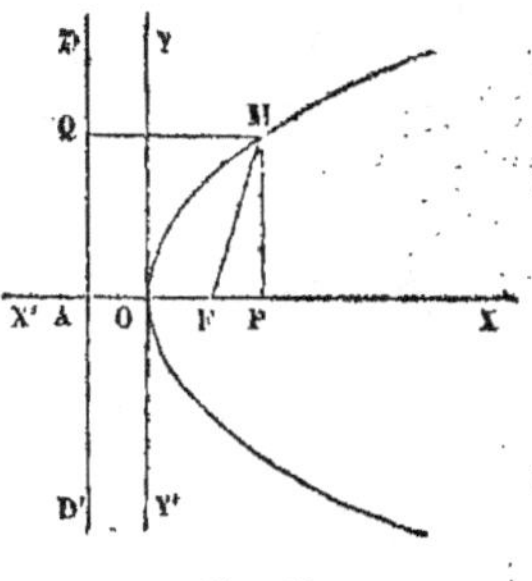

Fig. 14.

par le point F; or, si l'on se donne arbitrairement un rayon r, aussi grand que l'on voudra, on obtiendra deux points du lieu, situés à l'intersection d'une parallèle à DD' menée à une distance r de cette droite, et d'un cercle décrit du point F comme centre, avec r pour rayon : les points ainsi obtenus seront donc à une distance de DD' aussi grande que l'on voudra; ainsi le lieu est illimité vers la droite (si F est à droite de DD').

Afin d'obtenir son équation, prenons AX et AY' pour axes :
l'équation ne contiendra ni puissances impaires de y, ni terme
indépendant de y et de x, car elle devra être satisfaite par $x = 0$
et $y = 0$. Soit M un point quelconque du lieu ; menons MQ parallèle à AX, MP perpendiculaire à l'axe des x, et joignons MF ;
posons AF $= p$. Nous aurons

$$MQ = PO + OA = x + \tfrac{1}{2}p$$

et

$$\overline{MF}^2 = y^2 + (x - \tfrac{1}{2}p)^2.$$

Donc, d'après l'énoncé, on aura

$$(x + \tfrac{1}{2}p)^2 = y^2 + (x - \tfrac{1}{2}p)^2 ;$$

telle est l'équation du lieu. En réduisant, on en tire

$$y^2 = 2px,$$

équation qui ne renferme ni puissances impaires de y, ni terme
indépendant de x, ainsi que nous l'avions annoncé.

Le lieu représenté par cette équation est limité par YY', car,
y et p étant positifs, on ne peut donner à x aucune valeur négative. Il est illimité dans le sens des x positifs ; car, quelque
grande valeur positive qu'on attribue à x, on en tirera deux valeurs réelles, égales et de signes contraires, pour y. On voit de
plus que y augmente quand x augmente, et que, par conséquent, la courbe va en s'éloignant de
l'axe des x à mesure qu'elle s'éloigne
de l'origine.

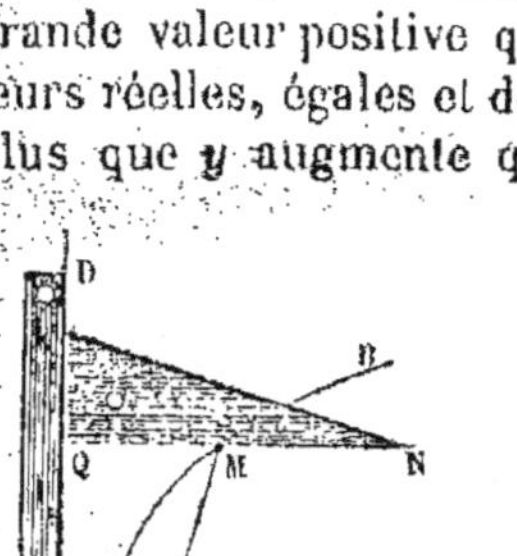

Cette courbe, connue sous le nom
de *parabole*, peut être tracée d'un
mouvement continu. Pour cela, on
applique le long de la droite fixe DD'
(fig. 15) une règle sur laquelle on
fait glisser une équerre DNQ ; un
fil, égal en longueur au côté NQ de
l'équerre, est attaché par l'une de ses
extrémités au point N, et par l'autre

Fig. 15.

au point fixe F ; pendant le mouvement de l'équerre, on tend le
fil au moyen d'un style qui s'appuie contre le côté NQ ; la pointe
de ce style trace l'arc OB de la courbe. Il est clair, en effet,

que, puisque NQ et NMF sont deux longueurs égales à celle du fil, on doit avoir MQ = MF, ce qui est la définition de la courbe.

17. Autres exemples de lieux géométriques. — *Lieu des points M* (fig. 16) *dont les distances à deux points fixes* A *et* B *sont entre elles dans un rapport constant.*

On sait, par la Géométrie élémentaire, que ce lieu est une circonférence de cercle dont le centre est sur le prolongement de la droite qui joint les deux points fixes. Comme le lieu est évidemment symétrique par rapport à cette droite, prenons-la pour axe des x et choisissons des axes rectangulaires ; à chaque abscisse devront correspondre deux ordonnées égales et de signes contraires ; l'équation du lieu ne contiendra donc aucune puissance impaire de y, ce qui aura pour effet de la simplifier ; de plus, comme le lieu doit passer par le point O qui divise la distance AB dans le rapport donné, et que nous pouvons déterminer ce point à l'avance, prenons-le pour origine ;

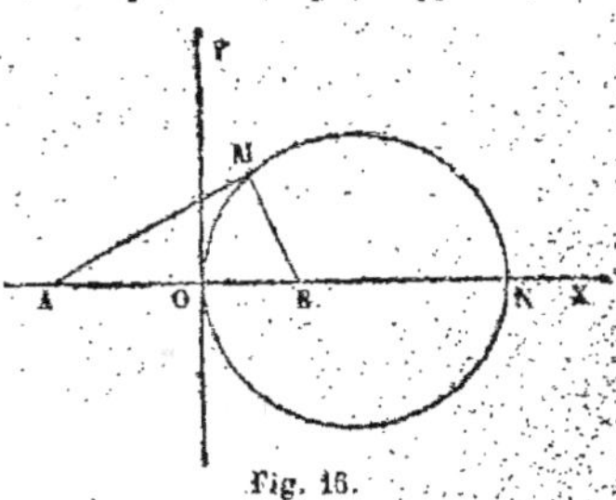

Fig. 16.

l'équation de la courbe, devant alors être satisfaite quand on y fera $x = 0$ et $y = 0$, ne contiendra aucun terme indépendant de ces variables, ce qui sera une nouvelle simplification. Posons AO $= m$ et BO $= n$; soit M un point quelconque du lieu dont les coordonnées sont x et y ; on aura (10, rem. I)

$$\overline{MA}^2 = (m + x)^2 + y^2 \quad \text{et} \quad \overline{MB}^2 = (n - x)^2 + y^2.$$

Or, d'après la définition du lieu, on doit avoir

$$\frac{MA}{MB} = \frac{m}{n}, \quad \text{d'où} \quad \overline{MB}^2 . m^2 - \overline{AM}^2 . n^2 = 0,$$

ou, en mettant pour $\overline{MA}^2$ et $\overline{MB}^2$ leurs valeurs, et simplifiant,

$$(m^2 - n^2) x^2 - 2mn (m + n) x + (m^2 - n^2) y^2 = 0,$$

ou encore

$$(m - n) x^2 - 2mnx + (m - n) y^2 = 0. \qquad [1]$$

Telle est l'équation du lieu.

Si m est différent de n, on peut diviser par $m - n$, et il vient

$$x^2 - \frac{2mn}{m - n} x + y^2 = 0,$$

équation de la même forme que l'équation [4] du n° **13**, et qui représente également une circonférence passant par l'origine et ayant son centre sur l'axe des x. C'est ce qu'on reconnaît en ajoutant aux deux membres le carré de $\frac{mn}{m - n}$; car l'équation peut alors être mise sous la forme

$$\left(x - \frac{mn}{m - n} \right)^2 + y^2 = \left(\frac{mn}{m - n} \right)^2,$$

et exprime que la distance de chaque point du lieu au point qui a pour coordonnées $x = \dfrac{mn}{m-n}$ et $y = 0$, est constante et égale à $\dfrac{mn}{m-n}$; c'est donc bien une circonférence passant par l'origine, ayant son centre sur l'axe des x et pour rayon $\dfrac{mn}{m-n}$, quantité d'autant plus grande que la différence $m-n$ est plus petite.

Si m est égal à n, l'équation [1] se réduit à $2mnx = 0$, ou simplement à $x = 0$, ce qui représente l'axe des y (12; rem.). Et, en effet, cet axe divise alors la distance AB en deux parties égales, et l'on sait que la perpendiculaire élevée sur le milieu d'une droite est le lieu géométrique des points du plan dont les distances aux extrémités de cette droite sont égales.

18. Cissoïde. — *Étant donnés un cercle C (fig. 17) et une tangente DD' à ce cercle, par le point O, extrémité du diamètre OA qui passe par le point de contact, on mène une sécante quelconque, qui coupe la circonférence en un point I et la tangente en un point B; sur cette sécante, à partir du point O, on prend une longueur OM égale à IB; on demande le lieu du point M ainsi obtenu.*

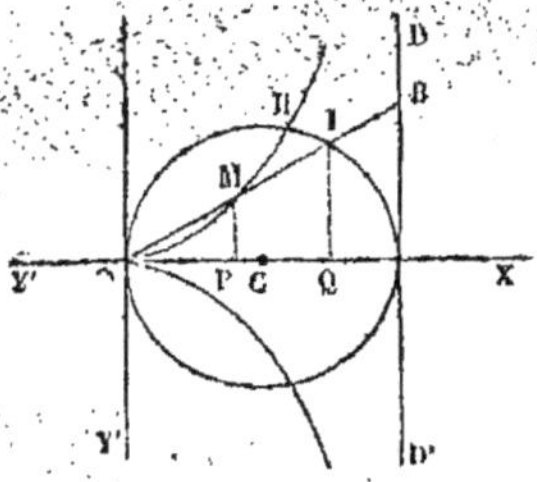

Fig. 17.

On reconnaît que ce lieu sera symétrique par rapport à OA. De plus, à mesure que la sécante s'écartera de OA, la distance IB augmentera; il en sera donc de même de OM, et le point M ira en s'éloignant indéfiniment du point O, sans pouvoir toutefois atteindre jamais la droite DD', car IB sera toujours moindre que OB. Le lieu aura donc à peu près la forme indiquée par la figure 17.

Afin de simplifier son équation, nous prendrons OA pour axe des x; la courbe étant symétrique par rapport à cet axe, son équation ne renfermera pas de puissances impaires de y. Prenons le point O pour origine. Abaissons sur OA les perpendiculaires MP et IQ; soient OP $= x$, MP $= y$, OA $= a$.

La similitude des triangles OMP et OIQ donne l'égalité

$$\frac{MP}{OP} = \frac{IQ}{OQ} \quad \text{ou} \quad \frac{y}{x} = \frac{IQ}{OQ}.$$

Les longueurs OM et IB étant égales, il en est de même des longueurs OP et AQ; on a donc OQ $=$ OA $-$ AQ $=$ OA $-$ OP $= a - x$. Par conséquent,

$$\frac{y}{x} = \frac{IQ}{a-x}.$$

Mais $\overline{IQ}^2 = OQ \times AQ = (a-x)\,x$.

Tirant de l'égalité ci-dessus la valeur de y, élevant au carré et remplaçan $\overline{IQ}^2$ par $(a-x)\,x$, on obtient

$$y^2 = \frac{x^3}{a-x}.$$

Telle est l'équation du lieu. Pour que le second membre soit positif, il faut que

x reste compris entre 0 et a; la courbe est donc tout entière comprise entre DD' et l'axe des y. Pour $x = 0$, on a $y = 0$; ainsi l'origine est un point du lieu. A mesure que x augmente, le numérateur du second membre augmente, tandis que le dénominateur diminue; par cette double raison, le second membre, et par suite y, augmentent; la courbe va donc en s'éloignant des deux axes. Enfin, pour $x = a$, on a $y = \infty$, ce qui signifie que le lieu n'atteint DD' qu'à une distance infinie. Ces différentes circonstances répondent à la forme indiquée dans la figure 17.

La courbe dont nous nous occupons porte le nom de *cissoïde de Dioclès*, ou simplement *cissoïde*.

19. Strophoïde. — Si, au lieu de porter la distance IB (fig. 18) à partir du point O dans le sens OB, on la porte à partir du point I dans le sens de IO, le lieu du point ainsi obtenu est une courbe, connue sous le nom de *strophoïde* et dont l'équation est facile à obtenir.

Soit M (fig. 18), un des points de ce lieu, x, y ses coordonnées rapportées aux mêmes axes que dans la question précédente, α, β celles du point I, et a la dis-

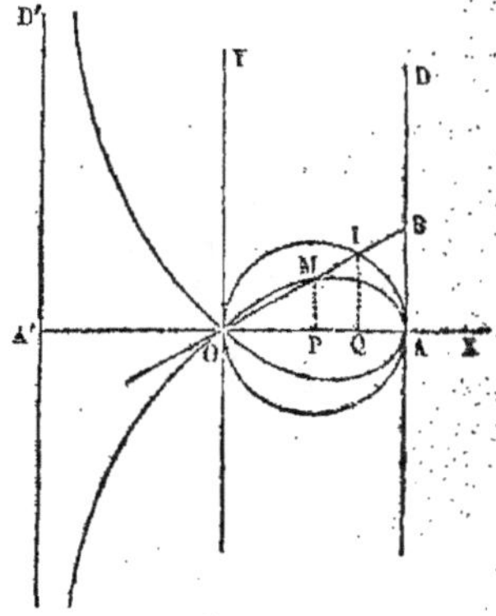

Fig. 18.

tance OA. On aura d'abord, d'après une propriété connue du cercle,

$$\overline{IQ}^2 = OQ \cdot AQ \quad \text{ou} \quad \beta^2 = \alpha (a - \alpha). \tag{1}$$

La similitude des triangles OMP, OIQ donnera ensuite

$$\frac{MP}{OP} = \frac{IQ}{OQ} \quad \text{ou} \quad \frac{y}{x} = \frac{\beta}{\alpha}, \quad \text{d'où} \quad \beta = \alpha \cdot \frac{y}{x}. \tag{2}$$

Substituant dans la relation [1] et supprimant le facteur α devenu commun, on obtient

$$\frac{\alpha y^2}{x^2} = (a - \alpha), \quad \text{d'où} \quad y^2 = x^2 \cdot \frac{a - \alpha}{\alpha}. \tag{3}$$

Mais I étant le milieu de BM, Q est le milieu de AP; on a donc

$$OQ = \tfrac{1}{2} (OP + OA) \quad \text{ou} \quad \alpha = \tfrac{1}{2} (x + a)$$

et par suite

$$a - \alpha = \tfrac{1}{2} (a - x).$$

Remplaçant dans [3] les quantités $a - \alpha$ et α par leurs valeurs, et supprimant le facteur $\tfrac{1}{2}$, commun aux deux termes, on trouve enfin

$$y^2 = x^2 \cdot \frac{a - x}{a + x}, \quad \text{d'où} \quad y = \pm x \sqrt{\frac{a - x}{a + x}}; \tag{4}$$

c'est l'équation de la strophoïde.

On voit qu'à chaque valeur de x correspondent pour y deux valeurs égales et de signe contraire; la courbe est donc symétrique par rapport à l'axe des x. L'abscisse x ne peut pas recevoir de valeurs positives supérieures à a, ni de valeurs négatives inférieures à $-a$; la courbe est donc comprise entre AD et la parallèle A'D' menée à une distance $OA' = a$ de l'origine. Pour $x = a$ on a $y = 0$, ce qui donne le point A. Si x diminue de a à zéro, y augmente d'abord et diminue ensuite, comme on peut s'en convaincre en donnant successivement à x les valeurs $0,9a$, $0,8a$, $0,7a$, etc.; pour $x = 0$ on a $y = 0$, c'est-à-dire que la courbe passe par l'origine. Si x prend des valeurs négatives croissantes en valeur absolue, y devient également négatif, et sa valeur absolue augmente indéfiniment. Pour $x = -a$, on trouve $y = -\infty$. Ainsi la courbe va en s'approchant indéfiniment de la droite A'D' du côté négatif et du côté positif. La strophoïde a donc la forme indiquée par la figure 18. Nous aurons occasion de revenir sur l'étude de cette courbe, qui peut être engendrée de plusieurs autres manières.

20. Lemniscate. — *Lieu des points tels, que le produit des distances de chacun d'eux à deux points fixes F et F' (fig. 19) est égal au carré de la moitié de FF'.*

Ce lieu sera, comme ceux des n°^{s} 14 et 15, symétrique par rapport à FF' et par rapport à la perpendiculaire YY' élevée sur le milieu O de cette droite. Le point O sera un point du lieu, et les distances des différents points de la courbe aux deux points fixes F et F' varieront en raison inverse l'une de l'autre. On reconnaît avec un peu d'attention que ces distances ne peuvent dépasser une certaine limite.

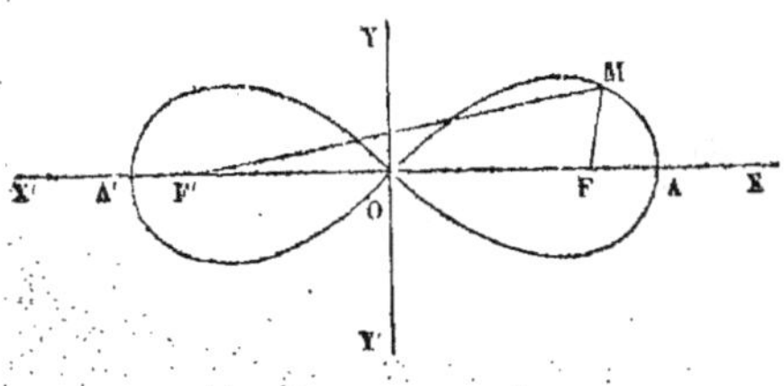

Fig. 19.

Soit, en effet, M un point du lieu; joignons MF, MF', et posons, pour abréger,

$$MF = \rho, \quad MF' = \rho' \quad \text{et} \quad FF' = 2a.$$

D'après l'énoncé, on aura $\rho\rho' = a^2$.

Or, dans le triangle FMF', on devra avoir

$$MF' - MF < FF', \quad \text{ou} \quad \rho' - \rho < 2a,$$

ou, en multipliant par ρ',

$$\rho'^2 - \rho\rho' < 2a\rho' \quad \text{ou} \quad \rho'^2 - a^2 < 2a\rho',$$

ou encore

$$\rho'^2 - 2a\rho' + a^2 < 2a^2,$$

c'est-à-dire

$$(\rho' - a)^2 < 2a^2,$$

d'où

$$\rho' < a(1 + \sqrt{2}).$$

Si l'on suppose, au maximum, $\rho' = a(1 + \sqrt{2})$, il en résulte $\rho' - \rho = 2a$;

ce qui répond à un point, tel que A, situé sur le prolongement de FF'. La courbe part donc du point O pour revenir en A ; à cause des symétries dont nous avons parlé, elle a la forme d'un 8 couché, comme l'indique la figure 19.

Pour obtenir son équation, rapportons-la aux axes FF' et YY' ; et soient x et y les coordonnées du point M. Nous aurons (10, rem. 1)

$$\overline{MF}^2 \text{ ou } \rho^2 = y^2 + (x-a)^2 \text{ et } \overline{MF'}^2 \text{ ou } \rho'^2 = y^2 + (x+a)^2.$$

Or

$$MF . MF' = a^2 \text{ ou } \rho\rho' = a^2, \text{ d'où } \rho^2 \rho'^2 = a^4.$$

Mettant pour ρ^2 et ρ'^2 leurs valeurs, il viendra

$$[y^2 + (x-a)^2][y^2 + (x+a)^2] = a^4$$

ou

$$[(y^2 + x^2 + a^2) - 2ax][(y^2 + x^2 + a^2) + 2ax] = a^4,$$

ou bien

$$(y^2 + x^2 + a^2)^2 - 4a^2x^2 = a^4,$$

d'où

$$y^2 + x^2 + a^2 = \sqrt{4a^2x^2 + a^4},$$

en ne prenant le radical qu'avec le signe +, attendu que le premier membre est essentiellement positif. De là on tire

$$y^2 = a\sqrt{4x^2 + a^2} - (x^2 + a^2).$$

Telle est l'équation du lieu cherché, résolue par rapport à y^2.

Si l'on veut obtenir les points où la courbe rencontre l'axe des x, il faut supposer $y = 0$ dans l'équation non réduite. On en tire

$$(x^2 - a^2)^2 = a^4,$$

ce qui donne

$$x^2 = 2a^2, \text{ d'où } x = \pm a\sqrt{2},$$

ou bien

$$x^2 = 0, \quad \text{d'où } x = 0.$$

Les premières valeurs répondent aux points A et A', et s'accordent avec ce qui a été dit plus haut. La dernière valeur répond au point O. En faisant varier x de 0 à $a\sqrt{2}$, on reconnaît que y augmente d'abord pour diminuer ensuite ; il suffit pour s'en assurer de donner à x des valeurs particulières, telles que : $\frac{a}{10}, \frac{2a}{10}, \frac{3a}{10}, \ldots,$ etc.

On verrait que la plus grande valeur de y a lieu entre $x = \frac{8a}{10}$ et $x = \frac{9a}{10}$, et que la courbe a bien la forme que lui assigne la figure 19.

Cette courbe est connue en Géométrie sous le nom de *lemniscate*.

21. Les exemples qui précèdent suffisent pour faire comprendre comment une ligne plane, susceptible d'une définition géométrique, peut être représentée par une équation entre les coordonnées rectilignes de ses points : c'est le seul but que nous nous soyons proposé pour le moment. Les élèves pourront s'exercer à traiter les exemples très-simples qui suivent, en ayant soin, avant de rechercher l'équation de chaque lieu, de tâcher de déduire de l'énoncé même la forme générale que ce lieu affecte. Quand ils auront ensuite trouvé son équation, ils y chercheront la vérification de la discussion synthétique à laquelle ils se seront déjà livrés; et cette comparaison de deux méthodes, tout en fortifiant leur esprit, aura l'avantage de leur inspirer plus de confiance dans les indications du calcul. (Le lecteur est prié de faire les figures.)

I. Trouver le lieu des points tels, que la différence des carrés des distances de chacun d'eux à deux points fixes est constante.

II. Trouver le lieu des points tels, que la somme des carrés des distances de chacun d'eux à deux points fixes est constante.

III. Une droite OB de longueur constante peut tourner dans un plan donné autour de son extrémité O; une seconde droite AB, de même longueur que la première, est articulée en B avec elle par une de ses extrémités, tandis que son autre extrémité A est assujetie à parcourir une droite XX′ située dans le plan donné et passant par le point O. On demande le lieu décrit par un point déterminé M de la droite AB.

IV. Étant données deux droites perpendiculaires entre elles XX′ et YY′ et un point A sur XX′, on mène par le point A une droite quelconque terminée en B sur YY′, puis par le point B une perpendiculaire à AB, terminée en C sur XX′. enfin par les points B et C des parallèles à XX′ et à YY′. On demande le lieu du point M où ces parallèles se rencontrent.

V. Étant données deux droites qui se coupent, XX′ et YY′, et un point A situé dans leur plan, on mène par le point A une droite quelconque qui coupe les droites données en B et en C; puis par les points B et C des parallèles à XX′ et à YY′. On demande le lieu du point M où ces parallèles se rencontrent.

VI. Étant donnés un cercle C et une tangente DD′ à ce cercle, par l'extrémité O du diamètre perpendiculaire à la tangente, on mène une droite quelconque qui coupe la circonférence en I et la tangente en B; sur le prolongement de cette droite on prend une longueur BM égale à BI ; on demande le lieu du point M.

VII. Trouver le lieu des points tels, que le produit des distances de chacun d'eux à une droite fixe et à un point fixe est une quantité constante.

VIII. Étant donnés un cercle O et un diamètre XX′, on mène deux rayons rectangulaires quelconques OA et OB ; et, de l'extrémité A de l'un, on abaisse sur XX′ une perpendiculaire. On demande le lieu du point M où cette perpendiculaire rencontre l'autre rayon OB prolongé.

§ 3. — EXEMPLES DE LA REPRÉSENTATION DES FONCTIONS MATHÉMATIQUES OU EMPIRIQUES PAR DES COURBES.

22. Fonctions mathématiques explicites. — Nous supposerons d'abord qu'il s'agisse d'une fonction mathématique donnée sous la forme $y = \varphi(x)$, auquel cas y est une fonction *explicite* de x.

Pour construire la courbe représentant la loi exprimée par cette équation, on donne à x une série de valeurs, croissantes ou décroissantes, comprises entre les limites, s'il y en a, entre lesquelles y reste réel, ou depuis 0 jusqu'à des valeurs très-grandes, positives ou négatives, si x peut passer par tous les états de grandeur. Pour chaque valeur attribuée à x, on calcule les valeurs correspondantes de y, et l'on construit les points qui ont ces valeurs pour coordonnées. Puis par tous les points ainsi obtenus on fait passer une ligne continue, qui approchera d'autant plus de la courbe cherchée, que les valeurs de x auront été plus rapprochées, et que le dessin aura été fait avec plus de soin.

Il est clair que si l'équation proposée était de la forme $x = \varphi(y)$, la marche serait exactement la même ; on attribuerait des valeurs à y, et l'on en déduirait celles de x.

23. On prend ordinairement les valeurs de x en progression arithmétique. Cela n'est pas indispensable ; mais il y a avantage à le faire quand la fonction φ est une fonction algébrique entière, parce qu'alors on peut, pour calculer les valeurs successives de y, faire usage des différences, ce qui abrége notablement les calculs.

Soit, par exemple, à construire une équation de la forme $y = ax^2 + b$. On rencontre des équations de cette forme dans la détermination de la courbe qu'affecte la chaîne des ponts suspendus. Supposons, pour fixer les idées,

$$a = 0{,}1 \quad \text{et} \quad b = 1, \quad \text{d'où} \quad y = 0{,}1 \cdot x^2 + 1.$$

On fera d'abord

$$x = 0, \quad x = 1, \quad x = 2,$$

ce qui donne

$$y = 1, \quad y = 1{,}1, \quad y = 1{,}4,$$

d'où les deux différences premières

$$0{,}1 \quad \text{et} \quad 0{,}3$$

et la différence seconde

$$0{,}2.$$

Celle-ci étant constante, on calculera immédiatement la série des différences premières qui sont en progression arithmétique ; et par de simples additions on obtiendra des coordonnées consécutives, comme l'indique le tableau suivant :

Abscisses :	0; 1; 2; 3; 4; 5; 6; 7; 8; 9; 10...
Ordonnées :	0; 1,1; 1,4; 1,9; 2,6; 3,5; 4,6; 5,9; 7,4; 9,1; 11...
Différences premières :	1,1 ; 0,3 ; 0,5 ; 0,7 ; 0,9 ; 1,1 ; 1,3 ; 1,5 ; 1,7 ; 1,9...
Différences secondes :	0,2 ; 0,2 ; 0,2 ; 0,2 ; 0,2 ; 0,2 ; 0,2 ; 0,2 ; 0,2 ; 0,2...

Pour les valeurs négatives de x, les ordonnées seront les mêmes; on aura donc la courbe indiquée dans la figure 1 (planches). On a pris des coordonnées rectangulaires, comme la nature de la question l'indiquait. On ne se sert, du reste, de coordonnées obliques que dans des cas particuliers, que nous aurons soin de faire connaître.

REMARQUE. — Pour construire la courbe dont nous venons de nous occuper, on peut encore se contenter de calculer les trois premières ordonnées et déterminer consécutivement toutes les autres par un tracé extrêmement simple, fondé sur la considération des différences.

Soient AO, BP, CQ (fig. 20) les trois premières ordonnées équidistantes; joignons AB; prolongeons cette droite jusqu'à sa rencontre avec CQ en C', et menons les droites AIH et BK parallèles à l'axe des x. Les deux différences premières sont BI et CK; la différence seconde sera donc CK — BI; mais, d'après la construction, BI = C'K: on a donc pour la différence seconde CK — C'K, ou CC'. Et l'on voit que, si cette différence seconde eût été donnée, on aurait pu, des deux premières ordonnées AO et BP, déduire la troisième CQ; il eût suffi pour cela de prolonger AB jusqu'en C', et de prendre C'C égale à la différence seconde donnée. On obtiendra donc la quatrième ordonnée de la même manière, c'est-à-dire que l'on joindra BC, qu'on prolongera cette droite jusqu'en D', et qu'on prendra D'D = C'C. Pour avoir la cinquième ordonnée, on tirera de même CD, qu'on prolongera jusqu'en E', et l'on prendra E'E = C'C, et ainsi de suite. Les points consécutifs dont on a besoin pour tracer la courbe s'obtiennent par ce moyen de la manière la plus rapide.

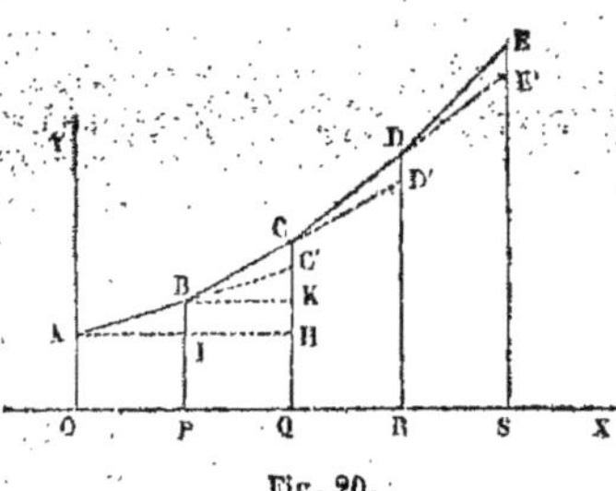

Fig. 20.

24. Comme exemples de fonctions mathématiques explicites, nous construirons encore les équations suivantes :

I.
$$y = \sin x.$$

Pour construire cette équation, on tracera, d'un rayon arbitraire, une circonférence que l'on divisera en parties égales assez petites pour qu'elles puissent être considérées comme se confondant sensiblement avec leurs cordes, ce qui permettra d'obtenir avec une approximation suffisante le développement d'un arc composé d'autant de parties égales qu'on voudra. La courbe, nommée *sinusoïde*, est représentée dans la figure 2 (planches).

II.
$$y = 10 . \log' x.$$

Nous supposons qu'il s'agit de logarithmes népériens. Les abscisses seront les nombres; les ordonnées les logarithmes. On aura la courbe indiquée par la figure 3 (planches).

III.
$$g = \frac{\pi^2 l}{t^2}.$$

Cette formule exprime la loi suivant laquelle varie la pesanteur en différents lieux, en fonction de la durée t des oscillations du pendule simple, dont la longueur est l. Pour fixer les idées, nous supposerons $l = 1^m$, et nous aurons à construire l'équation

$$g = \frac{0,8096}{t^2}.$$

Les abscisses seront les valeurs de t; les ordonnées seront celles de g. La courbe a la forme indiquée par la figure 4 (planches).

IV.
$$Q = (h - z) \sqrt{2gz}.$$

On rencontre cette équation dans la théorie du mouvement des eaux. Q est le volume d'eau écoulée en une seconde par un déversoir d'un mètre de large; h et z sont les distances du niveau de l'eau dans le bassin au-dessus de la crête du déversoir et au-dessus de la lame d'eau qui le recouvre; g est le nombre $9^m,81$. Nous supposerons $h = 0^m,4$; nous prendrons z pour abscisse et Q pour ordonnée. La courbe a la forme qu'indique la figure 5 (planches).

Les élèves pourront s'exercer sur les exemples suivants :

$$y = 1 + 0,8\,x - 0,4\,x^2, \quad y = \cos x, \quad y = \tang x,$$

$$y = \sec x,$$

$$y = - a \log. \cos x,$$

$$y = mx \sqrt{\log \frac{a}{x}}.$$

On rencontre l'avant-dernière dans l'évaluation du frottement des engrenages, et la dernière dans la théorie du mouvement des gaz.

25. Fonctions mathématiques implicites. — Supposons en second lieu qu'il s'agisse d'une fonction *implicite*, c'est-à-dire que les deux variables soient liées par une équation que l'on ne puisse pas résoudre par rapport à l'une d'elles.

Pour obtenir les valeurs de y correspondantes à une valeur déterminée de x, on aura à trouver les racines d'une équation en y plus ou moins compliquée, ce qui ne pourra se faire en général que par tâtonnements. Le tracé de la courbe s'exécutera du reste comme dans le cas d'une fonction explicite ; il n'y aura de différence que dans la longueur des calculs.

Mais il arrive assez fréquemment qu'on peut abréger l'opération par l'emploi d'une variable auxiliaire.

Soit, par exemple, l'équation

$$x^4 (y^2 + x^2)^2 - 2 (y^2 + x^2) (y^4 + x^4) + 4y^4 = 0.$$

Si l'on pose $y = tx$, t étant une variable auxiliaire, il viendra

$$x^8 (t^2 + 1)^2 - 2 x^6 (t^2 + 1) (t^4 + 1) + 4 x^4 t^4 = 0,$$

équation qui est divisible par x^4. Effectuant cette division, on tombe sur une équation bicarrée en x, qui donne

$$x' = \pm \frac{t^2\sqrt{2}}{\sqrt{t^2+1}} \quad \text{et} \quad x'' = \pm \frac{\sqrt{2}}{\sqrt{t^2+1}},$$

d'où

$$y' = \pm \frac{t^3\sqrt{2}}{\sqrt{t^2+1}} \quad \text{et} \quad y'' = \pm \frac{t\sqrt{2}}{\sqrt{t^2+1}}.$$

Pour obtenir autant de couples de valeurs de x et de y qu'on le voudra, il suffira donc d'attribuer, dans ces formules, des valeurs à la variable t.

Ainsi, pour $t=0$, on trouve $x' = 0$, $\qquad y' = 0$,

$$x'' = \pm\sqrt{2}, \quad y'' = 0,$$

» $t=1$, » $x' = \pm 1$, $\quad y' = \pm 1$,

$$x'' = \pm 1, \quad y'' = \pm 1;$$

» $t=2$, » $x' = \pm\dfrac{4\sqrt{2}}{\sqrt{5}}$, $\quad y' = \pm\dfrac{4\sqrt{2}}{\sqrt{5}}$,

$$x'' = \pm\frac{\sqrt{2}}{\sqrt{5}}, \quad y'' = \pm\frac{2\sqrt{2}}{\sqrt{5}},$$

et ainsi de suite.

On reconnaît facilement que cette méthode est applicable toutes les fois que l'équation ne contient que des termes de trois degrés différents, dont les indices sont en progression arithmétique, comme $m+p$, m et $m-p$; car, en remplaçant y par tx, l'équation devient divisible par x^{m-p}, et il reste une équation de la forme $Ax^{2p} + Bx^p + C = 0$, dans laquelle A, B, C sont des fonctions de t, et qui se résout à la manière des équations du second degré. On en tire pour x des valeurs de la forme

$$x = \varphi(t), \quad \text{et par suite} \quad y = t\varphi(t),$$

et il n'y a plus qu'à donner des valeurs à t pour obtenir des couples de valeurs correspondantes de x et de y.

Cette méthode réussit à plus forte raison quand l'équation ne contient que des termes de deux degrés différents. Si l'on a, par exemple,

$$Ax^2 + Bxy + Cy^2 + Dx + Ey = 0,$$

en posant $y = tx$, on en tirera les expressions rationnelles

$$x = -\frac{Et+D}{Ct^2+Bt+A} \quad \text{et} \quad y = -\frac{t(Et+D)}{Ct^2+Bt+A}.$$

Les élèves pourront appliquer cette méthode aux exemples suivants :

$$x^3 - 3xy + y^2 = 0, \quad x^3y^3 - 2x^2y^2 + xy - x^2 = 0,$$

$$x^2 + y^2 - 2x - 6y = 0.$$

26. Fonctions empiriques. — Enfin, il peut arriver que la loi qui lie les deux variables considérées ne puisse être exprimée mathématiquement, et que l'on ait seulement une table contenant une série de valeurs correspondantes de ces variables. Dans ce cas, on pourra tracer la courbe comme il a été dit au nº **22**; et si les valeurs contenues dans la table sont assez rapprochées, cette courbe représentera avec une exactitude suffisante la loi inconnue qui lie entre elles les deux variables. Elle la gravera facilement dans la mémoire; elle permettra d'obtenir immédiatement des couples de valeurs correspondantes intermédiaires à celles de la table, et de résoudre ainsi, à un degré d'approximation presque toujours suffisant pour la pratique, le problème de l'interpolation. Si elle a une analogie plus ou moins grande avec une courbe connue, sa forme pourra suggérer l'idée d'une relation mathématique qui la représente approximativement (c'est ce que l'on nomme une relation *empirique*). Enfin, si la courbe présente quelque anomalie qui rompe sa continuité, cette circonstance seule indiquera le plus souvent qu'il y a quelque inexactitude dans les nombres de la table, et suffira pour mettre sur la voie des erreurs commises dans les expériences qui les ont fournis.

Ces avantages sont si frappants (et ce ne sont pas les seuls), que tous les expérimentateurs font aujourd'hui usage des courbes pour représenter les résultats de leurs recherches. Il est donc important de se familiariser avec leur emploi.

Nous allons en donner quelques exemples :

La figure 6 (planches) donne la loi de la dépression du mercure due à la capillarité, en fonction du diamètre intérieur des tubes. Les abscisses sont proportionnelles aux nombres de millimètres contenus dans le diamètre du tube, et les ordonnées aux nombres de dixièmes de millimètre contenus dans la dépression correspondante.

La figure 7 (pl.) représente la loi qui lie la tension de la vapeur d'eau à sa température. Les abscisses sont proportionnelles aux températures exprimées en degrés, et les ordonnées aux tensions exprimées en atmosphères.

La figure 8 (pl.) montre comment varie la chaleur latente de la vapeur d'eau avec la température. Les abscisses sont les températures; les ordonnées sont les chaleurs latentes.

La figure 9 (pl.) peut remplacer une table hygrométrique. Les abscisses sont proportionnelles aux nombres de degrés de l'hygromètre à cheveu; les ordonnées aux tensions correspondantes de la vapeur contenue dans l'air.

La figure 10 (pl.) exprime comment varie la réfraction astronomique en fonction de la hauteur apparente des astres. Les abscisses sont proportionnelles aux hauteurs apparentes exprimées en degrés; les ordonnées sont proportionnelles aux réfractions correspondantes exprimées en minutes.

La figure 11 (pl.) donne la loi de solubilité de différents sels en fonction de la température. Les abscisses sont proportionnelles aux températures; les ordonnées représentent les quantités de chaque sel, en poids, dissoutes dans 100 parties d'eau.

La figure 12 (pl.) représente le résultat d'une série d'expériences sur l'effet utile d'une turbine Fontaine-Baron. Les abscisses sont proportionnelles aux nombres de tours de la roue dans une minute, et les ordonnées représentent les valeurs correspondantes du *coefficient d'effet utile*, c'est-à-dire du rapport entre l'effet utile réel et le travail absolu du moteur.

La figure 13 (pl.) représente la loi de la mortalité en France. Les ordonnées sont proportionnelles aux nombres des survivants sur 100 naissances, et les abscisses représentent l'âge des survivants. Par exemple, pour $x = 0$ on a $y = 100$, et pour $x = 20$ on a $y = 51$; cela signifie qu'en général, sur 100 individus nés le même jour, 51 seulement atteignent l'âge de 20 ans.

§ 4. — DES ÉQUATIONS SIMULTANÉES A DEUX VARIABLES. POINTS ET LIGNES IMAGINAIRES.

27. Lorsque deux variables x et y sont liées entre elles par deux équations simultanées

$$f(x,y) = 0 \quad [1] \quad \text{et} \quad \varphi(x,y) = 0, \quad [2]$$

les systèmes de valeurs qui satisfont à la fois à ces deux équations peuvent être considérés comme les coordonnées des points communs aux deux courbes que les équations [1] et [2] représentent.

Si l'on peut construire ces deux courbes, les coordonnées des points communs seront les systèmes de valeurs qui satisfont à la fois aux deux équations données ; et la construction de ces points communs remplacera l'élimination et la résolution de l'équation finale qu'il faudrait effectuer pour résoudre algébriquement les deux équations [1] et [2].

28. Si les équations données sont algébriques, l'une du degré m et l'autre du degré n, on sait, par le théorème de Bezout, qu'elles admettent un nombre mn de systèmes de valeurs communes. Et si les deux équations représentent deux courbes, on peut dire que ces courbes ont en général mn points communs.

Ceci suppose que toutes les solutions communes sont réelles. Mais, afin de conserver à l'énoncé toute sa généralité, on convient de regarder les solutions imaginaires comme les coordonnées d'autant de *points imaginaires*. Et l'on peut dire alors que deux équations algébriques à deux variables, l'une du degré m, l'autre du degré n, représentent deux courbes qui ont mn points communs, *réels ou imaginaires*. Cette convention permet de généraliser certaines théories, et d'expliquer quelques résultats de calculs dont il serait impossible de rendre compte par des considérations purement géométriques.

29. Nous remarquerons, à cette occasion, qu'une équation isolée, à deux variables, peut être telle, qu'elle ne puisse être satisfaite par aucun système de valeurs réelles. Telle est l'équation

$$(x^2 + 1)^2 + n\,(x^2 + y^2)^2 = 0.$$

n étant un nombre positif. On dit alors qu'une équation de ce genre représente une *courbe imaginaire*.

Nous n'insisterons pas, pour le moment, sur ces considérations qui trouveront leur application plus tard.

30. Après avoir montré la connexité qui existe entre les équations à deux variables et les courbes, nous aurions à aborder le sujet principal de la Géométrie à deux dimensions, qui est l'application du calcul à l'étude des lignes planes. Mais il est indispensable de traiter auparavant quelques questions secondaires qui faciliteront cette étude. Ce sera l'objet du chapitre suivant.

CHAPITRE II

§ 1. — DE L'HOMOGÉNÉITÉ DES FONCTIONS ET DES ÉQUATIONS.

31. Expressions homogènes. — On a vu en Algèbre qu'un
monome entier est dit du degré m, quand la somme des exposants des lettres qui y entrent est égale à m; et qu'un polynome entier est dit *homogène* et du degré m quand tous ses
termes sont du degré m. Si, dans un pareil polynome, on multiplie chaque lettre par un même facteur u, le polynome sera
multiplié par u^m, m étant entier.

Plus généralement, on dit qu'une fonction est *homogène* et
que son *degré d'homogénéité* est m, lorsque, chacune des lettres
qui y entrent étant multipliée par un même facteur u, la fonction est multipliée par u^m, m pouvant être entier ou fractionnaire, positif ou négatif. Telles sont les fonctions

$$\frac{4\,(a^2 - b^2)^2 - 3\,a^3b + ab^3}{\frac{a^2}{b}\sqrt{a^2 + 5\,ab - 2\,b^2}}; \quad \frac{a - d + \sqrt{bc}}{b - \frac{ac}{d}}; \quad \frac{(a - b)\,\dfrac{c}{d}}{a^2 + (c - d)^2}.$$

la première est du 2° degré, la seconde du degré 0, la troisième
du degré —1.

32. Il arrive souvent que, dans une fonction, certaines lettres représentent des coefficients numériques dont on ne détermine pas la valeur; ces lettres ne doivent pas être comptées
parmi celles d'où dépend le degré d'homogénéité de la fonction.
Par exemple, si dans

$$\frac{a^2 + (y + mx)^2}{\sqrt{ab - (my + x)^2}}$$

la lettre m désigne un coefficient numérique, la fonction est homogène. Elle ne le serait pas dans le cas contraire.

On traite également comme des coefficients numériques les quantités telles que

$$\sin \alpha, \quad \cos \alpha, \quad \tang \alpha, \quad \log \beta, \quad e^\beta,$$

dans lesquelles β est un nombre abstrait, et α un angle exprimé en degrés, ou un nombre abstrait (auquel cas α est le rapport d'un arc à son rayon).

On traiterait encore ces mêmes expressions comme des coefficients numériques si α et β étaient remplacés par des fonctions d'autres lettres, pourvu que ces fonctions fussent *homogènes et du degré* 0, comme si l'on avait

$$\sin \frac{a}{b}, \quad \cos \frac{a}{\sqrt{a^2 + b^2}}, \quad \tang \frac{a^2}{bc}, \quad \log \frac{a + \sqrt{bc}}{a - \sqrt{bc}}, \quad e^{\frac{ab - c^2}{ab + e^2}};$$

car des fonctions du degré 0 représentent des nombres, et si l'on multiplie a, b et c par u, le facteur u disparaît. Dans tout autre cas, la présence d'une expression du genre des précédentes dans une fonction suffirait pour l'empêcher d'être homogène.

33. Théorème. — *Étant donnée une fonction homogène de plusieurs variables, si l'on fait la somme de ses dérivées partielles multipliées chacune par la variable correspondante, on obtient pour résultat la fonction proposée, multipliée par le degré d'homogénéité.*

Soit $\varphi(x, y, z, \ldots)$ une fonction homogène des variables x, y, $z, \ldots$ et soit m le degré d'homogénéité. On aura par définition

$$\varphi(ux, uy, uz, \ldots) = u^m \varphi(x, y, z, \ldots).$$

Prenons la dérivée des deux membres par rapport à u, d'après la règle relative aux fonctions composées, nous aurons

$$x \varphi'_{ux} + y \varphi'_{uy} + z \varphi'_{uz} + \ldots = mu^{m-1} \varphi(x, y, z, \ldots).$$

Cette relation devant avoir lieu quel que soit u, on peut y faire $u = 1$, ce qui donne

$$x \varphi'_x + y \varphi'_y + z \varphi'_z + \ldots = m \varphi(x, y, z, \ldots),$$

relation qui revient à l'énoncé du théorème.

Cette propriété des fonctions homogènes trouve fréquemment son application.

34. Équations homogènes. Principe de l'homogénéité.
— Une équation de la forme

$$\varphi(a, b, x, y, \ldots) = 0$$

est *homogène* quand la fonction φ est homogène. Une pareille équation jouit de cette propriété remarquable, qu'elle ne cesse pas d'avoir lieu quand on multiplie toutes les lettres qui y entrent par un même facteur u, ou, ce qui revient au même, quand on y remplace ces quantités par d'autres qui leur sont *proportionnelles*. En effet, par suite de l'homogénéité, on a

$$\varphi(au, bu, xu, yu, \ldots) = u^m \varphi(a, b, x, y, \ldots),$$

si m est le degré d'homogénéité; et, puisqu'on a $\varphi(a, b, x, y, \ldots) = 0$, on aura aussi

$$\varphi(au, bu, xu, yu, \ldots) = 0.$$

Il résulte de là que, *si une équation entre des quantités concrètes de même espèce est homogène par rapport à ces quantités, c'est-à-dire en regardant les lettres qui représentent les autres quantités comme des coefficients numériques, elle est indépendante de l'unité commune à laquelle les quantités concrètes sont rapportées.* Car, si l'on change d'unité, cela reviendra à multiplier les quantités concrètes par un même facteur entier ou fractionnaire ; or, l'équation étant supposée homogène par rapport à ces quantités, elle aura lieu indépendamment du facteur introduit.

35. Réciproquement : *Si une équation entre des quantités concrètes de même espèce a lieu indépendamment de l'unité à laquelle ces quantités sont rapportées, cette équation est homogène, ou elle résulte de l'addition de plusieurs équations homogènes de degrés différents.*

En effet, soit

$$M + N + P + \ldots = 0$$

l'équation considérée, dans laquelle M, N, P, etc., sont des polynomes homogènes, par rapport à ces quantités concrètes, et dont le degré est respectivement m, n, p, etc. Si l'on change d'unité, ce qui revient à multiplier par un même facteur u toutes les lettres qui représentent les quantités concrètes, il viendra

$$Mu^m + Nu^n + Pu^p + \dots = 0.$$

Or, pour qu'une pareille équation ait lieu indépendamment de u, il faut qu'on ait séparément

$$M = 0, \quad N = 0, \quad P = 0, \quad \text{etc.},$$

et l'équation proposée résulte de l'addition de ces dernières.

Cette propriété des équations homogènes et sa réciproque sont connues sous le nom de *Principe de l'homogénéité*.

Conséquence. — Toutes les relations obtenues entre les lignes d'une figure plane, *étant indépendantes de l'unité de longueur*, doivent être *homogènes*, à moins qu'on n'ait, *par inadvertance*, additionné des relations séparément homogènes, mais de degrés différents.

36. Équations qui renferment des quantités concrètes d'espèces différentes. — Lorsqu'une équation renferme des quantités concrètes d'espèces différentes, il peut se présenter deux cas.

Les unités auxquelles ces diverses espèces de quantités sont rapportées, peuvent être indépendantes les unes des autres. Dans ce cas, si, comme cela a lieu d'ordinaire, la nature même de la question indique que la relation ne dépend pas du choix des unités, elle devra être homogène par rapport à chacune des espèces de quantités concrètes en particulier. Nous excluons le cas où elle résulterait de l'addition de plusieurs équations homogènes de degrés différents, parce que ce cas ne pourrait se présenter que par suite d'une fausse marche dans les calculs.

Il peut se faire, au contraire, que l'une des unités dépende d'une ou de plusieurs autres; il faudra alors avoir égard à cette dépendance dans l'application du principe d'homogénéité.

Supposons d'abord que l'équation contienne certaines lettres S, S', etc., représentant des aires, avec d'autres lettres a, b, c, etc., représentant des lignes. Il faudra se rappeler que les théorèmes de Géométrie sur lesquels on s'est appuyé pour établir la relation proposée, supposent implicitement une certaine relation entre l'unité de longueur et l'unité de surface, de laquelle il résulte que, si l'expression numérique des lignes de la figure est multipliée par u, celle des aires de cette même figure sera multipliée par u^2. Il s'ensuit que, dans l'application du principe d'homogénéité, on devra regarder les lettres S, S', etc., comme étant du second degré, tandis que a, b, c, etc., sont du premier. Ainsi la formule

$$S - S' = \tfrac{1}{2} (h - h')(a + b)$$

est homogène si S et S' sont des aires, h, h', a et b des lignes.

Supposons ensuite qu'il y ait à la fois dans l'équation des volumes V, V', etc., avec des aires S, S', etc., et avec des lignes a, b, c, etc. On se rappellera également que les théorèmes sur les volumes supposent entre les unités une relation telle, que, si l'expression numérique des lignes d'une figure est multipliée par u, celle des volumes le sera par u^3, en sorte qu'on devra regarder V, V', etc., comme étant du troisième degré. Ainsi la formule

$$V - V' = \tfrac{1}{3} (h - h')(B + b + \sqrt{Bb})$$

est homogène, si V et V' sont des volumes, B et b des aires h et h' des lignes.

37. Cas où une même quantité dépend de plusieurs unités. — Il peut se faire encore qu'une même quantité dépende de plusieurs unités indépendantes entre elles. Dans ce cas, cette quantité sera d'un certain degré par rapport à l'une de ces unités, et d'un certain degré par rapport à une autre unité, et il faudra avoir égard à cette circonstance dans l'application du principe d'homogénéité.

Considérons, par exemple, l'équation du mouvement uniformément varié,

$$e = \tfrac{1}{2} g t^2, \quad \text{d'où} \quad g = \frac{2e}{t^2}$$

On voit, par cette relation, que g est proportionnel à e, qui est du premier degré par rapport à l'unité de longueur, et en même temps proportionnel à $\frac{1}{t^2}$ qui est du degré -2 par rapport au temps. Si donc la quantité g entre dans une formule, et qu'on y multiplie toutes les longueurs par un facteur λ, et toutes les durées analogues à t par un facteur θ, les quantités analogues à g devront être multipliées par λ et par $\frac{1}{\theta^2}$ En ayant égard à cette remarque, on reconnaît facilement, par exemple, que l'équation du pendule

$$t = \pi \sqrt{\frac{l}{g}}$$

est homogène. Car, en multipliant t par θ, l par λ, et g par $\frac{\lambda}{\theta^2}$, il vient

$$t\theta = \pi \sqrt{\frac{l\lambda \cdot \theta^2}{g\lambda}} \cdot$$

formule d'où θ et λ disparaissent.

38. Cas où l'une des quantités est prise pour unité.
— Enfin, dans tout ce qui précède, nous avons supposé, sans le dire, qu'aucune des quantités qui figurent dans le problème n'avait été prise pour l'unité de son espèce. S'il en était autrement, il pourrait arriver que des formules, homogènes au fond, perdissent l'apparence de l'homogénéité. Mais il serait alors facile de la leur rendre.

Si, par exemple, un problème de Géométrie conduit à la relation

$$\varphi(a, b, x, y, \ldots) = 0 \qquad [1]$$

quand l'unité de longueur reste arbitraire, il conduira, lorsqu'on prendra pour unité la ligne a, à l'équation

$$\varphi\left(1, \frac{b}{a}, \frac{x}{a}, \frac{y}{a}, \ldots\right) = 0 \qquad [2]$$

ou à

$$\varphi(1, b', x', y', \ldots) = 0, \qquad [3]$$

en appelant $b', x', y', \ldots$ les rapports $\frac{b}{a}, \frac{x}{a}, \frac{y}{a}, \ldots$, c'est-à-dire des nombres abstraits. L'équation [3] sera homogène au fond, puisqu'elle aura lieu entre des nombres abstraits ; mais elle n'offrira pas l'apparence de l'homogénéité. Pour la lui rendre, il suffira de remplacer b', x', y', ... par $\dfrac{b'a}{a}$, $\dfrac{x'a}{a}$, $\dfrac{y'a}{a}$, ...; et d'écrire ensuite b au lieu de $b'a$, x au lieu de $x'a$, y au lieu de $y'a$, ... et ainsi de suite; on retombera ainsi sur l'équation [2], qui n'est qu'une autre forme de l'équation [1], car, en la multipliant par a^m, si m est le degré d'homogénéité, on retrouve l'équation [1].

39. La considération de l'homogénéité est de la plus grande importance en Géométrie analytique; elle sert de moyen constant de vérification, soit pendant la mise en équation des problèmes, soit pendant le cours des opérations, soit enfin lorsqu'on est parvenu au résultat. Elle sert de moyen mnémonique pour retenir les formules. Enfin elle rend les expressions plus symétriques, et suggère quelquefois des méthodes de calcul plus promptes et plus élégantes. Il est donc essentiel que les élèves acquièrent de bonne heure ce qu'on pourrait appeler le sentiment de l'homogénéité; ils y parviendront en s'exerçant à vérifier l'homogénéité de toutes les formules qu'ils rencontreront. Ils pourront faire cet exercice sur toutes les équations que nous avons employées jusqu'ici.

§ 2. — CONSTRUCTION DES EXPRESSIONS ALGÉBRIQUES.

40. Lorsque les relations qui existent entre les inconnues et les données d'une figure ont été exprimées analytiquement, et que l'on a obtenu par le calcul l'expression algébrique de chaque inconnue, il reste encore à traduire en Géométrie les résultats de l'analyse, c'est-à-dire à remplacer les opérations indiquées par des constructions géométriques. C'est ce que l'on appelle *construire* les formules obtenues.

41. Construction des expressions rationnelles. — Nous supposerons d'abord que l'inconnue considérée soit une ligne. Son expression devra être homogène et du premier degré.

Si elle est entière et de la forme

$$x = a + b - c + d - e,$$

il suffira, pour la construire, de porter sur une droite indéfinie XX' (fig. 21) et dans un même sens, à partir d'un point déterminé O, une série de longueurs OA, AB, BD respectivement égales aux lignes a, b, d qui sont précédées du signe $+$; et de porter ensuite en sens contraire, à partir du dernier point obtenu D, une série de longueurs DC, CE ou CE′ respectivement égales aux lignes c et e qui sont précédées du signe $-$. Le résultat, c'est-à-dire la valeur de x, sera OE ou OE′, et devra être considéré comme positif ou comme négatif, suivant que le point E sera situé, par rapport au point O, du côté que l'on a adopté pour le sens positif ou du côté opposé.

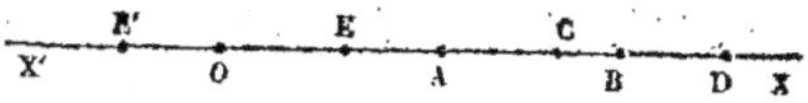

Fig. 21.

42. Si la valeur de x est fractionnaire et de la forme

$$x = \frac{ab}{m},$$

on la construira en cherchant une 4ᵉ proportionnelle aux lignes m, a et b, de telle sorte qu'on ait $m : a = b : x$, ce que l'on sait faire.

Si elle est de la forme

$$x = \frac{abcd}{mnp} \quad \text{ou} \quad x = \frac{ab}{m} \frac{c}{n} \frac{d}{p},$$

on construira successivement une 4ᵉ proportionnelle y aux trois lignes m, a et b ; une 4ᵉ proportionnelle z aux trois lignes y, c et n ; enfin une 4ᵉ proportionnelle x aux trois lignes p, d et z. On aura, en effet, successivement :

$$my = ab, \quad nz = cy, \quad px = dz,$$

d'où, en multipliant membre à membre :

$$mnpx = abcd,$$

et, par suite,

$$x = \frac{abcd}{mnp}.$$

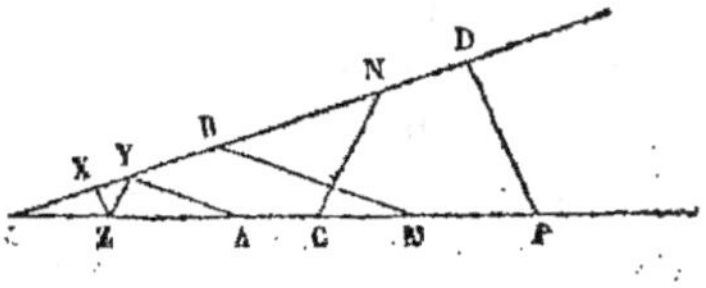

Fig. 22.

On peut lier les constructions de manière à les abréger. Par un point O (fig. 22) menons deux droites sous un angle quelconque; et portons *alternativement* sur chacune d'elles, à partir du point O, les distances

$$OA, OB, OG, OD, OM, ON, OP,$$

respectivement égales à

$$a, b, c, d, m, n, p;$$

joignons BM, CN, DP; puis menons à ces droites les parallèles respectives AY, YZ, ZX : la distance OX sera la longueur demandée. La symétrie de cette construction la rend facile à retenir.

43. Si la valeur de x est une fraction à termes polynômes, on pourra toujours rendre ces deux termes entiers. Soit donc, pour fixer les idées,

$$x = \frac{a^3 b - 3a^2 bc + 4c^2 d^2}{2ab^2 + 5bc^2 - d^3}.$$

Après avoir choisi une ligne arbitraire u, divisons chacun des deux termes par une puissance de u inférieure d'une unité au degré de ce terme, puis multiplions le numérateur par u pour rétablir l'homogénéité; l'expression prendra la forme

$$x = \frac{u\left(\dfrac{a^3 b}{u^3} - \dfrac{3a^2 bc}{u^3} + \dfrac{4c^2 d^2}{u^3}\right)}{\dfrac{2ab^2}{u^2} + \dfrac{5bc^2}{u^2} - \dfrac{d^3}{u^2}}.$$

Chacun des termes entre parenthèses au numérateur, et chacun des termes du dénominateur, pourra se construire d'après la règle du numéro précédent; soient A, B, C, D, E, F, les valeurs de ces termes, on aura

$$x = \frac{u\,(A - B + C)}{D + E - F}.$$

Les expressions A — B + C et D + E — F se construiront d'après la règle du n° **41**; et si M et N sont leurs valeurs respectives, on aura

$$x = \frac{uM}{N},$$

4ᵉ proportionnelle à N, M et u.

La ligne u étant arbitraire, on peut souvent la choisir de manière à diminuer le nombre des opérations. Soit, par exemple,

$$x = \frac{a^4 - 6a^3b + 5a^2b^2 - 3ab^3 + 2b^4}{2a^3 + 4a^2b - 3ab^2 - b^3}$$

En prenant $u = a$, on mettra l'expression sous la forme

$$x = \frac{a\left(a - 6b + \dfrac{5b^2}{a} - \dfrac{3b^3}{a^2} + 2\dfrac{b^4}{a^3}\right)}{2a + 4b - 3\dfrac{b^2}{a} - \dfrac{b^3}{a^2}},$$

et l'on n'aura à appliquer la règle du n° **42** qu'aux trois expressions

$$\frac{b^2}{a}, \quad \frac{b^3}{a^2}, \quad \frac{b^4}{a^3}$$

qui s'obtiennent par une même construction. Sur les deux côtés d'un angle O (fig. 23), et à partir du sommet, on prendra $OA = OA' = a$, $OB = OB' = b$; puis on mènera BM parallèle à AB', MN parallèle à A'B, enfin NP parallèle à AB'. On aura ainsi

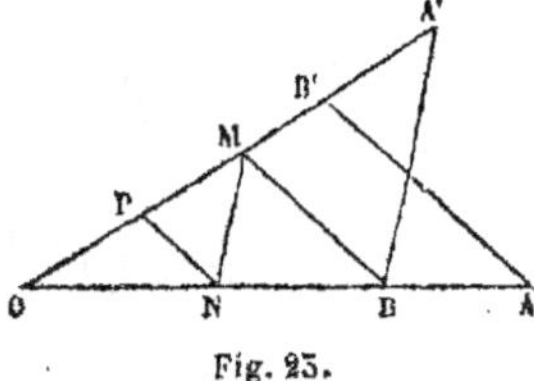

Fig. 23.

$$OM = \frac{b^2}{a}, \quad ON = \frac{b^3}{a^2}, \quad OP = \frac{b^4}{a^3}.$$

Si les deux polynomes sont décomposables en facteurs, cette circonstance abrége les opérations.

44. Construction des expressions irrationnelles. — Supposons maintenant que la valeur de x soit irrationnelle.

Si elle se réduit à un radical du second degré, la quantité placée sous le radical devra être homogène et du second degré.

Soit d'abord $x = \sqrt{ab}$. Cette valeur se construira en cherchant une moyenne proportionnelle entre les lignes a et b.

Soit $x = \sqrt{a^2 + b^2}$. L'inconnue x sera l'hypoténuse d'un triangle rectangle dont les deux côtés sont a et b.

Soit $x = \sqrt{a^2 - b^2}$. L'inconnue x sera l'un des côtés de l'angle droit d'un triangle rectangle dans lequel a est l'hypoténuse et b l'autre côté de l'angle droit ; ou bien x sera une moyenne proportionnelle entre $a + b$ et $a - b$.

45. Si le radical porte sur une fraction algébrique, le degré de son numérateur devra surpasser de 2 unités celui de son dénominateur. Soit donc, pour fixer les idées,

$$x = \sqrt{\frac{a^5 - 4a^2b^3 + bc^4}{2a^5 + 5bc^2}}.$$

Après avoir choisi une longueur arbitraire u, divisons chaque terme par une puissance de u inférieure d'une unité au degré de ce terme, et multiplions le numérateur par u^2 pour rétablir l'homogénéité ; il viendra

$$x = \sqrt{\frac{u^2\left(\dfrac{a^5}{u^4} - 4\dfrac{a^2b^3}{u^4} + \dfrac{bc^4}{u^4}\right)}{2\dfrac{a^5}{u^3} + 3\dfrac{bc^2}{u^2}}}.$$

La quantité entre parenthèses peut être réduite à une ligne m, et le dénominateur à une ligne n ; il reste donc

$$x = \sqrt{\frac{u^2 m}{n}} \quad \text{ou} \quad x = \sqrt{u.\frac{um}{n}},$$

et, si v désigne une 4e proportionnelle à n, m et u,

$$x = \sqrt{uv},$$

qui est une moyenne proportionnelle entre u et v.

On peut, par cette méthode, construire tous les radicaux du second degré. Mais u, restant arbitraire, le choix qu'on fera permettra souvent d'abréger les opérations.

46. Construction des racines des équations du second degré. — L'équation du second degré se présentera sous l'une des quatre formes

$$
\begin{aligned}
x^2 - px + q = 0, &\qquad [1]\\
x^2 - px - q = 0, &\qquad [2]\\
x^2 + px + q = 0, &\qquad [3]\\
x^2 + px - q = 0, &\qquad [4]
\end{aligned}
$$

équations dans lesquelles p et q sont supposés positifs.

Pour l'homogénéité de ces formules (**36**) il faut, si x représente une ligne, que p représente également une ligne et que q représente une surface.

Cela posé, considérons en premier lieu l'équation [1]. On pourrait en tirer les valeurs de x et les construire d'après les règles données au n° **44**. Mais il est plus simple de remarquer que l'équation peut s'écrire

$$x(p-x)=q,$$

ou

$$x(p-x)=c^2,$$

en appelant c le côté du carré équivalent à la surface q. On voit donc que x et $p-x$ sont les côtés d'un rectangle équivalent à ce carré ; d'ailleurs la somme de x et de $p-x$ est p ; la question revient donc à *construire un rectangle équivalent à un carré donné et dont les côtés fassent une somme égale à une ligne donnée*, problème de Géométrie élémentaire.

Considérons en second lieu l'équation [2]. Elle peut s'écrire

$$x(x-p)=q=c^2.$$

Ici les côtés du rectangle équivalent à la surface q sont x et $x-p$, lignes dont la différence est p. La question revient donc à cet autre problème connu de Géométrie élémentaire : *Construire un rectangle équivalent à un carré donné, et dont les côtés diffèrent d'une ligne donnée.*

Quant aux équations [3] et [4], on les ramènera aux deux précédentes en posant $x=-x'$.

En examinant les cas particuliers que peuvent présenter les deux constructions ci-dessus indiquées, on retrouverait toutes les circonstances de la discussion des équations du second degré. Nous ne nous y arrêterons pas.

47. Construction des angles. — Nous avons supposé jusqu'ici que l'inconnue était une ligne ; il pourrait arriver que ce fût un angle. Cet angle sera donné en général par une de ses lignes trigonométriques ; dans ce cas, l'expression obtenue devra être homogène et du degré *zéro ;* elle pourra donc, après des transformations convenables, et par des procédés analogues à ceux que nous avons employés plus haut, être mise sous la forme $\dfrac{a}{b}$, a et b étant des lignes. Cela posé ,

Soit $\sin x = \dfrac{a}{b}$: si on construit un triangle rectangle ABC

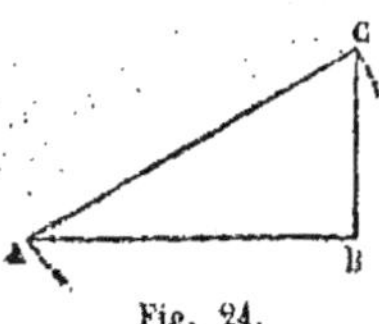

Fig. 24.

(fig. 24) qui ait pour hypoténuse b et pour l'un des deux autres côtés a, l'angle demandé sera l'angle opposé au côté a.

Soit $\cos x = \dfrac{a}{b}$: la même construction étant faite, l'angle x sera l'angle adjacent au côté a.

Soit $\tan g\, x = \dfrac{a}{b}$: l'inconnue est l'angle opposé à a dans un triangle rectangle qui aurait pour côtés de l'angle droit a et b.

Les deux premières constructions supposent $a < b$; la troisième sera toujours possible.

48. Soit à construire

$$\tan g\, x = \frac{ab + cd}{ac - bd},$$

on en tire, en divisant les deux termes par ac,

$$\tan g\, x = \frac{\dfrac{b}{c} + \dfrac{d}{a}}{1 - \dfrac{b}{c} \cdot \dfrac{d}{a}}.$$

Posons $\tan g\, y = \dfrac{b}{c}$ et $\tan g\, z = \dfrac{d}{a}$: ces angles se construisent facilement d'après la règle donnée ci-dessus, et il vient

$$\tan g\, x = \frac{\tan g\, y + \tan g\, z}{1 - \tan g\, y \cdot \tan g\, z} = \tan g\, (y + z),$$

c'est-à-dire que x est la somme des angles y et z.

Soit à construire

$$\sin x = \frac{\sqrt{a^2 + ab} - \sqrt{a^2 - ab}}{2a};$$

on peut écrire

$$2\sin x = \sqrt{1 + \frac{b}{a}} - \sqrt{1 - \frac{b}{a}};$$

celle formule ne pouvant être réelle qu'autant que b est moindre que a, on peut poser $\sin y = \dfrac{b}{a}$, on a alors

$$2 \sin x = \sqrt{1 + \sin y} - \sqrt{1 - \sin y} = 2 \sin \tfrac{1}{2} y,$$

c'est-à-dire que l'angle x est la moitié de l'angle y.

(Nous avons admis implicitement dans ces deux exemples qu'il s'agissait du plus petit des angles dont on donne la tangente ou le sinus.)

49. Construction des surfaces et des volumes. — L'inconnue d'un problème peut être une surface ou un volume.

Dans le premier cas, l'expression obtenue doit être homogène et du second degré. On pourra toujours représenter cette surface par un rectangle dont on se donnera arbitrairement la base a; et l'on n'aura plus qu'à construire la hauteur x de ce rectangle. S représentant, pour abréger, l'expression obtenue pour la surface en question, on a

$$bx = S; \quad \text{d'où} \quad x = \frac{S}{a}.$$

Or le numérateur S étant homogène et du second degré, la valeur de x sera homogène et du premier degré; et l'on saura la construire par les méthodes exposées ci-dessus. On pourra profiter de l'indétermination de a pour simplifier les opérations s'il y a lieu.

Dans le cas où l'inconnue est un volume, l'expression obtenue doit être homogène et du troisième degré. On peut toujours représenter ce volume par un parallélépipède rectangle dont on se donne deux dimensions a et b; et l'on n'a plus à construire que la troisième dimension, que nous appellerons x. Si V représente alors, pour abréger, l'expression obtenue pour le volume en question, on aura

$$abx = V; \quad \text{d'où} \quad x = \frac{V}{ab}.$$

Le numérateur V étant homogène et du troisième degré, la valeur de x sera homogène et du premier degré; et l'on saura la construire. On profitera de l'indétermination de a et de b pour simplifier les opérations si cela est possible.

50. Les élèves pourront s'exercer à construire : 1° les racines des équations :

$$ax^2 + b^2 x + c^5 = 0, \quad ax^4 + b^3 x^2 + c^5 = 0;$$

2° les lignes représentées par

$$\frac{a^4}{b^3} - 2\,\frac{a^3}{b^2} + \frac{a^2}{b}, \quad \sqrt{a^2 + \sqrt{a^4 - b^4}}, \quad \sqrt{\frac{a^6 + b^6}{a^4 + b^4}},$$

$$\sqrt{\frac{2a^2 + 3b^4}{5}}, \quad a\sqrt{\frac{b - c}{b + c}}, \quad a\left(\frac{-b + \sqrt{b^2 + c^2}}{c}\right);$$

3° les angles donnés par les relations :

$$\sin x = \frac{a - \sqrt{a^2 - b^2}}{a + \sqrt{a^2 - b^2}}, \qquad \operatorname{tang} x = \sqrt{\frac{ab - cd}{ab + cd}};$$

$$\sin x = \sqrt{\frac{a - b}{a + b}}, \qquad \sin x = \frac{1}{2} \frac{\sqrt{a} - \sqrt{b}}{\sqrt{a + b}}, \qquad \operatorname{tang} x = \frac{2ab}{a^2 - b^2};$$

4° la surface qui a pour valeur

$$\sqrt{a^4 - 4a^3b + 6a^2b^3 - 4ab^3}.$$

5° le volume donné par l'expression

$$3a^2b + \sqrt{a^4b^2 - 2a^2bc^2 + 2c^6}.$$

§ 5. — DE LA TRANSFORMATION DES COORDONNÉES RECTILIGNES.

51. On a vu, au n° **13**, que l'équation du cercle prend une forme plus ou moins simple, suivant le système de coordonnées auquel on le rapporte. Si l'on prend des axes obliques quelconques, l'équation est, comme on l'a vu,

$$(x - \alpha)^2 + (y - \beta)^2 + 2(x - \alpha)(y - \beta)\cos\theta = r^2;$$

si l'on prend des axes rectangulaires passant par le centre, elle se réduit à

$$x^2 + y^2 = r^2$$

L'équation de la droite elle-même, qui est, en général, de la forme

$$y = ax + b,$$

se réduit à $y = ax$, quand l'origine est un point de la droite ; et même à $y = 0$, si l'on prend pour axe des x la droite elle-même (**12**).

Ces deux exemples suffisent pour faire comprendre l'avantage qu'il y a, dans certains cas, à déduire de l'équation d'une courbe par rapport à de certains axes l'équation de la même courbe par rapport à d'autres axes ; c'est en cela que consiste le problème de la *transformation des coordonnées*. Il est facile de voir qu'il se réduit analytiquement à exprimer les coordonnées anciennes en fonction des nouvelles ; car, si l'on remplace alors, dans l'équation d'une courbe, les anciennes coordonnées par leur valeur, on aura une relation constante entre les coordonnées nouvelles, qui représentera la courbe rapportée aux nouveaux axes.

Mais, avant d'aborder ce problème, nous allons exposer quelques notions relatives aux projections.

52. Notions sur les projections. — Définition I. On sait que la projection *orthogonale* d'un point A (fig. 25) sur un axe X'X est le pied A' de la perpendiculaire abaissée du point A sur cet axe.

II. La projection *orthogonale* d'une droite de longueur donnée AB (fig. 25) sur un axe indé-

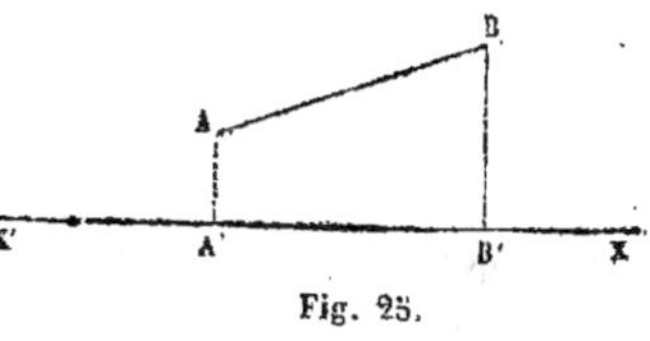

Fig. 25.

fini et situé dans le même plan est, à un point de vue purement géométrique, la distance *absolue* A'B' des projections de ses extrémités.

53. Toutefois, afin de généraliser les formules, on convient de regarder la projection d'une droite comme une *quantité algébrique*. Ainsi, pour déterminer le signe de la projection d'une droite AB (fig. 25), on imagine que cette droite est parcourue par un point mobile, partant de l'une de ses extrémités, en même temps que la projection de ce mobile parcourt la projection A'B' de cette droite. Alors, si la projection du mobile se meut dans le sens de la partie positive de l'axe X'X, pour décrire A'B', on considère cette dernière projection comme *positive*; mais on la considère comme *négative* dans le cas contraire.

Il résulte de cette convention que, si le mouvement du mobile fictif change de *sens*, la projection de la droite change de signe. Nous indiquerons d'ailleurs le sens du mouvement par l'ordre des lettres qui désignent la droite que l'on projette. Ainsi, d'après ces conventions, on a

$$\text{proj. } AB = -\text{proj. } BA.$$

54. Théorème.— *La projection orthogonale d'une droite limitée AB (fig. 26) sur un axe indéfini X'X est égale algébriquement, c'est-à-dire pour la grandeur et pour le signe, au produit de la* *longueur absolue de AB par le cosinus de l'angle que la direction AB fait avec la partie positive de l'axe X'X, cet angle pouvant varier de 0 à 180°.*

Convenons de compter les longueurs positives de X' vers X, et supposons d'abord que AB (fig. 26) fasse un angle aigu avec

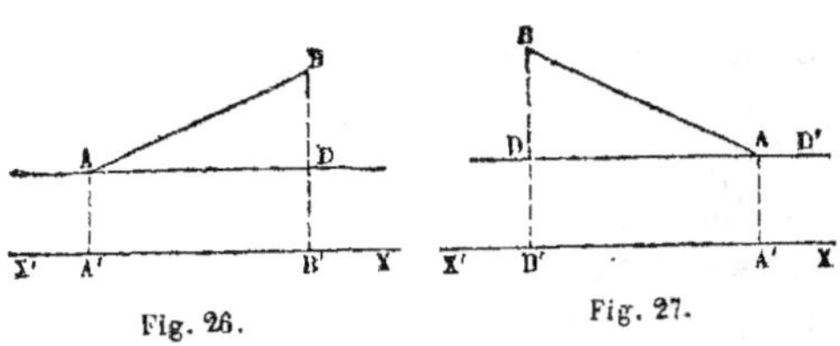

Fig. 26.   Fig. 27.

X'X. La projection A'B' est positive, et si nous menons AD parallèle à X'X, on a A'B'=AD. Cela posé, le triangle rectangle ABD donne

$$AD = AB \cos BAD = AB \cos (AB, X'X);$$

donc

$$\text{proj. } AB = AB \cos (AB, X'X).$$

Supposons maintenant que AB (fig. 27) fasse un angle obtus avec X'X. La projection de AB est négative et égale à —A'B'. Si nous menons encore, par le point de *départ* du mobile fictif, AD parallèle à X'X, nous avons

$$A'B' = AD = AB \cos BAD.$$

Or

$$BAD = 180° - BAD' = 180° - \text{ang} (AB, X'X),$$

d'où

$$\cos BAD = -\cos (AB, X'X)$$

et

$$A'B' = - AB \cos (AB, X'X);$$

par conséquent

$$- A'B' = AB \cos (AB, X'X),$$

c'est-à-dire

$$\text{proj. } AB = AB \cos (AB, X'X).$$

Ce théorème est vrai, quelle que soit la position de la droite AB par rapport à l'axe X'X. Nous engageons les élèves à répéter la démonstration pour d'autres positions de AB.

Remarques. — I. La projection orthogonale d'une droite perpendiculaire à l'axe est égale à zéro.

II. La projection d'une droite parallèle à l'axe est égale à la droite elle-même.

III. Les projections de deux droites égales et parallèles sont égales.

55. Théorème. — *La somme algébrique des projections des côtés d'un contour polygonal fermé, sur un axe quelconque, est égale à zéro.*

Soit ABCDEFA (fig. 28) un contour rectiligne fermé. Imaginons qu'un mobile parti du point A parcoure tout le contour, toujours dans le même sens, et revienne au point A. La projection de ce mobile sur l'axe X'X parcourt elle-même les projections des côtés du contour. Or, elle part du point A', projection du point de départ A du mobile, et revient à ce même point A'. Donc la somme algébrique de toutes les projections des côtés du contour est nulle, ce qu'il fallait démontrer.

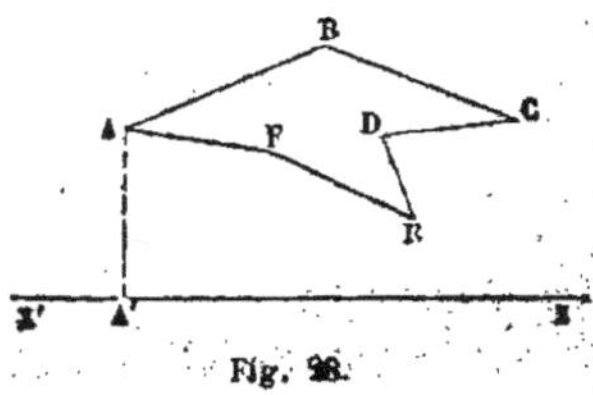

Corollaire. — Les projections étant *orthogonales*, si nous désignons par a, b, c... l, les valeurs absolues des côtés d'un contour fermé, et par α, β, γ...λ les angles que les directions de ces côtés font avec la partie positive de l'axe de projection, nous aurons, en vertu du théorème précédent,

$$a \cos \alpha + b \cos \beta + c \cos \gamma + \dots + l \cos \lambda = 0,$$

ce que l'on écrit en abrégé

$$\Sigma\, a \cos \alpha = 0,$$

la lettre Σ tenant lieu du mot *somme*.

56. Lorsque le contour que l'on projette n'est pas fermé, on nomme *résultante* de ce contour la droite qui joint le point de départ du mobile fictif au point d'arrivée.

Théorème. — *La projection de la résultante d'un contour polygonal est égale à la somme algébrique des projections de ses côtés.*

Soit ABCDEF (fig. 29) un contour polygonal non fermé, et soit AF la résultante. Le contour ABCDEFA étant fermé, on a (**55**)

proj. AB + proj. BC + proj. CD + proj. DE + proj. EF + proj. FA = 0.

Mais (**54**)

$$\text{proj. FA} = -\text{proj. AF}$$

donc

proj. AF = proj. AB + proj. BC + proj. CD + proj. DE + proj. EF.

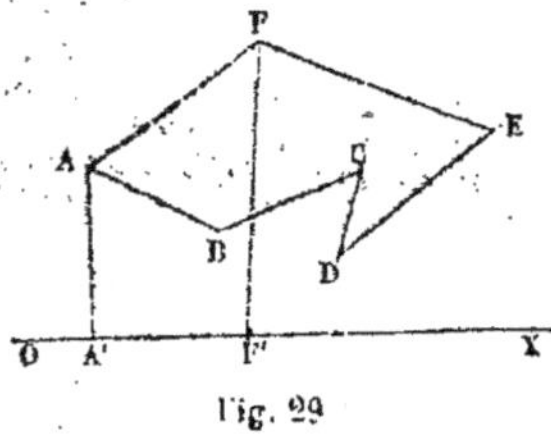

Fig. 29

COROLLAIRE. — Si l'on projette sur un même axe deux contours rectilignes ayant le même point de départ et le même point d'arrivée, les projections orthogonales de ces deux contours non fermés sont égales.

57. Au lieu de projeter les points d'un plan sur un axe par des perpendiculaires à cet axe, on peut les projeter par des parallèles à une direction donnée faisant avec l'axe un angle donné θ. On a alors ce que l'on appelle des *projections obliques.*

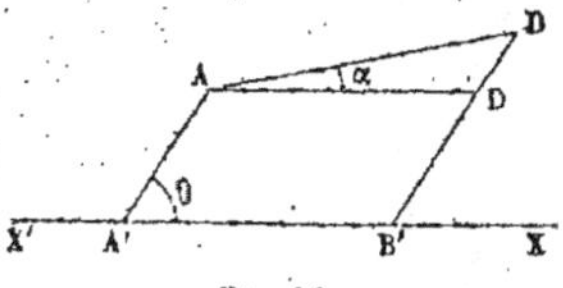

Fig. 50.

Tout ce que nous avons dit des projections orthogonales, et particulièrement les théorèmes des numéros **55** et **56**, subsiste pour les projections obliques. Mais la projection d'un chemin AB (fig. 30) sur un axe X′X, c'est-à-dire A′B′, n'a plus pour valeur le produit de AB par le cosinus de l'angle BAD ou α que ce chemin fait avec une parallèle AD à l'axe. Le triangle ABD donne

$$\frac{AD}{AB} = \frac{\sin ABD}{\sin ADB} \quad \text{ou} \quad \frac{AD}{AB} = \frac{\sin (\theta - \alpha)}{\sin \theta}, \quad \text{d'où} \quad AD = AB \cdot \frac{\sin (\theta - \alpha)}{\sin \theta}.$$

Le théorème du n° **55** serait donc exprimé par

$$\Sigma a \, \frac{\sin (\theta - \alpha)}{\sin \theta} = 0,$$

ou simplement

$$\Sigma a \sin (\theta - \alpha) = 0,$$

en supprimant le dénominateur $\sin \theta$, qui ne saurait être nul.

58. Ces notions établies, nous revenons aux formules propres à changer d'axes.

La transformation la plus générale consiste à changer à la fois l'origine et la direction des axes ; mais il est plus simple de faire la transformation en deux fois : on transporte d'abord les axes parallèlement à eux-mêmes, puis on change leur direction sans changer d'origine.

59. Première transformation. — Nous supposerons d'abord que l'axe des x reste le même, et que le nouvel axe des y soit parallèle à l'ancien. Soient OX et OY (fig. 31) les anciens axes, soit O'Y' le nouvel axe des y.

Considérons un point quelconque M du plan ; menons MP parallèle à OY. Appelons x l'ancienne abscisse du point M, x' la nouvelle, et a l'abscisse de la nouvelle origine par rapport à l'ancienne.

Quelles que soient les positions relatives des points O, O' et

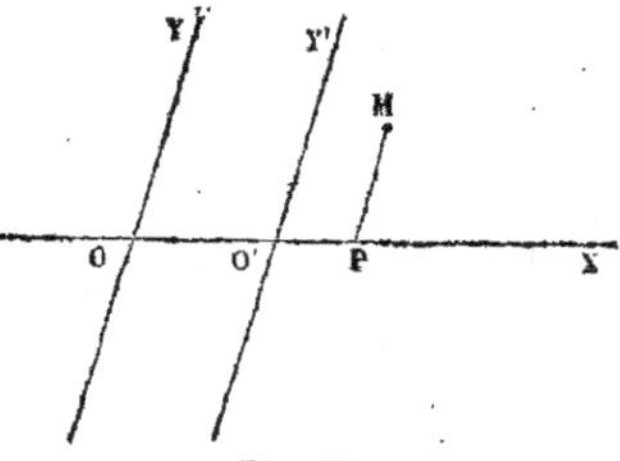

Fig. 31.

P, la ligne OP peut toujours être considérée comme la résultante des deux lignes OO' et O'P qui ont le point O' pour extrémité commune, et par suite on a (**56**)

$$\text{proj.}\,OP = \text{proj.}\,OO' + \text{proj.}\,O'P,$$

quel que soit l'axe de projection. Or, si l'on projette ces lignes sur l'axe des x lui-même et parallèlement à l'axe des y, on a

$$\text{proj.}\,OP = x, \quad \text{proj.}\,OO' = a, \quad \text{proj.}\,O'P' = x';$$

donc

$$x = a + x'.$$

60. Si, au contraire, l'axe des y restait le même, et que le nouvel axe des x fût parallèle à l'ancien, on verrait d'une manière semblable qu'en nommant y l'ancienne ordonnée, y' la nouvelle et b l'ordonnée de la nouvelle origine par rapport à l'ancienne, on a dans tous les cas

$$y = b + y'.$$

61. Si donc on transporte à la fois les deux axes parallèlement à eux-mêmes, par exemple de la position OX, OY (fig. 32) à la position O'X', O'Y', en nommant x et y les coordonnées d'un point quelconque M du plan par rapport aux anciens axes, x' et y' les coordonnées du même point par rapport

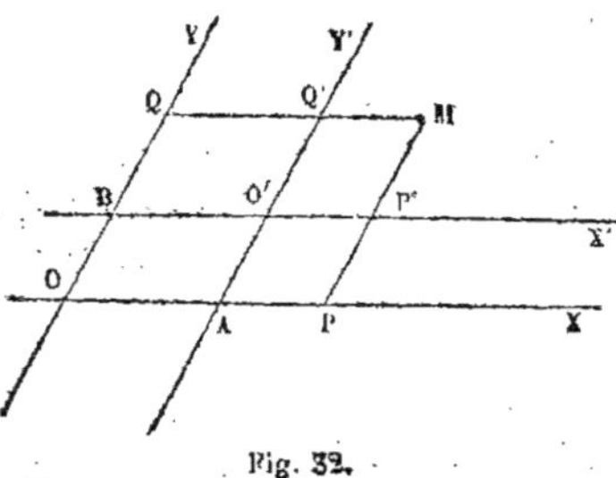

Fig. 32.

aux nouveaux, et a et b les coordonnées de la nouvelle origine O' par rapport aux anciens axes, on aura en même temps

$$x = a + x' \quad \text{et} \quad y = b + y' :$$

et, d'après ce qui a été démontré tout à l'heure, ces formules seront applicables à tous les cas.

Telles sont les formules qui servent à passer d'un système d'axes coordonnés à un nouveau système d'axes parallèles aux premiers.

Pour en montrer sur-le-champ l'usage, supposons qu'un lieu géométrique soit représenté en coordonnées rectangulaires par l'équation

$$x^2 + y^2 - 6x + 4y + 12 = 0.$$

Transportons les axes parallèlement à eux-mêmes; soient $a = 3$ et $b = -2$ les coordonnées de la nouvelle origine, nous aurons

$$x = x' + 3 \quad \text{et} \quad y = y' - 2.$$

En substituant ces valeurs dans l'équation précédente, on trouve qu'elle se réduit à

$$x'^2 + y'^2 = 1,$$

équation qui représente un cercle dont le rayon est 1, et dont le centre est à l'origine des nouvelles coordonnées (**13**).

62. Deuxième transformation. — Soient OX et OY (fig. 33) les anciens axes faisant entre eux un angle θ ; OX' et OY' les nouveaux axes faisant respectivement avec OX des angles que nous appellerons α et α' ; soit M un point quelconque du plan ; menons MP parallèle à OY et MP' parallèle à OY'. Il s'agit d'exprimer les coordonnées anciennes du point M, OP et MP, en fonction de ses coordonnées nouvelles OP' et MP'.

Pour cela, menons d'abord une droite OA perpendiculaire à

OY, et par suite à MP ; et projetons sur cette droite les côtés successifs du polygone OP'MPO, que nous supposerons parcourus
dans l'ordre indiqué par les
lettres. Les deux premiers côtés
seront parcourus dans le sens
qui leur est propre, c'est-à-dire
de O vers P' et de P' vers M, ou
de O vers X' et vers Y' ; les deux
derniers seront, au contraire,
parcourus dans un sens opposé
à leur direction propre, c'est-à-
dire de M vers P et de P vers O,
ou de Y et de X vers O. D'après

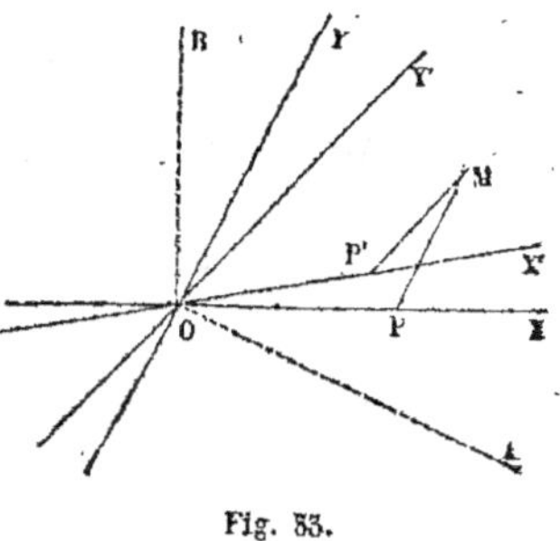

Fig. 55.

ce qui a été établi au numéro **54**, les valeurs des projections
de ces côtés seront donc

$$+ x' \cos (OX',OA), \quad + y' \cos (OY',OA), \quad 0 \quad \text{et} \quad - x \cos (OX,OA)$$

Mais, OA étant perpendiculaire à OY, on a $AOX = 90° - \theta$,
d'ailleurs

$$X'OA = X'OX + AOX = \alpha + 90° - \theta = 90° - (\theta - \alpha),$$
$$Y'OA = Y'OX + AOX = \alpha' + 90° - \theta = 90° - (\theta - \alpha').$$

Les projections considérées ont donc respectivement pour
valeur

$$+ x' \sin (\theta - \alpha), \quad + y' \sin (\theta - \alpha'), \quad 0 \quad \text{et} \quad - x \sin \theta.$$

Or, d'après le théorème du n° **55**, la somme algébrique de
ces projections doit être nulle : on a donc

$$x' \sin (\theta - \alpha) + y' \sin (\theta - \alpha') - x \sin \theta = 0,$$

d'où

$$x = \frac{x' \sin (\theta - \alpha) + y' \sin (\theta - \alpha')}{\sin \theta}. \qquad [1]$$

Menons, en second lieu, une droite OB perpendiculaire à OX,
et projetons sur cette droite le même contour polygonal ; les
projections des côtés sont respectivement :

$$+ x' \cos (OX',OB), \quad + y' \cos (OY',OB), \quad - y \cos (OY,OB) \quad \text{et} \quad 0;$$

mais, OB étant perpendiculaire à OX, on a BOY $= 90^\circ - \theta$; d'ailleurs

$$X'OB = 90^\circ - X'OX = 90^\circ - \alpha,$$
$$Y'OB = 90^\circ - Y'OX = 90^\circ - \alpha'.$$

Les projections considérées ont donc respectivement pour valeur

$$+ x' \sin \alpha, \quad + y' \sin \alpha', \quad - y \sin \theta \quad \text{et} \quad 0.$$

Or la somme de ces projections doit être nulle en vertu du théorème du n° **55**; on a donc

$$x' \sin \alpha + y' \sin \alpha' - y \sin \theta = 0,$$

d'où

$$y = \frac{x' \sin \alpha + y' \sin \alpha'}{\sin \theta}. \qquad [2]$$

Les formules [1] et [2] sont celles qu'il s'agissait d'établir. Elles sont applicables à tous les cas, puisque le théorème du n° **55** est général. Elles se simplifient dans quelques cas particuliers que nous allons examiner.

63. *Passer d'un système d'axes rectangulaires à un système d'axes obliques.* — Si le premier système d'axes était rectangulaire, on aurait $\theta = 90^\circ$; et, par conséquent, les formules [1] et [2] du numéro précédent deviendraient

$$x = x' \cos \alpha + y' \cos \alpha' \quad \text{et} \quad y = x' \sin \alpha + y' \sin \alpha'.$$

Pour donner un exemple de leur usage, supposons qu'une courbe ait pour équation en coordonnées rectangulaires

$$9x^2 - 16y^2 = 144.$$

Passons à un système de coordonnées obliques, en prenant pour nouvel axe des abscisses une droite faisant avec l'ancien un angle négatif dont la tangente a pour valeur $-\frac{3}{4}$, et pour nouvel axe des ordonnées une droite faisant avec l'ancien axe des x un angle positif dont la tangente a pour valeur $+\frac{3}{4}$. On aura

$$\text{tang } \alpha = -\tfrac{3}{4}, \quad \text{d'où} \quad \sin \alpha = -0{,}6 \quad \text{et} \quad \cos \alpha = +0{,}8,$$
$$\text{tang } \alpha' = +\tfrac{3}{4}, \quad \text{d'où} \quad \sin \alpha' = +0{,}6 \quad \text{et} \quad \cos \alpha' = +0{,}8.$$

Les formules ci-dessus deviennent

$$x = 0{,}8x' + 0{,}8y' \quad \text{et} \quad y = -0{,}6x' + 0{,}6y'.$$

Substituant ces valeurs dans l'équation de la courbe, et réduisant, on obtient

$$25,04x'y' = 144 \quad \text{ou} \quad x'y' = 6,25$$

pour l'équation de la même courbe rapportée aux nouveaux axes.

64. *Passer d'un système d'axes obliques à un système d'axes rectangulaires.* — Si, le premier système d'axes étant oblique, le second était rectangulaire, on aurait $\alpha' - \alpha = 90^\circ$ ou $\alpha' - \alpha = 270^\circ$.

La première supposition donne $\alpha' = \alpha + 90^\circ$, $\theta - \alpha' = \theta - \alpha - 90^\circ$; par conséquent, $\sin(\theta - \alpha') = -\cos(\theta - \alpha)$ et $\sin \alpha' = \cos \alpha$.

Par suite, les formules du n° **62** deviennent

$$x = \frac{x' \sin(\theta - \alpha) - y' \cos(\theta - \alpha)}{\sin \theta} \quad \text{et} \quad y = \frac{x' \sin \alpha + y' \cos \alpha}{\sin \theta}.$$

La seconde supposition conduirait à des formules qui ne diffèrent des précédentes qu'en ce que y' y est changé en $-y'$, ce qu'on pouvait d'ailleurs prévoir.

Comme application des formules ci-dessus, supposons que l'équation d'une courbe rapportée à des axes faisant entre eux un angle de 60°, soit

$$x^2 + xy + y^2 = 1,$$

et qu'on veuille la rapporter à des axes rectangulaires en conservant l'axe des x. On a, dans ce cas, $\theta = 60^\circ$ et $\alpha = 0$. Par conséquent

$$x = x' - y' \frac{\cos 60^\circ}{\sin 60^\circ} \quad \text{et} \quad y = y' \frac{1}{\sin 60^\circ}.$$

Or $\cos 60^\circ = \frac{1}{2}$, $\sin 60^\circ = \frac{\sqrt{3}}{2}$; les formules à employer reviennent donc à

$$x = x' - \frac{y'}{\sqrt{3}} \quad \text{et} \quad y = \frac{2y'}{\sqrt{3}}.$$

Substituant ces valeurs dans l'équation de la courbe, on trouve

$$x'^2 + y'^2 = 1$$

pour l'équation de la même courbe rapportée aux nouveaux axes.

65. *Passer d'un système d'axes rectangulaires à un autre système d'axes rectangulaires.* — Si, enfin, il s'agissait de passer d'un système d'axes rectangulaires à un autre système d'axes rectangulaires, il faudrait dans les formules du n° **62** faire en même temps $\theta = 90^\circ$ et $\alpha' = \alpha + 90^\circ$; ce qui revient à faire $\iota = 90^\circ$ dans les formules du numéro précédent. On trouve ainsi

$$x = x' \cos \alpha - y' \sin \alpha \quad \text{et} \quad y = x' \sin \alpha + y' \cos \alpha.$$

REMARQUES. — I. Ces deux formules sont comprises dans la suivante, qui peut servir à les faire retenir,

$$x + y \sqrt{-1} = (x' + y' \sqrt{-1})(\cos \alpha + \sin \alpha \sqrt{-1}).$$

II. Comme application de ces formules, on peut s'assurer que l'équation du cercle, rapportée à des axes rectangulaires passant par son centre, reste la même, quel que soit le système de ces axes. Si, en effet, dans l'équation

$$x^2 + y^2 = R^2,$$

on remplace x et y par les valeurs que donnent ces formules, on obtient

$$x'^2 + y'^2 = R^2,$$

équation qui est exactement la même.

III. Dans le cas où les nouveaux axes rectangulaires sont précisément les bissectrices des angles formés par les premiers axes rectangulaires, on a

$$\sin \alpha = \cos \alpha = \tfrac{1}{2}\sqrt{2} = \frac{1}{\sqrt{2}},$$

par conséquent les formules ci-dessus deviennent

$$x = \frac{x' - y'}{\sqrt{2}} \quad \text{et} \quad y = \frac{x' + y'}{\sqrt{2}}.$$

66. Transformation générale. — Si l'on veut en même temps changer l'origine et la direction des axes, on pourra obtenir très-simplement les formules à employer.

Transportons d'abord les axes parallèlement à eux-mêmes, et soient x'' et y'' les coordonnées dans le nouveau système d'axes parallèles aux anciens; on a vu (**61**) qu'il suffit de poser

$$x = a + x'' \quad \text{et} \quad y = b + y'',$$

a et b étant les coordonnées de la nouvelle origine par rapport aux anciens axes.

Changeons maintenant la direction des axes, en conservant la nouvelle origine ; il faudra appliquer pour cela les formules du n° **62** ; et l'on aura, en appelant x' et y' les coordonnées dans ce nouveau système,

$$x'' = \frac{x' \sin (\theta - \alpha) + y' \sin (\theta - \alpha')}{\sin \theta} \quad \text{et} \quad y'' = \frac{x' \sin \alpha + y' \sin \alpha'}{\sin \theta}.$$

Par conséquent, en remplaçant x'' et y'' par ces valeurs dans les formules qui précèdent, on aura les formules les plus générales pour la transformation des coordonnées rectilignes, savoir :

$$x = a + \frac{x' \sin (\theta - \alpha) + y' \sin (\theta - \alpha')}{\sin \theta},$$

$$y = b + \frac{x' \sin \alpha + y' \sin \alpha'}{\sin \theta}.$$

REMARQUES. — I. Ces formules sont de la forme

$$x = a + mx' + ny' \quad \text{et} \quad y = b + px' + qy',$$

c'est-à-dire du premier degré en x' et y'. Si l'on voulait effectuer la transformation inverse, c'est-à-dire revenir des nouveaux axes aux anciens, il faudrait remplacer x' et y' par leurs valeurs en x et y tirées des relations ci-dessus, et il est aisé de voir que ces valeurs seraient aussi du premier degré en x et y. Il en résulte que si l'on remplace x et y par leurs valeurs en x' et y' dans l'équation d'une courbe supposée algébrique, le degré de cette équation ne pourra pas *s'élever*. Il ne peut pas *s'abaisser* non plus, puisqu'il faudrait que ce degré s'élevât en revenant du nouveau système à l'ancien.

II. Mais il pourrait, dans certains cas, arriver que l'équation s'abaissât par rapport à l'une des deux coordonnées. Si, par exemple, une courbe rapportée à des coordonnées rectangulaires a pour équation

$$x^3 - 3xy + y^3 = 0,$$

et qu'on prenne pour axes nouveaux les bissectrices des angles formés par les premiers, on obtient pour l'équation de la courbe rapportée aux nouveaux axes

$$(x^2 + 5y^2) x \sqrt{2} - 5 (x^2 - y^2) = 0,$$

équation qui n'est plus que du second degré par rapport à y.

§ 4. — CLASSIFICATION DES LIGNES PLANES.

67. Une ligne est dite *algébrique* ou *transcendante*, suivant que son équation est algébrique ou transcendante. par rapport aux coordonnées x et y.

Il résulte des remarques faites à la fin du paragraphe précédent que le degré d'une équation algébrique à deux variables x et y est un *caractère permanent* de la courbe qu'elle représente, c'est-à-dire un caractère qui subsiste quel que soit le système d'axes adopté. A cause de cela, on classe les lignes algébriques d'après le degré de leur équation.

Si, après avoir chassé les dénominateurs, fait disparaître les radicaux, et fait passer tous les termes dans un même membre, ce membre est un polynome du degré m en x et y, et qu'il soit *irréductible*, c'est-à-dire qu'il ne puisse être décomposé en facteurs rationnels, on dit que l'équation représente une courbe du *degré m* ou de l'*ordre m*.

Il peut arriver que l'équation ne représente qu'un point : c'est ce qui a lieu pour l'équation

$$(x - a)^2 + (y - b)^2 = 0,$$

qui n'est satisfaite que par le système de valeurs $x = a$ et $y = b$. On dit alors que l'équation représente une *courbe évanouissante* du second degré.

Il peut se faire que l'équation ne soit susceptible d'aucune représentation géométrique, comme, par exemple, l'équation

$$x^2 + y^2 + k^2 = 0,$$

qui ne peut être satisfaite par aucun système de valeurs réelles. On dit alors, ainsi que nous l'avons déjà vu, que l'équation représente une *courbe imaginaire* du second degré.

68. Si le premier membre peut se décomposer en plusieurs facteurs rationnels, on satisfait à l'équation en égalant à zéro l'un ou l'autre de ces facteurs ; l'équation proposée représente donc l'ensemble des courbes représentées par les équations obtenues en égalant séparément chacun de ces facteurs à zéro. Ainsi l'équation

$$x^3 - yx^2 + xy^2 - y^3 - x + y = 0$$

pouvant être mise sous la forme

$$(x - y)(x^2 + y^2 - 1) = 0$$

représente, non pas une ligne du troisième ordre, mais l'ensemble de deux lignes dont l'une est du premier degré et l'autre du second.

On dit, dans le cas qui nous occupe, que l'équation proposée représente une *variété* des courbes du degré m. Et la même dénomination s'applique aux courbes évanouissantes et aux courbes imaginaires.

69. Quand l'équation peut être résolue par rapport à l'une des variables, y par exemple, il peut arriver que la valeur de y contienne un radical d'indice pair, susceptible par conséquent d'être pris avec deux signes, et qu'on ait, par exemple,

$$y = f(x) \pm \sqrt{\varphi(x)};$$

chacune des relations que l'on obtient en adoptant l'un ou l'autre des deux signes représente un arc distinct de la courbe. On donne à ces arcs le nom de *branches* lorsqu'ils s'étendent indéfiniment, au moins dans un sens.

Il peut arriver que ces deux arcs ou ces deux branches se réunissent sans discontinuité; c'est ce qui a lieu lorsqu'il existe une valeur réelle, $x = a$ par exemple, qui annule le radical, parce que les équations des deux arcs donnent toutes deux $y = f(a)$, et que, par conséquent, ces deux arcs se rejoignent puisqu'ils ont un point commun.

Il peut arriver, au contraire, que les deux arcs soient entièrement séparés; cela arrive quand il n'existe aucune valeur réelle de x qui puisse annuler le radical.

Si la valeur de y contient plusieurs radicaux distincts, dont les signes soient indépendants, les combinaisons de signes que l'on peut adopter fournissent autant d'arcs ou de branches distinctes.

Ces notions s'éclairciront plus tard par les exemples que nous aurons occasion de traiter.

70. Une équation algébrique, rationnelle et entière du degré

m en x et y peut renfermer $\dfrac{(m+2)(m+1)}{2}$ termes. En effet, il peut y avoir

$$
\begin{array}{lcl}
1 \text{ terme du degré} & \ldots\ldots\ldots & 0 \\
2 \text{ termes} & \ldots\ldots\ldots\ldots & 1 \\
3 \;\;— & \ldots\ldots\ldots\ldots & 2 \\
4 \;\;— & \ldots\ldots\ldots\ldots & 3 \\
m+1 & \ldots\ldots\ldots\ldots\ldots & m
\end{array}
$$

Le nombre des termes distincts est donc la somme de la suite naturelle des nombres depuis 1 jusqu'à $m+1$, c'est-à-dire $\dfrac{(m+2)(m+1)}{2}$. Tel est donc le nombre total des coefficients de l'équation; mais comme on peut toujours diviser par l'un d'eux sans troubler l'équation, on voit qu'il n'y a que $\dfrac{(m+2)(m+1)}{2} - 1$ ou $\dfrac{m(m+3)}{2}$ coefficients distincts et indépendants.

Une équation complète du degré m, c'est-à-dire renfermant tous les termes qui peuvent y figurer, est l'*équation générale* des courbes du degré m.

Si deux équations du degré m ont *tous leurs coefficients proportionnels, elles représentent la même courbe ;* car on rend ces équations identiques en les divisant par les coefficients de deux termes semblables.

71. On a vu au n° **12** qu'une ligne droite est représentée par une équation du premier degré en x et y. Pour avoir les points d'intersection d'une droite avec une courbe du degré m, il faut chercher les solutions communes aux équations de cette droite et de cette courbe. Or, si l'on remplace dans l'équation de la courbe, y par sa valeur $ax+b$, qui est du premier degré, l'équation en x qui en résultera sera encore du degré m, et ne pourra avoir plus de m racines réelles. Il en résulte ce théorème fondamental :

Une droite ne peut couper une courbe algébrique de l'ordre m *en plus de* m *points.*

Plus généralement, on peut dire qu'une droite coupe une

courbe de l'ordre m en m points réels ou imaginaires, situés à une distance finie ou infinie par rapport à l'origine.

72. Une équation transcendante peut être considérée comme étant de *degré infini*. Si l'on imagine, en effet, qu'on ait résolu l'équation par rapport à y, et qu'après l'avoir mise sous la forme

$$y = f(x),$$

on développe $f(x)$ par la formule de Mac-Laurin, on aura une équation de la forme

$$y = A + Bx + Cx^2 + Dx^3 \ldots + Nx^n + \text{etc.}$$

Le second membre ayant une infinité de termes dont les exposants croissent indéfiniment, on peut dire que l'équation est d'un degré infini. Cependant il nous paraît convenable d'éviter cet abus de langage.

CHAPITRE III

DE LA LIGNE DROITE

73. Construction des équations du premier degré. — L'équation la plus générale du premier degré à deux variables est de la forme

$$Ax + By + C = 0. \qquad [1]$$

Si $A = 0$, on en tire $y = -\dfrac{C}{B}$, c'est-à-dire que tous les points du lieu représenté par cette équation ont la même ordonnée : le lieu est donc une parallèle à l'axe des x.

Si $B = 0$, on tire de l'équation [1] $x = -\dfrac{C}{A}$, qui représente une parallèle à l'axe des y.

Si A et B sont différents de zéro, on peut diviser l'équation [1] par l'un de ces coefficients, B par exemple, et résoudre ensuite l'équation par rapport à y, ce qui donne

$$y = -\frac{A}{B}x - \frac{C}{B},$$

ou en posant, pour abréger,

$$-\frac{A}{B} = a \quad \text{et} \quad -\frac{C}{B} = b,$$

$$y = ax + b.$$

C'est sous cette forme que l'on présente le plus fréquemment l'équation du premier degré à deux variables.

74. Pour obtenir le lieu que cette équation représente, considérons d'abord le cas particulier où b est nul et où l'on a simplement

$$y = ax \quad \text{d'où} \quad \frac{y}{x} = a. \qquad [2]$$

Soient M, M′, M″ (fig. 34) différents points du lieu ; menons les ordonnées MP, M′P′, M″P″ ; et joignons les points M, M′, M″ à l'origine O par les droites MO, M′O, M″O. On a, en vertu de l'équation [2],

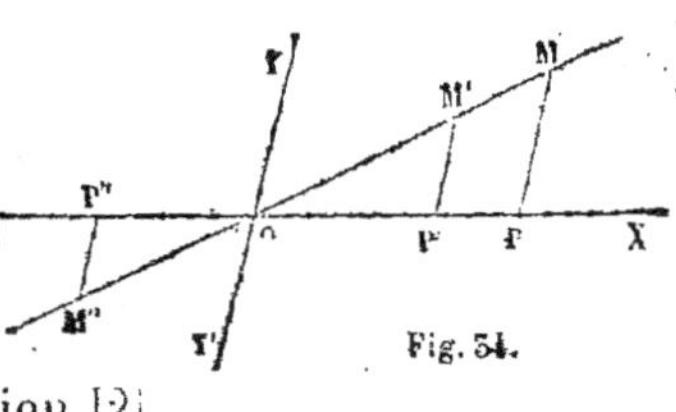
Fig. 34.

$$\frac{MP}{OP} = a, \quad \frac{M'P'}{OP'} = a, \quad \frac{-M''P''}{-OP''} = a,$$

d'où

$$\frac{MP}{OP} = \frac{M'P'}{OP'} = \frac{M''P''}{OP''}.$$

Il résulte de là que les triangles MPO, M′P′O, M″P″O sont semblables, comme ayant un angle égal compris entre côtés proportionnels ; les angles en O sont donc égaux, et, par conséquent, les directions MO, M′O, M″O se confondent, c'est-à-dire que les points M, M′ M″ sont sur une ligne droite passant par l'origine. On arriverait au même résultat dans le cas représenté par la figure 35.

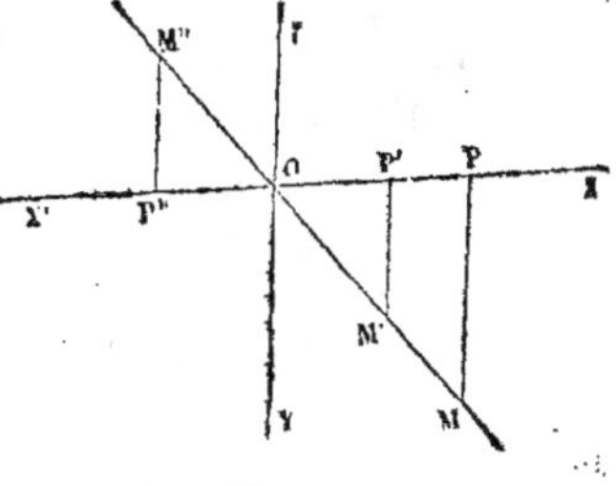
Fig. 35.

Le lieu représenté par l'équation $y = ax$ est donc une droite passant par l'origine.

Revenons maintenant à l'équation $y = ax + b$. Soient M, M′, M″ (fig. 36), différents points du lieu ; menons leurs ordonnées MP, M′P′, M″P″. Soit NN″ la droite représentée par l'équation $y = ax$: les points N, N′, N″ de cette droite situés sur MP, M′P′, M″P″, ont pour ordonnées NP, N′P′, N″P″, lesquelles sont égales aux ordonnées MP, M'P', M"P", diminuées algébriquement de b. On a donc

$$MN = M'N' = M"N" = b.$$

Ainsi, les droites MM', MM", M'M", sont parallèles à NN", et se confondent par conséquent.

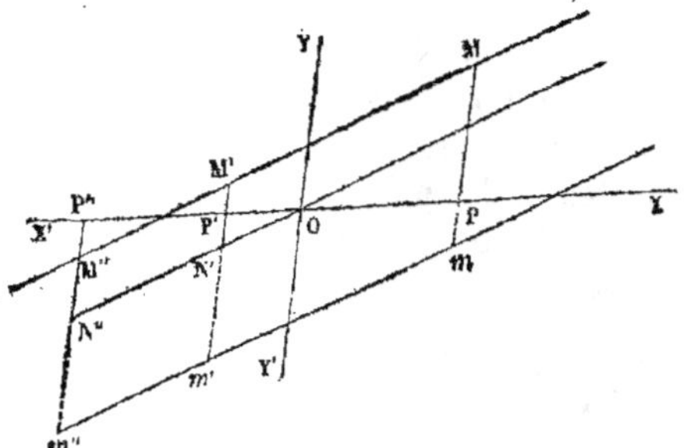

Fig. 36.

Donc le lieu représenté par l'équation $y = ax + b$ est une droite parallèle à celle que représente $y = ax$.

REMARQUES. — I. On a vu au n° **12** qu'*une droite est représentée par une équation du premier degré*; on vient de démontrer dans celui-ci, que réciproquement *toute équation du premier degré représente une droite.*

II. Si l'on n'admet pour a et b que des valeurs finies, la forme $y = ax + b$ est moins générale que la forme $Ax + By + C = 0$, puisque cette dernière comprend les cas où y disparaît, c'est-à-dire où la droite est parallèle à l'axe des y, cas qui n'est point compris dans la première. Mais la première forme est aussi générale que la seconde, si l'on admet pour a et b des valeurs infinies. Le cas particulier de $x = constante$ s'obtient alors en supposant que a et b deviennent infinis, leur rapport restant fini : car en divisant par a on trouve

$$\frac{y}{a} = x + \frac{b}{a},$$

et en faisant $a = \infty$ et $\dfrac{b}{a} = -c$, il vient $0 = x - c$, ou $x = c$, qui représente une parallèle à l'axe des y.

75. Résumé. — En résumé, toute équation du premier degré, à une ou deux variables, représente une ligne droite. On dit, à cause de cela, qu'une expression est *linéaire* par rapport à deux quantités quelconques a, b..., lorsqu'elle est rationnelle entière et du premier degré par rapport à ces quantités. Par exemple, les formules qui servent à la transformation des coordonnées sont des *fonctions linéaires* des coordonnées nouvelles.

76. Coordonnées à l'origine; coefficient angulaire. — Les coefficients a et b ont une signification géométrique qu'il est important de connaître.

Soit ABM (fig. 37) la droite représentée par l'équation $y = ax + b$. Soient A et B les points où elle rencontre les axes ; soit M un point quelconque de la droite, MP son ordonnée ; menons BQ parallèle à OX. Soit 0 l'angle des axes, appelons α l'angle MAX, compris entre 0 et 180°, que la droite fait avec la partie positive de l'axe des x, angle qui est aussi égal à MBQ.

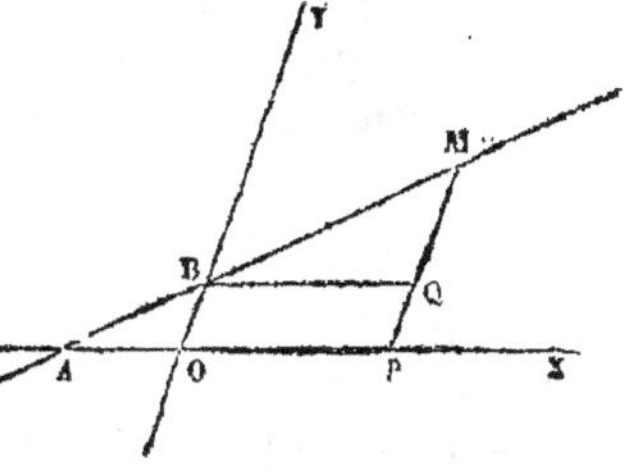

Fig. 37.

On remarquera d'abord que l'ordonnée du point B peut s'obtenir en faisant $x = 0$ dans l'équation de la droite : car le point B est le seul point de la droite dont l'abscisse soit nulle ; on obtient ainsi $y = b$.

Le coefficient b représente donc l'ordonnée du point où la droite rencontre l'axe des y ; c'est ce qu'on appelle l'*ordonnée à l'origine*.

On obtient de même l'*abscisse à l'origine* ou OA en faisant $y = 0$ dans l'équation de la droite, ce qui donne $x = -\dfrac{b}{a}$.

Maintenant le triangle MQB donne

$$\frac{MQ}{BQ} = \frac{\sin MBQ}{\sin BMQ}.$$

Or

$$MQ = MP - PQ = MP - OB = y - b = ax,$$
$$BQ = x, \quad MBQ = \alpha,$$
$$BMQ = MBY = YBQ - MBQ = \theta - \alpha.$$

L'égalité ci-dessus devient donc

$$\frac{ax}{x} \quad \text{ou} \quad a = \frac{\sin \alpha}{\sin (\theta - \alpha)}. \tag{3}$$

Le coefficient a est donc le rapport des sinus des angles que la droite fait avec les deux axes coordonnés. C'est ce qu'on appelle le *coefficient angulaire* de la droite.

Lorsque les axes sont rectangulaires, ce coefficient n'est autre chose que la tangente trigonométrique de l'angle que la droite fait avec l'axe des x ; car l'équation [3], lorsqu'on y fait $\theta = 90°$, se réduit à

$$a = \tang \alpha.$$

C'est ce qu'on peut aussi voir directement, attendu que le triangle MBQ est alors rectangle au point Q, et donne

$$\frac{MQ}{BQ} = \tang MBQ = \tang \alpha.$$

Remarque. — Le coefficient a est un nombre, et le coefficient b est une ligne ; l'équation $y = ax + b$ est donc homogène.

77. Construction d'une droite donnée par son équation. — On peut construire une droite, connaissant son ordonnée à l'origine et son coefficient angulaire. Pour cela, on tire de la relation [3] ci-dessus la valeur de α en fonction de θ et du coefficient angulaire donné a. On trouve

$$\tang \alpha = \frac{a \sin \theta}{1 + a \cos \theta}.$$

Cette formule n'est point calculable par logarithmes ; mais si l'on prend pour inconnue $\tang (\alpha - \tfrac{1}{2} \theta)$, on obtient la formule logarithmique :

$$\tang (\alpha - \tfrac{1}{2} \theta) = \frac{a - 1}{a + 1} \tang \tfrac{1}{2} \theta, \tag{4}$$

d'où l'on déduit $\alpha - \tfrac{1}{2} \theta$ et par suite α.

Cela fait, on porte sur l'axe des y, à partir de l'origine et dans le sens convenable, une distance OB algébriquement égale à b (fig. 37) ; par le point B on mène BQ parallèle à l'axe des x, puis une droite BM faisant avec BQ un angle égal à α, BM est la droite demandée.

Soit, par exemple, l'équation $2y + 3x = 1$, d'où $y = -\frac{3}{2}x + \frac{1}{2}$; les axes étant supposés faire un angle de 80°, la formule [4] donne

$$\tan(\alpha - 40°) = +5 . \tan 40°,$$

d'où l'on tire successivement

$$\log \tan(\alpha - 40°) = 0,6989700 + 9,9238135 = 10,6227835,$$

$$\alpha - 40° = 76° 35' 37'',1,$$

$$\alpha = 116° 35' 57'',1 ;$$

d'ailleurs

$$b = +\frac{1}{2}.$$

L'équation proposée représente donc la droite indiquée par la figure 38.

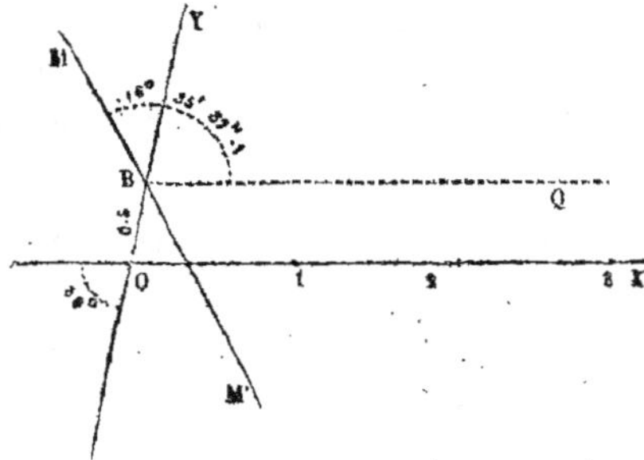

Fig. 58.

Toutefois, il est ordinairement plus avantageux de construire la droite au moyen des points où elle rencontre les axes.

REMARQUE. — On peut avoir besoin de connaître $\tan(\theta - \alpha)$ en fonction de a; on tire de la relation [3] du n° **76**

$$\tan(\theta - \alpha) = \frac{\sin \theta}{a + \cos \theta}.$$

78. Réciproquement : si l'on donne b et α, on aura $a = \dfrac{\sin \alpha}{\sin(\theta - \alpha)}$, et l'équation de la droite s'obtiendra sans difficulté.

Supposons, par exemple, qu'une droite, rapportée à des axes faisant entre eux un angle de 60°, rencontre l'axe des y à une distance de l'origine égale à

2 unités linéaires, du côté des y négatifs, et qu'elle fasse avec l'axe des x un angle de 120°. On aura $\theta = 60°$, $\alpha = 120°$, d'où

$$a = \frac{\sin 120°}{\sin(-60°)} = -1 ;$$

d'ailleurs on donne $b = -2$; l'équation de la droite sera donc

$$y = -x - 2.$$

79. Formes diverses de l'équation d'une droite. — L'équation d'une droite est encore susceptible de plusieurs autres formes qu'il est nécessaire de connaître.

Équation aux coordonnées à l'origine. — On a vu au n° **76** que l'ordonnée à l'origine est b et que l'abscisse à l'origine est $-\frac{b}{a}$. Posons

$$b = q \quad \text{et} \quad -\frac{b}{a} = p, \quad \text{d'où } a = -\frac{q}{p}.$$

Si l'on met ces valeurs dans l'équation $y = ax + b$, elle devient

$$y = -\frac{q}{p}x + q, \quad \text{d'où} \quad \frac{x}{p} + \frac{y}{q} = 1. \qquad [5]$$

Telle est l'équation de la droite en fonction des coordonnées à l'origine.

Par conséquent, si l'on a une équation telle que

$$\frac{x}{3} - \frac{y}{2} = 1, \quad \text{qui revient à} \quad \frac{x}{3} + \frac{y}{(-2)} = 1,$$

on en conclura immédiatement que la droite représentée par cette équation rencontre l'axe des x à une distance de l'origine égale à 3 du côté des x positifs, et l'axe des y à une distance de l'origine égale à 2 du côté des y négatifs ; ce qui permettra de construire immédiatement ces deux points et par suite la droite qui les contient.

Réciproquement : si l'on sait qu'une droite rencontre l'axe des x à une distance de l'origine égale à 4 unités du côté des x négatifs, et l'axe des y à une distance de l'origine égale à 5 du côté des y positifs, on aura immédiatem en' l'équation de cette droite en écrivant :

$$\frac{x}{-4} + \frac{y}{5} = 1, \quad \text{d'où} \quad 4y - 5x = 20.$$

Remarques. — I. On voit, par les diverses formes de l'équation d'une droite, que cette équation ne renferme que deux paramètres distincts, a et b, ou $\dfrac{B}{A}$ et $\dfrac{C}{A}$, ou a et b, etc. Pour déterminer ces deux paramètres, il faut avoir deux relations entre eux, ce qu'on exprime en disant qu'il faut *deux conditions* pour déterminer une droite. Nous en donnerons divers exemples.

II. **Droite à l'infini.** — Quand l'équation de la droite se présente sous la forme

$$Ax + By + C = 0,$$

les coordonnées à l'origine ont pour valeurs

$$x = -\frac{C}{A} \quad \text{et} \quad y = -\frac{C}{B}.$$

Si l'on fait varier les coefficients A et B, et qu'on les fasse tendre vers zéro, leur rapport restant déterminé, les coordonnées à l'origine tendent toutes deux vers l'infini; et quand l'équation se réduit à $C = 0$, on dit que c'est l'équation d'une droite *rejetée à l'infini* dans une direction déterminée.

80. Équation d'une parallèle à une droite donnée. — Si deux droites sont parallèles, leurs coefficients angulaires doivent être égaux; et réciproquement: si les coefficients angulaires sont les mêmes, les droites font des angles égaux avec la partie positive de l'axe des x; ces droites sont donc parallèles. Ainsi, pour que les droites représentées par les équations

$$y = ax + b \quad \text{et} \quad y = a'x + b'$$

soient parallèles, il faut et il suffit que l'on ait $a = a'$.

Si les équations étaient données sous la forme

$$Ax + By + C = 0 \quad \text{et} \quad A'x + B'y + C' = 0,$$

la condition de parallélisme serait

$$-\frac{B}{A} = -\frac{B'}{A'},$$

d'où

$$\frac{A}{A'} = \frac{B}{B'}.$$

Remarque. — Si l'on avait $\dfrac{A}{A'} = \dfrac{B}{B'} = \dfrac{C}{C'}$, les deux droites se confondraient, puisqu'elles seraient parallèles et passeraient toutes deux par le point de l'axe des y qui a pour ordonnée

$$-\frac{C}{A} \quad \text{ou} \quad -\frac{C'}{A'}.$$

81. Équation d'une droite qui passe par un point donné. — Soient x', y' les coordonnées du point donné, et

$$y = ax + b$$

l'équation de la droite cherchée. Puisque le point est sur la droite, on doit avoir

$$y' = ax' + b.$$

Retranchant ces équations membre à membre, on obtient

$$y - y' = a(x - x'). \qquad [6]$$

Cette relation, ayant lieu pour tous les points de la droite, n'est autre chose que l'équation de la droite même. Cette équation convient à toutes les droites qui passent par le point donné (x', y'); et pour déterminer complétement celle dont on s'occupe, il faut attribuer à a une valeur particulière. Ainsi, l'équation

$$y - 1 = a(x + 2)$$

représente toutes les droites qui passent par le point dont les coordonnées sont $x = -2$ et $y = +1$; mais l'équation

$$y - 1 = 3(x + 2)$$

ne convient qu'à celle qui fait avec OX et OY des angles tels, que le rapport de leurs sinus est égal à 3.

Remarque. — Si l'on désigne par ρ la distance du point dont les coordonnées sont x et y, au point dont les coordonnées sont x' et y', on remarquera que les distances $y - y'$, $x - x'$ et ρ sont les trois côtés d'un triangle dans lequel les angles opposés sont α, $\theta - \alpha$, et θ ou $180° - \theta$; on a donc

$$\frac{y - y'}{\sin \alpha} = \frac{x - x'}{\sin(\theta - \alpha)} = \frac{\rho}{\sin \theta}.$$

Cette relation est souvent utile. Si l'angle θ est droit, elle prend la forme

$$\frac{y - y'}{\sin \alpha} = \frac{x - x'}{\cos \alpha} = \rho.$$

82. Points et droites imaginaires. — Une équation du premier degré en x et y, et à coefficients réels, admet une infinité de solutions imaginaires. Car si, dans l'équation $Ax + By + C = 0$, on fait $x = p + q\sqrt{-1}$, on en tire,

$$y = -\frac{Ap + C}{B} - \frac{Aq}{B}\sqrt{-1}.$$

On exprime cette propriété en disant qu'*une droite réelle passe par une infinité de points imaginaires.*

Au contraire, une équation du premier degré à coefficients imaginaires, telle que

$$(A + A'\sqrt{-1})\, x + (B + B'\sqrt{-1})\, y + C + C'\sqrt{-1} = 0,$$

admet toujours une solution réelle. Car si l'on égale séparément à zéro les termes réels et les termes affectés du facteur $\sqrt{-1}$, on obtient les deux équations

$$Ax + By + C = 0 \quad \text{et} \quad A'x + B'y + C' = 0,$$

qui admettent une solution réelle. On exprime cette propriété en disant qu'*une droite imaginaire passe toujours par un point réel.*

Ce point réel serait rejeté à l'infini si l'on avait $\frac{A}{A'} = \frac{B}{B'}$. Mais on ne saurait avoir en même temps $\frac{A}{A'} = \frac{B}{B'} = \frac{C}{C'}$; car alors la droite serait réelle et non pas imaginaire. En désignant, en effet, par k la valeur commune de ces rapports, on aurait $A' = \frac{A}{k}$, $B' = \frac{B}{k}$, $C' = \frac{C}{k}$, et l'équation pourrait être mise sous la forme

$$\left(Ax + By + C\right)\left(1 + \frac{1}{k}\sqrt{-1}\right) = 0 \quad \text{ou} \quad Ax + By + C = 0.$$

83. Équation d'une droite qui passe par deux points donnés. — Soient (x', y') et (x'', y'') les deux points donnés.

La droite devant passer par le premier point, son équation sera de la forme (**81**)

$$y - y' = a\,(x - x').$$

Mais les coordonnées du second point doivent satisfaire à cette équation ; donc

$$y'' - y' = a\,(x'' - x'),$$

d'où, en éliminant a par division,

$$\frac{y - y'}{y'' - y'} = \frac{x - x'}{x'' - x'} \quad \text{ou} \quad y - y' = \frac{y'' - y'}{x'' - x'}(x - x'). \qquad [7]$$

Si, par exemple, les deux points ont pour coordonnées $x' = 1$, $y' = -2$ et $x'' = -2$, $y'' = -4$, on aura

$$\frac{y+2}{-4+2} = \frac{x-1}{-2-1} \quad \text{ou} \quad \frac{y+2}{2} = \frac{x-1}{3}$$

pour l'équation de la droite qui passe par ces deux points.

REMARQUES. — I. Le coefficient angulaire de la droite représentée par l'équation [7] est égal à $\frac{y''-y'}{x''-x'}$, c'est-à-dire au *rapport de la différence des ordonnées des deux points donnés, à la différence des abscisses de ces mêmes points*.

II. Si les deux points ont pour coordonnées $x' = p$, $y' = 0$ et $x'' = 0$, $y'' = q$, on trouve

$$\frac{y-0}{0-q} = \frac{x-p}{p-0}, \quad \text{d'où} \quad \frac{x}{p} + \frac{y}{q} = 1,$$

et l'on retombe ainsi sur l'équation [5] du n° **79**.

III. Si l'un des points est l'origine des coordonnées, et que l'on ait, par exemple, $x'' = 0$, $y'' = 0$; on obtient

$$\frac{y-y'}{y'} = \frac{x-x'}{x'};$$

d'où

$$y = \frac{y'}{x'} x, \qquad [8]$$

équation d'une droite menée de l'origine au point dont les coordonnées sont x' et y'.

IV. Si les coordonnées des deux points sont égales et de signe contraire, en sorte qu'on ait $x'' = -x'$ et $y'' = -y'$, il vient

$$\frac{y-y'}{2y'} = \frac{x-x'}{2x'}, \quad \text{d'où} \quad y = \frac{y'}{x'}x,$$

ce qui montre que la droite passe alors par l'origine (**74**).

84. Cas où les deux points sont imaginaires conjugués. — Si les deux points donnés étaient imaginaires conjugués, et si l'on avait, par exemple,

$$x' = a + b\sqrt{-1}, \quad y' = c + d\sqrt{-1}, \quad x'' = a - b\sqrt{-1}, \quad y'' = c - d\sqrt{-1},$$

on trouverait

$$b\,(y-c)=d\,(x-a),$$

équation d'une droite réelle. Ainsi, *deux points imaginaires conjugués déterminent une droite réelle.*

85. Problème. — *Étant données les coordonnées* x', y' *et* x'', y'' *des extrémités d'une droite, trouver celles du point qui divise cette droite en deux segments (additifs ou soustractifs) dont le rapport est un nombre donné* m.

Les projections de la droite sur les axes seront divisées dans le même rapport ; si donc x et y représentent les coordonnées du point demandé, on devra avoir dans le cas des segments additifs

$$\frac{x-x'}{x''-x}=m,\quad \text{d'où}\quad x=\frac{x'+mx''}{1+m}.$$

On trouverait de même

$$y=\frac{y'+my''}{1+m}.$$

Dans le cas des segments soustractifs on posera

$$\frac{x-x'}{x-x''}\quad \text{ou}\quad \frac{x'-x}{x''-x}=m,\quad \text{d'où}\quad x=\frac{x'-mx''}{1-m}$$

et l'on trouvera de même

$$y=\frac{y'-my''}{1-m}.$$

On voit que pour passer du premier cas au second il suffit de changer le signe de m.

Pour $m=1$, on trouve, dans le premier cas,

$$x=\tfrac{1}{2}\,(x'+x'')\quad \text{et}\quad y=\tfrac{1}{2}\,(y'+y'');$$

ce sont les coordonnées du milieu de la droite.

Dans le second cas, on trouve des valeurs infinies; c'est-à-dire que le point de division est lui-même rejeté à l'infini.

86. Autre forme de l'équation de la droite. — Enfin, l'équation d'une droite peut encore être mise sous une forme qu'il est bon de connaître.

Soit AB (fig. 39) la droite dont il s'agit. Abaissons de l'origine O sur cette droite la perpendiculaire $OD=p$; et soient α et β les angles que fait cette perpendiculaire avec OX et avec OY.

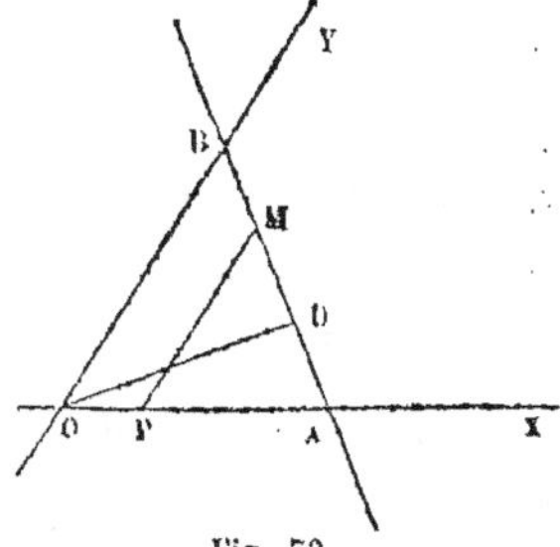

Fig. 39.

Si on mène $MP = y$, qu'on fasse $OP = x$, et qu'on projette la ligne polygonale OPMD sur OD, on aura

$$x \cos \alpha + y \cos \beta = p. \qquad [9]$$

Dans le cas où les axes sont rectangulaires, β et α sont complémentaires : on peut donc écrire

$$x \cos \alpha + y \sin \alpha = p. \qquad [10]$$

§ 2. — PROBLÈMES SUR LA LIGNE DROITE.

87. PROBLÈME I. — *Trouver l'intersection de deux droites données par leurs équations.*

Soient

$$y = ax + b \quad \text{et} \quad y = a'x + b'$$

les équations des deux droites données. Le problème géométrique consiste à déterminer le point dont les coordonnées satisfont à ces deux équations : et le problème algébrique consiste à calculer ces coordonnées. Si donc on suppose que x et y, au lieu de représenter dans chaque équation les coordonnées d'un point quelconque de la droite correspondante, représentent les coordonnées du point commun, le problème algébrique reviendra à calculer les valeurs de x et de y qui satisfont à la fois aux deux équations.

On trouve

$$x = \frac{b' - b}{a - a'} \quad \text{et} \quad y = \frac{ab' - a'b}{a - a'}$$

pour les coordonnées du point d'intersection.

EXEMPLE. — Soient les deux droites

$$y = 2x + 1 \quad \text{et} \quad y = -3x + 11.$$

On trouvera pour les coordonnées de leur point d'intersection :

$$x = \frac{11 - 1}{2 + 3} = 2 \quad \text{et} \quad y = \frac{2 \cdot 11 + 1 \cdot 3}{2 + 3} = 5.$$

REMARQUES. —I. Pour que le problème soit possible, il faut et il suffit que ces valeurs soient finies. Pour cela, il faut que a diffère de a'.

II. Si a était égal à a', les droites données seraient parallèles (**80**), et ne pourraient se rencontrer ; aussi le calcul donne-t-il, dans ce cas, des valeurs infinies pour les coordonnées du point d'intersection.

III. Si l'on avait à la fois $a = a'$ et $b = b'$, les valeurs de x et de y prendraient la forme $\frac{0}{0}$; et, en effet, les deux droites, dans ce cas, coïncideraient, et la position du point commun serait indéterminée.

88. Droites imaginaires conjuguées. — Deux droites imaginaires conjuguées $U + V\sqrt{-1} = 0$, $U - V\sqrt{-1} = 0$ se coupent en un point réel, dont les coordonnées sont déterminées par les équations $U = 0$, $V = 0$ (**82**).

89. PROBLÈME II. — *Trouver l'équation générale des droites qui vont concourir avec deux droites données par leurs équations.*

Soient

$$y - ax - b = 0 \quad \text{et} \quad y - a'x - b' = 0$$

les équations des deux droites données.

Multiplions la seconde par un coefficient indéterminé m, et retranchons-la de la première, nous aurons

$$(y - ax - b) - m(y - a'x - b') = 0. \qquad [1]$$

Cette équation est du premier degré en x et y ; elle représente donc une droite. D'un autre côté, les valeurs de x et y, qui vérifient à la fois les deux équations proposées, annulent les deux parenthèses, et satisfont par conséquent à l'équation [1] : c'est-à-dire que le point commun aux deux droites données est situé sur la droite représentée par l'équation [1]. Cette équation représente donc une droite qui va concourir avec les deux droites données ; d'ailleurs, sa direction reste indéterminée, puisqu'on peut disposer du coefficient m. L'équation [1] est donc l'équation demandée.

REMARQUES. — I. On peut disposer de m de manière que la droite [1] ait une direction déterminée ou qu'elle passe par un point donné.

Dans le premier cas, on remarquera que le coefficient angulaire de la droite [1] est

$$\frac{a - ma'}{1 - m}.$$

Si donc a'' est le coefficient angulaire d'une droite ayant la direction donnée, on devra avoir

$$\frac{a - ma'}{1 - m} = a'', \quad \text{d'où} \quad m = \frac{a - a''}{a' - a''}.$$

Dans le second cas, si x' et y' sont les coordonnées du point donné, ces coordonnées devront satisfaire à l'équation [1], et l'on aura

$$(y' - ax' - b) - m(y' - a'x' - b') = 0;$$

d'où

$$m = \frac{y' - ax' - b}{y' - a'x' - b'}.$$

Exemples. — Supposons que les droites données aient pour équations

$$y = 2x + 1 \quad \text{et} \quad y = -3x + 11,$$

et qu'on demande l'équation d'une droite concourant avec les droites données et parallèle à la droite $y = x$, on devra prendre

$$m = \frac{2 - 1}{-3 - 1} = -\frac{1}{4},$$

en sorte que l'équation [1] deviendra

$$(y - 2x - 1) + \frac{1}{4}(y + 3x - 11) = 0 \quad \text{ou} \quad y = x + 3.$$

Si l'on veut, au contraire, l'équation d'une droite concourant avec les deux premières et passant par le point dont les coordonnées sont $x' = 3$ et $y' = 0$, on devra prendre

$$m = \frac{0 - 2 \cdot 3 - 1}{0 + 3 \cdot 3 - 11} = \frac{7}{2},$$

et l'équation [1] deviendra

$$(y - 2x - 1) - \frac{7}{2}(y + 3x - 11) + 0 \quad \text{ou} \quad y = -5x + 15.$$

II. L'équation [1] fournit très-facilement la condition pour que trois droites concourent. Soient, en effet,

$$y = ax + b, \quad y = a'x + b', \quad y = a''x + b'',$$

les équations des trois droites. L'équation [1] étant l'équation générale des droites qui concourent avec les deux premières, il faudra que l'équation de la troisième puisse s'identifier avec l'équation [1]. Or on tire de l'équation [1]

$$y = \frac{a - ma'}{1 - m} x + \frac{b - mb'}{1 - m}.$$

Il faudra donc qu'on ait

$$\frac{a - ma'}{1 - m} = a'' \quad \text{et} \quad \frac{b - mb'}{1 - m} = b'',$$

et l'on obtiendra la condition cherchée en éliminant m entre ces deux relations ; ce qui donne

$$\frac{a - a''}{a' - a''} = \frac{b - b''}{b' - b''},$$

relation facile à retenir.

Par exemple, les droites qui ont pour équations

$$y = 2x + 1, \quad y = x + 3, \quad y = -5x + 15,$$

concourent ; car on a

$$\frac{2 + 5}{1 + 5} = \frac{1 - 15}{3 - 15} \quad \text{ou} \quad \frac{7}{6} = \frac{-14}{-12}.$$

Si les équations des trois droites sont

$$Ax + By + C = 0, \quad A'x + B'y + C' = 0, \quad A''x + B''y + C'' = 0, \quad [a]$$

on trouvera de même que la condition pour qu'elles concourent est :

$$\frac{AB'' - A''B}{A''B' - A'B''} = \frac{AC'' - A''C}{A''C' - A'C''}, \tag{1}$$

90. On peut encore présenter ce résultat d'une autre manière. Remplaçons x et y par $\frac{x}{z}$ et $\frac{y}{z}$ et chassons le dénominateur z ; les équations ainsi obtenues

$$Ax + By + Cz = 0, \quad A'x + B'y + C'z = 0, \quad A''x + B''y + C''z = 0 \quad [b]$$

seront *homogènes* par rapport aux trois variables, et l'on reviendra aux équations [a] en faisant dans celles-ci $z = 1$. Cette transformation est souvent utile.

Or, si l'on élimine x et y entre les équations [b], on arrive à un résultat de la forme

$$Dz = 0.$$

Cette relation devant être une identité pour que l'une quelconque des trois équations soit une conséquence des deux autres, on doit avoir $D = 0$; c'est-à-dire que le *déterminant* des équations [*b*] doit être nul.

On écrit souvent cette condition sous la forme

$$\left. \begin{array}{ccc} A, & B, & C \\ A', & B', & C' \\ A'', & B'', & C'' \end{array} \right\} = 0.$$

Cette condition est identique à la condition [1].

91. Les équations de trois droites étant données sous la forme ci-dessus, s'il arrive qu'en les ajoutant membre à membre on obtienne une identité, cela démontre qu'une quelconque des trois équations est une conséquence des deux autres, et que par conséquent le point commun à deux d'entre elles est situé sur la troisième, c'est-à-dire que *les trois droites sont concourantes*.

On arriverait à la même conclusion si l'on obtenait une identité en ajoutant les équations membre à membre après les avoir multipliées par des facteurs constants. Ainsi les droites représentées par les équations

$$4x - 2y - 3 = 0, \quad 3x - y + \tfrac{1}{2} = 0, \quad 5x - 2y - 1 = 0$$

sont des droites concourantes, car si l'on multiplie la seconde par 2 et la troisième par -2 et qu'on les ajoute, on trouve $0 = 0$.

92. Théorème. — *Quand une équation du premier degré à deux variables a pour coefficients des fonctions linéaires d'un même paramètre, les droites représentées par cette équation concourent en un même point.*

En effet, une telle équation étant de la forme

$$(am + a')\, y + (bm + b')\, x + cm + c' = 0, \qquad [2]$$

si nous l'ordonnons par rapport à m, il vient

$$(ay + bx + c)\, m + a'y + b'x + c' = 0 ;$$

et, sous cette forme, nous voyons qu'elle est vérifiée, quelle que soit la valeur de m, si l'on a

$$ay + bx + c = 0, \quad a'y + b'x + c' = 0.$$

Donc, si $x = \alpha$ et $y = \beta$ vérifient ces équations, les droites représentées par l'équation [2] passeront toutes par le point (α, β).

93. Problème III. — *Trouver l'angle de deux droites données par leurs équations.*

Soient

$$y = ax + b \quad \text{et} \quad y = a'x + b'$$

les équations des deux droites données. Menons-leur des parallèles par l'origine ; elles auront pour équation

$$y = ax \quad \text{et} \quad y = a'x.$$

Elles feront avec l'axe des x les mêmes angles α et α' que les droites proposées. Remarquons sur-le-champ qu'il sera toujours facile de reconnaître, à l'inspection seule des équations $y = ax$ et $y = a'x$, lequel des deux angles α ou α' est le plus grand. En effet, on en tire

$$x = \frac{y}{a} \quad \text{et} \quad x = \frac{y}{a'},$$

et, pour une même valeur positive de y, celle de ces expressions qui sera algébriquement la plus petite correspondra à celle des deux droites qui fait avec la partie positive de l'axe des x, et au-dessus, le plus grand angle. Il suffira donc de voir quelle est celle des deux quantités $\frac{1}{a}$ ou $\frac{1}{a'}$ qui est algébriquement plus petite.

Pour fixer les idées, supposons α plus grand que α'. Soit V l'angle des droites $y = ax$ et $y = a'x$, lequel est le même que celui des deux droites proposées, on aura

$$V = \alpha - \alpha' ;$$

mais on a (77)

$$\tan\alpha = \frac{a \sin\theta}{1 + a \cos\theta} ; \quad \tan a' = \frac{a' \sin\theta}{1 + a' \cos\theta}.$$

D'ailleurs

$$\tan V = \tan(\alpha - \alpha') = \frac{\tan\alpha - \tan\alpha'}{1 + \tan\alpha . \tan\alpha'} ;$$

mettant pour $\tan\alpha$ et $\tan\alpha'$ leurs valeurs, et réduisant, on obtient

$$\tan V = \frac{(a - a') \sin\theta}{1 + (a + a') \cos\theta + aa'}. \qquad [1]$$

Dans le cas où les axes sont rectangulaires, on a $\theta = 90°$, et, par suite,

$$\tan V = \frac{a - a'}{1 + aa'}. \qquad [2]$$

EXEMPLES. — I. Supposons, par exemple, que les équations de deux droites, rapportées à des axes faisant entre eux un angle de 60°, soient

$$y = -3x + 5 \quad \text{et} \quad y = 2x + 1.$$

On reconnaît, en appliquant la règle donnée plus haut, que la première des deux droites est celle qui fait le plus grand angle avec la partie positive de l'axe des x, et au-dessus de cet axe. On aura donc

$$\text{tang } V = \frac{(-3 - 2)\frac{1}{2}.\sqrt{3}}{1 + (-3 + 2)\frac{1}{2} - 2.3} = \frac{5\sqrt{3}}{11},$$

d'où

$$\log \text{tang } V = 10 + \log \frac{5\sqrt{3}}{11} = 9,8961379$$

et

$$V = 53°12'47'',5.$$

II. Supposons, en second lieu, que deux droites aient pour équations en coordonnées rectangulaires

$$y = \tfrac{4}{3}x - \tfrac{1}{3} \quad \text{et} \quad y = -\tfrac{5}{2}x + \tfrac{1}{2}.$$

La seconde est celle qui fait, avec la partie positive de l'axe des x, et au-dessus, le plus grand angle; on aura donc

$$\text{tang } V = \frac{-\dfrac{5}{2} - \dfrac{4}{3}}{1 - \dfrac{5.4}{2.3}} = \frac{17}{6},$$

d'où

$$\log \text{tang } V = 10 + \log \frac{17}{6} = 10,4522977$$

et

$$V = 70°33'25'',7.$$

94. Condition pour que deux droites soient perpendiculaires. — La condition nécessaire pour que deux droites soient perpendiculaires entre elles se déduit facilement de l'expression de tang V.

En effet, pour que l'angle V soit droit, il faut que sa tangente soit infinie, ce qui exige, ou que le dénominateur soit nul, et qu'on ait

$$1 + (a + a') \cos 0 + aa' = 0, \qquad [5]$$

ou que le numérateur soit infini, le dénominateur ne l'étant pas. Il faudrait pour cela que a ou a' fussent infinis ; supposons que ce soit a', ce qui revient à supposer que la seconde droite soit parallèle à l'axe des y. Divisons les deux termes de l'expression de tang V par a'; et faisons ensuite $a' = \infty$; nous trouverons

$$\tang V = \frac{- \sin \theta}{\cos \theta + a},$$

expression qui ne peut être infinie que pour $a = - \cos \theta$. Or les valeurs simultanées $a' = \infty$ et $a = - \cos \theta$ satisfont à la relation [3], comme on le voit en divisant préalablement par a'; cette relation exprime donc la condition nécessaire et suffisante pour que les deux droites soient perpendiculaires entre elles.

(On ne saurait avoir à la fois $a = \infty$ et $a' = \infty$; car alors les droites seraient parallèles à l'axe des y et ne pourraient être perpendiculaires entre elles.)

Dans le cas où les axes sont rectangulaires, $\cos \theta$ est nul, et la condition de perpendicularité se réduit à

$$1 + aa' = 0. \qquad [4]$$

95. PROBLÈME IV. — *Trouver l'équation de la perpendiculaire abaissée d'un point donné sur une droite donnée, et calculer la grandeur de cette perpendiculaire.*

Soient x' et y' les coordonnés du point donné, et $y = ax + b$ l'équation de la droite donnée.

La perpendiculaire devant passer par le point dont les coordonnées sont x' et y', son équation sera de la forme (81)

$$y - y' = a'(x - x').$$

D'ailleurs la condition de perpendicularité donne

$$1 + (a + a') \cos \theta + aa' = 0, \quad \text{d'où} \quad a' = - \frac{1 + a \cos \theta}{a + \cos \theta}.$$

L'équation de la perpendiculaire est donc

$$y - y' = - \frac{1 + a \cos \theta}{a + \cos \theta}(x - x'). \qquad [5]$$

Pour trouver sa longueur, il faut d'abord déterminer les coordonnées du point où elle rencontre la droite donnée, et pour cela trouver les valeurs de x et de y communes à l'équation [5] et à l'équation $y = ax + b$. On y parvient facilement en mettant d'abord cette dernière sous la forme

$$y - y' = a(x - x') - (y' - ax' - b).$$

De cette équation et de l'équation [5] on tire alors

$$x - x' = \frac{(y' - ax' - b)(a + \cos\theta)}{a^2 + 2a\cos\theta + 1},$$

et

$$y - y' = -\frac{(y' - ax' - b)(1 + a\cos\theta)}{a^2 + 2a\cos\theta + 1}.$$

Mais si P désigne la longueur de la perpendiculaire, ou la distance des deux points (x, y) et (x', y'), on a (**10**)

$$P^2 = (x - x')^2 + (y - y')^2 + 2(x - x')(y - y')\cos\theta.$$

Remplaçant $x - x'$ et $y - y'$ par leurs valeurs et réduisant, on trouve

$$P^2 = \frac{(y' - ax' - b)^2 \sin^2\theta}{a^2 + 2a\cos\theta + 1},$$

d'où

$$P = \pm\frac{(y' - ax' - b)\sin\theta}{\sqrt{a^2 + 2a\cos\theta + 1}}. \qquad [6]$$

Cas particuliers. — Si la droite donnée est l'axe des x, on trouve, en faisant $a = 0$ et $b = 0$,

$$P = \pm y'\sin\theta.$$

Si la droite donnée est l'axe des y, en divisant les deux termes par a et faisant ensuite $a = \infty$ et $b = 0$, on trouve

$$P = \pm x'\sin\theta.$$

66. Dans le cas où les axes sont rectangulaires, l'équation de la perpendiculaire devient

$$y - y' = -\frac{1}{a}(x - x'), \qquad [7]$$

et l'expression de sa longueur se réduit à

$$P = \pm\frac{y' - ax' - b}{\sqrt{a^2 + 1}}. \qquad [8]$$

Lorsque l'équation de la droite est de la forme

$$Ax + By + C = 0,$$

on a

$$P = \pm \frac{(Ax' + By' + C)\sin\theta}{\sqrt{A^2 + 2AB\cos\theta + B^2}} \quad \text{ou} \quad P = \pm \frac{Ax' + By' + C}{\sqrt{A^2 + B^2}},$$

suivant que les axes sont obliques ou rectangulaires.

97. REMARQUES. — I. La valeur de P devant être essentiellement positive, on adoptera le signe $+$ ou le signe $-$, suivant que la valeur affectée de ce signe sera positive ou négative.

II. La quantité $y' - ax' - b$ qui est au numérateur de P n'est autre chose que le premier membre de l'équation de la droite mise sous la forme

$$y - ax - b = 0,$$

dans lequel on a remplacé x et y par les coordonnées du point donné. Il en résulte que, si le point donné est sur la droite, l'expression de P se réduit à zéro, ce qui doit être.

III. Soit AB (fig. 40) la droite donnée et M le point donné ; menons MP parallèle à OY, et qui coupe en N la droite AB. On a $x' = OP$; par suite $NP = ax' + b$. Par conséquent

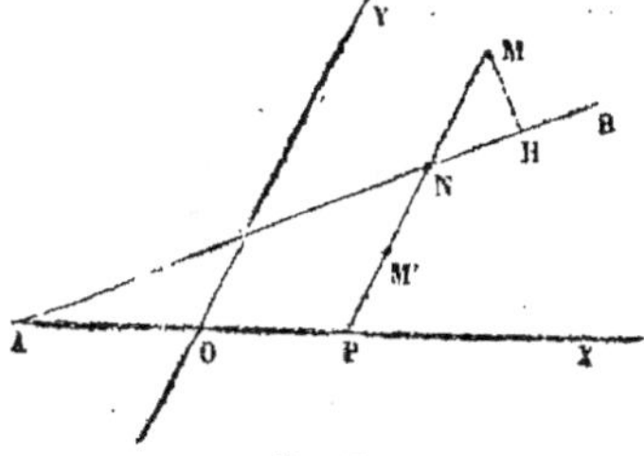

Fig. 40.

$$y' - ax' - b = MP - NP.$$

On voit que cette quantité sera positive si le point M est au-dessus de la droite donnée, et négative si le point M est au-dessous de la droite. On peut vérifier que la même conclusion subsiste dans toutes les positions de la droite et du point.

IV. La formule [0] peut s'obtenir géométriquement. Dans le triangle rectangle MNH (fig. 40) on a

$$MH \quad \text{ou} \quad P = MN \sin MNH;$$

or

$$MN = MP - NP = y' - ax' - b,$$

$$\tan MNH = \frac{\sin\theta}{a + \cos\theta}, \quad \text{d'où} \quad \sin MNH = \frac{\pm\sin\theta}{\sqrt{a^2 + 2a\cos\theta + 1}},$$

et, par suite,

$$P = \frac{\pm\,(y' - ax' - b)\sin\theta}{\sqrt{1 + a^2 + 2a\cos\theta}}.$$

EXEMPLE. — Soit proposé de mener par le point dont les coordonnées sont $x = 1$ et $y = 5$, par rapport à des axes rectangulaires, une perpendiculaire à la droite qui a pour équation

$$y = -\tfrac{3}{4}x - 2,$$

et d'en déterminer la longueur.

On trouvera pour l'équation de la perpendiculaire

$$y - 5 = \tfrac{4}{3}(x - 1),$$

et pour l'expression de sa longueur

$$P = +\frac{5 + \tfrac{3}{4} + 2}{\sqrt{\tfrac{9}{16} + 1}} = \frac{31}{5}.$$

V. Quand l'équation de la droite est donnée, en coordonnées rectangulaires, sous la forme

$$x\cos\alpha + y\sin\alpha - p = 0,$$

le premier membre de cette équation exprime immédiatement la distance du point (x, y) à la droite (**96**), si le point est au delà de la droite par rapport à l'origine ; s'il était du même côté de la droite que l'origine, il faudrait prendre la quantité $x\cos\alpha + y\sin\alpha - p$ en signe contraire. On reconnaîtra aisément que cette convention répond à tous les cas.

98. PROBLÈME V. — *Étant données les équations de deux droites, trouver les équations des bissectrices des angles formés par ces droites.*

Soient

$$y = ax + b \quad \text{et} \quad y = a'x + b'$$

les équations des droites données. Si l'on désigne par X et Y les coordonnées d'un point quelconque de l'une des bissectrices, on aura pour l'expression de ses distances à chacune de ces deux droites (**95**)

$$P = \pm\frac{(Y - aX - b)\sin\theta}{\sqrt{a^2 + 2a\cos\theta + 1}} \quad \text{et} \quad P' = \pm\frac{(Y - a'X - b')\sin\theta}{\sqrt{a'^2 + 2a'\cos\theta + 1}}.$$

Or, d'après la propriété caractéristique des bissectrices, ces distances doivent être égales. On aura donc, si l'on prend les deux distances avec le même signe,

$$\frac{Y - aX - b}{\sqrt{a^2 + 2a\cos\theta + 1}} - \frac{Y - a'X - b'}{\sqrt{a'^2 + 2a'\cos\theta + 1}} = 0, \quad [9]$$

et, si on les prend avec un signe contraire,

$$\frac{Y - aX - b}{\sqrt{a^2 + 2a\cos\theta + 1}} + \frac{Y - a'X - b'}{\sqrt{a'^2 + 2a'\cos\theta + 1}} = 0. \quad [10]$$

Telles sont les équations des deux bissectrices.

En posant, pour abréger,

$$\sqrt{a^2 + 2a\cos\theta + 1} = R \quad \text{et} \quad \sqrt{a'^2 + 2a'\cos\theta + 1} = R',$$

et remplaçant les grandes lettres X et Y par de petites, x et y, ces équations peuvent être mises sous la forme

$$y = \frac{aR' - a'R}{R' - R}x + \frac{bR' - b'R}{R' - R} \quad \text{et} \quad y = \frac{aR' + a'R}{R' + R}x + \frac{bR' + b'R}{R' + R}. \quad [11]$$

Exemple. — Soient, par exemple,

$$y = -\tfrac{3}{4}x + 1 \quad \text{et} \quad y = \tfrac{5}{12}x - 2$$

les équations des deux droites en coordonnées rectangulaires, auquel cas

$$R = \sqrt{a^2 + 1} \quad \text{et} \quad R' = \sqrt{a'^2 + 1},$$

on aura

$$a = -\tfrac{3}{4}, \; R = \tfrac{5}{4}, \; a' = \tfrac{5}{12}, \; R' = \tfrac{13}{12}, \; b = 1, \; b' = -2,$$

et, par suite, on trouvera pour les équations des deux bissectrices :

$$y = 8x - \tfrac{13}{2} \quad \text{et} \quad y = -\tfrac{1}{8}x - \tfrac{17}{16}.$$

II. On peut résoudre cette question d'une autre manière, en partant de l'équation

$$(y - ax - b) - m(y - a'x - b') = 0,$$

qui représente toutes les droites qui passent par le point d'intersection des deux droites données (89), et en déterminant m de manière que cette équation représente une droite qui fasse des angles égaux avec chacune des droites données.

III. Si les droites données sont les axes coordonnés eux-mêmes, il faut dans les équations [9] et [10] faire $a = \infty$, $b = 0$,

$a' = 0$, $b' = 0$ (en ayant soin de diviser préalablement par a les deux termes de la fraction où entre cette lettre). On trouve ainsi pour les équations des deux bissectrices

$$- X - Y = 0 \quad \text{et} \quad - X + Y = 0$$

ou

$$y = - x \quad \text{et} \quad y = + x,$$

équations qui auraient pu être obtenues directement. La seconde représente la bissectrice de l'angle YOX et de son opposé; la première représente la bissectrice de l'angle YOX' et de son opposé.

Remarques. — I. On peut vérifier sur les équations [11] que les bissectrices qu'elles représentent sont perpendiculaires entre elles.

II. Quand on connaît les inclinaisons α et α' des deux droites sur l'axe des x et les coordonnées x' et y' de leur point d'intersection, on peut mettre les équations des bissectrices sous la forme très-simple

$$\frac{x - x'}{\cos \frac{1}{2}(\alpha + \alpha')} = \frac{y - y'}{\sin \frac{1}{2}(\alpha + \alpha')} \quad \text{et} \quad \frac{x - x'}{\sin \frac{1}{2}(\alpha + \alpha')} = - \frac{y - y'}{\cos \frac{1}{2}(\alpha + \alpha')};$$

on reconnaît qu'elles sont perpendiculaires entre elles.

99. *Une équation du m^{me} degré à une seule inconnue représente m droites parallèles (réelles ou imaginaires).*

Soit $f(x) = 0$ une équation du degré m, et soient a, b, c..., l, ses m racines. On sait que cette équation équivaut aux m équations

$$x = a, \; x = c, \ldots x = l,$$

lesquelles représentent m droites, réelles ou imaginaires, parallèles à l'axe des y.

100. *Une équation homogène* $f(x, y) = 0$ *du m^{me} degré représente un faisceau de m droites (réelles ou imaginaires) passant par l'origine.*

En effet, l'équation proposée étant homogène et du degré m, peut être mise sous la forme

$$A \left(\frac{y}{x} \right)^m + B \left(\frac{y}{x} \right)^{m-1} + \ldots + E \left(\frac{y}{x} \right) + F = 0,$$

si l'on divise ses deux membres par x^m. En la résolvant par rapport à $\frac{y}{x}$, on a m valeurs réelles ou imaginaires a, b, c..., et on pourrait remplacer la proposée par les équations

$$y = ax, \quad y = bx, \quad y = cx, \ldots$$

qui représentent m droites, réelles ou imaginaires, passant par l'origine.

101. PROBLÈME VII. — *Trouver l'équation qui représente les deux bissectrices des angles formés par les deux droites représentées par l'équation homogène*

$$Ax^2 + Bxy + Cy^2 = 0.$$

On a vu (**100**) que les coefficients angulaires de ces droites sont les racines m et m' de cette équation, résolue par rapport à $\frac{y}{x}$. Ces droites seront réelles et distinctes, confondues en une seule, ou bien imaginaires, suivant que la quantité $B^2 - 4AC$ sera positive, nulle ou négative. Supposons-les réelles et distinctes, et soit

$$y = \lambda x$$

l'équation de l'une des bissectrices, en supposant les axes rectangulaires. Pour déterminer λ on aura la condition (**92**)

$$\frac{\lambda - m}{1 + \lambda\, m} = \frac{m' - \lambda}{1 + \lambda\, m'}$$

ou

$$(m + m')\, \lambda^2 - 2\,(mm' - 1)\,\lambda - (m + m') = 0 ;$$

mais

$$m + m' = -\frac{B}{C} \quad \text{et} \quad mm' = \frac{A}{C},$$

il vient donc

$$\lambda^2 + 2\left(\frac{A - C}{B}\right)\lambda - 1 = 0.$$

Remplaçant λ par $\frac{y}{x}$, on obtient

$$x^2 - 2\left(\frac{A - C}{B}\right)xy - y^2 = 0 ;$$

c'est l'équation demandée.

§ 3. — EXERCICES ET APPLICATIONS.

102. Exemples de théorèmes de Géométrie démontrés par le calcul. — I. THÉORÈME. — *Les médianes AII, BI, CO d'un triangle quelconque ABC (fig. 41) concourent en un même point.*

Prenons pour axes le côté AB et la médiane CO; il faut démontrer que les deux autres médianes coupent l'axe des y en un même point.

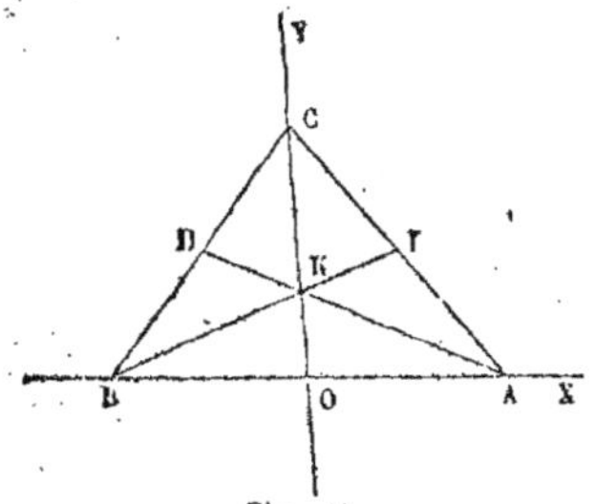

Soient

$$OA = OB = m \quad \text{et} \quad CO = h.$$

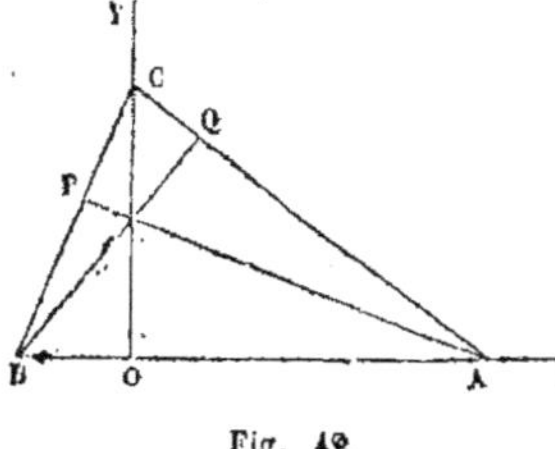

Fig. 41.

Les coordonnées du point H, milieu de BC, seront $x = -\tfrac{1}{2}m$ et $y = \tfrac{1}{2}h$; celles du point A sont d'ailleurs $x = m$ et $y = 0$. L'équation de la droite AH qui passe par ces deux points est donc (83)

$$\frac{y-0}{0-\tfrac{1}{2}h} = \frac{x-m}{m+\tfrac{1}{2}m} \quad \text{d'où} \quad y = -\frac{h}{3m}(x-m).$$

Les coordonnées du point I, milieu de AC, sont $x = \tfrac{1}{2}m$ et $y = \tfrac{1}{2}h$; celles du point B sont d'ailleurs $x = -m$ et $y = 0$. L'équation de BI est donc

$$\frac{y-0}{0-\tfrac{1}{2}h} = \frac{x+m}{-m-\tfrac{1}{2}m}, \quad \text{d'où} \quad y = \frac{h}{3m}(x+m).$$

Si dans ces deux équations on fait $x = 0$, on trouve $y = \dfrac{h}{3}$. Les deux médianes AH et BI coupent donc la médiane OC en un même point K; et ce point est au tiers de OC à partir du point O.

H. Théorème. — *Les perpendiculaires AP, BQ, CO (fig. 42) abaissées des sommets d'un triangle ABC sur les côtés opposés concourent en un même point.*

Prenons pour axe le côté AB et la perpendiculaire CO. Il faut démontrer, comme ci-dessus, que les deux droites AP et BQ coupent l'axe des y au même point, ou qu'elles ont la même ordonnée à l'origine.

Fig. 42.

Soient

$$OA = m, \quad OB = n, \quad CO = h.$$

L'équation de la droite BC est (79)

$$\frac{y}{h} - \frac{x}{n} = 1 \quad \text{ou} \quad y = \frac{h}{n}x + h.$$

L'équation de AP, qui lui est perpendiculaire et qui passe par le point A, dont les coordonnées sont $x = m$ et $y = 0$, sera donc (96)

$$y = -\frac{n}{h}(x-m). \tag{1}$$

L'équation de la droite AC sera de même

$$\frac{y}{h} + \frac{x}{m} = 1 \quad \text{ou} \quad y = -\frac{h}{m}\,x + h.$$

L'équation de BQ qui lui est perpendiculaire et qui passe par le point B, dont les coordonnées sont $x = -n$ et $y = 0$, sera donc

$$y = \frac{m}{h}\,(x + n). \qquad [2]$$

Si dans les équations [1] et [2] on fait $x = 0$ pour avoir l'ordonnée à l'origine, on trouve

$$y = \frac{mn}{h}.$$

Les perpendiculaires AP et BQ coupent donc la perpendiculaire OC en un même point K. On voit, de plus, que la distance OK est une quatrième proportionnelle aux longueurs OC, OA et OB.

Remarque. — Ceci suggère une démonstration géométrique du théorème. En effet, soit K le point d'intersection de BQ avec CO; le triangle BOK est semblable au triangle BQA, qui est lui-même semblable à COA; on a donc

$$\frac{OK}{BO} = \frac{OA}{OC}.$$

Soit K′ le point d'intersection de AP avec CO; le triangle AOK′ est semblable au triangle APB, qui est lui-même semblable à COB; on a donc

$$\frac{OK'}{OA} = \frac{BO}{OC} \quad \text{ou} \quad \frac{OK'}{BO} = \frac{OA}{OC}.$$

Comparant cette proportion à la première, on en déduit $OK' = OK$. Donc AP et BQ rencontrent CO en un même point.

103. Ces théorèmes, et beaucoup d'autres théorèmes analogues, peuvent être démontrés par une méthode plus large et à l'aide de calculs plus symétriques.

1. Soit à démontrer que *les perpendiculaires élevées sur le milieu des côtés d'un triangle concourent en un même point*. Désignons par A′, A″, A‴ les trois sommets du triangle; par x', y'; x'', y''; x''', y''' les coordonnées de ces sommets rapportés à deux axes rectangulaires. La perpendiculaire élevée sur le milieu de A′A″ étant le lieu des points également distants de A′ et de A″, on aura son équation en posant (**10**)

$$(x - x')^2 + (y - y')^2 = (x - x'')^2 + (y - y'')^2$$

ou

$$2(x' - x'')x + 2(y' - y'')y + x''^2 - x'^2 + y''^2 - y'^2 = 0. \qquad [1]$$

On trouvera de même pour les équations des deux autres perpendiculaires

$$2(x'' - x''')x + 2(y'' - y''')y + x'''^2 - x''^2 + y'''^2 - y''^2 = 0$$

et

$$2(x''' - x')x + 2(y''' - y')y + x'^2 - x'''^2 + y'^2 - y'''^2 = 0.$$

Or, si l'on additionne membre à membre ces trois équations, tous les termes s'entre-détruisent, et l'on trouve $0 = 0$. Donc les trois perpendiculaires concourent (**90**).

II. Soit à démontrer que *les bissectrices des trois angles d'un triangle concourent en un même point.* Soient en coordonnées rectangulaires

$$x \cos \alpha + y \sin \alpha - p = 0, \quad x \cos \beta + y \sin \beta - q = 0,$$

$$x \cos \gamma + y \sin \gamma - r = 0,$$

les équations des trois côtés du triangle, que, pour abréger, nous représenterons par

$$A = 0, \qquad B = 0, \qquad C = 0.$$

Le trinome A et le trinome B représentent (**96**, V) respectivement les distances du point x, y aux deux premiers côtés du triangle; la bissectrice de l'angle de ces deux côtés aura pour équation

$$A - B = 0$$

si l'on a pris l'origine en dehors du triangle. On aura de même pour les équations des autres bissectrices

$$B - C = 0 \quad \text{et} \quad C - A = 0.$$

Or, si l'on ajoute membre à membre les équations de ces trois droites, on trouve $0 = 0$; donc (**90**) les trois bissectrices sont concourantes

On modifiera facilement les signes des polynomes A, B, C pour étendre la démonstration aux bissectrices des angles supplémentaires ou extérieurs du triangle.

III. Soit à démontrer que *les perpendiculaires abaissées des sommets d'un triangle sur les côtés opposés concourent en un même point.* Soit ABC (fig. 43) le triangle proposé; et soient, en coordonnées rectangulaires,

$$A = 0, \quad B = 0, \quad C = 0$$

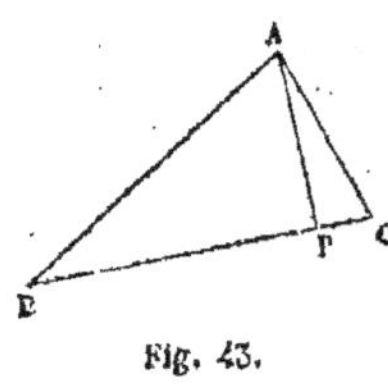

Fig. 43.

les équations respectives des côtés BC, AC, AB. Soit enfin AP perpendiculaire à BC. L'équation $B - \lambda C = 0$ représente toutes les droites qui passent au point A (**89**). Or, les distances du point P aux droites AB et AC ayant pour valeur $AP \cos B$ et $AP \cos C$, les distances d'un point quelconque de AP aux deux côtés AB et AC sont dans le rapport de $\cos B$ à $\cos C$. L'équation de AP est donc

$$B - \frac{\cos C}{\cos B} . C = 0$$

ou

$$B \cos B - C \cos C = 0.$$

On trouvera de même pour les équations des deux autres perpendiculaires

$$C \cos C - A \cos A = 0$$

et

$$A \cos A - B \cos B = 0.$$

Or, si l'on additionne ces trois équations membre à membre, on trouve $0 = 0$; donc les trois perpendiculaires concourent en un même point.

La méthode employée dans ces deux exemples est connue sous le nom de *méthode des notations abrégées*; nous aurons plusieurs fois l'occasion de l'employer dans le cours de cet ouvrage.

104. Exemples de lieux géométriques. — I. *Trouver le lieu des points tels, que la différence entre les distances de chacun d'eux à deux droites fixes soit une quantité constante.* Prenons les droites fixes pour axes; soit θ leur angle. Les distances du point (x, y) aux deux axes auront respectivement pour valeurs **(95)** $y \sin \theta$ et $x \sin \theta$. Par conséquent, en appelant C la constante donnée, on aura

$$y \sin \theta - x \sin \theta = C \quad \text{ou} \quad y = x + \frac{C}{\sin \theta},$$

équation d'une parallèle à la bissectrice de l'angle YOX.

II. *Un triangle OAB (fig. 44), dont un sommet O est fixe, tourne autour de ce sommet en variant de grandeur, mais en restant semblable à lui-même; si le sommet A décrit une droite HL, quel sera le lieu du point B?*

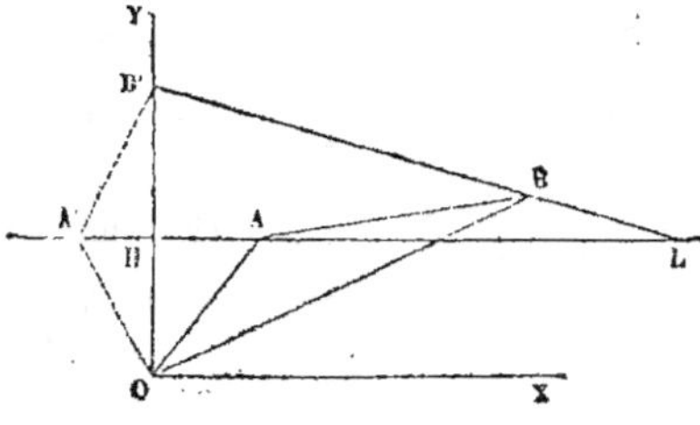

Fig. 44.

Prenons le point O pour origine, l'axe des x parallèle à HL, et l'axe des y perpendiculaire à l'axe des x. Soient $\operatorname{tang} AOX = a$, $\operatorname{tang} BOX = b$, $\operatorname{tang} AOB = m$, $OH = h$, et $\dfrac{OB}{OA} = \delta$, d'où $OB = \delta . OA$, ou bien

$$\sqrt{x^2 + y^2} = \delta \sqrt{\overline{OH}^2 + \overline{AH}^2} = \delta \sqrt{h^2 + \frac{h^2}{a^2}} = \delta h \sqrt{1 + \frac{1}{a^2}}. \qquad [1]$$

L'angle AOB étant la différence des angles AOX et BOX, on a

$$m = \frac{a-b}{1+ab}, \quad \text{d'où} \quad a = \frac{b+m}{1-bm},$$

ou, comme $b = \dfrac{y}{x}$,

$$a = \frac{y + mx}{x - my} \quad \text{et} \quad \frac{1}{a} = \frac{x - my}{y + mx}.$$

Mettant cette valeur dans la relation [4], on obtient

$$\sqrt{x^2 + y^2} = \delta h \, \frac{\sqrt{(y + mx)^2 + (x - my)^2}}{y + mx} = \delta h \, \frac{\sqrt{(x^2 + y^2)(1 + m^2)}}{y + mx}.$$

Faisant disparaître le dénominateur, et divisant les deux membres par $\sqrt{x^2 + y^2}$, ce qui revient à supprimer la solution algébrique $x^2 + y^2 = 0$, étrangère à la question, il vient

$$y + mx = \delta h \sqrt{1 + m^2} \quad \text{ou} \quad y = - mx + \delta h \sqrt{1 + m^2}.$$

C'est l'équation d'une droite qui fait, avec la partie positive de l'axe des x, un angle égal au supplément de l'angle constant AOB. Pour construire l'ordonnée à l'origine, il suffit évidemment de faire l'angle HOA′ égal à AOB, et de prendre OB′ $= \delta$. OA′.

Si l'angle AOB était nul, on aurait $m = 0$, et l'équation du lieu se réduirait à $y = \delta h$, ce qui représente une parallèle à HL, comme on devait s'y attendre.

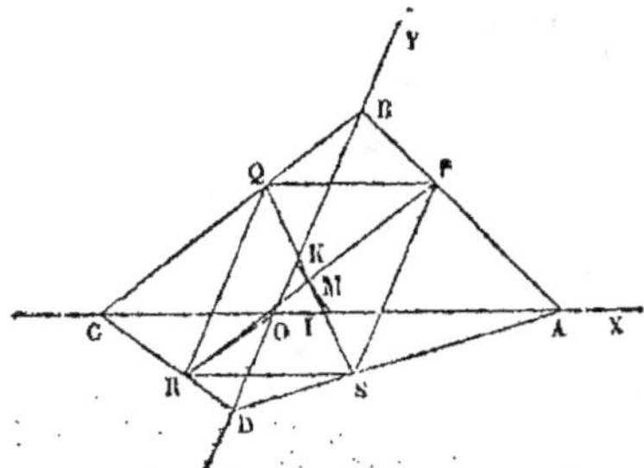

Si l'angle AOB était droit, on aurait $m = \infty$, et, en divisant préalablement l'équation du lieu par m et faisant ensuite m infini, on trouverait

$$0 = - x + \delta h \quad \text{ou} \quad x = \delta h,$$

équation d'une perpendiculaire à la droite donnée HL.

III. *Dans un quadrilatère quelconque ABCD (fig. 45), on inscrit un parallélogramme PQRS dont les côtés sont parallèles aux diagonales AC et BD; on demande le lieu du point de rencontre M des diagonales PR et QS de ce parallélogramme.*

Fig. 45.

Prenons pour axes les diagonales du quadrilatère donné. Faisons

$$OA = a, \quad OC = a', \quad OB = h, \quad OD = h'.$$

On a

$$\frac{BP}{AB} = \frac{BQ}{BC} = \frac{DR}{DC} = \frac{DS}{DA} = m,$$

$$\frac{AP}{AB} = \frac{CQ}{BC} = \frac{CR}{CD} = \frac{AS}{AD} = m',$$

et, par suite,

$$m + m' = 1. \tag{1}$$

Les points P, Q, R, S auront respectivement pour coordonnées

P,	Q,	R,	S,
$x = ma,$	$x = - ma',$	$x = - ma',$	$x = ma,$
$y = m'h$	$y = m'h,$	$y = - m'h'$	$y = - m'h'$

Par suite, l'équation de PR est

$$\frac{y - m'h}{m'h + m'h'} = \frac{x - ma}{ma' + mh'} \quad \text{ou} \quad \frac{y - m'h}{m'(h + h')} = \frac{x - ma}{m(a + a')}. \qquad [2]$$

De même, l'équation de QS est

$$\frac{y - m'h}{m'h + m'h'} = \frac{x + ma'}{-ma' - ma} \quad \text{ou} \quad \frac{y - m'h}{m'(h + h')} = -\frac{x + ma'}{m(a + a')}. \qquad [3]$$

Pour obtenir l'équation du lieu, il reste à éliminer m et m' entre les équations [1], [2] et [3].

Pour cela, retranchons d'abord [2] de [3] membre à membre ; il vient, en supprimant le dénominateur commun,

$$2x - ma + ma' = 0, \quad \text{d'où} \quad m = \frac{x}{\frac{1}{2}(a - a')}.$$

Si, au contraire, on les ajoute membre à membre, il vient

$$\frac{2y - 2m'h}{m'(h + h')} = -1, \quad \text{d'où} \quad m' = \frac{y}{\frac{1}{2}(h - h')}.$$

Substituant ces valeurs de m et de m' dans [1], on a enfin

$$\frac{y}{\frac{1}{2}(h - h')} + \frac{x}{\frac{1}{2}(a - a')} = 1. \qquad [4]$$

Cette équation est celle d'une droite qui a pour coordonnées à l'origine $\frac{1}{2}(a - a')$ et $\frac{1}{2}(h - h')$, c'est-à-dire qu'elle passe par les milieux I et K des diagonales AC et BD du quadrilatère proposé.

105. Le lecteur pourra s'exercer sur les questions suivantes (faire les figures) :

Trouver le lieu des points tels, que les distances de chacun d'eux à deux droites fixes sont dans un rapport constant.

Trouver le lieu du sommet de l'angle droit d'une équerre, mobile dans son plan, et dont l'hypoténuse est assujettie à s'appuyer, par ses extrémités, sur deux droites rectangulaires.

Étant donnés deux droites OA et OB et un point P, on mène par ce point une sécante, telle que PIC, on fait l'angle BIM $=$ OIP, et l'on prend IM $=$ IC ; on demande le lieu du point M.

Dans un quadrilatère quelconque ABCD, on inscrit un trapèze PQRS dont les bases PS et QR sont parallèles à l'une des diagonales BD ; on demande le lieu du point de rencontre M des côtés non parallèles de ce trapèze.

§ 4. — DIVISION HARMONIQUE. — PÔLES ET POLAIRES PAR RAPPORT A DEUX DROITES.

106. Division harmonique. — Étant donnés sur une droite indéfinie XX' (fig. 46) deux points fixes, A et B et un point variable C situé entre A et B, le rapport $\frac{CA}{CB}$ de ses distances aux deux points fixes peut varier d'une manière continue depuis zéro jusqu'à l'infini. Si D est un second point variable situé à droite du point B, le rapport $\frac{DA}{DB}$ de ses distances aux deux points fixes peut varier d'une manière continue depuis l'infini jusqu'à l'unité.

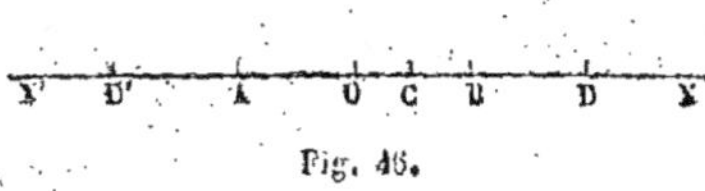

Fig. 46.

Enfin, si le point D était en D', à gauche de AB, le rapport $\frac{D'A}{D'B}$ pourrait varier depuis zéro jusqu'à l'unité. Il résulte de ces remarques qu'étant donné un nombre quelconque m, on pourra toujours placer les points C et D, de telle sorte qu'on ait à la fois, en valeur absolue,

$$\frac{CA}{CB} = m \quad \text{et} \quad \frac{DA}{DB} = m, \quad \text{d'où} \quad \frac{CA}{CB} = \frac{DA}{DB}. \qquad [1]$$

Le point C sera toujours situé entre A et B ; quant au point D, il sera à droite ou à gauche de AB suivant que m sera supérieur ou inférieur à 1. Si m était égal à 1, le point C serait en O, au milieu de AB, et le point D serait situé à l'infini ; et réciproquement.

Lorsque quatre points A, B, C, D, en ligne droite, satisfont à la proportion [1], on dit qu'ils forment une *division harmonique*, expression tirée de certaine division des cordes sonores. Les points C et D sont dits *harmoniques conjugués* des points A et B. Réciproquement les points A et B sont harmoniques conjugués des points C et D ; car de la proportion [1] on tire

$$\frac{BD}{BC} = \frac{AD}{AC}.$$

107. Connaissant les deux points A et B, si l'on se donne le nombre m, on peut construire les points C et D ; et réciproquement. Il en résulte que, connaissant trois des points qui forment une division harmonique, on peut construire le quatrième.

108. Pour généraliser les formules, on convient quelquefois de regarder les distances CA, CB, DA et DB, comme positives ou négatives, suivant que les points C et D sont placés à droite ou à gauche des points A et B. Ainsi CB est négatif et la relation [1] doit s'écrire

$$\frac{CA}{-CB} = \frac{DA}{DB} \quad \text{ou} \quad \frac{CA}{CB} : \frac{DA}{DB} = -1. \qquad [2]$$

Si, au lieu du point D, on considérait le point D', les distances D'A et D'B seraient négatives; on devrait donc écrire

$$\frac{CA}{-CB} = \frac{-D'A}{-D'B} \quad \text{ou} \quad \frac{CA}{CB} : \frac{D'A}{D'B} = -1.$$

109. Théorème. — *Si quatre points A, B, C, D (fig. 46) forment une division harmonique, les distances CO et DO des points C et D au milieu O de AB ont pour moyenne proportionnelle la moitié de AB.*

En effet, en posant

$$AO = OB = a, \quad CO = x, \quad DO = y,$$

la relation fondamentale [1] peut s'écrire

$$\frac{a+x}{a-x} = \frac{y+a}{y-a}, \quad \text{d'où} \quad \frac{a}{x} = \frac{y}{a}, \quad \text{ou} \quad xy = a^2 ;$$

ce qu'il fallait démontrer.

Remarque. — Si l'on pose

$$AB = d, \quad AC = \rho, \quad AD = \rho',$$

la relation [1] devient

$$\frac{\rho}{d-\rho} = \frac{\rho'}{\rho'-d} \quad \text{d'où} \quad \frac{1}{\rho} + \frac{1}{\rho'} = \frac{2}{d}. \tag{3}$$

Réciproquement, si entre les distances AC, AB, AD d'un point A à trois autres points situés sur la même droite il existe la relation [3], ces quatre points forment une division harmonique.

110. Faisceau harmonique. — Si l'on joint un point O (fig. 47) à quatre points A, B, C, D formant une division harmonique, les quatre droites OA, OB, OC, OD forment ce que l'on appelle un *faisceau harmonique*; et ces droites elles-mêmes sont les *rayons* qui forment le faisceau.

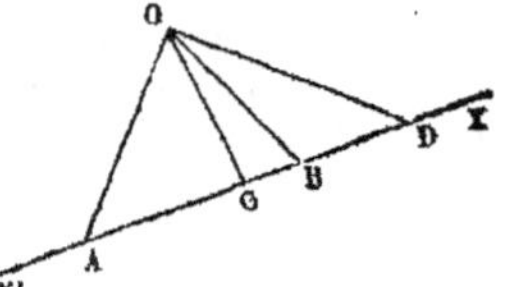

Fig. 47.

Remarque. — Si le point D était rejeté à l'infini, le point C serait alors au milieu de AB, et le rayon OD serait parallèle à XX'.

Théorème. — *Dans un faisceau harmonique, le rapport des segments interceptés par les quatre rayons est égal au rapport des sinus des angles formés par les rayons correspondants.* Désignons, en effet, par h la perpendiculaire abaissée du point O (fig. 47) sur XX'; on aura

$$2.\text{surf AOC} = CA.h = OA.OC \ \sin AOC,$$

$$2.\text{surf COB} = CB.h = OB.OC. \ \sin BOC ;$$

d'où, en divisant membre à membre,

$$\frac{CA}{CB} = \frac{OA}{OB} \cdot \frac{\sin AOC}{\sin BOC}.$$

On trouvera de même

$$\frac{DA}{DB} = \frac{OA}{OB} \cdot \frac{\sin AOD}{\sin BOD}.$$

t, en divisant membre à membre ces deux relations,

$$\frac{CA}{CB} : \frac{DA}{DB} = \frac{\sin AOC}{\sin BOC} : \frac{\sin AOD}{\sin BOD}. \qquad [1]$$

Cette relation est vraie, quels que soient les rayons OA, OB, OC, OD. Mais si le quatre points A, B, C, D forment une division harmonique, on a

$$\frac{CA}{CB} : \frac{DA}{DB} = -1;$$

donc aussi

$$\frac{\sin AOC}{\sin BOC} : \frac{\sin AOD}{\sin BOD} = -1. \qquad [2]$$

Réciproquement, si la relation [2] a lieu, en vertu de la relation [1] les quatre points A, B, C, D forment une division harmonique, et par conséquent les quatre rayons forment un faisceau harmonique.

111. THÉORÈME. — *Un faisceau harmonique divise harmoniquement toutes ses transversales.* Supposons, en effet, que les quatre droites OA, OB, OC, OD (fig. 46) forment un faisceau harmonique; et soit XX' une transversale quelconque qui coupe les rayons aux points A, B, C, D. Les quatre rayons formant un faisceau harmonique, on aura la relation [2] ci-dessus; mais alors, en vertu de la relation [1], on aura aussi

$$\frac{CA}{CB} : \frac{DA}{DB} = -1;$$

donc la transversale XX' est divisée harmoniquement.

112. PROBLÈME. — *Étant donnés trois rayons d'un faisceau harmonique, construire le quatrième.* Coupez les trois rayons donnés par une transversale quelconque, et soient A, B, C les points d'intersection; déterminez sur la transversale le point D, conjugué harmonique de C par rapport à A et B (**107**), et joignez OD; ce sera le rayon demandé.

Mais on peut donner de ce problème une autre solution fondée sur une propriété remarquable. Soient OA, OB, OC, OD (fig. 48)

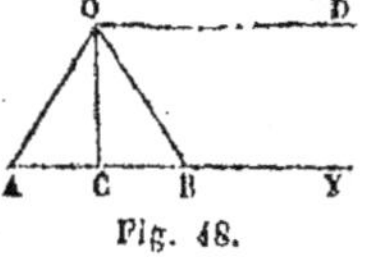

Fig. 48.

quatre droites formant un faisceau harmonique, menons une transversale AX parallèle au rayon OD; le point d'intersection de ce rayon avec la transversale sera rejeté à l'infini, et son conjugué harmonique C sera le milieu de AB (**106**). Si donc les directions des trois rayons OA, OB, OC sont données, on obtiendra la direction de OD en menant par le point O une parallèle à la direction d'une transversale AB divisée en deux parties égales au point C, direction que l'on sait obtenir.

Si les trois directions données sont OB, OC et OD, on obtiendra la direction OA en menant BC parallèle à OD, prenant CA = CB et joignant OA.

Remarques. — I. Les côtés d'un angle, la bissectrice de cet angle et celle de l'angle supplémentaire forment un faisceau harmonique. Car si l'on mène une transversale perpendiculaire à la première bissectrice, elle est parallèle à la seconde, et les parties interceptées par les côtés de l'angle et la première bissectrice sont égales; on reproduit donc ainsi une disposition analogue à celle de la figure 48.

II. Pour que deux droites menées par l'origine, et dont les équations seront conséquemment de la forme $y = ax$ et $y = a'x$, forment avec les axes un faisceau harmonique, il faut et il suffit qu'on ait $a' = -a$. Car si l'on mène une transversale parallèle à l'axe des x, il faut que les segments interceptés par les deux droites et par l'axe des y soient égaux et situés de part et d'autre de l'axe des y. Cela revient à dire que pour une même valeur de y les deux équations ci-dessus doivent donner pour x des valeurs égales et de signe contraire, ce qui exige que a' soit égal à $-a$.

113. Pôles et polaires par rapport à deux droites. —
Problème. — *Étant données deux droites fixes* OX *et* OY (fig. 49), *et un point fixe* P *dans le plan de ces droites, on mène par ce point deux sécantes quelconques* PCA, PDB; *on joint* AD *et* CB; *on demande le lieu du point* I *où les droites de jonction se rencontrent.*

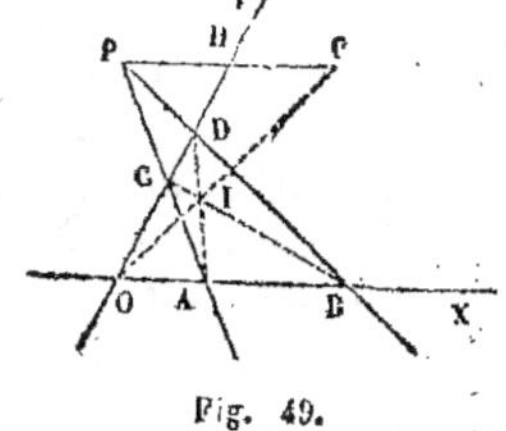
Fig. 49.

Prenons pour axes les droites fixes OX, OY, et soient α et β les coordonnées du point fixe P.

L'équation de la droite PCA est de la forme

$$y - \beta = m(x - \alpha);$$

et, en y faisant alternativement $x = 0$ et $y = 0$, on trouve

$$OC = \beta - m\alpha \quad \text{et} \quad OA = \frac{m\alpha - \beta}{m}.$$

On a de même, pour une seconde sécante PDB,

$$OD = \beta - m'\alpha \quad \text{et} \quad OB = \frac{m'\alpha - \beta}{m'}.$$

Maintenant, l'équation de AD est

$$\frac{y}{OD} + \frac{x}{OA} = 1 \quad \text{ou} \quad \frac{y}{\beta - m'\alpha} + \frac{mx}{m\alpha - \beta} = 1,$$

et l'équation de CB est

$$\frac{y}{OC} + \frac{x}{OB} = 1 \quad \text{ou} \quad \frac{y}{\beta - m\alpha} + \frac{m'x}{m'\alpha - \beta} = 1.$$

Si l'on retranche ces équations membre à membre, qu'on fasse disparaître les dénominateurs et qu'on réduise, on obtient

$$(m - m')(\alpha y + \beta x) = 0, \quad \text{d'où} \quad y = -\frac{\beta}{\alpha} x,$$

équation indépendante de m et de m', et qui est par conséquent l'équation du lieu. On voit que c'est une droite qui passe par l'origine. Pour la construire, il suffit de mener PP′ parallèle à OX, de prendre P′H = PH, et de joindre OP′.

Le point P est dit le *pôle* de la droite OP′, et celle-ci est appelée la *polaire* du point P.

Remarques. — I. La droite OP a pour coefficient angulaire $\frac{\beta}{\alpha}$, lequel est égal et de signe contraire à celui de OP′. Donc OP et OP′ forment avec les axes un faisceau harmonique (**112**, II).

II. La polaire OP′ d'un point P par rapport à deux droites OX et OY peut donc être considérée comme le lieu géométrique des points harmoniques conjugués de P par rapport aux points d'intersection des sécantes menées de ce point aux droites OX et OY. Cette propriété pourrait être démontrée géométriquement.

§ 5. — Applications a l'étude de plusieurs phénomènes physiques.

114. On a vu, aux n^{os} **19** et **23**, comment on pouvait représenter par une courbe une loi, mathématique ou empirique, qui lie entre elles deux variables et il peut arriver, dans certains cas, qu'au lieu d'une courbe on obtienne une ligne droite.

C'est ce qui arrive (fig. 8, pl.) pour la chaleur latente de la vapeur d'eau en fonction de la température; elle est représentée par une ligne droite. Il est facile alors d'obtenir la loi mathématique qui lie les deux variables. Si l'on appelle y la chaleur latente, et x la température, on voit que pour $x = 0$ on a $y = 607,8$, et que pour $x = 230°$ on a $y = 442,9$; il reste donc à trouver l'équation de la droite qui passe par les deux points dont nous venons de donner les coordonnées. En appliquant la formule du n° **83** on aura donc

$$\frac{y - 907,8}{607,8 - 442,9} = \frac{x - 0}{0 - 230} \quad \text{ou} \quad y = -0,717 \, x + 607,8,$$

formule qui représente avec une exactitude suffisante les résultats de l'expérience.

Pareille chose arrive encore (fig. 11, pl.) pour la solubilité du chlorure de potassium et du chlorure de sodium en fonction de la température. En appelant toujours x la température, et y la solubilité du premier sel, ou la quantité de ce sel dissoute dans 100 parties d'eau en poids, on voit que pour $x = 0$ on a $y = 29$, et pour $x = 120°$, $y = 62.2$: la loi de solubilité de ce sel sera donc exprimée par la formule

$$\frac{y - 29}{29 - 62,2} = \frac{x - 0}{0 - 120} \quad \text{ou} \quad y = 0,2766 \cdot x + 29.$$

On trouverait de même pour le second sel,

$$y = 0,04167\ x + 35,5.$$

Remarque. — Dans ces exemples et dans tous les exemples analogues, le coefficient angulaire de la droite montre comment la fonction y croît ou décroît pendant que la variable x augmente. S'il s'agit, par exemple, de la solubilité du chlorure de sodium, le coefficient angulaire $0,04167$ de la droite qui la représente étant positif et très-faible, on en conclut que la solubilité croît lentement lorsque la température augmente. Pour le chlorure de potassium, le coefficient angulaire étant $0,2766$, on voit que la solubilité croît d'une manière plus rapide. Pour la chaleur latente, le coefficient angulaire étant négatif, $-0,717$, il en résulte qu'elle décroît lorsque la température augmente.

115. L'ordonnée d'une droite inclinée sur l'axe des x peut passer par tous les états de grandeur, depuis l'infini négatif jusqu'à l'infini positif; il en résulte qu'une droite ne peut représenter d'une manière rigoureuse les lois d'un phénomène qu'autant que les quantités considérées peuvent passer aussi par tous les états de grandeur. Or, c'est ce qui n'a pas lieu en général, et la loi d'un phénomène ne peut, le plus souvent, être représentée par une droite que dans une certaine étendue. Prenons pour exemple la formule

$$V = V_0 (1 + at),$$

qui représente, d'après Gay-Lussac, la loi suivant laquelle varie le volume d'un gaz en fonction de la température (la pression restant la même). Dans cette formule V_0 est le volume à la température 0, V est le volume à la température t, et a est le coefficient de dilatation, qui pour l'air est égal à $0,00367$.

Cette équation, étant du premier degré en V et t, peut être remplacée par une ligne droite, en prenant t pour abscisse et V pour ordonnée; il est facile de voir que cette droite serait inclinée sur l'axe des x. Elle couperait cet axe pour $t = -\dfrac{1}{a}$, et passerait au-dessous pour des valeurs de t algébriquement inférieures, c'est-à-dire que le volume V du gaz pourrait devenir nul et même négatif, ce qui est évidemment absurde. Cette remarque suffit pour faire voir que la loi de dilatation des gaz, exprimée par l'équation ci-dessus, n'est vraie qu'entre certaines températures, et que ce n'est par conséquent qu'une loi approximative.

Il n'en est pas de même de la loi du mouvement uniforme d'un point sur une droite :

$$e = e_0 + vt,$$

équation dans laquelle e_0 est la distance du mobile à l'origine lorsque $t = 0$, e sa distance à l'origine au bout du temps t, et v la vitesse du mobile, ou l'espace qu'il parcourt dans l'unité de temps. Comme il ne s'agit ici que d'une conception de l'esprit, que rien n'empêche de prolonger le mouvement indéfiniment par la pensée, soit avant $t = 0$, soit après, et que le mobile peut occuper toutes les positions à droite ou à gauche de l'origine, il s'ensuit que l'équation ci-dessus exprime d'une manière complète la loi du mouvement considéré.

Cette équation étant du premier degré en e et t, peut être remplacée par une ligne droite, en prenant t pour abscisse et e pour ordonnée ; et cette droite, qui peut avoir des positions très-diverses suivant la grandeur et le signe des quantités e_0 et v, représentera aussi d'une manière complète la loi du mouvement dont il s'agit.

116. On peut obtenir par la Géométrie les solutions communes à deux équations du premier degré à deux inconnues. En effet, si l'on considère dans chaque équation les inconnues comme des variables, chacune de ces équations représentera une droite, et les solutions communes aux deux équations ne seront autre chose que les coordonnées du point commun aux deux droites. En discutant sous ce point de vue le système des deux équations

$$ax + by = c \quad \text{et} \quad a'x + b'y = c',$$

on retrouverait toutes les circonstances de la discussion qui a été faite en Algèbre élémentaire [1]. Nous conseillons cet exercice aux élèves, nous ne nous y arrêterons pas.

Mais supposons que sur une même droite se meuvent deux points matériels, dont le mouvement soit exprimé par les équations respectives

$$e = e_0 + vt \quad \text{et} \quad e = e_0' + v't ;$$

le problème qui consiste à déterminer le lieu et l'instant de leur rencontre pourra être résolu en cherchant l'intersection des deux droites représentées par ces deux équations, et la discussion de ce problème géométrique reproduira toute la discussion du problème des courriers [2].

Si l'on avait trois mobiles au lieu de deux et que l'on se proposât de trouver la condition nécessaire pour qu'ils puissent se rencontrer en un même point au même instant, ce problème reviendrait à chercher la condition pour que les droites représentées par les trois équations

$$e = e_0 + vt, \quad e = e_0' + v't, \quad e = e_0'' + v''t,$$

aient un point commun. En appliquant la règle du n° **89**, on trouverait

$$\frac{v - v''}{v' - v''} = \frac{e_0 - e_0''}{e_0' - e_0''},$$

[1] Voy. notre *Algèbre élémentaire ;* 2ᵉ édition, p. 100 et suiv.
[2] *Ibid.*, p. 103 et suiv.

ce qu'on peut exprimer en disant que *les vitesses relatives des deux mobiles doivent être proportionnelles à leurs distances relatives initiales.*

Cette condition serait remplie, par exemple, pour trois mobiles animés de mouvements uniformes représentés respectivement par les équations

$$e = -20^m + 10^m t, \quad e = 20^m + 6^m t, \quad e = 120^m - 4^m t.$$

Ils se rencontreraient, au bout de 10 secondes, à 80 mètres de l'origine, du côté positif.

117. L'équation de la ligne droite est encore susceptible d'un autre genre d'applications.

Supposons que dans un phénomène physique deux variables, x et y, soient liées entre elles par une équation de la forme

$$y = ax^m + bx^{m-p}, \tag{1}$$

et qu'il s'agisse de déterminer les coefficients a et b d'après un certain nombr n d'expériences donnant autant de systèmes de valeurs correspondantes de x et de y. Si les résultats de l'expérience pouvaient être considérés comme rigoureusement exacts, il suffirait de substituer, dans l'équation [1], deux quelconques des systèmes de valeurs correspondantes de x et de y fournis par l'observation, et l'on aurait ainsi deux équations du premier degré en a et b pour déterminer ces coefficients. Mais les résultats de l'expérience ne pouvant être qu'approchés, il pourrait arriver que les valeurs de a et de b, calculées ainsi pour deux systèmes de valeurs de x et de y, ne convinssent pas aux autres systèmes. On doit donc faire concourir à la détermination de a et de b tous les systèmes de valeurs de x et de y qui ont été fournis par l'expérience. Voic comment on procède :

Divisons l'équation [1] par x^{m-p}, ce qui donne

$$\frac{y}{x^{m-p}} = ax^p + b,$$

et posons

$$x^p = X \quad \text{et} \quad \frac{y}{x^{m-p}} = Y,$$

d'où

$$Y = aX + b. \tag{2}$$

Ayant n systèmes de valeurs correspondantes de x et de y, on en déduira n systèmes de valeurs correspondantes de X et de Y.

Cela posé, traçons dans un plan deux axes rectangulaires, et construisons les n points qui ont pour coordonnées par rapport à ces axes les valeurs de X et de Y. L'équation [2] étant du premier degré en X et Y, tous les points ainsi obtenus devraient être en ligne droite si les résultats de l'expérience étaient rigoureux. Cela n'arrivera pas en général; mais ces n points s'éloigneront peu d'une ligne droite (autrement l'équation [1] ne représenterait pas avec une exactitude suffisante les données de l'expérience). On prendra alors un fil fin que l'on tendra par les deux bouts, et on l'appliquera sur l'épure en faisant varier sa direction jusqu'à ce que les n points s'en écartent le moins possible, les uns en dessous, les autres en dessus. On marquera sur l'épure les extrémités du fil dans cette position, on mesurera les coordonnées de ces extrémités, et l'on cherchera l'équation de la droite qui passe par ces deux points. En la mettant sous la forme [2], on aura la valeur des coefficients a et b.

Cette méthode a été employée par M. de Prony, dans ses recherches sur le mouvement des eaux. C'est aussi celle que nous avons employée pour obtenir la droite (fig. 8, pl.), qui représente les expériences de M. Regnault sur la chaleur latente de la vapeur d'eau en fonction de la température.

On l'emploierait encore si la loi du phénomène étudié, au lieu d'être exprimée par l'équation [1], l'était par une équation de la forme

$$y = a\,\varphi(x) + b\,\psi(x),$$

φ et ψ désignant des fonctions quelconques dont les coefficients sont supposés connus. En divisant par $\psi(x)$ et posant

$$\varphi(x) = X \quad \text{et} \quad \frac{y}{\psi(x)} = Y,$$

on mettrait encore l'équation sous la forme

$$Y = aX + b,$$

et l'on opérerait comme il vient d'être dit plus haut pour déterminer les coefficients inconnus a et b.

CHAPITRE IV

§ 1. — ÉQUATION DU CERCLE. CERCLES SATISFAISANT A DES CONDITIONS
DONNÉES. EXERCICES

**118. Conditions pour qu'une équation du second degré
à deux variables représente une circonférence de cercle.**
— Nous avons trouvé (**13**) que la circonférence de cercle rapportée à des axes obliques a pour équation générale

$$(x - \alpha)^2 + (y - \beta)^2 + 2 (y - \beta) (x - \alpha) \cos\theta = r^2, \qquad [1]$$

θ désignant l'angle des axes, α et β les coordonnées du centre et
r le rayon. Cette équation étant du second degré, il est naturel
de chercher tout d'abord comment on peut reconnaître qu'une
équation du second degré à deux variables représente une circonférence rapportée à un système d'axes obliques.

Prenons l'équation générale du second degré à deux variables, laquelle peut toujours se ramener à la forme

$$Ax^2 + Bxy + Cy^2 + Dx + Ey + F = 0. \qquad [2]$$

Pour que cette équation représente une circonférence de
cercle rapportée à des axes faisant entre eux l'angle θ, il faut et
il suffit évidemment qu'il existe des valeurs de α, β et r, finies et
déterminées, pour lesquelles les équations [1] et [2] aient les
mêmes solutions. Or on démontre en Algèbre que pour que
deux équations à deux variables aient les mêmes solutions, il
faut et il suffit que leurs coefficients soient proportionnels.
Donc, pour que les équations [1] et [2] représentent la même

circonférence, on doit avoir

$$\frac{A}{1} = \frac{B}{2\cos\theta} = \frac{C}{1} = -\frac{D}{2(\alpha+\beta\cos\theta)} = -\frac{E}{2(\beta+\alpha\cos\theta)}$$

$$= \frac{F}{\alpha^2+\beta^2+2\alpha\beta\cos\theta-r^2},$$

où l'on tire

$$A = C, \quad B = 2A\cos\theta,$$

$$\alpha+\beta\cos\theta = -\frac{D}{2A}, \quad [3] \qquad \beta+\alpha\cos\theta = -\frac{E}{2A}, \quad [4]$$

$$\alpha^2+\beta^2+2\alpha\beta\cos\theta-r^2 = \frac{F}{A}. \quad [5]$$

Mais les deux premières de ces équations, étant indépendantes de α, β et r, doivent être vérifiées d'elles-mêmes; donc, pour qu'une équation du second degré à deux variables puisse représenter une circonférence de cercle rapportée à des axes obliques donnés, il faut : 1° *que les coefficients des carrés des variables soient égaux et de même signe*; 2° *que le coefficient de xy soit égal au double produit du coefficient de l'un des carrés des variables par le cosinus de l'angle des axes.*

Toutefois, ces conditions nécessaires ne sont pas suffisantes pour que l'équation représente un cercle *réel;* il faut encore qu'il existe des valeurs réelles et déterminées de α, β et r qui vérifient les équations [3], [4] et [5]. Les équations [3] et [4] sont du premier degré, et l'on peut s'assurer qu'elles donnent toujours pour α et β des valeurs finies et déterminées; ces valeurs, portées dans l'équation [5], font connaître la valeur de r. Mais l'équation [5] étant du second degré, la valeur de r pourra être réelle, nulle ou imaginaire. Selon que l'un ou l'autre de ces trois cas aura lieu, l'équation [2] représentera une circonférence *réelle, évanouissante, ou imaginaire.* Si elle représente un cercle réel, les valeurs trouvées pour α et β seront les coordonnées du centre, et la valeur trouvée pour r sera celle du rayon.

Au lieu de déterminer le centre par ses coordonnées, comme nous venons de le dire, on peut le construire graphiquement.

En effet, de la seconde équation de condition on tire $\cos\theta = \dfrac{B}{2A}$, en substituant cette valeur dans les équations [5] et [4], on obtient les deux relations

$$2A\alpha + B\beta + D = 0 \quad \text{et} \quad B\alpha + 2C\beta + E = 0.$$

Les premiers membres de ces équations sont les dérivées par rapport à x et à y du premier membre de l'équation [2], dans lesquelles on a remplacé x et y par α et β. Ainsi donc, étant donnée une équation du second degré $f(x, y) = 0$ représentant un cercle, on obtiendra les coordonnées du centre en résolvant les deux équations

$$f_x'(x, y) = 0 \quad \text{et} \quad f_y'(x, y) = 0,$$

et l'on construira le centre lui-même en construisant (**77**) les droites représentées par ces deux équations.

Exemple. — Soit proposée l'équation

$$x^2 + xy + y^2 - 2x - 3y + 1 = 0$$

rapportée à des axes faisant entre eux un angle de 60°. Cette équation représente un cercle, car les deux premières équations de condition sont satisfaites. Les coordonnées du centre sont fournies par les deux équations

$$2x + y - 2 = 0 \quad \text{et} \quad x + 2y - 3 = 0,$$

qui donnent

$$x = \frac{1}{3} \quad \text{et} \quad y = \frac{4}{3}.$$

L'équation [5] donne ensuite

$$r = \frac{2\sqrt{3}}{3}.$$

L'équation proposée représente donc un cercle *réel*.

119. Lorsque les axes sont rectangulaires, l'équation générale de la circonférence de cercle est

$$(x - \alpha)^2 + (y - \beta)^2 = r^2;$$

et, en l'identifiant avec l'équation [2], on trouve que, pour qu'une équation du second degré à deux variables puisse représenter une circonférence de cercle rapportée à des axes rectangulaires, il faut encore *que les coefficients des carrés des variables soient égaux et de même signe*, mais *elle doit manquer du terme en* xy.

Pour avoir les coordonnées du centre et le rayon, il suffit de compléter les carrés des deux termes en x et des deux termes en y dans l'équation proposée. En effet, toute équation qui satisfait aux conditions précédentes, après que l'on a divisé ses deux membres par le coefficient de l'un des carrés des variables, prend la forme

$$x^2 + y^2 + ax + by + c = 0.$$

Cette équation peut s'écrire

$$\left(x + \frac{a}{2}\right)^2 + \left(y + \frac{b}{2}\right)^2 = \frac{a^2 + b^2}{4} - c. \qquad [6]$$

Or le premier membre exprime le carré de la distance d'un point quelconque (x, y) à un point déterminé $\left(-\frac{a}{2}, -\frac{b}{2}\right)$. Cette distance étant constante, l'équation [6] représente une circonférence réelle, évanouissante, ou imaginaire, suivant que la quantité $\frac{a^2 + b^2}{4} - c$, qui exprime le carré du rayon, est positive, nulle, ou négative.

Nous engageons le lecteur à se familiariser avec les diverses formes de l'équation de la circonférence de cercle, suivant les positions diverses de cette courbe par rapport aux axes de coordonnées.

EXEMPLE. — Soit donnée, en coordonnées rectangulaires, l'équation

$$3x^2 + 3y^2 - 5x + 2y + 2 = 0.$$

Les deux conditions $A = C$ et $B = 0$ étant remplies, l'équation représente un cercle. On trouvera pour les coordonnées du centre $x = +\frac{5}{6}$ et $y = -\frac{1}{3}$, et pour le rayon $r = \frac{\sqrt{5}}{6}$.

120. Cercles satisfaisant à des conditions données. —

L'équation du cercle peut être mise sous la forme

$$x^2 + 2\cos\theta\, xy + y^2 + ax + by + c = 0 \qquad [1]$$

ou

$$x^2 + y^2 + ax + by + c = 0, \qquad [2]$$

suivant que les axes sont obliques ou rectangulaires. Elle renferme trois paramètres a, b, c, auxquels il faut donner des valeurs particulières pour que l'équation représente un cercle déterminé. Ces paramètres seront connus si l'on a trois relations entre eux, ce qu'on exprime en disant qu'il faut *trois conditions* pour déterminer une circonférence de cercle. Nous en donnerons quelques exemples.

1. *Trouver, en coordonnées rectangulaires, l'équation d'un cercle passant par l'origine et tangent à l'axe des* y.

La condition que l'origine soit un point de la courbe exige que l'équation [2] ne renferme pas de terme indépendant des coordonnées x et y; on doit donc avoir $c = 0$. Le cercle étant tangent à l'axe des y, son centre doit être sur l'axe des x, ce qui exige $b = 0$. Enfin, la distance du centre à l'origine étant alors égale au rayon, on doit avoir $-\dfrac{a}{2} = r$

L'équation cherchée est donc

$$x^2 + y^2 - 2rx = 0.$$

Il est facile de vérifier qu'elle remplit les conditions demandées.

II. *Trouver, en coordonnées rectangulaires, l'équation d'un cercle de rayon donné passant par deux points donnés.*

Soit r le rayon donné, x', y' et x'', y'' les coordonnées des deux points donnés; α et β les coordonnées du centre. On devra avoir

$$(x' - \alpha)^2 + (y' - \beta)^2 = r^2 \quad \text{et} \quad (x'' - \alpha)^2 + (y'' - \beta)^2 = r^2. \qquad [1]$$

On en tire, en développant et retranchant ensuite membre à membre,

$$2(x' - x')\alpha + 2(y' - y'')\beta + x''^2 - x'^2 + y''^2 - y'^2 = 0. \qquad [2]$$

En combinant cette équation du premier degré avec l'une des équations [1], on obtiendra les valeurs de α et de β. Il y aura, en général, deux solutions; il n'y en aurait qu'une si la distance des deux points donnés était égale à $2r$; si elle était supérieure à $2r$, le problème serait impossible.

III. *Trouver, en coordonnées rectangulaires, l'équation d'un cercle passant par trois points donnés.*

Soit r le rayon, α, β les coordonnées du centre, x', y'; x'', y''; x''', y''' les coordonnées des trois points donnés, on devra avoir

$$\begin{aligned}
(x' - \alpha)^2 + (y' - \beta)^2 &= r^2, \\
(x'' - \alpha)^2 + (y'' - \beta)^2 &= r^2, \\
(x''' - \alpha)^2 + (y''' - \beta)^2 &= r^2.
\end{aligned} \qquad [3]$$

On en tirera, comme dans le précédent exemple,

$$2(x' - x'')\alpha + 2(y' - y'')\beta + x''^2 - x'^2 + y''^2 - y'^2 = 0$$

et de même   [4]

$$2(x' - x''')\alpha + 2(y' - x''')\beta + x'''^2 - x'^2 + y'''^2 - y'^2 = 0.$$

Ces deux équations du premier degré fourniront α et β ; l'une des équations (3) donnera ensuite le rayon r.

Les équations [4] ne sont autre chose [10] que les équations des perpendiculaires élevées sur le milieu des droites qui joignent le point (x', y') aux points (x'', y'') et (x''', y'''). Le problème deviendrait impossible si les trois points donnés étaient en ligne droite; car alors les coefficients de α et β seraient proportionnels dans les deux équations [4].

121. Théorèmes sur la circonférence du cercle. — Pour habituer le lecteur aux procédés de la Géométrie analytique, nous allons démontrer, au moyen de l'équation de la circonférence du cercle, quelques théorèmes bien connus.

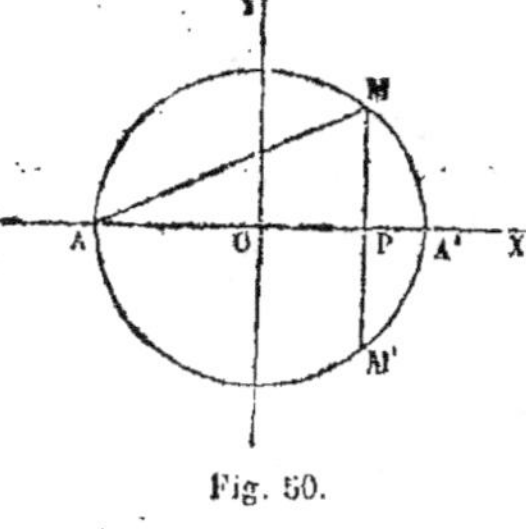

Fig. 50.

I. L'équation de la circonférence O (fig. 50), rapportée à des axes rectangulaires passant par le centre, est

$$x^2 + y^2 = r^2. \qquad [7]$$

Cette équation étant symétrique par rapport à x et à y, il en résulte, 1° *que le diamètre AA' divise la circonférence et le cercle en deux parties égales;* 2° *que le rayon OA' perpendiculaire à la corde MM' divise cette corde et l'arc qu'elle sous-tend en deux parties égales.*

II. De l'équation [7] on tire

$$y^2 = r^2 - x^2 = (r + x)(r - x),$$

et si l'on suppose $x = $ OP, d'où $y = $ MP, il vient

$$\overline{MP}^2 = PA.A'P.$$

Donc la perpendiculaire abaissée d'un point de la circonférence sur un diamètre est moyenne proportionnelle entre les deux segments de ce diamètre.

III. Le triangle rectangle MAP (fig. 50) donne $\overline{AM}^2 = \overline{MP}^2 + \overline{AP}^2$. Le point M étant sur la circonférence [7], on a $\overline{MP}^2 = r^2 - x^2$; et comme d'ailleurs $AP = r + x$, il vient

$$\overline{AM}^2 = 2r(r + x) = AA'.AP.$$

Donc, dans une circonférence, toute corde est moyenne proportionnelle entre sa projection sur le diamètre qui passe par une de ses extrémités et ce diamètre lui-même.

IV. *Tous les angles inscrits dans un même segment de cercle sont égaux à la moitié de l'angle au centre qui correspond au même segment.*

Prenons la corde AB (fig. 51) pour axe des x, et le diamètre perpendiculaire à cette corde pour axe des y, et posons $AB = 2c$, $OC = \beta$; l'équation de la circonférence sera $x^2 + (y - \beta)^2 = r^2$. Désignons par x' et y' les coordonnées d'un point M de cette courbe ; les coefficients angulaires de AM et de BM valant respectivement $\dfrac{y'}{c + x'}$ et $\dfrac{y'}{c - x'}$, nous avons (93)

$$\tan AMB = \frac{2cy'}{x'^2 + y'^2 - c^2},$$

d'où, en exprimant que le point (x', y') appartient à la circonférence, et en remarquant que $c^2 = r^2 - \beta^2$, il vient

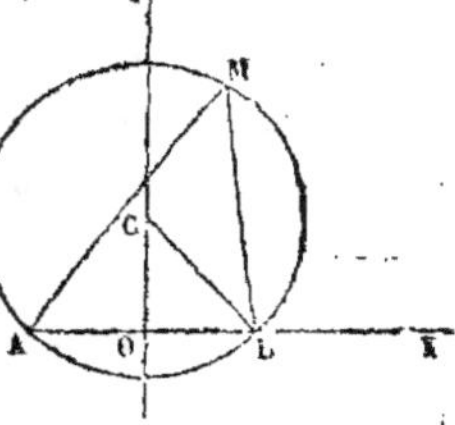
Fig. 51.

$$\tan AMB = \frac{2cy'}{2\beta y'} = \frac{c}{\beta} = \tan OCB;$$

ce qui démontre le théorème.

§ 2. — DE LA TANGENTE AU CERCLE.

122. Pour obtenir l'équation d'une tangente MT (fig. 52) à la circonférence C, on considère cette tangente comme la limite des positions que prend une sécante MN, qui tourne autour du point de contact M, jusqu'à ce que le second point d'intersection N vienne se confondre avec le point M.

D'après cela, si l'on désigne par x, y les coordonnées du point M, et par $x + h$, $y + k$ celles du point N, l'équation de la sécante MN étant (83),

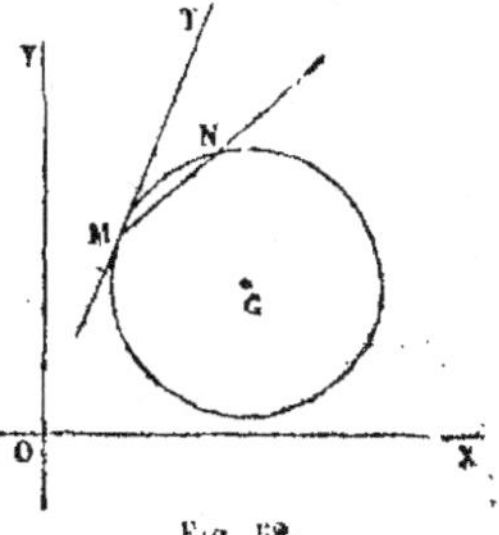
Fig. 52.

en désignant par X et Y les coordonnées courantes,

$$Y - y = \frac{k}{h}(X - x),$$

celle de la tangente MT est

$$Y - y = \lim \frac{k}{h}(X - x).$$

Or $\lim \dfrac{k}{h}$, quand h tend vers zéro, est la dérivée de l'ordonnée y de la circonférence, considérée comme fonction de l'abscisse x, dérivée dans laquelle on remplace x et y par les coordonnées du point de contact M. Donc le *coefficient angulaire* de la *tangente en un point d'une circonférence est égal à la dérivée de l'ordonnée de la courbe prise par rapport à l'abscisse, dérivée dans laquelle on remplace les coordonnées courantes par les coordonnées du point de contact.*

Soit

$$(x - \alpha)^2 + (y - \beta)^2 + 2(x - \alpha)(y - \beta)\cos\theta = r^2 \quad [5]$$

l'équation de la circonférence C. La dérivée de y, déduite de cette équation, est

$$-\frac{x - \alpha + (y - \beta)\cos\theta}{y - \beta + (x - \alpha)\cos\theta}.$$

Donc l'équation de la tangente MT est

$$Y - y = -\frac{x - \alpha + (y - \beta)\cos\theta}{y - \beta + (x - \alpha)\cos\theta}(X - x).$$

On a en même temps la relation

$$(x - \alpha)^2 + (y - \beta)^2 + 2(x - \alpha)(y - \beta)\cos\theta = r^2,$$

qui exprime que le point de contact M (x, y) est sur la circonférence.

123. Lorsqu'on prend des axes rectangulaires passant par le centre, l'équation de la circonférence est $x^2 + y^2 = r^2$; on en tire $-\dfrac{x}{y}$ pour la dérivée de y par rapport à x, et l'équation de la tangente au point (x, y) devient

$$Y - y = -\frac{x}{y}(X - x),$$

ou, en réduisant,

$$Yy + Xx = r^2. \qquad [6]$$

On voit que la droite représentée par cette équation est bien tangente à la circonférence, car elle est perpendiculaire au rayon $Y = \dfrac{y}{x}X$ qui passe par le point de contact.

Remarque. — Si l'on désigne par α l'angle que le rayon mené au point de contact fait avec l'axe des x, on peut mettre l'équation [6] sous la forme [86]

$$X \cos \alpha + Y \sin \alpha - r = 0$$

qui peut représenter toutes les tangentes, en y faisant varier α, et qu'il est utile de connaître.

124. Équation d'une tangente parallèle à une direction donnée. — Soit $y = mx$ l'équation de la droite à laquelle la tangente doit être parallèle, et soit

$$x^2 + y^2 = r^2 \qquad [7]$$

l'équation de la circonférence. L'équation de la tangente sera de la forme

$$y = mx + n. \qquad [8]$$

On peut déterminer n, soit en identifiant l'équation [8] avec l'équation [6] de la tangente, soit en exprimant que la droite [8] est à une distance du centre égale à r, ou qu'elle n'a qu'un seul point de commun avec la circonférence [7]. C'est cette dernière méthode que nous allons suivre. En éliminant y entre les équations [7] et [8], on trouve l'équation

$$(m^2 + 1) x^2 + 2 mnx + n^2 - r^2 = 0,$$

dont les racines, quand elles sont réelles, sont les abscisses des points d'intersection de la droite avec la circonférence. En exprimant que ces racines sont égales, on trouve $n = \pm r \sqrt{1 + m^2}$. La double valeur de n tient à ce qu'il existe deux tangentes parallèles à la direction donnée. Les équations de ces tangentes sont donc

$$Y = mX \pm r \sqrt{1 + m^2}.$$

En faisant varier m, ces deux équations représenteront toutes les tangentes à la circonférence.

125. PROBLÈME. — *Mener une tangente à une circonférence de cercle par un point extérieur.*

Soit

$$x^2 + y^2 = r^2$$

l'équation de la circonférence, et (α, β) le point extérieur d'où l'on veut mener la tangente. Le problème serait résolu, si l'on connaissait les coordonnées (x, y) du point de contact. Or, ce point étant sur la circonférence, on a

$$x^2 + y^2 = r^2. \tag{9}$$

D'un autre côté, la tangente demandée a pour équation $Xx + Yy = r^2$; donc cette équation doit être vérifiée par les coordonnées α et β du point donné, ce qui fournit la relation

$$\alpha x + \beta y = r^2. \tag{10}$$

Les équations [9] et [10] feront connaître les valeurs des coordonnées x, y du point de contact. Le calcul et la discussion ne présentent aucune difficulté.

On reconnaîtra que le problème admet deux solutions, et que les coordonnées des deux points de contact sont réelles et distinctes, réelles et égales, ou bien imaginaires, suivant que le point (α, β) est situé hors du cercle, sur sa circonférence ou dans l'intérieur.

126. Corde des contacts. — Si l'on regarde les coordonnées x, y, des points de contact comme des coordonnées courantes, l'équation [9] représente la circonférence donnée, et l'équation [10] une droite qui passe par les points de contact. On aura donc les points de contact en construisant cette droite et en déterminant ses points d'intersection avec la circonférence. A cause de cela, l'équation [10] est dite l'équation de la *corde des contacts*, relative au point (α, β). Il est important de remarquer que l'équation de la corde des contacts relative à un point s'obtient en remplaçant, dans l'équation de la tangente, les coordonnées courantes par les coordonnées de ce point.

On peut remarquer que, bien que les coordonnées des points de contact soient imaginaires quand le point (α, β) est intérieur au cercle, la corde des contacts n'en est pas moins réelle. Cela tient à ce que les deux valeurs de x sont alors imaginaires conjuguées, et il en est de même des valeurs correspondantes de y (84).

127. On forme aisément l'équation du second degré qui représente à la fois les deux tangentes issues d'un même point (α, β). L'équation d'une tangente faisant avec l'axe des x un angle dont la tangente est m, est, comme on l'a vu,

$$Y = mX \pm r\sqrt{1 + m^2}.$$

Le point (α, β) devant être sur cette droite, on doit avoir

$$\beta = m\alpha \pm r\sqrt{1 + m^2} \quad \text{ou} \quad (\alpha^2 - r^2)\,m^2 - 2\,\alpha\beta m + (\beta^2 - r^2) = 0. \qquad [1]$$

Mais, si (X, Y) sont les coordonnées d'un point de la tangente, on doit avoir

$$m = \frac{Y - \beta}{X - \alpha}.$$

Mettant pour m cette valeur dans l'équation [1] et chassant les dénominateurs, on obtient

$$(\alpha^2 - r^2)(Y - \beta)^2 - 2\,\alpha\beta\,(X - \alpha)(Y - \beta) + (\beta^2 - r^2)(X - \alpha)^2 = 0;$$

c'est l'équation cherchée.

128. Pôles et polaires. — Pour construire la corde des contacts, dont l'équation est

$$\alpha x + \beta y = r^2,$$

cherchons ses coordonnées à l'origine. Si nous faisons d'abord $y = 0$, il vient $x = \dfrac{r^2}{\alpha}$. Cette abscisse, étant indépendante de β, est la même pour toutes les cordes des contacts des tangentes menées à la circonférence par les points de la droite $x = \alpha$, parallèle à l'axe des y; toutes ces cordes se coupent donc en un même point situé sur l'axe des x. Ce point fixe se nomme le *pôle* de la parallèle $x = \alpha$, et celle-ci est appelée la *polaire* du point fixe.

Les longueurs x et α étant liées par la relation $\alpha x = r^2$, l'une se déduit de l'autre par une troisième proportionnelle.

Il en résulte deux conséquences. 1° *Si par les différents points d'une droite on mène des couples de tangentes à un même cercle, les cordes de contact vont se couper, sur le diamètre perpendiculaire, en un même point, qui est le pôle de la droite donnée.*

2° *Si par un point fixe* P *on mène à un cercle* O (fig. 53) *des sécantes telles que* PAB, *et que par les points d'intersection* A *et* B *de chaque sécante avec le cercle on lui mène des tangentes, ces cou-*

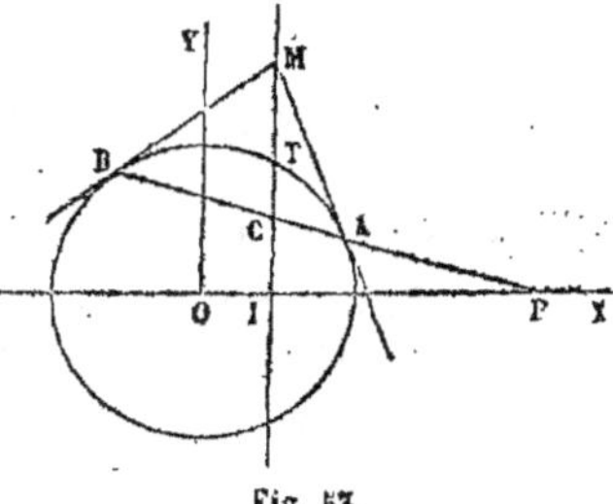

Fig. 53.

ples de tangentes se couperont sur une perpendiculaire MI au dia-
mètre OP, laquelle sera la polaire du point P.

Quant aux positions relatives du pôle et de la polaire, elles se déduisent immédiatement de la relation $\alpha x = r^2$. Si le pôle est extérieur au cercle, la polaire est une sécante ; si le pôle s'éloigne du cercle, la polaire se rapproche du centre ; elle passe par le centre quand le pôle est à l'infini. Si le pôle est sur la circonférence, la polaire est la tangente menée par le pôle, si le pôle devient intérieur, la polaire ne coupe plus le cercle ; elle s'en éloigne à mesure que le pôle se rapproche du centre ; quand le pôle est au centre, la polaire est rejetée à l'infini.

129. Théorème. — *La polaire d'un point extérieur* P (fig. 53) *est le lieu du conjugué harmonique* C *de ce pôle, par rapport aux intersections* A *et* B *du cercle avec une sécante quelconque menée par le point* P.

Cette propriété peut être démontrée de diverses manières ; nous adopterons la suivante, parce qu'elle est fondée sur une méthode utile à connaître. Soient x', y' les coordonnées du point C, et x, y celles de l'un des points d'intersection de la sécante avec le cercle. Les coordonnées du point A seront, en appelant m le rapport de AC à AP **(85)**,

$$x = \frac{x' + m\alpha}{1 + m} \quad \text{et} \quad y = \frac{y'}{1 + m},$$

ces coordonnées devant satisfaire à l'équation du cercle, on aura

$$\frac{(x' + m\alpha)^2}{(1 + m)^2} + \frac{y'^2}{(1 + m)^2} = r^2,$$

d'où

$$(\alpha^2 - r^2)\,m^2 + 2\,(\alpha x' - r^2)\,m + x'^2 + y'^2 - r^2 = 0. \qquad [1]$$

Pour passer du point A au point B, il suffit de changer le signe de m, puisque le rapport de BC à BP est égal, par hypothèse, au rapport de AC à AP. On arrive ainsi à une relation qui ne diffère de [1] que par le signe de m, et qui doit avoir lieu en même temps. Pour cela, il faut que les termes du premier degré en m disparaissent d'eux-mêmes, et qu'on ait $\alpha x' = r^2$. Par conséquent le point C est sur la polaire.

Si la sécante devenait tangente, les points A et B se confondraient avec le point de contact T. Il en résulte que, *pour obtenir la polaire, on peut mener par le pôle* P *une tangente; le point de contact appartient à la polaire.*

130. PROBLÈME. — *Trouver les équations des tangentes communes à deux circonférences de cercles.*

Soient R et r les rayons des deux circonférences, d la distance de leurs centres ; prenons pour origine le centre O de la première et faisons passer l'axe des x par le centre O' de la seconde, supposée placée à droite de la première. L'équation d'une tangente à la première circonférence pourra être mise sous la forme (**123**)

$$X \cos \alpha + Y \sin \alpha - R = 0. \qquad [1]$$

Pour que cette équation représente en même temps une tangente à la seconde circonférence, il faut que le centre O' de celle-ci soit à une distance r de cette tangente.

Si nous considérons d'abord une tangente extérieure, O' et O seront du même côté de cette tangente; on devra donc avoir, puisque d et zéro sont les coordonnées du point O',

$$-(d \cos \alpha - R) = r, \quad \text{d'où} \quad \cos \alpha = \frac{R - r}{d}.$$

Pour que cette tangente existe, il faut donc qu'on ait

$$\frac{R - r}{d} \leqq 1, \quad \text{d'où} \quad d \geqq R - r,$$

c'est-à-dire que les deux circonférences doivent être extérieures, tangentes extérieurement, ou sécantes. En mettant pour $\cos \alpha$ et $\sin \alpha$ leurs valeurs dans la relation [1], on obtiendra l'équation de la tangente extérieure considérée; et l'équation de la seconde s'en déduira, à cause de la symétrie, en changeant α en $-\alpha$. Dans le cas où $d = R - r$, on a $\cos \alpha = 1$, $\sin \alpha = 0$, et l'équation se réduit à $x = R$, qui représente les deux tangentes confondues en une seule.

Si nous considérons ensuite une tangente intérieure, O' et O seront situés de part et d'autre de la tangente, on devra donc poser

$$+ (d \cos \alpha - R) = r, \qquad \text{d'où} \qquad \cos \alpha = \frac{R + r}{d}.$$

Le problème sera impossible si l'on a $d < R + r$; il n'aura qu'une solution pour $d = R + r$, attendu que $\sin \alpha$ sera nul; et l'on aura deux solutions pour $d > R + r$, c'est-à-dire quand les circonférences seront extérieures. Les équations des deux tangentes s'obtiendront comme il a été dit plus haut.

§ 3. — PUISSANCE D'UN POINT PAR RAPPORT A UN CERCLE. INTERSECTION ET CONTACT DES CIRCONFÉRENCES DE CERCLES. AXES RADICAUX. EXERCICES.

131. Supposons que par un point fixe on mène deux sécantes à un cercle. Si l'on prend ces sécantes pour axes, l'équation du cercle sera (**12**)

$$(x - \alpha)^2 + (y - \beta)^2 + 2(x - \alpha)(y - \beta) \cos \theta - r^2 = 0. \qquad [1]$$

En faisant $y = 0$ on obtient une équation du second degré en x dont les racines sont les segments (additifs ou soustractifs) interceptés par la circonférence sur l'axe des x; et l'on trouve pour le produit de ces racines

$$\alpha^2 + \beta^2 + 2 \alpha \beta \cos \theta - r^2 \qquad \text{ou} \qquad d^2 - r^2,$$

en appelant d la distance du centre à l'origine. Si l'on fait $x = 0$, on obtient de même une équation du second degré en y, ayant pour racines les segments interceptés sur l'axe des y; et l'on trouve pour le produit de ces racines la même quantité $d^2 - r^2$. Cette quantité étant indépendante de θ, on voit que le produit des deux segments interceptés sur une sécante quelconque menée par le point fixe est une quantité constante. On retrouve ainsi une propriété connue du cercle; mais on voit, en même temps, que cette quantité, constante en valeur absolue, est en réalité positive ou négative suivant que d est supérieur ou inférieur à r, c'est-à-dire suivant que le point fixe est extérieur ou intérieur à la circonférence.

Si le point fixe n'était pas l'origine, l'expression précédente deviendrait

$$(x_1 - \alpha)^2 + (y_1 - \beta)^2 + 2 \cos \theta (x_1 - \alpha)(y_1 - \beta) - r^2, \qquad [2]$$

en appelant x_1 et y_1 les coordonnées du point fixe; mais elle ne cesserait pas d'avoir pour valeur $d^2 - r^2$.

On peut remarquer que, si le point fixe est extérieur au cercle, cette quantité $d^2 - r^2$ représente le carré de la tangente menée du point fixe à la circonférence. Si ce point est intérieur, $r^2 - d^2$ représente le carré de la moitié de la corde minimum menée dans le cercle par ce point.

132. On appelle *puissance* d'un point par rapport à un cercle le produit constant des segments interceptés par la circonférence sur une sécante issue de ce point. Il résulte de ce qui précède que cette puissance a pour valeur l'expression [2] si x_1 et y_1 sont les coordonnées du point considéré, c'est-à-dire *qu'elle a pour valeur le premier membre de l'équation [1] du cercle, dans lequel on a remplacé les coordonnées courantes par celles du point considéré.*

On peut remarquer encore que l'équation [1] du cercle exprime que cette courbe est le *lieu des points* dont la puissance par rapport à ce cercle est *nulle.*

133. Positions relatives de deux circonférences de cercle — Prenons pour axe des x la ligne des centres et pour axe des y la perpendiculaire à cette ligne passant par le centre de la plus grande des deux circonférences. Si nous désignons par D la distance des centres et par R et r les rayons, les équations des deux circonférences sont

$$x^2 + y^2 = R^2 \quad \text{et} \quad (x - D)^2 + y^2 = r^2.$$

Pour obtenir les coordonnées de leurs points d'intersection, il faut résoudre ces équations en y regardant x et y comme les inconnues. D'abord, en les retranchant membre à membre, y est éliminé, et l'on trouve

$$x = \frac{D^2 + R^2 - r^2}{2D}$$

d'où il suit que les deux points d'intersection sont sur une même perpendiculaire à la ligne des centres. Maintenant, si l'on porte cette valeur de x, qui est toujours réelle, dans l'une des deux équations, il vient, toutes réductions faites,

$$y = \pm \sqrt{(D + R + r)(D + R - r)(D + r - R)(R + r - D)}.$$

D'après cela, si les valeurs de y sont réelles, comme elles sont égales et de signe contraire, on voit que les deux circonférences se coupent en deux points *symétriquement placés par rapport à la ligne des centres.* Pour que y soit réel, comme les deux premiers facteurs sont positifs, il faut que les deux autres soient de même signe. On doit donc avoir en même temps

$$D + r - R > 0 \quad \text{et} \quad R + r - D > 0$$

ou

$$D + r - R < 0 \quad \text{et} \quad R + r - D < 0.$$

Les secondes conditions sont incompatibles, car il en résulterait $2r < 0$. Il s'ensuit que les conditions nécessaires et suffisantes pour que deux circonférences se coupent sont

$$D < R + r \quad \text{et} \quad D > R - r;$$

c'est-à-dire qu'il faut que *la distance des centres soit comprise entre la somme et la différence des rayons.*

On obtiendrait de même les conditions pour que deux circonférences fussent tangentes extérieurement, tangentes intérieurement, extérieures ou intérieures l'une à l'autre.

134. Axes radicaux. — La droite représentée par l'équation

$$x = \frac{D^2 + R^2 - r^2}{2D} \qquad [8]$$

trouvée dans le numéro précédent. droite qui joint les points d'intersection des deux circonférences quand elles se coupent, jouit de la propriété remarquable d'être *le lieu géométrique des points d'où les tangentes menées aux deux circonférences sont égales* ou, plus généralement, *le lieu des points d'égale puissance par rapport aux deux circonférences*. En effet, les équations des deux circonférences étant mises sous la forme

$$x^2 + y^2 - R^2 = 0, \qquad (x - D)^2 + y^2 - r^2 = 0,$$

les premiers membres expriment la valeur des carrés des tangentes aux deux circonférences, menées par le point (x, y), ou les puissances de ce point par rapport aux deux circonférences. Or, en égalant ces carrés, on trouve l'équation [8]. La droite représentée par cette équation est donc bien le lieu géométrique en question. Cette droite se nomme l'*axe radical* des deux circonférences.

En général, on nomme *axe radical* de deux circonférences de cercle le lieu des points par lesquels on peut leur mener des tangentes égales, que ces circonférences se coupent ou qu'elles ne se coupent pas. Si les deux cercles se coupent, la partie intérieure de la corde commune est le lieu des points par lesquels on peut mener, dans les deux cercles, des cordes dont les segments donnent un produit constant.

On voit facilement que l'axe radical de deux circonférences est toujours perpendiculaire à la ligne des centres, quels que soient les axes et la position des deux circonférences par rapport à ces axes, et que son équation s'obtient toujours en retranchant les équations des deux circonférences, après qu'on a fait passer tous les termes dans un même membre. Il en résulte que si $v = 0$ est l'équation d'une circonférence, et $u = 0$ celle d'une droite, l'équation $v + \lambda u = 0$ est l'équation générale de toutes les circonférences qui ont cette droite pour axe radical.

REMARQUE. — Lorsque les deux circonférences se coupent, les points de l'axe radical intérieurs aux deux circonférences jouissent de la propriété d'être les milieux des cordes égales de longueur *minima*.

135. *Les axes radicaux de trois circonférences de cercle se coupent en un même point.*

Soient, pour abréger, $R = 0$, $R' = 0$, $R'' = 0$ les équations des trois circonférences. D'après ce qui précède, les équations de leurs axes radicaux sont

$$R - R' = 0, \qquad R - R'' = 0 \qquad \text{et} \qquad R' - R'' = 0.$$

Or chacune de ces équations est une conséquence des deux autres : donc chaque axe radical passe par le point d'intersection des deux autres ; ce qui démontre le théorème.

COROLLAIRES. — I. Lorsque trois circonférences de cercles se coupent deux à deux, leurs cordes communes se coupent en un même point. Si ces trois circonférences ont un point commun, ce point est le point de concours des cordes communes.

II. Lorsque trois circonférences de cercles sont tangentes deux à deux, leurs tangentes communes intérieures se coupent en un même point.

III. La propriété qui vient d'être démontrée fournit un moyen très-simple de *construire l'axe radical de deux cercles qui ne se coupent pas*. Il suffit pour cela de couper ces deux cercles par un troisième; le point de rencontre des deux cordes communes appartient à l'axe radical des deux cercles donnés; il suffit donc, pour avoir cet axe, d'abaisser de ce point une perpendiculaire sur la ligne des centres.

136. On appelle *centre radical* de trois cercles donnés le point de rencontre de leurs axes radicaux. Ce point est toujours extérieur ou intérieur à la fois aux trois cercles, puisque sa puissance par rapport à chacun d'eux a la même valeur absolue et le même signe.

On appelle *cercle radical* de trois cercles donnés, le cercle décrit du centre radical comme centre avec un rayon égal à la racine carrée de la puissance de ce centre par rapport aux trois cercles. Le cercle radical est réel, imaginaire, ou évanouissant suivant que le centre radical est extérieur aux trois cercles, ou intérieur aux trois cercles, ou situé sur les trois cercles, puisque, selon ces trois cas, la puissance du point considéré est positive, négative ou nulle.

Lorsque le cercle radical est réel, il coupe orthogonalement les trois cercles donnés. Car le rayon du cercle radical étant alors égal à la longueur de la tangente menée du centre radical au premier cercle, le cercle radical passe par le point de contact, et rencontre à angle droit la circonférence de ce cercle. On en peut dire autant pour les deux autres.

137. Exercices. — I. *Trouver le lieu décrit par le sommet d'un angle de grandeur invariable qui se meut dans un plan de manière que ses côtés passent toujours par deux points fixes.*

Soient A et B les deux points fixes (le lecteur est prié de faire les figures qui manquent), et m la tangente de l'angle donné. Prenons pour axe des x la droite AB et pour axe des y la perpendiculaire menée par le milieu de AB, et soit M(x, y) un point du lieu demandé. Si l'on fait AB $= 2c$, les coefficients angulaires de AM et de BM sont respectivement égaux (**88**, rem. I) à $\dfrac{y}{x+c}$ et $\dfrac{y}{x-c}$, et l'on a (**93**)

$$\frac{\dfrac{y}{x-c}-\dfrac{y}{x+c}}{1+\dfrac{y^2}{x^2-c^2}}=m, \quad \text{d'où} \quad x^2+y^2-\frac{2cy}{m}-c^2=0.$$

Telle est l'équation du lieu. Ce lieu est une circonférence de cercle dont le centre est situé sur l'axe des y. Si l'angle est droit, on a $m = \infty$ et l'équation se réduit à $x^2 + y^2 = c^2$. Le lieu est donc alors une circonférence décrite sur AB comme diamètre.

II. *Trouver le lieu décrit par le sommet d'un angle invariable qui se meut de manière que ses côtés soient toujours tangents à une circonférence de cercle.*

Prenons des axes rectangulaires passant par le centre, et soient

$$y = mx + r\sqrt{1 + m^2} \quad \text{et} \quad y = m'x + r\sqrt{1 + m'^2} \qquad [1]$$

les équations des côtés de l'angle. En exprimant que la tangente de cet angle est égale à une quantité constante K (**93**), on trouve l'équation

$$K\,m\,m' + (m - m') + K = 0; \qquad [2]$$

et en éliminant m et m' entre cette équation et les équations [1], on obtiendra l'équation du lieu.

Pour effectuer cette élimination, il faut d'abord faire disparaître les radicaux des équations [1]. Or, en faisant disparaître le radical de la première, il vient

$$(r^2 - x^2)\,m^2 + 2xym + r^2 - y^2 = 0 ; \qquad [3]$$

et en faisant disparaître le radical de la seconde, on aurait une équation qui ne différerait de l'équation (3) qu'en ce que m serait changé en m'. D'où il suit que les valeurs de m et m' sont les deux racines de l'équation [3]. D'après cela, on a

$$mm' = \frac{r^2 - y^2}{r^2 - x^2} \quad \text{et} \quad m - m' = \frac{2r\sqrt{x^2 + y^2 - r^2}}{r^2 - x^2},$$

et, en substituant dans l'équation [2], on trouve, toutes réductions faites,

$$K^2(x^2 + y^2)^2 - 4\,r^2(1 + K^2)(x^2 + y^2) + 4r^4(1 + K^2) = 0.$$

Cette équation se décompose dans les deux suivantes :

$$x^2 + y^2 = \frac{2r^2(1 + K^2) \pm 2r^2\sqrt{1 + K^2}}{K^2}.$$

Celles-ci représentent deux circonférences concentriques à la proposée. L'une de ces circonférences est le lieu demandé, et l'autre le lieu des sommets d'un angle supplémentaire de l'angle donné et dont les côtés seraient également tangents au cercle donné.

III. *Étant données deux circonférences concentriques, on mène des tangentes à la circonférence intérieure, et par les points d'intersection de chacune de ces tangentes avec la circonférence extérieure on mène des tangentes à cette dernière circonférence. Ces couples de tangentes se coupent en des points dont on demande le lieu.*

Prenons des axes rectangulaires passant par le centre et désignons par r et R les rayons des deux circonférences. Considérons un point du lieu (x, y) et soit

$$Xx + Yy = R^2$$

l'équation de la corde des contacts relative à ce point, équation dans laquelle X et Y représentent les coordonnées courantes. Cette corde devant être tangente à la circonférence intérieure, sa distance à l'origine doit être égale à r. Cette distance étant égale à $\dfrac{R^2}{\sqrt{x^2+y^2}}$ (95), on a donc

$$\frac{R^2}{\sqrt{x^2+y^2}} = r \qquad \text{ou} \qquad x^2 + y^2 = \frac{R^4}{r^2}.$$

Le lieu demandé est donc une circonférence concentrique aux deux circonférences proposées et dont le rayon est égal à $\dfrac{R^2}{r}$.

Questions proposées. — I. *Décrire une circonférence qui coupe trois circonférences données en des points diamétralement opposés.*

II. *Si d'un point pris dans le plan d'un cercle on tire deux sécantes perpendiculaires l'une à l'autre, la somme des carrés des distances de ce point aux quatre points d'intersection de la circonférence et des sécantes est constant.*

III. *On donne un triangle ABC. Du centre du cercle inscrit à ce triangle, avec un rayon arbitraire, on décrit une circonférence; on joint un point quelconque M de cette circonférence aux trois sommets du triangle, et on demande de prouver que l'expression*

$$\overline{AM}^2 \times a + \overline{BM}^2 \times b + \overline{CM}^2 \times c$$

est constante, a, b, c désignant les trois côtés.

IV. *On donne deux circonférences concentriques, et on demande le lieu des points tels, qu'en menant de chacun d'eux des tangentes aux deux circonférences ces tangentes soient perpendiculaires.*

V. *On donne trois cercles, et on propose de trouver le lieu des points tels, que les cordes de contact des tangentes menées de chacun d'eux à ces trois cercles concourent en un même point.*

138. Après la ligne droite et le cercle, il conviendrait d'étudier sur-le-champ les courbes du second degré; mais, pour faciliter cette étude, et en même temps pour éviter des redites inutiles, il est d'usage aujourd'hui d'exposer d'abord quelques propriétés générales des courbes. Ce sera l'objet des deux chapitres qui vont suivre.

CHAPITRE V

THÉORIES GÉNÉRALES. — TANGENTES ET NORMALES.
CONVEXITÉ ET CONCAVITÉ DES COURBES. — MAXIMA ET MINIMA.
ASYMPTOTES RECTILIGNES. — CENTRES ET DIAMÈTRES

§ 1 — DES TANGENTES ET DES NORMALES.

139. Définitions. — On appelle *tangente* à une courbe AB
(fig. 54) en un point déterminé M de cette courbe, la limite MT
des positions que prend
une sécante MS passant par
ce point, lorsqu'on la fait
tourner autour de ce point
de manière qu'un second
point d'intersection M' se
rapproche indéfiniment du
premier.

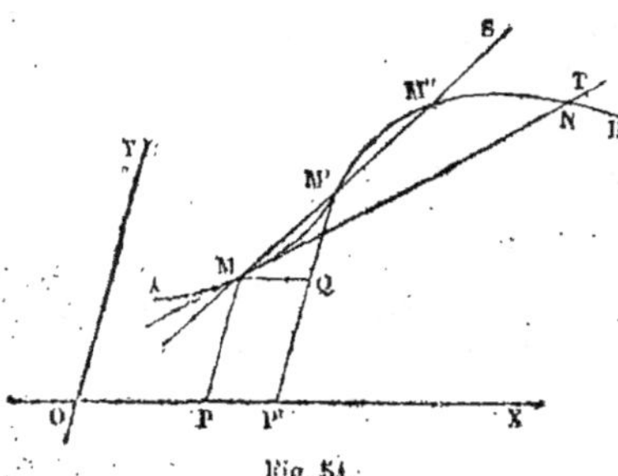

Fig. 54.

Nous disons *un* second
point d'intersection, car
la courbe peut être telle,
qu'elle soit coupée en plus de deux points par une droite.
Dans ce cas, il arrive fréquemment qu'une même droite MT,
tangente en un point M, est en même temps sécante en un
autre point N.

Soient x et y les coordonnées OP et MP du point M, et m le
coefficient angulaire de la tangente MT; son équation sera de la
forme

$$Y - y = m (X - x),$$

en désignant par X et Y les coordonnées courantes; et il reste
à déterminer la valeur du coefficient m.

Remarque. — On peut quelquefois considérer une tangente comme la limite
des positions d'une sécante qui se meut parallèlement à elle-même jusqu'à ce

que deux points d'intersection se confondent en un seul. Mais cette méthode, applicable surtout aux courbes du second degré, n'est pas générale et pourrait être en défaut dans beaucoup de cas.

140. Théorème. — *Le coefficient angulaire de la tangente est égal à la dérivée de l'ordonnée du point de contact, considérée comme une fonction de son abscisse.*

Menons l'ordonnée M'P', et MQ parallèle à OX; faisons, pour abréger, $MQ = h$ et $M'Q = k$; les coordonnées du point M' sont $x + h$ et $y + k$. Par conséquent l'équation de la sécante MS qui passe par les points M et M' est (**83**)

$$Y - y = \frac{k}{h}(X - x).$$

Cela posé, faisons tourner la sécante autour du point M, de manière que M' s'en rapproche indéfiniment; k et h tendront tous deux vers zéro, mais le rapport $\frac{k}{h}$ tendra en général vers une limite déterminée, qui n'est autre chose que m, d'après la définition de la tangente. On a donc

$$m = \lim. \frac{k}{h}.$$

Mais k étant l'accroissement de l'ordonnée y correspondant à l'accroissement h de l'abscisse x, la limite du rapport de ces deux accroissements est la valeur que prend la *dérivée* de l'ordonnée de la courbe, considérée comme une fonction de l'abscisse, quand on donne à l'abscisse la valeur x, et par suite à l'ordonnée la valeur y; le théorème se trouve donc démontré.

Si l'équation de la courbe peut être mise sous la forme $y = \varphi(x)$, on aura, en général, pour le point dont l'abscisse est x,

$$m = \varphi'(x).$$

Ainsi l'équation de la tangente en ce point est

$$Y - y = \varphi'(x)(X - x),$$

équation à laquelle il faut joindre la relation $y = \varphi(x)$, qui lie les coordonnées du point considéré.

141. Si l'équation de la courbe ne peut pas être mise sous la forme $y = \varphi(x)$, soit, en général, $f(x, y) = 0$ cette équation.

Considérons y comme tenant lieu de sa valeur en fonction de x, et prenons la dérivée des deux membres, en ayant égard à la règle des fonctions composées et à celle des fonctions de fonctions, nous aurons

$$f'_x(x, y) + f'_y(x, y) \cdot y_x = 0,$$

d'où

$$y'_x = - \frac{f'_x(x, y)}{f'_y(x, y)}.$$

Ainsi *le coefficient angulaire de la tangente s'obtient en divisant la dérivée du premier membre de l'équation de la courbe par rapport à* x *par sa dérivée par rapport à* y, *et en prenant le quotient en signe contraire.*

L'équation de la tangente au point dont les coordonnées sont x et y est donc

$$Y - y = - \frac{f'_x(x, y)}{f'_y(x, y)} (X - x)$$

ou bien

$$Y f'_y(x, y) + X f'_x(x, y) = y f'_y(x, y) + x f'_x(x, y), \qquad [3]$$

équation à laquelle il faut toujours joindre la relation $f(x, y) = 0$, qui lie les coordonnées x et y.

Prenons pour exemple la courbe dont l'équation est

$$y^3 - 2xy + x^3 = 0,$$

et proposons-nous de lui mener une tangente au point qui a pour abscisse $x = 1$. Nous aurons

$$f'_x(x, y) = - 2y + 3x^2, \quad f'_y(x, y) = 3y^2 - 2x;$$

et en désignant par y l'ordonnée qui correspond à $x = 1$, on trouve pour l'équation de la tangente,

$$(Y - y)(3y^2 - 2x) + (X - x)(3x^2 - 2y) = 0,$$

à laquelle il faut joindre l'équation

$$y^3 - 2y + 1 = 0.$$

Cette équation a ses trois racines réelles, et l'on trouve

$$y = 1 \quad \text{et} \quad y = \frac{+1 \pm \sqrt{5}}{2}.$$

En prenant, par exemple, $y = 1$, on trouve pour l'équation de la tangente

$$(Y - 1)(3 - 2) + (X - 1)(3 - 2) = 0 \quad \text{ou} \quad Y = - X + 2.$$

Remarque. — Si l'équation de la courbe est algébrique et du degré m, l'équation [3] de la tangente est du degré m en x et y; mais, en vertu de la relation $f(x,y) = 0$, elle s'abaisse au degré $m - 1$. En effet le théorème des fonctions homogènes (**33**) donne

$$x f'_x(x, y) + y f'_y(x, y) = m f(x, y).$$

Soit φ_m l'ensemble des termes du degré m dans $f(x, y)$, φ_{m-1} l'ensemble des termes du degré $m - 1$, φ_{m-2} l'ensemble des termes du degré $m - 2$, et ainsi de suite. Le théorème que nous venons de rappeler s'appliquant à chacun de ces groupes de termes, on aura

$$x f'_x(x, y) + y f'_y(x, y) = m\varphi_m + (m - 1)\varphi_{m-1} + (m - 2)\varphi_{m-2}$$
$$\dots + 2\varphi_2 + \varphi_1$$

ce qu'on peut écrire

$$x f'_x(x, y) + y f'_y(x, y) = m\,[\varphi_m + \varphi_{m-1} + \varphi_{m-2} \dots + \varphi_1 + \varphi_0]$$
$$- [\varphi_{m-1} + 2\varphi_{m-2} + 3\varphi_{m-3} \dots + (m - 1)\varphi_1 + m\varphi_0].$$

Or la première parenthèse, qui est égale à $f(x, y)$, est nulle; il reste donc dans le second membre une fonction qui n'est plus que du degré $m - 1$ en x et y.

142. Équation de la tangente en coordonnées homogènes. — On peut encore présenter l'équation de la tangente aux courbes algébriques sous une forme symbolique qu'il est utile de connaître. Soit

$$f(x, y, z) = 0 \qquad\qquad [4]$$

l'équation de la courbe rendue homogène en y remplaçant x et y par $\dfrac{x}{z}$ et $\dfrac{y}{z}$. L'équation de la tangente au point (x, y) est alors

$$X f'_x(x,y,z) + Y f'_y(x,y,z) = x f'_x(x,y,z) + y f'_y(x,y,z). \qquad [5]$$

Or, en vertu du théorème sur les fonctions homogènes (**35**), on a

$$x f'_x + y f'_y + z f'_z = m f(x,y,z);$$

donc, d'après l'égalité [4]

$$x f'_x + y f'_y + z f'_z = 0 \qquad \text{ou} \qquad x f'_x + y f'_y = - z f'_z.$$

L'équation [5] devient donc

$$X f'_x(x,y,z) + Y f'_y(x,y,z) = - z f'_z(x,y,z)$$

qu'on écrira d'une manière abrégée et symétrique

$$X f'_x + Y f'_y + Z f'_z = 0$$

et dans cette équation on fera $Z = 1$, $z = 1$.

Reprenons pour exemple l'équation $x^3 - 2xy + y^3 = 0$, déjà traitée. En la rendant homogène, on a

$$x^3 - 2xyz + y^3 = 0.$$

On en déduit

$$f'_x = 3x^2 - 2yz, \quad f'_y = - 2xz + 3y^2, \quad f'_z = - 2xy;$$

l'équation de la tangente est donc

$$X (3x^2 - 2yz) + Y (3y^2 - 2xz) - Z . 2xy = 0,$$

ou, en faisant $Z = 1$ et $z = 1$, et divisant par 3,

$$X (3x^2 - 2y) + Y (3y^2 - 2x) - 2xy = 0.$$

Pour $x = 1$, d'où $y = 1$ (par exemple), on obtient

$$X + Y - 2 = 0,$$

comme plus haut.

143. Sous-tangente. — On nomme *sous-tangente* la distance du point où la tangente rencontre l'axe des x au pied de l'ordonnée du point de contact.

La longueur de la sous-tangente, correspondant à un point de la courbe dont les coordonnées sont x, y, est exprimée par la valeur de $X - x$, tirée de l'équation de la tangente à la courbe en ce point, après y avoir fait $Y = 0$. Elle a donc pour expression $y \dfrac{f'_y}{f'_x}$.

144. Normale et sous-normale. — On appelle *normale* à une courbe en un de ses points la perpendiculaire à la tangente menée à la courbe en ce point.

L'équation de la normale à la courbe représentée par l'équation $f(x, y) = 0$ au point (x, y) est, d'après cela,

$$Y - y = \frac{f'_y}{f'_x} (X - x), \quad \text{ou} \quad Y - y = \frac{f'_y - f'_x \cos \theta}{f'_x - f'_y \cos \theta} (X - x),$$

suivant que les axes sont rectangulaires ou obliques.

La *sous-normale* est la distance du point où la normale rencontre l'axe des x, au pied de l'ordonnée du point de contact.

La longueur de la sous-normale est exprimée par la valeur de $X - x$, tirée de l'équation de la normale, après y avoir fait $Y = 0$. Elle a donc pour expression $- y \dfrac{f'_x}{f'_y}$.

145. Problèmes relatifs aux tangentes. — Ce qui précède permet de résoudre par le calcul tous les problèmes relatifs aux tangentes.

PROBLÈME I. — *Mener par un point extérieur* (x', y') *une tangente à la courbe qui a pour équation* $f(x, y) = 0$.

Soit toujours (x, y) le point de contact; le point (x', y') étant sur la tangente, ses coordonnées doivent satisfaire à l'équation de cette droite; on a donc

$$(y' - y) f'_y (x, y) + (x' - x) f'_x (x, y) = 0.$$

Mais, le point (x, y) appartenant à la courbe, on a aussi

$$f(x, y) = 0.$$

Ces deux équations détermineront x et y; et il existera autant de tangentes passant par le point donné qu'il y aura de systèmes de valeurs réelles de x et de y satisfaisant à ces deux équations. Si l'équation de la courbe est du $m^{\text{ème}}$ degré, celle de la tangente est du $(m - 1)^{\text{ième}}$, et le nombre de ces solutions est au plus $m (m - 1)$. Dans le cas des courbes du second degré, ce nombre est égal à 2.

Comme exemple, proposons-nous de mener, par le point dont les coordonnées sont $y' = 0$ et $x' = 13$, une tangente au cercle qui a pour équation

$$x^2 + y^2 = 25.$$

Les deux équations à résoudre seront

$$(0 - y) . 2y + (13 - x) . 2x = 0 \quad \text{et} \quad x^2 + y^2 = 25,$$

ou

$$x^2 + y^2 - 13x = 0 \quad \text{et} \quad x^2 + y^2 = 25.$$

On en tire facilement

$$x = \tfrac{25}{13}, \quad \text{d'où} \quad y = \pm \tfrac{60}{13}.$$

Ce problème peut aussi se résoudre graphiquement, comme dans le cas du cercle, en construisant les lignes représentées par les deux équations précédentes quand on y considère x et y comme des coordonnées courantes. Les points d'intersection de ces deux lignes, dont l'une est la ligne proposée et l'autre une ligne d'un ordre moindre au moins d'une unité si la première est algébrique, sont les points de contact cherchés.

146. Nouvelle classification des courbes algébriques. — Les valeurs imaginaires de x et de y correspondent à des droites imaginaires que l'on convient quelquefois de regarder comme autant de *tangentes imaginaires*. En admettant cette manière de voir, on peut dire que, par un point extérieur à une courbe algébrique donnée du degré m, on peut mener $m(m-1)$ tangentes réelles ou imaginaires.

Dans ce sens, on classe les courbes algébriques d'après le nombre des tangentes réelles ou imaginaires qu'on peut leur mener par un point extérieur, et l'on dit qu'une courbe de degré m est de la classe $m(m-1)$. En particulier une courbe du deuxième degré est aussi de la deuxième classe.

147. Problème II. — *Mener à une courbe dont l'équation est* $f(x, y) = 0$ *une tangente parallèle à une droite donnée* $y = mx$; *ce qui revient à trouver l'équation de la tangente en fonction de son coefficient angulaire* m.

La tangente devant être parallèle à la droite représentée par $Y = mX$, son équation sera de la forme

$$Y = mX + n,$$

et il s'agit de déterminer n.

Soient toujours x et y les coordonnées du point de contact, l'équation de la tangente en fonction de ces coordonnées étant

$$(Y - y)\, f'_y(x,y) + (X - x)\, f'_x(x,y) = 0$$

ou

$$Y = -\frac{f'_x(x,y)}{f'_y(x,y)} X + y + \frac{f'_x(x,y)}{f'_y(x,y)} x,$$

pour que cette équation soit identique à la première, on doit avoir

$$-\frac{f'_x(x,y)}{f'_y(x,y)} = m \quad \text{et} \quad y + \frac{f'_x(x,y)}{f'_y(x,y)} x = n; \qquad [a]$$

d'ailleurs, on a

$$f(x, y) = 0, \qquad\qquad [b]$$

puisque le point de contact est sur la courbe. Ces trois équations serviront à déterminer x, y et n. Il y aura autant de tangentes parallèles à la direction donnée qu'il y aura de systèmes de valeurs réelles de x et de y satisfaisant à la première et à la troisième.

Ceci suppose que la direction donnée n'est pas parallèle à l'axe des y; si elle lui était parallèle, l'équation de la tangente serait $X = x$, et l'on n'aurait plus que deux équations à résoudre, savoir :

$$f'_y(x, y) = 0 \quad \text{et} \quad f(x, y) = 0 \, ;$$

la première résulte de l'hypothèse $m = \infty$.

Si entre les équations $[a]$ et $[b]$ l'on élimine x et y pour calculer les valeurs de n, on aura les équations des tangentes en fonction du coefficient angulaire m.

Comme exemple, supposons qu'il s'agisse de mener au cercle dont l'équation est $x^2 + y^2 = 25$ une tangente parallèle à la droite représentée par l'équation $y = -\frac{5}{12}x$. Les équations à résoudre sont

$$-\frac{2x}{2y} = -\frac{5}{12}, \quad y + \frac{2x}{2y} \cdot x = n, \quad x^2 + y^2 = 25.$$

On en tire

$$x = \pm\frac{25}{13}, \quad \text{d'où} \quad y = \pm\frac{60}{13}, \quad \text{puis} \quad n = \pm\frac{65}{12},$$

valeurs dans lesquelles les signes se correspondent.

Les équations des deux tangentes sont donc

$$Y = -\frac{5}{12}X \pm \frac{65}{12}.$$

148. Problème III. — *Mener une tangente commune à deux courbes dont les équations sont* $f(x, y) = 0$ *et* $\varphi(x, y) = 0$.

Soit $Y = mX + n$ l'équation de la tangente commune, et soient x', y' les coordonnées du point où elle touche la première courbe, et x'', y'' les coordonnées du point où elle touche la seconde. On aura, en ayant égard au contact avec la première

$$f'_x(x', y') + mf'_y(x', y') = 0, \quad y' = mx' + n, \quad f(x', y') = 0$$

et, en ayant égard au contact avec la seconde,

$$\varphi'_x(x'', y') + m\varphi'_y(x'', y'') = 0, \quad y'' = mx'' + n, \quad \varphi(x'', y'') = 0.$$

Ces six équations serviront à déterminer les inconnues x', y',

x'', y'', m et n. En éliminant x' et y' entre les trois premières, puis x'' et y'' entre les trois dernières, on obtient deux équations en m et n qui déterminent ces inconnues, et par suite toutes les autres.

Prenons pour exemple les deux cercles représentés par les équations

$$x^2 + y^2 = \mathrm{R}^2 \quad \text{et} \quad (x - \alpha)^2 + y^2 = r^2.$$

Les six équations à résoudre sont :

$$x' + my' = 0 \quad y' = mx' + n, \quad x'^2 + y'^2 = \mathrm{R}^2,$$

$$(x'' - \alpha) + my'' = 0, \quad y'' = mx'' + n, \quad (x'' - \alpha)^2 + y''^2 = r^2.$$

Les trois premières donnent :

$$y' = \frac{n}{1 + m^2}, \quad x' = -\frac{mn}{1 + m^2}, \quad n^2 = \mathrm{R}^2 (1 + m^2).$$

Les trois dernières donnent de même :

$$y'' = \frac{n + m\alpha}{1 + m^2}, \quad x'' - \alpha = -\frac{m(n + m\alpha)}{1 + m^2}, \quad (n + m\alpha)^2 = r^2(1 + m^2).$$

Des deux équations en m et n, on tire, en éliminant n,

$$m = \pm \frac{\mathrm{R} \pm r}{\sqrt{\alpha^2 - (\mathrm{R} \pm r)^2}},$$

valeurs dans lesquelles r doit être affecté du même signe au numérateur et au dénominateur. Ces valeurs sont au nombre de quatre, comme cela doit être, puisque l'on sait qu'il y a en général quatre tangentes.

Connaissant m, on en déduit immédiatement $n = \pm \mathrm{R} \sqrt{1 + m^2}$, et par suite toutes les autres inconnues. La discussion de leurs valeurs ne présente aucune difficulté, et elle reproduit toutes les circonstances connues du problème géométrique dont nous nous occupons.

On peut même déduire de ces valeurs la construction géométrique ordinaire. Si l'on cherche, en effet, le point où la tangente coupe la ligne des centres, qui est ici l'axe des x, on n'a qu'à faire $\mathrm{Y} = 0$ dans l'équation $\mathrm{Y} = m\mathrm{X} + n$, ce qui donne pour l'abscisse de ce point

$$\mathrm{X} = -\frac{n}{m},$$

ou, en mettant pour m et n leurs valeurs et simplifiant,

$$= \frac{\mathrm{R}\alpha}{\mathrm{R} \pm r}.$$

Ces deux valeurs de X conduisent à la construction connue.

149. Problème IV. — *Une courbe passe par l'origine, et on demande de trouver la tangente en ce point.*

L'équation de la tangente étant alors de la forme $y = mx$, le coefficient angulaire de la tangente à l'origine est égal à la limite vers laquelle tend le rapport $\frac{y}{x}$, tiré de l'équation de la courbe, quand x tend vers zéro.

Soit, par exemple,

$$y = \sin x,$$

on aura

$$\lim \frac{y}{x} = \lim \frac{\sin x}{x} = 1.$$

Donc la tangente à la *sinusoïde* à l'origine est la bissectrice de l'angle des axes.

Remarques. I. — Il sera quelquefois plus commode de chercher $\lim \frac{x}{y}$ et d'en prendre l'inverse.

II. Une courbe algébrique peut avoir plusieurs branches qui passent à l'origine; on obtient toutes les tangentes en ce point en égalant à zéro l'ensemble des termes du degré le moins élevé, et en prenant pour inconnue le rapport de y à x. Supposons, par exemple, que cet ensemble de termes soit du degré n; si l'on pose $y = ax$, toute l'équation deviendra divisible par x^n; et si, après cette division, on fait $x = 0$, tous les termes disparaîtront, à l'exception de ceux qui étaient du degré n, lesquels donneront pour déterminer a une équation du degré n. Il y aura autant de tangentes réelles à l'origine que cette équation aura de racines réelles.

Soit, par exemple, l'équation

$$y^4 x - 2yx^4 + y^5 - xy^2 - 2yx^2 = 0.$$

En faisant $y = ax$ et divisant par x^3, il restera

$$a^4 x^3 - 2ax^2 + a^5 - a^2 - 2a = 0,$$

et, en faisant $x = 0$,

$$a^5 - a^2 - 2a = 0,$$

équation qui a pour racines

$$a = 0, \quad a = -1 \quad \text{et} \quad a = 2.$$

Il y a donc trois tangentes à l'origine, dont les équations sont

$$y = 0, \quad y = -x \quad \text{et} \quad y = 2x.$$

150. Les problèmes analogues relatifs aux normales se traitent comme les problèmes relatifs aux tangentes ; mais ils donnent lieu, en général, à des calculs plus compliqués. Nous ne nous y arrêterons pas.

§ 2. — CONVEXITÉ ET CONCAVITÉ DES COURBES. ORDONNÉES MAXIMUMS ET MINIMUMS.

151. Variation de l'ordonnée. — On démontre en Algèbre qu'une fonction de x est *croissante* ou *décroissante*, à partir d'une valeur $x = a$, suivant que, pour cette valeur, sa *dérivée première est positive ou négative*. Si donc une courbe est représentée par l'équation $y = f(x)$, l'ordonnée y sera croissante ou décroissante, à partir d'une valeur $x = a$, suivant que $f'(a)$ sera positif ou négatif, c'est-à-dire suivant que le coefficient angulaire de la tangente, au point dont l'abscisse est a, sera positif ou négatif. Nous examinerons plus bas le cas où $f'(a)$ serait nul ou infini.

152. Convexité et concavité. — Un arc de cercle est *concave* du côté de sa corde et *convexe* du côté où les tangentes à ses extrémités se rencontrent. On en peut dire autant d'un arc de courbe quelconque, s'il est suffisamment petit pour que, dans son étendue, le coefficient angulaire de la tangente ne change pas de signe. Or, on sait que cela est toujours possible, et qu'étant donnée une fonction continue $f(x)$, on peut toujours faire croître x d'une quantité assez petite pour que $f'(x)$ conserve son signe.

Cela posé, considérons sur une courbe, dont l'équation est $y = f(x)$, deux points très-voisins M et M' et supposons que la tangente en M ne soit pas parallèle à l'un des axes. Il ne pourra se présenter que quatre cas. Si, comme dans la figure 55, les tangentes en M et en M' se coupent au-dessous de l'arc, celui-ci tourne sa convexité vers les y négatifs. En même temps, le coefficient angulaire de la tangente IT' est plus grand que celui de IT ; ce coefficient angulaire est donc croissant, c'est-à-dire

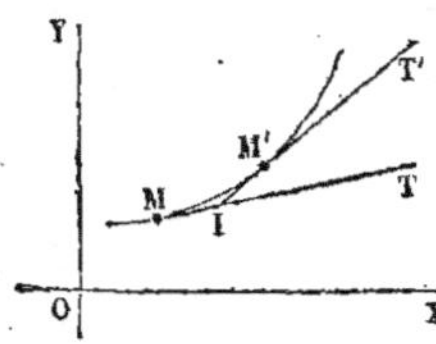

Fig. 55.

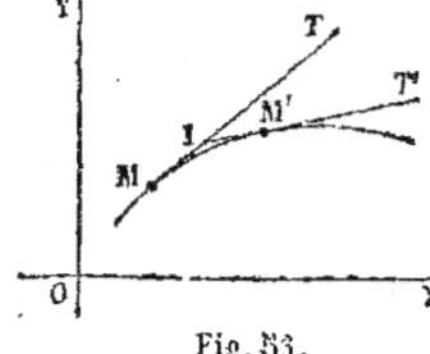

Fig. 53.

que $f'(x)$ est une quantité croissante ; donc sa dérivée $f''(x)$ est positive.

Si, comme dans la figure 56, les deux tangentes se coupent au-dessus de l'arc MM', cet arc tourne sa convexité vers les y positifs. En même temps, le coefficient angulaire de IT' est plus petit que celui de IT, c'est-à-dire que $f'(x)$ est décroissant ; donc sa dérivée $f''(x)$ est négative.

Dans ces deux exemples, l'ordonnée était croissante. Examinons de même les cas où elle est décroissante.

Si, comme dans la figure 57, les deux tangentes se coupent au-dessous de l'arc, cet arc tourne sa convexité vers les y néga-

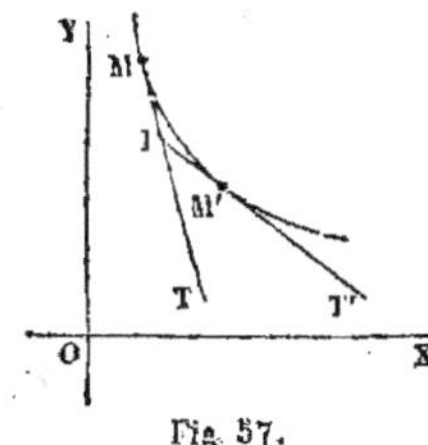

Fig. 57.

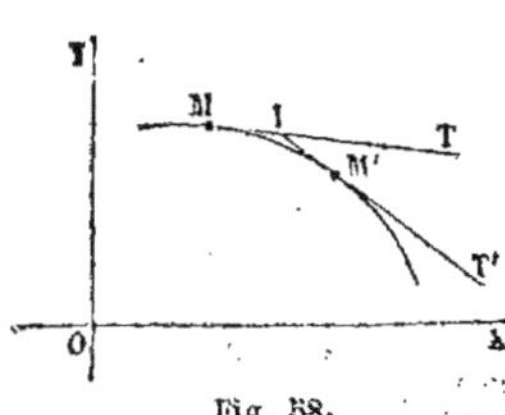

Fig. 58.

tifs. En même temps, le coefficient angulaire de IT' est moindre que celui de IT en valeur absolue ; et, comme ils sont négatifs tous deux, ce coefficient angulaire croît algébriquement ; donc $f''(x)$ est positif.

Enfin si, comme dans la figure 58, les deux tangentes se

coupent au-dessus de l'arc, celui-ci tourne sa convexité vers les y positifs. En même temps, le coefficient angulaire de IT″ est plus grand que celui de IT en valeur absolue ; et, comme ils sont tous deux négatifs, ce coefficient angulaire décroît algébriquement ; donc $f''(x)$ est négatif.

Ainsi, lorsque la tangente au point considéré M n'est pas parallèle à l'un des axes, c'est-à-dire lorsque le coefficient angulaire de la tangente en ce point n'est ni nul ni infini, *la courbe, à partir de ce point, tourne sa convexité vers les y négatifs ou vers les y positifs, suivant que la dérivée seconde de l'ordonnée, considérée comme une fonction de l'abscisse, est positive ou négative pour l'abscisse du point* M.

REMARQUE. — Dans les figures 55, 56, 57 et 58, le point M est placé dans le premier angle des axes ; on arriverait aux mêmes conclusions s'il était placé dans l'un des trois autres angles ; car les raisonnements sont indépendants de la position de ce point.

153. Maximum et minimum de l'ordonnée. — Considérons maintenant le cas où la tangente en M est parallèle à l'axe des x et où l'on a, pour ce point, $f'(x) = 0$. On reconnaît, par les mêmes raisonnements que la règle énoncée ci-dessus pour déterminer le sens de la convexité subsiste encore. Mais il se présente alors une autre circonstance.

Si, comme dans la figure 59, les points M′ et M″, très-voisins du point M, sont tous deux au-dessous de la tangente MT, l'or-

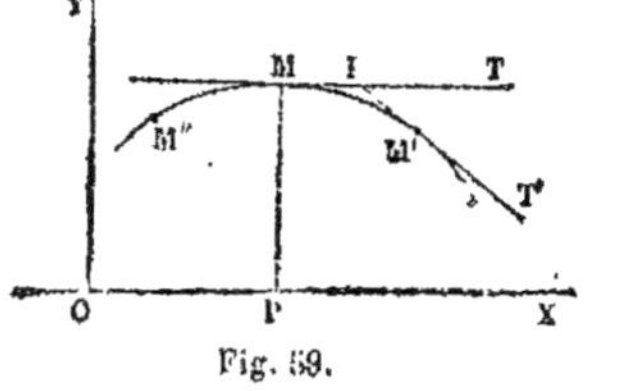
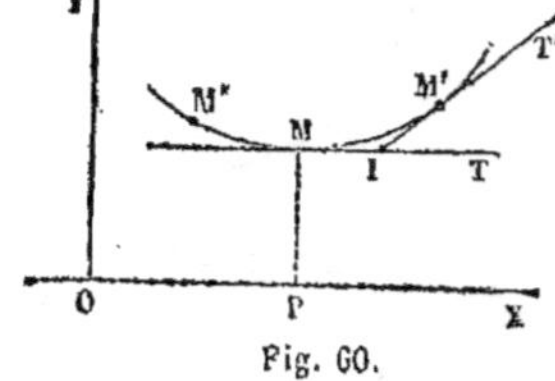

Fig. 59.Fig. 60.

donnée du point M est plus grande que les ordonnées des points qui précèdent ou qui suivent immédiatement le point M ; on dit alors que cette ordonnée est un *maximum*. En même temps, la convexité de la courbe étant tournée vers les y positifs, $f''(x)$ est négatif.

Si, comme dans la figure 60, les deux points M′ et M″ sont

tous deux au-dessus de la tangente MT, l'ordonnée du point M est plus petite que les ordonnées des points qui précèdent ou qui suivent immédiatement le point M; on dit alors que cette ordonnée est un *minimum*. En même temps, la convexité de la courbe étant tournée vers les y négatifs, $f''(x)$ est positif.

Ainsi le maximum et le minimum ont pour caractère commun $f'(x) = 0$, c'est-à-dire qu'au point considéré la tangente est parallèle à l'axe des x; mais ils se distinguent l'un de l'autre en ce que, dans le cas du maximum, $f''(x)$ est négatif, tandis que, dans le cas du minimum, $f''(x)$ est positif.

Il pourrait arriver que les deux points M' et M'', très-voisins de M, l'un à droite, l'autre à gauche, fussent situés de part et d'autre de la tangente MT, comme le montre la figure 61. Dans ce cas, l'ordonnée du point M n'est ni un maximum ni un minimum; le sens de la convexité de la courbe change à partir du point M; $f''(x)$ change de signe en passant par zéro ou par l'infini. On a donc alors, au point M, $f'(x) = 0$, avec $f''(x)$ nul ou infini. Lorsque au point considéré la courbe passe ainsi d'un côté à l'autre de sa tangente, on dit que le point M est un *point*

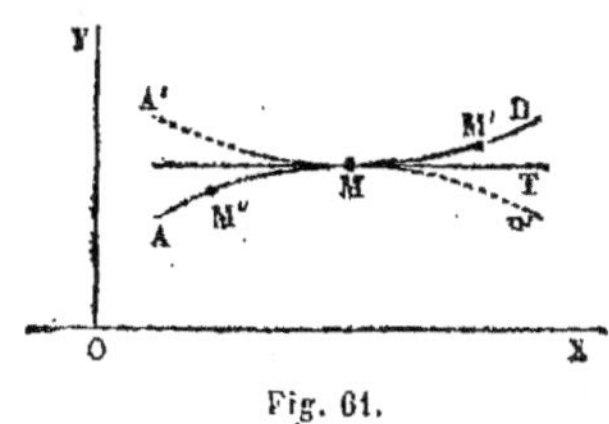

Fig. 61.

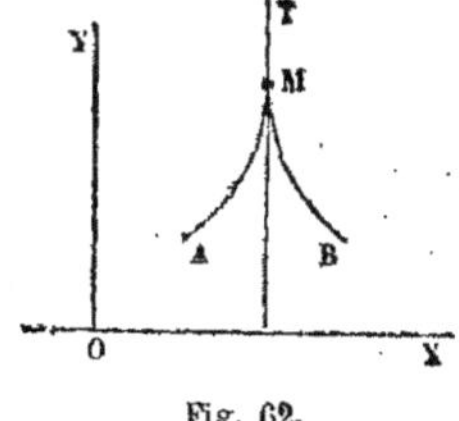

Fig. 62.

d'inflexion. Nous reviendrons plus loin sur ce sujet en traitant des *points singuliers*.

154. Il reste à examiner le cas où la tangente en M serait parallèle à l'axe des y, et où l'on aurait $f'(x) = \infty$. On reconnaît que la règle relative au sens de la convexité subsiste encore.

Si, comme dans la figure 62, les arcs AM et MB qui précèdent et suivent le point M tournent leur convexité vers les y négatifs, l'ordonnée du point M est un maximum. En même temps, $f'(x)$ passe du positif au négatif.

Si, comme dans la figure 63, les arcs AM et MB tournent leur convexité vers les y positifs, l'ordonnée du point M est un minimum. En même temps, $f'(x)$ passe du négatif au positif.

Il pourrait arriver enfin que les arcs AM et MB (fig. 64) tournas-

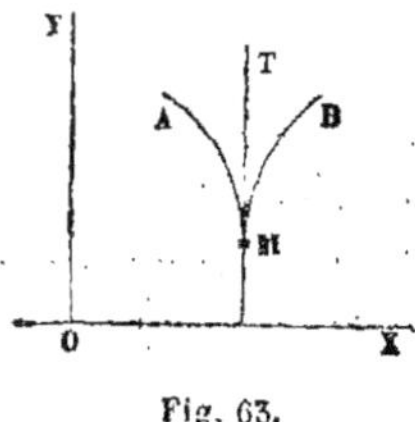

Fig. 63.

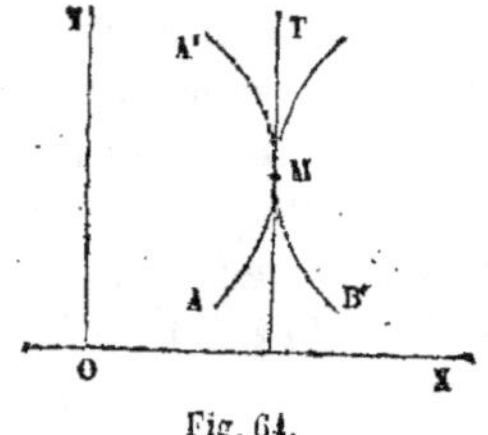

Fig. 64.

sent leur convexité dans des sens différents; il y aurait alors une inflexion au point M ; et $f''(x)$ changerait de signe en passant par zéro ou par l'infini. Mais $f'(x)$ conserverait son signe sur les deux arcs.

155. Les circonstances que nous venons d'énumérer embrassent tous les cas qui peuvent se présenter; et comme les caractères analytiques qu'elles présentent sont distincts, les réciproques se trouvent par là même démontrées. On peut donc former le tableau mnémonique suivant :

$$f'(x) = 0 \; ; \; f''(x) < 0, \qquad \text{maximum.}$$
$$f'(x) = 0 \; ; \; f''(x) > 0, \qquad \text{minimum.}$$
$$f'(x) = 0 \; ; \; f''(x) = 0 \text{ ou } \infty , \qquad \text{inflexion.}$$
$$f'(x) = \infty , \text{ passant du positif au négatif} \qquad \text{maximum.}$$
$$f'(x) = \infty , \text{ du négatif au positif} \qquad \text{minimum.}$$
$$f'(x) = \infty , \text{ conservant son signe} \qquad \text{inflexion.}$$

156. Pour éclaircir ces règles, nous les appliquerons à l'exemple suivant :

$$y = \tfrac{1}{3} x^3 - x.$$

On en déduit d'abord

$$y' = x^2 - 1 \quad \text{et} \quad y'' = 2x.$$

De $x = -\infty$ à $x = 0$, y'' est négatif. Dans cette partie de la courbe, la convexité est donc tournée vers les y positifs. De $x = 0$ à $x = +\infty$, y'' est positif, la courbe tourne donc alors sa convexité vers les y négatifs. Pour $x = 0$ on a $y'' = 0$; l'origine est un point d'inflexion. La première dérivée s'annule pour $x = -1$ et pour $x = +1$; la première de ces valeurs donne $y'' = -2$, quanlité négative; l'ordonnée correspondante est donc un maximum; la seconde donne $y'' = +2$, quantité positive; l'ordonnée correspondante est donc un

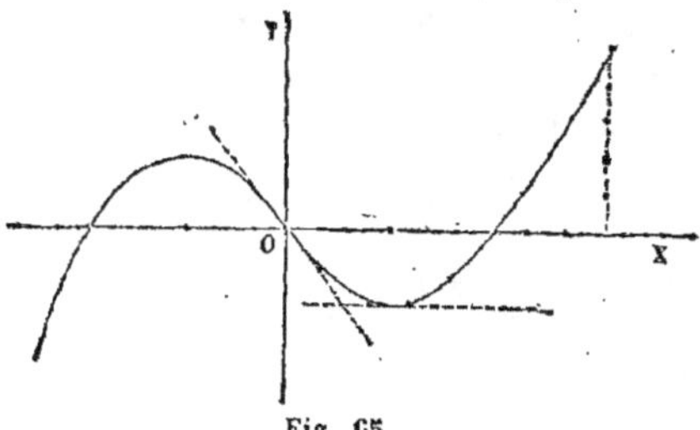

Fig. 65.

minimum. Ces circonstances répondent à la forme indiquée par la figure 65.

§ 3. — DES ASYMPTOTES RECTILIGNES.

157. Définition. — Une droite est dite *asymptote* d'une courbe, lorsque celle-ci a une branche infinie qui s'approche indéfiniment de la droite, c'est-à-dire que la distance d'un point de la courbe à la droite s'approche indéfiniment de zéro quand on s'avance de plus en plus sur la branche infinie considérée.

158. Asymptotes parallèles à l'axe des y. — Cherchons d'abord les asymptotes parallèles à l'axe des y. Soit BC (fig. 66) une branche de courbe qui a pour asymptote une droite AL parallèle à l'axe des y. Soient M un point quelconque de la branche de courbe considérée, et MP la perpendiculaire abaissée de ce point sur l'asymptote; menons en outre MQ parallèle à l'axe des x. En désignant par θ l'angle des axes, nous aurons $MP = MQ \sin \theta$; ou, en nommant x l'abscisse du point M, et d celle du point Q,

$$MP = (x - d) \sin \theta.$$

D'après la définition de l'asymptote, cette distance doit tendre vers zéro à mesure que le point M s'élève sur la courbe. On doit donc avoir $x = d$ pour $y = \infty$, caractère qui permet de trouver l'asymptote connaissant l'équation de la courbe, qu'elle soit algébrique ou transcendante.

Si l'équation est algébrique, on peut la mettre sous la forme

$$y^n f(x) + y^{n-1} f_1(x) + y^{n-2} f_2(x) + \ldots + f_n(x) = 0, \qquad [1]$$

les expressions $f(x)$, $f_1(x)$, $f_2(x)\ldots, f_n(x)$ représentant des fonctions algébriques et entières de x.

En divisant par y^n on obtient

$$f(x) + \frac{1}{y} f_1(x) + \frac{1}{y^2} f_2(x) + \ldots + \frac{1}{y^n} f_n(x) = 0. \qquad [2]$$

Or, si l'on fait $x = d$ et $y = \infty$, les quantités $f_1(d)$, $f_2(d)\ldots, f_n(d)$ restant finies, tous les termes à partir du second disparaissent, et il reste simplement

$$f(d) = 0. \qquad [3]$$

Soient d_1, d_2, d_3, etc., les racines réelles de cette équation; la courbe aura pour asymptotes les parallèles à l'axe des y ayant pour équation

$$x = d_1, \quad x = d_2, \quad x = d_3, \quad \text{etc.,}$$

pourvu toutefois qu'à ces valeurs de x correspondent des valeurs de y réelles, quoique infinies, c'est-à-dire pourvu que y soit réel pour des valeurs de x peu différentes, soit en dessus, soit en dessous, de d_1, d_2, d_3, etc.

Exemple. $\qquad x^2 y^2 - x y^2 - 2 y^2 - x - 2 = 0.$

On a ici

$$f(d) = d^2 - d - 2 = 0, \quad \text{d'où} \quad d_1 = 2 \quad \text{et} \quad d_2 = -1.$$

On tire de l'équation de la courbe

$$y = \pm \sqrt{\frac{x + 2}{(x + 1)(x - 2)}}.$$

Ces valeurs sont réelles pour $x = 2 + \varepsilon$ et pour $x = -1 - \varepsilon$, ε désignant une quantité positive aussi petite que l'on voudra; la courbe a donc pour asymptotes les parallèles à l'axe des y ayant pour équations

$$x = 2 \quad \text{et} \quad x = -1;$$

en coordonnées rectangulaires, elle a la forme indiquée par la figure 67.

Soit, au contraire, l'équation

$$x^2y^2 - x + 1 = 0.$$

On a dans ce cas

$$f(d) = d^2 = 0, \quad \text{d'où} \quad d = 0;$$

mais on tire de l'équation de la courbe

$$y = \pm \frac{\sqrt{x-1}}{x},$$

et si l'on fait $x = \pm \varepsilon$, ε étant toujours une quantité très-petite, on obtient pour y des valeurs imaginaires. La droite qui 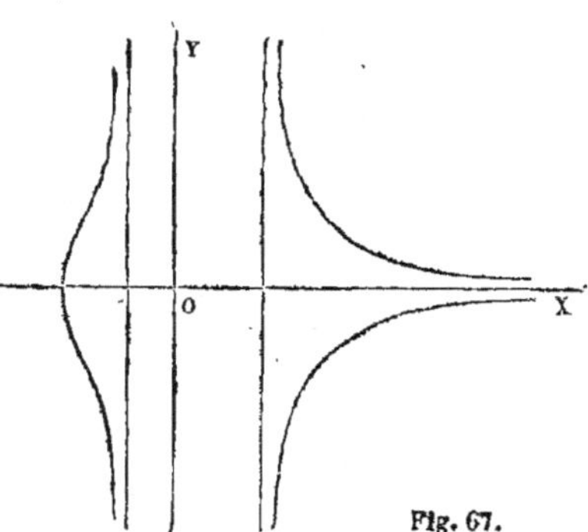

Fig. 67.

a pour équation $x = 0$, c'est-à-dire l'axe des y lui-même, n'est donc point une asymptote de la courbe. En coordonnées rectangulaires, cette courbe a la forme indiquée par la figure 68.

159. Remarques. I. — Si $f(x)$ se réduisait à une constante, il n'y aurait aucune asymptote parallèle à l'axe des y.

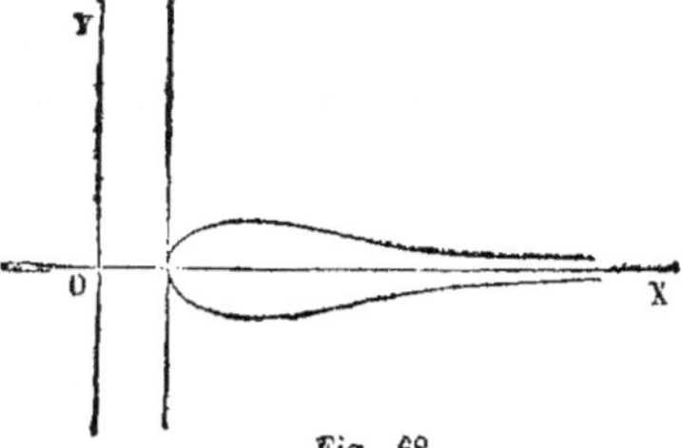

Fig 68.

II. Pour se rendre compte de la position de la courbe par rapport aux asymptotes parallèles à l'axe des y, on emploie les considérations suivantes. On peut admettre d'abord que lorsque les coefficients d'une équation varient d'une manière continue, ses racines varient aussi d'une manière continue; ce théorème pourrait se démontrer à l'aide de la série de Taylor. On peut en conclure que, puisque pour $x = d$ l'équation [2] admet pour $\frac{1}{y}$ la valeur zéro, si l'on donne à x une valeur peu différente de d et qu'on le fasse tendre vers d, l'équation [2] en $\frac{1}{y}$ aura une racine peu différente de zéro, et tendant vers zéro.

Cela posé, soit d une racine simple de l'équation [3], et admettons en premier lieu que $f_1(d)$ soit différent de zéro; l'équation [2] n'aura qu'une racine nulle, qui sera évidemment la limite d'une racine réelle; car si elle provenait d'une racine imaginaire, celle-ci aurait sa conjuguée qui tendrait en même temps vers zéro, et l'équation [2] admettrait deux racines nulles, ce qui est contraire à l'hypothèse. La droite $x = d$ sera donc asymptote à une branche réelle. Supposons qu'on fasse varier x de $d - h$ à $d + h$, h étant une quantité assez petite pour que, entre ces deux limites, $f(x) = 0$ n'ait qu'une racine d

comprise, et qu'en même temps $f_1(x)$ ne change pas de signe, ce qui sera toujours possible puisque, par supposition, $f_1(x)$ ne s'annule pas pour $x = d$. Quand x passera par la valeur d, $f(x)$ passera par zéro et changera de signe, tandis que $f_1(x)$ n'en changera pas. Or, d'après un théorème connu d'Algèbre, on peut toujours prendre y assez grand, ou, ce qui revient au même, $\dfrac{1}{y}$ assez petit, pour que l'ensemble des deux premiers termes de l'équation [2] soit de

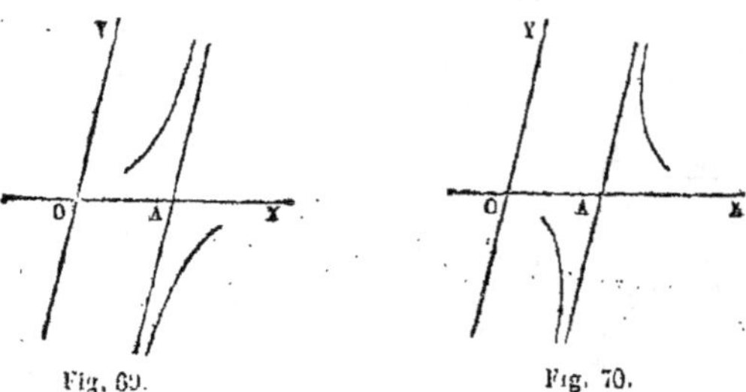

Fig. 69.   Fig. 70.

même signe que son premier membre tout entier. Mais, en réduisant le premier membre à ces deux termes, on en tire

$$\frac{1}{y} = -\frac{f(x)}{f_1(x)},$$

et puisque $f(x)$ change de signe et que $f_1(x)$ n'en change pas, quand x passe par la valeur d, $\dfrac{1}{y}$ changera également de signe en passant par zéro, ce qui revient à dire que y changera de signe en passant par l'infini. La droite $x = d$ sera donc asymptote à deux branches infinies, situées de part et d'autre de l'axe des x, à gauche et à droite de l'asymptote, comme on le voit sur les figures 69 et 70.

Admettons en second lieu que $f_1(d)$ soit nul, mais que $f_2(d)$ soit différent de zéro. L'équation [2] donnera pour $\dfrac{1}{y}$ deux valeurs nulles, qui peuvent provenir de deux racines imaginaires ou de deux racines réelles. Si elles proviennent de deux racines imaginaires, c'est-à-dire si, pour x peu différent de d, l'équation [2] a deux racines imaginaires, les branches correspondantes à l'asymptote obtenue seraient elles-mêmes imaginaires. Si les deux racines nulles de [2] proviennent de deux racines réelles, c'est-à-dire si, pour x peu différent de d, l'équation [2] a deux racines réelles tendant vers zéro, les branches correspondantes à l'asymptote obtenue seront elles-mêmes réelles. Mais elles seront toutes deux à gauche ou toutes deux à droite de l'asymptote. En effet, quand x variera de $d - h$ à $d + h$, h étant suffisamment petit, $f(x)$ changera de signe, et $f_2(x)$ n'en changera pas. Or, le premier membre de [2] est de même signe que l'ensemble de ses trois premiers termes, ou même que l'ensemble des termes $f(x) + \dfrac{1}{y^2} f_2(x)$, puisque $f_1(x)$ s'annule pour $x = d$.

Si l'on réduit le premier membre à ces deux termes, on en tire

$$\frac{1}{y^2} = -\frac{f(x)}{f_2(x)},$$

et l'on voit que si $\frac{1}{y}$ est réel pour $x = d - h$, il deviendra imaginaire pour $x = d + h$, ou *vice versa*. Les deux branches réelles correspondant à l'asymptote sont donc situées toutes deux d'un même côté de cette asymptote, comme cela a lieu dans la cissoïde, par exemple.

Si l'on a $f_1(d) = 0$, $f_2(d) = 0$, mais $f_3(d) \lessgtr 0$; l'équation [2] a trois racines nulles. L'une d'elles étant nécessairement réelle, la droite $x = d$ est asymptote à deux branches réelles, situées comme dans les figures 71 et 72. Si les deux autres racines qui ont pour limite zéro sont réelles, la courbe a en outre deux autres branches infinies, ayant pour asymptote $x = d$, et situées d'un même côté de cette asymptote.

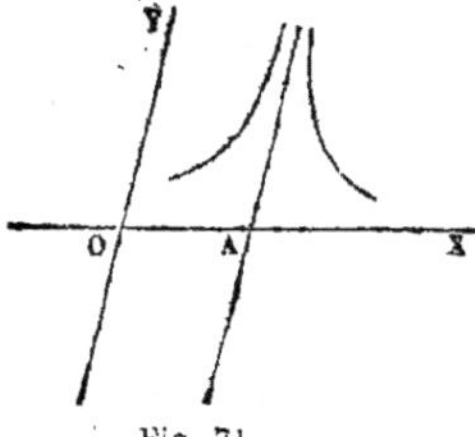

Fig. 71.

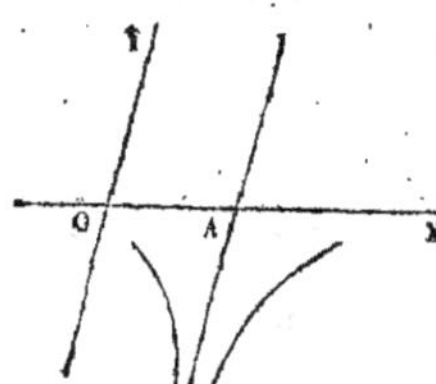

Fig. 72

III. Supposons maintenant que d soit une racine multiple de l'équation $f(x)$. Si l'ordre de multiplicité est impair, les résultats sont les mêmes que ci-dessus. Mais si l'ordre de multiplicité est pair, ils sont un peu différents. Admettons d'abord que $f_1(d)$ soit différent de zéro. Quand x variera de $d - h$ à $d + h$, $f(x)$ et $f_1(x)$ conserveront leur signe; il en sera donc de même de y.

La droite $x = d$ sera donc asymptote à deux branches situées d'un même côté de l'axe des x, mais à gauche et à droite de l'asymptote, comme l'indiquent les figures 71 et 72.

Admettons enfin qu'on ait à la fois $f(d) = 0$, et $f_1(d) = 0$, mais que $f_2(d)$ soit différent de zéro, $f(x)$ et $f_2(x)$ conservent leurs signes quand x varie de $d - h$ à $d + h$. Si ces signes sont les mêmes, on trouve pour y deux valeurs imaginaires, et il n'y a pas de branches réelles correspondant à la droite $x = d$; mais si ces signes sont différents, on trouve pour y deux valeurs réelles, égales et de signes contraires; la droite $x = d$ est donc asymptote à quatre branches infinies, situées de part et d'autre de l'axe des x, à gauche et à droite de cette asymptote.

Exemples. I. Soit proposée la courbe

$$(x - 2) y^5 - (x^2 - 4) y^3 + x^3 y - 1 = 0,$$

on a ici

$$f(x) = x - 2; \quad f_1(x) = x^2 - 4; \quad f_2(x) = x^3.$$

Pour $x = 2$, on a

$$f(2) = 0, \quad f_1(2) = 0, \quad f_2(2) = 8,$$

par suite,

$$\frac{1}{y^2} = \sqrt{-\frac{x-2}{x^3}},$$

quantité réelle pour $x < 2$, et imaginaire pour $x > 2$; on est donc dans le cas analogue à la cissoïde.

II. Soit l'équation

$$(x-2)\, y^3 - (x^2 - 1)\, y^2 + x^3 y - 1 = 0,$$

on a ici $f_1(x) = x^2 - 1$, qui ne s'annule pas pour $x = 2$, l'expression $\dfrac{1}{y} = \dfrac{x-2}{x^2-1}$ est négative pour $x < 2$ et positive pour $x > 2$; on est donc dans le cas de la figure 70.

160. Asymptotes non parallèles à l'axe des y. — Soit (fig. 73 ou 74) EF une branche de courbe ayant pour asymp-

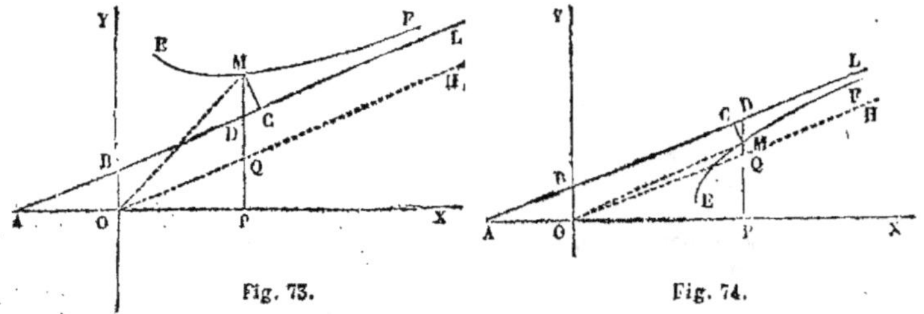

Fig. 73.   Fig. 74.

tote la droite AL, qui fait un angle α avec l'axe des x. Soit M un point quelconque de la courbe; abaissons MC perpendiculaire sur l'asymptote; menons l'ordonnée MP qui rencontre l'asymptote en D; nous aurons dans le triangle MCD,

$$CM = DM \sin CDM = DM \sin (0 - \alpha),$$

0 étant l'angle des axes.

Or, d'après la définition de l'asymptote, CM devant tendre vers zéro à mesure que le point M s'avance sur la branche EF, il en doit être de même de DM, qui lui est proportionnel.

Cela posé, joignons OM; menons OH parallèle à AL, et qui rencontre MP au point Q. Enfin, soit $y = ax + b$ l'équation de l'asymptote.

A mesure que le point M s'avance sur la branche EF et se rapproche de plus en plus de l'asymptote, la droite OM, quelles que soient d'ailleurs les variations primitives de sa direction, tend à prendre celle d'une droite qui rencontre AL à l'infini, c'est-à-dire que OM tend à devenir parallèle à AL et à se confondre par conséquent avec OH. Mais le coefficient angulaire de OH est a; et si l'on nomme c celui de OM, on a MP$=c.$OP, ou $y=cx$. Par conséquent, lorsque x tend vers l'infini, on a

$$a=\lim.c.=\lim.\frac{y}{x},$$

c'est-à-dire que *le coefficient angulaire de l'asymptote est la limite vers laquelle tend le rapport de l'ordonnée de la courbe à son abscisse, quand cette dernière tend vers l'infini.*

161. A mesure que le point M s'avance sur la branche EF, la distance MD tendant vers zéro, MQ tend de plus en plus vers DQ ou vers son égal OB, qui est l'ordonnée à l'origine de l'asymptote, c'est-à-dire b. Or on a MQ$=$MP$-$PQ; d'ailleurs, MP$=y$, et PQ$=a.$OP$=ax$. Donc, lorsque x tend vers l'infini, on trouve

$$b=\lim.(y-ax),$$

c'est à-dire que *l'ordonnée à l'origine de l'asymptote est la limite vers laquelle tend l'expression* y $-$ ax *à mesure que* x *tend vers l'infini*, le coefficient a étant supposé déterminé comme il a été dit ci-dessus.

162. Il résulte donc de ce qui précède que la recherche des asymptotes non parallèles à l'axe des y d'une courbe algébrique ou transcendante revient à la détermination des limites des fonctions $\frac{y}{x}$ et $y-ax$, déduites de l'équation de la courbe, pour $x=+\infty$ ou $x=-\infty$. En général, pour cette valeur de x, ces fonctions se présenteront sous la forme $\frac{\infty}{\infty}$ ou $\infty-\infty$, et leurs limites s'obtiendront soit par la règle connue, soit par quelque artifice de calcul.

Dans le cas de courbes algébriques dont les équations sont entières, on emploie la méthode générale suivante.

Écrivons l'équation de la courbe sous la forme

$$F_m(x,y)+F_{m-1}(x,y)+F_{m-2}(x,y)\ldots+\text{etc.}=0.$$

F_m désignant l'ensemble des termes du degré m, F_{m-1} l'ensemble des termes du degré $m-1$, et ainsi de suite.

Remplaçons y par son égal cx ; tous les termes de F_m contiendront le facteur x^m ; tous ceux de F_{m-1} contiendront le facteur x^{m-1} ; et ainsi de suite. En sorte qu'en divisant par x^m, on aura

$$F_m(1,c) + \frac{1}{x} F_{m-1}(1,c) + \frac{1}{x^2} F_{m-2}(1,c) \ldots + \text{etc.} = 0.$$

Faisons x infini ; le rapport c deviendra égal à sa limite a ; et toutes les fonctions F demeurant finies, tous les termes à partir du second disparaîtront ; il restera donc

$$F_m(1,a) = 0, \qquad [1]$$

d'où l'on tirera la valeur de a.

On voit que *pour former l'équation qui donne le coefficient angulaire de l'asymptote, il faut prendre l'ensemble des termes du degré le plus élevé dans l'équation de la courbe, y remplacer* x *par* 1 *et* y *par* a, *et égaler le résultat à zéro.*

163. Représentons maintenant par β la valeur variable de $y - ax$; et posons $y - ax = \beta$, d'où $y = ax + \beta$. Mettons pour y cette valeur dans l'équation de la courbe, et développons d'après les règles connues ; il viendra

$$\left. \begin{array}{l} F_m(x,ax) + F'_m(x,ax) \cdot \beta + \tfrac{1}{2} F''_m(x,ax) \beta^2 + \text{etc.} \\ \quad + F_{m-1}(x,ax) \qquad + \quad F'_{m-1}(x,ax) \beta + \text{etc.} \\ \qquad\qquad\qquad\qquad\quad + \quad F_{m-2}(x,ax) \quad + \text{etc.} \end{array} \right\} = 0,$$

toutes les dérivées étant prises par rapport à y, avant d'y remplacer y par ax.

Mais tous les termes de F_m contiennent le facteur x^m ; tous ceux de F'_m et tous ceux de F_{m-1} contiennent le facteur x^{m-1} ; tous ceux de F''_m, de F'_{m-1} et de F_{m-2} contiennent le facteur x^{m-2}, et ainsi de suite.

En mettant ces divers facteurs en évidence, on peut donc écrire

$$F_m(1,a) \cdot x^m + F'_m(1,a) \beta \;\Big|\; x^{m-1} + \tfrac{1}{2} F''_m(1,a) \beta^2 \;\Big|\; x^{m-2} + \text{etc.} = 0.$$
$$+ F_{m-1}(1,a) \qquad\qquad + F'_{m-1}(1,a) \beta$$
$$\qquad\qquad\qquad\qquad + F_{m-2}(1,a)$$

Or $F_m(1, a)$ est nul, d'après l'équation qui a servi à déterminer a; supprimant donc ce terme et divisant par x^{m-1}, on pourra écrire

$$F'_m(1, a)\beta + F_{m-1}(1, a) + \frac{1}{x}\left[\tfrac{1}{2}F_m''(1, a)\beta^2 + F'_{m-1}(1, a)\beta + F_{m-2}(1, a)\right]$$
$$+ \ldots = 0,$$

tous les termes omis ayant en dénominateur des puissances de x.

Si l'on fait $x = \infty$, β prendra sa valeur limite b; tous les termes ayant x en dénominateur disparaîtront, et il restera

$$F'_m(1, a)b + F_{m-1}(1, a) = 0, \qquad [2]$$

d'où l'on tirera la valeur de b correspondante à la valeur de a que l'on aura choisie.

On voit que, *pour former l'équation qui donne l'ordonnée à l'origine de l'asymptote, il faut prendre la dérivée par rapport à a du premier membre de l'équation qui a servi à déterminer ce coefficient angulaire; multiplier cette dérivée par b; ajouter au produit l'ensemble des termes du degré $m - 1$ dans lesquels on a remplacé x par 1 et y par a; puis égaler le tout à zéro.*

164. Prenons pour exemple l'équation

$$y^3 + xy^2 - 2x^2 y - xy - a^2 + 1 = 0.$$

L'équation [1] devient

$$a^3 + a^2 - 2a = 0,$$

d'où

$$a = 0, \quad a = 1 \text{ et } a = -2.$$

L'équation [2] devient

$$(3a^2 + 2a - 2)b - a - 1 = 0, \quad \text{d'où } b = \frac{a+1}{3a^2 + 2a - 2}.$$

Pour

$$a = 0 \quad \text{on trouve} \quad b = -\tfrac{1}{2},$$
$$a = 1 \qquad\qquad\quad b = +\tfrac{2}{3},$$
$$a = -2 \qquad\qquad\ b = -\tfrac{1}{6},$$

ce qui donne les trois asymptotes représentées par les équations

$$y = -\tfrac{1}{2}, \quad y = x + \tfrac{2}{3} \text{ et } y = -2x - \tfrac{1}{6}.$$

165. Si a était une racine double de l'équation [1], elle annulerait $F'_m(1, a)$; la valeur correspondante de b donnée par l'équation [2] serait donc infinie, et l'asymptote n'existerait pas.

Prenons pour exemple l'équation

$$y^3 - 2xy^2 + x^2y - 2xy - x^2 + 3 = 0.$$

L'équation [1] devient $a^3 - 2a^2 + a = 0$, d'où $a = 0$ et $a = 1$; la seconde racine est une racine double.

L'équation [2] devient

$$(3a^2 - 4a + 1)b - 2a - 1 = 0, \quad \text{d'où} \quad b = \frac{2a + 1}{3a^2 - 4a + 1}.$$

Pour

$$\begin{aligned} a &= 0 \quad \text{on trouve} \quad b = 1, \\ a &= 1 \quad\quad\quad\quad\quad b = \infty. \end{aligned}$$

Il n'y a donc qu'une asymptote dont l'équation est $y = 1$.

166. Si la valeur de a qui annule $F_m(1, a)$ et $F'_m(1, a)$ annulait aussi $F_{m-1}(1, a)$, l'équation [2] ne donnerait rien. Mais, dans ce cas, on pourrait, en supprimant les termes qui s'annulent ainsi d'eux-mêmes, diviser seulement par x^{m-2} au lieu de x^{m-1}; et en faisant ensuite $x = \infty$, il resterait pour déterminer b l'équation du second degré

$$\tfrac{1}{2}F''_m(1, a)b^2 + F'_{m-1}(1, a)b + F_{m-2}(1, a) = 0.$$

A une même valeur de a correspondraient donc deux valeurs de b; si elles étaient réelles et finies, il en résulterait que la courbe aurait deux asymptotes parallèles à une même direction.

Si les termes de cette équation du second degré en b disparaissaient d'eux-mêmes, il faudrait passer aux suivants, et b serait donné par une équation du troisième degré; et ainsi de suite. Nous ne nous arrêterons pas à donner des exemples de ces cas tout à fait exceptionnels.

167. Lorsque l'on a trouvé pour a une valeur réelle, et que la valeur correspondante de b est réelle et finie, il ne faut pas en conclure d'une manière absolue que l'équation $y = ax + b$ représente une asymptote de la courbe; car cette droite peut faire partie du lieu. On s'en assure en divisant le premier membre de l'équation de la courbe par $y - ax - b$.

Soit, par exemple, l'équation

$$y^3 - xy^2 - 2xy + 2x^2 = 0;$$

on trouve

$$a^3 - a^2 = 0, \quad \text{d'où} \quad a = 0 \quad \text{et} \quad a = 1;$$

puis

$$(3a^2 - 2a)b - 2a + 2 = 0, \quad \text{d'où} \quad b = \frac{2a - 2}{3a^2 - 2a}.$$

Pour

$$a = 0 \quad \text{on a} \quad b = \infty,$$
$$a = 1 \quad\quad\quad b = 0.$$

On n'a donc à considérer qu'une équation, $y = x$. Or, si l'on divise le premier membre de l'équation proposée par $y - x$, on trouve pour quotient exact $y^2 - 2x$. Le lieu se compose donc de la courbe qui a pour équation $y^2 - 2x = 0$, et de la droite $y = x$.

La méthode qui donne les asymptotes rectilignes devait donner cette droite, puisqu'on peut la considérer comme étant elle-même son asymptote.

L'observation que nous venons de faire est particulièrement applicable au cas où le lieu ne se compose que de droites; toutes ces droites sont données par la méthode des asymptotes, qui fournit ainsi un moyen de décomposer le premier membre d'une équation algébrique à deux variables en facteurs du premier degré, toutes les fois que cette décomposition est possible.

168. *Dans les courbes algébriques, l'asymptote peut généralement être considérée comme une tangente dont le point de contact s'est éloigné à l'infini sur la branche de courbe correspondante.*

On peut s'en rendre compte comme il suit.

Supposons qu'on ait rendu homogène l'équation de la courbe, en remplaçant x et y par $\frac{x}{z}$ et $\frac{y}{z}$. On a, en vertu du théorème sur les fonctions homogènes (**33**),

$$xf'_x + yf'_y + zf'_z = 0, \quad \text{d'où} \quad -\frac{f'_x}{f'_y} = \frac{y}{x} + \frac{z}{x}\frac{f'_z}{f'_y}.$$

Faisons tendre x vers l'infini; si $\frac{f'_z}{f'_y}$ reste fini, on aura pour $x = \infty$

$$\lim\left(-\frac{f'_x}{f'_y}\right) = \lim\frac{y}{x} = a,$$

c'est-à-dire qu'*à la limite le coefficient angulaire de la tangente devient celui de l'asymptote.* Ceci démontre la proposition énoncée plus haut : car, à mesure que la tangente tend à devenir parallèle à l'asymptote, le point de contact tend à se rapprocher indéfiniment de cette droite; à la limite, la tangente se confond donc avec l'asymptote elle-même.

La condition que $\dfrac{f'_x}{f'_y}$ reste fini est ordinairement satisfaite; le contraire ne peut avoir lieu que pour des valeurs particulières de a. Si, en effet, après avoir fait $z = 1$, on divise les deux termes par x^{m-1}, puis qu'on fasse $x = \infty$ en remplaçant $\dfrac{y}{x}$ par a, le dénominateur devient un polynome en a qui peut accidentellement s'annuler pour la valeur de a que l'on considère.

169. Pour terminer ce que nous avions à dire des asymptotes, nous ferons l'application de la méthode aux courbes du second degré.

L'équation de ces courbes étant

$$Ax^2 + Bxy + Cy^2 + Dx + Ey + F = 0, \qquad [3]$$

on a, pour déterminer a, l'équation

$$Ca^2 + Ba + A = 0, \qquad [4]$$

dont les racines ne sont réelles que si l'on a $B^2 - 4AC > 0$ ou $B^2 - 4AC = 0$.

On a ensuite, pour déterminer b, l'équation

$$(2Ca + B)b + Ea + D = 0. \qquad [5]$$

On tire de [4]

$$a = \frac{-B \pm \sqrt{B^2 - 4AC}}{2C};$$

et en substituant dans [5], on obtient

$$b = -\frac{E}{2C} \pm \frac{BE - 2CD}{2C\sqrt{B^2 - 4AC}}.$$

Dans ces valeurs de a et de b, il faut prendre les signes supérieurs ensemble ou les signes inférieurs ensemble.

170. I. Si l'on a $B^2 - 4AC > 0$, ces valeurs sont réelles et finies, il y a donc, dans ce cas, deux asymptotes ayant pour équations

$$y = \frac{-B \pm \sqrt{B^2 - 4AC}}{2C}\,x - \frac{E}{2C} \pm \frac{BE - 2CD}{2C\sqrt{B^2 - 4AC}}$$

ou

$$y = -\frac{Bx + E}{2C} \pm \frac{1}{2C}\left(x\sqrt{B^2 - 4AC} + \frac{BE - 2CD}{\sqrt{B^2 - 4AC}}\right), \qquad [6]$$

Il y a un moyen mnémonique fort simple de retrouver ces équations. Pour cela, l'équation de la courbe étant résolue par rapport à y, on remplace, sous le radical, le terme indépendant de x par un autre qui rende le trinome en x un carré parfait; on en extrait la racine carrée et on retombe sur les valeurs de y que fournissent les équations [6].

Prenons pour exemple l'équation

$$5x^2 - 8xy + 4y^2 + 6x - 4y - 4 = 0;$$

on en tire

$$y = x + \tfrac{1}{2} \pm \tfrac{1}{2}\sqrt{x^2 - 2x + 5}.$$

Si, sous le radical, on remplace $+5$ par $+1$, le trinome devient un **carré** parfait; et en extrayant sa racine, on obtient

$$y = x + \tfrac{1}{2} \pm \tfrac{1}{2}(x - 1).$$

Ce sont les équations des asymptotes. En les séparant on trouve

$$y = \tfrac{3}{2}x \quad \text{et} \quad y = \tfrac{1}{2}x + 1.$$

171. II. Si l'on a $B^2 - 4AC = 0$, les valeurs de b deviennent infinies, et il n'y a plus d'asymptotes; ou, si l'on veut, il y a encore des asymptotes, mais elles sont situées à des distances infinies.

Remarque. — Si l'on avait à la fois $B^2 - 4AC = 0$ et $BE - 2CD = 0$, auquel cas l'équation [5] représente deux parallèles

$$y = -\frac{Bx + E}{2C} \pm \frac{1}{2C}\sqrt{E^2 - 4CF},$$

comme il est facile de s'en assurer en la résolvant par rapport à y, le premier membre de l'équation [5] s'annulerait indépendamment de b, c'est-à-dire qu'on se trouverait dans le cas où b doit être donné par une équation du second degré (**166**). Cette équation est ici

$$Cb^2 + Eb + F = 0, \quad \text{d'où} \quad b = -\frac{E}{2C} \pm \frac{1}{2C}\sqrt{E^2 - 4CF}.$$

Par suite, les deux asymptotes ont pour équations

$$y = -\frac{B}{2C}x - \frac{E}{2C} \pm \frac{1}{2C}\sqrt{E^2 - 4CF},$$

et ne sont autre chose que les deux parallèles elles-mêmes représentées par l'équation du second degré; ce qui devait être d'après la remarque du n° **167**.

§ 4. — DES CENTRES.

172. On nomme *centre* d'une courbe un point tel, que, si par ce point on mène une sécante quelconque à la courbe, elle la rencontre en des points qui sont placés deux à deux à égale distance du point considéré.

La détermination des centres des courbes est fondée sur le théorème suivant :

Si une courbe a pour centre l'origine des coordonnées, son équation ne change pas quand on y remplace x *et* y *par* — x *et* — y.

En effet, concevons une courbe qui ait pour centre l'origine O (fig. 75), et soit M (x, y) un point de cette courbe; si nous joignons le point M au centre O, et si nous prolongeons OM d'une longueur OM′ égale à elle-même, le point M′ ainsi obtenu a pour coordonnées — x et — y; et comme ce point appartient à la courbe, en vertu de la définition du centre, l'équation de cette courbe devra être vérifiée par — x et — y; ce qui démontre la première partie du théorème.

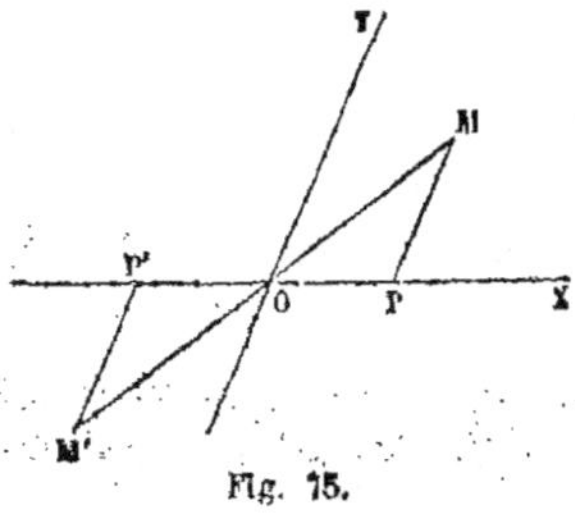

Fig. 75.

Réciproquement, *si l'équation d'une courbe ne change pas quand on y remplace* x *et* y *par* — x *et* — y, *la courbe a pour centre l'origine des coordonnées.*

En effet, supposons que M (x, y) et M′ $(— x, — y)$ soient deux points de la courbe. Les deux triangles MOP et M′OP′ sont égaux comme ayant un angle égal compris entre deux côtés égaux chacun à chacun; par suite, OM′ est le prolongement de OM; de plus, l'origine O est le milieu de la corde MM′; et, cette corde étant quelconque par hypothèse, l'origine O est un centre de la courbe; ce qui démontre la seconde partie du théorème.

CorOLLAIRE. — Pour qu'une courbe algébrique soit rapportée

à des axes passant par son centre, il faut et il suffit que son équation ne renferme que des termes de même parité, c'est-à-dire tous de degré pair ou tous de degré impair. Dans ce dernier cas, l'équation ne doit pas avoir de terme constant et le centre se trouve sur la courbe.

173. Quand la courbe n'a pas pour centre l'origine des coordonnées, elle peut avoir un centre ailleurs. Pour le déterminer on transporte les axes parallèlement à eux-mêmes en un point indéterminé (x_1, y_1), et l'on cherche s'il n'existe pas des valeurs de x_1 et y_1 telles, que la nouvelle équation soit vérifiée quand on y change x en $-x$ et y en $-y$. Si l'on ne trouve aucune valeur de x_1 et y_1 satisfaisant à cette condition, la courbe n'a pas de centre ; mais, dans le cas contraire, la courbe a autant de centres qu'il existe de couples de valeurs finies et déterminées de x_1, y_1. Quand il s'agit des courbes algébriques, on détermine x_1 et y_1 en égalant à zéro les coefficients des termes de l'équation tranformée qui ne sont pas de même parité que le degré de l'équation.

Remarque. — Dans les courbes algébriques qui ont un centre, les asymptotes, qui correspondent aux racines simples de l'équation $F_m(1, a) = 0$, passent toutes par le centre. Car si on prend le centre pour origine, l'ensemble des termes du degré $m - 1$ est nul, et par suite les ordonnées à l'origine des asymptotes sont toujours égales à zéro (**163**).

174. Soit l'équation de la cosinusoïde $y = \cos x$. En y changeant y en $y + y_1$ et x en $x + x_1$, il vient

$$y + y_1 = \cos x \cos x_1 - \sin x \sin x_1 ;$$

et, pour que cette équation ne change pas quand on y change les signes de x et de y, il faut que l'on ait

$$y_1 = 0 \quad \text{et} \quad \cos x_1 = 0, \quad \text{d'où} \quad x_1 = 2k\pi \pm \frac{\pi}{2}.$$

La cosinusoïde a donc une infinité de centres situés sur l'axe des x et également espacés.

175. Théorèmes. — I. *Si une courbe a deux centres, elle en a une infinité situés tous sur la ligne droite qui joint ces deux centres, et également espacés sur cette ligne.*

Soient, en effet, A et B (fig. 76) deux centres d'une même courbe. Soit M

un point quelconque de la courbe; joignons MA, MB, et sur leurs prolongements prenons AM′=AM et BM″=BM; joignons de même M′B, et sur son pro-

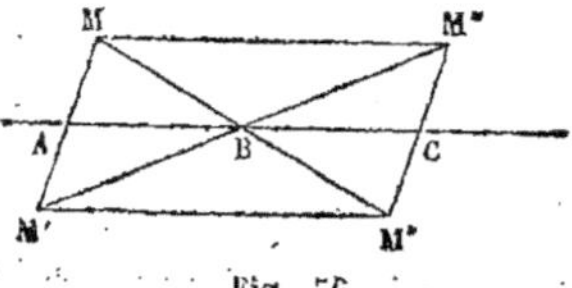

longement prenons BM‴=BM′; enfin joignons M″M‴, qui rencontrera en un point
C le prolongement de la droite AB.

Le point A étant un centre, M′ appartient
à la courbe; de même le point B étant un
centre, les points M″ et M‴ appartiennent à
cette même courbe. Or les triangles MBM′,
M″BM‴ étant égaux, les quatre points
M, M′, M″, M‴ sont les sommets d'un parallélogramme, dans lequel AB est une
médiane. Le point C est donc le milieu de M″M‴. Mais si l'on opère de même
pour un autre point de la courbe que le point M, on obtiendra une infinité
d'autres cordes analogues à M″M‴ dont le même point C sera le milieu. Donc
le point C est un centre; et ce centre est placé sur le prolongement de AB,
à une distance BC=AB; ce qui démontre le théorème.

Fig. 76.

CoROLLAIRE. — Si une courbe a trois centres non en ligne droite, elle a une
infinité de centres situés *en quinconce* sur deux systèmes de droites parallèles.

RemARQUE. — Il peut arriver que tous les points d'une même droite jouissent de
la propriété d'être des centres. Ainsi l'équation $(y - ax + b)(y - ax - b') = 0$
représentant deux droites parallèles, la parallèle menée à égale distance de ces
deux droites jouit de la propriété que chacun de ses points est un centre.

§ 5. — DES DIAMÈTRES.

176. On appelle *diamètre* d'une courbe le lieu géométrique
des milieux de toutes les cordes parallèles à une même direction.

Les équations des diamètres d'une courbe du m^e degré sont,
en général, du degré $\dfrac{m(m-1)}{2}$. En effet, une telle courbe peut
être coupée par une droite en m points, et ces points, combinés
deux à deux, donnent $\dfrac{m(m-1)}{2}$ cordes et par conséquent $\dfrac{m(m-1)}{2}$
milieux. On voit que les équations des diamètres sont d'un degré
plus élevé que celle de la courbe, excepté dans le cas des courbes du second degré, pour lesquelles l'équation des diamètres
est toujours du premier degré, et dont les diamètres sont par
conséquent des droites.

177. Les équations des diamètres d'une courbe peuvent se déduire de l'équation de la courbe par plusieurs méthodes; nous ne ferons connaître que la plus simple.

Soit $f(x, y) = 0$ l'équation d'une courbe, et proposons-nous de trouver l'équation du diamètre de cette courbe qui divise en deux parties égales les cordes parallèles à la direction $y = mx$. Les droites qui déterminent ces cordes ont pour équation

$$y = mx + n,$$

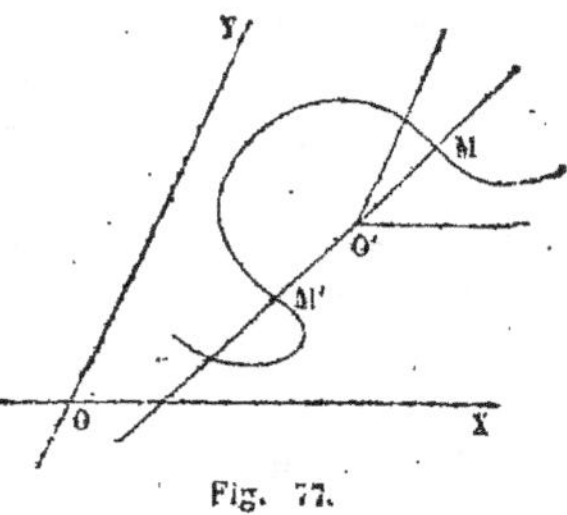

Fig. 77.

n étant un paramètre variable. Considérons l'une de ces droites, et soit MM' (fig. 77) l'une des cordes qu'elle détermine.

Si l'on transporte l'origine au milieu O' (x_1, y_1) de la corde MM', en remplaçant x par $x + x_1$ et y par $y + y_1$, l'équation de la courbe devient

$$f(x + x_1, \ y + y_1) = 0, \tag{1}$$

et celle de MM' se réduit à

$$y = mx, \tag{2}$$

puisque cette droite passe par la nouvelle origine et qu'elle fait les mêmes angles avec les nouveaux axes qu'avec les anciens. Les nouvelles coordonnées des points M et M' devant être égales et de signes contraires, l'équation

$$f(x + x_1, \ mx + y_1) = 0,$$

obtenue en éliminant y entre les équations [1] et [2], et dont les racines sont par conséquent les valeurs des abscisses des points d'intersection de la droite MM' avec la courbe, devra avoir deux racines égales et de signes contraires. Cette condition s'exprimera par une relation

$$\varphi (x_1, y_1, m) = 0,$$

entre les coordonnées x_1 et y_1 du milieu de la corde MM' et le coefficient angulaire m de la droite qui détermine cette corde; et cette relation étant indépendante du paramètre n qui varie seul avec la position de la droite, sera l'équation du diamètre.

Remarque. — Au lieu d'exprimer qu'une équation algébrique et entière $F(x) = 0$ a deux racines égales et de signes contraires, on peut exprimer que les deux équations $F(x) = 0$ et $F(-x) = 0$ ont deux racines communes. Or ces dernières équations reviennent aux suivantes :

$$F(x) + F(-x) = 0 \quad \text{et} \quad F(x) - F(-x) = 0,$$

dont l'une renferme seulement les termes de degré pair de l'équation proposée et l'autre les termes de degré impair. Celle-ci sera toujours divisible par x.

178. Diamètres rectilignes. — Les diamètres rectilignes sont les seuls qu'il importe de considérer dans la discussion des courbes. La direction d'un diamètre rectiligne et celle des cordes qu'il divise en deux parties égales sont dites alors *conjuguées entre elles.*

Pour qu'une courbe ait des diamètres rectilignes, il faut qu'il existe des valeurs de m pour lesquelles le premier membre de l'équation générale des diamètres de cette courbe ait des facteurs linéaires; mais la détermination de ces valeurs de m étant généralement impraticable, à cause de la difficulté des calculs, on emploie une autre méthode que nous allons indiquer.

Supposons qu'une courbe ait un diamètre rectiligne. Si l'on prend ce diamètre pour axe des x et pour axe des y une parallèle aux cordes qu'il divise en deux parties égales, à chaque abscisse correspondront deux ordonnées de la courbe égales et de signes contraires, et par suite l'équation de la courbe ne devra pas changer en y remplaçant y par $-y$. Réciproquement, si l'équation de la courbe ne change pas lorsqu'on y remplace y par $-y$, l'axe des x est un diamètre qui divise en deux parties égales les cordes parallèles à l'axe des y. Cela posé, pour obtenir les diamètres rectilignes d'une courbe représentée par l'équation $f(x, y) = 0$, on remplacera dans cette équation x et y par les valeurs (**66**)

$$x = x_1 + \frac{x' \sin(\theta - \alpha) + y' \sin(\theta - \alpha')}{\sin \theta}, \quad y = y_1 + \frac{x' \sin \alpha + y' \sin \alpha'}{\sin \theta},$$

et l'on cherchera s'il n'existe pas des valeurs de x_1, y_1, α et α' telles, que l'équation transformée ne change pas lorsqu'on y remplace y par $-y$. S'il existe de telles valeurs, la courbe aura des diamètres rectilignes dont on connaîtra un point et la direction. Toutefois, comme la nouvelle origine peut se trouver en un point quelconque du diamètre, les valeurs de x_1 et y_1 devront rester indéterminées ; elles seront donc fournies par une relation du premier degré, qui ne sera autre que l'équation du diamètre rectiligne lui-même.

179. Axes ; sommets. — Un diamètre rectiligne d'une courbe prend le nom d'*axe* lorsqu'il est perpendiculaire aux cordes qu'il divise en deux parties égales. Si un axe rencontre la courbe, ses points de rencontre prennent le nom de *sommets*.

Pour trouver les axes d'une courbe, on pourra donc chercher ses diamètres rectilignes par la méthode précédente, en supposant $\alpha' - \alpha = 90°$.

180. Diamètres conjugués. — Deux diamètres rectilignes d'une courbe sont dits *conjugués* lorsque chacun d'eux divise en deux parties égales les cordes parallèles à l'autre.

Toute droite parallèle aux cordes qu'un diamètre rectiligne divise en deux parties égales est dite *conjuguée* à la direction de ce diamètre, et réciproquement.

Lorsqu'une courbe est rapportée à deux diamètres conjugués, son équation ne doit pas varier quand on y change soit le signe de l'une des coordonnées, soit les signes de toutes deux ; et réciproquement, si cette condition est remplie, les axes coordonnés peuvent être appelés des diamètres conjugués de la courbe.

181. Théorèmes a démontrer. — I. *Lorsque l'équation d'une courbe ne change pas, ou si ses termes ne font que changer de signe, quand on y remplace* x *par* y *et* y *par* x, *la bissectrice du premier et du troisième angle des axes coordonnés est un axe de la courbe.*

II. *Si l'équation ne change pas, ou si les termes ne font que changer de signe, quand on y remplace* x *par* $-$ y *et* y *par* $-$ x, *la bissectrice du deuxième et du quatrième angle des axes coordonnés est un axe de la courbe.*

III. *Une courbe algébrique étant coupée par des sécantes parallèles, si sur chacune de ces sécantes on détermine le centre des moyennes distances des points d'intersection, réels ou imaginaires, tous ces centres sont en ligne droite*

CHAPITRE VI

§ 1. — DISCUSSION DE L'ÉQUATION GÉNÉRALE DU SECOND DEGRÉ A DEUX
VARIABLES.

182. Division des lignes du second ordre en trois genres.
— L'équation du second degré à deux variables la plus générale
est de la forme

$$A x^2 + B xy + C y^2 + D x + E y + F = 0 ; \qquad [1]$$

résolvons-la par rapport à y, le coefficient C étant supposé différent de zéro, il vient

$$y = -\frac{Bx + E}{2C} \pm \frac{1}{2C}\sqrt{(B^2 - 4AC)\, x^2 + 2(BE - 2CD)\, x + E^2 - 4CF}$$

ou

$$y = -\frac{Bx + E}{2C} \pm Y,$$

en posant, pour abréger,

$$Y = \frac{1}{2C}\sqrt{(B^2 - 4AC)x^2 + 2(BE - 2CD)x + E^2 - 4CF}.$$

D'après la forme de la valeur de y, on construira la courbe
représentée par l'équation [1], en traçant la droite représentée
par l'équation

$$y = -\frac{Bx + E}{2C}, \qquad [2]$$

et en augmentant et diminuant chaque ordonnée de cette droite
de la valeur que prend Y quand on y remplace x par la valeur
de l'abscisse correspondante. Il en résulte que la droite repré-

sentée par l'équation [2] est un diamètre de la courbe conjugué
à la direction des y, puisqu'il divise en deux parties égales les
cordes parallèles à l'axe des y (**180**).

Mais on peut, sans construire cette courbe, avoir une idée
exacte de sa forme et par suite *classer* directement les courbes
du second degré en plusieurs genres d'après leurs formes, en
cherchant quelles sont les valeurs de x qui rendent Y réel ou
imaginaire ou, ce qui revient au même, qui rendent le trinome
placé sous le radical positif ou négatif. Comme, pour une même
valeur de x, le signe de ce trinome dépend du signe du coefficient
de son premier terme, nous distinguerons trois cas, selon que
$B^2 - 4AC$ est *négatif, positif* ou *nul*.

183. Soit $B^2 - 4AC < 0$. D'après ce qui a été vu en Algèbre,
le trinome placé sous le radical est négatif et par suite Y est imaginaire, pour toutes les valeurs de x à partir d'une certaine limite
jusqu'à $+\infty$, et à partir d'une autre limite inférieure ou égale à
la première jusqu'à $-\infty$, et par conséquent la courbe est limitée du côté des x positifs et des x négatifs. D'ailleurs, comme
pour des valeurs finies de x, Y reste fini, cette courbe est aussi
limitée de part et d'autre du diamètre [2].

Les lignes du second degré, limitées ainsi dans tous les sens,
portent le nom d'ELLIPSES.

184. Soit $B^2 - 4AC > 0$. Dans ce cas, le trinome reste positif
pour toutes les valeurs de x à partir d'une certaine limite jusqu'à $+\infty$, et pour toutes les valeurs de x à partir d'une autre
limite, généralement différente de la première, jusqu'à $-\infty$,
et il varie d'une manière continue. Les valeurs correspondantes
de Y sont donc réelles et augmentent indéfiniment d'une manière continue. Donc le lieu représenté par l'équation [4]
s'étend indéfiniment du côté des x positifs et du côté des x négatifs, ainsi qu'au-dessus et au-dessous du diamètre [2].

Les lignes du second degré qui s'étendent ainsi indéfiniment
dans tous les sens, portent le nom d'HYPERBOLES.

185. Soit enfin $B^2 - 4AC = 0$. On a alors

$$Y = \frac{1}{2C}\sqrt{2(BE - 2CD)x + E^2 - 4CF},$$

et l'on voit que pour $BE - 2CD > 0$, le binome placé sous le radical est positif pour toutes les valeurs de x à partir de celle qui annule ce binome jusqu'à $+\infty$. Par suite, Y augmente indéfiniment avec x. Donc l'équation [1] représente dans ce cas un lieu qui, à partir d'une certaine limite, s'étend indéfiniment du côté des x positifs, au-dessus et au-dessous du diamètre [2].

Quand on a $BE - 2CD < 0$, le lieu s'étend indéfiniment du côté des x négatifs, au-dessus et au-dessous du diamètre [2].

Les lignes du second degré limitées ainsi dans une direction et illimitées dans la direction opposée portent le nom de PARABOLES.

186. Cas particuliers. — La classification précédente suppose que C n'est pas nul. Supposons C$=0$, auquel cas le binome $B^2 - 4AC$ se réduit à B^2 et par conséquent ne peut être que positif ou nul, et faisons les deux hypothèses A$\lessgtr$0, puis A$=0$.

Soit A$\lessgtr$0. Comme on peut permuter les noms des axes, ce cas particulier revient à supposer A$=0$ et C$\lessgtr$0. Mais alors, en résolvant l'équation [1] par rapport à y, on trouve B^2 pour coefficient de x^2 sous le radical. Donc, si l'on a $B^2 > 0$ l'équation représentera une hyperbole, et si l'on a $B^2 = 0$, une parabole.

Soit A$=0$. Puisque l'on a aussi C$=0$, on ne peut avoir en même temps B$=0$; car l'équation [1] cesserait d'être du second degré. Elle prend donc la forme

$$Bxy + Dx + Ey + F = 0$$

et $B^2 - 4AC$ est positif. Or cette dernière équation étant du premier degré par rapport à x et par rapport à y, à toute valeur de x comprise entre $-\infty$ et $+\infty$ correspond une valeur réelle pour y et réciproquement. Donc la courbe est une hyperbole, puisqu'elle s'étend indéfiniment dans tous les sens.

Il résulte de cette discussion, qu'il n'existe que trois genres de courbes du second degré, caractérisés par le signe du binome $B^2 - 4AC$.

REMARQUE. — Si l'équation [1] n'était pas irréductible, elle se décomposerait en deux facteurs du premier degré, réels ou imaginaires conjugués. Dans le premier cas elle représenterait deux droites réelles et dans le second deux droites imaginaires conjuguées.

L'ensemble de deux droites réelles ou de deux droites imaginaires conjuguées forme donc les seules *variétés* des courbes du second degré.

Nous allons maintenant étudier séparément les trois genres de courbes du second degré.

187. Genre ellipse, caractérisé par $B^2 - 4AC < 0$. — Soit EF (fig. 78) le diamètre représenté par l'équation

$$y = -\frac{Bx + E}{2C}.$$

Pour simplifier la discussion de y, décomposons le trinome

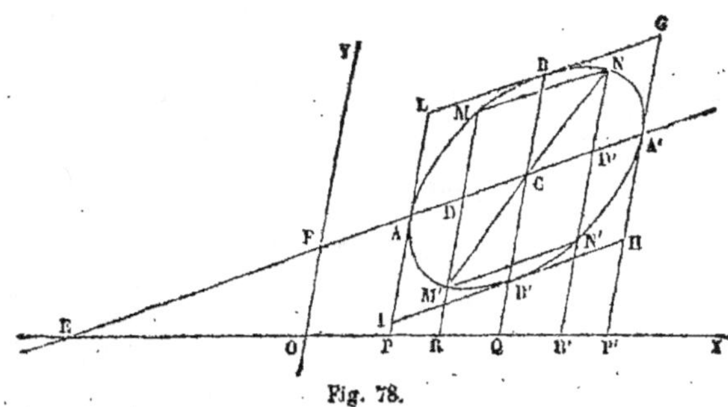

Fig. 78.

placé sous le radical en deux facteurs du premier degré en x, et nous aurons

$$Y = \frac{1}{2C}\sqrt{(B^2 - 4AC)(x - x')(x - x'')},$$

x' et x'' désignant les racines du trinome. Il y a trois cas à examiner.

1° *Les racines* x' *et* x" *sont réelles et inégales.* Pour $x = x' = OP$ et pour $x = x'' = OP'$, on a $Y = 0$; les ordonnées de la courbe sont égales à celles du diamètre ; les abscisses x' et x'' sont donc celles des points A et A' où la courbe coupe ce diamètre.

Pour toutes les valeurs de x plus petites que x' ou plus grandes que x'', le trinome est négatif, et, par suite, Y est imaginaire ;

pour toutes les valeurs de x comprises entre x' et x'', le trinome est positif et Y est réel. Donc la courbe est comprise entre les deux parallèles AP et A'P' à l'axe des y.

Puisque Y est nul pour $x = x'$ et pour $x = x''$, dans l'intervalle elle passe par un *maximum*, qui correspond au maximum du produit $(x - x')(x'' - x)$. Or la valeur de x qui rend ce produit maximum est celle qui rend égaux ses deux facteurs, puisque ces facteurs sont positifs et que leur somme est constante. En égalant ces deux facteurs, on trouve que le *maximum* de y correspond à $x = \dfrac{x' + x''}{2}$, c'est-à-dire à l'abscisse du point Q, milieu de PP'. Donc, si l'on mène QC parallèle à l'axe des y, si l'on prend sur cette parallèle deux longueurs CB et CB' égales au maximum de Y, et si par les points B et B' on mène LG et HI parallèles au diamètre EF, la courbe sera comprise entre ces deux parallèles. Nous savons d'ailleurs qu'elle est comprise entre les parallèles AP et A'P'; donc elle est comprise tout entière dans le parallélogramme LGHI.

La droite QC dont l'équation est $x = \dfrac{x' + x''}{2}$ est le diamètre de l'ellipse conjugué au diamètre EF. En effet, le produit $(x - x')(x'' - x)$ prend la même valeur pour $x = \dfrac{x' + x''}{2} + h$ et pour $x = \dfrac{x' + x''}{2} - h$, et il en est de même pour Y. Donc si de part et d'autre du point Q on prend les longueurs QR $= $QR' $= h$, on aura DM $=$ DM' $=$ D'N $=$ D'N', et le quadrilatère MND'D, dont les côtés ND' et MD sont égaux et parallèles, est un parallélogramme. Donc MN est parallèle au diamètre EF; et puisque BB' divise DD' en deux parties égales au point C, il divise aussi MN en deux parties égales. La droite QC divisant en parties égales les cordes parallèles à EF est le diamètre *conjugué* à EF. Les droites QC et EF sont donc deux diamètres conjugués de l'ellipse.

Le point C intersection de ces deux diamètres conjugués est un centre de la courbe. Car si l'on mène les lignes CN et CM', les deux triangles ND'C et M'DC sont égaux ; par suite CN $=$ CM' et l'angle DCM' $=$ NCD'. De l'égalité de ces angles résulte que

CM' est sur le prolongement de CN. Le point C, milieu de la corde NM', est donc le centre de la courbe.

Enfin la courbe est tangente aux côtés du parallélogramme LGHI, aux points A, A', B et B'. Cela résulte de ce qu'une courbe du second ordre ne peut être coupée qu'en deux points par une ligne droite (**71**), et de ce que les quatre côtés du parallélogramme peuvent être considérés comme les limites de sécantes dont les points d'intersection se confondent en un seul.

Il résulte de cette discussion que la courbe a la forme indiquée par la figure 78.

EXEMPLE. — Soit l'équation

$$2x^2 - 4xy + 4y^2 - 2x - 8y + 9 = 0;$$

on en tire

$$y = \tfrac{1}{2}x + 1 \pm \tfrac{1}{2}\sqrt{-(x-1)(x-5)}.$$

La courbe a donc pour diamètre conjugué à l'axe des y la droite $y = \tfrac{1}{2}x + 1$; elle est tout entière comprise entre les droites $x = 1$ et $x = 5$, et la plus grande valeur de Y, répondant à $x = 3$, est $Y = 1$. Les coordonnées du centre sont $x = 3$, $y = \tfrac{5}{2}$.

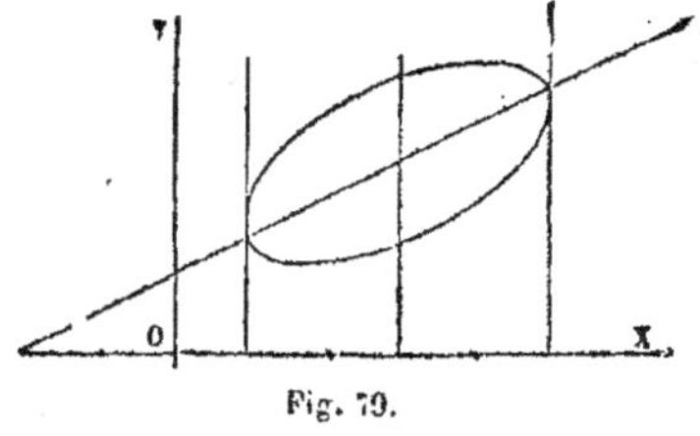

Fig. 79.

La forme et la position de la courbe sont représentées par la figure 79.

188. *2° Les racines x' et x″ sont réelles et égales.* Alors on a

$$y = -\frac{Bx + E}{2C} \pm \frac{x - x'}{2C}\sqrt{B^2 - 4AC}$$

et le radical étant imaginaire, l'équation représente deux droites imaginaires conjuguées. Ces deux droites se coupent sur le diamètre EF au point qui a pour abscisse $x = x'$, et ce point n'est autre que le point C (fig. 78) ; car lorsque $x' = x''$, l'abscisse moyenne $\frac{x' + x''}{2}$ est égale à x'. Dans ce cas, on dit ordinairement que l'équation représente *un point* ou une *ellipse évanouissante* ; mais on peut dire aussi qu'elle représente *deux droites imaginaires conjuguées.*

Exemple. — Soit l'équation

$$5x^2 + 4xy + y^2 - 10x - 2y + 10 = 0;$$

on en tirera

$$y = -2x + 1 \pm (x - 3)\sqrt{-1},$$

équation qui n'admet qu'un seul système de valeurs réelles, savoir :

$$x = 3, \quad \text{d'où} \quad y = -5,$$

et ne représente que le point dont ces valeurs sont les coordonnées.

189. 3° *Les racines* x' *et* x″ *sont imaginaires*. Dans ce cas, pour toute valeur réelle de x, le produit $(x - x')(x - x'')$ est positif ; par suite, le trinome sous le radical est négatif et Y est toujours imaginaire. L'équation [1] représente alors une ellipse *imaginaire*.

Exemple. — Soit l'équation

$$5x^2 - 8xy + 4y^2 - 3x + 4y + 2 = 0;$$

en la résolvant par rapport à y, on trouvera sous le radical le trinome

$$- (x^2 + x + 1).$$

Or les racines de l'équation $x^2 + x + 1 = 0$ sont imaginaires ; l'équation proposée représente donc une ellipse imaginaire.

Remarque. — Dans le cas de l'ellipse, aucun des coefficients A et C ne peut être nul, c'est-à-dire qu'aucun des carrés des variables ne peut manquer, et, par suite, il n'y a aucun cas particulier à examiner.

190. Résumé. — En résumé, le genre ellipse comprend des ellipses réelles, des ellipses imaginaires et, comme variété, un point ou deux droites imaginaires conjuguées.

La circonférence de cercle appartient évidemment au genre ellipse.

191. Genre hyperbole, caractérisé par $B^2 - 4AC > 0$. — Soit EF (fig. 80) le diamètre représenté par l'équation

$$y = -\frac{Bx + E}{2C},$$

et soit

$$Y = \frac{1}{2C}\sqrt{(B^2 - 4AC)(x - x')(x - x'')},$$

x' et x'' étant les racines de l'équation qu'on obtient en égalant à zéro le trinome placé sous le radical.

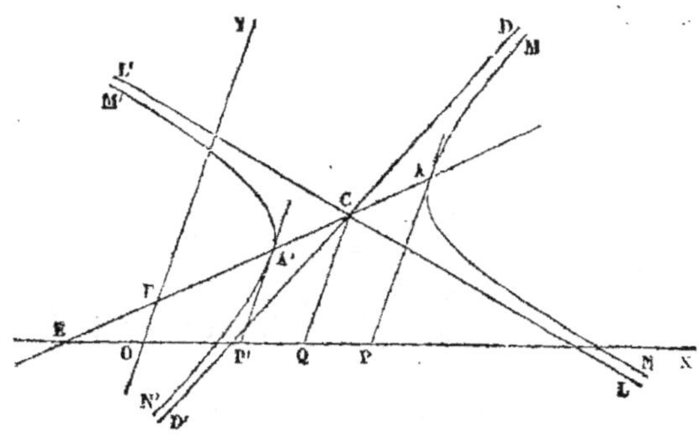

Fig. 86.

$1°$ *Les racines* x' *et* x'' *sont réelles et inégales*. Pour $x = x' = OP'$ et pour $x = x'' = OP$, on a $Y = 0$. Pour ces abscisses, les ordonnées de la courbe sont donc égales à celles du diamètre EF. Ainsi, dans ce cas, comme dans le cas de l'ellipse, les abscisses x' et x'' déterminent les points A et A', où la courbe rencontre le diamètre EF.

Pour que le radical soit réel, il faut que les deux binomes $x - x'$ et $x - x''$ soient de même signe, ce qui exige qu'on ait $x < x'$ ou $x > x''$. On en conclut que la courbe n'a aucun point entre les parallèles A'P' et AP à l'axe des y, dont les équations sont $x = x'$ et $x = x''$.

En faisant varier x de x'' à $+\infty$, on obtiendra deux arcs infinis AM et AN partant du même point A et dont l'ensemble forme une *branche* d'hyperbole MAN, limitée du côté des x positifs et illimitée dans les directions des x positifs et dans le sens des y positifs et négatifs.

En faisant varier x de x' à $-\infty$, on obtiendra une seconde *branche* M'A'N' limitée, au contraire, dans le sens des x positifs et illimitée dans le sens des x négatifs et dans le sens des y positifs et négatifs.

192. On démontrera, comme dans le cas de l'ellipse : $1°$ que la droite CQ dont l'équation est $x = \dfrac{x' + x''}{2}$ est un diamètre conjugué au diamètre EF ; 2° que le point C est le centre de la courbe ; 3° enfin, que la courbe est tangente aux droites A'P' et AP aux points A et A'.

193. 2° *Les racines x′ et x″ sont réelles et égales.* Dans ce cas, on a

$$y = -\frac{Bx + E}{2C} \pm \frac{x - x'}{2C} \sqrt{B^2 - 4AC}.$$

L'équation [1] représente alors deux droites réelles, se coupant sur le diamètre EF au point qui a pour abscisse x', lequel n'est autre que le centre C (fig. 80) de l'hyperbole trouvée dans le cas précédent.

De ce que les deux racines du trinome sont égales on conclut

$$x' = -\frac{BE - 2CD}{B^2 - 4AC}, \quad \text{d'où} \quad x - x' = x + \frac{BE - 2CD}{B^2 - 4AC}$$

et, par suite, il vient

$$y = -\frac{Bx + E}{2C} \pm \frac{1}{2C} \left(x\sqrt{B^2 - 4AC} + \frac{BE - 2CD}{\sqrt{B^2 - 4AC}} \right). \quad [3]$$

Soient DD′ et LL′ les droites représentées par ces équations. On reconnaît aisément que la différence de leurs ordonnées avec les ordonnées correspondantes de l'hyperbole représentée par la fig. 80 tend vers 0 quand x tend vers $\pm \infty$, et que les deux branches de cette hyperbole sont comprises dans les angles DCL et D'CL′ opposés par le sommet.

Les deux droites représentées, dans ce cas, par l'équation [1] sont donc les asymptotes de l'hyperbole représentée par la même équation dans le cas précédent (**191**). On le voit d'ailleurs autrement ; car leurs équations sont celles des asymptotes aux courbes du second degré trouvées au n° **169** ; et il importe de se rappeler la règle mnémonique pour déduire ces équations de celle de l'hyperbole (**170**).

On comprend d'après cela combien la considération des asymptotes est utile pour mieux déterminer la forme et la position de la courbe.

Exemple. — Soit l'équation

$$3x^2 - 8xy + 4y^2 - x + 4y + 5 = 0;$$

on en tire

ou

$$y = x - \tfrac{1}{2} \pm \tfrac{1}{2}\sqrt{x^2 - 3x - 4},$$

$$y = x - \tfrac{1}{2} \pm \tfrac{1}{2}\sqrt{(x+1)(x-4)}.$$

La courbe s'étend indéfiniment dans tous les sens ; mais elle n'a pas de points compris entre les deux parallèles $x = -1$ et $x = 4$.

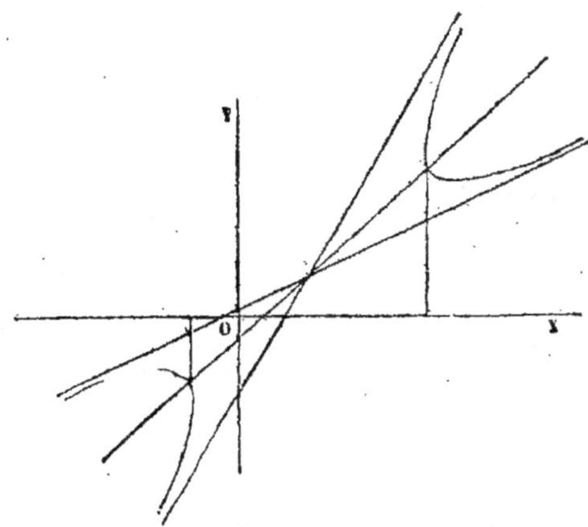

Fig. 81.

En appliquant la règle du n° **170**, c'est-à-dire en complétant le carré sous le radical et en extrayant la racine carrée, on obtient

$$y = x + \tfrac{4}{2} \pm \tfrac{1}{2}(x-1).$$

Ce sont les équations des asymptotes. En les séparant on trouve

$$y = \tfrac{3}{2}x \quad \text{et} \quad y = \tfrac{1}{2}x + 1.$$

La forme et la position de cette courbe sont représentées par la figure 81.

Remarques. — I. Les droites représentées par les équations [5] sont imaginaires dans le cas de l'ellipse, et sont rejetées à l'infini dans le cas de la parabole. Donc, parmi les courbes du second degré, il n'y a que l'hyperbole qui ait des asymptotes proprement dites.

II. Lorsque l'équation [1] se réduit à celles des asymptotes de l'hyperbole, on peut la mettre sous la forme

$$\left(y + \frac{Bx + E}{2C}\right)^2 - \frac{1}{4C^2}\left(x\sqrt{B^2 - 4AC} + \frac{BE - 2CD}{\sqrt{B^2 - 4AC}}\right)^2 = 0,$$

ou

$$u^2 - v^2 = 0, \qquad\qquad [4]$$

u et v désignant deux fonctions linéaires ; et l'on voit que le premier membre est alors décomposable en un produit de deux facteurs du premier degré qui, égalés à zéro, donnent précisément les équations des asymptotes. Comme ces équations ne dépendent pas du terme constant F, il en résulte que l'équation

$$u^2 - v^2 + F = 0 \quad \text{ou} \quad u^2 - v^2 = k$$

représente des hyperboles ayant toutes pour asymptotes les droites représentées par l'équation [4].

L'équation [5] peut s'écrire sous la forme

$$(u + v)(u - v) = k \quad \text{ou} \quad \alpha\beta = k.$$

Les équations de cette forme représentent donc des hyperboles ayant les droites $\alpha = 0$ et $\beta = 0$ pour asymptotes, pourvu que ces droites se coupent.

104. 3° *Les racines* x' *et* x'' *sont imaginaires.* Dans ce cas, on sait que le produit $(x - x')(x - x'')$ est positif pour toutes les

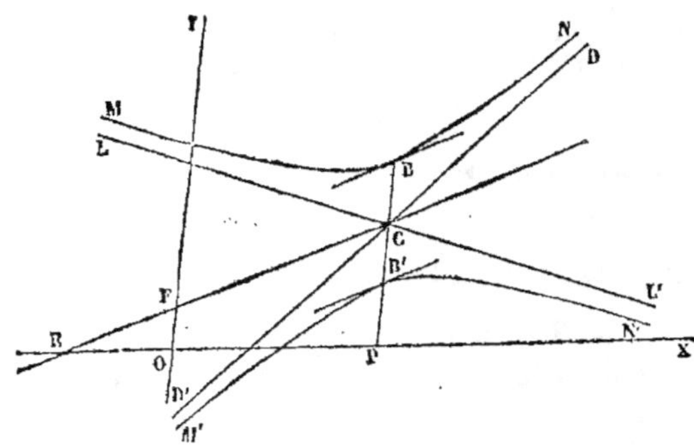

Fig. 82.

valeurs réelles de x ; il en résulte que Y est toujours réel et croît jusqu'à l'infini, sans jamais s'annuler. Ainsi, dans ce cas, la courbe ne rencontre pas le diamètre EF, et Y passe par un *minimum* qui correspond à l'abscisse $x = \dfrac{x' + x''}{2}$.

Soient PC (fig. 82) la parallèle à l'axe des y menée par le point P tel que $OP = \dfrac{x' + x''}{2}$, et B, B' les points où elle rencontre la courbe; si, par ces points, on mène deux parallèles au diamètre EF, la courbe n'aura aucun point compris entre ces deux parallèles, et de plus ces lignes seront tangentes à la courbe.

On démontrerait encore comme pour l'ellipse : 1° que la droite PC parallèle à l'axe des y et dont l'équation est $x = \dfrac{x' + x''}{2}$, est un diamètre conjugué de EF; 2° que le point C intersection de ces deux diamètres conjugués est le centre de la courbe.

Remarque. — La courbe a aussi pour asymptotes les droites trouvées dans le cas précédent, seulement ses deux branches sont situées dans les angles DCL et D'CL'. L'hyperbole, représentée dans ce cas par l'équation [1], ne coupe pas le diamètre EF conjugué à l'axe des y, et a la forme et la position indiquées par la figure 82.

Exemple. — Soit l'équation

$$3x^2 - 8xy + 4y^2 + 6x - 4y - 4 = 0;$$

on en tire

$$y = x + \tfrac{1}{2} \pm \tfrac{1}{2}\sqrt{x^2 - 2x + 5}.$$

Le trinome sous le radical ayant ses racines imaginaires, la courbe ne coupe pas le diamètre représenté par l'équation $y = x + \tfrac{1}{2}$. Le minimum de Y est 1; il correspond à $x = 1$.

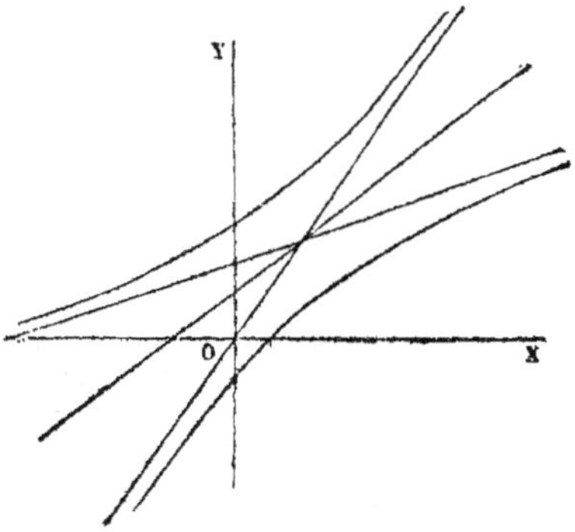

Les équations des asymptotes sont

$$y = x + \tfrac{1}{2} \pm \tfrac{1}{2}(x - 1).$$

Fig. 83.

La forme et la position de la courbe sont représentées par la figure 83.

195. Cas particuliers. — Soit $C = 0$. L'équation [1] est alors de la forme

$$Ax^2 + Bxy + Dx + Ey + F = 0.$$

On pourrait la résoudre par rapport à x et la discuter comme dans le cas général ; mais il est plus simple de la résoudre par rapport à y. On en tire

$$y = -\frac{Ax^2 + Dx + F}{Bx + E},$$

d'où, en effectuant la division autant que possible, on obtient un résultat de la forme

$$y = Mx + N + \frac{R}{Bx + E},$$

dans lequel

$$R = \frac{AE^2 - BDE + FB^2}{B^2}.$$

Posons $y_1 = \dfrac{R}{Bx + E}$. Si l'on construit la droite DD' (fig. 84), qui a pour équation $y = Mx + N$, on obtiendra les points de la

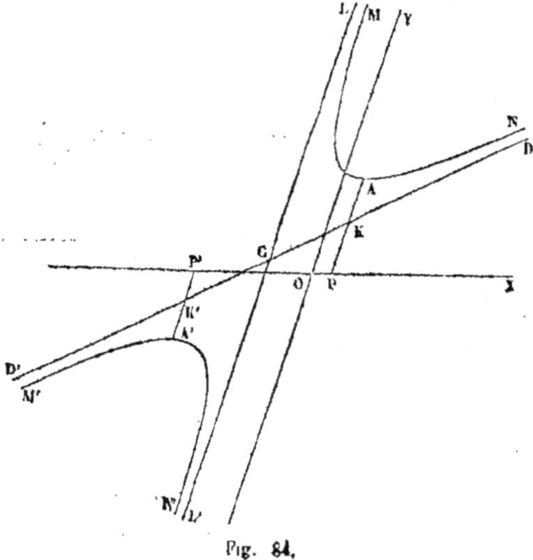

Fig. 84.

courbe en augmentant ou en diminuant chaque ordonnée de cette droite de la valeur que prend y_1 pour l'abscisse correspondante.

Soit $x = OP$ une abscisse pour laquelle y_1 est positive, et A le point de la courbe correspondante. En faisant varier x depuis OP jusqu'à $+\infty$, y_i diminue depuis AK jusqu'à 0, et l'on obtient un arc AN qui s'étend indéfiniment du côté des x positifs, et qui a D'D pour asymptote. Si l'on fait varier x depuis $x=$ OP jusqu'à la valeur $x=-\dfrac{E}{B}$, qui annule le dénominateur $Bx+E$, y_i variera depuis $y_i=$ AK jusqu'à $+\infty$, et on obtiendra un autre arc infini AM, qui se rapproche indéfiniment de la droite LL' parallèle à l'axe des y et qui a pour équation $x=-\dfrac{E}{B}$, ou $Bx+E=0$.

Cet arc AM a donc L'L pour asymptote du côté des y positifs. Les deux arcs AN et AM forment l'une des branches de l'hyperbole.

Soit $x=$ OP' une abscisse pour laquelle y_i est négatif, et soit A' le point de la courbe correspondant. En faisant varier x d'abord de $x=$ OP' jusqu'à $x=-\dfrac{E}{B}$, y_i varie depuis A'K' jusqu'à $-\infty$; puis x variant de $x=$ OP' jusqu'à $-\infty$, y_i varie depuis K'A' jusqu'à 0, et on obtient ainsi deux autres arcs infinis, A'N' et A'M', dont l'un a pour asymptote LL' et l'autre DD', et dont l'ensemble forme la seconde branche de l'hyperbole.

Le point C où les deux asymptotes se coupent est encore le centre de la courbe; on le démontre en remarquant que $x=-\dfrac{E}{B}$ est l'abscisse du point C, et que pour $x=-\dfrac{E}{B}\pm h$, les valeurs de y_i sont égales et de signes contraires.

196. La discussion précédente suppose $R \gtrless 0$. Si R était nul, on aurait

$$y=-\frac{Ax^2+Dx+F}{Bx+E}=Mx+N,$$

d'où

$$(y-Mx+N)(Bx+D)=0,$$

équation qui représente les deux asymptotes DD' et LL' (fig. 84). On dit, dans ce cas, que l'hyperbole se réduit à ses deux asymptotes.

Remarque. — Suivant le signe de R, l'hyperbole sera située dans les angles LCD et L'CD' des asymptotes ou dans les angles LCD' et DCL'.

197. Soient $A = 0$ et $C = 0$. L'équation [1] prend la forme

$$Bxy + Dx + Ey + F = 0.$$

On en tire

$$y = -\frac{Dx + F}{Bx + E},$$

et, en effectuant la division et posant

$$R = \frac{-BDE + FB^2}{B^2},$$

il vient

$$y = -\frac{D}{B} + \frac{R}{Bx + E}.$$

Par une discussion tout à fait analogue à celle du n° **195**, on voit que, si l'on a $R \gtrless 0$, l'équation représente une hyperbole

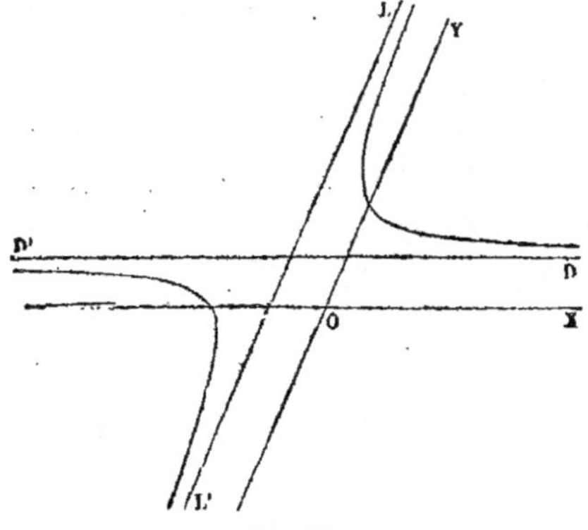

Fig. 85.

ayant pour asymptotes la parallèle D'D (fig. 85) à l'axe des x. dont l'équation est $y = -\dfrac{D}{B}$, et la parallèle L'L à l'axe des y dont l'équation est $x = -\dfrac{E}{B}$.

La courbe sera située dans les angles LCD et L'C'D', ou dans les angles LCD' et DCL, suivant le signe de R.

Si $R = 0$, l'équation représente les deux asymptotes DD' et LL'.

Exemples. — I. Soit l'équation

$$x^2 + 2xy - 2y - 5x - 1 = 0;$$

on en tire

$$y = \frac{-x^2 + 5x + 1}{2x - 2} = -\tfrac{1}{2}x + 1 + \frac{5}{2(x-1)}.$$

Les asymptotes de la courbe ont pour équations

$$y = -\tfrac{1}{2}x + 1 \quad \text{et} \quad x = 1.$$

La forme et la position de cette courbe sont indiquées par la figure 86.

II. Soit l'équation

$$x^2 + 2xy - 5x - 2y + 2 = 0;$$

on en tire

$$y = \frac{-x^2 + 5x - 2}{2x - 2} = -\tfrac{1}{2}x + 1.$$

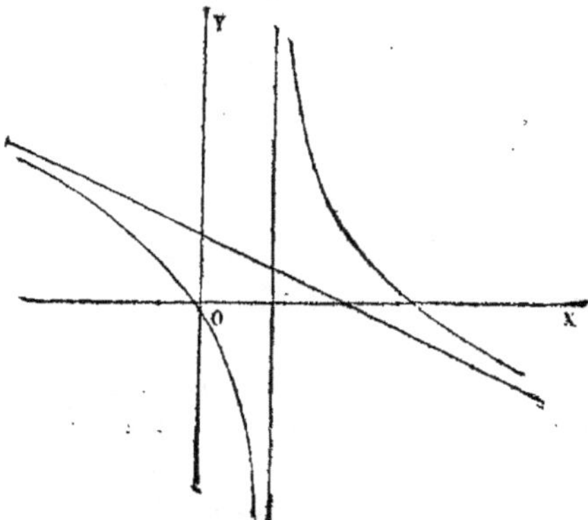

Fig. 86.

La division se faisant exactement, le premier membre de l'équation proposée se décompose en deux facteurs, et l'on a

$$(y + \tfrac{1}{2}x - 1)(2x - 2) = 0,$$

ce qui donne les deux droites représentées par les équations

$$y = -\tfrac{1}{2}x + 1 \quad \text{et} \quad x = 1.$$

Ce sont les asymptotes de l'hyperbole représentée par la figure 86.

198. Résumé. — En résumé, le genre hyperbole comprend comme variété deux droites réelles qui se coupent.

199. Hyperbole équilatère. — On nomme ainsi une hyperbole dont les asymptotes sont *perpendiculaires* entre elles.

L'hyperbole équilatère est, par rapport aux hyperboles, ce que le cercle est par rapport aux ellipses.

Les coefficients angulaires des asymptotes étant donnés (**169**) par l'équation

$$Ca^2 + Ba + A = 0,\qquad [5]$$

pour qu'elles soient perpendiculaires, il faut, dans le cas des axes rectangulaires, que le produit des racines a' et a'' de cette équation soit égal à -1, ce qui exige que l'on ait

$$A = -C.$$

Dans le cas des axes obliques, on doit avoir (**94**)

$$1 + (a' + a'') \cos \theta + a'a'' = 0,$$

ou, en vertu des relations $a' + a'' = -\dfrac{B}{C}$ et $a'a'' = -\dfrac{A}{C}$,

$$A + C = B \cos \theta.$$

Quand ces conditions sont remplies, on a $B^2 - 4AC > 0$, et par conséquent l'équation représente une hyperbole équilatère ou deux droites rectangulaires.

200. Remarques sur les asymptotes de l'hyperbole. — Lorsque $C = 0$, l'équation [5] a une racine infinie et par suite l'une des asymptotes est parallèle à l'axe des y. Si $A = 0$, elle a une racine nulle, et l'une des asymptotes est parallèle à l'axe des x. Ainsi, lorsque dans l'équation d'une hyperbole le *carré de l'une des variables manque*, la courbe a une asymptote *parallèle à l'axe de même nom que la variable dont le carré manque*. Par exemple, si c'est le terme en x^2 qui manque, l'une des asymptotes est parallèle à l'axe des x ; et si les *deux carrés manquent à la fois*, les deux asymptotes sont *parallèles aux axes*.

Si le terme du premier degré de l'une des variables manque en même temps que le carré de cette variable, *l'axe de même nom est asymptote de la courbe*. En effet, supposons d'abord que l'on ait simplement $C = 0$. L'équation [1] se réduit à

$$Ax^2 + Bxy + Dx + Ey + F = 0 ;$$

et en appliquant la méthode propre à obtenir les asymptotes parallèles à l'axe des y, c'est-à-dire en divisant cette équation par y, et faisant ensuite $y = \infty$, il vient

$$Bx + E = 0,$$

pour l'équation de l'asymptote parallèle à l'axe des y. Si maintenant on suppose $E = 0$, cette équation se réduit à $x = 0$, et représente l'axe des y. Ainsi, lorsque dans l'équation d'une hyperbole le terme du premier degré en y manque en même temps que le carré y^2, cette courbe a pour asymptote l'axe des y. Lorsque, au contraire, ce sont le terme en x^2 et le terme en x qui manquent, c'est l'axe des x qui est asymptote. Enfin, lorsque l'équation de l'hyperbole ne renferme que le terme en xy et un terme tout connu, les axes des coordonnées sont les asymptotes de la courbe.

L'équation d'une hyperbole rapportée à ses asymptotes est donc de la forme

$$xy = k.$$

Toutes ces remarques sont d'ailleurs confirmées par la discussion précédente.

201. Genre parabole, caractérisé par $B^2 - 4AC = 0$. — Dans ce cas, on a

$$Y = \frac{1}{2C} \sqrt{2(BE - 2CD)x + E^2 - 4CF} = \frac{1}{2C} \sqrt{2(BE - 2CD)(x - x')},$$

x' désignant la valeur de x qui annule le binome placé sous le radical

Il y a trois cas à considérer :

1° $BE - 2CD > 0$. Soit EF (fig. 87) le diamètre représenté par l'équation

$$y = -\frac{Bx + E}{2C}.$$

Si l'on fait $x = x'$, on a $y = 0$. Pour cette valeur de x, l'ordonnée de la courbe est donc égale à celle du diamètre EF.

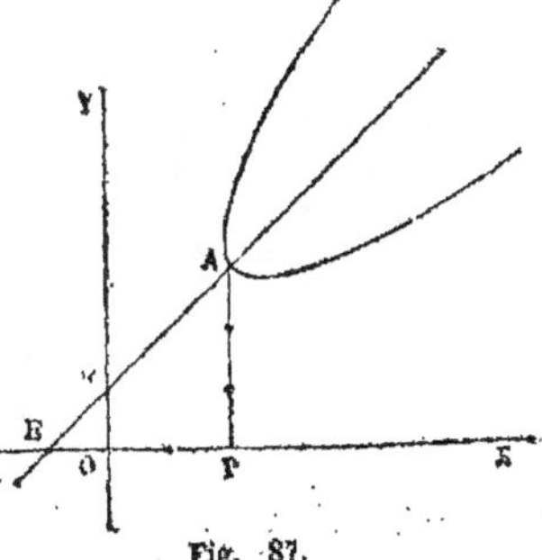

Fig. 87.

Soit OP $= x'$; le point A du diamètre EF, qui correspond à cette abscisse, est donc le point où la courbe coupe ce diamètre. Pour toute valeur de x plus petite que x', Y est imaginaire, tandis que pour toute valeur de x depuis x' jusqu'à $+\infty$, Y est réel. Donc la courbe n'a aucun point à gauche de la parallèle AP à l'axe des y, dont l'équation est $x = x'$; mais elle s'étend indéfiniment du côté des x positifs, en présentant la forme indiquée par la figure 87.

EXEMPLE. — Soit l'équation

$$x^2 - 2xy + y^2 + x - 2y + 3 = 0;$$

on en tire

$$y = x + 1 \pm \sqrt{x - 2}.$$

La courbe coupe le diamètre qui a pour équation $y = x + 1$, au point dont les coordonnées sont $x = 2$, $y = 3$; elle n'a pas de points à gauche de la parallèle à l'axe des y qui a pour équation $x = 2$; elle est illimitée dans le sens des x positifs. Sa forme et sa position sont représentées par la figure 87.

$2°$ $BE - 2CD < 0$. Dans ce cas, la courbe n'a, au contraire, aucun point à droite de la parallèle AP (fig. 88) à l'axe des y, qui a pour équation $x = x'$, mais elle s'étend indéfiniment du côté des x négatifs.

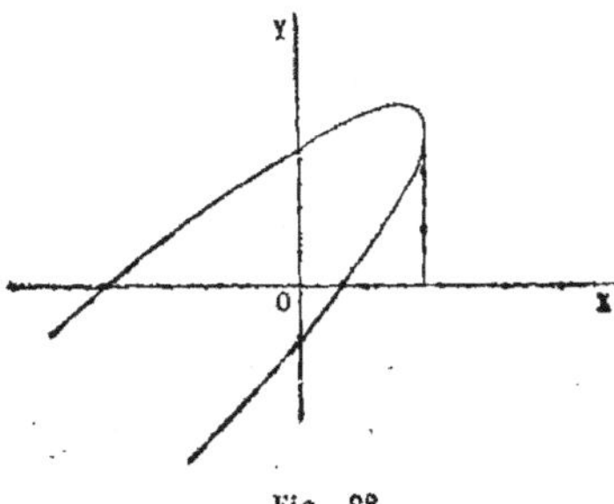

Fig. 88.

EXEMPLE. — Soit l'équation

$$x^2 - 2xy + y^2 + 3x - 2y - 1 = 0;$$

on en tire

$$y = x + 1 \pm \sqrt{- x + 2}.$$

La courbe coupe le diamètre qui a pour équation $y = x + 1$ au point qui a pour coordonnées $x = 2$ et $y = 3$; elle n'a pas de points à droite de la parallèle à l'axe des y qui a pour équation $x = 2$; elle est illimitée du côté des x négatifs. Sa forme et sa position sont représentées par la figure 88.

$3°$ Enfin, si $BE - 2CD = 0$, on a alors

$$Y = \frac{1}{2C}\sqrt{E^2 - 4CF},$$

et l'on voit que Y est réel, nul ou imaginaire, suivant que la quantité placée sous le radical est positive, nulle ou négative. Dans le premier cas, l'équation [1] représente deux droites parallèles au diamètre EF; dans le second, deux droites qui se confondent avec le diamètre EF; dans le troisième, deux parallèles imaginaires.

Remarque. — A cause de $B^2 - 4AC = 0$, on a

$$(BE - 2CD)^2 = 4C(AE^2 - BDE + CD^2).$$

Nous verrons bientôt l'utilité de cette remarque.

202. Cas particulier. — Supposons $C = 0$, auquel cas on doit avoir en même temps $B = 0$ à cause de la relation $B^2 - 4AC = 0$. L'équation prend alors la forme

$$Ax^2 + Dx + Ey + F = 0, \qquad [6]$$

d'où

$$y = -\frac{Ax^2 + Dx + F}{E} = -\frac{A}{E}(x - x')(x - x''),$$

x' et x'' désignant les racines de l'équation

$$Ax^2 + Dx + F = 0.$$

Lorsque $-\dfrac{A}{E}$ est positif, l'équation [6] représente l'une des trois paraboles MAN (fig. 89), M'A'N' ou M''A''N'' suivant que les racines

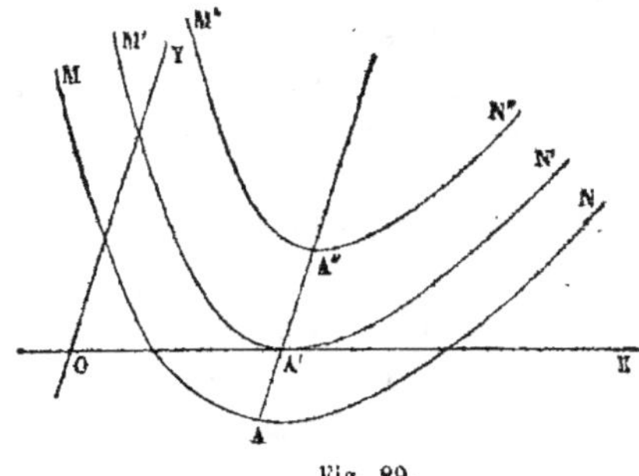

Fig. 89.

x' et x'' sont réelles et inégales, réelles et égales, ou bien imaginaires. Ces trois courbes ont pour diamètre la parallèle AA' à l'axe des y, qui a pour équation $x = \dfrac{x' + x''}{2}$.

Lorsque $-\dfrac{A}{E}$ est négatif, l'équation représente trois paraboles égales à celles indiquées par la figure 89, mais ayant l'ouverture dirigée du côté des y négatifs.

203. Résumé. — En résumé, le genre parabole comprend comme variétés deux droites parallèles, réelles ou imaginaires, distinctes ou confondues.

204. Discriminant. — Toute cette discussion peut être résumée sous une forme qu'il est utile de connaître.

Les résultats obtenus dans chaque cas où l'équation est complète dépendent de la nature des racines du trinome placé sous le radical dans la valeur de y; et la nature de ces racines dépend elle-même du signe de la quantité

$$(BE - 2CD)^2 - (B^2 - 4AC)(E^2 - 4CF)$$

que l'on peut mettre sous la forme

$$C[AE^2 - BDE + CD^2 + F(B^2 - 4AC)]$$

ou simplement

$$C\Delta.$$

en désignant par Δ la quantité entre parenthèses. Quand l'équation est incomplète, le résultat dépend encore du signe de la quantité à laquelle se réduit Δ, quand on y suppose nuls les coefficients des termes qui manquent dans l'équation proposée.

Cette quantité Δ se nomme le *discriminant* de l'équation du second degré.

Ainsi, le genre et l'espèce d'une courbe représentée par une équation du second degré donnée pourront donc se déterminer par les signes de $B^2 - 4AC$ et de Δ.

On peut remarquer, comme moyen mnémonique de former le discriminant, que si l'on rend l'équation du second degré homogène en remplaçant x et y par $\dfrac{x}{z}$ et $\dfrac{y}{z}$ et chassant le dénominateur, qu'on égale ensuite à zéro les dérivées partielles du polynome ainsi obtenu, par rapport à x, à y et à z, le *déterminant* de ces équations, c'est-à-dire le dénominateur commun des valeurs de x, y et z, sera précisément le discriminant Δ.

En reprenant la discussion faite plus haut, on reconnaîtra que les résultats peuvent être réunis dans le tableau suivant :

$$
>0 \begin{cases} B^2-4AC<0 \begin{cases} \Delta>0 & - \text{ ellipse réelle;} \\ \Delta=0 & - \text{ ellipse évanouissante;} \\ \Delta<0 & - \text{ ellipse imaginaire.} \end{cases} \\[2em] B^2-4AC>0 \begin{cases} \Delta>0 & - \text{ hyperbole réelle;} \\ \Delta=0 & - \text{ deux droites concourantes,} \\ \Delta<0 & - \text{ hyperbole réelle.} \end{cases} \\[2em] B^2-4AC=0 \begin{cases} \Delta>0 & - \text{ parabole réelle;} \\ \Delta=0 & - \text{ deux droites parallèles, réelles ou imaginaires;} \\ \Delta<0 & - \text{ parabole réelle.} \end{cases} \end{cases}
$$

$$
C=0 \begin{cases} B^2-4AC>0 \begin{cases} \Delta \gtrless 0 & - \text{ hyperbole;} \\ \Delta=0 & - \text{ deux droites concourantes.} \end{cases} \\[2em] B^2-4AC=0 \quad \Delta \gtrless 0 \; - \text{ parabole} \end{cases}
$$

EXEMPLES. — Le lecteur pourra s'exercer à construire les lignes du second degré représentées par les équations suivantes :

$$4x^2-4xy+y^2-5x+2y=0,$$
$$x^2-4xy+4y^2+2x-4y-4=0,$$
$$x^2-4xy+4y^2+2x-4y+1=0,$$
$$x^2-4xy+4y^2+2x-4y+6=0,$$
$$x^2-2xy-4y+4=0,$$
$$x^2-xy+y-1=0,$$
$$2x^2-2xy+y^2+2x-2y-3=0.$$

§ 2. — DU CENTRE, DES DIAMÈTRES ET DES AXES DANS LES COURBES DU SECOND DEGRÉ.

205. Les courbes du second degré, que nous venons d'étudier d'une manière générale, jouissent de nombreuses propriétés dont l'étude a fait longtemps l'objet presque exclusif de la Géométrie analytique à deux dimensions. Pour que cette étude soit moins compliquée, on emploie l'équation de chaque courbe réduite à sa forme la plus simple. Or cette réduction étant fondée sur les propriétés du centre et des diamètres, nous devons commencer par étudier ces propriétés.

206. Du centre. — Reprenons l'équation

$$f(x, y) = Ax^2 + Bxy + Cy^2 + Dx + Ey + F = 0. \qquad [1]$$

Pour que cette équation représente une courbe ayant un centre, il faut qu'en prenant ce point pour origine, les termes du premier degré disparaissent (**127**).

Soient x_1, y_1 les coordonnées du centre; si nous remplaçons x par $x + x_1$ et y par $y + y_1$ dans l'équation [1], il vient

$$Ax^2 + Bxy + Cy^2 + f'_x(x_1, y_1)x + f'_y(x_1, y_1)y + f(x_1, y_1) = 0. \quad [2]$$

Or, pour que les termes du premier degré disparaissent, on doit avoir

$$f'_x(x_1, y_1) = 0, \qquad f'_y(x_1, y_1) = 0,$$

ou

$$2Ax_1 + By_1 + D = 0, \quad Bx_1 + 2Cy_1 + E = 0. \qquad [3]$$

Ainsi, les équations qui déterminent les coordonnées du centre des courbes du second degré s'obtiennent en égalant à zéro les *dérivées* du premier membre de l'équation de la courbe, prises tour à tour par rapport à x et par rapport à y, et dans lesquelles on a substitué x_1 à x et y_1 à y.

En résolvant les équations [3], on obtient

$$x_1 = \frac{2CD - BE}{B^2 - 4AC}, \qquad y_1 = \frac{2AE - BD}{B^2 - 4AC}.$$

Les équations [3] sont compatibles lorsqu'on a $B^2 - 4AC \gtrless 0$, c'est-à-dire dans le cas de l'ellipse et de l'hyperbole; elles sont incompatibles lorsqu'on a

$$B^2 - 4AC = 0 \quad \text{et} \quad 2CD - BE \gtrless 0,$$

c'est-à-dire dans le cas de la parabole. Donc l'ellipse et l'hyperbole ont un centre et la parabole n'en a pas.

Enfin, les équations [3] se réduisent à une seule lorsqu'on a en même temps

$$B^2 - 4AC = 0 \quad \text{et} \quad 2CD - BE = 0,$$

et alors il existe une infinité de centres situés sur la droite représentée par l'une des équations [3], en y considérant x_i et y_i comme des coordonnées courantes.

Mais, dans ce cas, l'équation [1] représente l'ensemble de deux droites parallèles (**201**, 3°).

REMARQUE. — Quand on regarde x_i et y_i comme des coordonnées courantes, les équations [3] représentent deux droites. Suivant que ces droites se couperont, se confondront ou seront parallèles, la courbe représentée par l'équation [1] aura un centre unique, une infinité de centres, ou bien elle n'aura pas de centre.

207. Si l'on prend le centre pour origine, l'équation [2] se réduit à

$$Ax^2 + Bxy + Cy^2 + f(x_i, y_i) = 0. \qquad [4]$$

Or, si l'on multiplie la première des équations [3] par x_i, la seconde par y_i et que l'on ajoute, on trouve

$$2Ax_i^2 + 2Bx_iy_i + 2Cy_i^2 + Dx_i + Ey_i = 0$$

ou

$$2f(x_i, y_i) - Dx_i - Ey_i - 2F = 0,$$

d'où l'on tire

$$f(x_i, y_i) = \frac{Dx_i + Ey_i}{2} + F.$$

On voit que dans l'équation [4], qui représente toutes les ellipses et toutes les hyperboles rapportées à leur centre, ainsi que les variétés de ces courbes, le terme indépendant des variables est égal au terme tout connu de l'équation primitive, augmenté de la moitié de l'ensemble des termes du premier degré, dans lesquels on a substitué les coordonnées du centre aux coordonnées courantes. Désignons ce terme par —P ; l'équation [4] prendra la forme

$$Ax^2 + Bxy + Cy^2 = P.$$

Remarque. — Si l'on avait $f(x_1, y_1) = 0$, l'équation [4] représenterait deux droites, réelles ou imaginaires. En remplaçant x_1 et y_1 par leurs valeurs ci-dessus, on trouve que cette condition revient à $\Delta = 0$, comme on pouvait s'y attendre.

208. Diamètres. — Proposons-nous de trouver l'équation du diamètre qui divise en parties égales les cordes parallèles à la direction $y = mx$. Ces cordes sont déterminées par les intersections des droites représentées par l'équation

$$y = mx + n, \qquad [5]$$

dans laquelle m est constant et n indéterminé, avec la courbe $f(x, y) = 0$. Imaginons qu'on transporte l'origine en un point (x_1, y_1) de l'une des droites représentées par l'équation [5]; cette droite passant alors par l'origine sans avoir changé de direction, son équation se réduira à

$$y = mx,$$

et celle de la courbe deviendra

$$f(x_1 + x, y_1 + y) = 0.$$

En éliminant y entre ces deux dernières équations, il viendra

$$f(x_1 + x, y_1 + mx) = 0 ;$$

ou, en développant les calculs,

$$(Cm^2 + Bm + A)x^2 + [f'_x(x_1, y_1) + mf'_y(x_1, y_1)]x + f(x_1, y_1) = 0, \quad [6]$$

équation dont les racines sont les abscisses des points d'intersection de la droite considérée avec la courbe proposée. Donc on exprimera que la nouvelle origine est le milieu de la corde déterminée par ces abscisses, en exprimant qu'elles sont égales et de signes contraires ; ce qui exige que l'on ait

$$f'_x(x_1, y_1) + mf'_y(x_1, y_1) = 0. \qquad [7]$$

Cette relation, étant indépendante de n, a lieu entre les coordonnées des milieux de toutes les cordes parallèles à la direction donnée ; donc elle est l'équation du diamètre cherché, en y regardant x_1 et y_1 comme des coordonnées courantes.

En supprimant les indices, elle revient à la suivante

$$(2Cy + Bx + E)m + By + 2Ax + D = 0,$$

ou, en ordonnant,

$$(2Cm + B)y + (Bm + 2A)x + Em + D = 0. \qquad [8]$$

Les coefficients de x et y de cette dernière équation sont les dérivées f'_x et f'_y des termes du second degré de l'équation de la courbe, dans lesquelles on remplace x par 1, y par m; et le terme constant est l'ensemble des termes du premier degré, dans lequel on a opéré la même substitution.

A chaque système de valeurs de x_1 et de y_1 satisfaisant à l'équation [7] du diamètre, correspond une corde conjuguée, et l'équation [6] donne les abscisses des deux points où cette corde rencontre la courbe. Si l'un des systèmes de valeurs de x_1 et de y_1 qui satisfont à l'équation [7], vérifiait en même temps l'équation $f(x_1,y_1) = 0$, la corde conjuguée correspondante deviendrait une tangente; car l'équation [6] se réduit alors à $x^2 = 0$, c'est-à-dire que les deux points d'intersection de la corde avec la courbe se confondent en un seul, ce qui caractérise une tangente (**139**, rem.).

Nous examinerons successivement les particularités que présentent les diamètres dans les trois genres de courbes du second degré.

209. Ellipse. — *Tous les diamètres passent par le centre;* car les équations $f'_x = 0$ et $f'_y = 0$, qui donnent les coordonnées du centre, vérifient l'équation [7], quel que soit m. (Si l'on fait l'hypothèse $m = \infty$, après avoir préalablement divisé par m, l'équation du diamètre se réduit à $f'_y = 0$, équation qui est satisfaite par hypothèse.)

Tous les diamètres rencontrent l'ellipse en deux points; car, puisqu'on a $B^2 - 4AC < 0$, le coefficient de x^2 dans l'équation [6] ne peut s'annuler pour aucune valeur réelle de m, les racines de cette équation sont donc toutes les deux finies; elles sont d'ailleurs nécessairement réelles, puisque la courbe est fermée.

Les diamètres peuvent prendre toutes les directions. Car le coefficient angulaire de l'équation [8] est

$$-\frac{Bm + 2A}{2Cm + B}. \qquad [9]$$

Si on l'égale à une quantité donnée quelconque, on aura une

équation du 1er degré en m, d'où l'on tirera pour m une valeur réelle. Il existe donc toujours un système de cordes parallèles correspondant à une direction quelconque donnée pour le diamètre.

210. Hyperbole. — *Tous les diamètres passent par le centre.* Même démonstration que ci-dessus.

Les diamètres peuvent prendre toutes les directions, excepté celles des asymptotes. Supposons, en effet, que le diamètre dont le coefficient angulaire est

$$ -\frac{Bm + 2A}{2Cm + B} $$

soit parallèle à une asymptote. Les directions de celles-ci étant données (**169**) par l'équation

$$ Cm^2 + Bm + A = 0, \qquad [10] $$

en multipliant cette équation par 2, on en tire aisément

$$ -\frac{Bm + 2A}{2Cm + B} = m, $$

c'est-à-dire que les cordes conjuguées sont alors parallèles *à la même asymptote*; ce qui revient à dire que la droite considérée ne peut plus être regardée comme un diamètre. Elle passe d'ailleurs par le centre; elle n'est donc autre chose que l'asymptote elle-même. En d'autres termes, plus les cordes parallèles approchent d'une des deux directions asymptotiques, plus le diamètre qui les divise en deux parties égales approche de se confondre avec l'asymptote qui a cette même direction.

Quand le diamètre se confond avec une asymptote, les cordes conjuguées deviennent infinies, comme on le voit par l'équation [6], qui perd alors son premier terme. Mais il faut bien remarquer que le milieu de chacune de ces cordes est alors lui-même à l'infini, et que dès lors on ne peut admettre que des valeurs infinies pour x_1 et y_1. Sans cette remarque, on pourrait être conduit à des conséquences erronées.

Remarque. — Si l'on élimine m entre les relations [7] et [10], on obtient l'équation

$$ C(f'_x)^2 - B f'_x f'_y + A(f'_y)^2 = 0, $$

qui représente l'ensemble des deux asymptotes.

211. Parabole. — *Tous les diamètres sont parallèles.* En effet, on a dans ce cas

$$B^2 - 4AC = 0, \quad \text{d'où} \quad 2A = \frac{B^2}{2C};$$

en substituant cette valeur dans l'expression du coefficient angulaire du diamètre, on trouve

$$-\frac{Bm + 2A}{2Cm + B} = -\frac{B(2Cm + B)}{2C(2Cm + B)} = -\frac{B}{2C},$$

quantité indépendante de m.

Toutefois on ne saurait donner à m la valeur $-\dfrac{B}{2C}$, laquelle équivaut à $-\dfrac{2A}{B}$, car alors l'équation [8] se réduirait à $Em + D = 0$, c'est-à-dire que le diamètre correspondant serait rejeté à l'infini, à moins que cette dernière relation, laquelle revient à $BE - 2CD = 0$, ne soit satisfaite d'elle-même, auquel cas la parabole se réduirait (**201**, 3°) à deux droites parallèles : les droites parallèles aux deux premières peuvent alors être regardées comme des cordes qui les rencontrent à l'infini, et le diamètre qui leur correspond est une parallèle quelconque à ces mêmes cordes : c'est ce qu'exprime la relation [8], réduite ainsi à une identité.

212. *La tangente, menée à la courbe par l'extrémité d'un diamètre, est parallèle aux cordes que ce diamètre divise en deux parties égales.*

En effet, le coefficient angulaire de la tangente est $-\dfrac{f'_x}{f'_y}$, et le coefficient angulaire m des cordes conjuguées au diamètre représenté par l'équation [6] est aussi égal à $-\dfrac{f'_x}{f'_y}$. Donc ces deux coefficients sont égaux pour les mêmes valeurs de x et y, ce qui démontre le théorème.

213. Diamètres conjugués. — *Dans l'ellipse et dans l'hyperbole, chaque diamètre a son conjugué.*

Soit m' le coefficient angulaire d'un diamètre, et m celui des cordes qu'il divise en deux parties égales; on a entre m et m' la relation

$$m' = -\frac{Bm + 2A}{2Cm + B},$$

ou

$$2Cmm' + B(m + m') + 2A = 0; \qquad [11]$$

et cette relation est aussi, évidemment, celle qui existe entre les coefficients angulaires de deux diamètres conjugués. Or elle est du premier degré et symétrique par rapport à m et à m'; donc à toute valeur réelle de m correspondra une valeur réelle de m', et réciproquement ; ce qui démontre le théorème énoncé.

Dans le cas de l'ellipse, on peut donner à m une valeur quelconque, et on a une valeur correspondante pour m', c'est-à-dire qu'à tout diamètre correspond un diamètre conjugué; mais, dans le cas de l'hyperbole, on ne peut pas donner à m les valeurs qui déterminent la direction des asymptotes.

Dans la parabole, tous les diamètres étant parallèles, il n'y a pas de diamètres conjugués.

214. Axes. —Pour que le diamètre représenté par l'équation [8] soit un axe, il faut qu'il soit perpendiculaire aux cordes qu'il divise en deux parties égales ; donc, en supposant les axes coordonnés rectangulaires, il faut que l'on ait (**75**)

$$-\frac{Bm + 2A}{2Cm + B}\,m = -1,$$

ou

$$B\,m^2 + 2(A - C)\,m - B = 0. \qquad [12]$$

Les racines de cette équation étant réelles, et leur produit étant égal à -1, elles déterminent deux directions perpendiculaires entre elles. Comme d'ailleurs, dans les cas de l'ellipse et de l'hyperbole, aucune de ces racines n'annule le coefficient du terme en x^2 de l'équation [6], à chacune d'elles correspond un axe. Donc *l'ellipse et l'hyperbole ont deux axes perpendiculaires entre eux.*

Dans le cas de la parabole, à cause de $B^2 - 4AC = 0$, les racines de l'équation [12] sont $m' = + \frac{2C}{B}$ et $m'' = -\frac{2A}{B} = -\frac{B}{2C}$, et m'' annule le coefficient du terme en x^2 de l'équation [6], tandis que m' ne l'annule pas. Donc *la parabole n'a qu'un seul axe; ce* que l'on pouvait prévoir, puisque dans la parabole tous les diamètres sont parallèles.

Le coefficient angulaire des cordes correspondant à cet axe étant égal à $\dfrac{2C}{B}$, le coefficient angulaire de cet axe est $-\dfrac{B}{2C}$; ce qui devait être (**211**).

215. Ce qui précède suppose que l'on a $B \gtrless 0$. Supposons $B = 0$, A et C différents de zéro, auquel cas l'équation [1] représente une ellipse ou une hyperbole, et $A \gtrless C$. Les racines de l'équation [12] sont alors $m' = 0, m'' = \infty$; elles déterminent deux directions parallèles aux axes coordonnés; et comme aucune d'elles n'annule le coefficient du terme en x^2 de l'équation [6], il en résulte que, dans le cas de l'ellipse et de l'hyperbole, *lorsque l'équation ne renferme pas le rectangle* xy *des variables, les axes de la courbe sont parallèles aux axes coordonnés.*

Dans le cas de la parabole, lorsque $B = 0$, comme $B^2 - 4AC = 0$, il faut que l'on ait en même temps $A = 0$ ou $C = 0$. Si l'on a $A = 0$, les racines de l'équation [12] sont encore $m' = 0$ et $m'' = \infty$, et c'est encore m' qui annule le coefficient du terme en x^2 de l'équation [6]; et il en résulte que l'axe de la parabole est alors parallèle à l'axe des x. Si $C = 0$, il est parallèle à l'axe des y; il est donc *parallèle à l'axe de même nom que la variable dont le carré manque.*

Enfin, si l'on avait $B = 0$ et $A = C$, l'équation [12] se réduirait à une identité et il y aurait une infinité d'axes, ce qu'on pouvait prévoir, puisque, dans ce cas, l'équation [1] représente un cercle (**119**).

216. Résumé. — L'ellipse et l'hyperbole ont un centre, et la parabole n'en a pas.

L'ellipse et l'hyperbole ont deux axes perpendiculaires entre eux, et la parabole n'a qu'un seul axe.

Enfin, lorsque le rectangle des variables manque dans l'équation d'une ellipse ou d'une hyperbole, les axes de la courbe sont parallèles aux axes coordonnés; et, dans le cas de la parabole, l'axe de cette courbe est parallèle à l'un des axes coordonnés.

217. Remarques. — I. L'équation [12] montre que les directions des axes des courbes du second degré ne dépendent que des coefficients des termes du second degré, ou plus exactement des rapports de deux d'entre eux au troisième. On en conclut que si, dans les équations de deux courbes du second degré, les coefficients des termes du second degré sont proportionnels, les courbes ont leurs axes parallèles chacun à chacun.

II. On obtient l'équation qui donne à la fois les deux axes en remplaçant dans l'équation [7] le coefficient m par les racines de l'équation [12]. Si l'on élimine m entre l'équation ainsi obtenue et l'équation [12], on obtient l'équation

$$B (f'_y)^2 - 2(A - C) f'_x f'_y - B (f'_x)^2 = 0, \qquad [13]$$

qui représente à la fois les deux axes.

Dans le cas de la parabole, le coefficient angulaire de l'axe étant $-\dfrac{B}{2C}$, l'équation de cet axe est

$$f'_x - \frac{B}{2C} f'_y = 0. \qquad [14]$$

III. Lorsque l'équation proposée représente une hyperbole, l'équation homogène

$$Ax^2 + Bxy + Cy^2 = 0 \qquad [15]$$

représente les deux asymptotes, ou deux parallèles à ces asymptotes, selon que le centre est ou n'est pas à l'origine (**160**). Or l'équation [12] a pour racines (**161**) les coefficients angulaires des bissectrices des angles formés par les droites que représente l'équation [15]; donc *les axes de l'hyperbole sont les bissectrices des angles des asymptotes.*

218. EXEMPLE. — Soit l'équation

$$2x^2 - 4xy + 4y^2 - 2x - 8y + 9 = 0.$$

On a dans ce cas

$$B^2 - 4AC = - 16 \quad \text{et} \quad \Delta = + 64;$$

donc elle représente une ellipse réelle.

Les équations $f'_x = 0$, $f'_y = 0$ qui déterminent le centre sont

$$2x - 2y - 1 = 0, \quad x - 2y + 2 = 0;$$

on en tire

$$x = 3, \quad y = \tfrac{5}{2}.$$

Telles sont les coordonnées du centre de cette ellipse.

L'équation générale de ses diamètres est

$$4x - 4y - 2 + m (- 4x + 8y - 8) = 0.$$

La relation entre les coefficients angulaires de ses diamètres conjugués est

$$m' = \frac{1 - m}{1 - 2m} \quad \text{ou} \quad 2mm' - (m + m') + 1 = 0.$$

Enfin les coefficients angulaires de ses axes sont les racines de l'équation

$$\frac{1-m}{1-2m}\cdot m = -1 \quad \text{ou} \quad m^2 + m - 1 = 0;$$

et on aura leurs équations en remplaçant, dans l'équation des diamètres ci-dessus, m par ces racines.

§ 3. RÉDUCTION DE L'ÉQUATION DU SECOND DEGRÉ A LA FORME LA PLUS SIMPLE PAR LE CHANGEMENT DES AXES DE COORDONNÉES.

219. Ce que nous venons d'établir dans le paragraphe précédent relativement aux centres et aux diamètres, fait entrevoir la possibilité de réduire l'équation générale du second degré à deux variables à des formes plus simples, et permet même d'indiquer pour chacune des trois courbes la forme de l'équation réduite.

En effet, l'ellipse et l'hyperbole ont deux axes perpendiculaires l'un à l'autre et une infinité de systèmes de diamètres conjugués. Or, si l'on rapporte ces courbes à leurs axes, chacun de ces axes divisant en deux parties égales les cordes parallèles à l'autre, il en résulte qu'à chaque valeur de l'une des coordonnées correspondent deux valeurs de l'autre, égales et de signe contraire; ce qui exige que l'équation ne contienne que des puissances paires de x et de y; et comme elle ne cesse pas d'être du second degré, elle sera de la forme

$$Mx^2 + Ny^2 = P.$$

Par un raisonnement semblable, on prouve que les équations de l'ellipse et de l'hyperbole sont aussi de cette même forme quand on prend pour axes coordonnés deux diamètres conjugués quelconques; seulement les coordonnées sont alors obliques. On a donc ce théorème :

L'ellipse et l'hyperbole ont des équations de même forme quand elles sont rapportées à leurs axes ou à deux diamètres conjugués quelconques.

220. La parabole a un seul axe et une infinité de diamètres parallèles. Si l'on rapporte la parabole à son axe et à la tangente au sommet, à chaque valeur de x correspondent deux valeurs de y, égales et de signe contraire. D'ailleurs, la courbe passe par l'origine. L'équation ne peut donc contenir que des puissances paires de y et ne doit pas renfermer de terme constant; elle est donc de la forme

$$My^2 + Px = 0.$$

Elle serait encore de cette même forme si la parabole était rapportée à un diamètre quelconque et à la tangente à l'extrémité de ce diamètre; seulement les coordonnées seraient alors obliques. On a donc cet autre théorème :

L'équation de la parabole conserve la même forme quand on rapporte cette courbe à son axe et à la tangente au sommet, ou à un diamètre quelconque et à la tangente à l'extrémité de ce diamètre.

Mais, avant d'exécuter ces transformations, il sera bon de s'assurer que l'équation proposée représente une courbe; car dans le cas contraire elles seraient généralement sans intérêt.

221. Réduction de l'équation générale dans le cas de l'ellipse et de l'hyperbole. — Pour effectuer cette réduction, on commence par rapporter la courbe à son centre; les termes du premier degré disparaissent et l'équation se réduit à

$$Ax^2 + Bxy + Cy^2 = P, \qquad [3]$$

P ayant une valeur facile à calculer par la règle donnée au n° **161.**

222. Pour faire disparaître ensuite le rectangle xy des variables, on prend habituellement pour nouveaux axes coordonnés les axes mêmes de la courbe.

A cet effet, puisque l'on connaît les coefficients angulaires de ces axes (**214**), on pourrait calculer les angles qu'ils font avec l'axe des x, et y rapporter la courbe par une simple transformation de coordonnées. Mais la méthode suivante, bien que moins directe, est plus simple dans la pratique.

Remarquons que l'on peut toujours supposer les axes coordonnés actuels rectangulaires; car s'ils étaient obliques, on pourrait commencer par rapporter la courbe à des axes rectangulaires, ce qui ne changerait pas la forme de l'équation [3]. Cela posé, substituons dans cette dernière équation, à la place de x et y, les valeurs données par les formules

$$x = x'\cos\alpha - y'\sin\alpha, \quad y = x'\sin\alpha + y'\cos\alpha, \qquad [4]$$

qui servent à passer d'un système d'axes rectangulaires à un autre système d'axes rectangulaires ; il viendra, en supprimant les accents des nouvelles variables :

$$\left. \begin{matrix} A\cos^2\alpha \\ + B\sin\alpha\cos\alpha \\ + C\sin^2\alpha \end{matrix} \right| x^2 \left. \begin{matrix} -2A\sin\alpha\cos\alpha \\ + B\cos^2\alpha \\ - B\sin^2\alpha \\ + 2C\sin\alpha\cos\alpha \end{matrix} \right| xy \left. \begin{matrix} + A\sin^2\alpha \\ - B\sin\alpha\cos\alpha \\ C\cos^2\alpha \end{matrix} \right| y^2 = P \qquad [5]$$

On peut disposer de α de manière à faire disparaître le terme en xy : pour cela il faut poser

$$2C\sin\alpha\cos\alpha + B\cos^2\alpha - B\sin^2\alpha - 2A\sin\alpha\cos\alpha = 0,$$

ou

$$(A - C)\sin 2\alpha - B\cos 2\alpha = 0;$$

d'où

$$\tang 2\alpha = \frac{B}{A - C}$$

A cette tangente correspondent les arcs

$$2\alpha, \quad 2\alpha + \pi, \quad 2\alpha + 2\pi, \quad 2\alpha + 3\pi, \quad \text{etc.},$$

et, en en prenant la moitié, on aura pour α les valeurs

$$\alpha, \quad \alpha + \tfrac{1}{2}\pi, \quad \alpha + \pi, \quad \alpha + \tfrac{3}{2}\pi, \quad \text{etc.},$$

qui ne donneront réellement qu'un seul système d'axes ; mais on pourra prendre l'un ou l'autre pour l'axe des x, et compter, sur chacun d'eux, les coordonnées positives dans un sens ou dans le sens contraire.

Connaissant α, on pourra calculer $\sin\alpha$ et $\cos\alpha$, et substituer ces valeurs dans l'équation [5]. Mais les coefficients de x^2 et de y^2 pourront s'obtenir d'une manière simple. En les nommant M et N, on a en effet

$$M = A\cos^2\alpha + B\sin\alpha\cos\alpha + C\sin^2\alpha,$$

$$N = A\sin^2\alpha - B\sin\alpha\cos\alpha + C\cos^2\alpha.$$

On en tire

$$M + N = A + C$$

et

$$M - N = (A - C)\cos 2\alpha + B\sin 2\alpha. \qquad [6]$$

On a d'ailleurs

$$0 = (A - C)\sin 2\alpha - B\cos 2\alpha. \qquad [7]$$

Ajoutant membre à membre les carrés des deux dernières équations, on obtient

$$(M - N)^2 = (A - C)^2 + B^2, \quad \text{d'où} \quad M - N = \pm \sqrt{(A - C)^2 + B^2}.$$

Si l'on convient de prendre pour 2α le plus petit arc positif qui correspond à la tangente $\dfrac{B}{A - C}$, le radical devra être pris avec le même signe que celui de B. En effet, en éliminant $\cos 2\alpha$ entre les équations [6] et [7], l'équation [6] peut s'écrire ainsi :

$$M - N = \frac{\sin 2\alpha [(A - C)^2 + B^2]}{B}.$$

Or $\sin 2\alpha$ est toujours positif, ainsi que la quantité entre parenthèses ; donc $M - N$ et B sont de même signe.

Connaissant $M + N$ et $M - N$, on en déduira immédiatement M et N ; ces valeurs seront toujours réelles ; la transformation dont il s'agit sera donc toujours possible, et l'équation se trouvera ramenée à la forme

$$Mx^2 + Ny^2 = P, \tag{8}$$

comme nous l'avions annoncé.

Remarque. — Connaissant $\tan 2\alpha = \dfrac{B}{A - C}$, on peut calculer $\tan \alpha$, et on trouve

$$\tan \alpha = \frac{-(A - C) \pm \sqrt{(A - C)^2 + B^2}}{B}.$$

Ces valeurs sont précisément les racines de l'équation [12] du n° **214**, par conséquent les coefficients angulaires des axes de la courbe ; ce qui devait être. L'équation [8] est donc bien celle des ellipses et des hyperboles rapportées à leurs axes.

223. Exemple. — Soit l'équation

$$5x^2 - 2xy + y^2 + 4x - 2y - 5 = 0.$$

On a $B^2 - 4AC = -8$, et $\Delta = +52$. Donc elle représente une ellipse réelle. Les coordonnées du centre sont données par les équations

$$y_1 - x_1 = 1, \qquad -y_1 + 5x_1 = -2.$$

On en tire

$$y_1 = \frac{1}{2} \quad \text{et} \quad x_1 = -\frac{1}{2},$$

et par suite

$$P = 5 + y_1 - 2x_1 = \frac{13}{2}.$$

On a d'ailleurs

$$M + N = 1 + 3 = 4, \quad \text{et} \quad M - N = -\sqrt{(3-1)^2 + (-2)^2} = -2\sqrt{2},$$

d'où

$$M = 2 - \sqrt{2} \quad \text{et} \quad N = 2 + \sqrt{2}.$$

L'équation simplifiée de l'ellipse représentée par l'équation proposée est donc

$$(2 - \sqrt{2})\, x^2 + (2 + \sqrt{2})\, y^2 = \frac{13}{2}.$$

Nous avons, conformément à la règle donnée ci-dessus, pris le radical avec le signe — parce que le coefficient de xy est négatif.

224. La règle qui sert à reconnaître les ellipses et les hyperboles peut être appliquée directement à l'équation [8]. Mais il n'est peut-être pas inutile de faire voir que, non-seulement la quantité $B^2 - 4AC$ n'a pas changé de signe par la transformation qui a été effectuée, comme on devait s'y attendre, mais encore que cette quantité a conservé sa valeur numérique. En effet, on a

$$4MN = (M+N)^2 - (M-N)^2 = (A+C)^2 - (A-C)^2 - B^2 = 4AC - B^2;$$

par conséquent,

$$0 - 4MN = B^2 - 4AC.$$

M et N seront donc de même signe ou de signes contraires, suivant que l'équation proposée représentera une ellipse ou une hyperbole.

225. Équation simplifiée de l'ellipse. — Dans le premier cas, on pourra toujours faire en sorte, en changeant tous les signes au besoin, que M et N soient positifs.

Si P est positif, on pourra poser

$$\frac{M}{P} = \frac{1}{a^2} \quad \text{et} \quad \frac{N}{P} = \frac{1}{b^2},$$

et en divisant l'équation par P, elle prendra la forme

$$\frac{x^2}{a^2} + \frac{y^2}{b^2} = 1.$$ [9]

Dans le cas où l'on aurait $a = b$, cette équation représente-rait un cercle.

Si P est négatif, l'équation [8] n'admettra aucun système de valeurs réelles pour x et y; et elle représentera une ellipse imaginaire.

Si P = 0, l'équation ne sera satisfaite que par $x = 0$ et $y = 0$, et représentera par conséquent un point : l'origine (nouvelle) des coordonnées. On peut dire encore qu'elle représente deux droites imaginaires conjuguées dont le point réel commun est l'origine.

226. Équation simplifiée de l'hyperbole. — Dans le second cas, on pourra toujours faire en sorte que M soit positif. Alors, si P est positif, on pourra poser

$$\frac{M}{P} = \frac{1}{a^2} \quad \text{et} \quad \frac{N}{P} = -\frac{1}{b^2};$$

et, en divisant l'équation [8] par P, et supprimant les accents, on obtiendra

$$\frac{x^2}{a^2} - \frac{y^2}{b^2} = 1.$$ [10]

Pour $x = 0$, on a y imaginaire, et pour $y = 0$, on a $x = \pm a$, ainsi, dans ce cas, l'hyperbole rencontre l'axe des x, mais ne rencontre pas l'axe des y.

Si P est négatif, on pourra poser :

$$\frac{M}{P} = -\frac{1}{a^2} \quad \text{et} \quad \frac{N}{P} = \frac{1}{b^2},$$

et, en divisant l'équation [8] par P, on obtiendra

$$\frac{x^2}{a^2} - \frac{y^2}{b^2} = -1.$$ [11]

Pour $x = 0$, on a $y = \pm b$, et pour $y = 0$, x est imaginaire; ainsi, dans ce cas, l'hyperbole rencontre l'axe des y, mais ne rencontre pas l'axe des x.

Si $P = 0$, on tire de l'équation [8]

$$y = \pm x \sqrt{-\frac{N}{M}}, \qquad [12]$$

valeurs réelles, puisque M et N sont de signe contraire ; l'équation [8] représente donc alors deux droites réelles qui se coupent à l'origine des coordonnées.

227. Réduction dans le cas de la parabole. — La parabole n'ayant pas de centre, on ne peut pas faire disparaître les termes du premier degré, mais on peut faire disparaître le rectangle xy. A cet effet, substituons, dans l'équation générale

$$Ax^2 + Bxy + Cy^2 + Dx + Ey + F = 0,$$

à la place de x et y, les valeurs données par les formules [4]; en supprimant les accents des nouvelles variables et en employant les mêmes notations qu'au n° **222**, cette équation deviendra

$$Mx^2 + Ny^2 + (E \sin \alpha + D \cos \alpha)x + (E \cos \alpha - D \sin \alpha)y + F = 0, \; [13]$$

et nous aurons, comme plus haut,

$$M + N = A + C, \quad M - N = \pm \sqrt{(A - C)^2 + B^2}$$

et

$$\tan 2\alpha = \frac{B}{A - C}.$$

Mais dans le cas de la parabole on a $B^2 - 4AC = 0$, d'où $B^2 = 4AC$, et par suite,

$$M - N = \pm \sqrt{(A - C)^2 + 4AC} = \pm (A + C);$$

d'ailleurs

$$M + N = A + C;$$

donc l'un des coefficients M ou N doit être nul, et l'autre égal à $A + C$. Ainsi, dans le cas de la parabole, l'un des carrés disparaît en même temps que le rectangle des variables, ce qu'on pouvait prévoir : car, puisque $B^2 - 4AC = 0$, si $B = 0$, il faut que l'on ait en même temps $A = 0$ ou $C = 0$.

Supposons $B > 0$, auquel cas il faut prendre le signe $+$ devant le radical ; on a $N = 0$ et $M = A + C$. Si nous posons

$$E \sin \alpha + D \cos \alpha = D', \quad \text{et} \quad E \cos \alpha - D \sin \alpha = E',$$

l'équation [13] se réduira à

$$My^2 + D'x + E'y + F = 0. \qquad [14]$$

Celle-ci pourra représenter toutes les paraboles dont les axes sont parallèles au nouvel axe des x.

Remarquons qu'on ne peut avoir $D' = 0$; car l'équation proposée représenterait alors deux droites. Le coefficient M ne saurait être nul non plus, car l'équation cesserait alors d'être du second degré.

228. Si nous transportons maintenant l'origine en un point indéterminé (x_1, y_1), en remplaçant dans l'équation [14] x par $x + x_1$ et y par $y + y_1$, il viendra

$$My^2 + 2My_1 \left| \begin{matrix} y + D'x + My_1^2 \\ \quad\ \ + D'x_1 \\ \quad\ \ + E'y_1 \\ \quad\ \ + F \end{matrix} \right\} = 0,$$

et si l'on prend pour x_1 et y_1 les racines des équations

$$2My_1 + E' = 0, \quad My_1^2 + D'x_1 + E'y_1 + F = 0,$$

d'où

$$y_1 = -\frac{E'}{2M}, \qquad x_1 = \frac{E'^2 - 4MF}{4MD'},$$

on fera disparaître le terme en y et le terme indépendant ; et l'équation [14] se réduira à la forme

$$My^2 + D'x = 0,$$

comme nous l'avions annoncé. Puisque ni M ni D' ne peuvent être nuls, les valeurs de x et de y sont toujours finies et déterminées. Cette réduction est donc toujours possible et ne l'est que d'une seule manière, les axes étant rectangulaires. Si l'on pose $\frac{D'}{M} = -2p$, on en tirera enfin

$$y^2 = 2px,$$

équation qui représente la parabole rapportée à son axe et à la tangente au sommet. Il est bon de remarquer que la quantité $2p$ qu'on nomme le *paramètre* de la parabole, est indépendant du terme constant F.

229. EXEMPLE. — Soit l'équation

$$x^2 - 2xy + y^2 + x - 2y + 3 = 0.$$

On trouve

$$B^2 - 4AC = 0 \quad \text{et} \quad \Delta = 1.$$

Donc elle représente une parabole proprement dite.

On a successivement

$$\text{tang } 2\alpha = \frac{2}{0}, \; 2\alpha = 90°, \; \alpha = 45°, \; \sin\alpha = \cos\alpha = \frac{\sqrt{2}}{2}; \; \text{et, à cause de } B < 0,$$

$$M = 2, \; N = 0, \; D' = -2\frac{\sqrt{2}}{2} + \frac{\sqrt{2}}{2} = -\frac{\sqrt{2}}{2}. \text{ L'équation simplifiée est donc}$$

$$2y^2 - \frac{\sqrt{2}}{2}x = 0 \quad \text{ou} \quad y^2 = \frac{\sqrt{2}}{4}x.$$

230. Remarques sur des équations de forme particulière. — 1. Quand une équation du second degré se présente sous la forme

$$au^2 + bv^2 = c, \tag{1}$$

a, b, c désignant des constantes, u et v des fonctions linéaires par rapport à x et y, on peut, à l'aide des considérations suivantes, reconnaître, sans aucun calcul, le genre et l'espèce de courbe qu'elle représente.

231. Supposons d'abord que les droites $u = 0$ et $v = 0$ se coupent et qu'on les prenne pour axes nouveaux de coordonnées; leurs équations par rapport à ces nouveaux axes étant alors $x' = 0$ et $y' = 0$, les fonctions u et v prendront des valeurs de la forme mx' et ny', m et n désignant deux facteurs constants, et l'équation [1] deviendra

$$am^2 x'^2 + bn^2 y'^2 = c.$$

Or cette dernière équation représente une ellipse ou une variété de l'ellipse, une hyperbole ou une variété de l'hyperbole, rapportée à un système de diamètres conjugués, selon que a et b sont de même signe ou de signe contraire (**222**). Donc l'équation [1], dans les mêmes hypothèses, représente une ellipse ou une hyperbole ayant les droites $u=0, v=0$ pour diamètres conjugués et leur intersection pour centre.

Lorsque les droites $u=0$ et $v=0$ sont parallèles, on ne peut pas les prendre pour axes; mais alors les coefficients des variables devant être proportionnels dans les équations de ces droites (**80**), les fonctions u et v seraient de la forme $Ax+By+C$, $Akx+Bky+C_1$ et l'équation [1] serait une équation du second degré par rapport à la fonction $Ax+By$, et représenterait deux droites (réelles ou imaginaires) parallèles à la direction $Ax+By=0$.

232. II. On voit à l'aide des mêmes considérations qu'une équation du second degré de la forme

$$uv=k \qquad\qquad [2]$$

représente une hyperbole ayant pour asymptotes (**193**, II) les deux droites $u=0$ et $v=0$, ou, si ces droites ne se coupent pas, deux parallèles (réelles ou imaginaires).

L'équation [2] pouvant se mettre sous la forme

$$\left(\frac{u+v}{2}\right)^2 - \left(\frac{u-v}{2}\right)^2 = k,$$

il en résulte que lorsqu'elle représente une hyperbole proprement dite, les droites $u+v=0$, $u-v=0$, sont deux diamètres conjugués, et leur intersection est le centre de cette hyperbole.

233. III. Enfin, on voit de même que toute équation du second degré de la forme

$$au^2+bv=0 \qquad\qquad [3]$$

représente une parabole, ou deux droites parallèles (réelles ou imaginaires), selon que les droites $u=0$, $v=0$ se coupent ou sont parallèles. Dans le premier cas $u=0$ représente un diamètre de la parabole et $v=0$ la tangente à l'extrémité de ce diamètre. Ce diamètre serait l'axe même de la parabole, si les droites $u=0$, $v=0$ étaient perpendiculaires l'une à l'autre.

234. IV. On peut arriver aux mêmes résultats par une autre méthode qu'il est bon de connaître, quoiqu'elle soit moins simple que la précédente. Si l'on coupe la courbe représentée par l'équation [1] par une parallèle $u = h$ à la droite $u = 0$, on trouve pour v deux valeurs égales et de signe contraire. Il en résulte que les cordes de la courbe parallèles à la droite $u = 0$ sont divisées en deux parties égales par la droite $v = 0$; et réciproquement. Donc les droites $u = 0$ et $v = 0$ sont deux diamètres conjugués de cette courbe, laquelle dès lors ne peut être qu'une ellipse ou une hyperbole, et leur intersection en est le centre.

Quand ces deux diamètres conjugués sont tous deux réels, l'équation [1] représente une ellipse ou une variété de l'ellipse, et quand l'un est réel et l'autre imaginaire, elle représente une hyperbole ou une variété de l'hyperbole.

On discuterait d'une manière analogue les équations [2] et [3].

235. Il peut être utile, dans certains cas, d'opérer la transformation de coordonnées indiquée ci-dessus, et voici alors la marche à suivre.

Soient x et y les coordonnées d'un point M rapporté aux anciens axes supposés rectangulaires, pour plus de simplicité. Soient $Ax + By + C = 0$, $A'x + B'y + C' = 0$ les équations des nouveaux axes, V l'angle qu'ils font entre eux, x' et y' les nouvelles coordonnées du point M, et p et p' ses distances aux nouveaux axes. On a $p = y'\sin V$ et $q = x'\sin V$, ou, en remplaçant p et q par leurs valeurs (**95**),

$$\frac{Ax + By + C}{\sqrt{A^2 + B^2}} = y'\sin V, \quad \text{et} \quad \frac{A'x + B'y + C'}{\sqrt{A'^2 + B'^2}} = x'\sin V.$$

De ces deux relations on déduit les valeurs des fonctions $Ax + By + C$, $A'x + B'y + C'$, ou seulement celles de x et de y, et, en les substituant dans l'équation proposée, on a l'équation de la courbe rapportée aux nouveaux axes.

236. Application. — *Étant donnée l'équation générale d'une parabole, trouver son axe et la grandeur de son paramètre.*

L'équation générale de la parabole peut être écrite sous la forme

$$(ax + by)^2 + mx + ny + h = 0, \qquad [1]$$

puisque, à cause de $B^2 - 4AC = 0$, les termes du second degré forment un carré parfait; et il résulte de ce qui précède que la droite $ax + by = 0$ est un diamètre de la courbe et que la droite $mx + ny + h = 0$ est la tangente à l'extrémité de ce diamètre. L'équation [1] peut s'écrire

$$(ax + by + \lambda)^2 + (m - 2a\lambda)x + (n - 2b\lambda)y + h - \lambda^2 = 0, \qquad [2]$$

λ désignant un paramètre arbitraire. On peut disposer de ce paramètre de manière que les équations

$$ax + by + \lambda = 0 \quad \text{et} \quad (m - 2a\lambda)x + (n - 2b\lambda)y + h - \lambda^2 = 0 \qquad [3]$$

représentent, la première un diamètre quelconque de la parabole, et la seconde la tangente à l'extrémité de ce diamètre. Pour avoir l'équation de l'axe de la courbe, il faut déterminer λ de manière que ces deux droites soient perpendiculaires entre elles, ce qui donne la relation (**94**)

$$(m - 2a\lambda)a + (n - 2b\lambda)b = 0, \qquad\qquad [4]$$

en supposant les anciens axes rectangulaires. Si dans les équations [3] on remplace λ par sa valeur tirée de cette relation, on obtiendra les équations de l'axe de la parabole et de la tangente au sommet.

Pour calculer le paramètre $2p$ de la parabole, remarquons que l'équation de cette courbe rapportée à son axe et à la tangente au sommet est de la forme (**228**)

$$Y^2 = 2pX, \quad \text{d'où} \quad 2p = \frac{Y^2}{X},$$

et puisque les anciens axes sont rectangulaires, X et Y sont les distances d'un point (x, y) de la courbe aux nouveaux axes. Donc, en remplaçant X et Y par ces distances (**95**), on a, abstraction faite des signes,

$$2p = \frac{\dfrac{(ax + by + \lambda)^2}{a^2 + b^2}}{\dfrac{(m - 2a\lambda)x + (n - 2b\lambda)y + h - \lambda^2}{\sqrt{(m - 2a\lambda)^2 + (n - 2b\lambda)^2}}},$$

et, en ayant égard à l'équation [2],

$$2p = \frac{\sqrt{(m - 2a\lambda)^2 + (n - 2b\lambda)^2}}{a^2 + b^2}.$$

Remplaçant λ par sa valeur tirée de [4], on trouve, toutes réductions faites,

$$2p = \pm\, \frac{an - bm}{(a^2 + b^2)^{\frac{3}{2}}}.$$

On doit mettre $\pm$, et choisir le signe de manière à avoir un résultat positif. On peut remarquer que ce paramètre est indépendant du terme constant h de l'équation de la courbe.

237. Invariants des courbes du second degré. — On a vu, au n° **224**, que lorsqu'on passe d'un système d'axes rectangulaires à un autre système d'axes rectangulaires, on a

$$M + N = A + C \quad \text{et} \quad 0 - 4MN = B^2 - 4AC,$$

ce qui revient à dire que les fonctions $A + C$ et $B^2 - 4AC$ des coefficients des termes du second degré demeurent constantes. A cause de cette propriété, ces fonctions ont reçu le nom d'*invariants*.

Il existe également des invariants quand on passe d'un système d'axes obliques à un autre système d'axes obliques. Pour les obtenir, soit

$$Ax^2 + Bxy + Cy^2 = P \qquad\qquad [1]$$

l'équation d'une courbe du second degré rapportée à des axes obliques faisant entre eux l'angle θ. Conservons le même axe des x, mais prenons pour axe des y la perpendiculaire à l'axe des x menée par l'origine. Les formules de transformation qui conviennent à ce cas sont (**64**)

$$x = \frac{x_1 \sin\theta - y_1 \cos\theta}{\sin\theta} \quad \text{et} \quad y = \frac{y_1}{\sin\theta}.$$

Soit

$$A_1 x_1^2 + B_1 x_1 y_1 + C_1 y_1^2 = P \tag{2}$$

l'équation transformée; on trouvera

$$A_1 = \frac{A \sin^2\theta}{\sin^2\theta}, \quad B_1 = \frac{B \sin\theta - 2A \sin\theta\cos\theta}{\sin^2\theta}, \quad C_1 = \frac{A \cos^2\theta - B\cos\theta + C}{\sin^2\theta};$$

et l'on en tire

$$A_1 + C_1 = \frac{A - B\cos\theta + C}{\sin^2\theta} \quad \text{et} \quad B_1^2 - 4A_1 C_1 = \frac{B^2 - 4AC}{\sin^2\theta}. \tag{3}$$

Supposons maintenant qu'en conservant la même origine on ait rapporté la courbe à deux axes obliques faisant entre eux l'angle θ'; son équation sera de la forme

$$A'x^2 + B'xy + C'y^2 = P';$$

et si l'on opère la même transformation que ci-dessus, en faisant varier seulement l'axe des y pour le placer perpendiculairement à l'axe des x, en appelant A_2, B_2, C_2 les coefficients des termes du second degré dans l'équation transformée, on arrivera comme plus haut aux relations

$$A_2 + C_2 = \frac{A' - B'\cos\theta' + C'}{\sin^2\theta'} \quad \text{et} \quad B_2^2 - 4A_2 C_2 = \frac{B'^2 - 4A'C'}{\sin^2\theta'}.$$

Or, les coefficients A_1, B_1, C_1, et A_2, B_2, C_2 se rapportant à deux systèmes d'axes rectangulaires, on a vu que l'on avait

$$A_2 + C_2 = A_1 + C_1 \quad \text{et} \quad B_2^2 - 4A_2 C_2 = B_1^2 - 4A_1 C_1,$$

donc on a aussi

$$\frac{A' - B'\cos\theta' + C'}{\sin^2\theta'} = \frac{A - B\cos\theta + C}{\sin^2\theta} \quad \text{et} \quad \frac{B'^2 - 4A'C'}{\sin^2\theta'} = \frac{B^2 - 4AC}{\sin^2\theta}.$$

Les invariants cherchés sont donc, d'une manière générale,

$$\frac{A - B\cos\theta + C}{\sin^2\theta} \quad \text{et} \quad \frac{B^2 - 4AC}{\sin^2\theta}.$$

La considération des invariants peut être utile dans diverses questions

§ 4. — TANGENTES, PÔLES ET POLAIRES DANS LES COURBES DU SECOND DEGRÉ.

238. On a vu (**142**) que si l'on rend homogène l'équation $f(x, y) = 0$ d'une courbe algébrique, en y remplaçant x et y par $\frac{x}{z}$ et $\frac{y}{z}$, l'équation de la tangente à cette courbe au point (x, y) peut être mise sous la forme

$$X f'_x + Y f'_y + Z f'_z = 0, \qquad [1]$$

dans laquelle, après les calculs indiqués, il faut supposer qu'on ait remplacé Z et z par l'unité.

Dans les courbes du second degré, dont l'équation générale, rendue homogène, est

$$A x^2 + B xy + C y^2 + D xz + E yz + F z^2 = 0,$$

on a

$$f'_x = 2Ax + By + Dz, \quad f'_y = Bx + 2Cy + Ez, \quad f'_z = Dx + Ey + 2Fz;$$

l'équation de la tangente au point x, y est donc

$$X(2Ax + By + Dz) + Y(Bx + 2Cy + Ez) + Z(Dx + Ey + 2Fz) = 0. \quad [2]$$

En faisant $Z = 1$ et $z = 1$, on l'écrit ordinairement sous la forme

$$X f'_x + Y f'_y + Dx + Ey + 2F = 0. \qquad [3]$$

On peut remarquer, en mettant x, y, z en facteurs dans l'équation [2], qu'elle est symétrique par rapport à X, Y, Z et à x, y, z; en sorte que l'on peut encore l'écrire

$$x f'_X + y f'_Y + z f'_Z = 0. \qquad [4]$$

239. Problème. — *Mener une tangente à une courbe du second degré par un point* P *de son plan, dont les coordonnées sont* α *et* β.

Les inconnues de ce problème sont les coordonnées x et y du point de contact. Or on a deux relations pour les déterminer : l'équation [2] de la tangente au point x, y devant être satisfaite par les coordonnées du point P, on a d'abord

$$\alpha(2Ax + By + D) + \beta(Bx + 2Cy + E) + Dx + Ey + 2F = 0; \quad [5]$$

on a ensuite, puisque le point de contact est sur la courbe,

$$Ax^2 + Bxy + Cy^2 + Dx + Ey + F = 0, \qquad [6]$$

et le problème se trouve ramené à chercher les solutions communes aux équations [5] et [6]. L'une de ces équations étant du premier degré et l'autre du second, il ne peut y avoir que deux solutions au plus ; par conséquent, *par un point donné dans le plan d'une courbe du second degré, on ne peut lui mener que deux tangentes*. Nous ferons voir, en étudiant séparément chacun des trois genres de courbes du second degré, que l'on peut, par un point donné P, mener à la courbe deux tangentes si P est extérieur, une seule s'il est sur la courbe même, aucune s'il est intérieur.

240. Corde des contacts. — Si dans l'équation [5] ci-dessus on considère x et y comme des coordonnées courantes, elle représente une droite. Les solutions communes aux deux équations [5] et [6] sont donc les coordonnées des points où cette droite rencontre la courbe. C'est-à-dire que la droite [5] passe par les points de contact des tangentes issues du point P ; pour cette raison on la nomme *corde des contacts*. On peut donc résoudre graphiquement le problème du numéro précédent en traçant cette corde, et déterminant les points où elle coupe la courbe proposée.

On peut remarquer que la corde des contacts reste réelle lors même que les tangentes issues du point P sont imaginaires, parce que les coordonnées des points de contact sont alors imaginaires conjuguées (**84**).

241. Pôles et polaires. — Lorsque, par un point P pris dans le plan d'une courbe du second degré, on lui mène deux tangentes, la corde des contacts, laquelle est toujours réelle, comme on l'a vu (**240**), prend le nom de *polaire* par rapport au point P, qui prend le nom de *pôle*. Ces dénominations tiennent à des propriétés analogues à celles qui ont été démontrées pour le cercle (**128** et suivants) et que nous allons établir.

Remarquons d'abord que, α et β étant les coordonnées du pôle, l'équation de la polaire est

$$\alpha f'_x + \beta f'_y + Dx + Ey + 2F = 0. \qquad [7]$$

Cette équation étant symétrique par rapport à α, β et à x, y, on peut l'écrire

$$x f'_\alpha + y f'_\beta + D\alpha + E\beta + 2F = 0. \qquad [8]$$

Si le pôle P est sur la courbe, l'équation [8] revient à l'équation [3], c'est-à-dire que la polaire n'est autre chose que la tangente au point P.

Si la courbe a un centre, et que le pôle P soit en ce point, comme on a alors (**206**)

$$f'_\alpha = 0 \quad \text{et} \quad f'_\beta = 0,$$

l'équation [8] se réduit à $D\alpha + E\beta + 2F = 0$, relation indépendante des coordonnées courantes x et y, c'est-à-dire que la polaire est alors *rejetée à l'infini*.

242. On a vu au numéro précédent comment, étant données les coordonnées du pôle, on obtient l'équation de la polaire. On peut, au contraire, se donner arbitrairement l'équation

$$y = mx + n \qquad [9]$$

de la polaire, et en déduire les coordonnées du pôle. En effet, les équations [8] et [9] devant alors être identiques, leurs coefficients doivent être proportionnels, ce qui donne

$$\frac{f'_\beta}{1} = \frac{f'_\alpha}{-m} = \frac{D\alpha + E\beta + 2F}{-n},$$

ou

$$f'_\alpha + m f'_\beta = 0, \quad \text{et} \quad n f'_\beta + D\alpha + E\beta + 2F = 0,$$

équations du premier degré qui détermineront α et β.

La première de ces deux relations exprime que les coordonnées α et β vérifient l'équation $f'_x + m f'_y = 0$ du diamètre dont la direction est conjuguée à celle de la droite $y = mx + n$. Par conséquent *le pôle d'une droite est sur le diamètre conjugué à la direction de cette droite.*

243. Théorème I. — *Si le pôle P se déplace et décrit une droite D, la polaire du point P passe constamment par un point fixe qui est le pôle de la droite D.*

Soit $y = mx + n$ l'équation de la droite décrite par le point P (α, β) ; la polaire du point P aura pour équation

$$\alpha f'_x + \beta f'_y + Dx + Ey + 2F = 0 ; \qquad [10]$$

mais les quantités α et β vérifieront l'équation

$$\beta = m\alpha + n.$$

Les coefficients de l'équation [10] sont donc liés par une relation linéaire, la droite [10] passe donc par un point fixe (**92**). Pour obtenir ses coordonnées, remplaçons dans [10] l'ordonnée β par sa valeur $m\alpha + n$, il viendra

$$\alpha (f'_x + m f'_y) + n f'_y + Dx + Ey + 2F = 0,$$

équation qui, devant avoir lieu quel que soit α, se partage en deux autres

$$f'_x + mf'_y = 0 \quad \text{et} \quad nf'_y + Dx + Ey + 2F = 0.$$

Ces équations ne diffèrent des équations (9) qu'en ce que α et β y sont remplacés par x et y; le point fixe cherché n'est donc autre chose que le pôle de a droite $y = mx + n$.

244. Théorème II. — *Si la polaire se déplace en passant constamment par un point fixe, le pôle décrit une droite, qui est la polaire de ce point fixe.*

Soit x_1 et y_1 les coordonnées du point fixe. La polaire du point P devant passer par ce point, ses coordonnées x_1 et y_1 doivent satisfaire à l'équation (7) de la polaire du point P. On doit donc avoir

$$\alpha f'x_1 + \beta f'y_1 + Dx_1 + Ey_1 + 2F = 0,$$

équation qui n'est autre chose que celle de la polaire du point fixe x_1, y_1.

Corollaire. — *La droite qui joint les pôles de deux droites est la polaire de leur point d'intersection;* car le pôle de cette ligne de jonction doit se trouver à la fois sur les deux droites données.

245 Théorème. — *La polaire d'un point situé dans le plan d'une courbe du second degré est le lieu du conjugué harmonique du pôle par rapport aux intersections de la courbe avec une sécante quelconque menée par ce pôle.*

Prenons pour origine O le point donné; l'équation de la courbe, en coordonnées rectangulaires, sera

$$Ax^2 + Bxy + Cy^2 + Dx + Ey + F = 0. \tag{1}$$

Soit α l'angle qu'une sécante quelconque menée par l'origine fait avec l'axe des x; et désignons par ρ la distance de l'origine à l'un des points où la sécante rencontre la courbe; nous aurons

$$x = \rho \cos \alpha \quad \text{et} \quad y = \rho \sin \alpha, \tag{2}$$

et, en substituant dans (1),

$$(C \sin^2 \alpha + B \sin \alpha \cos \alpha + A \cos^2 \alpha) \rho^2 + (E \sin \alpha + D \cos \alpha)\rho + F = 0, \tag{3}$$

équation dont les racines ρ' et ρ'' sont les distances du pôle aux points M' et M'' de rencontre de la sécante avec la courbe.

Désignons par z la distance de l'origine au conjugué harmonique O' de ce point par rapport aux deux points de rencontre; on devra avoir (**100**)

$$\frac{2}{z} = \frac{1}{\rho'} + \frac{1}{\rho''},$$

d'où

$$\frac{\rho' + \rho''}{\rho'\rho''} = \frac{2}{z},$$

ou, en mettant pour $\rho' + \rho''$ et pour $\rho'\rho''$ leurs valeurs tirées de (3),

$$-\frac{E \sin \alpha + D \cos \alpha}{F} = \frac{2}{z}, \quad \text{ou} \quad Ez \sin \alpha + Dz \cos \alpha + 2F = 0. \tag{4}$$

Mais si X et Y sont les coordonnées du point O′, on a, puisqu'il est sur la sécante considérée, à la distance z de l'origine,

$$X = z \cos \alpha \quad \text{et} \quad Y = z \sin \alpha ;$$

par conséquent, l'équation (4) peut s'écrire

$$DX + EY + 2F = 0. \tag{5}$$

Or cette équation n'est autre chose que l'équation (7) du n° **241**, dans laquelle on a fait $\alpha = 0$ et $\varepsilon = 0$; c'est-à-dire que c'est l'équation de la polaire de l'origine. Le lieu du point O′ conjugué du point O est donc la polaire de ce point ; ce qu'il fallait démontrer.

§ 5. — FOYERS ET DIRECTRICES.

246. *Toute courbe du second degré peut être considérée comme le lieu des points dont les distances à un point fixe et à une droite fixe sont dans un rapport constant.*

Pour le faire voir, il faut montrer que le lieu dont il s'agit est une courbe du second degré dont l'équation peut toujours être identifiée avec une équation donnée du second degré à deux variables. Soient donc d'abord α et β les coordonnées du point fixe,

$$x \cos \theta + y \sin \theta - p = 0$$

l'équation de la droite fixe, et k le rapport constant des deux distances. On aura par la définition même (**10** et **96**), les coordonnées étant supposées rectangulaires,

$$\sqrt{(x - \alpha)^2 + (y - \beta)^2} = \pm k (x \cos \theta + y \sin \theta - p) \tag{a}$$

ou

$$(x - \alpha)^2 + (y - \beta)^2 - k^2 (x \cos \theta + y \sin \theta - p)^2 = 0, \tag{b}$$

équation qui est bien du second degré.

Pour l'identifier avec une équation du second degré donnée

$$Ax^2 + Bxy + Cy^2 + Dx + Ey + F = 0, \tag{c}$$

on égalera les coefficients des termes semblables après avoir multiplié le premier membre de l'une d'elles, de la seconde par exemple, par un coefficient indéterminé λ. On obtient ainsi les six relations

$$[1] \qquad 1 - k^2 \cos^2\theta = \lambda A, \quad -2\alpha + 2k^2 p \cos\theta = \lambda D, \qquad [4]$$

$$[2] \qquad -2k^2 \sin\theta \cos\theta = \lambda B, \quad -2\beta + 2k^2 p \sin\theta = \lambda E, \qquad [5]$$

$$[3] \qquad 1 - k^2 \sin^2\theta = \lambda C, \quad \alpha^2 + \beta^2 - k^2 p^2 = \lambda F, \qquad [6]$$

qui serviront à déterminer les six inconnues α, β, k, θ, p et λ.

Les trois premières ne contiennent que les trois inconnues λ, θ et k. En ajoutant les relations [1] et [3], on trouve

$$2 - k^2 = \lambda(A + C). \qquad [7]$$

En les retranchant, au contraire, membre à membre, on en tire $\cos 2\theta$ en fonction de λ et de k^2; or la relation [2] donne de même $\sin 2\theta$; on en éliminera donc aisément 2θ; il en résulte une relation entre λ et k^2; éliminant k^2 on aura λ. Par suite, la relation [7] donnera k^2, et la relation [2] donnera 2θ; d'où θ.

Les équations [4], [5], [6] ne contiendront plus alors que les trois inconnues α, β et p. On élimine aisément α et β en substituant dans [6] leurs valeurs tirées de [4] et [5], et l'on obtient ainsi l'inconnue p; [4] donne alors α, et [5] donne β.

Si, par exemple, on opère ainsi sur l'équation

$$x^2 - 2xy + y^2 - 2x - 2y + 1 = 0,$$

on trouvera successivement

$$\lambda = \tfrac{1}{2}, \quad \theta = 45°, \quad k^2 = 1, \quad \alpha = 1, \quad \beta = 1, \quad p = 0.$$

Le point fixe (α, β) porte le nom de *foyer*; la droite fixe $x \cos\theta + y \sin\theta - p = 0$ porte le nom de *directrice*; le rapport constant k s'appelle l'*excentricité*, lorsqu'il est différent de 1; enfin l'équation [b] se nomme l'*équation focale* de la courbe. Toute droite joignant un point de la courbe au foyer prend le nom de *rayon vecteur*.

247. L'invariant $B^2 - 4AC$ a pour valeur dans l'équation focale

$$4(k^2 - 1).$$

La courbe appartiendra donc au genre ellipse, au genre hyperbole, ou au genre parabole, selon que l'on aura

$$k < 1, \quad k > 1 \quad \text{ou} \quad k = 1.$$

Dans les deux premiers cas on obtient deux foyers, à chacun

desquels correspond une directrice. Dans le cas de la parabole il n'y a qu'une directrice et qu'un foyer. Nous reviendrons sur ce sujet en étudiant séparément les trois genres de courbes.

248. On voit, par l'équation focale [a], que la *distance d'un point quelconque de la courbe au foyer* est exprimée par une *fonction rationnelle et linéaire des coordonnées de ce point.* Cette propriété remarquable, indépendante du choix des axes (**66,** I), peut être prise pour définition. Dans ce cas, voici la marche à suivre pour déterminer les foyers.

Soient α et β les coordonnées de l'un d'eux, et $mx + ny + h$ la fonction rationnelle et linéaire des coordonnées d'un point quelconque de la courbe qui exprime la distance de ce point au foyer. On aura par définition

ou

$$\sqrt{(x-\alpha)^2 + (y-\beta)^2} = (mx + ny + h)$$

$$(x-\alpha)^2 + (y-\beta)^2 = (mx + ny + h)^2. \qquad [8]$$

Cette équation, devant avoir lieu pour un point quelconque de la courbe, *devra être identique* à l'équation donnée de la courbe ; et, en les identifiant, on obtiendra les coordonnées α et β du foyer.

Cette équation [8] peut être mise sous la forme [b] ; il suffit pour cela de poser

d'où

$$m = k\cos\theta, \quad n = k\sin\theta \quad \text{et} \quad h = -kp ;$$

$$\tan\theta = \frac{n}{m}, \quad k^2 = m^2 + n^2 \quad \text{et} \quad p = \frac{-h}{\sqrt{m^2 + n^2}}.$$

REMARQUES. — I. *L'existence d'un foyer entraîne l'existence d'une directrice,* car l'équation focale, pouvant toujours être ramenée à la forme [b] ou [8], exprime qu'en même temps qu'il y a un foyer (α, β), il y a aussi une directrice

$$x\cos\theta + y\sin\theta - p = 0 \quad \text{ou} \quad mx + ny + h = 0 ;$$

et que les distances d'un point quelconque de la courbe à ce foyer et à cette directrice sont dans un rapport constant, exprimé par

$$k \quad \text{ou} \quad \sqrt{m^2 + n^2}.$$

II. Il résulte de la Rem. I que l'équation de la directrice qui correspond à un foyer, s'obtient en *égalant à zéro l'expression linéaire des rayons vecteurs issus de ce foyer.*

III. Une courbe qui a un foyer est évidemment symétrique

par rapport à la perpendiculaire abaissée de ce foyer sur la directrice correspondante. Donc les foyers ne peuvent être que *sur les axes de la courbe.*

249. L'équation focale est souvent utile dans la résolution des problèmes. On pourra s'assurer que l'équation de la tangente, au point (x, y), peut alors s'écrire sous la forme

$$(x-\alpha)(X-\alpha)+(y-\beta)(Y-\beta)-k^2(x\cos\theta+y\sin\theta-p)(X\cos\theta+Y\sin\theta-p)=0.$$

THÉORÈME. — *Si par un point* P (fig. 90), *pris sur la directrice* DD' *d'une courbe du second degré, on mène une sécante quelconque* PMM', *et qu'on joigne les points* M, M' *et* P *au foyer correspondant* F, *la droite* PF *sera la bissectrice de l'angle* MFN *formé par l'un des rayons vecteurs* MF *et le prolongement de l'autre* M'F.

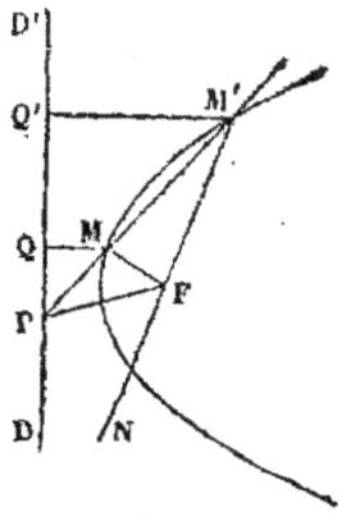

Abaissons, en effet, des points M et M' sur la directrice, les perpendiculaires MQ et M'Q'; nous aurons, par la définition même de la directrice et du foyer,

$$\frac{MQ}{MF}=\frac{M'Q'}{M'F} \quad \text{ou} \quad \frac{MQ}{M'Q'}=\frac{MF}{M'F}.$$

Fig. 90.

Mais la similitude des triangles PQM et PQ'M' donne

$$\frac{MQ}{M'Q'}=\frac{MP}{M'P}.$$

Il en résulte

$$\frac{MP}{M'P}=\frac{MF}{M'F}.$$

Le point P est donc sur la bissectrice de l'angle extérieur MFN du triangle MFM'.

COROLLAIRE. — Si le point M' se rapproche indéfiniment du point M, l'angle MFN approche indéfiniment de deux angles droits; ainsi lorsque M' se confond avec M, auquel cas la sécante devient tangente, la droite PF est perpendiculaire au rayon vecteur MF du point de contact. On peut donc dire que : *Si l'on joint un foyer au point de rencontre d'une tangente quelconque avec la directrice correspondante, la ligne de jonction est perpendiculaire au rayon vecteur du point de contact.*

CHAPITRE VII

PROPRIÉTÉS PRINCIPALES DE L'ELLIPSE

§ 1. — AXES, ORDONNÉES, FOYERS ET DIRECTRICES.

250. Axes. — On a vu, au n° **225**, que l'équation de l'ellipse, *rapportée à son centre et à ses axes*, est de la forme

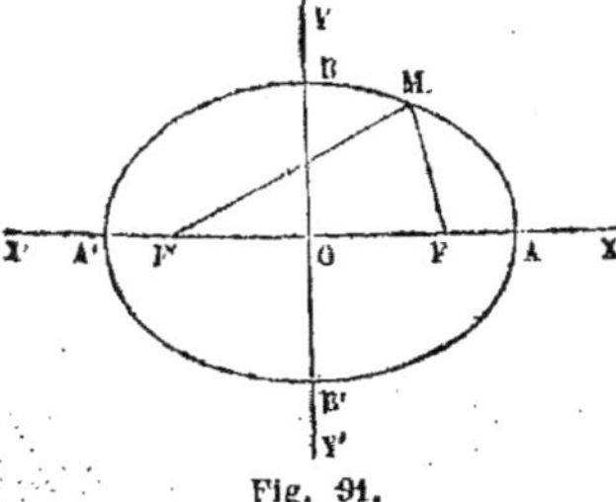

Fig. 91.

$$\frac{x^2}{a^2} + \frac{y^2}{b^2} = 1. \qquad [1]$$

Pour $y = 0$ on a $x = \pm\, a$, et pour $x = 0$ on a $y = \pm\, b$. Ces valeurs déterminent les points A et A', B et B' (fig. 91) où la courbe coupe les axes, c'est-à-dire ses *sommets*.

On tire de l'équation [1]

$$y = \pm\, \frac{b}{a}\sqrt{a^2 - x^2}. \qquad [2]$$

Si l'on fait croître x depuis 0 jusqu'à a, on voit que la valeur de y décroît depuis b jusqu'à 0, ce qui donne l'arc AMB. Dans le même intervalle, la dérivée de l'ordonnée $y' = -\dfrac{b^2 x}{a^2 y}$ décroît algébriquement ; donc l'arc AMB tourne sa concavité vers les y négatifs (**152**) ; et comme la courbe se compose de quatre parties superposables, à cause de sa symétrie par rapport aux axes, elle est tout entière concave vers le centre, et a la forme indiquée par la figure.

Les distances a et b de l'origine aux points où la courbe rencontre ses axes sont ce que l'on appelle *les longueurs des demi-*

axes de la courbe. Les axes entiers ont pour longueur $2a$ et $2b$.

Les demi-axes a et b étant inégaux, puisque autrement la courbe serait un cercle (**13**), nous supposerons a le plus grand; la distance AA′ sera alors le *grand axe* de l'ellipse; BB′ en sera le *petit axe*.

REMARQUE. — Dans une courbe *à centre*, on nomme *rayon* toute droite qui joint le centre à un point de la courbe. Le plus grand rayon de l'ellipse est a, et le plus petit b, ainsi qu'il est facile de le démontrer.

251. On peut calculer les coordonnées d'autant de points de la courbe qu'on voudra, sans avoir aucune racine à extraire.

Pour cela, il suffit de poser

$$x = \pm a \cdot \frac{1 - t^2}{1 + t^2} \quad \text{et} \quad y = \pm b \cdot \frac{2t}{1 + t^2},$$

formules qui vérifient l'équation [1] indépendamment de t.

En y faisant croître t de 0 à 1, x variera de a à 0 et y de 0 à b.

Dans le cas où l'ellipse serait un cercle de rayon r, les formules seraient

$$x = \pm r \frac{1 - t^2}{1 + t^2} \quad \text{et} \quad y = \pm r \frac{2t}{1 + t^2}.$$

252. On a vu (**219**) que l'équation de l'ellipse *rapportée à un système de diamètres conjugués est de même forme que l'équation de l'ellipse rapportée à ses axes*. Il en résu'te que l'équation d'une ellipse rapportée à deux diamètres conjugués dont les longueurs sont $2a'$ et $2b'$, est

$$\frac{x^2}{a'^2} + \frac{y^2}{b'^2} = 1.$$

Dans ce qui suit, nous supposerons toujours l'ellipse rapportée à ses axes, à moins de prévenir du contraire.

253. Ordonnées. THÉORÈME. — *Les ordonnées perpendiculaires au grand axe sont aux ordonnées correspondantes du cercle décrit sur cet axe comme diamètre, dans le rapport du petit axe au grand.*

Soient ABA′ (fig. 92) l'ellipse considérée, et ACA′ le cercle décrit sur le grand axe AA′ comme diamètre. L'équation de ce cercle est

$$Y^2 + x^2 = a^2,$$

d'où

$$Y = \pm \sqrt{a^2 - x^2}.$$

Si l'on compare cette valeur à celle de l'ordonnée de l'ellipse donnée par l'équation [2], on trouve entre les valeurs absolues de ces ordonnées la relation

$$\frac{y}{Y} = \frac{b}{a}. \qquad\qquad \text{C. Q. F. D.}$$

REMARQUES. — I. Si l'on décrivait un cercle sur le petit axe comme diamètre, on verrait de même que les abscisses de l'ellipse sont aux abscisses du cercle qui correspondent aux mêmes ordonnées comme *le grand axe est au petit*.

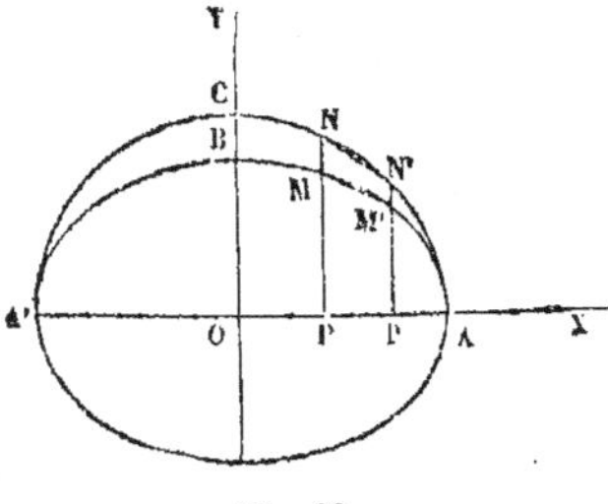

Fig. 92.

II. Cette propriété fournit un moyen commode de construire l'ellipse par points. Il suffit pour cela de décrire un cercle sur le grand axe donné (fig. 92); de mener les ordonnées NP, N'P', etc. du cercle, et de les diminuer dans le rapport de b à a; les points M, M', etc., ainsi obtenus sont des points de l'ellipse. On en pourra construire ainsi autant qu'on le voudra ; il ne restera plus qu'à faire passer une courbe continue par les points obtenus.

III. Le cercle décrit sur le grand axe s'appelle quelquefois *cercle principal* ou *homographique* de l'ellipse.

IV. Si l'on fait tourner ce cercle autour de AA' jusqu'à ce que son plan fasse avec celui de l'ellipse l'angle dont le cosinus est $\frac{b}{a}$, chaque ordonnée MP de l'ellipse sera la projection de l'ordonnée correspondante NP du cercle ; et l'ellipse elle-même pourra être considérée comme la *projection de ce cercle*. Cette considération est souvent utile, et permet de transporter à l'ellipse, en les modifiant convenablement, la plupart des propriétés du cercle.

254. Théorème. — *Les carrés des ordonnées perpendiculaires à l'un des axes sont entre eux comme les produits des segments correspondants formés sur cet axe.*

On a dans le cercle ACA' (fig. 92).

$$\overline{NP}^2 = AP.A'P \quad \text{et} \quad \overline{N'P'}^2 = AP'.A'P';$$

d'où

$$\frac{\overline{NP}^2}{\overline{N'P'}^2} = \frac{AP.A'P}{AP'.A'P'}.$$

Mais, en vertu du théorème précédent, on a

$$\frac{\overline{MP}^2}{\overline{NP}^2} = \frac{\overline{M'P'}^2}{\overline{N'P'}^2}, \quad \text{d'où} \quad \frac{\overline{MP}^2}{\overline{M'P'}^2} = \frac{\overline{NP}^2}{\overline{N'P'}^2}.$$

Donc, à cause du rapport commun $\dfrac{\overline{NP}^2}{\overline{N'P'}^2}$,

$$\frac{\overline{MP}^2}{\overline{M'P'}^2} = \frac{AP.A'P}{AP'.A'P'};$$

ce qu'il s'agissait de démontrer.

On le démontre aussi très-facilement à l'aide de l'équation de l'ellipse; car, si y et y' sont les ordonnées MP et M'P' correspondantes aux abscisses x et x' (ou OP et OP'), on aura

$$y^2 = \frac{b^2}{a^2}(a^2 - x^2) \quad \text{et} \quad y'^2 = \frac{b^2}{a^2}(a^2 - x'^2);$$

d'où

$$\frac{y^2}{y'^2} = \frac{a^2 - x^2}{a^2 - x'^2},$$

ou

$$\frac{y^2}{y'^2} = \frac{(a - x)(a + x)}{(a - x')(a + x')}.$$

Or $a - x = AP$, $a + x = A'P$, $a - x' = AP'$, $a + x = A'P'$. Donc, etc.

255. Foyers. — On peut appliquer à l'équation

$$\frac{x^2}{a^2} + \frac{y^2}{b^2} = 1 \qquad\qquad [1]$$

la méthode exposée au n° **246** pour la recherche des foyers et des directrices de l'ellipse. En identifiant cette équation avec l'équation focale

$$(x - \alpha)^2 + (y - \beta)^2 - (mx + ny + h)^2 = 0, \qquad [2]$$

on trouve cinq équations de condition qui déterminent les cinq paramètres α, β, m, n et h. Mais l'équation [1] n'ayant pas de terme en xy, l'équation [2] ne peut lui être identique que si elle en manque aussi, ce qui exige que l'on ait

$$mn = 0, \quad \text{d'où} \quad m = 0 \quad \text{ou} \quad n = 0.$$

Il résulte de là que, quand l'ellipse est rapportée à ses axes, la distance δ d'un point quelconque $M(x, y)$ de la courbe à un foyer $F(\alpha, \beta)$ est une fonction linéaire *d'une seule* des coordonnées du point (**248**). Cette remarque et celle que les foyers sont situés sur les axes (**248**, III) permettent, dans ce cas, d'abréger le calcul.

256. Soit $n = 0$, ce qui revient à supposer δ fonction linéaire de x seulement, et supposons, en outre, les foyers situés sur l'axe des x; on aura $\beta = 0$ et

$$\delta^2 = (x - \alpha)^2 + y^2.$$

Remplaçant y^2 par sa valeur tirée de l'équation [1] et développant, il vient

$$\delta^2 = \left(\frac{a^2 - b^2}{a^2}\right) x^2 - 2\alpha x + b^2 + \alpha^2.$$

Pour que δ soit une fonction linéaire, il faut que δ^2 soit un carré parfait; et pour cela il faut que l'on ait

$$\alpha^2 - \left(\frac{a^2 - b^2}{a^2}\right)\left(b^2 + \alpha^2\right) = 0, \quad \text{d'où} \quad \alpha = \pm\sqrt{a^2 - b^2}.$$

Ces valeurs de α étant réelles, puisqu'on suppose $a > b$, elles déterminent deux foyers situés sur le grand axe de l'ellipse.

Si l'on suppose $n = 0$ et $\alpha = 0$, on trouve, par un calcul semblable au précédent, $\beta = \sqrt{b^2 - a^2}$; et ces valeurs de β étant imaginaires, on en conclut que l'ellipse n'a pas de foyers réels sur son petit axe. On arrive aux mêmes résultats en supposant

$m = 0$, puis successivement $\beta = 0$ et $\alpha = 0$. Donc *l'ellipse n'a que deux foyers réels situés sur son grand axe.*

Les abscisses de ces foyers sont $\alpha = \pm \sqrt{a^2 - b^2}$ ou $\alpha = \pm c$, en posant pour abréger $a^2 - b^2 = c^2$.

Pour les construire, il suffit de décrire du sommet B du petit axe comme centre (fig. 93), avec un rayon égal au demi grand

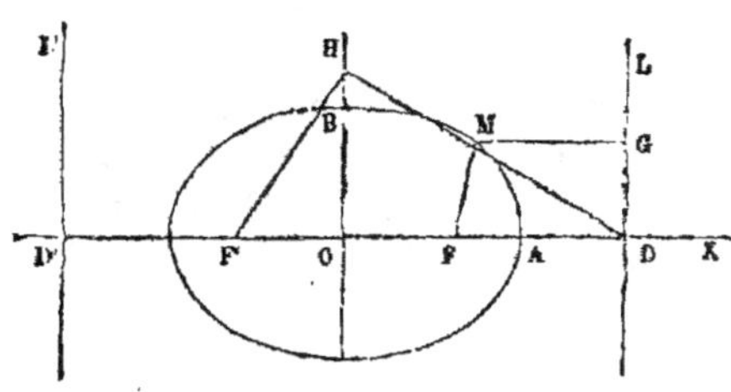

Fig. 93.

axe a, un arc de cercle ; il coupera le grand axe aux points F et F', qui seront les foyers. La distance $FF' = 2c$ s'appelle la *distance focale.*

257. Pour obtenir les expressions des rayons vecteurs MF et MF', il faut remplacer successivement dans δ^2, α par $+c$ et par $-c$. En remplaçant α par $+c$, il vient

$$\delta^2 \quad \text{ou} \quad \overline{MF}^2 = \left(\frac{cx}{a} - a\right)^2, \quad \text{d'où} \quad MF = \pm\left(\frac{cx}{a} - a\right).$$

Cette distance étant absolue, on prendra

$$MF = a - \frac{cx}{a},$$

attendu que, x étant tout au plus égal à a, et c étant moindre que a, le terme $\frac{cx}{a}$ est toujours moindre que a.

En remplaçant α par $-c$, on trouve de même

$$MF' = a + \frac{cx}{a}.$$

258. Directrices. — On a vu (**248,** II) que l'équation de la directrice qui correspond à un foyer s'obtient en égalant à zéro l'expression des rayons vecteurs issus de ce foyer. La directrice qui correspond au foyer F a donc pour équation

$$a - \frac{cx}{a} = 0 \quad \text{ou} \quad x = \frac{a^2}{c};$$

et celle qui correspond au foyer F′,

$$a + \frac{cx}{a} = 0 \quad \text{ou} \quad x = -\frac{a^2}{c}.$$

Pour construire la directrice correspondante au foyer F, prenez OH = a (fig. 93), joignez HF′, et menez HD perpendiculaire à HF′; la perpendiculaire DL à l'axe des x sera la directrice demandée. On aura, en effet,

$$OD = \frac{\overline{OH}^2}{OF'} = \frac{a^2}{c}.$$

En prenant OD′ = OD et en menant D′L′ perpendiculaire à l'axe des x, on aura la directrice qui correspond au foyer F′.

259. Excentricité. — On a (fig. 93) MG = $\frac{a^2}{c} - x$; et par suite on en déduit

$$\frac{MF}{MG} = \frac{a - \dfrac{cx}{a}}{\dfrac{a^2}{c} - x} = \frac{c}{a}.$$

Donc l'excentricité de l'ellipse est égale à $\frac{c}{a}$, c'est-à-dire au *rapport de la distance focale au grand axe.*

Remarques. — I. Comme c est plus petit que a, il en résulte que les points de l'ellipse sont plus près de chaque foyer que de la directrice correspondante.

II. Dans le cercle les axes sont égaux ; l'excentricité est nulle. Il en résulte que les foyers se confondent avec le centre, et que les directrices en sont à une distance infinie.

260. En ajoutant les valeurs de MF et MF′ trouvées ci-dessus, on obtient

$$MF + MF' = 2a.$$

Donc dans l'ellipse la somme des rayons vecteurs est égale au grand axe.

REMARQUES. — I. Cette propriété n'appartient qu'aux points de l'ellipse. Car soit d'abord M' (fig. 94) un point extérieur à la courbe; si nous menons M'F, M'F' qui rencontrera l'ellipse en un point M, puis FM, nous aurons

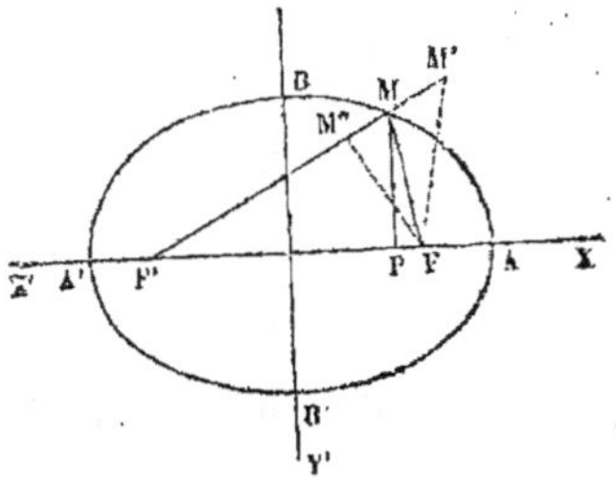

$$MM' + MF > MF,$$

et par conséquent, en ajoutant de part et d'autre MF',

$$M'F' + M'F > MF' + MF \quad \text{ou} \quad > 2a.$$

Fig. 94.

Soit, en second lieu, M'' un point intérieur à la courbe; joignons M''F, M''F' dont le prolongement rencontre la courbe en un point M, et FM ; nous aurons

$$M''F' + M''F < M''F' + MM'' + MF,$$

ou

$$M''F' + M''F < MF' + MF \quad \text{ou} \quad < 2a.$$

Ainsi *un point est hors de l'ellipse, sur l'ellipse, ou intérieur à l'ellipse, suivant que la somme de ses distances aux deux foyers est supérieure, égale ou inférieure au grand axe.*

Nous retrouvons ainsi la propriété de l'ellipse par laquelle nous avons défini cette courbe au n° **14.**

II. La propriété précédente permet de tracer l'ellipse, soit par points, soit d'un mouvement continu, quand on connaît ses foyers et son grand axe, ou bien ses deux axes.

261. Cercles directeurs. — Si, de l'un des foyers F' comme centre, avec un rayon égal à 2a, on décrit une circonférence, un point quelconque M de l'ellipse en sera distant de 2a — MF', c'est-à-dire d'une quantité égale à MF. On peut donc dire que chaque point de l'ellipse est également distant du foyer F et de cette circonférence. Il en serait de même de la circonférence décrite du foyer F avec le rayon 2a; tout point de l'ellipse est également distant de cette circonférence et du foyer F'. Les deux cercles dont il vient d'être question portent le nom de *cercles directeurs*.

262. Ellipses homofocales. — Pour que deux ellipses, rapportées à leur centre et à leurs axes, soient *homofocales*, c'est-à-dire aient les mêmes foyers, il faut et il suffit que la distance du centre aux foyers soit la même; ainsi l'équation

$$\frac{x^2}{a^2 + \lambda} + \frac{y^2}{b^2 + \lambda} = 1$$

représente toutes les ellipses homofocales de l'ellipse

$$\frac{x^2}{a^2} + \frac{y^2}{b^2} = 1,$$

λ étant une quantité quelconque, positive ou négative ; car on a

$$(a^2 + \lambda) - (b^2 + \lambda) = a^2 - b^2.$$

§ 2. — TANGENTE. PÔLES ET POLAIRES. NORMALE.

263. D'après ce qu'on a vu au n° **141**, le coefficient angulaire de la tangente à l'ellipse, représentée par l'équation

$$\frac{x^2}{a^2} + \frac{y^2}{b^2} = 1, \qquad\qquad [1]$$

au point (x, y), a pour valeur

$$-\frac{f'_x}{f'_y} \quad \text{ou} \quad m = -\frac{b^2 x}{a^2 y};$$

et l'équation de la tangente à l'ellipse, en ce point, est

$$Y - y = -\frac{b^2 x}{a^2 y} (X - x), \qquad\qquad [2]$$

équation à laquelle il faut joindre la relation [1] qui exprime que le point est sur la courbe.

On peut mettre l'équation [2] sous la forme

$$\frac{Xx}{a^2} + \frac{Yy}{b^2} = \frac{x^2}{a^2} + \frac{y^2}{b^2}.$$

Par conséquent, en vertu de l'équation [1], on peut écrire

$$\frac{Xx}{a^2} + \frac{Yy}{b^2} = 1 ; \qquad [3]$$

telle est l'équation de la tangente, en *fonction des coordonnées du point de contact*.

REMARQUES. — I. On obtient encore l'équation [3] en remplaçant, dans l'équation générale de la tangente en coordonnées homogènes (**238**)

$$Xf'_x + Yf'_y + Zf'_z = 0,$$

f'_x, f'_y, f'_z par leurs valeurs déduites de l'équation [1] de l'ellipse, préalablement rendue homogène, et en y faisant ensuite $z = 1$ et $Z = 1$.

II. Au sommet du petit axe on a $x = 0$ et $y = b$; par suite $m = 0$; la tangente en ce point est donc parallèle au grand axe. Au sommet du grand axe on a $x = a$ et $y = 0$; par suite $m = \infty$; la tangente en ce point est donc perpendiculaire au grand axe.

264. Cherchons le point où la tangente rencontre l'un des axes coordonnés, l'axe des x par exemple. Pour cela, il faut faire $Y = 0$ dans l'équation de la tangente, ce qui donne

$$X = \frac{a^2}{x},$$

quantité facile à construire. Mais ce qu'elle offre de plus remarquable, c'est qu'elle est indépendante de b, c'est-à-dire que si l'on décrivait sur le même axe AA' (fig. 95) différentes ellipses ABA', ACA', AB'A', etc., et que, par les points M, N, M', etc., qui répondent à la même abscisse x, on leur menât des tangentes, elles iraient toutes rencontrer l'axe des abscisses au même point I.

De là un moyen facile de construire la tangente à l'ellipse par un point M donné sur cette courbe. En effet, parmi les diverses ellipses qu'on peut décrire sur l'axe AA', se trouve le cercle ACA' qui a *a* pour rayon. Si donc on mène l'ordonnée MP, qui, pro-

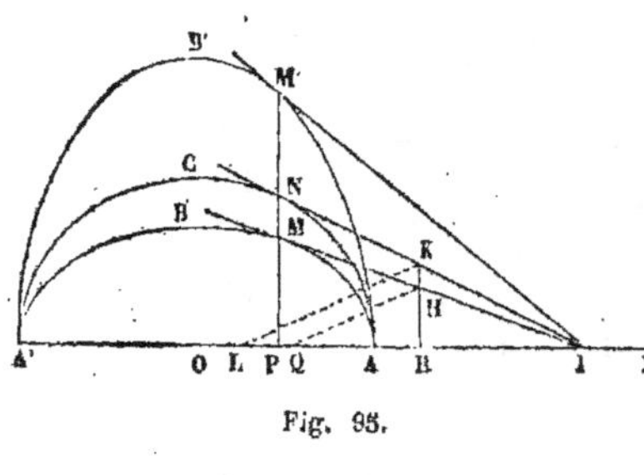

Fig. 95.

longée, rencontre la cir-
conférence ACA' en N, et
que par ce point N on
mène la tangente NI à
cette circonférence, ce
point I sera aussi le point
de rencontre de l'axe OX
avec la tangente en M à
l'ellipse ; et, pour obtenir cette tangente, il
suffira de joindre MI.

Au lieu de se servir du point de rencontre de la tangente avec l'axe des *x*, on pourrait employer le point de rencontre avec l'axe des *y* ; la construction se ferait de la même manière, à l'aide de la circonférence décrite sur le petit axe comme dia-mètre.

265. La même propriété fournit le moyen de mener une tangente à l'ellipse par un point extérieur II. Car soient IM et IN les tangentes à l'ellipse et au cercle de rayon *a*, qui répondent à la même abscisse. Menons l'ordonnée IIR, qui, prolongée, ren-contre en K la tangente au cercle. Comme les droites IP, IM, IN, coupent proportionnellement les parallèles KIIR et NMP, on a

$$\frac{\text{IIR}}{\text{KR}} = \frac{\text{MP}}{\text{NP}} = \frac{b}{a}.$$

Dès lors, si l'on prend sur le grand axe la longueur RQ égale à *b*, et la longueur RL égale à *a*, si l'on joint QII et qu'on lui mène la parallèle LK, le point K où cette parallèle rencontrera RII appartiendra à la tangente au cercle. En effet,

$$\frac{\text{IIR}}{\text{KR}} = \frac{\text{RQ}}{\text{RL}} = \frac{b}{a}.$$

Donc, si l'on mène par le point K la tangente au cercle, le point I où elle rencontre l'axe OX appartiendra à la tangente à l'ellipse ; ainsi, pour obtenir cette dernière, il suffira de joindre III. Le point M où III rencontrera l'ordonnée NP du cercle sera le point de contact sur l'ellipse.

266. Autres formes de l'équation de la tangente à l'ellipse. — L'équation de la tangente à l'ellipse peut être mise sous d'autres formes qu'il est utile de connaître.

I. *Équation d'une tangente parallèle à une droite donnée.*

Si le coefficient angulaire de la droite donnée est m, on a pour déterminer x et y les relations

$$m = -\frac{b^2 x}{a^2 y} \quad \text{et} \quad \frac{x^2}{a^2} + \frac{y^2}{b^2} = 1;$$

d'où l'on tire les valeurs de x et y qui, substituées dans l'équation [3], donnent

$$Y = mX \pm \sqrt{a^2 m^2 + b^2}. \qquad [4]$$

Ainsi il y a toujours deux tangentes qui satisfont à la question.

On peut aussi obtenir cette équation en opérant comme pour le cercle (**124**).

REMARQUE. — On trouve pour x et y deux couples de valeurs, qui sont égales et de signe contraire. Il en résulte que les deux points de contact sont aux extrémités d'une même droite passant par le centre de la courbe.

II. L'équation de l'ellipse rapportée à ses axes est vérifiée par

$$x = a \cos \varphi \quad \text{et} \quad y = b \sin \varphi,$$

quelle que soit la valeur de l'angle φ. En exprimant de cette manière les coordonnées x et y du point de contact, l'équation (4) prend la forme

$$\frac{X}{a} \cos \varphi + \frac{Y}{b} \sin \varphi = 1, \qquad [5]$$

et représente toutes les tangentes à l'ellipse en y faisant varier φ.

Il est facile de démontrer qu'en chaque point de l'ellipse φ est l'angle du rayon du cercle principal correspondant avec le grand axe de l'ellipse. Cet angle φ est appelé, en astronomie, *anomalie excentrique*.

III. Enfin, en identifiant l'équation [3] avec l'équation d'une droite (**80**),

$$X \cos \alpha + Y \sin \alpha - p = 0,$$

on trouve que l'équation de la tangente à l'ellipse peut encore être mise sous la forme

$$X \cos \alpha + Y \sin \alpha = \pm \sqrt{a^2 \cos^2 \alpha + b^2 \sin^2 \alpha}. \qquad [6]$$

En y faisant varier α, ces deux équations représenteront toutes les tangentes à l'ellipse.

Remarque. — Il importe de remarquer que les équations [3] et [4] ne supposent pas que les axes coordonnés soient rectangulaires ; elles subsistent donc encore lorsque l'ellipse est rapportée à un système de diamètres conjugués. (Mais il n'en est pas de même des équations [5] et [6].)

Ainsi, l'équation de la tangente à l'ellipse (**252**)

$$\frac{x^2}{a'^2} + \frac{y^2}{b'^2} = 1$$

au point (x, y) est

$$\frac{Xx}{a'^2} + \frac{Yy}{b'^2} = 1.$$

L'équation de la tangente parallèle à la droite $Y = mX$ est

$$Y = mX \pm \sqrt{a'^2 m^2 + b'^2}.$$

267. Problème. — *Mener une tangente à l'ellipse par un point extérieur* (α, β).

L'équation [3] est encore l'équation de la tangente ; mais il s'agit de déterminer les coordonnées x et y du point de contact.

Pour cela, on observe que, ce point étant sur l'ellipse, ses coordonnées satisfont à l'équation de la courbe, et qu'on a

$$\frac{x^2}{a^2} + \frac{y^2}{b^2} = 1.$$

En second lieu, le point donné étant situé sur la tangente, ses coordonnées satisfont à l'équation [3]; ainsi on a

$$\frac{\alpha x}{a^2} + \frac{\beta y}{b^2} = 1.$$

Ces deux équations serviront à déterminer x et y. En éliminant l'une de ces inconnues, on obtient l'autre par une équation du second degré ; ce qui montre que par un point donné passent, en général, deux tangentes à l'ellipse. On pourrait vérifier que les deux solutions sont réelles ou imaginaires suivant que le point donné est extérieur ou intérieur à l'ellipse, et qu'elles se réduisent à une seule quand ce point est sur l'ellipse même. Mais ces vérifications, auxquelles on peut s'attendre, sont, par cela même, dépourvues d'intérêt.

Il vaut mieux remarquer que si, dans les deux équations précédentes, on regarde x et y comme des variables, ces équations représenteront deux lieux géométriques dont les points d'intersection seront les points de contact cherchés. Or le premier lieu n'est autre que l'ellipse donnée elle-même, et le second lieu est une droite ; cette droite est donc celle qui réunit les deux points de contact demandés ; on lui donne, pour cette raison, le nom de *corde des contacts*. Il est facile de la construire d'après son équation, car elle a pour coordonnées à l'origine

$$x = \frac{a^2}{\alpha} \quad \text{et} \quad y = \frac{b^2}{\beta}$$

Remarque. — En opérant comme pour le cercle [**127**], on trouvera que l'équation qui représente les deux tangentes issues du point (α, β) est

$$(\alpha^2 - a^2)(y - \beta)^2 - 2\alpha\beta(x - \alpha)(y - \beta) + (\beta^2 - b^2)(x - \alpha)^2 = 0.$$

268. Pôles et polaires. — Théorème. — *Si par les différents points d'une droite LL' (fig. 96) on mène à l'ellipse des couples de tangentes, telles que NM, NM', les cordes des contacts, telles que MM', passeront toutes par un point fixe.*

Prenons pour axes coordonnés le diamètre EE' parallèle à LL', et son conjugué DD' (**213**). Soient α et β les coordonnées du point N ; l'équation de la corde des contacts MM' sera (**266**, Rem.)

$$\frac{\alpha x}{a'^2} + \frac{\beta y}{b'^2} = 1,$$

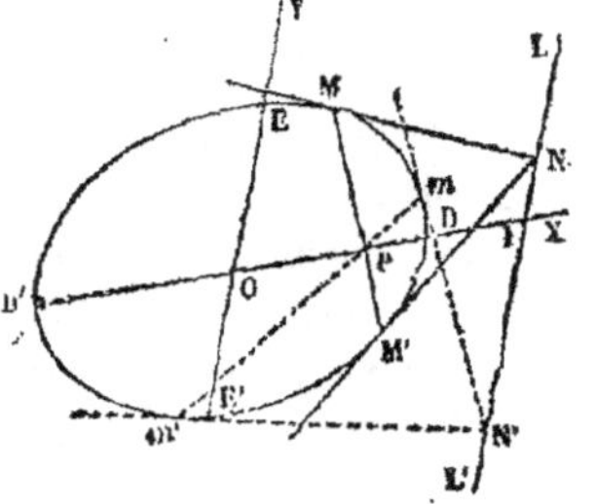

Fig. 96.

en appelant a' et b' les demi-diamètres OD et OE.

L'abscisse OP du point où MM' rencontre OD, ou l'axe des x, s'obtiendra en faisant $y = 0$ dans cette équation, ce qui donne

$$x \quad \text{ou} \quad \text{OP} = \frac{a'^2}{\alpha}. \qquad [1]$$

Or l'abscisse α du point N ne dépend pas de la position de ce point sur la droite LL', puisque celle-ci est parallèle à l'axe des y ; α est donc une constante. Par conséquent OP est aussi consiant, et le point P est un point fixe par lequel passent toutes les cordes analogues à MM'. C'est ce qu'il fallait démontrer.

REMARQUES. — I. Le point P est le *pôle* de la droite LL', et la droite LL' est la *polaire* du point P.

Dans le cercle, la polaire est perpendiculaire au rayon qui passe par le pôle.

II. La relation [1] montre que OD est moyen proportionnel entre OI et OP.

III. Nous avons supposé la droite LL' extérieure à l'ellipse; si elle coupait la courbe, la propriété démontrée subsisterait encore. Il est clair seulement que l'on ne pourrait mener de tangentes par les points de la droite qui seraient situés dans l'intérieur de l'ellipse. En outre, α étant alors moindre que a', OP serait plus grand que a', c'est-à-dire que le point P serait extérieur à l'ellipse.

Si la polaire était tangente en D, le pôle P se confondrait avec le point D, et serait conséquemment sur la polaire.

Si la polaire était la directrice, le pôle serait le foyer correspondant; car on aurait

$$\alpha = \frac{a^2}{c}, \quad \text{d'où} \quad OP = c.$$

IV. La propriété réciproque a également lieu, c'est-à-dire que *si par un point fixe P on mène des sécantes, et que par les points où elles rencontrent la courbe on lui mène des tangentes, les couples de tangentes correspondantes à ces diverses sécantes iront se couper sur une même droite LL'.* Car si OP reste fixe, en vertu de la relation [1] il en sera de même de α; donc les points de rencontre N des couples de tangentes seront tous sur la droite qui a pour équation $x = \alpha$.

Si le point fixe P était situé hors de l'ellipse, la droite LL' couperait la courbe; car si l'on avait $OP > a'$, on devrait avoir $\alpha < a'$.

Si le point P était en D, la droite LL' serait tangente.

V. On démontrerait, comme pour le cercle (**129**), que *la polaire est le lieu du conjugué harmonique du pôle par rapport aux intersections de la courbe avec les sécantes issues de ce pôle.*

269. Théorème. — *La tangente à l'ellipse fait des angles égaux avec les rayons vecteurs du point de contact.*

Soit D le point où la tangente MT prolongée (fig. 97) rencontrerait l'axe des x, et soient MF et MF' les rayons vecteurs du point M.

On a $OD = \dfrac{a^2}{x}$ en appelant x l'abscisse du point M (**264**). Il en résulte

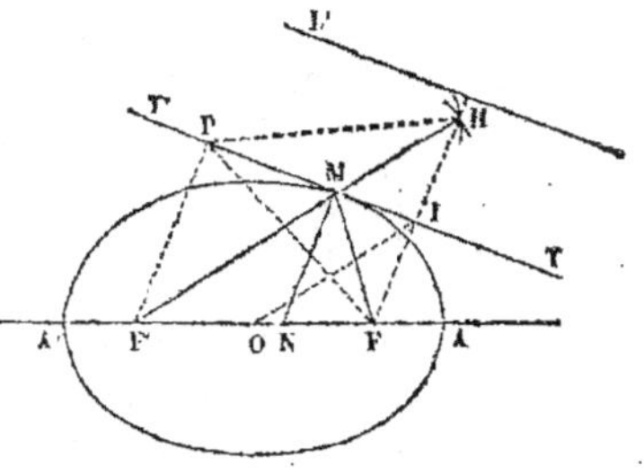

Fig. 97.

$$FD = \frac{a^2}{x} - c \quad \text{et} \quad F'D = \frac{a^2}{x} + c,$$

d'où

$$\frac{FD}{F'D} = \frac{a^2 - cx}{a^2 + cx}.$$

On a vu (**257**) que les valeurs des rayons vecteurs sont

$$MF = a - \frac{cx}{a} \quad \text{et} \quad MF' = a + \frac{cx}{a},$$

d'où

$$\frac{MF}{MF'} = \frac{a^2 - cx}{a^2 + cx}.$$

Par conséquent on a

$$\frac{FD}{F'D} = \frac{MF}{MF'}.$$

De l'égalité de ces rapports, on conclut que la tangente MT est bissectrice de l'angle FMH formé par l'un des rayons vecteurs MF et le prolongement de l'autre MF', et par suite que les angles T'MF' et TMF que la tangente T'T fait avec ces rayons vecteurs sont égaux ; ce qui démontre le théorème énoncé.

Corollaire. — *La normale MN divise en deux parties égales l'angle des rayons vecteurs ;* car les angles F'MN et NMF sont égaux comme complémentaires des angles égaux T'MF' et FMT.

270. Le théorème précédent fournit de nouveaux moyens de mener la tangente à l'ellipse par un point donné.

Supposons d'abord le point donné en M sur la courbe (fig. 97). On mènera les rayons vecteurs MF et MF'; on prolongera F'M d'une quantité MH égale à MF, et l'on joindra HF; puis l'on abaissera MT perpendiculaire sur HF; la ligne TT' ainsi obtenue sera la tangente demandée. Car on aura, par construction, HMF = HMH, et HMH = F'MT' comme opposés aux sommets; donc HMF = F'MT'; donc TT' est une tangente

271. Supposons en second lieu que le point soit donné en P hors de la courbe. Du point P comme centre, avec un rayon égal à la distance PF, on décrira un arc de cercle; du point F' comme centre, avec un rayon égal au grand axe, ou $2a$, on décrira un second arc de cercle qui coupera le premier en un point H; on joindra FH, et du point P on abaissera sur FH la perpendiculaire PI qui sera la tangente demandée. En joignant F'H on aura le point de contact M.

La construction sera toujours possible si le point P est extérieur à l'ellipse. Pour le démontrer, il faut faire voir que les arcs de cercle décrits de P et de F' comme centres avec les rayons respectifs PF et $2a$ se rencontreront. Or, si l'on joint PF', on aura d'abord

$$PF' < PF + FF', \quad \text{et à plus forte raison} \quad < PF + 2a,$$

donc la distance des centres est moindre que la somme des rayons. En second lieu, le point P étant extérieur à la courbe, on a (**260**, Rem. I)

$$PF' + PF > 2a. \qquad [1]$$

Mais dans le triangle FPF' on a aussi

$$PF' + FF' > FP, \quad \text{et à plus forte raison } PF' + 2a > FP. \quad [2]$$

Si FP est moindre que $2a$, on tire de l'inégalité [1]

$$PF' > 2a - FP.$$

Si FP est plus grand que $2a$, on tire de l'inégalité [2]

$$PF' > FP - 2a.$$

Donc, dans tous les cas, la distance des centres sera plus

grande que la différence des rayons; donc les deux cercles se couperont.

Remarques. — I. Ils auront deux points communs ; ainsi il y aura deux positions pour le point H, et par suite deux tangentes.

II. Si l'on joint OI, cette ligne unissant le milieu de FF' au milieu de FH est la moitié de F'H; donc OI $= a$. De là ce théorème : *Le lieu des pieds des perpendiculaires abaissées de l'un des foyers d'une ellipse sur ses tangentes est la circonférence de cercle décrite sur le grand axe comme diamètre.*

272. La propriété démontrée au n° **269** permet aussi de mener une tangente à l'ellipse parallèlement à une droite donnée LL' (fig. 97). Pour cela, du foyer F on abaissera une perpendiculaire sur la droite donnée ; du foyer F' comme centre, avec un rayon égal à $2a$, on décrira un arc de cercle qui coupera la perpendiculaire à LL' en un point H : par le milieu I de FH on mènera une parallèle à LL'; ce sera la tangente demandée. Le point où elle rencontrera F'H sera le point de contact M.

La construction sera toujours possible, car le point F est intérieur à la circonférence décrite de F' comme centre avec $2a$ pour rayon.

Il y aura deux solutions, attendu que la circonférence rencontrera FH en deux points.

273. Normale. — On a vu que la *normale* à une courbe est la perpendiculaire à la tangente, menée par le point de contact.

Si le coefficient angulaire de la tangente est m, celui de la normale sera $-\dfrac{1}{m}$ (**94**), les axes étant rectangulaires.

D'après cela, le coefficient angulaire de la tangente à l'ellipse étant

$$- \frac{b^2 x}{a^2 y},$$

celui de la normale est

$$\frac{a^2 y}{b^2 x},$$

et l'équation de la normale est par conséquent

$$Y - y = \frac{a^2 y}{b^2 x} (X - x).$$

Remarque. — Dans le cas du cercle, on a $a = b$, et l'équation de la normale se réduit à

$$Y - y = \frac{y}{x} (X - x) \quad \text{ou} \quad Y = \frac{y}{x} X.$$

On reconnaît qu'elle passe par le centre, qui est l'origine des coordonnées.

274. Le point où la normale rencontre l'axe des x s'obtient en faisant, dans son équation, $Y = 0$; ce qui donne

$$X = x - \frac{b^2 x}{a^2} = \frac{c^2 x}{a^2}.$$

Cette distance est nulle pour $x = 0$, c'est-à-dire pour les sommets du petit axe; et elle atteint sa plus grande valeur pour $x = \pm a$, ce qui donne $X = \pm \frac{c^2}{a}$. La distance x approche d'autant plus de la valeur $\frac{c^2}{a}$ que le point de contact approche plus des sommets du grand axe.

Il existe une limite analogue pour le point de rencontre de la normale avec l'axe des y; l'ordonnée de ce point approche d'autant plus de $\pm \frac{c^2}{b}$, que le point de contact approche plus des sommets du petit axe.

Dans l'hypothèse $a > b$, les quantités $\frac{c^2}{a}$ et $\frac{c^2}{b}$ sont positives; la première est moindre que a, la seconde peut prendre une valeur quelconque. Ainsi la normale rencontre le grand axe dans l'intérieur de l'ellipse; mais elle peut rencontrer le petit axe hors de la courbe.

275. On peut se proposer pour la normale les mêmes problèmes que pour la tangente.

I. On vient de voir, comment, étant données les coordonnées x et y d'un point de l'ellipse, on obtient l'équation de la normale en ce point.

II. Supposons qu'on demande de mener une normale par un point (α, β) non situé sur la courbe. Ses coordonnées devant satisfaire à l'équation de la normale, on devra avoir

$$\beta - y = \frac{a^2 y}{b^2 x}(\alpha - x);$$

mais on a aussi

$$\frac{x^2}{a^2} + \frac{y^2}{b^2} = 1.$$

Ces deux équations serviront à déterminer les inconnues x et y. Comme elles sont du second degré, l'élimination conduira à une équation du quatrième degré. On peut donc mener à une ellipse, par un point extérieur, quatre normales réelles ou imaginaires.

Les points où les normales menées par le point (α, β) rencontrent l'ellipse, pourraient aussi s'obtenir graphiquement en construisant les deux équations précédentes.

III. Supposons qu'on veuille mener une normale parallèle à une droite donnée, dont l'équation est $Y = mX$, on aura pour déterminer les coordonnées x et y du point où la normale rencontre l'ellipse, les deux relations

$$\frac{a^2 y}{b^2 x} = m \quad \text{et} \quad \frac{x^2}{a^2} + \frac{y^2}{b^2} = 1$$

et, en opérant comme au n° **266**, on trouvera pour l'équation de la normale elle-même

$$Y = mX \pm \frac{c^2 m}{\sqrt{a^2 + b^2 m}}.$$

IV. Enfin, si l'on désigne par $x = a\cos\varphi$ et $y = b\sin\varphi$ les coordonnées du point de contact, l'équation de la normale peut être mise sous la forme

$$\frac{aX}{\cos\varphi} - \frac{bY}{\sin\varphi} = c^2.$$

§ 3. — DIAMÈTRES ET CORDES SUPPLÉMENTAIRES.

276. Diamètres. — Nous avons donné (n^{os} **208** et suivants) l'équation générale des diamètres des courbes du second degré, et démontré leurs principales propriétés ; nous traiterons néanmoins cette même question pour chaque courbe en particulier.

Soit

$$y = mx + n$$

l'équation de l'une des cordes que le diamètre considéré divise en parties égales ; et soient X et Y les coordonnées de son milieu : ce point étant sur la corde, on aura

$$Y = mX + n. \qquad [1]$$

Pour avoir les coordonnées des extrémités de la corde, il faut combiner son équation avec celle de l'ellipse,

$$a^2 y^2 + b^2 x^2 = a^2 b^2.$$

En éliminant y on obtient

$$(a^2 m^2 + b^2)x^2 + 2a^2 mnx + a^2 n^2 - a^2 b^2 = 0,$$

équation qui a pour racines les abscisses des extrémités de la corde. Leur demi-somme, qui est égale à l'abscisse X du milieu, a pour valeur

$$X = - \frac{a^2 mn}{a^2 m^2 + b^2}. \qquad [2]$$

En éliminant n entre les équations [1] et [2], on aura une équation entre X et Y et les quantités constantes a, b et m ; ce sera l'équation du lieu.

On trouve

$$Y = - \frac{b^2}{a^2 m} X, \qquad [3]$$

c'est l'équation d'une droite passant par l'origine ; donc *les diamètres de l'ellipse sont des droites qui passent par le centre.*

On obtient aussi l'équation [3] en remplaçant, dans l'équation générale des diamètres (**208**)

$$f'_x + m f'_y = 0,$$

f'_x et f'_y par leurs valeurs déduites de l'équation de l'ellipse.

Remarques. — I. Si l'on appelle m' le coefficient angulaire du diamètre, on a

$$m' = -\frac{b^2}{a^2 m}, \quad \text{d'où} \quad mm' = -\frac{b^2}{a^2}. \qquad [4]$$

Le produit mm' est donc constant.

II. Il en résulte que, *réciproquement, toute droite menée par le centre de l'ellipse est un diamètre*. Car, soit

$$y = m'x$$

l'équation de cette droite ; considérons les cordes parallèles dont le coefficient angulaire m satisfait à la relation

$$mm' = -\frac{b^2}{a^2}, \quad \text{d'où} \quad m = -\frac{b^2}{a^2 m'};$$

le lieu des milieux de ces cordes aura pour équation

$$Y = -\frac{b^2}{a^2 m}X;$$

ou, en mettant pour m sa valeur,

$$Y = m'X.$$

Ce sera donc la droite proposée.

277. Théorème. — *La tangente à l'extrémité d'un diamètre est parallèle aux cordes que ce diamètre divise en deux parties égales.*

On serait conduit à ce théorème en considérant la tangente comme la limite des cordes qui lui sont parallèles ; mais on le démontre simplement comme il suit :

Soit m' le coefficient angulaire du diamètre, m'' celui de la tangente, et x, y les coordonnées du point de contact, qui est l'extrémité du diamètre.

Le diamètre étant une droite menée de l'origine au point (x, y), on a (**83, III**)

$$m' = \frac{y}{x};$$

mais, ce point étant le point de contact, on a aussi (**263**)

$$m'' = -\frac{b^2 x}{a^2 y}.$$

Multipliant ces relations terme à terme, on obtient

$$m'm'' = -\frac{b^2}{a^2}. \qquad [5]$$

En comparant les relations [4] et [5], on en conclut $m'' = m$, ce qui démontre le théorème.

278. Diamètres conjugués. — Nous savons (**180**) que ce sont deux diamètres tels, que chacun d'eux divise en deux parties égales les cordes parallèles à l'autre.

Il résulte de cette définition que si m est le coefficient angulaire des cordes conjuguées à un diamètre $y = m'x$, m est aussi le coefficient angulaire du diamètre conjugué ; donc (**276, I**)

$$mm' = -\frac{b^2}{a^2}. \qquad [6]$$

Ainsi dans l'ellipse *le produit des coefficients angulaires de deux diamètres conjugués est constant et égal à* $-\dfrac{b^2}{a^2}$.

La symétrie de cette relation par rapport à m et à m', et le fait qu'à toute valeur de m correspond un diamètre (**276, II**), prouve que dans l'ellipse *tout diamètre a son conjugué.*

Étant donnée l'équation d'un diamètre $y = mx$, l'équation de son conjugué serait $y = -\dfrac{b^2}{a^2 m} x$.

279. Angle de deux diamètres conjugués. — Soit V l'angle que font entre eux deux diamètres conjugués de l'ellipse ; on aura (**93**)

$$\tan g\, V = \frac{m + \dfrac{b^2}{a^2 m}}{1 - \dfrac{b^2}{a^2}} = \frac{a^2}{c^2}\left(m + \frac{b^2}{a^2 m}\right).$$

L'angle V ne peut être droit que pour $m = 0$ ou pour $m = \infty$, c'est-à-dire quand l'un des diamètres se confond avec l'un des axes de la courbe. Mais dans ce cas on a $-\dfrac{b^2}{a^2 m} = \infty$ ou $-\dfrac{b^2}{a^2 m} = 0$;

par conséquent, *les axes de la courbe sont le seul système de diamètres conjugués rectangulaires.*

Si l'on veut trouver le maximum ou le minimum de tang V, il faut chercher le maximum ou le minimum de la quantité entre parenthèses ; pour cela on peut poser

$$m + \frac{b^2}{a^2 m} = 2k, \quad \text{d'où} \quad m = k \pm \sqrt{k^2 - \frac{b^2}{a^2}}.$$

On voit que la plus petite valeur qui puisse être attribuée à k est

$$k = \pm \frac{b}{a},$$

ce qui donne

$$m = \pm \frac{b}{a},$$

et par suite

$$-\frac{b^2}{a^2 m} = \mp \frac{b}{a}.$$

Pour construire les diamètres correspondants, on élèvera à l'extrémité A du grand axe OA (fig. 98) une perpendiculaire sur laquelle on prendra les distances AH et AH′ égales au demi petit axe b, et l'on joindra OH et OH′, ce qui revient à construire les diagonales du rectangle des axes de l'ellipse.

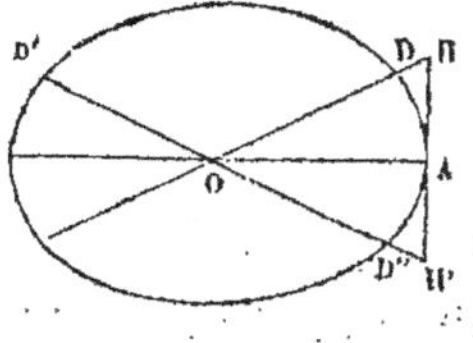

Les diamètres OD et OD′ ainsi obtenus sont également inclinés sur le grand axe, mais en sens contraire ; il en résulte, à cause de la symétrie de la courbe, que ces deux diamètres sont égaux. L'angle DOD′ est le plus grand angle que puissent faire deux diamètres conjugués, et l'angle DOD″ est le plus petit.

La valeur absolue de la tangente de ces angles supplémentaires s'obtient en mettant $\dfrac{b}{a}$ à la place de m dans l'expression de tang V. On trouve

$$\text{tang } V = \frac{2ab}{a^2 - b^2}.$$

REMARQUE. — Les limites entre lesquelles peut varier l'angle de deux diamètres conjugués sont aussi celles entre lesquelles varie l'angle de la tangente à l'ellipse avec le diamètre qui aboutit au point de contact (**277**). Cet angle n'est droit que lorsque le point de contact est l'extrémité de l'un des axes de la courbe.

280. Cordes supplémentaires. — On appelle *cordes supplémentaires* celles qui, *partant d'un même point de l'ellipse, vont aboutir aux extrémités d'un même diamètre.*

281. THÉORÈME. — *Deux cordes supplémentaires sont toujours parallèles à deux diamètres conjugués*, et réciproquement.

Soient x' et y' les coordonnées de l'une des extrémités d'un diamètre ; celles de l'autre extrémité seront $-x'$ et $-y'$. Soient (x'', y'') un point quelconque de la courbe, et μ et μ' les coefficients angulaires des deux cordes supplémentaires menées du point (x'', y'') aux extrémités du diamètre considéré, on aura (**83, I**)

$$\mu = \frac{y'' - y'}{x'' - x'} \quad \text{et} \quad \mu' = \frac{y'' + y'}{x'' + x'}, \quad \text{d'où} \quad \mu\mu' = \frac{y''^2 - y'^2}{x''^2 - x'^2};$$

mais les points (x', y') et (x'', y'') étant sur l'ellipse, on a

$$\frac{x'^2}{a^2} + \frac{y'^2}{b^2} = 1 \quad \text{et} \quad \frac{x''^2}{a^2} + \frac{y''^2}{b^2} = 1,$$

d'où, en soustrayant,

$$\frac{y''^2 - y'^2}{b^2} + \frac{x''^2 - x'^2}{a^2} = 0,$$

et par suite

$$\frac{y''^2 - y'^2}{x''^2 - x'^2} = -\frac{b^2}{a^2}.$$

Donc, enfin,

$$\mu\mu' = -\frac{b^2}{a^2}. \tag{7}$$

En comparant les relations [6] et [7], on voit que si l'on a

$\mu' = m$, il en résulte $\mu' = m'$; ce qui démontre le théorème énoncé. La réciproque est également vraie.

COROLLAIRE. — En comparant les relations [5] et [7], on voit de même que si l'on a $\mu' = m'$, il en résulte $m'' = \mu$, c'est-à-dire que *si l'on mène une corde parallèle à un diamètre donné, la tangente à l'extrémité de ce diamètre sera parallèle à la corde supplémentaire.*

REMARQUE. — Les coefficients angulaires m et m' de deux diamètres conjugués, ou d'une corde et du diamètre qui la divise en deux parties égales, ou encore de deux cordes supplémentaires, satisfont à la relation

$$mm' = -\frac{b'^2}{a'^2}.$$

282. Le théorème précédent fournit un nouveau moyen de mener une tangente à l'ellipse par un point donné sur la courbe, ou parallèlement à une droite donnée.

1° Pour mener une tangente au point M (fig. 99) donné sur la courbe, on mènera le diamètre OM; on lui mènera une corde parallèle quelconque AD; on mènera le diamètre DD', et la corde
supplémentaire AD'; puis, par le
point donné, on fera passer une
droite TT' parallèle à AD'; ce sera
la tangente demandée.

2° Pour mener une tangente
parallèle à une droite donnée LL',
on mènera une corde quelconque
AD' parallèle à cette droite; puis

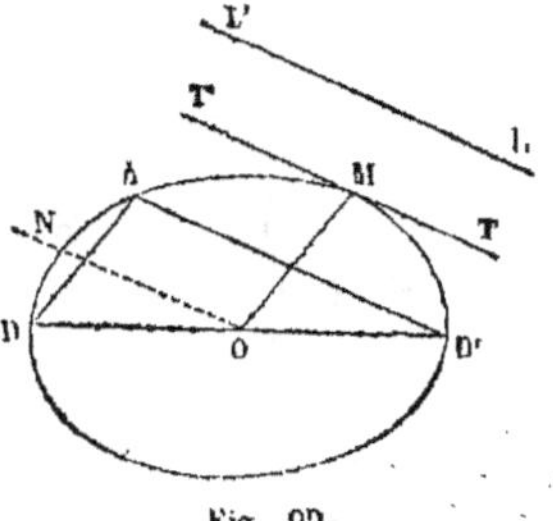

le diamètre D'D, et la corde supplémentaire AD; on mènera ensuite le diamètre OM parallèle à AD, ce qui fera connaître le
point de contact M; il ne restera plus qu'à mener par ce point
une parallèle TT' à la droite donnée.

En s'appuyant sur le théorème du n° **277**, on aurait pu se
dispenser de mener D'D et AD, et joindre simplement le centre
au milieu de la corde AD'.

Dans tous les cas, la construction est possible.

283. PROBLÈMES. — I. *Étant donné un diamètre, construire son conjugué.*

Soit OM (fig. 99) le diamètre donné ; on lui mènera une corde parallèle AD ; puis le diamètre DD′ et la corde supplémentaire AD′ ; le diamètre ON parallèle à AD′ sera le conjugué de DM.

II. *Construire deux diamètres conjugués faisant entre eux un angle égal à un angle donné.*

Sur un diamètre quelconque, on décrit un segment de cercle capable de l'angle donné ; on joint le point d'intersection de l'arc de ce segment avec l'ellipse, aux extrémités de ce diamètre, et l'on mène deux diamètres parallèles aux deux cordes supplémentaires ainsi obtenues ; ce seront les diamètres conjugués demandés.

Le problème ne sera possible qu'autant que l'angle donné sera compris entre les limites trouvées au n° **279**.

284. Cherchons la longueur d du demi-diamètre qui a pour équation $y = mx$.

En combinant cette équation avec celle de l'ellipse

$$\frac{x^2}{a^2} + \frac{y^2}{b^2} = 1,$$

on trouve

$$x^2 = \frac{a^2 b^2}{a^2 m^2 + b^2} \quad \text{et} \quad y^2 = \frac{a^2 b^2 m^2}{a^2 m^2 + b^2}$$

pour les carrés des coordonnées de l'une quelconque des extrémités du diamètre. Par suite on a

$$d^2 = x^2 + y^2 = \frac{a^2 b^2 (1 + m^2)}{a^2 m^2 + b^2}. \qquad [1]$$

Pour obtenir la longueur d' du demi-diamètre conjugué, il suffit de remplacer, dans cette expression, le coefficient angulaire m par celui du conjugué, c'est-à-dire par $-\dfrac{b^2}{a^2 m}$, ce qui donne, après réduction,

$$d'^2 = \frac{a^2 m^2 + b^4}{a^2 m^2 + b^2}. \qquad [2]$$

Si l'on veut déterminer m de manière que $d' = d$, on n'aura qu'à égaler les numérateurs de ces expressions, ce qui donne

$$a^4 m^2 + b^4 = a^2 b^2 m^2 + a^2 b^2, \quad \text{ou} \quad (a^2 - b^2)(a^2 m^2 - b^2) = 0,$$

d'où

$$m = \pm \frac{b}{a}.$$

On retrouve ainsi les diamètres conjugués qui font entre eux le plus grand et le plus petit angle (**279**); et l'on voit qu'*il n'existe qu'un seul système de diamètres conjugués égaux*, qui sont les *diagonales du rectangle des axes de l'ellipse*.

REMARQUE. — Dans le cas du cercle, le facteur $a^2 - b^2$ est nul, et l'équation ci-dessus est satisfaite quel que soit m, c'est-à-dire qu'alors tous les diamètres conjugués sont des diamètres égaux.

285. PROBLÈME. — *Trouver les relations qui existent entre les coordonnées* x', y' *et* x'', y'' *des extrémités de deux diamètres conjugués.*

Les coefficients angulaires de ces deux diamètres sont $\dfrac{y'}{x'}$ et $\dfrac{y''}{x''}$; et, puisqu'ils sont conjugués, on doit avoir

$$\frac{y'}{x'} \cdot \frac{y''}{x''} = -\frac{b^2}{a^2}.$$

On en tire

$$\frac{\dfrac{x''}{a}}{\dfrac{y'}{b}} = -\frac{\dfrac{y''}{b}}{\dfrac{x'}{a}} = \frac{\pm\sqrt{\dfrac{x''^2}{a^2} + \dfrac{y''^2}{b^2}}}{\pm\sqrt{\dfrac{x'^2}{a^2} + \dfrac{y'^2}{b^2}}} = 1$$

et par suite

$$x'' = \frac{a}{b} y' \quad \text{et} \quad y'' = -\frac{b}{a} x'.$$

Ce sont les relations demandées.

286. PROBLÈME. — *Décrire un ellipse connaissant deux diamètres conjugués et l'angle qu'ils font entre eux.*

Soient $AA' = 2a'$ et $BB' = 2b'$ (fig. 100) les deux diamètres conjugués donnés, faisant entre eux l'angle donné BOA. Élevons sur AA′ la perpendiculaire CC′, et prenons OC = OC′ = OB. Sur

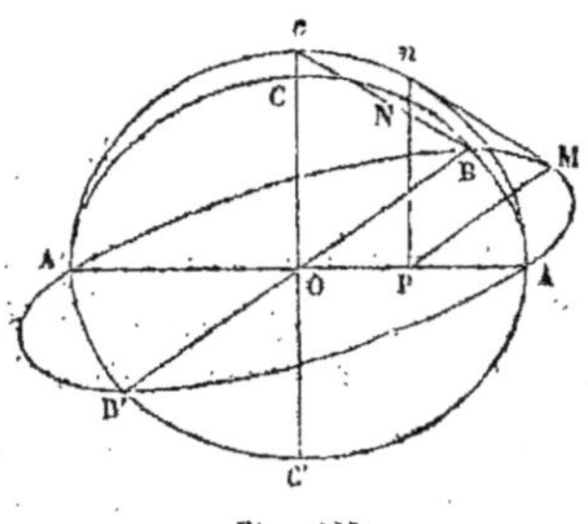

Fig. 100.

AA′ et CC′, considérés comme axes, décrivons une ellipse auxiliaire, par l'un des moyens indiqués aux n^{os} **14, 253** ou **260.** Pour tracer ensuite par points l'ellipse demandée, soit N un point quelconque de l'ellipse auxiliaire, et soit NP son ordonnée rectangulaire. Par le point P, menons une parallèle à BB′, et sur cette parallèle prenons PM = NP ; le point M sera un point de l'ellipse demandée.

On a, en effet, entre les coordonnées rectangulaires du point N la relation

$$\frac{\overline{OP}^2}{a'^2} + \frac{\overline{NP}^2}{b'^2} = 1,$$

puisque a' et b' sont ses demi-axes.

On aura donc aussi entre les coordonnées obliques du point M la relation

$$\frac{\overline{OP}^2}{a'^2} + \frac{\overline{MP}^2}{b'^2} = 1 ;$$

le point M appartiendra donc à l'ellipse qui a pour diamètres conjugués AA′ et BB′.

On voit qu'il suffit de décrire une ellipse sur les diamètres donnés placés à angle droit et pris pour axes, puis d'incliner ensuite les ordonnées sous l'angle donné.

On peut même, en combinant ce procédé avec celui du n° **253,** remplacer l'ellipse auxiliaire par le cercle décrit sur AA′ comme diamètre. Car si c est l'extrémité du rayon perpendiculaire à ce diamètre, et si n est l'extrémité de l'ordonnée qui répond à l'abscisse OP, il suffira, pour obtenir le point M, de mener, comme ci-dessus, PM parallèle à OB, puis de joindre cB, et de lui mener par le point n la parallèle nM, qui rencontrera PM au point cherché.

La similitude des triangles cOB et nPM donnera, en effet,

$$\frac{\text{MP}}{\text{P}n} = \frac{\text{OB}}{\text{O}c}.$$

D'ailleurs, on sait qu'on a

$$\frac{\text{NP}}{\text{P}n} = \frac{\text{OC}}{\text{O}c} \quad \text{ou} \quad \frac{\text{OB}}{\text{O}c};$$

il en résulte MP $=$ NP. On peut donc se passer ainsi de l'ellipse auxiliaire.

Remarque. — Si les diamètres conjugués étaient égaux, l'équation de l'ellipse rapportée à ces diamètres serait de même forme que l'équation du cercle, c'est-à-dire

$$\frac{x^2}{a'^2} + \frac{y^2}{a'^2} = 1;$$

mais les coordonnées seraient obliques.

287. Théorèmes d'Apollonius — I. *La somme des carrés de deux diamètres conjugués est constante (et égale à la somme des carrés des axes).*

II. *L'aire du parallélogramme construit sur deux diamètres conjugués est constante (et égale au rectangle construit sur les axes).*

Ces deux propositions se démontrent d'une manière très-simple par la considération des invariants (**231**). Soient a, b les demi-axes, a' et b' deux demi-diamètres conjugués, et θ l'angle qu'ils font entre eux, on aura

$$A = \frac{1}{a^2}, \quad B = 0, \quad C = \frac{1}{b^2}, \quad A_1 = \frac{1}{a'^2}, \quad B_1 = 0, \quad C_1 = \frac{1}{b'^2},$$

par conséquent

$$\frac{1}{a^2} + \frac{1}{b^2} = \frac{\dfrac{1}{a'^2} + \dfrac{1}{b'^2}}{\sin^2\theta} \quad \text{et} \quad \frac{4}{a^2 b^2} = \frac{\dfrac{4}{a'^2 b'^2}}{\sin^2\theta}.$$

La seconde égalité donne

$$a'b' \sin\theta = ab,$$

ce qui démontre le second théorème. La première égalité peut se mettre sous la forme

$$\frac{b^2 + a^2}{a^2 b^2} = \frac{b'^2 + a'^2}{a'^2 b'^2 \sin^2 \theta},$$

et, les dénominateurs étant égaux, il en est de même des numérateurs, c'est-à-dire qu'on a

$$a'^2 + b'^2 = a^2 + b^2,$$

ce qui démontre le premier théorème.

286. THÉORÈME. — *La portion de la normale comprise entre le point de contact et le grand axe est au demi-diamètre parallèle à la tangente comme le petit axe est au grand.*

Soient x et y les coordonnées du point de contact ; soient x' l'abscisse du point où la normale rencontre le grand axe, et n la longueur de la normale comprise entre cet axe et le point de contact : on aura, en prenant pour axes coordonnés les axes de l'ellipse,

$$n^2 = y^2 + (x - x')^2.$$

Mais l'équation de la normale

$$Y - y = \frac{a^2 y}{b^2 x} (X - x)$$

devant être satisfaite par les coordonnées du point où elle rencontre le grand axe, on obtient, en faisant $Y = 0$ et $X = x'$,

$$- y = \frac{a^2 y}{b^2 x} (x' - x), \quad \text{d'où} \quad x - x' = \frac{b^2 x}{a^2}.$$

Par suite

$$n^2 = y^2 + \frac{b^4 x^2}{a^4} = \frac{a^4 y^2 + b^4 x^2}{a^4}. \tag{1}$$

Maintenant, l'équation du diamètre parallèle à la tangente est

$$Y = - \frac{b^2 x}{a^2 y} X.$$

En la combinant avec l'équation de l'ellipse, on obtient pour les coordonnées de l'extrémité du diamètre

$$X^2 = \frac{a^2 y^2}{b^2} \quad \text{et} \quad Y^2 = \frac{b^2 x^2}{a^2} ;$$

en sorte qu'en appelant a' la longueur du demi-diamètre, on a

$$a'^2 = X^2 + Y^2 = \frac{a^4 y^2 + b^4 x^2}{a^2 b^2}. \tag{2}$$

La comparaison des relations [1] et [2] donne

$$\frac{n^2}{a'^2} = \frac{a^2 b^2}{a^4}, \quad \text{d'où} \quad \frac{n}{a'} = \frac{b}{a},$$

ce qu'il s'agissait de démontrer.

RÉCIPROQUEMENT. — Si l'on prend sur la normale, à partir du point de contact, et vers l'intérieur de la courbe, une longueur n telle, que l'on ait la proportion $\dfrac{n}{a'} = \dfrac{b}{a}$, l'extrémité de cette longueur sera un point du grand axe. Car tout autre diamètre couperait la normale plus haut ou plus bas.

289. PROBLÈME. — *Connaissant, de grandeur et de position, deux diamètres conjugués de l'ellipse, construire ses axes.*

Soient OC et OD (fig. 101) les deux demi-diamètres conjugués donnés. Par le point D menez une perpendiculaire à OC, et prenez sur cette perpendiculaire les longueurs DE et DF égales à OC, puis joignez OE et OF. Divisez l'angle EOF en deux parties égales par la droite OX, qui coupera EF en un point I; et menez OY perpendiculaire à OX. Enfin, menez DK parallèle à OX, et prenez OA = KF et OB = OK. Les droites OA et OB seront les axes de la courbe.

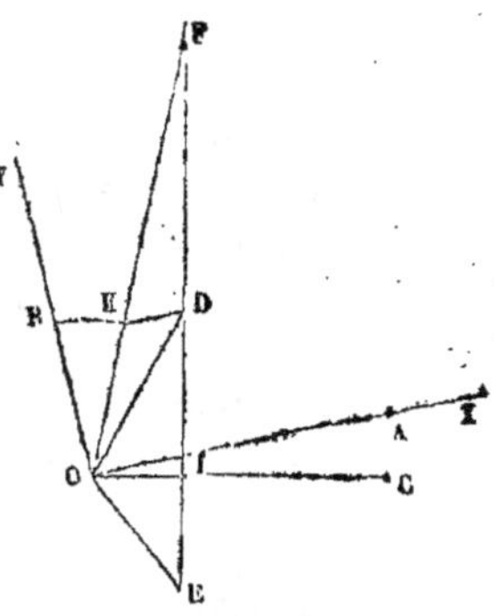

Fig. 101.

Soient, pour abréger l'écriture,

$$OC = a', \quad OD = b' \quad \text{et} \quad COD = V.$$

On aura, d'après la construction,

$$ODE = 90° - V \quad \text{et} \quad ODF = 90° + V,$$

et les triangles ODE et ODF donneront

$$\overline{OE}^2 = a'^2 + b'^2 - 2a'b' \cos(90° - V) = a'^2 + b'^2 - 2a'b' \sin V,$$

$$\overline{OF}^2 = a'^2 + b'^2 - 2a'b' \cos(90° + V) = a'^2 + b'^2 + 2a'b' \sin V.$$

Or, en appelant a et b les demi-axes, on a démontré les relations

$$a'^2 + b'^2 = a^2 + b^2 \quad \text{et} \quad a'b' \sin V = ab.$$

On pourra donc écrire

$$\overline{OE}^2 = a^2 + b^2 - 2ab, \quad \text{d'où} \quad OE = a - b;$$

$$\overline{OF}^2 = a^2 + b^2 + 2ab, \quad \text{d'où} \quad OF = a + b.$$

Maintenant, OX étant la bissectrice de l'angle EOF, on a

$$\frac{IF}{IE} = \frac{OF}{OE} \quad \text{ou} \quad \frac{a' + DI}{a' - DI} = \frac{a + b}{a - b},$$

d'où l'on tire

$$\frac{DI}{a'} = \frac{b}{a}.$$

D'ailleurs, DK étant parallèle à OI, on a

$$\frac{DI}{a'} = \frac{OK}{KF}.$$

Donc

$$OK = b \quad \text{et} \quad KF = a.$$

Remarquons enfin que, le point D appartenant à l'ellipse, la droite menée de ce point parallèlement à OC serait une tangente; d'où il suit que DE est une normale. En vertu du théorème démontré au n° **288**, ou plutôt en vertu de la réciproque, la proportion (1) ayant lieu, le point I appartient au grand axe. Donc, en prenant OA = KF et OB = OK, on a bien les axes de la courbe.

§ 4. — AIRE DE L'ELLIPSE.

290. Pour évaluer l'aire de l'ellipse, on la compare à celle du cercle qui a le grand axe ou le petit axe pour diamètre.

Concevons que dans la demi-ellipse ABA' (fig. 102) on ait inscrit un polygone d'un nombre quelconque de côtés; et que par les sommets de ce polygone on ait mené des ordonnées, dont les prolongements détermineront sur la demi-circonférence du

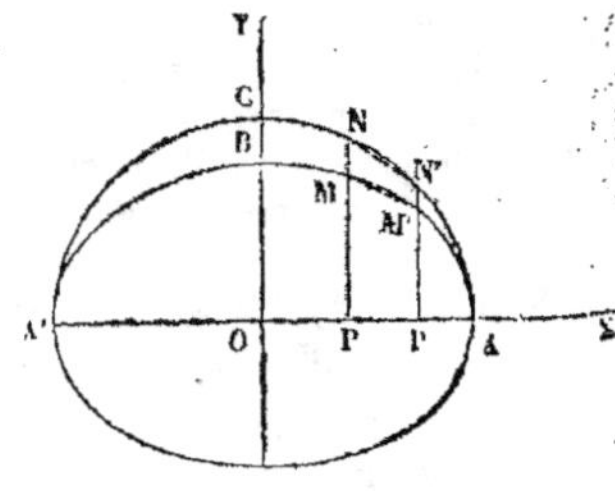

Fig. 102.

cercle ACA' les sommets d'un polygone inscrit du même nombre de côtés; soient M et M' deux sommets consécutifs du polygone inscrit à l'ellipse, et N, N' les sommets correspondants du polygone inscrit au cercle.

Les trapèzes PMM'P' et PNN'P', qui ont même hauteur PP', sont entre eux comme les sommes de leurs bases; mais les bases correspondantes sont dans le rapport de b à a (**253**) : il en est donc de même de leurs sommes. Ainsi les deux trapèzes sont entre eux comme b est à a. On peut en dire autant de tous les couples de trapèzes analogues formés dans les polygones inscrits à l'ellipse et au cercle; ces polygones eux-mêmes sont donc dans le rapport de b à a. Or ces polygones, quand on multiplie le nombre de leurs côtés, ont pour limites respectives la surface de la demi-ellipse et la surface du demi-cercle; ces limites sont donc dans le rapport constant des polygones inscrits, c'est-à-dire dans le rapport de b à a.

Ainsi, en nommant E l'aire de l'ellipse, on a

$$\frac{E}{\pi a^2} = \frac{b}{a}, \quad \text{d'où} \quad E = \pi ab,$$

c'est-à-dire que *l'aire de l'ellipse a pour mesure le rectangle de ses demi-axes, multiplié par le rapport π de la circonférence au diamètre.*

Remarques. — I. Cette aire est une moyenne proportionnelle entre les surfaces des cercles qui ont le petit axe et le grand axe pour diamètres.

II. En vertu du théorème du n° **287**, on a aussi

$$E = \pi a'b' \sin \theta,$$

a' et b' étant deux demi-diamètres conjugués faisant entre eux l'angle θ.

§ 5. — Exercices et applications.

291. Problème. — *Trouver le lieu des points d'où l'on peut mener à l'ellipse deux tangentes perpendiculaires entre elles.*

Supposons l'ellipse rapportée à son centre et à ses axes ; les deux tangentes auront pour équations

$$[1] \qquad y = mx \pm \sqrt{a^2 m^2 + b^2} \quad \text{et} \quad y = m'x \pm \sqrt{a^2 m'^2 + b^2} ; \qquad [2]$$

et puisqu'elles sont perpendiculaires entre elles, on doit avoir (**94**)

$$mm' + 1 = 0. \qquad [3]$$

Dans les équations [1] et [2], on peut regarder x et y comme les coordonnées du point commun aux deux tangentes, c'est-à-dire comme les coordonnées d'un point du lieu cherché. Si donc on élimine m et m' entre les équations [1], [2] et [3], il restera une relation constante entre x et y, qui sera l'équation du lieu.

Or l'équation [1] peut être mise sous la forme

$$(x^2 - a^2)m^2 - 2xym + y^2 - b^2 = 0. \qquad [4]$$

L'équation [2] fournit une relation semblable, qui ne diffère de celle-ci qu'en ce que m y est remplacé par m'. Il s'ensuit que l'on peut regarder m et m' comme les deux racines de l'équation [4]. Leur produit a donc pour valeur

$$mm' = \frac{y^2 - b^2}{x^2 - a^2} ;$$

et, en substituant dans l'équation [3], on obtient

$$\frac{y^2 - b^2}{x^2 - a^2} + 1 = 0 \quad \text{ou} \quad x^2 + y^2 = a^2 + b^2,$$

équation d'un cercle décrit du centre de l'ellipse avec un rayon égal à $\sqrt{a^2+b^2}$, diagonale du rectangle construit sur les demi-axes a et b.

On obtient encore ce lieu, en exprimant que les deux tangentes représentées par l'équation du n° **267**, Rem., sont perpendiculaires.

Remarque. — Dans le cas où $a=b$, le rayon devient $a\sqrt{2}$, ou le côté du carré inscrit au cercle donné.

292. Théorème. — *Le demi petit axe est moyen proportionnel entre les perpendiculaires abaissées des deux foyers sur chaque tangente.*

Soit

$$y=mx\pm\sqrt{a^2m^2+b^2}$$

l'équation de la tangente considérée ; et soient p et p' les longueurs des perpendiculaires abaissées des foyers F et F' sur cette tangente. Le point F ayant pour coordonnées $y=0$ et $x=c$, et le point F' ayant pour coordonnées $y=0$ et $x=-c$, on aura (**96**), les axes coordonnés étant les axes de la courbe,

$$p=\frac{-mc\mp\sqrt{a^2m^2+b^2}}{\pm\sqrt{1+m^2}}\quad\text{et}\quad p'=\frac{+mc\mp\sqrt{a^2m^2+b^2}}{\pm\sqrt{1+m^2}}.$$

Les deux foyers étant situés d'un même côté de la tangente, le radical qui forme le dénominateur devra être pris avec le même signe dans les deux expressions. On obtient donc en les multipliant

$$pp'=\frac{-m^2c^2+a^2m^2+b^2}{1+m^2}\quad\text{ou}\quad pp'=b^2,$$

ce qu'il fallait démontrer.

293. Théorème. — *Si l'on a deux tangentes parallèles KL, K'L', coupées aux points T et T' par une troisième tangente TT', les portions DT et D'T' des tangentes parallèles comprises entre les points de contact D, D' et la troisième tangente ont pour moyenne proportionnelle le demi-diamètre OE parallèle aux deux premières.*

Prenons pour axes coordonnés les droites DD' et EE', qui sont deux diamètres conjugués (**276**, **277**). En appelant a' et b' les longueurs OD et OE, on aura pour les équations des deux tangentes parallèles

$$x=a'\quad\text{et}\quad x=-a',$$

et l'équation de la troisième tangente TT' sera (**207**, remarque)

$$y=mx+\sqrt{a'^2m^2+b'^2}.$$

En faisant successivement $x=a'$ et $x=-a'$ dans cette dernière, on obtient

$$DT=ma'+\sqrt{a'^2m^2+b'^2}\quad\text{et}\quad D'T'=-ma'+\sqrt{a'^2m^2+b'^2}.$$

Par suite

$$DT\times D'T'=\left(\sqrt{a'^2m^2+b'^2}+ma'\right)\left(\sqrt{a'^2m^2+b'^2}-ma'\right)=b'^2=\overline{OE}^2,$$

ce que l'on se proposait de démontrer.

204. Problème. — *Une droite AB (fig. 103) de longueur constante se meut,
en s'appuyant par deux de ses
points, A et B, sur deux axes fixes
XX' et YY'; on demande le lieu décrit par un point déterminé M de
cette droite mobile.*

1. En examinant les diverses positions que peut prendre la droite
AB, on reconnaît aisément que le
point M décrira une courbe fermée.
Il s'agit d'en obtenir l'équation.

Posons $AB = \lambda$, $MB = \alpha$, $MA = \beta$,
$OA = a$ et $OB = b$. Prenons pour
axes coordonnés les droites fixes
XX' et YY'. Soit θ l'angle YOX, et

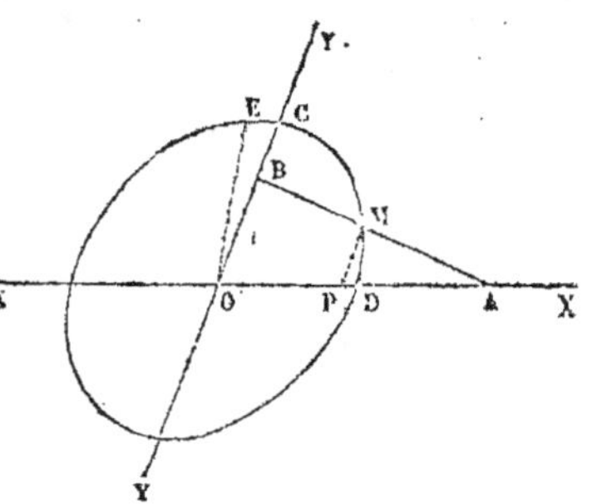

Fig. 103.

soient x et y les coordonnées du point M, on aura

$$\frac{OP}{OA} = \frac{MB}{AB} \quad \text{ou} \quad \frac{x}{a} = \frac{\alpha}{\lambda}, \quad \text{d'où} \quad a = \frac{\lambda x}{\alpha}$$

et

$$\frac{MP}{OB} = \frac{MA}{AB} \quad \text{ou} \quad \frac{y}{b} = \frac{\beta}{\lambda}, \quad \text{d'où} \quad b = \frac{\lambda y}{\beta}.$$

Or le triangle AOB donne

$$\overline{OA}^2 + \overline{OB}^2 - 2OA \cdot OB \cdot \cos AOB = \overline{AB}^2 \quad \text{ou} \quad a^2 + b^2 - 2ab \cos\theta = \lambda^2.$$

Substituant les valeurs ci-dessus de a et de b, et divisant par λ, on obtient

$$\frac{x^2}{\alpha^2} + \frac{y^2}{\beta^2} - \frac{2xy \cos\theta}{\alpha\beta} = 1. \tag{1}$$

Telle est l'équation du lieu. On reconnaît que c'est une ellipse (**183**). L'équation ne changeant pas quand on y remplace x et y par $-x$ et $-y$, on en conclut, comme au n° **172**, que l'origine est le centre de la courbe. Mais elle n'est
point rapportée à deux diamètres conjugués, puisque l'équation contient le
rectangle xy des variables.

Il est facile d'obtenir le diamètre conjugué de OD, par exemple. En effet,
l'extrémité E de ce diamètre est le point de contact d'une tangente parallèle
à OX. On déterminera les coordonnées de ce point en cherchant quelle valeur
il faut attribuer à y dans l'équation [1], pour que les deux valeurs de x se réduisent à une seule. Or si l'on prend $\dfrac{x}{\alpha}$ pour inconnue, la condition pour que
les deux racines soient égales est

$$\left(\frac{y\cos\theta}{\beta}\right)^2 - \frac{y^2}{\beta^2} + 1 = 0, \quad \text{d'où} \quad y = \pm\frac{\beta}{\sin\theta}.$$

Les racines égales sont alors

$$\frac{x}{\alpha} = \frac{y\cos\theta}{\beta}, \quad \text{d'où} \quad x = \pm\frac{\alpha\cos\theta}{\sin\theta}.$$

Ces valeurs sont faciles à construire. Connaissant le point E, on tire OE, qui sera le conjugué de OD. Ayant un système de diamètres conjugués, on pourra déterminer les axes.

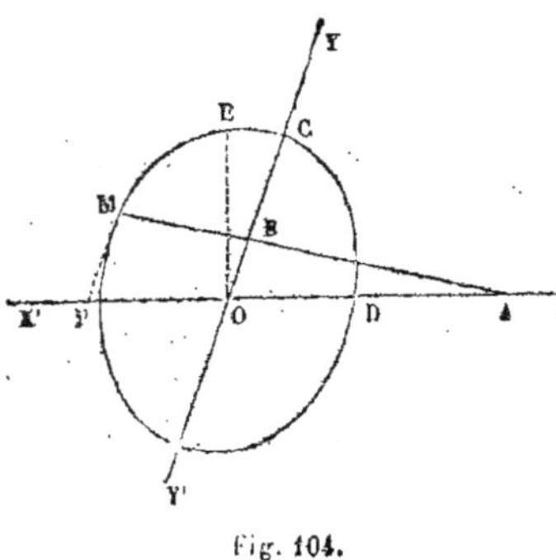

Fig. 104.

REMARQUES. — I. Si le point décrivant M, au lieu d'être situé entre A et B, comme nous l'avons supposé dans la figure 105, était situé en dehors, comme dans la figure 104, la distance OD serait égale à $-x$; on aurait donc

$$a = -\frac{\lambda x}{\alpha};$$

par suite l'équation de l'ellipse serait

$$\frac{x^2}{\alpha^2} + \frac{y^2}{\beta^2} + \frac{2xy \cos \theta}{\alpha\beta} = 1, \qquad [1]$$

et l'on trouverait pour les coordonnées de l'extrémité E du diamètre OE, conjugué de OD, les valeurs

$$y = \pm \frac{\beta}{\sin \theta} \quad \text{et} \quad x = \mp \frac{\alpha \cos \theta}{\sin \theta},$$

dans lesquelles les signes supérieurs se correspondent, ainsi que les signes inférieurs.

II. Si les droites fixes XX' et YY' étaient perpendiculaires entre elles, on aurait $\theta = 90°$; par suite, l'équation de l'ellipse deviendrait

$$\frac{x^2}{\alpha^2} + \frac{y^2}{\beta^2} = 1,$$

quelle que soit la position du point M sur la droite mobile. La courbe serait alors rapportée à son centre et à ses axes; les longueurs de ceux-ci seraient les distances α et β ou MB et MA.

405. La solution du problème suivant se déduit de celle qui vient d'être exposée.

PROBLÈME. — *Dans un cercle dont le rayon est TO (fig. 105) roule, sans glissement, un cercle dont le rayon CO est moitié moindre. On demande le lieu décrit par un point M situé sur la direction d'un rayon déterminé CA du cercle mobile.*

Soit T le point de contact des deux cercles. Par le point A et par le centre O menons une droite indéfinie XX', qui coupera le grand cercle en un point A_0. Par le point O menons une droite indéfinie YY' perpendiculaire à la première; elle rencontrera le petit cercle en un point B, qui sera sur le prolongement de CA, puisque l'angle AOB est droit.

Remarquons d'abord que le point A_0 sera précisément la position qu'occupait le point A du petit cercle lorsqu'il était tangent en A_0; en d'autres termes, les arcs AT et A_0T sont égaux. En effet, on a

$$\frac{ACT}{360^0} = \frac{AT}{2\pi.OC}, \quad \text{d'où} \quad AT = \frac{2\pi.OC.ACT}{360^0}$$

et

$$\frac{A_0OT}{360^0} = \frac{A_0T}{2\pi OT}, \quad \text{d'où} \quad A_0T = \frac{2\pi.OT.A_0OT}{360^0}$$

Or l'angle A_0OT ou AOT inscrit dans le petit cercle est la moitié de l'angle au centre ACT qui intercepte le même arc AT sur ce petit cercle; d'ailleurs OT est le double de OC; les deux expressions de AT et de A_0T sont donc égales.

Cela posé, on voit que la droite AB, qu. est constante, puisque c'est un diamètre du petit cercle, s'appuie par ses extrémités A et B sur deux axes fixes rectangulaires XX' et YY'; le point M, situé sur le prolongement de AB, décrit donc une ellipse dont les axes sont dirigés suivant ces deux axes fixes. et ont pour longueurs respectives :

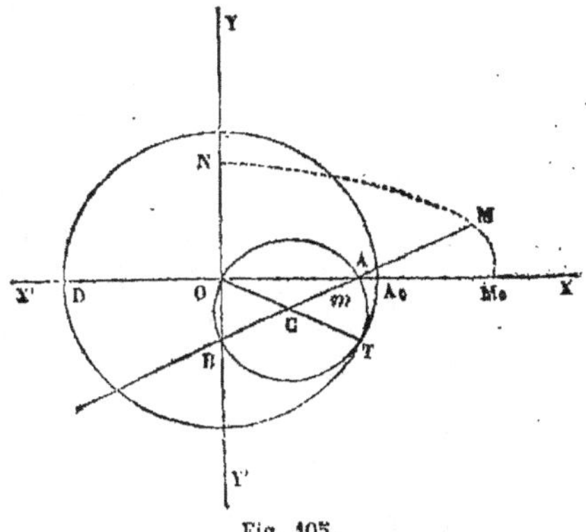

Fig. 105.

$$OM_0 = MC + CO \text{ et } ON = MC - CO.$$

Si le point décrivant était situé entre A et B, en m par exemple, les axes seraient : $OC + Cm$ et $OC - Cm$.

Si le point décrivant était le point A lui-même, on voit que l'ellipse se réduirait au diamètre A_0D du cercle fixe. On s'est servi de cette propriété dans les machines pour guider des pièces animées d'un mouvement rectiligne alternatif.

296. Le problème suivant se résout également à l'aide de ce qui a été établi au n° **294.**

Problème. *Un triangle AMB (fig. 106 et 107) se meut en s'appuyant par deux de ses sommets. A et B, sur deux axes fixes XX' et YY'; on demande le lieu décrit par le troisième sommet.*

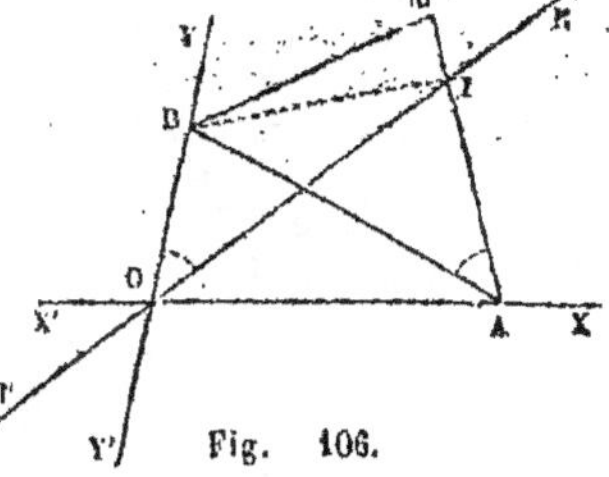

Fig. 106.

I. Si le triangle a la position indiquée figure 106, menons par le point B une droite BI qui fasse avec AM un angle BIA égal au supplément de l'angle OX; et par les points O et I menons une droite indéfinie HH'. Le quadrilatère

OBIA sera inscriptible ; donc l'angle IOB sera égal à l'angle IAB constant du triangle mobile. Les points A et I se meuvent donc sur des axes fixes XX' et HH' ; d'ailleurs les distances AI et IM sont constantes ; on se trouve donc dans le cas du n° **294** ; le sommet M décrit donc une ellipse qui a le point O pour centre.

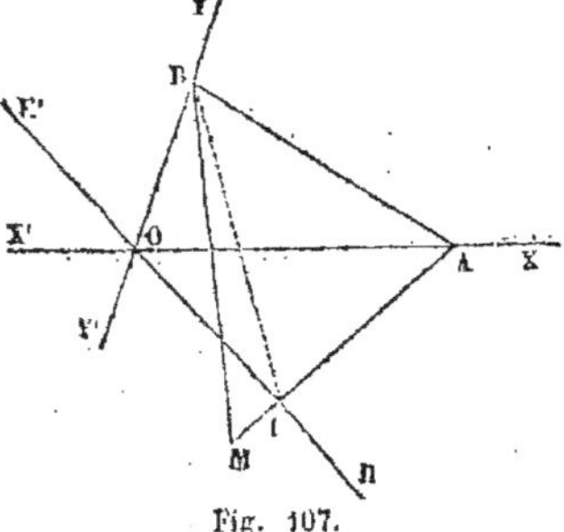

Fig. 107.

II. Si le triangle a la position indiquée figure 107, menons BI qui fasse avec AM un angle BIA égal à l'angle YOX, et par les points O et I menons la droite indéfinie HH'. Les quatre points O, B, A, I seront encore sur une même circonférence de cercle ; l'angle IOB sera donc le supplément de l'angle IAB du triangle mobile ; les points A et i se meuvent donc encore sur deux axes fixes XX' et HH' ; les distances AI et IM sont encore constantes ; le sommet M décrit donc encore une ellipse dont le centre est le point O.

REMARQUE. — Si le point M se confondait avec le point I, l'ellipse deviendrait une ligne droite, puisque le point I se meut sur la droite HH'.

207. PROBLÈME. — *Inscrire dans une ellipse donnée un quadrilatère dont la surface soit maximum.*

Supposons le problème résolu ; et soit ABCD le quadrilatère demandé (le lecteur est prié de faire la figure). Menons la diagonale BD. Puisque le quadrilatère est maximum, si l'on déplaçait le sommet A, en conservant les trois autres, la surface totale diminuerait ; et comme la surface du triangle BCD ne changerait pas, la surface du triangle BAD diminuerait ; le sommet A se rapprocherait donc de la base BD. Il en résulte que le point A est actuellement aussi éloigné qu'il est possible de la diagonale BD ; le point A est donc le point de contact d'une tangente parallèle à BD.

On démontrerait de même que le point C est le point de contact d'une seconde tangente parallèle à BD. Les points de contact A et C de deux tangentes parallèles sont les extrémités d'un même diamètre ; donc AC est un diamètre. Il en est de même de BD.

De plus, ces diamètres sont conjugués, puisque l'un d'eux, BD, est parallèle à la tangente menée à l'une des extrémités de l'autre (**276, 277**).

La condition pour qu'un quadrilatère inscrit à l'ellipse soit maximum est donc que les diagonales forment un système de diamètres conjugués.

REMARQUES. — I. Quel que soit d'ailleurs ce système de diamètres conjugués, la surface ABCD sera la même ; car elle est la moitié du parallélogramme construit sur les diamètres conjugués AC et BD, lequel est constant (**287**).

II. Dans le cercle, le quadrilatère maximum inscrit est le carré.

208. PROBLÈME. — *Étant donné un arc d'ellipse, achever la courbe.*

Soit AB'CB (fig. 108) l'arc donné. Menons les deux cordes parallèles AA' et aa' ; par les milieux de ces deux cordes faisons passer une droite DO : ce sera un diamètre de l'ellipse. Menons deux autres cordes parallèles BB', bb' ; par les milieux de ces cordes faisons passer une droite CO : ce sera un second diamètre de l'ellipse. Le point O où les diamètres se rencontreront sera le centre de la courbe. Menons par le centre la droite EE' parallèle à BB' : ce sera la direction du diamètre conjugué de OC. Pour déterminer la longueur de ce conjugué, prolongeons CO d'une quantité égale OC'; par les points C et C' menons des parallèles CT et C'T' à la corde BB' : ce seront des tangentes à la courbe; par le point D menons TT' parallèle à AA' : ce sera une troisième tangente; et, en vertu du théorème démontré au n° **293**, la moyenne proportionnelle entre CT et C'T' sera la longueur du demi-diamètre OE.

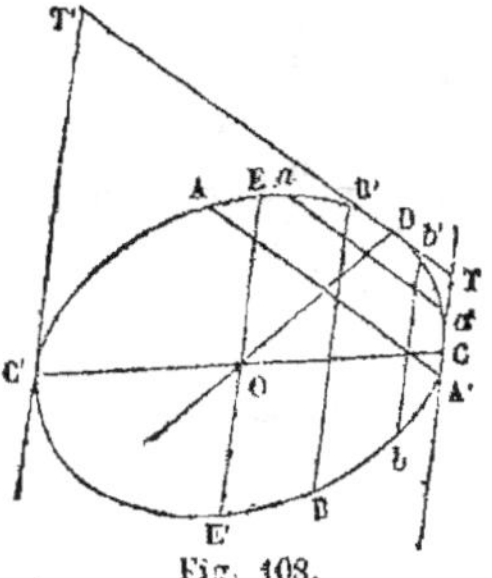

Fig. 108.

Connaissant deux diamètres conjugués CC' et EE', on a vu (**286**) comment on peut tracer la courbe.

299. Problème. — *On a une série d'ellipses ayant même centre, leurs axes proportionnels et dirigés suivant les mêmes droites; par un point fixe dans leur plan on leur mène des tangentes; on demande le lieu des points de contact.*

Supposons ces ellipses rapportées à leur centre et à leurs axes. Si les demi-axes de l'une sont a et b, les demi-axes de l'une quelconque des autres pourront être représentés par na et nb, n étant un coefficient variable d'une ellipse à l'autre.

L'équation d'une tangente sera donc (**293**)

$$\frac{Xx}{n^2a^2} + \frac{Yy}{n^2b^2} = 1 ;$$

et si x' et y' désignent les coordonnées du point fixe par lequel on mène les tangentes, on devra avoir

$$\frac{x'x}{n^2a^2} + \frac{y'y}{n^2b^2} = 1 \qquad [1]$$

avec la relation

$$\frac{x^2}{n^2a^2} + \frac{y^2}{n^2b^2} = 1. \qquad [2]$$

Pour obtenir l'équation du lieu des points de contact, c'est-à-dire la relation constante qui lie les coordonnées x et y, il suffit d'éliminer n entre les équations [1] et [2]. Pour cela, on n'a qu'à égaler les premiers membres et à supprimer le dénominateur n^2, ce qui donne

$$\frac{x^2}{a^2} + \frac{y^2}{b^2} = \frac{x'x}{a^2} + \frac{y'y}{b^2}. \qquad [3]$$

Cette équation est celle d'une ellipse qui passe par l'origine et par le point fixe. On pouvait prévoir cette double circonstance. Car lorsque les axes, tout en conservant leur rapport, deviennent très-petits, l'ellipse tend à se réduire à l'origine des coordonnées; il en est donc de même des points de contact. D'un autre côté, parmi les ellipses données, qui croissent indéfiniment, on peut toujours en concevoir une qui passe par le point fixe; ce point devient alors lui-même le point de contact.

On simplifie l'équation du lieu en transportant l'origine au milieu de la droite qui joint le point fixe à l'origine, c'est-à-dire au point dont les coordonnées sont $\frac{x'}{2}$ et $\frac{y'}{2}$. Pour cela, il faut remplacer x et y par

$$x + \frac{x'}{2} \quad \text{et} \quad y + \frac{y'}{2};$$

substituant dans l'équation [3], on obtient

$$\frac{x^2}{a^2} + \frac{y^2}{b^2} = \frac{x'^2}{4a^2} + \frac{y'^2}{4b^2}.$$

Posant, pour abréger,

$$\frac{x'^2}{4a^2} + \frac{y'^2}{4b^2} = k^2,$$

il vient enfin

$$\frac{x^2}{k^2 a^2} + \frac{y^2}{k^2 b^2} = 1.$$

L'ellipse est alors rapportée à son centre et à ses axes. On voit que ces axes sont proportionnels à ceux des ellipses données.

Remarque. — Si les ellipses données sont remplacées par des cercles concentriques, le lieu est un cercle décrit sur la distance du point fixe au centre commun des cercles donnés, prise pour diamètre.

300. Problème. — *Trouver le lieu du pôle des normales à une ellipse donnée.*

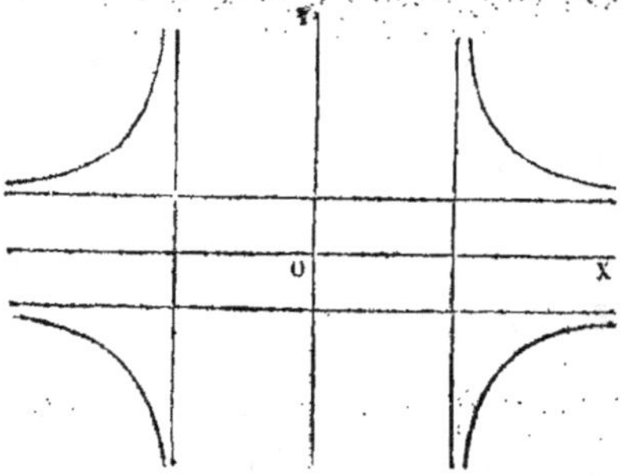

Soient x'', y'' les coordonnées du pôle; l'équation de la polaire sera

$$\frac{x'' x}{a^2} + \frac{y'' y}{b^2} = 1.$$

Cette équation devant être identique à celle de la normale

$$y - y' = \frac{a^2 y'}{b^2 x'}(x - x'),$$

on en déduit, après avoir résolu, par rapport à y,

$$\frac{c^2 y'}{b^2} = -\frac{b^2}{y''} \quad \text{et} \quad \frac{a^2 y'}{b^2 x'} = -\frac{b^2 x''}{a^2 y''},$$

d'où

$$y' = -\frac{b^4}{c^2 y''}, \quad \text{et} \quad x' = -\frac{a^4}{c^2 x''}.$$

Fig. 109.

Ces valeurs devant satisfaire à l'équation de l'ellipse, on obtient, en supprimant les accents

$$\frac{a^6}{c^4 x^2} + \frac{b^6}{c^4 y^2} = 1,$$

c'est l'équation du lieu. Il a pour asymptotes les droites qui sont représentées par les équations

$$x = \pm \frac{a^3}{c^2} \quad \text{et} \quad y = \pm \frac{b^3}{c^2} ;$$

il a la forme représentée par la figure 109.

301. Le lecteur pourra s'exercer sur les questions suivantes :

I. Théorème. — *Si l'on joint un foyer de l'ellipse avec le point où la directrice correspondante rencontre une tangente donnée, la ligne de jonction sera perpendiculaire au rayon vecteur du point de contact.*

II. Théorème. — *La moyenne géométrique entre les deux rayons vecteurs d'un même point de l'ellipse est le demi-diamètre conjugué de celui qui aboutit à ce point.*

III. Théorème. — *La somme des carrés des projections des deux diamètres conjugués de l'ellipse sur une droite fixe quelconque est constante.*

IV. Théorème. — *Si l'on joint deux points m et m' d'une ellipse aux extrémités A et B d'un même diamètre, et que l'on mène la diagonale mm' du quadrilatère déterminé par les quatre lignes de jonction, cette diagonale sera parallèle à la tangente TT' menée à l'une des extrémités A du diamètre.*

V. Problème. — *Inscrire dans une ellipse donnée un triangle dont la surface soit un maximum.*

VI. Problème. — *Étant donnés deux carrés ABCD, abcd (fig. 110), dont l'un est intérieur à l'autre, ayant même centre, et disposés de telle sorte que les côtés de l'un soient parallèles aux diagonales de l'autre, inscrire au plus grand une ellipse qui soit circonscrite au plus petit.*

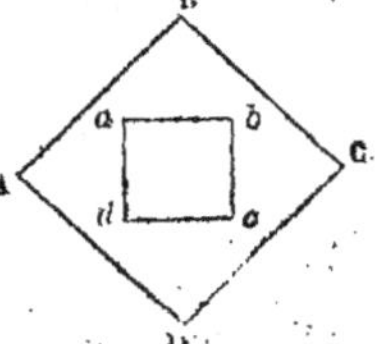

Fig. 110.

VII. Problème. — *Trouver le lieu des sommets des parallélogrammes construits sur les diamètres conjugués de l'ellipse.*

VIII. Problème. — *On a une série d'ellipses ayant même centre, leurs axes proportionnels et dirigés suivant les mêmes droites; par un point fixe pris dans le plan de ces courbes on leur mène des normales; trouver le lieu des points où chaque normale rencontre la courbe (normalement).*

IX. Problème. — *Une droite de longueur constante se meut en s'appuyant par ses extrémités sur deux axes fixes; trouver le lieu des centres de gravité des triangles déterminés par ces deux axes et par cette droite.*

X. Problème. — *On a deux ellipses dont les axes sont proportionnels et res-*

pectivement parallèles ; trouver le lieu des points où chaque diamètre de l'une rencontre le conjugué de son parallèle dans l'autre.

XI. PROBLÈME. — *On mène parallèlement à une droite donnée des tangentes à une série d'ellipses ayant les mêmes foyers ; trouver le lieu des points de contact.*

XII. PROBLÈME. — *On a une série d'ellipses ayant même surface et leurs axes dirigés suivant les mêmes droites ; dans chacune d'elles on inscrit un rectangle maximum ; trouver le lieu des sommets de ces rectangles.*

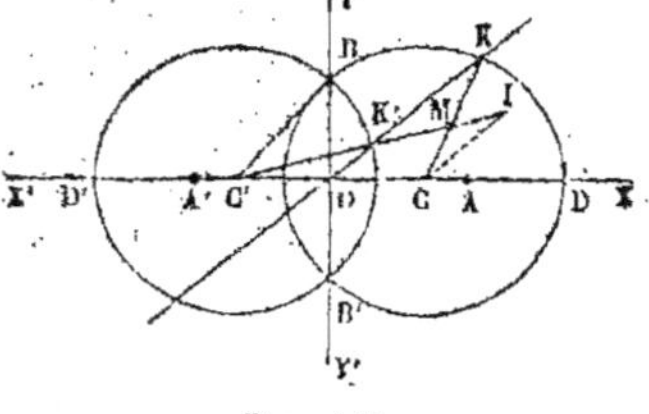

Fig. 111.

XIII. PROBLÈME. — *On a deux cercles égaux C et C' (fig. 111), qui se coupent en B et B' ; par le milieu O de la distance des centres on mène une sécante quelconque ; elle rencontre les deux circonférences en des points K et K' ; on joint CK et C'K' qui, prolongés au besoin, se coupent en un point M. On demande le lieu du point M.*

302. APPLICATIONS. — I. On sait qu'une arcade à plein cintre est formée d'une demi-circonférence de cercle AHB (fig. 112) qui est tangente en A et B aux arêtes verticales AC et BD des piédroits ; la tangente à l'extrémité H du rayon

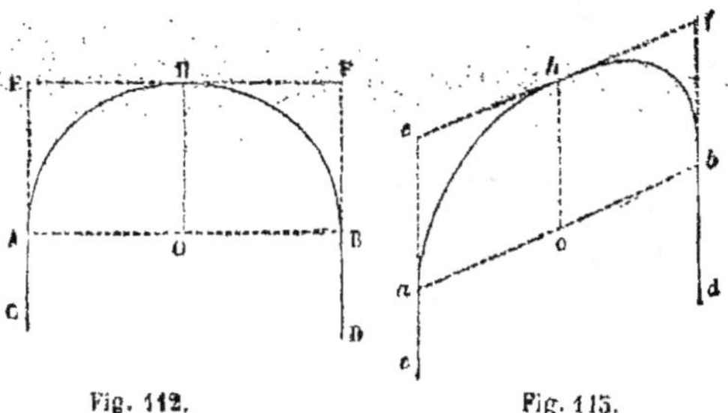

Fig. 112.   Fig. 113.

vertical OH est alors une horizontale EF, parallèle à la ligne de naissance AB.

Lorsque l'arcade est destinée à soutenir une rampe, la ligne de naissance *ab* (fig. 113) prend l'inclinaison de la rampe ; il en est de même de la tangente *ef* menée à l'extrémité *h* de la verticale *oh*, égale à *oa* ou à $\frac{1}{2}ab$. La courbe *ahb* de l'arcade prend alors le nom d'*arc rampant* ; elle doit être tangente en *a*, *h* et *b* aux droites *ce*, *ef* et *fd*. Le plus souvent on se contente de la remplacer par deux arcs de cercle ; mais le tracé a moins de raideur lorsque la courbe est une ellipse.

Les tangentes *ae* et *bf* étant parallèles, la droite *ab* est un diamètre ; son milieu *o* est le centre, et *oh* est le conjugué de *ao*. Ayant un système de diamètres conjugués égaux, il suffit, pour tracer la courbe, de décrire sur *ab* une demi-circonférence, et d'incliner ensuite les ordonnées parallèlement à *oh* (**286**).

REMARQUE. — On trouverait dans l'architecture et dans la coupe des pierres beaucoup d'autres applications de l'ellipse.

303. — II. La perspective d'un cercle est généralement une ellipse, quand la surface du tableau est plane. Pour mettre en perspective un cercle O (fig. 114) dont le plan est horizontal, on lui circonscrit un carré ABCD, dont deux côtés AB et CD sont parallèles au tableau ; on mène la diagonale BC, et l'on tire les

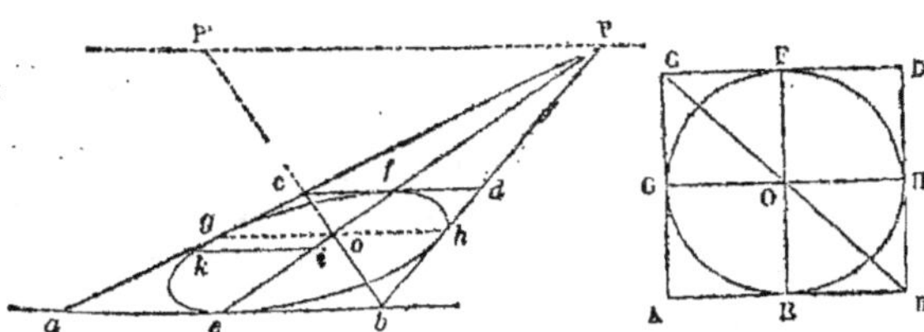

Fig. 114.

diamètres EF et GH qui unissent les points de contact. Soit *ab* l'horizontale qui représente le côté AB sur le tableau. On démontre que les droites *ac*, *ef*, *bd*, perspectives des droites AC, EF, BD, vont concourir en un point P, que l'on appelle le *point de vue* ; et que la diagonale BC a pour perspective une droite *bc* qui va passer par un certain point P', situé sur la même horizontale que P, et que l'on nomme le *point de distance*. Quant aux droites *cd* et *gh*, perspectives des droites CD et GH, elles sont parallèles à *ab*. Les lignes tangentes restant tangentes en perspective, il s'agit de tracer une ellipse tangente en *e, g, f* et *h* aux quatre côtés du trapèze *abcd*.

Pour cela, on remarquera que les tangentes *ab* et *cd* étant parallèles, la droite *ef* est un diamètre, et son milieu *i* est le centre. Le conjugué de *ef* est parallèle à *ab*. Pour en déterminer la longueur on fera usage du théorème démontré au n° **293**. On prendra la moyenne géométrique entre *ae* et *cf*, et on la portera de *i* en *k*. Ayant un système de diamètres conjugués, on pourra tracer la courbe comme il a été dit au n° **286**.

REMARQUES. — I. La perspective d'un cercle vertical donnerait lieu à des constructions du même genre.

II. Les ombres et la perspective des ombres fourniraient beaucoup d'autres applications de l'ellipse.

304. — III. Lorsque la corde d'un réverbère conserve sa longueur et reste dans un plan vertical, la poulie est assujettie à décrire une ellipse qui a pour foyers les deux points de suspension et dont le grand axe a pour longueur celle de la corde. Dans la position d'équilibre, on démontre que la poulie est au point le plus bas de l'ellipse, la tangente en ce point étant horizontale. Pour trouver la position d'équilibre, il s'agit donc de mener à l'ellipse une tangente horizontale (**272**). Pour cela, soient A et B (fig. 115) les points de suspension; on mènera la verticale AH. Du point B comme centre avec un rayon égal à la longueur de la corde, on décrira un arc de cercle qui coupera AH en un point D; on joindra BD; puis, par le milieu I de AD, on mènera l'horizontale IM qui rencontrera BD au point M. Ce point sera la position d'équilibre de la poulie; les droites AM et BM seront les directions des deux parties de la corde.

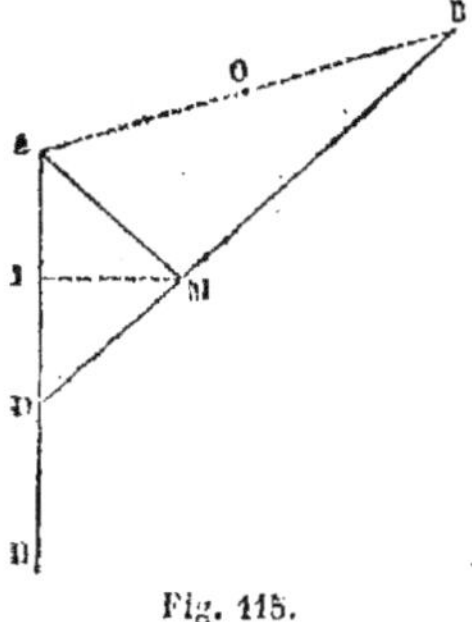

Fig. 115.

305. — IV. On a construit des salles à voûte elliptique; elles jouissent, sous le rapport de l'acoustique, d'une propriété remarquable. Supposons que la voûte soit une surface de révolution dont la demi-ellipse AMA' (fig. 97) soit la courbe méridienne, et dont AA' soit l'axe. On sait que lorsqu'un rayon sonore vient frapper une surface, il se réfléchit en faisant un angle de réflexion égal à l'angle d'incidence; c'est-à-dire que le rayon incident et le rayon réfléchi font avec la normale des angles égaux. La normale à une surface de révolution étant la normale à la section méridienne qui passe au point de la surface que l'on considère, on voit que si un rayon sonore F'M émane de l'un des foyers F' de la courbe méridienne, après la réflexion il viendra passer au foyer F, puisque les angles F'MN et FMN que les deux rayons font avec la normale MN doivent être égaux. Il en sera de même de tous les rayons qui émanent du foyer F', soit qu'ils viennent frapper la surface en un point de la courbe AMA' ou en un point de toute autre ellipse méridienne. Un son produit en F' sera donc perçu en F avec une intensité incomparablement plus grande que s'il était produit et perçu en tout autre point de l'espace; et c'est ce qu'on observe en effet.

306. — V. Le méridien terrestre diffère extrêmement peu d'une ellipse dont le grand axe serait le diamètre de l'équateur, et dont le petit axe serait la distance des pôles. C'est en mesurant les degrés du méridien qu'on a pu déterminer les dimensions de ses axes.

On appelle *arc d'un degré* sur une ellipse (ou sur une courbe quelconque), un arc tel, que les normales menées à ses extrémités font entre elles un angle d'un degré. Or il suffit de connaître la longueur de l'arc d'un degré au pôle et à l'équateur pour être en état de calculer les axes du méridien.

En effet, chacun de ces arcs peut d'abord être remplacé par un arc de cercle qui en diffère extrêmement peu, car on a vu au n° **191** que la normale, en un point très-voisin du sommet du grand axe, rencontre cet axe à une distance du centre égale à $\frac{c^2}{a}$, et par conséquent à une distance du sommet égale à $a - \frac{c^2}{a}$

ou à $\frac{b^2}{a}$. L'arc d'un degré compté à partir du sommet du grand axe se confond donc sensiblement avec un arc de cercle dont le rayon serait $\frac{b^2}{a}$; et si l'on désigne par d la longueur de l'arc d'un degré dont il s'agit, on a

$$\frac{d}{2\pi \frac{b^2}{a}} = \frac{1^0}{360^0}. \qquad [1]$$

On verrait de la même manière que si d' désigne la longueur de l'arc d'un degré compté à partir du sommet du petit axe, on a

$$\frac{d'}{2\pi \frac{a^2}{b}} = \frac{1^0}{360^0}. \qquad [2]$$

De ces deux égalités on tire les valeurs de a et de b. Pour cela, on élève au carré les termes de l'égalité [1] et on multiplie terme à terme avec la proportion [2], on obtient

$$\frac{d^2 d'}{(2\pi)^3 b^3} = \frac{1}{(360)^3}, \quad \text{d'où} \quad b = \frac{360\sqrt[3]{d^2 d'}}{2\pi}.$$

Par un calcul analogue, on obtient

$$a = \frac{360\sqrt[3]{d d'^2}}{2\pi}.$$

On a trouvé ainsi, à environ 500^m près,

$$a = 6377400^m \quad \text{et} \quad b = 6356100^m$$

a étant le rayon de l'équateur et b celui du pôle.
Ce qu'on nomme l'*aplatissement* est le rapport

$$\frac{a - b}{a} = \frac{21300}{6377400} = \frac{1}{299}.$$

307. —VI. Les orbites des planètes (lorsqu'on néglige les petites perturbations qu'elles éprouvent) sont des ellipses dont le centre du soleil occupe l'un des foyers. L'orbite de la terre, par exemple, est une ellipse dont le demi grand axe est d'environ 153493000 kilomètres, et le demi petit axe de 153454000 kilomètres. L'excentricité, ou le rapport $\frac{c}{a}$, est 0,01678. Cette ellipse, comme on voit, diffère peu d'un cercle.

Parmi les planètes anciennement connues, celle dont l'orbite est la plus excentrique est Mercure; pour cette planète, le rapport $\frac{c}{a}$ est égal à 0,20562

La planète dont l'orbite a la plus grande excentricité est Junon, pour laquelle $\frac{c}{a} = 0,256$.

D'après la première loi de Képler, si par le foyer F (fig. 116) de l'orbite planétaire qu'occupe le centre du soleil, on conçoit un rayon vecteur fictif F*m* mené au centre de la planète, ce rayon vecteur décrira des aires proportionnelles au temps, c'est-à-dire que si m' est la position qu'occupe la planète au bout de $1''$ par exemple, le secteur mFm' aura une surface constante, quelle que soit la position m qui a servi de point de départ.

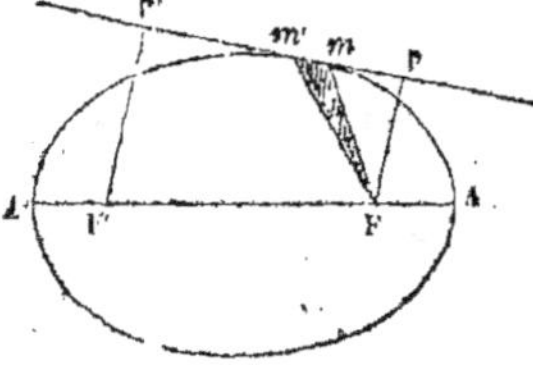

Fig. 116.

L'arc mm' n'est autre chose que la vitesse v de la planète : la loi de Képler fournit les moyens d'exprimer d'une manière très simple la loi suivant laquelle varie cette vitesse. En effet, soit T la durée de la révolution de la planète exprimée en secondes, l'aire du secteur décrit en une seconde sera (**290**)

$$s = \frac{\pi ab}{T}. \qquad (1)$$

Mais l'arc mm' étant assez petit pour pouvoir être considéré comme rectiligne, on a aussi

$$s = \tfrac{1}{2} mm'.p,$$

en appelant p la perpendiculaire FP abaissée du foyer F sur la tangente en m, ou sur le prolongement de l'élément mm'. D'ailleurs, en vertu du théorème démontré au n° **202**, si p' désigne de même la perpendiculaire FP' abaissée du second foyer F' sur la même tangente, on a

$$p = \frac{b^2}{p'},$$

et par suite

$$s = \tfrac{1}{2} mm'.\frac{b^2}{p'}. \qquad [2]$$

Égalant les seconds membres des relations [1] et [2], on obtient

$$\tfrac{1}{2} mm'.\frac{b^2}{p'} = \frac{\pi ab}{T}, \quad \text{d'où} \quad mm' \text{ ou } v = \frac{2\pi a}{bT}.p',$$

c'est-à-dire que la vitesse v de la planète est proportionnelle à la perpendiculaire p' abaissée du second foyer de l'orbite sur la tangente.

La vitesse est donc la plus grande quand la planète est au point A, que l'on nomme le *périhélie;* on a alors $p' = a + c$, et par conséquent

$$v = \frac{2\pi a (a + c)}{bT}.$$

Elle est plus petite quand la planète est au point A', que l'on nomme l'*aphélie;* on a alors $p' = a - c$, et par suite

$$v = \frac{2\pi a (a - c)}{bT}.$$

Ces vitesses extrêmes sont dans le rapport de $a + c$ à $a - c$, ou, ce qui revient au même, dans le rapport de $1 + \dfrac{c}{a}$ à $1 - \dfrac{c}{a}$. Pour l'orbite terrestre, par exemple, dans laquelle $\dfrac{a}{b} = 0{,}01678$, les vitesses au périhélie et à l'aphélie sont entre elles comme $1 + 0{,}01678$ est à $1 - 0{,}01678$ ou comme $1{,}01678$ est à $0{,}98522$.

Pour Mercure, on a $\dfrac{c}{a} = 0{,}20562$; et par conséquent le rapport des vitesses extrêmes est celui des nombres $1 + 0{,}20562$ et $1 - 0{,}20562$ ou de $1{,}20562$ à $0{,}79438$.

CHAPITRE VIII

§ 1. — AXES; ASYMPTOTES; ORDONNÉES; FOYERS ET DIRECTRICES.

308. Axes. — On a vu au n° **226** que l'équation de l'hyperbole peut être ramenée à l'une des deux formes :

$$[1] \qquad \frac{x^2}{a^2} - \frac{y^2}{b^2} = 1, \quad \text{ou} \quad \frac{x^2}{a^2} - \frac{y^2}{b^2} = -1, \qquad 2]$$

en prenant pour axes coordonnés les *axes mêmes de la courbe*.

La seconde forme se ramène elle-même à la première en changeant les y en x et les x en y; il suffira donc d'étudier la première. Elle ne diffère de l'équation de l'ellipse qu'en ce que b^2 y est remplacé par $-b^2$.

Pour $y = 0$, on a $x = \pm a$; mais pour $x = 0$ on trouve $y = \pm b\sqrt{-1}$. Il en résulte que l'axe des x rencontre la courbe en deux points A et A' (fig. 117), mais que l'axe des y ne la rencontre pas. Le premier prend pour cette raison le nom d'*axe transverse*; sa longueur AA' est $2a$. Quoique le second ne rencontre pas la courbe, on convient encore d'appeler **2b** sa longueur, et on la désigne sous le nom d'*axe non transverse* ou *imaginaire*.

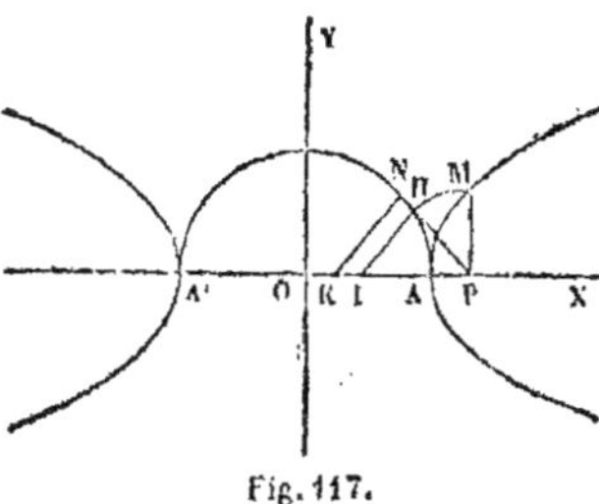

Fig. 117.

On tire de l'équation [1]

$$y = \pm \frac{b}{a} \sqrt{x^2 - a^2}. \qquad [3]$$

On reconnaît que la courbe n'a aucun point dont l'abscisse

soit moindre que a en valeur absolue; et si l'on fait croître x de a jusqu'à $+\infty$, y croît depuis 0 jusqu'à $+\infty$, ce qui détermine deux arcs infinis. La dérivée de l'ordonnée est $y' = \dfrac{b^2 x}{a^2 y}$,

et, pour voir comment elle varie, remplaçons y par sa valeur tirée de l'équation de la courbe; on trouve, après réductions,

$$y' = \frac{b}{a} \cdot \frac{x}{\sqrt{x^2 - a^2}} \quad \text{ou} \quad y' = \frac{b}{a} \cdot \frac{1}{\sqrt{1 - \dfrac{a^2}{x^2}}}.$$

Considérons la portion de la courbe comprise dans l'angle YOX. Quand x croît de $+a$ à $+\infty$, y' décroît de $+\infty$ à $+\dfrac{b}{a}$; il en résulte que, dans l'intervalle considéré, la courbe tourne sa concavité vers les y négatifs (**152**) : et, à cause de la symétrie, on peut dire que dans tout son cours elle tourne sa concavité vers le prolongement de son axe transverse.

Elle a donc la forme indiquée par la figure 117.

Les points A et A' où elle est rencontrée par son axe transverse sont les deux *sommets* de l'hyperbole.

309. On peut aussi, comme au n° **251**, calculer les coordonnées d'autant de points de la courbe qu'on voudra sans avoir de racine à extraire.

Il suffit de poser

$$x = \pm\, a \cdot \frac{1 + t^2}{1 - t^2} \quad \text{et} \quad y = \pm\, b \cdot \frac{2t}{1 - t^2},$$

formules qui vérifient l'équation [1] indépendamment de t. En y faisant croître t de 0 jusqu'à 1, x varie de a jusqu'à ∞, et y depuis 0 jusqu'à ∞.

310. On peut encore construire l'hyperbole par points d'après son équation. Soit OP (fig. 117) l'abscisse d'un point dont on cherche l'ordonnée; du point P on mènera une tangente PN au cercle décrit sur AA' comme diamètre; on prendra $PI = b$, et $PK = a$; on joindra KN, et l'on mènera IH parallèle à KN; puis on prendra l'ordonnée PM égale à PH; le point M sera un point de la courbe, car on aura

$$\frac{MP}{PN} \quad \text{ou} \quad \frac{PH}{PN} = \frac{PI}{PK} = \frac{b}{a}.$$

Mais

$$PN = \sqrt{PA.PA'} = \sqrt{(x+a)(x-a)} = \sqrt{x^2 - a^2},$$

donc

$$\frac{MP}{\sqrt{x^2 - a^2}} = \frac{b}{a},$$

ce qui revient à la relation [3].

Dans tous les cas, la construction préalable des asymptotes permettra de tracer la courbe avec plus d'exactitude.

311. Asymptotes. — En suivant la marche indiquée au n° **169**, on trouverait que les équations des asymptotes à l'hyperbole

$$\frac{x^2}{a^2} - \frac{y^2}{b^2} = 1$$

sont

$$y = \pm \frac{b}{a} x. \qquad\qquad [1]$$

On voit, par leurs équations, que ces droites ST et S'T' (fig. 118) coïncident avec les diagonales du rectangle construit sur les axes. Mais on peut y arriver directement et sans connaître la théorie générale des asymptotes des courbes algébriques.

L'équation de l'hyperbole peut être mise sous la forme

$$y = \pm \frac{b}{a} x \sqrt{1 - \frac{a^2}{x^2}}; \qquad\qquad [2]$$

il suffit pour cela de la résoudre par rapport à y, de multiplier le second membre par x, et de diviser en même temps par x^2 ous le radical.

On remarque alors qu'à mesure que la valeur absolue de x augmente, c'est-à-dire à mesure que l'on considère un point de plus en plus éloigné de l'origine, le terme $\frac{a^2}{x^2}$ diminue, et peut devenir moindre que toute quantité donnée; en sorte que les valeurs de y tendent à se réduire à celles qui sont données par l'équation [1]. En d'autres termes, l'hyperbole approche d'autant plus de se confondre avec l'une des droites représentées par l'équation [1] qu'elle s'éloigne davantage de son centre.

Pour mieux comparer la courbe avec ces droites, considérons d'abord la demi-branche d'hyperbole pour laquelle les coordonnées x et y sont positives ; écrivons simplement

$$y = \frac{b}{a}\sqrt{x^2 - a^2}, \qquad [3]$$

et posons

$$Y = \frac{b}{a}x. \qquad [4]$$

On tire de ces deux équations,

$$Y - y = \frac{b}{a}\left(x - \sqrt{x^2 - a^2}\right),$$

ou, en multipliant et en divisant en même temps par $x + \sqrt{x^2 - a^2}$,

$$Y - y = \frac{b}{a} \cdot \frac{a^2}{x + \sqrt{x^2 - a^2}} = \frac{ab}{x + \sqrt{x^2 - a^2}}.$$

On voit qu'à mesure que x augmente, la différence $Y - y$ diminue, et qu'elle peut devenir aussi petite qu'on voudra, puisque x peut croître indéfiniment. La branche de courbe représentée par l'équation [3] approche donc indéfiniment de la droite représentée par l'équation [4].

De la symétrie de la courbe par rapport aux axes on conclut que ses quatre demi-branches approchent indéfiniment des droites qui ont pour équations

$$Y = \pm\frac{b}{a}x,$$

le signe supérieur convenant à la droite dont s'approchent la demi-branche supérieure à droite et la demi-branche inférieure à gauche, et le signe inférieur à la droite dont s'approchent la demi-branche supérieure à gauche et la demi-branche inférieure à droite.

312. Pour que l'hyperbole représentée par l'équation [1] soit équilatère (**199**), il faut que l'on ait

$$+\frac{b}{a} \cdot -\frac{b}{a} = -1, \quad \text{d'où} \quad a = b.$$

Donc une hyperbole équilatère a ses *axes égaux*, d'où le nom qu'on lui a donné ; mais nous l'avons définie au n° **199** par une propriété plus facile à constater.

La réciproque est évidemment vraie. On peut démontrer cette réciproque d'une manière générale à l'aide des invariants (**237**). Il en résulte que l'équation d'une hyperbole équilatère rapportée à ses axes est

$$x^2 - y^2 = a^2 \qquad\qquad [4]$$

et que ses asymptotes sont les *bissectrices* des angles des axes.

Si l'on rapporte l'hyperbole équilatère représentée par l'équation [4] à un système de diamètres conjugués quelconques, en remplaçant x et y par les valeurs données par les formules du n° **63**, on obtient une équation de la forme

$$x^2 - y^2 = a'^2.$$

Donc *tous les diamètres conjugués d'une hyperbole équilatère sont égaux*.

313. L'équation de l'hyperbole rapportée à deux diamètres conjugués étant de même forme que lorsque la courbe est rapportée à ses axes (**219**), l'équation d'une hyperbole rapportée à deux diamètres conjugués de longueurs $2a'$ et $2b'$ serait (**226**)

$$\frac{x^2}{a'^2} - \frac{y^2}{b'^2} = 1 \quad \text{ou} \quad \frac{x^2}{a'^2} - \frac{y^2}{b'^2} = -1.$$

Dans la première $2a'$ serait transverse et $2b'$ imaginaire ; le contraire aurait lieu dans la seconde.

314. Hyperboles conjuguées. — Si l'on considère les hyperboles ayant pour équation

$$\frac{x^2}{a^2} - \frac{y^2}{b^2} = 1 \quad \text{et} \quad \frac{x^2}{a^2} - \frac{y^2}{b^2} = -1,$$

on reconnaît qu'elles ont les mêmes asymptotes ; mais la première est placée dans deux des angles formés par ces droites, et la seconde dans les deux autres. Leurs axes sont égaux en valeur absolue ; mais dans la première c'est l'axe a qui est transverse, tandis que dans la seconde c'est l'axe b. Ces hyperboles sont dites *conjuguées*. Leurs diamètres conjugués sont les mêmes ; mais celui des deux qui est transverse dans l'une est non transverse dans l'autre.

315. Ordonnées. — THÉORÈME. *Les carrés des ordonnées perpendiculaires à l'axe transverse sont entre eux comme les produits des distances de ces ordonnées aux deux sommets.*

En effet, M (x, y) et M'(x', y') étant deux points de l'hyperbole, on a

$$y^2 = \frac{b^2}{a^2}(x^2 - a^2) \quad \text{et} \quad y'^2 = \frac{b^2}{a^2}(x'^2 - a^2),$$

d'où

$$\frac{y^2}{y'^2} = \frac{x^2 - a^2}{x'^2 - a^2} = \frac{(x - a)(x + a)}{(x' - a)(x' + a)};$$

mais

$$y = MP, \quad y' = M'P',$$

$$x - a = AP, \quad x + a = A'P, \quad x' - a = AP' \quad \text{et} \quad x' + a = A'P'.$$

Donc

$$\frac{\overline{MP}^2}{\overline{M'P'}^2} = \frac{AP.A'P}{AP'.A'P'},$$

ce qu'il s'agissait de démontrer.

REMARQUE. — On démontrerait, comme au n° **253**, que *les ordonnées perpendiculaires au grand axe sont aux ordonnées correspondantes de l'hyperbole équilatère décrite sur cet axe, dans le rapport de* b *à* a, *et que l'hyperbole non équilatère peut être considérée comme la projection de l'hyperbole équilatère.*

316. Foyers. — Par un calcul identique à celui du n° **255**, on trouve que l'hyperbole a deux foyers réels, situés sur l'axe transverse, et dont les coordonnées sont

$$\beta = 0 \quad \text{et} \quad \alpha = \pm \sqrt{a^2 + b^2} = \pm c.$$

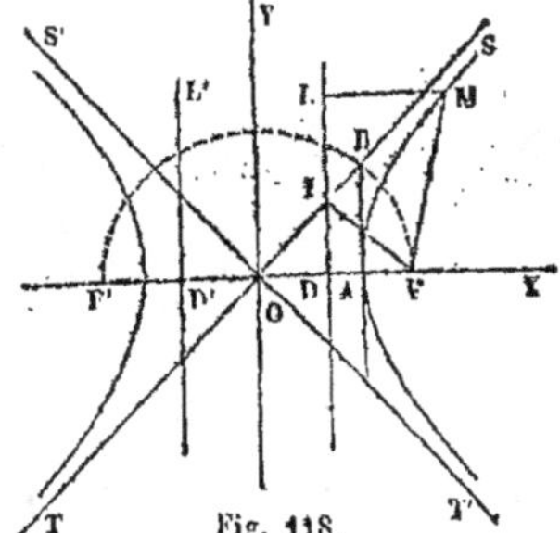

Fig. 118.

Pour construire les foyers, il suffit d'élever au sommet A (fig. 118) une perpendiculaire à l'axe transverse; de prendre sur cette perpendiculaire une longueur AB égale à b, et de décrire du point O comme centre, avec OB pour rayon, une demi-circonférence de cercle. Elle rencontrera l'axe transverse prolongé aux points F et F', qui seront les foyers; car on aura

$$OF = BO = \sqrt{OA^2 + AB^2} = \sqrt{a^2 + b^2}.$$

317. Soit M un point de l'hyperbole répondant à une abscisse positive, c'est-à-dire un point de la branche de droite. On trouve, pour l'expression des rayons vecteurs qui partent du foyer F,

$$MF = \frac{cx}{a} - a,$$

attendu que, x étant au moins égal à a, et c étant plus grand que a, le terme $\frac{cx}{a}$ est toujours plus grand que a.

On a de même

$$MF' = \frac{cx}{a} + a.$$

Si le point M était sur la branche de gauche, x serait négatif et on aurait

$$MF = -\frac{cx}{a} + a \quad \text{et} \quad MF' = -\frac{cx}{a} - a.$$

318. Directrices. — La directrice correspondant au foyer F a pour équation

$$\frac{cx}{a} - a = 0 \quad \text{ou} \quad x = \frac{a^2}{c},$$

et celle correspondant au foyer F' a pour équation

$$\frac{cx}{a} + a = 0 \quad \text{ou} \quad x = -\frac{a^2}{c}.$$

Comme c est plus grand que a, la distance $\frac{a^2}{c}$ est moindre que a; les deux directrices sont situées entre les sommets A et A'.

Pour construire la directrice DL (fig. 118), il suffit d'élever sur OA la perpendiculaire AB égale à b, de joindre OB; d'abaisser du foyer F sur OB la perpendiculaire FI, et de mener par le point I une perpendiculaire DL à l'axe transverse. Car on aura

$$\frac{OD}{OI} = \frac{OI}{OF};$$

mais les triangles OAB et OIF sont égaux comme étant rectangles ayant un angle commun et les hypoténuses égales; on a donc OI = OA, et l'on peut écrire

$$\frac{OD}{OA} = \frac{OA}{OF} \quad \text{ou} \quad \frac{OD}{a} = \frac{a}{c},$$

d'où

$$OD = \frac{a^2}{c}.$$

Quand l'hyperbole est équilatère, le point D est le milieu de OF; car le triangle OAB, et par suite son égal OIF, sont isocèles, puisque l'on a $a = b$.

319. Excentricité. — On a $ML = x - \dfrac{a^2}{c}$ et $MF = \dfrac{cx}{a} - a$; on en conclut

$$\frac{MF}{ML} = \frac{\dfrac{cx}{a} - a}{x - \dfrac{a^2}{c}} = \frac{c}{a}.$$

Donc, de même que dans l'ellipse, l'excentricité de l'hyperbole est égale au *rapport de la distance focale à l'axe transverse*. Comme c est plus grand que a, un point quelconque de la courbe est plus près de la directrice que du foyer. C'est l'inverse de ce qui a lieu dans l'ellipse.

320. En retranchant l'une de l'autre les valeurs des rayons vecteurs trouvés au n° **317**, il vient

$$MF' - MF = 2a,$$

quantité constante, et cela que le point M appartienne à l'une ou à l'autre branche de la courbe. Donc, *dans l'hyperbole, la différence des rayons vecteurs est égale à l'axe transverse*.

321. REMARQUES. — I. Cette propriété n'appartient qu'aux points de l'hyperbole ; car soit d'abord M' (fig. 119) un point extérieur (c'est-à-dire placé du côté où la courbe tourne sa convexité) ; joignons M'F' et M'F, qui coupera la courbe en un point M ; joignons MF'. Nous aurons

$$M'F < MF' + MM', \quad \text{d'où} \quad M'F' - M'F < MF' + MM' - M'F,$$

ou

$$M'F' - M'F < MF' - MF \quad \text{ou} \quad < 2a.$$

Soit, en second lieu, M" un point intérieur (c'est-à-dire placé du côté où la courbe tourne sa concavité) ; joignons M"F' et M"F, dont le prolongement coupera la courbe en un point M ; joignons MF'. Nous aurons

$$M"F' > MF' - MM", \quad \text{d'où} \quad M"F' - M"F > MF' - MM' - M"F,$$

ou

$$M"F' - M"F > MF' - MF \quad \text{ou} \quad > 2a.$$

Ou voit qu'*un point est hors de l'hyperbole, sur l'hyperbole, ou intérieur à l'hyperbole, suivant que la différence de ses distances aux deux foyers est inférieure, égale ou supérieure à l'axe transverse.*

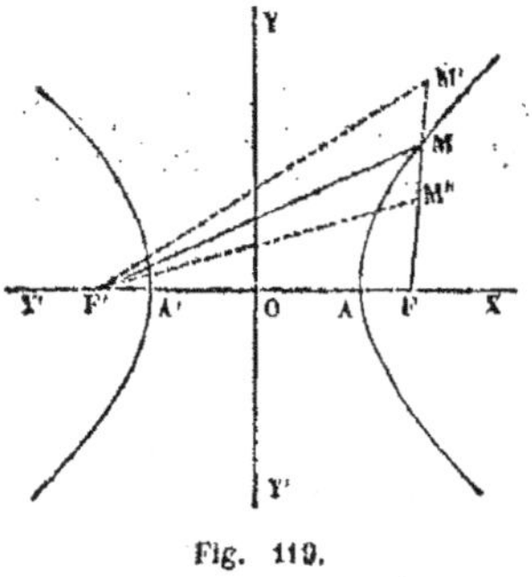

C'est la propriété par laquelle nous avons défini l'hyperbole, au n° **15**.

II. On a vu au n° **15** comment on trace la courbe d'un mouvement continu en s'appuyant sur la propriété dont nous nous occupons.

Fig. 119.

On peut aussi la construire par points. Pour cela, du foyer F comme centre avec un rayon plus grand que $c - a$, on décrira un arc de cercle ; du point F' comme centre avec un rayon égal au précédent augmenté de $2a$, on décrira un second arc de cercle. Ces deux arcs se couperont en un point appartenant à l'hyperbole.

322. Hyperboles homofocales. — Dans les hyperboles homofocales, la quantité $a^2 + b^2$ doit être la même ; on aura donc l'équation générale des hyperboles ayant les mêmes foyers que celle qui est représentée par l'équation [1], en augmentant a^2 et diminuant b^2 d'une même quantité λ positive ou négative, ce qui donne

$$\frac{x^2}{a^2+\lambda} - \frac{y^2}{b^2-\lambda} = 1.$$

§ 2. — TANGENTE ET NORMALE.

323. Tangente. — Le coefficient angulaire de la tangente à l'hyperbole, représentée par l'équation

$$\frac{x^2}{a^2} - \frac{y^2}{b^2} = 1,\qquad\qquad [1]$$

au point (x, y), a pour valeur (**141**)

$$-\frac{f'_x}{f'_y} \quad \text{ou} \quad m = \frac{b^2 x}{a^2 y},$$

qui ne diffère de celle du coefficient angulaire de la tangente à l'ellipse qu'en ce que b^2 est changé en $-b^2$; et l'équation de la tangente en ce point (x, y) est

$$Y - y = \frac{b^2 x}{a^2 y}(X - x);\qquad\qquad [2]$$

il faut y joindre la relation [1] qui exprime que le point est sur la courbe.

On peut mettre l'équation [2] sous la forme

$$\frac{Xx}{a^2} - \frac{Yy}{b^2} = \frac{x^2}{a^2} - \frac{y^2}{b^2},$$

et par conséquent, en vertu de [1], on peut écrire

$$\frac{Xx}{a^2} - \frac{Yy}{b^2} = 1;\qquad\qquad [3]$$

telle est l'équation de la tangente à l'hyperbole, en *fonction des coordonnées du point de contact.*

REMARQUES. — I. On peut encore obtenir cette équation en appliquant la règle du n° **238**.

II. Au sommet, on a $x = a$ et $y = 0$; par suite $m = \infty$: la tangente en ce point est donc perpendiculaire à l'axe transverse. Quand x croît de $+a$ à $+\infty$, m décroît de $+\infty$ à $+\dfrac{b}{a}$ (**308**). Donc, à mesure que le point de contact s'éloigne sur la courbe, la tangente tend à devenir parallèle à l'asymptote. Nous verrons plus loin que la tangente à l'hyperbole à l'infini se confond avec l'asymptote elle-même.

324. Si l'on fait $Y = 0$ dans l'équation de la tangente, on trouve

$$X = \frac{a^2}{x},$$

quantité indépendante de b et de y. Il en résulte, comme pour l'ellipse, que si l'on décrit diverses hyperboles ayant le même axe transverse, et qu'on leur mène des tangentes aux points qui ont pour abscisse commune x, ces tangentes iront toutes couper l'axe transverse en un même point.

REMARQUE. — La valeur de X étant de même signe que x et moindre que a, il s'ensuit que la tangente coupe l'axe transverse entre la branche d'hyperbole qu'elle touche et le centre, et que par conséquent la tangente passe toujours entre les deux branches.

325. *Équation d'une tangente parallèle à une droite donnée dont le coefficient angulaire est* m.

En opérant comme au n° **266**, I, on trouvera

$$Y = mX \pm \sqrt{a^2 m^2 - b^2}. \qquad [5]$$

Cette équation ne diffère de celle qui a été trouvée pour la tangente à l'ellipse qu'en ce que b^2 y est remplacé par $-b^2$.

Il peut y avoir, comme on voit, deux tangentes parallèles à la direction donnée.

Quand on a

$$m^2 = \frac{b^2}{a^2} \quad \text{ou} \quad m = \pm \frac{b}{a},$$

elles se confondent avec les asymptotes (**311**)

$$Y = \pm \frac{b}{a} X,$$

et le problème devient impossible quand on a

$$m^2 < \frac{b^2}{a^2} \quad \text{ou} \quad m < \frac{b}{a}$$

en valeur absolue; donc, si α désigne l'angle aigu dont la tangente est $\frac{b}{a}$, il faut, pour que le problème soit possible, que la droite donnée fasse avec l'axe des x un angle compris entre α et $180° - \alpha$. Cela revient à dire que le problème n'est possible que si une parallèle menée à la droite donnée, par le centre de la courbe, est dirigée dans l'angle SOS' (fig. 118) que forment les moitiés supérieures des deux asymptotes, autrement dit dans l'angle qui ne contient pas la courbe.

Remarque. — Si l'on cherche les coordonnées des points de contact, on trouve pour x et pour y deux couples de valeurs qui sont égales et de signe contraire. Il en résulte que les deux points de contact sont aux extrémités d'une même droite passant par le centre.

326. Problème. — *Mener une tangente par un point (α, β) extérieur (c'est-à-dire situé entre les deux branches de l'hyperbole).*

On aura, pour déterminer x et y, coordonnées du point de contact, les deux équations

$$\frac{x^2}{a^2} - \frac{y^2}{b^2} = 1 \quad \text{et} \quad \frac{\alpha x}{a^2} - \frac{\beta y}{b^2} = 1,$$

dont la seconde exprime que le point donné est sur la tangente.

L'élimination conduit à une équation du second degré; il y a donc, en général, deux tangentes. Elles se réduisent à une seule quand le point donné est sur l'hyperbole.

Mais, au lieu de déterminer les coordonnées x et y par le calcul, il est préférable de remarquer que le point de contact peut s'obtenir, comme au n° **267**, par l'intersection de deux lieux géométriques, savoir : l'hyperbole elle-même et une droite, la *corde des contacts*, dont les coordonnées à l'origine sont

$$x = \frac{a^2}{\alpha} \quad \text{et} \quad y = -\frac{b^2}{\beta}.$$

REMARQUES. — I. En opérant comme pour le cercle (**127**) on trouvera pour l'équation qui représente à la fois les deux tangentes issues du point (α, β)

$$(a^2 - a^2)(y - \beta)^2 - 2\alpha\beta(x - \alpha)(y - \beta) + (\beta^2 + b^2)(x - \alpha)^2 = 0.$$

II. Les équations [4] et [5] conservent la même forme quand l'hyperbole est rapportée à deux diamètres conjugués.

327. Pôles et polaires. — Mêmes théorèmes et mêmes démonstrations que pour l'ellipse au n° **268**.

328. THÉORÈME. — *La tangente à l'hyperbole divise en deux parties égales l'angle des rayons vecteurs.*

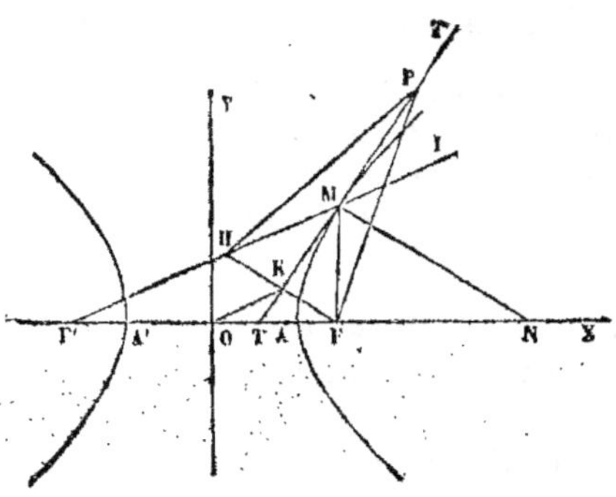

Fig. 120.

Soit MT (fig. 120) la tangente au point M, et soient MF et MF' les rayons vecteurs de ce point, il s'agit de démontrer l'égalité

$$\frac{TF}{TF'} = \frac{MF}{MF'}.$$

Or on a vu, au n° **324**, que la distance OT a pour valeur $\dfrac{a^2}{x}$, en appelant x l'abscisse du point M. Il en résulte

$$TF = OF - OT = c - \frac{a^2}{x} = \frac{cx - a^2}{x}$$

et

$$TF' = OF' + OT = c + \frac{a^2}{x} = \frac{cx + a^2}{x},$$

d'où

$$\frac{TF}{TF'} = \frac{cx - a^2}{cx + a^2} ;$$

mais, d'après ce qui a été établi au n° **317**, on a aussi

$$MF = \frac{cx}{a} - a = \frac{cx - a^2}{a}$$

et

$$MF' = \frac{cx}{a} + a = \frac{cx + a^2}{a},$$

d'o

$$\frac{MF}{MF'} = \frac{cx - a^2}{cx + a^2}.$$

Les rapports $\frac{TF}{TF'}$ et $\frac{MF}{MF'}$ sont donc égaux, et la droite MT est la bissectrice de l'angle FMF'.

REMARQUES. — I. Il en résulte que la *normale* MN *est la bissectrice de l'angle supplémentaire* IMF.

II. Il en résulte encore que si une ellipse et une hyperbole ont *les mêmes foyers*, les tangentes aux deux courbes, en chaque point d'intersection, *sont perpendiculaires entre elles* (**260**).

329. Le théorème précédent fournit un moyen de construire la tangente à l'hyperbole par un point donné.

Supposons d'abord le point donné en M sur la courbe. On mènera les rayons vecteurs MF et MF', on prendra MH = MF, on joindra HF, puis on abaissera MT perpendiculaire sur HF; la ligne TT' ainsi obtenue sera la tangente demandée, car on aura par construction l'angle HMT = TMF.

330. Supposons, en second lieu, que le point soit donné en P hors de la courbe. Du point P comme centre avec PF pour rayon, on décrira un arc de cercle; du point F' comme centre avec un rayon égal à l'axe transverse 2*a* on décrira un second arc de cercle qui coupera le premier en un point H, on joindra FH, et du point P on abaissera sur FH la perpendiculaire PT, qui sera la tangente demandée. En joignant F'H, et prolongeant, on aura le point de contact M.

La construction sera toujours possible quand le point donné P sera *extérieur* à l'hyperbole dans le sens que nous avons défini plus haut.

En effet, le point P étant extérieur à l'hyperbole, on a (**321**, Rem. I)

$$PF' - PF < 2a. \qquad [1]$$

De plus, le point P étant supposé plus voisin de F que de F', on a $PF < PF'$ et à plus forte raison

$$PF < PF' + 2a. \qquad [2]$$

D'ailleurs, le triangle FPF' donne $FF' < PF' + PF$.
A plus forte raison on aura, puisque $2a$ est moindre que FF',

$$2a < PF' + PF. \qquad [3]$$

On tire de l'inégalité [1]

$$PF' < 2a + PF,$$

c'est-à-dire que la distance des centres est moindre que la somme des rayons. Si PF est plus grand que $2a$, on tire de l'inégalité [2]

$$PF' > PF - 2a;$$

et si PF est moindre que $2a$, on tire de l'inégalité [3]

$$PF' > 2a - PF;$$

on voit que dans l'un ou l'autre cas la distance des centres est plus grande que la différence des rayons ; donc les arcs de cercle se couperont.

La démonstration serait analogue si le point P était plus voisin de F' que de F.

REMARQUES. — I. Ces deux arcs auront deux points communs ; ainsi il y aura deux positions pour le point H, et par suite deux tangentes.

II. Si l'on joint le point O, milieu de FF', au point K, milieu de HF, on a une droite parallèle à MF' ; cette droite est moitié de F'H, par conséquent égale à a. De là ce théorème : *Le lieu des pieds des perpendiculaires abaissées de l'un des foyers d'une hyperbole sur ses tangentes est la circonférence de cercle décrite sur l'axe transverse comme diamètre.*

331. Le théorème du n° **328** permet aussi de mener une tangente à l'hyperbole parallèlement à une droite donnée.

Pour cela, du foyer F on abaissera une perpendiculaire FH sur la direction donnée; et du foyer F′ comme centre, avec un rayon égal à l'axe transverse, on décrira une circonférence qui coupera la perpendiculaire en un point H. Par le milieu K de FH on mènera une parallèle à la droite donnée, ce sera la tangente demandée. Le point où elle rencontrera le prolongement de FH sera le point de tangence M.

Pour que le problème soit possible, il faut que le cercle rencontre la droite FH, ce qui exige que la distance de cette droite au foyer F′ soit moindre que 2a. Or, si $y = mx + n$ est l'équation de la droite donnée, celle de FH sera $y = -\dfrac{1}{m}(x - c)$; on devra donc avoir (**96**)

$$\frac{0 - \dfrac{1}{m}(-c-c)}{\sqrt{1 + \dfrac{1}{m^2}}} < 2a \quad \text{ou} \quad \frac{c}{\sqrt{m^2 + 1}} < a,$$

d'où l'on tire

$$m^2 > \frac{c^2 - a^2}{a^2} \quad \text{ou} \quad m^2 > \frac{b^2}{a^2}.$$

Il faut donc que le coefficient angulaire m soit plus grand que $\dfrac{b}{a}$ en valeur absolue; ce qui revient à dire, en appelant α l'angle aigu dont la tangente est $\dfrac{b}{a}$, que la droite donnée doit faire avec l'axe des x un angle compris entre α et $180° - \alpha$. C'est la condition déjà trouvée au n° **325**.

332. Normale. — On trouvera pour l'équation de la normale, au point dont les coordonnées sont x et y,

$$Y - y = -\frac{a^2 y}{b^2 x}(X - x).$$

Elle ne diffère de l'équation de la normale à l'ellipse qu'en ce que b^2 est changé en $-b^2$.

Pour obtenir le point où la normale coupe l'axe transverse, il faut faire $Y = 0$; ce qui donne

$$\lambda = x + \frac{b^2 x}{a^2} \quad \text{ou} \quad X = \frac{c^2}{a^2} x;$$

l'abscisse X du point de rencontre est donc proportionnelle à l'abscisse x.

Sa plus petite valeur répond au minimum de x, qui est a, on trouve alors

$$X = \frac{c^2}{a},$$

quantité plus grande que c. Ainsi, une normale infiniment voisine du sommet rencontre le prolongement de l'axe transverse au delà du foyer, par rapport au centre.

833. On peut se proposer pour la normale les mêmes problèmes que pour la tangente. On trouvera que l'équation de la normale parallèle à la droite $y = mx$ est

$$y = mx \pm \frac{mc^2}{\sqrt{a^2 - m^2 b^2}}.$$

834. L'équation de l'hyperbole est vérifiée pour $x = a\sec\varphi$ et $y = b\tang\varphi$, quel que soit φ. L'équation de la normale en fonction de cet angle auxiliaire φ est

$$\frac{aX}{\sec\varphi} + \frac{bY}{\tang\varphi} = c^2.$$

§ 3. — DIAMÈTRES ET CORDES SUPPLÉMENTAIRES.

835. Diamètres. — On démontrera, comme au n° **276**, que le diamètre qui divise en deux parties égales les cordes parallèles à la direction $y = mx$, a pour équation

$$y = \frac{b^2}{a^2 m} x. \tag{1}$$

Donc *les diamètres de l'hyperbole sont des lignes droites passant par le centre.*

Si l'on désigne par m' le coefficient angulaire de ce diamètre, on a entre ce coefficient angulaire et le coefficient angulaire m des cordes qu'il divise en deux parties égales, la relation constante

$$mm' = \frac{b^2}{a^2}, \qquad [2]$$

qui ne diffère de celle du n° **276** qu'en ce que b^2 est changé en $-b^2$.

On déduira de cette relation que, réciproquement, *toute droite passant par le centre est un diamètre, excepté quand cette droite est une asymptote*. Dans ce cas on a $m = \pm \frac{b}{a}$, et cette valeur faisant disparaître le terme en x^2 de l'équation qui détermine les abscisses des points d'intersection de la courbe avec les droites parallèles à cette direction, il s'ensuit qu'il n'existe pas de cordes de *longueur finie*, et par conséquent qu'il n'y a pas non plus de diamètre, correspondant à cette direction.

Pour $m = \pm \frac{b}{a}$, l'équation [1] devient

$$y = \pm \frac{b}{a} x,$$

qui est l'équation des asymptotes. Ainsi, plus les cordes parallèles approchent d'une des deux directions asymptotiques, plus le diamètre qui les divise en deux parties égales approche de se confondre avec l'asymptote qui a cette même direction ; ce qui doit être, car le diamètre et l'asymptote passent par le centre, et, à la limite, les cordes *devenant infinies*, le milieu de chacune d'elles est à l'infini.

336. *Tous les diamètres de l'hyperbole ne rencontrent pas la courbe.*

Soit $y = m'x$ l'équation d'un diamètre ; en la combinant avec celle de l'hyperbole pour obtenir les coordonnées des points de rencontre, on obtient

$$x = \pm \frac{ab}{\sqrt{b^2 - m'^2 a^2}} \quad \text{et} \quad y = \pm \frac{m'ab}{\sqrt{b^2 - m'^2 a^2}}.$$

Pour que ces valeurs soient réelles, il faut qu'on ait

$$b^2 - m'^2 a^2 > 0 \quad \text{ou} \quad m' < \frac{b}{a} \text{ en valeur absolue;}$$

ce qui revient à dire qu'en nommant α l'angle aigu dont la tangente est $\frac{b}{a}$, le diamètre doit faire avec l'axe des x un angle compris entre 0 et α, ou entre 180° et 180° — α, pour qu'il rencontre l'hyperbole. Cela revient à dire encore que ce diamètre doit être dirigé dans l'angle SOT' (fig. 118) formé par les asymptotes à droite du centre, ou dans son opposé S'OT, c'est-à-dire dans les angles qui contiennent l'axe transverse.

On appelle *diamètres transverses* ceux qui rencontrent la courbe, et *diamètres non transverses* ou *imaginaires*, ceux qui ne la rencontrent pas.

REMARQUES. — I. Il résulte de la relation [1] que si m' est moindre que $\frac{b}{a}$ en valeur absolue, m est au contraire plus grand que $\frac{b}{a}$; par conséquent les cordes qu'un diamètre transverse divise en deux parties égales font avec l'axe des x un angle compris entre α et 180° — α. Celles qui sont divisées en deux parties égales par un diamètre non transverse, font avec l'axe des x un angle compris entre 0 et α ou entre 180° et 180° — α.

II. Lorsque l'on a $m' > \frac{b}{a}$, les valeurs de x et de y trouvées ci-dessus sont de la forme $x = x'\sqrt{-1}$ et $y = y'\sqrt{-1}$. Si l'on convient de regarder x' et y' comme les coordonnées de l'*extrémité* des diamètres imaginaires, on voit, en remplaçant dans l'équation de l'hyperbole x et y par ces valeurs, que *le lieu géométrique des extrémités des diamètres non transverses d'une hyperbole est l'hyperbole conjuguée.*

337. THÉORÈME. — *La tangente à l'extrémité d'un diamètre transverse est parallèle aux cordes que ce diamètre divise en deux parties égales.*

Même démonstration qu'au n° **277**.

REMARQUE. — Il résulte de ce théorème que les cordes divisées en deux parties égales par un diamètre transverse ont leurs extrémités sur une même branche de l'hyperbole : car la tangente à laquelle elles sont parallèles passe entre les deux branches (**324**, Rem.): et par conséquent une parallèle à cette tangente ne saurait couper les deux branches à la fois.

Quant aux cordes qui sont divisées en deux parties égales par un diamètre non transverse, il est clair qu'elles ont chacune leurs extrémités sur les deux branches : car une corde qui a ses extrémités sur une même branche ne saurait avoir son milieu entre les deux branches.

338. Diamètres conjugués. — Rappelons que par *diamètres conjugués* on entend deux diamètres tels, que chacun d'eux divise en deux parties égales les cordes parallèles à l'autre.

Si m et m' sont les coefficients angulaires de ces diamètres, on a, en vertu de la relation démontrée au n° **335**,

$$mm' = \frac{b^2}{a^2}. \qquad [1]$$

Remarque. — Il résulte de cette relation que, *de deux diamètres conjugués, un seul est transverse;* car si le premier diamètre est transverse, on a en valeur absolue $m < \frac{b}{a}$ (**336**); par conséquent $m' > \frac{b}{a}$; ce qui démontre que le second diamètre ne rencontre pas la courbe.

Pour $m = \frac{b}{a}$, on aurait aussi $m = \frac{b}{a}$, et les deux diamètres conjugués se confondraient avec une asymptote; ce qui doit être (**335**).

339. Angle de deux diamètres conjugués. — Soit V l'angle que font entre eux deux diamètres conjugués de l'hyperbole; on aura (**93**)

$$\tan V = \frac{m - \dfrac{b^2}{a^2 m}}{1 + \dfrac{b^2}{a^2}} = \frac{a^2}{c^2}\left(m - \frac{b^2}{a^2 m}\right).$$

L'angle V ne peut être droit que pour $m = 0$ ou pour $m = \infty$. Mais dans ce cas on a ou $\dfrac{b^2}{a^2 m} = \infty$ ou $\dfrac{b^2}{a^2 m} = 0$; par conséquent *les axes de la courbe sont le seul système de diamètres conjugués rectangulaires.*

La valeur de tang V peut passer par tous les états de grandeur, excepté par zéro. Pour que tang V soit nul, il faut qu'on ait

$$m = \pm \frac{a}{b},$$

et on a vu (**335**) qu'à ces directions, qui sont celles des asymptotes, il ne correspond pas de diamètres conjugués, ou, si l'on veut, les deux diamètres conjugués correspondants sont confondus en une seule et même droite, qui est l'asymptote.

REMARQUE. — L'angle V que font entre eux deux diamètres conjugués, est celui que fait un diamètre transverse avec la tangente menée à son extrémité; c'est aussi l'angle de deux cordes supplémentaires. On voit que cet angle peut prendre toutes les valeurs, excepté la valeur zéro, qui répondrait à un point situé sur la courbe à une distance infinie.

340. Cordes supplémentaires. — On démontrera, comme au n° **281**, qu'en appelant μ et μ' les coefficients angulaires de deux cordes supplémentaires, c'est-à-dire de deux cordes joignant un même point de la courbe aux extrémités d'un même diamètre transverse il y a entre ces coefficients la relation constante

$$\mu\mu' = \frac{b^2}{a^2},$$

qui ne diffère de celle qui lui correspond dans l'ellipse qu'en ce que b^2 est remplacé par $-b^2$.

On en déduira, comme au n° **281** : 1° *que le diamètre qui divise une corde en deux parties égales est parallèle à la corde supplémentaire;* 2° *que si l'on mène une corde parallèle à un diamètre transverse donné, la tangente à l'extrémité de ce diamètre est parallèle à la corde supplémentaire;* 3° *enfin, que deux cordes supplémentaires sont toujours parallèles à deux diamètres conjugués, et réciproquement.*

Il en résulte, comme dans le cas de l'ellipse, un moyen de mener la tangente, soit par un point donné sur la courbe, soit parallèlement à une ligne donnée, pourvu que son coefficient angulaire soit plus grand que $\dfrac{b}{a}$ en valeur absolue.

REMARQUE. — Il suit de la définition même des cordes supplémentaires que les extrémités de l'une sont sur une même branche de l'hyperbole, et que les extrémités de l'autre sont sur les deux branches.

341. PROBLÈME. — *Étant donnée la direction d'un diamètre, construire son conjugué.*

Soit OM (fig. 121) la direction du diamètre donné; on lui mènera une corde parallèle AD, puis le diamètre DD' et la corde supplémentaire AD'; la direction ON, parallèle à cette seconde corde, sera celle du conjugué de OM.

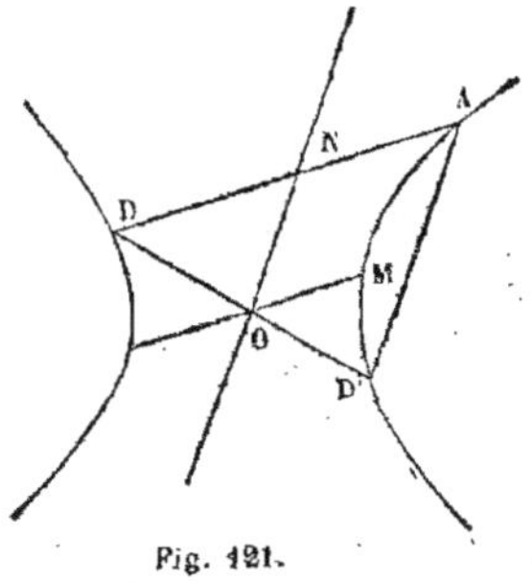

Fig. 121.

On pourrait aussi se contenter de joindre le centre au milieu de la corde AD parallèle au diamètre donné.

Si le diamètre OM est donné par son équation $y = mx$, celle de son conjugué ON sera

$$ y = \frac{b^2}{a^2 m}\, x $$

REMARQUE. — Quand $a = b$, les coefficients angulaires des deux diamètres conjugués sont m et $\dfrac{1}{m}$; c'est-à-dire que *dans l'hyperbole équilatère les diamètres conjugués font avec l'axe des x des angles complémentaires.*

342. Soit d la longueur du demi-diamètre transverse qui a pour équation

$$ y = mx. $$

En combinant cette équation avec celle de l'hyperbole

$$ \frac{x^2}{a^2} - \frac{y^2}{b^2} = 1, $$

on trouve

$$x^2 = \frac{a^2 b^2}{b^2 - a^2 m^2} \quad \text{et} \quad y^2 = \frac{a^2 b^2 m^2}{b^2 - a^2 m^2}.$$

Par suite

$$d^2 = x^2 + y^2 = \frac{a^2 b^2 (1 + m^2)}{b^2 - a^2 m^2}. \qquad [1]$$

Le diamètre étant supposé transverse, on a $m^2 < \dfrac{b^2}{a^2}$ et par conséquent la valeur de d^2 est positive.

Si, dans cette expression, on remplace le coefficient angulaire m par celui qui convient au conjugué du diamètre transverse considéré, c'est-à-dire par $\dfrac{b^2}{a^2 m}$, on obtient, après réduction,

$$\frac{a^4 m^2 + b^4}{a^2 m^2 - b^2},$$

quantité évidemment négative; on peut donc poser

$$-d'^2 = \frac{a^4 m^2 + b^4}{a^2 m^2 - b^2} \quad \text{ou} \quad d'^2 = \frac{a^4 m^2 + b^4}{b^2 - a^2 m^2}. \qquad [2]$$

La quantité d' est ce que l'on appelle, par analogie, la longueur du demi-diamètre conjugué de celui dont la longueur est d.

Si l'on veut déterminer m de manière que $d = d'$, on n'aura qu'à égaler les numérateurs des expressions [1] et [2], ce qui donne

$$(a^2 - b^2)(m^2 a^2 - b^2) = 0,$$

d'où

$$m = \pm \frac{b}{a}.$$

Mais on a vu (**338**) que les deux diamètres conjugués qui correspondent à cette valeur se confondent avec une asymptote. Il n'y a donc pas, à proprement parler, de diamètres conjugués égaux lorsque a est différent de b.

Remarque. — Quand $a = b$, le facteur $a^2 - b^2$ est nul, et l'équation ci-dessus est satisfaite, quel que soit m; c'est-à-dire que *dans l'hyperbole équilatère les diamètres conjugués sont égaux.*

343. On a vu (**313**) que *l'équation de l'hyperbole rapportée à un système de diamètres conjugués de longueurs 2a′ et 2b′ est*

$$\frac{x^2}{a'^2} - \frac{y^2}{b'^2} = 1 \quad \text{ou} \quad \frac{x^2}{a'^2} - \frac{y^2}{b'^2} = -1,$$

suivant que c'est 2a′ ou 2b′ qui est le diamètre transverse.

Quand l'hyperbole est équilatère, on a $a' = b'$; donc l'équation de la courbe rapportée à deux diamètres conjugués, dont la longueur commune est a', est

$$\frac{x^2}{a'^2} - \frac{y^2}{a'^2} = 1 \quad \text{ou} \quad x^2 - y^2 = a'^2.$$

344. Les propriétés démontrées aux n^os **338** et **340** subsistent encore lorsque l'hyperbole est rapportée à un système de diamètres conjugués; car elles ne supposent pas que les axes coordonnés soient rectangulaires.

Ainsi, les coefficients angulaires m et m' de deux cordes supplémentaires, ou d'une corde et du diamètre qui la divise en deux parties égales, ou encore de deux diamètres conjugués, satisfont à la relation

$$mm' = \frac{b'^2}{a'^2}.$$

345. On démontrera, comme au n° (**285**), qu'entre les coordonnées (x', y') et (x'', y'') des extrémités de deux diamètres conjugués existent les relations

$$x'' = \frac{ay'}{b\sqrt{-1}} \quad \text{et} \quad y'' = \frac{bx'\sqrt{-1}}{a}.$$

346. Théorèmes d'Apollonius. — I. *La différence des carrés de deux diamètres conjugués est constante (et égale à la différence des carrés des axes).*

II. *L'aire du parallélogramme construit sur deux diamètres conjugués est constante (et égale au rectangle construit sur les axes).*

Même démonstration que pour l'ellipse, n° **287**.

§ 4. — PROPRIÉTÉS PRINCIPALES DES ASYMPTOTES.

347. Les asymptotes rencontrent l'hyperbole à l'infini ; et ce sont les seules droites menées par le centre qui jouissent de cette propriété : car si l'on combine l'équation $y = mx$ avec celle de l'hyperbole, on obtient

$$(b^2 - a^2 m^2)x^2 - a^2 b^2 = 0 ;$$

et pour que cette équation ait des racines infinies, il faut qu'on ait

$$b^2 - a^2 m^2 = 0 ; \quad \text{d'où} \quad m = \pm \frac{b}{a},$$

ce qui montre que la droite $y = mx$ doit coïncider avec l'une des asymptotes représentées par les équations (**311**)

$$y = \pm \frac{b}{a} x.$$

348. Chaque asymptote de l'hyperbole peut être considérée comme la limite dont s'approche indéfiniment la tangente à la courbe à mesure que le point de contact s'éloigne du sommet.

En effet, l'équation de la tangente (**323**) peut s'écrire :

$$Y = \frac{b^2 x}{a^2 y} X - \frac{b^2}{y}.$$

Or, si le point de contact est indéfiniment éloigné, on a $\frac{x}{y} = + \frac{a}{b}$ et $\frac{b^2}{y} = 0$; l'équation de la tangente devient alors

$$Y = + \frac{b}{a} X.$$

et cette droite se confond par conséquent avec l'une des asymptotes.

349. THÉORÈME. — *Les asymptotes coïncident avec les diagonales du parallélogramme formé sur deux diamètres conjugués quelconques.*

Prenons pour axes coordonnés les deux diamètres conjugués

dont il s'agit, l'équation de l'hyperbole sera de la forme (**252**)

$$\frac{x^2}{a'^2} - \frac{y^2}{b'^2} = 1.$$

Soit $y = mx$ l'équation d'une droite menée par le centre. En éliminant y, on obtient

$$(b'^2 - a'^2 m^2)x^2 - a'^2 b'^2 = 0,$$

équation qui a des racines infinies lorsqu'on a

$$m = \pm \frac{b'}{a'}.$$

Les équations $y = \pm \dfrac{b'}{a'}x$ sont donc celles des asymptotes (**253**, Rem. II); mais ces équations sont aussi celles des diagonales du parallélogramme construit sur les deux diamètres conjugués. Les asymptotes coïncident donc avec ces diagonales.

350. Théorème. — *Les portions d'une sécante comprises entre l'hyperbole et ses asymptotes sont égales entre elles.*

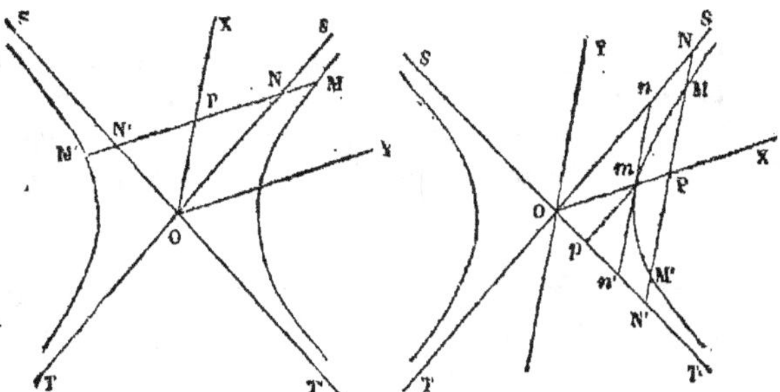

Fig. 122.

Soit MM′ (fig. 122) la sécante donnée, qui rencontre en N et N′ les asymptotes.

Prenons pour axes coordonnés la droite OX qui passe par le centre et par le milieu de la sécante, et la droite OY parallèle à cette sécante. La courbe sera rapportée à un système de diamètres conjugués (**338**), et les équations des asymptotes seront de la forme

$$y = \pm mx.$$

Si donc, dans ces équations, on fait $x = OP$, on aura pour y deux valeurs égales, au signe près ; donc

$$NP = N'P.$$

Mais par construction

$$MP = M'P ;$$

donc

$$MN = M'N',$$

ce qu'il s'agissait de démontrer.

351. Ce théorème fournit un moyen expéditif de construire l'hyperbole quand on connait les asymptotes et un point de la courbe.

Soient ST et S'T' (fig. 122) les asymptotes, et soit M le point donné. Par ce point on mènera une sécante quelconque ; elle coupera les asymptotes en deux points N et N' ; on prendra N'M' = NM, et le point M' ainsi obtenu sera un point de l'hyperbole.

En opérant sur de nouvelles sécantes menées, soit par le même point M, soit par quelques-uns de ceux qu'on aura déterminés, on obtiendra autant de points de la courbe qu'on voudra. En faisant passer par ces points une courbe continue, on aura l'hyperbole avec le degré d'approximation que comporte le dessin.

Remarque. — Le même théorème servirait à tracer la courbe, connaissant une seule asymptote et trois points ; car on obtiendrait sur-le-champ deux points de la seconde asymptote.

352. Corollaire. — *La portion d'une tangente comprise entre les asymptotes est divisée en deux parties égales par le point de contact.*

Soit en effet *nn'* (fig. 122) une tangente au point *m*. Menons une sécante NN' parallèle à cette tangente, et qui rencontre la courbe aux points M et M'. Le diamètre O*m* divisera la corde MM' en deux parties égales (**337**) et l'on aura PM = PM'. Mais, en vertu du théorème du n° **350**, on a MN = M'N'. Donc PN = PN'. Par suite, à cause du parallélisme, *mn* = *mn'*.

On aurait pu se contenter de remarquer qu'une tangente nn' à l'hyperbole est la limite vers laquelle tend une sécante NN' qui se meut parallèlement à elle-même, lorsque les deux points d'intersection M et M' se confondent en un seul m. Et puisqu'on a constamment MN $=$ M'N', on doit avoir aussi à la limite $mn = mn'$.

De là un moyen très-simple de mener la tangente en un point donné m. On mènera mp parallèle à l'une des asymptotes ; on prendra $pn' = Op$, et par les points n' et m on mènera la droite nn', qui sera la tangente demandée ; car on aura

$$\frac{mn}{mn'} = \frac{Op}{pn'}; \quad \text{donc} \quad mn = mn'.$$

353. Connaissant les asymptotes et un point, on en déduit immédiatement un système de diamètres conjugués.

Si m est le point donné, on mène comme ci-dessus la tangente en nn' en ce point ; on joint Om et l'on mène OY parallèle à nn'. Les directions Om et OY sont celles de deux diamètres conjugués (**337**) ; leurs longueurs sont Om et mn (**349**).

354. Théorème. — *Le rectangle des parties d'une sécante comprises entre un point de la courbe et les asymptotes est égal au carré du demi-diamètre parallèle à la sécante.*

Soit MM' (fig. 122) la sécante considérée qui rencontre les asymptotes aux points N et N'. Prenons pour axe des x le diamètre qui divise MM' en deux parties égales, et pour axe des y une parallèle OY à la sécante. La courbe sera rapportée à un système de diamètres conjugués ; et l'on aura, dans le cas de la première figure,

$$\frac{x^2}{a'^2} - \frac{y^2}{b'^2} = 1,$$

d'où

$$\overline{MP}^2 \quad \text{ou} \quad y^2 = \frac{b'^2}{a'^2}(x^2 - a'^2).$$

On aura aussi (**349**)

$$\overline{NP}^2 = \frac{b'^2}{a'^2}x^2;$$

donc

$$\overline{NP}^2 - \overline{MP}^2 = b'^2 \quad \text{ou} \quad (NP - MP)(NP + MP) = b'^2;$$

mais

$$NP - MP = MN \quad \text{et} \quad NP + MP = N'P + MP = MN';$$

donc enfin

$$MN \cdot MN' = b'^2;$$

ce qu'il fallait démontrer.

Dans le cas de la seconde figure, on aura

$$\frac{y^2}{a'^2} - \frac{x^2}{b'^2} = 1,$$

d'où

$$\overline{MP}^2 \quad \text{ou} \quad y^2 = \frac{a'^2}{b'^2}\,x^2 + a'^2;$$

d'ailleurs

$$\overline{NP}^2 = \frac{a'^2}{b'^2}\,x^2;$$

donc

$$\overline{MP}^2 - \overline{NP}^2 = a'^2 \quad \text{ou} \quad (MP - NP)(MP + NP) = a'^2;$$

mais

$$MP - NP = MN \quad \text{et} \quad MP + NP = MP + N'P = MN';$$

donc enfin

$$MN \cdot MN' = a'^2,$$

ce qu'il s'agissait de démontrer.

355. Problème. — *Étant donné un système de diamètres conjugués de l'hyperbole, construire les axes.*

Soient OC et OD (fig. 123) deux diamètres conjugués ; et sup-

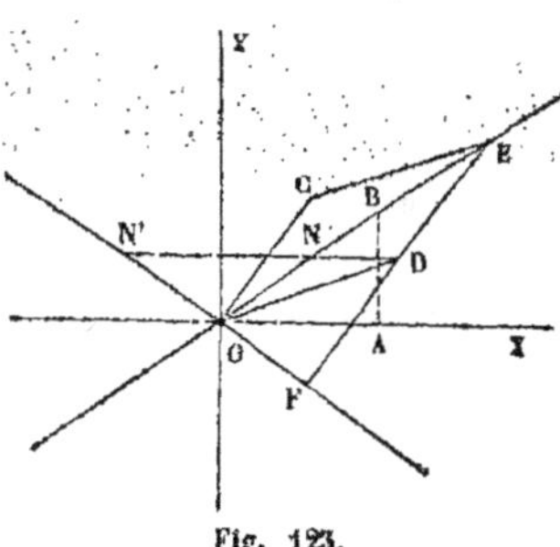

Fig. 123.

posons que OD soit le diamètre transverse, c'est-à-dire que le point D soit sur la courbe. Par le point D menons une parallèle à OC ; prenons sur cette parallèle DE = DF = OC, et joignons OE et OF ; ce seront les asymptotes de l'hyperbole (**349**). Menons les bissectrices OX et OY des angles formés par les asymptotes, nous aurons les directions des axes, et

OX sera celle de l'axe transverse, puisque, le point D étant un point de la courbe, l'une des branches est située dans l'angle EOF et l'autre dans son opposé.

Pour avoir les longueurs des demi-axes, menons par le point D une parallèle à OX ; elle rencontrera les asymptotes en des points N et N' ; cherchons la moyenne géométrique entre DN et DN', et portons-la de O en A ; le point A sera l'un des sommets de l'hyperbole. Élevons enfin AB perpendiculaire à OX, jusqu'à la rencontre de l'asymptote OE; la longueur AB sera celle du demi-axe non transverse (**364**).

356. Équation aux asymptotes. — On a vu (**200**) que l'équation de l'hyperbole prend une forme très-simple quand on rapporte cette courbe à ses asymptotes.

Étant donnée l'équation de la courbe rapportée à ses axes,

$$\frac{x^2}{a^2} - \frac{y^2}{b^2} = 1,\qquad\qquad [1]$$

proposons-nous de trouver son équation quand on prend pour axes les asymptotes; et, à cet effet, faisons usage des formules qui servent à passer d'un système de coordonnées rectangulaires à un système de coordonnées obliques, sans changer l'origine, savoir :

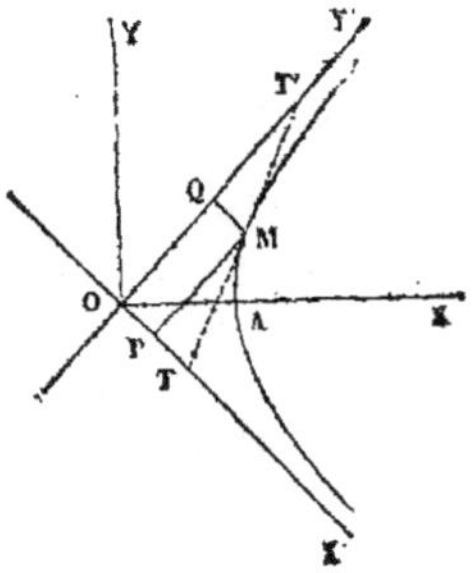

$$x = x' \cos\alpha + y' \cos\alpha'$$

et

$$y = x' \sin\alpha + y \sin\alpha'.$$

Si nous prenons pour axe des x' l'asymptote qui passe au-dessous du sommet A (fig. 124), et pour axe des y' celle qui passe au-dessus de ce sommet, nous aurons

$$\tan\alpha = -\frac{b}{a}, \text{ d'où } \sin\alpha = -\frac{b}{\sqrt{a^2+b^2}} = -\frac{b}{c}, \text{ et } \cos\alpha = +\frac{a}{c},$$

$$\tan\alpha' = +\frac{b}{a}, \text{ d'où } \sin\alpha' = +\frac{b}{\sqrt{a^2+b^2}} = +\frac{b}{c}, \text{ et } \cos\alpha' = +\frac{a}{c},$$

Les formules de transformation deviennent donc

$$x = \frac{a}{c}x' + \frac{a}{c}y' \quad \text{et} \quad y = -\frac{b}{c}x' + \frac{b}{c}y',$$

ou

$$\frac{x}{a} = \frac{y'+x'}{c} \quad \text{et} \quad \frac{y}{b} = \frac{y'-x'}{c}.$$

Fig. 124.

Substituant ces valeurs dans [1], on obtient

$$\frac{(y' + x')^2}{c^2} - \frac{(y' - x')^2}{c^2} = 1, \quad \text{ou} \quad \frac{4x'y'}{c^2} = 1, \quad \text{d'où } x'y' = \tfrac{1}{4}c^2. \quad [2]$$

Telle est l'équation cherchée.

REMARQUES. — I. L'équation [2] montre que le rectangle des coordonnées MP et MQ (fig. 124) d'un même point M est constant. Il résulte de là que le parallélogramme OPMQ compris entre ces coordonnées et les asymptotes est également constant, car il a pour expression

$$MP.MQ.\sin QOP \quad \text{ou} \quad x'y'\sin\theta,$$

en appelant θ l'angle des asymptotes, ou enfin $\tfrac{1}{4}c^2\sin\theta$.

II. On reconnaît immédiatement sur l'équation [2] que la courbe va en s'approchant indéfiniment des axes OX' et OY'; car à mesure que x' augmente, il faut que y' diminue; et quand x' sera plus grand que toute quantité donnée, y' sera plus petit que toute grandeur assignable.

III. On reconnaît encore à la seule inspection de cette équation que la courbe n'a de points que dans l'angle Y'OX' ou dans son opposé; car $x'y'$ étant positif, il faut que les deux coordonnées x' et y' soient de même signe.

IV. Quand l'hyperbole est équilatère, l'équation [2] est la même; mais elle est rapportée à des axes rectangulaires.

V. Nous engageons le lecteur à résoudre le problème inverse, c'est-à-dire à passer de l'équation aux asymptotes, à l'équation aux axes.

257. Si l'on applique à l'équation $xy = \tfrac{1}{4}c^2$ la règle du n° **141**, on trouve pour le coefficient angulaire de la tangente, au point dont les coordonnées sont x et y,

$$m = -\frac{y}{x}.$$

L'équation de la tangente est donc

$$Y - y = -\frac{y}{x}(X - x) \quad \text{ou} \quad \frac{X}{2x} + \frac{Y}{2y} = 1.$$

D'après la forme de cette équation, on voit que, pour construire la tangente en un point donné, il suffit de prendre sur l'axe des x, par exemple, un point T dont l'abscisse soit double de celle du point donné, et de joindre le point donné M au point T ainsi obtenu. C'est la construction donnée au n° **352**

5. — AIRE D'UN SEGMENT D'HYPERBOLE.

358.—Nous nous proposons, dans ce paragraphe, d'évaluer l'aire comprise entre l'arc d'hyperbole BM (fig. 125), l'asymptote OX, et les ordonnées BA et MP parallèles à l'asymptote OY.

Mais auparavant nous démontrerons le théorème suivant :

La dérivée de l'aire d'une courbe plane, rapportée à des axes faisant un angle θ, est égale à l'ordonnée de la courbe multipliée par sin θ.

Pour démontrer ce théorème, nous rappellerons d'abord que la différence des dérivées de deux fonctions d'une même variable est égale à la dérivée de la différence de ces deux fonctions; par conséquent, si les dérivées de deux fonctions sont constamment égales, ces fonctions ne peuvent différer que d'une quantité dont la dérivée est constamment nulle, c'est-à-dire d'une constante. En d'autres termes, si l'on a, pour toutes les valeurs de x,

$$F'(x) = f'(x),$$

on aura

$$F(x) = f(x) + constante.$$

Cela posé, remarquons que, si l'abscisse OA est supposée constante, et l'abscisse OP variable, l'aire ABMP variera avec x et pourra être considérée comme une fonction de x. Désignons-la par $\varphi(x)$.

Soit maintenant M' un point de l'hyperbole infiniment voisin du point M. Menons l'ordonnée M'P' et les droites MK et M'I parallèles à OX. Appelons α la distance PP' et β la distance MI ou M'K. Soit enfin θ l'angle des asymptotes. On aura

$$\varphi(x) = ABMP, \quad \varphi(x+\alpha) = ABM'P',$$

d'où

$$\varphi(x+\alpha) - \varphi(x) = ABM'P' - ABMP = PMM'P',$$

et

$$\frac{\varphi(x+\alpha) - \varphi(x)}{\alpha} = \frac{PMM'P'}{\alpha} \qquad (1)$$

Or on a évidemment

$$PIM'P' < PMM'P' < PMKP',$$

ou, en mettant pour les parallélogrammes PMM'P' et PMKP' leurs expressions,

$$(y - \beta)\,\alpha \sin\theta < \text{PMM'P'} < y\alpha \sin\theta,$$

d'où

$$(y - \beta)\sin\theta < \frac{\text{PMM'P'}}{\alpha} < y \sin\theta. \tag{2}$$

Si l'on suppose que le point M' se rapproche indéfiniment du point M, α et β tendront en même temps vers zéro ; le premier membre des inégalités [2] aura pour limite $y \sin\theta$, c'est-à-dire la valeur du troisième membre. Cette quantité est donc aussi la limite du second, et l'on a

$$\lim \frac{\text{PMM'P'}}{\alpha} = y \sin\theta.$$

L'équation [1] donne en conséquence

$$\lim \frac{\varphi(x + \alpha) - \varphi(x)}{\alpha} = \lim \frac{\text{PMM'P'}}{\alpha} = y \sin\theta,$$

ou, en remarquant que le premier membre est, par définition, la dérivée de $\varphi(x)$ par rapport à x,

$$\varphi'(x) = y \sin\theta; \tag{3}$$

ce qui démontre le théorème énoncé.

Si maintenant de l'équation de l'hyperbole

$$xy = m^2$$

on tire la valeur de y en x pour la substituer dans l'équation [3], on obtient

$$\varphi'(x) = m^2 \sin\theta . \frac{1}{x}.$$

Mais $\frac{1}{x}$ est la dérivée du logarithme népérien de x ; le second membre de l'équation ci-dessus est donc la dérivée de $m^2 \sin\theta . \log' x$, en désignant par $\log' x$ le logarithme népérien de x. En vertu de la propriété analytique rappelée en commençant, on aura donc

$$\varphi(x) \quad \text{ou} \quad \text{ABMP} = m^2 \sin\theta . \log' x + C.$$

La constante arbitraire C se déterminera en remarquant que $\varphi(x)$ doit se réduire à zéro pour $x = OA$. Si donc l'abscisse OA est représentée par u, on aura

$$0 = m^2 \sin\theta . \log' u + C, \quad \text{d'où} \quad C = -m^2 \sin\theta . \log' u,$$

et par suite

$$\text{ABMP} = m^2 \sin\theta . (\log' x - \log' u) = m^2 \sin\theta . \log' \frac{x}{u}. \tag{4}$$

Dans le cas où OA est l'unité, il reste simplement

$$\text{ABMP} = m^2 \sin\theta . \log' x. \tag{5}$$

359. Posons, pour abréger. $ABMP = \varphi$ et $m^2 \sin \theta = \dfrac{1}{n}$; l'équation [5] pourra s'écrire :

$$n\varphi = \log' x, \quad \text{d'où} \quad e^{n\varphi} = x,$$

en désignant par e la base des logarithmes népériens. Mais si l'on pose $e^n = B$, on aura

$$B^\varphi = x.$$

L'aire considérée est donc le logarithme de l'abscisse x dans le système dont la base est B, ou e^n, ou encore $e^{\frac{1}{m^2 \sin \theta}}$.

Si l'hyperbole est équilatère, et qu'on prenne pour unité de longueur la ligne m, la quantité $m^2 \sin \varphi$ se réduira à 1, et l'aire désignée par φ sera le logarithme népérien de l'abscisse x.

C'est pour cette raison que les logarithmes népériens portent aussi le nom de logarithmes *hyperboliques*.

§ 6. — EXERCICES ET APPLICATIONS [1].

360. THÉORÈME. — *Le demi-axe non transverse est moyen proportionnel entre les perpendiculaires abaissées des deux foyers sur chaque tangente.*

Même démonstration qu'au n° **292**, avec cette seule différence que, les foyers étant situés de part et d'autre de la tangente, le radical $\sqrt{1 + m^2}$ doit être pris avec des signes contraires dans les expressions des perpendiculaires p et p'.

361. THÉORÈME. — *Si par un point M de l'hyperbole, on mène une parallèle à l'asymptote OS, jusqu'à la rencontre de la directrice DL, la longueur MK de cette parallèle est égale au rayon vecteur MF du point considéré.*

Soient x, y les coordonnées du point K, et x', y' celles du point M. La droite MK étant parallèle à l'asymptote OS, on aura

$$y - y' = \frac{b}{a}(x - x'),$$

et par conséquent

$$\overline{MK}^2 = (x - x')^2 + \frac{b^2}{a^2}(x - x')^2 = \frac{(x - x')^2 c^2}{a^2}.$$

D'ailleurs le point K étant sur la directrice, on a $x = \dfrac{a^2}{c}$, et par suite

$$\overline{MK}^2 = \frac{(a^2 - cx')^2}{a^2} = \left(a - \frac{cx'}{a}\right)^2,$$

d'où

$$MK = \frac{cx'}{a} - a,$$

[1] Le lecteur est prié de faire les figures qui manquent.

Attendu que $\dfrac{cx'}{a}$ est plus grand que a. Donc enfin $MK = MF$.

La démonstration serait la même pour un autre foyer et une autre directrice.

362. Théorème. — *Si par les différents points d'une droite LL' on mène à l'hyperbole des couples de tangentes, telles que NM, NM', les cordes de contact, telles que NM', passent toutes par un point fixe.*

Même démonstration qu'au n° **268.** Elle donne lieu aux mêmes remarques.

363. Théorème. — *Si par deux points M' et M'' d'une hyperbole on mène des parallèles aux asymptotes, elles se rencontrent sur le diamètre qui divise la corde MM' en deux parties égales.*

Prenons pour axes les asymptotes : soient x', y' les coordonnées du point M' et x'', y'' celles du point M''. Celles du point de rencontre P des droites M'P et M''P, parallèles aux asymptotes, seront x' et y''.

Or les coordonnées du milieu I de la corde M'M'' étant $\frac{1}{2}(x' + x'')$ et $\frac{1}{2}(y' + y'')$, l'équation du diamètre OI sera

$$y = \frac{y' + y''}{x' + x''}\, x.$$

Cette équation est satisfaite quand on y fait $x = x'$ et $y = y''$; car il vient, en faisant disparaître le dénominateur,

$$y''(x' + x'') = (y' + y'')\, x' \quad \text{ou} \quad x''y'' = x'y',$$

quantités qui sont effectivement égales, puisque l'équation de l'hyperbole, rapportée à ses asymptotes, est de la forme $xy = constante$.

364. Théorème. — *Si l'on a deux tangentes parallèles KL, K'L' coupées aux points T et T' par une troisième tangente TT', les portions DT et DT' des tangentes parallèles comprises entre les points de contact D et D' et la troisième tangente ont pour moyenne proportionnelle le demi-diamètre OE parallèle aux deux premières.*

Même démonstration qu'au n° **293,** avec cette seule différence que les ordonnées DT et DT' sont de signes contraires.

365. Théorème. — *Si, dans une hyperbole équilatère, on mène, d'une branche à l'autre, des cordes, telles que AA', parallèles à une direction donnée, et que sur chacune d'elles comme diamètre on décrive une circonférence, ces circonférences passeront toutes par les extrémités B et B' du diamètre perpendiculaire à celui qui divise en deux parties égales les cordes parallèles.*

Prenons pour axes le diamètre OY, qui divise les cordes en deux parties égales, et son conjugué OX qui leur est parallèle. En nommant a' la longueur du diamètre OD, l'équation de la courbe sera (**343**)

$$x^2 - y^2 = a'^2. \tag{1}$$

Si x' et y' sont les coordonnées du point A, on aura de même

$$x'^2 - y'^2 = a'^2. \tag{2}$$

L'équation du cercle qui a son centre en C, milieu de AA', et pour rayon CA, sera donc

$$x^2 + (y - y')^2 + 2x(y - y')\cos\theta = x'^2,$$

en appelant θ l'angle des axes. Cette équation, lorsqu'on développe et que l'on met pour x'^2 sa valeur tirée de [2], prend la forme

$$x^2 + y^2 - 2y'y + 2xy\cos\theta - 2xy'\cos\theta = a'^2. \qquad [3]$$

Cette relation devient indépendante de y', et par conséquent de la position de la corde AA', quand on pose

$$y + x\cos\theta = 0, \qquad [4]$$

équation qui est celle d'une droite menée par l'origine perpendiculairement à l'axe des y (**94**). Les circonférences représentées par l'équation [3] passent donc toutes par les points dont les coordonnées x et y satisfont à la fois aux équations [3] et [4].

Or de [4] on tire $x\cos\theta = -y$: cette valeur, mise dans [3], la réduit à

$$x^2 - y^2 = a'^2.$$

Donc les points fixes dont il s'agit sont sur l'hyperbole; et comme on sait déjà qu'ils sont sur le diamètre perpendiculaire à OY, il s'ensuit que ces points ne sont autres que les points B et B'.

366. Problème. — *Étant donné un arc d'hyperbole, décrire la courbe.*

On déterminera le centre comme au n° **298** : ce point sera situé du côté de la convexité de la courbe. En appliquant le théorème du n° **364**, on obtiendra de même un système de diamètres conjugués. Les diagonales du parallélogramme construit sur ces diamètres seront les asymptotes. On aura dès lors tous les éléments nécessaires pour obtenir autant de points de la courbe qu'on voudra (**355**).

367. Problème. — *Étant données deux droites fixes OH et OK, on leur mène des sécantes parallèles, telles que AB, sur chacune desquelles on prend un point M tel, qu'on ait* AM.MB = m^2 (m *étant une ligne donnée*). On demande le lieu du point M.

Prenons pour axes la droite OX qui divise en deux parties égales chacune des sécantes considérées, et la droite OY parallèle à ces mêmes sécantes. Les équations des droites OH et OK, rapportées à ces axes, seront de la forme

$$y = ax \quad \text{et} \quad y = -ax,$$

attendu que pour une même valeur de x elles doivent donner deux valeurs de y égales et de signes contraires. Soient x' et y' les coordonnées du point M. On aura

$$AM = AI + IM = ax' + y'$$

et

$$BM = IB - IM = ax' - y';$$

donc

$$AM.MB = a^2x'^2 - y'^2 = m^2.$$

Telle est l'équation du lieu. C'est celle d'une hyperbole dont les asymptotes ont pour équation $y = \pm ax$; ces asymptotes sont donc les droites données OH et OK.

368. PROBLÈME. — *D'un point donné on mène des tangentes à toutes les hyperboles qui ont pour asymptotes deux droites données; on demande le lieu du point de contact.*

Si on prend pour axes les asymptotes données, une des hyperboles aura pour équation $xy = c$, la lettre c représentant une constante quelconque, positive ou négative, et l'équation de la tangente au point (x', y') sera (**357**)

$$\frac{x}{2x'} + \frac{y}{2y'} = 1.$$

Les coordonnées α et β du point donné devant satisfaire à l'équation de la tangente, on aura

$$\frac{\alpha}{2x'} + \frac{\beta}{2y'} = 1,$$

équation du lieu, si l'on considère x' et y' comme variables. Faisant disparaître les dénominateurs, transposant et effaçant les accents, on obtient

$$2xy - \alpha y - \beta x = 0.$$

Cette équation est celle d'une hyperbole, qui passe par l'origine et par le point donné, ce qu'il eût été facile de prévoir. Elle a pour asymptotes (**158**) les droites représentées par les équations

$$2x - \alpha = 0 \quad \text{et} \quad 2y - \beta = 0,$$

c'est-à-dire deux parallèles aux axes, menées par le milieu de la droite qui joint l'origine au point donné.

369. PROBLÈME. — *Trouver le lieu des points d'où l'on peut mener à l'hyperbole deux tangentes perpendiculaires entre elles.*

Même solution qu'au n° **291**. Le problème n'est possible que pour $a < b$. Dans le cas de l'hyperbole équilatère, le lieu se réduit à un point.

370. PROBLÈME. — *Étant données deux droites qui se coupent, on leur mène une sécante qui intercepte avec ces droites un triangle équivalent à un carré donné* m². *On demande le lieu des centres de gravité des triangles ainsi formés.*

Prenons pour axes les droites fixes; l'équation de la sécante pourra être présentée sous la forme

$$\frac{x}{a} + \frac{y}{b} = 1;$$

et si θ est l'angle des axes, on devra avoir entre les valeurs de a et de b la relation

$$\pm \tfrac{1}{2} ab \sin\theta = m^2, \qquad [1]$$

le signe étant choisi de manière que le premier membre soit positif.

Mais il est aisé de voir qu'en appelant x et y les coordonnées du centre de gravité du triangle formé par les trois droites, on a, quels que soient les signes de a et de b,

d'où
$$x = \tfrac{1}{3}a \quad \text{et} \quad y = \tfrac{1}{3}b,$$
$$a = 3x \quad \text{et} \quad b = 3y.$$

Mettant pour a et b ces valeurs dans l'équation [1], on obtient l'équation du lieu :

$$\pm \tfrac{9}{2} xy \sin \theta = m^2 \quad \text{ou} \quad xy = \pm \frac{2m^2}{9 \sin \theta}.$$

C'est celle d'une hyperbole qui a pour asymptotes les droites données.

Le signe $+$ donne une hyperbole située dans le premier et le troisième angle formés par les axes ; le signe $-$ donne une hyperbole située dans le second angle et dans le quatrième.

Ces courbes répondent toutes deux à la question.

371. PROBLÈME. — *Trouver le lieu des points M tels, que si, par chacun d'eux, on mène des parallèles MH et MQ aux asymptotes d'une hyperbole donnée, le polygone mixtiligne OPDEQO compris entre les asymptotes, leurs parallèles et la courbe, soit équivalent à un carré donné* a^2.

Soit $xy = m^2$ l'équation de l'hyperbole donnée, rapportée à ses asymptotes. Soit C le sommet de la courbe, lequel aura pour coordonnées $x = m$ et $y = m$, puisqu'il est situé sur la bissectrice de l'angle YOX. Enfin, soit θ l'angle des axes ; et soient x et y les coordonnées du point M.

Par le point C menons CA et CB parallèles aux asymptotes. On aura, en vertu de la formule établie au n° **358**,

$$\text{ACDP} = m^2 \sin \theta . \log' . \frac{x}{m},$$

$$\text{BCEQ} = m^2 \sin \theta . \log' . \frac{y}{m};$$

d'ailleurs
$$\text{ACBO} = m^2 \sin \theta,$$

donc
$$\text{OPDEQO} = m^2 \sin \theta \left(\log' . \frac{x}{m} + \log' . \frac{y}{m} + 1 \right),$$

ou
$$\text{OPDEQO} = m^2 \sin \theta . \log' . \frac{xy}{m^2} + m^2 \sin \theta.$$

L'équation qui exprime la condition du problème sera donc

$$m^2 \sin \theta . \log' . \frac{xy}{m^2} + m^2 \sin \theta = a^2,$$

d'où l'on tire

$$xy = m^2 e^{\frac{a^2}{m^2 \sin \theta} - 1}.$$

c'est l'équation du lieu. On voit que c'est une hyperbole ayant les mêmes asymptotes que la proposée.

Si l'on avait $a^2 = m^2 \sin\theta$, l'équation du lieu se réduirait à

$$xy = m^2,$$

c'est-à-dire que ce serait l'hyperbole donnée elle-même, ce à quoi on pouvait s'attendre.

372. Le lecteur pourra s'exercer sur les questions suivantes.

I. *Si l'on joint un foyer de l'hyperbole avec le point où la directrice correspondante rencontre une tangente donnée, la ligne de jonction sera perpendiculaire au rayon vecteur du point de contact.*

II. *La moyenne géométrique entre les deux rayons vecteurs d'un même point de l'hyperbole est le demi-diamètre conjugué de celui qui aboutit à ce point.*

III. *Si l'on joint deux points* m *et* m' *d'une hyperbole aux extrémités* A *et* B *d'un même diamètre, et que l'on mène la diagonale* mm' *du quadrilatère déterminé par les quatre lignes de jonction, cette diagonale sera parallèle à la tangente* TT *menée à l'une des extrémités* A *du diamètre.*

IV. *Un triangle ayant ses trois sommets sur une hyperbole, si l'on fait varier l'un d'eux, les côtés qui y aboutissent intercepteront sur chaque asymptote un segment de longueur constante.*

V. *Trouver le lieu des centres des cercles tangents à deux cercles donnés.*

VI. *On mène, parallèlement à une direction donnée, des normales à une série d'hyperboles ayant les mêmes asymptotes; on demande le lieu des points où ces normales rencontrent normalement les hyperboles correspondantes.*

VII. *Étant données deux droites* OH, OK *qui se coupent, et un point fixe* P, *on mène par ce point une sécante quelconque; et par les points* A *et* B *où elle rencontre chacune des droites fixes, on mène une parallèle à l'autre. On demande le lieu du point de rencontre* M *de ces parallèles.*

VIII. *Trouver le lieu des intersections des perpendiculaires abaissées des foyers d'une hyperbole sur deux diamètres conjugués quelconques.*

IX. *Étant données deux hyperboles qui ont leurs asymptotes respectivement parallèles, trouver le lieu des points où chaque diamètre de l'une rencontre le conjugué de son parallèle dans l'autre.*

X. *On a deux cercles égaux* C *et* C', *qui ne se coupent pas. Par le milieu* O *de la distance des centres, on mène une sécante quelconque; elle rencontre les deux circonférences en des points* K *et* K'; *on joint* CK *et* C'K', *qui, prolongées, se coupent en un point* M. *On demande le lieu du point* M.

XI. *Même question pour deux cercles de rayons inégaux, et quelle que soit la distance de leurs centres.*

XII. *Trouver le lieu des pôles des normales à une hyperbole donnée.*

XIII. *On mène par deux points fixes une série de circonférences, et, dans chacune d'elles, un diamètre parallèle à une même direction donnée; on demande le lieu des extrémités de ces diamètres.*

373. APPLICATIONS. — I. Lorsque la corde d'un réverbère varie de longueur, c'est-à-dire quand le réverbère descend ou monte, les positions d'équilibre de la poulie à laquelle il est fixé sont sur une branche d'hyperbole équilatère qui a une asymptote verticale.

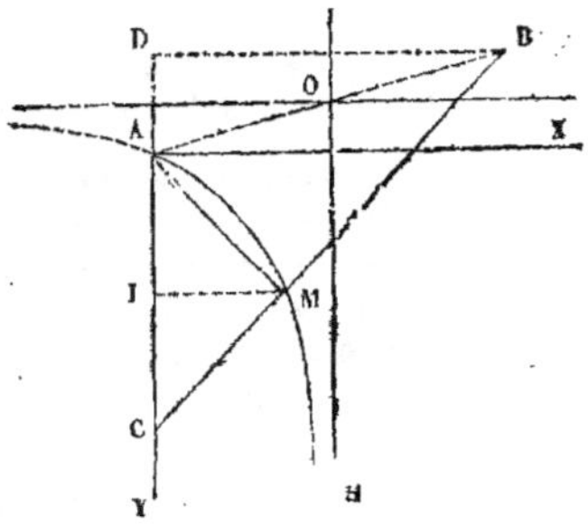

Soient A et B (fig. 126) les points de suspension, et M une position particulière de la poulie. Prenons un axe horizontal AX et un axe vertical AY; menons parallèlement à AX les droites MI et BD qui rencontrent l'axe des y en I et en D; joignons MA et MB, qui, prolongé, rencontre AY en C. Faisons BD $= 2a$ et AD $= 2b$; et soient x et y les coordonnées IM et IA du point M.

La similitude des triangles CDM et CIB donne

$$\frac{CI}{IM} = \frac{CD}{DB}$$

ou, comme CI $=$ AI (**272**),

$$\frac{AI}{IM} = \frac{CD}{DB},$$

c'est-à-dire

$$\frac{y}{x} = \frac{2y + 2b}{2a},$$

d'où

$$xy + bx - ay = 0;$$

c'est l'équation d'une hyperbole dont les asymptotes ont pour équations

$$x = a \quad \text{et} \quad y = -b.$$

Ces asymptotes sont donc l'une verticale, l'autre horizontale; elles passent par le milieu O de la distance AB des points de suspension. L'hyperbole est équilatère, puisque les asymptotes sont perpendiculaires entre elles.

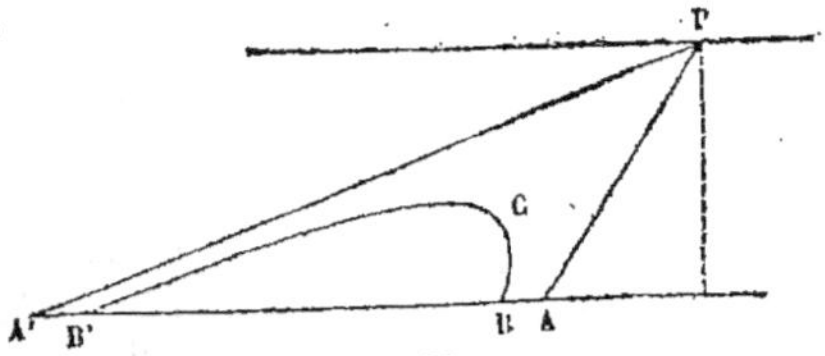

374. II. La perspective d'un cercle peut être une hyperbole. Ce cas se présente notamment lorsque, le cercle étant horizontal, son centre est en avant du plan du tableau à la même distance que le spectateur.

Si A'A (fig. 127) est alors la projection du diamètre du cercle parallèle au tableau sur ce tableau même, et si B et B' sont les points où la circonférence du cercle rencontre l'horizontale AA', on démontre que les droites PA et PA' menées de A et A' au point de vue sont les asymptotes de l'arc BCB' qu'il s'agit de tracer. Ayant les asymptotes et un point A, on a vu (**351**) comment on pouvait construire la courbe.

Remarque. — Les ombres et la perspective des ombres fourniraient de nombreuses applications de l'hyperbole.

375. III. Beaucoup de fonctions peuvent être représentées par des hyperboles; nous n'en donnerons qu'un petit nombre d'exemples.

Dans les ponts suspendus, la tension T de la chaîne ou du câble varie suivant le point que l'on considère; et si Q est la tension au point le plus bas, x la distance horizontale de ce point le plus bas à celui où la tension est T, enfin si k désigne une constante, on démontre qu'on a la relation

$$T = \sqrt{Q^2 + k^2 x^2}$$

La tension T varie donc comme l'ordonnée d'une hyperbole dont l'abscisse serait x; cette hyperbole a son centre à l'origine; son axe transverse est dirigé parallèlement aux ordonnées, et a pour valeur 2Q; le rapport des deux axes est k. Pour des valeurs données de Q et de k, il serait donc facile de construire la courbe.

IV. Dans un cours d'eau, tous les filets liquides n'ont pas la même vitesse; et en nommant V la vitesse maximum, qui a lieu vers le milieu de la surface, et U la vitesse moyenne du courant, l'expérience a appris que l'on avait sensiblement

$$\frac{U}{V} = \frac{V + 2^m,37}{V + 3^m,15}.$$

Les quantités U et V peuvent être regardées comme l'ordonnée et l'abscisse d'une courbe qu'il est facile de construire; car si on les remplace par y et x, qu'on chasse les dénominateurs et qu'on transpose, on obtient

$$xy - x^2 + 3,15y - 2,37x = 0,$$

équation d'une hyperbole, qui passe à l'origine, et qui a pour asymptotes les droites représentées par les équations

$$y = x - 0,78 \quad \text{et} \quad x = -3,15.$$

Connaissant les asymptotes et un point, on pourra tracer la courbe qui à la forme indiquée par la figure 128. Dans l'application on ne considère que la portion de courbe comprise dans l'angle YOX, pour laquelle x et y ou U et V sont positifs.

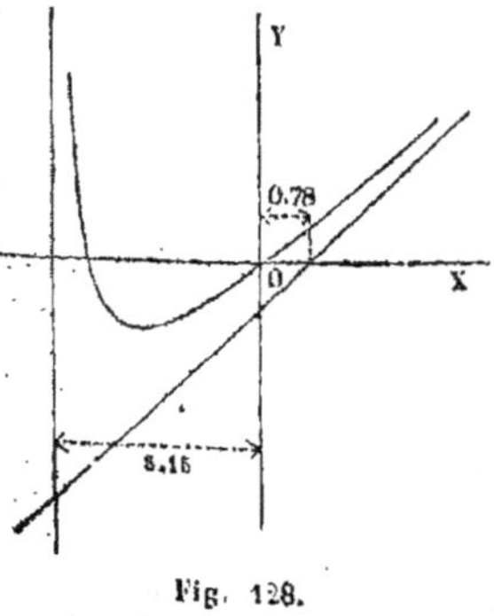

Fig. 128.

V. Le travail de la détente, dans les machines à vapeur, s'évalue comme l'aire d'une hyperbole. Soit P_0 la pression de la vapeur au moment où la détente commence, c'est-à-dire au moment où la vapeur cesse d'affluer de la chaudière, le piston continuant sa course. Soit h_0 la hauteur du cylindre occupé à cet instant par la vapeur. Soit de même P la pression de la vapeur à l'instant où le cylindre qu'elle occupe a pris la hauteur h. En vertu de la loi de Mariotte, qui, d'après l'expérience, est applicable à ce cas, les pressions P_0 et P seront en raison inverse des volumes correspondants occupés par la vapeur, ou, puisque ces volumes sont des cylindres de même base, en raison inverse des hauteurs h_0 et h. On aura donc,

$$\frac{P}{P_0} = \frac{h_0}{h}, \qquad \text{d'où} \qquad Ph = P_0 h_0. \qquad [1]$$

Les quantités P et h varient donc comme les coordonnées d'une hyperbole rapportée à ses asymptotes (que rien n'empêche de supposer rectangulaires). Soit CD (fig. 129) un arc de cette courbe.

Le travail élémentaire de la force P est le produit de cette force par l'élément de chemin que décrit le piston, c'est-à-dire par l'élément de la hauteur h. Ce produit est représenté par un

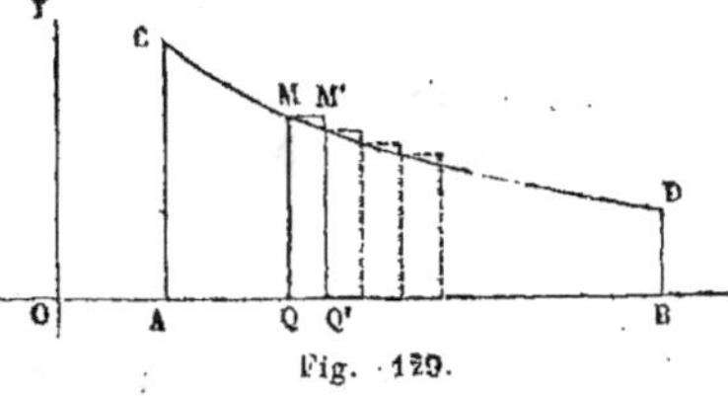

Fig. 129.

petit rectangle qui aurait pour base l'ordonnée MQ ou P, et pour hauteur l'élément QQ' de h. Le travail total de la force P sera donc représenté par la somme de tous les petits rectangles analogues. Or cette somme a pour limite l'aire ABDC comprise entre les ordonnées AC et BD qui représentent les valeurs extrêmes de P. Le travail de P s'évaluera donc comme cette aire.

Soient h_0 et H les hauteurs initiale et finale du cylindre de vapeur pendant la détente, c'est-à-dire les abscisses OA et OB ; l'aire dont il s'agit aura pour expression (358) en vertu de la relation [1]

$$P_0 h_0 \log' \cdot \frac{H}{h_0}.$$

Si, par exemple, on a $P_0 = 1000^k$, $h_0 = 0^m,2$ et $H = 5h_0$, on trouvera

$$1000^k . 0^m,2 . \log' 5 = 200^{km} . 1,6094379,$$

ou enfin $321^{km},887...$, ou environ 322 kilogrammètres.

CHAPITRE IX

PROPRIÉTÉS PRINCIPALES DE LA PARABOLE

§ 1. — AXE; SOMMET; ORDONNÉES; FOYER; DIRECTRICE.

376. Axe; sommet. — On a vu au n° **175** que l'équation de la parabole rapportée à son *axe et à la tangente au sommet* est

$$y^2 = 2px.$$

On peut toujours supposer le *paramètre* $2p$ de la parabole positif; car, si p était négatif, on ramènerait ce cas au premier en comptant les x positifs en sens contraire.

Dès lors on ne peut attribuer à x aucune valeur négative; la courbe ne s'étend donc que du côté des x positifs. Pour $x = 0$ on a $y = 0$; ainsi la courbe passe par l'origine. Ce point, où la parabole coupe *son axe*, est le *sommet* de la courbe. Lorsqu'on fait croître x de 0 à $+\infty$, y croît de 0 jusqu'à $\pm\infty$, et on obtient ainsi deux branches infinies partant du sommet.

Considérons la branche de courbe située au-dessus de l'axe.

Quand y varie de 0 à l'infini positif, $y' = \dfrac{p}{y}$ varie de l'infini positif à zéro, et par conséquent décroît. Cette branche supérieure de la courbe tourne donc sa concavité vers l'axe (**152**); et, à cause de la symétrie, il en est de même de la branche inférieure.

La courbe a donc la forme indiquée par la figure 131.

Pour calculer les coordonnées des différents points de la courbe, on peut attribuer des valeurs à y; on en déduira les valeurs correspondantes de x sans avoir aucune racine à extraire. On peut aussi appliquer, soit au calcul des coordonnées, soit au tracé de la courbe, la méthode exposée au n° **20** et qui est fondée sur l'emploi des différences secondes.

On peut encore calculer les coordonnées des différents points de la courbe, sans avoir de racine à extraire, en faisant usage d'une variable auxiliaire. Les formules

$$y = \frac{2p}{t} \quad \text{et} \quad x = \frac{2p}{t^2}$$

peuvent être employées à cet usage. Elles donnent $y^2 = 2px$, quel que soit t; et en y faisant varier t depuis l'infini jusqu'à zéro, x et y varieront depuis zéro jusqu'à l'infini.

Enfin, on peut construire la courbe par points d'après l'équation $y^2 = 2px$ elle-même. Pour cela, soit AP (fig. 130) l'abscisse d'un point que l'on veut construire : on portera de A en B une longueur égale à $2p$; sur BP comme diamètre on décrira une demi-circonférence qui rencontrera l'axe des y en un point Q; la longueur AQ sera l'ordonnée du point cherché : car on aura $\overline{AQ}^2 = AB \cdot AP = 2px$; donc $AQ = y$.

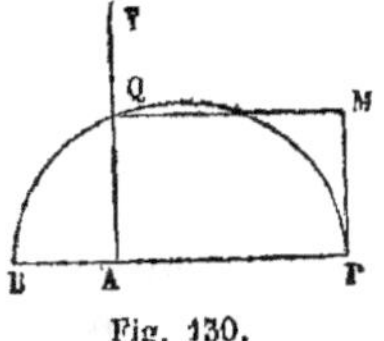
Fig. 130.

Menant donc PM et QM parallèles aux axes, leur point d'intersection M sera le point cherché.

La même construction donne un second point, symétrique du point M.

377. Ordonnées. — THÉORÈME. *Les carrés des ordonnées perpendiculaires à l'axe sont entre eux comme les abscisses correspondantes.*

Cela résulte de la forme même de l'équation de la courbe. Si (x, y) et (x', y') sont deux points de la parabole, on aura

$$y^2 = 2px \quad \text{et} \quad y'^2 = 2px';$$

d'où

$$\frac{y^2}{y'^2} = \frac{x}{x'} \cdot \qquad\qquad \text{C. Q. F. D.}$$

378. L'équation de la parabole rapportée à un diamètre quelconque pris pour axe des x, et à la tangente à l'extrémité de ce diamètre prise pour axe des y, est

$$y^2 = 2p'x,$$

$2p'$ désignant le paramètre relatif à ce diamètre (**220**). Il en résulte que les propriétés qui ne dépendent que de la forme de l'équation de la parabole, subsistent quand elle est rapportée à un diamètre quelconque et à la tangente à l'extrémité de ce diamètre. C'est ce qui a lieu en particulier pour le théorème précédent.

379. Théorème. — *La parabole peut être considérée comme la limite vers laquelle tend une ellipse dont le grand axe croît indéfiniment; tandis que la distance de l'un des foyers au sommet le plus voisin reste constante.*

Soit

$$\frac{x^2}{a^2} + \frac{y^2}{b^2} = 1$$

l'équation d'une ellipse. Sans changer la direction des axes, transportons l'origine au sommet qui a pour abscisse $- a$; pour cela changeons x en $x - a$; il viendra

$$\frac{(x-a)^2}{a^2} + \frac{y^2}{b^3} = 1, \quad \text{d'où} \quad y^2 = 2\frac{b^2}{a}x - \frac{b^2}{a^2}x^2. \qquad [1]$$

La distance du foyer au sommet le plus voisin est $a - c$; désignons par $\frac{1}{2}p$ cette distance supposée constante; nous aurons

$$\tfrac{1}{2}p = a - c, \quad \text{d'où} \quad c = a - \tfrac{1}{2}p \quad \text{et} \quad c^2 = a^2 - ap + \tfrac{1}{4}p^2.$$

De là on tire

$$a^2 - c^2 = ap - \tfrac{1}{4}p^2 \quad \text{ou} \quad b^2 = ap - \tfrac{1}{4}p^2,$$

et par suite

$$\frac{b^2}{a} = p - \tfrac{1}{4}\frac{p^2}{a} \quad \text{et} \quad \frac{b^2}{a^2} = \frac{p}{a} - \tfrac{1}{4}\frac{p^2}{a^2}.$$

Si a tend vers l'infini, $\dfrac{b^2}{a}$ tend donc vers p, et $\dfrac{b^2}{a^2}$ vers zéro; ainsi, à la limite, l'équation [1] de l'ellipse se réduit à

$$y^2 = 2px,$$

qui est celle d'une parabole.

Remarque. — On pourrait considérer également la parabole comme la limite d'une hyperbole.

880. Équation des trois courbes du second degré rapportées à leur axe focal et à un sommet. — Lorsqu'on pose

$$\frac{b^2}{a}=p, \qquad \frac{b^2}{a^2}=\frac{p}{a}=q,$$

l'équation [1] prend la forme

$$y^2=2px-qx^2.$$

Les notations étant les mêmes, on verra que l'hyperbole rapportée à son axe transverse et à la tangente menée par le sommet de *droite* a pour équation

$$y^2=2px+qx^2.$$

Ainsi l'équation

$$y^2=2px+qx^2$$

représente à elle seule les trois courbes du second degré, savoir : l'ellipse, si l'on a $q<0$; l'hyperbole, si l'on a $q>0$; la parabole, si l'on a $q=0$.

881. Foyer. — On voit, comme pour l'ellipse (**255**), que lorsque la parabole est rapportée à son axe et à la tangente au sommet, la distance d'un point M (x, y) à un foyer F (α, β), est une fonction linéaire d'une seule des coordonnées du point. Supposons MF fonction linéaire de x ; comme le foyer ne peut être que sur l'axe de la courbe, qui est l'axe des x, on a $\beta=0$ et

$$\overline{MF}^2=(x-\alpha)^2+y^2, \qquad\qquad [2]$$

et en remplaçant y^2 par sa valeur $2px$, il vient

$$\overline{MF}^2=x^2+2(p-\alpha)x+\alpha^2.$$

Pour que MF soit linéaire, il faut que le second membre soit un carré parfait ; ce qui exige que l'on ait

$$(p-\alpha)^2-\alpha^2=0 \quad \text{d'où} \quad \alpha=\frac{p}{2}.$$

Il en résulte

$$\overline{MF}^2=\left(x+\frac{p}{2}\right)^2, \quad \text{d'où} \quad MF=\pm\left(x+\frac{p}{2}\right).$$

Comme MF est positif, on prendra

$$MF = x + \frac{p}{2}.$$

On trouve, en faisant le calcul, que MF ne peut être fonction linéaire de y. Donc la parabole n'a qu'un seul foyer dont l'abscisse est égale au *quart du paramètre*.

382. Directrice. — L'équation de la *directrice* correspondante est (**248**, II)

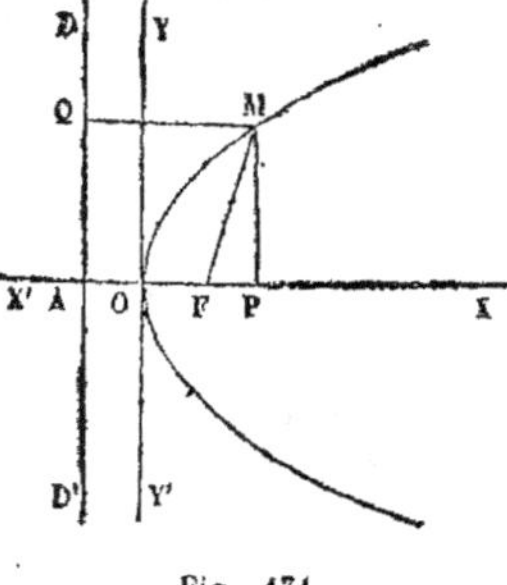

Fig. 131.

$$x + \frac{p}{2} = 0 \quad \text{ou} \quad x = -\frac{p}{2}.$$

Prenons sur l'axe OX (fig. 131), de part et d'autre du sommet O, les longueurs OF et OA égales à $\frac{p}{2}$, c'est-à-dire au quart du paramètre, et par le point A menons la droite DD′ perpendiculaire à l'axe. Le point F est le foyer de la parabole, et la droite DD′ est sa directrice.

383. On a

$$MQ = AP = AO + OP = x + \frac{p}{2}.$$

Donc

$$MF = MQ.$$

Ainsi, chaque point de la parabole est *également distant de la directrice DD′ et du foyer* F.

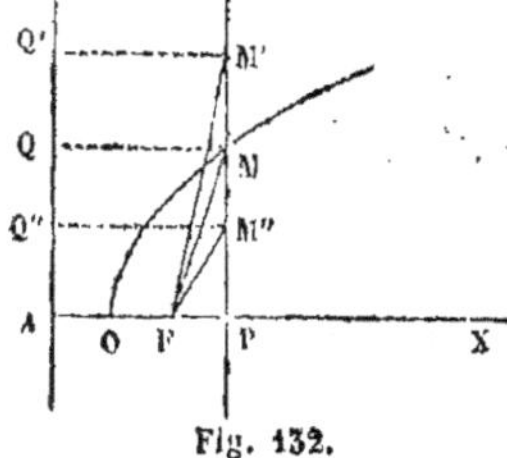

Fig. 132.

REMARQUES. — I. Un point M′ (fig. 132) situé au dehors de la parabole est plus près de la directrice que du foyer; car si l'on abaisse M′P perpendiculaire à l'axe, et qui rencontre la courbe en un point M; qu'on mène M′Q′ et MQ perpendiculaires à la directrice, et qu'on joigne M′F et MF; on aura M′Q′ = MQ; mais on a M′F > MF, comme oblique s'écartant davantage du pied de la perpendiculaire FP; or MQ = MF; donc on a M'F > MQ ou > M'Q'.

On verrait de même qu'un point M″ situé dans l'intérieur de la parabole est plus près du foyer que de la directrice.

Donc, si un point est à égale distance de la directrice et du foyer, il est situé sur la parabole, ce qui justifie la définition du n° **19**.

II. Pour $x = \frac{1}{2}p$ on trouve $y = \pm p$. Ainsi, la corde menée par le foyer perpendiculairement à l'axe est égale au paramètre $2p$.

III. Pour $x = 2p$ on trouve $y = \pm 2p$. Il en résulte que si, par le sommet, on mène une droite faisant avec l'axe un angle de 45° (et dont l'équation serait par conséquent $y = x$), elle rencontrera la parabole en un point dont l'abscisse sera égale au paramètre.

Cette remarque fournit un moyen de construire le foyer et la directrice lorsqu'on a la courbe et son axe, sans avoir son équation.

384. La parabole peut se construire par points d'après la propriété du foyer et de la directrice.

Soit OP (fig. 131) l'abscisse d'un point que l'on veut construire. Par le point P on élèvera sur l'axe une perpendiculaire indéfinie. Du foyer F comme centre, avec un rayon égal à la distance AP du point P à la directrice, on décrira un arc de cercle, qui coupera la perpendiculaire en un point M ; ce point M sera le point cherché. Car en menant MQ parallèle à OX, on aura MQ = AP = MF.

Remarque. — On obtient à la fois deux points de la courbe, symétriquement placés par rapport à l'axe. Car le cercle décrit du point F coupe en deux points la perpendiculaire élevée en P.

§ 2. — TANGENTE ET NORMALE.

385. Tangente. — D'après ce qui a été établi au n° **141**, le coefficient angulaire de la tangente au point qui a pour coordonnées x et y est

$$-\frac{f'_x}{f'_y} \quad \text{ou} \quad m = \frac{p}{y},$$

et l'équation de la tangente à la parabole en ce point est

$$Y - y = \frac{p}{y}(X - x), \tag{1}$$

équation à laquelle il faut joindre la relation

$$y^2 = 2px \tag{2}$$

qui exprime que le point est sur la courbe.

A l'aide de cette relation, on met l'équation [1] sous la forme

$$Yy = p(X + x) \tag{3}$$

ou

$$Yy - pX = px = \frac{y^2}{2},$$

ou, en divisant le premier terme par $\frac{y^2}{2}$ et les deux autres par px,

$$\frac{Y}{\frac{1}{2}y} - \frac{X}{x} = 1. \tag{4}$$

La seule inspection de l'équation de la tangente sous cette forme montre que pour $X = 0$ on a $Y = \frac{1}{2}y$, c'est-à-dire que *l'ordonnée à l'origine de la tangente MT (fig. 135) est la moitié de l'ordonnée MP du point de contact M.*

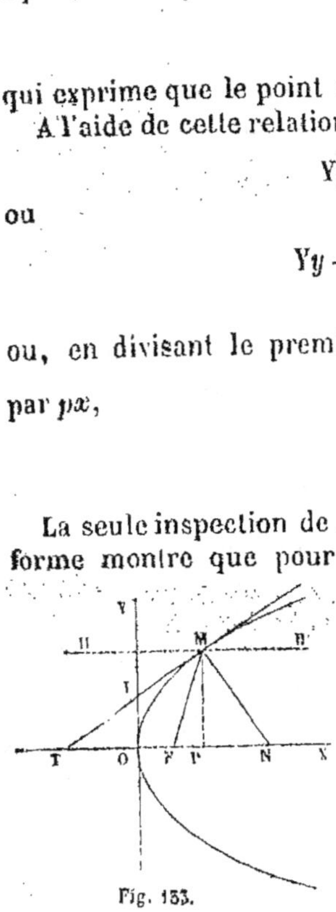

On voit de même que pour $Y = 0$ on a $X = -x$, c'est-à-dire que la tangente rencontre l'axe en un point T situé du côté des x négatifs à une distance OT égale à l'abscisse OP du point de contact. Il en résulte que la *sous-tangente* TP $= 2$OP. Ainsi, *dans la parabole, la sous-tangente est double de l'abscisse du point de contact.*

Cette propriété fournit un moyen commode de mener la tangente en un point donné M de la courbe; car il suffit de mener l'ordonnée MP, de prendre OT $=$ OP, et de joindre TM.

REMARQUES. — I. Au sommet, on a $y = 0$, d'où $m = \infty$; en ce point la tangente est donc perpendiculaire à l'axe.

Fig. 133.

II. Pour $x = \frac{1}{2}p$, on a $y = p$; par suite $m = 1$; ainsi la tangente au point dont l'ordonnée passe par le foyer fait un angle de 45° avec l'axe. Cette même tangente rencontre l'axe au même point que la directrice, puisque l'abscisse du point de rencontre est $-\frac{1}{2}p$.

386. PROBLÈME I. — *Mener une tangente à la parabole parallèlement à une droite dont l'équation est* y = mx.

On aura pour déterminer les coordonnées x et y du point de contact l'équation qui exprime le parallélisme, savoir

$$\frac{p}{y} = m, \qquad\qquad [5]$$

et l'équation [2] ci-dessus qui exprime que le point de contact est sur la courbe.

L'équation [5] ne donne qu'une valeur de y, qui, substituée dans [2], ne donne qu'une valeur de x; ainsi le problème n'admet qu'une solution.

On obtient $y = \frac{p}{m}$ et $x = \frac{p}{2m^2}$. Ces valeurs, mises dans l'équation [1] de la tangente, donnent

$$Y - \frac{p}{m} = m\left(X - \frac{p}{2m^2}\right) \quad \text{ou} \quad Y = mX + \frac{p}{2m}. \qquad [6]$$

REMARQUES. — I. Pour $m = \infty$ on trouve, en divisant préalablement par m, que l'équation [6] se réduit à $X = 0$, c'est-à-dire à l'axe des y, ce qui devait être. Pour $m = 0$ on obtient $Y = \infty$; ainsi ce n'est qu'à une distance infinie que la tangente devient parallèle à l'axe de la courbe.

II. Les équations [3] et [6] conservent la même forme quand la parabole est rapportée à un *diamètre quelconque et à la tangente à l'extrémité de ce diamètre.*

III. On arrive aussi à l'équation [6] en opérant comme pour le cercle (**124**).

IV. En opérant comme au n° **127,** on trouvera que l'équation représentant à la fois les deux tangentes menées par le point (α, β) est

$$\alpha(y - \beta)^2 - \beta(x - \alpha)(y - \beta) + \tfrac{1}{2}p(x - \alpha)^2 = 0.$$

387. PROBLÈME II. — *Mener une tangente à la parabole par un point extérieur* (α, β).

On aura pour déterminer les coordonnées x et y du point de contact l'équation qui exprime que le point donné est sur la tangente, c'est-à-dire, en adoptant la forme [2] ci-dessus,

$$\beta y = p(\alpha + x), \qquad [1]$$

et l'équation qui exprime que le point de contact est sur la courbe, savoir

$$y^2 = 2px. \qquad [2]$$

L'élimination conduit à une équation du second degré ; ainsi il y a en général deux solutions ; elles se réduisent à une seule quand le point donné est sur la courbe.

Mais, au lieu de traiter la question par le calcul, on peut remarquer que si, dans les équations [1] et [2], on regarde x et y comme des variables, elles représenteront deux lieux géométriques dont l'intersection donnera les points de contact de la tangente. L'équation [1] représente une droite facile à construire et qu'on appelle la *corde des contacts*. L'équation [2] représente la parabole elle-même.

388. Pôles et polaires. — THÉORÈME. — *Si, par les différents points d'une droite LL' (fig. 134), on mène à la parabole des couples de tangentes, telles que NM, NM', les cordes de contact, telles que MM', passent toutes par un point fixe.*

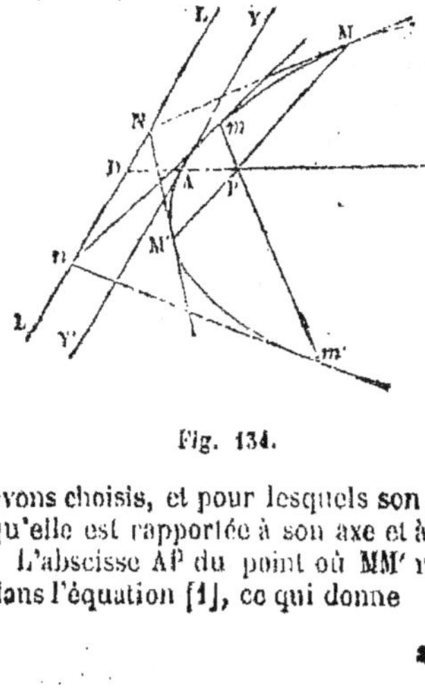

Prenons pour axes la tangente YY' parallèle à LL', et le diamètre AX mené par le point de contact. Soient α et β les coordonnées du point N ; l'équation de la corde des contacts MM' sera (**387**)

$$\beta y = p'(x + \alpha), \qquad [1]$$

en appelant $2p'$ le paramètre de la parabole rapportée aux axes que nous avons choisis, et pour lesquels son équation conserve la même forme que lorsqu'elle est rapportée à son axe et à la tangente au sommet (**378**).

L'abscisse AP du point où MM' rencontre AX, s'obtiendra en faisant $y = 0$ dans l'équation [1], ce qui donne

$$x = -\alpha. \qquad [2]$$

Fig. 134.

Or l'abscisse α du point N ne dépend pas de la position de ce point sur la droite LL', puisque celle-ci est parallèle à l'axe des y; α est donc une constante. Par conséquent AP est aussi constant; et le point P est un point fixe par lequel passent toutes les cordes de contact analogues à MM'. C'est ce qu'il fallait démontrer.

On voit de plus que le point fixe est situé sur le diamètre qui passe par le point de contact d'une tangente parallèle à la droite donnée.

REMARQUES. — I. Le point P est le *pôle* de la droite LL'; et cette droite est la *polaire* du point P.

II. La relation [2] montre qu'on a AP = AD.

III. Si LL' coupait la parabole, α serait positif, le point P serait donc extérieur à la parabole. Si LL' était tangente, les points P et D se confondraient avec le point de contact; dans ce cas le pôle serait sur la polaire.

Si LL' était la directrice, le point P serait le foyer.

IV. La propriété réciproque a également lieu : *c'est-à-dire que si, par un point fixe* P, *on mène des sécantes, et que par les points où elles rencontrent la courbe on lui mène des tangentes, les couples de tangentes correspondantes à ces diverses sécantes iront se couper sur une même droite* LL'. Car si AP reste fixe, en vertu de la relation [1] il en sera de même de α: donc les points de rencontre N des couples de tangentes seront tous sur la droite qui a pour équation

$$x = \alpha.$$

Si le point fixe P était situé hors de la parabole, la droite LL' couperait la courbe; car si x était négatif dans la relation [1], α serait positif. Si le point P était en D, la droite LL' serait tangente.

389. THÉORÈME. — *La tangente à la parabole fait des angles égaux avec l'axe et avec le rayon vecteur du point de contact.*

Il faut démontrer que le triangle MTF (fig. 133) est isocèle, et qu'on a TF = MF.

Or on sait (**385**) que si x est l'abscisse OP du point M, on a TO = x en valeur absolue; donc TF = TO + OF = $x + \frac{1}{2}p$. D'ailleurs on a trouvé (**381**) MF = $x + \frac{1}{2}p$. Donc TF = MF. Donc l'angle MTF = TMF; ce qu'il fallait démontrer.

REMARQUES. — I. Si l'on mène par le point M une droite HH' parallèle à l'axe, on aura l'angle HMT = MTF; donc aussi HMT = TMF; c'est-à-dire que la tangente est la *bissectrice de l'angle* HMF *formé par la droite* MH *parallèle à l'axe et par le rayon vecteur* MF.

II. Il en résulte que *la normale* MN *est la bissectrice de l'angle supplémentaire* H'MF.

III. Le triangle MFN étant isocèle, puisque l'angle FMN = H'MN = MNF, on a NF = MF. D'ailleurs TF = MF ; donc TF = FN. Ainsi la tangente, la normale et l'axe déterminent un triangle rectangle dont l'hypoténuse a pour milieu le foyer F.

390. Le théorème démontré au numéro précédent fournit un nouveau moyen de mener une tangente à la parabole.

I. Soit proposé d'abord de mener la tangente par un point M donné sur la courbe (fig. 135). Ayant mené la directrice AL, on abaissera du point M une perpendiculaire MD sur cette droite ; on joindra FD, et du point M on abaissera sur FD la perpendiculaire MT, qui sera la tangente demandée ; car elle sera la bissectrice de l'angle DMF.

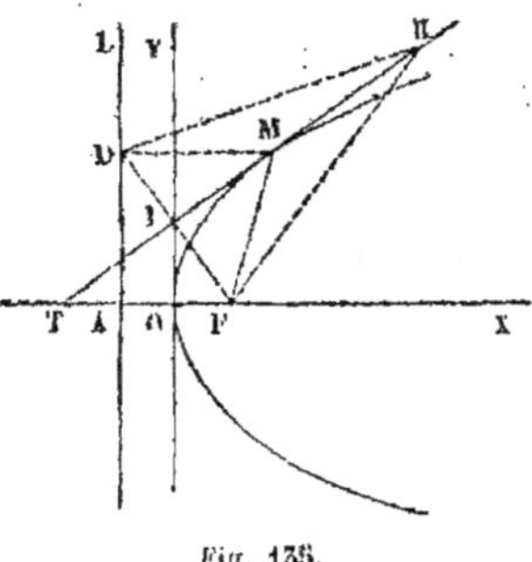

Fig. 135.

REMARQUE. — Le point I, où la tangente MT rencontre la droite FD, est le milieu de cette droite ; mais ce milieu est situé sur l'axe OY, puisque l'on a CA = OF, et que OY est parallèle à AL. Il suit de là que *la tangente au sommet de la parabole est le lieu des pieds des perpendiculaires abaissées du foyer sur les tangentes.*

II. Soit proposé, en second lieu, de mener la tangente par un point K extérieur à la parabole. Du point K comme centre, avec la distance KF pour rayon, on décrira un arc de cercle qui rencontrera la directrice en un point D ; car le point K, étant extérieur à la courbe, est plus près de la directrice que du foyer (**383**) ; on joindra DF, et du point K on abaissera sur DF une perpendiculaire KT, qui sera la tangente demandée. Le point M, où elle rencontrera la parallèle à l'axe menée par le point D, sera le point de contact.

En effet, par construction, KT sera perpendiculaire sur le milieu de DF, puisque KD = KF ; le point M sera donc également distant de D et de F, et MT sera la bissectrice de l'angle DMF ; ce sera donc la tangente.

L'arc décrit du point K comme centre rencontrant la directrice en deux points, il y aura deux solutions.

III. Soit proposé enfin de mener la tangente parallèlement à une direction donnée. Du foyer F on abaissera sur cette direction une perpendiculaire qui rencontrera la directrice en un point D. Sur le milieu de FD on lui élèvera une perpendiculaire TK, qui sera la tangente demandée. Le point M, où elle rencontrera DM parallèle à l'axe, sera le point de contact.

En effet, TK étant perpendiculaire sur le milieu de FD, on a MF = MD; donc le point M est sur la parabole. De plus TK est la bissectrice de l'angle DMF; donc TK est la tangente.

Le problème serait impossible si la direction donnée était parallèle à l'axe, parce qu'alors la perpendiculaire menée à cette direction par le foyer serait parallèle à la directrice.

391. Normale. — L'équation de la normale à la parabole, au point dont les coordonnées sont x et y, est

$$Y - y = -\frac{y}{p}(X - x).$$

Pour avoir le point N (fig. 133) où elle rencontre l'axe, faisons $Y = 0$; nous trouverons $X = p + x$.

Remarque. — Pour $x = 0$, la distance X ou ON se réduit à p; ainsi, à mesure que le point M se rapproche du sommet, le point N se rapproche du point situé à la distance p de ce même sommet.

La *sous-normale* PN est égale à ON — OP ou à X — x, c'est-à-dire à p. Ainsi, *dans la parabole, la sous-normale est constante et égale à la moitié du paramètre.*

Cette propriété fournit un nouveau moyen de mener la tangente en un point M donné sur la courbe; il suffira de mener l'ordonnée MP, de prendre PN égal au demi-paramètre p, et de joindre MN qui sera la normale; la perpendiculaire MT à la normale sera la tangente.

392. On peut se proposer pour la normale les mêmes problèmes que pour la tangente.

I. On trouvera que l'équation de la normale parallèle à la direction $Y = mX$ est

$$Y = mX - \frac{p}{2}(2m + m^3).$$

II. Mener une normale à la parabole par un point extérieur (α, β).

On a pour déterminer les coordonnées x et y du point où la normale rencontre la parabole, l'équation

$$y^2 = 2px, \qquad [1]$$

qui exprime que ce point est sur la courbe, et l'équation

$$\beta - y = -\frac{y}{p}(\alpha - x) \quad \text{ou} \quad xy + (p - \alpha)y - p\beta = 0, \qquad [2]$$

qui exprime que la normale passe par le point donné. Substituant dans la seconde de ces équations la valeur de x tirée de la première, il vient

$$y^3 + 2p(p - \alpha)y - 2p^2\beta = 0. \qquad [3]$$

Cette équation étant du troisième degré, a toujours une racine réelle; d'ailleurs à toute valeur réelle de y correspond une valeur réelle de x et une seule; donc le problème est toujours susceptible d'une solution et de trois au plus.

L'équation [3] est de la forme $x^3 + px + q = 0$, et l'on a vu en algèbre qu'une équation de cette forme a ses trois racines réelles et inégales, réelles dont deux égales ou une seule racine réelle, selon que l'on a

$$4p^3 + 27q^2 < 0, \; = 0 \quad \text{ou} \quad > 0.$$

Le problème proposé sera donc susceptible de trois, de deux ou d'une seule solution, selon que les coordonnées α et β du point donné satisferont à l'une ou à l'autre des conditions

$$8(p - \alpha)^3 + 27p\beta^2 < 0, \; = 0 \quad \text{ou} \quad > 0. \qquad [4]$$

Dans la seconde hypothèse, on a

$$\beta^2 = \frac{8}{27p}(\alpha - p)^3; \qquad [5]$$

et si l'on considère α et β comme des coordonnées courantes, cette équation représentera le *lieu géométrique des points d'où l'on peut mener deux normales à la parabole*.

Ce lieu est symétrique par rapport à l'axe de la parabole, et coupe cet axe au point C dont l'abscisse $\alpha = p$. Les valeurs de β sont imaginaires pour toutes les valeurs de α inférieures à p, et réelles pour toutes les valeurs de α supérieures à p. En faisant varier α depuis p jusqu'à $+\infty$, β variera de 0 à $+\infty$, et on obtiendra deux branches infinies CD et CD' (fig. 136), partant toutes les deux du point C. Quand on prend ce point pour origine, l'équation [5] devient

$$\beta^2 = \frac{8}{27p}\alpha^3.$$

Pour $\alpha = 0$, on a $\lim \frac{\beta}{\alpha} = 0$. Donc la courbe est tangente à l'axe des x, au point C (**149**).

On trouve que la *dérivée seconde* de l'ordonnée est constamment positive pour tous les points de la branche située au-dessus de l'axe des x; donc cette branche est *convexe* vers l'axe des x (**152**), et à cause de la symétrie il en est de même de la seconde branche. La courbe a donc la forme représentée par la figure 156.

Les coordonnées de tout point du plan situé du côté de la convexité de la courbe représentée par l'équation [5] satisfont à la *première* des conditions [4], et celles de tout point situé du côté de la concavité satisfont à la *troisième*; il en résulte que de tout point de cette courbe on peut mener *deux* normales à la parabole; de tout point P situé à sa droite on peut en mener *trois*, et de tout point P' situé à sa gauche on ne peut en mener qu'*une seule*.

La courbe que nous venons de discuter, est connue sous le nom de *parabole cubique*. On l'appelle aussi *développée* de la parabole, à cause d'une propriété remarquable que nous ferons connaître plus loin.

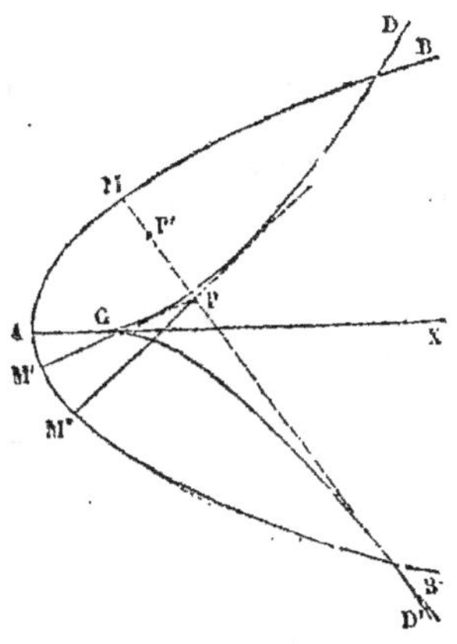

Fig. 156.

Si dans l'équation [5] on remplace α par x et β par y et si l'on élimine y^2 entre la nouvelle équation et l'équation [1], on obtiendra une équation en x du troisième degré, dont les racines sont les abscisses des points d'intersection de la parabole cubique avec la parabole proposée. On reconnaîtra facilement que cette équation a une racine simple $x = 4p$, et une racine double $x = -\dfrac{p}{2}$.

À la racine simple correspondent pour y deux valeurs réelles, $y = \pm 2p\sqrt{2}$, et à chacune des racines doubles les valeurs imaginaires conjuguées, $y = \pm p\sqrt{-1}$. La parabole cubique coupe donc la parabole proposée en deux points réels simples et en deux points imaginaires doubles situés sur la directrice.

Ce problème peut être résolu graphiquement. Pour cela, il suffit de remarquer que les équations [1] et [2], étant considérées isolément, représentent deux lieux géométriques, dont les points d'intersection sont les points cherchés. L'équation [1] représente la parabole elle-même et l'équation [2] une hyperbole équilatère qui passe par le point donné.

Il est bon de remarquer que cette dernière courbe peut être remplacée par un cercle qu'il est plus facile de construire. Pour obtenir l'équation de ce cercle, formons l'équation aux ordonnées des pieds des normales, en éliminant x entre les équations [1] et [2]; il vient

$$y^3 - 2p(\alpha - p)y - 2p^2\beta = 0 \qquad [6]$$

Considérons un cercle quelconque

$$x^2 + y^2 + ax + by + c = 0,$$

et formons l'équation aux ordonnées des points d'intersection de ce cercle avec la parabole, et pour cela éliminons x entre cette dernière équation et l'équation [1]; on trouve

$$y^4 + 2p\,(2p + a)\,y^2 + 4p^2by + 4p^2c = 0.$$

Pour que le cercle passe par les pieds des normales, il faut que le premier membre de cette équation soit divisible par le premier membre de l'équation [6]. En effectuant la division et exprimant que le reste du second degré en y est nul quel que soit y, on obtient les trois relations suivantes

$$p + a + \alpha = 0, \quad 2b + \beta = 0 \quad \text{et} \quad c = 0.$$

La dernière montre que le cercle déterminé par les pieds des normales passe par le sommet de la parabole, et les deux autres déterminent a et b. L'équation du cercle est

$$x^2 + y^2 - (p + \alpha)\,x - \frac{\beta}{2}y = 0.$$

§ 3. — DIAMÈTRES.

393. Théorème. — *Les diamètres de la parabole sont des droites parallèles à l'axe* (**211**).

Soit, en effet, $y = mx + n$ l'équation de l'une des cordes que le diamètre considéré divise en deux parties égales, et soient X et Y les coordonnées de son milieu ; ce point étant sur la corde, on a

$$Y = mX + n. \tag{1}$$

Pour avoir les coordonnées des extrémités de la corde, il faut combiner son équation avec celle de la parabole, ou $y^2 = 2px$. En éliminant y on obtient

$$m^2x^2 + 2\,(mn - p)\,x + n^2 = 0,$$

équation qui a pour racines les abscisses des extrémités de la corde. Leur demi-somme, qui est égale à l'abscisse X du milieu, a pour valeur.

$$X = \frac{p - mn}{m^2}. \tag{2}$$

En éliminant n entre les équations [1] et [2], on a l'équation du lieu,

$$Y = \frac{p}{m},$$

qui représente une parallèle à l'axe de la parabole.

Remarque. — Réciproquement, *toute parallèle à l'axe de la parabole est un diamètre.* Car soit $y = y'$ l'équation de cette droite.

Considérons le système de cordes parallèles dont le coefficient angulaire satisfait à la relation

$$y' = \frac{p}{m}, \quad \text{d'où} \quad m = \frac{p}{y'}.$$

Le lieu du milieu de ces cordes a pour équation

$$Y = \frac{p}{m},$$

ou, en mettant pour m sa valeur,

$$Y = y'.$$

394. Théorème. — *Les cordes qu'un diamètre divise en deux parties égales sont parallèles à la tangente menée à l'extrémité de ce diamètre.*

On vient de voir, en effet, que si $y = y'$ est l'équation d'une parallèle à l'axe, ou, ce qui revient au même, d'un diamètre, le coefficient angulaire des cordes qu'il divise en deux parties égales est

$$m = \frac{p}{y'}.$$

Or ce coefficient angulaire est aussi celui de la tangente menée au point dont l'ordonnée est y' (**385**), lequel n'est autre que l'extrémité du diamètre. Donc les cordes considérées sont parallèles à cette tangente, ce qu'il s'agissait de démontrer.

395. L'équation de la parabole rapportée à un diamètre et à la tangente à l'extrémité de ce diamètre étant $y^2 = 2p'x$, il est facile d'obtenir la valeur de p' en fonction de p, connaissant l'abscisse a de la nouvelle origine par rapport aux anciens axes.

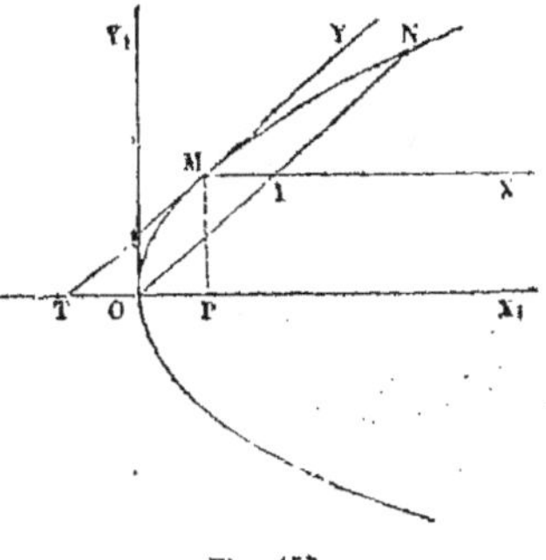

Fig. 157.

Soit MX (fig. 157) le diamètre pris pour axe des x, et soit TY la tangente prise pour axe des y. Soient OP $= a$ et MP $= b$ les coordonnées de la nouvelle origine M par rapport aux anciens axes OX et OY₁. Par le sommet O menons OIN parallèle à TM;

la figure OIMT est un parallélogramme, et l'on a

$$x \quad \text{ou} \quad \text{MI} = \text{OT} = \text{OP} = a \ (\mathbf{385}),$$

puis

$$y^2 \quad \text{ou} \quad \overline{\text{NI}}^2 = \overline{\text{IO}}^2 = \overline{\text{MT}}^2 = \overline{\text{MP}}^2 + \overline{\text{TP}}^2 = b^2 + 4a^2,$$

ou

$$y^2 = 2pa + 4a^2.$$

Mettant ces valeurs dans l'équation $y^2 = 2p'x$, on obtient

$$2pa + 4a^2 = 2p'a, \quad \text{d'où} \quad \frac{p'}{2} = \frac{p}{2} + a.$$

Cette valeur est remarquable, parce que c'est précisément la distance du point M au foyer (**384**). Ainsi, *toutes les fois que l'équation de la parabole est ramenée à la forme* $y^2 = 2p'x$, *le quart du paramètre* $2p'$ *est la distance de l'origine au foyer :* ce qui a également lieu quand la parabole est rapportée à son axe et à la tangente au sommet.

§ 4. — AIRE D'UN SEGMENT PARABOLIQUE.

396. Nous nous proposons d'évaluer l'aire comprise entre un arc OB de la parabole (fig. 158), le diamètre OX passant par l'une de ses extrémités, et l'ordonnée AB menée par l'autre extrémité parallèlement à la tangente OY au point O.

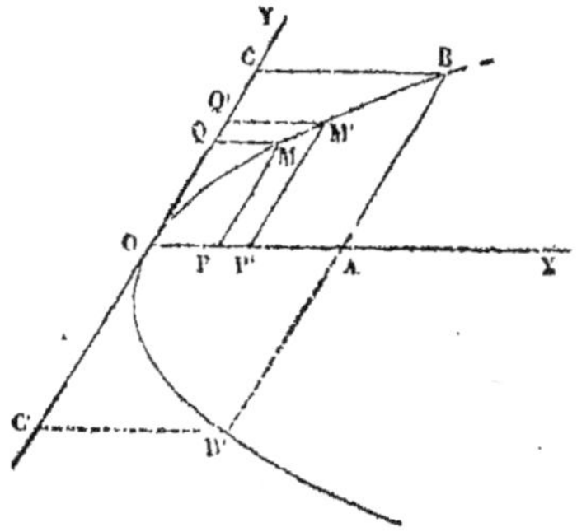

Supposons la parabole rapportée aux axes OX et OY ; son équation sera de la forme

$$y^2 = 2p'x. \qquad [1]$$

Imaginons qu'on ait inscrit dans l'arc OB un contour polygonal, et que par chacun de ses sommets, tels que M, M', etc., on ait mené des parallèles aux axes : MP, MQ, MP', M'Q', etc. Soient x, y et x', y' les coordonnées des deux sommets

Fig. 158.

consécutifs M et M' de ce polygone. En nommant θ l'angle des axes, on trouvera pour les aires T et t des trapèzes MPP'M' et MQQ'M',

$$T = \tfrac{1}{2}(y + y')(x' - x)\sin\theta$$

et

$$t = \tfrac{1}{2}(x + x')(y' - y)\sin\theta,$$

d'où

$$\frac{T}{t} = \frac{y + y'}{x + x'} \cdot \frac{x - x'}{y - y'}.$$

Si l'on suppose que le nombre des côtés du contour polygonal augmente, et que les sommets consécutifs se rapprochent indéfiniment, on aura

$$\lim \frac{T}{t} = \lim \frac{y + y'}{x + x'} \times \lim \frac{x - x'}{y - y'}.$$

Or, d'abord,

$$\lim \frac{y + y'}{x + x'} = \frac{y}{x}.$$

En second lieu, si dans l'équation [1] on regarde x comme la fonction et y comme la variable, la quantité

$$\lim \frac{x - x'}{y - y'}$$

n'est autre chose que la limite du rapport entre l'accroissement de la fonction et l'accroissement de la variable, c'est-à-dire que c'est la dérivée de x par rapport à y ; on a donc

$$\lim \frac{x - x'}{y - y'} = \text{dérivée de } \frac{y^2}{2p} = \frac{y}{p};$$

par conséquent

$$\frac{T}{t} = \frac{y}{x} \cdot \frac{y}{p} = \frac{y^2}{px} = \frac{2px}{px} = 2.$$

Ce que l'on vient de dire des trapèzes MPP'M' et MQQ'M', on peut le dire de tous les autres couples de trapèzes. Ainsi, à la limite, la somme des trapèzes intérieurs est le double de la somme des trapèzes extérieurs.

Or, à la limite aussi, la somme des trapèzes intérieurs devient le triangle mixtiligne OAB ; et la somme des trapèzes extérieurs devient le triangle mixtiligne OCB. On a donc

$$OAB = 2OCB, \quad \text{d'où} \quad OAB = \tfrac{2}{3}(OAB + OCB) = \tfrac{2}{3}OABC,$$

c'est-à-dire que *l'aire parabolique* OAB, qu'il s'agissait d'évaluer, *est les deux tiers de celle du parallélogramme* OACB.

REMARQUES. — I. On arrive immédiatement au même résultat à l'aide du théorème du n° **358**.

II. Si X et Y sont les coordonnées du point B, l'aire du parallélogramme OABC a pour expression XY sin θ. L'aire parabolique OAB équivaut donc à $\tfrac{2}{3}$ XY sin θ.

III. Si le diamètre OX était l'axe de la parabole, la tangente OY lui serait perpendiculaire ; on aurait donc sin θ = 1, et l'aire parabolique aurait simplement pour valeur $\tfrac{2}{3}$ XY.

IV. On démontrerait de la même manière que l'aire parabolique OAB′ est les deux tiers du parallélogramme OAB′C′. Par conséquent l'aire du segment parabolique BOB′ est les deux tiers du parallélogramme BCC′B′ formé par la corde BB′, la tangente CC′ qui lui est parallèle, et les droites BC et B′C′ parallèles au diamètre OX, ou à l'axe.

§ 5. — EXERCICES ET APPLICATIONS.

397. THÉORÈME. — *Si des extrémités d'une corde de la parabole on abaisse des perpendiculaires sur la tangente au sommet, leur moyenne proportionnelle est la distance du sommet au point de rencontre de la corde et de l'axe.*

Supposons la parabole rapportée à son axe et à sa tangente au sommet ; soient (x', y') et (x'', y'') les extrémités de la corde.

L'équation de cette corde sera

$$y - y' = \frac{y' - y''}{x' - x''}(x - x').$$

Pour avoir la distance du sommet au point où la corde rencontre l'axe, il faut, dans cette équation, faire $y = 0$, ce qui donne

$$x = x' - \frac{y'(x' - x'')}{y' - y''}; \qquad [1]$$

mais on a

$$y'^2 = 2px' \quad \text{et} \quad y''^2 = 2px'',$$

d'où

$$y'^2 - y''^2 = 2p(x' - x''),$$

et par suite

$$\frac{x' - x''}{y' - y''} = \frac{y' + y''}{2p}.$$

Mettant cette valeur dans [1], on obtient

$$x = x' - \frac{y'(y' + y'')}{2p} = \frac{2px' - y'^2 - y'y''}{2p} = -\frac{y'y''}{2p}. \qquad [2]$$

Par conséquent

$$x^2 = \frac{y'^2 y''^2}{4p^2} = \frac{y'^2}{2p} \times \frac{y''^2}{2p} = x'x''. \qquad [3]$$

Or x' et x'' sont les perpendiculaires abaissés des extrémités de la corde sur la tangente au sommet ; l'équation [3] démontre donc le théorème.

REMARQUE. — L'équation [2] montre (ce qu'il est d'ailleurs facile de voir directement) que lorsque les deux extrémités de la corde sont d'un même côté de l'axe, elle le rencontre hors de la parabole ; tandis que si ces deux extrémités sont de part et d'autre de l'axe, la corde le rencontre dans l'intérieur de la courbe.

398. THÉORÈME. — *Si l'on mène dans une parabole deux cordes quelconques perpendiculaires entre elles, CD et C'D' (le lecteur est prié de faire la figure), les distances IP et I'P' de leurs milieux à l'axe ont pour moyenne géométrique la moitié du paramètre.*

Soient x', y' et x'', y'' les coordonnées des points C et D, et soit n l'ordonnée du point I ; on aura

$$n = \tfrac{1}{2}(y' + y''). \qquad [1]$$

Mais, si m est le coefficient angulaire de la corde CD, on a

$$m = \frac{y' - y''}{x' - x''};$$

multipliant ces relations terme à terme, on obtient

$$mn = \frac{y'^2 - y''^2}{2(x' - x'')} = \frac{2px' - 2px''}{2(x' - x'')} = p. \qquad [2]$$

Si n' est de même l'ordonnée du point I', et m' le coefficient angulaire de C'D', on aura pareillement

$$m'n' = p, \qquad [3]$$

et, par conséquent, en multipliant [2] et [3] membre à membre,

$$mm'nn' = p^2. \qquad [4]$$

Or les deux cordes étant perpendiculaires entre elles, les coefficients angulaires m et m' sont liés par la relation $mm' + 1 = 0$ ou $mm' = -1$.

En mettant pour mm' cette valeur dans [4], il vient

$$-nn' = p^2.$$

Cette relation montre que les ordonnées n et n' sont toujours de signe contraire; si donc on a $n = + \text{IP}$, on aura $n' = - \text{I'P'}$. Par suite

$$\text{IP.I'P'} = p^2,$$

ce qu'il s'agissait de démontrer.

399. Problème. — *Étant donné un arc de parabole, construire la courbe.*

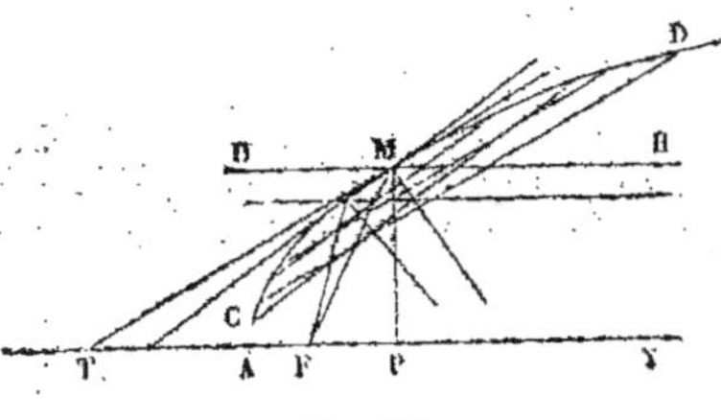

Fig. 159.

Soit CD (fig. 159) l'arc donné. On mènera deux cordes parallèles; on joindra leurs milieux, et l'on aura un premier diamètre HH'. Soit M le point où il rencontre l'arc donné; on mènera MT parallèle aux deux cordes: ce sera une tangente (**394**); puis on fera l'angle TMF = TMH'; on aura une droite MF qui ira passer par le foyer (**389**).

En répétant la construction pour deux autres cordes parallèles entre elles, mais non aux deux premières, on obtiendra une nouvelle droite passant au foyer, et qui, par son intersection avec la première, donnera le foyer F.

On mènera FX parallèle aux deux diamètres : ce sera l'axe de la parabole (**393**). Il rencontrera la tangente MT en un point T. Du point M on abaissera sur l'axe la perpendiculaire MP. Le milieu A de la distance TP sera le sommet de la parabole (**385**). On aura ainsi tous les éléments nécessaires pour tracer la courbe (**384**).

400. Problème. — *Par un point P pris sur l'axe d'une parabole, on mène des parallèles aux tangentes; on demande le lieu des points N où chacune d'elles rencontre le rayon vecteur du point de contact correspondant.*

Prenons pour origine le foyer; il suffira, dans l'équation de la parabole, et dans celle de sa tangente, de changer x en $x + \frac{1}{2}p$, ce qui ne changera pas le coefficient angulaire de la tangente, où l'abscisse du point de contact n'entre pas. Soient donc x' et y' les coordonnées du point de contact; et soit FP $= a$. L'équation d'une parallèle à la tangente passant par le point P sera

$$y = \frac{p}{y'}(x - a).$$

L'équation du rayon vecteur sera d'ailleurs

$$y = \frac{y'}{x'}x; \tag{2}$$

et, pour exprimer que le point de contact est sur la parabole, on aura

$$y'^2 = 2p\left(x' + \tfrac{1}{2}p\right). \tag{3}$$

En éliminant x' et y' entre ces trois équations, on aura une relation entre x, y et des constantes; ce sera l'équation du lieu.

De l'équation [1] on tire

$$y' = \frac{p(x-a)}{y};$$

l'équation [2] donne alors

$$x' = \frac{px(x-a)}{y^2}.$$

Ces valeurs mises dans l'équation [3] donnent, toutes réductions faites,

$$x^2 + y^2 = a^2,$$

équation du cercle décrit du foyer F comme centre, avec FP pour rayon.

REMARQUES. — I. On aurait pu prévoir ce résultat, qui est une conséquence de la propriété exposée au n° **389**; car les triangles TFT' et PFM (fig. 133) sont semblables; et puisque le premier est isocèle, il en est de même du second; on a donc FM = FP, quantité constante.

II. Si, au lieu de mener par le point P des parallèles aux tangentes, on menait des parallèles aux normales, et qu'on cherchât de même le lieu de leur rencontre avec le rayon vecteur, on obtiendrait le même cercle que ci-dessus. C'est encore une conséquence de la propriété démontrée au n° **389**.

III. Il est remarquable que le cercle obtenu est indépendant du paramètre de la parabole, et que, par conséquent, le lieu demandé resterait le même, quel que fût ce paramètre, pourvu que les paraboles eussent même axe et même foyer.

401. PROBLÈME. — *Par le foyer d'une parabole on mène des droites faisant avec les tangentes un angle constant; on demande le lieu du point de rencontre de chaque droite avec la tangente correspondante.*

Prenons pour origine le foyer, l'axe de la parabole pour axe des x, et l'axe des y perpendiculaire. Pour obtenir l'équation d'une tangente quelconque, il suffira dans l'équation ordinaire (**386**) de changer x en $x + \frac{p}{2}$, ce qui donnera

$$y = m\left(x + \frac{p}{2}\right) + \frac{p}{2m}. \qquad [1]$$

L'équation d'une droite menée par le foyer sera

$$y = m'x; \qquad [2]$$

et si ces deux droites font entre elles un angle donné, dont nous désignerons la tangente par K, on aura

$$\frac{m - m'}{1 + mm'} = K. \qquad [3]$$

Si, entre ces trois équations, on élimine m et m', il restera une relation entre x, y et des constantes, qui sera l'équation du lieu; car on peut regarder x et y comme les coordonnées du point commun aux deux droites. Pour faire le calcul, on éliminera m' entre [2] et [3]; on obtiendra une valeur de m qu'on substituera dans [1]. Faisant disparaître les dénominateurs, réduisant et transposant, on pourra mettre l'équation finale sous la forme

$$(x^2 + y^2) [2K(y - Kx) - p(1 + K^2)] = 0.$$

Cette équation est satisfaite quand on égale à zéro l'un ou l'autre des deux facteurs du premier membre; elle se partage donc en deux, savoir

$$x^2 + y^2 = 0 \quad \text{et} \quad 2K(y - Kx) - p(1 + K^2) = 0.$$

La première donne $x = 0$ et $y = 0$, et représente l'origine des coordonnées ou le foyer; c'est évidemment une solution étrangère à la question.

La seconde peut s'écrire

$$y = K(x + \tfrac{1}{2}p) + \frac{p}{2K}. \qquad [4]$$

En la comparant avec l'équation [1], on voit que c'est celle d'une tangente à la parabole, faisant avec l'axe un angle égal à l'angle constant dont la tangente est K.

Remarque. — Si l'angle constant est droit, on a $K = \infty$; l'équation [4], divisée préalablement par K, donne alors

$$x + \tfrac{1}{2}p = 0 \quad \text{ou} \quad x = -\tfrac{1}{2}p,$$

c'est l'équation de la tangente au sommet. On retrouve ainsi la propriété démontrée plus haut (**385**, Rem.).

402. Problème. — *Trouver le lieu décrit par le sommet d'un angle constant dont les côtés restent tangents à une parabole donnée.*

Les côtés de l'angle, étant des tangentes, auront pour équations

$$y = mx + \frac{p}{2m} \quad \text{et} \quad y = m'x + \frac{p}{2m'}; \qquad [1]$$

et si K désigne la tangente de l'angle constant, on devra avoir

$$\frac{m - m'}{1 + mm'} = K. \qquad [2]$$

En éliminant m et m' entre ces trois équations, on aura l'équation du lieu; car on peut regarder x et y comme les coordonnées du sommet de l'angle mobile.

La première équation peut être mise sous la forme

$$2xm^2 - 2ym + p = 0, \qquad [3]$$

et la seconde, traitée de la même manière, donnerait une équation qui ne différerait de celle-ci qu'en ce que m serait remplacé par m'. On peut donc regarder m et m' comme les deux racines de l'équation [3]. On trouvera, en conséquence,

$$m - m' = \frac{\sqrt{y^2 - 2px}}{x} \quad \text{et} \quad mm' = \frac{p}{2x},$$

valeurs qui, substituées dans [2], donnent l'équation cherchée

$$\frac{\sqrt{y^2 - 2px}}{x + \frac{p}{2}} = K \quad \text{ou} \quad y^2 - K^2x^2 - p(2 + K^2)x - K^2\frac{p^2}{4} = 0; \quad [4]$$

c'est celle d'une hyperbole, dont l'axe transverse est dirigé suivant l'axe de la parabole ; car l'équation ne contient y qu'à la seconde puissance, et quand on fait $y = 0$, on trouve pour x deux valeurs réelles. L'abscisse du centre est

$$x = -p\,\frac{2 + K^2}{2K^2}.$$

Quand on transporte l'origine en ce point, l'équation de l'hyperbole se réduit à

$$y^2 - K^2x^2 + p^2\left(\frac{1 + K^2}{K^2}\right) = 0. \qquad [5]$$

Sous cette forme, on reconnaît que l'hyperbole a pour asymptotes les droites dont les équations, par rapport à la nouvelle origine, sont

$$y = \pm\, Kx.$$

En désignant par a et b les demi-axes, on trouvera ensuite

$$a = \frac{p\sqrt{1 + K^2}}{K^2},\ b = \frac{p\sqrt{1 + K^2}}{K}, \quad \text{d'où} \quad c = \sqrt{a^2 + b^2} = p\,.\,\frac{1 + K^2}{K^2}.$$

Si de cette valeur on retranche la valeur absolue de la distance du centre de l'hyperbole à l'ancienne origine, on trouve

$$p\,\frac{(1 + K^2)}{K^2} - p\,\frac{2 + K^2}{2K^2} = \frac{p}{2}.$$

La distance du sommet de la parabole au foyer de droite de l'hyperbole est donc $\frac{p}{2}$, c'est-à-dire que le foyer de la parabole est un des foyers de l'hyperbole.

Enfin on a $\frac{a^2}{c} = \frac{p}{K^2}$; retranchant cette valeur de la quantité $p\,\frac{2 + K^2}{2K^2}$ qui exprime en valeur absolue la distance du centre de l'hyperbole au sommet de la parabole, on obtient pour reste $\frac{p}{2}$. La directrice de la parabole est donc aussi une des directrices de l'hyperbole.

Remarques. — I. Si l'angle constant est droit, on a $K = \infty$; et l'équation [4] préalablement divisée par K^2 donne alors

$$x^2 + px + \frac{p^2}{4} = 0 \quad \text{ou} \quad \left(x + \frac{p}{2}\right)^2 = 0, \quad \text{d'où} \quad x = -\frac{p}{2};$$

c'est l'équation de la directrice. Ainsi *la directrice de la parabole est le lieu du sommet d'un angle droit dont les côtés restent tangents à la courbe.*

II. Si l'angle constant vaut la moitié d'un angle droit, on a $K = 1$, et l'on reconnaît par l'inspection de l'équation [5] que l'hyperbole devient équilatère.

403. Problème. — *D'un point fixe on mène des normales à une série de paraboles ayant même axe et même sommet; on demande le lieu des points où chaque normale rencontre normalement la courbe correspondante.*

Les paraboles considérées rapportées à leur axe et à la tangente au sommet auront pour équation

$$y^2 = 2px,$$

p étant un coefficient variable de l'une à l'autre, et qui peut être positif ou négatif.

Soient x' et y' les coordonnées du point où chaque normale rencontre normalement la parabole correspondante, et soient x'' et y'' les coordonnées du point fixe par lequel les normales sont menées, on aura (**391**)

$$y'' - y' = -\frac{y'}{p}(x'' - x'), \qquad [1]$$

avec

$$y'^2 = 2px'. \qquad [2]$$

En éliminant p entre ces deux équations, on aura une relation entre x', y' et des constantes, qui sera l'équation du lieu. On obtient

$$y'' - y' = -\frac{2x'}{y'}(x'' - x') \quad \text{ou} \quad y'^2 + 2x'^2 - y''y' - 2x''x' = 0.$$

C'est l'équation d'une ellipse, dont les axes sont parallèles aux axes coordonnés; elle passe par le point fixe et par le sommet commun des paraboles; son centre est au milieu de la droite qui joint ces deux points.

404. Problème. — *Trouver le lieu des points par chacun desquels on peut mener à une parabole deux normales perpendiculaires entre elles.*

Soient x', y' et x'', y'' les coordonnées des points où les deux normales rencontrent normalement la courbe; les équations de ces normales seront (**391**)

$$[1] \qquad y - y' = -\frac{y'}{p}(x - x') \quad \text{et} \quad y - y'' = -\frac{y''}{p}(x - x''), \qquad [2]$$

équations auxquelles il faut joindre les relations

$$[3] \qquad\qquad y'^2 = 2px' \quad \text{et} \quad y''^2 = 2px'', \qquad\qquad [4]$$

Les deux normales devant être perpendiculaires, on doit avoir en outre

$$\frac{y'y''}{p^2} = -1 \quad \text{ou} \quad y'y'' = -p^2. \qquad [5]$$

On peut regarder x et y comme les coordonnées du point commun aux deux normales; ainsi, en éliminant x', y', x'' et y'' entre les cinq équations ci-dessus, on obtiendrait une relation constante entre x, y et des quantités connues; ce serait l'équation du lieu. Mais on obtient plus rapidement cette équation en opérant de la manière suivante :

Remplaçons dans [1] y' par sa valeur tirée de [3]; il viendra, en chassant les dénominateurs et transposant,

$$y'^3 + 2p(p-x)y' - 2p^2y = 0.$$

En éliminant de même x'' entre les relations [2] et [4], on arriverait à une équation semblable, et qui n'en différerait qu'en ce que y' serait remplacé par y''. On peut donc regarder y' et y'' comme deux racines de l'équation

$$Y^3 + 2p(p-x)Y - 2p^2y = 0. \qquad [6]$$

Désignons par y''' la troisième racine ; on aura, d'après une propriété connue des équations,

$$y'y''y''' = 2p^2y.$$

Remplaçant $y'y''$ par sa valeur $-p^2$, il reste

$$-y''' = 2y, \quad \text{d'où} \quad y''' = -2y.$$

Cette valeur de la troisième racine devant satisfaire à l'équation [6], on trouve, en substituant $-2y$ à la place de Y,

$$-8y^3 - 4p(p-x)y - 2p^2y = 0,$$

ou, en divisant par $2y$, ce qui est permis, car $y = 0$, ou l'axe des x, est évidemment une solution étrangère, et changeant les signes,

$$4y^2 + 2p(p-x) + p^2 = 0 \quad \text{ou} \quad 4y^2 + 3p^2 - 2px = 0,$$

ou enfin

$$y^2 = \tfrac{1}{2}p(x - \tfrac{3}{2}p).$$

Telle est l'équation du lieu. C'est celle d'une parabole dont le paramètre est le quart de celui de la parabole donnée, et dont le sommet est situé, du côté des x positifs, à une distance égale à $\tfrac{3}{2}p$ de celui de la parabole donnée.

REMARQUES. — I. L'équation [5] montre que les ordonnées y' et y'' sont nécessairement de signe contraire. On en déduit aussi $y'^2y''^2 = p^4$ ou $4p^2 x'x'' = p^4$ ou $x'x'' = \dfrac{p^2}{4}$.

II. L'équation [6] manquant de second terme, on a

$$y' + y'' + y''' = 0;$$

et comme

$$y''' = -2y,$$

il en résulte

$$= \tfrac{1}{2}(y' + y''),$$

c'est-à-dire que l'ordonnée du point d'où partent les normales est une moyenne entre les ordonnées des points où ces normales rencontrent normalement la courbe.

405. PROBLÈME. — *Étant donné un quadrilatère ABCD (fig. 140), on prend*

*sur ses côtés quatre points P, Q, R, S, qui divisent les côtés proportionnelle-
ment, en sorte qu'on ait* $\dfrac{BP}{BA}=\dfrac{BQ}{BC}=\dfrac{AS}{AD}=\dfrac{CR}{CD}$; *on joint PR et QS ; on demande
le lieu du point de rencontre M des
lignes de jonction.*

Soient

$$\frac{BP}{BA}=\frac{BQ}{BC}=\frac{AS}{AD}=\frac{CR}{CD}=n$$

et

$$\frac{AP}{AB}=\frac{QC}{BC}=\frac{SD}{AD}=\frac{RD}{CD}=n',$$

d'où

$$n+n'=1. \qquad [1]$$

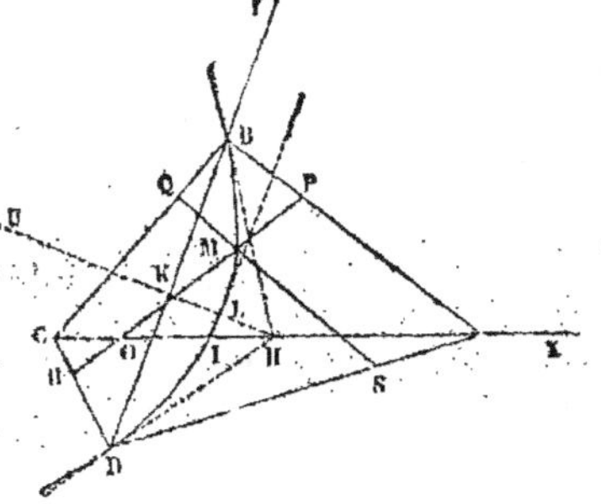

Fig. 140.

Prenons pour axes les diagonales AC
et BD du quadrilatère, et soient

$OA=a$, $OC=a'$, $OB=b$, $OD=b'$; on trouvera, pour les coordonnées

du point P,	$x=na$,	$y=n'b$;
du point Q,	$x=-na'$,	$y=n'b$;
du point R,	$x=-n'a'$,	$y=-nb$;
du point S,	$x=-n'a$,	$y=-nb$.

Par suite, l'équation de PR sera

$$\frac{y-n'b}{n'b+nb'}=\frac{x+na}{na+n'a'} \qquad [2]$$

et l'équation de QS sera

$$\frac{y-n'b}{n'b+nb'}=-\frac{x+n'a}{na'+n'a} \qquad [3]$$

On peut regarder x et y comme représentant les coordonnées du point M ; on
obtiendra donc l'équation du lieu en éliminant n et n' entre les équations [1],
[2] et [3].

Pour cela, on égale d'abord les seconds membres de [2] et [3] ; réduisant,
divisant par $a+a'$, et ayant égard à [1], il reste

$$nn'=\frac{x}{a-a'}. \qquad [4]$$

En second lieu, les équations [2] et [3] pouvant s'écrire

$$n^2ab'-n'^2a'b+n(ay-b'x)+n'(a'y-bx)=0$$

$$n^2a'b'-n'^2ab+n(a'y+b'x)+n'(ay+bx)=0,$$

en ajoutant membre à membre, réduisant, divisant par $a + a'$, et ayant égard à [1], il vient

$$n^2 b' - n'^2 b + y = 0. \qquad [5]$$

De [1] et [4] on conclut que n et n' sont donnés par l'équation du second degré

$$u^2 - u + \frac{x}{a - a'} = 0.$$

Tirant de cette équation les valeurs de n et de n' pour les substituer dans la relation [5], on obtient

$$y = b \left(\tfrac{1}{2} \mp \tfrac{1}{2} \sqrt{1 - \frac{4x}{a - a'}} \right)^2 - b' \left(\tfrac{1}{2} \pm \tfrac{1}{2} \sqrt{1 - \frac{4x}{a - a'}} \right)^2$$

ou bien

$$y = -\frac{b - b'}{a - a'} x + \tfrac{1}{2}(b - b') \pm \tfrac{1}{2}(b + b') \sqrt{1 - \frac{4x}{a - a'}}.$$

Telle est l'équation du lieu. C'est une courbe du second degré qui s'étend indéfiniment dans le sens des x négatifs, mais qui est limitée dans le sens des x positifs; c'est donc une parabole.

REMARQUES. — I. La courbe passe aux points B et D; car pour $x = 0$ on trouve $y = b$ et $y = -b'$. On pouvait prévoir ce résultat.

II. La droite représentée par l'équation

$$y = -\frac{b - b'}{a - a'} x + \tfrac{1}{2}(b - b')$$

est un diamètre; c'est la droite HK qui joint les milieux des diagonales du quadrilatère.

III. La courbe rencontre son diamètre au point qui a pour abscisse $x = \tfrac{1}{4}(a - a')$. Cette abscisse est celle du milieu I de OH.

D'après la propriété de la sous-tangente, démontrée au n° **385**, laquelle subsiste par rapport à un diamètre quelconque et à la tangente à l'extrémité de ce diamètre (**378**), les droites HB et HD sont des tangentes.

IV. Si $b = b'$, le diamètre HK se confond avec la diagonale AC.

Si, de plus, les diagonales sont perpendiculaires, AC devient l'axe.

Si l'on a $a = a'$, la courbe se réduit à la diagonale BD.

406. Le lecteur pourra s'exercer sur les questions suivantes :

I. THÉORÈME. — *Si l'on joint le foyer de la parabole au point où une tangente quelconque rencontre la directrice, la ligne de jonction est perpendiculaire au rayon vecteur du point de contact.*

II. THÉORÈME. — *Si l'on joint deux points M et M' d'une parabole à l'extrémité A d'un diamètre quelconque, que l'on mène par les points M et M' des parallèles à ce diamètre, la diagonale NN' du trapèze MN'M'N ainsi déterminé sera parallèle à la tangente au point A.*

III. THÉORÈME. — *Si par le sommet A d'une parabole on mène une corde quelconque AM, et par le point M une perpendiculaire MB à cette corde, terminée à l'axe de la courbe, la distance PB entre le point B et le pied de l'ordonnée du point M sera égale au demi-paramètre.*

IV. PROBLÈME. — *Étant donné un trapèze ABCD, on fait varier la direction du côté CD, de manière que la surface du trapèze reste constante; on demande le lieu du point de rencontre M des diagonales.*

V. PROBLÈME. — *On mène par un point fixe des tangentes à une série de paraboles ayant même axe et même sommet; on demande le lieu des points de contact.*

VI. PROBLÈME. — *Trouver le lieu des points tels, que la somme (ou la différence) des distances de chacun d'eux à une droite fixe et à un point fixe est constante.*

VII. PROBLÈME. — *Trouver le lieu des points tels, que si de chacun d'eux on mène deux tangentes à une parabole donnée, la somme des angles qu'elles font avec l'axe est constante.*

VIII. PROBLÈME. — *D'un point fixe P on mène à une parabole donnée une sécante quelconque PAB, sur laquelle on prend une longueur PM, moyenne géométrique entre PA et PB; on demande le lieu du point M.*

IX. PROBLÈME. — *Trouver le lieu des milieux des sécantes menées à une parabole par un point fixe.*

X. PROBLÈME. — *Trouver le lieu des pôles des normales à une parabole donnée.*

XI. PROBLÈME. — *Trouver le lieu des centres des cercles tangents à une droite donnée et coupant à angle droit un cercle donné.*

407. Applications. — I. Un projectile, lancé dans le vide, y décrirait une parabole à axe vertical. Si v est la vitesse initiale du projectile, et α l'angle que sa direction fait avec l'horizon, l'équation de la courbe décrite, rapportée à deux axes, l'un horizontal et l'autre vertical, pris dans le plan du mouvement et passant par le point de départ, est [1]

$$y = x \tan g\, \alpha - \frac{g x^2}{2 v^2 \cos^2 \alpha}, \qquad [1]$$

ou, en posant $v^2 = 2gh$,

$$y = x \tan g\, \alpha - \frac{x^2}{4h \cos^2 \alpha}. \qquad [2]$$

La courbe rencontre l'axe horizontal à une distance de l'origine égale à

$$x = 4h \cos^2 \alpha \tan g\, \alpha = 2h \sin 2\alpha.$$

Cette distance est ce que l'on nomme l'*amplitude du jet*; elle est la plus grande possible pour $\alpha = 45°$.

---

[1] Voy. les *Notions de mécanique* exigées pour l'admission de l'École polytechnique.

L'abscisse du sommet est la moitié de cette amplitude, ou

$$x = h \sin 2\alpha.$$

On en déduit, pour l'ordonnée correspondante,

$$y = h \sin^2 \alpha.$$

Si l'on veut l'ordonnée du foyer, il faut de cette dernière retrancher le quart du paramètre. Or, si l'on rapportait la courbe à son axe et à son sommet, le coefficient de x^2 ne changerait pas, et l'on aurait

$$y = \frac{x^2}{4h \cos^2 \alpha} \quad \text{ou} \quad x^2 = 4h \cos^2 \alpha . y.$$

Le quart du paramètre est donc $h \cos^2 \alpha$. Par suite, l'ordonnée du foyer est $h \sin^2 \alpha - h \cos^2 \alpha$ ou $- h \cos 2\alpha$.

Remarques. — I. Le lieu du sommet de toutes les paraboles que le projectile peut décrire avec une même vitesse initiale v, mais en faisant varier l'angle α du tir, s'obtiendra en éliminant α entre les équations

$$x = h \sin 2\alpha \quad \text{et} \quad y = h \sin^2 \alpha.$$

Or la seconde peut s'écrire.

$$2y = h - h \cos 2\alpha \quad \text{ou} \quad h - 2y = h \cos 2\alpha.$$

Élevant au carré cette dernière équation, ainsi que la première, et ajoutant membre à membre, on obtient

$$x^2 + (h - 2y)^2 = h^2 \quad \text{ou} \quad x^2 + 4y^2 - 4hy = 0,$$

équation d'une ellipse dont le centre est sur l'axe des y à la distance $\dfrac{h}{2}$ de l'origine; son petit axe, dirigé suivant l'axe des y, a pour valeur h, et son grand axe qui est horizontal a pour valeur $2h$.

II. Le lieu des foyers des mêmes paraboles s'obtient en éliminant α entre les équations

$$x = h \sin 2\alpha \quad \text{et} \quad y = - h \cos 2\alpha,$$

ce qui donne

$$x^2 + y^2 = h^2,$$

équation d'un cercle décrit de l'origine comme centre avec le rayon h

408. II. Les comètes décrivent des ellipses[1] très-allongées qui peuvent être assimilées à des paraboles (**379**), dans la portion de l'orbite visible pour nous. La parabole étant une courbe plus simple que l'ellipse, il en résulte plus de commodité pour les calculs. L'approximation obtenue de la sorte est presque toujours suffisante.

[1] Peut-être que quelques-unes décrivent des hyperboles; le fait n'a pu être encore bien constaté.

409. III. Les chaînes ou les câbles qui supportent les tiges d'un pont suspendu affectent la forme d'une parabole à axe vertical, lors même que les tiges ne sont pas équidistantes. Étant donnés les deux points d'attache, qui peuvent être situés à des hauteurs différentes, et la tangente au sommet, laquelle est horizontale et se trouve déterminée par la hauteur du tablier du pont, on a les éléments nécessaires pour tracer la courbe.

On peut faire usage, pour cela, du théorème du n° **397**. Soient A et B (fig. 141) les deux points d'attache du câble, et X'X la tangente au sommet. On

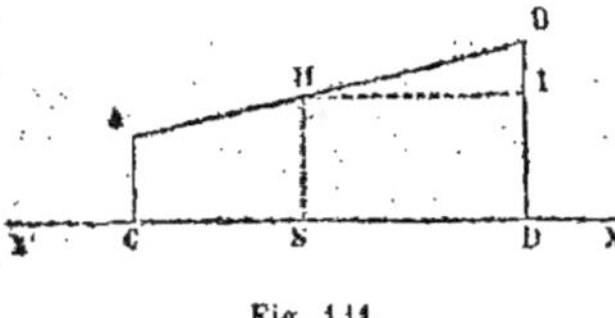
Fig. 141.

abaissera des points A et B sur XX' les perpendiculaires AC et BD; on cherchera leur moyenne géométrique, que l'on portera sur DB, de D en I; par le point I on mènera une horizontale, qui rencontrera en H la droite AB; du point H on abaissera sur X'X la perpendiculaire HS; le point S ainsi obtenu sera le sommet. La droite SH sera l'axe. On aura le paramètre par la relation $\overline{CS}^2 = 2p \cdot AC$; par suite le foyer, et la directrice. On pourra donc tracer la courbe par le procédé indiqué au n° **384**.

410. IV. On donne aux balanciers des machines à vapeur la forme parabolique, afin que, conformément à la théorie de la résistance des matériaux, le balancier présente dans chaque section la même résistance.

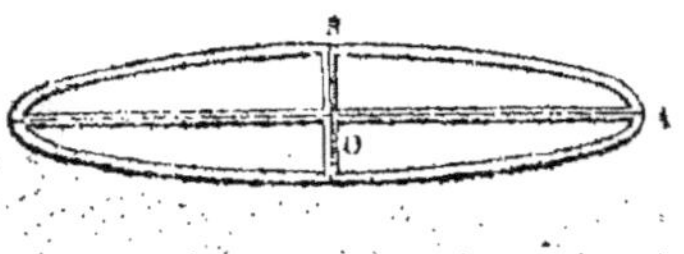
Fig. 142.

Étant données la demi-longueur OA (fig. 142) et la demi-hauteur du balancier, on a à construire la parabole, connaissant son axe OA, son sommet A, et un point B. On obtient le paramètre par la relation $\overline{OB}^2 = 2p \cdot OA$; par suite le foyer, la directrice. On peut donc tracer la parabole, comme il est dit au n° **384**.

411. V. La perspective d'un cercle peut être une parabole. Ce cas se présente notamment lorsque le cercle, étant situé dans le plan horizontal du terrain, coupe la ligne de terre, et que la parallèle menée à cette ligne par le pied du spectateur est tangente à la circonférence.

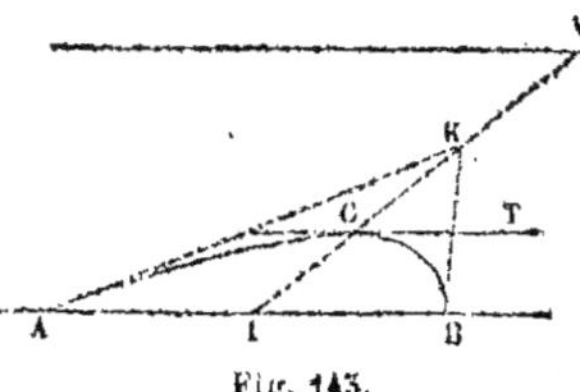
Fig. 143.

Soient A et B (fig. 143) les points où cette circonférence rencontre la ligne de terre, et soit I le milieu de AB. Le diamètre qui passe en I prend, en perspective, la direction IV (le point V étant le point de vue). La perspective C de l'extrémité de ce diamètre s'obtient par les procédés ordinaires. La tangente en ce point reste parallèle à la ligne de terre, et par conséquent à la corde AB que CI divise en deux parties égales. La ligne CI est donc un diamètre de la

parabole, et l'on a à construire la courbe, connaissant un diamètre, son extrémité, et un point (A ou B). Le paramètre relatif à ce diamètre s'obtiendrait par
la relation $\overline{AI}^2 = 2p'. CI$; et on pourrait calculer ou construire les coordonnées
correspondantes à autant d'abscisses qu'on le voudrait. Mais le plus souvent il
suffira de déterminer les tangentes en A et B, et de tracer ensuite la courbe
avec les trois points A, B, C et les trois tangentes en ces points. Or la tangente en A s'obtiendra en se rappelant que la sous-tangente est double de
l'abscisse, même lorsque la parabole est rapportée à un diamètre quelconque
et à la tangente à l'extrémité de ce diamètre. On
prendra donc CK = CI, et l'on joindra KA, qui
sera la tangente en A ; par une raison semblable,
KB sera la tangente en B.

412. VI. Beaucoup de fonctions peuvent être
représentées par l'ordonnée d'une parabole. Nous
nous contenterons d'en donner un exemple.

D'après les expériences de M. Defontaine sur
un bras du Rhin, la vitesse des filets liquides
décroît, depuis la surface jusqu'au fond, comme

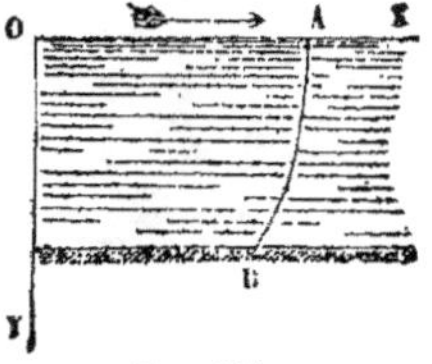

Fig. 144.

les ordonnées d'une parabole dont l'équation serait, en prenant pour abscisses
les profondeurs comptées à partir de la surface, et pour ordonnées les vitesses
comptées dans leur sens horizontal,

$$y = 1^m,206 - 0,252x^2.$$

Cette courbe a la forme indiquée sur la figure 144.

CHAPITRE X

DES SECTIONS CONIQUES ET CYLINDRIQUES

§ 1. — IDENTITÉ DES SECTIONS PLANES DU CÔNE AVEC LES COURBES DU SECOND DEGRÉ.

413. Section du cône; méthode analytique. — Les lignes du second ordre, étudiées avec tant de détail dans cet ouvrage,

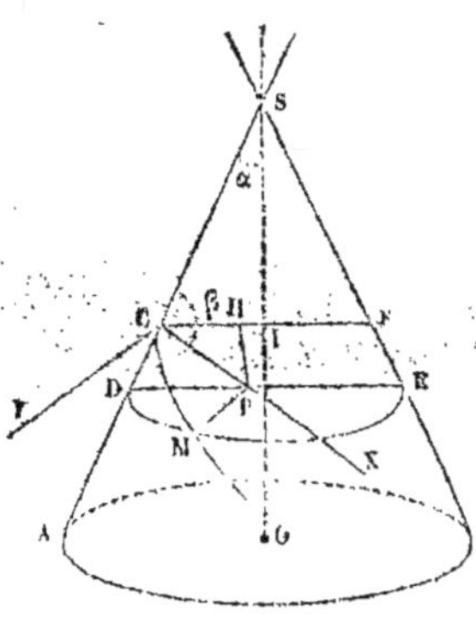

Fig. 145.

ont été l'objet de nombreux travaux de la part des anciens géomètres, qui les désignaient sous le nom de *sections coniques*. Nous allons faire voir qu'il y a en effet identité entre ces courbes et celles qui résultent de la section d'un cône par un plan.

Soient SAB (fig. 145) un cône droit à base circulaire; YCX, un plan sécant. SA, SB, les génératrices situées dans le plan perpendiculaire à YCX. Désignons l'angle du cône par 2α, l'angle SCX que fait le plan sécant avec la génératrice SA par β, et la distance SC par d. Enfin, prenons pour axes, dans le plan sécant, l'intersection CX de ce plan et du plan SAB, et une perpendiculaire CY.

Pour obtenir l'équation de la section CM, imaginons par l'ordonnée MP un plan perpendiculaire à l'axe du cône. Ce plan coupera le plan ASB suivant une droite DPE et la surface du cône suivant un cercle DME dont DE sera un diamètre. On aura donc

$$MP^2 \quad \text{ou} \quad y^2 = DP.PE.$$

Or le triangle DCP donne

$$DP = CP \frac{\sin DCP}{\sin SDP} = \frac{x \sin \beta}{\cos \alpha}.$$

D'ailleurs, si on mène CF parallèle à DE et PH parallèle à SB, on aura

$$PE = FH = CF - CH.$$

Mais

$$CF = 2CI = 2d \sin \alpha.$$

$$CH = CP . \frac{\sin CPH}{\sin CHP} = \frac{x \sin (\beta + 2\alpha)}{\cos \alpha}.$$

Donc

$$PE = 2d \sin \alpha - \frac{x \sin (\beta + 2\alpha)}{\cos \alpha},$$

et, par suite,

$$y^2 = \frac{2d \sin \alpha \sin \beta}{\cos \alpha} x - \frac{\sin \beta \sin (\beta + 2\alpha)}{\cos^2 \alpha} x^2. \qquad [1]$$

Telle est l'équation de la section. On voit déjà que c'est une courbe du second degré; quant à son espèce, ce sera

une *ellipse* si l'on a $\sin (\beta + 2\alpha) > 0$, c'est-à-dire $\beta + 2\alpha < 180°$,

une *hyperbole* si l'on a $\sin (\beta + 2\alpha) < 0$, » $\beta + 2\alpha > 180°$,

une *parabole* si l'on a $\sin (\beta + 2\alpha) = 0$, » $\beta + 2\alpha = 180°$.

Or les inégalités

$$\beta + 2\alpha < 180°, \quad \beta + 2\alpha > 180°, \quad \beta + 2\alpha = 180°$$

sont précisément les conditions que doivent remplir les angles 2α et β pour que CX rencontre SB au-dessous de S, au-dessus, ou bien lui soit parallèle. On peut donc dire :

Qu'une *section conique est une ellipse, lorsque le plan sécant rencontre toutes les génératrices sur une même nappe; une hyperbole, lorsqu'il rencontre les deux nappes; une parabole, lorsque le plan est parallèle à une génératrice et qu'il coupe toutes les autres.*

Ainsi *l'intersection d'un cône et d'un plan peut donner les trois courbes du second degré.* Cherchons maintenant si la réciproque est vraie, c'est-à-dire s'il est toujours possible de résoudre le problème suivant.

414. PROBLÈME. — *Placer sur un cône de révolution donné une courbe du second degré donnée.*

Le problème revient à identifier les équations

$$y^2 = \frac{2d \sin \alpha \sin \beta}{\cos \alpha} x - \frac{\sin \beta \sin (\beta + 2\alpha)}{\cos^2 \alpha} x^2, \qquad [1]$$

$$y^2 = 2px + qx^2, \qquad [2]$$

qui représentent l'une, une section conique, et l'autre, comme nous l'avons vu (**380**), une courbe quelconque du second degré rapportée à un axe et à la tangente au sommet situé sur cet axe.

Les inconnues d et β s'obtiendront en résolvant les équations

$$\frac{2d \sin \alpha \sin \beta}{\cos \alpha} = 2p, \qquad [3]$$

$$- \frac{\sin \beta \sin (\beta + 2\alpha)}{\cos^2 \alpha} = q. \qquad [4]$$

La seconde, qui ne renferme que β, revient à la suivante

$$\cos (2\beta + 2\alpha) - \cos 2\alpha = 2q \cos^2 \alpha,$$

ce qui donne, en remarquant que $\cos 2\alpha = 2 \cos^2 \alpha - 1$,

$$\cos (2\beta + 2\alpha) = 2(1 + q) \cos^2 \alpha - 1.$$

Pour qu'on puisse en tirer une valeur de β, il faut que la valeur absolue du second membre soit moindre que 1. On devra donc avoir

$$[2 (1 + q) \cos^2 \alpha - 1]^2 - 1 < 0,$$

ou en décomposant le premier membre en facteurs et en supprimant le facteur positif $4\cos^2 \alpha$,

$$(1 + q) [(1 + q) \cos^2 \alpha - 1] < 0. \qquad [5]$$

Or, 1° si l'équation [2] représente une ellipse, on a $q < 0$ et > -1. Donc $1 + q$ est positif; $(1 + q)\cos^2 \alpha - 1$ est négatif, et l'inégalité [5] est satisfaite d'elle-même. Donc l'angle β est réel;

comme d'ailleurs la valeur de d tirée de l'équation [3] est elle-même réelle, on voit que *toute ellipse donnée peut se placer sur un cône donné*

2° Si l'équation [2] représente une hyperbole, q est positif, et l'inégalité [5] devient, en supprimant le facteur $1 + q$,

$$(1 + q)\cos^2\alpha - 1 < 0,$$

ce qui donne

$$\cos^2\alpha < \frac{1}{1 + q}.$$

Or, en appelant a et b les axes de l'hyperbole, on a $q = \frac{b^2}{a^2}$; par suite

$$\cos^2\alpha < \frac{a^2}{a^2 + b^2}$$

Mais $\dfrac{a^2}{a^2 + b^2} = \cos^2\gamma$, en appelant γ le demi-angle des asymptotes ; donc on peut écrire

$$\cos^2\alpha < \cos^2\gamma,$$

d'où, puisqu'il s'agit d'angles nécessairement aigus,

$$\alpha > \gamma.$$

Donc, *pour qu'une hyperbole donnée puisse être placée sur un cône donné, il faut que l'angle des asymptotes, qui contient la courbe, soit moindre que l'angle formé par les génératrices opposées du cône.*

Mais si l'angle α n'est pas donné, on pourra toujours le choisir de manière que l'inégalité

$$\cos\alpha < \cos\gamma$$

soit satisfaite ; d'où l'on conclut qu'on trouvera toujours un cône sur lequel on puisse placer une hyperbole donnée.

3° Si l'équation [2] représente une parabole, on a $q = 0$ et l'inégalité [5] est satisfaite d'elle-même. Donc *on peut toujours, sur un cône donné, placer une parabole quelconque.*

Nous avons démontré que *toute section conique est une courbe du second degré* : la discussion à laquelle nous venons de nous livrer montre que RÉCIPROQUEMENT *toute courbe du second degré peut être considérée comme une section conique.*

415. Section du cylindre droit à base circulaire. — Le plan YCX restant fixe, ainsi que la base du cône, si l'on suppose que le sommet S s'éloigne indéfiniment sur la droite SO, le cône tendra de plus en plus vers un cylindre droit ayant pour base le cercle AB. La quantité $CI = d\sin\alpha$ tendra vers le rayon r de ce cylindre; l'angle α sera nul à la limite. Introduisons ces hypothèses dans l'équation générale des sections coniques, elle deviendra

$$y^2 = 2r\sin\beta \cdot x - \sin^2\beta \cdot x^2, \qquad [1]$$

équation qui représente une ellipse.

Pour voir si l'on peut placer une ellipse dont les axes sont a et b sur un cylindre donné, il faut identifier cette équation avec la suivante

$$y^2 = \frac{2b^2}{a}x - \frac{b^2}{a^2}x^2,$$

ce qui donne

$$\sin\beta = \frac{b}{a} \quad \text{et} \quad b = r.$$

Donc on ne peut placer sur un cylindre donné que des ellipses dont le petit axe est égal au *diamètre* du cylindre.

416. Sections coniques. Méthode géométrique. — On peut encore arriver aux mêmes résultats par une autre méthode, purement géométrique, due à MM. Dandelin et Quételet. Elle offre surtout l'avantage de montrer, dans le cône même, le rôle des points et droites remarquables que nous avons désignés par les noms de *foyers* et de *directrices.*

ELLIPSE. — Supposons que le plan de la figure 146 soit une section faite suivant l'axe. Soit CD la trace d'un plan perpendiculaire au plan de la figure, et qui rencontre les deux génératrices extrêmes SA, SB sur une même nappe. Je dis que la section CMD est une ellipse.

Pour le démontrer, je trace les cercles EFG et E'F'G' tangents aux trois côtés du triangle SCB, l'un intérieurement, l'autre ex-

térieurement. Si l'on imagine que la droite AS tourne autour
de SO, entraînant avec
elle les demi-cercles IEK,
I'E'K', on engendrera à la
fois le cône proposé et
deux sphères inscrites à
ce cône, et le touchant,
la première suivant le
cercle ENG, la seconde
suivant le cercle E'N'G'.
Ces deux sphères tou-
chent aussi le plan sécant
en deux points F et F'.

Cela posé, par un point
M de la section menons
la génératrice SM qui rencontre les cercles de con-

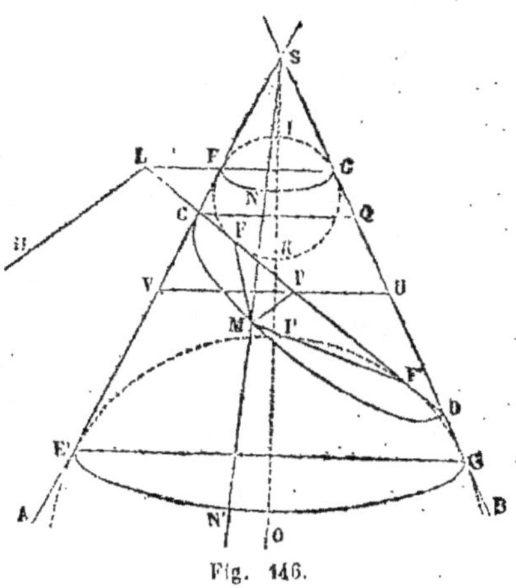

Fig. 146.

tact aux points N et N', et menons MF et MF'. Les droites MF
et MN, tangentes à une même sphère et menées par le même
point, sont égales. Il en est de même de MF' et MN'. On aura
donc

$$MF + MF' = MN + MN' = NN' = EE'.$$

Donc la courbe considérée jouit de la propriété que la somme
des distances de chacun de ses points à deux points fixes est
constante. Donc c'est une ellipse dont F et F' sont les foyers.
La ligne CD en est évidemment le grand axe.

Directrices. — Soit LH l'intersection du plan du cercle de
contact et du plan sécant, et MP une perpendiculaire abaissée
du point M sur CD.

Les deux triangles LCE et CPV étant semblables, on aura

$$\frac{CP}{LC} = \frac{CV}{EC},$$

d'où

$$\frac{CP + LC}{LC} = \frac{CV + EC}{EC},$$

c'est-à-dire

$$\frac{LP}{VE} = \frac{LC}{EC} = \text{constante};$$

mais LP est la distance du point M à LH, et $VE = MN = MF$ est la distance du point M au foyer. Donc les distances d'un point quelconque du lieu au point M et à la droite LH sont dans un rapport constant. La droite LH est donc la directrice qui correspond au foyer F. On obtiendrait d'une manière analogue l'autre directrice.

Placer une ellipse donnée sur un cône donné. — Menons CQ parallèle à EG. On aura $GQ = CE = CF$, $G'D = DF'$. Comme d'ailleurs $GG' = CD$, on voit que QD est l'excentricité. Placer sur le cône une ellipse donnée, revient évidemment à construire le triangle CDQ, dans lequel on connaît les côtés CD et DQ, et l'angle obtus CDQ opposé au côté CD. Comme on a $CD > QD$, le problème admet toujours une solution.

HYPERBOLE ET PARABOLE. — Les mêmes constructions et discussions, légèrement modifiées, s'appliqueront à l'hyperbole et à la parabole. Nous laissons cet exercice aux élèves.

SECTION CYLINDRIQUE. — L'analogie conduira facilement aux constructions propres à ce cas, qu'on peut d'ailleurs se dispenser d'étudier à part, en considérant un cylindre comme un cône dont le sommet est à l'infini.

417. Section antiparallèle. — Les sections faites dans un cône oblique à base circulaire par des plans parallèles à cette base sont évidemment des circonférences de cercle. Nous nous proposons de démontrer ici qu'il existe un autre système de plans, non parallèles à la base du cône, dont les sections sont aussi des cercles.

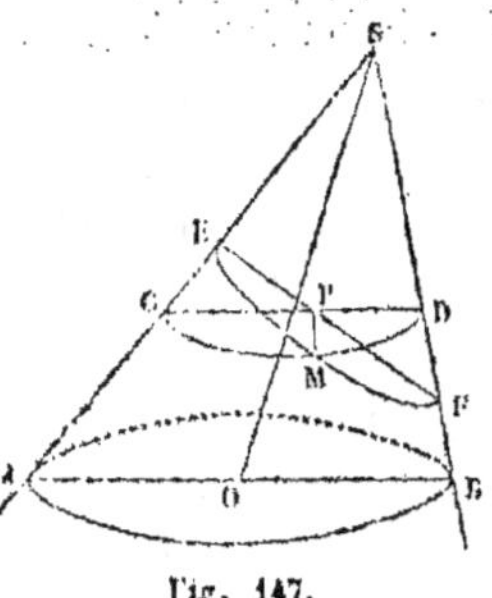

Fig. 147.

Soit ASB (fig. 147) la section *principale* d'un cône oblique à base circulaire, c'est-à-dire la section faite par le plan passant par l'axe du cône et perpendiculaire à sa base, et supposons qu'en coupant le cône par un plan EMF, perpendiculaire au plan ASB, la section EMF soit un cercle. En menant d'un point M la perpendiculaire MP au diamètre EF, on a

$$\overline{MP}^2 = PE \times PF.$$

D'un autre côté, si, suivant MP, on mène un plan parallèle à la base du cône, la section CMD faite par ce plan est un cercle, et on a

$$\overline{MP}^2 = CP \times PD,$$

d'où résulte

$$PE \times PF = CP \times PD \quad \text{ou} \quad \frac{PE}{CP} = \frac{PD}{PF}.$$

Cette relation, nécessaire pour que la section EMF soit un cercle, est aussi suffisante. Or elle est vérifiée si les deux triangles CPE, DPF, sont semblables, ou, ce qui revient au même, si l'angle F est égal à l'angle C. Donc la section faite dans un cône oblique à base circulaire, par un plan non parallèle à sa base, sera une circonférence de cercle *si le plan de cette section et le plan de la base du cône font, avec les génératrices de la section principale, des angles respectivement égaux.*

REMARQUES. — 1. L'angle F étant égal à l'angle A, si l'on retournait le triangle SEF de manière que le point F fût placé sur la génératrice AS, la section EMF serait parallèle à la base du cône; c'est pour cette raison qu'on lui a donné le nom de section *anti-parallèle.*

II. On démontrerait de la même manière que, dans un cylindre oblique à base circulaire, il existe aussi deux systèmes de sections circulaires.

418. APPLICATION. — La méthode des *projections stéréographiques,* dont on fait usage dans la construction des mappemondes, est fondée sur la propriété de la section antiparallèle.

Soient ASB (fig. 148) la section principale d'un cône oblique à base circulaire; O le centre du grand cercle de la sphère circonscrite à ce cône déterminé par le plan ASB. Menons le diamètre SK : tout plan perpendiculaire à SK coupe le cône suivant une circonférence. En effet, soit MN la trace sur le plan ASB d'un plan quelconque perpendiculaire à SK. L'angle C a pour mesure la demi-somme des arcs AM et SN, ou, à cause de SN égal à MS, la moitié de l'arc AS; mais l'angle B a aussi pour mesure la moitié de l'arc AS; donc l'angle C est égal à l'angle B. La section faite est antiparallèle, donc c'est un cercle.

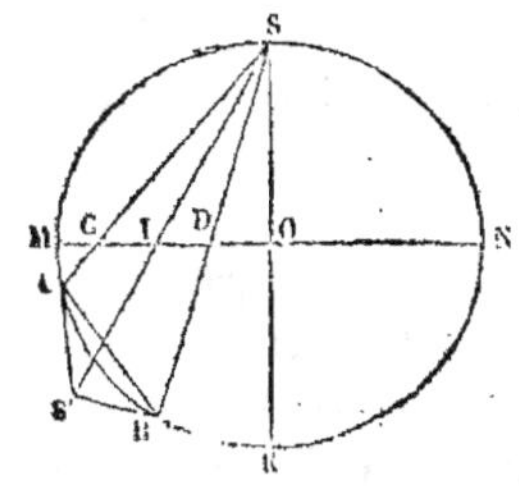

F.g. 148.

On appelle *projection stéréographique* d'un point A de la sphère sur un plan perpendiculaire au diamètre SK, le point C où la droite SA perce ce plan. Il résulte de ce que nous venons de démontrer que, dans ce système de projections, un cercle est représenté par un cercle. Ce système offre encore d'autres avantages dans le détail desquels nous n'avons pas à entrer.

419. EXERCICES. — On mène (fig. 148) les tangentes AS′, BS′ et la ligne SS′; démontrer que le point I est le centre du cercle qui a CD pour diamètre.

PROBLÈMES. — I. *Trouver l'équation des sections planes d'un cône oblique. — Idem d'un cylindre oblique.*

II. *Trouver le lieu géométrique des foyers des sections planes d'un cône droit obtenues en faisant tourner le plan sécant autour d'un point d'une génératrice et perpendiculairement au plan déterminé par cette génératrice et l'axe du cône. — Trouver le lieu des centres des mêmes sections.*

III. *Équation de la courbe formée par une section plane d'un cône quand on développe ce cône sur un plan.*

§ 2. — DU NOMBRE DES CONDITIONS NÉCESSAIRES POUR DÉTERMINER UNE CONIQUE.

420. L'équation générale des courbes du second degré

$$Ax^2 + Bxy + Cy^2 + Dx + Ey + F = 0 \qquad [1]$$

renferme six coefficients; mais comme on peut toujours diviser le premier membre par l'un de ces coefficients, supposé différent de zéro, il ne reste réellement que cinq paramètres arbitraires. Pour que l'équation [1] représente une conique particulière, il faut que ces cinq paramètres soient déterminés; et pour cela il suffira de cinq relations entre ces paramètres. On peut donc dire d'une manière générale qu'*il faut cinq conditions pour déterminer une conique.*

Si la conique est une parabole, comme on a déjà entre les coefficients de son équation la relation $B^2 - 4AC = 0$, il suffira de quatre conditions.

Il en sera de même pour l'hyperbole équilatère, puisqu'on a alors entre les coefficients la relation $A - B\cos\theta + C = 0$ (**199**).

Pour la circonférence de cercle, trois conditions seront suffisantes, puisque l'on n'a à déterminer que le rayon et les coordonnées du centre.

REMARQUE. — On peut remarquer plus généralement que, pour déterminer une courbe algébrique du degré m, il faut une condition de moins qu'il n'y a de termes, c'est-à-dire (**111**) $\dfrac{(m+1)(m+2)}{2} - 1$ ou $\dfrac{m(m+3)}{2}$.

421. Comme il est important de savoir si une courbe du second degré est ou n'est pas déterminée par les conditions géométriques auxquelles on veut l'assujettir, nous allons indiquer quel est le nombre de relations distinctes, entre les coefficients arbitraires de l'équation générale du second degré, qui expriment les principales conditions géométriques auxquelles une courbe peut être assujettie, et comment on obtient ces relations.

Assujettir une courbe à passer par un point donné équivaut à *une* relation, que l'on obtient en exprimant que les coordonnées de ce point vérifient l'équation de la courbe.

Assujettir une courbe à avoir pour centre un point donné équivaut à *deux* relations, que l'on obtient en exprimant que les coordonnées de ce point vérifient les équations qui déterminent les coordonnées du centre de la courbe.

Assigner un foyer équivaut à *deux* relations. En effet, si (α, β) doit être un foyer, l'équation de la courbe pourra se mettre sous la forme

$$(y - \beta)^2 + (x - \alpha)^2 - (mx + ny + h)^2 = 0, \qquad [2]$$

et il ne restera plus que trois coefficients arbitraires m, n, h.

La connaissance des deux foyers équivaut à *quatre* conditions.

Assigner un sommet à la courbe équivaut à *deux* relations. En effet, pour exprimer qu'un point est un sommet, il faut écrire 1° que ce point appartient à la courbe; 2° que la tangente à la courbe en ce point est perpendiculaire au diamètre correspondant.

422. Assujettir une courbe à être tangente à une droite $y = mx + n$ équivaut à *une* condition, que l'on obtient en portant la valeur de y tirée de l'équation de la droite dans l'équation de la courbe, et en exprimant que l'équation en x qui en résulte a ses deux racines égales.

Assujettir une courbe à avoir une droite donnée pour asymptote équivaut à *deux* relations, que l'on obtient en identifiant l'équation de la droite donnée avec l'équation générale de l'une des asymptotes. On arriverait au même résultat en portant la valeur de y, tirée de l'équation de la droite donnée dans l'équation de la courbe, et en exprimant que les racines de l'équation résultante sont infinies.

On verrait de même qu'assujettir une courbe à avoir une droite donnée, soit pour directrice, soit pour axe, équivaut à *deux* relations, que l'on obtient en identifiant l'équation générale de la droite considérée et l'équation de la droite donnée.

La connaissance de deux diamètres conjugués ou des deux axes équivaut à *trois* conditions; car, en y rapportant la courbe, son équation ne dépend plus que de deux paramètres.

On voit de même que les deux asymptotes d'une hyperbole équivalent à *quatre* conditions.

La direction d'un axe, d'un diamètre ou d'une asymptote équivaut à une condition.

423. On peut quelquefois écrire l'équation du second degré sous une forme telle, qu'à son inspection on reconnaisse que les courbes qu'elle représente satisfont à une ou plusieurs conditions géométriques. C'est ainsi qu'en écrivant l'équation générale du second degré sous la forme [2], on exprime, par cela même, que les courbes qu'elle représente ont toutes le même point (α, β) pour foyer et la droite $mx + ny + h = 0$ pour directrice. Voici d'autres exemples.

424. Pour exprimer que le point (α, β) est un centre, on écrira l'équation de la courbe sous la forme

$$A(x - \alpha)^2 + B(x - \alpha)(y - \beta) + C(y - \beta)^2 + F = 0.$$

425. On exprimera que la droite

$$y = ax + b \qquad\qquad [3]$$

est tangente à une courbe, en écrivant l'équation de la courbe sous la forme

$$\lambda(y - ax - b) + (mx + ny + h)^2 = 0. \qquad\qquad [4]$$

En effet, le système des équations [3] et [4] peut être évidemment remplacé par un autre, composé de la première et de la suivante

$$mx + ny + h = 0. \qquad\qquad [5]$$

Mais les équations [3] et [5], étant du premier degré, n'ont qu'une solution commune. Donc il en est de même des équations [5] et [4]. Donc la droite [3] n'a qu'un seul point commun avec la courbe [4] ; donc c'est une tangente.

426. Pour exprimer qu'une droite donnée est asymptote d'une courbe, si on est maître de choisir les axes, on pourra prendre pour axe des x la droite donnée et écrire l'équation sous la forme

$$xy + ay^2 + by + c = 0,$$

qui donne $y = 0$, pour $x = \infty$, et qui représente, par conséquent, toutes les hyperboles qui ont l'axe des x pour asymptote.

Nous allons essayer d'éclaircir ces généralités par des exemples.

427. Problème. — *Trouver l'équation d'une courbe du second degré passant par cinq points donnés.*

Le mot courbe étant pris dans son sens propre, comme une courbe du second degré ne peut être coupée par une droite en plus de deux points, il faut, pour que le problème proposé soit possible, que trois des cinq points donnés ne soient pas en ligne droite. Cela étant, parmi les différentes droites que déterminent les cinq points donnés, il y en a au moins deux qui ne peuvent être parallèles et dont le point de rencontre ne peut appartenir à la courbe. Prenons ces deux droites pour axes des coordonnées ; la courbe ne pouvant passer par l'origine, son équation pourra être mise sous la forme

$$ax^2 + bxy + cy^2 + dx + ey + 1 = 0. \qquad [9]$$

Cela posé, soient $(0, x_1)$ et $(0, x_2)$ les deux points situés sur l'axe des x ; $(0, y_1)$ et $(0, y_2)$ les deux points situés sur l'axe des y, et (x_3, y_3) le cinquième point donné. Pour exprimer que la courbe passe par ces cinq points, écrivons que leurs coordonnées vérifient l'équation [9] ; nous aurons ainsi, entre les coefficients inconnus $a, b, c\dots$, les cinq relations suivantes :

$$ax_1^2 + dx_1 + 1 = 0, \qquad\qquad ax_2^2 + dx_2 + 1 = 0,$$
$$cy_1^2 + ey_1 + 1 = 0, \qquad\qquad cy_2^2 + ey_2 + 1 = 0,$$
$$ax_3^2 + bx_3y_3 + cy_3^2 + dx_3 + ey_3 + 1 = 0.$$

On en tire

$$c = \frac{1}{y_1 y_2}, \quad a = \frac{1}{x_1 x_2}, \quad e = -\frac{y_1 + y_2}{y_1 y_2}, \quad d = -\frac{x_1 + x_2}{x_1 x_2},$$

$$b = -\frac{1}{x_3 y_3}\left[\frac{y_3(y_3 - y_2 - y_1)}{y_2 y_1} + \frac{x_3(x_3 - x_2 - x_1)}{x_2 x_1} + 1 \right].$$

La valeur d'aucun de ces coefficients ne peut être ni indéterminée, ni infinie.

puisque, d'après nos hypothèses, aucune des quantités x_1, x_2, etc., n'est nulle. Donc, *par cinq points donnés, dont trois ne sont pas en ligne droite, on peut toujours faire passer une courbe du second degré, et l'on ne peut en faire passer qu'une seule.*

REMARQUES. — 1. Si trois des cinq points donnés étaient en ligne droite, on aurait $x_5 = 0$ ou $y_5 = 0$, et par suite $b = \infty$; et l'équation [9] se réduirait à $xy = 0$, c'est-à-dire qu'elle représenterait les deux axes coordonnés. En effet, dans ce cas les cinq points donnés déterminent deux droites, qui sont les axes coordonnés. Si plus de trois des cinq points donnés étaient en ligne droite, quelques-uns des coefficients seraient indéterminés, et l'équation [9] serait elle-même indéterminée; et en effet, il y a dans ce cas une infinité de droites passant par les cinq points donnés.

428. PROBLÈME. — II. *Trouver une courbe du second degré qui passe par trois points donnés* M', M", M''', *et qui ait pour foyer un point donné* F,

Prenons pour origine le point F et désignons par

$$x',\ y'\ ;\ \ x'',\ y''\ ;\ \ x''',\ y'''$$

les coordonnées des points

$$\text{M'},\ \text{M''},\ \text{M'''}.$$

L'équation de la courbe sera de la forme

$$(mx + ny + h)^2 = x^2 + y^2. \tag{10}$$

Pour déterminer les coefficients inconnus on aura à résoudre les trois équations

$$mx' + ny' + h = \pm \sqrt{x'^2 + y'^2} = \pm \delta',$$

$$mx'' + ny'' + h = \mp \sqrt{x''^2 + y''^2} = \pm \delta'', \tag{11}$$

$$mx''' + ny''' + h = \mp \sqrt{x'''^2 + y'''^2} = \pm \delta''',$$

qui expriment que la courbe passe par les trois points donnés.

Les signes des seconds membres peuvent être combinés de huit manières, ce qui semble d'abord indiquer huit solutions; mais, en y regardant d'un peu plus près, on voit qu'il n'y en a que quatre de distinctes.

En effet, si, après avoir pris les seconds membres des équations [11] avec certains signes, on vient à les prendre avec des signes opposés, on obtiendra un second système qui évidemment sera satisfait par les valeurs qui satisfaisaient au premier système, changées de signe. Or l'équation [10] ne change pas quand on change à la fois m en $-m$, n en $-n$, h en $-h$. On obtiendra donc la même solution dans les deux cas.

Cela posé, on n'aura donc à examiner que les quatre cas suivants.

1° On prend δ, δ' et δ'', chacun avec le signe $+$.

Dans ce cas, les coordonnées des points M', M", M''', substituées dans le premier membre de l'équation

$$mx + ny + h = 0,$$

qui représente la directrice, donnent des résultats de même signe. Les trois points donnés sont donc du même côté de la directrice, et alors :

Si l'on a $h > 0$, les trois points donnés et le foyer sont du même côté de la directrice : la courbe peut être une ellipse, une hyperbole ou une parabole.

Si l'on a $h < 0$, les trois points donnés et le foyer sont de part et d'autre de la directrice ; la solution ne peut être qu'une hyperbole.

$$2^\circ \text{ On prend} \qquad +\delta', \quad +\delta'', \quad -\delta''' ;$$
$$3^\circ \qquad\qquad\qquad +\delta', \quad -\delta'', \quad +\delta''' ;$$
$$4^\circ \qquad\qquad\qquad +\delta', \quad -\delta'', \quad -\delta'''.$$

Dans chacun de ces trois derniers cas, il y aura toujours deux points d'un côté de la directrice, et le troisième d'un autre côté, ce qui ne peut convenir qu'à une hyperbole.

Ainsi le problème admet en général quatre solutions, parmi lesquelles se trouvent au moins trois hyperboles.

REMARQUE. — On peut donner du même problème une solution géométrique que nous nous contenterons d'indiquer. Elle repose sur ce théorème :

Si deux points M et M' appartiennent à une ellipse, à une parabole ou à une même branche d'hyperbole, dont le foyer est en F, le point qui partage la droite MM' en deux segments soustractifs dans le rapport de MF à M'F appartient à la directrice correspondante au foyer F. Si les deux points M et M' sont sur deux branches d'hyperbole, c'est le point qui partage MM' en deux segments additifs dans le rapport de MF à M'F qui est sur la directrice.

Au moyen de ce théorème, on pourra donc avoir deux points de la directrice, et par suite cette droite elle-même. Abaissant du point F une perpendiculaire FP sur la directrice, on aura la direction de l'axe focal. Les sommets s'obtiendront en partageant FP en deux segments additifs ou soustractifs dans le rapport des distances de M au foyer et à la directrice. Ayant ainsi un axe et les foyers, il sera facile d'obtenir le second axe, et par suite de décrire la courbe.

429. Lorsque les conditions géométriques imposées à la courbe fournissent entre les coefficients de son équation générale une relation de moins qu'il n'en faut pour la déterminer, savoir : quatre pour l'ellipse et l'hyperbole ordinaire, trois pour la parabole et l'hyperbole équilatère, et deux pour le cercle, il reste *un seul* paramètre indéterminé, et à chaque valeur de ce paramètre correspond en général une courbe et une seule. Ainsi, il existe alors une infinité de courbes satisfaisant aux conditions données, et on peut se proposer de trouver le *lieu géométrique des centres, des foyers,* etc. de toutes ces courbes, ou le lieu de tout autre point convenablement défini. Par exemple, si on assujettit une parabole à passer par un point donné et à avoir une ligne donnée pour directrice, comme ces conditions n'équivalent qu'à trois relations entre les coefficients de son équation générale, il y aura une infinité de paraboles passant par ce même point et ayant cette même droite pour directrice, et on pourra se proposer de trouver le *lieu géométrique des foyers, des sommets*, etc., de toutes ces paraboles.

Pour résoudre les problèmes de cette espèce, on commence par introduire les conditions données dans l'équation générale de la courbe en y remplaçant tous les coefficients, moins un, par leurs valeurs en fonction de ce dernier, déduites des relations données : cela fait, cette équation ne dépend plus que d'un seul paramètre arbitraire qui entre dans les équations qui déterminent les coordonnées du point dont on cherche le lieu ; il ne reste plus qu'à éliminer ce coefficient arbitraire entre ces équations pour avoir l'équation de ce lieu.

C'est ce que nous allons montrer sur les deux exemples suivants :

430. Problème. — *Trouver le lieu des sommets des hyperboles ayant un foyer commun et une asymptote commune.*

Prenons l'asymptote pour axe des y et la perpendiculaire à l'asymptote passant par le foyer pour axe des x ; puis cherchons d'abord l'équation générale de toutes les hyperboles satisfaisant aux conditions données.

Soient $x = \alpha$, $y = 0$ les coordonnées du foyer donné : l'équation des courbes du second degré ayant ce point pour foyer est

$$y^2 + (x - \alpha)^2 - (my + nx + h)^2 = 0. \tag{1}$$

D'ailleurs, l'axe des y étant une asymptote, si l'on fait $x = 0$ dans l'équation [1], l'équation en y qui en résulte doit avoir deux racines infinies, ce qui donne les deux relations

$$1 - m^2 = 0 \quad \text{et} \quad -2hm = 0,$$

d'où

$$m = \pm 1 \quad \text{et} \quad h = 0,$$

et par suite l'équation [1] se réduit à

$$y^2 + (x - \alpha)^2 - (\pm y + nx)^2 = 0. \tag{2}$$

Cette dernière équation, quand on fait varier n, représente toutes les hyperboles ayant pour foyer commun le point donné $(0, \alpha)$ et pour asymptote commune l'axe des y.

Désignons maintenant par x', y' les coordonnées du sommet de l'une des hyperboles. Ce point appartenant à la courbe, on a la relation

$$y'^2 + (x' - \alpha)^2 - (\pm y' + nx')^2 = 0. \tag{3}$$

D'ailleurs, en exprimant que la droite qui passe par ce sommet et par le foyer est perpendiculaire aux directrices, dont les équations sont $y = \pm nx$, on a la relation

$$\frac{y'}{x' - \alpha} = \frac{1}{\pm n}, \quad \text{d'où} \quad n = \frac{\pm(x' - \alpha)}{y'}. \qquad [4]$$

On aura donc l'équation du lieu en éliminant n entre les équations [3] et [4]. On trouve ainsi, en supprimant les accents,

$$y^2 + (x - \alpha)^2 - \left(\pm y \pm \frac{(x - \alpha)x}{y}\right)^2 = 0.$$

Si nous trouvons deux équations pour le lieu demandé, cela provient de ce que chaque hyperbole a deux sommets, et que rien n'indique dans nos calculs qu'il s'agit de l'un des sommets plutôt que de l'autre. Considérons l'équation qui correspond à $y = + nx$. On peut l'écrire

$$x^2(x - \alpha)^2 + y^2(x^2 - \alpha^2) = 0.$$

Or, sous cette forme, on voit qu'elle équivaut aux deux suivantes

$$(x + \alpha)y^2 + (x - \alpha)x^2 = 0, \quad \text{et} \quad x - \alpha = 0,$$

et, cette dernière représentant une droite étrangère au lieu cherché, l'équation de ce lieu est donc

$$(x + \alpha)y^2 + (x - \alpha)x^2 = 0, \quad \text{d'où} \quad y = \pm x\sqrt{\frac{\alpha - x}{\alpha + x}}.$$

On voit que le lieu est une *strophoïde* (**19**) qui passe par l'origine et par le foyer.

REMARQUE. — Pour obtenir l'équation des lieux géométriques des centres des hyperboles assujetties aux conditions de l'énoncé, on partirait de l'équation [2].

431. PROBLÈME. — *Trouver le lieu géométrique des foyers des paraboles, qui ont la même directrice et un point commun.*

Prenons pour axes la directrice et une perpendiculaire à la directrice passant par le point donné. Soit $(0, a)$ le point donné.

L'équation générale des paraboles (**248**) est

$$(x - \alpha)^2 + (y - \beta)^2 - (mx + ny + h)^2 = 0, \qquad [1]$$

avec la condition

$$m^2 + n^2 = 1. \qquad [2]$$

L'axe des y étant la directrice, il faut que son équation

$$mx + ny + h = 0$$

soit vérifiée pour $x = 0$, quel que soit y, ce qui exige que l'on ait $n = 0$ et $h = 0$; par suite, l'équation [2] se réduit à $m^2 = 1$, et l'équation [1] devient

$$(x - \alpha)^2 + (y - \beta)^2 - x^2 = 0 \qquad [3]$$

L'équation [5] convient à toutes les paraboles ayant la même directrice. En y remplaçant x et y par les coordonnées du point donné, nous aurons

$$(a - \alpha)^2 + \beta^2 = a^2,$$

relation constante entre les coordonnées α et β des foyers, et qui, par conséquent, n'est autre que l'équation du lieu cherché. Ce lieu est une circonférence de cercle ayant a pour rayon et pour centre le point donné.

REMARQUE. — Si, au lieu de donner la directrice et un point, on donnait la directrice et une tangente, on pourrait partir de l'équation [5] pour trouver le lieu des foyers.

432. Le lecteur pourra s'exercer sur les problèmes suivants.

PROBLÈMES. — *Déterminer une courbe du second degré, connaissant : 1° un foyer et trois tangentes ; 2° le centre et trois points.*

Construire une ellipse, connaissant : 1° le foyer, le sommet et un point ; 2° un sommet, une tangente et une directrice ; 3° le foyer, le sommet et une tangente.

Construire une parabole, connaissant : 1° la directrice et deux points ; 2° le paramètre, deux tangentes et un point ; 3° la directrice, une tangente et le point de contact ; 4° le foyer, un point et une tangente ; 5° le sommet et deux tangentes ; 6° le sommet, une tangente et le point de contact ; 7° le paramètre, le foyer et une tangente.

Construire une hyperbole, connaissant : 1° une asymptote, une directrice et l'excentricité ; 2° une asymptote, un sommet et l'excentricité ; 3° une asymptote, un foyer et un point ; 4° une asymptote, une directrice et un point ; 5° un foyer, un sommet et une tangente ; 6° une asymptote, une tangente et une directrice ; 7° une asymptote, une tangente et un foyer ; 8° une asymptote, un sommet et un point ; 9° une directrice, une asymptote et la longueur de l'axe transverse ; 10° un point, une asymptote et deux tangentes ; 11° une asymptote et trois points.

Trouver le lieu des sommets des paraboles tangentes à trois droites données.

Lieu des foyers des ellipses inscrites dans un rectangle donné.

Lieu des foyers des hyperboles qui ont un même sommet et une même asymptote donnée.

Lieu des centres des ellipses qui ont un sommet commun et deux tangentes communes perpendiculaires entre elles.

Lieu des sommets des paraboles qui ont le même foyer et une tangente commune ou un point commun.

§ 5. — INTERSECTION DES COURBES DU SECOND DEGRÉ.

433. La recherche des points communs à deux courbes dont on a les équations revient à la recherche des solutions communes à ces deux équations ; car les coordonnées des points communs doivent satisfaire à la fois aux équations des deux cour-

bes. Le problème de l'intersection des courbes se ramène donc
à un problème d'élimination ; et réciproquement le problème
algébrique de l'élimination peut être remplacé par le problème
graphique de l'intersection de deux courbes. La question n'a pas
moins d'intérêt sous ce second point de vue que sous le premier.

434. Intersection de deux courbes du second degré. —
Soient à résoudre les deux équations du second degré, à coefficients réels, complètes ou incomplètes,

$$Ax^2 + Bxy + Cy^2 + Dx + Ey + F = 0, \qquad [1]$$

$$A'x^2 + B'xy + C'y^2 + D'x + E'y + F' = 0. \qquad [2]$$

Si aucune de ces équations n'est du premier degré par rapport
à l'une ou l'autre des inconnues, en multipliant la première
par C', la seconde par C et en les retranchant membre à membre, on obtient une équation du premier degré en y, de la forme

$$axy + bx^2 + dy + ex + f = 0, \qquad [3]$$

qui pourra tenir lieu de l'une quelconque des proposées. Cette
équation ne peut être identiquement nulle, car les équations
proposées ne différeraient alors que par un facteur constant ;
on ne peut avoir non plus à la fois $a = 0$ et $d = 0$, car alors elle
serait indépendante de y. On pourra donc en déduire la valeur
de y, et en la substituant dans l'une des équations proposées,
on obtiendra une équation en x qui sera généralement du quatrième degré et de la forme

$$Px^4 + Qx^3 + Rx^2 + Sx + T = 0. \qquad [4]$$

Si cette dernière équation était d'un degré inférieur au quatrième, on devrait néanmoins la considérer comme une équation
du quatrième degré, dont une ou plusieurs racines seraient
devenues infinies. Elle ne saurait d'ailleurs être une identité,
car à toute valeur réelle de x correspondrait alors une seule
valeur réelle de y, commune aux deux équations [1] et [2], ce
qui ne peut être qu'autant qu'elles ont un facteur linéaire commun et, dans ce cas, elles ne représentent plus des coniques
proprement dites, ni des couples de droites toutes distinctes.

L'équation [4] aura donc quatre racines, réelles ou imaginaires conjuguées, finies ou infinies ; et à chacune d'elles correspond une seule valeur de y, finie ou infinie, à moins que

l'équation [5] ne soit identiquement nulle, ou que la racine considérée ne la réduise à une identité en annulant à la fois le coefficient de y et le terme indépendant de y. Or, dans le premier
cas, les équations [1] et [2] ne différeraient que par un facteur
constant et représenteraient par conséquent la même conique
ou le même couple de droites; et dans le second l'équation [5]
ainsi qu'il est facile de le démontrer, pourrait se décomposer
en deux facteurs du premier degré, dont un serait commun aux
équations [1] et [2], lesquelles dès lors ne représenteraient pas
des coniques proprement dites, mais deux couples de droites
ayant une droite commune. Donc, le système des équations [1]
et [2], supposées distinctes et n'avoir aucun facteur premier
commun, ne peut admettre que quatre solutions. Les racines
de l'équation [4] peuvent être toutes les quatre réelles, ou
bien deux d'entre elles seront réelles et les deux autres imaginaires conjuguées, ou bien elles seront toutes les quatre imaginaires, mais conjuguées deux à deux. Mais si l'on convient de
regarder une solution imaginaire comme les coordonnées d'un
point imaginaire, on pourra dire que : *deux courbes du second degré
se coupent toujours en quatre points réels ou imaginaires conjugués
situés à des distances finies ou infinies par rapport à l'origine.*

REMARQUES. — 1. Si l'équation [4] a une racine infinie, ce qui
suppose $P = 0$, elle s'abaisse au troisième degré. C'est ce qui
arrivera si les deux coniques sont des hyperboles ayant une direction asymptotique commune. Si l'équation [4] a deux racines
infinies, ce qui suppose $P = 0$, avec $Q = 0$, elle s'abaisse au
deuxième degré; c'est ce qui arrive si les deux coniques sont
des hyperboles ayant une asymptote commune ou leurs asymptotes parallèles, ou si les deux coniques sont deux cercles. Enfin l'équation [4] aura trois racines infinies dans le cas de
deux hyperboles ayant une asymptote commune et les deux
autres parallèles, et elle aura ses quatre racines infinies dans
le cas de deux hyperboles ayant les mêmes asymptotes. Dans
le premier cas elle s'abaissera au premier degré, et dans le second elle deviendra impossible.

II. A une valeur infinie de x correspondra une valeur infinie
ou finie de y, selon que le coefficient b du terme en x^2 dans
l'équation [1] sera différent de zéro ou égal à zéro; mais, dans

tous les cas, le point correspondant à cette valeur infinie de x sera rejeté à l'infini.

III. Lorsque l'équation [4] n'a qu'une seule racine infinie, cette racine est réelle, sans quoi sa conjuguée serait infinie aussi, et il y aurait deux racines infinies ; ce qui est contraire à l'hypothèse. Lorsque le nombre de racines infinies est pair, elles peuvent être réelles ou imaginaires.

435. Les quatre points d'intersection réels ou imaginaires de deux coniques (**434**), déterminent *trois couples* de sécantes communes à ces coniques. Ces sécantes sont réelles ou imaginaires, suivant la nature des points qui les déterminent. Or, on a vu (**84**) que deux points imaginaires conjugués déterminent une droite réelle. Donc, lors même que les quatre points d'intersection de deux coniques sont tous les quatre imaginaires, il existe toujours *un couple de sécantes communes réelles*. La recherche des points d'intersection de deux coniques peut donc toujours être ramenée à celle de l'intersection de l'*une quelconque des deux coniques avec un couple de droites réelles*. Nous verrons bientôt comment on obtient les équations de ce couple de droites.

436. Les quatre points d'intersection de deux coniques peuvent être tous les quatre distincts. Mais il peut arriver que deux d'entre eux se confondent en un seul ; les deux courbes ont alors en ce point une tangente commune, et l'on dit qu'elles ont entre elles un contact du *premier ordre*. Il peut arriver que trois des points d'intersection se confondent en un seul ; on dit alors que les courbes ont en ce point un contact du *second ordre*, ou qu'elles sont *osculatrices*. Elles auraient un contact du *troisième ordre*, si les quatre points d'intersection venaient se confondre en un seul.

437. On a vu (**434**) que deux équations du second degré qui admettent plus de quatre solutions communes en admettent une infinité, ce qui ne peut arriver que de deux manières, ou parce que les deux équations sont identiques et ne diffèrent que par un facteur constant, ou parce qu'elles ont un facteur du premier degré commun. On peut donc dire que *deux coniques qui ont plus de quatre points communs, réels ou imaginaires, coïncident* ; car si leurs équations admettaient un facteur commun du premier degré, chacune de ces équations représenterait deux droites, et non plus une conique proprement dite.

438. Problème. — *Trouver l'équation générale des coniques qui passent par les quatre points d'intersection de deux coniques données.*

Soient
$$f(x, y) = 0 \qquad [1]$$
et
$$\varphi(x, y) = 0 \qquad [2]$$

les équations des deux courbes proposées; l'équation
$$f(x, y) + \lambda \varphi(x, y) = 0, \qquad [3]$$

dans laquelle λ représente un paramètre arbitraire, sera l'équation demandée.

En effet, cette équation, étant du second degré, représente une conique. Cette conique passe par les points, réels ou imaginaires, communs aux deux premières, car tout système de valeurs de x et de y qui annule f et φ annule $f + \lambda \varphi$. Enfin, toute courbe du second degré C, passant par les quatre points communs aux deux coniques données, est comprise parmi celles que représente l'équation [3] ; car si l'on prend un point x_1, y_1 sur la courbe C, et qu'on détermine λ par la condition que ces coordonnées satisfassent à l'équation [3], cette équation représentera une conique ayant cinq points communs avec la conique C, et qui coïncidera par conséquent (**437**) avec cette courbe.

Corollaires. — 1. Si $f = 0$ représente une conique et $\varphi = 0$ l'ensemble de deux droites D et D', l'équation [3] représente toutes les courbes du second degré passant par les points communs à la conique $f(x, y) = 0$ et aux deux droites D et D'.

II. Si $f = 0$ représente deux droites D et D' et que $\varphi = 0$ représente aussi deux droites δ et δ', l'équation [3] représente toutes les courbes du second degré passant par les points d'intersection des droites D et D' avec les droites δ et δ'.

Nous ferons bientôt usage de ces remarques.

439. Sécantes communes à deux coniques. — Soient, comme plus haut,
$$[1] \qquad f = 0 \quad \text{et} \quad \varphi = 0 \qquad [2]$$
les équations de deux coniques données et
$$f + \lambda \varphi = 0, \qquad [3]$$

l'équation générale des coniques qui passent par les quatre points d'intersection, réels ou imaginaires, des deux premières courbes. — Parmi ces coniques se trouvent les trois couples de sécantes communes aux deux coniques données. Pour obtenir les équations de ces couples de sécantes, il faut chercher les valeurs de λ pour lesquelles l'équation [3] représente deux droites. Or on a vu (**204**) que la condition nécessaire est que le discriminant Δ de l'équation [3] soit nul. Les valeurs cherchées de λ seront donc données par l'équation

$$\Delta = 0, \qquad\qquad [4]$$

qui est du troisième degré en λ, comme on peut s'en assurer. Si λ_1, λ_2, λ_3 représentent ses trois racines, les équations des trois couples de sécantes seront

$$f + \lambda_1 \varphi = 0, \quad f + \lambda_2 \varphi = 0, \quad f + \lambda_3 \varphi = 0.$$

De ces trois couples de sécantes l'un au moins sera toujours réel (**435**); et la recherche des points communs aux deux coniques données sera ramenée à celle des points communs à l'une d'elles et aux deux sécantes considérées.

Ce problème donne lieu à une discussion sur laquelle il est nécessaire de nous arrêter.

440. Il y a d'abord deux remarques préliminaires à faire.

1° *A une valeur réelle de λ correspondent deux sécantes qui sont toutes deux réelles, ou imaginaires conjuguées;* car le premier membre de l'équation [3] étant alors réel, il est le produit de deux facteurs du premier degré réels tous deux, ou imaginaires conjugués.

2° *A une valeur imaginaire de λ correspondent deux sécantes imaginaires non conjuguées, ou une sécante réelle et une sécante imaginaire;* car si elles étaient toutes deux réelles, ou imaginaires conjuguées, le premier membre de l'équation [3] serait réel.

441. Cela posé, nous examinerons successivement les différents cas qui peuvent se présenter, et nous chercherons à quels caractères analytiques ils peuvent être distingués les uns des autres.

Nous supposerons dans tout ce qui va suivre que les équations $f(x, y) = 0$ et $\varphi(x, y) = 0$ représentent des ellipses, des hyperboles ou des paraboles, mais non des couples de droites distinctes ou confondues.

Nous désignerons par A, B, C, D les quatre points d'intersection, réels ou imaginaires, des deux coniques données ; les couples de sécantes communes seront alors

$$AB, CD, \qquad AC, BD, \qquad AD, BC.$$

I. Supposons que *les quatre points* A, B, C, D, *soient réels*. C'est le cas de la figure 149. Les trois couples de sécantes sont réels. Les valeurs de λ qui correspondent à chaque couple sont donc aussi réelles (**440**) ; ainsi l'équation en λ a trois racines réelles et distinctes $\lambda_1, \lambda_2, \lambda_3$.

Mais il peut se présenter ici plusieurs cas particuliers.

1° Deux des quatre points, A et B par exemple, peuvent venir se confondre en un seul ; c'est le cas de la figure 150. La corde

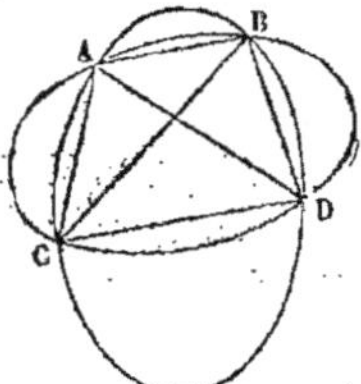

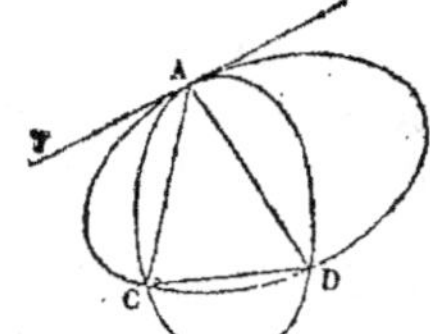

Fig. 149.   Fig. 150.

AB devient une tangente, et le premier couple de sécantes est formé de cette tangente AT et de la corde CD. Les deux autres couples AC, BD et AD, BC se confondent alors en un seul AC, AD et AD, AC. Les trois valeurs de λ sont donc encore réelles ; si λ_1 est celle qui répond au couple AT, CD, les deux autres λ_2 et λ_3, qui répondent aux deux couples confondus en un seul, sont égales, $\lambda_2 = \lambda_3$; mais chacune de ces deux dernières correspond à deux cordes distinctes AC et AD.

2° En même temps que B se confond avec A, il peut arriver que D se confonde aussi avec C ; c'est le cas de la figure 151 Les deux courbes sont alors tangentes en A et en C et sont dites, pour cette raison, *bitangentes*. Le premier couple de sécantes AB, CD sé compose alors des deux tangentes AT et CT'; les deux autres couples sont confondus, comme dans le cas précédent (1°), mais chacun d'eux représente alors deux droites confondues en une seule. Ainsi les trois racines de l'équation en λ sont encore réelles; deux de ces racines sont égales; mais l'équation du second degré qui répond à l'une quelconque de ces deux racines a pour premier membre un carré parfait.

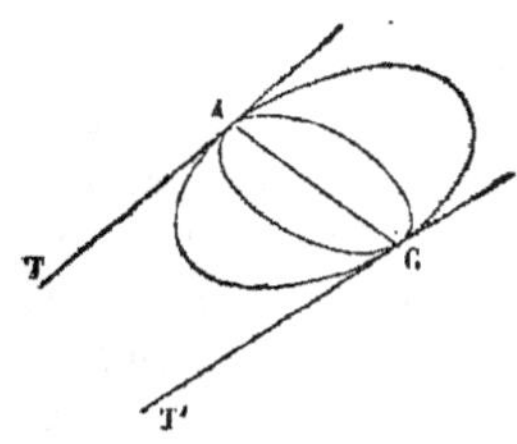

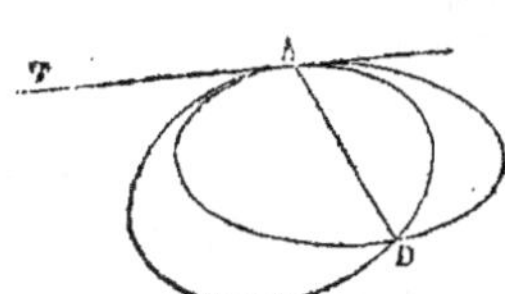

Fig. 151.   Fig. 152.

3° Il peut se faire que trois des points d'intersection, A, B, C, par exemple, viennent se confondre en un seul; les deux courbes sont alors osculatrices en ce point; c'est le cas de la figure 152. Les sécantes se réduisent alors à la tangente commune AT au point d'osculation, et à la sécante AD. Les trois couples de sécantes sont donc confondus en un seul; et les trois racines de l'équation en λ sont égales. Mais à chacune d'elles répondent deux droites distinctes AT et AD.

4° Enfin, il pourrait arriver que les quatre points d'intersection vinssent se confondre en un seul; les deux courbes auraient alors en ce point un contact du troisième ordre; et toutes les sécantes se confondraient en une seule droite qui serait la tangente commune. Chacun des trois couples de sécantes se réduirait ainsi à deux droites confondues en une seule. Les trois racines de l'équation en λ seraient encore égales; mais pour chacune d'elles le premier membre de l'équation du second degré correspondante serait un carré parfait.

II. Nous supposerons, en second lieu, que *deux des points d'intersection*, A et B par exemple, *soient réels*, et que les deux autres, C et D, soient *imaginaires conjugués*.

1° Nous admettrons d'abord que A et B soient distincts.

La sécante AB est réelle ; il en est de même de la sécante CD qui joint deux points imaginaires conjugués ; le premier couple de sécantes est donc réel. Mais les autres sécantes sont imaginaires, puisque chacune d'elles est déterminée par un point d'intersection réel et un point imaginaire. Les deux derniers couples de sécantes sont donc imaginaires. L'équation en λ a donc une racine réelle, répondant au couple réel, et deux racines imaginaires répondant aux deux couples imaginaires.

2° Il peut arriver que les deux points réels coïncident. La corde AB devient alors tangente et donne, avec la sécante réelle unissant les deux points imaginaires conjugués C et D, un couple de sécantes réelles, répondant à une racine réelle de l'équation en λ. Les deux autres couples se composent chacun des sécantes AC et AD unissant un même point réel à deux points imaginaires conjugués ; l'équation du second degré qui représente ces deux sécantes a donc un premier membre réel, répondant par conséquent à une valeur réelle de λ. L'équation en λ correspondante à deux d'entre elles a donc, dans le cas qui nous occupe, ses trois racines réelles, et deux d'entre elles sont égales. Mais à chacune des deux racines égales correspond un couple de sécantes imaginaires conjuguées.

III. Nous supposerons enfin que les *quatre points d'intersection soient imaginaires*. Deux d'entre eux, A et B par exemple, seront conjugués ; les deux autres, C et D, le seront également. Les sécantes AB et CD seront réelles, et formeront un couple répondant à une valeur réelle de λ. Les sécantes AC et BD seront imaginaires, mais conjuguées, car il est aisé de voir que leurs équations ne différeront que par le signe de $\sqrt{-1}$; le couple formé par ces deux sécantes sera donc donné par une équation réelle, répondant à une valeur réelle de λ. Il en sera de même pour le couple AD, BC. Ainsi, dans le cas qui nous occupe, les trois racines de l'équation en λ sont réelles.

Il pourrait arriver que les points imaginaires conjugués C et D coïncidassent respectivement avec les points imaginaires conjugués A et B. Dans ce cas les deux sécantes AB et CD se confondraient, et l'équation qui représente l'ensemble de ces deux sécantes aurait pour premier membre un carré parfait.

La discussion précédente subsiste lors même qu'un ou plusieurs points d'intersection sont rejetés à l'infini. Dans ce cas plusieurs sécantes deviennent parallèles, en restant à des distances finies ou infinies les unes des autres.

442. Ayant ainsi examiné toutes les combinaisons que peuvent présenter les quatre points d'intersection réels ou imaginaires des deux courbes, il est facile d'en conclure à quelles circonstances géométriques répondent les différentes circonstances analytiques que peuvent présenter les racines de l'équation en λ.

Si les *trois racines sont réelles et inégales*, les quatre points d'intersection sont *réels et distincts*, ou *imaginaires conjugués deux à deux*. On décidera la question en combinant l'équation de l'une des sécantes avec celle de l'une des courbes. Dans le cas où les points d'intersection sont imaginaires, il peut se faire que deux points imaginaires conjugués coïncident avec deux autres points imaginaires conjugués; dans ce cas l'une des valeurs de λ fournit une équation du second degré dont le premier membre est un carré parfait.

Si l'équation en λ a *deux racines égales*, *deux points d'intersection réels se confondent en un seul* et les deux courbes ont un contact du premier ordre; les racines égales de λ peuvent alors répondre ou à deux sécantes réelles et distinctes, ou à deux sécantes confondues en une seule, ou à deux sécantes imaginaires.

Si l'équation en λ a ses *trois racines égales*, les deux courbes sont *osculatrices*. Si chaque valeur de λ répond à deux sécantes réelles distinctes, il y a une sécante réelle indépendamment de la tangente commune. Si les deux sécantes répondant à la racine triple de λ sont confondues, ces sécantes se réduisent à la tangente commune, et les deux courbes ont un contact du troisième ordre.

Si l'équation en λ n'a qu'*une racine réelle*, il y a *deux points d'intersection réels, et deux points imaginaires conjugués*.

Il n'y a pas lieu d'examiner ce qui arrive lorsque l'équation en λ a une ou plusieurs racines nulles ou infinies. En effet, si l'on développe l'équation $\Delta = 0$, on voit que le coefficient de λ^3 est le discriminant de l'équation $f(x, y) = 0$, et que le terme indépendant de λ est le discriminant de l'équation $\varphi(x, y) = 0$.

Si donc on a $\lambda = 0$, c'est que le discriminant de φ est nul, et que par conséquent l'équation $\varphi = 0$ représente deux droites. Si l'on a $\lambda = \infty$, c'est que le discriminant de f est nul, et que par conséquent l'équation $f = 0$ représente deux droites. Dans l'un ou l'autre cas, on aura tous les points d'intersection demandés en combinant l'équation de chacune de ces deux droites avec celle du lieu représenté par l'autre équation donnée.

443. Cas particuliers. — La recherche des sécantes communes à deux coniques se simplifie dans quelques cas particuliers.

I. Supposons les deux courbes concentriques; en prenant le centre commun pour origine, on mettra leurs équations sous la forme

$$A x^2 + B xy + C y^2 + F = 0, \quad A'x^2 + B'xy + C'y^2 + F' = 0.$$

Divisant le premier membre de la première par F, celui de la seconde par F', et retranchant ensuite membre à membre, on obtient l'équation

$$\left(\frac{A}{F} - \frac{A'}{F'}\right)x^2 + \left(\frac{B}{F} - \frac{B'}{F'}\right)xy + \left(\frac{C}{F} - \frac{C'}{F'}\right)y^2 = 0,$$

qui représente deux droites passant par l'origine. En combinant les équations de ces droites avec celle d'une des deux coniques données, on obtiendra les points d'intersection demandés.

II. Supposons les deux courbes homofocales; en prenant le foyer commun pour origine, on mettra leurs équations sous la forme (**246**)

$$x^2 + y^2 = k^2 (x \cos \theta + y \sin \theta - p)^2$$

et

$$x^2 + y^2 = k'^2 (x \cos \theta' + y \sin \theta' - p')^2,$$

ou, pour abréger l'écriture,

$$x^2 + y^2 = k^2 d^2 \quad \text{et} \quad x^2 + y^2 = k'^2 d'^2.$$

On en déduit, en retranchant membre à membre,

$$k^2 d^2 - k'^2 d'^2 = 0, \quad \text{d'où} \quad kd + k'd' = 0 \quad \text{et} \quad kd - k'd' = 0;$$

ce sont les équations de deux sécantes communes.

On peut remarquer que, comme elles sont vérifiées par $d = 0$ et $d' = 0$, les sécantes qu'elles représentent passent par le point d'intersection des deux directrices qui correspondent au foyer commun.

III. Supposons que les deux courbes soient tangentes; en prenant pour axe des y la tangente commune et pour origine le point de contact, on mettra leurs équations sous la forme

$$Ax^2 + Bxy + Cy^2 + Dx = 0 \quad \text{et} \quad A'x^2 + B'xy + C'y^2 + D'x = 0.$$

Dans ces équations, D ni D' ne sauraient être nuls; autrement l'équation correspondante représenterait deux droites, ce que nous ne supposons pas. Si donc on multiplie la première équation par D', la seconde par D, et qu'on retranche ensuite membre à membre, on obtiendra

$$(AD' - A'D)x^2 + (BD' - B'D)xy + (CD' - C'D)y^2 = 0,$$

équation qui représente deux droites passant par le point de contact pris pour origine. En combinant les équations de ces deux droites avec celle de l'une des coniques données, on obtiendra les points d'intersection cherchés.

Nous verrons plus loin un autre moyen de résoudre le même problème.

§ 4. — ÉQUATIONS ET PROPRIÉTÉS COMMUNES DES CONIQUES SATISFAISANT

À CERTAINES CONDITIONS DONNÉES.

444. Équations des coniques satisfaisant à diverses conditions. — On a vu (**438**) que les coniques qui passent par les quatre points réels ou imaginaires, communs à deux coniques données $f(x, y) = 0$ et $\varphi(x, y) = 0$, sont représentées par l'équation générale

$$f(x, y) + \lambda \varphi(x, y) = 0, \qquad [1]$$

λ désignant une indéterminée.

Si l'une des coniques données, la seconde par exemple, est remplacée par deux droites dont les équations sont $\alpha = 0$ et

$\beta = 0$, l'équation ci-dessus deviendra

$$f + \lambda.\alpha\beta = 0. \qquad\qquad [2]$$

Si la conique $f = 0$ est elle-même remplacée par deux droites ayant pour équations $\gamma = 0$ et $\delta = 0$, l'équation [2] sera remplacée par

$$\gamma\delta + \lambda.\alpha\beta = 0. \qquad\qquad [3]$$

L'emploi de ces formes d'équations constitue une méthode féconde pour la résolution des problèmes ou pour la démonstration des propriétés des coniques. Nous en donnerons ici des exemples.

445. Équation générale des coniques qui passent par les points réels ou imaginaires où une conique donnée $f(x, y) = 0$ est coupée par une droite donnée $\alpha = 0$.

L'équation cherchée est

$$f(x, y) + \alpha(mx + ny + p) = 0, \qquad\qquad [4]$$

$mx + ny + p$ désignant un facteur arbitraire du premier degré. En effet, cette équation est du second degré, et elle est satisfaite quand on a à la fois $f = 0$ et $\alpha = 0$; elle représente donc une conique passant par les points communs à la conique $f = 0$ et à la droite $\alpha = 0$. De plus, comme elle renferme trois paramètres arbitraires m, n, p, on pourra disposer de ceux-ci de manière à faire passer la conique par trois nouveaux points, et à la faire coïncider par conséquent avec une quelconque des courbes du second degré qui passent par les deux points communs à f et à α.

Si la droite $\alpha = 0$ est une tangente à la conique $f = 0$, l'équation [4] représente toutes les coniques tangentes à la courbe f au même point que la droite α.

Par exemple : toutes les coniques tangentes à une ellipse donnée $\dfrac{x^2}{a^2} + \dfrac{y^2}{b^2} = 1$ en un même point (x', y') de cette ellipse seront représentées par l'équation

$$\left(\frac{x^2}{a^2} + \frac{y^2}{b^2} - 1\right) + \left(\frac{xx'}{a^2} + \frac{yy'}{b^2} - 1\right)(mx + ny + p) = 0. \quad [5]$$

Remarque. — Si l'on voulait que la conique fût osculatrice à l'ellipse au point (x', y'), il faudrait que les deux courbes eussent en ce point un contact du second ordre, ou que trois points d'intersection fussent confondus au point (x',y'); et, comme il y en a déjà deux, il faudrait exprimer que la droite $mx + ny + p = 0$ passe par ce point, ce qui déterminerait l'un des paramètres m, n, p, le dernier par exemple.

Comme il resterait encore deux paramètres arbitraires m et n, on pourrait en disposer pour exprimer que la conique est un cercle; ce serait le cercle osculateur au point (x', y').

446. Équation générale des coniques tangentes à une conique donnée $f = 0$ (le point de contact n'étant pas déterminé). — Cette équation est

$$f(x, y) + [y - mx + \psi(m)] (ax + by + c) = 0, \qquad [6]$$

dans laquelle $y - mx + \psi(m)$ est le premier membre de l'équation d'une tangente à la conique donnée en fonction de son coefficient angulaire.

Pour la parabole, par exemple, on aurait

$$y^2 - 2px + \left[y - mx - \frac{p}{2m}\right](ax + by + c) = 0. \quad [7]$$

447. Équation générale des coniques bitangentes à une conique donnée $f = 0$ aux points où cette conique est coupée par une droite donnée $\alpha = 0$.

Cette équation est

$$f(x, y) + \lambda \alpha^2 = 0, \qquad [8]$$

λ désignant un paramètre arbitraire. En effet, si dans l'équation [2] du n° **444** on suppose que les deux droites $\alpha = 0$ et $\beta = 0$ viennent se confondre en une seule, les points où cette droite unique rencontrera la conique $f = 0$ seront des points de contact de toutes les courbes représentées par l'équation, ces courbes seront donc bitangentes aux points où la droite $\alpha = 0$ rencontre la conique $f = 0$.

REMARQUE. — Si l'on demandait l'équation générale des coniques bitangentes à une conique donnée en deux points donnés de cette conique, il faudrait dans l'équation [8] remplacer α par le premier membre de l'équation de la droite qui joint ces deux points.

448. Comme exemple de l'application de cette équation, on peut se proposer le problème suivant :

Trouver l'équation qui représente les deux tangentes que l'on peut mener à une conique $f(x, y) = 0$ *par un point* (α, β).

En rendant homogène l'équation de la corde des contacts, l'équation générale des coniques bitangentes à la conique donnée, aux points où elle est coupée par la corde des contacts relative au point donné, est

$$f(x, y, z) + \lambda (xf'_\alpha + yf'_\beta + zf'_\gamma)^2 = 0.$$

Les deux tangentes issues du point donné formant l'une de ces coniques, on obtiendra l'équation qui les représente en déterminant λ par la condition que cette équation soit vérifiée par les coordonnées du point donné. En ayant égard à la relation **(33)**

$$\alpha f'_\alpha + \beta f'_\alpha + \gamma f'_\gamma = 2f(\alpha, \beta, \gamma),$$

on trouve pour l'équation demandée

$$4f(\alpha, \beta, \gamma) f(x, y, z) - (xf'_\alpha + yf'_\beta + zf'_\gamma)^2 = 0,$$

dans laquelle il faut faire $z = 1$ et $\gamma = 1$.

449. Équation générale des coniques tangentes à deux droites données $\gamma = 0$, $\delta = 0$ **en deux points donnés de ces droites.** — Pour l'obtenir, il faut remplacer la fonction f par le produit $\gamma\delta$, et α par le premier membre de l'équation de la droite passant par les deux points donnés ; si $y - ax - b = 0$ est cette équation, l'équation demandée sera

$$\gamma\delta + \lambda (y - ax - b)^2 = 0. \qquad [9]$$

450. Comme exemple de l'application de cette équation générale, on peut se proposer le problème suivant :

Trouver l'équation de la parabole qui touche deux droites données en des points donnés.

Prenons pour axes les deux droites ; et soit $\dfrac{x}{a} + \dfrac{y}{b} - 1 = 0$ l'équation de la droite qui passe par les deux points donnés ;

l'équation générale des coniques tangentes aux axes, aux points où ils sont coupés par cette droite, sera

$$xy + \lambda\left(\frac{x}{a} + \frac{y}{b} - 1\right)^2 = 0. \qquad [10]$$

Pour que cette équation représente une parabole, il faut qu'on ait $B^2 - 4AC = 0$, ou

$$\left(\frac{2\lambda}{ab} + 1\right)^2 - \frac{4\lambda^2}{a^2b^2} = 0, \quad \text{d'où} \quad \lambda = -\frac{ab}{4}.$$

Par suite, l'équation de la parabole demandée est

$$xy - \tfrac{1}{4}\, ab\left(\frac{x}{a} + \frac{y}{b} - 1\right)^2 = 0.$$

On peut la mettre sous la forme

$$\sqrt{\frac{x}{a}} + \sqrt{\frac{y}{b}} = 1.$$

451. Équation des coniques circonscrites à un triangle donné. — Soient $\alpha = 0$, $\beta = 0$, $\gamma = 0$ les équations des trois côtés; l'équation demandée sera

$$a\alpha\beta + b\alpha\gamma + c\beta\gamma = 0, \qquad [11]$$

a, b et c désignant des paramètres arbitraires. En effet, cette équation est du second degré; elle est satisfaite par les valeurs de x et de y qui annulent à la fois α et β, ou α et γ, ou β et γ; la conique qu'elle représente passe donc par les trois sommets du triangle.

On peut profiter de l'indétermination des rapports de deux des trois coefficients a, b et c au troisième pour satisfaire à deux autres conditions : par exemple, pour faire passer la conique par deux autres points donnés ; ou pour exprimer que la conique est un cercle, etc. Nous reviendrons plus loin sur les coniques circonscrites à un triangle.

REMARQUE. — En écrivant l'équation [11] sous la forme

$$(a\beta + b\gamma)\,\alpha + c\beta\gamma = 0,$$

on voit que les coniques qu'elle représente n'ont que le point $\beta = 0$, $\gamma = 0$ de commun avec les droites représentées par l'équation

$$a\beta + b\gamma = 0.$$

Cette dernière équation est donc l'équation générale des tangentes aux coniques circonscrites au triangle donné, au sommet $\beta = 0$, $\gamma = 0$. On obtiendrait de même les équations des tangentes aux deux autres sommets.

452. Équation générale des coniques inscrites ou exinscrites à un triangle donné.

Soient $\alpha = 0$, $\beta = 0$, $\gamma = 0$ les équations des trois côtés du triangle donné, et $\alpha' = 0$, $\beta' = 0$, $\gamma' = 0$ les équations des droites qui joignent deux à deux les trois points de contact. Les coniques cherchées étant circonscrites au triangle formé par ces trois dernières droites, leur équation générale est (**451**)

$$a\alpha'\beta' + b\alpha'\gamma' + c\beta'\gamma' = 0,$$

et il s'agit d'exprimer α', β', γ' en fonction de α, β, γ. Or, si $\beta' = 0$, $\gamma' = 0$ est le point de contact situé sur le côté $\alpha = 0$, ce côté sera la tangente en ce point à toutes les coniques inscrites, et d'après la remarque du numéro précédent cette même tangente a pour équation $a\beta' + b\gamma' = 0$. On doit donc avoir

$$a\beta' + b\gamma' = k\alpha,$$

k désignant un facteur constant. On aura de même

$$a\alpha' + c\gamma' = k_1\beta, \quad b\alpha' + c\beta' = k_2\gamma.$$

En remplaçant α', β', γ' par leurs valeurs déduites de ces équations, et posant $ak = \pm A$, $bk_1 = \pm B$, $ck_2 = \pm C$, on trouve pour l'équation demandée

$$A^2\alpha^2 + B^2\beta^2 + C^2\gamma^2 \pm 2AB\alpha\beta \pm 2AC\alpha\gamma \pm 2BC\beta\gamma = 0.$$

Les coefficients des rectangles doivent être pris tous les trois avec le signe *moins* ou deux avec le signe $+$ et un avec le signe $-$, autrement le premier membre de cette équation serait un carré parfait, et elle ne représenterait plus une conique. Les quatre combinaisons de signes que l'on peut faire ainsi correspondent aux coniques inscrites et ex-inscrites.

On peut s'assurer que pour $\gamma=0$ le premier membre de cette
équation devient un carré parfait, et, par suite, que les coniques
qu'elle représente sont bien tangentes à la droite $\gamma=0$. Elles
sont de même tangentes aux droites $\alpha=0$ et $\beta=0$.

453. Problème. — *Trouver le lieu géométrique des centres
des coniques qui passent par quatre points donnés.*

Prenons pour axes les droites menées par les deux premiers
points et par les deux derniers; et soient

$$\frac{x}{a}+\frac{y}{b}-1=0 \quad \text{et} \quad \frac{x}{a'}+\frac{y}{b'}-1=0$$

les équations des droites qui joignent le premier et le troisième
point, ou le second et le quatrième, l'équation [3] du n° **444**
deviendra

$$\left(\frac{x}{a}+\frac{y}{b}-1\right)\left(\frac{x}{a'}+\frac{y}{b'}-1\right)+\lambda xy=0: \qquad [12]$$

ce sera l'équation générale des coniques considérées. On obtiendra donc l'équation du lieu demandé en égalant à zéro les
dérivées partielles de cette équation par rapport à x et à y, et en
éliminant λ entre les équations ainsi obtenues. On trouve

$$\left(\frac{x}{a}-\frac{y}{b}\right)\left(\frac{x}{a'}+\frac{y}{b'}-1\right)+\left(\frac{x}{a'}-\frac{y}{b'}\right)\left(\frac{x}{a}+\frac{y}{b}-1\right)=0,$$

ou

$$\frac{x^2}{aa'}-\frac{y^2}{bb'}-\frac{1}{2}\left(\frac{1}{a}+\frac{1}{a'}\right)x+\frac{1}{2}\left(\frac{1}{b}+\frac{1}{b'}\right)y=0,$$

équation qui représente une ellipse, ou une hyperbole selon que
les produits aa' et bb' sont de signe contraire ou de même signe.
La courbe passe par l'origine; on en conclut qu'elle passe par
les points de rencontre des trois couples de sécantes que fournissent les quatre points donnés. L'équation est également satisfaite par les valeurs

$$x=\frac{1}{2}(a+a') \quad \text{et} \quad y=\frac{1}{2}(b+b'),$$

ce qui signifie que la courbe passe par le centre du parallélogramme qui a pour côtés les droites $x=a$, $x=a'$ et $y=b$, $y=b'$, parallèles aux axes. On en conclut que la courbe passe également par les centres des deux parallélogrammes analogues obtenus en prenant pour axes les autres couples de sécantes. Les coordonnées du centre sont

$$x=\frac{1}{4}(a+a'), \quad y=\frac{1}{4}(b+b'),$$

et, lorsque la courbe est une hyperbole, les directions asymptotiques sont données par les équations

$$y=\pm x\sqrt{\frac{bb'}{aa'}}.$$

454. Propriétés communes aux coniques satisfaisant à diverses conditions. — Théorème I. — *Quand deux coniques sont concentriques, toutes les coniques qui passent par leurs quatre points d'intersection sont concentriques entre elles.*

Soient $f=0$ et $\varphi=0$ les deux coniques données; l'équation générale des coniques qui passent par leurs quatre points d'intersection est

$$f+\lambda\varphi=0.$$

Or si l'on suppose les coniques données rapportées à leur centre, les fonctions f et φ manqueront des termes du premier degré; il en sera donc de même de la fonction $f+\lambda\varphi$, ce qui démontre la proposition.

455. Théorème II. — *Pour que les quatre points d'intersection de deux coniques $f=0$ et $\varphi=0$ soient sur une même circonférence de cercle, il faut et il suffit que leurs axes soient parallèles ou perpendiculaires.*

Soient, en effet,

$$f=Ax^2+Bxy+Cy^2+\ldots=0$$

et

$$\varphi=A'x^2+B'xy+C'y^2+\ldots=0$$

les équations des coniques données. L'équation générale des coniques passant par leurs points d'intersection sera

$$(A + \lambda A')x^2 + (B + \lambda B')xy + (C + \lambda C')y^2 + \ldots = 0.$$

Pour que cette équation représente un cercle, les axes de coordonnées étant supposés rectangulaires, il faut qu'on ait [**119**]

$$A + \lambda A' = C + \lambda C' \quad \text{et} \quad B + \lambda B' = 0.$$

En éliminant λ entre ces deux relations, on trouve

$$AB' - A'B = CB' - C'B, \quad \text{d'où} \quad \frac{B}{A - C} = \frac{B'}{A' - C'}.$$

Cette condition exprime (**222**) que, si l'on désigne par α et α' les angles que l'un des axes de chacune des deux courbes fait avec l'axe des x, on a

$$\text{tang } 2\alpha = \text{tang } 2\alpha', \quad \text{d'où} \quad \alpha = \alpha' + n . \frac{\pi}{2},$$

c'est-à-dire que ces axes sont parallèles ou perpendiculaires.

Corollaires. — 1° *Si deux coniques ont leurs axes parallèles ou perpendiculaires, toutes les coniques qui passent par les quatre points communs aux deux premières ont leurs axes parallèles ou perpendiculaires à ceux de ces deux premières.*

2° *Si par trois points donnés, non en ligne droite, on fait passer des couples de paraboles ayant leurs axes perpendiculaires, le lieu du quatrième point d'intersection est la circonférence de cercle qui passe par les trois premiers.*

456. Théorème III. — *Si par les points d'intersection de deux coniques données, on fait passer d'autres coniques, les diamètres de ces coniques qui sont conjugués à une même direction concourent en un même point.*

Considérons, en effet, l'équation $f + \lambda\varphi = 0$. L'équation du diamètre conjugué à la direction $y = mx$ est (**208**)

$$(f'_x + \lambda\varphi'_x) + m(f'_y + \lambda\varphi'_y) = 0,$$

ou

$$(f'_x + mf'_y) + \lambda(\varphi'_x + m\varphi'_y) = 0.$$

Or cette équation est satisfaite, quel que soit λ, si l'on a à la fois

$$f'_x + mf'_y = 0 \qquad \text{et} \qquad \varphi'_x + m\varphi'_y = 0,$$

c'est-à-dire que le diamètre de la conique $f + \lambda\varphi = 0$ conjugué à la direction $y = mx$ passe par le point d'intersection des diamètres des coniques données conjugués à la même direction.

Remarque. — Tous ces diamètres seraient parallèles si ceux des deux coniques données l'étaient.

457. Théorème IV. — *Si par les points d'intersection de deux coniques données on fait passer d'autres coniques, les polaires d'un même point P par rapport à ces diverses coniques passent par un même point,*

Soient α, β les coordonnées du point P ; et considérons l'équation générale

$$f + \lambda\varphi = 0.$$

La polaire du point P, par rapport à cette conique, n'étant autre chose (**145**) que la corde des contacts des tangentes issues de ce point, son équation est

$$(\alpha - x)(f'_x + \lambda\varphi'_x) + (\beta - y)(f'_y + \lambda\varphi'_y) = 0.$$

Or cette équation est satisfaite quel que soit λ si l'on a à la fois

$$(\alpha - x)f'_x + (\beta - y)f'_y = 0 \quad \text{et} \quad (\alpha - x)\varphi'_x + (\beta - y)\varphi'_y = 0,$$

c'est-à-dire que la polaire de la courbe $f + \lambda\varphi = 0$ passe par le point d'intersection des polaires des courbes $f = 0$ et $\varphi = 0$, relatives au même point P.

458. Théorème V. — *Lorsqu'une conique est circonscrite à un quadrilatère, le produit des distances d'un quelconque de ses points à deux côtés opposés est dans un rapport constant avec le produit des distances de ce même point aux deux autres côtés.*

Soient $\alpha = 0$, $\gamma = 0$, $\beta = 0$, $\delta = 0$ les équations des quatre côtés consécutifs du quadrilatère ; l'équation générale des coniques circonscrites sera

$$\alpha\beta + \lambda\gamma\delta = 0,$$

Nous supposerons les équations des côtés mises sous la forme

$$x \cos \theta + y \sin \theta - p = 0,$$

en sorte que α, β, γ, δ représenteront les distances du point (x, y) aux quatre côtés, les axes étant supposés rectangulaires. Dès lors l'équation générale des coniques circonscrites donne immédiatement

$$\frac{\alpha\beta}{\gamma\delta} = -\lambda,$$

ce qui démontre la proposition.

459. Théorème VI. — *Quand une conique est tangente à deux droites, le produit des distances d'un point quelconque de la courbe aux deux tangentes est dans un rapport constant avec le carré de la distance de ce point à la corde des contacts.*

Soient $\alpha = 0$ et $\beta = 0$ les équations des deux tangentes et $\gamma = 0$ l'équation de la corde des contacts. L'équation générale des coniques satisfaisant à ces conditions est

$$\alpha\beta + \lambda.\gamma^2 = 0,$$

d'où l'on tire

$$\frac{\alpha\beta}{\gamma^2} = -\lambda$$

ce qui démontre la proposition. Car on peut supposer les équations des trois droites mises sous la forme convenable pour que α, β, γ représentent les distances considérées.

460. Théorème VII. — *La puissance d'un point quelconque d'une conique par rapport à un cercle est dans un rapport constant avec le produit des distances de ce point aux deux sécantes réelles communes à la conique et au cercle.* (On sait qu'il y en a toujours au moins deux.)

Soit

$$(x - a)^2 + (y - b)^2 - r^2 = 0$$

l'équation du cercle, et $\alpha = 0, \beta = 0$ les équations des sécantes réelles communes, mises sous la forme

$$x \cos \theta + y \sin \theta - p = 0,$$

de telle sorte que α et β représentent les distances du point (x, y) à ces deux sécantes. L'équation générale des coniques ayant avec le cercle les mêmes sécantes communes sera

$$(x - a)^2 + (y - b)^2 - r^2 + \lambda.\alpha\beta = 0. \qquad [1]$$

On en tire

$$\frac{(x - a)^2 + (y - b)^2 - r^2}{\alpha\beta} = -\lambda,$$

ce qui revient à l'énoncé de la proposition.

COROLLAIRE. — Si le cercle et la conique sont bitangents, l'équation de la conique devient

$$(x - a)^2 + (y - b)^2 - r^2 + \lambda.\alpha^2 = 0, \qquad [2]$$

d'où l'on tire

$$\frac{(x - a)^2 + (y - b)^2 - r^2}{\alpha^2} = -\lambda,$$

ce qui signifie que *lorsqu'un cercle est bitangent à une conique, la puissance d'un point quelconque de cette conique par rapport au cercle est dans un rapport constant avec le carré de la distance du même point à la corde des contacts.*

REMARQUE. — Pour $r = 0$ l'équation [2] devient l'équation focale de la conique. Il s'ensuit que l'on peut considérer un cercle de rayon nul et ayant le foyer pour centre comme bitangent à une conique en deux points imaginaires, qui sont alors situés sur la directrice correspondante.

Les cercles bitangents à une conique et ayant un de ses foyers pour centre sont quelquefois appelés *cercles focaux.*

§ 5. — THÉORÈMES DIVERS SUR LES CONIQUES.

461. THÉORÈME. — *Lorsque trois coniques ont deux points communs, les trois sécantes qui joignent les autres points d'intersection de ces courbes, considérées deux à deux, concourent en un même point.*

Soit

$$f = 0 \qquad [1]$$

l'équation de l'une des coniques et $\alpha=0$ l'équation de la corde commune aux trois courbes, les équations des deux autres coniques pourront être mises sous la forme

$$[2] \qquad f+\lambda.\alpha\beta=0 \quad \text{et} \quad f+\lambda'.\alpha\gamma=0, \qquad [3]$$

$\beta=0$ étant l'équation de la seconde corde commune aux courbes [1] et [2], et $\gamma=0$ celle de la seconde corde commune aux courbes [1] et [3]. Quant à l'équation de la seconde corde commune aux courbes [2] et [3], on l'obtient en retranchant membre à membre les équations [1] et [2], ce qui donne

$$\alpha(\lambda\beta-\lambda'\gamma)=0,$$

d'où

$$\alpha=0, \quad \text{relation déjà connue, et} \quad \lambda\beta-\lambda'\gamma=0.$$

Les trois secondes cordes communes considérées ont donc pour équations

$$\beta=0, \quad \gamma=0 \quad \text{et} \quad \lambda\beta-\lambda'\gamma=0.$$

Or la dernière est une conséquence des deux premières ; par conséquent, ces trois droites concourent en un même point (**91**).

462. THÉORÈME DE PASCAL. — *Lorsqu'un hexagone quelconque ABCDEF (fig. 153) est inscrit dans une conique, les points de concours* M, N, P *de ses côtés opposés sont en ligne droite.*

Ce théorème est une conséquence du précédent. La conique considérée, que nous désignerons par f, et les deux couples de droites BC, DE et AB, EF, peuvent être regardés comme trois

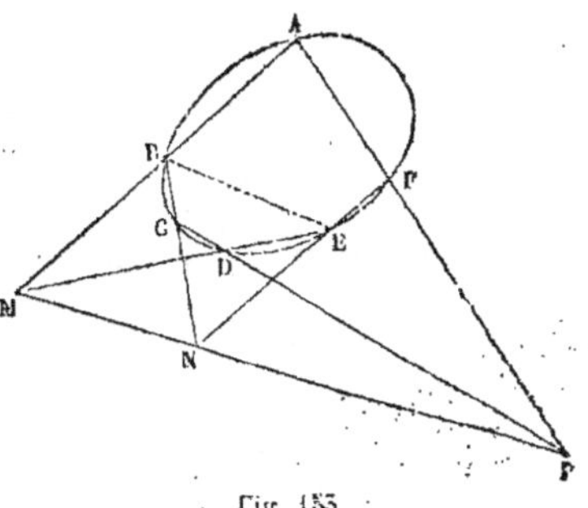

Fig. 153

coniques, qui ont une sécante commune BE. La seconde sécante commune à la conique f et au système BC, DE est CD ; la seconde sécante commune à la conique f et au système AB, EF est AF ; enfin la seconde sécante commune aux deux systèmes BC, DE et AB, EF est MN. En vertu du théorème qui précède les trois droiles CD, AF et MN concourent donc en un même point P ; donc les trois points M, N, P sont en ligne droite ; ce qu'il fallait démontrer.

Corollaires. — Cette démonstration est indépendante de la longueur des côtés de l'hexagone ; le théorème subsiste donc encore si deux sommets consécutifs viennent se confondre en un seul, la tangente en ce point remplaçant alors le côté disparu. De là plusieurs corollaires.

I. Soient A, B, C, D, E les sommets consécutifs d'un pentagone inscrit dans une conique ; menons par l'un des sommets A une tangente AT ; les trois points de concours des droites AT et CD, AB et DE, BC et EA seront en ligne droite.

II. Soient A, B, C, D les sommets consécutifs d'un quadrilatère inscrit dans une conique ; menons, par deux des sommets opposés A et C, les tangentes AT et CT' ; les trois points de concours des droites AT et CT', AB et CD, BC et AD seront en ligne droite.

Si l'on mène des tangentes AT et BT' par deux sommets consécutifs A et B, les trois points de concours des droites AT et BC, AB et CD, BT' et AD seront en ligne droite.

III. Si par les sommets d'un triangle inscrit dans une conique on mène des tangentes, les points de concours de chaque côté avec la tangente au sommet opposé seront en ligne droite.

IV. Si les côtés opposés AF et CD étaient parallèles entre eux, la droite MN leur serait également parallèle.

Remarque. — Le théorème de Pascal s'applique aux hexagones étoilés.

463. Réciproquement. — *Si un hexagone jouit de cette propriété que les points de concours de ses côtés opposés soient en ligne droite, cet hexagone est inscriptible dans une conique.*

Supposons, en effet, que l'hexagone ABCDEF (fig. 153) remplisse la condition indiquée ; la conique qui passe par les points B, C, D, E, F, devra passer aussi par le point A. Car si elle coupait MB en un point A' différent de A, il faudrait qu'en joignant A'F, cette droite vînt passer au point P, ce qui est impossible.

COROLLAIRES. — I. Étant donnés cinq points B, C, D, E, F d'une conique, on peut toujours en trouver un sixième. Pour cela, on mènera par le point B une droite BA dans une direction quelconque ; puis on déterminera successivement : le point de rencontre M des droites AB et DE, le point de rencontre N des droites BC et EF, le point de rencontre P des droites MN et CD, enfin le point de rencontre A des droites MB et PF ; ce sera le sixième point demandé.

On pourra, parmi ces six points, en prendre cinq quelconques, comprenant le point A, et déterminer un septième point de la conique. En continuant ainsi on construira autant de points de la courbe qu'on le voudra.

II. On peut aussi, étant donnés cinq points d'une conique, construire à l'aide du théorème de Pascal la tangente en l'un de ces points. Soient, en effet, A, B, C, D, E (le lecteur est prié de faire la figure) les cinq points donnés, et supposons qu'on veuille construire la tangente en A. On déterminera le point de rencontre M des droites AB et DE, et le point de rencontre N des droites BC et AE ; on joindra MN, et l'on déterminera le point T où cette droite rencontre CD ; la droite joignant le point A au point T sera la tangente demandée.

On peut donc, étant donnés cinq points d'une conique, construire autant de points qu'on le voudra de la courbe et la tangente en chacun de ces points.

464. THÉORÈME DE BRIANCHON. — *Dans tout hexagone circonscrit à une conique les droites qui joignent les sommets opposés concourent en un même point.*

Soit ABCDEF (fig. 154) un hexagone circonscrit à une conique ; inscrivons l'hexagone *abcdef*, qui a pour sommets les points de contact des côtés de l'hexagone circonscrit. La droite *af* étant la corde des contacts des deux

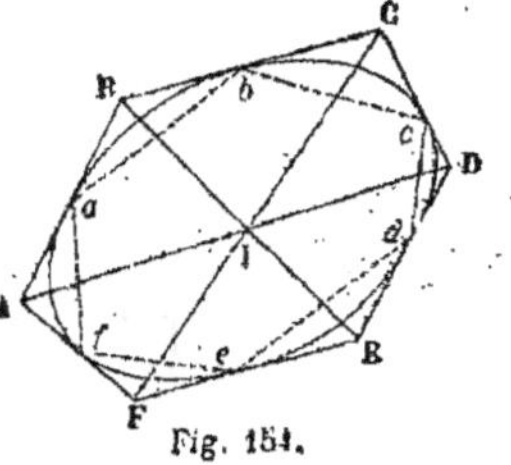

tangentes menées à la conique par le point A, ce point A est le pôle de la corde *af* ; de même le point D est le pôle de la corde *cd* ; par conséquent, la droite AD qui joint ces deux pôles est la polaire du point de rencontre des deux cordes *af* et *cd* [**244**, cor.]. On démontrera de même que BE est la polaire du point de rencontre des cordes *ab* et *ed*, et que CF est la polaire du point de rencontre des cordes *bc* et *ef*. Or, d'après le théorème de Pascal, les points de rencontre de ces trois couples de cordes, qui sont les côtés opposés d'un hexagone inscrit, sont en ligne droite ; donc (**244**) leurs polaires AD, BE, CF concourent en un même point : ce qu'il fallait démontrer.

CorollAires. — Le théorème subsiste quelque petit que soit l'angle de deux côtés consécutifs de l'hexagone circonscrit ; il subsiste donc encore lorsque deux côtés consécutifs se confondent en une même tangente, auquel cas le point de contact de cette tangente remplace le sommet qui a disparu. Il résulte de cette remarque plusieurs corollaires.

I. Soit ABCDE un pentagone circonscrit à une conique ; et soit t le point de tangence du côté AB ; les droites AC, BE et tD concourront en un même point.

II. Soit ABCD un quadrilatère circonscrit ; et soient t le point de contact du côté AB et t' le point de contact du côté CD ; les droites AC, BG et tt' concourront en un même point.
Si t et t' désignent les points de contact de deux côtés consécutifs AB et BC, les droites At', tD et BG concourront en un même point.

III. Si un triangle est circonscrit à une conique, les droites qui joignent chaque sommet au point de contact du côté opposé se coupent en un même point.

465. Réciproquement. — *Si un hexagone ABCDEF* (fig. 154) *jouit de cette propriété que les droites joignant les sommets opposés concourent en un même point, cet hexagone est circonscriptible à une conique.*
En effet, on peut toujours tracer une conique tangente à cinq côtés AB, BC, CD, DE, EF ; cette conique devra aussi être tangente au sixième ; car dans le cas contraire on pourrait mener à la conique par le point F une tangente qui couperait AB en un point A' différent de A ; et la droite A'D devrait passer par le point I, ce qui est impossible.

CorollAires. — I. Étant données cinq tangentes à une conique, on peut toujours en mener une sixième. Soient en effet AB, BC, CD, DE, EF les cinq tangentes données, les points A et F n'étant point déterminés. On pourra se donner le point F sur la direction EF; on joindra alors BE et CF, qui se couperont en un point I; puis on joindra DI, qui coupera AB en un point A; la droite AF sera la sixième tangente.

On pourra parmi ces six tangentes en prendre cinq comprenant AF, et s'en servir pour déterminer une septième tangente. On obtiendra de cette manière autant de tangentes qu'on le voudra.

II. On peut aussi, étant données cinq tangentes, déterminer le point de contact de l'une d'elles. Soient, en effet, ABCDE le pentagone formé par les cinq tangentes, et supposons qu'on veuille obtenir le point de contact du côté AB. On joindra AC et BE, qui se couperont en un point I; on joindra ensuite DI; le point *t*, où DI coupera le côté AB, sera le point de contact de ce côté.

On voit donc que l'on peut, étant données cinq tangentes, en construire autant qu'on le voudra et déterminer le point de contact de chacune d'elles.

466. PROBLÈME. — *Construire la conique passant par cinq points donnés.*

On commencera par mener les tangentes en trois des points donnés, comme nous l'avons indiqué au n° **463**, II. Soient A, B, C (fig. 155) les trois points considérés et *m*A, *mn*, *n*C les tangentes en ces points. Si l'on joint le point *m* au milieu *i* de la corde des contacts AB, on aura un diamètre, ainsi qu'il est facile de le démontrer; de même, en joignant le point *n* au milieu K de la corde BC, on obtiendra un second diamètre.

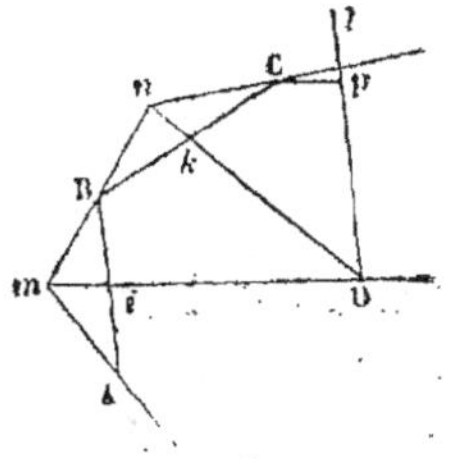

Fig. 155.

I. Supposons que ces deux diamètres se rencontrent en un point O; la courbe sera une ellipse ou une hyperbole, et le point O en sera le centre : ce sera une ellipse si les points *m* et O sont situés de part et d'autre de la corde AB; ce sera une hyperbole si ces deux points sont d'un même côté de la corde. Menons par le point O une droite O*l* parallèle à AB;

les directions Om et Ol seront celles de deux diamètres conjugués, dont nous représenterons les longueurs par a' et b'. Nous aurons (**268**)

$$a' = \sqrt{Om.Ol}.$$

Si nous menons enfin Cp parallèle à Om, les longueurs Cp et Op seront les coordonnées du point C de la courbe par rapport à ces deux diamètres conjugués; on aura donc

$$\frac{\overline{Cp}^2}{a'^2} + \frac{\overline{Op}^2}{b'^2} = 1,$$

d'où l'on tirera la valeur de b'. Connaissant de position et de grandeur un système de diamètres conjugués, on pourra construire les axes (**286**).

II. Supposons que les deux diamètres construits soient parallèles; la courbe sera une parabole; et l'on pourra, pour la construire, opérer de la manière suivante.

Soient mO et nO' (fig. 156) les deux diamètres parallèles obtenus. On fera au point B, avec mn, un angle mBF égal à l'angle mBp que fait mn avec une parallèle aux diamètres; la droite ainsi menée passera par le foyer. En opérant de même au point C, on obtiendra une seconde droite CF passant par le foyer F; et ce point se trouvera déterminé. On mènera FX parallèle aux diamètres; ce sera l'axe de la parabole. On abaissera du point F une perpendiculaire Fr sur l'une des tangentes, et du point r une perpendiculaire rS sur l'axe; le pied S de cette perpendiculaire sera le sommet. Avec le foyer et le sommet on sait construire une parabole (**384**).

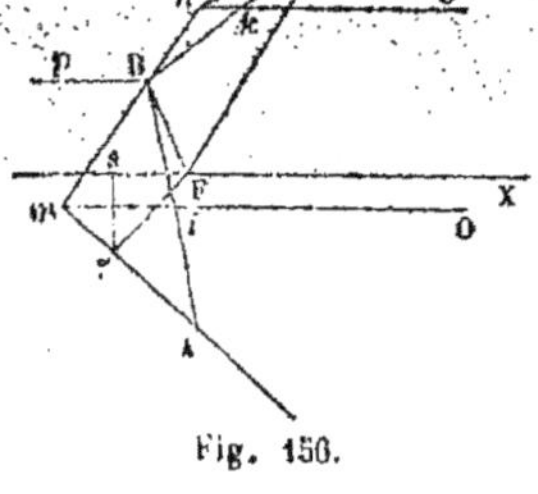

Fig. 156.

467. Problème. — *Construire la conique tangente à cinq droites données.*

On déterminera les points de contact de trois de ces tangentes (**463**, II); et le problème sera ramené au précédent.

468. Exercices. — I. *Construire une parabole circonscrite à un quadrilatère convexe.*

2° *Construire une conique connaissant le centre et trois points.*

3° *Construire une conique connaissant le centre et trois tangentes.*

§ 6. — NOTIONS SUR LA MÉTHODE DES POLAIRES RÉCIPROQUES.

469. Concevons que dans le plan d'une conique donnée $f = 0$ on ait tracé un triangle ; désignons par A, B, C ses sommets, et soient p, q, r les pôles des côtés AB, AC, BC de ce triangle par rapport à la conique f. D'après les propriétés des polaires (**244**), le sommet A aura pour polaire la droite pq qui joint les pôles des côtés AB et AC aboutissant au point A ; de même le point B aura pour polaire la droite pr, et le point C aura pour polaire la droite qr. Les deux triangles ABC, pqr jouissent donc de cette propriété que chaque sommet de l'un a pour polaire un côté de l'autre, et *vice versa*. Ces deux triangles, pour cette raison, sont appelés *polaires réciproques*, et la conique $f = 0$ prend le nom de *conique directrice*.

On peut construire de même le polygone polaire réciproque d'un polygone donné ; il suffit pour cela de déterminer, par rapport à la conique directrice, les pôles des côtés successifs du polygone donné, et de joindre consécutivement les pôles ainsi obtenus. Les côtés du second polygone seront les polaires des sommets du premier (**244**).

Les mêmes notions peuvent s'étendre aux lignes courbes. Soit S une courbe donnée ; si l'on détermine, par rapport à la conique directrice, les pôles des tangentes à la courbe S, ces pôles formeront une courbe S' qui sera la polaire réciproque de S. Soient, en effet, T et T' deux tangentes à la courbe S, et soient p et p' leurs pôles ; la droite pp' sera la polaire du point de rencontre de T et de T'. Mais si l'on suppose que les points de contact de ces deux tangentes se rapprochent indéfiniment, leur point d'intersection s'approchera indéfiniment de la courbe S, et aura pour limite un point M de cette courbe. En même temps, les points p et p' se rapprocheront indéfiniment, et la droite qui les joint s'approchera indéfiniment d'une tangente t à la courbe S'. On en conclut que les points de la courbe S ont pour polaires les tangentes de la courbe S'. Ces deux courbes sont donc *polaires réciproques* par rapport à la conique directrice.

470. PROBLÈME. — *Étant donnée l'équation* $F(x, y) = 0$ *d'une courbe* S, *trouver par rapport à une conique* $f(x, y) = 0$ *l'équation de sa polaire réciproque* S'.

Soient

$$[1] \qquad F(x, y, z) = 0 \quad \text{et} \quad f(x, y, z) = 0 \qquad [2]$$

l'équation de la courbe donnée et celle de la conique directrice rendues homogènes en remplaçant x et y par $\dfrac{x}{z}$ et $\dfrac{y}{z}$. L'équation d'une tangente à la courbe S sera (**238**), en désignant par X, Y, Z les coordonnées courantes,

$$X F'_x + Y F'_y + Z F'_z = 0. \qquad [3]$$

Soient α, β, γ les coordonnées homogènes d'un point de la courbe S', l'équation de la polaire de ce point par rapport à la conique directrice sera (**241**)

$$X f'_\alpha + Y f'_\beta + Z f'_\gamma = 0. \qquad [4]$$

Si l'on veut que cette polaire coïncide avec la tangente à la courbe S, il faut écrire

$$\frac{F'_x}{f'_\alpha} = \frac{F'_y}{f'_\beta} = \frac{F'_z}{f'_\gamma}. \qquad [5]$$

Si, après avoir fait dans ces deux dernières équations $z = 1$ et $\gamma = 1$, on élimine x et y entre ces mêmes équations et l'équation [1] de la courbe S, on aura une relation constante entre α et β, soit

$$\varphi(\alpha, \beta) = 0 ; \qquad [6]$$

ce sera l'équation de la polaire réciproque de S.

ExEMPLE. — Supposons que la conique directrice soit la parabole $y^2 - 2px = 0$, et que la courbe donnée S soit le cercle $x^2 + y^2 - r^2 = 0$. On aura d'abord, en rendant ces équations homogènes,

$$y^2 - 2pxz = 0 \quad \text{et} \quad x^2 + y^2 - r^2 z^2 = 0.$$

Il en résulte

$$F'_x = 2x, \quad F'_y = 2y, \quad F'_z = -2r^2 z,$$

$$f'_\alpha = -2\beta\gamma, \quad f'_\beta = 2\beta, \quad f'_\gamma = -2p\alpha.$$

Par suite, les équations [5] deviennent

$$-\frac{x}{p\gamma} = \frac{y}{\beta} = \frac{r^2 z}{p\alpha},$$

ou, en faisant $z = 1$ et $\gamma = 1$,

$$-\frac{x}{p} = \frac{y}{\beta} = \frac{r^2}{p\alpha},$$

d'où l'on tire

$$x = -\frac{r^2}{\alpha} \quad \text{et} \quad y = \frac{\beta r^2}{p\alpha}.$$

Substituant ces valeurs dans l'équation $x^2 + y^2 = r^2$, on trouve

$$\frac{r^4}{\alpha^2} + \frac{\beta^2 r^4}{p^2 \alpha^2} = r^2 \quad \text{ou} \quad p^2 \alpha^2 - r^2 \beta^2 = p^2 r^2,$$

équation d'une hyperbole ; c'est la polaire réciproque du cercle par rapport à la parabole.

471. L'emploi des polaires réciproques constitue une méthode féconde qui permet de déduire des propriétés d'une figure les propriétés corrélatives de la figure polaire réciproque. Elle est surtout utile pour l'étude des coniques, parce que, comme il est facile de le voir, *la polaire réciproque d'une courbe du second degré est encore une courbe du second degré.* En effet, la méthode indiquée ci-dessus montre d'abord que la polaire réciproque d'une courbe algébrique est encore une courbe algébrique. Or si la courbe proposée est du second degré, on ne peut, par un point donné, lui mener que *deux* tangentes; il en résulte, pour sa polaire réciproque, qu'une droite ne peut la couper qu'en deux points, et puisqu'elle est algébrique, ce ne peut être qu'une courbe du second degré.

Dans le cas d'une courbe algébrique de degré m, la polaire réciproque est du degré $m(m-1)$; c'est-à-dire que la *classe* de la courbe polaire réciproque d'une courbe algébrique donnée correspond au *degré* de cette courbe.

Nous nous bornerons aux exemples suivants de l'emploi des polaires réciproques.

472. I. C'est par l'emploi des polaires réciproques que nous avons, au n° **464**, déduit le théorème de Brianchon du théorème de Pascal.

II. Ayant démontré (**427**) que par cinq points donnés on peut toujours faire passer une conique, et une seule, on en conclut qu'*étant données cinq droites, il existe une conique, et une seule, tangente à ces cinq droites*. En effet, par les polaires réciproques ces cinq tangentes se changeront en cinq points, par lesquels on pourra faire passer une conique S, et une seule; donc la polaire réciproque S′ sera tangente aux cinq droites données et jouira seule de cette propriété.

III. On a démontré au n° **457** que, *si, par les quatre points d'intersection de deux coniques, on fait passer d'autres coniques, les polaires d'un même point P, par rapport à ces diverses coniques, passent toutes par un même point*. Par les polaires réciproques, on en conclut ce théorème corrélatif : *si l'on mène toutes les coniques tangentes à quatre droites données, les pôles d'une même droite D par rapport à ces diverses coniques sont tous sur une même droite*.

IV. Si l'on applique ce dernier théorème au cas où la droite D s'éloignerait parallèlement à elle-même à une distance infinie, les pôles de cette droite par rapport aux diverses coniques considérées deviennent les centres de ces coniques; il en résulte ce nouveau théorème : *le lieu des centres des coniques tangentes à quatre droites données est une ligne droite*.

V. On a démontré au n° **461** que, *lorsque trois coniques ont deux points communs, les trois sécantes qui joignent les autres points d'intersection de ces courbes considérées deux à deux concourent au même point*. On en déduit par les polaires réciproques ce théorème corrélatif : *lorsque trois coniques ont deux tangentes communes, les points de rencontre des autres couples de tangentes communes à ces courbes considérées deux à deux sont situés en ligne droite*.

CHAPITRE XI

§ 1. — ENVELOPPES ET DÉVELOPPÉES.

473. Courbes enveloppes. — Lorsque l'équation d'une courbe contient un paramètre arbitraire que l'on peut faire varier, toutes les courbes qui correspondent aux différentes valeurs de ce paramètre forment ce qu'on appelle une *famille de courbes*. Soit $f(x, y, a) = 0$ l'équation d'une pareille famille de courbes. Pour une valeur déterminée de a, cette équation représente une courbe déterminée ; si l'on change a en $a + h$, l'équation $f(x, y, a + h) = 0$ représentera une autre courbe de la même famille, et l'ensemble de ces deux équations représentera les points d'intersection de ces deux courbes. Si l'on fait tendre h vers zéro, les deux courbes considérées, tendant à se confondre, deviendront *successives* ou infiniment voisines, et chacun de leurs points d'intersection tendra vers une certaine *position limite*. Le lieu des *points d'intersection limites* des courbes successives ou infiniment voisines, appartenant à une même famille, est ce qu'on appelle l'*enveloppe* de ces courbes.

Le procédé à suivre pour trouver l'équation de l'enveloppe se tire de la définition même. Soit

$$f(x, y, a) = 0 \qquad [1]$$

l'équation de la famille de courbes considérées. Changeons d'abord a en $a + h$; l'équation

$$f(x, y, a + h) = 0 \qquad [2]$$

représentera une autre courbe de la même famille ; et les coordonnées des points communs à ces deux courbes s'obtiendraient en cherchant le système de valeurs de x et de y qui satisfont à la fois aux deux équations. Mais on peut substituer à l'une d'elles, à la seconde par exemple, l'équation

$$\frac{f(x,\,y,\,a+h) - f(x,\,y,\,a)}{h} = 0,$$

obtenue en retranchant les équations [1] et [2] membre à membre et divisant ensuite par h. Si maintenant on fait tendre h vers zéro, les deux courbes se rapprocheront indéfiniment et leur point d'intersection tendra vers une limite, qu'on obtiendrait en résolvant le système des équations

$$f(x,\,y,\,a) = 0 \quad \text{et} \quad \lim. \frac{f(x,\,y,\,a+h) - f(x,\,y,\,a)}{h} = 0,$$

ou, ce qui revient au même,

$$f(x,\,y,\,a) = 0 \quad \text{et} \quad f'_a(x,\,y,\,a) = 0. \qquad [3]$$

En éliminant a entre ces deux équations, on aura donc une relation constante entre les coordonnées de l'intersection de deux courbes consécutives de la famille; ce sera l'équation de l'enveloppe. Ainsi, *pour obtenir l'équation de l'enveloppe des courbes représentées par une équation telle que* $f(x, y, a) = 0$, *il suffit d'éliminer le paramètre a entre cette équation et sa dérivée par rapport à ce paramètre.*

474. Il est aisé de reconnaître que *chacune des courbes enveloppées est tangente à l'enveloppe.* En effet, l'équation de l'enveloppe résultant de l'élimination de a entre les équations [3] ci-dessus, on peut, pour obtenir le coefficient angulaire de la tangente à l'enveloppe au point $(x,\,y)$, prendre la dérivée de l'équation [1] en y regardant a comme une fonction de x et de y, soit $\varphi(x,\,y)$, y étant lui-même considéré comme fonction de x. On obtient ainsi, conformément aux règles du calcul des dérivées,

$$f'_x + y' f'_y + f'_\varphi (\varphi'_x + y' \varphi'_y) = 0.$$

Mais f'_φ est nul en vertu de l'équation $f'_a(x,\,y,\,a) = 0$; il reste donc

$$f'_x + y' f'_y = 0,$$

c'est-à-dire que le coefficient angulaire de la tangente à l'enveloppe au point (x, y) est le même que celui de la tangente à l'enveloppée au même point. Donc l'enveloppée est tangente à l'enveloppe, d'où les noms d'*enveloppe* et d'*enveloppée*.

475. EXEMPLES. — I. *Une droite mobile coupe les axes coordonnés à des distances* a *et* b *de l'origine, dont la somme demeure constante; on demande l'enveloppe des positions de cette droite.*

Soit $a + b = m$. L'équation de la famille de droites dont il s'agit sera

$$\frac{x}{a} + \frac{y}{b} = 1, \quad \text{ou} \quad \frac{x}{a} + \frac{y}{m-a} = 1. \qquad [1]$$

Égalant à zéro la dérivée par rapport à a, on obtient

$$-\frac{x}{a^2} + \frac{y}{(m-a)^2} = 0, \quad \text{d'où} \quad a\sqrt{y} - (m-a)\sqrt{x} = 0,$$

et par suite

$$a = \frac{m\sqrt{x}}{\sqrt{x} + \sqrt{y}} \quad \text{et} \quad (m-a) = \frac{m\sqrt{y}}{\sqrt{x} + \sqrt{y}}.$$

Substituant dans [1], on trouve pour l'équation de l'enveloppe

$$\left(\sqrt{x} + \sqrt{y}\right)^2 = m, \qquad [2]$$

équation d'une parabole qui a pour axe la bissectrice du premier angle des axes coordonnés, et qui touche ces axes aux points répondant à

$$y = 0, \ x = m, \quad \text{et} \quad x = 0, \ y = m.$$

On vérifie aisément que cette parabole est tangente à chacune des droites proposées; car si l'on porte dans l'équation [1] la valeur de y donnée par l'équation [2], on obtient une équation du second degré en x qui a ses racines égales.

II. *Trouver l'enveloppe des ellipses qui ont même surface et leurs axes dirigés suivant les mêmes droites.*

Nous pouvons représenter par πr^2 la surface commune de ces ellipses ; nous aurons alors

$$\pi ab = \pi r^2, \quad \text{d'où} \quad b = \frac{r^2}{a}.$$

L'équation de la famille d'ellipses considérée sera donc

$$\frac{x^2}{a^2} + \frac{a^2 y^2}{r^4} = 1. \qquad [1]$$

Prenant la dérivée par rapport à a, et supprimant le facteur $2a$ devenu commun, on obtient

$$-\frac{x^2}{a^4} + \frac{y^2}{r^4} = 0,$$

d'où

$$a^4 = \frac{r^2 x^2}{y^2} \quad \text{el} \quad a^2 = \pm \frac{r^2 x}{y}.$$

Substituant dans [1], on trouve

$$\pm \frac{xy}{r^2} \pm \frac{xy}{r^2} = 1, \qquad [2]$$

ou

$$xy = \pm \frac{r^2}{2}.$$

L'enveloppe demandée se compose donc des deux hyperboles équilatères qui ont les axes pour asymptotes et pour puissance $\frac{r^2}{2}$.

Si l'on porte dans l'équation [1] la valeur de y tirée de l'équation [2], on obtient une équation en x qui est bicarrée et qui a ses racines égales deux à deux. On vérifie ainsi que l'enveloppe est tangente en deux points à chacune des enveloppées.

476. Il pourrait se faire que l'équation de la famille de courbes considérées renfermât deux paramètres variables a et b, qui devraient alors être liés entre eux par une relation donnée

$$\varphi(a, b) = 0 ;$$

sans quoi à chaque valeur de l'un des paramètres correspondraient une infinité de courbes, et le problème ne serait plus déterminé. Soient donc

$$[1] \qquad f(x, y, a, b) = 0 \qquad \text{et} \qquad \varphi(a, b) = 0 \qquad [2]$$

les deux équations données. Si l'on prend la dérivée par rapport à a, en regardant b comme fonction de a, on obtient

$$f_a' + b' f_b' = 0 \qquad \text{et} \qquad \varphi_a' + b' \varphi_b' = 0,$$

d'où, en éliminant b',

$$\frac{f_a'}{\varphi_a'} = \frac{f_b'}{\varphi_b'}. \qquad [3]$$

Si l'on élimine alors a et b entre les relations [1], [2] et [3] on aura l'équation de l'enveloppe.

EXEMPLE. — *Étant donnée une ellipse, et dans son plan un point fixe, on mène par ce point deux droites rectangulaires quelconques, et l'on demande l'enveloppe des cordes qui joignent les points d'intersection de ces droites avec l'ellipse.*

Prenons pour origine le point fixe, et prenons les axes parallèles aux axes de l'ellipse ; l'équation de cette courbe pourra s'écrire

$$Ax^2 + Cy^2 + Dx + Ey + 1 = 0, \qquad [4]$$

puisque, la courbe ne passant pas par l'origine, on peut diviser le premier membre par le terme indépendant des variables.

Soit

$$ax + by = 1 \qquad [5]$$

l'équation de la corde considérée qui renferme deux paramètres variables a et b. Pour trouver la relation qui doit lier ces deux paramètres, formons l'équation homogène

$$Ax^2 + Cy^2 + (Dx + Ey)(ax + by) + (ax + by)^2 = 0.$$

Cette équation étant satisfaite par $x = 0$, $y = 0$ et par les olutions communes aux équations [4] et [5], représente deux droites (100) menées de l'origine aux points d'intersection de l'ellipse avec la corde variable. Pour exprimer que ces droites sont rectangulaires, posons $y = mx$, l'équation en

m qui en résultera, c'est-à-dire

$$A + Cm^2 + (D + Em)(a + bm) + (a + bm)^2 = 0,$$

ou

$$(C + Eb + b^2)m^2 + (Db + Ea + 2ab)m + A + Da + a^2 = 0,$$

aura pour racines les coefficients angulaires des deux droites menées de l'origine; il faut que leur produit soit égal à -1, ce qui donne

$$A + Da + a^2 + C + Eb + b^2 = 0 : \qquad [6]$$

telle est la relation cherchée.

L'équation [5] devient dans ce cas

$$\frac{x}{2a + D} = \frac{y}{2b + E} \qquad [7]$$

et, en éliminant a et b entre les relations [5], [6] et [7], on obtient une équation du second degré, qui est l'équation de l'enveloppe.

477. Théorème. — *Si une équation linéaire en* x *et* y *contient un paramètre variable* a, *qui y entre au second degré, l'enveloppe des droites représentées par cette équation est une conique.*

En effet, une pareille équation peut être mise sous la forme

$$Ma^2 + Na + P = 0, \qquad [8]$$

M, N, P étant des fonctions linéaires de x et de y.

Prenons la dérivée par rapport à a, nous aurons

$$2Ma + N = 0 \qquad [9]$$

et, en éliminant a entre les relations [8] et [9], il viendra

$$N^2 - 4MP = 0, \qquad [10]$$

équation du second degré en x et y.

Exemple. — Soit l'équation

$$y = ax + \frac{p}{2a}.$$

on la mettra sous la forme

$$2xa^2 - 2ya + p = 0$$

et, en opérant comme il a été dit ci-dessus, on trouvera

$$4y^2 - 8px = 0 \quad \text{ou} \quad y^2 = 2px :$$

ce qui devait être, puisque l'équation proposée est celle de la tangente à la parabole.

478. Développées. — On appelle *développée* d'une courbe plane l'enveloppe de ses normales; la courbe elle-même prend le nom de *développante*.

I. Nous prendrons pour premier exemple la parabole, dont l'équation est

$$y^2 = 2px. \qquad [1]$$

L'équation de la normale est, en désignant par X et Y les coordonnées courantes,

$$Y - y = -\frac{y}{p}(X - x).$$

En mettant pour x sa valeur $\dfrac{2p}{y^2}$, on peut mettre cette équation sous la forme

$$y^3 - 2p(X - p)y - 2p^2Y = 0. \qquad [2]$$

Le paramètre variable est ici y. Prenant donc la dérivée par rapport à y, on trouve

$$3y^2 - 2p(X - p) = 0. \qquad [3]$$

Pour éliminer y entre les équations [2] et [3], on peut tirer de [3] la valeur de $2p(X - p)$ et la substituer dans [2], qui devien

$$- 2y^3 - 2p^2 Y = 0, \quad \text{d'où} \quad y^2 = \sqrt[3]{p^2Y^2},$$

et, en substituant dans [3], on obtient

$$3\sqrt[3]{p^2Y^2} - 2p(X - p) = 0 \quad \text{ou} \quad Y^2 = \frac{8}{27} \cdot \frac{(X - p)^3}{p}. \qquad [4]$$

Cette courbe n'est autre que la parabole cubique trouvée au n° **392**. Les normales à la parabole sont donc tangentes à la développée. Il en résulte que si la tangente AC (fig. 136) à la développée au point C se meut sans glisser en s'appuyant sur l'arc infini CD, le point A décrira l'arc infini AM de la parabole. De là les noms de *développantes* et de *développées*.

II. Nous prendrons pour second exemple l'ellipse; mais, au lieu de suivre la même marche, nous adopterons la suivante, qu'il est bon de connaître.

L'ellipse peut être représentée par l'ensemble des équations

$$x = a\cos\alpha \qquad \text{et} \qquad y = b\sin\alpha, \qquad\qquad [1]$$

α désignant un angle auxiliaire; car on en tire la relation connue

$$\left(\frac{x}{a}\right)^2 + \left(\frac{y}{b}\right)^2 = 1.$$

Le coefficient angulaire de la normale est

$$\frac{a^2 y}{b^2 x} = \frac{a^2 b \sin\alpha}{ab^2 \cos\alpha} = \frac{a\sin\alpha}{b\cos\alpha};$$

l'équation de la normale elle-même est donc, en appelant X et Y les coordonnées courantes,

$$Y - b\sin\alpha = \frac{a\sin\alpha}{b\cos\alpha}(X - a\cos\alpha),$$

équation qu'on peut mettre sous la forme

$$\frac{aX}{\cos\alpha} - \frac{bY}{\sin\alpha} = c^2. \qquad\qquad [2]$$

En prenant la dérivée par rapport à α, on obtient

$$\frac{aX\sin\alpha}{\cos^2\alpha} + \frac{bY\cos\alpha}{\sin^2\alpha} = 0 \qquad \text{ou} \qquad \frac{aX}{\cos^3\alpha} = -\frac{bY}{\sin^3\alpha}.$$

On en déduit, en extrayant la racine cubique, et faisant usage d'une propriété connue des rapports égaux,

$$\frac{(aX)^{\frac{1}{3}}}{\cos\alpha} = -\frac{(bY)^{\frac{1}{3}}}{\sin\alpha} = \frac{\sqrt{(aX)^{\frac{2}{3}} + (bY)^{\frac{2}{3}}}}{1}.$$

Tirant de là $\dfrac{1}{\cos\alpha}$ et $\dfrac{1}{\sin\alpha}$ et substituant dans l'équation [2], on obtient enfin

$$\left(\frac{aX}{c^2}\right)^{\frac{2}{3}} + \left(\frac{bY}{c^2}\right)^{\frac{2}{3}} = 1, \qquad [3]$$

qui est l'équation de la développée de l'ellipse.

Cette courbe est symétrique par rapport aux axes de l'ellipse, et les touche aux points D, D', C et C' (fig. 157) qui ont pour coordonnées

$$X = 0, \quad Y = \frac{c^2}{b} \quad \text{et} \quad Y = 0, \quad X = \frac{c^2}{a}.$$

Les points C et C' sont toujours intérieurs à l'ellipse, mais les points D et D' sont intérieurs à l'ellipse, sur la courbe, ou extérieurs, selon que l'on a $a < b\sqrt{2}$, $a = b\sqrt{2}$, ou $a > b\sqrt{2}$.

La courbe se compose de quatre arcs, tous quatre convexes vers le centre de l'ellipse, et présente la forme indiquée par la figure 157.

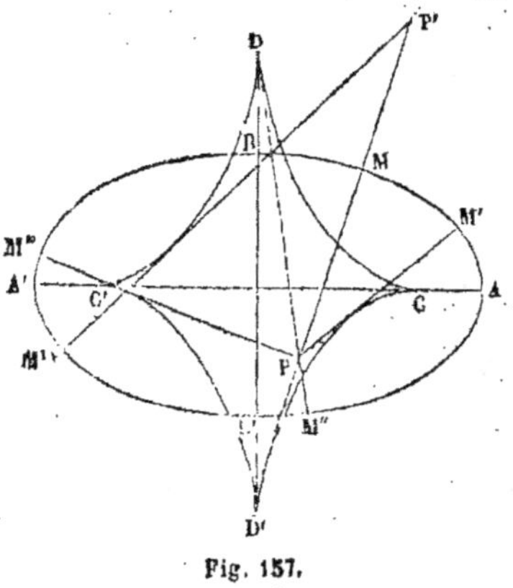

Lorsqu'on cherche à *mener une normale à l'ellipse par un point extérieur* (**275**, II), on trouve que l'équation qui détermine les abscisses des pieds des normales est du quatrième degré, et que la condition pour qu'elle ait ses racines réelles, dont deux égales, est exprimée par l'équation de la développée rendue rationnelle. Donc la développée est le *lieu géométrique des points d'où l'on peut mener trois normales à l'ellipse.* Par tout point intérieur P on peut

Fig. 157.

mener quatre normales, et par tout point extérieur P' on n'en peut mener que deux.

479. Le lecteur pourra s'exercer sur les questions suivantes :

I. *Trouver l'enveloppe des ellipses concentriques qui ont leurs axes dirigés suivant les mêmes droites, et dans lesquelles la distance du sommet du petit axe au sommet du grand axe est constante.*

II. *Une droite se meut dans un plan de telle sorte que la somme de ses distances à n points fixes donnés dans ce plan soit égale à une quantité donnée ; on demande l'enveloppe de la droite mobile.*

III. *Trouver la développée de l'hyperbole.*

§ 2. — POINTS SINGULIERS DES COURBES PLANES.

480. On appelle *points singuliers* d'une courbe plane les points qui offrent quelque particularité indépendante du choix des axes.

D'après cette définition, les points où l'ordonnée est maxima ou minima ne sont pas des points singuliers, car ils perdent leur propriété quand on fait varier la direction des axes. C'est ainsi, par exemple, que le sommet du petit axe d'une ellipse, qui répond au maximum de l'ordonnée quand on rapporte la courbe à ses axes, perd cette propriété si l'on prend pour axes deux diamètres conjugués quelconques.

Nous supposerons d'abord l'équation de la courbe résolue par rapport à y.

Nous aurons à considérer les points singuliers que peut présenter une même branche de courbe ; puis ceux qui résultent de la rencontre de plusieurs branches.

481. Points singuliers que peut présenter une même branche. — 1. *Points d'inflexion.* — Nous avons déjà eu occasion de parler de ces points au n° **153** ; ce sont ceux où le coefficient angulaire de la tangente $f'(x)$ passe par un maximum ou par un minimum, et où par conséquent $f''(x)$ devient nul ou infini. Nous avons donné pour exemple du premier cas la sinusoïde; on peut prendre pour exemple du second cas la courbe

$$y = h + x + \frac{9}{10} x^{\frac{5}{3}}.$$

On tire de cette équation

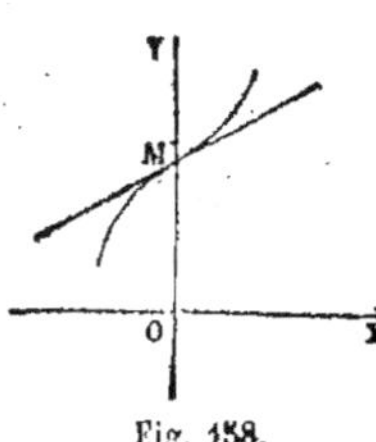

Fig. 158.

$$y' = 1 + \frac{3}{2} x^{\frac{2}{3}},$$

$$y'' = \frac{1}{\sqrt[3]{x}}.$$

Pour $x = 0$, on trouve

$$y = h, \quad y' = 1, \quad y'' = \infty.$$

Le point M (fig. 158) qui répond aux coordonnées

$$x = 0 \quad \text{et} \quad y = h,$$

est un point d'inflexion. Le coefficient angulaire y' est décroissant pour x négatif et croissant pour x positif; il passe donc par un minimum pour $x = 0$; la seconde dérivée y'' prend alors une valeur infinie.

482. II. *Points d'arrêt ou de rupture.* — Ces points sont ceux où l'ordonnée passe brusquement d'une valeur finie à une valeur infinie ou à une autre valeur finie.

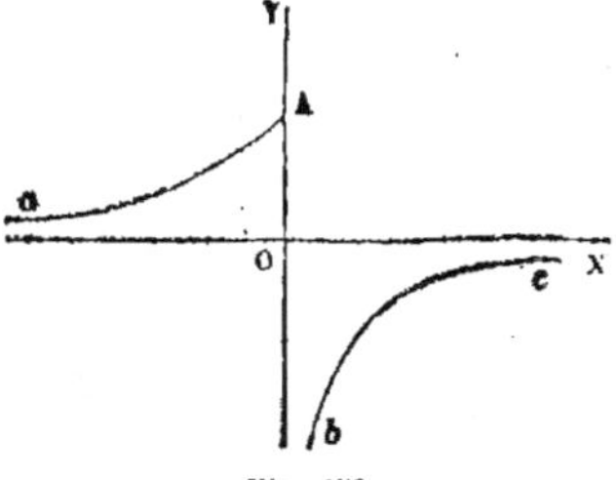

Fig. 159.

I. Soit, par exemple, la courbe

$$y = 1 - c^{\frac{1}{x}}.$$

Si l'on fait varier x de $-\infty$ à 0, y est positif et augmente de 0 à 1, ce qui donne la branche aA (fig. 159). Si l'on fait varier x de $+\infty$ à 0, y est négatif et augmente de 0 à l'infini, ce qui donne la branche cb. Pour

$x = 0$, on a donc ou une ordonnée finie $OA = 1$, ou une ordonnée négative infinie en valeur absolue. Ainsi l'ordonnée passe brusquement d'une valeur finie à une valeur infinie.

II. Soit en second lieu la courbe (fig. 160)

$$y = \arctan \frac{1}{x} - \frac{x}{1 + x^2}.$$

Si l'on fait varier x de $-\infty$ à 0, y est négatif et varie de 0 à $-\frac{\pi}{2}$. Si l'on fait varier x de $+\infty$ à 0, y est positif et varie de 0 à $+\frac{\pi}{2}$. Pour $x = 0$ l'ordonnée passe donc brusquement de la valeur finie $-\frac{\pi}{2}$ à la valeur finie $+\frac{\pi}{2}$.

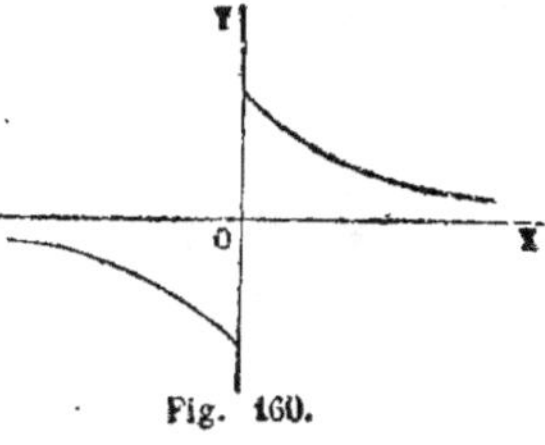

Fig. 160.

Ce genre de points singuliers ne se rencontre que dans les courbes transcendantes.

483. III. *Points saillants.* — On nomme ainsi les points où le coefficient angulaire de la tangente passe brusquement d'une valeur finie à une autre valeur finie, et où par conséquent la courbe semble se briser et former un angle dont le sommet est le point saillant.

Soit, par exemple, la courbe

$$y = h + x \cdot \arctan \frac{1}{x}.$$

On tire de cette équation

$$y' = \arctan \frac{1}{x} - \frac{x}{1 + x^2}.$$

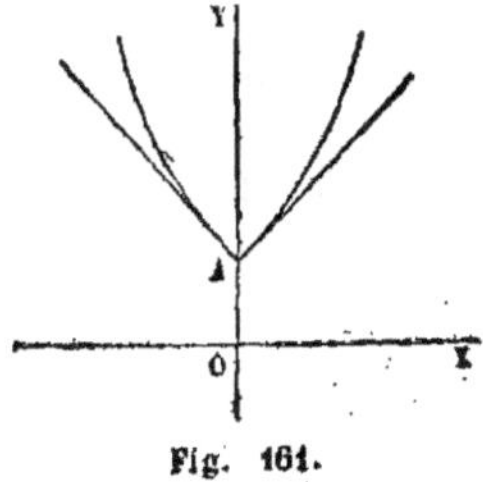

Fig. 161.

Or on vient de voir que pour $x = 0$ cette fonction passe brusquement de la valeur $-\frac{\pi}{2}$ à la valeur $+\frac{\pi}{2}$. La courbe se brise donc au point A (fig. 161), qui devient le sommet de l'angle formé par les deux parties consécutives de la courbe; ce sommet est le point saillant.

Ce genre de points singuliers ne se rencontre également que dans les courbes transcendantes.

484. Points singuliers résultant de la rencontre de plusieurs branches. — I. *Points multiples.* — Ces points sont ceux où deux branches de courbe se croisent. Cela arrive lorsque y a deux valeurs distinctes qui se confondent pour une valeur particulière de x, et qu'en même temps y' conserve deux valeurs distinctes.

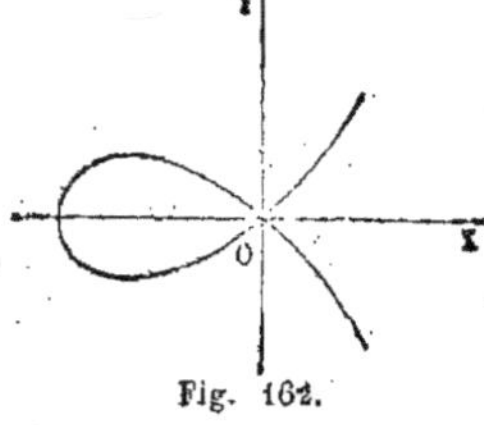

Fig. 162.

On peut prendre pour exemple l'équation

$$y = x \sqrt{\frac{x+a}{b}}; \quad \text{d'où} \quad y' = \frac{1}{2\sqrt{b}} \cdot \frac{3x+2a}{\sqrt{x+a}}.$$

Pour $x = 0$, on trouve

$$y = 0, \quad \text{et} \quad y' = \pm \sqrt{\frac{a}{b}}.$$

La courbe a la forme indiquée dans la figure 162; le point O est un point multiple.

Ces points se rencontrent dans les courbes dont l'équation contient des radicaux d'indice pair.

485. Il peut arriver que les deux branches de courbe, au lieu de se croiser, soient tangentes. Le point de contact est alors ce qu'on appelle un *point multiple avec contact;* et il est dit *de première* ou *de deuxième espèce,* suivant que les deux branches sont situées de part et d'autre de leur tangente commune, ou d'un même côté de cette tangente.

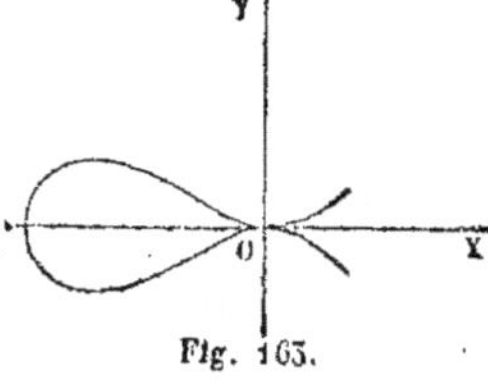

Fig. 163.

Ce qui caractérise ces points, c'est d'abord que deux valeurs distinctes de y se confondent en une seule; que deux valeurs de y' se confondent également en une seule; et le point est de première ou de deuxième espèce, suivant que, sur les deux branches, y'' a des signes différents ou le même signe.

Comme exemple d'un *point multiple avec contact de première espèce*, on peut prendre la courbe (fig. 163)

$$y = x^2 \sqrt{1 + x}.$$

On a dans ce cas

$$y' = \frac{4x + 5x^2}{2\sqrt{1 + x}}, \quad y'' = \frac{8 + 24x + 15x^2}{16(1 + x)^{\frac{3}{2}}}.$$

Pour $x = 0$, on trouve

$$y = 0, \quad y' = 0 \quad \text{et} \quad y'' = \pm \frac{1}{2}.$$

Les deux valeurs de l'ordonnée se réduisent à une seule; il en est de même des deux valeurs de y'; quant aux deux valeurs de y'', elles restent distinctes et de signe différent; le point O est donc un point multiple avec contact de première espèce.

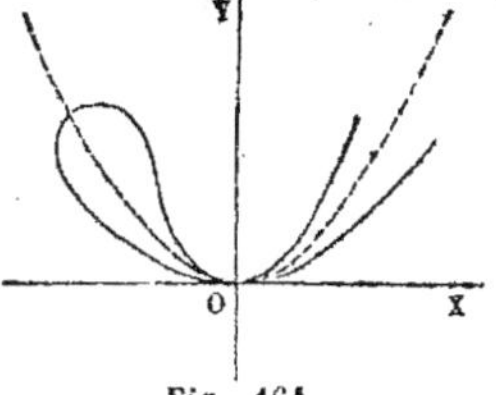

Fig. 164.

Comme exemple d'un point multiple avec contact de deuxième espèce, nous prendrons la courbe (fig. 164)

$$y = x^3 + \frac{1}{2} x^2 \sqrt{1 + x}.$$

On a dans ce cas

$$y' = 2x + \frac{4x + 5x^2}{4\sqrt{1 + x}}, \quad y'' = 2 + \frac{8 + 24x + 15x^2}{8(1 + x)^{\frac{3}{2}}}.$$

Pour $x = 0$, on trouve

$$y = 0, \quad y' = 0, \quad y'' = 2 \pm 1;$$

les deux valeurs de y se réduisent encore à une seule; il en est de même des deux valeurs de y'; mais les deux valeurs de y'' restent distinctes et ont toutes deux le même signe. Le point O est donc bien un point multiple avec contact de deuxième espèce.

486. II. *Points de rebroussement.* — Ce qui caractérise ces points, c'est que l'ordonnée est imaginaire, soit en deçà, soit au delà ; qu'elle a deux valeurs distinctes, soit au delà, soit en deçà, qui se confondent en une seule au point considéré, et que

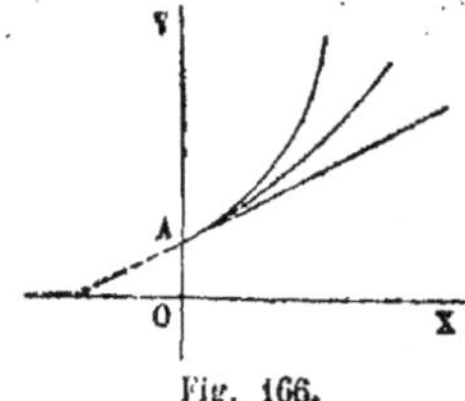

Fig. 165.

le coefficient angulaire y' a aussi deux valeurs distinctes qui se confondent en une seule en ce point. La courbe présente donc au point de rebroussement deux branches tangentes entre elles, mais qui ne s'étendent que d'un côté de ce point. Le point de rebroussement est dit *de première* ou *de deuxième* espèce, suivant que les deux branches sont situées de part et d'autre de leur tangente commune, ou d'un même côté de cette tangente, ce qu'indique le signe de y''.

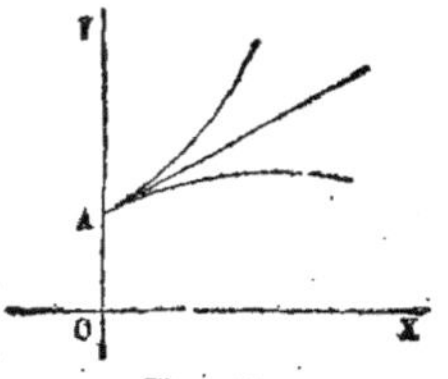

Soit (fig. 165) l'équation

$$y = h + x + \frac{4}{15} x^{\frac{5}{2}},$$

on en tire

$$y' = 1 + \frac{2}{3} x^{\frac{3}{2}} \quad \text{et} \quad y'' = \sqrt{x}.$$

Pour $x = 0$ on a $y = h$, $y' = 1$; d'ailleurs y devient imaginaire (ainsi que y') pour les valeurs négatives de x. De plus y'' a un signe différent sur les deux branches. On a donc au point A un *point de rebroussement de première espèce*.

Soit au contraire (fig. 166) l'équation

Fig. 166.

$$y = h + \frac{1}{2} x + x^2 + \frac{2}{5} x^{\frac{5}{2}},$$

on en tire

$$y' = \frac{1}{2} + 2x + x^{\frac{3}{2}} \quad \text{et} \quad y'' = 2 + \frac{3}{2} \sqrt{x}.$$

Pour $x = 0$, on a $y = h$, $y' = \frac{1}{2}$; et y est imaginaire pour les valeurs négatives de x. De plus, pour de très-petites valeurs positives de x, les deux valeurs de y'' sont de même signe. Le point A est donc un *point de rebroussement de seconde espèce*.

487. III. *Points conjugués (ou isolés).* — Ces points proviennent ordinairement d'une branche de courbe fermée qui se réduit à un point pour une valeur particulière d'un paramètre entrant dans l'équation de la courbe. Ils sont caractérisés par cette circonstance que, en deçà et au delà, l'ordonnée est imaginaire, jusqu'à une valeur convenable de x, et qu'au point lui-même y' est imaginaire.

Soit, par exemple, la courbe

$$y = \frac{\sqrt{x(x+a)(x-b)}}{m},$$

qui a la forme représentée par la figure 167.

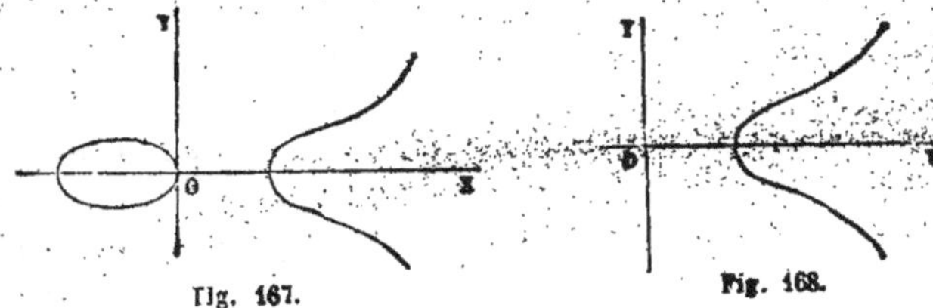

Fig. 167.   Fig. 168.

Si l'on fait l'hypothèse $a = 0$, l'équation devient

$$y = \frac{x\sqrt{x-b}}{m}, \quad \text{d'où} \quad y' = \frac{3x-2b}{2m\sqrt{x-b}}$$

Pour $x = 0$ on a $y = 0$. Mais pour des valeurs positives de x moindres que b, ou pour des valeurs négatives de cette variable, y est imaginaire. Au point O lui-même (fig. 168), y' est imaginaire. Ce point est donc un *point conjugué*.

488. Supposons maintenant que l'équation ne puisse pas être résolue par rapport à y; soit $f(x, y) = 0$ cette équation.

Rappelons-nous qu'on en déduit, conformément aux règles du calcul des dérivées,

$$f'_x + y'f'_y = 0, \qquad\qquad [a]$$

$$(f''_{x^2} + 2y'f''_{xy} + y'^2 f''_{y^2}) + y''f'_y = 0, \qquad [b]$$

$$(f'''_{x^3} + 3y'f'''_{x^2y} + 3y'^2 f'''_{xy^2} + f'''_{y^3}) + 3y''(f''_{x^2} + y'f''_{y^2}) + y'''f'_y = 0, \ [c]$$

. . . .

L'équation [a] donne y'; en substituant cette valeur dans l'équation [b], on en tire y''; et, en substituant les valeurs de y' et de y'' dans l'équation [c], on en tirerait y'''; et ainsi de suite.

Il n'y a rien de particulier à remarquer pour les points singuliers que peut présenter une même branche de courbe.

Mais il peut arriver qu'au point que l'on considère on ait à la fois

$$f'_x = 0 \quad \text{et} \quad f'_y = 0.$$

Dans ce cas, l'équation [a], qui donnait y', devient illusoire, et c'est alors l'équation [b] qui donne cette première dérivée, attendu que le terme en y'' disparaît, puisque l'on a $f'_y = 0$, c'est-à-dire qu'alors y' est donné par une équation du second degré.

Si les racines sont imaginaires, on a affaire à un point conjugué.

Si les racines sont réelles et inégales, c'est un point multiple ordinaire.

Si les racines sont égales, il s'agit d'un point multiple avec contact ou d'un point de rebroussement. Si y conserve une valeur réelle en deçà et au delà du point considéré, c'est un point multiple; si y devient imaginaire en deçà ou au delà, c'est un point de rebroussement.

Dans les deux cas, l'*espèce* du point sera donnée par y'', que l'on tirera alors de l'équation (c), attendu que y''' disparaît, puisque f'_y est nul. Si les deux valeurs de y'' sont de signe contraire, on aura affaire à un point multiple de première espèce ou à un point de rebroussement de première espèce; si les deux valeurs de y'' sont de même signe, ce sera un point multiple de deuxième espèce ou un point de rebroussement de deuxième espèce.

§ 3. — EXEMPLES DE DISCUSSION DE COURBES.

489. Préceptes généraux. — Nous nous proposons de consacrer ce paragraphe à l'examen de quelques courbes, choisies de manière à familiariser le lecteur avec les méthodes générales exposées dans les chapitres précédents.

Jusqu'à présent nous n'avons discuté les courbes (à l'exception de celles du second degré) que partiellement et pour montrer l'application de telle ou telle théorie. Ici, au contraire, nous étudierons d'une manière complète les propriétés diverses d'une même courbe.

On ne peut donner, pour la discussion d'une courbe, que quelques préceptes généraux, nécessairement assez vagues, et que le lecteur devra modifier suivant l'occasion. Voici toutefois comment on procédera le plus ordinairement.

On devra tirer de l'équation de la courbe tout ce qu'elle donne à première vue, sans calcul, comme la symétrie par rapport à un axe, ou l'existence d'un centre situé à l'origine.

Si l'équation peut être résolue par rapport à l'une des variables, y par exemple, il y aura avantage à effectuer cette résolution. On pourra trouver pour y plusieurs valeurs, que l'on discutera séparément.

D'autres fois, il vaudra mieux considérer simultanément les valeurs de y qui correspondent à la même valeur de x.

Dans tous les cas, on examinera si la courbe est limitée dans tous les sens, ou si elle a des branches infinies, et combien. Cette dernière détermination devra être suivie de la recherche des asymptotes.

Le coefficient angulaire de la tangente fera connaître le sens de la concavité, les points d'inflexion, les points multiples, etc.

490. EXEMPLE. — I. *Discuter la courbe représentée par l'équation*

$$y^4 - 2x(x-1)y^2 - (x^4 + 5x^3) = 0. \qquad [1]$$

AXE DE SYMÉTRIE. — Cette équation ne renfermant que des puissances paires de y, la courbe est symétrique par rapport à l'axe des x. Elle passe par l'origine, puisqu'on a $y = 0$ pour $x = 0$.

ASPECT GÉNÉRAL DU LIEU. — Quand on donne à x des valeurs positives, le terme $-(x^4 + 5x^3)$ est négatif. L'équation [1], si l'on considère y^2 comme l'inconnue, a donc alors ses racines réelles et de signes contraires. La valeur négative de y^2 étant rejetée, on voit qu'il y a, à droite de l'axe des y, deux branches symétriques par rapport à l'axe des x, et qui s'étendent à l'infini.

Si l'on suppose $x < 0$, $x^4 + 5x^5$ sera négatif entre $x = 0$ et $x = -5$, et $x(x-1)$ sera positif. On aura donc, dans ces limites, si y^2 est réel, quatre valeurs de y pour chaque valeur de x. Or, en résolvant l'équation [1] par rapport à y^2, on trouve

$$y^2 = x(x-1) \pm \sqrt{2(x+1)(x+\tfrac{1}{2})}. \qquad [2]$$

Les deux valeurs de y^2 sont *réelles et positives* pour x compris entre 0 et $-\tfrac{1}{2}$; *égales* pour $x = -\tfrac{1}{2}$; *imaginaires* pour x compris entre $-\tfrac{1}{2}$ et -1, de nouveau *égales* pour $x = -1$; puis *réelles et positives* entre -1 et -5.

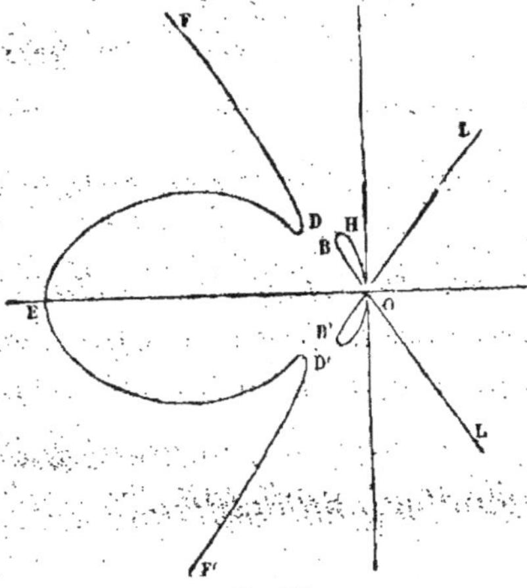

Par conséquent, deux arcs de courbe partant du point O (fig. 169) viennent se joindre en B, point qui a pour coordonnées $x = -\tfrac{1}{2}$, $y = \tfrac{1}{2}\sqrt{5}$, et forment une figure ayant la forme d'une feuille. Même figure au-dessous de l'axe des x.

Il n'y a aucun point de la courbe entre la droite qui a pour équation $x = -\tfrac{1}{2}$ et celle qui a pour équation $x = -1$.

Fig. 169.

La courbe recommence au point D, qui a pour coordonnées $x = -1$, $y = \sqrt{2}$. De ce point partent deux arcs, dont l'un s'élève au-dessus de l'axe x, et l'autre vient rencontrer cet axe au point E, qui a pour abscisse $x = -5$.

Lorsque x prend des valeurs comprises entre -5 et $-\infty$, les deux valeurs de y^2 sont réelles et de signes contraires. La valeur de y qui s'annule pour $x = -5$, devient ensuite imaginaire. L'autre valeur de y qui, pour $x = -5$, est égale à $\sqrt{60}$, augmente. Donc la branche DE se termine en E, où elle se raccorde avec la branche symétrique D'E. La branche DF, au contraire, traverse la perpendiculaire élevée à l'axe des x par le point E et s'étend infiniment à gauche.

L'aspect général du lieu ressortant d'une manière claire de cette première discussion, examinons d'un peu plus près sa forme.

TANGENTE. — Le coefficient angulaire de la tangente est

$$k = \frac{2y^2 (2x - 1 + 4x^3 + 15x^2}{4y\,[y^2 - x\,(x - 1)]}.$$

Il devient infini pour $y = 0$ et $x = -5$; pour $x = -\frac{1}{2}$, $y = \frac{1}{2}\sqrt{3}$; pour $x = -1$, $y = \sqrt{2}$. Donc la tangente aux points B, D et E est perpendiculaire à l'axe des x.

POINTS MULTIPLES. — Au point O, k prend la forme $\frac{0}{0}$. Cette indétermination apparente disparaît quand on substitue à y sa valeur tirée de l'équation [1] ; mais il vaut mieux chercher directement la limite de $\frac{y}{x}$ pour $x = 0$. Or l'équation [2], divisée par x^2, donne

$$\frac{y^2}{x^2} = 1 - \frac{1}{x} \pm \sqrt{2\left(x + \frac{1}{x}\right)\left(1 + \frac{1}{2x}\right)}.$$

Si l'on prend le radical avec le signe $+$ et qu'on attribue à x des valeurs négatives tendant vers 0, ce qui revient à considérer un point situé sur l'arc BHO, on trouve

$$\lim \frac{y^2}{x^2} = + \infty, \quad \text{d'où} \quad \lim \frac{y}{x} = \infty.$$

Donc les arcs BO et B'O sont tangents à l'axe des y au point O.

Si, prenant le radical avec le signe $+$, on fait varier x de $-\varepsilon$ à 0 ; ou en le prenant avec le signe $-$, de $+\varepsilon$ à 0, on trouve $-\infty$ pour limite de $\frac{y^2}{x^2}$. Mais on peut écrire

$$y^2 = \frac{x^2 (x - 1)^2 - 2x^2 (x + 1)\left(x + \frac{1}{2}\right)}{x\,(x - 1) \mp x\sqrt{2\,(x + 1)\left(x + \frac{1}{2}\right)}},$$

d'où, en réduisant,

$$\frac{y^2}{x^2} = \frac{-x - 5}{x - 1 \mp \sqrt{2\,(x + 1)\left(x + \frac{1}{2}\right)}}.$$

En prenant le radical avec le signe —, ce qui revient à considérer un point situé sur l'arc LOB', on trouve

$$\lim \frac{y^2}{x^2} = \frac{5}{2}, \quad \text{d'où} \quad \lim \frac{y}{x} = \pm \sqrt{\frac{5}{2}}.$$

Donc la branche LOB' coupe l'axe des x sous un angle dont la tangente est $\sqrt{\dfrac{5}{2}}$.

ASYMPTOTES. — Pour avoir les asymptotes de la courbe, appliquons la méthode générale. Appelons c le coefficient angulaire de l'asymptote, et d son ordonnée à l'origine. La quantité c est donnée par l'équation

$$c^4 - 2c^2 - 1 = 0,$$

d'où

$$c^2 = 1 \pm \sqrt{2}.$$

Rejetant le signe —, qui donne une valeur imaginaire pour c, nous aurons

$$c = \pm \sqrt{1 + \sqrt{2}}.$$

On obtient ensuite

$$d = - \frac{2c^2 - 5}{4c(c^2 - 1)}.$$

En faisant le calcul on trouve deux asymptotes inclinées d'environ 67° 30′ et 112° 30′ sur l'axe des x, et rencontrant toutes les deux cet axe à une distance de l'origine égale à —0,012.... Elles ne sont pas représentées sur la figure.

CONSTRUCTION PAR POINTS. — La complication de l'équation s'opposant à la recherche directe des *maximum* et *minimum*, *points d'inflexion*, etc., nous allons chercher à déduire ces diverses particularités d'une discussion purement numérique. On trouve d'abord

$$
\begin{array}{llll}
\text{pour} & x = 1, & & y = 1,6, \\
& = 2, & & = 3,1, \\
& = 3, & & = 4,7, \\
& = 4, & & = 6,2.
\end{array}
$$

des valeurs de y forment à très-peu près une progression arithmétique, d'où l'on conclut que la branche OL diffère très-peu d'une droite. Ces ordonnées étant moindres que celles de la tangente menée en O, on voit que cette branche tourne sa concavité vers l'axe des x. On trouve ensuite

pour $x = -0,1,$	$y_1 = 0,43,$	$y_2 = 0,25,$
$= -0,2,$	$= 0,61,$	$= 0,32,$
$= -0,3,$	$= 0,74,$	$= 0,48,$
$= -0,4,$	$= 0,84,$	$= 0,45,$
$= -0,5,$	$= 0,86,$	$= 0,86.$

On déduit de ce tableau que l'arc OB diffère très-peu d'une droite. Les ordonnées de l'arc OHB vont d'abord en croissant assez rapidement; elles atteignent leur maximum entre $x = -0,4$ et $x = -0,5$.

Si on fait varier x de -1 à -5, on a

pour $x = -1,$	$y_1 = 1,414,$	$y_2 = 1,414,$
$= -1,1,$	$= 1,630,$	$= 0,960,$
$= -1,2,$	$= 1,809,$	$= 1,416,$
$= -1,3,$	$= 1,973,$	$= 1,445,$
$= -1,4,$	$= 2,152,$	$= 1,473,$
$= -1,5,$	$= 2,291,$	$= 1,500,$
$= -1,6,$	$= 2,449,$	$= 1,523,$
$= -1,7,$	$= 2,606,$	$= 1,545,$
$= -1,8,$	$= 2,763,$	$= 1,563,$
$= -1,9,$	$= 2,917,$	$= 1,884,$
$= -2,$	$= 3,070,$	$= 1,592,$
$= -3,$	$= 4,635,$	$= 1,884,$
$= -4,$	$= 6,191,$	$= 1,293,$
$= -5,$	$= 7,745,$	$= 0.$

Dans cette partie du plan, l'ordonnée y_1 de la branche DF va constamment en croissant, et ses accroissements sont à peu près proportionnels à ceux de l'abscisse. Cet arc diffère donc très-peu d'une droite, excepté dans le voisinage du point D.

L'ordonnée y_2, de l'arc DE décroît d'abord très-rapidement à partir de $x = -1,1$. Elle atteint son minimum entre $x = -1,1$ et $x = -1,2$. Elle croît assez lentement, et atteint son maximum entre $x = -2$ et $x = -3$.

401. Exemple. — II. *Discuter la courbe donnée par l'équation*

$$y = \frac{2^x - 2^{-x}}{2}.$$

Centre. — L'équation reste la même lorsqu'on change x en $-x$ et y en $-y$. Donc l'origine est un centre. Ce centre appartient à la courbe, puisqu'on a $y = 0$ pour $x = 0$.

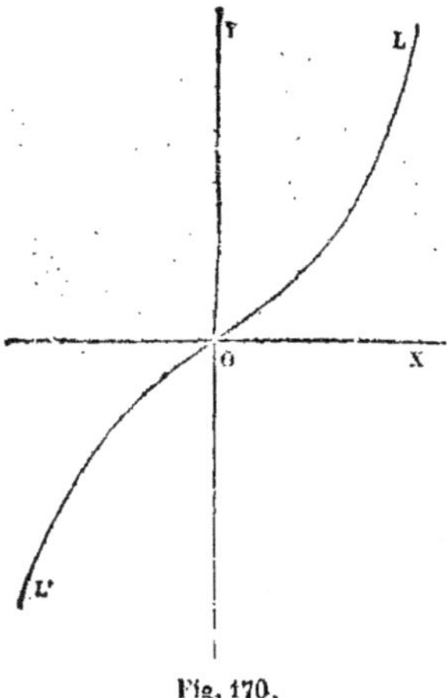

Fig. 170.

Aspect général. — A toute valeur de x correspond une valeur de y, d'autant plus grande que x est plus grand en valeur absolue. La courbe (fig. 170) se compose donc de deux branches infinies, situées dans l'angle YOX et dans son opposé par le sommet. Il suffit d'ailleurs de construire l'une d'elles.

Sens de la concavité. — Désignons y par $\varphi(x)$. On a

$$\varphi'(x) = \frac{2^x + 2^{-x}}{2} \log 2, \qquad \varphi''(x) = \frac{2^x - 2^{-x}}{2} (\log 2)^2,$$

les logarithmes étant pris dans le système népérien.

$\varphi''(x)$ étant positive, excepté pour $x = 0$, la branche OL tourne sa concavité vers les y positifs. C'est le contraire pour la branche opposée.

Asymptotes. x variant de 0 à ∞, $\varphi'(x)$ varie d'une manière continue de 0 à ∞. Donc il n'existe aucune asymptote.

Points d'inflexion. $\varphi''(x)$ étant nul pour $x = 0$, et changeant de signe quand x passe du positif au négatif, on en conclut que l'origine est un point d'inflexion. C'est d'ailleurs une conséquence immédiate de ce que l'origine est un centre situé sur la courbe.

Tangente. — Le coefficient angulaire de la tangente es

$$\varphi'(x) = \frac{2^x + 2^{-x}}{2} \log 2 ;$$

à l'origine, il est égal au logarithme népérien de 2, et il croît très-rapidement avec x.

CONSTRUCTION PAR POINTS. — On trouve qu'aux valeurs de x

$$0, \quad 0{,}5, \quad 1, \quad 2, \quad 2{,}5, \quad 3, \quad 4,$$

correspondent les valeurs de y

$$0, \quad 0{,}35, \quad 0{,}75, \quad 1{,}21, \quad 1{,}87, \quad 3{,}93, \quad 7{,}97.$$

L'ordonnée croît très-rapidement; le terme 2^{-x} tendant vers 0, on voit que la courbe proposée et la courbe ayant pour équation $y = \frac{1}{2} 2^x$ sont asymptotes l'une de l'autre.

EXERCICES. — Le lecteur pourra s'exercer sur les exemples suivants :

$$y^2 = \frac{1}{x+1}, \quad y^2 = \frac{x^3+1}{1}, \quad (y^2-x^2)\left[\left(\frac{y}{2}-1\right)^2 - x^2\right] + \mu(y+a) = 0,$$

$$y = \frac{1}{1-x^2}, \quad y^2 = \frac{x^3}{1-x^2}, \quad (y^2+x^2)\left[\left(\frac{y}{2}-1\right)^2 + x^2\right] + \mu(y+a) = 0,$$

$$y = \frac{x^2-1}{x^2+1}, \quad y^3 = \frac{x^3-1}{x}, \quad y^4 - 16y^2 + 25x^2 - x^3 = 0,$$

$$y^2 = \frac{x^3-x^2}{1+x}, \quad y = \pm\sqrt{x} \pm \sqrt{1-x}, \quad y = \frac{e^{\frac{x}{\lambda}} - e^{-\frac{x}{\lambda}}}{2},$$

$$xy^2 - 2xy + 4yx^3 = 0, \qquad\qquad y = e^{\frac{x}{\lambda}},$$

$$a\sin^2 \pi\frac{x}{\lambda}\sin\pi\frac{y}{\lambda} + a'\sin\pi\frac{x}{\lambda}\sin^2\pi\frac{y}{\lambda} = 0.$$

§ 4. — INTERSECTION DES COURBES QUELCONQUES, ALGÉBRIQUES
OU TRANSCENDANTES.

492. Cas où les équations peuvent être résolues par apport à la même variable. — Toutes les fois que les deux équations peuvent être résolues par rapport à une même variable, et c'est ce qui arrive en particulier pour les équations

du second degré, on peut, avec le secours préalable d'une construction graphique, obtenir les coordonnées des points communs avec tel degré d'approximation qu'on le désire, sans être obligé de résoudre une équation finale de degré supérieur.

Imaginons que l'on construise avec soin sur une même feuille les courbes représentées par les deux équations, que nous supposons numériques et mises sous la forme

$$y = f(x) \quad \text{et} \quad y = \varphi(x).$$

On pourra mesurer sur l'épure les coordonnées des points communs. Soit x_1 la valeur ainsi obtenue pour l'abscisse de l'un de ces points; ce sera une valeur approchée de l'abscisse véritable du point d'intersection que l'on considère. A cette abscisse correspondront les deux ordonnées $f(x_1)$ et $\varphi(x_1)$ qui ne seront pas exactement égales. Mais les deux points qui ont pour coordonnées d'une part x_1 et $f(x_1)$, de l'autre x_1 et $\varphi(x_1)$, seront assez voisins du point d'intersection pour que, dans l'intervalle, il soit permis de substituer approximativement à chaque courbe sa tangente.

Les deux tangentes considérées auront pour équations (**140**)

$$y - f(x_1) = f'(x_1)(x - x_1)$$

et

$$y - \varphi(x_1) = \varphi'(x_1)(x - x_1).$$

Connaissant x_1 on calculera aisément $f'(x_1)$ et $\varphi'(x_1)$; on a déjà $f(x_1)$ et $\varphi(x_1)$; on pourra donc déterminer l'abscisse du point d'intersection des deux tangentes au moyen des deux équations ci-dessus, qui sont du premier degré.

Soit x_2 la valeur de x ainsi obtenue; si l'épure a été faite avec soin, c'est-à-dire si x_1 est une valeur suffisamment approchée de l'abscisse du point d'intersection, x_2 sera une seconde valeur plus approchée. On le reconnaîtra d'ailleurs en remplaçant x par x_2 dans les fonctions f et φ; les ordonnées $f(x_2)$ et $\varphi(x_2)$ des deux courbes différeront moins que les ordonnées $f(x_1)$ et $\varphi(x_1)$.

Pour obtenir un nouveau degré d'approximation, on substituera aux deux courbes leurs tangentes aux points qui ont pour coordonnées, d'une part x_2 et $f(x_2)$, de l'autre x_2 et $\varphi(x_2)$; c'est-à-dire que l'on se servira des équations

$$y - f(x_2) = f'(x_2)(x - x_2),$$
$$y - \varphi(x_2) = \varphi'(x_2)(x - x_2),$$

qui donneront pour x une valeur x_3 plus approchée que x_2, ce qu'on reconnaîtra en constatant que les ordonnées $f(x_3)$ et $\varphi(x_3)$ diffèrent moins que $f(x_2)$ et $\varphi(x_2)$.

En continuant ainsi, on arrivera à tel degré d'exactitude que l'on voudra.

Remarque. — Le degré d'approximation des valeurs x_1 et y_1, mesurées sur l'épure n'étant pas exactement connu, on ne peut déterminer à l'avance l'approximation sur laquelle on peut compter dans le calcul de x_2. Ce qu'il y a de plus simple à faire est de se donner à l'avance la limite de l'erreur que l'on veut commettre, par exemple un millième, ce qui sera en général plus que suffisant dans les applications; de calculer en conséquence x_2, et par suite $f(x_2)$ et $\varphi(x_2)$, avec trois ou quatre décimales; de même pour x_3, $f(x_3)$, $\varphi(x_3)$, et ainsi de suite; puis d'arrêter le calcul lorsqu'on trouvera pour $f(x)$ et $\varphi(x)$ deux valeurs ayant trois décimales communes.

Pour s'assurer que x a été obtenu lui-même avec l'approximation désirée, on pourra employer le caractère suivant. Soit x_n la valeur trouvée· on calculera les quantités

$$f(x_n - 0,001) - \varphi(x_n - 0,001)$$

et

$$f(x_n + 0,001) - \varphi(x_n + 0,001).$$

Ces deux différences devront être de signe contraire; car celle des deux courbes qui était au-dessus de l'autre avant l'intersection passe au-dessous, après l'intersection. (Nous excluons le cas où il y aurait contact.)

Au reste, dans l'application, la vérification dont il s'agit sera rarement utile, et l'on pourra en général s'en dispenser.

493. Comme application de cette méthode, proposons-nous de trouver les points d'intersection des deux courbes représentées par les équations

$$y^2 - 2yx + x^2 - 2y - 2x + 1 = 0$$

ou

$$y = x + 1 \pm 2\sqrt{x}$$

et

$$y^2 + 2xy + x^2 - 8y - 9x + 16 = 0$$

ou

$$y = -x + 4 \pm \sqrt{x}.$$

En construisant avec soin, sur papier quadrillé si l'on veut, et à une échelle suffisante, les deux paraboles que ces équations représentent, on reconnaît (fig. 171) qu'elles se coupent en quatre points, dont les abscisses, mesurées sur l'épure, sont approximativement

$$x = 0{,}45, \quad x = 1, \quad x = 2{,}25, \quad x = 4{,}75$$

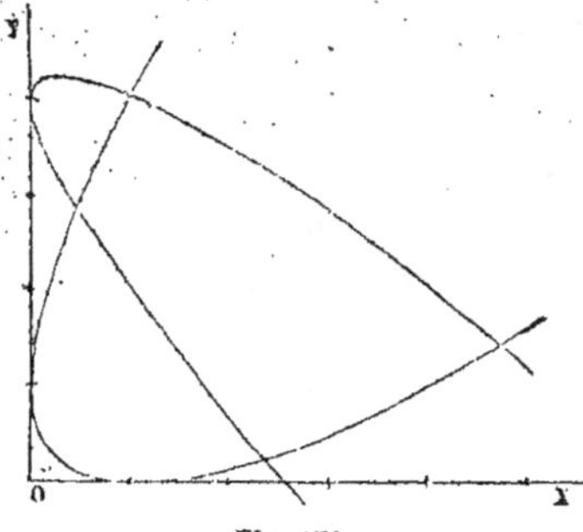

Fig. 171.

I. Occupons-nous d'abord du premier. L'inspection de la figure montre qu'il appartient aux branches de paraboles représentées par

$$y = x + 1 + 2\sqrt{x}$$

et

$$y = -x + 4 - \sqrt{x};$$

on a donc ici

$$f(x) = x + 1 + 2\sqrt{x} \quad \text{et} \quad \varphi(x) = -x + 4 - \sqrt{x},$$

d'où

$$f'(x) = 1 + \frac{1}{\sqrt{x}} \quad \text{et} \quad \varphi'(x) = -1 - \frac{1}{2\sqrt{x}}.$$

Pour $x = 0{,}45$ on trouve d'abord

$$f(0{,}45) = 2{,}7916 \quad \text{et} \quad \varphi(0{,}45) = 2{,}8792.$$

La différence entre ces ordonnées étant notable, il faut recourir aux tangentes. Or on trouve

$$f'(0{,}45) = 2{,}4534 \quad \text{et} \quad \varphi'(0{,}45) = -1{,}7453;$$

les équations des tangentes sont donc

$$y - 2{,}7916 = 2{,}4534(x - 0{,}45) \quad \text{ou} \quad y - 2{,}4534x = 1{,}6876$$

et

$$y - 2{,}8792 = -1{,}7453(x - 0{,}45) \quad \text{ou} \quad y + 1{,}7453x = 3{,}6646;$$

on en tire $x = 0{,}4708$. Substituant cette valeur dans les fonctions f et φ, on trouve

$$f(0{,}4708) = 2{,}8430 \quad \text{et} \quad \varphi(0{,}4708) = 2{,}8431.$$

Ces valeurs peuvent être considérées comme suffisamment approchées

Remarque. — Si l'on applique le caractère indiqué au n° **383**, on trouvera

$$f(0,4707) - \varphi(0,4707) = -0,0006$$

et

$$f(0,4709) - \varphi(0,4709) = +0,0004 ;$$

ces différences étant de signe contraire, x est compris entre $0,4707$ et $0,4709$. La valeur $0,4708$ est donc approchée à moins d'une unité du quatrième ordre décimal.

II. Le second point d'intersection appartient aux branches représentées par

$$y = x + 1 - 2\sqrt{x} \quad \text{et} \quad y = -x + 4 + \sqrt{x}.$$

Pour $x = 1$ ces deux équations donnent toutes les deux $y = 4$; ces valeurs sont donc exactes.

III. Le troisième point d'intersection appartient aux branches représentées par

$$y = x + 1 - 2\sqrt{x} \quad \text{et} \quad y = -x + 4 - \sqrt{x}.$$

Pour $x = 2,25$ ces deux équations donnent l'une et l'autre $y = 0,25$; ces valeurs sont donc exactes.

IV. Le quatrième point d'intersection appartient aux branches représentées par

$$y = x + 1 - 2\sqrt{x} \quad \text{et} \quad y = -x + 4 - \sqrt{x},$$

c'est-à-dire qu'ici on a

$$f(x) = x + 1 - 2\sqrt{x} \quad \text{et} \quad \varphi(x) = -x + 4 + \sqrt{x},$$

d'où

$$f'(x) = 1 - \frac{1}{\sqrt{x}} \quad \text{et} \quad \varphi'(x) = -1 + \frac{1}{2\sqrt{x}}.$$

Pour $x = 4,75$ on trouve

$$f(4,75) = 0,5912 \quad \text{et} \quad \varphi(4,75) = 1,4294.$$

Ces deux valeurs étant différentes, il faut employer les tangentes. Or on a

$$f'(4,75) = 0,5412 \quad \text{et} \quad \varphi'(4,75) = -0,7705.$$

Les équations des tangentes seront donc

$$y - 1,3912 = 0,5412 (x - 4,75) \quad \text{ou} \quad y - 0,5412.x = -1,1705$$

et

$$y - 1,4294 = -0,7705 (x - 4,75) \quad \text{ou} \quad y + 0,7705.x = 5,0893.$$

On en tire $x = 4,7790$, et l'on trouve

$$f(4,7790) = 1,4068 \quad \text{et} \quad \varphi(4,7790) = 1,4071.$$

On peut adopter $x = 4,779$ et $y = 1,407$ comme des valeurs suffisamment approchées.

404. Comme second exemple, nous prendrons les deux équations transcendantes

$$y = \sin x \quad \text{et} \quad y = e^{-x}.$$

Pour l'homogénéité de ces formules, il faut regarder y et x comme les rapports de l'ordonnée et de l'abscisse à l'unité de longueur. Dans la première, x représente ainsi l'arc dont le rapport au rayon est exprimé par le nombre x; dans la seconde, e représente la base des logarithmes népériens, ou 2,718281828.

Cela posé, on trouvera que les courbes représentées par ces deux équations

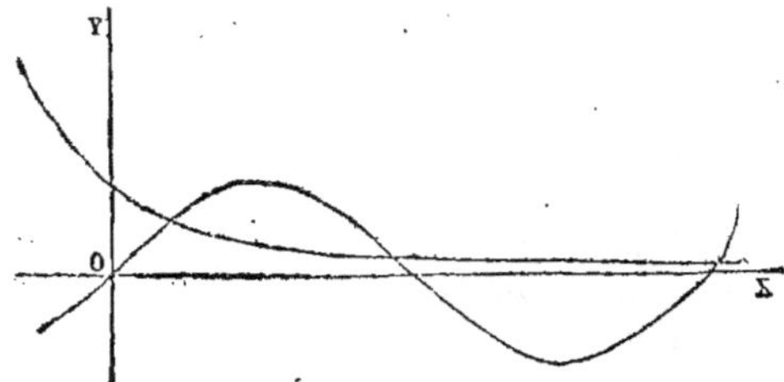

Fig. 172.

ont la forme indiquée par la figure 172. Elles se coupent à droite de l'axe des y en des points de plus en plus rapprochés de l'axe des x.

L'abscisse du premier point commun, mesurée sur l'épure, est $x = 0,55$. On trouve

$$\sin 0,55 = \sin 31^\circ, 50', 7 = 0,5227$$

et

$$e^{-0,55} = 0,5769.$$

Ces ordonnées différant d'une manière notable, il faut recourir aux tangentes. Or, si l'on pose

$$f(x) = \sin x \quad \text{et} \quad \varphi(x) = e^{-x},$$

on trouve

$$f'(x) = \cos x \quad \text{et} \quad \varphi'(x) = - e^{-x};$$

on aura donc

$$f'(x) = \cos 31^\circ, 50', 7 = 0,8525$$

et

$$\varphi'(x) = - e^{-0,55} = - 0,5769.$$

Les équations des deux tangentes seront donc

$$y - 0,5227 = 0,8525\,(x - 0,55) \quad \text{ou} \quad y - 0,8525.x = 0,0538$$

et

$$y - 0,5769 = - 0,5769\,(x - 0,55) \quad \text{ou} \quad y + 0,5769.x = 0,8942;$$

on en tire

$$x = 0,587;$$

on trouve alors

$$f(x) = \sin 0,587 = \sin 33^{\circ}37',9 = 0,5538$$

et

$$\varphi(x) = e^{-0,587} = 0,5560.$$

Ces valeurs n'approchant pas encore assez l'une de l'autre, on emploiera de nouvelles tangentes. On a alors

$$f'(x) = \cos 33^{\circ}37',9 = 0,8326$$

et

$$\varphi'(x) = -e^{-0,587} = -0,5560.$$

Les équations des nouvelles tangentes seront donc

$$y - 0,5538 = \quad 0,8326\,(x - 0,587) \quad \text{ou} \quad y - 0,8326.x = 0,0651,$$

$$y - 0,5560 = -0,5560\,(x - 0,587) \quad \text{ou} \quad y + 0,5560.x = 0,882 \,;$$

on en tire $x = 0,5885$, et l'on trouve ensuite

$$f(x) = \sin 0,5885 = \sin 33^{\circ}43',3 = 0,5551\ldots$$

$$\varphi(x) = e^{-0,5885} = 0,5551\ldots$$

La différence des ordonnées ne se manifestant qu'au delà de la quatrième décimale, les valeurs $x = 0,5885$ et $y = 0,551$ peuvent être regardées comme suffisamment approchées.

On obtiendrait de la même manière les autres points d'intersection.

495. Cas où les équations des deux courbes ne peuvent pas être résolues par rapport à la même variable. — C'est pour plus de symétrie que nous avons supposé les deux équations résolues par rapport à une même variable. La méthode précédente serait encore applicable dans le cas où elles seraient résolues par rapport à une variable différente. Supposons, par exemple, que l'on ait

$$y = f(x) \quad \text{et} \quad x = \varphi(y),$$

et soient y_1 et x_1 les valeurs approximatives, mesurées sur l'épure, des coordonnées de l'un des points communs aux deux courbes.

En considérant d'abord la première, on trouvera qu'à l'abscisse x_1 correspond une ordonnée $f(x_1)$ un peu différente de y_1; et la tangente au point dont x_1 et $f(x_1)$ sont les coordonnées aura pour équation

$$y - f(x_1) = f'(x_1)\,(x - x_1).$$

En considérant la seconde courbe, on trouvera qu'à l'ordonnée y_1 correspond une abscisse $\varphi(y_1)$ un peu différente de x_1; et la tangente au point dont y_1 et $\varphi(y_1)$ sont les coordonnées aura pour équation

$$x - \varphi(y_1) = \varphi'(y_1)(y - y_1).$$

On cherchera les valeurs de x et de y qui satisfont à ces deux équations du premier degré; soient x_2 et y_2 les valeurs obtenues.

On comparera y_2 avec $f(x_1)$ et x_2 avec $\varphi(y_1)$; si les différences sont suffisamment petites, on pourra regarder x_2 et y_2 comme des valeurs suffisamment approchées; dans le cas contraire, on répétera pour x_2 et y_2 le calcul que l'on a fait pour x_1 et y_1; et l'on obtiendra de nouvelles valeurs plus approchées x_3 et y_3. Et ainsi de suite.

496. Équations qui ne peuvent être résolues. — Examinons maintenant le cas où les équations proposées ne peuvent être résolues, ni par rapport à x, ni par rapport à y; et supposons d'abord qu'elles soient algébriques. Ordonnons-les toutes les deux par rapport à celle des deux variables qui y entre avec les moindres exposants; soit y cette variable. Représentons par

$$Y_m = 0 \quad \text{et} \quad Y_n = 0 \qquad [1]$$

les deux équations ainsi ordonnées; m et n désignent le plus haut exposant de y dans chacune d'elles.

Divisons Y_m par Y_n; et poussons la division jusqu'à ce que nous obtenions un reste qui soit du degré $n-1$ par rapport à y. Ce reste et le quotient auront en général des coefficients fractionnaires; supposons qu'on réduise au même dénominateur $\varphi(x)$ tous les termes du quotient et du reste; soient alors Y_{n-1} le numérateur du reste et Q celui du quotient; on aura

$$Y_m = Y_n \cdot \frac{Q}{\varphi(x)} + \frac{Y_{n-1}}{\varphi(x)},$$

d'où

$$\varphi(x) \cdot Y_m = Y_n \cdot Q + Y_{n-1}; \qquad [2]$$

et l'on peut remarquer que si l'on avait préalablement multiplié Y_m par $\varphi(x)$, la division se serait effectuée sans introduire x en dénominateur ni au quotient ni au reste.

Cela posé, tout système de valeurs de x et y qui annulera Y_m et Y_n, annulera Y_{n-1}; car $\varphi(x)$ et Q ne contiennent point les variables en dénominateur, et ne peuvent dès lors devenir infinis pour des valeurs finies de ces variables. Il s'ensuit que les points communs aux deux courbes proposées se trouvent sur la courbe qui a pour équation

$$Y_{n-1} = 0.$$

En second lieu, tout système de valeurs de x et de y qui annulera Y_{n-1} et Y_n annulera le second membre de l'équation [2] ; il devra donc annuler le premier, et par conséquent l'un des deux facteurs Y_m ou $\varphi(x)$. Ainsi les points communs aux deux courbes qui ont pour équations

$$Y_n = 0 \quad \text{et} \quad Y_{n-1} = 0 \qquad [3]$$

se trouvent, soit sur la courbe $Y_m = 0$, soit sur les parallèles à l'axe des y comprises dans l'équation $\varphi(x) = 0$.

De là il résulte que si l'on cherche les points communs aux deux courbes représentées par les équations [3], on aura tous les points communs aux deux courbes proposées, plus peut-être quelques points qui n'appartiendront pas à la courbe $Y_m = 0$.

Si l'on opère sur les courbes [3] comme sur les courbes [1], on parviendra à les remplacer par deux courbes

$$Y_{n-1} = 0 \quad \text{et} \quad Y_{n-2} = 0, \qquad [4]$$

dont les points communs comprendront tous ceux qui sont communs aux courbes [3], plus peut-être quelques points qui n'appartiendront pas à la courbe $Y_n = 0$. Ces points communs comprendront donc tous les points d'intersection des deux courbes proposées [1], plus peut-être quelques points étrangers.

En continuant ainsi, on arrivera à un système de courbes

$$Y_2 = 0 \quad \text{et} \quad Y_1 = 0,$$

dont les points communs comprendront encore tous les points d'intersection des deux courbes proposées, plus peut-être quelques points étrangers. Mais elles seront, l'une du second degré en y, l'autre du premier; on pourra donc les résoudre par rapport à y, par suite les construire aisément, et leur appliquer la méthode du n° **492**.

Les couples de valeurs obtenues qui ne satisferont pas aux deux équations proposées, répondront aux points étrangers introduits par le calcul.

L'algèbre fournit d'ailleurs des procédés pour éviter cette introduction; mais ce ne serait pas ici le lieu de les faire connaître. Il ne faut pas au reste s'exagérer l'importance de ces solutions étrangères; elles sont presque toujours en petit nombre, quand les équations proposées ne sont pas d'un degré très-élevé ou qu'elles n'ont pas été préparées à dessein.

497. Équations transcendantes. — Lorsque les équations proposées sont transcendantes et qu'elles ne peuvent être résolues par rapport à aucune des deux variables, il n'y a plus de méthode générale pour trouver les coordonnées des points communs aux deux courbes. Mais, si par un moyen quelconque on a pu se procurer des valeurs approchées de ces coordonnées, on pourra les obtenir avec tel degré d'approximation qu'on voudra en suivant la marche suivante, qui est également applicable aux équations algébriques.

Soient

$$f(x,y)=0 \quad \text{et} \quad \varphi(x,y)=0$$

les deux équations proposées; et soient x_1 et y_1 des valeurs approchées des coordonnées de l'un des points communs aux deux courbes.

Posons

$$x=x_1+\alpha \quad \text{et} \quad y=y_1+\beta,$$

d'où

$$f(x_1+\alpha, y_1+\beta)=0 \quad \text{et} \quad \varphi(x_1+\alpha, y_1+\beta)=0.$$

Développant, en remarquant que si les valeurs x_1 et y_1 sont suffisamment approchées, α et β sont des quantités très-petites, dont on peut négliger les carrés et le produit, il viendra

$$f(x_1,y_1)+\alpha f'_x(x_1,y_1)+\beta f'_y(x_1,y_1)=0$$

et

$$\varphi(x_1,y_1)+\alpha\varphi'_x(x_1,y_1)+\beta\varphi'_y(x_1,y_1)=0.$$

Ces deux équations du premier degré donneront α et β; en ajoutant ces quantités à x_1 et à y_1, on obtiendra pour x et y des valeurs plus approchées x_2 et y_2. Opérant sur ces valeurs comme on a opéré sur x_1 et y_1, on obtiendra de nouvelles valeurs plus approchées x_3 et y_3; et ainsi de suite.

On sera averti qu'on est arrivé à un degré d'approximation suffisant, lorsque les valeurs obtenues pour x et y, substituées dans $f(x,y)$ et $\varphi(x,y)$, comme la marche du calcul l'exige d'ailleurs, donneront des résultats négligeables.

408. Comme exemple, considérons les deux lieux géométriques représentés par les équations

$$y + x - \tfrac{1}{5}\cos(y+x) = 0 \quad \text{et} \quad y^3 - xy + x^3 = 0,$$

et supposons que, par un moyen quelconque, on ait trouvé, à un centième près, les valeurs des coordonnées de l'un des points communs.

Soient, en conséquence, $x_1 = 0,03$ et $y_1 = 0,16$. On aura

$$f(x_1,y_1) = y_1 + x_1 - \tfrac{1}{5}\cos(y_1+x_1) = 0,19 - \tfrac{1}{5}\cos 0,19 = 0,19 - \tfrac{1}{5}\cos 10^\circ 53' 10'',2$$
$$= 0,19 - 0,19640 = -0,0064,$$
$$f'_x(x_1,y_1) = 1 + \tfrac{1}{5}\sin(y_1+x_1) = 1 + \tfrac{1}{5}\sin 10^\circ 53' 10'',2 = 1,0378,$$
$$f'_y(x_1,y_1) = 1 + \tfrac{1}{5}\sin(y_1+x_1) = 1,0378,$$
$$\varphi(x_1,y_1) = y_1^3 - x_1 y_1 + x_1^3 = -0,00068,$$
$$\varphi'_x(x_1,y_1) = -y_1 + 3x_1 = -0,1573,$$
$$\varphi'_y(x_1,y_1) = 3y_1 - x_1 = +0,0468.$$

On aura donc à résoudre les deux équations

$$1,0378\,\alpha + 1,0377\,\beta = 0,0064,$$
$$-0,1573\,\alpha + 0,0468\,\beta = 0,0068,$$

qui donnent

$$\alpha = -0,00201 \quad \text{et} \quad \beta = 0,00817$$

et par suite

$$x_2 = 0,03 - 0,00201 = 0,02799,$$
$$y_2 = 0,16 + 0,00817 = 0,16817.$$

Afin de juger du degré d'approximation obtenu, on peut calculer les valeurs de $f(x_2,y_2)$ et de $\varphi(x_2,y_2)$; on trouve

$$f(x_2,y_2) = -0,000006 \quad \text{et} \quad \varphi(x_2,y_2) = +0,000070.$$

Les valeurs x_2 et y_2 peuvent donc être considérées comme suffisamment approchées.

REMARQUES. — I. Les méthodes qui viennent d'être exposées

ne sauraient être appliquées aveuglément et d'une manière absolue; mais elles peuvent être employées avec succès toutes les fois qu'un tracé des deux courbes, exécuté avec soin, a donné pour les coordonnées des points communs des valeurs suffisamment approchées; et c'est ce qui arrive ordinairement.

499. II. A l'occasion des courbes dont l'équation ne peut être résolue par rapport à aucune des deux variables, il peut être utile de rappeler que la transformation des coordonnées permet quelquefois de lever cette difficulté.

Considérons, par exemple, la courbe ci-dessus dont l'équation est

$$y^3 - xy + x^3 = 0.$$

On remarque que le premier membre ne change pas quand on y remplace x par y et y par x; on peut en conclure que la courbe est disposée de la même manière par rapport à l'axe des x et par rapport à l'axe des y, et que par conséquent elle a pour axe de symétrie la bissectrice du premier angle de ces axes. Si l'on prend cette bissectrice pour axe des x, les coordonnées nouvelles étant supposées rectangulaires, l'équation ne devra contenir que des puissances paires de y'; et comme le degré de l'équation ne saurait s'élever par la transformation des coordonnées, il faudra que le terme en y'^3 disparaisse, et que la variable y' n'entre qu'au second degré.

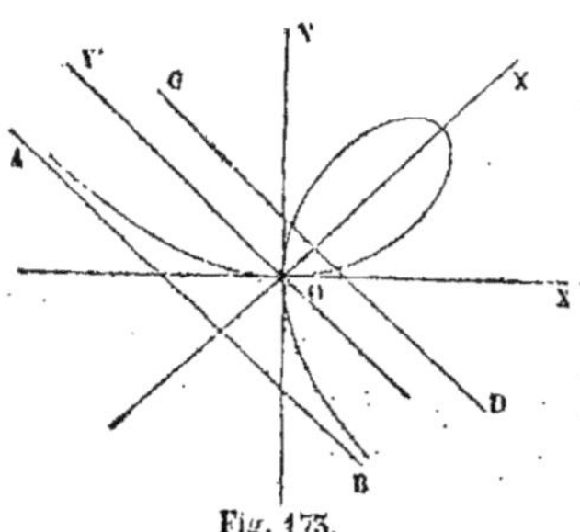

Fig. 173.

C'est ce qui arrive en effet. Les formules de transformation pour le cas qui nous occupe sont (**65**, rem. III)

$$x = \frac{x' - y'}{\sqrt{2}} \quad \text{et} \quad y = \frac{x' + y'}{\sqrt{2}}.$$

En substituant ces valeurs dans l'équation, on obtient

$$x^3\sqrt{2} + 3xy^2\sqrt{2} - x^2 + y^2 = 0, \quad \text{d'où} \quad y = \pm x\sqrt{\frac{1 - x\sqrt{2}}{1 + 3x\sqrt{2}}}$$

La courbe représentée par cette équation a la forme indiquée sur la figure 173. Elle a pour asymptote la droite AB parallèle à l'axe des x' et qui a pour équation

$$1 + 3x\sqrt{2} = 0 \quad \text{ou} \quad x = -\frac{1}{3\sqrt{2}}.$$

III. Il est facile de reconnaître que l'équation

$$y + x - \tfrac{1}{6}\cos(y + x) = 0$$

représente une droite (ou plusieurs droites parallèles). Car si l'on pose $y + x = d$, il reste une équation en d, d'où l'on tire une ou plusieurs valeurs déterminées. Chaque droite représentée par $y + x = d$ est une parallèle CD à l'asymptote AB.

500. Lorsque l'une des deux équations proposées peut être résolue par rapport à l'une des variables, y par exemple, on peut transporter dans l'autre équation, à la place de y, sa valeur en x ; on a alors à résoudre une équation en x, qui peut être algébrique ou transcendante. Pour construire les racines d'une pareille équation, on emploiera les moyens qui seront exposés dans le paragraphe suivant.

§ 5. — CONSTRUCTION DES RACINES RÉELLES DES ÉQUATIONS NUMÉRIQUES.

501. On a vu (**46**) comment on construit les racines de l'équation du second degré.

La construction des racines d'une équation du troisième degré se ramène à la construction des racines d'une équation du quatrième degré. Prenons donc une équation du quatrième degré, privée du second terme

$$x^4 + px^2 + qx + r = 0, \qquad [1]$$

dans laquelle p, q, r sont des nombres positifs ou négatifs.

Posons

$$x^2 = y, \qquad [2]$$

d'où

$$x^4 = y^2.$$

l'équation [1] pourra s'écrire

$$y^2 + py + qx + r = 0, \qquad [3]$$

et l'équation [1] pourra être regardée comme résultant de l'élimination de y entre les équations [2] et [3]; c'est-à-dire que la question est ramenée à la recherche des points communs aux deux courbes du second degré représentées par les équations [2] et [3].

Mais on peut substituer à la courbe représentée par l'équation [3] une courbe beaucoup plus simple. Car si l'on ajoute membre à membre les équations [1] et [2] et qu'on fasse ensuite passer tous les termes dans le premier membre, on obtient

$$x^2 + y^2 + qx + (p-1)y + r = 0, \qquad [4]$$

équation qui représente un cercle.

Les abscisses des points de rencontre de ce cercle avec la parabole, toujours la même, représentée par l'équation [2], seront les racines réelles de l'équation proposée. Si l'épure est faite avec soin et à une échelle convenable, ces racines pourront être obtenues avec une approximation suffisante pour les besoins de l'application.

ExEMPLE. — Soit proposée l'équation

$$x^4 + 4x^3 + 3x^2 - 4x - 8 = 0.$$

Si l'on pose $x = x' - 1$ pour faire disparaître le second terme, on obtient

$$x'^4 - 3x'^2 - 2x' - 4 = 0.$$

Les racines réelles de cette équation sont données par l'intersection de la parabole

$$y = x'^2$$

avec le cercle

$$x'^2 + y^2 - 2x' - 4y - 4 = 0.$$

En appelant α e β les coordonnées de son centre, et R son rayon, on trouve

$$\alpha = 1, \quad \beta = 2 \quad \text{et} \quad R = 5.$$

502. Si l'équation proposée est du troisième degré, on peut toujours la ramener à la forme

$$x^3 + px + q = 0. \qquad [1]$$

Multiplions par x, ce qui revient à introduire la racine $x = 0$, il viendra

$$x^4 + px^2 + qx = 0, \qquad [2]$$

et, d'après ce qui a été dit au numéro précédent, les racines réelles de cette équation seront données par l'intersection de la parabole $y = x^2$ et du cercle

$$x^2 + y^2 + qx + (p - 1)y = 0.$$

Ce cercle passe par l'origine, ce qui dispense de chercher son rayon.

La parabole passant aussi à l'origine, il y a un point d'intersection dont l'abscisse est $x = 0$; mais cette racine n'est autre que celle qui a été arbitrairement introduite, et l'on ne doit pas en tenir compte.

EXEMPLE. — *Quelle hauteur faut-il donner à un segment sphérique pour que son volume soit le quart de celui de la sphère?*

Prenons pour inconnue le rapport de la hauteur cherchée au rayon; soient x ce rapport, et R le rayon de la sphère; la hauteur du segment sera Rx, et l'on devra avoir

$$\tfrac{1}{4} \cdot \tfrac{4}{3} \pi R^3 = \pi . R^2 x^2 (R - \tfrac{1}{3} Rx)$$

ou

$$x^3 - 3x^2 + 1 = 0.$$

Posant $x = x' + 1$ pour faire disparaître le second terme, on obtient

$$x'^3 - 3x' - 1 = 0.$$

Cette équation n'a qu'une racine réelle qui est positive ; elle sera donnée par l'intersection de la parabole $y = x'^2$ avec le cercle

$$x'^2 + y^2 - x' - 4y = 0$$

qui passe à l'origine, et dont le centre a pour coordonnées

$$x' = \tfrac{1}{2} \quad \text{et} \quad y = 2.$$

503. Considérons maintenant une équation quelconque

$$f(x) = 0, \qquad [1]$$

dans laquelle le premier membre est une fonction continue de x, comme cela a lieu pour toutes les équations que l'on rencontre dans les applications.

Cette équation peut être considérée comme résultant de l'élimination de y entre les équations

$$y = f(x) \quad \text{et} \quad y = 0,$$

la question revient donc à chercher les intersections de l'axe des x avec la courbe représentée par l'équation

$$y = f(x). \qquad [2]$$

On construira donc cette courbe, comme il a été indiqué aux n°**22** et **25**; les abscisses des points où elle coupera l'axe des x seront les racines réelles de l'équation proposée; et si l'épure a été faite avec soin et à une échelle convenable, ces racines pourront s'obtenir avec une approximation presque toujours suffisante dans la pratique.

Si $f(x)$ est une fonction algébrique entière, on pourra, pour calculer les ordonnées successives de la courbe, faire usage de la méthode des différences, exposée aujourd'hui dans les traités d'algèbre supérieure. On le pourra en toute assurance; car le cas où la courbe s'approcherait très-près de l'axe des x sans le couper, et le cas où elle le couperait en deux points très-rapprochés l'un de l'autre, les seuls où l'on pourrait avoir des doutes sur la nature des racines cherchées, sont des circonstances idéales qui ne se présentent jamais dans les applications.

504. Lorsqu'une racine a été obtenue graphiquement avec une approximation convenable, on peut calculer sa valeur avec tel degré d'approximation que l'on désire.

Soit x_1 la valeur de x obtenue graphiquement, et soit y_1 la valeur correspondante de y, en sorte qu'on ait $y_1 = f(x_1)$. Le point qui a pour coordonnées x_1 et y_1 ne sera pas le point d'intersection de la courbe avec l'axe des x, mais il en sera très-voisin; et l'on pourra, dans l'intervalle, substituer à la courbe sa tangente au point (x_1, y_1). Cette tangente a pour équation **(140)**

$$y - f(x_1) = f'(x_1)(x - x_1).$$

En y faisant $y = 0$, on obtient pour l'abscisse du point où elle rencontre l'axe des x

$$x = x_1 - \frac{f(x_1)}{f'(x_1)}.$$

C'est une nouvelle valeur généralement plus approchée de la racine que l'on cherc'

Nommons x_2 cette nouvelle valeur, et y_2 la valeur correspondante de y. En répétant pour x_2 et y_2 les raisonnements et les calculs que l'on vient de faire pour x_1 et y_1, on obtiendra pour la racine cherchée une nouvelle valeur plus approchée

$$x = x_2 - \frac{f(x_2)}{f'(x_2)},$$

et ainsi de suite.

Si l'on s'est fixé à l'avance le degré d'approximation auquel on veut arriver, on reconnaîtra, en général, qu'on y est parvenu lorsque la quantité

$$-\frac{f(x)}{f'(x)}$$

sera numériquement inférieure à l'erreur que l'on consent à commettre.

Mais si l'on veut s'assurer plus exactement que la valeur de x est obtenue avec le degré d'approximation désiré, on pourra recourir au caractère déjà indiqué au n° **492**, Rem., mais qui se simplifie dans cette circonstance.

Soient x_n la valeur trouvée, et δ la limite de l'erreur que l'on veut commettre, on calculera les deux quantités

$$f(x_n - \delta) \quad \text{et} \quad f(x_n + \delta),$$

elles devront être de signe contraire; car si la courbe est au-dessous de l'axe des x avant l'intersection, elle passera au-dessus après l'intersection, ou *vice versa*. (Nous excluons toujours le cas où il y aurait contact.)

La méthode que nous venons d'indiquer n'est autre chose que la méthode d'approximation de Newton, qui est présentée sous une autre forme dans les traités d'algèbre.

Cette méthode pourrait être en défaut si la première valeur de l'abscisse demandée n'était pas donnée avec une approximation suffisante. En effet elle

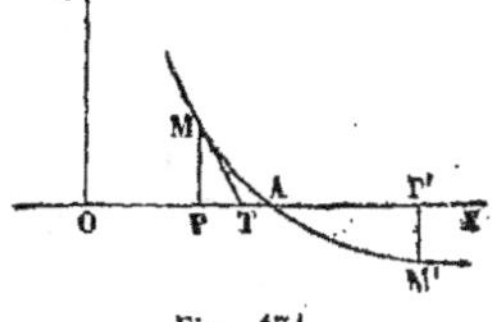

Fig. 174.

revient à la construction suivante. Soit MM′ (fig. 174) la courbe considérée, et A le point où elle coupe l'axe des x; OA est l'abscisse cherchée, et la méthode de Newton consiste à remplacer la courbe par sa tangente en M, et à prendre OT pour une valeur approchée de OA ; car on a

$$PT = \frac{MP}{\text{tang.}MTP} = -\frac{MP}{\text{tang}MTX} = -\frac{f(x_1)}{f'(x_1)},$$

x_1 représentant l'abscisse OP.

Or il pourrait arriver, dans certains cas, que la tangente en M vînt couper l'axe des x au delà du point M'. Pour pouvoir employer la méthode avec sécurité, il faut donc se guider sur les considérations suivantes.

D'abord on peut supposer les points M et M' assez rapprochés pour que la convexité de la courbe ne change pas dans l'intervalle, c'est-à-dire que y'' conserve son signe. Cela posé, si y'' reste positif de $x = OP$ à $x = OP'$, et que l'ordonnée passe du positif au négatif, comme dans la figure 174, la tangente MT coupera l'axe des x entre P et A ; et OT sera une valeur par défaut plus approchée que OP.

Si y'' reste négatif de OP à OP' et que l'ordonnée passe du négatif au positif comme dans la figure 175, la tangente en M coupera encore l'axe entre P et A, et OT sera encore une valeur par défaut plus approchée que OP.

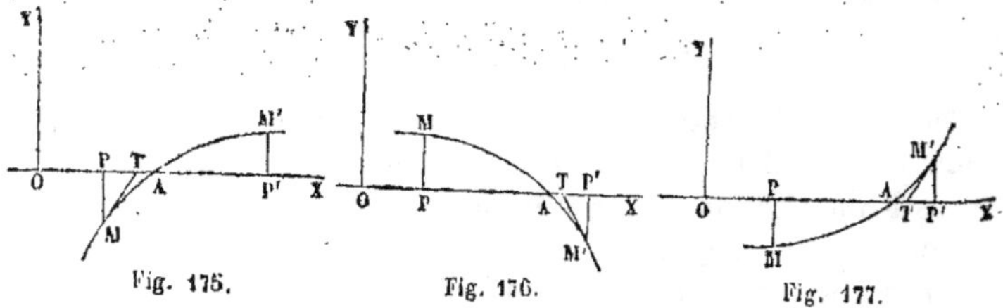

Fig. 175.   Fig. 176.   Fig. 177.

Mais si, y'' restant positif, l'ordonnée passe du négatif au positif comme dans la figure 176, ou si, y'' restant négatif, l'ordonnée passe du positif au négatif comme dans la figure 177, la tangente en M pourrait, comme nous l'avons dit, passer au delà du point A et même du point P', et la méthode de Newton deviendrait illusoire. Dans ces deux cas, au lieu de se servir de la tangente en M, on emploiera la tangente en M' qui viendra couper l'axe des x entre A et P' et donnera une valeur de x par excès, plus approchée que OP'.

505. I. Prenons pour exemple l'équation algébrique

$$x^3 - 38,197\, x^2 - 92708 = 0 ;$$

c'est celle qu'on aurait à résoudre si l'on cherchait le rayon qu'il faut donner à un tuyau de 500ᵐ de longueur pour qu'il pût débiter, sous une charge de 10ᵐ d'eau, un volume constant de 50 litres d'eau par seconde. Le rayon x est ici exprimé en centimètres.

En construisant la courbe représentée par l'équation

$$y = x^3 - 38,197\, x^2 - 92708,$$

on reconnaît qu'elle coupe l'axe des x à droite de l'origine, en un point dont l'abscisse est comprise entre 9 et 10. En appliquant la méthode ci-dessus, on trouvera que x est compris entre 9,92 et 9,93 ; cette dernière valeur est donc approchée à moins d'un centième de centimètre ou d'un dixième de millimètre.

Le diamètre du tuyau, rapporté au mètre, est en conséquence 0ᵐ,1986.

II. Prenons pour second exemple l'équation transcendante

$$\cos x + \frac{2x}{\pi} = 1,2.$$

On rencontre des équations de cette forme dans certaines questions relatives à la vitesse des volants. L'unité d'arc est ici le rayon. On aura

$$f(x) = \cos x + \frac{2x}{\pi} - 1,2 \quad \text{et} \quad f'(x) = -\sin x + \frac{2}{\pi}.$$

Si l'on appelle u l'expression de x en degrés, on aura

$$x = \pi \frac{180^{\circ}}{u} . \qquad [1]$$

En donnant à u les valeurs successives 45°, 46°, 47°, etc., il est facile d'en déduire x, et $\cos x$, et par suite $f(x)$. On trouve ainsi pour $u = 49°$

$$f(x) = +0,00050,$$

et pour $u = 50°$

$$f(x) = -0,00167,$$

résultats de signe contraire ; d'où l'on conclut que x est compris entre les valeurs qui correspondent à $u = 49°$ et à $u = 50°$.

En appliquant la méthode, on trouvera

$$x = \frac{49^{\circ}\ 14'\ 26''}{180^{\circ}}\, \pi. \qquad [2]$$

On a, en effet, dans ce cas,

$$f(x) = -0,00001,$$

quantité que l'on peut regarder comme négligeable.

La racine cherchée est donc la valeur [2], à un degré d'approximation suffisant.

§ 6. — COURBES HOMOTHÉTIQUES; COURBES SEMBLABLES.

506. Soit S (fig. 178) une courbe quelconque et O un point
fixe. Si l'on joint le point O à tous les points de la courbe S et
que sur chaque rayon OA, OB, etc., on
prenne des longueurs OA', OB', etc., telles,
que l'on ait

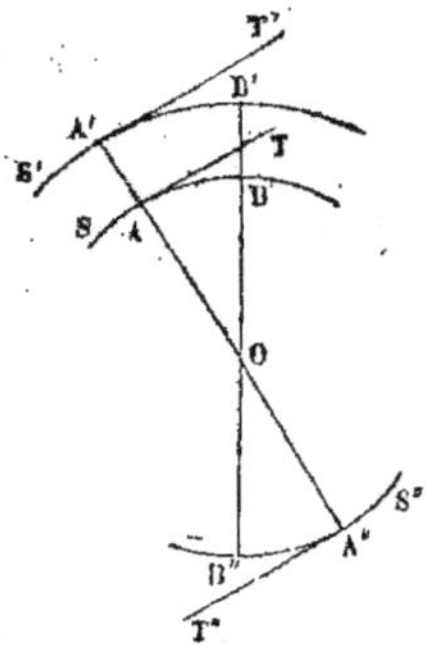

$$\frac{OA'}{OA} = \frac{OB'}{OB} = \ldots = k,$$

k désignant un nombre constant, on
obtient une seconde courbe S' qui est dite
semblable à S et *semblablement placée* : ce
qu'on exprime d'un seul mot en disant
que ces courbes sont *homothétiques*. Si,
au lieu de porter les longueurs OA', OB',
etc., à partir du point O dans le sens des
rayons OA, OB, etc., on les porte en sens contraire, comme
OA", OB", etc., on obtient une courbe S" qui est également
homothétique par rapport à la courbe S; mais l'homothétie
est dite *directe* pour les courbes S et S', tandis qu'elle est dite
inverse pour les courbes S et S". Le point O est dit le *centre d'homothétie*, et le nombre k est le *rapport d'homothétie*. On obtient
toutes les courbes homothétiques de S par rapport au centre O
en faisant varier k de $-\infty$ à $+\infty$; les valeurs positives de k
répondent à l'homothétie directe, les valeurs négatives à l'homothétie inverse; la valeur $k = 1$ répond à l'égalité, et la valeur
$k = -1$ à la symétrie par rapport au centre O.

Les points tels que A et A', B et B', etc., qui, dans les deux
courbes correspondent à un même rayon, sont ce que l'on appelle
des *points homologues*, et deux droites, telles que AB, A'B', qui
joignent des points homologues, sont appelées *droites homologues*.

507. THÉORÈME. — *Dans deux courbes homothétiques, les
cordes homologues sont parallèles, et leur rapport est égal au
rapport d'homothétie.*

Car les triangles AOB, A'OB' sont semblables, comme ayant

un angle égal compris entre côtés proportionnels ; donc A'B' est parallèle à AB, et l'on a $\dfrac{A'B'}{AB} = \dfrac{OA'}{OA} = k$.

COROLLAIRE. — *Les tangentes* AT, A'T', *menées en deux points homologues sont parallèles* ; car si l'on fait tendre B vers A, B' tendra en même temps vers A' ; et puisque AB et A'B' sont constamment parallèles, ils le seront encore à la limite, c'est-à-dire quand les cordes seront devenues tangentes.

Il en résulte que les tangentes en deux points homologues A et A' font des angles égaux avec le rayon OA ou OA'.

508. THÉORÈME. — *Toutes les courbes homothétiques d'une courbe donnée peuvent être obtenues en choisissant un point quelconque pour centre d'homothétie.*

Considérons d'abord un polygone quelconque ABCD... (fig. 179) inscrit dans la courbe S. Prenons un premier centre O, et construisons le polygone homothétique A'B'C'D'... en prenant sur OA, OB, OC, OD,.. des longueurs OA', OB', OC', OD'... qui soient avec les premières dans le rapport de k à 1.

Prenons un second centre O' et construisons de même le polygone homothétique A"B"C"D"... en prenant sur O'A, O'B, O'C, O'D... des longueurs O'A", O'B", O'C", O'D"... qui soient avec elles dans le rapport de k à 1. Je dis que les polygones A'B'C'D'... et A"B"C"D"... seront égaux. En premier lieu, ces polygones ont leurs côtés parallèles ; car A'B' et A"B" sont tous deux parallèles à AB ; de même, B'C' et B"C" sont tous deux parallèles à BC, et ainsi de suite. En second lieu, ces polygones ont leurs côtés égaux chacun à chacun ; car on a, par exemple (**506**),

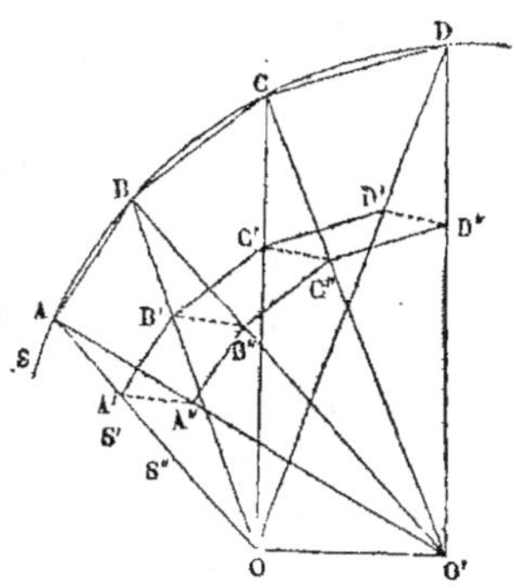

Fig. 179.

$$\frac{A'B'}{AB} = \frac{k}{1} \quad \text{et} \quad \frac{A"B"}{AB} = \frac{k}{1}, \quad \text{d'où} \quad A'B' = A"B" ;$$

et l'on démontrerait de même que l'on a B'C' = B"C", C'D' = C"D", etc. Donc les deux polygones homothétiques de ABCD..., formés avec deux centres d'homothétie différents O et O', sont égaux.

Si maintenant on multiplie de plus en plus le nombre des côtés du polygone inscrit dans la courbe S, il tendra à se confondre avec cette courbe; en même temps, les polygones homothétiques tendront à se confondre, l'un avec une courbe S', l'autre avec une courbe S″, toutes deux homothétiques de S par rapport aux centres O et O'; et puisque ces deux polygones sont constamment égaux, ils le seront encore à la limite, et les courbes S' et S″ seront égales; ce qui démontre la proposition énoncée.

Remarque. — Si l'on joint A'A″, B'B″, C'C″..., toutes ces droites sont égales et parallèles; car la figure A'A″B″B' est un parallélogramme, puisque A'B' et A″B″ sont égaux et parallèles, et ainsi des autres. Ainsi, le polygone A″B″C″D″... n'est autre chose que le polygone A'B'C'D'... qui se serait transporté parallèlement à lui-même. On en peut dire autant des courbes S″ et S', limites de ces polygones. Ainsi, *quand on change de centre d'homothétie sans changer le rapport* k, *la courbe homothétique d'une courbe donnée ne fait que se transporter parallèlement à elle-même.* Et l'on peut ajouter *parallèlement à la droite* OO' *qui joint les deux centres;* car OO' est parallèle à A'A″, puisque les côtés de l'angle OAO' sont coupés proportionnellement aux points A' et A″.

509. Théorème. — *Deux courbes homothétiques d'une troisième sont homothétiques entre elles.*

Soit, en effet, S une courbe donnée; S' une courbe homothétique construite avec le centre O' et le rapport k' ; S″ une autre courbe homothétique construite avec le centre O″ et le rapport k''. On pourra toujours construire une troisième courbe S_1, homothétique de S, avec le centre O' et le rapport k''. D'après le théorème précédent, la courbe S_1 sera égale à S″. Mais en même temps elle sera homothétique de S'. Donc S' et S″ sont homothétiques entre elles.

510. Lorsque deux polygones sont homothétiques, si, l'un d'eux restant fixe, on fait tourner l'autre d'un certain angle autour du centre d'homothétie, les deux figures cessent d'être homothétiques, mais la similitude subsiste, car l'égalité des angles et la proportionnalité des côtés n'ont pas été modifiées. On remarquera que si la rotation était de 180°, l'homothétie reparaîtrait, mais elle serait devenue inverse si elle était d'abord directe, ou directe si elle était d'abord inverse. Les mêmes remarques sont applicables à deux courbes homothétiques, puisqu'on peut les regarder comme les limites de polygones homothétiques.

511. Théorème. — *Lorsque deux polygones sont semblables, on peut toujours les amener à être homothétiques en faisant tourner l'un d'eux d'un certain angle, autour d'un centre convenablement choisi.*

Soient, en effet, ABC..., A'B'C'... (fig. 180), deux polygones semblables. Joignons les sommets homologues A et A'; joignons de même les sommets homologues C et C'. Imaginons le cercle, lieu des points dont les distances aux points A et A' sont dans le rapport de AB à A'B', imaginons de même le cercle, lieu des points dont les distances aux points C et C' sont dans le rapport de AB à A'B'; et soit O un point commun à ces deux cercles; joignons OA, OB, OC..., et

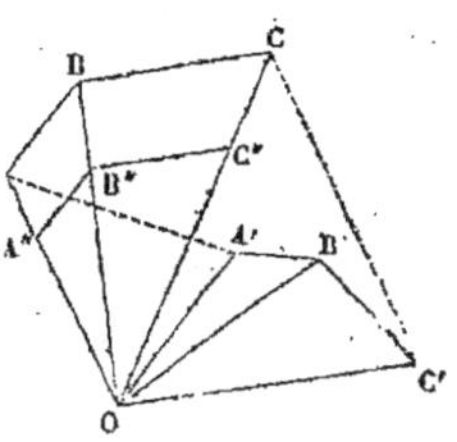

Fig. 180.

OA', OB', OC'... Faisons tourner le polygone A'B'C'... d'un angle égal à AOA'; le point A' viendra en A″ sur OA; le point B' viendra en B″ sur OB; car les triangles AOB, A'OB' sont semblables comme ayant leurs côtés proportionnels; de même, le point C' viendra en C″ sur OC; et ainsi de suite; en sorte que les polygones qui n'étaient que semblables seront devenus homothétiques.

La même remarque s'applique à deux courbes semblables, considérées comme limites de polygones semblables.

512. Problème. — *Une courbe étant donnée par son équation, trouver l'équation générale de toutes les courbes homothétiques.*

I. Supposons d'abord que l'origine soit le centre d'homothétie. Menons par ce centre une sécante quelconque, et soient M et M' les points homologues des deux courbes situés sur cette sécante; en appelant x, y et x', y' les coordonnées de ces deux points, et k le rapport d'homothétie, on aura, par des similitudes évidentes

$$\frac{x'}{x} = \frac{y'}{y} = k, \quad \text{d'où} \quad x = \frac{x'}{k} \quad \text{et} \quad y = \frac{y'}{k}.$$

Si donc l'équation de la courbe donnée est

$$f(x, y) = 0, \qquad [1]$$

celle de la courbe homothétique sera

$$f\left(\frac{x'}{k}, \frac{y'}{k}\right) = 0,$$

ou bien, en supprimant les accents,

$$f\left(\frac{x}{k}, \frac{y}{k}\right) = 0. \qquad [2]$$

Ainsi, *étant donnée l'équation d'une courbe, on obtient celle de toute courbe homothétique par rapport à l'origine prise pour centre, en divisant les coordonnées courantes x et y par le rapport d'homothétie.*

II. Supposons en second lieu que le centre d'homothétie soit un point O', dont nous désignerons les coordonnées par a et b. Transportons la courbe parallèlement à elle-même, de manière que le point O, supposé lié avec elle, vienne coïncider avec le point O'; et, dans cette position, rapportons-la à deux axes $O'X'$, $O'Y'$ parallèles aux anciens. Puisque, dans son ancienne position, elle avait pour équation

$$f(x, y) = 0,$$

dans sa position nouvelle elle aura pour équation

$$f(x', y') = 0,$$

et, par conséquent, l'équation des courbes homothétiques rapportées aux nouveaux axes sera

$$f\left(\frac{x'}{k}, \frac{y'}{k}\right) = 0.$$

Si maintenant on veut la rapporter aux anciens axes, comme

on a

$$x = x' + a \quad \text{et} \quad y = y' + b,$$

il faudra remplacer x' et y' par $x - a$ et $y - b$, ce qui donnera pour l'équation demandée

$$f\left(\frac{x-a}{k}, \frac{y-b}{k}\right) = 0. \qquad [3]$$

513. PROBLÈME. — *Étant donnée l'équation d'une courbe, trouver l'équation générale de toutes les courbes semblables* (homothétiques ou non).

Soit

$$f(x, y) = 0 \qquad [1]$$

l'équation de la courbe donnée S rapportée, pour plus de simplicité, à des axes rectangulaires, dont nous désignerons l'origine par O. Soient a et b les coordonnées d'un point quelconque O' du plan. Menons par le point O' deux axes O'X', O'Y' parallèles aux axes OX et OY ; puis, deux axes O'X″, O'Y″ faisant respectivement un angle α avec O'X' et O'Y'. Imaginons maintenant qu'on transporte la courbe S parallèlement à elle-même, de telle sorte que le point O, supposé lié avec elle, vienne coïncider avec le point O', puis qu'on la fasse tourner d'un angle α autour du point O'. Son équation, par rapport aux axes O'X″ et O'Y″, sera la même que par rapport à OX et à OY, c'est-à-dire

$$f(x'', y'') = 0, \qquad [2]$$

en désignant par x'', y'' les coordonnées d'un point quelconque de la courbe par rapport aux axes O'X″ et O'Y″. D'après ce qui a été dit plus haut, l'équation générale des courbes homothétiques de S, par rapport aux mêmes axes, sera donc.

$$f\left(\frac{x''}{k}, \frac{y''}{k}\right) = 0. \qquad [3]$$

Il s'agit d'obtenir l'équation de la même courbe par rapport aux anciens axes. Mais, d'après les formules connues (**65**) de la transformation des coordonnées, on a

$$x = a + x''\cos\alpha - y''\sin\alpha \quad \text{et} \quad y = b + x''\sin\alpha + y''\cos\alpha,$$

d'où l'on tire

$$x'' = (x-a)\cos\alpha + (y-b)\sin\alpha$$

et

$$y'' = -(x-a)\sin\alpha + (y-b)\cos\alpha. \qquad [4]$$

En substituant ces valeurs dans l'équation [3], on aura l'équation demandée,

$$f\left[\frac{(x-a)\cos\alpha + (y-b)\sin\alpha}{k},\ \frac{-(x-a)\sin\alpha + (y-b)\cos\alpha}{k}\right] = 0. \quad [5]$$

REMARQUE. — Toutes les courbes algébriques semblables sont du même degré.

514. PROBLÈME. — *Étant données les équations de deux courbes rapportées aux mêmes axes, reconnaître si elles sont semblables.*

Soient $f(x, y) = 0$ et $\varphi(x, y) = 0$ les équations des deux courbes. L'équation générale des courbes semblables à $f(x, y) = 0$ étant l'équation [5] du numéro précédent, il faudra que l'équation $\varphi(x, y) = 0$ puisse être identifiée avec [5]. Les conditions à remplir pour cette identification feront connaître les indéterminées, a, b, α et k. Si l'on trouve $\alpha = 0$ ou $\alpha = 180°$, les courbes proposées ne seront pas seulement semblables, elles seront en même temps homothétiques.

Si les courbes proposées sont algébriques et du degré m, elles pourront avoir $\dfrac{(m+1)(m+2)}{2}$ termes, et par conséquent l'identification conduira à $\dfrac{(m+1)(m+2)}{2} - 1$ ou $\dfrac{m(m+3)}{2}$ équations, contenant quatre indéterminées; il faudra donc que les coefficients des deux équations satisfassent à $\dfrac{m(m+3)}{2} - 4$ conditions.

Si les deux courbes devaient être en même temps homothétiques, α serait égal à 0 ou à 180°; il n'y aurait donc plus que trois indéterminées, et le nombre des équations de condition serait $\dfrac{m(m+3)}{2} - 3$.

515. Conditions d'homothétie des courbes du second degré. — Soient

$$Ax^2 + Bxy + Cy^2 + Dx + Ey + F = 0 \qquad [1]$$

et
$$A'x^2 + B'xy + C'y^2 + D'x + E'y + F' = 0 \qquad [2]$$

les équations de deux courbes du second degré. L'équation générale des courbes homothétiques à la première est (**512**, II)

$$A\left(\frac{x-a}{k}\right)^2 + B\left(\frac{x-a}{k}\right)\left(\frac{y-b}{k}\right) + C\left(\frac{y-b}{k}\right)^2 + D\left(\frac{x-a}{k}\right) + E\left(\frac{y-b}{k}\right) + F = 0. \quad [3]$$

En l'identifiant avec l'équation [2] après l'avoir multipliée par k^2, on trouve

$$\frac{A}{A'} = \frac{B}{B'} = \frac{C}{C'} = \frac{-2Aa - Bb + Dk}{D'} = \frac{-Ba - 2Cb + Ek}{E'}$$

$$= \frac{Aa^2 + Bab + Cb^2 - Dak - Ebk + Fk^2}{F'}.$$

De ces cinq relations, deux sont indépendantes des indéterminées a, b, k, savoir

$$\frac{A}{A'} = \frac{B}{B'} = \frac{C}{C'}. \quad [4]$$

Ces relations expriment que *les coefficients des termes du second degré doivent être proportionnels*. Les trois autres relations donneraient a, b et k.

Si λ désigne le rapport $\dfrac{A}{A'}$, on a

$$A = \lambda A', \quad B = \lambda B', \quad C = \lambda C'.$$

Par suite

$$B^2 - 4AC = \lambda^2 (B'^2 - 4A'C').$$

Ainsi, lorsque les conditions [4] sont remplies, les deux courbes sont du même genre. Si l'on désigne par α l'angle que fait avec l'axe des x l'un des axes de la première courbe, et par α' celui que fait avec l'axe des x l'un des axes de la seconde, on sait qu'on a (**222**)

$$\operatorname{tang} 2\alpha = \frac{B}{A - C} \quad \text{et} \quad \operatorname{tang} 2\alpha' = \frac{B'}{A' - C'}.$$

Par conséquent, si les conditions [4] sont remplies, on aura

$$\alpha = \alpha' + n\frac{\pi}{2},$$

c'est-à-dire que les deux courbes auront leurs axes parallèles.

Les équations qui donneront a, b et k sont :

$$2\mathrm{A}a + \mathrm{B}b = \mathrm{D}k - \mathrm{D}'\lambda, \qquad [5]$$

$$\mathrm{B}\,a + 2\mathrm{C}b = \mathrm{E}k - \mathrm{E}'\lambda, \qquad [6]$$

$$\mathrm{A}a^2 + \mathrm{B}ab + \mathrm{C}b^2 - \mathrm{D}ka - \mathrm{E}kb + \mathrm{F}k^2 - \mathrm{F}'\lambda = 0. \qquad [7]$$

Les valeurs de a et de b tirées des équations [5] et [6] ont pour dénominateurs $\mathrm{B}^2 - 4\mathrm{A}\mathrm{C}$. Dans le cas des courbes à centre, ces valeurs seront donc finies et déterminées. En les portant dans l'équation [7], on en tirera

$$k = \pm \lambda \sqrt{\frac{\Delta'}{\Delta}}, \qquad [8]$$

Δ' et Δ désignant les discriminants des deux équations proposées. Les deux valeurs de k égales et de signe contraire répondent à l'homothétie directe et à l'homothétie inverse.

Si Δ et Δ' étaient de signe contraire, les valeurs de k deviendraient imaginaires, et les deux courbes ne seraient plus géométriquement homothétiques. Mais on peut dire qu'elles le seraient encore à un point de vue purement analytique. Tel est, par exemple, le cas des deux hyperboles ayant pour équations

$$\frac{x^2}{a^2} - \frac{y^2}{b^2} = 1 \qquad \text{et} \qquad \frac{x^2}{m^2a^2} - \frac{y^2}{m^2b^2} = -1.$$

Le calcul donnerait alors $m\sqrt{-1}$ pour le rapport d'homothétie. Les deux courbes ne sont pas géométriquement homothétiques; mais si l'on cherche la distance du centre au point où une même droite menée par ce centre rencontre les deux courbes, on trouve pour l'une de ces distances une quantité réelle et pour l'autre une quantité imaginaire dont le rapport est constant et égal à $m\sqrt{-1}$.

Dans le cas où les deux équations proposées représentent des paraboles, les équations [5] et [6] donneraient pour a et b des valeurs infinies. Pour que ces équations soient compatibles, il faut que les numérateurs des valeurs de a et b s'annulent, c'est-à-dire qu'on ait

$$2\mathrm{C}\,(\mathrm{D}'\lambda - \mathrm{D}k) - \mathrm{B}\,(\mathrm{E}'\lambda - \mathrm{E}k) = 0$$

et

$$2\mathrm{A}\,(\mathrm{E}'\lambda - \mathrm{E}k) - \mathrm{B}\,(\mathrm{D}'\lambda - \mathrm{D}k) = 0,$$

d'où

$$k = \lambda . \frac{BD' - 2AE'}{BD - 2AE} \quad \text{et} \quad k = \lambda . \frac{BE' - 2CD'}{BE - 2CD}.$$

Il est facile de s'assurer que ces valeurs sont égales, en vertu de la relation $B^2 - 4AC = 0$. On reconnaît, de plus, qu'elles coïncident avec la valeur donnée par la relation [8]. Il suffit, pour s'en convaincre, de remplacer partout B par $2\sqrt{A}.\sqrt{C}$.

Ces valeurs de k sont généralement finies; elles ne deviendraient infinies que si les courbes représentées par les équations proposées se réduisaient chacune à deux droites parallèles.

En résumé, lorsque les équations proposées représentent des courbes, les conditions nécessaires et suffisantes pour qu'elles soient homothétiques sont les relations [4], exprimant que les coefficients des termes du second degré sont proportionnels.

516. Conditions de similitude des courbes du second degré. — Ces conditions pourraient être déduites de la théorie exposée au n° **513**; mais, pour éviter des calculs pénibles, il est préférable d'établir ces conditions directement comme il suit.

I. Supposons d'abord qu'il s'agisse de deux courbes à centre. Pour que ces courbes soient semblables, il faut qu'en déplaçant convenablement l'une d'elles on puisse les amener à être homothétiques. Soient donc S et S' les deux courbes proposées. Dans le plan de ces courbes prenons un point arbitraire O pour centre; nous pourrons, en faisant varier le rapport d'homothétie, construire à l'aide de ce centre toutes les courbes homothétiques de S (**508**), et, par conséquent, parmi ces courbes homothétiques se trouvera une courbe S″ égale à S'. Or, dans cette position, les axes des deux courbes étant des lignes homologues, ces axes devront être proportionnels (**507**). Réciproquement, si les axes des courbes S et S' sont proportionnels, il y aura, parmi les courbes homothétiques de S, une courbe S″ dont les axes seront égaux à ceux de S', et qui par conséquent sera égale à S'. Donc la condition nécessaire et suffisante pour que les deux courbes S et S' puissent être amenées à être homothétiques, est que leurs axes soient proportionnels. Maintenant, quelle que soit la position de deux courbes, si elles cessent d'être homothétiques, elles ne cesseront pas d'être semblables. Donc enfin *la condition de similitude de deux courbes du second degré à centre est que leurs axes soient proportionnels.*

II. Supposons en second lieu qu'il s'agisse de deux paraboles. On a vu (**228**) que, par une transformation convenable de coordonnées, on pourra amener chacune de ces courbes à avoir pour équations, l'une

$$y^2 = 2px$$

par rapport à certains axes, l'autre

$$y^2 = 2p'x$$

par rapport à d'autres axes. Mais si l'on transporte la seconde, avec ses axes, de manière à faire coïncider ceux-ci avec les premiers, les deux courbes auront, par rapport à un même système d'axes, les équations que nous venons d'écrire. Or, dans cette situation, il est facile de voir qu'elles seront homothétiques. Menons, en effet, par l'origine O devenue commune, une sécante quelconque faisant un angle α avec l'axe des x. Soit $M(x, y)$ le point où cette sécante rencontre la première courbe, et $M'(x', y')$ le point où elle rencontre la seconde. Représentons la distance OM par ρ et la distance OM' par ρ'. Nous aurons

$$x = \rho\cos\alpha, \quad y = \rho\sin\alpha, \quad x' = \rho'\cos\alpha, \quad y' = \rho'\sin\alpha.$$

Par conséquent

$$\rho^2\sin^2\alpha = 2p.\rho\cos\alpha, \quad \text{d'où} \quad \rho = 2p.\frac{\cos\alpha}{\sin^2\alpha},$$

et

$$\rho'^2\sin^2\alpha = 2p'\rho'\cos\alpha, \quad \text{d'où} \quad \rho' = 2p'.\frac{\cos\alpha}{\sin^2\alpha};$$

d'où l'on conclut

$$\frac{\rho'}{\rho} = \frac{p'}{p} = \text{une constante } k,$$

ce qui revient à dire que les deux courbes sont devenues homothétiques. Il en résulte que deux paraboles peuvent toujours être placées de manière à être homothétiques; donc enfin *deux paraboles quelconques sont des courbes semblables.*

517. Théorème. — *Toutes les courbes d'une même famille, représentée par une équation algébrique*

$$f(x, y, a) = 0,$$

homogène par rapport aux quantités x, y *et* a, *sont des courbes homothétiques.*

Prenons, en effet, pour centre l'origine; l'équation générale des courbes homothétiques à la courbe

$$f(x, y, a_1) = 0, \qquad\qquad [1]$$

qui est une des courbes de la famille considérée, sera

$$f\left(\frac{x}{k}, \frac{y}{k}, a_1\right) = 0. \qquad\qquad [2]$$

Mais l'équation proposée étant, par hypothèse, homogène par rapport aux quantités x, y et a, on a

$$f\left(\frac{x}{k}, \frac{y}{k}, \frac{a}{k}\right) = \frac{1}{k^m}\, f(x, y, a),$$

m étant le degré de l'équation. Il en résulte que si l'on prend

$$a = ka_1,$$

on aura

$$f\left(\frac{x}{k}, \frac{y}{k}, a_1\right) = \frac{1}{k^m}\, f(x, y, ka_1) = 0,$$

ce qui montre que toute courbe de la famille proposée, et ayant pour équation

$$f(x, y, ka_1) = 0,$$

est identique à une des courbes homothétiques de la courbe particulière [1]. Donc toutes les courbes de la famille sont homothétiques.

Telles sont les circonférences de cercle concentriques, les paraboles ayant même sommet et même axe, les hyperboles ayant les mêmes asymptotes.

Remarque. — On démontrerait par un procédé analogue que toutes les courbes d'une même famille, représentée par une équation algébrique

$$f(x, y, a, b, c\ldots,) = 0,$$

homogène par rapport aux quantités x, y, a, b, c,... sont des courbes homothétiques, si tous les paramètres a, b, c,... varient proportionnellement.

Telles sont les ellipses qui ont leurs axes proportionnels, et dirigés suivant les mêmes droites.

CHAPITRE XII

I. — DÉFINITION DES COORDONNÉES POLAIRES. — TRANSFORMATION DES COORDONNÉES RECTILIGNES EN COORDONNÉES POLAIRES, ET RÉCIPROQUEMENT.

518. Considérations sur la manière de fixer la position d'un point sur un plan. — Nous n'avons fait usage jusqu'ici, pour fixer la position d'un point dans un plan, que de ses coordonnées rectilignes, c'est-à-dire de ses distances à deux axes fixes tracés dans le plan, distances estimées perpendiculairement quand les axes sont rectangulaires, ou parallèlement à ces axes quand ils sont obliques.

On conçoit qu'il puisse exister beaucoup d'autres manières de fixer la position d'un point dans un plan. Cette position serait connue, par exemple, si l'on donnait les distances de ce point à deux points fixes pris dans le plan, pourvu que l'on sût de quel côté il se trouve par rapport à la droite qui joint les points fixes ; car il se trouverait à l'intersection de deux circonférences de cercle décrites des deux points fixes comme centres avec des rayons respectivement égaux aux deux distances données.

La position d'un point serait également connue si l'on donnait les angles que les droites menées de ce point à deux points fixes pris dans le plan font avec la droite qui joint les points fixes ; car il se trouverait à l'intersection de deux droites faisant avec la ligne des points fixes des angles respectivement égaux aux angles donnés.

On pourrait encore déterminer la position d'un point dans un plan par ses distances à un point fixe et à une droite fixe ; car il se trouverait à l'intersection d'une droite et d'un cercle, et ainsi de suite.

Les diverses manières de fixer la position d'un point dans un plan formeraient autant de *systèmes de coordonnées*, dont chacun pourrait avoir son avantage dans certaines questions spéciales. Ainsi, dans le premier système considéré, en nommant ρ et ρ' les distances d'un point quelconque aux deux points fixes, les équations très-simples

$$\rho + \rho' = \text{const.} \quad \text{ou} \quad \rho - \rho' = \text{const.}$$

représenteraient, la première une ellipse, et la seconde une hyperbole, ayant les points fixes pour foyers. Dans le second système, en nommant ω et ω' les angles que les droites menées d'un point quelconque aux deux points fixes font avec celle qui joint ces points, l'équation

$$\omega + \omega' = \text{const.}$$

représenterait une circonférence de cercle passant par les points fixes. Dans le troisième système, en nommant ρ et x les distances d'un point quelconque au point fixe et à la droite fixe, et en désignant par m une constante, l'équation

$$\rho = mx$$

représenterait une ellipse, une hyperbole ou une parabole, suivant qu'on aurait $m < 1$, $m > 1$ ou $m = 1$ (**247**).

Mais les avantages que peuvent présenter ces divers systèmes de coordonnées ne sont point assez généraux pour les faire préférer, soit aux coordonnées rectilignes dont nous nous sommes servis jusqu'à présent, soit à celles que nous allons étudier.

Remarque. — Dans les systèmes de coordonnées que nous venons de signaler, comme dans le système des coordonnées rectilignes, chaque point du plan est donné par l'intersection de deux lieux géométriques, déterminés respectivement par chacune des coordonnées, et l'on verra qu'il en est de même pour les coordonnées polaires. Néanmoins il serait inexact de définir, comme on le fait quelquefois, un système de coordonnées, en disant que c'est un système de deux lieux géométriques dont l'intersection détermine la position d'un point. On peut se servir, en effet, de systèmes de coordonnées qui échapperaient à cette définition. Ainsi, dans l'étude des courbes, on a employé avec succès pour coordonnées l'arc de la courbe même, compté à partir d'un point fixe pris sur cette courbe, et l'inclinaison de la normale à l'autre extrémité de cet arc[1]. On pourrait employer pour coordonnées l'aire de la courbe et l'inclinaison de sa tangente, etc. Il vaut donc mieux se borner à dire qu'*un système de coordonnées est un système de grandeurs variables propres à déterminer la position d'un point.*

519. Coordonnées polaires. — Soit M (fig. 181) un point dont on veut déterminer la position dans un plan. Menons dans ce plan une droite fixe OX, et prenons sur cette droite un point fixe O, puis joignons OM. La position du point M sera entièrement connue si l'on donne l'angle MOX et la longueur OM; car pour

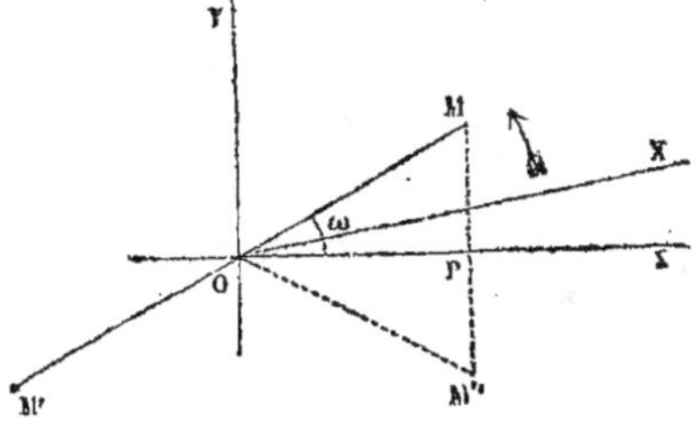

Fig. 181.

l'obtenir il suffira de faire au point O un angle XOM égal à l'angle donné, et de prendre sur la direction ainsi déterminée, et à partir du point O, une distance OM égale à la longueur donnée.

L'angle MOX et la longueur OM forment les *coordonnées polaires* du point M; le point O se nomme le *pôle*, la droite OX l'*axe polaire*; la longueur OM est le *rayon vecteur* du point M; l'angle MOX n'a pas reçu de nom particulier; pour la commodité du langage, nous l'appellerons l'*angle polaire* du point M.

On désigne assez habituellement le rayon vecteur par la lettre ρ, et l'angle polaire par la lettre ω. Tout point du plan est parfaitement déterminé par une valeur *positive* de ω comprise entre 0 et 2π, et par une valeur de ρ également positive comprise entre 0 et $+\infty$. Mais pour pouvoir représenter par une seule équation tous les points d'un même lieu géométrique, on est obligé d'admettre aussi pour ω et ρ des valeurs négatives.

[1] *Mémoires sur les développées des courbes planes,* par MM. Dubois-Aymé et Bigeon; 1820.

On adopte pour le sens positif de l'angle ω celui qui est indiqué par la flèche, c'est-à-dire le sens du mouvement d'une droite qui, d'abord couchée sur OX, tournerait autour du point O en s'élevant de OX vers OM. On peut faire varier ω depuis 0 jusqu'à une valeur quelconque, pouvant comprendre un nombre illimité de circonférences, soit dans le sens positif, soit dans le sens négatif. Quant au rayon vecteur ρ, OM et OM' seraient, par exemple, deux rayons vecteurs égaux et de signe contraire, répondant à une même valeur de l'angle polaire ω.

520. Équation d'une courbe en coordonnées polaires. — Toute équation de la forme

$$f(\rho, \omega) = 0 \quad \text{ou} \quad \rho = \varphi(\omega)$$

représente en coordonnées polaires une courbe que l'on construira de la manière suivante.

On donnera à ω des valeurs croissantes, à partir de zéro, et suffisamment rapprochées; et l'on déduira de l'équation proposée les valeurs correspondantes de ρ. On construira, comme il a été dit au n° **519**, les différents points qui ont pour coordonnées polaires les valeurs correspondantes de ω et de ρ ainsi obtenues. Si l'on a fait varier ω par intervalles suffisamment petits, les points construits de la sorte seront assez rapprochés; et en les réunissant par un trait continu, on aura la courbe demandée, avec le degré d'approximation que comporte le dessin.

Réciproquement, il peut arriver qu'une courbe étant définie géométriquement, on veuille la représenter par des coordonnées polaires; il suffira pour cela de déduire de sa définition la relation constante qui existe entre les coordonnées ρ et ω d'un même point.

Remarque. — Lorsque la variable ω n'entre dans l'équation que par ses lignes trigonométriques, l'unité à laquelle on la rapporte est indifférente; mais lorsqu'elle y entre d'une autre manière, on prend pour unité d'arc celui dont la longueur est égale au rayon, ou, ce qui revient au même, on prend pour unité d'angle l'angle au centre qui correspond à cet arc. La variable ω n'exprime plus alors qu'un rapport; et elle ne figure dans les formules que comme un nombre abstrait. Un angle polaire de 90°

est alors représenté par $\frac{\pi}{2}$; un angle de 180° par π; et ainsi de suite.

524. Remarques. — I. D'après la définition même des coordonnées polaires, l'équation.

$$\omega = \alpha,$$

dans laquelle α est un angle donné, représente une droite passant par le pôle et faisant avec l'axe polaire l'angle α. Si l'on admet que des rayons-vecteurs positifs, une moitié seulement de la droite est représentée par cette équation; l'autre serait représentée par l'équation $\omega = \alpha + 180°$. Si l'on admet des rayons vecteurs négatifs, une même équation représentera donc la droite tout entière.

II. Les équations $\omega = 0$ et $\omega = 180°$ représentent l'axe polaire.

III. L'équation

$$\rho = r,$$

dans laquelle r est une longueur donnée, représente une circonférence de cercle décrite du pôle comme centre, avec la longueur r pour rayon.

IV. L'équation $\rho = 0$ représente le pôle.

525. Changement d'axe polaire. — On a souvent besoin de changer d'axe polaire sans changer de pôle. Soit OX' (fig. 181) le nouvel axe polaire faisant avec l'ancien un angle X'OX $= \alpha$; soit ω' le nouvel angle polaire du point M. On aura

$$\text{MOX} = \text{MOX}' + \text{X'OX} \quad \text{ou} \quad \omega = \omega' + \alpha.$$

Telle est la relation qui servira à opérer le changement d'axe polaire.

On reconnaîtrait aisément que cette formule est générale.

526. Passer d'un système de coordonnées rectangulaires à un système de coordonnées polaires, et réciproquement. — Soient OX et OY (fig. 181) les axes rectangulaires, MP et OP les coordonnées d'un point M rapportées à ces axes. Si l'on prend d'abord pour axe polaire l'axe des x, on aura OM $= \rho$ et MOX $= \omega$. Or les coordonnées rectangulaires du point M étant les projections de OM sur les axes, on aura, quelle que soit la position du point M,

$$x = \rho \cos \omega \quad \text{et} \quad y = \rho \sin \omega. \qquad [1]$$

Si l'on prend pour axe polaire une droite quelconque OX' passant par l'origine et faisant avec OX un angle α, il faudra, dans ces formules, remplacer ω par $\omega' + \alpha$: ce qui donnera

$$x = \rho \cos (\omega' + \alpha) \quad \text{et} \quad y = \rho \sin (\omega' + \alpha). \qquad [2]$$

524. Pour passer, au contraire, d'un système de coordonnées polaires à un système de coordonnées rectangulaires ayant le pôle pour origine, il faudra des formules ci-dessus tirer les valeurs de ρ et de ω, ou de ω', en fonction de x et de y.

On tire des équations [1], en les ajoutant membre à membre après les avoir élevées au carré,

$$x^2 + y^2 = \rho^2, \quad \text{d'où} \quad \rho = \sqrt{x^2 + y^2}. \qquad [3]$$

On obtient ensuite

$$\cos \omega = \frac{x}{\rho} = \frac{x}{\sqrt{x^2 + y^2}} \quad \text{et} \quad \sin \omega = \frac{y}{\sqrt{x^2 + y^2}}. \qquad [4]$$

On peut aussi diviser les équations [1] membre à membre, ce qui donne

$$\tang \omega = \frac{y}{x}. \qquad [5]$$

On tirerait même des équations [2]

$$\rho = \sqrt{x^2 + y^2}$$

et

$$\cos (\omega' + \alpha) = \frac{x}{\sqrt{x^2 + y^2}}, \sin (\omega' + \alpha) = \frac{y}{\sqrt{x^2 + y^2}}, \tang (\omega' + \alpha) = \frac{y}{x} \qquad [6]$$

Remarque. — La transformation des coordonnées obliques en coordonnées polaires, et *vice versa*, n'est point usitée ; nous ne donnerons donc pas ici les formules qui s'y rapportent ; mais nous engageons le lecteur à les établir : ce sera un exercice utile.

525. Application des formules qui précèdent. — Considérons d'abord l'équation de la ligne droite rapportée à des axes rectangulaires. On a vu, au n° **86**, qu'en appelant p la perpendiculaire abaissée de l'origine sur la droite, et α l'angle que cette perpendiculaire fait avec l'axe des x, l'équation de la droite peut se mettre sous la forme

$$x \cos \alpha + y \sin \alpha = p.$$

Si l'on prend l'axe des x pour axe polaire et l'origine pour pôle, on aura, en faisant usage des formules [1],

$$\rho \cos \omega \cos \alpha + \rho \sin \omega \sin \alpha = p ;$$

d'où

$$\rho = \frac{p}{\cos(\omega - \alpha)}. \qquad [7]$$

Si l'on prend pour axe polaire la perpendiculaire abaissée de l'origine sur la droite, il faudra, dans la formule ci-dessus, remplacer ω par $\omega' + \alpha$, ce qui donnera

$$\rho = \frac{p}{\cos \omega'},$$

formule facile à trouver directement ; car la perpendiculaire p est la projection constante du rayon vecteur.

526. L'équation

$$x^2 - y^2 = a^2$$

représente, en coordonnées rectangulaires, une hyperbole équilatère rapportée à ses axes. Si l'on prend le centre pour pôle et l'axe transverse pour axe polaire, on trouvera, en faisant usage des formules [1],

$$\rho^2 \cos^2 \omega - \rho^2 \sin^2 \omega = a^2, \quad \text{d'où} \quad \rho = \frac{a}{\sqrt{\cos 2\omega}}. \qquad [8]$$

L'équation $xy = m^2$, en coordonnées rectangulaires, représente une hyperbole équilatère rapportée à ses asymptotes ; si l'on prend le centre pour pôle et l'une des asymptotes pour axe polaire, on trouvera, à l'aide des mêmes formules [1],

$$\rho^2 \sin \omega \cos \omega = m^2, \quad \text{d'où} \quad \rho = \frac{m\sqrt{2}}{\sqrt{\sin 2\omega}}. \qquad [9]$$

527. L'équation

$$y^2 = \frac{x^3}{a - x},$$

en coordonnées rectangulaires, représente une cissoïde (**18**), dont le cercle générateur a pour diamètre a. On trouvera, en faisant usage des équations [1], que la même courbe, en coordonnées polaires, a pour équation

$$\rho = a\,\frac{\sin^2\omega}{\cos\omega}. \tag{10}$$

Enfin, l'équation

$$(x^2 + y^2 + a^2)^2 - 4a^2x^2 = a^4,$$

en coordonnées rectangulaires, représente une lemniscate (**20**); en coordonnées polaires, la même courbe aura pour équation

$$(\rho^2 + a^2)^2 - 4a^2\rho^2\cos^2\omega = a^4, \quad \text{ou} \quad \rho = a\,\sqrt{2}.\sqrt{\cos 2\omega}. \tag{11}$$

528. Supposons, au contraire, qu'on ait l'équation polaire

$$\rho = \frac{c}{a\cos\omega + b\sin\omega}. \tag{12}$$

On en tire

$$a\,\rho\cos\omega + b\,\rho\sin\omega = c,$$

ou, en employant les relations [1],

$$ax + by = c,$$

équation d'une droite. L'équation [12] représente donc une droite.

Soit encore l'équation polaire

$$\rho = a\cos\omega + b\sin\omega. \tag{13}$$

En la multipliant par ρ, sauf à tenir compte du facteur introduit, on trouve

$$\rho^2 = a\rho\cos\omega + b\rho\sin\omega,$$

ou, en se servant des relations [1] et [3],

$$x^2 + y^2 = ax + by,$$

équation d'une circonférence de cercle passant par l'origine. L'équation [13] représente donc un cercle qui passe par le pôle.

REMARQUE. — L'introduction du facteur ρ se trouve ainsi justifiée; car si l'on tient compte de l'équation $\rho = 0$, correspondante à ce facteur, on sait qu'elle représente le pôle (**521**, IV), ce qui ne change rien au lieu représenté par l'équation [13].

529. Soit enfin, comme dernier exemple, l'équation polaire

$$\rho = \frac{a\cos\omega}{1 - \sin 2\omega}, \tag{14}$$

on en tire, en chassant le dénominateur et multipliant par ρ,

$$\rho^2 - 2\rho\sin\omega.\rho\cos\omega = a.\rho\cos\omega.$$

Au moyen des formules [1] et [3] on la change en

$$x^2 + y^2 - 2xy = ax,$$

qui est celle d'une parabole. L'équation [14] représente donc une parabole.

REMARQUE. — On peut répéter ici la remarque faite au numéro précédent.

§ 2. — CENTRE, AXES DE SYMÉTRIE, TANGENTES ET ASYMPTOTES DES COURBES EN COORDONNÉES POLAIRES.

530. Centre. — Lorsque le pôle est un *centre*, ρ doit prendre la même valeur pour ω et pour $\omega + \pi$; et, réciproquement, si l'équation donnée ne change pas quand on y remplace ω par $\omega + \pi$, le pôle est un centre. C'est donc à ce dernier caractère que l'on reconnaîtra si la courbe représentée par une équation donnée a le pôle pour centre.

531. Axes de symétrie. — Lorsque l'axe polaire est un axe de symétrie de la courbe, à chaque point M (fig. 181) situé au-dessus de cet axe correspond un point M″ situé au-dessous, à la même distance, et sur une même perpendiculaire. Pour ces deux points, les longueurs OM et OM″ sont égales, ainsi que les angles MOX et M″OX. Mais le premier de ces deux angles étant regardé comme positif, le second doit être regardé comme négatif. Il s'ensuit que, si l'équation polaire de la courbe est satisfaite par un système de valeurs ρ et ω, elle le sera également par le système ρ et $-\omega$. Il faut pour cela que l'équation reste la même quand on y change ω en $-\omega$.

C'est ce qui arrive, par exemple, lorsque l'angle polaire n'entre dans l'équation que par son cosinus, par sa sécante ou par des lignes trigonométriques affectées d'un exposant pair. Ainsi des équations telles que

$$f(\rho, \cos \omega) = 0, \quad f(\rho, \sin^2 \omega) = 0, \quad f(\rho, \tan g^2 \omega) = 0,$$

représentent des courbes symétriques par rapport à l'axe polaire.

532. Si la courbe a un axe de symétrie passant par le pôle et faisant avec l'axe polaire un angle α, il faudra qu'en rapportant la courbe à son axe de symétrie, c'est-à-dire en faisant tourner l'axe polaire d'un angle α, l'équation à laquelle on parviendra reste la même quand on y changera le signe du nouvel angle polaire. Or, pour effectuer le changement d'axe polaire dont il s'agit, il faut remplacer ω par $\omega' + \alpha$; et la nouvelle équation polaire devra rester la même quand on y changera ω' en $-\omega'$. Ceci revient à dire que l'équation primitive doit donner le même résultat quand on y remplace ω par $\alpha \pm \omega'$. Les termes susceptibles de changer de signe avec ω' doivent donc disparaître, quel que soit ω'; et cette condition, si elle est remplie, fera connaître la valeur de α.

Soit proposée, par exemple, l'équation

$$\rho = a + b \sin 3\omega.$$

En y remplaçant ω par $\alpha \pm \omega'$, elle devient

$$\rho = a + b \sin 3\alpha . \cos 3\omega' \pm b \cos 3\alpha . \sin 3\omega'.$$

Pour que le terme en $\sin 3\omega'$ disparaisse quel que soit ω', il faut qu'on ait

$$\cos 3\alpha = 0,$$

d'où, en ne prenant que les valeurs positives,

$$3\alpha = 90° + n.180 \quad \text{et} \quad \alpha = 30° + n.60°,$$

n étant un nombre entier, ce qui donne les valeurs

$$\alpha = 30°, \quad \alpha = 90°, \quad \alpha = 150°, \quad \alpha = 30° + 180°, \text{ etc.},$$

qui ne fournissent que trois directions distinctes. On retrouverait encore les mêmes directions en prenant pour α des valeurs négatives. La courbe a donc trois axes de symétrie, faisant avec l'axe polaire des angles de 30, 90 et 150 degrés.

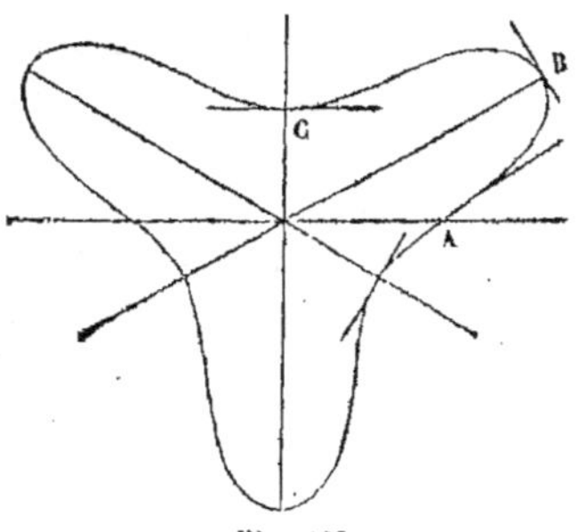

Fig. 182.

Cette circonstance abrégerait d'une manière notable la construction de la courbe, car les trois axes de symétrie faisant entre eux des angles égaux, il en résulte que la courbe se compose de six parties superposables (fig. 182). Et, en général, s'il y a n axes de symétrie passant par le pôle et faisant des angles successifs égaux entre eux, la courbe se composera de parties superposables en nombre $2n$.

Remarque. — Si l'on admettait des rayons vecteurs négatifs, une équation polaire représenterait encore une courbe symétrique par rapport à l'axe polaire lorsqu'elle demeurerait la même en y changeant à la fois ω en 180° — ω et ρ en — ρ. La méthode ci-dessus exposée devrait alors être modifiée en conséquence, c'est-à-dire que pour obtenir les axes de symétrie passant par le pôle, il faudrait remplacer successivement ω par α + ω′ et par α + 180° — ω′, puis exprimer que les résultats obtenus sont égaux et de signe contraire, quel que soit ω′.

533. Tangentes en coordonnées polaires. — Pour déter-miner la tangente à une courbe dont l'équation est donnée en coordonnées polaires, on cherche l'angle qu'elle fait avec le rayon vec-teur du point de contact.

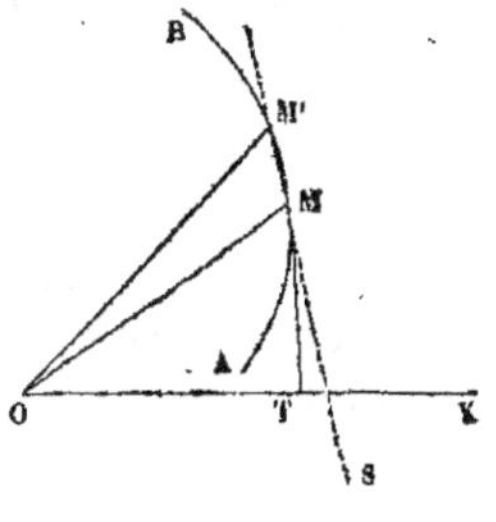

Fig. 183.

Soit M (fig. 183) le point d'une courbe AB où l'on veut mener une tangente à cette courbe ; soit M′ un point infiniment voisin. La direction de la tangente MT au point M est la limite vers laquelle tend la direction de la sécante MM′ ou MS lorsque le point M′ va en se rapprochant du point M ; l'angle OMT ou V que la tangente fait avec le rayon vecteur OM est donc la limite de l'angle OMS ou U.

Soient ω et ρ les coordonnées du point M, celles du point M′ seront ω + h et ρ + k, h et k désignant les accroissements *algé-briques* que subissent les coordonnées quand on passe du point M au point M′ ; c'est-à-dire qu'on a h = M′OX — MOX et k = OM′ — OM.

Cela posé, on a dans le triangle M′OM

$$\frac{OM'}{OM} = \frac{\sin OMM'}{\sin OM'M}$$

ou

$$\frac{\rho + k}{\rho} = \frac{\sin (180° - OMS)}{\sin (OMS - MOM')} = \frac{\sin U}{\sin (U - h)};$$

d'où

$$\frac{k}{\rho} = \frac{\sin U - \sin (U - h)}{\sin (U - h)} = \frac{2 \sin \frac{1}{2} h \cos (U - \frac{1}{2} h)}{\sin (U - h)}$$

et

$$\frac{\sin (U - h)}{\cos (U - \frac{1}{2} h)} = \rho . \frac{2 \sin \frac{1}{2} h}{k} = \rho . \frac{\sin \frac{1}{2} h}{\frac{1}{2} h} . \frac{h}{k}.$$

Si l'on passe à la limite, le premier membre se réduit à tang V, puisque U a pour limite V; le rapport $\dfrac{\sin\frac{1}{2}h}{\frac{1}{2}h}$ se réduit à 1, et il reste

$$\operatorname{tang} V = \rho . \lim \frac{h}{k} = \frac{\rho}{\lim \dfrac{k}{h}}.$$

Or la limite du rapport $\dfrac{k}{h}$, ou de l'accroissement de la fonction à l'accroissement de la variable, n'est autre chose que la dérivée ρ' de ρ par rapport à ω On a donc

$$\operatorname{tang} V = \frac{\rho}{\rho'}. \qquad\qquad [1]$$

On reconnaîtrait aisément que cette formule est générale.

La dérivée ρ' se calculera d'après les règles connues. Si l'équation de la courbe est donnée sous la forme $\rho = \varphi(\omega)$, ρ' est égale à $\varphi'(\omega)$ et l'on a

$$\operatorname{tang} V = \frac{\rho}{\rho'} = \frac{\varphi(\omega)}{\varphi'(\omega)}. \qquad\qquad [2]$$

Si l'équation de la courbe est donnée sous la forme $f(\rho,\omega) = 0$, on a (**101**)

$$\rho' = - \frac{f'_\omega(\rho,\omega)}{f'_\rho(\rho,\omega)},$$

et par suite

$$\operatorname{tang} V = - \frac{\rho f'_\rho(\rho,\omega)}{f'_\omega(\rho,\omega)}. \qquad\qquad [3]$$

Remarque. — Aux points où la tangente est parallèle à l'axe polaire, on a tang $V = -$ tang ω; et aux points où elle est perpendiculaire à l'axe polaire, on a tang $V =$ cotang ω.

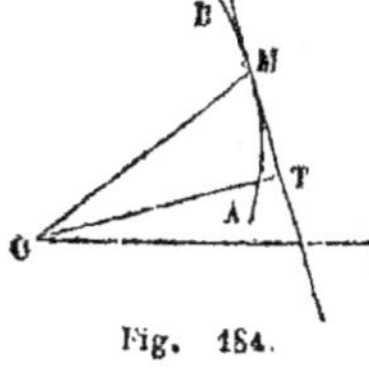

Fig. 184.

534. Équation de la tangente. — Il peut être utile d'avoir l'équation polaire de la tangente même; on l'obtiendra de la manière suivante. Soit $M(\omega_1, \rho_1)$ (fig. 184) le point de contact, et $T(\omega, r)$ un point quelconque de la tangente. Joignons OT ; le triangle OTM donne

$$\frac{OM}{OT} = \frac{\sin OTM}{\sin OMT} \quad \text{ou} \quad \frac{\rho_1}{r} = \frac{\sin [V + \omega_1 - \omega]}{\sin V}.$$

Développant le numérateur, divisant les deux termes par $\cos V$ et remplaçant $\tang V$ par sa valeur $\dfrac{\rho_1}{\rho'_1}$, on en tire

$$\frac{1}{r} = \frac{1}{\rho_1} \cos (\omega_1 - \omega) + \frac{\rho'_1}{\rho_1^2} \sin (\omega_1 - \omega).$$

Mais si l'on pose $\dfrac{1}{\rho} = f(\omega)$, on en déduit $f'(\omega) = -\dfrac{\rho'}{\rho^2}$; par conséquent l'équation de la tangente devient

$$\frac{1}{r} = f(\omega_1) \cos (\omega_1 - \omega) - f'(\omega_1) \sin (\omega_1 - \omega).$$

535. Normale, sous-tangente et sous-normale. — Menons par le pôle O (fig. 185) une perpendiculaire au rayon OM, terminée d'une part en T à sa rencontre avec la tangente en M, et d'autre part en N à sa rencontre avec la normale. La longueur OT est ce que l'on nomme la *sous-tangente*, et la longueur ON est la *sous-normale*. On en obtient aisément les valeurs.

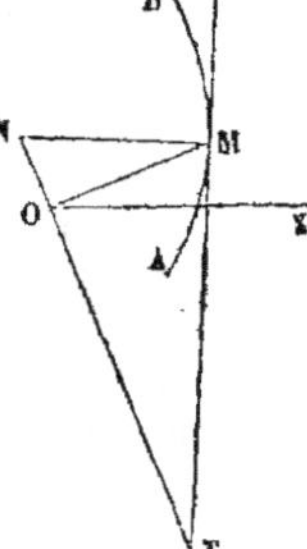

Fig. 185.

On a

$$OT = OM \, \tang OMT = \rho \, \tang V = \frac{\rho^2}{\rho'}$$

et

$$ON = \frac{OM}{\tang OMT} = \rho'.$$

536. Exemples. — I. Considérons d'abord la courbe qui a pour équation

$$\rho = 4 + 2 \sin 3\omega,$$

on trouvera

$$\tang V = \frac{4 + 2 \sin 3\omega}{6 \cos 3\omega},$$

Au point A (fig. 182), qui répond à $\omega = 0$, on a $\tang V = \frac{2}{3}$;

Au point B, qui répond à $\omega = 30°$, on a $\tang V = \infty$;

Au point C, qui répond à $\omega = 90°$, on a $\tang V = \infty$.

On voit qu'aux points B et C la tangente est perpendiculaire au rayon vecteur, comme l'indique la figure.

II. Soit $\rho = a\,\mathrm{tang}\,\omega$ (fig. 186); on trouvera $\mathrm{tang}\,V = \frac{1}{2}\sin 2\,\omega$.

Pour $\omega = 0$ on a $\mathrm{tang}\,V = 0$; ainsi la courbe est tangente en O à l'axe polaire.

III. Soit $\rho = \dfrac{a}{\sqrt{\sin \omega}}$ (fig. 187); on trouvera $\mathrm{tang}\,V = -2\,\mathrm{tang}\,\omega$.

Pour $\omega = 90°$, on a $\mathrm{tang}\,V = \infty$; ainsi la tangente au point A est perpendiculaire au rayon vecteur. La courbe ayant d'ailleurs l'axe polaire pour asymptote, il s'ensuit qu'elle a nécessairement un point d'inflexion entre $\omega = 0$ et $\omega = 90°$.

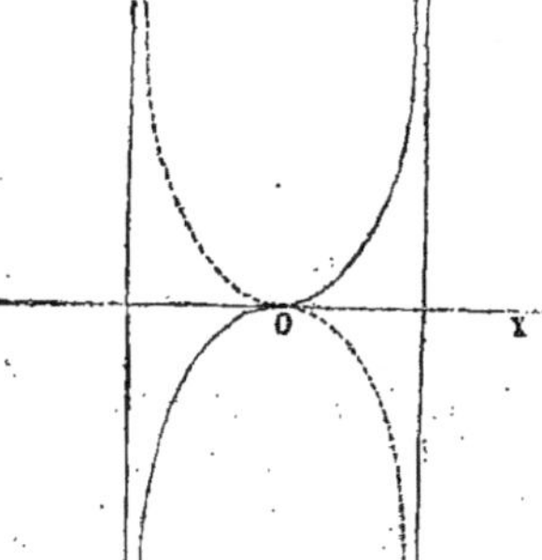

Fig. 186.

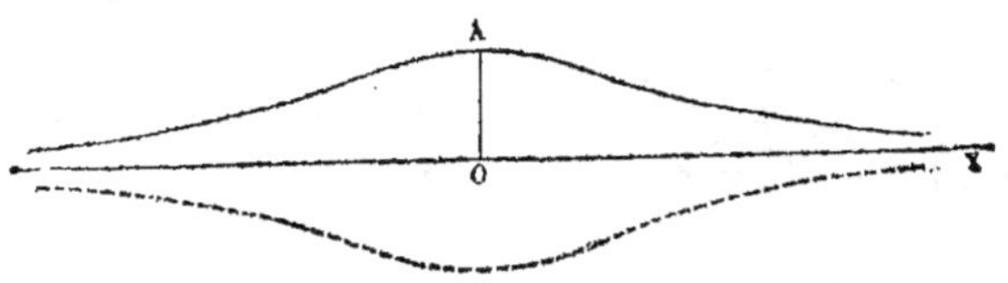

Fig. 187.

IV. Soit $\rho = \dfrac{a}{\sin^2 \omega}$ (fig. 188); on trouvera $\mathrm{tang}\,V = -\frac{1}{2}\,\mathrm{tang}\,\omega$.

Pour $\omega = 90°$, on a $\mathrm{tang}\,V = \infty$; ainsi la tangente au point A est perpendiculaire au rayon vecteur. Pour $\omega = 0$, on a d'ailleurs $\mathrm{tang}\,V = 0$; c'est-à-

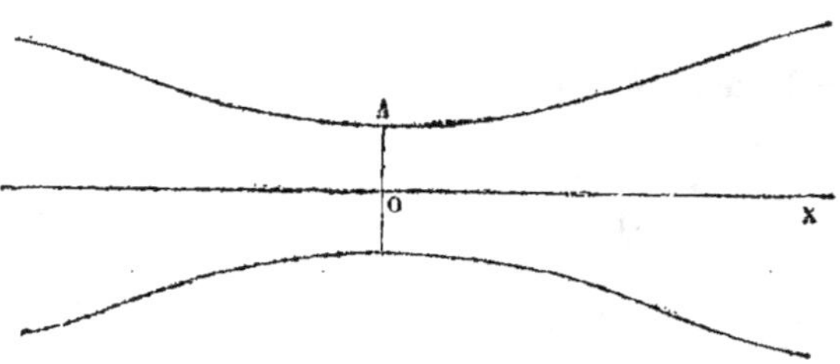

Fig. 188.

dire que la tangente se confond alors avec le rayon vecteur. Il en résulte que la courbe a un point d'inflexion entre $\omega = 0$ et $\omega = 90°$.

V. Soit $\rho = a + \dfrac{m}{\omega}$; on trouvera

$$\mathrm{tang}\,V = -\frac{\omega^2}{m}\left(a + \frac{m}{\omega}\right) = -\frac{\omega}{m}\left(a\omega + m\right).$$

L'angle V approche d'autant plus d'être droit, que ω est plus grand. La valeur $\omega = -\dfrac{m}{a}$, qui donne $\rho = 0$, donne aussi $\tan V = 0$; c'est-à-dire qu'au pôle la tangente a la direction du rayon vecteur lui-même.

537. Tangente au pôle. — Ceci est général : si l'on a $\rho = 0$ pour une certaine valeur de ω, par exemple, pour $\omega = \alpha$, la tangente au pôle est précisément la droite représentée par l'équation $\omega = \alpha$. Car cette droite est la limite vers laquelle tend une sécante passant par le pôle, quand on la fait tourner autour de ce point jusqu'à ce que le second point de rencontre vienne se confondre avec le premier ; ou, ce qui revient au même, jusqu'à ce que le rayon vecteur de ce second point devienne égal à zéro.

538. Prenons encore pour exemple la courbe qui a pour équation $\rho = \omega$, et qu'on désigne sous le nom de *spirale d'Archimède* (fig. 189). On trouve

$$\tan V = \omega \, ;$$

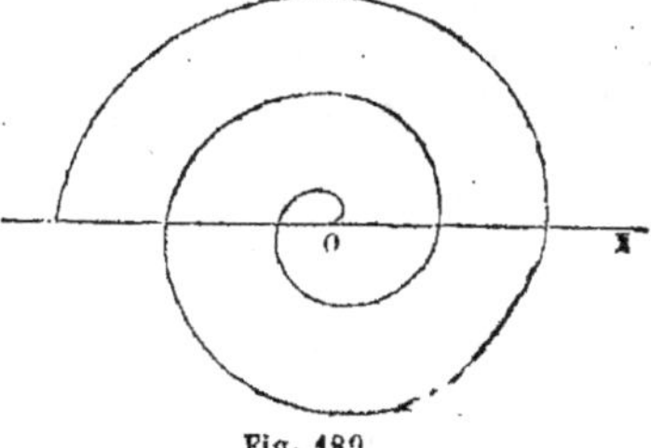

Fig. 189.

ainsi la tangente fait avec le rayon vecteur des angles d'autant plus voisins de 90°, que ω est plus grand. La courbe rencontre l'axe polaire en des points pour lesquels on a successivement :

$$\omega = 0, \quad \omega = \pi, \quad \omega = 2\pi, \quad \omega = 3\pi \, ;$$

et ainsi de suite.

Plus généralement, une droite passant par le pôle et faisant avec l'axe polaire l'angle α, rencontre la courbe en des points qui répondent à

$$\omega = \alpha, \quad \omega = \alpha + \pi, \quad \omega = \alpha + 2\pi, \quad \omega = \alpha + 3\pi,$$

et ainsi de suite.

Ces nombres représentent en même temps les valeurs de la tangente trigonométrique des angles que les tangentes aux divers points font avec l'axe polaire.

Remarque. — I. On n'a tracé sur la figure que la partie de la courbe répondant aux valeurs positives de ρ : si l'on admet des rayons vecteurs négatifs, on aura une seconde courbe symétriquement placée par rapport à l'axe polaire.

II. Dans cette courbe la sous-tangente est constante.

539. Soit enfin l'équation $\rho = a^\omega$, qui représente (fig. 190) une courbe à laquelle on donne le nom de *spirale logarithmique*.

On trouve

$$\operatorname{tang} V = \frac{1}{\log' a},$$

quantité constante dans laquelle $\log' a$ indique le logarithme népérien de a.

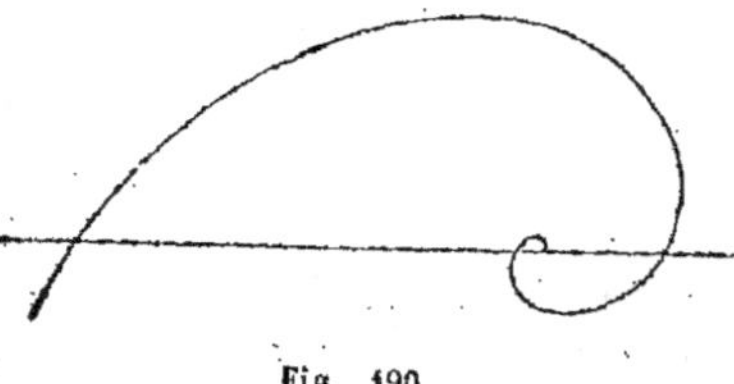

La spirale logarithmique jouit donc de cette propriété, de couper tous ses rayons vecteurs sous un angle constant.

Lorsque a est égal à la base des logarithmes népériens, l'angle constant V est de 45°.

Dans cette courbe la sous-normale et la sous-tangente sont proportionnelles au rayon vecteur.

Fig. 190.

540. Concavité et convexité vers le pôle; inflexions. — Une courbe rapportée à des coordonnées polaires est *concave* vers le pôle, en un point M (ω_1, ρ_1) lorsque pour $\omega = \omega_1 \pm h$, h désignant une quantité très-petite et tendant vers zéro, le rayon vecteur ρ de la courbe est moindre que le rayon vecteur r de la tangente. La courbe est, au contraire, *convexe*, vers le pôle si, pour

$$\omega = \omega_1 \pm h,$$

ρ est plus grand que r. Il y a *inflexion* au point M, si la différence $\rho - r$ change de signe au point M, l'uisqu'on a la valeur de ρ en fonction de ω, et que l'on a aussi celle de r, d'après l'équation de la tangente (**534**), on pourrait se contenter d'examiner le signe de $\rho - r$ pour $\omega = \omega_1 - h$ et pour $\omega = \omega_1 + h$.

Mais on peut déduire de ces définitions un caractère analytique souvent plus commode.

La condition pour que la courbe soit concave vers le pôle, c'est-à-dire $\rho < r$ ou $\rho - r < 0$, peut s'écrire

$$\frac{1}{\rho} - \frac{1}{r} > 0. \qquad [1]$$

Comme le premier membre s'annule pour $\omega = \omega_1$, qui répond au point de contact, pour que ce premier membre reste positif de $\omega = \omega_1 - h$ à $\omega = \omega_1 + h$, il faut qu'il soit minimum pour $\omega = \omega_1$; ce qui exige que sa première dérivée s'annule, et que sa seconde dérivée prenne une valeur positive.

Or la première dérivée s'annule en effet; car on tire de l'équation de la tangente (474)

$$\left(\frac{1}{r}\right)' = f(\omega_1)\sin(\omega_1 - \omega) + f'(\omega_1)\cos(\omega_1 - \omega)$$

et, pour $\omega = \omega_1$, le premier membre devient $\left(\dfrac{1}{r_1}\right)'$ et le second membre se réduit à $f'(\omega_1)$, c'est-à-dire à $\left(\dfrac{1}{\rho_1}\right)'$. La condition nécessaire et suffisante pour qu'au point M la courbe tourne sa concavité vers le pôle est donc

$$\left(\frac{1}{\rho_1}\right)'' - \left(\frac{1}{r_1}\right)'' > 0 \quad \text{ou} \quad \left(\frac{1}{\rho_1}\right)'' + \frac{1}{\rho_1} > 0;$$

car on a

$$\left(\frac{1}{r_1}\right)'' = - f(\omega_1) = -\frac{1}{\rho_1}.$$

On verrait de même que cette somme doit être négative pour que la courbe tourne sa convexité vers le pôle. Pour qu'il y ait inflexion, il faut que cette somme change de signe au point considéré; il faut donc qu'elle passe par zéro ou par l'infini.

Remarque. — Il y a exception toutefois quand le pôle coïncide avec le point d'inflexion même; la courbe ne cesse pas alors de tourner sa concavité vers le pôle, soit avant, soit après ce point.

Si, par exemple, on reprend la courbe $\rho = a\,\tang\,\omega$, étudiée au n° **536**, on trouve

$$\left(\frac{1}{\rho_1}\right)'' + \frac{1}{\rho_1} = \frac{1}{a}.\cot\omega_1\left(\frac{2}{\sin^2\omega_1} + 1\right),$$

et la valeur de cette expression reste positive pour toutes les valeurs de ω répondant à des points de la courbe; il en résulte que cette courbe tourne constamment sa concavité vers le pôle.

Cependant il y a inflexion au pôle.

On retrouvera la même particularité dans la courbe $\rho = a\sqrt{2\cos 2\omega}$, qui n'est autre que la lemniscate étudiée au n° **20**, et dans beaucoup d'autres courbes polaires.

541. Asymptotes en coordonnées polaires. — Lorsque à une valeur finie de ω, par exemple $\omega = \alpha$, répond une valeur infinie de ρ, il y a lieu de chercher si la droite passant par le pôle et faisant avec l'axe polaire l'angle α, n'est pas une *asymptote* de la courbe, ou si cette dernière n'a pas une *asymptote rectiligne parallèle à cette droite*.

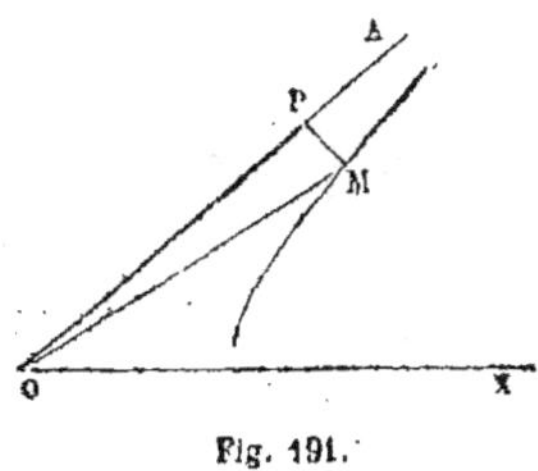

Fig. 191.

Soit OA (fig. 191) la droite qui fait avec l'axe polaire l'angle α, et soit M un point quelconque de la courbe supposée à droite de OA. Du point M abaissons sur OA la perpendiculaire MP, et joignons OM, nous aurons

$$\mathrm{POM} = \mathrm{POX} - \mathrm{MOX} = \alpha - \omega,$$

et, en appelant δ la distance MP,

$$\delta = \mathrm{OM}\,.\sin \mathrm{POM} = \rho \sin(\alpha - \omega).$$

Imaginons que dans cette expression on ait mis pour ρ la valeur tirée de l'équation de la courbe, et que l'on fasse tendre ω en *croissant* vers la valeur particulière α. Si δ tend vers zéro, la courbe ira en se rapprochant indéfiniment de OA ; cette droite sera donc une asymptote de la courbe. Si δ tend vers une valeur finie d, la courbe aura pour asymptote une parallèle à OA, distante de OA d'une longueur égale à d, et située à *droite* de OA. Si δ tend vers l'infini, la courbe n'aura pour asymptote ni OA, ni une parallèle à OA.

Si le point M était placé à gauche de OA, on aurait

$$\delta = \rho \sin(\omega - \alpha),$$

et il faudrait faire tendre ω vers α, en *décroissant*.

L'étude des variations de ρ, laquelle doit toujours précéder la recherche des asymptotes, fera connaître si la courbe est placée à droite ou à gauche de OA ; elle fera connaître également de quel côté de l'asymptote la courbe est placée, quand l'asymptote ne coïncide pas avec OA. Cela suppose que ρ est positif ; si ρ était négatif, le contraire aurait lieu.

Remarque. —— Nous avons omis à dessein le cas où δ serait indépendant de ω. Si cela arrivait, tous les points du lieu représenté par l'équation proposée seraient à la même distance de OA; le lieu serait donc une droite parallèle à OA. Mais l'équation polaire d'une droite pouvant toujours être reconnue à sa forme (**525**), le cas dont il s'agit ne doit point se présenter.

542. Équation de l'asymptote. — Dans le cas où δ a une limite d différente de zéro, l'équation de l'asymptote est

$$\rho \sin (\alpha - \omega) = d, \qquad [1]$$

lorsque la courbe est placée à droite de OA, puisque cette équation représente le lieu des points distants de OA d'une longueur égale à d; elle est

$$\rho \sin (\omega - \alpha) = d$$

quand la courbe est placée à gauche de OA. On peut aussi construire ces équations. En faisant dans [1] $\omega = 0$, d'où $\rho = \dfrac{d}{\sin \alpha}$, on obtient le point où elle coupe l'axe polaire. L'asymptote se trouve ainsi complétement déterminée.

Si l'on avait $\alpha = 0$, au lieu de faire $\omega = 0$ dans l'équation de l'asymptote, on ferait $\omega = 90°$, et l'on aurait ainsi le point où elle coupe la perpendiculaire à l'axe polaire. On construirait de même la seconde équation.

543. La limite de $\delta = \rho \sin (\alpha - \omega)$ s'obtient ordinairement par des transformations de calcul plus ou moins simples; mais on peut la calculer par une méthode générale.

On peut écrire

$$\delta = \frac{\sin (\alpha - \omega)}{\dfrac{1}{\rho}}$$

ou bien encore

$$\delta = \frac{\sin (\alpha - \omega)}{f(\omega)},$$

en désignant par $f(\omega)$ la valeur de $\dfrac{1}{\rho}$ tirée de l'équation de la courbe considérée. Or pour $\omega = \alpha$ cette valeur de δ se présente sous la forme $\frac{0}{0}$. Donc, d'après une règle connue, on a

$$\lim .\delta \quad \text{ou} \quad d = \frac{-1}{f'(\alpha)} .$$

Si ω tendait vers α en décroissant, on aurait

$$\delta = \rho \sin (\omega - \alpha)$$

et par suite on trouverait

$$d = \frac{1}{f'(\alpha)} .$$

Il sera quelquefois plus simple de calculer la limite de $\frac{1}{\delta}$. On aura alors

$$\frac{1}{d} = \pm f'(\alpha),$$

et on devra choisir le signe d'après ce qui précède.

REMARQUE. — Pour $\omega = \alpha$ et $\rho_1 = \infty$, l'équation de la tangente (**534**) se réduit à

$$\rho \sin (\alpha - \omega) = - \frac{1}{f'(\alpha)} = d,$$

ce qui est l'équation de l'asymptote quand d a une valeur finie et déterminée. Les tangentes dont le point de contact est à l'infini sont donc en général des asymptotes (**168**).

544. EXEMPLES. — I. Considérons l'équation

$$\rho = a \tang \omega,$$

Pour $\omega = 90°$ elle donne $\rho = \infty$; il y a donc lieu de rechercher si la perpendiculaire menée à l'axe polaire par le pôle n'est pas une asymptote de la courbe. On trouve

$$\delta = a \tang \omega \sin (90° - \omega) = a \sin \omega,$$

valeur qui se réduit à a quand on y fait $\omega = 90°$. La droite menée par le pôle perpendiculairement à l'axe polaire n'est donc pas asymptote; mais la courbe a une asymptote perpendiculaire à l'axe polaire, située à la distance a du pôle (fig. 186).

Pour $\omega = 270°$, on a encore $\rho = \infty$; on trouverait, en opérant comme ci-dessus, une seconde asymptote parallèle à la première, et à la distance a de l'autre côté du pôle.

Si l'on admet des rayons vecteurs négatifs, on trouve deux autres branches ayant les mêmes asymptotes; ce sont celles qui sont ponctuées sur la figure.

II. Considérons de même l'équation

$$\rho = \frac{a}{\sqrt{\sin \omega}},$$

qui, pour $\omega = 0$, donne $\rho = \infty$; on trouvera

$$\delta = \frac{a}{\sqrt{\sin \omega}} \sin \omega = a \sqrt{\sin \omega},$$

valeur qui se réduit à zéro pour $\omega = 0$. L'axe polaire est donc une asymptote de la courbe (fig. 187).

Le radical pouvant être pris avec deux signes, les rayons vecteurs négatifs fournissent une seconde branche de courbe, qui est ponctuée sur la figure.

III. Considérons enfin l'équation

$$\rho = \frac{a}{\sin^2 \omega},$$

qui donne aussi $\rho = \infty$, pour $\omega = 0$. On trouvera

$$\delta = \frac{a}{\sin^2 \omega} \sin \omega = \frac{a}{\sin \omega},$$

valeur qui devient infinie pour $\omega = 0$. La courbe n'a donc pour asymptote ni l'axe polaire ni une parallèle à cet axe (fig. 188).

545. Cercles et points asymptotes. — Il peut arriver que lorsqu'on fait croître ω indéfiniment, ρ tende vers une valeur finie a. Le cercle qui a pour équation $\rho = a$ est alors une véritable asymptote de la courbe; et celle-ci s'en approche indéfiniment en tournant autour de sa circonférence sans pouvoir l'atteindre.

Telles sont les courbes représentées par l'équation $\rho = a + \dfrac{m}{\omega}$, qui ont en même temps une asymptote rectiligne parallèle à l'axe polaire, à une distance m au-dessus de cet axe. La figure 192 représente une courbe de ce genre dans laquelle $a = 10$ et $m = \dfrac{\pi}{2}$. La partie ponctuée répond aux rayons vecteurs négatifs.

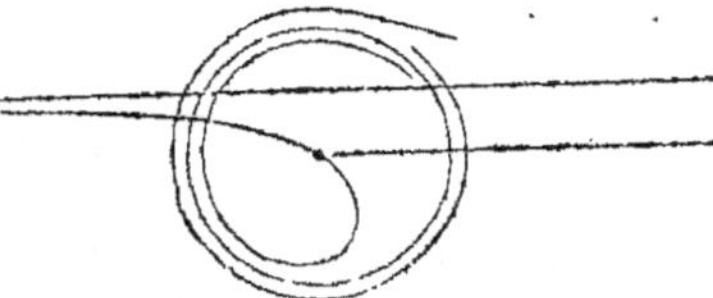

Fig. 192.

Si la limite vers laquelle tend le rayon vecteur ρ à mesure que ω augmente était nulle, c'est-à-dire si l'on avait $a = 0$, le cercle asymptote se réduirait au pôle, et ce point serait ce que l'on appelle alors un *point asymptote*.

546. Exemples de discussion de courbes en coordonnées polaires —
1. Soit l'équation

$$\rho = \frac{1}{\cos^2 \omega}.$$

AXES DE SYMÉTRIE. — En appliquant la méthode du n° **531**, on trouve que
l'axe polaire et la perpendiculaire à cet axe menée par le pôle sont deux axes
de symétrie de la courbe. D'ailleurs, ρ reprenant les mêmes valeurs quand on
fait varier ω au delà de 2π, il en résulte que la courbe se compose de quatre
branches identiques, situées dans les quatre angles formés par ses axes de
symétrie. Il suffit par conséquent de construire l'une des quatre branches en
faisant varier ω de 0 à $\frac{\pi}{2}$.

ASPECT DE LA COURBE. — Pour $\omega = 0$, on a $\rho = 1$. Donc la courbe passe par
le point A (fig. 193), tel que $OA = 1$. Lors-
que ω croit, $\cos \omega$ diminue, et par suite ρ
augmente. Pour $\omega = \frac{\pi}{2}$, $\rho = \infty$.

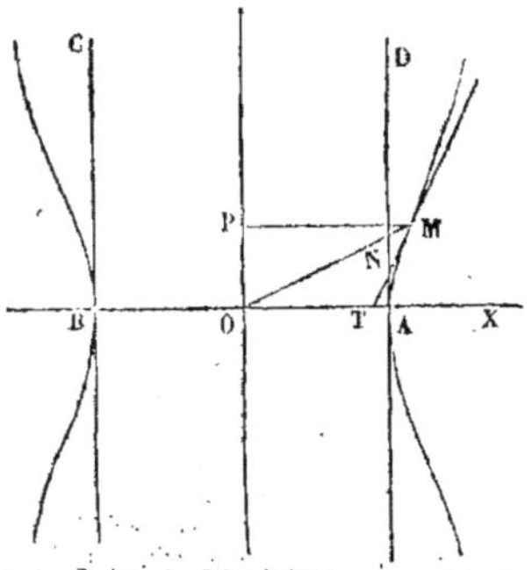

Soit M un point de la courbe. On a

$$ON = \frac{1}{\cos \omega},$$

d'où

$$OM \quad ou \quad \rho = ON.\frac{1}{\cos \omega}.$$

Donc ρ est plus grand que ON et par suite
la branche de courbe située dans l'angle
LOX a ses points au delà de la perpendiculaire AD à l'axe polaire.

Fig. 193.

La courbe passe par les points

$$\omega = \frac{\pi}{6}, \quad \rho = \frac{4}{3}; \quad \omega = \frac{\pi}{4}, \quad \rho = 2; \quad \omega = \frac{\pi}{3}, \quad \rho = 4.$$

ASYMPTOTES. ρ devenant infini pour $\omega = \frac{\pi}{2}$, cherchons si la courbe a des
asymptotes perpendiculaires à l'axe polaire. On a

$$MP = \rho \sin\left(\frac{\pi}{2} - \omega\right) = \frac{\sin\left(\frac{\pi}{2} - \omega\right)}{\cos^2 \omega}.$$

Or on trouve $MP = \infty$ pour $\omega = \frac{\pi}{2}$. Donc la courbe n'a pas d'asymptote
perpendiculaire à l'axe polaire, et par suite elle n'en a aucune.

TANGENTE. — On trouve

$$\tan V = \frac{1}{2 \tan \omega},$$

V désignant l'angle de la tangente à la courbe et du rayon vecteur. Pour $\omega = 0$,
$\tan V = \infty$. Donc, au point A, la tangente à la courbe est perpendiculaire à
l'axe polaire.

ω croissant, tang V diminue, et pour $\omega = \dfrac{\pi}{2}$, tang V $= 0$. Donc la tangente tend à devenir de nouveau perpendiculaire à l'axe polaire, et par suite la branche de courbe que nous considérons offre un point d'inflexion.

POINT D'INFLEXION. — On trouve

$$\left(\frac{1}{\rho}\right)'' + \frac{1}{\rho} = 3 \sin^2 \omega - 1.$$

Donc le point d'inflexion de la branche de courbe considérée est déterminé par $\sin \omega = \dfrac{\sqrt{3}}{3}$.

II. *Construire la courbe représentée par l'équation*

$$\rho = \frac{1 - 2 \sin \omega}{1 - 2 \cos \omega}.$$

Cette courbe n'ayant pas d'axes de symétrie, ni le pôle pour centre, et ρ reprenant la même valeur quand ω augmente de 2π, il suffit pour la construire de faire varier ω de 0 à 2π.

Pour $\omega = 0$, on a $\rho = -1$; ce qui détermine le point A (fig. 194) tel que OA $= -1$.

En faisant varier ω de 0 à 30°, ρ varie de -1 à 0, et on obtient l'arc AO. L'angle ω variant de 30° à 60°, ρ varie de 0 à $+\infty$; ce qui détermine l'arc infini OB, qui se raccorde avec l'arc AO, au point O.

Quand ω varie de 60° à $\dfrac{\pi}{2}$, ρ redevient négatif et varie de $-\infty$ à -1; ce qui donne l'arc ED.

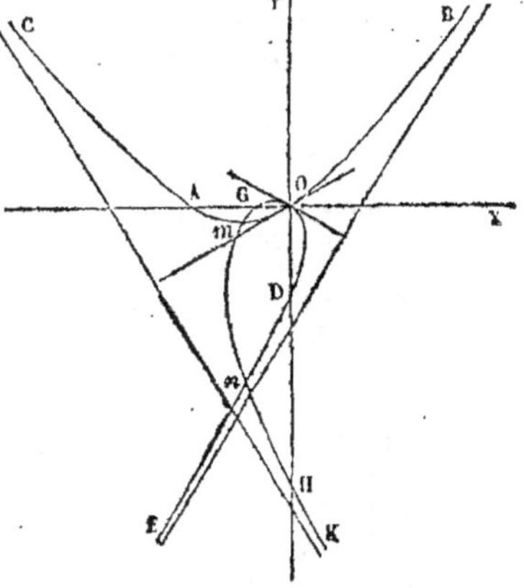

Fig. 194.

Lorsque ω varie de $\dfrac{\pi}{2}$ à 150°, ρ varie de -1 à 0; ce qui détermine l'arc DO, qui se raccorde avec l'arc ED.

L'angle ω variant de 150° à π, ρ redevient positif et varie de 0 à $\frac{1}{3}$; ce qui donne l'arc OG.

L'angle ω variant de π à $\dfrac{3\pi}{2}$, ρ varie de $\frac{1}{3}$ à 3; ce qui donne l'arc GH.

En faisant varier ω de $\dfrac{3\pi}{2}$ à 300°, ρ varie de 3 à $+\infty$; ce qui donne l'arc infini HK.

Enfin, ω variant de 300° à 2π, ρ redevient négatif et varie de $-\infty$ à -1, ce qui détermine l'arc infini CA, qui se raccorde avec l'arc AO.

La courbe se compose donc de deux branches infinies, dont l'une est formée par les arcs CA, AO et OB, et l'autre par les arcs KH, HG, GO, OD et DE, et a la forme indiquée par la figure.

Les tangentes seront déterminées par l'équation

$$\operatorname{tang} V = \frac{(1 - 2\sin\omega)(1 - 2\cos\omega)}{4 - 2(\sin\omega + \cos\omega)}.$$

Le pôle est un *point double*, et les tangentes à la courbe en ce point font avec l'axe polaire des angles respectivement égaux à 30° et à 150°; car pour ces valeurs de ω on a $\rho = 0$.

Il existe deux autres *points doubles*, m et n. Ces points étant déterminés par ω et $-\rho$, et par $\omega + \pi$ et $+\rho$, les valeurs de ω qui leur correspondent doivent vérifier l'équation $f(\omega) = -f(\omega + \pi)$ ou

$$\frac{1 - 2\sin\omega}{1 - 2\cos\omega} + \frac{1 + 2\sin\omega}{1 + 2\cos\omega} = 0.$$

On en déduit $\sin 2\omega = \frac{1}{2}$, et par suite les valeurs de ω qui correspondent à ces points doubles sont $\omega = 15°$ et $\omega = 75°$.

Puisque ρ devient infini pour $\omega = \alpha = 60°$ et pour $\alpha = 300°$, cherchons si la courbe n'a pas d'asymptotes. On a

$$\frac{1}{d} = \mp f'(\alpha) = \mp \frac{2(\sin\alpha + \cos\alpha) - 4}{(1 - 2\sin\alpha)^2},$$

et il faut prendre le signe — ou le signe +, selon que α est limite de valeurs croissantes ou décroissantes de ω pour lesquelles ρ est positif, et les signes contraires si ρ est négatif (543). Or il résulte de l'étude des variations de ρ que $\alpha = 60°$ est à la fois limite de valeurs croissantes de ω pour lesquelles ρ est positif et limite de valeurs décroissantes de ω pour lesquelles ρ est négatif. Donc, dans les deux cas, il faut prendre le signe —, et on trouve la même valeur $d = +0,42$. Ces valeurs déterminent la même parallèle à la direction $\omega = 60°$, placée à droite de cette direction, asymptote aux deux arcs OB et DE, et située à droite de ces arcs.

La valeur $\alpha = 300°$ est aussi à la fois limite de valeurs croissantes de ω pour lesquelles ρ est positif, et de valeurs décroissantes de ω pour lesquelles ρ est négatif. On trouve la même valeur $d = +1,58$ pour ces deux limites, ce qui détermine une même parallèle à la direction $\omega = 300°$, placée à droite de cette direction et à la fois asymptote aux arcs AC et GK.

547. Exercices. — Construire les courbes dont les équations suivent :

$$\rho^2 = a + b\sin\omega + c\sin^2\omega. \qquad \rho = 4 - 3\cos\tfrac{5}{8}\omega.$$

$$\rho = \frac{\operatorname{tang}\omega}{\omega}. \qquad \rho = \operatorname{tang}^2\omega - 3\operatorname{tang}\omega + 2. \qquad \rho = a\frac{\cos 2\omega}{2\cos\omega}. \qquad \rho = a\cdot\frac{\sin\omega}{\omega}.$$

$$\rho = a\sqrt{\frac{\cos 2\omega}{2\cos\omega}}. \qquad \rho = \frac{m}{\sqrt{a^2\sin^2\omega + b^2\cos^2\omega}}.$$

$$\rho = a\left(\sin\omega + \frac{1}{\sin\omega}\right) \qquad \rho = a\omega^2 - b\omega.$$

§ 3. — ÉQUATIONS DES COURBES DU SECOND DEGRÉ EN COORDONNÉES POLAIRES.

548. Ellipse. — Considérons une ellipse (fig. 195) dont AA' est le grand axe et F l'un des foyers. Prenons ce foyer pour pôle, et la droite FX pour axe polaire. Soit M un point quelconque de la courbe, menons le rayon vecteur MF et la perpendiculaire MP à l'axe polaire.

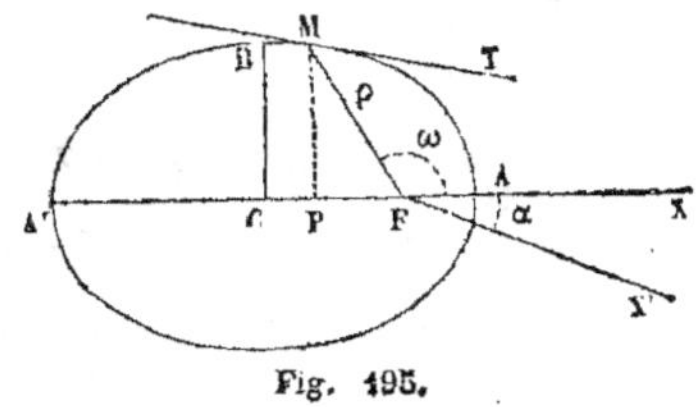

Fig. 195.

On a vu au n° **257** qu'on a

$$\text{MF} \quad \text{ou} \quad \rho = a - \frac{cx}{a}.$$

D'ailleurs le triangle PMF, rectangle en P, donne

$$\text{PF} \quad \text{ou} \quad c - x = \text{MM} \cos \text{MFP} = -\rho \cos \omega.$$

En éliminant x entre ces deux relations on aura une équation entre ω et ρ qui sera l'équation de l'ellipse. On trouve

$$\rho = \frac{a^2 - c^2}{a + c \cos \omega} = \frac{b^2}{a + c \cos \omega}.$$

Divisant les deux termes par a et posant pour abréger

$$\frac{b^2}{a} = p \quad \text{et} \quad \frac{c}{a} = e,$$

il vient

$$\rho = \frac{p}{1 + e \cos \omega}, \qquad [1]$$

équation dans laquelle il faut se rappeler que e est plus petit que 1. C'est l'équation polaire de l'ellipse.

549. L'angle polaire ω n'entrant dans l'équation que par son cosinus, le lieu qu'elle représente est symétrique par rapport à l'axe polaire (**531**). Il suffit donc de construire la portion située au-dessus de cet axe.

Le rayon vecteur ρ ne peut devenir infini pour aucune valeur de ω : car, pour que le dénominateur $1 + e \cos \omega$ devînt nul, il faudrait qu'on eût $\cos \omega = -\dfrac{1}{e}$, ce qui est impossible puisque e est moindre que 1. La courbe n'a donc pas de branches infinies.

Pour $\omega = 0$, on a $\rho = \dfrac{p}{1 + e} = \dfrac{a^2 - c^2}{a + c} = a - c$; ce qui est en effet la valeur de FA.

Lorsqu'on fait croître ω de zéro à $90°$, $\cos \omega$ diminue, par suite ρ augmente. Pour $\omega = 90°$ on a $\rho = p = \dfrac{b^2}{a}$, ce qui est en effet la valeur de l'ordonnée du foyer.

Si l'on fait croître ω de $90°$ à $180°$, $\cos \omega$ devient négatif et augmente en valeur absolue; par suite $1 + e \cos \omega$ diminue, et ρ continue à augmenter.

Pour $\omega = 180°$, on a $\rho = \dfrac{p}{1 - e} = \dfrac{a^2 - c^2}{a - c} = a + c$; ce qui est bien la valeur de FA'.

550. En faisant disparaître le dénominateur de l'équation [1], et faisant passer tous les termes dans un membre, on la met sous la forme

$$\rho + \rho e \cos \omega - p = 0.$$

La dérivée par rapport à ρ est $1 + e \cos \omega$; la dérivée par rapport à ω est $- \rho e \sin \omega$; on a donc, en appliquant la formule [3] du n° **533**,

$$\tang V = \frac{1 + e \cos \omega}{e \sin \omega}.$$

Cette valeur devient infinie pour $\omega = 0$ et pour $\omega = 180°$; ainsi en A et en A' la tangente est perpendiculaire au rayon vecteur, c'est-à-dire à l'axe polaire.

La tangente est au contraire parallèle à l'axe polaire au point pour lequel on a

$$\tang V = - \tang \omega,$$

puisque les angles ω et V sont alors supplémentaires. Cette condition revient à

$$\frac{1 + e \cos \omega}{e \sin \omega} = - \frac{\sin \omega}{\cos \omega},$$

qui se réduit à $\cos\omega + e = 0$, d'où $\cos\omega = -e = -\dfrac{c}{a}$.

Par suite $\rho = \dfrac{p}{1-e^2} = \dfrac{pa^2}{a^2-c^2} = a$. Le point dont il s'agit est donc le sommet B du petit axe (**256**).

Si l'on veut l'équation de la tangente, on trouvera, en appliquant la méthode du n° **534**,

$$\frac{1}{\rho} = \frac{1}{p}(1 + e\cos\omega), \qquad \left(\frac{1}{\rho}\right)' = -\frac{1}{p}\cdot e\sin\omega,$$

par suite

$$\frac{1}{r} = \frac{(1 + e\cos\omega_1)\cos(\omega_1 - \omega) + e\sin\omega_1\sin(\omega_1 - \omega)}{p}$$

ou

$$\frac{1}{r} = \frac{\cos(\omega_1 - \omega) + e\cos\omega}{p}.$$

551. On peut rapporter la courbe à un axe polaire FX' qui fasse avec FX, et en dessous, un angle α; dans ce cas, il faut dans l'équation [1] changer ω en $\omega - \alpha$, ce qui donne

$$\rho = \frac{p}{1 + e\cos(\omega - \alpha)}.$$

C'est sous cette forme que l'équation de l'orbite des planètes est le plus souvent employée dans l'astronomie.

552. Hyperbole.— Considérons une hyperbole (fig. 196) dont l'axe transverse est AA' et dont un foyer est F. Prenons ce point pour pôle et l'axe FX pour axe polaire. Soit M un point quelconque de la branche de gauche; joignons MF et abaissons MP perpendiculaire sur FX.

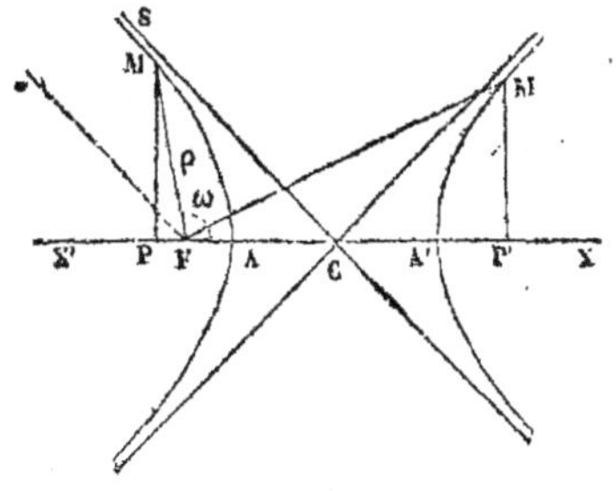

Fig. 196.

D'après ce qu'on a vu au n° **317**, on peut poser

$$MF \quad \text{ou} \quad \rho = \frac{cx}{a} - a,$$

en appelant x la distance absolue CP.

Mais le triangle PMF donne

$$PF \quad \text{ou} \quad x - c = MF \cos MFP = -\rho \cos \omega.$$

Éliminant x entre ces deux relations, on obtient

$$\rho = \frac{c^2 - a^2}{a + c \cos \omega} = \frac{b^2}{a + c \cos \omega};$$

si l'on pose comme plus haut

$$\frac{b^2}{a} = p \quad \text{et} \quad \frac{c}{a} = e,$$

on obtient, en divisant les deux termes par a,

$$\rho = \frac{p}{1 + e \cos \omega}. \qquad [1]$$

C'est l'équation polaire de la branche d'hyperbole considérée. Elle ne diffère de celle trouvée plus haut pour l'ellipse qu'en ce que, c étant ici plus grand que a, le rapport e est plus grand que 1.

En opérant de même pour un point M' situé sur l'autre branche, et appelant x la distance CP' du point C au pied P' de l'ordonnée M'P', on trouvera successivement

$$\rho = \frac{cx}{a} + a$$

et

$$c + x = \rho \cos \omega;$$

d'où, en éliminant x,

$$\rho = \frac{a^2 - c^2}{a - c \cos \omega},$$

ou

$$\rho = \frac{-p}{1 - e\cos\omega};\qquad\qquad [2]$$

c'est l'équation polaire de la branche de droite.

553. Examinons d'abord l'équation [1]. La variable ω n'y entrant que par son cosinus, la courbe est symétrique par rapport à l'axe polaire.

Le rayon vecteur devient infini quand on a $1 + e\cos\omega = 0$, d'où $\cos\omega = -\dfrac{1}{e}$, ce qui est possible, puisqu'ici e est plus grand que 1. Soit α la valeur de ω qui satisfait à cette condition, et soit en conséquence

$$\cos\alpha = -\frac{a}{c}, \quad \text{d'où} \quad \sin\alpha = \frac{b}{c}, \quad \text{et} \quad \tan\alpha = -\frac{b}{a}.$$

Cherchons si la courbe a une asymptote rectiligne parallèle à la droite FZ qui fait avec FX l'angle α. Pour cela, appliquons la méthode exposée au n° **543**, nous aurons

$$\frac{1}{\rho} = f(\omega) = \frac{1 + e\cos\omega}{p},$$

d'où

$$\lim. \delta = d = \frac{-1}{f'(\alpha)} = \frac{p}{e\sin\alpha},$$

ou, en mettant pour p, e et $\sin\alpha$ leurs valeurs,

$$d = + b.$$

La courbe a donc une asymptote parallèle à FZ à la distance b de cette droite. L'équation de cette asymptote est (**542**)

$$\rho\sin(\alpha - \omega) = + b.$$

En faisant $\omega = 0$ dans cette équation, on obtient

$$\rho = + \frac{b}{\sin\alpha} = + c$$

pour la distance du pôle F au point où l'asymptote coupe l'axe polaire, ce qui devait être, puisqu'on sait que cette asymptote passe par le centre, lequel est à une distance c du foyer.

Quant à l'inclinaison de l'asymptote sur l'axe polaire, ou sur l'axe transverse de l'hyperbole, elle est conforme à ce qu'on a vu au n° **347**, puisqu'on a

$$\tan \alpha = -\frac{b}{a}.$$

Si l'on fait varier ω de 0 à α, le rayon vecteur ρ croît de $c-a$ jusqu'à l'infini; et, en ayant égard à la symétrie de la courbe par rapport à l'axe polaire, on obtient toute la branche de gauche.

554. Si l'on fait varier ω de α à 180°, $\cos \omega$, toujours négatif, devient plus grand en valeur absolue que $\frac{a}{c}$; $1 + e \cos \omega$, et par conséquent ρ, deviennent négatifs. Il faut donc recourir à l'équation [2]; car, d'après la manière dont l'équation [1] a été obtenue, on n'est pas en droit, *a priori* du moins, d'admettre les valeurs négatives qu'elle fournit.

L'équation [2] représente, comme l'équation [1], une courbe symétrique par rapport à l'axe polaire. Elle donne $\rho = \infty$ pour $\cos \omega = \frac{1}{e}$; soit α' la valeur correspondante de ω, en sorte qu'on ait

$$\cos \alpha' = \frac{a}{c}, \quad \text{d'où} \quad \sin \alpha' = \frac{b}{c} \quad \text{et} \quad \tan \alpha' = \frac{b}{a};$$

on trouvera

$$\delta = \frac{\rho \sin (\alpha' - \omega)}{e \cos \omega - 1},$$

et, en opérant comme ci-dessus,

$$\lim. \delta = d = b.$$

La branche de droite a donc une asymptote qui fait avec l'axe polaire l'angle α', et à la distance b du foyer F. L'équation de cette asymptote est

$$\rho \sin (\alpha' - \omega) = b,$$

équation qui, pour $\omega = 0$, donne $\rho = \frac{b}{\sin \alpha'} = c.$

Cette asymptote passe donc également par le point C, centre de la courbe, et son inclinaison est d'ailleurs conforme à ce qu'on sait de l'hyperbole, puisqu'on a

$$\tang \alpha' = + \frac{b}{a}.$$

Pour $\omega = 0$, l'équation [2] donne $\rho = \dfrac{p}{e-1} = \dfrac{c^2 - a^2}{c - a} = c + a,$ ce qui est bien la distance FA'.

Quand on fait croître ω de 0 jusqu'à α', on obtient pour ρ des valeurs positives croissantes, car $\cos \omega$ diminue; et, en ayant égard à la symétrie de la courbe, on obtient toute la branche de droite.

Si l'on donne à ω des valeurs plus grandes que α', $\cos \omega$ continuant à diminuer, $e \cos \omega - 1$ et par suite ρ deviennent négatifs.

On n'est point en droit d'admettre *a priori* ces valeurs négatives du rayon vecteur.

Mais il est très-remarquable que si on les admet, une seule des deux équations [1] ou [2] donne toute la courbe. En effet, pour plus de clarté, accentuons ω et ρ dans la seconde, et écrivons

$$[1] \qquad \rho = \frac{1}{1 + e \cos \omega} \qquad \text{avec} \qquad \rho' = \frac{p}{1 - e \cos \omega'}. \qquad [2]$$

Si l'on établit la relation $\omega - \omega' = 180°$, d'où $\cos \omega' = - \cos \omega$, on trouve $\rho' = - \rho$. C'est-à-dire que si l'on considère les deux directions opposées sur une droite passant par le foyer, et que l'on attribue l'une d'elles au rayon vecteur donné par l'équation [1] et l'autre au rayon vecteur donné par l'équation [2], on trouvera toujours pour ces deux rayons vecteurs des valeurs égales et de signe contraire.

En admettant donc pour ρ des valeurs négatives, une seule équation donnera les deux branches de courbe, puisque les valeurs négatives fournies par l'une de ces équations correspondent aux mêmes points que les valeurs positives fournies par l'autre.

555. L'inclinaison de la tangente sur le rayon vecteur est déterminée par l'équation

$$\tang V = \frac{1 + e \cos \omega}{e \sin \omega},$$

comme dans le cas de l'ellipse.

Pour $\omega = 0$ et pour $\omega = 180°$ on a $\tang = \infty$; ainsi aux extrémités de l'axe transverse la tangente est perpendiculaire au rayon vecteur, c'est-à-dire à l'axe transverse lui-même.

A mesure que ω augmente, $\cos \omega$ diminue, $\sin \omega$ augmente, et par cette double raison $\tang V$ diminue.

Pour $\omega = \alpha$ on a $\tang V = 0$; la tangente est alors dirigée suivant le rayon vecteur.

On obtiendra comme au n° **548** l'équation polaire de la tangente.

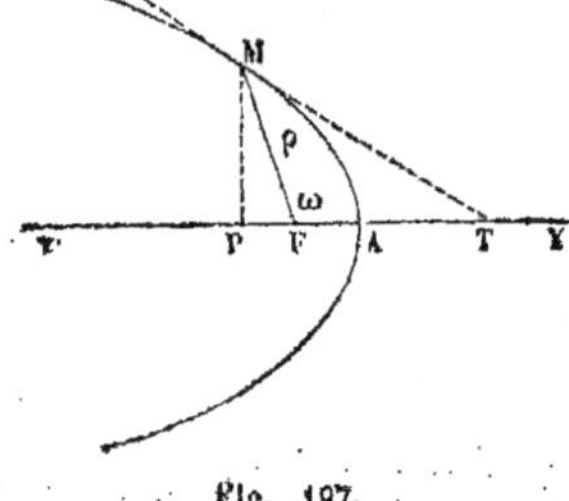

Fig. 197.

556. Parabole.—Considérons une parabole (fig. 197) dont l'axe est AX et le foyer F. Prenons ce foyer et cet axe pour pôle et pour axe polaire.

Soit M un point quelconque de la courbe; joignons MF, et abaissons MP perpendiculaire sur XX'.

On a vu au n° **384** qu'on a

$$MF \quad \text{ou} \quad \rho = x + \frac{p}{2},$$

en appelant x la distance AP. Le triangle MPF donne d'ailleurs

$$PF \quad \text{ou} \quad x - \frac{p}{2} = MF \cos MFP = -\rho \cos \omega.$$

Éliminant x entre ces deux relations, on obtient

$$\rho = \frac{p}{1 + \cos \omega}; \qquad [1]$$

c'est l'équation polaire de la parabole. Elle ne diffère de celles de l'ellipse et de l'hyperbole qu'en ce que e est égal à l'unité.

557. Cette équation représente une courbe symétrique par rapport à l'axe polaire, puisque ω n'y entre que par son cosinus.

Le rayon vecteur devient infini pour $\omega = 180°$, mais on a alors

$$\delta = \rho \sin (180° - \omega) = \frac{p \sin \omega}{1 + \cos \omega},$$

et cette quantité devient infinie pour $\omega = 180°$. La courbe n'a donc point d'asymptote rectiligne parallèle à la direction considérée.

Pour $\omega = 0$ on a $\rho = \frac{p}{2}$, ce qui est en effet la distance FA. Si l'on fait croître ω de 0 à 180°, le rayon vecteur croît de $\frac{p}{2}$ à l'infini; et en ayant égard à la symétrie par rapport à l'axe polaire on obtient la courbe tout entière.

558. On trouve $\tan V = \dfrac{1 + \cos \omega}{\sin \omega} = \cot \frac{1}{2} \omega$.

Cette relation démontre une propriété connue de la parabole. Car, si l'on nomme ω' l'angle MFP supplément de ω, on a $\cot \frac{1}{2} \omega = \tan \frac{1}{2} \omega'$. Par suite $V = \frac{1}{2} \omega'$, ou TMF $= \frac{1}{2}$ MFP (MT étant la tangente au point M). On a vu en effet (**389**) que la tangente à la parabole fait des angles égaux avec l'axe et avec le rayon vecteur; le triangle MFT étant donc isocèle, on a MFP $= 2$FMT.

Pour $\omega = 0$, on trouve $\tan V = \infty$, ainsi la tangente au sommet est perpendiculaire au rayon vecteur, c'est-à-dire perpendiculaire à l'axe.

À mesure que ω augmente, $\cot \frac{1}{2} \omega$ diminue; il en est donc de même de $\tan V$; et pour $\omega = 180°$, c'est-à-dire pour un point situé à l'infini sur la courbe, on a $\cot \frac{1}{2} \omega = 0$, d'où $V = 0$, c'est-à-dire qu'en ce point la tangente est dirigée suivant le rayon vecteur, lequel se confond lui-même avec l'axe.

On obtiendra comme au n° **550** l'équation polaire de la tangente.

§ 4. — EXERCICES ET APPLICATIONS.

559. PROBLÈME. I. — *Un disque vertical* (fig. 198) *est animé d'un mouvement uniforme de rotation autour de son centre* O, *et dans le sens indiqué par la flèche. Un point matériel tombe librement, suivant le diamètre vertical AB de ce disque, en y laissant une trace colorée. On demande la courbe formée par cette trace.*

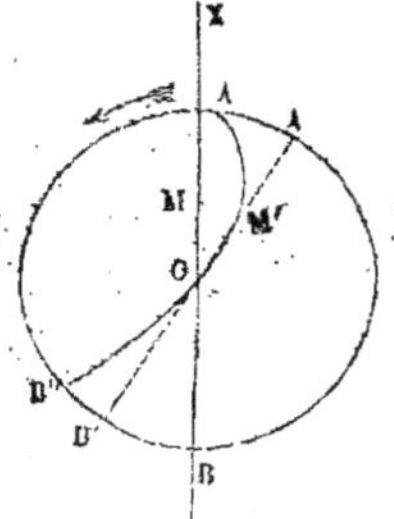

Fig. 198.

La courbe demandée est la même que si le mobile parcourait le diamètre AB d'un mouvement uniformément accéléré, pendant que ce diamètre tournerait lui-même d'un mouvement uniforme autour du point O et dans un sens opposé à celui qu'indique la flèche.

Soit A'B' la position de AB au bout du temps t, et soit M la position que le point mobile occuperait au bout du même temps sur le diamètre AB, s'il était resté vertical; la position que ce point occupera réellement, en ayant égard au mouvement de AB, sera en M' à une distance OM' du centre égale à OM.

Désignons OM' par ρ, et l'angle AOA' par ω.

Le mouvement du point matériel sur AB étant celui d'un corps qui tombe librement dans le vide, on a (voy. les *Notions de mécanique*)

$$ \text{AM} \quad \text{ou} \quad r - \rho = \tfrac{1}{2}gt^2, $$

en appelant r le rayon du disque.

Le mouvement de AB étant uniforme, on a en même temps

$$ \omega = \alpha t, $$

α étant l'angle décrit par OA dans l'unité de temps.

Si l'on élimine t entre ces deux relations, on aura l'équation du lieu

$$ \rho = r - \tfrac{1}{2}g\,\frac{\omega^2}{\alpha^2}. \qquad [1] $$

La courbe a la forme indiquée sur la figure. La tangente en A est perpendiculaire au rayon vecteur OA; en O la tangente fait avec OA un angle donné par la relation (**537**)

$$ \omega = \alpha\,\sqrt{\frac{2r}{g}}. $$

Si l'on prolongeait la courbe au delà de la circonférence du disque, on obtiendrait une spirale d'une espèce particulière, qu'il serait facile de construire par points.

560. PROBLÈME. — II. *Deux disques dont les plans sont parallèles et très-voisins, tournent uniformément autour de leurs centres* O *et* C (fig. 199), *dans* *le sens indiqué par les flèches. On demande la courbe que tracerait, sur le plus grand, un pinceau porté par la circonférence du plus petit, perpendiculaire-ment aux plans des disques. (On suppose, pour plus de simplicité, que la petite circonférence passe par le centre de la plus grande.)*

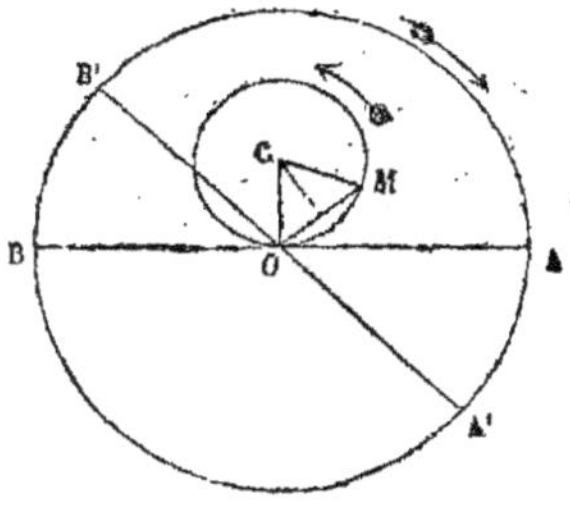

Soit M la position du pinceau au bout du temps t; soit A'B' la position qu'a prise au bout du même temps le dia-mètre AB d'abord tangent en O à la petite circonférence. Les disques étant animés de mouvements uniformes, on aura

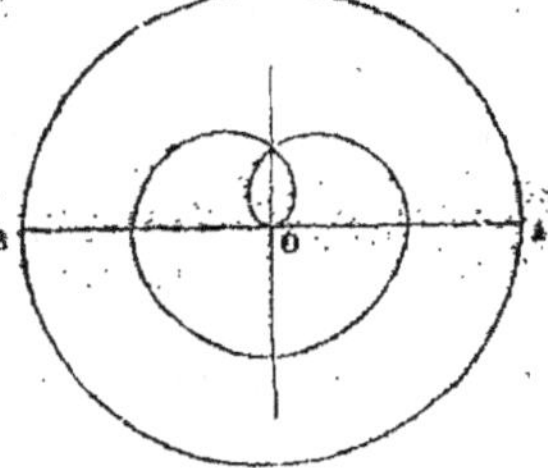

Fig. 199.

$$OCM = \alpha t \quad \text{et} \quad AOA' = bt,$$

α et b désignant les angles décrits par un rayon de chaque disque dans l'unité de temps.

Appelons ρ la distance OM et ω l'angle MOA' que fait le rayon vecteur OM, avec le diamètre mobile A'B' auquel il faut rapporter la courbe décrite. Enfin soit r le rayon du petit cercle.

Le triangle isocèle OCM donne

$$OM = 2r \sin \tfrac{1}{2}OCM \quad \text{ou} \quad \rho = 2r \sin \tfrac{1}{2}\alpha t.$$

De plus, on a

$$\omega = MOA + AOA' = \tfrac{1}{2}OCM + AOA' = \tfrac{1}{2}\alpha t + bt.$$

Éliminant t entre ces deux relations, on obtient l'équation du lieu

$$\rho = r \sin \frac{\alpha\omega}{\alpha + 2b}. \qquad [1]$$

Si, par exemple, les deux disques ont des vitesses égales, on aura $b = \alpha$ et l'équation du lieu deviendra

$$\rho = 2r \sin \tfrac{1}{3}\omega,$$

la courbe décrite dans ce cas a la forme représentée par la figure 200.

REMARQUES. — I. Si ces disques tournaient dans le même sens, il faudrait changer le signe de α ou de b, ce qui donnerait dans les deux cas

$$\rho = 2r \sin \frac{\alpha\omega}{\alpha - 2b}. \qquad [2]$$

Fig. 200.

II. Si le grand disque était immobile, on aurait $b = 0$, et il resterait

$$\rho = 2r \sin \omega,$$

qui est l'équation polaire de la petite circonférence.

561. Problème. — *III. Sur une parabole fixe dont l'axe est* AX *(fig. 201), roule sans glissement une parabole égale dont l'axe est* A'X'. *On suppose qu'à l'origine du mouvement les sommets* A *et* A' *étaient en contact; on demande le lieu du sommet mobile* A'.

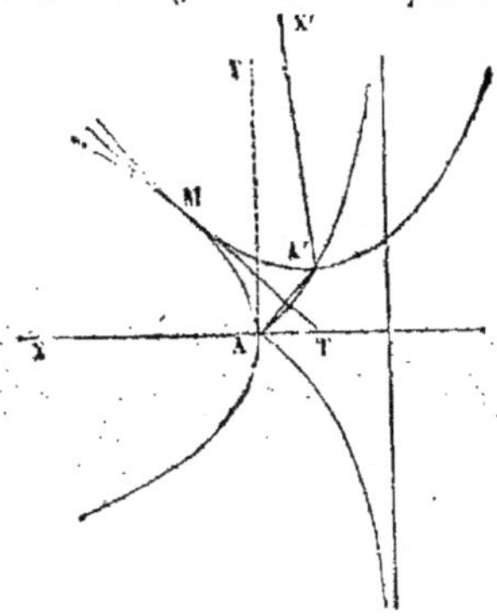

Soit M le point de contact des deux paraboles à un instant quelconque; elles auront en ce point une tangente commune MT, laquelle sera perpendiculaire sur le milieu I de la droite AA' qui joint le sommet fixe au sommet mobile; car cette tangente commune sera l'axe de symétrie du système formé, à l'instant considéré, par les deux paraboles.

Désignons AA' par ρ, et l'angle A'AT par ω, les coordonnées polaires du point I seront $\frac{1}{2}\rho$ et ω.

Par rapport à l'axe AX et a la perpendiculaire AY, l'équation de la tangente MT est de la forme (**386**)

$$y = mx + \frac{p}{2m},$$

et l'équation de la perpendiculaire AA' à cette tangente est alors

$$y = -\frac{1}{m} \cdot x.$$

On peut, dans ces équations, regarder x et y comme représentant les coordonnées rectangulaires du point I commun aux deux droites. Entre ces coordonnées et les coordonnées polaires du même point on a les relations

$$x = \tfrac{1}{2}\rho\cos(180° - \omega) = -\tfrac{1}{2}\rho\cos\omega \quad \text{et} \quad y = \tfrac{1}{2}\rho\sin(180° - \omega) = \tfrac{1}{2}\rho\sin\omega,$$

à l'aide desquelles les équations ci-dessus deviennent

$$\rho\sin\omega = -m\rho\cos\omega + \frac{p}{m}$$

et

$$\rho\sin\omega = \frac{1}{m}\rho\cos\omega, \quad \text{d'où} \quad m = \frac{\cos\omega}{\sin\omega}.$$

En éliminant m on obtient l'équation du lieu

$$\rho\sin\omega = -\rho\frac{\cos^2\omega}{\sin\omega} + \frac{p\sin\omega}{\cos\omega} \quad \text{ou} \quad \rho = p\frac{\sin^2\omega}{\cos\omega}; \qquad [1]$$

c'est une cissoïde (**18, 542**) qui a pour asymptote une perpendiculaire à l'axe de la parabole fixe, menée à la distance p de son sommet.

562. Problème. — *IV. Trouver le lieu décrit par le centre d'une ellipse qui se meut en restant tangente à une droite fixe en un même point de cette droite.*

Soit TX la tangente fixe (fig. 202) et O le point où a lieu le contact. Du centre C de l'ellipse mobile, abaissons sur OX la perpendiculaire CP, et joignons CO.

Désignons la distance OC par ρ et l'angle COX par ω.

Soient x et y les coordonnées du point O par rapport aux axes de l'ellipse mobile, on aura

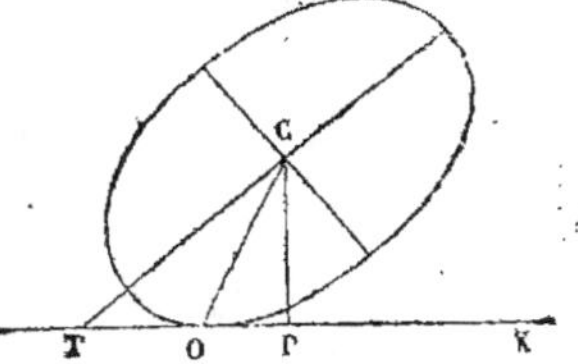

Fig. 202.

$$\frac{x^2}{a^2} + \frac{y^2}{b^2} = 1 \qquad [1]$$

et

$$x^2 + y^2 = \overline{OC}^2 = \rho^2, \qquad [2]$$

d'où l'on tire facilement

$$\frac{x^2}{a^2} = \frac{\rho^2 - b^2}{c^2} \quad \text{et} \quad \frac{y^2}{b^2} = \frac{a^2 - \rho^2}{c^2}. \qquad [3]$$

Maintenant, l'angle COP ou ω est la somme des angles OCT et OTC, et l'on a

$$\operatorname{tang} OCT = \frac{y}{x} \quad \text{et} \quad \operatorname{tang} OTC = \frac{b^2 x}{a^2 y};$$

par conséquent

$$\operatorname{tang} \omega = \frac{\dfrac{y}{x} + \dfrac{b^2 x}{a^2 y}}{1 - \dfrac{b^2}{a^2}} = \frac{c^2 xy}{a^2 b^2};$$

d'où

$$xy = \frac{a^2 b^2 \cot \omega}{c^2} \quad \text{et} \quad \frac{x^2}{a^2} \cdot \frac{y^2}{b^2} = \frac{a^2 b^2 \cot^2 \omega}{c^4}.$$

Remplaçant $\dfrac{x^2}{a^2}$ et $\dfrac{b^2}{y^2}$ par leur valeur, on obtient enfin

$$(\rho^2 - b^2)(a^2 - \rho^2) = a^2 b^2 \cot^2 \omega \qquad [4]$$

ou

$$\rho^4 - (a^2 + b^2) \rho^2 + a^2 b^2 \operatorname{coséc}^2 \omega = 0; \qquad [5]$$

c'est l'équation polaire du lieu.

Ce lieu est symétrique par rapport à l'axe polaire, car l'équation ne change pas quand on y remplace ω par $-\omega$; il est également symétrique par rapport à une perpendiculaire à l'axe polaire menée par le pôle, car l'équation donne le même résultat quand on remplace ω par $90° + \omega'$ ou par $90 - \omega'$.

Si l'on fait croître ω à partir de zéro, on trouve que ρ a des valeurs imaginaires jusqu'à ce qu'on ait

$$(a^2 + b^2)^2 = 4a^2 b^2 \operatorname{coséc}^2 \omega \quad \text{ou} \quad \sin \omega = \frac{2ab}{a^2 + b^2}.$$

Or, si l'on appelle α l'angle dont la tangente est $\dfrac{b}{a}$, on trouve

$$\sin\alpha = \frac{b}{\sqrt{a^2+b^2}} \quad \text{et} \quad \cos\alpha = \frac{a}{\sqrt{a^2+b^2}}, \quad \text{d'où} \quad \sin2\alpha = \frac{2ab}{a^2+b^2}.$$

Les valeurs de ρ restent donc imaginaires tant qu'on a $\omega < 2\alpha$; et elles le redeviennent dès qu'on a $\omega > 180° - 2\alpha$.

Pour $\omega = 2\alpha$, les deux valeurs positives de ρ sont égales, et l'on trouve

$$\rho = \sqrt{\frac{a^2+b^2}{2}}.$$

Si l'on continue à faire croître ω, les valeurs positives de ρ se séparent; et pour $\omega = 90°$, on obtient $\rho = a$ et $\rho = b$.

On peut s'assurer que pour $\omega = 2a$ on a $\mathrm{tang}\,V = 0$, et pour $\omega = 90°$, $\mathrm{tang}\,V = \infty$.

La courbe a donc la forme indiquée sur la figure 203. La partie située au-dessous de l'axe polaire répond au cas où l'ellipse serait elle-même placée au-dessous de cet axe.

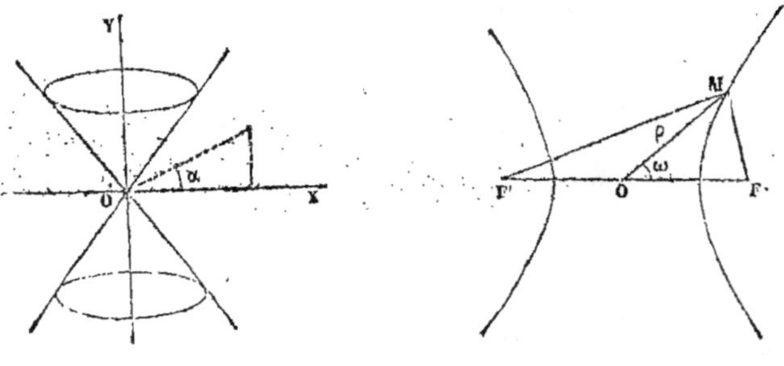

Fig. 203.   Fig. 204.

563. Problème. — V. *Trouver dans un plan le lieu des points qui reçoivent de deux foyers lumineux d'égale intensité situés dans ce plan la même quantité totale de lumière que si les deux foyers étaient réunis au milieu de la droite qui les joint.*

Prenons pour axe polaire la droite FF' (fig. 204), qui joint les deux foyers lumineux, et pour pôle le milieu O de cette droite. Soit M un point du lieu; joignons MF, MO, MF'. Posons $OF = a$, $MO = \rho$, $MOF = \omega$, $MF = \zeta$ et $MF' = \zeta'$. Désignons enfin par λ la quantité de lumière que recevrait de l'un des foyers un point qui en serait éloigné de l'unité de longueur.

La quantité de lumière reçue variant en raison inverse du carré de la distance au foyer lumineux, les quantités de lumière reçues par le point M des deux foyers seront $\dfrac{\lambda}{\zeta^2}$ et $\dfrac{\lambda}{\zeta'^2}$. Celle qu'il recevrait des mêmes foyers s'ils étaient réunis en O sera $\dfrac{2\lambda}{\rho^2}$. On devra avoir par conséquent

$$\frac{\lambda}{\zeta^2} + \frac{\lambda}{\zeta'^2} = \frac{2\lambda}{\rho^2} \quad \text{ou} \quad \rho^2(\zeta^2 + \zeta'^2) = 2\zeta^2\zeta'^2.$$

Mais les triangles MOF et MOF' donnent

$$\zeta^2 = \rho^2 + a^2 - 2a\rho\cos\omega \quad \text{et} \quad \zeta'^2 = \rho^2 + a^2 + 2a\rho\cos\omega;$$

substituant ces valeurs dans la relation précédente, on obtient

$$2\rho^2(\rho^2 + a^2) = 2\left[(\rho^2 + a^2)^2 - 4a^2\rho^2\cos^2\omega\right]$$

ou, en réduisant,

$$\rho^2(4\cos^2\omega - 1) = a^2 :$$

c'est l'équation polaire du lieu cherché.

On reconnaîtra facilement que ce lieu est une hyperbole dont F et F' sont les foyers, et dont les asymptotes font avec l'axe transverse des angles de 60°.

564. Le lecteur pourra s'exercer sur les questions qui suivent.

I. *Résoudre le problème du n° **559**, en supposant que le plateau soit animé d'un mouvement de rotation uniformément varié.*

II. *Résoudre le problème du n° **560**, en supposant que l'un des deux plateaux ait un mouvement uniformément varié.*

III. *Trouver le lieu décrit par l'un des foyers d'une hyperbole qui roule sans glissement sur une hyperbole égale. On suppose qu'à l'origine du mouvement les deux sommets correspondants étaient en contact.*

IV. *Trouver le lieu décrit par le foyer d'une parabole qui se meut en restant tangente à une même droite, en un même point de cette droite.*

V. *Trouver dans un plan le lieu des points qui reçoivent de deux foyers lumineux quelconques situés dans ce plan des quantités de lumière proportionnelles à des nombres donnés.*

565. Applications. — I. Les *excentriques* dont on fait usage dans les machines pour produire des mouvements alternatifs plus ou moins compliqués offrent une application intéressante de l'emploi des coordonnées polaires.

Supposons, par exemple, qu'une pièce mobile PP (fig. 205) soit assujettie

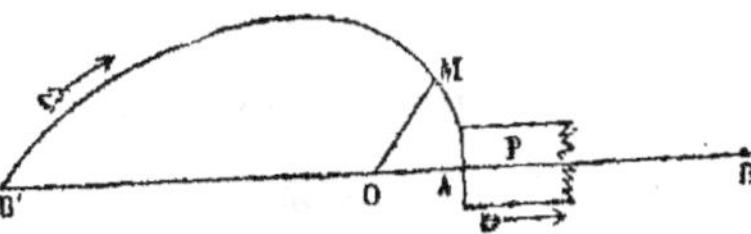

Fig. 205.

à se mouvoir de manière que le point A parcoure la droite AB, et qu'il s'agisse de la lui faire parcourir dans un temps T d'après une loi exprimée par l'équation

$$e = f(t), \tag{2}$$

dans laquelle e désignera la distance du mobile au point A au bout du temps t. On choisira sur le prolongement de DA, et à une distance arbitraire a, un point O. Prenant alors ce point pour pôle, et la droite OB pour axe polaire, on construira la courbe qui a pour équation polaire

$$\rho = a + f\left(\frac{T}{\pi}\,\omega\right). \tag{2}$$

Soit AMB cette courbe, depuis $\omega = 0$ jusqu'à $\omega = \pi$. Il est clair qu'en plaçant au point O, perpendiculairement au plan de la figure, un axe autour duquel on fera tourner uniformément un corps affectant la forme de la courbe AMB, de façon que la demi-révolution s'exécute dans le temps T, la pièce PP sera poussée de A vers B, par le corps tournant suivant la loi demandée.

En effet, le mouvement de rotation étant uniforme, si t est le temps qu'un rayon vecteur emploie à décrire l'angle ω, on aura

$$\frac{\omega}{\pi} = \frac{t}{T}, \quad \text{d'où} \quad \frac{T}{\pi}\,\omega = t.$$

De plus, quand le point M, qui a pour coordonnées ω et ρ, sera venu se placer sur AB, le mobile se sera avancé d'une quantité e égale à OM — OA, ou à $\rho - a$, c'est-à-dire à $f\left(\dfrac{T}{\pi}\,\omega\right)$ ou à $f(t)$; on aura donc $e = f(t)$, ce qu'il s'agissait d'obtenir.

Le retour du mobile de B vers A s'exécute ensuite d'après des conditions dont le détail ne saurait trouver place ici.

Remarques. — L'excentrique dit *en cœur* (fig. 206) est un excentrique de ce genre, dans lequel la courbe polaire est une spirale d'Archimède ; il est par conséquent destiné à produire un mouvement uniforme.

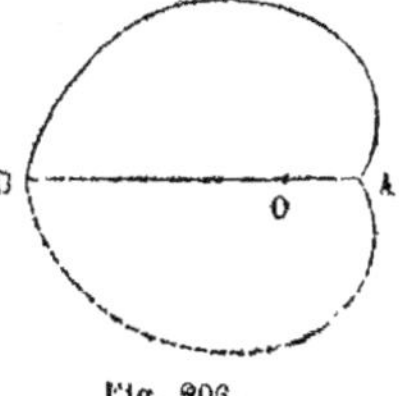

Fig. 206.

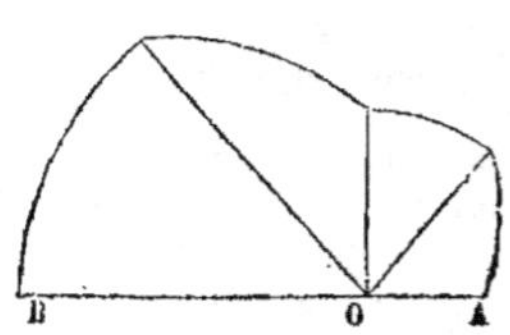

Fig. 207.

Lorsqu'il doit y avoir des temps d'arrêt dans le mouvement, on les obtient au moyen de courbes discontinues dans lesquelles les mouvements sont produits par des arcs de courbes analogues aux spirales, et les temps d'arrêt par des arcs de cercle décrits du pôle comme centre. La figure 207 montre un exemple d'un pareil excentrique produisant dans une demi-révolution deux mouvements et deux temps d'arrêt.

566. II. L'emploi des coordonnées polaires se prête, comme celui des coordonnées rectangulaires, à la représentation graphique des fonctions ; et l'on doit donner la préférence aux premières toutes les fois que la fonction ne renferme que les lignes trigonométriques de la variable.

Ainsi on a vu (**528**) que les équations

$$\rho = \frac{c}{a\cos\omega + b\sin\omega} \quad \text{et} \quad \rho = a\cos\omega + b\sin\omega$$

représentent la première une droite et la seconde un cercle, tandis qu'en coordonnées rectangulaires les équations

$$y = \frac{c}{a\cos x + b\sin x} \quad \text{et} \quad y = a\cos x + b\sin x$$

représenteraient des courbes beaucoup moins simples.

567. III. Soit O (fig. 208) le point de suspension d'un pendule simple qui, placé d'abord dans la position OA, sans vitesse initiale, est venu, au bout d'un certain temps, prendre la position OM. Soient AI et MH les perpendiculaires abaissées des points A et M sur la verticale OB. Désignons l'angle AOB par α et MOB par ω. On démontre que la vitesse V du point M est exprimée par la relation

$$V = \sqrt{2g.\mathrm{IH}}$$

ou

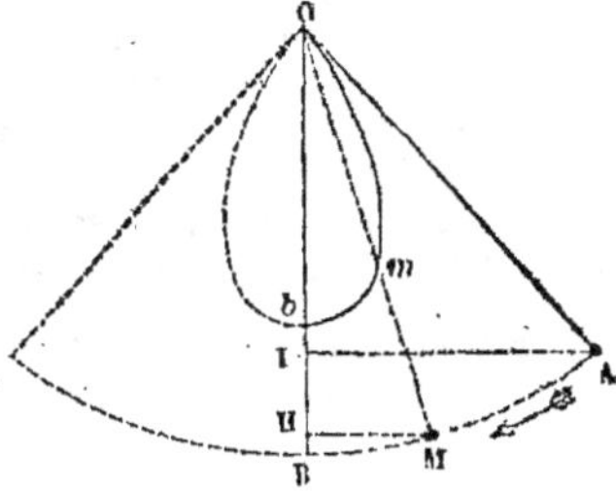

Fig. 208.

$$V = \sqrt{2g\,(\mathrm{OH} - \mathrm{OI})} = \sqrt{2ga\,(\cos\omega - \cos\alpha)},$$

dans laquelle g représente le nombre $9^m,81$ et a la longueur OA du pendule.

En prenant pour rayon vecteur V, et pour angle polaire ω, on obtient une courbe O*mb* qui exprime la loi indiquée par cette équation. Si O*b* représente la vitesse du mobile au point A, O*m* est sa vitesse au point M.

568. IV. Soit O (fig. 209) la projection de l'axe horizontal d'une roue qui tourne d'un mouvement périodique dans le sens de la flèche, sous l'action de deux forces constantes, l'une F appliquée au bouton M d'une manivelle OM montée sur l'axe O perpendiculairement à sa direction, l'autre P appliquée tangentiellement à une roue de rayon OH montée sur ce même axe. Sup-

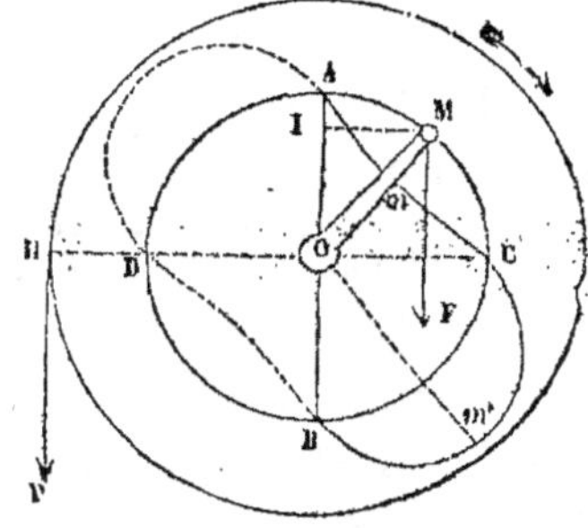

Fig. 209.

posons la manivelle à double effet, c'est-à-dire que la force mouvante F, après avoir agi de haut en bas pendant le premier demi-tour, agisse de bas en haut pendant le second, en conservant son intensité. Ce cas se réalise fréquemment dans les machines. Soit V_0 la vitesse que possédait le bouton de manivelle en passant au point A, et V celle qu'il possède en arrivant en M ; désignons l'angle AOM par ω et par c une constante qui dépend de diverses circonstances que nous ne pouvons faire connaître ici. On démontre que la vitesse V est donnée par la relation

$$V = \sqrt{V_0{}^2 + c\left(1 - \cos\omega - \frac{2\omega}{\pi}\right)}.$$

Si l'on prend V pour rayon vecteur, et ω pour angle polaire, on pourra construire la courbe représentée par cette équation ; elle exprimera la loi suivant laquelle varie la vitesse V en fonction de l'angle ω décrit par la manivelle, à partir de la direction verticale OA. On peut choisir l'unité de longueur de manière que V_0 soit représentée par le rayon OA lui-même ; la courbe affecte alors la forme et la position indiquées en AmCm'B... sur la figure. La partie ponctuée se rapporte au second demi-tour. Le rayon vecteur minimum et le rayon vecteur maximum répondent aux directions Om et Om' de la manivelle, qui font avec OA et OB des angles de 39°32'4.

On peut, par l'emploi d'un volant, diminuer la constante c ; la vitesse V approche alors de plus en plus d'être constante et égale à V_0.

Remarque. — L'emploi des coordonnées polaires offre de grandes ressources dans toutes les questions qui se rapportent aux mouvements de rotation.

§ 5. — NOTIONS SUR LES COORDONNÉES TRILINÉAIRES.

569. L'emploi des notations abrégées dont nous avons plusieurs fois fait usage dans ce qui précède, particulièrement au chapitre X, a donné naissance à un système de coordonnées qui est souvent avantageux, et qui est connu sous le nom de *coordonnées trilinéaires*. Voici en quoi il consiste.

Concevons que l'on ait tracé dans le plan de la figure qu'on veut étudier un triangle fixe ABC ; et soient, en coordonnées rectangulaires,

$$x\cos\theta + y\sin\theta - p = 0, \quad x\cos\theta' + y\sin\theta' - p' = 0, \quad x\cos\theta'' + y\sin\theta'' - p'' = 0,$$

les équations de ses côtés AB, AC et BC. On sait que les premiers membres de ces équations représentent les distances du point (x, y) aux trois droites (θ, V). Pour abréger l'écriture, représentons par α, β, γ ces distances.

L'équation $\dfrac{\alpha}{\gamma} = k$ représentera la droite, lieu des points dont les distances aux deux côtés AB et BC sont dans le rapport de k à l'unité ; de même l'équation $\dfrac{\beta}{\gamma} = k'$ représentera la droite, lieu des points dont les distances aux deux côtés AC et BC sont dans le rapport de k' à 1 ; et l'ensemble de ces deux équations représentera le point commun aux deux lieux. Ce point étant déterminé quand on connaît k et k', on peut regarder k et k' comme ses coordonnées ; et tout point du plan pourrait être représenté de la même manière. Mais, pour rendre les formules homogènes, on écrit $\dfrac{\alpha}{\gamma}$ et $\dfrac{\beta}{\gamma}$ au lieu de k et k' ; les quantités α, β et γ, distances du point considéré aux côtés du triangle ABC sont les *coordonnées trilinéaires* de ce point ; et le triangle ABC porte le nom de *triangle de référence.*

Lorsqu'on emploie à la fois les trois coordonnées α, β, γ, il faut se rappeler qu'elles sont liées entre elles par une relation constante. Si, en effet, on désigne par a, b, c les côtés du triangle de référence et par T sa surface, on devra avoir

$$a\alpha + b\beta + c\gamma = 2T,$$

en regardant α, β et γ comme positifs ou négatifs suivant que le point (x, y) considéré est situé, par rapport à chaque droite, du côté opposé à l'origine O des coordonnées cartésiennes, ou du même côté.

570. Dans ce système de coordonnées, toute équation homogène du premier degré entre α, β et γ, telle que

$$A\alpha + B\beta + C\gamma = 0, \qquad\qquad [1]$$

représente une droite, puisque les coordonnées sont des trinomes du premier degré en x et y. Réciproquement toute droite peut être représentée par une équation de cette forme, puisqu'on peut toujours disposer des coefficients A, B, C de manière à faire coïncider l'équation [1] avec une équation donnée quelconque du premier degré en x et y. — Les côtés du triangle de référence sont représentés respectivement par

$$\alpha = 0, \quad \beta = 0, \quad \gamma = 0.$$

Dans ce même système, une équation homogène et du second degré, en α, β, γ telle que

$$A\alpha^2 + B\alpha\beta + C\beta^2 + D\alpha\gamma + E\beta\gamma + F\gamma^2 = 0, \qquad\qquad [2]$$

représente une courbe du second degré ; et réciproquement, toute courbe du second degré peut être représentée par une équation de cette forme, puisqu'on peut disposer de ses six coefficients pour la faire coïncider avec une équation donnée quelconque du second degré en x et y.

571. Représentons momentanément par X et Y les rapports $\dfrac{\alpha}{\gamma}$ et $\dfrac{\beta}{\gamma}$.

L'équation d'une droite passant par un point dont les coordonnées sont X_1 et Y_1 sera

$$Y - Y_1 = m(X - X_1) \qquad\qquad [3]$$

et l'équation de la droite passant par les deux points (X_1, Y_1) et (X_2, Y_2) sera en conséquence

$$Y - Y_1 = \frac{Y_1 - Y_2}{X_1 - X_2}(X - X_2). \qquad\qquad [4]$$

Si

$$f(X, Y) = 0$$

représente l'équation d'une courbe, on verrait, comme au n° **141**, que la tangente à cette courbe au point qui a pour coordonnées X' et Y' est

$$Y - Y' = -\frac{f'_{X'}}{f'_{Y'}}(X - X')$$

ou, en employant (**238**) les coordonnées homogènes $\dfrac{X}{Z}$ et $\dfrac{Y}{Z}$,

$$Xf'_X + Yf'_Y + Zf'_Z = 0.$$

Remplaçant donc X, Y, Z par α, β, γ, on aura de même pour l'équation de la tangente en coordonnées trilinéaires

$$\alpha f'_\alpha + \beta f'_\beta + \gamma f'_\gamma = 0. \tag{5}$$

Si l'équation de la courbe est du second degré, la relation [5] est symétrique par rapport à α et α', β et β', γ et γ', et peut s'écrire (**238**)

$$\alpha' f'_\alpha + \beta' f'_\beta + \gamma' f'_\gamma = 0. \tag{6}$$

Cette équation représente la corde des contacts des tangentes issues du point α', β', γ', laquelle est en même temps la polaire de ce point.

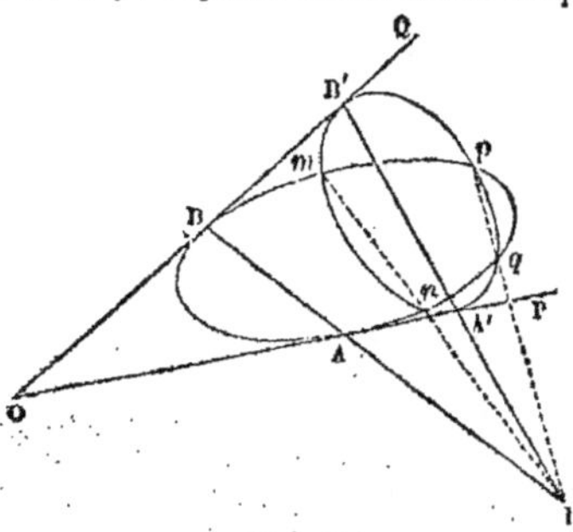

Fig. 210.

572. Comme nouvel exemple de l'emploi de ces coordonnées, nous démontrerons le théorème suivant.

THÉORÈME. — *Si deux coniques sont toutes deux tangentes à deux droites données OP et OQ (fig. 210), l'une aux points A et B, l'autre aux points A' et B', deux des droites qui joignent les points communs à ces deux courbes vont toujours se couper au point de rencontre I des deux cordes de contact AB et A'B'.*

Prenons pour triangle de référence le triangle ABO; et soient

$$\alpha = 0, \quad \beta = 0, \quad \gamma = 0$$

les équations des côtés AB, OB et OA. La droite A'B' aura une équation de la forme

$$m\alpha + n\beta + q\gamma = 0;$$

nous la représenterons, pour abréger, par

$$\alpha' = 0.$$

Cela posé, l'équation de la première conique sera (**449**)

$$\beta\gamma + \lambda.\alpha^2 = 0,$$

et l'équation de la seconde sera

$$\beta\gamma + \lambda'.\alpha'^2 = 0.$$

On en tire par soustraction

$$\lambda\alpha^2 - \lambda'\alpha'^2 = 0 \quad \text{ou} \quad (\alpha\sqrt{\lambda} + \alpha'\sqrt{\lambda'})(\alpha\sqrt{\lambda} - \alpha'\sqrt{\lambda'}) = 0.$$

On en conclut que les points communs, réels ou imaginaires, des deux coniques considérées, sont situés sur les deux droites

$$\alpha\sqrt{\lambda} + \alpha'\sqrt{\lambda'} = 0 \quad \text{et} \quad \alpha\sqrt{\lambda} - \alpha'\sqrt{\lambda'} = 0.$$

Or ces droites, réelles ou imaginaires conjuguées, ont un point réel commun, donné par

$$\alpha = 0 \quad \text{et} \quad \alpha' = 0;$$

c'est-à-dire que c'est le point d'intersection des deux droites AB et A'B', ce qu'il fallait démontrer.

REMARQUE. — Si AB et A'B' étaient parallèles, il y aurait deux sécantes communes parallèles à ces droites.

573. Mais l'emploi des coordonnées trilinéaires ne dispense pas toujours de recourir aux coordonnées cartésiennes. Nous prendrons pour exemple ce problème très-simple.

PROBLÈME. — *Étant donné un triangle isocèle, trouver le lieu des points tels, que la distance de chacun d'eux à la base du triangle soit moyenne proportionnelle entre ses distances aux deux autres côtés.*

Prenons le triangle proposé pour triangle de référence. Soit $\alpha = 0$ l'équation de sa base, et $\beta = 0$ et $\gamma = 0$ les équations de ses deux côtés. L'énoncé du problème donnera immédiatement pour l'équation du lieu

$$\beta\gamma = \alpha^2 \quad \text{ou} \quad \beta\gamma - \alpha^2 = 0, \tag{1}$$

c'est l'équation d'une conique. On peut même conclure de sa forme (**449**) qu'elle est tangente aux deux côtés latéraux et que la base est la corde des contacts.

Mais pour déterminer l'espèce de la courbe, il faut recourir aux coordonnées cartésiennes. Remplaçons les équations

$$\alpha = 0 \quad \text{par} \quad x\cos\alpha + y\sin\alpha - p = 0,$$
$$\beta = 0 \quad \text{par} \quad x\cos\beta + y\sin\beta - q = 0,$$
$$\gamma = 0 \quad \text{par} \quad x\cos\gamma + y\sin\gamma - r = 0,$$

l'équation [1] deviendra

$$(x\cos\beta + y\sin\beta - q)(x\cos\gamma + y\sin\gamma - r) - (x\cos\alpha + y\sin\alpha - p)^2 = 0$$

Si l'on développe cette équation, on trouve pour le coefficient de xy

$$\sin(\beta + \gamma) - \sin 2\alpha.$$

Or, puisque le triangle est isocèle, les angles que la perpendiculaire à la base menée par l'origine fait avec la perpendiculaire aux deux autres côtés des angles sont égaux, et l'on a $\alpha - \beta = \gamma - \alpha$, ou $2\alpha = \beta + \gamma$; par conséquent, le coefficient de xy est nul.

On trouve ensuite pour les coefficients de x^2 et de y^2

$$\cos\beta\cos\gamma - \cos^2\alpha \quad \text{et} \quad \sin\beta\sin\gamma - \sin^2\alpha.$$

Or ces coefficients sont égaux, car l'égalité

$$\cos \beta \cos \gamma - \cos^2 \alpha = \sin \beta \sin \gamma - \sin^2 \alpha,$$

qui peut s'écrire

$$\cos (\beta + \gamma) = \cos 2\alpha,$$

est satisfaite d'elle-même, puisque $\beta + \gamma$ est égal à 2α.

L'équation obtenue est donc celle d'un cercle. Ainsi le lieu demandé est le cercle mené par les extrémités de la base du triangle isocèle, tangentiellement aux deux autres côtés.

§ 6. — NOTIONS SUR LES COORDONNÉES TANGENTIELLES.

574. Au lieu de déterminer une courbe par la série continue de ses points, on peut la déterminer par la série continue de ses tangentes. On emploie pour cela un système particulier de coordonnées, auxquelles on donne le nom de *coordonnées tangentielles*.

Soit

$$Ax + By + C = 0 \tag{1}$$

l'équation d'une droite. Représentons par $\dfrac{1}{u}$ l'abscisse à l'origine, et par $\dfrac{1}{v}$ l'ordonnée à l'origine; nous aurons

$$-\frac{C}{A} = \frac{1}{u} \quad \text{et} \quad -\frac{C}{B} = \frac{1}{v}, \tag{2}$$

d'où

$$A = -Cu \quad \text{et} \quad B = -Cv,$$

et, en substituant dans [1], il vient

$$ux + vy - 1 = 0. \tag{3}$$

La droite considérée est complétement déterminée quand on connaît u et v; pour cette raison, les quantités u et v sont dites les *coordonnées de la droite*.

On remarquera que $u = 0$ représente une parallèle à l'axe des x, et $v = 0$ représente une parallèle à l'axe des y; cela résulte des équations [2]. On verra également que l'axe des x est représenté par $u = 0$ avec $v = \infty$; et l'axe des y par $v = 0$ avec $u = \infty$.

575. Cela posé, soit

$$f(u, v) = 0 \tag{4}$$

une relation constante entre les coordonnées u et v d'une droite; cette équation représente une série continue de droites, dont l'enveloppe est une courbe, à laquelle chacune de ces droites est tangente (**474**); l'équation [4] est *l'équation tangentielle* de cette courbe.

Considérons, par exemple, les courbes du second degré représentées par l'équation

$$y^2 = 2px + qx^2. \qquad [5]$$

L'équation de la tangente à cette courbe, au point (x', y'), est

$$yy' = p(x + x') + q\,xx'.$$

Pour $x = 0$ on trouve

$$y = \frac{px'}{y'} = \frac{1}{v},$$

et pour $y = 0$, on trouve

$$x = -\frac{px'}{p + qx'} = \frac{1}{u}.$$

On tire de là

$$x' = -\frac{p}{pu + q} \quad \text{et} \quad y' = -\frac{p^2 v}{pu + q}.$$

Substituant ces valeurs dans l'équation $y'^2 = 2px' + qx'^2$, qui exprime que le point (x', y') est sur la courbe, on trouve après réduction

$$p^2 v^2 + 2pu + q = 0 : \qquad [6]$$

c'est l'équation tangentielle des courbes représentées en coordonnées cartésiennes par l'équation [5].

On peut suivre la même marche pour toutes les courbes données. On prend l'équation de la tangente, on détermine les coordonnées à l'origine, que l'on égale à $\frac{1}{u}$ et à $\frac{1}{v}$; on tire de ces égalités les valeurs des coordonnées x' et y' du point de contact; et en les substituant dans l'équation qui exprime que ce point est sur la courbe, on obtient l'équation tangentielle de cette courbe.

On trouve ainsi pour les équations

$$x^2 + y^2 = r^2, \qquad u^2 + v^2 = \frac{1}{r^2},$$

$$a^2 y^2 + b^2 x^2 = a^2 b^2, \quad a^2 u^2 + b^2 v^2 = 1;$$

$$y^2 = 2px, \qquad v^2 + \frac{2u}{p} = 0,$$

$$xy = m^2, \qquad uv = \frac{1}{4m^2}.$$

576. Réciproquement, étant donnée l'équation tangentielle $f(u, v) = 0$ d'une courbe, on y joindra l'équation $ux + vy - 1 = 0$ de sa tangente; on éliminera v, ce qui donnera

$$f\left(u, \frac{1 - ux}{y}\right) = 0$$

pour l'équation générale des tangentes, avec un seul paramètre variable u; l'enveloppe de ces droites sera la courbe demandée.

On pourra aussi opérer comme il a été dit au n° **476**.

On peut s'exercer sur les équations données à la fin du numéro précédent.

577. Ayant expliqué ce que **c'**est que l'équation tangentielle d'une courbe, il faut montrer l'usage que l'on peut faire des coordonnées tangentielles dans les questions les plus ordinaires.

Dans ce système de coordonnées, *toute équation du premier degré en* u *et* v *représente un point.* Soit, en effet, l'équation

$$A u + B v + C = 0 ; \qquad [1]$$

à un système de valeurs de u et v correspond une droite $ux + vy - 1 = 0$; en multipliant par C, on peut écrire

$$C x . u + C y . v - C = 0 ; \qquad [2]$$

et, en ajoutant membre à membre les équations [1] et [2], on obtient

$$(A + C x) u + (B + C y) v = 0,$$

relation qui est satisfaite quels que soient u et v, par les valeurs

$$x = - \frac{A}{C} \quad \text{et} \quad y = - \frac{B}{C} .$$

L'équation [1] proposée représente donc l'enveloppe d'un système de droites passant toutes par un point fixe; c'est-à-dire qu'elle représente ce point lui-même. L'équation [1] est dite *l'équation de ce point.*

Si l'on veut mettre en évidence les coordonnées cartésiennes du point, en les nommant x_1 et y_1, on peut écrire

$$u x_1 + v y_1 - 1 = 0 :$$

c'est l'équation du point x_1, y_1.

REMARQUE. — Si l'on a $C = 0$, les coordonnées x_1 et y_1 deviennent infinies; ainsi l'équation $A u + B v = 0$ représente un point situé à l'infini.

578. Droites passant par deux points donnés. — Soient

$$x_1 u + y_1 v - 1 = 0 \quad \text{et} \quad x_2 u + y_2 v - 1 = 0$$

les équations des deux points donnés. Les valeurs de u et de v qui vérifient à la fois ces deux équations déterminent une droite qui passe par ces deux points. En appelant u_1 et v_1 ces valeurs, on trouve

$$u_1 = \frac{y_1 - y_2}{x_2 y_1 - x_1 y_2} \quad \text{et} \quad v_1 = \frac{x_2 - x_1}{x_2 y_1 - x_1 y_1} ,$$

Ce sont les *coordonnées tangentielles* de la droite cherchée.

L'équation

$$u_1 x + v_1 y - 1 = 0$$

est l'équation de cette droite en coordonnées cartésiennes.

579. Intersection de deux droites. — Soient u_1, v_1 et u_2, v_2 les coordonnées tangentielles des deux droites. L'équation du point d'intersection sera de la forme

$$Au + Bv + C = 0. \qquad [1]$$

Cette équation devant être vérifiée par les coordonnées des deux droites, on doit avoir

$$[2] \qquad Au_1 + Bv_1 + C = 0 \quad \text{et} \quad Au_2 + Bv_2 + C = 0. \qquad [3]$$

Retranchant membre à membre, d'une part [1] et [2], de l'autre [2] et [3], on trouve

$$A(u - u_1) + B(v - v_1) = 0 \quad \text{et} \quad A(u_2 - u_1) + B(v_2 - v_1) = 0,$$

d'où l'on déduit

$$\frac{u - u_1}{v - v_1} = \frac{u_2 - u_1}{v_2 - v_1} \quad \text{ou} \quad v - v_1 = \frac{v_2 - v_1}{u_2 - u_1}(u - u_1): \qquad [4]$$

c'est l'équation du point cherché.

580. Condition de parallélisme de deux droites. — Employons les mêmes notations qu'au numéro précédent. L'équation [4] du point d'intersection des deux droites peut se mettre sous la forme

$$(v_2 - v_1)u + (u_1 - u_2)v + v_1 u_2 - u_1 v_2 = 0.$$

Pour que les droites soient parallèles, il faut que ce point soit situé à l'infini, ce qui exige (**577**, rem.) que le terme indépendant de u et v, disparaisse, et qu'on ait

$$v_1 u_2 - u_1 v_2 = 0 \quad \text{ou} \quad \frac{u_1}{v_1} = \frac{u_2}{v_2};$$

c'est la condition demandée.

581. Condition de perpendicularité de deux droites. — Soient toujours u_1, v_1 et u_2, v_2 les coordonnées tangentielles des deux droites. Leurs équations en coordonnées cartésiennes seront

$$u_1 x + v_1 y - 1 = 0 \quad \text{et} \quad u_2 x + v_2 y - 1 = 0.$$

Ces droites ont pour coefficients angulaires

$$-\frac{u_1}{v_1} \quad \text{et} \quad -\frac{u_2}{v_2},$$

La condition de perpendicularité est donc (les axes étant supposés rectangulaires)

$$\frac{u_1 u_2}{v_1 v_2} + 1 = 0 \quad \text{ou} \quad \frac{u_1}{v_1} \cdot \frac{u_2}{v_2} = -1.$$

Le même procédé aurait pu être employé pour trouver la condition de parallélisme.

582. Distance d'un point à une droite. — Soient u_0, v_0 les coordonnées de la droite et $ux_1 + vy_1 - 1 = 0$ l'équation du point. Les axes étant supposés rectangulaires, la distance du point x_1, y_1 à la droite $ux_0 + v_0 y - 1 = 0$ est

$$d = \frac{u_0 x_1 + v_0 y_1 - 1}{\sqrt{u_0^2 + v_0^2}},$$

583. *Étant données les coordonnées d'une tangente à une courbe, trouver l'équation du point de contact.*

Soit $f(u, v) = 0$ l'équation tangentielle de la courbe dont il s'agit. Les coordonnées u_1 et v_1 de la tangente donnée devront satisfaire à cette équation; on aura donc $f(u_1, v_1) = 0$.

Le point de contact cherché est la limite des positions du point d'intersection de la tangente donnée (u_1, v_1) avec une tangente très-voisine $(u_1 + h, v_1 + k)$ lorsque la seconde tangente roule sur la courbe de manière à venir se confondre avec la première. Or le point d'intersection des deux droites dont nous venons d'écrire les coordonnées, a pour équation

$$v - v_1 = \frac{k}{h}(u - u_1).$$

L'équation du point de contact demandé sera donc

$$v - v_1 = \lim. \frac{k}{h}(u - u_1) = -\frac{f'_{u_1}}{f'_{v_1}}(u - u_1)$$

ou

$$(v - v_1) f'_{v_1} + (u - u_1) f'_{u_1} = 0.$$

On lui donne une forme plus symétrique, en remplaçant u et v par $\frac{u}{w}$ et $\frac{v}{w}$, sauf à faire ensuite $w = 1$. En raisonnant comme au n° **238**, on verra que l'équation du point de contact peut s'écrire

$$uf'_{u_1} + vf'_{v_1} + wf'_{w_1} = 0,$$

équation dans laquelle il ne faut pas oublier qu'on doit faire $w = 1$ et $w_1 = 1$ quand les calculs sont terminés.

584. Intersection d'une droite et d'une courbe. — Soit $f(u, v) = 0$ l'équation tangentielle de la courbe, et u_0, v_0 les coordonnées de la droite. Soient de plus u_1 et v_1 les coordonnées de la tangente au point cherché. On aura (**583**) pour l'équation du point de contact

$$uf'_{u_1} + vf'_{v_1} + wf'_{w_1} = 0, \quad \text{avec} \quad f(u_1, v_1) = 0.$$

Ce point de contact devant se trouver sur la droite donnée, les coordonnées u_0 et v_0 de cette droite doivent satisfaire à l'équation de ce point; on doit donc avoir

$$u_0 f'_{u_1} + v_0 f'_{v_1} + w_0 f'_{w_1} = 0, \quad \text{avec} \quad f(u_1, v_1) = 0,$$

ou, en supprimant les indices de u_1, v_1, w_1,

$$u_0 f'_u + v_0 f'_v + w f'_w = 0, \quad \text{avec} \quad f(u, v) = 0$$

(ne pas oublier de faire $w_0 = 1$ et $w = 1$ à la fin de ce calcul).

Les valeurs de u et de v qui satisferont à ces deux équations détermineront la tangente au point d'intersection cherché; et ce point s'obtiendra en cherchant l'intersection de la tangente avec la droite u_0, v_0.

585. Asymptotes en coordonnées tangentielles. — On a vu que si u_1 et v_1 sont les coordonnées d'une tangente à la courbe $f(u, v) = 0$, l'équation du point de contact est

$$u f'_{u_1} + v f'_{v_1} + w f'_{w_1} = 0.$$

Pour que la tangente devienne une asymptote, il faut que ce point de contact s'éloigne à l'infini, ce qui exige **(577)** que le terme indépendant de u et v soit nul. On doit donc avoir

$$f'_{w_1} = 0,$$

équation dans laquelle on devra faire $w_1 = 1$; c'est-à-dire qu'il faut prendre la dérivée de la fonction $f(u, v, w)$ par rapport à w, y remplacer u, v et w par u_1, v_1 et 1, et égaler le résultat à zéro.

Exemple. — Soit donnée l'équation

$$p^2 v^2 + 2pu + q = 0, \qquad\qquad [1]$$

qui représente l'une quelconque des courbes de second degré. Remplaçons u et v par $\dfrac{u}{w}$ et $\dfrac{v}{w}$, nous aurons, après avoir chassé les dénominateurs,

$$p^2 v^2 + 2puw + qw^2 = 0.$$

La dérivée du premier membre par rapport à w est $2pu + 2qw$; si l'on y fait $u = u_1$ et $w = 1$, on obtient $2pu_1 + 2q$; et en égalant cette expression à zéro, on en tire

$$u_1 = -\frac{q}{p}.$$

Substituant dans l'équation

$$p^2 v_1^2 + 2pu_1 + q = 0,$$

qui exprime que la tangente (u_1, v_1) est une des tangentes de la courbe proposée, on en tire

$$v_1 = \pm \frac{\sqrt{q}}{p}.$$

Les coordonnées des asymptotes sont donc

$$u_1 = -\frac{q}{p} \quad \text{et} \quad v_1 = \pm \frac{\sqrt{q}}{p}.$$

La valeur de v_1 n'est réelle que lorsque q est positif, c'est-à-dire quand la courbe est une hyperbole.

Comme vérification, on peut remarquer que les équations cartésiennes des asymptotes, déduites des coordonnées obtenues, sont

$$-\frac{q}{p}\,x \pm \frac{\sqrt{q}}{p}\,y - 1 = 0 \quad \text{ou} \quad y = x\sqrt{q} + \frac{p}{\sqrt{q}},$$

le radical pouvant être pris avec les deux signes. Ce sont là, en effet, les équations des asymptotes à l'hyperbole

$$y^2 = 2px + qx^2.$$

586. Tangente commune à deux courbes en coordonnées tangentielles. — Si $f(u, v) = 0$ et $\varphi(u, v) = 0$ sont les équations tangentielles des deux courbes, les coordonnées d'une tangente commune seront les couples de valeurs de u et de v qui satisfont à la fois à ces deux équations.

Si elles sont du second degré, il y aura quatre couples de solutions réelles ou imaginaires. A deux courbes du second degré, on peut donc mener quatre tangentes communes, réelles ou imaginaires.

587. Développée d'une courbe en coordonnées tangentielles. — Soit $f(x, y) = 0$ l'équation cartésienne de la courbe. L'équation de sa normale sera

$$Y - y = \frac{f'_y}{f'_x}\,(X - x).$$

Pour $Y = 0$, on trouve $X = x - y\cdot\dfrac{f'_x}{f'_y} = \dfrac{1}{u}$.

Pour $X = 0$, on trouve $Y = y - x\cdot\dfrac{f'_x}{f'_y} = \dfrac{1}{v}$.

Si entre ces deux équations et celle de la courbe on élimine x et y, on aura l'équation tangentielle de la courbe enveloppe des normales, c'est-à-dire de la développée de la courbe proposée.

Soit, par exemple, la parabole

$$y^2 = 2px. \tag{1}$$

On aura

$$f'_x = -2p \quad \text{et} \quad f'_y = 2y;$$

par conséquent

$$\frac{1}{u} = x + p \quad \text{et} \quad \frac{1}{v} = y + \frac{xy}{p},$$

d'où l'on tire

$$x = \frac{1}{u} - p \quad \text{et} \quad y = \frac{pu}{v}.$$

Substituant dans [1], on obtient

$$\frac{p^2 u^2}{v^2} = 2p\left(\frac{1}{u} - p\right) \quad \text{ou} \quad v^2 = \frac{1}{2}\cdot\frac{pu^3}{1 - pu}. \tag{2}$$

C'est l'équation tangentielle de la développée de la parabole.

Nous terminerons ce paragraphe par deux exercices.

588. Problème. *Trouver l'équation tangentielle des coniques inscrites à un quadrilatère.* — Soient

$$A\,(x_1, y_1),\ \ B\,(x_2, y_2),\ \ C\,(x_3, y_3),\ \ D\,(x_4, y_4)$$

les quatre sommets du quadrilatère, avec l'indication de leurs coordonnées cartésiennes.

Les équations tangentielles de ces quatre sommets seront **(577)** :

$$x_1 u + y_1 v - 1 = 0 \quad \text{que nous représenterons par}\quad A = 0,$$
$$x_2 u + y_2 v - 1 = 0 \qquad - \qquad\qquad - \qquad\qquad B = 0,$$
$$x_3 u + y_3 v - 1 = 0 \qquad - \qquad\qquad - \qquad\qquad C = 0,$$
$$x_4 u + y_4 v - 1 = 0 \qquad - \qquad\qquad - \qquad\qquad D = 0.$$

L'équation demandée sera

$$AC - \lambda\,.\,BD = 0; \qquad\qquad [1]$$

car si l'on pose à la fois $A = 0$ et $B = 0$, cette relation est satisfaite; donc la conique, enveloppe des droites $xu + yv - 1 = 0$, est tangente à la droite AB.

De même, pour $A = 0$ et $D = 0$ on reconnaît qu'elle est tangente à AD,

$$- \qquad C = 0 \quad B = 0 \qquad - \qquad\qquad - \qquad\qquad BC,$$
$$- \qquad C = 0 \quad D = 0 \qquad - \qquad\qquad - \qquad\qquad CD.$$

Donc la conique [1] est inscrite au quadrilatère. En développant son équation, on aurait

$$(x_1 u + y_1 v - 1)\,(x_3 u + y_3 v - 1) - \lambda\,(x_2 u + y_2 v - 1)\,(x_4 u + y_4 v - 1).$$

589. Théorème. — *Une conique étant inscrite dans un quadrilatère, si des quatre sommets on abaisse des perpendiculaires sur une tangente quelconque, le produit des perpendiculaires abaissées de deux sommets opposés sera dans un rapport constant avec le produit des perpendiculaires abaissées des deux autres sommets.*

Conservons les notations du numéro précédent; et soient α, β, γ, δ, les longueurs des perpendiculaires abaissées des sommets A, B, C, D, sur une même tangente $ux + vy - 1 = 0$. On aura **(582)**, en désignant par k la quantité $\sqrt{u^2 + v^2}$,

$$\alpha = \frac{x_1 u + y_1 v - 1}{\sqrt{u^2 + v^2}} = \frac{A}{k}, \qquad \beta = \frac{x_2 u + y_2 v - 1}{\sqrt{u^2 + v^2}} = \frac{B}{k},$$

$$\gamma = \frac{x_3 u + y_3 v - 1}{\sqrt{u^2 + v^2}} = \frac{C}{k}, \qquad \delta = \frac{x_4 u + y_4 v - 1}{\sqrt{u^2 + v^2}} = \frac{D}{k},$$

d'où l'on déduit

$$\frac{\alpha\gamma}{\beta\delta} = \frac{AC}{BD};$$

mais, en vertu de l'équation ([1], n° **522**) de la conique, on a

$$\frac{AC}{BD} = \lambda;$$

donc aussi

$$\frac{\alpha\gamma}{\beta\delta} = \lambda;$$

ce qui démontre le théorème énoncé.

DEUXIÈME PARTIE

CHAPITRE PREMIER

NOTIONS SUR LES PROJECTIONS. — COORDONNÉES D'UN POINT DANS L'ESPACE. REPRÉSENTATION DES SURFACES ET DES LIGNES. — TRANSFORMATION DES COORDONNÉES

§ 1. — PROJECTIONS DES DROITES DANS L'ESPACE. PROJECTION DES AIRES PLANES SUR UN PLAN.

590. Les notions que nous avons établies au chapitre II, § 3, de la *Première partie*, ne sont pas restreintes aux droites situées dans un même plan; les mêmes énoncés et les mêmes démonstrations s'appliquent à des droites situées d'une manière quelconque dans l'espace.

Ainsi, *la projection orthogonale d'une droite limitée, sur un axe quelconque, est algébriquement égale au produit de la longueur absolue de cette droite par le cosinus de l'angle que sa direction fait avec la partie positive de l'axe* (cette direction est déterminée par la marche d'un mobile fictif qui parcourt la droite donnée et indiquée par l'ordre alphabétique des lettres).

THÉORÈME. I. — *La somme algébrique des projections des côtés d'un contour polygonal fermé, sur un axe quelconque, est égale à zéro.*

THÉORÈME II. — *La projection de la résultante d'un contour polygonal non fermé, sur un axe quelconque, est égale à la somme algébrique des projections de ses côtés.*

Ces théorèmes subsisteraient encore pour des projections obliques.

Mais, en vue de ce qui va suivre, nous ajouterons à ce sujet quelques développements indispensables.

591. Théorème III. — *La somme des carrés des projections orthogonales d'une droite sur trois axes rectangulaires est égale au carré de cette droite.*

Soient OX, OY, OZ (fig. 211), les trois axes considérés. Menons OM parallèle et égale à la droite donnée. Les projections de OM sur les axes seront évidemment les mêmes que celles de cette droite.

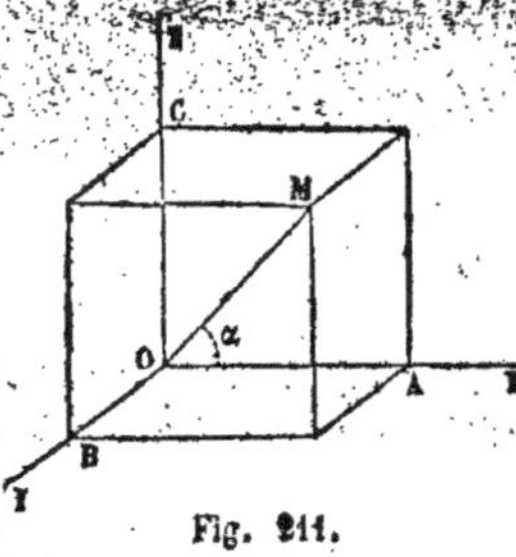

Fig. 211.

Ceci posé, il est visible que la droite OM est la diagonale d'un parallélépipède rectangle dont les arêtes OA, OB, OC sont les projections de OM sur les axes. On aura donc, d'après un théorème de Géométrie élémentaire connu,

$$\overline{OM}^2 = \overline{OA}^2 + \overline{OB}^2 + \overline{OC}^2 ; \qquad [4]$$

ce qu'il fallait démontrer.

592. Direction d'une droite. — Pour fixer la direction d'une droite dans l'espace, on imagine qu'on lui mène par l'origine une parallèle, et que cette parallèle soit parcourue par un mobile, à partir de cette origine, dans le *sens* qu'on attribue à la droite proposée ; les angles que cette parallèle ainsi parcourue fait avec les directions *positives* des trois axes, sont les angles de la droite proposée avec ces mêmes axes. Ils suffisent pour déterminer sa direction. Mais ils sont liés entre eux par une relation très-simple exprimée par le théorème suivant :

593. Théorème IV. — *La somme des carrés des cosinus des angles qu'une droite fait avec trois axes rectangulaires est égale à l'unité.*

Désignons (fig. 211) les angles MOA, MOB, MOC par α, β, γ.

On aura $OA = OM \cos \alpha$, d'où

$$\cos \alpha = \frac{OA}{OM};$$

et de même

$$\cos \beta = \frac{OB}{OM}, \quad \cos \gamma = \frac{OC}{OM}.$$

Élevant au carré et ajoutant, il vient

$$\cos^2 \alpha + \cos^2 \beta + \cos^2 \gamma = \frac{\overline{OA}^2 + \overline{OB}^2 + \overline{OC}^2}{OM^2},$$

et, à cause de l'égalité [1],

$$\cos^2 \alpha + \cos^2 \beta + \cos^2 \gamma = 1.$$

Cette relation fondamentale subsiste également pour la direction MO; car les angles *directeurs* de deux directions opposées OM et MO étant supplémentaires, leurs cosinus sont égaux et de signes contraires.

594. Théorème V. — *Le cosinus de l'angle de deux droites est égal à la somme des produits des cosinus des angles que ces droites font avec trois axes rectangulaires.*

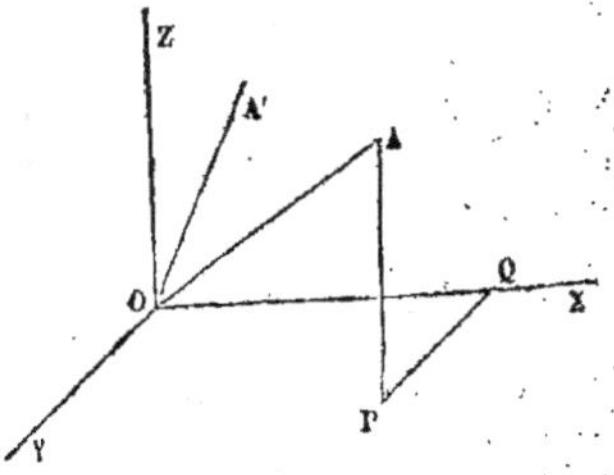

Soient OA et OA' (fig. 212) les droites données; α, β, γ; α', β', γ' les angles qu'elles font avec trois axes rectangulaires OX, OY, OZ; et V l'angle (OA, OA').

Prenons OA pour unité; menons AP perpendiculaire au plan XOY, PQ perpendiculaire sur OX. On aura

$$OQ = \cos \alpha, \quad PQ = \cos \beta, \quad AP = \cos \gamma.$$

Fig. 212.

Si l'on projette le contour OQPA et sa résultante OA sur OA', on aura

$$\cos V = OQ \cos \alpha' + PQ \cos \beta' + AP \cos \gamma',$$

ou

$$\cos V = \cos \alpha \cos \alpha' + \cos \beta \cos \beta' + \cos \gamma \cos \gamma',$$

ce qu'il fallait démontrer.

REMARQUES — I. Si les deux droites sont perpendiculaires entre elles, on a $\cos V = 0$; par conséquent la condition de perpendicularité de deux droites faisant avec les axes des angles α, β, γ et α', β', γ', est exprimée par la relation

$$\cos\alpha \cos\alpha' + \cos\beta \cos\beta' + \cos\gamma \cos\gamma' = 0,$$

à laquelle il faut joindre les deux relations

$$\cos^2\alpha + \cos^2\beta + \cos^2\gamma = 1 \quad \text{et} \quad \cos^2\alpha' + \cos^2\beta' + \cos^2\gamma' = 1.$$

II. On déduit de l'expression de $\cos V$,

$$\sin^2 V = 1 - \cos^2 V = (\cos^2\alpha + \cos^2\beta + \cos^2\gamma)(\cos^2\alpha' + \cos^2\beta' + \cos^2\gamma')$$
$$- (\cos\alpha \cos\alpha' + \cos\beta \cos\beta' + \cos\gamma \cos\gamma')^2,$$

d'où

$$\sin V = \sqrt{(\cos\alpha \cos\beta' - \cos\beta \cos\alpha')^2 + (\cos\beta \cos\gamma' - \cos\gamma \cos\beta')^2}$$
$$+ (\cos\gamma \cos\alpha' - \cos\alpha \cos\gamma')^2.$$

Il ne faut prendre que la valeur positive de ce radical, attendu que l'angle V est compris entre 0 et π.

III. Pour que les deux droites soient parallèles, on doit avoir $\sin V = 0$. On trouve facilement que cette condition revient aux suivantes :

$$\cos\alpha = \pm \cos\alpha', \quad \cos\beta = \pm \cos\beta' \quad \text{et} \quad \cos\gamma = \pm \cos\gamma'.$$

595. PROBLÈME. — *Déterminer une direction perpendiculaire à deux autres.* (Axes rectangulaires.)

Soient (α, β, γ) et $(\alpha', \beta', \gamma')$ les angles des deux directions données et $(\alpha'', \beta'', \gamma'')$ les angles de la direction qui leur est perpendiculaire. On a pour déterminer les trois inconnues, les relations

$$\cos\alpha \cos\alpha'' + \cos\beta \cos\beta'' + \cos\gamma \cos\gamma'' = 0, \qquad [1]$$

$$\cos\alpha' \cos\alpha'' + \cos\beta' \cos\beta'' + \cos\gamma' \cos\gamma'' = 0, \qquad [2]$$

$$\cos^2\alpha'' + \cos^2\beta'' + \cos^2\gamma'' = 1. \qquad [3]$$

En multipliant [1] par $\cos\gamma'$ et [2] par $\cos\gamma$ et retranchant les produits membre à membre, en multipliant de nouveau [1] par $\cos\beta'$ et [2] par $\cos\beta$ et retranchant membre à membre, on obtient deux nouvelles relations, desquelles, en ayant égard à [3], on déduit les égalités

$$\frac{\cos\alpha''}{\cos\beta \cos\gamma' - \cos\gamma \cos\beta'} = \frac{\cos\beta''}{\cos\gamma \cos\alpha' - \cos\alpha \cos\gamma'} = \frac{\cos\gamma''}{\cos\alpha \cos\beta' - \cos\beta \cos\alpha'} = \frac{1}{\sin V}$$

γ désignant l'angle des deux directions données. On en tire $\cos \alpha''$, $\cos \beta''$ et $\cos \gamma'$.

Problème. — *Étant données les projections p, q, r d'une droite sur trois axes rectangulaires, trouver la longueur de cette droite et les angles que sa direction fait avec les axes.*

Soient D la longueur de la droite cherchée et α, β, γ les angles qu'elle fait avec les axes ; on aura, en vertu des théorèmes précédents,

$$\frac{p}{\cos \alpha} = \frac{q}{\cos \beta} = \frac{r}{\cos \gamma} = D,$$

d'où l'on tire

$$\frac{p^2}{\cos^2 \alpha} = \frac{q^2}{\cos^2 \beta} = \frac{r^2}{\cos^2 \gamma} = \frac{p^2 + q^2 + r^2}{1} = D^2,$$

par suite

$$D = \sqrt{p^2 + q^2 + r^2},$$

$$\cos \alpha = \frac{p}{\sqrt{p^2 + q^2 + r^2}}, \quad \cos \beta = \frac{q}{\sqrt{p^2 + q^2 + r^2}}, \quad \cos \gamma = \frac{r}{\sqrt{p^2 + q^2 + r^2}}.$$

596. Projections des lignes et des aires sur un plan. — Définitions. — I. La projection d'un point sur un plan est le pied de la perpendiculaire abaissée du point sur le plan.

II. La projection d'une ligne sur un plan est le lieu des projections des différents points de la ligne sur le plan.

Remarque. — Les perpendiculaires menées des différents points d'une même ligne droite sur un plan étant dans un même plan perpendiculaire au premier, on en conclut que la projection d'une ligne droite sur un plan est une ligne droite.

III. La projection d'une aire plane sur un plan est l'aire limitée par la projection du contour de l'aire plane.

Le plan sur lequel on projette prend le nom de *plan de projection*.

597. Théorème I. — *La projection d'une droite sur un plan est égale à la longueur de la droite multipliée par le cosinus de l'angle aigu que la droite fait avec le plan.*

En effet, la projection d'une droite AB sur un plan P n'est

autre chose que la projection de AB sur la droite A'B', qui résulte de l'intersection du plan P et d'un plan Q mené par AB perpendiculairement à P. On a donc (en valeur absolue)

$$A'B' = AB \cos (AB, A'B').$$

Mais l'angle (AB, A'B') est par définition l'angle de la droite AB avec le plan P ; le théorème est donc démontré.

598. Théorème II. — *La projection d'une conique sur un plan non perpendiculaire au plan de cette conique est une conique du même genre.*

Soit

$$y^2 = 2px + qx^2$$

l'équation de la conique dans son plan, et α, β les angles des axes coordonnés avec le plan de projection considéré. Si l'on rapporte la projection de la conique aux projections de ces axes de coordonnées, on aura entre les coordonnées x et y d'un point quelconque de la conique et les coordonnées x' et y' de sa projection les relations

$$x' = x \cos \alpha \quad \text{et} \quad y' = y \cos \beta,$$

et par suite l'équation de la projection de la conique sera

$$\left(\frac{y'}{\cos \beta}\right)^2 = 2p \left(\frac{x'}{\cos \alpha}\right) + q \left(\frac{x'}{\cos \alpha}\right)^2.$$

Cette projection est donc aussi une conique ; et comme $B^2 - 4AC$ conserve le même signe, elle est du même genre que la conique proposée.

599. Théorème III. — *La projection d'une aire plane sur un plan est égale au produit de cette aire par le cosinus de l'angle des deux plans.*

Démontrons d'abord ce théorème pour le cas d'un triangle :

1° Supposons d'abord que le triangle ABC situé dans un plan P' (fig. 213) ait un de ses côtés BC dans le plan de projection P ; soit A' la projection de A. Menons AD perpendiculaire sur BC. D'après un théorème connu, A'D est perpendiculaire à BC : l'angle ADA' mesure donc l'angle des deux plans P et P'.

Or on a

$$\text{aire } ABC = \frac{BC \times AD}{2},$$

$$\text{aire } A'BC = \frac{BC \times A'D}{2};$$

mais

$$AD = A'D \cos ADA :$$

donc

$$\text{aire } A'BC = \text{aire } ABC \times \cos ADA' = \text{aire } ABC \cos (P, P');$$

ce qu'il fallait démontrer.

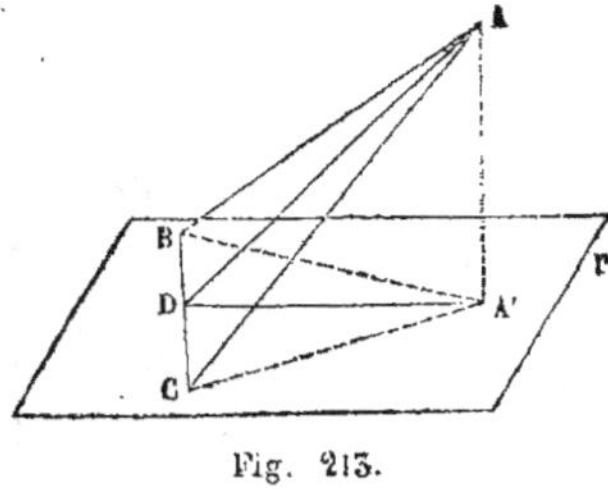
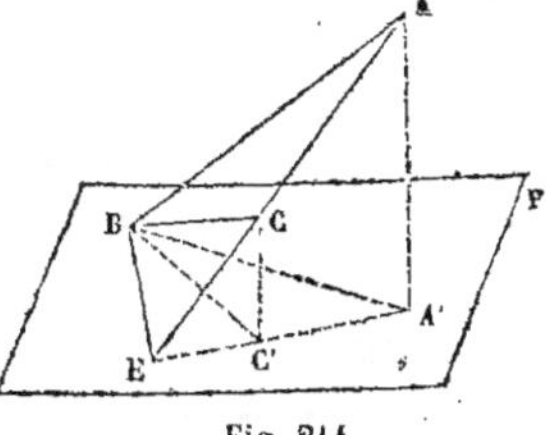

Fig. 213.   Fig. 214.

2° Supposons en second lieu un triangle placé d'une manière quelconque par rapport au plan de projection; transportons ce dernier parallèlement à lui-même jusqu'à ce qu'il passe par un sommet B du triangle, ce qui ne change rien à la projection du triangle, ni à l'angle que les deux plans font entre eux. Soit alors BE (fig. 214) l'intersection des plans P et P'. Prolongeons AC jusqu'en E, et soit C' la projection du point C.

D'après ce que nous venons de voir, on aura

$$BC'E = BCE \cos (P, P'),$$

$$A'BE = ABE \cos (P, P').$$

Donc

$$A'BE - BC'E = (ABE - BCE) \cos (P, P')$$

ou

$$A'BC' = ABC \cos (P, P');$$

ce qu'il fallait démontrer.

3° Soit ABCDE un polygone situé dans un plan P, et A'B'C'D'E' sa projection sur le plan P'. On aura, en décomposant le polygone proposé et sa projection en triangles,

$$A'B'C' = ABC \cos (P, P'),$$

$$A'C'D' = ACD \cos (P, P'),$$

$$A'D'E' = ADE \cos (P, P');$$

d'où, en ajoutant,

$$A'B'C'D'E' = ABCDE \cos (P, P').$$

4° Si l'aire plane considérée est terminée par une courbe, on pourra la considérer comme la limite d'un polygone inscrit. Le théorème démontré s'étendra donc à ce nouveau cas, puisqu'il est vrai, quelque grand que soit le nombre des côtés du polygone inscrit.

600. THÉORÈME IV. — *La somme des carrés des projections d'une aire plane sur trois plans perpendiculaires deux à deux est égale au carré de cette aire.*

Ce théorème est une conséquence du précédent et du théorème III du n° **591.** Nous laissons aux élèves le soin de le démontrer.

REMARQUE. — Dans tout ce qui précède, les projections des aires sont prises en valeur absolue. Quelques théories de Mécanique, particulièrement celle des mouvements de rotation, conduisent à considérer ces projections comme positives ou négatives. Voici alors la convention qu'on adopte :

Une perpendiculaire étant menée au plan de projection P est considérée comme positive si elle est située d'un côté de ce plan, et comme négative si elle est située de l'autre côté. Nommons cette perpendiculaire l'*axe* du plan de projection. Élevons, d'un côté déterminé du plan Q de l'aire projetée A, une perpendiculaire que nous nommerons aussi l'axe du second plan. Alors l'angle V du plan Q et du plan P sera l'angle formé par l'axe du plan Q avec la partie positive de l'axe du plan P. La projection de l'aire plane sera encore représentée par A cos V ; et elle sera positive ou négative, suivant que l'angle V sera aigu ou obtus.

Si, de plus, on prend sur l'axe du plan Q une longueur proportionnelle à l'aire A, on voit que A cos V pourra être considéré comme la projection de cette longueur sur l'axe du plan P. En sorte que la projection des aires sera ainsi ramenée à la projection des droites et offrira les mêmes propriétés.

601. Applications. — L'importance des projections en Géométrie pure et en Mécanique nous engage à traiter encore quelques questions qui s'y rapportent.

Théorème. — *La projection d'une droite sur une autre peut s'obtenir en projetant la première sur trois axes rectangulaires, et en faisant la somme algébrique de ces projections projetées elles-mêmes sur la seconde droite.*

Soient A et B les directions des deux droites considérées, directions définies par les angles, α, β, γ et λ, μ, ν, qu'elles forment avec trois axes fixes; et soient p, q, r les projections sur ces axes d'une longueur l prise sur la première droite. On aura

$$p = l\cos\alpha, \quad q = l\cos\beta, \quad r = l\cos\gamma;$$

si l'on projette p, q, r sur la droite B, on obtiendra les projections

$$l\cos\alpha\cos\lambda, \quad l\cos\beta\cos\mu, \quad l\cos\gamma\cos\nu,$$

dont la somme

$$l(\cos\alpha\cos\lambda + \cos\beta\cos\mu + \cos\gamma\cos\nu)$$

est égale à

$$l\cos V,$$

en appelant V l'angle des deux droites, et en se rappelant que l'on a **(594)**

$$\cos V = \cos\alpha\cos\lambda + \cos\beta\cos\mu + \cos\gamma\cos\nu.$$

Mais $l\cos V$ est la projection de l sur B; le théorème est donc démontré.

Remarque. — On a un théorème analogue pour les aires, en remplaçant les angles des droites par les angles des normales aux plans de ces aires.

602. Théorème. — *Plusieurs droites déterminées de longueur et de direction étant situées d'une manière quelconque dans l'espace, il existe une droite, déterminée de grandeur et de direction, telle que sa projection sur un axe quelconque est égale à la somme des projections des droites données sur le même axe.*

Soient $l(\alpha, \beta, \gamma)$, $l'(\alpha', \beta', \gamma')$.... les longueurs proposées et les angles qui définissent leurs directions par rapport à trois axes fixes, et soit $D(\lambda, \mu, \nu)$ une droite quelconque. Posons

$$A = l\cos\alpha + l'\cos\alpha' + \cdots$$
$$B = l\cos\beta + l'\cos\beta' + \cdots$$
$$C = l\cos\gamma + l'\cos\gamma' + \cdots$$

D'après le théorème précédent, la somme des projections des droites données sur D sera

$$A \cos \lambda + B \cos \mu + C \cos \nu$$

ou

$$\sqrt{A^2 + B^2 + C^2} \left[\frac{A}{\sqrt{A^2 + B^2 + C^2}} \cos \lambda + \frac{B}{\sqrt{A^2 + B^2 + C^2}} \cos \mu + \frac{C}{\sqrt{A^2 + B^2 + C^2}} \cos \nu \right].$$

Si nous posons $A^2 + B^2 + C^2 = R^2$, il vient

$$R \left[\frac{A}{R} \cos \lambda + \frac{B}{R} \cos \mu + \frac{C}{R} \cos \nu \right]. \qquad [1]$$

Or les trois rapports $\dfrac{A}{R}$, $\dfrac{B}{R}$, $\dfrac{C}{R}$ sont moindres que l'unité, et la somme de leurs carrés est égale à 1 : on peut donc les considérer comme les cosinus des angles qu'une droite E ferait avec les axes, et poser

$$\frac{A}{R} = \cos \lambda_1, \quad \frac{B}{R} = \cos \mu_1, \quad \frac{C}{R} = \cos \nu_1 ;$$

l'expression [1] se réduit alors à

$$R [\cos \lambda \cos \lambda_1 + \cos \mu \cos \mu_1 + \cos \nu_1 \cos \nu],$$

ou à

$$R \cos V,$$

V étant l'angle des droites D et E. Mais $R \cos V$ est la projection, sur la droite D, d'une longueur déterminée R, dirigée suivant la droite E ; le théorème est donc démontré.

REMARQUE. — Si l'on transporte les droites l, l', etc., parallèlement à elles-mêmes de manière à former un contour polygonal, leur *résultante*, c'est-à-dire la droite qui fermera le polygone, ne sera autre chose que la droite R.

603. PROBLÈME. — *Trouver l'axe sur lequel la somme algébrique des projections de plusieurs droites données est la plus grande possible.*

Conservant les mêmes notations que dans le théorème précédent, on voit que ce théorème ramène la question à chercher la droite sur laquelle la projection de la droite R est la plus grande possible. Or, comme la projection d'une droite ne peut être plus grande que cette droite elle-même, on voit que la droite E, ou toute parallèle à E, résout le problème proposé.

Cette direction est celle de la résultante des droites considérées.

REMARQUES. — I. La somme des projections des droites est nulle sur tout axe perpendiculaire à la droite E.

II. Cette somme est la même sur tous les axes qui font le même angle avec la droite E.

III. On peut se poser la même question relativement aux projections des aires, et on arrive, par le même calcul, à déterminer ce que, en Mécanique, on appelle le plan du *maximum* des aires.

Exercices. — I. Théorème. *Dans tout tétraèdre, l'aire d'une face quelconque est égale à la somme des produits des autres faces par les cosinus des angles qu'elles font avec la première.*

Ainsi, a, b, c, d désignant les aires des faces du tétraèdre proposé, on a

$$a = b \cos (a, b) + c \cos (a, c) + d \cos (a, d).$$

Corollaire. — On déduit du théorème précédent la formule

$$a^2 = b^2 + c^2 + d^2 - 2 [bc \cos (b, c) + bd \cos (b, d) + cd \cos (c, d)].$$

II. Soit P le volume d'un tétraèdre, et l l'arête commune aux deux faces a et b, on a

$$P = \frac{2ab \sin (a, b)}{3l}.$$

§ 2. — REPRÉSENTATION D'UN POINT, D'UNE LIGNE, D'UNE SURFACE.

604. Nous avons vu, dans la Géométrie analytique à deux dimensions, comment on représente un point situé dans un plan. Proposons-nous maintenant de résoudre la même question à l'égard d'un point situé d'une manière quelconque dans l'espace.

Tout ensemble de constructions propres à faire retrouver un point constituera un système de coordonnées et permettra de représenter le point à l'aide des éléments variables de cette construction. On comprend dès lors qu'il existe une infinité de systèmes de coordonnées. Le plus usité est celui des coordonnées rectilignes que nous allons faire connaître.

605. Coordonnées rectilignes.

Définitions. — Tout système de coordonnées rectilignes comprend essentiellement trois droites fixes OX, OY, OZ (fig. 215), non situées dans un même plan, et qui passent par un même point O appelé *origine*. On leur donne le nom d'*axes*, et on les distingue les unes des autres par les noms d'axes des x, des y et des z.

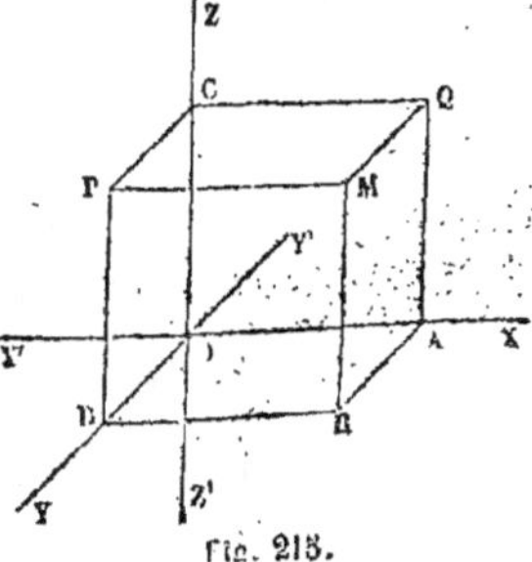

Fig. 215.

Les trois axes pris deux à deux déterminent trois plans XOY, XOZ, YOZ, nommés *plans coordonnés*. Le premier est appelé plan des xy, et les deux autres plans des xz et des yz.

Le système des coordonnées est dit *rectangulaire* lorsque chaque axe est perpendiculaire au plan des deux autres. Dans tout autre cas le système est *oblique*.

606. Représentation d'un point. — Ayant fait choix d'un système d'axes, imaginons que, par un point M de l'espace, on ait mené trois plans parallèles aux plans coordonnés, et qui rencontrent les axes OX, OY et OZ respectivement aux points A, B et C. Les longueurs OA, OB, OC seront ce que nous appellerons les *coordonnées* du point M. Ainsi *la coordonnée d'un point relatif à un axe est la portion de cet axe interceptée entre le plan des deux autres axes et un plan parallèle mené par le point considéré.*

On peut encore envisager ces coordonnées sous un autre point de vue. Les trois plans fixes et les plans parallèles menés par le point M forment un parallélépipède, en général oblique. Nommons MP, MQ, MR les arêtes qui passent par le point M, on aura

$$MP = OA, \quad MQ = OB, \quad MR = OC.$$

Ainsi les coordonnées d'un point sont encore les distances de ce point aux trois plans coordonnés, estimées chacune parallèlement à l'axe non situé dans le plan que l'on considère.

REMARQUES. — I. Nous désignerons en général par x, y et z les coordonnées d'un point M suivant les axes OX, OY, OZ. Par exemple, si OA $= 4$, OB $= 3$, OC $= 2$, nous dirons que le point M a pour coordonnées

$$x = 4, \quad y = 3, \quad z = 2.$$

II. Nous désignerons souvent un point par ses coordonnées placées entre parenthèses. Ainsi (x', y', z') désigne le point qui a pour coordonnées

$$x = x', \quad y = y' \quad z = z'.$$

607 Signes des coordonnées. — Lorsqu'un point est

donné, ses coordonnées sont par cela même déterminées. Réciproquement les coordonnées d'un point déterminent ce point, pourvu que l'on sache en outre *dans quel sens* ces longueurs doivent être portées sur l'axe correspondant à partir de l'origine.

En effet, portons sur les trois axes et dans le sens indiqué les longueurs OA, OB, OC respectivement égales aux coordonnées du point. Ce point devra se trouver sur le plan parallèle au plan YOZ mené par le point A, puisque ce plan est le lieu de tous les points dont la distance au point YOZ, comptée parallèlement à OX et située du côté indiqué de ce plan, est égale à OA. Par la même raison, le point cherché sera sur deux autres plans menés respectivement par les points B et C parallèlement à XOZ et à XOY : il se trouvera donc à l'intersection de ces trois plans.

On voit par là que le sens suivant lequel sont portées sur chaque axe les coordonnées d'un point, constitue un élément essentiel à la détermination de ce point. Pour désigner ce sens clairement et d'une manière conforme au caractère de la langue algébrique, on emploie les signes $+$ et $-$. Toute coordonnée est représentée par un nombre affecté d'un signe : le nombre indique la *valeur* absolue de cette longueur, rapportée à une unité convenue, mais d'ailleurs arbitraire ; le signe désigne *le sens* suivant lequel cette longueur est comptée sur l'axe correspondant à partir de l'origine. (Les définitions données au n° **606** ne se rapportaient qu'à la grandeur absolue des coordonnées.)

REMARQUES. — I. L'origine partage chacun des axes en deux segments infinis qu'on peut nommer la partie positive et la partie négative de cet axe. Nous désignerons toujours la première par OX, OY ou OZ. Ainsi l'inspection seule de la figure indiquera les conventions relatives aux signes, sans que nous ayons besoin d'en avertir expressément.

II. Le plan des xy partage l'espace infini en deux régions. Le z d'un point situé dans l'une de ces régions est positif ; il est négatif dans l'autre. Même remarque relativement aux autres plans.

III. Les trois plans coordonnés déterminent huit angles trièdres. Tout point situé dans l'angle OXYZ a ses coordonnées positives; tout point situé dans l'angle OXYZ' a son x et son y positifs, et son z négatif, etc.

Nous engageons les élèves à former eux-mêmes le tableau des combinaisons de signes que présentent les coordonnées d'un point suivant sa position dans l'un des huit angles trièdres. Ils se familiariseront ainsi avec les diverses conséquences de l'importante convention des signes. Ils verront, par exemple, que *les coordonnées de même nom de deux points situés dans deux angles trièdres opposés sont de signes contraires; que celles de deux points symétriquement placés par rapport à l'origine sont égales et de signes contraires; que, si les axes sont rectangulaires, un point situé à l'intersection des trois plans bisecteurs d'un des angles trièdres a ses trois coordonnées égales en valeur absolue*, etc.

608. PROBLÈME. — *Étant données les coordonnées* x′, y′, z′, x″, y″, z″ *de deux points* M′ *et* M″, *trouver leur distance.*

Si par les points M′ et M″ on mène des plans parallèles aux plans coordonnés, on obtient un parallélépipède dont M′M″ est la diagonale et dont les arêtes sont les valeurs absolues des différences $x″ - x′$, $y″ - y′$, $z″ - z′$.

Quand les axes sont rectangulaires, ce parallélépipède est rectangle, et le carré de la distance M′M″ est égal à la somme des carrés de trois arêtes contiguës. On a donc, en appelant δ la distance M′M″,

$$\delta^2 = (x″ - x′)^2 + (y″ - y′)^2 + (z″ - z′)^2,$$

d'où

$$\delta = \sqrt{(x″ - x′)^2 + (y″ - y′)^2 + (z″ - z′)^2}.$$

On démontrerait, en faisant varier la position des deux points donnés, que cette formule est générale.

609. Quand les axes sont obliques, la question revient à exprimer la diagonale d'un parallélépipède oblique en fonction des arêtes et des angles que ces arêtes font entre elles.

Soit dans ce cas M'BRAQM"PC (fig. 216) le parallélépipède en question. Posons pour abréger

$$\mathrm{M'A} = e, \quad \mathrm{M'B} = f, \quad \mathrm{M'C} = g.$$

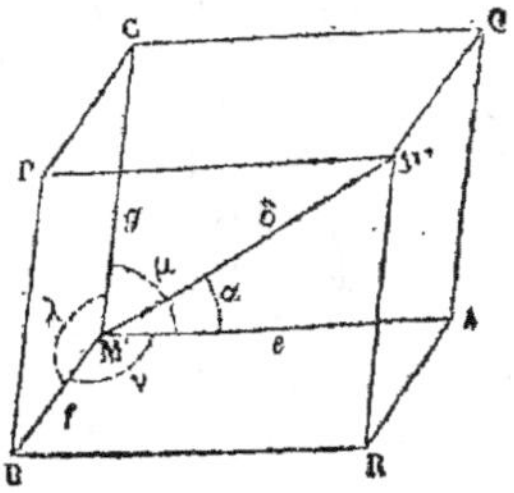

Appelons λ, μ, ν les angles des axes, ou des arêtes du parallélépipède, entre eux, et α, β, γ les angles des axes avec la diagonale M'M".

Si l'on projette sur M'M" la ligne polygonale M'ARM", on aura

$$\delta = e \cos\alpha + f \cos\beta + g \cos\gamma \quad [a]$$

ou

$$\delta^2 = e \cdot \delta \cos\alpha + f \cdot \delta \cos\beta + g \cdot \delta \cos\gamma. \quad [1]$$

Mais si l'on projette M'M" et M'ARM" sur M'A, on a

$$\delta \cos\alpha = e + f \cos\nu + g \cos\mu. \quad [2]$$

On obtient de même

$$\delta \cos\beta = e \cos\nu + f + g \cos\lambda, \quad [3]$$

$$\delta \cos\gamma = e \cos\mu + f \cos\lambda + g. \quad [4]$$

Ces valeurs, transportées dans l'équation [1], donnent

$$\delta^2 = e^2 + f^2 + g^2 + 2fg \cos\lambda + 2eg \cos\mu + 2ef \cos\nu,$$

ou, en remplaçant e, f, g par $x'' - x'$, $y'' - y'$, $z'' - z'$, et extrayant la racine carrée,

$$\delta = \sqrt{\begin{array}{l}(x''-x')^2 + (y''-y')^2 + (z''-z')^2 + 2(y''-y')(z''-z')\cos\lambda \\ + 2(x''-x')(z''-z')\cos\mu + 2(x''-x')(y''-y')\cos\nu\end{array}} \quad [5]$$

Cette formule est générale, car on voit que si $y'' - y'$ change de signe, l'angle λ change d'espèce, et par suite $\cos\lambda$ prend un signe opposé à celui qu'il avait d'abord. Ainsi, deux facteurs du produit

$$(y'' - y')(z'' - z')\cos\lambda$$

changent de signe en même temps; le signe du produit reste donc toujours *explicitement* le même.

Exercices. — I. Prouver qu'il existe une relation entre les lignes trigonométriques des angles qu'une droite fait avec trois axes obliques. Trouver cette relation : montrer *a priori* qu'elle doit être du second degré.

On obtiendra cette relation en mettant dans [*a*] pour *e*, *f*, *g* leurs valeurs déduites des égalités [2], [3] et [4].

II. Une droite fait le même angle avec trois axes rectangulaires ; trouver cet angle. Même problème, les axes étant obliques.

III. Une droite étant donnée par un de ses points et par sa direction, trouver sur cette droite un second point situé à une distance donnée du premier.

IV. Trois axes sont rectangulaires lorsque la relation

$$\cos^2 \alpha + \cos^2 \beta + \cos^2 \gamma = 1$$

a lieu, par rapport à ces axes, pour trois droites distinctes.

610. Signification des équations isolées à une, deux ou trois variables. — Nous venons de voir qu'un point M est déterminé lorsqu'on connaît ses coordonnées, ou, ce qui revient au même, lorsqu'on donne les trois équations

$$x = a, \quad y = b, \quad z = c,$$

a, *b*, *c*, représentant des nombres connus. Trois équations distinctes entre les trois variables *x*, *y*, *z* détermineraient autant de points que ces équations pourraient avoir de solutions communes.

Mais si l'on ne donne qu'une ou deux coordonnées, ou, ce qui revient au même, une ou deux équations entre les coordonnées, il y aura une infinité de points qui rempliront les mêmes conditions. Leur ensemble formera alors un lieu géométrique dont nous allons chercher à déterminer la nature.

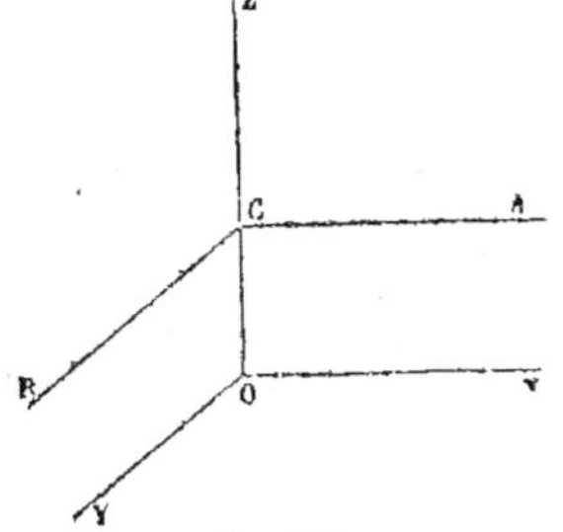

Fig. 217.

611. 1° Supposons d'abord qu'on ait l'équation

$$z = c. \qquad [1]$$

Tous les points qui satisfont à cette condition sont ceux dont la distance au plan *xy*, comptée parallèlement à l'axe des *z*, est algébriquement égale à *c*. Le lieu sera donc un plan ACB (fig. 217) parallèle au plan XOY, coupant l'axe OZ en un point C à une distance OC de l'origine égale en valeur absolue à c, et situé du côté indiqué par le signe de cette quantité.

Si l'on avait l'équation

$$f(z) = 0, \qquad\qquad [2]$$

on verrait, en la résolvant, qu'elle équivaut à plusieurs équations :

$$z = c, \quad z = c', \quad z = c'', \dots$$

analogues à l'équation [1]. Par conséquent,

Toute équation qui ne renferme qu'une variable représente un ou plusieurs plans parallèles au plan des axes correspondants aux coordonnées qui n'entrent pas dans l'équation.

REMARQUES. — I. $z = 0$ représente le plan des xy; $y = 0$ le plan des xz; $x = 0$ le plan des yz.

II. L'équation [2] peut n'avoir que des racines imaginaires ; il est clair alors qu'elle n'a pas de signification géométrique ; on dit dans ce cas qu'elle représente des plans *imaginaires*.

RÉCIPROQUEMENT. — *Tout plan parallèle à l'un des plans des coordonnées est représenté par une équation du* PREMIER DEGRÉ *à une seule variable.*

Cela est évident.

612. 2° Soit donnée l'équation

$$f(x, y) = 0. \qquad\qquad [3]$$

Soit C (fig. 218) la courbe qui, sur le plan des xy, et rapportée aux axes OX, OY, a pour équation $f(x, y) = 0$; et soit D un de ses points. Si l'on mène DE parallèle à OZ, tous les points de DE auront même x et même y que le point D, et par suite leurs coordonnées satisferont à l'équation [3], qui ne renferme pas z. L'ensemble des points représentés par cette équation s'obtiendra donc en faisant glisser une parallèle à l'axe

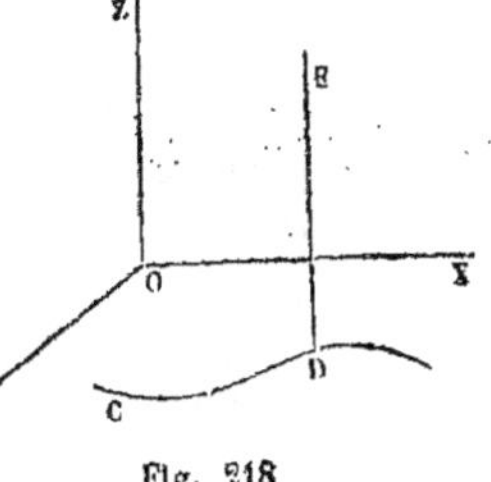

Fig. 218

des z, de manière qu'elle rencontre toujours la courbe C. Donc

Une équation à deux variables représente une surface cylindrique

dont la génératrice est parallèle à celui des trois axes sur lequel se compte la coordonnée qui n'entre pas dans l'équation.

Si $f(x, y)$ est du premier degré, la courbe C se réduit à une droite, et par suite le cylindre à un plan; par conséquent,

Toute équation du premier degré à deux variables représente un plan parallèle à celui des trois axes sur lequel se compte la coordonnée qui n'entre pas dans l'équation.

EXEMPLE. — 1° L'équation

$$\frac{x}{3} + \frac{y}{2} = 1$$

représente un plan parallèle à l'axe des z. Ce plan coupe le plan des xy, suivant une droite qui rencontre l'axe des x à trois unités de distance du point O, et l'axe des y à deux unités de distance du même point. Ce plan coupe le plan des yz suivant une droite qui, rapportée aux axes OZ, OY, a pour équation $y = 2$.

2° L'équation

$$5y = 3x$$

représente un plan qui passe par l'axe des z.

RÉCIPROQUEMENT. — *Toute surface cylindrique dont les génératrices sont parallèles à l'un des axes, à l'axe des z par exemple, est représentée par une équation qui ne renferme que deux variables, x et y, dans le cas que nous supposons.*

Car évidemment les coordonnées de tous ses points satisfont à l'équation de sa trace sur le plan des xy.

Tout plan parallèle à l'un des axes est représenté par une équation du PREMIER DEGRÉ *à deux variables.*

613. 5° Soit enfin l'équation

$$f(x, y, z) = 0. \tag{4}$$

Si on la suppose résolue par rapport à z, on obtiendra une équation telle que

$$z = \varphi(x, y). \tag{5}$$

Si l'on attribue à z une valeur déterminée h, les points de l'espace dont les coordonnées satisferont à l'équation

$$\varphi(x, y) = h, \tag{6}$$

seront à la distance h du plan des xy, et formeront en général une courbe, qui se projettera en vraie grandeur sur ce plan; l'équation [6] sera l'équation de cette projection. Si l'on fait varier z par degrés continus, on obtiendra une courbe qui variera elle-même d'une manière continue, et engendrera par conséquent une surface, qui sera ainsi représentée par l'équation [5].

Ainsi, *toute équation à trois variables représente une surface.*

Ajoutons que si l'équation [4] résolue fournissait plusieurs valeurs de z

$$z = \varphi(x, y), \quad z = \psi(x, y), \ldots.$$

la surface se composerait d'autant de *nappes* qu'il y aurait de valeurs de z.

RÉCIPROQUEMENT. — *Toute surface définie géométriquement peut être représentée par une équation qui contient en général trois variables;* car, excepté le cas d'un cylindre ou d'un plan parallèle à l'un des axes, le z d'un point sera déterminé quand on donnera les deux autres variables; z sera donc une fonction de x et de y, en sorte que la surface pourra être représentée par

$$z = \varphi(x, y),$$

ou, ce qui revient au même, par

$$f(x, y, z) = 0.$$

614. **Signification de deux équations simultanées.** — Les deux équations

$$f(x, y, z) = 0, \qquad\qquad [1]$$

$$\varphi(x, y, z) = 0, \qquad\qquad [2]$$

représentant chacune une surface, leur ensemble représentera l'ensemble des points communs à ces deux surfaces, c'est-à-dire *une ou plusieurs lignes réelles ou imaginaires.*

RÉCIPROQUEMENT.—Toute ligne pouvant être considérée comme l'intersection de deux surfaces, pourra toujours être représentée par *deux équations simultanées,* et cela d'une infinité de manières.

Exemples. — 1° Les équations

$$z = 0,$$

$$ax + by = c,$$

représentent, la première le plan des xy (**611**, I), la deuxième un plan parallèle à l'axe des z (**612**). Leur ensemble représente donc une droite située dans le plan des xy.

2° Les équations

$$z = \alpha,$$

$$ax + by = c,$$

représentent l'intersection d'un plan parallèle au plan des xy et d'un autre plan parallèle à l'axe des z; c'est donc une droite parallèle au plan des xy.

3° Les équations

$$z = \alpha,$$

$$(x - x')^2 + (y - y')^2 = R^2,$$

représentent, l'une un plan parallèle au plan des xy, et l'autre un cylindre à base circulaire, dont la génératrice est parallèle à l'axe des z; leur ensemble représente donc une circonférence de cercle parallèle au plan des xy.

615. Traces d'une surface. — Si $f(x, y, z) = 0$ est l'équation d'une surface, l'intersection de cette surface et du plan des xy, ou, en d'autres termes, la *trace* de la surface considérée sur le plan des xy, sera représentée par les équations

$$f(x, y, 0) = 0 \quad \text{et} \quad z = 0.$$

L'équation $f(x, y, 0) = 0$ représentera seule cette trace rapportée aux axes OX, OY.

Plus généralement,

$$f(x, y, \alpha) = 0$$

sera l'équation de l'intersection du plan $z = \alpha$, et de la surface représentée par l'équation

$$f(x, y, z) = 0.$$

616. Projections d'une ligne. — Par une ligne donnée, on peut faire passer deux surfaces cylindriques dont chacune soit parallèle à l'un des axes. La ligne d'intersection de ces deux surfaces sera représentée alors par deux équations à deux variables, telles que $\varphi(x, z) = 0$ et $\psi(y, z) = 0$, dont l'une représentera la projection orthogonale ou oblique de la ligne considérée sur le plan des xz, et l'autre sa projection sur le plan des yz.

Au reste, si une ligne est donnée par deux équations contenant les trois variables, en éliminant tour à tour l'une d'elles, on obtiendra les équations de deux cylindres passant par la ligne considérée, et dont les génératrices seront respectivement parallèles à deux des axes coordonnés.

Plus généralement, toute combinaison, par addition ou soustraction, des deux équations de la ligne pourra remplacer l'une d'elles.

617. De même que deux équations simultanées représentent l'intersection de deux surfaces, trois équations simultanées représentent l'intersection de trois surfaces, c'est-à-dire un ou plusieurs points, et nous revenons ainsi à une notion établie dès le commencement de ce paragraphe.

L'intersection d'une ligne et d'une surface s'obtiendra en considérant comme simultanées les équations de la ligne et celle de la surface.

618. Applications. — Pour éclaircir les généralités qui précèdent, nous allons les appliquer à quelques exemples.

Équations de la ligne droite. — A moins qu'une ligne droite ne soit parallèle au plan des xy, on pourra toujours imaginer deux plans qui la contiennent, l'un parallèle à l'axe des y, l'autre à l'axe des x, et qui auront respectivement pour équations (**612**)

$$\left. \begin{aligned} x &= az + p, \\ y &= bz + q. \end{aligned} \right\} \qquad [1]$$

Ce seront donc les équations de la ligne droite considérée.

Si la droite était parallèle au plan des xy, les deux plans dont nous venons de parler se confondraient en un seul, représenté par une équation de la forme

$$z = \alpha; \qquad [2]$$

mais en menant par la droite un plan parallèle à l'axe des z, on aurait une seconde équation

$$y = mx + n,$$

qui, réunie à la première, déterminerait complétement la position de cette droite.

Ainsi, *toute droite peut être représentée par deux équations du premier degré à une ou deux variables*; et RÉCIPROQUEMENT *deux équations du premier degré à une ou deux variables représentent une ligne droite;* puisque nous savons que de pareilles équations représentent toujours des plans, et que par suite leur ensemble représente l'intersection de ces plans, c'est-à-dire une ligne droite.

Plus généralement, *deux équations du premier degré à trois variables* représentent une droite, puisque en éliminant tour à tour x et y entre elles, on arrive à deux équations du premier degré qui ne contiennent chacune que deux variables.

REMARQUE. — L'équation [2] peut se déduire de l'une quelconque des équations [1], de l'équation

$$x = az + p$$

par exemple, si l'on admet pour a et p des valeurs infinies, leur rapport conservant la valeur finie — α (**74**, II). Donc toute droite, quelle que soit sa position par rapport aux plans coordonnés, *peut être représentée par les deux équations* [1].

619. Équation du plan. — Nous pouvons supposer que le plan *coupe les trois axes;* car nous avons vu (**611** et **612**) comment on représente un plan parallèle à l'un des axes ou à l'un des plans coordonnés.

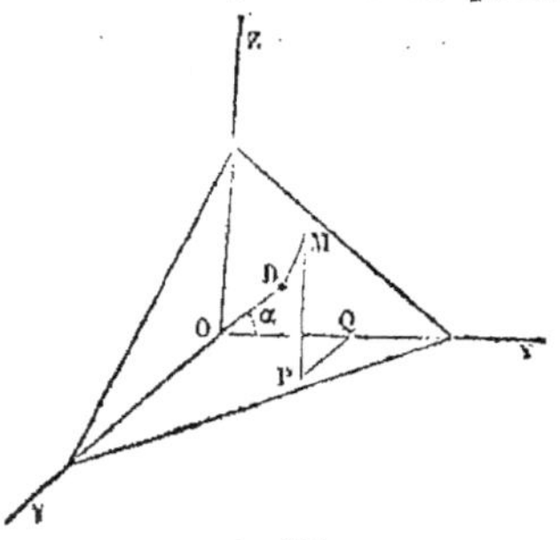

Fig. 219.

Soit $OD = \delta$ (fig. 219) la perpendiculaire abaissée de l'origine sur le plan; α, β, γ les angles formés par OD avec les axes; M un point du plan. Menons MP parallèle à OZ et terminé au plan XOY; PQ parallèle à OY et terminé à OX. Nous aurons

$$OQ = x, \quad PQ = y, \quad MP = z.$$

Si nous projetons sur OD la ligne polygonale OQPMD, nous aurons, attendu que la projection de MD, perpendiculaire à OD, est nulle,

$$x \cos \alpha + y \cos \beta + z \cos \gamma = \delta.$$

Cette relation ayant lieu entre les coordonnées d'un point quelconque du plan, est l'équation du plan lui-même. Ainsi *l'équation d'un plan, quelle que soit la position de ce plan par rapport aux axes, est du premier degré.*

Réciproquement, *toute équation du premier degré représente un plan.* Cela a été déjà démontré pour des équations du premier degré à une ou deux variables (**611** et **612**). Soit donc

$$Ax + By + Cz = D \qquad [S]$$

une équation du premier degré à trois variables : prenons deux points sur la surface qu'elle détermine et joignons-les par une droite. Cette ligne pourra être représentée par deux équations telles que

$$\left. \begin{array}{l} a\,x + b\,y + c\,z = d, \\ a'x + b'y + c'z = d', \end{array} \right\} \qquad [D]$$

chacune d'elles représentant un plan passant par cette droite ; et, d'après notre hypothèse même, les équations [S] et [D] seront satisfaites par deux systèmes de valeurs de x, y et z. Mais on sait que trois équations du premier degré qui ont deux solutions communes ont toutes leurs solutions communes. Donc tout point situé sur la droite [D] est sur la surface [S]. Donc cette surface est un plan, puisqu'elle jouit de la propriété de contenir en entier toute droite menée par deux de ses points.

620. Équation de la sphère. — Soient (a, b, c) le centre et R le rayon. Prenons des axes quelconques. L'équation

$$(x - a)^2 + (y - b)^2 + (z - c)^2 + 2\,(y - b)(z - c)\cos \lambda$$

$$+ 2\,(x - a)\,(z - c)\cos \mu + 2\,(x - a)\,(y - b)\cos \nu = R^2 \qquad [1]$$

représentera la surface sphérique, puisqu'elle exprime que la distance d'un point quelconque du lieu (x, y, z) au centre (a, b, c) est constante et égale à R (**609**).

Quand on suppose les axes rectangulaires, on a

$$\cos \lambda = 0, \quad \cos \mu = 0, \quad \cos \nu = 0,$$

et l'équation se réduit à

$$(x - a)^2 + (y - b)^2 + (z - c)^2 = R^2.$$

Si, de plus, l'origine est prise au centre, c'est-à-dire si l'on a

$$a = 0, \quad b = 0, \quad c = 0,$$

l'équation devient plus simplement

$$x^2 + y^2 + z^2 = R^2.$$

Cette dernière équation est la plus commode pour étudier analytiquement les propriétés de la sphère.

Comme cette équation ne change pas quand on change le signe d'une des coordonnées, on en conclut que la surface représentée est symétrique par rapport à chacun des trois plans coordonnés.

Quand on change à la fois x en $-x$, y en $-y$, z en $-z$, l'équation reste la même. Donc les points de la surface sont symétriques deux à deux par rapport à l'origine, ou, en d'autres termes, l'origine partage en deux parties égales les droites qui y passent et qui sont terminées à la surface.

Si l'on donne à z une valeur constante α, l'équation à laquelle on parvient,

$$x^2 + y^2 = R^2 - \alpha^2, \qquad [2]$$

représente la projection sur le plan des xy de l'intersection de la surface avec le plan $z = \alpha$; et, comme cette intersection, située dans un plan parallèle au plan des xy, s'y projette en vraie grandeur, il en résulte que tout plan parallèle à l'un des plans coordonnés coupe la surface suivant un cercle.

L'équation [2] devient impossible si l'on suppose $\alpha^2 > R^2$, c'est-à-dire $\alpha > R$ ou $< -R$. Donc la surface est tout entière comprise entre deux plans parallèles au plan des xy, menés de part et d'autre de ce plan, à une distance égale à R.

Ces exemples suffisent pour montrer comment de la définition d'une surface on peut déduire son équation; et comment l'équation à son tour fait découvrir les propriétés de la surface. C'est le seul but que nous nous proposons pour le moment.

621. Représentation géométrique des fonctions de deux variables. — En considérant la fonction proposée et les deux variables comme les coordonnées d'un point, on obtiendra une surface dont la forme sera très-propre à montrer les divers états par lesquels passe la fonction. Toutefois, comme l'exécution d'une surface en relief est bien moins facile que le tracé d'une courbe, on comprend que cette représentation des fonctions de deux variables est bien moins fréquente que celle des fonctions d'une seule variable. La construction, restée le plus souvent à l'état de simple projet, servira seulement à faire image et à faciliter la conception de certaines lois compliquées.

Quelquefois on représentera la fonction par une distance comptée à partir d'une certaine origine. Les deux variables seront assimilées à l'x et à l'y de l'extrémité de cette distance ; quant à la troisième coordonnée, elle sera une conséquence des deux autres, puisque des deux relations

$$R = f(x, y), \quad R^2 = x^2 + y^2 + z^2$$

on tirera, par l'élimination de R, une valeur de z en fonction de x et de y. Le lieu des extrémités de la droite R représentera la fonction donnée. Et si la surface à laquelle on parvient ainsi est une de celles dont les géomètres aient déjà fait une étude détaillée, chacune des propriétés que l'on en connaîtra fournira sans calcul et d'une manière intuitive une propriété correspondante de la fonction. Nous allons en donner un exemple.

Les forces élastiques appliquées en un même point d'un corps solide, et qui agissent sur les divers éléments plans menés par ce point, sont assujetties à une loi très-simple : si F et F' sont deux de ces forces, N et N' les normales aux plans sur lesquels elles agissent, la projection de F sur N' doit être égale à la projection de F' sur N. Cette loi permet, comme nous allons le voir, de déterminer tout esles forces élastiques, en nombre infini, qui sont appliquées au même point, quand on connaît trois d'entre elles, et les plans sur lesquels elles agissent.

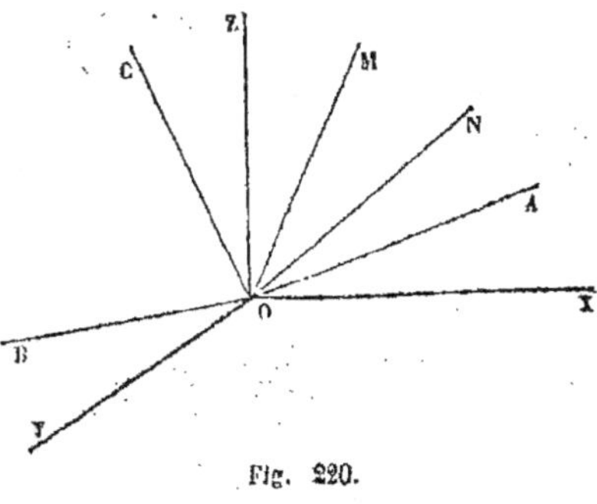

Fig. 220.

En effet, supposons que $OA = a$, $OB = b$, $OC = c$ (fig. 220) représenient, pour la grandeur et la direction, trois forces élastiques agissant sur trois plans rectangulaires YOZ, XOZ, XOY, que nous prendrons pour plans coordonnés.

Nommons

$$\left.\begin{array}{ccc} a' & a'' & a''' \\ b''' & b' & b'' \\ c'' & c''' & c' \end{array}\right\} \text{ les projections des droites } \left\{\begin{array}{c} a \\ b \\ c \end{array}\right.$$

sur les axes des x, y, z; et e, f, g les cosinus des angles que la droite ON fait avec ces axes.

Soient OM une quelconque des forces et ON la normale au plan sur lequel elle agit : proposons-nous de trouver le lieu des points M.

La projection de OA sur ON est égale à la somme des projections des lignes a', a'', $a^{s'}$ sur ON. On aura donc en vertu de la loi admise

$$x = a'e + a''f + a'''g, \qquad [1]$$

et, de même,

$$y = b'''e + b'f + b''g, \qquad [2]$$

$$z = c''e + c'''f + c'g \qquad [3]$$

Mais, en vertu d'un théorème connu, on a

$$e^2 + f^2 + g^2 = 1, \qquad [4]$$

et, en éliminant e, f, g entre ces quatre équations, nous aurons la relation cherchée entre x, y, et z, ou l'équation de la surface.

Pour faire cette élimination, nous résoudrons d'abord les trois premières, ce qui nous donnera

$$\frac{e}{P} = \frac{f}{Q} = \frac{g}{R} = \frac{1}{D}, \qquad [5]$$

en posant, pour abréger,

$$D = a'b'c' + a''b''c'' + a'''b'''c''' - a'b''c''' - a''b'''c' - a'''b'c'',$$

$$P = (b'c' - b''c''')x + (a'''c''' - a''c')y + (a''b'' - a'''b')z,$$

$$Q = (b''c'' - b'''c')x + (a'c' - a''c'')y + (a''b''' - a'b'')z,$$

$$R = (b'''c''' - b'c'')x + (a''c'' - a'c''')y + (a'b' - a''b''')z.$$

De [5], on tire

$$\frac{e^2}{P^2} = \frac{f^2}{Q^2} = \frac{g^2}{R^2} = \frac{e^2 + f^2 + g^2}{P^2 + Q^2 + R^2} = \frac{1}{D^2};$$

où, en ayant égard à l'équation [4],

$$P^2 + Q^2 + R^2 = D^2.$$

Telle est l'équation cherchée. On voit qu'en développant P^2, Q^2, R^2, elle sera du second degré. Elle représente une surface que nous étudierons plus tard sous le nom d'ellipsoïde. L'équation se simplifie lorsque l'on suppose que les forces a, b, c sont dirigées suivant les axes : elle se réduit alors à

$$b^2 c^2 x^2 + a^2 c^2 y^2 + a^2 c^2 z^2 = a^2 b^2 c^2,$$

ou

$$\frac{x^2}{a^2} + \frac{y^2}{b^2} + \frac{z^2}{c^2} = 1 *.$$

§ 3. — DE LA TRANSFORMATION DES COORDONNÉES.

622. Utilité de la transformation des coordonnées. — L'équation d'une surface dépend des axes auxquels on la rapporte, et elle est plus ou moins simple, suivant le système dont on a fait choix. Ainsi la sphère qui, dans le cas le plus général, a pour équation

$$(x - a)^2 + (y - b)^2 + (z - c)^2 + 2(y - b)(z - c)\cos\lambda$$
$$+ 2(z - c)(x - a)\cos\mu + 2(x - a)(y - b)\cos\nu = R^2$$

est représentée simplement par l'équation

$$x^2 + y^2 + z^2 = R^2$$

quand on prend des axes rectangulaires et que l'on place l'origine au centre.

L'équation du plan est

$$Ax + By + Cz + D = 0$$

dans un système quelconque ; elle devient

$$z = a$$

lorsque le plan des xy est parallèle à ce plan ; et elle se réduit même à

$$z = 0$$

si l'on prend l'axe des x et celui des y dans le plan proposé.

Une ligne, étant déterminée par l'intersection de deux surfaces, sera représentée par deux équations plus ou moins simples, suivant le système d'axes qu'on aura adopté.

Ces exemples suffisent pour montrer qu'il peut y avoir avantage à passer de l'équation d'une surface rapportée à certains

* Voy. le remarquable ouvrage publié par M. Lamé : *Leçons sur la théorie mathématique de l'élasticité des corps solides.*

axes à l'équation de la même surface rapportée à d'autres axes. Le problème revient évidemment à exprimer les coordonnées d'un point, considéré dans l'ancien système, en fonction de ses coordonnées dans le nouveau, et à substituer ces valeurs dans l'équation proposée.

Pour plus de clarté, nous supposerons qu'on ne change pas d'abord tous les éléments du système. Dans une première transformation, on déplacera l'origine des axes sans en changer la direction; dans une seconde, l'origine restant la même, on fera varier seulement la direction des axes.

828. Première transformation. Déplacement de l'origine. — Soient O et O′ (fig. 221) les deux origines ; x, y, z, $x′$, $y′$, $z′$ les coordonnées d'un point M dans les deux systèmes ; α, β, γ les coordonnées du point O′ par rapport aux anciens axes.

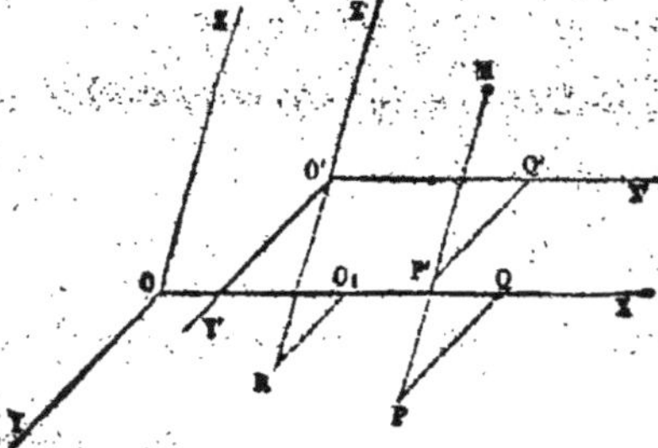

Fig. 221.

x et $x′$ peuvent être considérés comme les abscisses d'un même point Q situé sur OX et rapporté tour à tour à deux origines prises sur cette droite, savoir : l'origine primitive O et l'intersection O_1 du plan YOZ avec l'axe OX, point dont l'abscisse, par rapport à O, est α. On aura donc, d'après la formule trouvée pour changer d'origine sur une même droite, $x = x′ + \alpha$, quels que soient d'ailleurs la grandeur et le signe de α. On obtiendra par une considération analogue les valeurs de y et de z. Ainsi l'on passera d'un système à un système parallèle à l'aide des formules

$$\left. \begin{aligned} x &= x′ + \alpha \\ y &= y′ + \beta \\ z &= z′ + \gamma \end{aligned} \right\}. \qquad [0]$$

Exemple. — Soit l'équation

$$x^2 + y^2 + z^2 - 4x - 2y - 2z = 2.$$

Transportons l'origine au point dont les coordonnées sont

$$\alpha = 2, \quad \beta = 1, \quad \gamma = 1;$$

Il faut poser

$$x = x' + 2, \quad y = y' + 1, \quad z = z' + 1,$$

et, en substituant ces valeurs dans l'équation, on trouve

$$x'^2 + y'^2 + z'^2 = 9.$$

On voit que la surface en question est une sphère qui a pour centre la nouvelle origine, et dont le rayon est 3.

624. Comme les équations [O] renferment trois constantes α, β, γ, on peut, quand ces constantes ne sont pas données, se proposer de les déterminer de manière que l'équation transformée satisfasse à quelques conditions assignées d'avance, comme de manquer de certains termes ou d'offrir entre ses coefficients quelques relations données.

EXEMPLE. — On demande où l'on doit placer l'origine, pour que les termes du premier degré disparaissent de l'équation

$$x^2 + y^2 + z^2 - 8x - 6y - 4z = 33.$$

Substituant les valeurs [O], l'équation devient

$$x'^2 + y'^2 + z'^2 + 2(\alpha - 4)x' + 2(\beta - 3)y' + 2(\gamma - 2)z' + \alpha^2 + \beta^2 + \gamma^2 = 33,$$

et l'on voit que les termes du premier degré disparaissent en prenant $\alpha = 4$, $\beta = 3$, $\gamma = 2$. Alors l'équation se réduit à

$$x'^2 + y'^2 + z'^2 = 4,$$

et l'on voit qu'elle représente une sphère.

625. Deuxième transformation. Changer la direction des axes sans changer l'origine. — Nous subdiviserons ce cas en plusieurs autres. Mais auparavant nous devons avertir de quelques notations communes à tous les cas.

Notations. — Les axes anciens seront toujours représentés par OX, OY, OZ; et les parties positives des axes nouveaux par OX', OY', OZ'. L'angle de deux axes, ou, suivant nos conventions, des parties positives de deux axes, sera désigné par les variables relatives à ces axes. Ainsi (x', x) désignera l'angle que l'axe des x' fait avec l'axe des x. Nous poserons en outre

$$a = \cos(x', x), \quad a' = \cos(x', y), \quad a'' = \cos(x', z);$$
$$b = \cos(y', x), \quad b' = \cos(y', y), \quad b'' = \cos(y', z);$$
$$c = \cos(z', x), \quad c' = \cos(z', y), \quad c'' = \cos(z', z).$$

1° *Passer d'un système d'axes rectangulaires à un système d'axes quelconques.* — Si l'on projette sur l'axe OX (fig. 222)

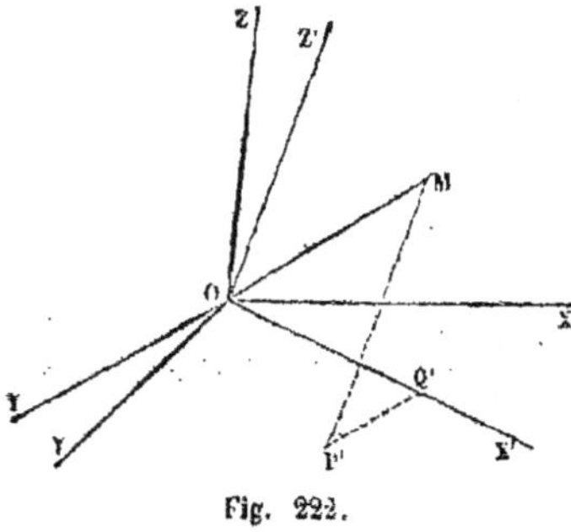

Fig. 222.

d'une part la droite OM, d'une autre le contour OQ'P'M, polygone des coordonnées du point M dans le nouveau système, on obtiendra le même résultat. Or la projection de OM sur OX est x. Les projections des trois côtés du polygone OQ'P'M sont $x'\cos(x', x)$, $y'\cos(y', x)$, $z'\cos(z', x)$, ou ax', by', cz'; on aura donc

et de même
$$\left. \begin{array}{l} x = ax' + by' + cz' \\ y = a'x' + b'y' + c'z' \\ z = a''x' + b''y' + c''z \end{array} \right\}. \qquad \text{[R, Q]}$$

Telles sont les formules demandées. Elles sont générales, parce que si l'abscisse x', par exemple, était négative au lieu d'être positive, ainsi qu'on le suppose dans la figure, comme elle serait parcourue dans le sens opposé aux x' positifs, elle aurait pour projection sa valeur absolue $-x'$ multipliée par le cosinus de l'angle que les x' *négatifs* font avec les x positifs, c'est-à-dire par $-\cos(x', x)$. Or $-x'$ multiplié par $-\cos(x', x)$ donne encore $x'\cos(x', x)$ ou ax'.

Il faut joindre à ces formules les relations qui lient les coefficients a, b, c; a', b', c'; a'', b'', c'' (**593**).

Remarque. — Ces formules se simplifient considérablement lorsqu'on ne change que l'un des axes, l'axe des x par exemple. On a alors

$$b = \cos(y', x) = 0, \quad b' = \cos(y', y) = 1, \quad b'' = \cos(y', z) = 0,$$
$$c = \cos(z', x) = 0, \quad c' = \cos(z', y) = 0, \quad c'' = \cos(z', z) = 1,$$

et les formules deviennent

$$x = ax',$$
$$y = a'x' + y',$$
$$z = a''x' + z'.$$

Exemple. — L'équation

$$x^2 + 3y^2 - 4xz - yz - 4xy = 20,$$

représentant une surface rapportée à des axes rectangulaires, la rapporter d'autres axes définis par les valeurs suivantes :

$$a = \tfrac{2}{3}, \quad a' = \tfrac{2}{3}, \quad a'' = \tfrac{1}{3},$$
$$b = \tfrac{6}{7}, \quad b' = \tfrac{5}{7}, \quad b'' = \tfrac{2}{7},$$
$$c = \tfrac{1}{3}, \quad c' = \tfrac{2}{3}, \quad c'' = \tfrac{2}{3}.$$

On remarquera que les trois cosinus renfermés dans une même ligne, et qui se rapportent aux angles qu'une même droite fait avec trois axes rectangulaires, sont tels, que la somme de leurs carrés est égale à 1, comme cela doit être.

Cela posé, les formules de transformation qu'il faut employer sont

$$x = \tfrac{2}{3}x' + \tfrac{6}{7}y' + \tfrac{2}{3}z',$$
$$y = \tfrac{2}{3}x' + \tfrac{5}{7}y' + \tfrac{2}{3}z',$$
$$z = \tfrac{1}{3}x' + \tfrac{2}{7}z' + \tfrac{2}{3}z'.$$

En substituant ces valeurs dans l'équation de la surface, on trouve

$$x'^2 + \tfrac{61}{49}y'^2 + z'^2 + \tfrac{40}{21}y'z' + \tfrac{34}{9}x'z' + \tfrac{59}{49}x'y' + 20 = 0$$

626. 2° *Passer d'un système d'axes rectangulaires à un autre système d'axes rectangulaires.* — Les formules sont encore

$$\left. \begin{array}{l} x = ax' + by' + cz' \\ y = a'x' + b'y' + c'z' \\ z = a''x' + b''y' + c''z' \end{array} \right\}, \qquad [\mathrm{R},\ \mathrm{R'}]$$

mais outre les relations

$$\left. \begin{array}{l} a^2 + a'^2 + a''^2 = 1 \\ b^2 + b'^2 + b''^2 = 1 \\ c^2 + c'^2 + c''^2 = 1 \end{array} \right\}, \qquad [1]$$

qui expriment que les premiers axes sont rectangulaires, on a encore les suivantes qui expriment que le cosinus de l'angle formé par deux axes du second système est nul (**594**)

$$\left. \begin{array}{l} ab + a'b' + a''b'' = 0 \\ ac + a'c' + a''c'' = 0 \\ bc + b'c' + b''c'' = 0 \end{array} \right\}; \qquad [2]$$

de sorte qu'il existe six relations entre les neuf cosinus a, a', etc. Il n'y aura donc d'arbitraire que trois de ces constantes. C'est en effet ce dont on peut se convaincre *à priori*. L'axe des x' est déterminé par les angles (x', x) et (x', y) qu'il forme avec deux des axes primitifs. L'axe des y' devant se trouver dans un plan perpendiculaire à l'axe des x', il suffira, pour l'obtenir, de connaître l'angle (y', x) qu'il forme avec l'axe des x. Enfin, les deux premiers axes étant déterminés, le troisième l'est entièrement, puisqu'il doit être perpendiculaire au plan des deux premiers. On ne peut donc assujettir le nouveau système qu'à trois conditions distinctes.

Remarques. — I. Pour repasser du nouveau système à l'ancien, on remarque que a, b, c; a', b', c'; a'', b'', c'' sont les cosinus des angles que les anciens axes font avec les nouveaux. On a donc

$$\left. \begin{array}{l} x' = ax + a'y + a''z \\ y' = bx + b'y + b''z \\ z' = cx + c'y + c''z \end{array} \right\}, \qquad [\mathrm{R}', \mathrm{R}]$$

formules qui entraînent les équations de condition

$$\left. \begin{array}{l} a^2 + b^2 + c^2 = 1 \\ a'^2 + b'^2 + c'^2 = 1 \\ a''^2 + b''^2 + c''^2 = 1 \end{array} \right\} \qquad [3]$$

$$\left. \begin{array}{l} aa' + bb' + cc' = 0 \\ aa'' + bb'' + cc'' = 0 \\ a'a'' + b'b'' + c'c'' = 0 \end{array} \right\}. \qquad [4]$$

II. Comme trois des neuf constantes a, a', etc., sont arbitraires, les équations [3] et [4] ne peuvent former un système distinct de celui des équations [1] et [2]; elles doivent donc en être une conséquence. On peut, en effet, s'en convaincre par les transformations suivantes :

Si l'on élève au carré les équations [R, R'], on aura, en ayant égard aux équations [1] et [2],

$$x^2 + y^2 + z^2 = x'^2 + y'^2 + z'^2.$$

En opérant de même sur les équations [R', R], on trouve

$$x'^2 + y'^2 + z'^2 = \left\{ \begin{array}{l} (a^2 + b^2 + c^2)x^2 + 2(a'a'' + b'b'' + c'c'')yz \\ +(a'^2 + b'^2 + c'^2)y^2 + 2(aa'' + bb'' + cc'')xz \\ +(a''^2 + b''^2 + c''^2)z^2 + 2(aa' + bb' + cc')xy. \end{array} \right.$$

Or, le second membre devant être égal à $x^2 + y^2 + z^2$, quelles que soient les valeurs des indéterminées x, y, z, on voit que l'identification de ces deux expressions entraînera les équations [3] et [4].

627. 3° *Passer d'un système d'axes quelconques à un système d'axes quelconques.* — Menons les droites ON, ON', ON'' respectivement perpendiculaires aux plans YOZ, XOZ, XOY, et situées chacune du côté positif de l'axe qui n'est pas dans le plan considéré. Désignons par (N, x), (N, x'), etc., les angles que ces droites font avec les parties positives des axes.

Si l'on projette sur ON les polygones des coordonnées OQPM, OQ'P'M qui ont mêmes extrémités, on aura la même projection. Mais comme y et z sont perpendiculaires à ON, la projection du premier contour se réduira à $x \cos(N, x)$. On aura donc

$$\left.\begin{array}{l} x\cos(N,\ x) = x'\cos(N,\ x') + y'\cos(N,\ y') + z'\cos(N,\ z') \\ \text{de même} \\ y\cos(N',\ y) = x'\cos(N',\ x') + y'\cos(N',\ y') + z'\cos(N',\ z') \\ z\cos(N'',\ z) = x'\cos(N'',\ x') + y'\cos(N'',\ y') + z'\cos(N'',\ z') \end{array}\right\} \cdot [Q, Q']$$

Ces formules sont rarement employées, à cause de leur complication. On verrait facilement qu'elles renferment les formules [R, Q] et [R, R'].

628. Transformation générale. — Si maintenant on veut changer à la fois l'origine et la direction des axes, il faudra combiner les formules [O] et [Q, Q'] et l'on aura

$$\left.\begin{array}{l} x = \alpha + ax' + by' + cz' \\ y = \beta + a'x' + b'y' + c'z' \\ z = \gamma + a''x' + b''y' + c''z' \end{array}\right\}, \qquad [G]$$

dans lesquelles

$$a = \frac{\cos(N, x')}{\cos(N, x)}, \quad b = \frac{\cos(N, y')}{\cos(N, x)}, \quad \text{etc.}$$

629. Classification des surfaces algébriques. — Les valeurs de x, y, z, tirées des formules [G], sont du premier degré en x', y', z' : leur substitution dans une équation n'en peut donc pas élever le degré. Elle ne peut pas l'abaisser non plus, puisqu'il faudrait que ce degré s'élevât en revenant du nouveau système à l'ancien.

On voit par là que le degré d'une équation est un caractère permanent de la surface qu'elle représente, c'est-à-dire un caractère qui subsiste quel que soit le système d'axes adoptés. On peut donc le prendre pour fondement d'une classification des surfaces algébriques, analogue à la classification des lignes dans la *Géométrie analytique à deux dimensions*. Ainsi, une surface algébrique sera dite du m^{me} *degré* ou du m^{me} *ordre* lorsque l'équation qui la représente, *supposée irréductible*, sera du m^{me} *degré*.

630. Pour avoir l'intersection d'une droite avec une surface du m^{me} degré, il faut combiner deux équations du premier degré avec une équation du m^{me}. Un pareil système ne peut admettre plus de m solutions; donc :

Une ligne droite ne peut rencontrer une surface du m^{me} degré en plus de m points.

Il en résulte que, si une droite a plus de m points communs avec une surface du m^{me} degré, elle est *tout entière sur la surface*; et, par suite, que les surfaces du *premier degré sont des plans*.

631. Pour avoir l'intersection d'une surface du m^{me} ordre avec un plan, il suffira de prendre ce plan pour plan des $x'y'$ et de faire $z' = 0$ dans l'équation transformée. Or cette dernière est au plus du m^{me} degré; donc :

Une surface du m^{me} ordre ne peut être rencontrée par un plan suivant une courbe d'un ordre supérieur au m^{me}.

Il en résulte que, si l'intersection de deux surfaces est plane, elle ne pourra être d'un ordre supérieur à l'ordre de la surface dont l'équation est du degré le moins élevé.

632. Formules d'Euler. — Les formules [R, R'] ont l'inconvénient de renfermer neuf constantes entre lesquelles existent six équations de condition, de sorte que leur emploi nécessite des éliminations pénibles. Euler a donné des formules moins simples, mais dans lesquels n'entrent que trois constantes, nombre suffisant pour fixer la position du second système par rapport à l'ancien.

Ces constantes sont :

1° L'angle ψ que la trace OX (fig. 223) du plan X'OY' sur le plan XOY fait avec l'axe des X; 2° l'angle θ des plans XOY et X'OY', angle déterminé par les parties positives des normales OZ, OZ′ à ces plans; 3° l'angle φ de OX_1 avec la partie positive de l'axe des x'.

Cela posé, on passera du système proposé au nouveau, par trois change-

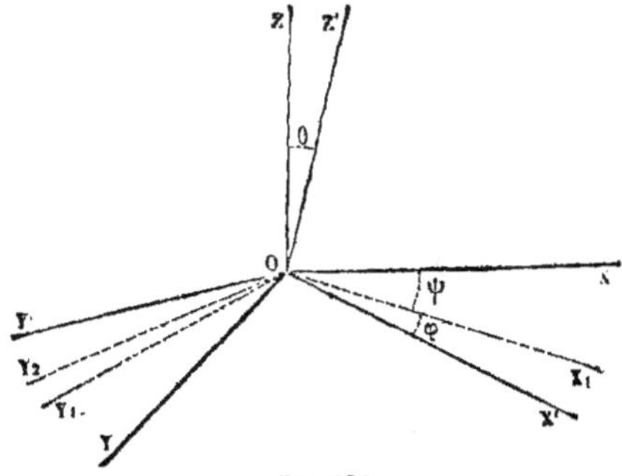

Fig. 223.

ments successifs qui, ayant en commun, avec le système précédent, un axe et le plan opposé, n'exigeront que les formules du changement d'axes situés dans le même plan.

1° On fait tourner dans leur plan, et de l'angle ψ, les deux axes OX, OY, et l'on obtient le système OX_1, OY_1. Soient x_1, y_1, z les coordonnées d'un point dans ce nouveau système. On aura entre x_1, y_1 et x et y les relations

$$\left. \begin{aligned} x &= x_1 \cos\psi - y_1 \sin\psi \\ y &= x_1 \sin\psi + y_1 \cos\psi \end{aligned} \right\} \qquad [1]$$

2° On fait tourner dans leur plan, et de l'angle θ, les deux axes OY_1 et OZ; l'axe OZ sera ainsi amené en OZ′, et OY_1 en OY_2. On passera des coordonnées x_1, y_1, z du système précédent aux coordonnées x_1, y_2, z' du nouveau système, par les formules

$$\left. \begin{aligned} y_1 &= y_2 \cos\theta - z' \sin\theta \\ z &= y_2 \sin\theta + z' \cos\theta \end{aligned} \right\} \qquad [2]$$

3° On fait tourner dans leur plan, et de l'angle φ, les deux axes OY_2 et OX_1, ce qui amène OX_1 en OX′ et OY_2 en OY′. Les formules de transformation seront

$$\left. \begin{aligned} x_1 &= x' \cos\varphi - y' \sin\varphi \\ y_2 &= x' \sin\varphi + y' \cos\varphi \end{aligned} \right\} \qquad [3]$$

L'élimination de x_1, y_1, y_2 entre les équations [1], [2], [3] donnera les formules suivantes, qui sont celles d'Euler,

$$\left. \begin{aligned} x =\ & x' (\cos\varphi \cos\psi - \sin\varphi \sin\psi \cos\theta) \\ & + y' (-\sin\varphi \cos\psi - \cos\varphi \sin\psi \cos\theta) \\ & + z' \sin\psi \sin\theta \\ y =\ & x' (\cos\varphi \sin\psi + \sin\varphi \cos\psi \cos\theta) \\ & + y' (-\sin\varphi \sin\psi + \cos\varphi \cos\psi \cos\theta) \\ & - z' \sin\theta \cos\psi \\ z =\ & x' \sin\varphi \sin\theta + y' \cos\varphi \sin\theta + z' \cos\theta \end{aligned} \right\} \qquad [E]$$

La comparaison de ces formules et des formules [R, R'] permet d'exprimer les neuf cosinus en fonction des lignes trigonométriques des angles auxiliaires. On aura

$$a = \quad \cos\varphi\cos\psi - \sin\varphi\sin\psi\cos\theta$$
$$b = -\sin\varphi\cos\psi - \cos\varphi\sin\psi\cos\theta$$
$$c = \quad \sin\theta\sin\psi$$
$$a' = +\cos\varphi\sin\psi + \sin\varphi\cos\psi\cos\theta$$
$$b' = -\sin\varphi\sin\psi + \cos\varphi\cos\psi\cos\theta$$
$$c' = -\cos\psi\sin\theta$$
$$a'' = \quad \sin\varphi\sin\theta$$
$$b'' = \quad \cos\varphi\sin\theta$$
$$c'' = \quad \cos\theta.$$

Remarques. — 1. On passe de la valeur de a à celle de b, de a' à b', de a'' à b'', en changeant φ en $\varphi + \dfrac{\pi}{2}$. On passe de b à c, de b' à c', de b'' à c'' en faisant $\varphi = 0$, et en changeant θ en $\theta + \dfrac{\pi}{2}$.

On passe de a à a' en changeant ψ en $\dfrac{\pi}{2} - \psi$ et φ en $\pi + \varphi$; de a' à a'' en faisant $\varphi = 0$, et en changeant θ en $\dfrac{\pi}{2} - \theta$.

II. Les angles θ, φ, ψ se déterminent en fonctions de quelques-uns des cosinus par les formules suivantes, qui méritent d'être remarquées.

$$\cos\theta = c'', \quad \tang\varphi = \frac{c}{c'}, \quad \tang\psi = -\frac{a''}{b''}.$$

633. Formules pour les sections planes. — Les formules d'*Euler* permettent de trouver l'équation de la section faite par un plan dans une surface. Les notations restant les mêmes, si

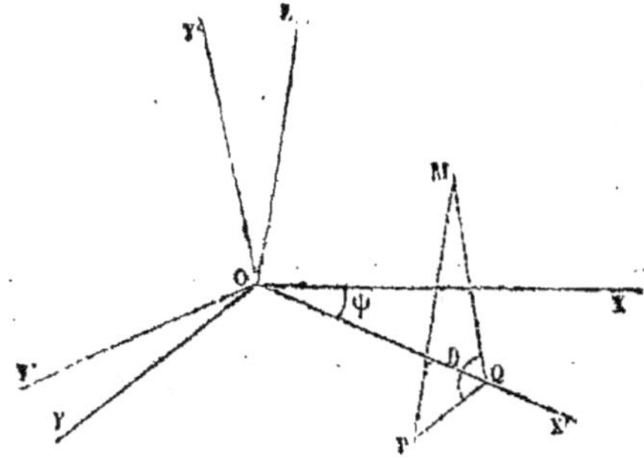

Fig. 224.

l'on prend OX_1 (fig. 223) pour axe des x, et pour axe des y une perpendiculaire à OX_1, menée dans le plan sécant, il suffira de faire dans les formules [E], $\varphi = 0$, $z' = 0$.

Mais on peut y arriver directement de la manière suivante :

Soient M (x, y, z) (fig. 224) un point de la section considérée et OX′ la trace du plan coupant sur le plan XOY ; soient d'ailleurs

$$MP = z, \quad MQ = y', \quad PQ = y'', \quad OQ = x'; \quad PQM = \theta, \quad XOX' = \psi.$$

Les coordonnées du point P sont x et y ; elles seraient x' et y'' si on faisait tourner de l'angle ψ le système des axes OX et OY. On aura donc

$$x = x' \cos \psi - y'' \sin \psi,$$
$$y = x' \sin \psi + y'' \cos \psi.$$

Mais le triangle MPQ donne

$$y'' = y' \cos \theta, \quad z = y' \sin \theta ;$$

les formules cherchées seront donc

$$\left. \begin{array}{l} x = x' \cos \psi - y' \sin \psi \cos \theta \\ y = x' \sin \psi + y' \cos \psi \cos \theta \\ z = y' \sin \theta \end{array} \right\}. \qquad [SP]$$

Remarque. — On a supposé que le plan sécant passait par l'origine, condition que l'on peut toujours remplir en transportant l'origine dans ce plan.

Exemples. — 1° Si la surface a pour équation en coordonnées rectangulaires

$$x^2 + y^2 + \frac{z^2}{4} = 1$$

et que l'on prenne un plan sécant incliné de 30° sur le plan des xy, et dont la trace sur ce plan fasse avec OX un angle de 45°, on aura

$$\sin \psi = \cos \psi = \tfrac{1}{2}\sqrt{2}; \quad \sin \theta = \tfrac{1}{2}, \quad \cos \theta = \tfrac{1}{2}\sqrt{3};$$

et les formules de transformation seront pour ce cas

$$x = \tfrac{1}{2}\, x' \sqrt{2} - \tfrac{1}{4}\, y' \sqrt{6},$$
$$y = \tfrac{1}{2}\, x' \sqrt{2} + \tfrac{1}{4}\, y' \sqrt{6},$$
$$z = \tfrac{1}{2}\, y'.$$

La substitution de ces valeurs conduit à l'équation

$$x'^2 + \frac{13}{16} y'^2 = 1,$$

qui représente une ellipse.

2° On demande si la surface représentée par l'équation

$$\left(\frac{x}{1}\right)^2 + \left(\frac{y}{3}\right)^2 + \left(\frac{z}{2}\right)^2 = 1$$

peut être coupée suivant un cercle, par un plan mené par l'origine.

En substituant dans cette équation les valeurs de x, y, z fournies par les formules [SP], on aura

$$x'^2 \left(\cos^2 \psi + \frac{\sin^2 \psi}{9}\right) + y'^2 \left(\sin^2 \psi \cos^2 \theta + \frac{\cos^2 \psi \cos^2 \theta}{9} + \frac{\sin^2 \theta}{4}\right)$$

$$- \frac{16}{9} x'y' \sin \psi \cos \psi \cos \theta = 1.$$

Il faut d'abord que le terme en $x'y'$ disparaisse, ce qui peut se faire en supposant

$$\text{soit} \quad \sin \psi = 0, \quad \text{soit} \quad \cos \psi = 0, \quad \text{soit} \quad \cos \theta = 0.$$

Si l'on suppose $\sin \psi = 0$, le coefficient de x'^2 est l'unité. Le coefficient de y'^2 devant lui être égal, on aura

$$\frac{\cos^2 \theta}{9} + \frac{\sin^2 \theta}{4} = 1,$$

d'où l'on tire $-5 \cos'^2 \theta = 27$, équation absurde. On verrait de même qu'on ne peut supposer $\cos \psi = 0$.

Mais si l'on fait $\cos \theta = 0$, les coefficients des carrés deviennent égaux en posant

$$\cos^2 \psi + \frac{\sin^2 \psi}{9} = \frac{1}{4},$$

ce qui donne

$$\left.\begin{array}{l} \cos^2 \psi = \frac{5}{32} \\ \sin^2 \psi = \frac{27}{32} \end{array}\right\}, \quad \text{d'où} \quad \tan^2 \psi = \frac{27}{5}, \quad \tan \psi = \pm \sqrt{\frac{27}{5}}.$$

Il y a donc deux plans passant par l'axe des z, également inclinés de part et d'autre sur le plan XOZ, et qui coupent la surface suivant un cercle. Ces deux cercles sont égaux et leur rayon est l'unité de longueur.

CHAPITRE II

DE LA LIGNE DROITE ET DU PLAN

§ I. — DE LA LIGNE DROITE.

634. Nous nous proposons de consacrer ce chapitre à la résolution des problèmes que l'on rencontre le plus fréquemment
dans les applications de la ligne droite et du plan. Nous com-
mencerons par les problèmes sur les lignes droites ; mais auparavant nous étudierons tout ce qui est relatif à la position d'une
droite par rapport aux axes et aux plans coordonnés.

635. On a vu (**618**, rem.) que toute droite, quelle que soit
sa position par rapport aux axes et aux plans coordonnés, peut
être représentée par les équations

$$\left. \begin{array}{l} x = az + p \\ y = bz + q \end{array} \right\}. \qquad [1]$$

Dans ce qui suit, nous mettrons le plus souvent les équations
d'une droite sous cette forme et, par cela même, il importe de
bien fixer leur signification et celle des constantes qui y
entrent.

L'équation

$$x = az + p$$

représente la projection de la droite sur le plan des xz (projection
faite parallèlement à l'axe des y). L'équation

$$y = bz + q$$

représente de même la projection de la droite sur le plan des yz,
faite parallèlement à l'axe des x. Ainsi a et b sont les coefficients angulaires des projections de la droite sur les plans des xz
et des yz.

Si l'on suppose $z = 0$, on obtient

$$x = p, \quad y = q.$$

Les constantes p et q sont donc les coordonnées du point où la droite rencontre le plan des xy, c'est-à-dire de la *trace* de la droite sur ce plan. En éliminant z entre les équations [1], on obtient

$$\frac{x-p}{a} = \frac{y-q}{b},$$

équation de la projection de la droite sur le plan des xy.

On trouvera quelquefois commode d'écrire les équations de la droite sous la forme

$$\frac{x-p}{a} = \frac{y-q}{b} = z.$$

Les équations [1] se simplifient lorsque la droite occupe certaines positions particulières par rapport aux plans coordonnés. Ainsi, lorsqu'elle passe par l'origine, p et q sont nuls et les équations [1] se réduisent aux suivantes :

$$x = az, \quad y = bz,$$

ou

$$\frac{x}{a} = \frac{y}{b} = z.$$

Si la droite se confondait avec l'axe des z, ses équations seraient

$$x = 0, \quad y = 0.$$

Le lecteur fera bien de chercher, comme exercice, les équations d'une droite dans toutes les positions remarquables qu'elle peut occuper par rapport aux plans coordonnés.

REMARQUE. — Les équations les plus générales de la ligne droite renferment quatre constantes arbitraires ; mais comme ces constantes sont liées par deux équations, il en résulte qu'une droite est déterminée analytiquement par deux conditions.

686. PROBLÈME. — *Connaissant les équations d'une droite, dé-*

terminer les angles de cette droite avec les axes des coordonnées
(coordonnées rectangulaires).

Menons par l'origine une parallèle OM (fig. 225) à la droite
donnée. La question revient à calculer les angles α, β, γ que cette
parallèle fait avec les axes OX, OY, OZ.

Soient $x = az$, $y = bz$ les équations de cette parallèle, et
$M(x', y', z')$ un point quelconque de cette droite. On a

$$\cos \alpha = \frac{a'}{OM} = \frac{x'}{\sqrt{x'^2 + y'^2 + z'^2}}.$$

Mais puisque le point M est sur OM, on a aussi

$$x' = az', \quad y' = bz',$$

et en substituant ces valeurs de x' et y' dans $\cos \alpha$, il vient

$$\cos \alpha = \frac{a}{\sqrt{a^2 + b^2 + 1}};$$

on trouve de même

$$\cos \beta = \frac{b}{\sqrt{a^2 + b^2 + 1}},$$

$$\cos \gamma = \frac{1}{\sqrt{a^2 + b^2 + 1}}.$$

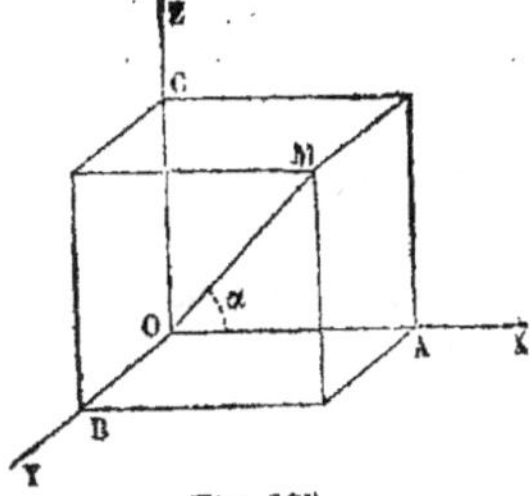

Fig. 225.

En prenant le radical avec le signe $+$, ces formules feront connaître les angles que la *direction* OM fait avec les parties positives des axes; si l'on prend le radical avec le signe $-$, on obtiendra les angles que la direction opposée MO fait avec les
mêmes parties positives des axes.

Remarques. — 1. Ces formules vérifient la relation

$$\cos^2 \alpha + \cos^2 \beta + \cos^2 \gamma = 1.$$

II. On déduit des formules précédentes

$$a = \frac{\cos \alpha}{\cos \gamma}, \quad b = \frac{\cos \beta}{\cos \gamma};$$

par suite, les équations d'une droite peuvent être mises sous la forme

$$x = \frac{\cos \alpha}{\cos \gamma}\, z + p,$$

$$y = \frac{\cos \beta}{\cos \gamma}\, z + q,$$

ou

$$\frac{x - p}{\cos \alpha} = \frac{y - q}{\cos \beta} = \frac{z}{\cos \gamma}.$$

637. Problème. — *Étant données les équations d'une droite, trouver les angles qu'elle fait avec les plans coordonnés (coordonnées rectangulaires).*

On peut toujours supposer que la droite passe par l'origine, et dans ce cas, on voit immédiatement que les angles demandés sont les compléments des angles qu'elle fait avec les axes. Donc ces angles seront donnés par les formules trouvées ci-dessus.

638. Problème. — *Trouver l'angle de deux droites dont on connaît les équations* (coordonnées rectangulaires).

Concevons par l'origine des parallèles aux droites données, l'angle V de ces deux parallèles sera l'angle demandé. Désignons par α, β, γ; α', β', γ' les angles de ces parallèles avec les axes, et soient

$$\left. \begin{aligned} x &= az \\ y &= bz \end{aligned} \right\} \quad \text{et} \quad \left\{ \begin{aligned} x &= a'z \\ y &= b'z \end{aligned} \right.$$

leurs équations. Nous aurons (**594**, Th. V)

$$\cos V = \cos \alpha \cos \alpha' + \cos \beta \cos \beta' + \cos \gamma \cos \gamma',$$

et (**636**)

$$\cos \alpha = \frac{a}{\sqrt{a^2 + b^2 + 1}}, \qquad \cos \alpha' = \frac{a'}{\sqrt{a'^2 + b'^2 + 1}},$$

$$\cos \beta = \frac{b}{\sqrt{a^2 + b^2 + 1}}, \qquad \cos \beta' = \frac{b'}{\sqrt{a'^2 + b'^2 + 1}},$$

$$\cos \gamma = \frac{1}{\sqrt{a^2 + b^2 + 1}}, \qquad \cos \gamma' = \frac{1}{\sqrt{a'^2 + b'^2 + 1}}.$$

par suite

$$\cos V = \frac{aa' + bb' + 1}{\sqrt{a^2 + b^2 + 1}\,\sqrt{a'^2 + b'^2 + 1}}.$$

REMARQUES. — I. On trouve aisément

$$\sin V = \frac{\sqrt{(a - a')^2 + (b - b')^2 + (ab' - ba')^2}}{\sqrt{a^2 + b^2 + 1}\,\sqrt{a'^2 + b'^2 + 1}}.$$

I. Si, pour plus de symétrie, on met les équations des droites sous la forme

$$\frac{x}{a} = \frac{y}{b} = \frac{z}{c}, \qquad \frac{x}{a'} = \frac{y}{b'} = \frac{z}{c'},$$

on trouvera

$$\cos V = \frac{aa' + bb' + cc'}{\sqrt{a^2 + b^2 + c^2}\,\sqrt{a'^2 + b'^2 + c'^2}}$$

$$\sin V = \frac{\sqrt{(ac' - ca')^2 + (bc' - cb')^2 + (ab' - ba')^2}}{\sqrt{a^2 + b^2 + c^2}\,\sqrt{a'^2 + b'^2 + c'^2}}.$$

639. Conditions pour que deux droites soient parallèles ou perpendiculaires.—Lorsque les deux droites sont parallèles, l'angle V est nul, et par suite cos V = 1. Ainsi pour que les deux droites proposées soient parallèles, on doit avoir

$$(aa' + bb' + 1)^2 = (a^2 + b^2 + 1)\,(a'^2 + b'^2 + 1),$$

ou bien

$$(a - a')^2 + (b - b')^2 + (ab' - ba')^2 = 0.$$

Or, pour que cette condition soit remplie, il faut et il suffit que l'on ait

$$a = a', \quad b = b'.$$

Donc, pour que deux droites soient parallèles, il faut et il suffit que *leurs coefficients angulaires soient égaux* ou, ce qui revient au même, que *leurs projections sur deux des plans coordonnés soient parallèles.*

Lorsque les deux droites sont perpendiculaires, on a V = 90°, et par suite cos V = 0. Donc, pour que deux droites soient *per-*

pendiculaires, il faut et il suffit que l'on ait

$$aa' + bb' + 1 = 0,$$

ou

$$\cos \alpha \cos \alpha' + \cos \beta \cos \beta' + \cos \gamma \cos \gamma' = 0.$$

640. Problème. — *Trouver les équations d'une droite qui passe par un point donné et qui soit parallèle à une droite donnée.*

Cherchons d'abord les équations générales des droites qui passent par un même point (x', y', z'). Ces équations sont de la forme

$$x = az + p,$$

$$y = bz + q,$$

et puisque les droites passent par le point donné, on doit avoir

$$x' = az' + p,$$

$$y' = bz' + q.$$

En retranchant ces identités des équations précédentes, p et q sont éliminés, et l'on a

$$\left. \begin{array}{l} x - x' = a\,(z - z') \\ y - y' = b\,(z - z') \end{array} \right\rbrace, \qquad [1]$$

qui sont les équations demandées.

Pour avoir les équations de la parallèle menée par ce point à une droite donnée

$$\left. \begin{array}{l} x = a'z \\ y = b'z \end{array} \right\rbrace, \qquad [2]$$

il suffit de faire $a = a', b = b'$ (**639**); par suite, les équations demandées sont

$$\left. \begin{array}{l} x - x' = a'\,(z - z) \\ y - y' = b'\,(z - z') \end{array} \right\rbrace. \qquad [3]$$

641. Problème. — *Trouver les équations d'une droite dont on connaît un point et la direction.*

Si l'on appelle α, β, γ les angles que la droite [2] fait avec les axes, on aura (**636**, rem. II)

$$a' = \frac{\cos \alpha}{\cos \gamma}, \quad b' = \frac{\cos \beta}{\cos \gamma};$$

ce qui permet d'écrire les équations [3] sous la forme très-symétrique

$$\frac{x - x'}{\cos \alpha} = \frac{y - y'}{\cos \beta} = \frac{z - z'}{\cos \gamma}.$$

Telles sont les équations demandées.

Remarque. — Si l'on désigne par ρ la distance d'un point (x, y, z) de la droite au point (x', y', z'), il est aisé de voir que l'on a, dans tous les cas,

$$\frac{x - x'}{\cos \alpha} = \frac{y - y'}{\cos \beta} = \frac{z - z'}{\cos \gamma} = \rho.$$

642. Problème. — *Trouver les équations d'une droite qui passe par deux points donnés* (x', y', z') *et* (x'', y'', z'').

Puisque la droite passe par le premier point, ses équations peuvent se mettre sous la forme

$$x - x' = a(z - z'),$$
$$y - y' = b(z - z'),$$

et puisqu'elle passe par le second point, on doit avoir

$$x'' - x' = a(z'' - z'),$$
$$y'' - y' = b(z'' - z').$$

Éliminant a et b entre ces équations et les précédentes, on obtient les équations demandées

$$x - x' = \frac{x'' - x'}{z'' - z}(z - z'),$$

$$y - y' = \frac{y'' - y'}{z'' - z'}(z - z'),$$

ou

$$\frac{x - x'}{x'' - x'} = \frac{y - y'}{y'' - y'} = \frac{z - z}{z'' - z'}$$

REMARQUES. — I. On aurait pu écrire immédiatement ces équations en remarquant que la projection de la droite sur le plan des xz passe par les deux points (x', z') et (x'', z''), etc.

II. On déduit immédiatement de ces équations la condition pour que trois points soient en ligne droite.

643. PROBLÈME. — *Déterminer la condition pour que deux droites dont on connaît les équations se coupent, et calculer les coordonnées de leur point d'intersection.*

Soient

$$\left. \begin{aligned} x &= az + p \\ y &= bz + q \end{aligned} \right\} \qquad [1]$$

et

$$\left. \begin{aligned} x &= a'z + p' \\ y &= b'z + q' \end{aligned} \right\} \qquad [2]$$

les équations des deux droites données. Les coordonnées du point d'intersection demandé s'obtiendront en résolvant les équations [1] et [2] par rapport à x, y et z. Mais, pour que quatre équations à trois inconnues admettent une solution commune, il doit exister une certaine relation entre leurs coefficients. Cette relation, qu'on obtiendra en éliminant x, y et z entre les quatre équations, sera la condition demandée.

Si l'on retranche membre à membre les équations [2] des équations [1] correspondantes, x et y sont éliminés, et il vient

$$0 = (a - a')z + p - p',$$
$$0 = (b - b')z + q - q',$$

d'où, en égalant les valeurs de z tirées de ces équations,

$$\frac{p - p'}{a - a'} = \frac{q - q'}{b - b'}. \qquad [3]$$

Telle est la relation qui doit exister entre les coefficients des équations [1] et [2] pour que les deux droites qu'elles représentent se rencontrent. En admettant que cette relation soit vérifiée, on trouve pour les coordonnées du point d'intersection,

$$x = \frac{ap' - pa'}{a - a'}, \quad y = \frac{bq' - qb'}{b - b'}, \quad z = -\frac{p - p'}{a - a'} = -\frac{q - q'}{b - b'}.$$

Remarque. — Lorsque les droites sont parallèles, on a $a = a'$ et $b = b'$; la relation [5] est encore vérifiée, mais les valeurs des coordonnées du point d'intersection sont infinies. Comme le cas où les droites se rencontrent et celui où elles sont parallèles sont les seuls où ces droites soient situées dans un même plan, on peut dire que l'équation [5] exprime la condition nécessaire pour que les droites représentées par les équations [1] et [2] soient dans un même plan.

644. Problème. — *Déterminer la distance d'un point à une droite dont on connaît les équations* (coordonnées rectangulaires).

Soient M (x', y', z') (fig. 226) le point donné, et

$$x = az + p,$$

$$y = bz + q,$$

les équations de la droite donnée AB. Menons MP perpendiculaire sur AB, joignons le point

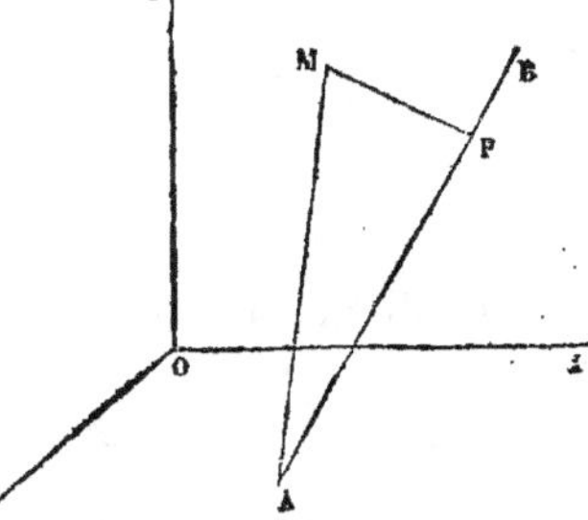

Fig. 226.

M au point A (p, q, o), trace de AB sur le plan des xy, et désignons par V l'angle MAP. Nous aurons

$$MP \quad \text{ou} \quad \delta = AM \sin V.$$

Or, AM étant la distance des points A et M, on a

$$\overline{AM}^2 = (x' - p)^2 + (y' - q)^2 + z'^2.$$

D'ailleurs, si a' et b' désignent les coefficients angulaires de la droite AM qui passe par les deux points A et M, on a (**642**)

$$a' = \frac{x' - p}{z'} \quad \text{et} \quad b' = \frac{y' - q}{z'},$$

et par suite (**638,** rem. II)

$$\sin V = \frac{\sqrt{(x' - az' - p)^2 + (y' - bz' - q)^2 + [a(y' - q) - b(x' - p)]^2}}{\sqrt{a^2 + b^2 + 1} \, \sqrt{(x' - p)^2 + (y' - q)^2 + z'^2}},$$

d'où

$$\delta = \sqrt{\frac{(x' - az' - p)^2 + (y' - bz' - q)^2 + [b(x' - p) - a(y' - q)]^2}{a^2 + b^2 + 1}},$$

expression facile à retenir. Car, en égalant à zéro les racines des trois carrés placés au numérateur sous le radical, on aurait les équations des trois projections de la droite, dans lesquelles les coordonnées courantes seraient remplacées par les coordonnées du point donné.

Remarque. — Si le point donné est l'origine, x', y' et z' sont nuls, et il vient

$$\delta = \sqrt{\frac{p^2 + q^2 + (bp - aq)^2}{a^2 + b^2 + 1}}.$$

On obtient aussi cette dernière formule, en cherchant l'expression de la distance de l'origine à un point de la droite donnée, et en exprimant que cette distance est *minimum*.

645. Problème. — *Trouver la distance de deux droites parallèles.*
Soient

$$\left. \begin{array}{l} x = az + p \\ y = bz + q \end{array} \right\}, \qquad [1]$$

$$\left. \begin{array}{l} x = az + p' \\ y = bz + q' \end{array} \right\}, \qquad [2]$$

les équations de deux droites parallèles (**640**), et (x', y', z') un point de la droite [1]. Pour avoir la distance de ce point à la droite [2], il suffit de remplacer dans la formule trouvée ci-dessus, x' par $az' + p'$ et y' par $bz' + q'$. On trouve ainsi

$$\delta = \sqrt{\frac{(p - p')^2 + (q - q')^2 + [b(p - p') - a(q - q')]^2}{a^2 + b^2 + 1}}.$$

Cette valeur étant indépendante de x', y', z', on en conclut que *deux parallèles sont partout à égale distance.*

§ 2. — DU PLAN. PROBLÈMES SUR LA LIGNE DROITE ET LE PLAN.

646. On a vu (**611**, **612** et **619**) que toute équation du premier degré représente un plan ; et, réciproquement, que tout plan est représenté par une équation du premier degré. L'équation du plan la plus générale est donc

$$Ax + By + Cz + D = 0.$$

Pour que deux équations du premier degré de cette forme représentent le même plan, il faut et il suffit que leurs coefficients soient proportionnels.

647. Traces d'un plan. — Soit

$$Ax + By + Cz + D = 0 \qquad [1]$$

l'équation d'un plan. Cette équation, jointe à l'équation

$$y = 0,$$

représente l'intersection de ce plan avec le plan des xz, c'est-à-dire la *trace* de ce plan sur le plan des xz (**615**); et par suite l'équation

$$Ax + Cz + D = 0,$$

obtenue en faisant dans l'équation [1] $y = 0$ représente seule cette trace rapportée aux axes OX, OZ.

On obtiendra de même la trace du plan considéré sur le plan des yz, rapportée aux axes Oy et Oz, en faisant $x = 0$ dans l'équation [1], et celle de la trace sur le plan des xy, en y faisant $z = 0$.

648. Problème. — *Trouver les angles d'un plan avec les plans coordonnés et sa distance à l'origine* (coordonnées rectangulaires).

Soit

$$Ax + By + Cz + D = 0 \qquad [1]$$

l'équation d'un plan ; α, β, γ ses angles avec les plans coordonnés et δ sa distance à l'origine. Ainsi qu'il est facile de voir, les angles α, β, γ, quand les coordonnées sont rectangulaires, sont égaux aux angles que la normale au plan, menée par l'origine, fait avec les axes coordonnés ; il résulte de là que le plan donné peut aussi être représenté par l'équation (**619**)

$$\cos\alpha . x + \cos\beta . y + \cos\gamma . z - \delta = 0. \qquad [2]$$

On doit donc avoir

$$\frac{\cos \alpha}{A} = \frac{\cos \beta}{B} = \frac{\cos \gamma}{C} = \frac{-\delta}{D};$$

chacun de ces rapports est égal, d'après une propriété connue, à

$$\frac{\sqrt{\cos^2 \alpha + \cos^2 \beta + \cos^2 \gamma}}{\sqrt{A^2 + B^2 + C^2}} \qquad \text{ou à} \qquad \frac{1}{\sqrt{A^2 + B^2 + C^2}},$$

d'où l'on déduit

$$\cos \alpha = \frac{A}{\sqrt{A^2 + B^2 + C^2}}, \quad \cos \beta = \frac{B}{\sqrt{A^2 + B^2 + C^2}}, \quad \cos \gamma = \frac{C}{\sqrt{A^2 + B^2 + C^2}}$$

et

$$\delta = \frac{-D}{\sqrt{A^2 + B^2 + C^2}}.$$

La distance δ étant une grandeur absolue, on devra prendre le radical avec un signe contraire à celui de D.

REMARQUE. — Connaissant l'expression de la distance de l'origine à un plan, on peut, par un changement d'origine des coordonnées, trouver l'expression de la distance d'un point quelconque à un plan. En effet, soit (x', y', z') le point donné. Si l'on transporte l'origine en ce point, l'équation [1], après qu'on y aura remplacé x, y, z par $x + x'$, $y + y'$, $z + z'$, deviendra

$$Ax + By + Cz + Ax' + By' + Cz' + D = 0,$$

et en vertu de ce qui précède, la distance de la nouvelle origine au plan sera donnée par la formule

$$\delta = -\frac{Ax' + By' + Cz' + D}{\sqrt{A^2 + B^2 + C^2}}.$$

649. PROBLÈME. — *Trouver les conditions pour qu'une droite et un plan soient perpendiculaires, et les équations des droites perpendiculaires à un plan (coordonnées rectangulaires).*

On démontre géométriquement que, pour qu'une droite et un plan soient perpendiculaires l'un à l'autre, *il faut et il suffit que les projections de la droite et les traces du plan, sur deux plans*

qui se coupent, soient respectivement perpendiculaires entre elles.
On obtiendra donc les conditions analytiques pour qu'une droite
et un plan soient perpendiculaires l'un à l'autre, en exprimant
que les projections de la droite et les traces du plan sur deux
des plans coordonnés sont perpendiculaires entre elles. Mais on
peut aussi déduire ces conditions du problème précédent.

En effet, soient

$$Ax + By + Cz + D = 0 \qquad [1]$$

l'équation d'un plan ;

$$\left. \begin{array}{l} x = az \\ y = bz \end{array} \right\} \qquad [2]$$

les équations d'une droite passant par l'origine, et α, β, γ les
angles de cette droite avec les axes. On a, quelle que soit la direction de cette droite (**636**),

$$a = \frac{\cos \alpha}{\cos \gamma} \quad \text{et} \quad b = \frac{\cos \beta}{\cos \gamma}.$$

Mais quand elle est normale au plan représenté par l'équation
[1], en vertu des valeurs de $\cos \alpha$, $\cos \beta$ et $\cos \gamma$ trouvées ci-dessus, on a alors

$$\frac{\cos \alpha}{\cos \gamma} = \frac{A}{C} \quad \text{et} \quad \frac{\cos \beta}{\cos \gamma} = \frac{B}{C}$$

et par suite

$$a = \frac{A}{C} \quad \text{et} \quad b = \frac{B}{C}, \qquad [3]$$

d'où

$$\frac{A}{a} = \frac{B}{b} = \frac{C}{1}.$$

Telles sont les conditions pour que la droite représentée par les
équations [2] soit normale au plan représenté par l'équation [1].

Lorsque les équations de la droite sont mises sous la forme

$$\frac{x}{\cos \alpha} = \frac{y}{\cos \beta} = \frac{z}{\cos \gamma},$$

les conditions précédentes reviennent aux égalités de rapports

$$\frac{A}{\cos \alpha} = \frac{B}{\cos \beta} = \frac{C}{\cos \gamma}.$$

Les équations de la normale au plan [1] menée par l'origine sont donc

$$\frac{x}{A} = \frac{y}{B} = \frac{z}{C}.$$

Les équations générales des normales à ce plan sont

$$\left. \begin{aligned} x &= \frac{A}{C} z + p \\ y &= \frac{B}{C} z + q \end{aligned} \right\} \quad \text{ou} \quad \frac{x-p}{A} = \frac{y-q}{B} = \frac{z}{C},$$

p et q désignant deux paramètres indéterminés.

Remarque. — Les égalités [3] peuvent s'écrire

$$-\frac{C}{A} . a = -1 \quad \text{et} \quad -\frac{C}{B} . b = -1,$$

et sous cette forme (**94** et **647**) elles expriment que les projections de la droite et les traces du plan sur les plans des xz et des yz sont perpendiculaires entre elles ; ce qu'exprime le théorème rappelé ci-dessus.

650. Problème. — *Trouver l'angle de deux plans, et les conditions pour que deux plans soient perpendiculaires ou parallèles* (coordonnées rectangulaires).

Soit V l'angle des deux plans représentés par les équations

[1] $Ax + By + Cz + D = 0$ et $A'x + B'y + C'z + D' = 0.$ [2]

Cet angle est égal à celui des normales aux deux plans menées par l'origine. Or les équations de ces normales sont (**649**)

$$\frac{x}{A} = \frac{y}{B} = \frac{z}{C} \quad \text{et} \quad \frac{x}{A'} = \frac{y}{B'} = \frac{z}{C'}.$$

On a donc (**638**, II)

$$\cos V = \frac{AA' + BB' + CC'}{\sqrt{A^2 + B^2 + C^2} \, \sqrt{A'^2 + B'^2 + C'^2}}.$$

En raisonnant comme au n° **639**, on voit que, pour que deux plans représentés par les équations [1] et [2] soient perpendiculaires, il faut et il suffit que l'on ait

$$AA' + BB' + CC' = 0;$$

et pour qu'ils soient parallèles, que l'on ait

$$\frac{A}{A'} = \frac{B}{B'} = \frac{C}{C'},$$

c'est-à-dire que *les coefficients des variables soient proportionnels*.

Remarques. — I. Il est aisé de s'assurer que ces conditions de parallélisme des deux plans expriment aussi les conditions nécessaires et suffisantes pour que les traces de ces plans sur les plans des xz et des yz soient parallèles; ce qui démontre un théorème connu, sur lequel on s'appuie habituellement pour établir les conditions analytiques du parallélisme de deux plans.

II. Pour que deux équations de la forme

$$Ax + By + Cz + D = 0, \quad A'x + B'y + C'z + D' = 0$$

représentent deux plans parallèles, il faut et il suffit que le premier membre de l'une soit une *fonction linéaire* de l'autre. Car si l'on a

$$\frac{A'}{A} = \frac{B'}{B} = \frac{C'}{C} = m, \quad \text{d'où} \quad A' = mA, \quad B' = mB, \quad C' = mC,$$

la seconde équation devient

$$m(Ax + By + Cz) + D' = 0,$$

ce qu'on peut écrire

$$m(Ax + By + Cz + D) + D' - mD = 0,$$

équation dont le premier membre est bien une fonction linéaire du premier membre de la première équation proposée.

Il en résulte que si $P = 0$ est l'équation d'un plan, tous les plans qui lui sont parallèles pourront être représentés par l'équation $P + \mu = 0$, μ désignant un paramètre indéterminé. On voit d'ailleurs que ces équations représentent bien des plans parallèles, car elles n'admettent aucune solution commune.

III. La distance de deux plans parallèles est égale à la différence algébrique des distances d'un point quelconque de l'espace à chacun de ces deux plans. Or, en multipliant l'une d'elles par le rapport constant des coefficients des variables, les équations de deux plans parallèles peuvent s'écrire

$$Ax + By + Cz + D = 0 \quad \text{et} \quad Ax + By + Cz + D' = 0.$$

Donc la distance Δ de deux plans parallèles sera exprimée par la formule (**648**, rem.)

$$\Delta = \frac{D - D'}{\sqrt{A^2 + B^2 + C^2}},$$

qui montre que la distance de deux plans parallèles est constante, comme on devait s'y attendre.

651. Problème. — *Trouver l'angle d'une droite et d'un plan, et les conditions pour qu'une droite soit parallèle à un plan (coordonnées rectangulaires).*

L'angle demandé V est le complément de l'angle α de deux droites menées par l'origine, l'une parallèle à la droite donnée, et l'autre perpendiculaire au plan donné.

Soient

$$x = az,$$

$$y = bz,$$

les équations de la parallèle à la droite donnée, et soit

$$Ax + By + Cz + D = 0$$

l'équation du plan donné. Les équations de la perpendiculaire à ce plan, menée par l'origine, sont (**649**)

$$\frac{x}{A} = \frac{y}{B} = \frac{z}{C}.$$

On aura donc (**638**)

$$\sin V = \cos \alpha = \frac{Aa + Bb + C}{\sqrt{a^2 + b^2 + 1}\,\sqrt{A^2 + B^2 + C^2}}.$$

652. Remarque. — Pour que la droite soit parallèle au plan, il faut que l'angle $V = 0$, ce qui entraîne la relation

$$Aa + Bb + C = 0.$$

Nous reviendrons sur les conditions analytiques du parallélisme d'une droite et d'un plan.

653. Problème. — *Trouver l'intersection d'une droite et d'un plan dont on connaît les équations.*

soient
$$\left. \begin{array}{l} x = az + p \\ y = bz + q \end{array} \right\} \qquad [1]$$

les équations de la droite donnée, et

$$Ax + By + Cz + D = 0 \qquad [2]$$

celle du plan donné. Les coordonnées du point demandé devant satisfaire à la fois aux équations de la droite et à l'équation du plan, elles s'obtiendront en résolvant [1] et [2] par rapport à x, y, z.

En éliminant x et y, il vient

$$(Aa + Bb + C)z + Ap + Bq + D = 0, \qquad [3]$$

équation d'où l'on tire la valeur de z; et, en la portant dans les équations [1], on obtient celles de x et de y.

654. Conditions pour qu'une droite soit parallèle à un plan. — Lorsque la droite est parallèle au plan donné, le système [1] et [2] doit être impossible; ou, ce qui revient au même, les valeurs de x, y et z tirées de ces équations doivent être infinies. Donc les conditions du parallélisme d'une droite et d'un plan sont

$$Aa + Bb + C = 0,$$

$$Ap + Bq + D \lessgtr 0.$$

655. Conditions pour qu'une droite soit située dans un plan. — Si la droite [1] était située dans le plan [2], toute solution de [1] devrait convenir à [2], et par suite le système [1] et [2] serait indéterminé. Les conditions demandées sont donc

$$Aa + Bb + C = 0,$$

$$Ap + Bq + D = 0.$$

REMARQUE. — La condition pour qu'un plan soit parallèle à la droite [1] peut s'exprimer très-simplement en écrivant l'équation du plan sous la forme

$$x - az - p = \lambda(y - bz - q) + \mu;\qquad [4]$$

et la condition pour que le plan contienne la droite s'obtient en écrivant

$$x - az - p = \lambda(y - bz - q).\qquad [5]$$

Car on voit qu'aucune solution de [1] ne peut satisfaire à [4]; et, au contraire, que toute solution de [1] est une solution de [5].

Si, pour abréger, l'on représente la droite par les deux équations $P = 0$, $Q = 0$, l'équation [4] prend la forme

$$P + \lambda Q + \mu = 0$$

et l'équation [5] la forme

$$P + \lambda Q = 0.$$

656. Équations de plans satisfaisant à des conditions données. — L'équation générale du plan

$$Ax + By + Cz + D = 0\qquad [1]$$

renferme quatre coefficients ou paramètres indéterminés; mais, comme on peut la diviser par l'un d'eux, supposé différent de zéro, elle ne dépend, en réalité, que de trois coefficients arbitraires. Pour qu'elle représente un plan particulier, il faut que ces trois coefficients soient déterminés; et pour cela, il faudra trois relations entre ces trois coefficients. On peut donc dire, d'une manière générale, qu'un plan est déterminé par *trois conditions*.

Nous allons montrer par quelques exemples comment on détermine l'équation d'un plan satisfaisant à une ou plusieurs conditions données.

657. PROBLÈME. — *Trouver l'équation générale des plans qui passent par un point donné.*

Pour que l'équation [1] représente un plan passant par un point donné (x', y', z'), il faut et il suffit qu'elle soit vérifiée par les coordonnées de ce point; on doit donc avoir

$$Ax' + By' + Cz' + D = 0.$$

Si l'on retranche cette identité de l'équation [1], D sera éliminé, et l'équation

$$A(x - x') + B(y - y') + C(z - z') = 0,$$

ainsi obtenue, sera l'équation demandée. Car tous les plans qu'elle représente passent par le point donné; et elle peut les représenter tous, en déterminant convenablement les deux coefficients qui restent indéterminés.

Quand le point donné est l'origine, x', y', et z' sont nuls, et l'équation se réduit à

$$Ax + By + Cz = 0.$$

REMARQUE. — Si $P = 0$, $Q = 0$, $R = 0$ sont les équations de trois plans qui n'ont qu'un point commun, l'équation

$$P + \mu Q + \nu R = 0,$$

μ et ν désignant deux paramètres arbitraires, est celle de tous les plans qui passent par ce point commun.

658. PROBLÈME. — *Trouver l'équation générale des plans qui passent par une droite donnée, ou qui sont parallèles à une droite donnée.*

Soient

$$\left. \begin{aligned} x &= az + p \\ y &= bz + q \end{aligned} \right\} \qquad [1]$$

les équations de la droite donnée. L'équation des plans passant par cette droite est

$$x - az - p + \lambda (y - bz - q) = 0, \qquad [2]$$

λ désignant un paramètre arbitraire; et l'équation des plans parallèles à cette droite est

$$x - az - p + \lambda (y - bz - q) + \mu = 0, \qquad [3]$$

λ et μ désignant deux paramètres arbitraires. Car on voit que toute solution de [1] est une solution de [2]; et, au contraire, qu'aucune solution de [1] ne peut satisfaire à [3]. D'ailleurs, l'équation [2] peut représenter tout plan passant par la droite [1], en déterminant convenablement λ; et l'équation [3] peut représenter tout plan parallèle à la droite [1], en déterminant convenablement λ et μ.

REMARQUE. — Soient $P = 0$ et $Q = 0$ les équations de deux plans qui se coupent. L'équation de tous les plans passant par leur intersection est

$$P + \lambda Q = 0 ;$$

et celle de tous les plans parallèles à cette intersection est

$$P + \lambda Q + \mu = 0.$$

659. THÉORÈME. — *Lorsqu'une équation du premier degré par rapport aux variables a pour coefficients des fonctions linéaires de deux paramètres arbitraires λ et μ, tous les plans qu'elle représente passent par un point fixe.*

En effet, en mettant en facteurs les paramètres λ et μ, une telle équation est de la forme

$$P + \lambda Q + \mu R = 0, \qquad\qquad [1]$$

P, Q, R étant des fonctions du premier degré par rapport aux variables; et elle est vérifiée, quelles que soient les valeurs que l'on donne à λ et μ, par les valeurs de x, y, z qui satisfont aux équations

$$P = 0, \quad Q = 0, \quad R = 0. \qquad\qquad [2]$$

Or ces trois équations du premier degré à trois inconnues admettent une solution unique, finie ou infinie, laquelle détermine un point (à moins que ces équations ne soient pas toutes les trois distinctes, auquel cas l'équation [1] ne serait plus fonction de deux paramètres). Donc tous les plans représentés par l'équation [1] passent par un point fixe, ce qui démontre le théorème énoncé.

660. THÉORÈME. — *Lorsqu'une équation du premier degré, par rapport aux variables, a pour coefficients des fonctions linéaires* *d'un seul paramètre* λ, *tous les plans qu'elle représente passent par une droite fixe.*

En effet, en mettant λ en facteur, une telle équation est de la forme

$$P + \lambda\, Q = 0, \qquad\qquad [1]$$

P et Q étant des fonctions du premier degré par rapport aux variables ; et elle est vérifiée, quel que soit λ, par les solutions communes aux équations

$$P = 0 \quad \text{et} \quad Q = 0,$$

Or ces deux équations représentent une droite, située à une distance finie ou infinie (à moins qu'elles ne soient pas distinctes, auquel cas l'équation [1] serait indépendante de λ).

Donc tous les plans représentés par l'équation [1] passent par une droite fixe ; ce qui démontre le théorème énoncé.

661. Problème. — *Trouver l'équation du plan passant par une droite donnée et par un point donné.*

Soient

$$x = az + p$$
$$y = bz + q$$

les équations de la droite donnée, et (x', y', z') le point donné. En écrivant l'équation du plan cherché sous la forme

$$x - az - p + \lambda(y - bz - q) = 0, \qquad\qquad [1]$$

on exprime déjà que le plan contient la droite (**658**). Pour exprimer que ce plan renferme le point donné, il suffit de substituer ses coordonnées dans [1], ce qui donne

$$x' - az' - p + \lambda(y' - bz' - q) = 0,$$

d'où, en éliminant λ par division,

$$\frac{x - az - p}{x' - az' - p} = \frac{y - bz - q}{y' - bz' - q}.$$

662. Problème. — *Par un point donné mener un plan parallèle à deux droites données.*

Soient (x', y', z') le point donné et

$$\left.\begin{aligned} x &= az + p \\ y &= bz + q \end{aligned}\right\} \quad \text{et} \quad \left.\begin{aligned} x &= a'z + p' \\ y &= b'z + q' \end{aligned}\right\}$$

les deux droites données.

L'équation des plans passant par le point donné est (**657**)

$$A(x - x') + B(y - y') + C(z - z') = 0 ; \qquad [1]$$

et pour qu'elle représente le plan parallèle aux deux droites données, ses coefficients doivent vérifier les relations (**654**)

$$Aa + Bb + C = 0 \quad \text{et} \quad Aa' + Bb' + C = 0.$$

Substituant dans [1] les valeurs de $\dfrac{A}{C}$ et $\dfrac{B}{C}$ tirées de ces relations: on obtient l'équation demandée,

$$(b - b')(x - x') + (a' - a)(y - y') + (ab' - ba')(z - z') = 0.$$

663. Problème. — *Trouver l'équation d'un plan qui passe par une droite donnée D, et qui soit parallèle à une droite donnée D'.*
Soient

$$\left.\begin{aligned} x &= az + p \\ y &= bz + q \end{aligned}\right\}, \quad [D] \qquad \left.\begin{aligned} x &= a'z + p' \\ y &= b'z + q' \end{aligned}\right\}, \qquad [D']$$

les équations des droites données : l'équation du plan cherché pourra être mise sous la forme (**658**)

$$x - az - p = \lambda(y - bz - q),$$

ou

$$x - \lambda y + (\lambda b - a)z + \lambda q - p = 0, \qquad [P]$$

qui exprime déjà que le plan P contient la droite D. Pour que ce plan soit parallèle à D', on doit avoir (**654**)

$$a' - \lambda b' + \lambda b - a = 0, \qquad [1]$$

$$p' - \lambda q' + \lambda q - p \gtreqless 0. \qquad [2]$$

De [1] l'on tire

$$\lambda = \frac{a - a'}{b - b'} ;$$

celte valeur, substituée dans l'inégalité [2], donne

$$p - p' - \frac{a - a'}{b - b'}(q - q') \gtrless 0,$$

ou

$$\frac{a - a'}{b - b'} = \frac{p - p'}{q - q'} + \mu, \qquad [3]$$

μ étant une quantité différente de 0. Si cette condition est satisfaite, l'équation demandée sera

$$\frac{x - az - p}{a - a'} = \frac{y - bz - q}{b - b'}. \qquad [P]$$

REMARQUES. — 1. Si l'équation [3] donne $\mu \gtrless 0$, le problème n'admet qu'une seule solution.

Si l'on trouve $\mu = 0$, l'équation [3] indique alors que les deux droites sont dans un même plan, ce qui peut tenir à ce qu'elles se rencontrent ou à ce qu'elles sont parallèles. Dans le premier cas, l'équation [1] fournit une valeur déterminée de λ, et l'on n'obtient qu'un seul plan, savoir, celui qui passe par les deux droites. Dans le second cas, on a $a = a'$, $b = b'$, et l'équation [1] est satisfaite par une valeur quelconque de λ, ce qui doit être, puisque alors tout plan qui passe par D est parallèle à D'.

II. En chassant les dénominateurs, l'équation [P] devient

$$(b - b')x - (a - a')y + (ab' - ba')z = p(b - b') - q(a - a').$$

664. PROBLÈME. — *Trouver l'équation du plan qui passe par trois points donnés.*

Ce problème revient à trouver l'équation d'un plan qui passe par une droite et par un point donné (**661**); mais on peut le résoudre autrement.

Soient (x', y', z'), (x'', y'', z'') et (x''', y''', z''') les trois points donnés. Pour que l'équation

$$Ax + By + Cz + D = 0 \qquad [1]$$

représente le plan passant par les trois points donnés, il faut que ses coefficients vérifient les identités

$$\begin{aligned}
Ax' + By' + Cz' + D &= 0, \\
Ax'' + By'' + Cz'' + D &= 0, \\
Ax''' + By''' + Cz''' + D &= 0,
\end{aligned} \qquad [2]$$

on obtiendra donc l'équation demandée, en substituant dans l'équation [1] les valeurs des rapports de trois des coefficients A, B, C, D au quatrième, déduites de ces identités.

On peut obtenir cette équation plus simplement. Considérons les équations [1] et [2] comme un système de quatre équations entre les coefficients inconnus A, B, C, D. Comme ces coefficients ne peuvent être nuls tous les quatre, pour que ces quatre équations soient compatibles, il faut et il suffit que leur *déterminant* soit nul. On doit donc avoir

$$\left.\begin{array}{cccc} x & y & z & 1 \\ x' & y' & z' & 1 \\ x'' & y'' & z'' & 1 \\ x''' & y''' & z''' & 1 \end{array}\right| = 0 ; \qquad [3]$$

ce qui n'est autre chose que l'équation demandée.

Remarque. — Il est aisé de s'assurer que les déterminants *mineurs*, c'est-à-dire les coefficients des variables, sont, à un facteur constant près, les projections sur les plans coordonnés de l'aire du triangle qui a pour sommets les trois points donnés (**11**). Mais on peut le voir *a priori* de la manière suivante.

Le plan cherché peut être représenté par une équation de la forme (**619**)

$$\cos\alpha . x + \cos\beta . y + \cos\gamma . z = \delta ; \qquad [4]$$

et si *a* désigne l'aire du triangle qui a pour sommets les trois points donnés, et a', a'', a''' les projections de cette aire sur les plans des *yz*, *xz*, *xy*, on aura (**599**)

$$a' = a \cos\alpha, \qquad a' = a \cos\beta, \qquad a'' = a \cos\gamma ;$$

et par suite l'équation [4] devient

$$a'x + b'y + c'z = a\delta,$$

ce qui démontre la proposition énoncée.

665. Problème. — *Équation d'un plan aux coordonnées à l'origine.*

Lorsque les trois points donnés sont ceux où le plan coupe les axes, l'équation du plan prend une forme très-simple.

En effet, si dans l'équation d'un plan

$$Ax + By + Cz + D = 0, \qquad [1]$$

on fait $y = 0$ et $z = 0$, il vient

$$Ax + D = 0, \quad \text{d'où} \quad x = -\frac{D}{A},$$

Cette valeur de x exprime la distance à l'origine du point où le plan coupe l'axe des x. En désignant cette distance par p, on aura

$$-\frac{D}{A}=p, \quad \text{d'où} \quad A=-\frac{D}{p}.$$

En désignant par q et par r les distances à l'origine des points où le plan représenté par l'équation [1] coupe les axes des y et des z, on obtiendra de même

$$B=-\frac{D}{q} \quad \text{et} \quad C=-\frac{D}{r};$$

et par suite l'équation [1] devient

$$\frac{x}{p}+\frac{y}{q}+\frac{z}{r}=1.$$

Telle est l'équation d'un plan *aux coordonnées à l'origine*.

666. Problème. — *Mener, par un point donné, un plan perpendiculaire à une droite donnée* (coordonnées rectangulaires).

Soient (x', y', z') le point donné et

$$\begin{aligned} x &= az + p \\ y &= bz + q \end{aligned} \Big\}$$

la droite donnée. Le plan passant par le point donné, son équation est de la forme

$$A(x-x') + B(y-y') + C(z-z') = 0; \qquad [1]$$

et puisqu'il est perpendiculaire à la droite donnée, on doit avoir (**649**)

$$\frac{A}{a}=\frac{B}{b}=\frac{C}{1}.$$

Remplaçant A, B, C dans l'équation [1] par les quantités a, b, 1 qui leur sont proportionnelles, on obtient l'équation demandée

$$a(x-x') + b(y-y') + z - z' = 0.$$

667. Problème. — *Par un point donné, mener une perpendiculaire à une droite donnée, et déterminer la longueur de cette perpendiculaire* (coordonnées rectangulaires).

Soient $M(x', y', z')$ le point donné (fig. 226) et

$$x = az + p \atop y = bz + q \Bigg\}\qquad\qquad \text{[D]}$$

les équations d'une droite AB. La perpendiculaire MP est l'intersection du plan passant par le point M et la droite AB, et du plan passant par le point M et perpendiculaire à AB. Or le premier de ces deux plans a pour équation (**664**)

$$\frac{x - az - p}{x' - az' - p} - \frac{y - bz - q}{y' - bz' - q} = 0,$$

et le second (**666**)

$$a(x - x') + b(y - y') + z - z' = 0. \qquad\qquad \text{[1]}$$

Telles sont les équations de la perpendiculaire.

On aura la distance MP ou δ du point M à la droite AB, en remplaçant dans la formule

$$\delta = \sqrt{(x - x')^2 + (y - y')^2 + (z - z')^2}$$

x, y, z par les coordonnées du point P, lesquelles s'obtiendront en résolvant les équations [D] et [1]. Mais comme dans cette formule, ainsi que dans l'équation [1], n'entrent que les différences $x - x'$, $y - y'$, $z - z'$, on écrit les équations [D] sous la forme

$$x - x' = a(z - z') - (x' - az' - p),\atop y - y' = b(z - z') - (y' - bz' - q),\qquad \text{[2]}$$

et l'on calcule ces différences, ce qui est plus simple. En portant les valeurs de ces différences dans l'expression de δ, on arrive à la formule du n° **644**.

REMARQUE. — On peut arriver à l'expression de δ par un artifice de calcul assez remarquable.

Écrivons les équations [2] ainsi :

$$x - x' - a(z - z') = - (x' - az' - p),$$

$$y - y' - b(z - z') = - (y' - bz' - q),$$

et formons l'équation

$$b(x - x') - a(y - y') = a(y' - q) - b(x' - p)$$

de la projection de la droite [D] sur le plan des xy en éliminant $z - z'$ entre les équations [2]. En ajoutant membre à membre les carrés de ces trois équations, et en remarquant que les
doubles produits des termes des premiers membres se détruisent deux à deux, on obtient l'expression demandée.

668. PROBLÈME. — *D'un point donné abaisser une perpendiculaire sur un plan, et trouver la longueur de cette perpendiculaire* (coordonnées rectangulaires).

Soient (x', y', z') le point donné et

$$Ax + By + Cz + D = 0, \qquad [1]$$

l'équation du plan donné. Toutes les droites passant par le point
donné sont représentées par les équations (**640**)

$$\left. \begin{aligned} x - x' &= a(z - z') \\ y - y' &= b(z - z') \end{aligned} \right\},$$

et pour avoir l'équation de la perpendiculaire au plan [1], il
faut remplacer a et b par les valeurs déduites des relations
(**649**)

$$\frac{A}{a} = \frac{B}{b} = \frac{C}{1}.$$

Par suite, les équations de la perpendiculaire demandée
sont

$$\left. \begin{aligned} x - x' &= \frac{A}{C}(z - z') \\ y - y' &= \frac{B}{C}(z - z') \end{aligned} \right|$$

ou

$$\frac{x - x'}{A} = \frac{y - y'}{B} = \frac{z - z'}{C}. \qquad [2]$$

Pour obtenir la longueur de la perpendiculaire, il faudra
dans la formule

$$\sqrt{(x - x')^2 + (y - y')^2 + (z - z')^2}$$

remplacer x, y, z par leurs valeurs tirées des équations [1] et
[2]. Mais il est plus simple de calculer les valeurs des différences
$x - x'$, $y - y'$, $z - z'$. A cet effet, on écrit l'équation [1] du

plan sous la forme

$$A(x-x') + B(y-y') + C(z-z') + Ax' + By' + Cz' + D = 0.$$

On peut aussi employer l'artifice indiqué ci-dessus. En faisant le calcul, on retrouvera la formule du n° **648**.

669. PROBLÈME. — *Étant données les équations de deux droites, trouver les équations de leur perpendiculaire commune et leur plus courte distance* (coordonnées rectangulaires).

Soient

$$\left. \begin{array}{l} x = az + p \\ y = bz + q \end{array} \right\} \qquad [\text{D}]$$

et

$$\left. \begin{array}{l} x = a'z + p' \\ y = b'z + q' \end{array} \right\} \qquad [\text{D'}]$$

les équations de deux droites D et D'. Appelons P le plan passant par **D** et parallèle à D', et P' le plan passant par D' et parallèle à D.

Ces plans ont pour équations (**663**)

$$(b-b')x - (a-a')y + (ab'-ba')z = p(b-b') - q(a-a'), \qquad [\text{P}]$$

$$(b-b')x - (a-a')y + (ab'-ba')z = p'(b-b') - q'(a-a'). \qquad [\text{P'}]$$

Appelons de même Q le plan passant par la droite D et perpendiculaire au plan P', et Q' le plan passant par D' et perpendiculaire à P; l'intersection de ces deux plans est la perpendiculaire commune aux deux droites données. On aura donc les équations de cette perpendiculaire commune en cherchant les équations des deux plans Q et Q'. Or, le plan Q passant par D, son équation est de la forme (**658**)

$$x - az - p + \lambda(x - bz - q) = 0;$$

et puisqu'il est perpendiculaire à P', on doit avoir $AA' + BB' + CC' = 0$, c'est-à-dire

$$b - b' - \lambda(a - a') - (a + \lambda b)(ab' - ba') = 0$$

Donc, en remplaçant λ par sa valeur déduite de cette équation de condition, on obtiendra l'équation du plan Q. On trouve, toutes réductions faites,

$$(a-a')(x-az-p) + (b-b')(y-bz-q) + (ab'-ba')[b(x-p) - a(y-q)] = 0 \;\; [\text{Q}]$$

On trouverait de même pour l'équation du plan Q'

$$(a-a')(x-a'z-p') + (b-b')(y-b'z-q') - (ab'-ba')[b'(x-p') - a'(y-q')] = 0$$

Telles sont les équations de la perpendiculaire commune aux deux droites D et D'. On peut remarquer, comme moyen mnémonique, que les parenthèses qui contiennent les variables sont les premiers membres des équations des projections des droites sur les trois plans coordonnés.

La distance Δ des deux droites est égale à la distance des deux plans parallèles P et P'. On trouve, en appliquant la formule du n° **650**,

$$\Delta = \frac{(p - p')(b - b') - (q - q')(a - a')}{\sqrt{(a - a')^2 + (b - b')^2 + (ab' - ba')^2}}.$$

Cette distance étant essentiellement positive, on devra prendre le radical avec le même signe que le numérateur. Il est bon de remarquer que le numérateur de Δ égalé à zéro exprime la condition pour que les deux droites données se coupent.

Si l'on désigne par V l'angle des deux droites, et par α, β, γ, α', β', γ', les angles de ces droites avec les axes, on peut mettre la valeur de Δ sous la forme suivante, qu'il est bon de connaître :

$$\Delta = \frac{(p - p')(\cos\beta\cos\gamma' - \cos\gamma\cos\beta') - (q - q')(\cos\alpha\cos\gamma' - \cos\gamma\cos\alpha')}{\sin V}.$$

Remarque. — Lorsque les droites sont parallèles, on a $a = a'$ et $b = b'$; la valeur de Δ se présente alors sous la forme de l'indétermination. Cette circonstance tient à ce que, dans ce cas particulier, les plans auxiliaires P et P', dont nous nous sommes servis pour établir cette formule, deviennent indéterminés. Les équations [Q] et [Q'] de la perpendiculaire commune sont alors elles-mêmes indéterminées, ce qui devait être ; mais on pourra toujours calculer la distance des deux droites données à l'aide de la formule du n° **645**.

670. **Cas particulier.** — L'une des droites données peut être l'un des axes. Supposons que la droite D' coïncide avec l'axe des z, on aurait alors $a' = 0$, $b' = 0$, $p' = 0$, $q' = 0$, et par suite on aurait, en appelant γ la distance de la droite D à l'axe des z,

$$\gamma = \frac{bp - aq}{\sqrt{a^2 + b^2}}.$$

En appelant α et β les distances de la droite D aux axes, on trouverait de même

$$\alpha = \frac{q}{\sqrt{b^2 + 1}}, \qquad \beta = \frac{p}{\sqrt{a^2 + 1}}.$$

On se rappellera facilement ces formules particulières, en remarquant que les distances de la droite D aux trois axes sont égales aux distances de l'origine aux projections de cette droite sur les trois plans coordonnés (**95**).

Exercices. — I. *Trouver les équations d'une droite connaissant ses distances à l'origine et aux axes.*

II. *Trouver les équations d'une droite qui passe par un point donné, et qui fasse des angles donnés avec deux droites données.*

III. *Trouver les équations d'une droite qui passe par un point donné, et qui rencontre deux droites données.*

IV. *Mener par un point donné une droite parallèle à un plan donné, et qui rencontre une droite donnée.*

V. *Trouver l'équation du plan qui partage en deux parties égales l'angle de deux plans donnés.*

VI. *Démontrer que les droites qui joignent les milieux des côtés opposés d'un quadrilatère gauche se rencontrent.*

VII. *Trouver la distance d'une droite à un plan parallèle.*

CHAPITRE III

§ 1. — PLANS TANGENTS.

671. Si, par un point donné sur une surface, on fait passer autant de courbes qu'on voudra, tracées sur cette surface,
et qu'on leur mène des tangentes au point considéré, toutes ces
tangentes sont, en général, situées dans un même plan. On démontre cette proposition géométriquement dans le cours de
Géométrie descriptive ; mais elle peut aussi être établie par des
considérations analytiques.

Soit M le point considéré, x, y, z ses coordonnées, et

$$f(x, y, z) = 0 \qquad [1]$$

l'équation de la surface. Dans cette équation, l'une des quantités x, y, ou z, la dernière par exemple, peut être regardée
comme une fonction des deux autres, considérées alors comme
deux variables indépendantes. Concevons que l'on ait tracé sur
la surface une courbe quelconque passant par le point M ;
soient $x + h$, $y + k$, $z + l$ les coordonnées d'un point M' de cette
courbe, pris dans le voisinage du point M.

Les équations de la sécante MM' seront, en désignant par X,
Y, Z les coordonnées courantes,

$$X - x = \frac{h}{l}(Z - z), \qquad [2]$$

$$Y - y = \frac{k}{l}(Z - z).$$

Si le point M' se rapproche indéfiniment du point M, la sécante
MM' aura pour limite la tangente en M à la courbe considérée ;

et, en posant

$$\lim. \frac{h}{l} = x' \quad \text{et} \quad \lim. \frac{k}{l} = y',$$

les équations de cette tangente pourront s'écrire

$$X - x = x'(Z - z) \quad \text{et} \quad Y - y = y'(Z - z). \qquad [3]$$

D'un autre côté, on a vu en Algèbre que si dans $f(x, y, z)$ on regarde x et y comme des fonctions de z, la dérivée de cette fonction par rapport à z est

$$x' f'_x (x, y, z) + y' f'_y (x, y, z) + f'_z (x, y, z),$$

x' et y' ayant ici la même signification et la même valeur que dans les équations [3]. Si la fonction $f(x, y, z)$ est constamment nulle, il en est de même de sa dérivée; on peut donc écrire

$$x' f'_x + y' f'_y + f'_z = 0. \qquad [4]$$

Remplaçant x' et y' par leurs valeurs tirées des équations [3] et chassant le dénominateur, on obtient

$$(X - x) f'_x + (Y - y) f'_y + (Z - z) f'_z = 0, \qquad [5]$$

relation constante entre les coordonnées X, Y, Z, d'un point quelconque d'une tangente quelconque menée par le point M, et qui par conséquent représente le lieu de ces tangentes. Or ce lieu est un plan passant par le point M, ce qui démontre la proposition.

Ce plan, qui contient toutes les tangentes menées par un même point d'une surface à toutes les courbes qu'on peut tracer par ce point sur cette surface, est ce qu'on appelle le *plan tangent* au point considéré, lequel prend le nom de *point de contact* ou de *tangence*.

On démontrerait comme au n° **141**, rem., que si la fonction $f(x, y, z)$ est algébrique, entière et du degré m, l'équation [5], qui paraît être du même degré en x, y, z, n'est en réalité que du degré $m - 1$, à cause de la relation, $f(x, y, z) = 0$.

672. Prenons pour exemple la sphère dont l'équation est (620)

$$x^2 + y^2 + z^2 = R^2.$$

On aura ici

$$f'_x = 2x, \quad f'_y = 2x, \quad f'_z = 2z;$$

par suite, l'équation du plan tangent devient, en supprimant le facteur 2,

$$(X - x)x + (Y - y)y + (Z - z)z = 0$$

ou

$$Xx + Yy + Zz = x^2 + y^2 + z^2 = R^2.$$

On vérifie aisément que ce plan est perpendiculaire à l'extrémité du rayon aboutissant au point de contact. Les équations de ce rayon sont en effet

$$X = \frac{x}{z}.Z \quad \text{et} \quad Y = \frac{y}{z}.Z$$

et les relations connues $A = aC$ et $B = bC$ [649] sont satisfaites, puisqu'elles deviennent ici

$$x = \frac{x}{z}.z \quad \text{et} \quad y = \frac{y}{z}.z,$$

relations identiques.

672. Nous avons dit plus haut que le lieu des tangentes menées à une surface par un même point de cette surface était *en général* un plan. C'est qu'en effet la démonstration précédente serait en défaut si les trois dérivées f'_x, f'_y, f'_z s'annulaient en même temps, auquel cas l'équation [5] du plan tangent deviendrait illusoire. Cela a lieu pour un cône lorsque le point de contact est le sommet; cela a lieu en général pour les points analogues auxquels on donne le nom de *points saillants*. Le lieu des tangentes en un pareil point n'est plus un plan, mais une *surface conique;* nous ne saurions indiquer ici la méthode à employer dans ce cas pour obtenir le lieu dont il s'agit.

674. Remarques. — I. Il peut arriver que le plan tangent en un point d'une surface n'ait que ce point de commun avec la surface; c'est ce qui a lieu pour un grand nombre de surfaces fermées. Mais il peut arriver aussi que le plan tangent en un point d'une surface soit en même temps sécant; et il peut être sécant au point de contact même; nous en verrons plus loin des exemples.

II. Lorsqu'une surface peut être engendrée par une ligne

droite mobile, et a par conséquent des *génératrices rectilignes*, le plan tangent en un point d'une génératrice contient cette génératrice tout entière, attendu qu'elle est à elle-même sa propre tangente. Mais le plan tangent n'est pas, en général, le même aux différents points d'une même génératrice. — Si deux génératrices rectilignes passent en un même point d'une surface, elles déterminent un plan qui n'est autre que le plan tangent. Ce plan est donc à la fois tangent et sécant.

III. Comme deux droites qui se coupent suffisent pour déterminer un plan, on peut obtenir le plan tangent en un point donné d'une surface en menant par ce point les tangentes à deux courbes tracées par ce point sur la surface, et en faisant passer un plan par ces deux tangentes.

675. Équation du plan tangent en coordonnées homogènes. — On verrait, comme au n° **142**, que, si la fonction $f(x,y,z)$ est algébrique et entière, on peut, après l'avoir rendue homogène en remplaçant x, y, z par $\dfrac{x}{u}$, $\dfrac{y}{u}$, $\dfrac{z}{u}$, mettre l'équation du plan tangent sous la forme symétrique

$$Xf'_x + Yf'_y + Zf'_z + Uf'_u = 0,$$

sauf à faire ensuite $U = 1$ et $u = 1$. Cette forme est quelquefois utile.

676. Plan tangent mené par un point extérieur. — Soient P (α, β, γ) le point extérieur donné et

$$f(x, y, z) = 0 \qquad\qquad [1]$$

l'équation de la surface. Les coordonnées α, β, γ devant satisfaire à l'équation du plan tangent, on devra avoir

$$(\alpha - x)f'_x + (\beta - y)f'_y + (\gamma - z)f'_z = 0. \qquad [2]$$

Les équations [1] et [2] serviront à la recherche des coordonnées x, y, z du point de contact. Mais on voit que le problème est indéterminé, et que ces équations représentent le lieu des points de la surface où le plan tangent va passer par le point P. Ce lieu est l'intersection de la surface [1] par une autre surface dont [2] est l'équation.

Supposons, par exemple, qu'on veuille mener un plan tangent à la sphère qui a pour équation

$$x^2 + y^2 + z^2 = R^2$$

par le point P dont les coordonnées sont $x = \alpha$, $y = 0$, $z = 0$. On suppose $\alpha > R$.

On aura

$$f'_x = 2x, \quad f'_y = 2y, \quad f'_z = 2z,$$

et l'équation [2] deviendra, en divisant par 2,

$$(\alpha - x)\, x - y^2 - z^2 = 0 \quad \text{ou} \quad \alpha x = R^2, \quad \text{d'où} \quad x = \frac{R^2}{\alpha};$$

c'est l'équation d'un plan parallèle au plan des yz; le cercle, intersection de ce plan et de la sphère, est le lieu des points de cette surface où le plan tangent passe par le point P.

677. La droite qui joint le point extérieur $P(\alpha, \beta, \gamma)$ à l'un des points de contact (x, y, z) des plans tangents menés par ce point, a pour équations (**642**)

$$\frac{X - \alpha}{\alpha - x} = \frac{Y - \beta}{\beta - y} = \frac{Z - \gamma}{\gamma - z}. \qquad [6]$$

Si, entre ces deux équations et les relations [1] et [2], on élimine x, y et z, on obtiendra l'équation du lieu des tangentes menées à la surface par le point P.

C'est une surface conique qui a le point P pour sommet, et qui touche la surface proposée suivant la courbe représentée par les équations [1] et [2].

Si l'on imagine que le point P soit un point lumineux éclairant la surface proposée, cette courbe est celle que l'on appelle *séparatrice*, parce qu'elle sépare sur la surface la partie éclairée de celle qui est dans l'ombre.

Dans l'exemple précédent, les équations [1], [2] et [6] deviendraient

$$x^2 + y^2 + z^2 = R^2, \quad x = \frac{R^2}{\alpha}, \quad \frac{X - \alpha}{\alpha - x} = -\frac{Y}{y} = -\frac{Z}{z};$$

on éliminant x, y et z, on obtient la relation

$$Y^2 + Z^2 = \frac{R^2}{a^2 - R^2}\,(\alpha - X)^2;$$

c'est l'équation du cône tangent à la sphère, dont le sommet est au point P.

678. Plan tangent parallèle à une droite donnée. — Soient

$$x = az \quad \text{et} \quad y = bz$$

les équations de la droite donnée. Le plan qui a pour équation

$$(X - x)f'_x + (Y - y)f'_y + (Z - z)f'_z = 0$$

devant être parallèle à cette droite, on doit avoir (**654**)

$$af'_x + bf'_y + f'_z = 0. \qquad [7]$$

On a pour déterminer les coordonnées x, y, z du point de contact l'équation [1] et l'équation [7] : le problème est donc indéterminé; et ces deux équations représentent le lieu des points de la surface proposée où le plan tangent est parallèle à la droite donnée.

Si, par l'un des points de contact, on mène une parallèle à la droite donnée, cette parallèle aura pour équations

$$X - x = a(Z - z) \quad \text{et} \quad Y - y = b(Z - z). \qquad [8]$$

En éliminant x, y, z entre les relations [1], [7] et [8], on obtiendra une équation qui représentera le lieu des parallèles à la droite donnée qui sont tangentes à la surface donnée. C'est une surface cylindrique dont les génératrices sont parallèles à la droite donnée.

Supposons, par exemple, qu'il s'agisse de la sphère

$$x^2 + y^2 + z^2 = R^2,$$

et que la direction donnée soit celle de l'axe des z; on aura

$$a = 0 \quad \text{et} \quad b = 0.$$

L'équation [7] se réduira donc à

$$f'_z = 0 \quad \text{ou} \quad z = 0;$$

c'est-à-dire que le lieu des points de contact sera l'intersection de la sphère par le plan des xy.

Les équations [8] deviendront

$$X - x = 0 \quad \text{et} \quad Y - y = 0.$$

Mettant pour x, y et z les valeurs X, Y et 0 dans l'équation de la sphère, on obtient

$$X^2 + Y^2 = R^2,$$

qui est, en effet, l'équation d'un cylindre tangent à la sphère et dont les génératrices sont parallèles à l'axe des z.

679. Plan tangent parallèle à un plan donné. — Soit

$$Ax + By + Cz = 0$$

l'équation du plan donné. Le plan tangent lui étant parallèle, on devra avoir

$$\frac{f'_x}{A} = \frac{f'_y}{B} = \frac{f'_z}{C}. \qquad [9]$$

Ces deux équations et l'équation $f(x, y, z) = 0$ détermineront les coordonnées x, y, z du point de contact. Il y aura autant de plans tangents parallèles au plan donné que les équations [1] et [9] admettront de systèmes de solutions réelles.

EXEMPLE. — Soient

$$x^2 + y^2 + z^2 = R^2$$

l'équation d'une sphère et

$$x \cos \alpha + y \cos \beta + z \cos \gamma = 0$$

l'équation d'un plan; les équations [9] deviendront, en divisant par 2,

$$\frac{x}{\cos \alpha} = \frac{y}{\cos \beta} = \frac{z}{\cos \gamma},$$

et l'on tire de ces équations

$$x = \pm R \cos \alpha, \quad y = \pm R \cos \beta, \quad z = \pm R \cos \gamma;$$

ce sont les coordonnées des points de contact de la sphère avec les plans tangents parallèles au plan donné. Les signes $\pm$ se correspondent dans les trois formules, en sorte que les deux points de contact sont les extrémités d'un même diamètre.

680. Normale. — On appelle normale à une surface la perpendiculaire au plan tangent menée par le point de contact. On obtient aisément ses équations. Une droite quelconque passant par le point de contact est représentée par

$$X - x = m (Z - z) \quad \text{et} \quad Y - y = n (Z - z).$$

Pour que cette droite soit perpendiculaire au plan tangent, il faut qu'on ait (**649**)

$$m = \frac{f'_x}{f'_z} \quad \text{et} \quad n = \frac{f'_y}{f'_z}.$$

Les équations de la normale sont donc

$$X - x = \frac{f'_x}{f'_z} (Z - z) \quad \text{et} \quad Y - y = \frac{f'_y}{f'_z} (Z - z),$$

ce qu'on peut écrire plus symétriquement

$$\frac{X - x}{f'_x} = \frac{Y - y}{f'_y} = \frac{Z - z}{f'_z}. \qquad [10]$$

Example. — Dans le cas de la sphère, ces équations deviennent

$$\frac{X - x}{x} = \frac{Y - y}{y} = \frac{Z - z}{z}$$

ou

$$X = \frac{x}{z}.Z \quad \text{et} \quad Y = \frac{y}{z}.Z.$$

La normale à la sphère est donc le rayon mené au point de contact.

681. Plan tangent aux surfaces du second degré. — L'équation générale des surfaces du second degré peut être mise sous la forme

$$Ax^2 + A'y^2 + A''z^2 + 2Byz + 2B'xz + 2B''xy + 2Cx + 2C'y + 2C''z$$
$$+ F = 0. \qquad [1]$$

Si l'on y remplace x, y, z par $\dfrac{x}{u}$, $\dfrac{y}{u}$, $\dfrac{z}{u}$ pour la rendre homogène, on obtient

$$A x^2 + A'y^2 + A''z^2 + 2Byz + 2B'xz + 2B''xy + 2Cxu + 2C'yu + 2C''zu$$
$$+ Fu^2 = 0.$$

Il en résulte

$$f'_x = 2(Ax + B'z + B''y + Cu), \quad f'_y = 2(A'y + Bz + B''x + C'u),$$
$$f'_z = 2(A''z + By + B'x + C''u), \quad f'_u = 2(Cx + C'y + C''z + Fu).$$

Par suite, l'équation du plan tangent peut s'écrire (**674**), en faisant $U = 1$ et $u = 1$, et divisant par 2,

$$X(Ax + B''y + B'z + C) + Y(B''x + A'y + Bz + C')$$
$$Z(B'x + By + A''z + C'') + Cx + C'y + C''z + F = 0. \quad [2]$$

On peut remarquer qu'en ordonnant cette équation par rapport à x, y, z on l'écrit

$$x(AX + B''Y + B'Z + C) + y(B''X + A'Y + BZ + C')$$
$$z(B'X + BY + A''Z + C'') + CX + C'Y + C''Z + F = 0,$$

c'est-à-dire que l'équation est symétrique par rapport à x, y, z et à X, Y, Z, en sorte qu'on pourrait l'écrire

$$xf'_X + yf'_Y + zf'_Z + uf'_U = 0, \quad [3]$$

sauf à faire $u = 1$ et $U = 1$.

682. Pour avoir l'équation d'un plan tangent passant par un point donné P, dont les coordonnées homogènes sont α, β, γ, δ, il faut remarquer que ces coordonnées doivent satisfaire à l'équation

$$Xf'_x + Yf'_y + Zf'_z + Uf'_u = 0,$$

c'est-à-dire qu'on doit avoir

$$\alpha f'_x + \beta f'_y + \gamma f'_z + \delta f'_u = 0, \quad [4]$$

en supposant toujours qu'on fasse dans cette équation

$$u = 1 \quad \text{et} \quad \delta = 1.$$

Les équations [1] et [4] serviront à la recherche des coordonnées du point de contact; mais le problème est indéterminé; et les points dont les coordonnées satisfont à ces deux équations forment un lieu géométrique, qui est l'intersection de la surface proposée [1] par la surface dont [4] est l'équation. Or on vient de voir que l'équation [4] pourrait aussi s'écrire

$$xf'_\alpha + yf'_\beta + zf'_\gamma + uf'_\delta = 0, \qquad [5]$$

ce qui est l'équation d'un plan. Le lieu des points où le plan tangent va passer par le point donné $(\alpha, \beta, \gamma, \delta)$ ou P est donc l'intersection de la surface proposée par le plan qui a pour équation [5] ou [4].

Ce plan, qui contient tous les points de contact des plans tangents menés par le point P, porte pour cette raison le nom de *plan des contacts*. Nous verrons plus loin qu'il a une relation de position remarquable avec le point P.

Ce plan porte aussi le nom de *plan polaire* du point P, pour des raisons qui seront expliquées dans l'un des chapitres suivants.

683. Pour avoir l'équation d'un plan tangent, parallèle à une droite donnée

$$x = az, \quad y = bz,$$

on remarquera que l'équation [7] du n° **678** devient dans le cas actuel

$$a(Ax + B''y + B'z + C) + b(B''x + A'y + Bz + C')$$
$$+ (B'x + By + A''z + C'') = 0,$$

qui est encore l'équation d'un plan. On en conclut que l'intersection de ce plan avec la surface proposée est le lieu des points de cette surface où le plan tangent est parallèle à la droite donnée. Il existe aussi une relation de position remarquable entre ce plan et cette droite; il en sera question plus loin.

684. Contact de deux surfaces. — 1. Deux surfaces peuvent se toucher en un ou plusieurs points isolés. Dans ce cas, il faut qu'aux points communs le plan tangent soit le même pour les deux surfaces. Si $f(x, y, z) = 0$ et $\varphi(x, y, z) = 0$ sont les équations de ces surfaces, on devra donc avoir

$$\frac{\varphi'_x}{f'_x} = \frac{f'_y}{\varphi'_y} = \frac{f'_z}{\varphi'_z}. \qquad [11]$$

Comme les coordonnées x, y, z du point commun doivent satisfaire à quatre équations, on obtiendra, en les éliminant, une équation de condition entre les coefficients des équations des deux surfaces; et, si cette condition est remplie, le calcul donnera les valeurs de x, y, z.

II. Deux surfaces peuvent se toucher suivant une ligne. On dit alors que l'une d'elles est *circonscrite* à l'autre.

Si $f(x, y, z) = 0$ est l'équation d'une surface, une ligne tracée sur cette surface sera représentée par cette équation et par celle d'une autre surface $\varphi(x, y, z) = 0$ coupant la première suivant la ligne donnée. Dans ce cas, l'équation

$$f + \lambda \cdot \varphi^2 = 0, \qquad [12]$$

λ étant un coefficient arbitraire, représentera toutes les surfaces circonscrites à f, et la touchant suivant la courbe représentée par $f = 0$ et $\varphi = 0$.

En effet, les dérivées partielles du premier membre de [12] sont

$$f'_x + 2\lambda\varphi \cdot \varphi'_x, \quad f'_y + 2\lambda\varphi \cdot \varphi'_y, \quad f'_z + 2\lambda\varphi \cdot \varphi'_z;$$

mais, aux points communs aux deux surfaces, on a $\varphi = 0$; par conséquent, ces dérivées partielles se réduisent à f'_x, f'_y, f'_z; ainsi les équations [11] sont alors satisfaites, et les deux surfaces $f = 0$ et [12] sont tangentes en tous les points de la ligne qui a pour équations $f = 0$ et $\varphi = 0$.

Nous reviendrons plus loin sur ce sujet.

§ 2. — DU CENTRE.

685. On nomme *centre* d'une surface un point tel, que si par ce point on mène une sécante quelconque à la surface, elle la rencontre en des points qui sont placés deux à deux à égale distance du point considéré.

686. Théorème. — *Si une surface a pour centre l'origine des coordonnées, son équation ne change pas quand on y remplace* x, y *et* z *par* —x, —y *et* —z; *et réciproquement, si l'équation d'une surface ne change pas quand on y remplace* x, y *et* z *par* —x, —y *et* —z, *la surface a pour centre l'origine des coordonnées.*

Les démonstrations de ce théorème et de sa réciproque sont tout à fait analogues à celles du théorème du n° **150**, page 172.

Corollaire. — L'équation d'une surface algébrique à centre, lorsqu'on prend ce point pour origine, ne contient que des termes de même parité, et réciproquement.

687. **Coordonnées du centre des surfaces du second**

degré. — Pour savoir si la surface représentée par l'équation
[1], ou plus simplement par

$$f(x, y, z) = 0,$$

a un centre, cherchons s'il n'est pas possible de faire disparaître
les termes du premier degré par un simple déplacement de
l'origine. A cet effet, transportons l'origine en un point (x_1, y_1, z_1);
l'équation transformée sera, en supprimant les accents des
nouvelles variables,

$$\left. \begin{array}{l} Ax^2 + 2Bzy + 2(Ax_1 + B'z_1 + B''y_1 + C)x \\ + A'y^2 + 2B'zx + 2(A'y_1 + Bz_1 + B''x_1 + C')y \\ + A''z^2 + 2B''xy + 2(A''z_1 + By_1 + B'x_1 + C'')z \end{array} \right\} + f(x_1, y_1, z_1) = 0.$$

On voit que les valeurs de x_1, y_1, z_1 propres à faire disparaître
les termes du premier degré sont données par les équations

$$\left. \begin{array}{l} Ax_1 + B'z_1 + B''y_1 + C = 0 \\ A'y_1 + Bz_1 + B''x_1 + C' = 0 \\ A''z_1 + By_1 + B'x_1 + C'' = 0 \end{array} \right\}, \qquad [c]$$

lesquelles reviennent à

$$f'_x(x, y, z) = 0, \quad f'_y(x, y, z) = 0, \quad f'_z(x, y, z) = 0.$$

Ainsi, les coordonnées du centre d'une surface du second degré
s'obtiendront en résolvant le système des trois équations for-
mées en égalant à zéro les dérivées du premier membre de l'équation de la surface, prises par rapport à chacune des variables.

Les équations [c] résolues par la méthode ordinaire donnent
des valeurs de la forme

$$x = \frac{N}{R}, \quad y = \frac{P}{R}, \quad z = \frac{Q}{R}, \qquad [c']$$

dans lesquelles on a pour le dénominateur commun R,

$$R = AB^2 + A'B'^2 + A''B''^2 - AA'A'' - 2BB'B''.$$

La possibilité de faire disparaître les termes du premier degré
tient, comme nous l'avons vu, à l'existence d'un centre situé au
point (x_1, y_1, z_1). Donc, suivant que les valeurs [c'] seront finies
et déterminées, indéterminées, ou infinies, la surface admettra
un centre unique, une infinité de centres, ou n'en admettra

aucun. Mais, avant d'examiner ces différents cas, nous indiquerons une règle mnémonique pour retenir la fonction R qui,
comme nous allons le voir, joue un rôle important dans cette
théorie. Si l'on écrit les coefficients des termes du second degré
comme il suit :

$$A, \quad A', \quad A'',$$
$$B, \quad B', \quad B'',$$
$$B, \quad B', \quad B'',$$

la fonction R est égale à la somme des produits des nombres contenus dans chaque ligne verticale moins la somme des produits
des nombres contenus dans chaque ligne horizontale.

688. Surfaces à centre unique. — Si l'on a $R \gtrless 0$, les
valeurs $[c']$ sont *finies* et *déterminées*, et les équations $[c]$ n'ont
qu'une seule solution commune : la surface admet donc *un centre* et n'en admet qu'un seul. En y transportant l'origine, l'équation [1] se réduit à

$$Ax^2 + A'y^2 + A''z^2 + 2Byz + 2B'zx + 2B''xy + F_1 = 0, \quad [2]$$

en posant pour abréger

$$F_1 = f(x_1, y_1, z_1).$$

Cette équation ne renferme qu'un seul coefficient nouveau,
F_1, dont la valeur peut s'obtenir d'une manière très-simple. Si
l'on multiplie la première des équations $[c]$ par x_1, la deuxième
par y_1, la troisième par z_1, et qu'on ajoute, on a

$$\left. \begin{array}{l} Ax_1^2 + 2By_1z_1 + Cx_1 \\ + A'y_1^2 + 2B'z_1x_1 + C'y_1 \\ + A''z_1^2 + 2B''x_1y_1 + C''z_1 \end{array} \right\} = 0,$$

ce qui, en augmentant les deux membres de $Cx_1 + C'y_1 + C''z_1$,
donne

$$f(x_1, y_1, z_1) - F = Cx_1 + C'y_1 + C''z_1,$$

et par suite

$$F_1 = f(x_1, y_1, z_1) = F + Cx_1 + C'y_1 + C''z_1,$$

valeur facile à calculer. On voit que le terme constant de la nouvelle équation est égal au terme constant de la première, augmenté de la demi-somme des termes du premier degré dans lesquels on a remplacé x, y, z, par x_1, y_1, z_1.

EXEMPLE. — Soit l'équation

$$x^2 + 3y^2 + 4z^2 + 2yz + 4zx + 6xy - 26x - 24y - 32z + 26 = 0.$$

Les équations du centre sont

$$x_1 + 3y_1 + 2z_1 = 13,$$
$$3x_1 + 5y_1 + z_1 = 12,$$
$$2x_1 + y_1 + 4z_1 = 16;$$

elles admettent une solution unique

$$x_1 = 1, \quad y_1 = 2, \quad z_1 = 3.$$

Donc la surface proposée admet un centre dont ces valeurs représentent les coordonnées.

On a dans ce cas

$$F_1 = -26 - 13.1 - 12.2 - 16.3 = -111,$$

et l'équation de la surface se réduit à

$$x^2 + 3y^2 + 4z^2 + 2yz + 4zx + 6xy - 111 = 0.$$

689. Si l'on avait $F_1 = 0$, l'équation se réduirait à

$$Ax^2 + A'y^2 + A''z^2 + 2Byz + 2B'zx + 2B''xy = 0, \qquad [3]$$

et serait homogène par rapport aux trois variables. Il est facile de voir qu'elle représente alors un cône. En effet, soient

$$x = az, \quad y = bz,$$

les équations d'une droite menée par l'origine : ces valeurs de x et de y étant substituées dans [3] donnent

$$z^2 [Aa^2 + A'b^2 + A'' + 2Bb + 2B'a + 2B''ab] = 0,$$

équation satisfaite quel que soit z, si l'on a

$$Aa^2 + A'b^2 + A'' + 2Bb + 2B'a + 2B''ab = 0 \qquad [4].$$

La surface contient donc toutes les droites qui passent par l'origine et dont les coefficients angulaires satisfont à la relation [4] : c'est donc un cône.

Une surface conique est d'ailleurs, par sa définition même, une surface à centre.

Ce cône est *asymptote* à la surface [2]; car chacune de ses génératrices rencontre cette surface en deux points à l'infini.

Remarque. — Si la relation [4] ne fournissait que des valeurs imaginaires de a pour toute valeur réelle de b, l'équation [3] ne représenterait en réalité qu'un seul point, l'origine nouvelle des coordonnées. On peut dire aussi que l'équation représente, dans ce cas, un *cône imaginaire*.

On jugera que l'équation représente un cône réel ou imaginaire, suivant que l'intersection de la surface par un plan sera une courbe réelle ou imaginaire. Il y aura avantage à choisir pour cet objet un plan parallèle à l'un des plans coordonnés.

Exemple. — Soit l'équation

$$x^2 + 3y^2 + 4z^2 + 2yz + 4zx + 6xy - 26x - 24y - 52z + 85 = 0.$$

La surface qu'elle représente a un centre, dont les coordonnées sont $x = 1$, $y = 2$, $z = 3$. En y transportant l'origine, on trouve

$$x^2 + 3y^2, + 4z^2 + 2yz + 4zx + 6xy = 0.$$

En faisant $z = 1$, on obtient

$$x^2 + 3y^2 + 6xy + 2y + 4x + 4 = 0,$$

équation qui représente une hyperbole : la surface proposée est donc un cône.

690. Surfaces dénuées de centre. — Si l'on a $R = 0$ et que l'un au moins des numérateurs N, P, Q, soit différent de zéro, l'une au moins des valeurs [c'] sera *infinie*, et les équations [c] n'auront *aucune solution commune* : la surface sera *dénuée de centre*.

Exemple. — Soit l'équation

$$x^2 + 2y^2 - 8xy + 6x - 2y + 4z - 25 = 0;$$

on trouve $z_1 = \infty$, ce qui indique qu'il n'y a pas de centre. Et en effet, l'équation $f_1 = 0$ **(687)** se réduit dans ce cas à $4 = 0$, ce qui est absurde, et indique bien qu'on ne peut pas faire disparaître le terme en z.

691. Surfaces qui admettent une infinité de centres. — Si l'on a en même temps

$$R = 0, \quad N = 0, \quad P = 0, \quad Q = 0,$$

les valeurs [c'] sont *indéterminées* et la surface admet *une infinité de centres*, parce que les équations [c] se réduisent alors à deux ou même à une seule, et qu'il est possible d'y satisfaire d'une infinité de manières. Il faut distinguer deux cas.

Mais auparavant, remarquons qu'une surface du second degré ne peut être coupée par un plan que suivant une courbe du second degré ou l'une de ses variétés; car les formules d'Euler (**633**), qui servent à obtenir l'équation de la section dans son plan, sont du premier degré par rapport aux variables. Cela posé:

1° Si les équations [c] se réduisent à deux, en sorte que la troisième, par exemple, soit une conséquence des deux autres, les centres se trouvent tous sur la droite D représentée par l'ensemble des deux premières. Coupons la surface par deux plans P et Q, l'un qui rencontre la ligne des centres, l'autre qui la contienne. La première section est une courbe du second degré C, ayant pour centre le point de rencontre du plan P et de la droite D. C'est donc une hyperbole ou une ellipse ou une variété d'une de ces courbes. La seconde section, aussi du second degré, a une infinité de centres situés sur D, et ne peut être, par conséquent, que l'ensemble de deux parallèles à cette droite. En faisant tourner le plan Q autour de la ligne des centres, on obtiendra une infinité de droites, toutes parallèles, et rencontrant la section transversale C. Donc la surface représentée est un CYLINDRE A BASE ELLIPTIQUE OU HYPERBOLIQUE, comprenant comme variétés une DROITE UNIQUE OU DEUX PLANS QUI SE COUPENT.

2° Si les équations [c] se réduisent à une seule, à la première par exemple, la surface admet une infinité de centres situés sur le plan P que cette équation représente.

Soit M un point quelconque de la surface. Si par ce point on mène un plan Q quelconque, mais non parallèle au plan P, il coupera ce plan suivant une droite D, et son intersection avec la surface devant avoir une infinité de centres sur la droite D, ne pourra être que l'ensemble de deux droites d et d' parallèles à D, situées de part et d'autre du plan P à égale distance de ce plan, et dont l'une d passera par le point M. Si l'on fait varier le plan Q, la droite d, passant par M et restant parallèle à P, décrira un plan parallèle à P, et la droite d' en décrira un second situé de l'autre côté de P à une distance égale. La surface se compose donc, dans ce cas, de DEUX PLANS PARALLÈLES, qui peuvent, comme cas particulier, se réduire à un seul.

Exemples. — 1° Soit l'équation

$$4x^2 + 9y^2 + 97z^2 - 16zx - 54zy - 36 = 0. \qquad [1]$$

Les équations du centre sont, en supprimant les indices,

$$\left.\begin{array}{r} 4x - 8z = 0 \\ 9y - 27z = 0 \\ 97z - 8x - 27y = 0 \end{array}\right\}. \qquad [C]$$

On tire des deux premières

$$x = 2z, \quad y = 3z, \qquad [2]$$

valeurs qui, portées dans la troisième, donnent

$$97z - 16z - 81z = 0$$

ou

$$0 = 0.$$

D'ailleurs, si l'on coupe la surface par le plan des xy, on obtient la courbe qui a pour équations

$$z = 0, \quad 4x^2 + 9y^2 = 36. \qquad [3]$$

Donc la surface est un cylindre à base elliptique. Ses génératrices sont parallèles à la droite représentée par les équations [2], et on peut le considérer comme ayant pour directrice l'ellipse représentée par les équations [3].

2° Soit l'équation

$$x^2 + 2y^2 + 3z^2 - 2xz - 4yz - 2x + 2z + 1 = 0.$$

Les équations du centre sont

$$x - z - 1 = 0, \quad y - 2z = 0, \quad 3z - x - 2y + 1 = 0,$$

dont la troisième est une conséquence des deux premières. La surface a donc une infinité de centres en ligne droite. Mais si l'on coupe la surface par le plan des xy, on obtient pour l'équation de la section

$$(x - 1)^2 + 2y^2 = 0,$$

qui ne représente qu'un point. La surface se réduit donc à une droite.

3° Soit l'équation

$$8x^2 + 18y^2 + 2z^2 + 12yz + 8zx + 24xy - 50x - 75y - 25z + 75 = 0; \quad [4]$$

les équations du centre sont, en supprimant les indices,

$$\left.\begin{array}{r} 8x + 12y + 4z = 25 \\ 12x + 18y + 6z = \dfrac{75}{2} \\ 4x + 6y + 2z = \dfrac{25}{2} \end{array}\right\}. \qquad [C]$$

On reconnaît que la deuxième s'obtient en multipliant la première par $\frac{3}{2}$; la troisième en multipliant la première par $\frac{1}{2}$. Donc la surface se compose de deux plans parallèles.

En effet, si l'on résout l'équation [1] par rapport à x, on trouve, tout calcul fait,

$$x = -\frac{12y + 4z - 25}{8} \pm \frac{5}{8}.$$

L'équation [1] est donc le produit des suivantes :

$$8x + 12y + 4z - 30 = 0,$$
$$8x + 12y + 4z - 20 = 0,$$

qui représentent bien deux plans parallèles.

4° En appliquant les mêmes méthodes à l'équation

$$x^2 + y^2 + z^2 + 2yz + 2xz + 2xy - 10x - 10y - 10z + 25 = 0,$$

on reconnaît qu'elle représente deux plans qui se confondent et qui ont pour équation commune

$$x + y + z = 5.$$

Le premier membre de l'équation n'est en effet que le carré de $(x+y+z-5)$.

§ 3. — PLANS DIAMÉTRAUX.

692. Surface diamétrale. Plan diamétral. — Le lieu des milieux de toutes les cordes d'une surface, parallèles à une même direction, se nomme une *surface diamétrale*. Si la surface est du m^{me} ordre, les cordes considérées pouvant la rencontrer en m points, la surface diamétrale pourra être du degré $\dfrac{m\,(m-1)}{2}$, puisque les m points d'intersection, combinés deux à deux, déterminent $\dfrac{m\,(m-1)}{2}$ cordes et par conséquent $\dfrac{m\,(m-1)}{2}$ milieux. Une surface diamétrale sera donc, en général, d'un degré plus élevé que celui de la surface proposée. Mais lorsque $m = 2$, le degré de la surface diamétrale est 1, c'est-à-dire que c'est un plan. On lui donne alors le nom de *plan diamétral*.

Toute droite parallèle aux cordes qu'un plan diamétral divise en deux parties égales est dite *conjuguée* à ce plan diamétral.

693. Lorsqu'on prend un plan diamétral pour plan des xy, et pour axe des z une droite conjuguée à ce plan, la substitution de $-z$ à $+z$ ne doit pas changer l'équation de la surface, ce qui exige qu'elle n'ait que des termes de même parité en z, c'est-à-dire ou tous de degré pair, ou tous de degré impair. Mais, dans ce dernier cas, il ne doit pas exister de terme indépendant de z. Le premier membre de l'équation est donc divisible par z; et, par suite, cette équation étant satisfaite par $z = 0$, quels que soient x et y, représente l'ensemble du plan des xy et d'une certaine surface de degré pair en z; de sorte qu'en divisant l'équation par z il ne restera que des termes de degré pair. On conclut de là que, *lorsqu'une surface admet un plan diamétral, si l'on prend ce plan pour l'un des plans coordonnés, l'équation ne renfermera que des puissances paires de la variable relative à l'axe non situé dans ce plan.*

Réciproquement, *lorsque cette condition est remplie*, par rapport à la variable z par exemple, *le plan des* xy *est un plan diamétral*, puisque à chaque système de valeurs de x et de y correspondent deux valeurs de z égales et de signes contraires.

REMARQUE. — Si l'équation contenait un terme en z, mais ne renfermait pas d'autre terme de degré impair par rapport à cette variable, le plan des xy ne serait pas un plan diamétral; mais il serait parallèle à un plan diamétral, puisqu'on pourrait, en général, faire disparaître le terme en z par un simple déplacement de l'origine sur l'axe des z.

EXEMPLES. — I. Les équations

$$4z^2 - 3x^2 y = 48,$$

$$z^4 - 3xz^2 + 4xy + 2y = 64,$$

représentent des surfaces qui ont pour plan diamétral le plan des xy; la direction conjuguée est celle de l'axe des z.

II. Les surfaces

$$3x^2 + 2y^2 + 4xy + 5z = 92,$$

$$5x^2 + 3y^2 + 7xy + 6z = 45,$$

ont un plan diamétral parallèle au plan des xy. Seulement, dans la seconde, le coefficient de z^2 étant nul, ce plan est à l'infini.

694. Plans diamétraux conjugués. — Deux plans diamétraux sont dits *conjugués* lorsque les cordes conjuguées à l'un d'eux sont parallèles à l'autre.

Lorsqu'on prend deux plans conjugués pour plans des xy et des xz, et pour axes des y et des z des droites respectivement conjuguées à ces plans, l'équation ne doit contenir que des puissances paires des z et de y. Et réciproquement, si ces conditions sont remplies, le plan des xy et celui des xz seront deux plans diamétraux conjugués.

Les plans des xy et des xz seraient encore conjugués si, en faisant tourner l'axe des y dans le plan des xy, et l'axe des z dans le plan des xz, on pouvait ramener l'équation à la forme précédente.

Trois plans diamétraux sont dits *conjugués* lorsque deux quelconques d'entre eux sont conjugués.

Lorsque les trois plans coordonnés sont conjugués, l'équation de la surface ne doit renfermer que des puissances paires de chacune des variables.

Exemples. — Les plans des xy et des xz sont des plans diamétraux conjugués par rapport aux surfaces que représentent les équations

$$4x^2 + 5xz^2 - 5z^2 + 3y^2 = 100,$$

$$4x^2 - 6z^2y^2 = 25.$$

Les plans coordonnés sont conjugués relativement à la surface qui a pour équation

$$x^2 + 3y^2 + 4z^2 = 25.$$

695. Plans diamétraux principaux. — Un plan diamétral est dit *principal*, lorsqu'il est perpendiculaire aux cordes qu'il divise en deux parties égales.

Les cordes conjuguées à un plan principal sont dites *cordes principales*.

696. Diamètres, axes, sommets. — L'intersection de deux plans diamétraux se nomme un *diamètre*. Le diamètre est *principal* lorsqu'il est l'intersection de deux plans principaux. On lui donne aussi le nom d'*axe*.

On nomme *sommet* le point où une surface est rencontrée par un de ses axes.

Trois diamètres sont conjugués lorsque les plans qui les contiennent sont conjugués.

697. *Dans toute surface du second degré, les surfaces diamétrales sont des plans.*

Nous avons déjà été conduit à ce résultat par la considération du degré de la surface diamétrale (**692**); mais on peut aussi démontrer la proposition de la manière suivante :

Rappelons d'abord que toute surface du second degré est coupée par un plan suivant une courbe du second degré (**631**). Un diamètre de la section ainsi obtenue aura évidemment tous ses points sur la surface diamétrale conjuguée aux cordes qu'il divise en deux parties égales.

Maintenant, soient S une surface du second degré et S′ une de ses surfaces diamétrales; si, par deux points quelconques pris sur S′, on mène un plan P parallèle aux cordes conjuguées, ces deux points appartiendront au diamètre conjugué à ces cordes dans la courbe du deuxième degré qui résulte de l'intersection du plan P et de la surface S. Mais ce diamètre est une ligne droite, et cette droite doit être tout entière dans la surface diamétrale. Donc cette surface contient en entier toute ligne droite qui passe par deux de ses points. C'est donc un plan.

698. Équation générale des plans diamétraux des surfaces du second degré. — Jusqu'à présent, nous n'avons fait aucune hypothèse sur la direction des axes. Désormais nous supposerons ces axes rectangulaires, ce qui est permis, puisqu'on peut toujours passer de l'équation de la surface rapportée à des axes obliques à l'équation de cette surface rapportée à des axes rectangulaires : on sait que dans ce passage son degré reste le même.

Soit donc

$$Ax^2 + A'y^2 + A''z^2 + 2Byz + 2B'xz + 2B''xy + 2Cx$$
$$+ 2C'y + 2C''z + F = 0 \qquad [1],$$

ou plus simplement

$$f(x, y, z) = 0,$$

l'équation de la surface, rapportée cette fois à des axes rectangulaires.

699. Plans diamétraux conjugués aux axes. — On peut d'abord obtenir très-simplement les plans diamétraux conjugués aux axes. Supposons, par exemple, qu'il s'agisse de l'axe des x. En résolvant l'équation par rapport à x, on trouve

$$x = -\frac{B''y + B'z + C}{A} \pm \sqrt{V},$$

V désignant une certaine fonction de y et de z. On voit par là que, pour avoir les points de rencontre d'une parallèle à l'axe des x avec la surface proposée, il faut ajouter et retrancher alternativement la quantité $\sqrt{V}$ à l'x du point où cette parallèle rencontre le plan donné par l'équation

$$x = -\frac{B''y + B'z + C}{A}$$

ou

$$Ax + B''y + B'z + C = 0. \qquad [P]$$

Donc le plan [P] est le plan diamétral conjugué à l'axe des x.

RemarQues. — I. L'équation [P] revient à $f'_x = 0$. Ainsi les plans diamétraux conjugués aux axes sont donnés par les équations

$$f'_x = 0, \quad f'_y = 0, \quad f'_z = 0.$$

II. Les équations qui nous ont servi à déterminer le centre d'une surface du second degré n'étaient donc que les équations des trois plans conjugués aux axes.

III. Si la quantité V sous le radical était un carré parfait, l'équation [1] serait décomposable en deux facteurs du premier degré et représenterait deux plans.

700. Plan diamétral conjugué à une direction quelconque. — Soient

$$x = az \quad \text{et} \quad y = bz \qquad [2]$$

les équations de la direction donnée, et (x_1, y_1, z_1) le milieu de l'une des cordes parallèles à cette direction ; si nous transportons les axes parallèlement à eux-mêmes en ce point, l'équation de la surface deviendra

$$f(x + x_1, y + y_1, z + z_1) = 0, \qquad [3]$$

et les équations de la droite qui détermine la corde considérée seront précisément les équations [2], cette droite passant par la nouvelle origine et faisant les mêmes angles avec les nouveaux axes qu'avec les anciens. Maintenant, si nous éliminons x et y

entre les équations [2] et]3], il viendra

$$[Aa^2 + A'b^2 + A'' + 2Bb + 2B'a + 2B''ab]z^2$$

$$+ [af'_x(x_1, y_1, z_1) + bf'_y(x_1, y_1, z_1) + f'_z(x_1, y_1, z_1)]z + f(x_1, y_1, z_1) = 0, [4]$$

équation dont les racines sont les z des deux extrémités de la corde considérée; ces racines devant être égales et de signes contraires, il faut qu'on ait, en supprimant les indices,

$$af'_x + bf'_y + f'_z = 0. \qquad [d]$$

Cette équation étant vérifiée par les coordonnées du milieu d'une corde quelconque parallèle à la direction donnée, est l'équation du plan diamétral cherché.

Remarques. — I. L'équation [d] est satisfaite quand on a à la fois

$$f'_x = 0, \quad f'_y = 0, \quad f'_z = 0, \qquad [e]$$

c'est-à-dire lorsqu'on y substitue les coordonnées du centre; ainsi, *quand la surface a un centre*, ce point se trouve sur un plan diamétral quelconque; par conséquent *tous les plans diamétraux passent par le centre*, ce qui est d'ailleurs évident.

II. *Lorsque la surface n'a pas de centre, tous ses plans diamétraux sont parallèles à une même droite ou parallèles entre eux.*
En effet, les équations

$$f'_x = 0, \quad f'_y = 0, \quad f'_z = 0, \qquad [k]$$

qui donnent les coordonnées du centre, étant alors incompatibles, il ne peut arriver que deux cas : ou deux des plans représentés par ces équations se coupent suivant une parallèle au troisième, ou les trois plans sont parallèles entre eux.

1° Supposons que la droite représentée par $f'_x = 0$ et $f'_y = 0$ soit parallèle au plan représenté par $f'_z = 0$. Tout plan passant par cette droite aura une équation de la forme (**658**)

$$f'_x + \lambda f'_y = 0;$$

et pour qu'il soit parallèle au plan $f'_z = 0$, il faudra que le premier membre de cette dernière équation soit une fonction linéaire du premier membre de la précédente (**650**), et qu'on ait, par exemple,

$$f'_z = k(f'_x + \lambda f'_y) + h.$$

Par suite, l'équation [*d*] du plan diamétral deviendra

$$a f'_x + b f'_y + k(f'_x + \lambda f'_y) + h = 0 \text{ ou } (a + k) f'_x + (b + k\lambda) f'_y + h = 0,$$

équation d'un plan parallèle à la droite

$$f'_x = 0, \quad f'_y = 0.$$

2° Supposons que les trois plans [*k*] soient parallèles; f'_x et f'_y seront des fonctions linéaires de f'_z; et, par suite, le premier membre de l'équation du plan diamétral sera lui-même une fonction linéaire de f'_z; elle représentera donc un plan parallèle à $f'_z = 0$, c'est-à-dire aux trois plans [*k*].

III. *Lorsque la surface a pour centres tous les points d'une même droite* D, *tous les plans diamétraux passent par cette droite.*

Dans ce cas, en effet, l'une quelconque des équations [*c*] est une conséquence des deux autres (**691**); et f'_z, par exemple, peut être considéré comme une fonction linéaire de f'_x et de f'_y; il en résulte que l'équation [*d*] des plans diamétraux peut s'écrire sous la forme

$$f'_x + \lambda f'_y = 0,$$

et l'on voit que tous les plans représentés par cette équation passent par la droite D qui a pour équations

$$f'_x = 0 \quad \text{et} \quad f'_y = 0.$$

IV. *Lorsque la surface a pour centres tous les points d'un plan* P, *tous les plans diamétraux se confondent avec le plan* P.

Car les équations [*c*] se réduisent alors à une seule $f'_x = 0$; et l'équation [*d*] se réduit aussi à $f'_x = 0$, puisque f'_y et f'_z ne sont que des produits de f'_x par des facteurs constants.

701. Si, dans l'équation [*d*] on remplace f'_x, f'_y et f'_z par leurs valeurs, on trouve qu'en désignant par $\varphi(x, y, z)$ l'ensemble des termes du 2° degré dans l'équation de la surface, on a pour l'équation des plans diamétraux

$$a\varphi'_x + b\varphi'_y + \varphi'_z + 2Ca + 2C'b + 2C'' = 0.$$

On peut encore écrire cette équation sous la forme

$$x \cdot \varphi'_x(a, b, 1) + y \cdot \varphi'_y(a, b, 1) + z \cdot \varphi'_z(a, b, 1) + 2Ca + 2C'b + 2C'' = 0,$$

en permutant x, y, z avec a, b, 1, ce qui est possible à cause de la symétrie.

702. Cordes infinies. — La direction de la droite $x = az$, $y = bz$ peut être telle, qu'il n'existe en réalité aucun plan diamétral conjugué à cette direction. Cela a lieu lorsque les coefficients angulaires a et b annulent le coefficient de z^2 dans l'équation [4] du n° **700** ; c'est-à-dire lorsqu'on a

$$A a^2 + A' b^2 + A'' + 2Bb + 2B'a + 2B''ab = 0. \qquad [g]$$

(Remarquons, avant d'aller plus loin, que le premier membre de cette équation n'est autre chose que l'ensemble des termes du second degré de l'équation de la surface, dans lesquels on aurait remplacé x, y, z par a, b, 1.)

Lorsque la relation [g] a lieu, l'équation [4] a une racine infinie ; et les cordes parallèles à la direction donnée ont elles-mêmes une longueur infinie. Il en résulte que le milieu de chacune de ces cordes est indéterminé, et que par conséquent il n'y a plus de plan diamétral conjugué.

L'équation [d] représente alors un plan parallèle aux cordes infinies ; car, si l'on cherche la condition pour que la droite

$$x = az, \quad y = bz$$

soit parallèle au plan [d], on retrouve la condition [g].

Si l'un des systèmes de valeurs x_1, y_1, z_1 qui dans ce cas satisfont à l'équation [d], satisfaisait en même temps à l'équation

$$f(x_1, y_1, z_1) = 0,$$

l'équation [4] serait satisfaite indépendamment de z. Et, en effet, le milieu de l'une des cordes parallèles à la direction donnée se trouvant alors sur la surface, cette corde s'y trouverait tout entière, et l'ordonnée z de ses extrémités serait indéterminée, en même temps qu'elle est infinie. Cette corde serait aussi tout entière sur le plan [d], puisqu'elle a un point sur ce plan et qu'elle lui est parallèle.

L'équation [g] ne peut être vérifiée, quelles que soient les valeurs de a et b, à moins d'être identiquement nulle, auquel cas l'équation proposée cesserait d'être du second degré. Donc toute surface du second degré a des plans diamétraux à *distance finie.*

CHAPITRE IV

DES SURFACES DU SECOND DEGRÉ

§ 1. — SECTIONS PAR DES PLANS PARALLÈLES ; DIAMÈTRES ; AXES.

703. Lemme. — *Pour que deux courbes* AB, A′B′ (fig. 227)

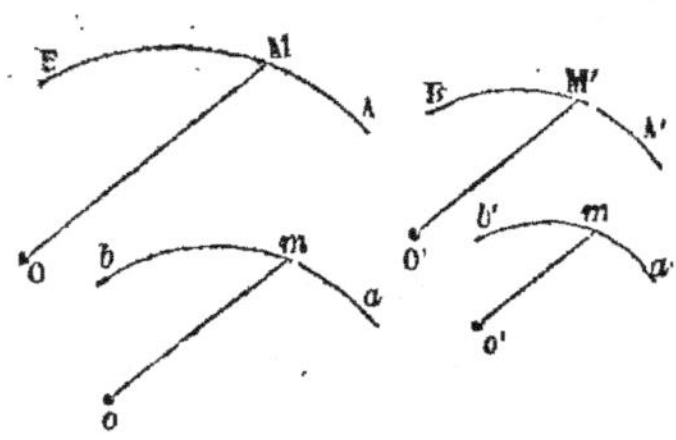

situées dans deux plans parallèles soient semblables et semblablement placées, il faut et il suffit que leurs projections ab, a′b′ *sur un même plan soient semblables et semblablement placées.*

Soient OM et O′M′ deux rayons vecteurs homologues et k le rapport de similitude, nous aurons

Fig. 227.

$$\frac{O'M'}{OM} = k.$$

Soient om et $o'm'$ les projections orthogonales de OM et de OM′ sur le plan considéré. Les projections de deux droites parallèles sur deux plans parallèles étant parallèles, on aura

$$\text{angle}\,(OM, om) = \text{angle}\,(O'M', o'm') = \alpha,$$

par suite

$$om = OM \cos\alpha, \quad o'm' = O'M' \cos\alpha ;$$

d'où

$$\frac{o'm'}{om} = k.$$

Donc les deux courbes ab et $a'b'$ sont semblables.

RÉCIPROQUEMENT, *si les projections de deux courbes situées dans des plans parallèles sont semblables, ces courbes le sont également.* Car de la relation

$$\frac{o'm'}{om} = k \quad \text{on déduit} \quad \frac{O'M'}{OM} = k.$$

Remarques. — I. Nous avons supposé que les projections étaient orthogonales ; le théorème a encore lieu lorsque les projections sont obliques. Nous laissons aux élèves le soin de démontrer le théorème dans ce cas.

II. Quand une courbe plane a un centre C, sa projection sur un plan quelconque a aussi un centre C', qui est la projection du centre C de la courbe proposée.

Car toute corde de la courbe proposée qui passe par le point C y étant divisée en deux parties égales, sa projection est divisée aussi en deux parties égales au point C' ; donc ce point C' est le centre de la projection.

704. Théorème. — *Les sections faites par des plans parallèles dans une surface du second ordre sont des courbes semblables et semblablement placées.*

Soient

$$f(x, y, z) = 0 \qquad [1]$$

l'équation de la surface et

$$Mx + Ny + Pz + Q = 0 \qquad [2]$$

celle d'un plan. Si l'on élimine z entre ces deux équations, on obtient l'équation

$$\varphi(x, y, Q) = 0 \qquad [3]$$

de la projection sur le plan des xy de la section faite dans la surface par ce plan. Mais il est aisé de voir que, dans cette équation, les termes du second degré en x et y seront indépendants de Q ; par conséquent toutes les projections ainsi obtenues en faisant varier Q seront des courbes semblables (**516**). En d'autres termes les sections faites dans la surface par des plans parallèles au plan [2] ont des projections semblables sur le plan des xy ; donc, en vertu du *lemme*, ces sections sont elles-mêmes semblables (le mot *semblable* est pris ici dans son sens analytique).

705. Théorème. — *Quand les sections faites par des plans parallèles dans une surface du second degré sont des courbes à centre, les centres de toutes ces sections sont en ligne droite. En* effet, les sections parallèles au plan

$$Mx + Ny + Pz = 0 \qquad [P]$$

sont représentées par l'ensemble des équations [1] et [2] du numéro précédent ; et l'équation [3] représente leurs projections sur le plan des xy. Par conséquent les coordonnées x et y du centre d'une quelconque des sections considérées sont aussi celles du centre de la projection. Or on obtiendra celles-ci en égalant à zéro les dérivées, par rapport à x et par rapport à y, du premier membre de l'équation [3]. Mais ces dérivées peuvent s'obtenir en prenant les dérivées de la fonction f, pourvu que l'on y considère z comme une fonction de x et de y donnée par la relation [2].

On obtient ainsi

$$f'_x + f'_z\left(-\frac{M}{P}\right) = 0 \quad \text{et} \quad f'_y + f'_z\left(-\frac{N}{P}\right) = 0$$

ou

$$\frac{f'_x}{M} = \frac{f'_y}{N} = \frac{f'_z}{P}. \qquad [4]$$

Les coordonnées du centre d'une quelconque des sections considérées satisfont donc à ces deux équations, qui sont celles d'une droite ; et, comme ces équations sont indépendantes de Q, elles représentent le lieu des centres de ces sections : ce qui démontre la proposition énoncée.

La direction de la droite [4] est dite *conjuguée* à celle du plan [P].

706. Théorème. — *Quand les sections faites par des plans parallèles dans une surface du second degré sont des paraboles, toutes ces paraboles ont leurs axes parallèles.*

En effet, dans ce cas, l'équation

$$\varphi(x, y, Q) = 0$$

représente aussi une parabole, puisque c'est une courbe du second degré qui s'étend indéfiniment dans un seul sens (**598**). De plus tout diamètre de la section considérée a pour projection un diamètre de la parabole φ ; car, puisque le premier divise en deux parties égales un système de cordes parallèles, il en est de même de sa projection. Or tous les diamètres des paraboles représentées par l'équation

$$\varphi = 0$$

sont parallèles, car, les termes du second degré en x et y dans cette équation étant indépendants de Q, toutes ces paraboles sont semblablement placées, et ont par conséquent leurs axes parallèles. Il en est donc de même des axes des sections considérées.

707. Le lieu des centres des sections planes parallèles à un plan donné prend le nom de *diamètre*. Cette définition coïncide avec celle qui a été donnée au n° **696**. Car si par cette droite, que nous nommerons L, on fait passer un plan quelconque P, il coupera les sections planes parallèles considérées, suivant des diamètres qui seront parallèles ; les cordes qui, dans chaque section, sont conjuguées à ces diamètres seront aussi parallèles ; le plan P divisera donc en deux parties égales un système de cordes parallèles de la surface ; ce sera donc un plan diamétral. On peut donc considérer la droite L comme l'intersection de deux plans diamétraux, ou même d'une infinité de plans diamétraux.

708. Théorème. — *Le plan diamétral conjugué à un diamètre est parallèle aux sections planes conjuguées à ce diamètre.*

Soient (705)

$$\frac{f'_x}{M} = \frac{f'_y}{N} = \frac{f'_z}{P} \qquad [1]$$

les équations du diamètre conjugué au plan

$$Mx + Ny + Pz = 0, \qquad [2]$$

et soit

$$af'_x + bf'_y + f'_z = 0 \qquad [3]$$

l'équation du plan diamétral conjugué à la direction

$$x = az, \quad y = bz. \qquad [4]$$

Si l'on représente par $\varphi(x, y, z)$ l'ensemble des termes du second degré dans l'équation de la surface, on voit aisément que les équations

$$\frac{\varphi_x'(x,y,z)}{M} = \frac{\varphi_y'(x,y,z)}{N} = \frac{\varphi_z'(x,y,z)}{P} \qquad [5]$$

représenteront une droite parallèle à la droite [1], mais passant par l'origine.

Pour qu'elle soit identique à la droite [4], il faut qu'en remplaçant x et y par az et bz, les équations [5] soient satisfaites quel que soit z, ce qui exige qu'on ait

$$\frac{\varphi_x'(a,b,1)}{M} = \frac{\varphi_y'(a,b,1)}{N} = \frac{\varphi_z'(a,b,1)}{P}, \qquad [6]$$

attendu qu'en opérant ainsi z disparaît de lui-même comme facteur dans les trois membres, parce que φ_x', φ_y', φ_z' sont des fonctions homogènes du premier degré en x, y, z.

Mais on a vu, au n° **701**, que l'équation [3] du plan diamétral peut s'écrire

$$x\varphi_x'(a,b,1) + y\varphi_y'(a,b,1) + z\varphi_z'(a,b,1) + 2Ca + 2C'b + 2C'' = 0.$$

On aura donc un plan parallèle en écrivant

$$x\varphi_x'(a,b,1) + y\varphi_y'(a,b,1) + z\varphi_z'(a,b,1) = 0. \qquad [7]$$

Pour que les plans [2] et [7] soient parallèles et coïncident, il faut qu'on ait

$$\frac{\varphi_x'(a,b,1)}{M} = \frac{\varphi_y'(a,b,1)}{N} = \frac{\varphi_z'(a,b,1)}{P},$$

ce qui est précisément la condition [6]. Donc si la direction [4] est parallèle au diamètre [1] conjugué au plan [2], le plan diamétral [3], conjugué à la direction [4], sera parallèle au plan [2] : ce qui démontre la proposition énoncée.

709. Théorème. — *Tous les plans diamétraux conjugués à des directions parallèles à un même plan P passent par le diamètre conjugué à la direction du plan P.*

Soient

$$Mx + Ny + Pz = 0 \qquad [1]$$

l'équation d'un plan fixe et

$$x = az, \qquad y = bz \qquad\qquad [2]$$

les équations d'une parallèle à ce plan, de telle sorte qu'on ait (**652**)

$$Ma + Nb + P = 0. \qquad\qquad [3]$$

Soient maintenant

$$\frac{f'_x}{M} = \frac{f'_y}{N} = \frac{f'_z}{P} \qquad\qquad [4]$$

les équations du diamètre conjugué à la direction du plan [1], et

$$af'_x + bf'_y + f'_z = 0 \qquad\qquad [5]$$

l'équation du plan diamétral conjugué à la direction [2]. Si dans cette dernière relation on remplace f'_x et f'_y par leurs valeurs tirées des relations [4], on obtient

$$(Ma + Nb + P)\, f'_z = 0,$$

équation qui est satisfaite d'elle-même, en vertu de la condition de parallélisme [3]. Il en résulte que le diamètre [4] est contenu dans le plan diamétral [5]. La proposition se trouve donc démontrée.

REMARQUE. — Nous avons démontré la réciproque de ce théorème au n° **707**.

710. *Trois diamètres* sont dits *conjugués*, lorsque chacun d'eux est conjugué au plan des deux autres. Les plans que ces diamètres déterminent deux à deux sont eux-mêmes des *plans diamétraux conjugués*.

Si les plans diamétraux conjugués sont des *plans principaux*, leurs intersections sont des *axes* de la surface.

711. REMARQUES. — I. *Dans les surfaces à centre, tous les diamètres passent par le centre*, puisque ce sont les intersections de plans diamétraux, et que ceux-ci passent par le centre (**700**, I).

II. *Quand la surface a pour centres tous les points d'une droite, tous les diamètres se confondent avec cette droite*. Car tous les plans diamétraux passent par la droite dont tous les points sont des centres (**700**, III).

III. *Quand la surface a pour centres tous les points d'un plan, tous les diamètres sont dans ce plan.* Car tous les plans diamétraux se confondent avec le plan dont tous les points sont des centres.

IV. On a vu au n° **700**, II, que *lorsque la surface est dépourvue de centre, tous les plans diamétraux sont parallèles à une même droite ou parallèles entre eux*, c'est-à-dire parallèles à un même plan.

Dans le premier cas, tous les diamètres sont parallèles à cette droite; dans le second cas, ils sont parallèles à ce plan ; mais dans ce second cas ils sont rejetés à l'infini, puisque les plans diamétraux ne se rencontrent pas.

712. *Relations entre les angles qui déterminent les directions de trois diamètres conjugués.*

Pour trouver ces relations, il suffit d'exprimer que deux quelconques des trois directions données sont parallèles au plan diamétral conjugué à la troisième. Soient

$$\frac{x}{l} = \frac{y}{m} = \frac{z}{n}, \quad \frac{x}{l'} = \frac{y}{m'} = \frac{z}{n'}, \quad \frac{x}{l''} = \frac{y}{m''} = \frac{z}{n''}, \qquad [1]$$

les équations qui représentent les trois directions données. Le plan diamétral conjugué à la première aura pour équation (**700**)

$$(Al + B''m + B'n)x + (B''l + A'm + Bn)y + (B'l + Bm + A''n)z$$
$$+ Cl + C'm + C''n = 0. \qquad [2]$$

Pour que la seconde direction donnée soit parallèle à ce plan, il faut qu'on ait (**652**)

$$(Al + B''m + B'n)l' + (B''l + A'm + Bn)m' + (B'l + Bm + A''n)n' = 0 \qquad [3]$$

La condition pour que la troisième direction donnée soit aussi parallèle au plan [2] sera de même

$$(Al + B''m + B'n)l'' + (B''l + A'm + Bn)m''$$
$$+ (B'l + Bm + A''n)n'' = 0. \qquad [4]$$

Par des permutations de lettres on exprimera de même les conditions nécessaires pour que le plan diamétral conjugué à chaque direction donnée soit parallèle au plan des deux autres. On aura de la sorte six conditions; mais elles se réduiront à trois;

car la relation [3] par exemple, qui exprime que la deuxième direction donnée est parallèle au plan diamétral conjugué à la première, peut être mise sous la forme

$$A ll' + A' mm' + A'' nn' + B (mn' + nm') + B' (ln' + nl')$$
$$+ B'' (ml' + lm') = 0;$$

et, sous cette forme symétrique, on reconnaît qu'elle exprime aussi que la première direction donnée est parallèle au plan diamétral conjugué à la seconde. Les quatre autres conditions formeront aussi deux groupes identiques; et les six conditions se réduiront à trois. Il faudra y joindre les trois relations :

$$l^2 + m^2 + n^2 = 1, \quad l'^2 + m'^2 + n'^2 = 1, \quad l''^2 + m''^2 + n''^2 = 1.$$

On aura ainsi six équations pour déterminer, par exemple, l', m', n' et l'', m'', n'' connaissant l, m, n.

713. Théorème. — *Le plan tangent en un point d'une surface du second degré est parallèle au plan diamétral conjugué du diamètre qui aboutit au point de contact.*

Soient x, y, z les coordonnées d'un point de la surface; l'équation

$$X f'_x + Y f'_y + Z f'_z = 0 \qquad [1]$$

représentera un plan parallèle au plan tangent (**671**) en ce point. Les équations du diamètre aboutissant au point de contact seront de la forme

$$\frac{f'_x}{M} = \frac{f'_y}{N} = \frac{f'_z}{P} \qquad [2]$$

et, l'équation

$$Mx + Ny + Pz = 0 \qquad [3]$$

représentera un plan ayant la direction conjuguée à ce diamètre (**708**).

Or, si dans l'équation [1] on remplace f'_x, f'_y, f'_z par les constantes M, N, P qui leur sont proportionnelles en vertu des équations [2], on obtient

$$MX + NY + PZ = 0,$$

c'est-à-dire l'équation même du plan [3]. Donc la direction du plan tangent est conjuguée à celle du diamètre qui aboutit au point de contact.

§ 2. — POLE ET PLAN POLAIRE.

714. On a vu au n° **681** que si, par un point P dont les coordonnées homogènes sont α, β, γ, δ, on mène des plans tangents à une surface du second degré

$$f(x, y, z) = 0,$$

le lieu des points de contact est l'intersection de la surface par un plan qui a pour équation

$$x f'_\alpha + y f'_\beta + z f'_\gamma + u f'_\delta = 0, \qquad [1]$$

relation dans laquelle il faut supposer

$$u = 1 \quad \text{et} \quad \delta = 1.$$

Cette intersection est aussi le lieu des points de contact des tangentes à la surface menées par le point P.

Pour ces raisons on a donné au plan [1] le nom de *plan des contacts*. On le désigne aussi sous le nom de *plan polaire*, par rapport au point P considéré comme *pôle*, parce que ce plan et le point P jouissent de propriétés analogues à la polaire et au pôle dans les courbes du second degré.

REMARQUE. — L'équation [1] du plan polaire n'est autre chose que celle du plan tangent, dans lequel on a remplacé les coordonnées courantes X, Y, Z, U, par les coordonnées α, β, γ, δ du pôle P.

715. THÉORÈME. — *Le plan polaire est conjugué au diamètre qui aboutit au pôle.*

En effet le diamètre conjugué à la direction du plan [1] a pour équations

$$\frac{f'_x}{f'_\alpha} = \frac{f'_y}{f'_\beta} = \frac{f'_z}{f'_\gamma}. \qquad [2]$$

Or ces équations sont évidemment satisfaites quand on y remplace x, y, z par α, β, γ; ce qui démontre la proposition.

716. — Théorème. *Le plan polaire d'un point P est le lieu du conjugué harmonique de ce point par rapport aux intersections de la surface avec une sécante quelconque issue du point P.*

Pour le démontrer, prenons le point P pour origine ; l'équation de la surface, rapportée à des coordonnées rectangulaires, sera de la forme

$$A x^2 + A' y^2 + A'' z^2 + 2B yz + 2B' xz + 2B'' xy + 2C x$$
$$+ 2C' y + 2C'' z + F = 0. \qquad [1]$$

Soient α, β, γ les cosinus des angles qu'une sécante quelconque menée par l'origine fait avec les axes coordonnés ; et soit ρ la distance de l'origine au point qui a pour coordonnés x, y, z : on aura

$$x = \alpha\rho, \quad y = \beta\rho, \quad z = \gamma\rho ;$$

et, en substituant dans [1], il viendra

$$(A\alpha^2 + A'\beta^2 + A''\gamma^2 + 2B\beta\gamma + 2B'\alpha\gamma + 2B''\alpha\beta)\,\rho^2$$
$$+ 2(C\alpha + C'\beta + C''\gamma)\rho + F = 0. \qquad [2]$$

Soient M' et M'' les points d'intersection de la sécante avec la surface, ρ' et ρ'' leurs distances à l'origine, et ρ_1 la distance de l'origine à son conjugué M par rapport aux points M' et M'' ; on devra avoir (**109**)

$$\frac{2}{\rho_1} = \frac{1}{\rho'} + \frac{1}{\rho''} = \frac{\rho'' + \rho'}{\rho'\rho''}. \qquad [3]$$

Or, ρ' et ρ'' étant les racines de l'équation [2], on en déduit

$$\frac{\rho'' + \rho'}{\rho'\rho''} = -\frac{2(C\alpha + C'\beta + C''\gamma)}{F}.$$

Par conséquent,

$$\frac{1}{\rho_1} = -\frac{(C\alpha + C'\beta + C''\gamma)}{F}, \qquad [4$$

d'où

$$\rho_1\,(C\alpha + C'\beta + C''\gamma) + F = 0.$$

Or, si x_1, y_1, z_1 sont les cordonnées du point M, on a $x_1 = \alpha\rho_1$,

$y_1 = \beta \rho_1$, $z_1 = \gamma \rho_1$; par conséquent, l'équation ci-dessus peut s'écrire

$$Cx_1 + C'y_1 + C''z_1 + D = 0,$$

ce qui est l'équation d'un plan. Le lieu du conjugué harmonique du point P est donc un plan. Mais ce plan contient les points de contact de la surface avec les tangentes issues du point P, car ce sont les points pour lesquels la sécante devient tangente, et pour lesquels, par conséquent, les deux racines de l'équation [2] deviennent égales. Ce plan n'est donc autre chose que le plan polaire du point P, ce qui démontre la proposition.

717. Remarques. — I. Si le point P était sur la surface, le plan polaire ne serait autre que le plan tangent, puisque sa direction est conjuguée à celle du diamètre aboutissant au point de contact.

II. Soit P′ le point où le plan polaire rencontre le diamètre passant par le pôle. Si le pôle P s'éloigne de la surface en restant sur le même diamètre, le point P′ s'en éloigne en sens contraire, comme il serait facile de s'en assurer. Mais la relation entre ces deux mouvements s'obtiendra plus aisément dans l'étude particulière de chaque surface du deuxième degré.

718. — Théorème. *Si le pôle décrit un plan, le plan polaire change de direction, mais passe constamment par un point fixe; et réciproquement.*

En effet, l'équation du plan polaire peut s'écrire

$$\alpha f'_x + \beta f'_y + \gamma f'_z + \delta f'_u = 0. \tag{1}$$

Supposons que le pôle se meuve dans le plan ayant pour équation

$$Mx + Ny + Pz + Q = 0. \tag{2}$$

On aura, en mettant pour x, y, z, les coordonnées homogènes $\dfrac{\alpha}{\delta}$, $\dfrac{\beta}{\delta}$, $\dfrac{\gamma}{\delta}$,

$$M\alpha + N\beta + P\gamma + Q\delta = 0. \tag{3}$$

Multiplions cette dernière équation par un facteur indéterminé λ, et retranchons-la de [1], il viendra

$$\alpha(f'_x - \lambda M) + \beta(f'_y - \lambda N) + \gamma(f'_z - \lambda P) + \delta(f'_u - \lambda Q) = 0. \tag{4}$$

Or cette équation est satisfaite, quels que soient α, β, γ, δ, si l'on pose

$$f'_x = \lambda M, \quad f'_y = \lambda N, \quad f'_z = \lambda P, \quad f'_u = \lambda Q. \qquad [5]$$

Ces quatre équations feront connaître le facteur λ et les coordonnées x, y, z d'un point situé dans le plan polaire; donc ce plan passe par un point fixe.

On arrive au même résultat en remarquant que, en vertu de [3], les coefficients de l'équation [1] sont fonctions linéaires de deux paramètres arbitraires (**659**).

La réciproque est également vraie; car si les équations [5] sont satisfaites, on en déduit l'équation [4] quels que soient α, β, γ et δ; retranchant de cette dernière l'équation [1] et divisant par λ, on retombe sur l'équation [3], et par conséquent le pôle se meut dans le plan représenté par cette équation.

719. Théorème. — *Si le pôle décrit une droite, le plan polaire change de direction, mais passe constamment par une droite fixe; et réciproquement.*

En effet, les coordonnées du pôle devant vérifier les deux équations de la droite, deux de ces coordonnées pourront s'exprimer en fonction de la troisième, et par suite les coefficients de l'équation [1] sont fonctions d'un seul paramètre arbitraire (**660**).

§ 3. — Des plans principaux. Réduction de l'équation du second degré.

720. L'équation générale du second degré à trois variables peut toujours être ramenée à des formes plus simples par un changement de coordonnées. Mais, dans le cas même où les coordonnées sont rectangulaires, le calcul direct est presque impraticable. D'ailleurs on a bien moins pour but d'effectuer réellement cette réduction que de déterminer le petit nombre de types auxquels l'équation générale peut être ramenée. La recherche de ces types est fondée sur l'emploi des *plans principaux*; et l'on peut employer pour les obtenir deux méthodes distinctes, dont l'une, très-simple, se présente naturellement à l'esprit, et dont l'autre, plus compliquée et plus délicate, mais plus complète, est, pour cela même, fréquemment demandée dans les examens. Nous ferons connaître successivement ces deux méthodes.

721. Plans principaux. — Première méthode. — Soient α, β, γ les angles que fait avec trois axes rec'angulaires la direction d'un système de cordes parallèles. En posant

$$a = \frac{\cos \alpha}{\cos \gamma} \quad \text{et} \quad b = \frac{\cos \beta}{\cos \gamma},$$

on aura pour les équations d'une droite menée par l'origine parallèlement à ces cordes

$$x = az \quad \text{et} \quad y = bz. \tag{1}$$

L'équation du plan diamétral conjugué à cette direction sera (**700**)

$$af'_x + bf'_y + f'_z = 0 \tag{2}$$

ou

$$(Aa + B''b + B')\,x + (B''a + A'b + B)\,y + (B'a + Bb + A'')\,z$$
$$+ Ca + C'b + C'' = 0. \tag{3}$$

Pour que ce plan soit un plan principal, il faut qu'il soit perpendiculaire aux cordes qu'il divise en deux parties égales, et par conséquent à la droite [1], ce qui exige que l'on ait (**649**)

$$Aa + B''b + B' = a(B'a + Bb + A'') \tag{4}$$

et

$$B''a + A'b + B = b(B'a + Bb + A''). \tag{5}$$

Ces équations feront connaître les valeurs de a et de b, et, en les portant dans l'équation [3], on aura l'équation du plan principal correspondant à la direction considérée.

Or, si l'on élimine, par exemple, b entre les équations [4] et [5], on obtient une équation en a, qui est du *troisième degré:* car les deux seuls termes du quatrième degré qu'elle pourrait contenir, savoir $+ BB'^2 a^4$ et $- BB'^2 a^4$, se détruisent. Il en résulte que l'équation en a a toujours au moins une racine *réelle* (qui peut être finie, infinie ou nulle); en la substituant dans l'équation [4] qui est du premier degré en b, on en déduira pour b une valeur *réelle* (qui pourra aussi être finie, infinie ou nulle); par conséquent, *il existe toujours au moins un système de cordes principales.*

A ce système de cordes répond un plan principal. Mais il peut arriver, dans certains cas particuliers, que ce plan soit rejeté à l'infini. Examinons ce cas en particulier.

722. Puisque les équations [4] et [5] déterminent toujours au moins une direction principale, prenons l'axe des z parallèle à cette direction. Nous aurons alors $\cos\alpha = 0$ et $\cos\beta = 0$, ou, ce qui revient au même, $a = 0$ et $b = 0$; par conséquent, l'équation du plan diamétral correspondant se réduira à

$$B'x + By + A''z + C'' = 0. \qquad [6]$$

Pour que ce plan soit un plan principal, il faut qu'il soit perpendiculaire à l'axe dès z, ce qui exige que l'on ait à la fois $B = 0$ et $B' = 0$. Si, de plus, ce plan est rejeté à l'infini, on doit avoir $A'' = 0$.

Il en résulte que l'équation de la surface se réduit à

$$Ax^2 + A'y^2 + B''xy + Cx + C'y + C''z + D = 0. \qquad [7]$$

Mais, sans changer la direction de l'axe des z, on peut, par une transformation de coordonnées dans le plan des xy, faire disparaître le terme en xy et le terme en y; en sorte que l'équation se réduit à la forme

$$Mx^2 + Ny^2 + Px + Q + C''z = 0. \qquad [8]$$

Or, sous cette forme, on reconnaît que le plan des xz est un plan principal, puisque à chaque système de valeurs de x et de z répondent pour y deux valeurs égales et de signes contraires. Donc *il existe toujours au moins un plan principal à distance finie.*

723. Ceci étant démontré, on peut supposer qu'on ait pris originairement pour plan des xy ce plan principal; l'équation de la surface devra alors donner, pour chaque système de valeurs de x et y, deux valeurs de z égales et de signes contraires; elle ne contiendra donc aucun terme du premier degré en z, et elle sera de la forme

$$Ax^2 + A'y^2 + A''z^2 + 2B''xy + 2Cx + 2C'y + D = 0. \qquad [9]$$

Mais, sans changer la direction de l'axe des z, on peut toujours faire tourner les axes rectangulaires des x et des y de manière à faire disparaître le terme en xy. L'équation de la surface prendra alors la forme

$$Lx^2 + My^2 + Nz^2 + 2Gx + 2Hy + D = 0. \qquad [10]$$

Si, dans cette transformation, aucun des carrés des variables x et y n'a disparu, on pourra faire disparaître les termes du premier degré en transportant l'origine au point qui a pour coordonnées

$$x_1 = -\frac{G}{L} \quad \text{et} \quad y_1 = -\frac{H}{M}, \quad \text{avec} \quad z_1 = 0 ;$$

l'équation de la surface sera alors réduite à la forme

$$Lx^2 + My^2 + Nz^2 = T. \qquad [11]$$

Si la transformation qui a fait disparaître le terme en xy a fait aussi disparaître l'un des termes en x^2 ou en y^2, le premier par exemple, on pourra, en transportant les axes parallèlement à eux-mêmes, faire disparaître en même temps le terme en y et le terme indépendant; en sorte que l'équation de la surface se réduira à la forme

$$My^2 + Nz^2 = 2Ux. \qquad [12]$$

Les formes réduites [11] et [12] comprennent toutes les surfaces du second degré.

724. REMARQUE. — On peut remarquer que, si l'équation de la surface a la forme [11], cette surface a trois plans principaux rectangulaires deux à deux, qui sont précisément les plans coordonnés.

Si l'équation de la surface a la forme [12], il y a deux plans principaux rectangulaires, qui sont les plans des xy et des xz. On peut regarder le troisième plan principal, perpendiculaire aux deux premiers, comme étant rejeté à l'infini.

Dans les deux cas, il y aurait une infinité de plans principaux si l'on avait $M = N$. Car, en faisant tourner dans leur plan les axes rectangulaires des y et des z, la somme $M(y^2 + z^2)$ serait remplacée par une somme analogue $M(y'^2 + z'^2)$; et les nouveaux plans des xy' et des xz' seraient encore des plans principaux.

725. Plans principaux. — DEUXIÈME MÉTHODE. — Nous représenterons par l, m, n les cosinus des angles que la direction des cordes principales fait avec les trois axes. Les équations d'une droite menée par l'origine parallèlement à ces cordes pourront s'écrire

$$\frac{x}{l} = \frac{y}{m} = \frac{z}{n},\qquad [1]$$

et l'équation du plan diamétral conjugué sera

$$lf'_x + mf'_y + nf'_z = 0 \qquad [2]$$

ou

$$(Al + B''m + B'n)x + (B''l + A'm + Bn)y$$

$$+ (B'l + Bm + A''n)z + Cl + C'm + C''n = 0. \qquad [3]$$

Avant d'exposer la théorie générale, nous examinerons deux cas particuliers qu'il nous sera utile d'écarter d'abord.

I. Admettons que l'un des trois cosinus l, m, n soit nul; et supposons, par exemple, $n = 0$; les cordes considérées seront alors parallèles au plan des xy, et leurs équations pourront s'écrire

$$y = \frac{m}{l} x \quad\text{et}\quad z = 0.$$

En même temps, l'équation [3] se réduira à

$$(Al + B''m)x + (B''l + A'm)y + (B'l + Bm)z + Cl + C'm = 0;$$

et les conditions nécessaires pour que ce plan et cette droite soient perpendiculaires seront

$$[4]\quad B''l + A'm = \frac{m}{l}(Al + B''m) \quad\text{et}\quad B'l + Bm = 0. \quad [5]$$

Cette dernière relation, jointe à

$$l^2 + m^2 + n^2 = 1,$$

qui se réduit, dans le cas actuel, à

$$l^2 + m^2 = 1,$$

donnera

$$l = \pm \frac{B}{\sqrt{B^2 + B'^2}} \quad \text{et} \quad m = \mp \frac{B'}{\sqrt{B^2 + B'^2}}.$$

Ces valeurs, substituées dans [4], donnent une équation de condition que l'on peut mettre sous la forme

$$A - \frac{B'B''}{B} = A' - \frac{BB''}{B'}. \qquad [6]$$

Si l'on avait supposé $m = 0$, on eût trouvé de même

$$A - \frac{B'B''}{B} = A'' - \frac{BB'}{B''}, \qquad [7]$$

et, si l'on avait supposé $l = 0$, on eût trouvé

$$A'' - \frac{BB'}{B''} = A' - \frac{BB''}{B'}. \qquad [8]$$

Remarques. — I. Si l'on avait $B = 0$ et $B' = 0$, les valeurs ci-dessus de l et de m seraient indéterminées; elles devraient seulement satisfaire à la condition [5]; il y aurait donc une infinité de directions principales et de plans principaux. Il en serait de même si l'on avait

$$B = 0, \ B'' = 0, \quad \text{ou bien} \quad B' = 0, \ B'' = 0.$$

II. Supposons que deux des cosinus l, m, n soient nuls, et qu'on ait, par exemple, $l = 0$, $m = 0$, d'où résulte $n = \pm 1$. Les cordes considérées seront parallèles à l'axe des z. Le plan diamétral correspondant aura pour équation

$$B'x + By + A''z + C'' = 0.$$

Pour que ce soit un plan principal, il faudra qu'il soit parallèle au plan des xy, ce qui exige que l'on ait $B' = 0$, $B = 0$.

On verrait de même que si l'on avait $l = 0$, $n = 0$, il en résulterait $B = 0$, $B' = 0$, et que si l'on avait $m = 0$, $n = 0$, on devrait avoir $B' = 0$, $B'' = 0$.

Nous supposerons d'abord, dans ce qui va suivre, qu'aucun des trois cosinus l, m, n ne soit nul, ce qui est le cas le plus général.

726. Cela posé, reprenons les équations générales [1] et [3]. Pour que le plan [3] devienne un plan principal, il faut qu'il soit perpendiculaire à la direction [1]; il faut donc que l'on ait

$$\frac{Al + B''m + B'n}{l} = \frac{B''l + A'm + Bn}{m} = \frac{B'l + Bm + A''n}{n}. \qquad [9]$$

Ces deux équations, jointes à la relation

$$l^2 + m^2 + n^2 = 1, \qquad [\alpha]$$

serviront à déterminer les trois inconnues l, m, n; et, si l'on trouve pour ces inconnues un système de valeurs réelles, en les transportant dans la relation [3], on aura l'équation du plan principal correspondant à la direction obtenue.

Mais, au lieu d'effectuer ces calculs qui sont très-pénibles, on égale les trois rapports [9] à une inconnue auxiliaire S; les deux équations [9] sont alors remplacées par les trois équations

$$\left. \begin{aligned} (A - S)l + B''m + B'n &= 0 \\ B''l + (A' - S)m + Bn &= 0 \\ B'l + Bm + (A'' - S)n &= 0 \end{aligned} \right\}, \qquad [A]$$

auxquelles il faut toujours joindre l'équation $[\alpha]$.

À l'aide de l'auxiliaire S, l'équation [3] du plan principal peut s'écrire

$$S(lx + my + nz) + Cl + C'm + C''n = 0. \qquad [P]$$

Si l'on tire de deux équations [A] les valeurs des rapports $\frac{l}{n}$ et $\frac{m}{n}$, et qu'on les substitue dans la troisième, on obtient l'équation de condition

$$(A - S)(A' - S)(A'' - S) - (A - S)B^2 - (A' - S)B'^2 - (A'' - S)B''^2$$
$$+ 2BB'B'' = 0 \qquad [C]$$

ou

$$S^3 + PS^2 + QS + R = 0, \qquad [S]$$

en posant pour abréger

$$P = -(A + A' + A''),$$
$$Q = AA' + AA'' + A'A'' - B^2 - B'^2 - B''^2,$$
$$R = AB^2 + A'B'^2 + A''B''^2 - AA'A'' - 2BB'B''.$$

Le premier membre de l'équation [C] n'est autre chose, comme on pouvait s'y attendre, que le *déterminant* des équations [A], c'est-à-dire le dénominateur commun des valeurs de l, m, n qu'on tirerait de ces équations. La relation [C], ou, ce qui revient au même, l'équation [S], exprime donc la condition nécessaire pour que l'une quelconque des équations [A] soit la conséquence des deux autres, ou pour que les trois équations se réduisent à une seule.

Remarque. — On remarquera que le coefficient R n'est autre chose que le dénominateur des coordonnées du centre de la surface, que nous avons désigné par la même lettre au n° **687** et que nous avons appris à former à l'aide du tableau

$$A, \ A', \ A'',$$
$$B, \ B', \ B'',$$
$$B, \ B', \ B''.$$

Les autres coefficients de l'équation [S] peuvent se retenir à l'aide du même tableau : P est égal à *moins* la somme des nombres de la première ligne; Q est égal à la somme des produits deux à deux des nombres de la première ligne, moins les carrés des nombres de la seconde.

727. L'équation [S] étant du troisième degré a au moins une racine réelle, et cette racine est finie puisque le coefficient de S^3 est l'unité. Supposons que nous transportions sa valeur dans deux des équations [A], dans les deux dernières par exemple, pour en tirer les valeurs des rapports $\dfrac{l}{n}$ et $\dfrac{m}{n}$; et admettons que le dénominateur de ces valeurs, lequel est un *déterminant mineur* des équations [A], ne soit pas nul, c'est-à-dire que l'on ait

$$(A' - S)B' - BB'' \gtrless 0, \quad \text{d'où} \quad S \lessgtr A' - \frac{BB''}{B'}.$$

On obtiendra pour $\dfrac{l}{n}$ et $\dfrac{m}{n}$ des valeurs finies et déterminées k et k'; et, en les substituant dans l'équation [α], on en tirera

$$n = \pm \frac{1}{\sqrt{k^2 + k'^2 + 1}},$$

et par suite

$$l = \pm \frac{k}{\sqrt{k^2 + k'^2 + 1}} \quad \text{et} \quad m = \pm \frac{k'}{\sqrt{k^2 + k'^2 + 1}},$$

valeurs admissibles dans lesquelles les signes se correspondent, et qui par conséquent ne donnent que les deux sens d'une seule et même direction de cordes principales. Ces valeurs de S, l, m, n substituées dans l'équation [P] donneront l'équation du plan principal correspondant à ces cordes.

Au lieu de se servir des deux dernières équations [A] pour calculer $\frac{l}{n}$ et $\frac{m}{n}$, on pourrait employer la première et la seconde pour calculer $\frac{l}{m}$ et $\frac{n}{m}$, ou la première et la troisième pour obtenir $\frac{m}{l}$ et $\frac{n}{l}$; on arriverait à des conclusions analogues.

A la valeur S ne correspondra donc qu'*un système de cordes principales et un seul plan principal* si l'on a à la fois

$$S \gtrless A - \frac{B'B''}{B}, \quad S \gtrless A' - \frac{BB''}{B'}, \quad S \gtrless A'' - \frac{BB'}{B''}, \quad [10]$$

inégalités que nous écrirons, pour abréger,

$$S \gtrless a, \quad S \gtrless a', \quad S \gtrless a''. \quad [11]$$

Il s'agit d'examiner les racines de l'équation en S, et d'en déduire les conséquences relatives aux plans principaux.

728. On peut d'abord démontrer que *l'équation en S a toujours ses trois racines réelles*. La démonstration peut se faire en substituant dans l'équation à la place de S les valeurs $-\infty$, a, a', a'', $+\infty$, et en faisant voir qu'on obtient dans tous les cas trois variations de signes. Mais, comme ce calcul offre quelques difficultés, nous proposerons le tour de démonstration qui consiste à montrer que l'équation ne saurait avoir des racines imaginaires.

Soient, en effet, S' et S'' deux racines imaginaires, nécessairement conjuguées, de l'équation en S. Ces racines imaginaires ne pouvant annuler aucun des trois déterminants mineurs

$$(A - S)B - B'B'', \quad (A' - S)B' - BB'', \quad (A'' - S)B'' - BB',$$

puisqu'ils sont du premier degré en S, on tirera de deux des équations [A] et de la relation [α] deux systèmes correspondants de valeurs de l, m, n, qui seront évidemment imaginaires conjugués. On peut donc supposer, par exemple, que les deux systèmes de valeurs soient

$$l' = p + q\sqrt{-1}, \quad m' = p' + q'\sqrt{-1}, \quad n' = p'' + q''\sqrt{-1},$$
$$l'' = p - q\sqrt{-1}, \quad m'' = p' - q'\sqrt{-1}, \quad n'' = p'' - q''\sqrt{-1}.$$

Or les deux systèmes devant satisfaire aux équations [A], on doit avoir les identités

$$(A - S')l' + B''m' + B'n' = 0, \quad (A - S'')l'' + B''m'' + B'n'' = 0,$$
$$B''l' + (A' - S')m' + Bn' = 0, \quad B''l'' + (A' - S'')m'' + Bn'' = 0,$$
$$B'l' + Bm' + (A'' - S')n' = 0, \quad B'l'' + Bm'' + (A'' - S'')n'' = 0.$$

Multiplions les trois premières respectivement par l'', m'', n'', les trois dernières par l', m', n', et de la somme des trois dernières retranchons la somme des trois premières, il viendra, en ayant égard aux relations

$$l'^2 + m'^2 + n'^2 = 1 \quad \text{et} \quad l''^2 + m''^2 + n''^2 = 1, \quad [12]$$

la relation

$$(S' - S'')(l'l'' + m'm'' + n'n'') = 0,$$

ou, puisque $S' - S''$ est différent de zéro,

$$l'l'' + m'm'' + n'n'' = 0.$$

Or si, dans cette dernière, on met pour l', m', n', l'', m'', n'', leurs valeurs, on obtient

$$p^2 + q^2 + p'^2 + q'^2 + p''^2 + q''^2 = 0,$$

ce qui exige

$$p = 0, \quad q = 0, \quad p' = 0, \quad q' = 0, \quad p'' = 0, \quad q'' = 0,$$

relations dont l'ensemble est incompatible avec les identités [12].

Donc l'équation en S ne saurait admettre des racines imaginaires.

729. Les trois racines de l'équation en S étant réelles, il en résulte que si ces racines sont *distinctes*, *et si aucune d'elles*

n'annule à la fois les trois déterminants mineurs des équations
[A], c'est-à-dire si ces racines diffèrent des quantités que nous
avons nommées a, a', a'', la surface a trois systèmes de cordes
principales, et en général trois plans principaux correspondants
à ces cordes. Nous disons en général, parce qu'il pourrait arriver que l'un de ces plans fût rejeté à l'infini.

On peut ajouter que *ces trois plans principaux sont rectangulaires entre eux*. Car, si l', m', n' et l'', m'', n'' représentent les
cosinus des angles que deux des directions de cordes princi-
pales font avec les axes coordonnés, on obtiendra, en opérant
comme au numéro précédent, la relation

$$l'l'' + m'm'' + n'n'' = 0,$$

qui exprime que les deux directions considérées sont perpendiculaires entre elles ; et il en est évidemment de même des plans
principaux qui leur correspondent.

730. Pour qu'une racine S annule à la fois les trois déterminants mineurs des équations [A], il faut que les valeurs de S
tirées de ces déterminants égalés à zéro soient égales et qu'on
ait

$$S = A - \frac{B'B''}{B} = A' - \frac{BB''}{B'} = A'' - \frac{BB'}{B''}. \qquad [13]$$

On tire de ces égalités

$$A - S = \frac{B'B''}{B}, \quad A' - S = \frac{BB''}{B'}, \quad A'' - S = \frac{BB'}{B''}.$$

Si l'on substitue ces valeurs dans l'équation [C] et dans ses
deux premières dérivées par rapport à S, on reconnaît que
l'équation [C] est satisfaite et que la première dérivée s'annule,
sans qu'il en soit de même de la seconde. On en conclut que la
valeur [13] est une *racine double* de l'équation [S].

Dans le cas qui nous occupe, les équations [A] se réduisent à
une seule

$$B'B''l + BB''m + BB'n = 0,$$

ou

$$\frac{l}{B} + \frac{m}{B'} + \frac{n}{B''} = 0.$$

Toutes les valeurs de l, m, n qui satisfont à cette relation correspondent donc à une direction de cordes principales. Ces directions sont toutes parallèles au plan

$$\frac{x}{B} + \frac{y}{B'} + \frac{z}{B''} = 0. \qquad [14]$$

Il y a, dans ce cas, une *infinité de plans principaux perpendiculaires au plan* [14].

Quant à la racine simple de l'équation en S, elle correspond à une direction unique de cordes principales, et par conséquent à un seul plan principal.

Si deux seulement des trois déterminants mineurs des équations [A] s'annulent pour une même valeur de S, cette valeur est une *racine simple* de l'équation en S ; on le reconnaît par la substitution directe comme ci-dessus, et à cette racine simple correspond *une direction unique de cordes principales*.

731. Remarques. — I. Lorsque deux des déterminants mineurs des équations [A] sont nuls en même temps, il y a toujours un des trois cosinus l, m, n qui devient égal à zéro. Si, par exemple, on a à la fois

$$A - S = \frac{B'B''}{B} \quad \text{et} \quad A' - S = \frac{BB''}{B'},$$

on tire de la première et de la troisième des équations [A] les valeurs

$$\frac{m}{l} = \frac{B'^2 - (A - S)(A'' - S)}{B''(A'' - S) - BB'} = \frac{B'}{B}\frac{[BB' - B''(A'' - S)]}{B''(A'' - S) - BB'} = -\frac{B'}{B}$$

et

$$\frac{n}{l} = \frac{B(A - S) - B'B''}{B''(A'' - S) - BB'} = \frac{0}{B''(A'' - S) - BB'} = 0.$$

On arriverait à une conclusion analogue en supposant nul un autre couple de déterminants mineurs.

Ceci s'accorde avec la proposition démontrée au n° **725**, I. Ainsi, bien que, pour établir l'équation en S et pour démontrer la réalité de ses racines, nous ayons admis qu'aucun des trois cosinus l, m, n n'était nul, néanmoins le cas où l'un d'eux est égal à zéro se trouve compris dans la théorie qui précède.

Lorsque les trois déterminants mineurs sont nuls à la fois, les rapports que l'on tire des équations [A], de quelque manière qu'on les combine, se présentent toujours sous la forme $\frac{0}{0}$, ce qui s'accorde avec ce qui a été dit au numéro précédent.

732. Nous avons supposé jusqu'ici qu'aucun des trois coefficients B, B', B'' n'était nul ; il faut maintenant examiner ce qui arrive lorsqu'un ou plusieurs d'entre eux deviennent égaux à zéro.

I. Supposons d'abord qu'un de ces coefficients soit nul, par exemple

$$B'' = 0,$$

les deux autres étant différents de zéro.

Dans ce cas l'équation [C] se réduit à

$$(A - S)(A' - S)(A'' - S) - (A - S)B^2 - (A' - S)B'^2 = 0.$$

Si l'on y met pour S les valeurs

$$-\infty \quad , \quad A \quad , \quad A' \quad , \quad +\infty,$$

le signe que prend le premier membre est, en supposant $A < A'$,

$$+ \quad , \quad - \quad , \quad + \quad , \quad -.$$

Par conséquent l'équation en S a ses trois racines *réelles et inégales*.

Si l'on a

$$A = A',$$

l'équation peut se mettre sous la forme

$$(A - S) [(A - S)(A'' - S) - (B^2 + B'^2)] = 0.$$

On voit d'abord que $S = A$ est une *racine simple*; et si, dans le polynome entre parenthèses, on met pour S les quantités

$$-\infty \quad , \quad A'' \quad , \quad +\infty,$$

on obtient des résultats dont les signes respectifs sont

$$+ \quad , \quad - \quad , \quad +.$$

Les deux autres racines sont donc *réelles et inégales*.

En même temps l'hypothèse $B'' = 0$ réduit les déterminants

mineurs des équations [A] à

$$(A - S)B \quad , \quad (A' - S)B' \quad , \quad - BB'.$$

Aucune valeur de S ne peut les annuler tous les trois; par conséquent, à chaque racine de l'équation [S] correspond *une direction unique* de cordes principales.

733. II. Supposons, en second lieu, que deux des coefficients B, B', B'', soient nuls, et qu'on ait, par exemple,

$$B = 0, \quad B' = 0,$$

B'' étant différent de zéro. Dans ce cas, l'équation [C] se réduit à

$$(A - S)(A' - S)(A'' - S) - (A'' - S)B''^2 = 0$$

ou

$$(A'' - S) [(A - S) (A' - S) - B''^2] = 0.$$

On voit que

$$S = A''$$

est racine. Cette racine est simple si la quantité entre parenthèses ne s'annule pas en faisant $S = A''$, c'est-à-dire si l'on a

$$(A - A'')(A' - A'') - B''^2 \lessgtr 0. \qquad [15]$$

La racine $S = A''$ est double si l'on a

$$(A - A'')(A' - A'') - B''^2 = 0. \qquad [16]$$

En même temps, les équations [A] se réduisent à

$$(A - S)l + B''m = 0, \quad B''l + (A' - S) m = 0, \quad (A'' - S)n = 0. \quad [17]$$

Si $S = A''$ est une *racine simple*, on a l'inégalité [15] qui exprime que le déterminant des deux premières équations [17] est différent de zéro; ces deux équations donnent donc

$$l = 0, \quad m = 0;$$

par suite on a

$$n = 1.$$

Ceci est d'accord avec ce qui a été dit au n° **725**, II.

Si $S = A''$ est *racine double*, on a l'égalité [16], qui exprime alors que les deux premières des équations [17] rentrent l'une dans l'autre. Les équations [17] sont alors satisfaites par

$$n = 0,$$

et un couple quelconque de valeurs de l et m satisfait à la relation

$$(A - A'')l + B''m = 0,$$

ce qui caractérise une direction des cordes principales parallèles au plan

$$(A - A'')x + B''y = 0.$$

734. III. Supposons enfin que l'on ait à la fois

$$B = 0, \quad B' = 0, \quad B'' = 0.$$

L'équation [C] se réduit alors à

$$(A - S)(A' - S)(A'' - S) = 0$$

et admet pour racines

$$S = A, \quad S = A', \quad S = A''.$$

En même temps les équations [A] se réduisent à

$$(A - S)l = 0, \quad (A' - S)m = 0, \quad (A'' - S)n = 0. \quad [18]$$

Si $S = A$ est une *racine simple*, ce qui suppose A, A' et A'' inégaux, les équations [18] sont satisfaites par

$$l = 1, \quad m = 0, \quad n = 0,$$

ce qui répond à une *seule direction* de cordes principales, perpendiculaire à l'un des plans coordonnés.

Si $S = A$ est une *racine double*, et qu'on ait $A = A'$, les équations [18] sont satisfaites par

$$n = 0,$$

quels que soient l et m, pourvu que l'équation

$$l^2 + m^2 = 1$$

soit satisfaite ; *toutes les directions* de cordes parallèles au plan des xy sont donc des cordes principales.

Enfin si l'on avait

$$A = A' = A'',$$

les équations [A] seraient satisfaites indépendamment de l, m, n; c'est-à-dire que *toutes les directions de l'espace sont alors des directions de cordes principales.* Il est facile de s'en rendre compte en remarquant que si l'on a à la fois

$$A = A' = A''$$

avec

$$B = 0, \quad B' = 0, \quad B'' = 0,$$

l'équation du second degré est l'équation d'une sphère, et l'on sait que toutes les cordes de la sphère parallèles à une direction donnée quelconque sont coupées en deux parties égales par le plan du grand cercle perpendiculaire à cette direction.

735. Il reste à examiner le cas où l'équation en S aurait une ou plusieurs racines nulles.

Si l'équation [S] a une racine nulle, ce qui suppose

$$R = 0,$$

c'est-à-dire que la surface est dépourvue de centre ou en a une infinité, les déterminants mineurs des équations [A] se réduisent à

$$AB - B'B'', \quad A'B' - BB'', \quad A''B'' - BB'. \qquad [19]$$

Si ces trois quantités ne sont pas nulles à la fois, on tirera des équations [A] et [α] un système de valeurs réelles et déterminées pour l, m, n; il y aura donc un système de cordes principales. L'équation [P] du plan principal correspondant se réduira alors à

$$Cl + C'm + C''n = 0.$$

Si cette relation n'est pas satisfaite, le plan principal considéré sera rejeté à l'infini. Si cette relation est au contraire satisfaite, l'équation [P] deviendra une identité, c'est-à-dire qu'il y aura une infinité de plans principaux perpendiculaires à la direction des cordes principales obtenues. Cette circonstance se rencontre dans les surfaces cylindriques.

Si les trois quantités [19] étaient nulles à la fois, on en conclurait, B, B', B'' étant supposés différents de zéro,

$$A = \frac{B'B''}{B}, \quad A' = \frac{BB''}{B'}, \quad A'' = \frac{BB'}{B''};$$

d'où

$$AA' + AA'' + A'A'' = B''^2 + B'^2 + B^2.$$

Il en résulterait

$$Q = 0;$$

et l'équation en S aurait alors deux racines nulles.

En même temps les équations [A] donneraient pour l, m, n des valeurs indéterminées, puisque les trois équations se réduiraient à une seule, savoir

$$Al + B''m + B'n = 0.$$

La direction des cordes principales correspondantes serait alors assujettie seulement à être parallèle au plan

$$Ax + B''y + B'z = 0.$$

Les trois racines de l'équation en S ne sauraient être nulles à la fois ; car, si l'on avait

$$A + A' + A'' = 0 \quad \text{et} \quad AA' + AA'' + A'A'' - B^2 - B'^2 - B''^2 = 0,$$

on trouverait, en élevant la première de ces égalités au carré et en retranchant le double de la seconde,

$$A^2 + A'^2 + A''^2 + 2B^2 + 2B'^2 + 2B''^2 = 0,$$

ce qui exigerait qu'on eût à la fois

$$A = 0, \quad A' = 0, \quad A'' = 0, \quad B = 0, \quad B' = 0, \quad B'' = 0,$$

et alors l'équation de la surface ne serait plus du second degré.

736. Résumé. — En résumant cette discussion, on voit que :

1° L'équation en S a *toujours ses racines réelles*.

2° A chaque *racine simple* correspond *une direction unique* de cordes principales, et par conséquent un plan principal unique, qui est rejeté à l'infini si la racine considérée est nulle.

3° Si les trois racines sont *inégales*, il y a trois plans principaux, rectangulaires entre eux deux à deux.

4° S'il y a une racine *double*, il y a une *infinité* de plans principaux, dont l'un est perpendiculaire à tous les autres.

5° Si l'équation en S a une racine *triple*, *toutes les directions de l'espace sont des directions de cordes principales*, et il y a un plan principal perpendiculaire à chacune de ces directions.

737. Réduction de l'équation du second degré à trois variables. — Ayant ainsi déterminé les plans principaux, on pourrait en conclure, comme dans la PREMIÈRE MÉTHODE, les deux formes simples auxquelles on peut réduire l'équation du second degré à trois variables. Mais il est préférable d'employer la marche suivante, qui fait ressortir de nouvelles propriétés utiles de l'équation en S.

On peut d'abord, sans changer l'origine, transformer les anciens axes rectangulaires en nouveaux axes rectangulaires parallèles à des cordes principales. Si l'équation en S a ses racines inégales, les trois directions de cordes principales seront déterminées. Si l'équation en S a deux racines égales, on prendra l'axe des z par exemple, parallèle à la direction des cordes déterminées par la racine simple, et deux axes rectangulaires quelconques, qui seront nécessairement parallèles à des cordes principales. Si les trois racines de l'équation en S étaient égales, on pourrait prendre les nouveaux axes rectangulaires à volonté, ou, ce qui serait plus simple, conserver les anciens.

Si l, m, n désignent toujours les cosinus des angles que l'une des directions principales fait avec les anciens axes coordonnés, et l', m', n' et l'', m'', n'' les quantités analogues pour les deux autres directions rectangulaires, les formules de transformation seront

$$x = lx' + l'y' + l''z',$$

$$y = mx' + m'y' + m''z',$$

$$z = nx' + n'y' + n''z'.$$

Soient L, M, N les coefficients des carrés des variables dans l'équation transformée. On démontre que ces coefficients ne seront autre chose que les racines de l'équation en S.

En effet, on trouvera, par exemple,

$$L = Al^2 + A'm^2 + A''n^2 + 2Bmn + 2B'ln + 2B''lm.$$

Or, si l'on se reporte aux équations [9] du n° **726**, on trouve, en multipliant les deux termes du premier rapport par l, les deux termes du second par m, les deux termes du troisième par

n, et, ajoutant terme à terme,

$$A l^2 + A' m^2 + A'' n^2 + 2B mn + 2B' ln + 2B'' lm = S;$$

d'où

$L = S$, c'est-à-dire une des racines de l'équation en S.

On démontrerait de même que M et N sont deux autres racines de cette même équation.

Quant aux coefficients des termes en yz, en xz et en xy, ils disparaîtront.

Soit, en effet, $2V$ le coefficient du terme en $y'z'$, on trouvera

$$V = A l' l'' + A' m' m'' + A'' n' n'' + B (m' n'' + m'' n')$$
$$+ B' (l' n'' + l'' n') + B'' (l' m'' + l'' m').$$

Or, si dans les équations [A] on écrit l', m', n' à la place de l, m, n, et S' à la place de S (S' étant la seconde racine de l'équation en S) et qu'on passe les termes en S' dans le second membre, on obtient

$$A l' + B'' m' + B' n' = S' l',$$
$$B'' l' + A' m' + B n' = S' m',$$
$$B' l' + B m' + A'' n' = S' n'.$$

Multipliant ces relations respectivement par l'', m'', n'' et ajoutant, on obtient, en ayant égard aux relations qui lient les cosinus l', m', n' et l'', m'', n'',

$$V = S' (l' l'' + m' m'' + n' n'')$$

ou simplement $V = 0$, puisque la quantité entre parenthèses est nulle.

On appliquerait la même démonstration aux coefficients des termes en $x'z'$ et en $x'y'$.

L'équation transformée aura donc la forme suivante, en ôtant les accents des variables :

$$L x^2 + M y^2 + N z^2 + C_1 x + C'_1 y + C''_1 z + D_1 = 0.$$

Cela posé, si la surface a un *centre unique*, on pourra y transporter l'origine; on fera ainsi disparaître les termes en x,

y et z; et il restera, attendu que dans cette transformation les termes du second degré ne changent pas,

$$Lx^2 + My^2 + Nz^2 = T;\qquad [20]$$

c'est l'une des deux formes simples obtenues dans la PREMIÈRE MÉTHODE.

Si la surface *n'a pas de centre, ou en a une infinité*, le dernier terme de l'équation en S étant nul, une des racines de cette équation sera nulle. Ce sera L si l'on a pris l'axe des x parallèle aux cordes principales données par la racine nulle. On transportera alors les axes parallèlement à eux-mêmes, de manière à faire disparaître les termes en y et en z, ainsi que le terme indépendant des variables. Les termes du second degré ne changeront pas, et il restera une équation de la forme

$$My^2 + Nz^2 = 2Ux;\qquad [21]$$

c'est la seconde forme simple obtenue dans la PREMIÈRE MÉTHODE.

738. Discriminant. — On verra plus loin que la nature des surfaces représentées par les équations [20] ou [21] dépend principalement des signes des coefficients des termes du second degré. Or, puisque ces coefficients sont les racines de l'équation en S, ces signes pourront toujours être déterminés à la seule inspection de l'équation [S], par l'application de la règle de Descartes, puisque cette équation a toutes ses racines réelles. On peut donc regarder l'équation en S comme le *discriminant* de l'équation du second degré à trois variables.

739. Invariants. — Les racines de l'équation en S n'étant autre chose que les coefficients L, M, N des termes du second degré dans les équations réduites [20] ou [21], il en résulte que l'on a

$$P = -(L + M + N),\ Q = +(LM + LN + MN),\ R = -LMN$$

ou, en mettant pour P, Q, R leurs valeurs (**726**),

$$A + A' + A'' = L + M + N,$$

$$AA' + AA'' + A'A'' - B^2 - B'^2 - B''^2 = LM + LN + MN,$$

$$AB^2 + A'B'^2 + A''B''^2 - AA'A'' - 2BB'B'' = LMN.$$

Ces quantités sont donc des *invariants* des surfaces du second degré.

740. Conditions pour qu'une surface du second degré soit de révolution. — L'inspection des équations [20] et [21] montre que, lorsque deux des coefficients L, M, N sont égaux, la surface est une surface de révolution. Car si l'on a, par exemple, $M = N$, on peut, sans changer l'équation, faire tourner d'un même angle, dans leur plan, les axes des y et des z.

Réciproquement, si une surface du second degré est une surface de révolution, les sections faites perpendiculairement à l'axe de révolution ont leur centre sur cet axe ; il en résulte que cet axe est un axe principal, et que le plan principal correspondant lui est perpendiculaire. Par conséquent, si l'on prend cet axe principal pour axe des x, par exemple, l'équation réduite devra avoir l'une des formes

$$L x^2 + M(y^2 + z^2) = T \quad \text{ou} \quad M(y^2 + z^2) = 2Ux,$$

c'est-à-dire les formes réduites trouvées plus haut, dans lesquelles les coefficients des carrés de deux variables sont égaux.

Or, pour que l'équation en S ait deux racines égales, il faut, d'après la discussion faite plus haut, ou bien qu'on ait (**720**)

$$A - \frac{B'B''}{B} = A' - \frac{BB''}{B'} = A'' - \frac{BB'}{B''}, \qquad [22]$$

ou bien que deux des coefficients B, B', B'' soient nuls et qu'on ait, par exemple (**732**),

Soit

$$B = 0, \ B' = 0 \quad \text{avec} \quad (A - A'')(A' - A'') - B''^2 = 0;$$

Soit

$$B = 0, \ B'' = 0 \quad \text{avec} \quad (A - A')(A'' - A') - B'^2 = 0;$$

Soit

$$B' = 0, \ B'' = 0 \quad \text{avec} \quad (A' - A)(A'' - A) - B^2 = 0.$$

Telles sont donc les conditions nécessaires pour que l'équation du second degré à trois variables représente une surface de révolution.

§ 5. — CLASSIFICATION DES SURFACES A CENTRE.

741. Considérations générales. — Toutes les surfaces à centre sont comprises, comme nous l'avons vu, dans l'équation

$$Lx^2 + My^2 + Nz^2 = T. \qquad [1]$$

Si l'on suppose que le terme tout connu, passé dans le second membre, soit positif, condition que l'on peut toujours remplir, on n'aura plus à examiner que les cas suivants :

1° Les coefficients du premier membre sont tous positifs ;

2° Un seul des coefficients du premier membre est négatif ;

3° Deux de ces coefficients sont négatifs.

Le cas où les trois coefficients seraient négatifs doit être écarté, puisqu'il est clair que l'équation [1] ne pourrait être satisfaite alors par aucune valeur réelle des variables et ne représenterait aucune surface.

Toute surface à centre est comprise dans une de ces trois divisions : seulement, si quelque coefficient est nul, on peut regarder la surface représentée comme appartenant à deux de ces classes entre lesquelles elle servira de transition. Ainsi, quand on a $N = 0$, la surface peut être considérée comme une limite commune des surfaces où N est positif et de celles où N est négatif. Enfin, nous remarquerons une fois pour toutes que les surfaces représentées par l'équation [1] sont symétriques par rapport aux plans actuels des coordonnées. De la partie comprise dans l'angle trièdre des axes positifs, il sera toujours facile de déduire les parties comprises dans les sept autres angles trièdres.

742. Premier cas. Les trois coefficients du premier membre sont positifs. — GENRE ELLIPSOÏDE.

Coordonnées à l'origine. Axes. Équation aux axes. — Si, dans l'équation de la surface, on fait $y = 0$ et $z = 0$, on obtient

$$x = \pm \sqrt{\frac{T}{L}},$$ quantité réelle que nous représentons par $\pm a$.

La surface coupe donc l'axe des x en deux points A et A' (fig. 228), situés à une distance a de l'origine. On verra de même que si l'on pose

$$b = \sqrt{\frac{T}{M}}, \quad c = \sqrt{\frac{T}{N}},$$

la surface est rencontrée par l'axe des y en deux points B et B' à une distance b de l'origine, et par l'axe des z en deux points C et C', à une distance c de cette origine. Les six points que nous venons de déterminer sont les *sommets* de l'ellipsoïde.

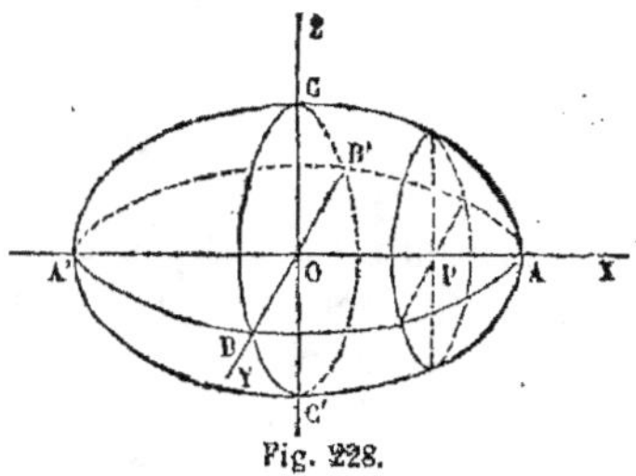

Fig. 228.

· Les droites AA' $= 2a$, BB' $= 2b$, CC' $= 2c$ sont appelées les *axes* de l'ellipsoïde. Pour introduire leurs longueurs dans l'équation de la surface, il suffit de remplacer L, M, N respectivement par $\frac{T}{a^2}$, $\frac{T}{b^2}$, $\frac{T}{c^2}$; et alors, en divisant par T, l'équation devient

$$\frac{x^2}{a^2} + \frac{y^2}{b^2} + \frac{z^2}{c^2} = 1, \qquad [E]$$

c'est ce qu'on appelle l'équation aux axes.

743. *Sections principales.* — En égalant tour à tour à zéro chacune des variables dans [E], on aura les traces de la surface sur chacun des plans coordonnés, ou ce que l'on nomme les *sections principales* de l'ellipsoïde. Elles ont donc pour équations

$$z = 0, \quad \frac{x^2}{a^2} + \frac{y^2}{b^2} = 1 ;$$

$$y = 0, \quad \frac{x^2}{a^2} + \frac{z^2}{c^2} = 1 ;$$

$$x = 0, \quad \frac{y^2}{b^2} + \frac{z^2}{c^2} = 1 .$$

Ces trois sections sont des ellipses : la première, ABA'B', a pour axes $2a$ et $2b$; la deuxième, ACA'C', $2a$ et $2c$; la troisième, BCB'C', $2b$ et $2c$. On les nomme *ellipses principales*.

744. *Sections par des plans parallèles aux plans coordonnés; limites de la surface.* — Si l'on coupe la surface par un plan parallèle au plan des zy, à une distance $OP = \alpha$, la section ainsi obtenue aura pour équations

$$x = \alpha, \qquad \frac{y^2}{b^2} + \frac{z^2}{c^2} = 1 - \frac{\alpha^2}{a^2}.$$

Elle représente une ellipse dont les axes sont proportionnels à b et à c. Cette section se réduit à un point si $\alpha^2 = a^2$; elle devient imaginaire pour $\alpha^2 > a^2$.

On conclut de là que l'ellipsoïde est tout entier compris entre deux plans parallèles au plan des zy, menés par les points A et A'. La même chose pouvant se dire relativement aux autres axes, on voit que l'ellipsoïde est inscrit dans un parallélépipède rectangle dont les arêtes sont $2a$, $2b$, $2c$.

745. *Section par un plan quelconque.* — Si l'on coupe l'ellipsoïde par un plan dont l'équation soit

$$z = mx + ny + p,$$

la projection de la section sur le plan des xy sera représentée par

$$\frac{x^2}{a^2} + \frac{y^2}{b^2} + \frac{(mx + ny + p)^2}{c^2} = 1.$$

La fonction caractéristique $B^2 - 4AC$ est ici

$$\frac{m^2 n^2}{c^4} - \left(\frac{m^2}{c^2} + \frac{1}{a^2}\right)\left(\frac{n^2}{c^2} + \frac{1}{b^2}\right),$$

ou

$$-\frac{m^2}{b^2 c^2} - \frac{n^2}{a^2 c^2} - \frac{1}{a^2 b^2},$$

quantité toujours négative; cette projection est donc une ellipse. Donc la courbe projetée, qui est du second degré, et située sur un cylindre à base elliptique, est aussi une ellipse **(598)**.

REMARQUES. — I. Si $a = b = c$, l'équation se réduit à

$$x^2 + y^2 + z^2 = a^2$$

et représente une *sphère*. La sphère est donc un ellipsoïde dont les axes sont égaux.

II. Si $b=a$, toutes les sections parallèles au plan des xy sont des cercles, et la surface peut être conçue comme engendrée par l'ellipse principale ACA'C' qui tournerait autour de l'axe des z. On a alors un *ellipsoïde de révolution*.

III. Lorsque $T=0$, l'équation ne peut être satisfaite que par $x=0$, $y=0$ et $z=0$. Elle représente un *point*, l'origine des coordonnées. Le point est donc une *variété de l'ellipsoïde*.

IV. Quand on suppose $c=\infty$, l'équation de l'ellipsoïde se réduit à

$$\frac{x^2}{a^2}+\frac{y^2}{b^2}=1$$

et représente un cylindre à base elliptique. Cette variété du genre ellipsoïde peut donc être obtenue en augmentant indéfiniment l'un des axes de l'ellipsoïde, dont les deux autres axes restent constants, ou varient suivant une loi qui leur assigne des limites finies.

746. Deuxième cas. Un seul coefficient négatif. — GENRE HYPERBOLOÏDE A UNE NAPPE. — L'équation, en mettant les signes en évidence, est

$$Lx^2+My^2-Nz^2=T.$$

Coordonnées à l'origine. Axes. — Pour

$$y=0, \quad z=0, \quad \text{on a} \quad x=\pm\sqrt{\frac{T}{L}};$$

$$x=0, \quad z=0, \quad \text{on a} \quad y=\pm\sqrt{\frac{T}{M}};$$

$$x=0, \quad y=0, \quad \text{on a} \quad z=\pm\sqrt{\frac{-T}{N}}.$$

Les deux premières valeurs sont réelles, et montrent que la surface est rencontrée par l'axe des x en deux points également éloignés de l'origine ; il en est de même pour l'axe des y ; mais elle n'est pas rencontrée par l'axe des z. Il n'existe donc que quatre sommets A, A', B, B' (fig. 229).

Si l'on pose, comme dans le premier cas,

$$a = \sqrt{\frac{T}{L}}, \quad b = \sqrt{\frac{T}{M}}, \quad c = \sqrt{\frac{T}{N}},$$

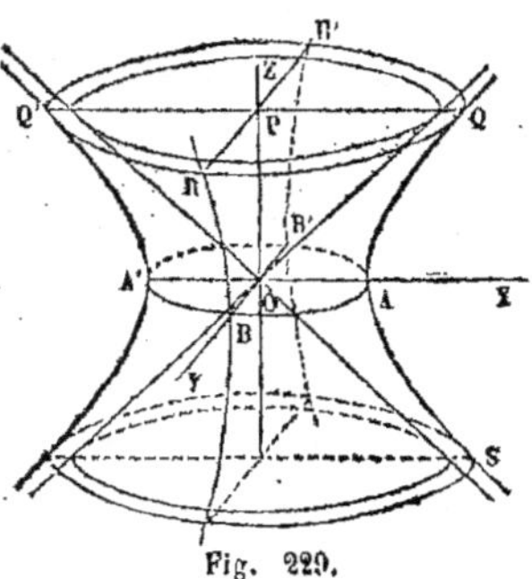
Fig. 229.

$2a$, $2b$, $2c$ sont appelés les *axes* de l'hyperboloïde ; mais les deux premiers sont des axes transverses ou réels ; le troisième est un axe imaginaire. Ces longueurs, introduites dans l'équation de la surface, lui donnent la forme

$$\frac{x^2}{a^2} + \frac{y^2}{b^2} - \frac{z^2}{c^2} = 1. \qquad [\text{H}_1]$$

Elle ne diffère de l'équation de l'ellipsoïde que par le changement de c^2 en $-c^2$.

747. *Sections principales.* — Les sections principales ont pour équations

$$x = 0, \quad \frac{y^2}{b^2} - \frac{z^2}{c^2} = 1,$$

$$y = 0, \quad \frac{x^2}{a^2} - \frac{z^2}{c^2} = 1,$$

$$z = 0, \quad \frac{x^2}{a^2} + \frac{y^2}{b^2} = 1.$$

Les deux premières QAA'Q', RBB'R', situées dans le plan des yz et dans le plan des xz, sont des hyperboles, dont l'axe imaginaire coïncide en direction avec l'axe des z. La section par le plan des xy est une ellipse ABA'B', dont les axes coïncident avec les axes réels de la surface. On la nomme *ellipse de gorge.*

748. *Sections parallèles aux sections principales.* — Si l'on donne à z une valeur déterminée γ, on obtient l'équation

$$\frac{x^2}{a^2} + \frac{y^2}{b^2} = 1 + \frac{\gamma^2}{c^2},$$

qui représente la section de la surface par un plan parallèle au plan des xy. C'est une ellipse QRQ'R' toujours réelle, et d'autant plus grande que γ^2 est plus grand. L'hyperboloïde se compose donc de deux portions indéfinies, situées de part et d'autre du plan des xy, et qui, se raccordant suivant l'ellipse de gorge, ne forment en réalité qu'une seule nappe illimitée dans les deux sens : de là son nom d'*hyperboloïde à une nappe*.

Un plan mené parallèlement à celui des yz, à la distance α de ce plan, donne une section représentée par l'équation

$$\frac{y^2}{b^2} - \frac{z^2}{c^2} = 1 - \frac{\alpha^2}{a^2},$$

hyperbole dont l'axe transverse est parallèle à l'axe des y, si l'on a $\alpha^2 < a^2$, et parallèle à l'axe des z dans le cas contraire. Quand on a $\alpha^2 = a^2$, l'hyperbole se réduit à deux droites. Les sections parallèles au plan des xz donneraient lieu à des observations analogues.

Section par un plan quelconque. — Un calcul semblable à celui que nous avons fait dans le premier cas, montrerait que l'hyperboloïde à une nappe peut donner, par son intersection avec un plan, les trois courbes du second degré.

REMARQUE. — Si $a = b$, l'ellipse de gorge se réduit à un cercle, ainsi que toutes les sections parallèles au plan des xy. La surface peut alors être engendrée par la révolution de l'hyperbole principale QAS autour de l'axe des z.

749. *Cône asymptote.* — Si $T = 0$, l'équation

$$Lx^2 + My^2 - Nz^2 = 0, \qquad [1]$$

homogène par rapport aux trois variables, représente un cône.

Si l'on compare ce cône à l'hyperboloïde représenté par l'équation

$$Lx^2 + My^2 - Nz^2 = T, \qquad [2]$$

on arrive à un résultat très-remarquable et que nous allons faire connaître.

Soient $P(x, y, Z)$ et $p(x, y, z)$ les points où une parallèle à l'axe des z rencontre le cône [1] et l'hyperboloïde [2] ; nous aurons

$$NZ^2 = Lx^2 + My^2,$$

$$Nz^2 = Lx^2 + My^2 - T$$

d'où

$$N(Z^2 - z^2) = T,$$

et, par suite,

$$Z - z = \frac{T}{N(Z + z)}.$$

Or, si nous supposons Z et z de même signe, ce qui revient à prendre les deux points P et p d'un même côté du plan des xy, $Z + z$ croîtra indéfiniment à mesure que l'on s'éloignera de l'origine, c'est-à-dire à mesure qu'on fera croître x et y, et par conséquent la distance entre les deux surfaces tendra vers *zéro*; mais cette distance ne sera jamais nulle.

A cause de cette propriété, le cône [1] a reçu le nom de *cône asymptote* de l'hyperboloïde [2]. Son équation peut se mettre sous la forme

$$\frac{x^2}{a^2} + \frac{y^2}{b^2} - \frac{z^2}{c^2} = 0.$$

Ce sera un cône de révolution si $a = b$.

Remarques.—I. L'équation de l'hyperboloïde et celle de son cône asymptote ne différant que par un terme constant, on peut en conclure que les sections faites par un même plan dans ces deux surfaces sont des courbes semblables, et semblablement placées.

II. Lorsque $c = \infty$, l'équation [II₁] se réduit à

$$\frac{x^2}{a^2} + \frac{y^2}{b^2} = 1$$

et représente un cylindre à base elliptique. On aurait un cylindre à base hyperbolique en supposant $b = \infty$, c restant fini.

III. Si l'on a en même temps $b = \infty$, $c = \infty$, la surface se réduit à deux plans parallèles.

750. Troisième cas. Deux coefficients négatifs. — Genre HYPERBOLOÏDE A DEUX NAPPES. — En mettant en évidence les signes des coefficients, l'équation est dans ce cas

$$Lx^2 - My^2 - Nz^2 = T.$$

Axes; sommets. — Pour

$$y = 0,\ z = 0,\ \text{on a}\ x = \pm\sqrt{\frac{T}{L}},$$

$$x = 0,\ z = 0,\ \text{on a}\ y = \pm\sqrt{\frac{-T}{M}},$$

$$x = 0,\ y = 0,\ \text{on a}\ z = \pm\sqrt{\frac{-T}{N}}.$$

L'axe des x est donc le seul qui rencontre la surface. Si l'on pose

$$a = \sqrt{\frac{T}{L}},\quad b = \sqrt{\frac{M}{T}},\quad c = \sqrt{\frac{T}{N}},$$

$2a$, $2b$, $2c$, sont encore appelés les *axes* de l'hyperboloïde; mais le premier seul est réel. La surface n'a donc que deux sommets, savoir : les points A et A' (fig. 230), où elle est rencontrée par l'axe des x.

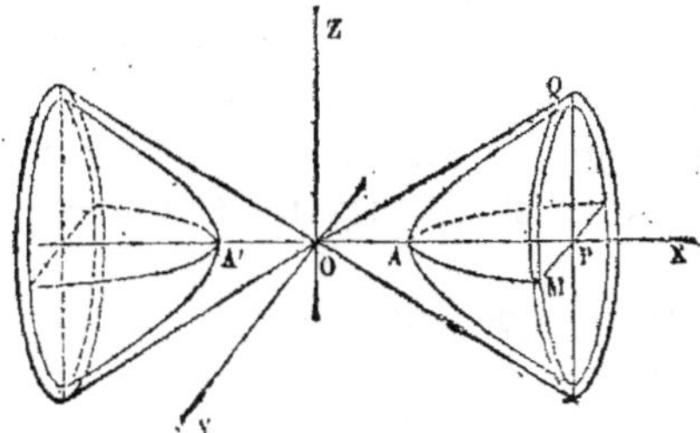

Fig. 230.

En introduisant les longueurs des axes dans l'équation de la surface, on la réduit à la forme

$$\frac{x^2}{a^2} - \frac{y^2}{b^2} - \frac{z^2}{c^2} = 1. \qquad [\text{II}_2]$$

Cette équation ne diffère de celle de l'hyperboloïde à une nappe que par le changement de b^2 en $- b^2$.

751. *Sections principales.* — Les sections principales sont données par les équations

$$x = 0, \quad \frac{y^2}{b^2} + \frac{z^2}{c^2} = -1 ;$$

$$y = 0, \quad \frac{x^2}{a^2} - \frac{z^2}{c^2} = 1 ;$$

$$z = 0, \quad \frac{x^2}{a^2} - \frac{y^2}{b^2} = 1 .$$

La première est une ellipse imaginaire. Les deux autres sont des hyperboles dont l'axe transverse coïncide avec l'axe des x.

752. *Sections parallèles aux sections principales. Limites de la surface.* — Une section parallèle au plan des zy a pour équations

$$x = \alpha, \quad \frac{y^2}{b^2} + \frac{z^2}{c^2} = \frac{\alpha^2}{a^2} - 1 .$$

C'est, en général, une ellipse ; mais cette ellipse est imaginaire tant que l'on a $\alpha^2 < a^2$. Elle se réduit à un point lorsque $\alpha^2 = a^2$.

Donc il n'y a aucun point de la surface comprise entre deux plans perpendiculaires à l'axe des x, menés par les points A et A'. Mais si l'on a $\alpha^2 > a^2$, la section est une ellipse réelle qui croît avec α. Donc la surface est composée de deux nappes infinies, séparées l'une de l'autre, et qui s'élargissent de plus en plus à mesure qu'on s'éloigne du plan des xy. De là et de la nature de deux de ses sections principales le nom d'*hyperboloïde à deux nappes*.

On verra de même que les sections parallèles aux deux autres plans coordonnés sont des hyperboles.

Quant aux sections par des plans quelconques, elles peuvent être l'une des trois courbes du second degré.

Remarques. — I. Si $b = c$, toute section parallèle au plan des zy est un cercle, et l'hyperboloïde est alors une surface de révolution ayant pour axe l'axe des x.

II. Si T $= 0$, l'équation se réduit à

$$\mathrm{L}x^2 - \mathrm{M}x^2 - \mathrm{N}z^2 = 0,$$

représente un cône.

III. Le cône et l'hyperboloïde qui ont respectivement pour équation

$$\frac{x^2}{a^2} - \frac{y^2}{b^2} - \frac{z^2}{c^2} = 0,$$

$$\frac{x^2}{a^2} - \frac{y^2}{b^2} - \frac{z^2}{c^2} = 1,$$

sont deux surfaces asymptotes l'une de l'autre ; même démonstration que pour l'hyperboloïde à une nappe.

Ces deux surfaces sont coupées par un même plan suivant des courbes semblables.

IV. Le cylindre à base hyperbolique et le système de deux plans parallèles sont des cas particuliers de l'hyperboloïde à deux nappes. Le premier s'obtient en supposant b ou c infinis ; le second en faisant à la fois b et c infinis.

753. Résumé. — Les surfaces du second ordre, douées de centre, se partagent donc en trois genres :

1° Une surface entièrement fermée, l'ELLIPSOÏDE, dont l'équation la plus simple est

$$\frac{x^2}{a^2} + \frac{y^2}{b^2} + \frac{z^2}{c^2} = 1, \qquad [E]$$

et qui comprend, comme variétés, *le point, le cylindre à base elliptique, le système de deux plans parallèles.*

2° Une surface illimitée dans tous les sens n'offrant aucune solution de continuité, l'HYPERBOLOÏDE A UNE NAPPE, dont l'équation la plus simple est

$$\frac{x^2}{a^2} + \frac{y^2}{b^2} - \frac{z^2}{c^2} = 1, \qquad [H_1]$$

et qui comprend, comme variétés, *le cône, le cylindre à base elliptique ou hyperbolique, le système de deux plans parallèles.*

3° Une surface illimitée dans tous les sens, composée de deux parties entièrement détachées l'une de l'autre, l'HYPERBOLOÏDE A DEUX NAPPES, dont l'équation la plus simple est

$$\frac{x^2}{a^2} - \frac{y^2}{b^2} - \frac{z^2}{c^2} = 1, \qquad [H_2]$$

et qui comprend, comme variétés, le cône, le cylindre à base hyperbolique, le système de deux plans parallèles.

§ 5. — CLASSIFICATION DES SURFACES DÉPOURVUES DE CENTRE.

754. Considérations générales. — Les surfaces dépourvues de centre sont comprises dans l'équation

$$My^2 + Nz^2 = 2Ux. \qquad [\text{II}]$$

Nous pourrons toujours supposer M positif, condition que l'on remplirait en changeant les signes des deux membres. Le coefficient U peut aussi être supposé positif, car s'il ne l'était pas, on le rendrait tel en changeant le sens suivant lequel on compte les x positifs.

Ceci admis, la discussion de l'équation ne comprendra que deux cas, suivant que les coefficients du premier membre seront tous les deux positifs, ou l'un positif et l'autre négatif.

755. Premier cas. Deux coefficients positifs. — PARABOLOÏDE ELLIPTIQUE.

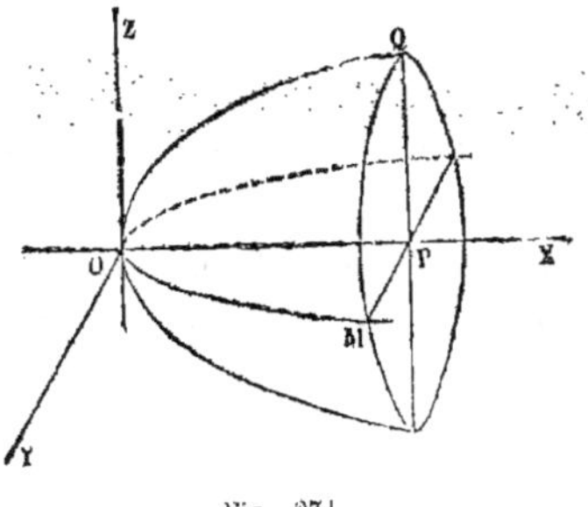

Axe. Sommet. — L'un des trois plans principaux étant à l'infini, la surface n'admet qu'un seul axe, l'axe des x. Il est clair que cet axe ne rencontre la surface qu'en un point, qui est l'origine O (fig. 231). Ce point s'appelle le *sommet*.

Sections principales. — L'une d'elles est à l'infini. Les deux autres sont données par les équations

$$z = 0, \quad y^2 = \frac{2U}{M}x,$$

$$y = 0, \quad z^2 = \frac{2U}{N}x.$$

Fig. 231.

Ce sont deux paraboles. Le plan des zy ne rencontre la surface qu'au point O, puisque pour $x = 0$ l'équation ne peut être satisfaite que par $y = 0$ et $z = 0$.

En appelant $2p$ et $2q$ les paramètres des deux sections principales, l'équation de la surface peut se mettre sous la forme

$$\frac{y^2}{2p} + \frac{z^2}{2q} = x. \qquad \text{[PE]}$$

Section parallèle au plan des zy. — Une pareille section a pour équations

$$x = \alpha, \qquad \frac{y^2}{2p} + \frac{z^2}{2p} = \alpha.$$

C'est donc une ellipse réelle ou imaginaire, suivant que α est positif ou négatif; la surface est donc tout entière à droite du plan des zy, et elle s'étend indéfiniment vers les x positifs.

Section par un plan quelconque. — Soit

$$z = \alpha x + \beta y + \gamma$$

l'équation du plan considéré. La projection de la section sur le plan des xy est représentée par l'équation

$$\frac{y^2}{2p} + \frac{(\alpha x + \beta y + \gamma)^2}{2q} = x.$$

La fonction caractéristique $B^2 - 4AC$ est ici

$$\frac{\alpha^2\beta^2}{q^2} - \frac{\alpha^2}{q}\left(\frac{1}{p} + \frac{\beta^2}{q}\right)$$

ou

$$-\frac{\alpha^2}{pq}.$$

La section est donc une ellipse, à moins que l'on n'ait $\alpha = 0$, c'est-à-dire que le plan sécant ne soit parallèle à l'axe; dans ce cas la section est une parabole.

Ainsi, la surface examinée ne peut être coupée par un plan que suivant une *ellipse* ou une *parabole*. De là le nom de *paraboloïde elliptique*.

REMARQUES. — I. Si $q = \infty$, l'équation se réduit à

$$\frac{y^2}{2p} = x,$$

et représente un *cylindre à base parabolique*.

II. Si dans l'équation

$$My^2 + Nz^2 = 2Ux$$

on suppose $U = 0$, l'équation se réduit à $My^2 + Nz^2 = 0$, et ne peut être satisfaite que par $y = 0$ et $z = 0$. Elle ne représente donc qu'une *droite*, l'axe des x.

III. Si $p = q$, l'équation représente un paraboloïde de révolution.

756. Deuxième cas. Deux coefficients de signes contraires. — PARABOLOÏDE HYPERBOLIQUE.

L'équation devient, en mettant les signes en évidence,

$$My^2 - Nz^2 = 2Ux.$$

Axe, sommet. — La surface n'a, comme la précédente, qu'un seul axe, l'axe des x; qu'un seul sommet, l'origine.

Sections principales. — Ces sections sont données par les équations

$$y = 0, \quad -Nz^2 = 2Ux,$$
$$z = 0, \quad My^2 = 2Ux.$$

Ce sont donc des paraboles ayant leur sommet en O (fig. 232), et pour axe l'axe des x; mais l'une s'étend vers les x positifs, et l'autre vers les x négatifs.

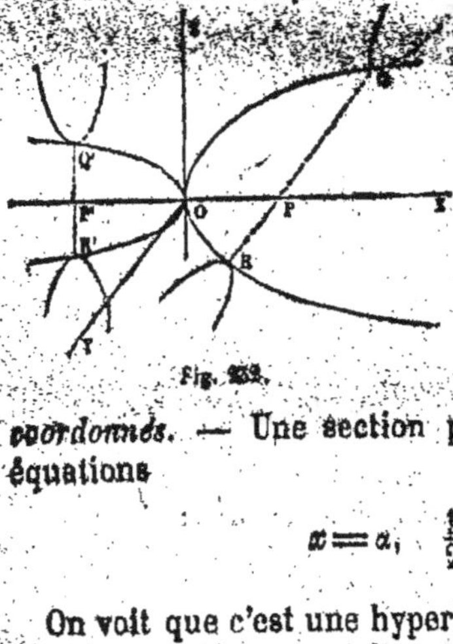

En désignant par $2p$ et $2q$ leurs paramètres, on donnera à l'équation de la surface la forme

$$\frac{y^2}{2p} - \frac{x^2}{2q} = x.$$

Fig. 232.

Sections parallèles aux plans coordonnés. — Une section parallèle au plan des xy a pour équations

$$x = a, \quad \frac{y^2}{2p} - \frac{x^2}{2q} = a.$$

On voit que c'est une hyperbole dont l'axe transverse est parallèle à l'axe des y ou à l'axe des x, suivant que a est positif ou négatif. La surface s'étend donc indéfiniment dans le sens des x positifs et dans celui des x négatifs. Si $\alpha = 0$, l'hyperbole se réduit à deux droites.

Les sections parallèles aux autres plans coordonnés sont des paraboles égales aux paraboles principales, et semblablement placées.

Section par un plan quelconque. — En changeant q en $-q$ dans le résultat trouvé pour le cas du paraboloïde elliptique, on voit que les sections planes de la surface sont toujours des *hyperboles* ou des *paraboles*, et ce dernier cas n'a lieu que si le plan sécant est parallèle à l'axe. De là le nom de *paraboloïde hyperbolique*.

REMARQUES. — I. Si $q = \infty$, l'équation se réduit à $\dfrac{y^2}{2p} = x$, et représente un cylindre à base parabolique.

II. Si dans l'équation générale on a $U = 0$, l'équation se réduit à $My^2 - Nz^2 = 0$, et représente deux plans qui se coupent.

III. Le paraboloïde hyperbolique ne peut jamais être une surface de révolution, puisque aucun plan ne peut le couper suivant une courbe fermée.

757. Résumé. — Ainsi, les surfaces du second ordre, dépourvues de centre, se partagent en deux genres.

1° Une surface indéfinie dans un sens : le PARABOLOÏDE ELLIPTIQUE, dont l'équation la plus simple est

$$\frac{y^2}{2p} + \frac{z^2}{2q} = x, \qquad \text{[PD]}$$

et qui comprend, comme variétés, *la droite et le cylindre à base parabolique*.

2° Une surface indéfinie dans les deux sens : le PARABOLOÏDE HYPERBOLIQUE, dont l'équation la plus simple est

$$\frac{y^2}{2p} - \frac{z^2}{2q} = x, \qquad \text{[PH]}$$

et qui comprend, comme variétés, *le système de deux plans qui se coupent, et le cylindre à base parabolique*.

758. Rapprochement entre les surfaces à centre et les surfaces dénuées de centre. — Les surfaces que nous venons d'étudier se distinguent par leur aspect de celles qui font l'objet du premier paragraphe, et justifient ainsi les deux grandes divisions que nous avons adoptées. Toutefois, les surfaces dénuées de centre ne diffèrent pas tellement des surfaces à centre, qu'on ne puisse passer de celles-ci à celles-là par des modifications convenables. C'est ce que nous allons faire voir.

Prenons l'ellipsoïde représenté par l'équation

$$\frac{x^2}{a^2} + \frac{y^2}{b^2} + \frac{z^2}{c^2} = 1,$$

et transportons l'origine au sommet de gauche. L'équation deviendra

$$\frac{x^2 - 2ax + a^2}{a^2} + \frac{y^2}{b^2} + \frac{z^2}{c^2} = 1,$$

ou

$$\frac{x^2}{a^2} + \frac{y^2}{b^2} + \frac{z^2}{c^2} = \frac{2x}{a},$$

et l'on pourra l'écrire ainsi :

$$\frac{x^2}{2a} + \frac{y^2}{2\frac{b^2}{a}} + \frac{z^2}{2\frac{c^2}{a}} = x.$$

Or, si l'on fait grandir indéfiniment a, b, c, de telle sorte toutefois qu'on ait constamment

$$\frac{b^2}{a} = p, \quad \frac{c^2}{a} = q,$$

p et q étant des quantités déterminées, et qu'on fasse ensuite $a = \infty$, on aura

$$\frac{y^2}{2p} + \frac{z^2}{2q} = x, \qquad\qquad \text{[PE]}$$

équation du paraboloïde elliptique.

On pourrait de même déduire ce paraboloïde de l'hyperboloïde à deux nappes en transportant l'origine au sommet de droite. Par conséquent :

Le paraboloïde elliptique [PE] *peut être considéré comme un ellipsoïde dont le centre serait situé à l'infini sur l'axe des* x *et du côté des* x *positifs, ou comme un hyperboloïde à deux nappes, dont le centre serait situé sur le même axe à l'infini, mais du côté des* x *négatifs.*

Le cône asymptote est dans ce dernier cas à l'infini, et toutes ses génératrices peuvent être considérées comme parallèles à l'axe.

Si dans l'équation de l'hyperboloïde à une nappe

$$\frac{x^2}{a^2} + \frac{y^2}{b^2} - \frac{z^2}{c^2} = 1 \qquad [\text{H}_1]$$

on transporte l'origine sur l'axe des x à la distance $+a$, et qu'on fasse ensuite varier les axes de manière que $\dfrac{b^2}{a}$ et $\dfrac{c^2}{a}$ restent constants et que a tende vers l'infini, on obtiendra à la limite le paraboloïde hyperbolique,

$$\frac{y^2}{2p} - \frac{z^2}{2q} = x \, ; \qquad [\text{PH}]$$

ainsi, *le paraboloïde hyperbolique* [PH] *peut être considéré comme un hyperboloïde à une nappe, dont le centre serait situé à l'infini sur l'axe des* x.

De là résulte cette conclusion importante, que les propriétés des surfaces dépourvues de centre ne peuvent être que des cas particuliers de celles dont jouissent les surfaces douées de centre. Par exemple, de ce que, dans une surface de cette dernière espèce, *tout plan diamétral passe par le centre*, on déduit sur-le-champ que, dans les deux paraboloïdes, *tout plan diamétral doit être parallèle à l'axe.*

§ 6. — FORMES RÉDUITES DE L'ÉQUATION DU SECOND DEGRÉ A TROIS VARIABLES, EN COORDONNÉES OBLIQUES.

759. Au lieu de rapporter les surfaces du second degré à des axes rectangulaires, il peut être utile, dans certaines questions, de les rapporter à des axes obliques. L'objet de ce paragraphe est de faire voir qu'on peut toujours, et d'une infinité de manières, rapporter la surface donnée à des axes obliques en conservant la forme simple que l'équation avait en coordonnées rectangulaires, c'est-à-dire l'une des deux formes [20] ou [21] du n° **737**.

760. Supposons d'abord qu'il s'agisse d'une surface à centre unique représentée en coordonnées rectangulaires par l'équation

$$L x^2 + M y^2 + N z^2 = T. \qquad [1]$$

Si $x = az$, $y = bz$ représentent une direction donnée quelconque, le plan diamétral conjugué à cette direction sera représenté par l'équation (**725**)

$$a f_z' + b f_y' + f_z' = 0,$$

ou

$$a L x + b M y + N z = 0, \qquad [2]$$

ou encore, en appelant α, β, γ les angles que la direction donnée fait avec les axes,

$$\cos\alpha . L x + \cos\beta . M y + \cos\gamma . N z = 0, \qquad [3]$$

ce plan sera toujours déterminé et placé à distance finie.

Concevons donc qu'on transforme les axes en prenant pour plan des xy un des plans diamétraux représentés par l'équation [3] et pour axe des z une parallèle aux cordes que ce plan diamétral divise en deux parties égales.

L'équation de la surface, rapportée à ce nouveau système d'axe, ne devra point contenir de termes affectés de la première puissance de z, puisque pour chaque système de valeurs de x' et de y' elle doit donner pour z deux valeurs égales et de signe contraire. La nouvelle équation sera donc de la forme

$$N' z'^2 + \varphi(x', y') = 0,$$

φ représentant une fonction du second degré; c'est celle qui, égalée à zéro, donne l'équation de l'intersection de la surface avec le plan des $x'y'$.

Mais puisque l'origine est le centre de la surface, ce point est aussi le centre de la section dont nous parlons. On pourra donc, en la rapportant à un système quelconque de diamètres conjugués, sans changer la direction de l'axe des z', réduire la fonction φ à la forme $L'x'^2 + M'y'^2 = T'$; et dès lors l'équation de la surface sera

$$L'x'^2 + M'y'^2 + N'z'^2 = T', \qquad [4]$$

c'est-à-dire qu'elle sera de même forme que l'équation [1].

On peut remarquer que le plan de deux axes coordonnés quelconques divise en deux parties égales les cordes parallèles au troisième, c'est-à-dire que la surface est rapportée à un système de diamètres conjugués. Et l'on voit que cette transformation peut s'effectuer d'une infinité de manières.

761. Supposons, en second lieu, qu'il s'agisse d'une surface dépourvue de centre, ou en ayant une infinité, et représentée en coordonnées rectangulaires par l'équation

$$My^2 + Nz^2 - 2Ux = 0. \qquad [5]$$

L'équation du plan diamétral conjugué à la direction qui fait avec les axes les angles α, β, γ, sera

$$- \cos\alpha . U + \cos\beta . My + \cos\gamma . Nz = 0. \qquad [6]$$

Ce plan sera toujours déterminé; il ne serait rejeté à l'infini que si l'on avait à la fois $\cos\beta = 0$ et $\cos\gamma = 0$, ou $\cos\beta = 0$ avec $N = 0$, ou enfin $\cos\gamma = 0$ avec $M = 0$. Sauf ces cas exceptionnels, que l'on est maître d'écarter, on aura donc toujours un plan diamétral situé à distance finie.

Concevons qu'on le prenne pour plan des $x'y'$, et pour axe des z' une parallèle aux cordes que ce plan divise en deux parties égales. L'équation de la surface ne devra point contenir de termes du premier degré en z', et sera par conséquent réduite à la forme

$$N'z'^2 + \psi(x', y') = 0.$$

ψ représentant une fonction du second degré, et $\psi(x', y') = 0$ étant l'intersection de la surface avec le nouveau plan des $x'y'$.

Mais le plan [6] est un plan parallèle à l'axe des x. Or il résulte de la forme même de l'équation [5] que tout plan parallèle à l'axe des x coupe la surface suivant une courbe ou variété de courbe qui appartient au genre parabole, car sa projection sur le plan des xy appartient à ce même genre. On pourra donc, et d'une infinité de manières, par un changement d'axes dans le plan des $x'y'$, et sans changer la direction de l'axe des z', réduire la fonction ψ à la forme

$$M'y'^2 - 2U'x;$$

et dès lors l'équation de la surface, rapportée aux nouveaux axes, sera

$$M'y'^2 + N'z'^2 - 2U'x' = 0, \qquad [7]$$

c'est-à-dire qu'elle sera de même forme que l'équation [5].

Cette forme de l'équation [7] montre que l'origine est un point de la surface; que le plan des $x'y'$ est un plan diamétral, et qu'il en est de même du plan des $x'z'$. Ces deux plans sont tous deux parallèles à l'ancien axe des x, c'est-à-dire à l'axe principal de la surface; il en est donc de même de leur intersection, c'est-à-dire de l'axe des x'. Le plan diamétral conjugué à la direction de l'axe des x' est rejeté à l'infini; mais le plan des $y'z'$ lui est parallèle; et il est facile de voir qu'il est tangent à la surface au point pris pour origine. Enfin, les axes des y' et des z' sont parallèles à deux diamètres conjugués quelconques de la section qu'on obtiendrait en coupant la surface par un plan parallèle au plan des $y'z'$.

CHAPITRE V

§ 1. — DES SECTIONS CIRCULAIRES.

762. Si un plan coupe une surface du second ordre suivant un cercle C, tous les plans parallèles à celui-là couperont aussi la surface suivant des cercles C′, C″, C‴, etc., dont les centres se trouveront sur un diamètre E de cette surface. Imaginons par la droite E un plan P perpendiculaire aux plans des sections et coupant les cercles C, C′, C″ suivant les droites D, D′, D″, etc. Toutes les cordes perpendiculaires à ces droites, dans les sections considérées, seront partagées par elles en deux parties égales, et comme ces cordes sont perpendiculaires au plan P, on en conclut que ce plan est un plan principal. On a donc ce théorème :

Une section circulaire quelconque d'une surface du second ordre doit être dans un plan perpendiculaire à un plan principal.

Nous appellerons, avec M. Chasles, *plans cycliques* les plans qui, par leur intersection avec une surface du second ordre, donnent des sections circulaires.

Nous allons maintenant passer en revue les diverses surfaces du second ordre et chercher si elles possèdent des plans cycliques. D'après le théorème que nous venons de démontrer, il suffira de considérer les plans parallèles à l'un des axes principaux de la surface.

Soit d'abord un ellipsoïde

$$\frac{x^2}{a^2}+\frac{y^2}{b^2}+\frac{z^2}{c^2}=1, \qquad\qquad [\text{E}]$$

et supposons

$$a > b > c.$$

Par l'axe moyen, qui est ici l'axe des y, faisons passer un plan. La section obtenue sera une ellipse ayant pour axes $2b$, et un diamètre $2d$ de l'ellipse principale qui a pour équations

$$y = 0, \quad \frac{x^2}{a^2} + \frac{z^2}{c^2} = 1. \qquad [1]$$

Or le diamètre $2d$ varie entre $2a$ et $2c$: il y aura donc une position à droite de l'axe des z et une symétrique à gauche, dans laquelle on aura $2d = 2b$, et pour laquelle par conséquent la section sera un cercle.

Soit alors θ l'angle que le diamètre $2d$ fait avec la partie positive de l'axe des x ; θ sera aussi l'angle du plan cyclique et du plan des xy. Soient x', z' les coordonnées de l'extrémité de ce diamètre : on aura

$$\frac{x'^2}{a^2} + \frac{z'^2}{c^2} = 1, \qquad [2]$$

et puisque

$$d = b,$$

$$x' = b \cos \theta, \quad z' = b \sin \theta.$$

Si l'on porte ces valeurs dans l'équation [2], on aura

$$\frac{b^2}{a^2} \cos^2\theta + \frac{b^2}{c^2} \sin^2\theta = 1 = \cos^2\theta + \sin^2\theta,$$

d'où l'on tire aisément

$$\tan^2\theta = \frac{1 - \dfrac{b^2}{a^2}}{\dfrac{b^2}{c^2} - 1} = \frac{(a^2 - b^2)c^2}{(b^2 - c^2)a^2}$$

et

$$\tan\theta = \pm \frac{c}{a} \sqrt{\frac{a^2 - b^2}{b^2 - c^2}},$$

valeurs réelles, comme on devait s'y attendre.

On prouvera facilement qu'un plan mené par le grand axe ou par le plus petit ne peut donner de sections circulaires.

703. Soit maintenant un hyperboloïde à une nappe

$$\frac{x^2}{a^2} + \frac{y^2}{b^2} - \frac{z^2}{c^2} = 1. \qquad [H_1]$$

Supposons $b > a$. Faisons passer un plan sécant par le plus grand des deux axes réels, c'est-à-dire par l'axe des y, et par un diamètre transverse $2d$ de l'hyperbole principale représentée par les équations

$$y = 0, \quad \frac{x^2}{a^2} - \frac{z^2}{c^2} = 1.$$

La section sera une ellipse ayant pour axes $2b$ et $2d$.

Or ce diamètre $2d$, d'abord égal à $2a$ quand le plan considéré est couché sur le plan des xy, augmente constamment à mesure que le plan sécant se relève, et il finit par devenir égal à $2b$. Il augmente ensuite jusqu'à l'infini, devient imaginaire, puis redevient transverse et passe de l'infini à 0, en sorte qu'il devient de nouveau égal à $2b$. Par conséquent il existe deux plans cycliques symétriquement placés par rapport au plan des xy et passant par l'axe des y.

En appelant θ l'angle du plan cyclique et du plan des xy, on trouvera, comme dans le cas précédent,

$$\tan \theta = \pm \frac{c}{a} \sqrt{\frac{b^2 - a^2}{c^2 + b^2}},$$

et l'on verrait sans peine qu'aucun plan mené par l'axe des z ou par l'axe des x ne peut être un plan cyclique.

L'équation de l'hyperboloïde à deux nappes peut être mise sous la forme

$$\frac{x^2}{a^2} + \frac{y^2}{b^2} - \frac{z^2}{c^2} = -1. \qquad [H_2]$$

Il résulte de ce que nous avons dit (**749**, Rem.) que les sections faites par un même plan dans les surfaces H_1 et H_2 sont des courbes semblables, en supposant que les éléments principaux a, b, c y aient les mêmes valeurs.

Donc la surface H_2 possède également deux séries de plans cycliques parallèles aux plans cycliques de H_1. Donc, si l'on observe que $2a$ et $2b$ sont les axes imaginaires de H_2, on pourra dire qu'il existe dans l'hyperboloïde à deux nappes deux séries de plans cycliques parallèles au plus grand des deux axes imaginaires.

764. En considérant les paraboloïdes comme des limites des surfaces à centre (**758**), on trouvera que le paraboloïde elliptique a deux séries de plans cycliques perpendiculaires au plan de la parabole principale qui a le plus petit paramètre, et que le paraboloïde hyperbolique n'a aucun plan cyclique, ce qui s'accorde bien avec la nature de cette surface dont aucune section plane ne peut être une courbe fermée.

Ainsi, en résumé, toutes les surfaces du second ordre, à l'exception du paraboloïde hyperbolique, admettent deux séries de plans cycliques. Il en résulte qu'on peut les engendrer par le mouvement de translation d'un cercle variable, dont un diamètre serait constamment inscrit dans une courbe du second degré.

Remarque. — Les deux séries de plans cycliques sont parallèles à l'axe moyen dans l'ellipsoïde, au plus grand des axes réels dans l'hyperboloïde à une nappe, au plus grand des axes imaginaires dans l'hyperboloïde à deux nappes. On réduirait tous ces énoncés à un seul, si l'on convenait de ranger les axes réels ou imaginaires d'une surface à centre, d'après l'ordre de grandeur des inverses de leurs carrés, en regardant, suivant l'usage, une quantité négative comme étant d'autant plus petite que sa valeur absolue est plus grande. On pourrait dire, d'après cette convention, que *dans les surfaces à centres les plans cycliques sont parallèles à l'axe dont l'inverse élevé au carré est moyen entre les carrés des inverses des deux autres axes.*

765. Théorème. — *Deux sections circulaires dont les plans ne sont pas parallèles sont toujours situées sur une même sphère.*

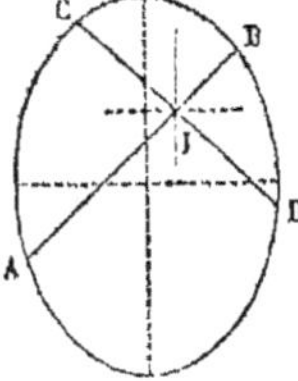

Fig. 233.

Soit, en effet, ACBD (fig. 233) la section principale dont le plan est perpendiculaire aux deux systèmes de plans cycliques; et soient AB et CD les traces sur ce plan de deux sections circulaires non parallèles; ce seront en même temps les diamètres de ces sections circulaires.

Le système de ces deux diamètres forme un lieu du second

degré qui a pour axes de symétrie les bissectrices des angles
en I, c'est-à-dire des parallèles aux axes de la section principale
ACBD, puisque les inclinaisons des deux systèmes de plans cycliques sont symétriques. Or on a vu au n° **745** que, lorsque
deux courbes ou lieux du second degré ont leurs axes parallèles,
leurs quatre points d'intersection sont sur une même circonférence de cercle. Donc les quatre points A, B, C, D sont sur un
même cercle. Si sur ce cercle, comme grand cercle, on construit
une sphère, AB et CD seront les diamètres de deux petits cercles
de cette sphère. Donc cette sphère passe par les deux sections
circulaires considérées.

766. Ombilics. — Si, dans une surface du second degré,
on mène un plan cyclique, et qu'on le transporte parallèlement
à lui-même jusqu'à ce qu'il devienne tangent, le point de contact jouit de cette propriété que, si, parallèlement au plan tangent en ce point, on mène un plan sécant infiniment voisin, il
coupe la surface suivant un cercle d'un rayon infiniment petit.
Les points qui, dans les surfaces, jouissent de cette propriété
ont reçu le nom d'*ombilics*.

Il est aisé de reconnaître que dans l'ellipsoïde il y a quatre
ombilics : ce sont les extrémités des deux diamètres conjugués
aux plans cycliques.

Il en est de même dans l'hyperboloïde à une nappe ou à deux
nappes.

Dans le paraboloïde elliptique, il y a seulement deux ombilics ; ce sont les points où la surface est percée par les deux diamètres conjugués aux deux directions de plans cycliques

Dans l'ellipsoïde de révolution, il n'y a également que deux
ombilics ; ce sont les extrémités de l'axe de révolution.

Dans la sphère, au contraire, tous les points de la surface
sont des ombilics.

§ 2. — SECTIONS RECTILIGNES DE L'HYPERBOLOÏDE A UNE NAPPE ET DU PARABOLOÏDE HYPERBOLIQUE.

767. Génératrices rectilignes de l'hyperboloïde à une nappe. — THÉORÈME. — *On peut, sur l'hyperboloïde à une nappe, tracer deux droites par chacun de ses points, et deux seulement.*

L'équation

$$\frac{x^2}{a^2} + \frac{y^2}{b^2} - \frac{z^2}{c^2} = 1 \qquad [\mathrm{H}_1]$$

de l'hyperboloïde à une nappe, étant mise sous la forme

$$\frac{x^2}{a^2} - \frac{z^2}{c^2} = 1 - \frac{y^2}{b^2}$$

ou

$$\left(\frac{x}{a} + \frac{z}{c}\right)\left(\frac{x}{a} - \frac{z}{c}\right) = \left(1 + \frac{y}{b}\right)\left(1 - \frac{y}{b}\right),$$

on voit qu'elle est vérifiée, soit en posant

$$\left.\begin{array}{l} \dfrac{x}{a} + \dfrac{z}{c} = \alpha\left(1 + \dfrac{y}{b}\right) \\[2mm] \dfrac{x}{a} - \dfrac{z}{c} = \dfrac{1}{\alpha}\left(1 - \dfrac{y}{b}\right) \end{array}\right\} \qquad [\alpha]$$

soit en posant

$$\left.\begin{array}{l} \dfrac{x}{a} + \dfrac{z}{c} = \beta\left(1 - \dfrac{y}{b}\right) \\[2mm] \dfrac{x}{a} - \dfrac{z}{c} = \dfrac{1}{\beta}\left(1 + \dfrac{y}{b}\right) \end{array}\right\} \qquad [\beta]$$

quelles que soient la valeurs attribuées à α et à β. Or, en regardant α et β comme deux paramètres variables, $[\alpha]$ et $[\beta]$ sont les équations de deux systèmes différents de lignes droites, situées sur l'hyperboloïde H_1.

Par chacun des points (x', y', z') de l'hyperboloïde passe une seule droite du système $[\alpha]$ et une seule droite du système $[\beta]$. En effet, pour que le système $[\alpha]$ représente une droite passant par ce point, il faut et il suffit de prendre pour α une valeur qui vérifie à la fois les deux équations de condition

$$\left.\begin{aligned} \frac{x'}{a} + \frac{z'}{c} &= \alpha \left(1 + \frac{y'}{b} \right) \\ \frac{x'}{a} - \frac{z'}{c} &= \frac{1}{\alpha} \left(1 - \frac{y'}{b} \right) \end{aligned}\right\}. \qquad [2]$$

Or chacune de ces équations donne une seule valeur pour α, et ces valeurs sont égales; car en les égalant on obtient l'identité

$$\frac{x'^2}{a^2} + \frac{y'^2}{b^2} - \frac{z'^2}{c^2} = 1.$$

Donc il n'y a qu'une seule des droites du système $[\alpha]$ qui passe par le point considéré. On prouverait de même qu'il n'y a qu'une seule droite du système $[\beta]$ qui passe par ce point; ce qui démontre la seconde partie de la proposition énoncée.

768. Théorème. — *Deux droites d'un même système ne sont jamais dans un même plan.*

Soient

$$\left.\begin{aligned} \frac{x}{a} + \frac{z}{c} &= \alpha \left(1 + \frac{y}{b} \right) \\ \frac{x}{a} - \frac{z}{c} &= \frac{1}{\alpha} \left(1 - \frac{y}{b} \right) \end{aligned}\right\}, \qquad [\alpha]$$

$$\left.\begin{aligned} \frac{x}{a} + \frac{z}{c} &= \alpha' \left(1 + \frac{y}{b} \right) \\ \frac{x}{a} - \frac{z}{c} &= \frac{1}{\alpha'} \left(1 - \frac{y}{b} \right) \end{aligned}\right\}, \qquad [\alpha']$$

les équations de deux droites du système $[\alpha]$. Pour que ces deux droites fussent dans un même plan, leurs équations devraient être satisfaites par un même système de valeurs de x, y, z; or chacune des équations $[\alpha]$ n'est compatible avec l'équation $[\alpha']$ correspondante que pour $\alpha = \alpha'$. Donc les deux droites considérées ne sont pas dans un même plan.

On démontrerait de la même manière que deux droites du système $[\beta]$ ne sont jamais dans un même plan.

769. Théorème. — *Deux droites de systèmes différents sont toujours dans un même plan.*

En effet, si l'on élimine x, y, z entre les équations $[\beta]$ et $[\alpha]$, on obtient la relation identique

$$\alpha\beta = \beta\alpha.$$

Donc deux droites quelconques représentées par ces équations sont dans un même plan ; ce qui démontre le théorème.

770. Théorème. — *Les droites représentées par les équations* $[\alpha]$ *et* $[\beta]$ *sont les seules droites qu'on puisse tracer sur la surface de l'hyperboloïde à une nappe.*

En effet, supposons qu'une droite D, située sur l'hyperboloïde, n'appartienne ni au système $[\alpha]$ ni au système $[\beta]$. Par un point quelconque de D, concevons une droite D′ du système $[\alpha]$; puis, par chacun des points de D, concevons des droites du système $[\beta]$; chacune de ces droites rencontrerait D′ (**769**); et, par suite, elles seraient toutes dans un même plan, ce qui est impossible (**768**).

771. Théorème. — *Toutes les droites situées sur l'hyperboloïde étant transportées au centre, parallèlement à elles-mêmes, s'appliquent exactement sur le cône asymptote.*

En effet, les parallèles, menées par le centre de l'hyperboloïde, aux droites représentées par les équations $[\alpha]$ et $[\beta]$, les seules que l'on puisse tracer sur cette surface, ont pour équations

$$\left. \begin{aligned} \frac{x}{a} + \frac{z}{c} &= \alpha \cdot \frac{y}{b} \\[2mm] \frac{x}{a} - \frac{z}{c} &= -\frac{1}{\alpha} \cdot \frac{y}{b} \end{aligned} \right\} \qquad [1]$$

$$\left. \begin{aligned} \frac{a}{x} + \frac{z}{c} &= -\beta \cdot \frac{y}{b} \\[2mm] \frac{x}{a} + \frac{z}{c} &= \frac{1}{\beta} \cdot \frac{y}{b} \end{aligned} \right\} \qquad [2]$$

Or, en éliminant α entre les équations $[\alpha]$ et $[1]$, ou β entre les équations $[\beta]$ et $[2]$, on trouve

$$\frac{x^2}{a^2} + \frac{y^2}{b^2} - \frac{z^2}{c^2} = 0,$$

équation du cône asymptote (**749**). La proposition est donc démontrée.

772. THÉORÈME. — *Trois droites situées sur l'hyperboloïde à une nappe ne sont jamais parallèles à un même plan.*

Car, autrement, il y aurait trois génératrices du cône asymptote situées dans un même plan, ce qui est impossible, puisque ce cône est du second degré.

773. THÉORÈME. — *L'hyperboloïde à une nappe peut être engendré par une droite qui glisse sur trois droites fixes, non situées deux à deux dans un même plan et non parallèles à un même plan.*

En effet, soient D, D′, D″ trois droites du système [α]; par chaque point de l'une d'elles, de D par exemple, on peut mener une droite du système [β], et l'on n'en peut mener qu'une seule, qui rencontrera D′ et D″ (**770**). Les droites du système [β] peuvent donc être considérées comme les positions successives d'une droite mobile qui glisserait sur les droites D, D′, D″, et qui, dans son mouvement, engendrerait l'hyperboloïde. A cause de cette propriété, les droites représentées par les équations [α] et [β] prennent le nom de *génératrices* de l'hyperboloïde.

774. THÉORÈME. — *Réciproquement, lorsqu'une droite glisse sur trois droites fixes, non situées deux à deux dans un même plan, et non parallèles à un même plan, elle engendre un hyperboloïde à une nappe.*

Soient D, D′, D″ (fig. 234) les trois droites données, non situées deux à deux dans un même plan et non parallèles à un même plan. Concevons, par chacune de ces droites, deux plans respectivement parallèles aux deux autres; ces six plans formeront un parallélépipède. Prenons pour origine le centre de ce parallélépipède, pour axes des parallèles aux droites données, et désignons par 2a, 2b, 2c les longueurs des

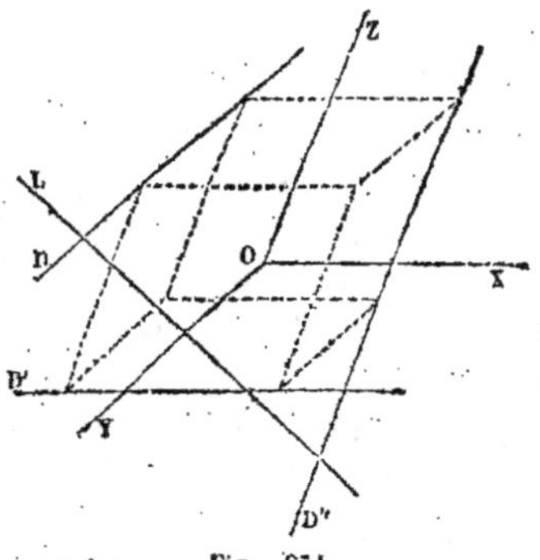

Fig. 234.

arêtes du parallélépipède. Les droites données auront respectivement pour équations :

$$x = -a \left.\right\}, \quad \text{[D]} \quad \begin{aligned} y &= b \\ z &= -c \end{aligned} \left.\right\}, \quad \text{[D']} \quad \begin{aligned} x &= a \\ y &= -b \end{aligned} \left.\right\}. \quad \text{[D'']}$$

$$\begin{aligned} x &= -a \\ z &= c \end{aligned}$$

Soient d'autre part

$$\left. \begin{aligned} x &= mz + p \\ y &= nz + q \end{aligned} \right\} \qquad \text{[G]}$$

les équations de la génératrice. Pour que la droite [G] rencontre les droites données, il faut qu'on ait :

$$-a = mc + p, \qquad \text{[1]}$$

$$b = -nc + q, \qquad \text{[2]}$$

$$\frac{p - a}{m} = \frac{b + q}{n}. \qquad \text{[3]}$$

On aura donc l'équation de la surface demandée, en éliminant m, n, p et q entre les équations [G], [1], [2] et [3]; ce qui donne

$$ayz + bxz + cxy + abc = 0,$$

équation d'un hyperboloïde à une nappe, puisque la surface est du second degré, à centre unique et à génératrices rectilignes. Le théorème est donc démontré.

775. REMARQUE. — L'hyperboloïde à deux nappes n'admet pas de sections rectilignes. En effet, remarquons d'abord qu'une droite qui a plus de deux points sur une surface du second ordre, doit y être contenue tout entière, puisque deux équations du premier degré et une équation du second ne peuvent être satisfaites par plus de deux systèmes de valeurs, sans avoir toutes les solutions communes. Ainsi, une droite située sur l'hyperboloïde à deux nappes ne peut être en partie sur une nappe et en partie sur l'autre, puisque les points placés entre les deux nappes seraient dans ce cas hors de la surface : elle ne pourrait pas davantage être tout entière sur une même nappe, puisqu'une section plane faite sur une seule nappe est évidemment une courbe fermée ou une parabole. Donc l'hyperboloïde à deux nappes n'admet pas de sections rectilignes.

776. Génératrices rectilignes du paraboloïde hyperbolique. THÉORÈME. — *On peut, sur la surface du paraboloïde hyperbolique, tracer deux droites par chacun de ses points, et deux seulement.*

L'équation

$$\frac{y^2}{2p} - \frac{z^2}{2q} = x \quad \text{ou} \quad \frac{y^2}{p} - \frac{z^2}{q} = 2x \qquad \text{[PH]}$$

du parabaloïde hyperbolique peut être mise sous la forme

$$\left(\frac{y}{\sqrt{p}} + \frac{z}{\sqrt{q}}\right)\left(\frac{y}{\sqrt{p}} - \frac{z}{\sqrt{q}}\right) = 2x;$$

on voit alors qu'on y satisfait, soit en posant

avec
$$\left.\begin{array}{l} \dfrac{y}{\sqrt{p}} + \dfrac{z}{\sqrt{q}} = 2\,\alpha x \\[2mm] \dfrac{y}{\sqrt{p}} - \dfrac{z}{\sqrt{q}} = \dfrac{1}{\alpha} \end{array}\right\}, \qquad [\alpha]$$

soit en posant

avec
$$\left.\begin{array}{l} \dfrac{y}{\sqrt{p}} + \dfrac{z}{\sqrt{q}} = \beta \\[2mm] \dfrac{y}{\sqrt{p}} - \dfrac{z}{\sqrt{q}} = \dfrac{2x}{\beta} \end{array}\right\}, \qquad [\beta]$$

quelles que soient les valeurs que l'on donne à α et à β. Or, en considérant α et β comme deux paramètres variables, $[\alpha]$ et $[\beta]$ sont les équations de deux systèmes différents de droites situées sur le paraboloïde.

Par un point (x', y', z') du paraboloïde passe une droite de chaque système, et une seule. En effet, pour que les équations $[\alpha]$ représentent une droite passant par ce point, il faut et il suffit de prendre pour α une valeur qui satisfasse aux équations de condition

$$\left.\begin{aligned}\frac{y'}{\sqrt{p}} + \frac{z'}{\sqrt{q}} &= 2\alpha x' \\ \frac{y'}{\sqrt{p}} - \frac{z'}{\sqrt{q}} &= \frac{1}{\alpha}\end{aligned}\right\}. \qquad [4]$$

Or chacune d'elles ne détermine qu'une seule valeur pour α, et ces deux valeurs sont égales, à cause de l'identité

$$\frac{y'^2}{p} - \frac{z'^2}{q} = 2x'.$$

Donc il n'y a qu'une seule droite du système [α] qui passe par le point considéré.

On prouverait de même qu'il n'y a qu'une seule droite du système [β] qui passe par ce même point; ce qui démontre la proposition énoncée.

777. Théorème. — *Deux droites d'un même système ne sont jamais dans un même plan.*

En effet, si l'on considère les équations

$$\left.\begin{aligned}\frac{y}{\sqrt{p}} + \frac{z}{\sqrt{q}} &= 2\alpha x \\ \frac{y}{\sqrt{p}} - \frac{z}{\sqrt{q}} &= \frac{1}{\alpha}\end{aligned}\right\}$$

et

$$\left.\begin{aligned}\frac{y}{\sqrt{p}} + \frac{z}{\sqrt{q}} &= 2\alpha' x \\ \frac{y}{\sqrt{p}} - \frac{z}{\sqrt{q}} &= \frac{1}{\alpha'}\end{aligned}\right\}$$

de deux droites du système [α], on voit que la première et la troisième ne peuvent être satisfaites par un même système de valeurs de x, y, z qu'autant qu'on a $\alpha = \alpha'$; et il en est de même pour la seconde et la quatrième. Donc les deux droites considérées ne sont pas dans un même plan.

Même démonstration pour les droites du système [β].

778. Théorème. — *Deux droites de systèmes différents sont toujours dans un même plan.*

Car, en éliminant x, y, z entre les équations $[\alpha]$ et $[\beta]$, on obtient l'identité

$$\alpha\beta = \beta\alpha,$$

qui prouve que deux droites quelconques représentées par ces équations sont dans un même plan.

779. THÉORÈME. — *Les droites représentées par les équations $[\alpha]$ et $[\beta]$ sont les seules qu'on puisse tracer sur la surface du paraboloïde hyperbolique.*

Même démonstration qu'au n° **770**.

REMARQUE. — Le paraboloïde elliptique n'admet pas de sections rectilignes. Même démonstration qu'au n° **775**.

780. THÉORÈME. — *Toutes les droites d'un même système sont parallèles à un même plan.*

Considérons les droites du système $[\alpha]$ dont les équations sont :

$$\left.\begin{aligned}\frac{y}{\sqrt{p}} + \frac{z}{\sqrt{q}} &= 2\alpha x\\[2mm]\frac{y}{\sqrt{p}} - \frac{z}{\sqrt{q}} &= \frac{1}{\alpha}\end{aligned}\right\}.$$

Les projections de ces droites sur le plan des yz sont évidemment parallèles; et il en est de même des plans qui les projettent; donc les droites elles-mêmes sont parallèles à un même plan.

On démontrerait de la même manière que les droites du système $[\beta]$ sont aussi parallèles à un même plan.

Les plans menés par l'axe parallèlement à ces deux directions fixes portent le nom de *plans directeurs*. Ils sont placés symétriquement par rapport au plan des zx.

781. THÉORÈME. — *Le paraboloïde hyperbolique peut être engendré soit par une droite qui glisse en s'appuyant sur trois droites fixes parallèles à un même plan, soit par une droite qui glisse sur deux droites fixes en restant parallèle à un même plan.*

1° Soient D, D′, D″ trois droites d'un même système, du système $[\alpha]$ par exemple. On peut, par chaque point de l'une de ces droites, mener une droite du système [β], qui rencontre les deux autres. Les droites du système [β] peuvent donc être considérées comme les positions successives d'une même droite qui, dans son mouvement, rencontrerait toujours D, D' D''; et par suite, le paraboloïde hyperbolique peut être considéré comme engendré par le mouvement d'une droite qui glisse sur trois droites fixes parallèles à un même plan.

2° Considérons deux droites D et D' du système [α]. Si, par chaque point de D, on conçoit une droite du système [β], ces droites rencontreront D'; et, en outre, elles seront parallèles à un même plan (**780**). Donc le paraboloïde hyperbolique peut aussi être engendré par une droite qui glisse sur deux droites fixes en restant parallèle à un même plan.

782. *Réciproquement 1° une droite qui glisse sur trois droites parallèles à un même plan engendre un paraboloïde hyperbolique; 2° une droite qui glisse sur deux droites fixes, et qui reste constamment parallèle à un même plan, engendre un paraboloïde hyperbolique.*

1° Soient D, D' et D'' les trois droites données parallèles à un même plan. Prenons pour axe des z une droite qui rencontre les trois droites données, pour axe des x l'une de ces droites, D par exemple, et pour axe des y une parallèle à D'; la droite D'' sera, par hypothèse, parallèle au plan des xy; les droites données auront pour équations

$$\left. \begin{array}{l} y = 0 \\ z = 0 \end{array} \right\}, \quad [D] \qquad \left. \begin{array}{l} x = 0 \\ z = h \end{array} \right\}, \quad [D'] \qquad \left. \begin{array}{l} y = ax \\ z = k \end{array} \right\}. \quad [D'']$$

Soient

$$\left. \begin{array}{l} x = mz + p \\ y = nz + q \end{array} \right\} \qquad\qquad [G]$$

les équations de la génératrice. Pour que la droite [G] s'appuie sur les trois droites données, on devra avoir

$$q = 0, \quad mh + p = 0, \quad a(mk + p) = nk + q.$$

En éliminant p, q, m et n, entre ces équations et celles de la génératrice, on obtient l'équation de la surface demandée, savoir

$$ky z - a(k-h)xz - khy = 0.$$

Cette surface est du second degré et dépourvue de centre ; donc c'est un paraboloïde hyperbolique, puisque le paraboloïde elliptique n'a pas de génératrices rectilignes.

2° Soient P le plan directeur, et AC, A'C' (fig. 235) les deux droites données. Par le point O, milieu de CC', menons OB et OB' respectivement parallèles aux droites données ; et prenons pour axe des y la droite CC' qui joint les traces

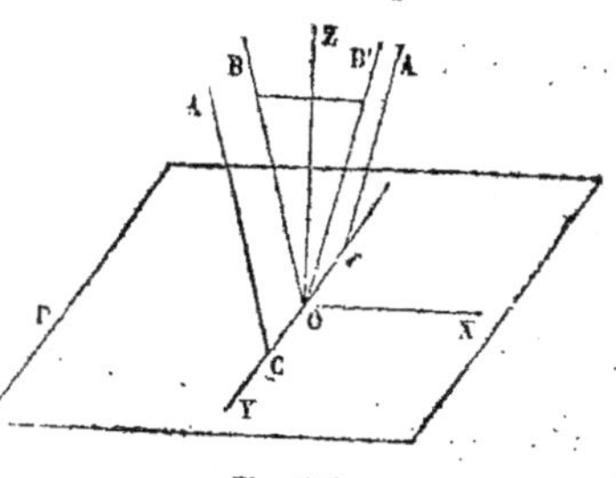

Fig. 235.

de ces droites, pour axe des x la trace du plan BOB' sur le plan P, et pour axe des z la ligne qui joint le point O au milieu d'une parallèle BB' à OX. Les équations des deux directrices AC et A'C' seront :

$$\left.\begin{array}{l} x = az \\ y = b \end{array}\right\}, \ [D] \qquad \left.\begin{array}{l} y = -b \\ x = -az \end{array}\right\}. \ [D]$$

Les équations de la génératrice seront de la forme :

$$\left.\begin{array}{l} y = mx + q \\ z = p \end{array}\right\} \qquad\qquad [G]$$

Les conditions pour que la génératrice rencontre les directrices sont :

$$b = map + q,$$
$$b = map - q.$$

En éliminant m, p, q entre ces équations et celles de la génératrice, on obtient $q = 0$, et l'équation de la surface demandée est

$$yz = \frac{b}{a}x.$$

C'est encore l'équation d'un paraboloïde hyperbolique, puisque la surface qu'elle représente est du second degré, privée de centre, et à génératrices rectilignes.

783. Les équations des génératrices rectilignes de l'hyperboloïde à une nappe peuvent encore être présentées sous une autre forme, qu'il peut être utile de connaître[1].

Soit

$$\frac{x^2}{a^2} + \frac{y^2}{b^2} - \frac{z^2}{c^2} = 1 \qquad [1]$$

l'équation de la surface. On peut d'abord écrire les équations d'une génératrice sous la forme

$$\frac{x}{a} = m\frac{z}{c} + p, \quad \frac{y}{b} = n\frac{z}{c} + q, \qquad [2]$$

et, en substituant ces valeurs dans l'équation de la surface, on trouve que, pour qu'elle soit satisfaite indépendamment de z, on doit avoir

$$m^2 + n^2 = 1, \qquad [3]$$

$$mp + nq = 0, \qquad [4]$$

$$p^2 + q^2 = 1. \qquad [5]$$

Pour $z = 0$, on a $x = ap$ et $y = bq$, coordonnées d'un point de l'ellipse de gorge. Or on sait qu'on a un point de cette ellipse en posant

$$x = a\cos\varphi \quad \text{et} \quad y = b\sin\varphi,$$

φ étant un angle auxiliaire. On satisfera donc à la condition [5] en prenant

$$p = \cos\varphi \quad \text{et} \quad q = \sin\varphi.$$

La relation [4] donne alors

$$m = -n\tan\varphi;$$

et en substituant dans [3] on obtient

$$n^2(1 + \tan^2\varphi) = 1,$$

d'où

$$n = \pm\cos\varphi,$$

---

[1] Nous avons, les premiers, donné cette méthode dans notre deuxième édition, publiée en 1863.

et par suite

$$m = \mp \sin \varphi,$$

en ayant soin de prendre les signes supérieurs ensemble et les signes inférieurs ensemble. On aura donc les équations d'une première génératrice rectiligne en adoptant les signes supérieurs, ce qui donnera

$$\frac{x}{a} = -\frac{z}{c} \sin \varphi + \cos \varphi,$$

avec [6]

$$\frac{y}{b} = +\frac{z}{c} \cos \varphi + \sin \varphi$$

et on aura les équations d'une seconde génératrice rectiligne passant par le même point de la surface, en adoptant les signes inférieurs, ce qui donne

$$\frac{x}{a} = +\frac{z}{c} \sin \varphi + \cos \varphi,$$

avec [7]

$$\frac{y}{b} = -\frac{z}{c} \cos \varphi + \sin \varphi.$$

L'analyse précédente montre qu'on ne peut tracer que ces deux droites sur la surface par le point dont les coordonnées sont x, y, z.

On peut remarquer, comme moyen mnémonique, que l'on passe du premier système au second en changeant c en $-c$.

784. Toutes les propriétés des génératrices rectilignes de l'hyperboloïde à une nappe se démontrent facilement à l'aide des équations [6] et [7].

Supposons, par exemple, qu'il s'agisse de démontrer que la projection d'une génératrice sur le plan de l'ellipse de gorge est tangente à cette courbe; en éliminant z entre les deux équations d'une même génératrice de l'un ou de l'autre système, on obtient également, pour l'équation de la projection considérée,

$$\frac{x}{a} \cos \varphi + \frac{y}{b} \sin \varphi = 1,\qquad\qquad [8]$$

si on élève cette équation au carré, et qu'on la retranche membre à membre de l'équation de l'ellipse de gorge

$$\frac{x^2}{a^2} + \frac{y^2}{b^2} = 1,$$

n obtient

$$\left(\frac{x}{a}\sin\varphi - \frac{y}{b}\cos\varphi\right)^2 = 0;$$

d'où

$$\frac{x}{a}\sin\varphi - \frac{y}{b}\cos\varphi = 0. \qquad [9]$$

Or les équations [8] et [9] ne donnent qu'un système de valeurs pour x et y; donc la projection de la génératrice est tangente.

L'équation générale d'un plan passant par une génératrice du premier système est

$$\left(\frac{x}{a} + \frac{z}{c}\sin\varphi - \cos\varphi\right) + \lambda\left(\frac{y}{b} - \frac{z}{c}\cos\varphi - \sin\varphi\right) = 0.$$

Si ce plan passe par l'origine, son équation se réduit à

$$\frac{x}{a}\sin\varphi - \frac{y}{b}\cos\varphi + \frac{z}{c} = 0;$$

ces formes peuvent être commodes pour la résolution de divers problèmes.

785. En général, pour qu'une droite dont les équations sont

$$x = az + p \quad \text{et} \quad y = bz + q \qquad [1]$$

puisse être appliquée entièrement sur une surface représentée par

$$f(x, y, z) = 0, \qquad [2]$$

il faut et il suffit qu'en portant dans l'équation [2] les valeurs de x et de y données par les équations [1], l'équation en z à laquelle on parviendra, et que nous représenterons par

$$\varphi(z) = 0, \qquad [3]$$

soit satisfaite quel que soit z, et se réduise par conséquent à une identité.

En exprimant que la relation [3] est identique, on obtiendra entre les paramètres a, b, p, q un certain nombre de relations. Si ces relations ne peuvent pas être satisfaites par un système de valeurs réelles, et, pour x et y finis, il sera impossible d'appliquer une droite sur la surface proposée.

Si l'on trouve un ou plusieurs systèmes déterminés de solutions, on aura les positions d'une ou de plusieurs droites pouvant coïncider avec la surface. Si on peut satisfaire d'une infinité de manières aux équations de condition, il y aura une infinité de droites pouvant s'appliquer sur la surface; et si ces droites se succèdent d'une manière continue, on pourra les considérer comme des *génératrices* de la surface, c'est-à-dire que celle-ci pourra être considérée comme engendrée par le mouvement d'une droite.

Les surfaces qui peuvent être engendrées de cette manière sont connues sous le nom de *surfaces réglées*.

En appliquant cette méthode aux surfaces du second degré, on reconnaît qu'il n'y a que le cylindre, le cône, l'hyperboloïde à une nappe et le paraboloïde hyperbolique qui admettent des génératrices rectilignes.

786. EXERCICES. — I. *Prouver géométriquement que l'hyperboloïde de révolution à une nappe est coupé par un plan suivant une courbe du second degré ayant ses foyers aux points de contact de deux sphères tangentes au plan sécant et à la surface.*

II. *Les projections des génératrices de l'hyperboloïde à une nappe sur les plans principaux sont tangentes aux sections principales de l'hyperboloïde.*

III. *Le lieu des points d'un hyperboloïde tels, que les génératrices qui y passent se coupent à angle droit, est l'intersection de la surface par une sphère concentrique.*

IV. *Le lieu des points d'un paraboloïde hyperbolique tels, que les génératrices qui y passent sont perpendiculaires, est une hyperbole dont le plan est perpendiculaire à l'un des plans directeurs du paraboloïde.*

§ 3. — PROPRIÉTÉS PARTICULIÈRES DES SURFACES DU SECOND DEGRÉ.

787. Ellipsoïde. — On a vu que son équation, réduite en coordonnées rectangulaires, est

$$\frac{x^2}{a^2} + \frac{y^2}{b^2} + \frac{z^2}{c^2} = 1. \qquad [1]$$

La surface est alors rapportée à son centre et à ses axes.

En appliquant à l'ellipsoïde les principes établis aux chapitres III et IV, on reconnaîtra que cette surface jouit des propriétés suivantes :

Le plan diamétral conjugué à la direction qui fait avec les axes des angles dont les cosinus sont l, m, n, a pour équations, en désignant par X, Y, Z les coordonnées courantes,

$$\frac{lX}{a^2} + \frac{mY}{b^2} + \frac{nZ}{c^2} = 0. \qquad [2]$$

Tout plan diamétral passe par le centre; et réciproquement tout plan passant par le centre est un plan diamétral.

Toutes les sections faites par des plans parallèles sont des ellipses homothétiques; leur centre est situé sur le diamètre conjugué à la direction de ces sections.

Tout diamètre passe par le centre; et toute droite passant par le centre est un diamètre.

Les conditions pour que trois diamètres soient conjugués (**712**) deviennent, dans le cas de l'ellipsoïde :

$$\frac{ll'}{a^2} + \frac{mm'}{b^2} + \frac{nn'}{c^2} = 0,$$

$$\frac{ll''}{a^2} + \frac{mm''}{b^2} + \frac{nn''}{c^2} = 0,$$

$$\frac{l'l''}{a^2} + \frac{m'm''}{b^2} + \frac{n'n''}{c^2} = 0, \qquad [3]$$

avec

$$l^2 + m^2 + n^2 = 1, \quad l'^2 + m'^2 + n'^2 = 1, \quad l''^2 + m''^2 + n''^2 = 1.$$

788. L'équation du plan tangent devient

$$\frac{Xx}{a^2} + \frac{Yy}{b^2} + \frac{Zz}{c^2} = 1. \qquad [4]$$

Sa direction est conjuguée au diamètre qui aboutit au point de contact. Car le plan parallèle mené par l'origine a pour équation

$$\frac{Xx}{a^2} + \frac{Yy}{b^2} + \frac{Zz}{c^2} = 0.$$

Or les cosinus l, m, n des angles que le diamètre mené au point de contact fait avec les axes étant proportionnels à x, y, z, si, dans cette dernière équation, on remplace x, y, z par les quantités proportionnelles l, m, n, on obtient l'équation [2].

L'équation du plan tangent conserve la forme [4] quand l'ellipsoïde est rapporté à trois diamètres conjugués; mais les demi-axes a, b, c, doivent alors être remplacés par les demi-diamètres conjugués a', b', c'.

789. *Mener un plan tangent par un point extérieur, situé à la distance d du centre.*

Rapportons l'ellipsoïde à trois diamètres conjugués dont l'un, l'axe des x par exemple, passe par le point donné, dont les coordonnées seront alors d, 0 et 0. L'équation du plan tangent devant être satisfaite par ces coordonnées, on aura pour déterminer les coordonnées du point de contact l'équation $\dfrac{dx}{a'^2}=1$, et l'équation de l'ellipsoïde. Le problème est donc indéterminé; mais tous les points de contact des plans tangents menés par le point donné sont situés dans le plan $x=\dfrac{a'^2}{d}$, dont la direction est parallèle au plan des yz, c'est-à-dire conjuguée au diamètre qui passe par le point donné. Ce plan des contacts est le *plan polaire* correspondant au point donné, regardé comme *pôle*; et de son équation, très-simple, on tirerait sans difficulté les propriétés principales des plans polaires.

Les droites menées du point donné aux différents points de contact sont les génératrices d'un cône qui a ce point pour sommet, et qui est *circonscrit* à l'ellipsoïde. Pour obtenir l'équation de ce cône, on formerait les équations des droites allant du point d, 0, 0 au point $\dfrac{a'^2}{d}$, y, z; et, en éliminant y et z entre ces équations et celle de l'ellipsoïde, on aurait l'équation du cône circonscrit.

790. *Mener un plan tangent parallèle à un plan donné.*

Rapportons l'ellipsoïde à trois diamètres conjugués, dont deux, celui des x et celui des y par exemple, soient parallèles au plan donné. Le plan tangent devant alors avoir une équation de la forme $Z=$ constante, il faut qu'on ait $x=0$ et $y=0$, ce qui donne $z=\pm c'$. C'est-à-dire qu'il y a deux solutions, et que les deux points de contact sont les extrémités du diamètre dont la direction est conjuguée à celle du plan donné.

791. *Mener un plan tangent parallèle à une droite donnée.*

Prenons l'axe des x parallèle à cette droite, et deux autres axes conjugués. L'équation du plan tangent ne devant plus contenir de terme en X, il faudra qu'on ait $x = 0$. On voit donc qu'il y a une infinité de solutions, mais que tous les points de contact sont situés dans le plan des yz, c'est-à-dire que ce sont les points de la section faite dans l'ellipsoïde par le plan diamétral conjugué à la direction de la droite donnée.

Toutes les tangentes parallèles à la direction donnée sont les génératrices d'un cylindre *circonscrit* à l'ellipsoïde. Ce cylindre a pour équation

$$\frac{y^2}{b'^2} + \frac{z^2}{c'^2} = 1.$$

792. Lorsque l'ellipsoïde est rapporté à ses axes principaux, on peut mettre l'équation du plan tangent parallèle à un plan donné sous une forme qu'il est utile de connaître. Soient l, m, n les cosinus des angles qu'une perpendiculaire abaissée de l'origine sur le plan tangent fait avec les trois axes, et soit p la longueur de cette perpendiculaire. L'équation du plan pourra se mettre sous la forme (**619**)

$$lX + mY + nZ = p.$$

Si on l'identifie avec l'équation du plan tangent [4], on obtient, en ayant égard à ce que le point de contact x, y, z est sur la surface,

$$p = \sqrt{a^2l^2 + b^2m^2 + c^2n^2},$$

et par suite l'équation du plan tangent prend la forme

$$lX + mY + nZ = \sqrt{a^2l^2 + b^2m^2 + c^2n^2}.$$

793. Théorème de Monge. — *Le lieu des sommets des angles trièdres trirectangles dont les faces restent tangentes à l'ellipsoïde, est une sphère ayant le même centre.*

Soient, en effet, l, m, n, l', m', n', l'', m'', n'' les cosinus des angles que les arêtes du trièdre font avec les axes de l'ellipsoïde, pris pour axes coordonnés. Les équations des trois faces seront, puisqu'elles doivent rester tangentes,

$$lX + mY + nZ = \sqrt{a^2 l^2 + b^2 m^2 + c^2 n^2},$$

$$l'X + m'Y + n'Z = \sqrt{a^2 l'^2 + b^2 m'^2 + c^2 n'^2},$$

$$l''X + m''Y + n''Z = \sqrt{a^2 l''^2 + b^2 m''^2 + c^2 n''^2};$$

et si ces équations ont lieu à la fois, X, Y, Z seront les coordonnées du sommet de l'angle trièdre. Or, si l'on fait la somme de ces équations, après avoir élevé les deux membres au carré, on trouve, en ayant égard aux relations qui lient les cosinus relatifs à trois droites rectangulaires entre elles (**593**),

$$X^2 + Y^2 + Z^2 = a^2 + b^2 + c^2,$$

ce qui démontre la proposition énoncée.

794. THÉORÈMES D'APOLLONIUS. — I. *La somme des carrés de trois diamètres conjugués est constante et égale à la somme des carrés des trois axes.*

II. *La somme des carrés des faces du parallélépipède construit sur trois diamètres conjugués est constante et égale à la somme des carrés des faces du parallélépipède rectangle construit sur les trois axes.*

III. *Le volume du parallélépipède construit sur trois diamètres conjugués est constant et égal au volume du parallélépipède rectangle construit sur les trois axes.*

Soit

$$\frac{x^2}{a'^2} + \frac{y^2}{b'^2} + \frac{z^2}{c'^2} = 1$$

l'équation d'un ellipsoïde rapporté à un système de diamètres conjugués. Considérons une sphère concentrique. Cette sphère ne pourra être tangente à l'ellipsoïde que si son rayon a l'une des valeurs a, b, c; car ce n'est qu'aux extrémités des demi-axes que le plan tangent à l'ellipsoïde est perpendiculaire au diamètre qui aboutit au point de contact.

D'après ce qu'on a vu au n° **620**, l'équation de cette sphère est

$$x^2 + y^2 + z^2 + 2yz\cos\lambda + 2zx\cos\mu + 2xy\cos\nu - r^2 = 0, \quad [1]$$

λ, μ, ν désignant les angles que font entre eux les diamètres conjugués b et c, a et c, a et b. L'équation du plan tangent à cette sphère est

$$X(x + y\cos\nu + z\cos\mu) + Y(x\cos\nu + y + z\cos\lambda)$$
$$+ Z(x\cos\mu + y\cos\lambda + z) - r^2 = 0. \quad [2]$$

Si l'on identifie cette équation avec celle du plan tangent à l'ellipsoïde, savoir

$$\frac{Xx}{a'^2} + \frac{Yy}{b'^2} + \frac{Zz}{c'^2} - 1 = 0,$$

on obtient, après réductions, les trois relations

$$(a'^2 - r^2)\,x + (a'^2\cos\nu - r^2)\,y + (a'^2\cos\mu - r^2)\,z = 0,$$
$$(b'^2\cos\nu - r^2)\,x + (b'^2 - r^2)\,y + (b'^2\cos\lambda - r^2)\,z = 0, \quad [3]$$
$$(c'^2\cos\mu - r^2)\,x + (c'^2\cos\lambda - r^2)\,y + (c'^2 - r^2)\,z = 0.$$

Ces équations donnent *zéro* pour les valeurs des coordonnées x, y, z, qui ne peuvent s'annuler à la fois, puisque ce sont celles des extrémités de l'un des axes; il faut donc que les valeurs obtenues se présentent sous la forme $\frac{0}{0}$, et que par conséquent le *déterminant* de ces équations soit nul. Si l'on forme ce déterminant, qu'on l'égale à zéro, et qu'on l'ordonne par rapport aux puissances décroissantes de r, on obtient

$$r^6 - (a'^2 + b'^2 + c'^2)\,r^4 + (b'^2c'^2\sin^2\lambda + c'^2a'^2\sin^2\mu + a'^2b'^2\sin^2\nu)\,r^2$$
$$- a'^2b'^2c'^2(1 - \cos^2\lambda - \cos^2\mu - \cos^2\nu + 2\cos\lambda\cos\mu\cos\nu) = 0. \quad [4]$$

Les valeurs de r qui satisfont à cette condition doivent être les demi-diamètres a, b, c; l'équation, considérée comme du troisième degré par rapport à r^2, doit donc avoir pour racines a^2, b^2 et c^2. Par conséquent, d'après les relations connues entre les coefficients de l'équation et ses racines, on doit avoir

$$a'^2 + b'^2 + c'^2 = a^2 + b^2 + c^2;$$

$$b'^2 c'^2 \sin^2 \lambda + c'^2 a'^2 \sin^2 \mu + a'^2 b'^2 \sin^2 \nu = b^2 c^2 + c^2 a^2 + a^2 b^2.$$

$$a' b' c' (1 - \cos^2 \lambda - \cos^2 \mu - \cos^2 \nu + 2 \cos \lambda \cos \mu . \cos \nu) = abc.$$

Ces relations démontrent les trois théorèmes énoncés [1].

795. Exercices. — I. *Trouver le lieu des sommets des cônes de révolution circonscrits à l'ellipsoïde.*

[1] Soit OABC (fig. 230) un tétraèdre ayant pour arêtes

$$OA = a, \quad OB = b, \quad OC = c,$$

les arêtes faisant entre elles les angles

$$BOC = \alpha, \quad AOC = \beta, \quad AOB = \gamma.$$

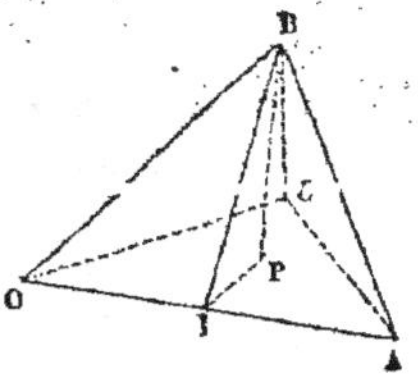

Abaissons BP perpendiculaire sur AOC, et PI perpendiculaire sur OA. Joignons BI, qui sera perpendiculaire sur OA.

Nous aurons

$$BI = b . \sin \gamma \quad \text{et} \quad BP = BI . \sin A,$$

en désignant par A l'angle dièdre OA. De là

$$BP = b \sin \gamma \sin A.$$

On aura aussi

$$\text{surf. } AOC = \frac{1}{2} ac . \sin \beta.$$

Fig. 230.

Par conséquent, en appelant V le volume du tétraèdre,

$$V = \frac{1}{6} abc . \sin \beta \sin \gamma \sin A.$$

Mais, par la formule fondamentale de trigonométrie sphérique, on a

$$\cos A = \frac{\cos \beta \cos \gamma - \cos \alpha}{\sin \beta \sin \gamma}, \quad \text{d'où } \sin \beta \sin \gamma \sin A = \sqrt{\sin^2 \beta \sin^2 \gamma - (\cos \beta \cos \gamma - \cos \alpha)^2}$$

ou

$$\sin \beta \sin \gamma \sin A = \sqrt{1 - \cos^2 \alpha - \cos^2 \beta - \cos^2 \gamma + 2 \cos \alpha \cos \beta \cos \gamma};$$

d'où

$$V = \frac{1}{6} a b c \sqrt{1 - \cos^2 \alpha - \cos^2 \beta - \cos^2 \gamma + 2 \cos \alpha \cos \beta \cos \gamma}.$$

En multipliant par 6 on obtient le volume du parallélépipède qui a pour arêtes contiguës a, b, c, faisant entre elles les angles γ, β, α.

C'est sur cette formule que se fonde la démonstration du troisième théorème d'Apollonius.

II. *Trouver le lieu des normales à l'ellipsoïde parallèles à un plan donné.*

III. *Lieu des points tels, que la somme des carrés des normales menées de chacun d'eux à l'ellipsoïde soit constante.*

IV. *On circonscrit à l'ellipsoïde des cônes qui sont coupés par un plan fixe 1° suivant des cercles, 2° suivant des hyperboles équilatères; on demande le lieu des sommets de ces cônes.*

V. *Trouver la surface lieu des perpendiculaires abaissées du centre d'un ellipsoïde sur les plans qui le coupent suivant des ellipses d'aire équivalente.*

796. Hyperboloïde à une nappe. — L'équation réduite de cette surface est, en coordonnées rectangulaires,

$$\frac{x^2}{a^2}+\frac{y^2}{b^2}-\frac{z^2}{c^2}=1. \qquad [1]$$

La surface est alors rapportée à ses axes. L'équation du cône asymptote est

$$\frac{x^2}{a^2}+\frac{y^2}{b^2}-\frac{z^2}{c^2}=0. \qquad [2]$$

Si l'on mène par le centre un plan qui ne coupe le cône asymptote qu'en ce point, il coupe la surface suivant une ellipse, et tous les plans parallèles la coupent suivant des ellipses homothétiques. — Si le plan mené par le centre coupe le cône asymptote suivant deux génératrices, il coupe la surface suivant une hyperbole qui a ces génératrices pour asymptotes ; et tous les plans parallèles la coupent suivant des hyperboles homothétiques. — Si le plan mené par le centre est tangent au cône asymptote, il coupe la surface suivant une parabole; et il en est de même de tous les plans parallèles.

Toutes ces propriétés peuvent être démontrées comme il suit :

Soit

$$z=px+qy \qquad [3]$$

l'équation d'un plan mené par le centre. Si on la combine avec l'équation [2] et qu'on exprime que la projection de l'intersection sur le plan des xy se réduit à une droite, on aura exprimé que le plan est tangent au cône. On trouve ainsi pour condition

$$a^2p^2 + b^2q^2 - c^2 = 0 ; \qquad [4]$$

et le même calcul montre que si le premier membre est négatif, l'intersection se réduit à un point, et s'il est positif, à deux droites. Or, si l'on combine l'équation du plan [3] avec celle de l'hyperboloïde, et qu'on cherche le caractère d'après lequel on reconnaît que la projection de l'intersection sur le plan des xy est une ellipse, une parabole ou une hyperbole, auxquels cas il en est de même de l'intersection elle-même (**749**, Rem. I), on trouve précisément

$$a^2 p^2 + b^2 q^2 - c^2 < 0 \quad \text{ou} \quad = 0, \quad \text{ou} \quad > 0,$$

ce qui justifie les énoncés qui précèdent; car on sait d'ailleurs (**704**) que les sections parallèles d'une surface du second degré sont homothétiques.

797. Le plan diamétral correspondant à la direction déterminée par les cosinus l, m, n a pour équation

$$\frac{lx}{a^2} + \frac{my}{b^2} - \frac{nz}{c^2} = 0. \qquad [5]$$

A toute direction de cordes parallèles il répond donc un plan diamétral, excepté aux directions parallèles à une génératrice du cône asymptote. En effet, la condition [g] trouvée au n° **702** pour que les cordes considérées deviennent infinies, est alors

$$\frac{l^2}{a^2} + \frac{m^2}{b^2} - \frac{n^2}{c^2} = 0. \qquad [6]$$

Or les équations de la direction des cordes étant

$$\frac{x}{l} = \frac{y}{m} = \frac{z}{n},$$

d'où

$$\frac{x^2}{lx} = \frac{y^2}{my} = \frac{z^2}{nz},$$

si, dans l'équation [6], on remplace lx, my, nz par les quantités proportionnelles x^2, y^2, z^2, on obtient précisément l'équation du cône asymptote : ce qui montre que la direction considérée est celle d'une génératrice de ce cône.

798. L'équation du plan tangent à l'hyperboloïde à une

nappe est

$$\frac{Xx}{a^2}+\frac{Yy}{b^2}-\frac{Zz}{c^2}=1. \qquad [7]$$

On pourrait démontrer directement à l'aide des équations des génératrices rectilignes [**767**] que le plan tangent en un point contient les deux génératrices de systèmes différents qui passent par ce point. Mais il est plus simple d'employer le tour de démonstration suivant.

Rapportons l'hyperboloïde à trois diamètres conjugués dont l'un, l'axe des x par exemple, aboutisse au point de la surface que l'on considère ; l'équation prendra la forme

$$\frac{x^2}{a'^2}+\frac{y^2}{b'^2}-\frac{z^2}{c'^2}=1. \qquad [8]$$

Le plan tangent au point qui a pour coordonnées

$$x=a', \qquad y=0, \qquad z=0,$$

sera le plan mené par ce point parallèlement au plan des yz ; car on a démontré d'une manière générale (**713**) que le plan tangent en un point d'une surface du second degré a la direction conjuguée au diamètre qui aboutit au point de contact. Ce plan aura donc pour équation

$$x=a'.$$

Or l'intersection de ce plan avec l'hyperboloïde se compose des deux droites représentées par les équations

$$x=a' \qquad \text{et} \qquad y=\pm\frac{b'}{c'}z ;$$

ce sont les deux génératrices rectilignes qui passent par le point considéré ; car on a vu que, par un point de la surface, on ne saurait mener sur cette surface une troisième droite.

Remarque. — Tout plan mené par une génératrice de l'un des deux systèmes coupe la surface suivant une génératrice de l'autre système ; et le point de rencontre de ces deux génératrices est le *point de contact* de ce plan avec la surface. Ce point de contact se déplace sur la première génératrice quand on fait tourner le plan tangent autour de cette droite. Quand le plan mené par une génératrice passe par le centre, il rencontre la surface suivant la génératrice parallèle de l'autre système, dans ce cas, c'est toujours un plan tangent, mais le point de contact est alors situé à l'infini sur la génératrice considérée.

799. Toute droite menée par le centre est un diamètre, à moins qu'elle ne coïncide avec une des génératrices du cône asymptote; cela résulte de ce qui a été dit pour les plans diamétraux.

Pour les plans tangents menés par un point extérieur ou parallèlement à un plan ou à une droite donnés, ainsi que pour les cônes et cylindres circonscrits, la marche à suivre est la même que pour l'ellipsoïde.

800. Le *Théorème de Monge* subsiste pour l'hyperboloïde à une nappe et se démontre de la même manière que pour l'ellipsoïde; mais, comme le rayon de la sphère a pour carré

$$a^2 + b^2 - c^2,$$

cette sphère peut être réelle, évanouissante ou imaginaire, selon la valeur de c.

801. On peut démontrer pour l'hyperboloïde à une nappe des théorèmes analogues aux théorèmes d'Apollonius; mais leur énoncé est moins simple et ils offrent moins d'intérêt. (Reprendre la démonstration donnée pour l'ellipsoïde en changeant c^2 en $-c^2$.)

802. Hyperboloïde à deux nappes. — Son équation réduite en coordonnées rectangulaires est

$$\frac{x^2}{a^2} - \frac{y^2}{b^2} - \frac{z^2}{c^2} = 1, \qquad [1]$$

et l'équation de son cône asymptote est

$$\frac{x^2}{a^2} - \frac{y^2}{b^2} - \frac{z^2}{c^2} = 0. \qquad [2]$$

L'équation du plan tangent à l'hyperboloïde est

$$\frac{Xx}{a^2} - \frac{Yy}{b^2} - \frac{Zz}{c^2} = 1 \qquad [3]$$

et celle du plan tangent au cône asymptote est

$$\frac{Xx}{a^2} - \frac{Yy}{b^2} - \frac{Zz}{c^2} = 0. \qquad [4]$$

Ces équations ne diffèrent de celles qui leur correspondent dans l'hyperboloïde à une nappe qu'en ce que b^2 y est changé en $-b^2$. On conçoit donc qu'il suffira d'introduire ce changement dans les équations qui expriment les propriétés de l'hyperboloïde à une nappe pour avoir celle de l'hyperboloïde à deux nappes. On reconnaîtra ainsi que cette dernière surface jouit des propriétés suivantes :

Concevons qu'on mène un plan par le centre. S'il ne coupe le cône asymptote qu'au sommet, il ne coupe pas l'hyperboloïde ; mais on peut lui mener deux plans parallèles tangents : et tous les plans parallèles situés au delà coupent la surface suivant des ellipses.

Si le plan mené par le centre est tangent au cône asymptote, il ne rencontre l'hyperboloïde qu'à l'infini ; mais tout plan parallèle coupe la surface suivant une parabole.

Si le plan mené par le centre rencontre le cône asymptote suivant deux génératrices, il coupe l'hyperboloïde suivant une hyperbole qui a ces génératrices pour asymptotes, et tout plan parallèle coupe la surface suivant une hyperbole homothétique.

803. L'équation du plan diamétral conjugué à la direction qui fait avec les axes des angles ayant pour cosinus l, m, n est :

$$\frac{lx}{a^2} - \frac{my}{b^2} - \frac{nz}{c^2} = 0. \qquad [5]$$

On en conclut, comme pour l'hyperboloïde à une nappe, qu'à toute direction de cordes parallèles répond un plan diamétral, excepté à celles qui sont parallèles aux génératrices du cône asymptote.

804. Le théorème de Monge subsiste encore pour l'hyperboloïde à deux nappes ; mais le carré du rayon de la sphère est alors $a^2 - b^2 - c^2$; par conséquent cette sphère peut être réelle, évanouissante ou imaginaire.

805. Paraboloïde elliptique. — Son équation, réduite en

coordonnées rectangulaires, est

$$\frac{y^2}{2p} + \frac{z^2}{2q} = x.$$ [1]

La surface est alors rapportée à son axe principal et au plan perpendiculaire mené par son sommet.

L'équation du plan tangent est

$$\frac{Yy}{p} + \frac{Zz}{q} = X + x$$ [2]

Si le point de contact est l'origine, cette équation se réduit à $X = 0$, qui est celle du plan des yz. Ainsi dans l'équation [1] la surface est rapportée à l'axe principal et au plan tangent au sommet.

En coordonnées obliques, l'équation réduite de la surface peut être mise sous la même forme

$$\frac{y^2}{2p'} + \frac{z^2}{2q'} = x,$$ [3]

et l'on verrait comme ci-dessus que la surface est alors rapportée à un diamètre quelconque (parallèle à l'axe principal) et au plan tangent mené à son extrémité.

Il résulte de ces formes d'équation les propriétés suivantes.

On peut mener au paraboloïde un plan tangent parallèle à un plan quelconque excepté à un plan parallèle à l'axe. Tout plan parallèle à l'axe coupe la surface suivant une parabole. Tout plan qui n'est pas parallèle à l'axe, coupe la surface suivant une ellipse, ou ne la rencontre pas, suivant qu'il est situé d'un côté ou de l'autre du plan tangent qui lui est parallèle.

806. Le plan diamétral conjugué à la direction faisant avec les axes rectangulaires des angles dont les cosinus sont l, m, n, a pour équation

$$\frac{my}{p} + \frac{nz}{q} = l.$$ [4]

Tous les plans diamétraux sont donc parallèles à l'axe principal. A une direction quelconque de cordes parallèles répond un plan diamétral, excepté à la direction parallèle à l'axe; car on a alors $l = 1$, $m = 0$, $n = 0$. et le plan [4] est rejeté à l'infini.

807. L'équation du plan tangent parallèle à un plan donné s'obtient par la même méthode que pour les surfaces à centre. Soit

$$lX + mY + nZ = P$$

l'équation du plan tangent, dans laquelle P désigne la perpendiculaire abaissée de l'origine sur ce plan et l, m, n les cosinus des angles qu'elle fait avec les axes; en l'identifiant avec l'équation du plan tangent [2], et ayant égard à la relation [1], on trouve

$$P = - \frac{pm^2 + qn^2}{2l}. \qquad [5]$$

Ainsi l'équation du plan demandé est

$$lX + mY + nZ + \frac{pm^2 + qn^2}{2l} = 0 \qquad [5]$$

808. Théorème de Monge. — *Le lieu du sommet d'un angle tri-rectangle dont les trois faces sont tangentes à un paraboloïde elliptique est un plan perpendiculaire à son axe principal.*

En effet, si l, m, n, l', m', n', l'', m'', n'' sont les cosinus des angles que font avec les axes les perpendiculaires aux trois faces du trièdre, on pourra écrire, en chassant les dénominateurs,

$$2l(lX + mY + nZ) + pm^2 + qn^2 = 0.$$
$$2l'(l'X + m'Y + n'Z) + pm'^2 + qn'^2 = 0.$$
$$2l''(l''X + m''Y + n''Z) + pm''^2 + qn''^2 = 0.$$

Si l'on additionne ces équations membre à membre, en ayant égard aux relations qui lient les cosinus relatifs à trois droites rectangulaires, on trouve

$$2X + p + q = 0 \quad \text{ou} \quad X = -\frac{1}{2}\left(p + q\right);$$

ce qui démontre le théorème.

809. **Paraboloïde hyperbolique.** — Son équation, réduite en coordonnées rectangulaires, est

$$\frac{y^2}{2p} - \frac{z^2}{2q} = x. \qquad [1]$$

L'équation de son plan tangent est

$$\frac{Yy}{p} - \frac{Zz}{q} = X + x. \qquad [2]$$

En coordonnées obliques, ces équations conservent les mêmes formes. La surface est, dans les deux cas, rapportée à son axe principal ou à un diamètre (parallèle à cet axe) et au plan tangent à l'extrémité de cet axe ou de ce diamètre. Ces formes mettent en évidence les propriétés suivantes :

Tout plan parallèle à l'axe coupe la surface suivant une parabole. Tout plan qui rencontre l'axe coupe la surface suivant une hyperbole (qui peut être réduite à ses asymptotes).

Le plan diamétral conjugué à une direction donnée s'obtient comme au numéro **806**; et l'on démontre de la même manière qu'à toute direction de cordes parallèles correspond un plan diamétral, excepté à la direction parallèle à l'axe.

810. Le plan tangent en un point de la surface contient les deux génératrices rectilignes qui passent par ce point. Car, si l'on rapporte la surface au plan tangent en ce point et au diamètre correspondant, l'équation prend la forme de

$$\frac{y^2}{2p'} - \frac{z^2}{2q'} = x. \qquad [3]$$

Or, pour $x = 0$, il reste

$$\left(\frac{y}{\sqrt{2p'}} + \frac{z}{\sqrt{2q'}} \right) \left(\frac{y}{\sqrt{2p'}} - \frac{z}{\sqrt{2q'}} \right) = 0.$$

Le plan des yz coupe donc la surface suivant deux droites; et ces deux droites sont les génératrices qui passent au point de contact; car une troisième droite passant par ce point ne saurait s'appliquer sur la surface.

811. On obtiendra, comme au n° **807**, l'équation du plan tangent parallèle à un plan donné; on trouvera

$$lX + mY + nZ = \frac{pm^2 - qn^2}{l}. \qquad [4]$$

Le *théorème de Monge* subsiste pour le paraboloïde hyperboli.

que comme pour le paraboloïde elliptique, et se démontre comme au n° **808**. Le lieu est un plan perpendiculaire à l'axe principal et ayant pour équation

$$X = \frac{1}{2}\left(p - q\right).$$

§ 4. — DES DIVERS MODES DE GÉNÉRATION DES SURFACES DU SECOND DEGRÉ.

812. 1. *Une surface courbe du second degré peut toujours être engendrée d'une infinité de manières par une courbe du second degré qui se meut parallèlement à un même plan, en restant semblable à elle-même, ses axes ou diamètres conjugués conservant en outre des directions parallèles.*

On a vu (**723, 737, 759**) qu'une surface quelconque du second degré peut être représentée en coordonnées rectangulaires ou obliques, par l'une des équations

$$Lx^2 + My^2 + Nz^2 = T \quad \text{ou} \quad My^2 + Nz^2 = 2Ux.$$

On peut réunir ces deux formes en une seule et écrire

$$Lx^2 + My^2 + Nz^2 - 2Ux - T = 0. \qquad [1]$$

En y faisant $U = 0$, on aura l'équation qui convient aux surfaces à centre unique ; en y faisant au contraire $L = 0$ et $T = 0$, on aura celle qui représente les surfaces dépourvues de centre.

Cela posé, faisons dans l'équation [1] $z = h$; nous en tirerons

$$Lx^2 + My^2 - 2Ux = T - Nh^2. \qquad [2]$$

Cette équation, jointe à $z = h$, représente une section faite dans la surface par un plan parallèle au plan des xy. Cette section reste semblable à elle-même, quel que soit h, puisque les coefficients des termes du second degré sont indépendants de h ; et ses axes ou diamètres conjugués conservent des directions parallèles (à OX et OY, par exemple).

D'ailleurs, tout point de la surface appartient à une de ces sections parallèles ; car, si x', y', z' sont les coordonnées de ce point, on a

$$Lx'^2 + My'^2 + Nz'^2 - 2Ux' - T = 0,$$

d'où

$$Lx'^2 + My'^2 - 2Ux' = T - Nz'^2,$$

ce qui montre que ce point appartient à la section parallèle au plan xy faite à la distance $z = z'$.

On peut donc considérer la surface comme engendrée par une courbe du second degré, représentée par les équations [2] et $z = h$, c'est-à-dire par une courbe qui se meut parallèlement au plan des xy, en restant semblable à elle-même.

La section mobile est guidée d'une manière très-simple dans son mouvement. L'intersection de la surface par le plan des zx est représentée par les deux équations

$$y = 0 \quad \text{et} \quad Lx^2 + Nz^2 - 2Ux - T = 0. \qquad [3]$$

Faisons $y = 0$ dans l'équation [2]; nous aurons les abscisses des points (il pourra n'y en avoir qu'un) où la section mobile perce le plan des zx. Or les relations

$$Lx^2 - 2Ux = T - Nh^2 \quad \text{et} \quad z = h$$

satisfont à l'équation [3]. Donc la section mobile se meut parallèlement au plan des xy, en restant semblable à elle-même et *en s'appuyant constamment sur la courbe* du second degré *intersection de la surface par le plan des* zx; ses axes ou diamètres conjugués conservent en outre des directions parallèles.

813. On verra de cette manière qu'on arrive aux conclusions suivantes :

Un ellipsoïde peut être engendré d'une infinité de manières par une ellipse qui reste semblable à elle-même et se meut parallèlement au plan des xy et s'appuyant sur une ellipse tracée dans le plan des zx.

Il en est de même de l'hyperboloïde à une nappe ou à deux nappes. Mais, en permutant les axes, on reconnaîtra que ces deux surfaces peuvent aussi être engendrées par une hyperbole mobile s'appuyant sur une ellipse ou sur une autre hyperbole.

Un paraboloïde elliptique peut être engendré soit par une ellipse mobile s'appuyant sur une parabole, soit par une parabole s'appuyant sur une autre parabole. Il est à remarquer que, dans ce second mode de génération, la parabole mobile conserve sa grandeur. Car, si l'équation de la surface est

$$\frac{y^2}{2p} + \frac{z^2}{2q} = x,$$

on peut prendre pour la parabole mobile

$$z = h, \quad y^2 = 2px - \frac{p}{q}h^2,$$

laquelle conserve son paramètre, quel que soit h. La parabole mobile a son ouverture tournée dans le même sens que la parabole fixe qui lui sert de directrice.

Un paraboloïde hyperbolique peut être engendré soit par une hyperbole mobile qui s'appuie sur une parabole, soit par une parabole mobile qui s'appuie sur une autre parabole. Dans ce second mode de génération, on verrait, comme ci-dessus, que la parabole mobile conserve sa grandeur. Mais elle tourne son ouverture en sens contraire de celle de la parabole fixe qui lui sert de directrice.

L'ellipsoïde, les deux hyperboloïdes et le paraboloïde elliptique peuvent être engendrés de deux manières par un cercle mobile, puisque ces surfaces admettent deux systèmes de sections circulaires ; à moins que ce ne soient des surfaces de révolution, auquel cas les deux systèmes de plans cycliques se confondent.

814. II. A l'exception du paraboloïde hyperbolique, toutes les surfaces courbes du second degré comprennent des surfaces de révolution.

On sait qu'une surface de révolution est une surface engendrée par la rotation d'une ligne autour d'un axe. Toute section d'une pareille surface par un plan perpendiculaire à l'axe est un cercle ayant son centre sur cet axe ; on donne à ces cercles le nom de *parallèles*. Toutes les sections faites par un plan passant par l'axe sont des courbes identiques, auxquelles on donne le nom de *courbes méridiennes* ou de *méridiens*.

On a vu que la condition nécessaire et suffisante pour qu'une surface du second degré soit une surface de révolution est que, dans l'équation réduite en coordonnées rectangulaires, deux des coefficients des carrés des variables soient égaux.

Si, par exemple, M et N sont égaux, la première forme réduite est

$$Lx^2 + M(y^2 + z^2) = T.$$

Si L et M sont de même signe que T, la surface est un ellipsoïde de révolution autour de l'axe des x. Si L est de même signe que T et que M ait un signe différent, la surface est un hyperboloïde de révolution à deux nappes. Si, au contraire, M a le signe de T et L un signe différent, c'est un hyperboloïde de révolution à une nappe. Pour $L = 0$, l'équation représenterait un cylindre à base circulaire, dont les génératrices seraient parallèles à l'axe des x; et, si l'on avait en même temps $T = 0$, le cylindre se réduirait à son axe.

La seconde forme de l'équation réduite est, dans le cas de $M = N$,

$$M(y^2 + z^2) = 2Ux.$$

Elle représente un paraboloïde de révolution autour de l'axe des x. La surface se réduirait à cet axe lui-même si l'on avait $U = 0$.

815. On obtient encore une surface de révolution du second degré en faisant tourner une droite autour d'un axe fixe. Soit OP (fig. 237) la plus courte distance entre un axe fixe OZ et une droite mobile PQ; supposons que cette droite tourne autour de OZ, de telle sorte que OP reste constant ainsi que l'inclinaison de la droite mobile par rapport à l'axe. Prenons cet axe pour axe des z, le point O pour origine, et deux autres axes rectangulaires OX et OY. Soit r la

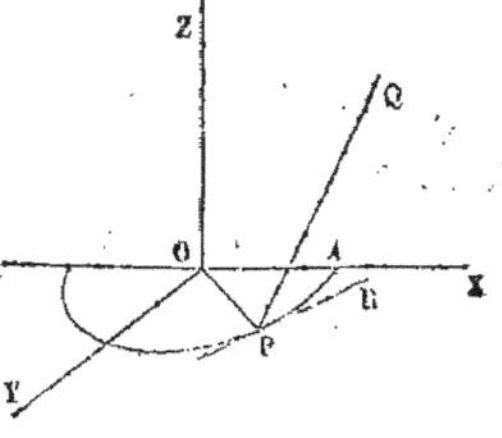

Fig. 237.

distance constante OP, et γ l'angle constant de PQ avec OZ. Soient enfin

$$x = az + p \quad \text{et} \quad y = bz + q \qquad [1]$$

les équations de la droite mobile dans une quelconque de ses positions.

Les lettres p et q représentant les coordonnées du point P qui décrit un cercle ayant son centre en O, et pour rayon r, on aura

$$p^2 + q^2 = r^2. \qquad [2]$$

L'angle γ étant constant et donné, on aura (**636**)

$$\frac{1}{\sqrt{a^2 + b^2 + 1}} = \cos \gamma$$

ou

$$a^2 + b^2 = \frac{1}{\cos^2 \gamma} - 1 = \tang^2 \gamma. \qquad [3]$$

Enfin la droite mobile PQ étant perpendiculaire à OP, dont l'équation dans le plan des xy est

$$y = \frac{q}{p} x,$$

sa projection PR sur le plan des xy, qui a pour équation

$$\frac{y - q}{x - p} = \frac{b}{a},$$

doit être perpendiculaire à OP; on doit donc avoir

$$\frac{b}{a} \cdot \frac{q}{p} + 1 = 0 \quad \text{ou} \quad ap + bq = 0. \qquad [4]$$

Si, entre les équations [1], [2], [3] et [4], on élimine les quantités a, b, p, q qui particularisent la position de la droite mobile, on aura l'équation de la surface engendrée par cette droite. Pour faire cette élimination, élevons les équations [1] au carré et ajoutons-les membre à membre; nous trouverons

$$x^2 + y^2 = (a^2 + b^2)z^2 + 2(ap + bq)z + p^2 + q^2,$$

ou, en ayant égard aux relations [2], [3] et [4],

$$x^2 + y^2 = z^2 \tang^2 \gamma + r^2.$$

On voit que cette équation représente un hyperboloïde de révolution à une nappe qui a pour cercle de gorge le cercle OP et dont la section méridienne est l'hyperbole

$$y = 0, \quad x^2 - z^2 \tang^2 \gamma = r^2.$$

Le cône asymptote de ce paraboloïde a pour équation

$$x^2 + y^2 = z^2 \tan^2 \gamma.$$

816. Les équations réduites en coordonnées obliques ou rectangulaires comprennent enfin des surfaces qui peuvent être engendrées d'une autre manière par une droite.

On a vu au n° **774** que l'hyperboloïde à une nappe peut être engendré par une droite mobile qui glisse sur trois droites fixes, non situées deux à deux dans un même plan; et au n° **781**, qu'un paraboloïde hyperbolique peut être engendré par une droite mobile qui glisse sur deux droites fixes en demeurant parallèle à un même plan.

La première forme

$$Lx^2 + My^2 + Nz^2 = T,$$

lorsque T est égal à zéro, représente un cône du second degré, qui a pour sommet l'origine.

Si $L = 0$, elle représente un cylindre ayant ses génératrices parallèles à l'axe des x, et qui est à base elliptique ou à base hyperbolique, selon que M et N ont le même signe que T, ou l'un le même signe et l'autre un signe différent. (Si M et N avaient tous deux un signe contraire à T, le cylindre serait imaginaire.) On arriverait à des conclusions analogues si l'on avait soit $M = 0$, soit $N = 0$, le coefficient L n'étant pas nul.

La deuxième forme

$$My^2 + Nz^2 = 2Ux,$$

lorsque l'un des coefficients M ou N est nul, représente un cylindre parabolique dont les génératrices sont parallèles à l'axe des y ou à l'axe des z, suivant que c'est M ou N qui est égal à zéro.

§ 5. — DES ÉQUATIONS NUMÉRIQUES. RÉDUCTION ET DISCUSSION DES ÉQUATIONS NUMÉRIQUES DU SECOND DEGRÉ A TROIS VARIABLES PAR LA TRANSFORMATION DES COORDONNÉES.

817. Considérations générales. — Nous nous proposons de donner, dans ce paragraphe, le moyen de reconnaître, à l'inspection d'une équation numérique, le genre de la surface qu'elle représente et ses éléments principaux. La solution de ce problème est fondée sur ce qui a été établi dans les chapitres V et VI.

On a vu que le genre de la surface dépend des signes des quantités L, M, N, coefficients des carrés des variables dans l'équation débarrassée des rectangles. D'un autre côté, L, M et N sont les racines d'une équation du troisième degré,

$$S^3 + PS^2 + QS + R = 0, \qquad [s]$$

que nous avons appris à former; et comme cette équation a toutes ses racines réelles, la règle de Descartes suffira pour indiquer, à première vue, le signe de chacune d'elles. La résolution de cette équation fera connaître les coefficients L, M, N. Résolvant ensuite les équations [A] et [α] du n° **726**, on aura la direction des axes principaux.

Voici comment on conduira cette recherche.

818. Recherche préliminaire. — A l'aide de la règle mnémonique très-simple donnée au n° **687**, on formera la quantité R : si l'on trouve $R \gtrless 0$, on en conclura que la surface admet un centre. Si $R = 0$, la surface admet une infinité de centres ou en est totalement dépourvue.

819. Surface à centre unique. — Si la surface admet un seul centre, on en calculera les coordonnées, et l'on y transportera l'origine. Dans cette transformation, les termes du second degré ne changent pas, ceux du premier disparaissent, et le terme tout connu, passé dans le second membre, acquiert une valeur nouvelle que nous désignerons par T. Alors, si T est supposé d'abord différent de 0, l'équation représentera :

Un ellipsoïde réel, si les racines de l'équation [s] sont de même signe que T;

Un ellipsoïde imaginaire, si ces racines sont de signe contraire à T ;

Un hyperboloïde a une nappe, si deux racines sont de même signe que T, et la troisième de signe contraire;

Un hyperboloïde a deux nappes, si deux racines sont de signe contraire à T, et la troisième de même signe.

Mais lorsque $T = 0$, l'équation représentera

Un point, si les trois racines de l'équation [s] sont de même signe ;

Un cône, s'il y a au moins deux racines de signes contraires.

820. Surfaces qui admettent une infinité de centres. — Si les équations qui donnent le centre se réduisent à deux équations distinctes, la surface est un cylindre. Si elles se réduisent à une seule, la surface est l'ensemble de deux plans parallèles.

Dans ces deux cas, l'équation [s] s'abaisse au second degré. Le cylindre sera à base elliptique ou hyperbolique, suivant que l'équation [s] aura ses racines de même signe ou de signes contraires.

Du reste, la section faite par un des plans coordonnés apprendra si la surface est un cylindre elliptique ou hyperbolique, ou même si elle est imaginaire.

821. Surfaces dépourvues de centre. — L'équation [s] s'abaisse encore au second degré, et l'on a un paraboloïde elliptique ou hyperbolique suivant que les deux racines sont de même signe ou de signe contraire. Ce sera un cylindre à base parabolique si l'une de ces racines est nulle.

822. Surfaces de révolution. — Dans le cas où la surface est de révolution, l'équation [s] a toujours deux racines égales, et s'abaisse par conséquent au second degré. Ce cas n'offre aucune difficulté.

823. Le mode de discussion que nous venons d'indiquer peut s'appliquer lors même que les axes primitifs ne seraient pas rectangulaires. D'abord les caractères auxquels on reconnaît qu'une surface admet un centre unique, une infinité de centres, ou qu'elle en est dépourvue, sont indépendants de la direction des axes. Ensuite, soit MPQO le polygone des coordonnées d'un point M appartenant à une surface du second degré S, rapportée à des coordonnée obliques. Imaginons que PQ tourne autour du point Q jusqu'à devenir perpendiculaire à l'axe des x, et que MP tourne autour du point P jusqu'à devenir perpendiculaire au plan des xy. Le point M viendra en un point M' sans que ses coordonnées aient changé de grandeur. Le lieu des points M' sera donc une surface S' qui aura, en coordonnées rectangulaires, la même équation que la surface S. Je dis que ces deux surfaces sont du même genre. Il est évident, en effet, que si la surface S est fermée, se compose d'une seule nappe indéfinie ou de deux nappes, il en sera de même de S'. Par conséquent l'équation [s] fera encore connaître le genre de la surface ; mais la grandeur des axes et leur position par rapport aux axes des coordonnées ne seront plus données par les équations [s], [A] et [α].

Nous allons éclaircir toute cette théorie par des exemples.

824. APPLICATIONS. I. — Soit l'équation [1]

$$25x^2 + 22y^2 + 16z^2 + 16yz - 4zx - 20xy - 26x - 40y - 44z + 44 = 0.$$

Au moyen du carré mnémonique (**687**)

$$
\begin{array}{ccc}
25 & 22 & 16 \\
8 & -2 & -10 \\
8 & -2 & -10,
\end{array}
$$

je trouve

$$R = 25.8^2 + 22.2^2 + 16.10^2 - 25.22.16 - 2.8.2.10 = -5832,$$

la surface admet donc un centre. On trouvera les coordonnées de ce point en résolvant les équations

$$
\left.
\begin{array}{r}
25x - 10y - 2z = 13 \\
-10x + 22y + 8z = 20 \\
-2x + 8y + 16z = 22
\end{array}
\right\} \qquad [C]
$$

d'où l'on déduit

$$x = 1, \quad y = 1, \quad z = 1,$$

et, d'après la règle du n° **688**,

$$T = -44 + 13 + 20 + 22 = +11.$$

Calculant, au moyen du carré mnémonique, les autres coefficients de l'équation [s], on trouve

$$P = -25 - 22 - 16 = -63,$$

$$Q = 25.22 + 25.16 + 22.16 - 8^2 - 2^2 - 10^2 = 1134;$$

on a donc

$$S^3 - 63S^2 + 1134S - 5832 = 0. \qquad [S]$$

Les racines de cette équation sont toutes les trois positives. Donc la surface [1] est un ellipsoïde.

L'équation [S] a pour racines 9, 18 et 36, ce qui réduit l'équation [1] à

$$9x^2 + 18y^2 + 36z^2 = 9,$$

ou

$$x^2 + 2y^2 + 4z^2 = 1.$$

Les axes principaux sont

$$1, \quad \tfrac{1}{2}\sqrt{2} \quad \text{et} \quad \tfrac{1}{2}.$$

Si l'on veut connaitre la direction des nouveaux axes par rapport aux anciens, il faudra porter tour à tour les trois racines de l'équation [S] dans deux des suivantes :

$$\left.\begin{aligned}
25l - 10m - 2n &= ls \\
-10l + 22m + 8n &= ms \\
-2l + 8m + 16n &= ns
\end{aligned}\right\} \qquad [A]$$

Les deux équations que l'on aura choisies feront connaitre les rapports $\dfrac{l}{n}$, $\dfrac{m}{n}$; et, combinées avec la relation

$$l^2 + m^2 + n^2 = 1, \qquad [\alpha]$$

elles détermineront les cosinus des angles des nouveaux axes. En conservant les mêmes notations qu'au n° **625**, on trouve

$$(x', x) = 70°31'50'', \quad (y', x) = (x', y), \quad (z', x) = (x', z),$$
$$(x', y) = 48°11'20'', \quad (y', y) = (x', x), \quad (z', y) = (x', y),$$
$$(x', z) = 131°48'40'', \quad (y', z) = (x', y), \quad (z', z) = (x', x).$$

II. Notre premier exemple ayant suffisamment montré la marche du calcul, nous entrerons désormais dans moins de détails. Soit proposée l'équation

$$2x^2 + 5y^2 + 4z^2 + 8yz + 6zx + 4xy - 6x - 8y - 14z + 20 = 0 \qquad [1].$$

On trouve

$$R = 1, \quad x_1 = 1, \quad y_1 = 2, \quad z_1 = -1, \quad T = 38,$$

$$S^3 - 9S^2 - S + 1 = 0.$$

La surface admet un centre, et l'équation [S] a deux racines de même signe que T : donc la surface est un hyperboloïde à une nappe.

En résolvant l'équation [S], on trouve que ses racines sont 9, 1, 0, 3, — 0, 4; par conséquent l'équation simplifiée de la surface sera approximativement

$$9,1x^2 + 0,3y^2 - 0,4z^2 = 38. \qquad [\text{II}_1]$$

III. $\qquad x^2 + 6yz + 8xz - 4xy + 2x + 4y - 14z + 64 = 0,$

$$R = 77, \quad x_1 = 1, \quad y_1 = 1, \quad z_1 = 0, \quad T = 0,$$

$$S^3 - S^2 - 28S + 77 = 0 ; \qquad [S]$$

la surface est un cône, puisque, T étant nul, les racines de l'équation [S] ne sont pas toutes de même signe.

On arrive à la même conclusion en remarquant que l'équation proposée donne une valeur réelle de z pour toute valeur de x et de y.

IV. $5x^2 + 10y^2 + 17z^2 + 26yz + 18zx + 14xy + 6x + 8y + 10z + 64 = 0,$ [1]

$R = 0$; donc la surface est dénuée de centre ou en admet une infinité : pour savoir lequel de ces deux cas a lieu, je forme les équations qui déterminent le centre :

$$\left. \begin{array}{l} 5x + 7y + 9z = -3 \\ 7x + 10y + 13z = -4 \\ 9x + 13y + 17z = -5 \end{array} \right\} \qquad [C]$$

Or on obtient la troisième en ajoutant les deux premières multipliées respectivement par — 1 et + 2. Donc la surface est un cylindre.

Je transporte l'origine au point où la ligne des centres perce le plan des xy. Je trouve pour ce point

$$x = -2, \quad y = +1, \quad z = 0,$$

j'en conclus

$$T = 66;$$

on a d'ailleurs

$$P = -32, \quad Q = 6;$$

l'équation [S], débarrassée de sa racine nulle, est alors

$$S^2 - 32S + 6 = 0, \qquad [S]$$

elle donne

$$S = 16 \pm 5\sqrt{10} ;$$

et comme ces deux racines sont positives, j'en conclus que le cylindre est à base elliptique, puisque T est aussi positif. Son équation la plus simple est

$$(19 + 5\sqrt{10}) x^2 + (16 - 5\sqrt{10}) y^2 = 66. \qquad [CE]$$

V. Nous avons déjà donné dans le chap. III, n° 691, des exemples d'équations qui représentent deux plans parallèles; nous y renvoyons le lecteur.

VI. $\quad 5x^2 + 5y^2 + 8z^2 + 4zy + 4zx - 8xy + 6x + 6y - 3z = 0,$

on trouve R $= 0$ Les équations qui déterminent le centre sont

$$\left. \begin{aligned} 5x - 4y + 2z &= -3 \\ 4x - 5y - 2z &= -3 \\ x + y + 4z &= \tfrac{3}{4} \end{aligned} \right\}. \qquad \text{[C]}$$

En ajoutant les deux dernières équations, on reproduit le premier membre de la première, mais le second est différent. Donc la première est incompatible avec les deux autres. La surface est donc du genre paraboloïde.

L'équation [S] est ici

$$S^2 - 18S + 81 = 0. \qquad \text{[s]}$$

Cette équation a ses deux racines positives; donc la surface ne peut être qu'un paraboloïde elliptique.

En résolvant l'équation [S], on trouve que ses deux racines sont égales à 9; donc le paraboloïde est de révolution, et son équation la plus simple sera

$$9y^2 + 9z^2 = 2Ux.$$

Pour trouver U, je change dans deux des équations [C] x en l, y en m, et z en n, et je supprime le second membre, ce qui me donne

$$\left. \begin{aligned} 4l - 5m - 2n &= 0 \\ l + m + 4n &= 0 \end{aligned} \right\}, \qquad \text{[A]}$$

j'y joins

$$l^2 + m^2 + n^2 = 1 ; \qquad \text{[α]}$$

on tire de là

$$l = \frac{2}{3}, \quad m = \frac{2}{3}, \quad n = -\frac{1}{3},$$

par conséquent,

$$G = 3 \cdot \frac{2}{3} + 5 \cdot \frac{2}{3} + \frac{3}{2} \cdot \frac{1}{3} = \frac{9}{2},$$

donc

$$2U = -2G = -9.$$

L'équation la plus simple de la surface est donc

$$y^2 + z^2 = -x.$$

825. Exemples de discussion d'équations littérales. — I. L'exemple suivant a été donné en composition à l'examen écrit pour l'admission à l'École polytechnique (1861).

Soit

$$ax^2 + by^2 + cz^2 + 2azy + 2bzx + 2cxy - 1 = 0.$$

On remarque d'abord que la surface représentée par cette équation est rapportée à son centre; pour savoir si elle n'aurait pas une infinité de centres, formons la fonction R ; il vient

$$R = a^3 + b^3 + c^3 - 3abc.$$

Cette fonction s'annule quand on y fait $a = -(b+c)$, donc elle est divisible par $a + b + c$; et, en effectuant la division, on trouve qu'elle peut être mise sous la forme

$$R = \frac{1}{2}(a + b + c)[(a-b)^2 + (a-c)^2 + (b-c)^2].$$

Donc, pour que la surface puisse avoir plusieurs centres, il faut que l'on ait ou

$$a + b + c = 0 \quad \text{ou} \quad (a-b)^2 + (a-c)^2 + (b-c)^2 = 0.$$

Lorsque la seconde égalité a lieu, il en résulte $a = b = c$, de sorte que l'équation proposée se réduit alors à

$$(x + y + z)^2 = \frac{1}{a},$$

c'est-à-dire qu'elle représente deux plans parallèles.

L'équation en S est

$$S^3 - (a + b + c)S^2 - (ab + ac + bc - a^2 - b^2 - c^2)S + R = 0.$$

Posons

$$a + b + c = A,$$

$$ab + ac + bc - a^2 - b^2 - c^2 = \frac{1}{2}[(a-b)^2 + (a-c)^2 + (b-c)^2] = B^2,$$

et remarquons que l'on a $R = AB^2$; il vient

$$S^3 - AS^2 - B^2 S + AB^2 = 0.$$

Or cette équation est vérifiée par $S = A$, et par suite ses trois racines sont A, B et $-B$.

Donc l'équation de la surface proposée rapportée à ses plans principaux est

$$Ax^2 + By^2 - Bz^2 = 1.$$

Les coefficients de y^2 et de z^2 étant nécessairement de signes contraires, cette équation ne peut jamais représenter un ellipsoïde. Les différentes hypothèses à faire sur A ou $a + b + c$

sont

$$A > 0, \quad A < 0 \quad \text{ou} \quad A = 0.$$

Dans le premier cas l'équation proposée représente un *hyperboloïde à une nappe*.

Dans le second un *hyperboloïde à deux nappes*. Dans le troisième un *cylindre hyperbolique* dont la base est une *hyperbole équilatère*, les axes étant rectangulaires.

Il se peut que la surface soit de révolution ; or nous savons qu'il faut pour cela que l'équation en S ait deux racines égales (**740**). Nous devons donc avoir

$$A = \pm B \quad \text{ou} \quad A^2 = B^2.$$

Cette dernière égalité revient à la suivante

$$ab + ac + bc = 0 \quad \text{ou} \quad \frac{1}{a} + \frac{1}{b} + \frac{1}{c} = 0.$$

Telle est la condition pour que la surface représentée par l'équation proposée soit de révolution.

II.
$$2Byz + 2B'zx + 2B''xy + 2Cx + 2C'y + 2C''z + F = 0, \qquad [1]$$

$$R = -2BB'B'', \quad Q = -(B^2 + B'^2 + B''^2), \quad P = 0,$$

$$S^3 - (B^2 + B'^2 + B''^2)S - 2BB'B'' = 0. \qquad [S]$$

L'équation [S] manquant du second terme ne peut avoir toutes ses racines de même signe. La surface [1] ne pourra donc être qu'un hyperboloïde si B, B', B'' sont différents de 0. Soit alors T le terme tout connu de l'équation réduite ; si BB'B'' est de même signe que T, l'équation [S] aura deux racines de même signe que T, et la surface sera un *hyperboloïde à une nappe*. Ce serait un *hyperboloïde à deux nappes* dans le cas contraire.

Si B = 0, l'équation [S] devient, en la débarrassant de sa racine nulle,

$$S^2 - (B'^2 + B''^2) = 0.$$

La surface est donc un paraboloïde hyperbolique, puisque les deux racines restantes sont de signes contraires.

826. Ces exemples suffisent pour montrer la marche à suivre dans la discussion des équations numériques du second degré : mais, comme la question ne laisse pas que d'être compliquée, nous avons dressé le tableau suivant, où l'on embrassera d'un coup d'œil l'ensemble des opérations et tous les cas qui peuvent se présenter :

TABLEAU DE LA DISCUSSION DES SURFACES DU SECOND ORDRE

ÉQUATIONS ET CALCULS

$$\left.\begin{array}{l} Ax^2 + 2Byz + 2Cx \\ A'y^2 + 2B'zx + 2C'y \\ A''z^2 + 2B''xy + 2C''z \end{array}\right\} + F = 0,$$ [1] Équation proposée.

$$S^3 + PS^2 + QS + R = 0,$$ [S] Équation caractéristique.

$$\left.\begin{array}{l} P = -A - A' - A'' \\ Q = AA' + AA'' + A'A'' - B^2 - B'^2 - B''^2 \\ R = AB^2 + A'B'^2 + A''B''^2 - AA'A'' - 2BB'B'' \end{array}\right\}$$ Valeurs des coefficients de l'équation caractéristique.

$$\left.\begin{array}{l} F'_x = Ax + B''y + B'z + C = 0 \\ F'_y = B''x + A'y + Bz + C' = 0 \\ F'_z = B'x + By + A''z + C'' = 0 \end{array}\right\}$$ [C] Équations qui déterminent le centre.

$$\left.\begin{array}{l} Al + B''m + B'n = lS \\ B''l + A'm + Bn = mS \\ B'l + Bm + A''n = nS \\ l^2 + m^2 + n^2 = 1. \end{array}\right\}$$ [A] Équations qui font connaître la direction des axes.

$$Lx^2 + My^2 + Nz^2 = T$$ [I] Équation réduite des surfaces à centre.

$$My^2 + Nz^2 = 2Ux$$ [II] Équation réduite des surfaces dépourvues de centre.

L, M, N, — Racines de l'équation [S].

$$T = F + Cx_1 + C'y_1 + C''z_1,$$ $x_1, y_1, z_1,$ coordonnées du centre

$$U = -Cl - C'm - C''n$$ $l, m, n,$ valeurs tirées des équations [A], et correspondant à $S = 0.$

DISCUSSION PROPREMENT DITE

Surfaces à centre unique $R \gtrless 0.$	Centre non situé sur la surface, $T > 0.$	$L>0, M>0, N>0,$	Ellipsoïde réel.
		$L<0, M<0, N<0,$	Ellipsoïde imaginaire.
		$L>0, M>0, N<0,$	Hyperboloïde à une nappe.
		$L>0, M<0, N<0,$	Hyperboloïde à deux nappes.
	Centre situé sur la surface, $T = 0.$	L, M, N n'ont pas le même signe.	Cône réel ou imaginaire.
		L, M, N ont le même signe.	Point.
Surfaces qui ont une infinité de centres $R = 0, L = 0.$	*En ligne droite :* les équations [C] se réduisent à deux.	$M>0, N>0,$	$T>0$ Cylindre elliptique. $T=0$ Une droite.
		$M<0, N<0,$	$T>0$ Cylindre imaginaire. $T=0$ Une droite.
		$M>0, N<0,$	$T>0$ Cylindre hyperbolique. $T=0$ Deux plans qui se coupent.
	Sur un plan : les équations [C] se réduisent à une seule.	$M=0, N>0,$	$T>0$ Deux plans parallèles. $T=0$ Un seul plan.
		$M=0, N<0,$	$T>0$ Deux plans imaginaires. $T=0$ Un seul plan.
Surfaces qui ont un centre à l'infini $R = 0, L = 0.$	Une des équations [C] est incompatible avec l'ensemble des deux autres.	$M>0, N>0,$	Paraboloïde elliptique.
		$M>0, N<0,$	Paraboloïde hyperbolique.
		$M=0, N \gtrless 0,$	Cylindre parabolique.

§ 6. — Autres méthodes pour discuter les équations numériques du second degré a trois variables.

827. La méthode exposée dans le paragraphe précédent ne laisse rien à désirer lorsqu'on veut déterminer, outre le genre de la surface, ses éléments principaux et sa position par rapport aux axes coordonnés. Mais, si le genre de la surface est le seul objet que l'on ait en vue de découvrir, on pourra employer, pour abréger, l'une ou l'autre des deux méthodes suivantes.

828. Première méthode. — Cette méthode est fondée sur certaines transformations algébriques du premier membre de l'équation de la surface proposée (égalé à 0), et sur le lemme suivant :

Lemme. — *Soient*

$$X = 0, \qquad Y = 0, \qquad Z = 0$$

les équations de trois plans qui se coupent en un point. Si l'on prend ces trois plans pour plans coordonnés, savoir le premier pour plan des $y'z'$, *le second pour plan des* $x'z'$ *et le troisième pour plan des* $x'y'$, *les équations de ces plans se réduiront respectivement à*

$$lx' = 0, \qquad my' = 0. \qquad nz' = 0,$$

l, m *et* n *étant des constantes.*

En effet, l'équation du plan des $y'z'$ étant $x' = 0$, si dans l'équation $X = 0$ l'on remplace x, y et z par leurs valeurs en fonction des nouvelles coordonnées x', y', z', l'équation ainsi obtenue ne doit différer de x' que par un facteur constant ; elle sera donc de la forme $lx' = 0$. Par la même raison, les équations $Y = 0$ et $Z = 0$ se réduiront à la forme $my' = 0$ et $nz' = 0$; ce qui démontre le lemme énoncé.

829. Pour avoir l'expression des valeurs des constantes l, m, n, imaginons que, par un point quelconque M, l'on mène MQ parallèle à l'axe des x' et MP perpendiculaire au plan $X = 0$; si l'équation de ce plan est de la forme $Ax + By + Cz + D = 0$, et si les premiers axes sont rectangulaires, nous aurons

$$MP = \pm \frac{Ax + By + Cz + D}{\sqrt{A^2 + B^2 + C^2}}.$$

D'un autre côté, si nous désignons par α l'angle des deux droites MP et MQ, angle qui est le même pour toutes les positions du point M, nous aurons aussi

$$MP = \pm\, x' \cos\alpha,$$

d'où

$$l = \sqrt{A^2 + B^2 + C^2} \cdot \cos\alpha.$$

On prendra le signe $+$ ou le signe $-$, suivant que le point M sera d'un côté ou de l'autre du plan $X = 0$.

On obtiendrait de même les valeurs de m et n.

830. Considérons maintenant l'équation

$$Ax^2 + A'y^2 + A''z^2 + 2Bzy + 2B'zx + 2B''xy + 2Cx$$
$$+ 2C'y + 2C''z + F = 0. \qquad [1]$$

Les transformations que nous avons à faire subir à son premier membre sont fondées sur les deux identités suivantes :

$$ax^2 + 2bx + c = \frac{1}{a}(ax + b)^2 + c - \frac{b^2}{a},$$

ou

$$ax^2 + 2bx + c = \frac{1}{a}(ax + b)^2 - H \qquad [2]$$

et

$$pq = \left(\frac{p+q}{2}\right)^2 - \left(\frac{p-q}{2}\right)^2. \qquad [3]$$

Dans la première de ces identités, H désigne une quantité indépendante de x qui peut être positive, négative ou nulle, et la quantité entre parenthèses est la *moitié de la dérivée* du premier membre par rapport à x. Dans la seconde identité, p et q désignent des quantités quelconques.

Cela posé, il y a deux cas principaux à considérer :

831. PREMIER CAS. — *Les carrés des variables ne manquent pas à la fois. Soit* $A \gtrless 0$.

Ordonnons le premier membre de l'équation [1] par rapport à x, et considérons ce premier membre comme un trinome en x ; en vertu de l'identité [2], l'équation [1] peut se mettre sous la forme

$$\frac{1}{A} (Ax + B'z + B''y + C)^2 + ay^2 + a'z^2 + 2byz + 2cy + 2c'z + f = 0.$$

Alors il se peut que a et a′ ne soient pas nuls à la fois et que l'on ait, par exemple, $a \gtrless 0$. Par une transformation semblable à la précédente, le polynome

$$ay^2 + a'z^2 + 2byz + 2cy + 2c'z + f \qquad [4]$$

peut s'écrire

$$\frac{1}{a} (ay + bz + c)^2 + a_1 z^2 + 2b_1 z + f_1;$$

et *pour $a_1 \gtrless 0$,* on a de même

$$a_1 z^2 + 2b_1 z + f_1 = \frac{1}{a_1} (a_1 z + b_1)^2 - H,$$

donc l'équation [1] pourra définitivement prendre la forme

$$\frac{1}{A} (Ax + B'z + B''y + C)^2 + \frac{1}{a} (ay + bz + c)^2 + \frac{1}{a_1} (a_1 z + b_1)^2 = H,$$

ou bien, en désignant par X, Y et Z trois fonctions du premier degré par rapport aux variables, sous la suivante :

$$\frac{1}{A} X^2 + \frac{1}{a} Y^2 + \frac{1}{a_1} Z^2 = H. \qquad [A]$$

Dans le cas où l'on aurait $a_1 = 0$, l'équation [1] deviendrait

$$\frac{1}{A} (Ax + B'z + B''y + C)^2 + \frac{1}{a} (ay + bz + c)^2 + 2b_1 z + f = 0$$

ou bien

$$\frac{A}{1} X^2 + \frac{1}{a} Y^2 + \frac{1}{a_1} Z = 0. \qquad [B]$$

S'il arrive que l'on ait $a = 0$ et $a' = 0$, le polynome [4] devient

$$2byz + 2cy + 2c'z + f = \frac{1}{2b} (2by + 2c') (2bz + 2c) - H,$$

H désignant une constante qui peut être nulle. Or, en vertu de l'identité [3], le produit $(2by + 2c')(2bz + 2c)$ peut être remplacé par une différence de carrés; donc l'équation [1] peut prendre la forme [A].

Si l'on avait en même temps a $= 0$, a$'= 0$, b $= 0$, le polynome [4] se réduirait à $2cy + 2c'z + f$, et l'équation [1] prendrait une forme comprise dans [B], en y supposant Y nul.

832. DEUXIÈME CAS. — *Soient* A $=$ A$'=$ A$''= 0$. *Dans ce cas, les rectangles des variables ne sont pas nuls à la fois. Soit* B $\gtrless 0$.

L'équation [1] se réduit à

$$2Byz + 2B'zx + 2B''xy + 2Cx + 2C'y + 2C''z + F = 0 \quad [5]$$

et peut s'écrire

$$\frac{1}{2B}(2Bz + 2B''x + 2C')(2By + 2B'x + 2C'') - \frac{2B'B''}{B}x^2$$

$$+ 2\left(C - \frac{B'C' + B''C''}{B}\right)x + F - \frac{2C'C''}{B} = 0,$$

les quantités placées entre les premières parenthèses étant les dérivées par rapport à y et par rapport à z du premier membre de l'équation.

Soit B$'$B$'' \gtrless 0$. Le produit indiqué par les parenthèses pourra être remplacé par la différence de deux carrés, en vertu de l'identité [3], et le trinome en x qui est en dehors des parenthèses pourra être remplacé par la somme d'un carré et d'une quantité constante, en vertu de l'identité [2]. L'équation [5] pourra donc se ramener à la forme [A].

Si B$'$B$'' = 0$, on retombe sur la forme [B].

Quels que soient les cas particuliers, on arrivera toujours à mettre l'équation numérique proposée sous une forme qui rentrera dans les formes [A] ou [B], en admettant que Y et Z puissent être identiquement nuls; et alors on connaîtra le genre de la surface qu'elle représente à l'aide des considérations suivantes.

Imaginons que l'on prenne pour plans coordonnés les plans représentés par les équations

$$X = 0, \quad Y = 0, \quad Z = 0;$$

en vertu du *lemme*, les équations [A] et [B] deviennent respectivement

$$\frac{1}{A}\, l^2 x'^2 + \frac{1}{a}\, m^2 y'^2 + \frac{1}{a_1}\, n^2 z'^2 = H \qquad\qquad [\text{I}]$$

et

$$\frac{1}{A}\, l^2 x'^2 + \frac{1}{a}\, m^2 y'^2 + \frac{1}{a_1}\, n z' = 0. \qquad\qquad [\text{II}]$$

Supposons qu'on ait l'équation [I]; il se présentera les cas suivants :

1° *Les trois coefficients* A, a *et* a_1 *sont de même signe que* H. Dans ce cas, l'équation [I] représente un ellipsoïde réel rapporté à un système de diamètres conjugués.

2° *Les trois coefficients* A, a *et* a_1 *sont de signe contraire à* H. Dans ce cas, l'équation proposée représente un *ellipsoïde imaginaire*.

Dans les deux cas, si H est nul, l'équation ne représente qu'un point.

3° *Deux des coefficients sont de même signe que* H *et le troisième de signe contraire.* Dans ce cas, l'équation [I] représente un *hyperboloïde à une nappe*.

4° *Deux coefficients sont de signe contraire à* H. Dans ce cas, l'équation [I] représente un *hyperboloïde à deux nappes*.

Dans les deux derniers cas, si H est nul, l'équation représente *un cône*.

On discuterait de la même manière l'équation [II].

833. Remarques. — I. Dans le cas où Z serait identiquement nul, l'équation proposée se réduirait à

$$\frac{1}{A} X^2 + \frac{1}{a} Y^2 = H;$$

alors on choisirait pour plans coordonnés les plans X = 0 et Y = 0, et un troisième plan quelconque coupant les deux premiers; l'équation prendrait la forme

$$\frac{1}{A}\, l^2 x'^2 + \frac{1}{a}\, m^2 y'^2 = H,$$

et l'on voit qu'elle représente : un *cylindre elliptique* si les deux coefficients A et *a* sont de même signe que H; un *cylindre hyper-*

bolique si les deux coefficients sont, l'un de même signe que H, l'autre de signe contraire.

Enfin, si Y et Z étaient identiquement nuls, l'équation se réduirait à

$$\frac{1}{A} X^2 = H,$$

et représenterait deux plans parallèles.

II. Ce qui précède suppose que les trois plans X = 0, Y = 0, Z = 0 se coupent en un point; c'est ce qui a toujours lieu quand on opère la transformation comme nous venons de l'indiquer.

Mais on peut former arbitrairement, ou l'on peut rencontrer à la suite d'un autre calcul, des équations de la forme [A] ou [B] dans lesquelles cette condition ne soit pas remplie. Il est aisé de voir qu'alors l'équation proposée représente toujours un cylindre ou l'une des variétés du cylindre, soit que les plans X = 0, Y = 0, Z = 0 se coupent suivant une même droite, soit qu'ils se confondent ou qu'ils soient parallèles. En effet, si les trois plans se coupent suivant une même droite, l'une des équations devant être une conséquence des deux autres, on aura, par exemple,

$$Z = \alpha X + \beta Y.$$

Si les trois plans ne se coupent pas, alors, ou bien l'intersection des deux premiers plans sera parallèle au troisième, et l'on aura

$$Z = \alpha X + \beta Y + \gamma,$$

ou bien les trois plans seront parallèles, et l'on aura

$$Z = \alpha X + k, \quad Y = \beta X + k'.$$

Dans les deux premiers cas, l'équation proposée sera une fonction de X et Y, et dans le troisième une fonction de X seulement. Supposons que l'on ait $f(X, Y) = 0$; prenons pour plans coordonnés les deux plans X = 0, Y = 0, et un troisième plan quelconque coupant les deux premiers; l'équation de la surface deviendra

$$f(lx', my') = 0,$$

laquelle représente un cylindre dont les génératrices sont parallèles à l'intersection des plans X = 0 et Y = 0.

Si l'on avait $f(X) = 0$, en prenant pour plans coordonnés le plan $X = 0$ et deux autres plans quelconques qui se coupent entre eux et qui coupent le premier, l'équation de la surface se réduirait à

$$f(lx') = 0,$$

et représenterait deux plans parallèles au plan $X = 0$, c'est-à-dire une variété du cylindre.

III. Lorsque l'équation proposée représentera un hyperboloïde à une nappe ou un paraboloïde hyperbolique, on obtiendra les équations des génératrices en décomposant en facteurs l'équation de la surface, comme il a été indiqué dans le § 3 du chapitre précédent, après qu'on l'aura mise sous la forme [A] ou [B].

IV. Dans le cas des surfaces à centre, les trois plans $X = 0$, $Y = 0$, $Z = 0$ sont trois plans diamétraux conjugués.

Essayons d'éclaircir ce qui précède par quelques exemples

834. Exemples. — I. Soit l'équation déjà traitée (n° **738**)

$$25x^2 + 22y^2 + 16z^2 + 16yz - 4zx - 20xy - 26x - 40y - 44z + 44 = 0.$$

On commence par écrire le premier membre sous la forme

$$\frac{1}{25}(25x - 2z - 10y - 13)^2 + 22y^2 + 16z^2 + 16zy - 40y - 44z + 44$$
$$-\frac{1}{25}(2z + 10y + 13)^2;$$

puis on réduit la partie en dehors de la première parenthèse à

$$18y^2 + \frac{396}{25}z^2 + \frac{72}{5}zy - \frac{252}{5}y - \frac{1152}{25}z + \frac{931}{25},$$

et on l'écrit

$$\frac{1}{18}\left(18y + \frac{36}{5}z - \frac{126}{5}\right)^2 + \frac{396}{25}z^2 - \frac{1152}{25}z + \frac{931}{25} - \frac{1}{18}\left(\frac{36}{5}z - \frac{126}{5}\right)^2.$$

On réduit de même la partie en dehors de la première parenthèse dans ce dernier polynome à

$$\frac{3\,4}{25}z^2 - \frac{648}{25}z + \frac{49}{25} \qquad \text{ou} \qquad \frac{344}{25}(z-1)^2 - 11.$$

Par suite, l'équation proposée peut se mettre sous la forme

$$\frac{1}{25}(25x - 2z - 10y - 13)^2 + \frac{1}{18}\left(18y + \frac{36}{5}z - \frac{126}{5}\right)^2 + \frac{324}{25}(z-1)^2 = 11.$$

Or, si nous égalons à 0 les quantités entre parenthèses, il vient

$$25x - 2z - 10y - 13 = 0, \quad 18y + \frac{36}{5}z - \frac{126}{5} = 0, \quad z - 1 = 0,$$

équations qui ont une solution unique $x = 1$, $y = 1$, $z = 1$; on peut donc prendre les trois plans qu'elles représentent pour plans des $y'z'$, des $x'z'$ et des $x'y'$; alors l'équation proposée deviendra

$$\frac{1}{25} l^2 x'^2 + \frac{1}{18} m^2 y'^2 + \frac{324}{25} n^2 z'^2 = 11,$$

et, sous cette forme, on voit immédiatement qu'elle représente un ellipsoïde réel, ainsi que nous l'avions reconnu par la méthode du paragraphe précédent.

II. Soit l'équation

$$2x^2 + 4y^2 - z^2 - 4yz - 8xz + 4xy + 2x - 4y - 22 = 0.$$

Écrivons son premier membre ainsi :

$$\frac{1}{2}(2 + 2y - 4z + 1)^2 + 4y^2 - z^2 - 4yz - 4y - 22 - \frac{1}{2}(2y - 4z + 1)^2.$$

Le polynome en dehors de la première parenthèse peut se réduire à

$$2y^2 - 3z^2 + 4yz - 6y + 4z - \frac{45}{2} \quad \text{ou} \quad \frac{1}{2}(2y + 2z - 3)^2 - 3z^2 + 4z - \frac{45}{2} - \frac{1}{2}(2z - 3)^2.$$

La partie du dernier polynome en dehors de la première parenthèse se réduit à

$$-11z^2 + 10z - 27 \quad \text{ou} \quad -\frac{1}{11}(11z + 5)^2 = \frac{162}{11};$$

par suite, l'équation proposée devient

$$\frac{1}{2}(2x - 4z + 2y + 1)^2 + \frac{1}{2}(2y + 2z - 3)^2 - \frac{1}{11}(11z + 5)^2 = \frac{162}{11};$$

et, sous cette forme, on voit qu'elle représente un *hyperboloïde à une nappe*
En multipliant par 2 les deux membres de cette dernière équation, on trouve que les équations des génératrices de cet hyperboloïde sont

$$2x - 4z + 2y + 1 + \sqrt{\frac{2}{11}}(11z + 5) = \alpha\left(\frac{18}{\sqrt{11}} + 2y + 2z - 3\right),$$

$$2x - 4z + 2y + 1 - \sqrt{\frac{2}{11}}(11z + 5) = \frac{1}{\alpha}\left(\frac{18}{\sqrt{11}} - 2y - 2z + 3\right),$$

et

$$2x - 4z + 2y + 1 + \sqrt{\frac{2}{11}}(11z + 5) = \beta\left(\frac{18}{\sqrt{11}} - 2y - 2z + 3\right),$$

$$2x - 4z + 2y + 1 - \sqrt{\frac{2}{11}}(11z + 5) = \frac{1}{\beta}\left(\frac{18}{\sqrt{11}} + 2y + 2z - 3\right).$$

III. Soit l'équation

$$x^2 - yz = k.$$

On a $yz = \left(\dfrac{y+z}{2}\right)^2 - \left(\dfrac{y-z}{2}\right)^2$, donc l'équation proposée peut être mise sous la forme

$$x^2 + \left(\frac{y-z}{2}\right)^2 - \left(\frac{y+z}{2}\right)^2 = k;$$

et l'on voit qu'elle représentera un *hyperboloïde à une nappe*, un *cône*, ou un *hyperboloïde à deux nappes*, suivant que k sera *positif, nul* ou *négatif*.

IV. Soit l'équation

$$y = x + z \pm \sqrt{1 - z^2}; \quad \text{elle revient à} \quad (y - x - z)^2 + z^2 = 1.$$

La surface est donc un *cylindre elliptique*, dont les génératrices ont pour équations

$$y - x - z = \alpha(1 + z), \quad y - x - z = \frac{1}{\alpha}(1 - z).$$

V. Soit l'équation

$$4x^2 + 10y^2 + 2z^2 - 8yz + 4zx - 4xy + 4x + 10y + 3z + 9 = 0.$$

En opérant comme pour les exemples précédents, on trouve qu'elle peut être mise sous la forme

$$(2x - y + z + 1)^2 + (3y - z + 2)^2 + 5z + 4 = 0;$$

elle représente donc un *paraboloïde elliptique*.

VI. Soit enfin l'équation

$$yz + 3xz + 2xy - y + x + 2z + 4 = 0.$$

On peut écrire son premier membre ainsi

$$(z + 2x + 1)(y + 3x + 2) - x + 4 - 6x^2 - 4x - 3x - 2;$$

en réduisant le polynome en dehors des parenthèses, il devient

$$-6x^2 - 8x + 2 \quad \text{ou} \quad -\frac{2}{3}(3x + 2)^2 + \frac{14}{3};$$

et en transformant le produit indiqué par les parenthèses en une différence de carrés, on trouve que l'équation proposée, toutes réductions faites, peut s'écrire

$$\left(\frac{3x + y + z + 3}{2}\right)^2 - \left(\frac{z - y - x + 3}{2}\right)^2 - \frac{2}{3}(3x + 2)^2 = -\frac{14}{3}.$$

Elle représente donc un *hyperboloïde à une nappe*.

835. Deuxième méthode. — On cherche d'abord, comme il a été dit aux n^{os} **688** et suivants, si la surface proposée admet un centre unique, une infinité de centres, ou si elle en est totalement dépourvue. Examinons successivement ces trois cas.

836. Surfaces à centre unique. — La surface proposée ayant, par hypothèse, un centre unique, on sait déjà qu'elle ne peut être qu'un ellipsoïde réel ou imaginaire, un hyperboloïde à une ou deux nappes, un point, ou un cône.

En résolvant l'équation de la surface par rapport à z, on en tire une expression de la forme

$$z = mx + ny + p \pm \sqrt{ay^2 + bxy + cx^2 + dy + ex + f}.$$

Les coordonnées des points du plan des xy, sur lesquels se projette la surface, doivent satisfaire à l'inégalité

$$ay^2 + bxy + cx^2 + dy + ex + f > 0;$$

donc la projection de la surface sur ce plan est limitée par la courbe qui a pour équation

$$ay^2 + bxy + cx^2 + dy + ex + f = 0. \qquad [1]$$

Nous regardons comme évident que cette courbe a un centre ou en est dépourvue, selon que la surface dont elle limite la projection a elle-même un centre ou en est dépourvue. Donc, dans le cas des surfaces à centre, cette courbe ne peut jamais être une parabole. Cela posé, il y a trois cas à examiner.

837. 1° *La courbe [1] est une ellipse.* — La projection de la surface, étant limitée par une ellipse, ne peut être qu'un ellipsoïde ou un hyperboloïde à une nappe : ce sera un ellipsoïde si la surface se projette à l'intérieur de l'ellipse [1], et un hyperboloïde à une nappe si elle se projette à l'extérieur. On reconnaîtra que l'un ou l'autre cas a lieu en cherchant si la valeur de z qui correspond aux coordonnées x et y du centre de l'ellipse est réelle ou imaginaire. Si cette valeur de z est réelle, la surface se projettera évidemment dans l'intérieur de l'ellipse et ne pourra être, par conséquent, qu'un ellipsoïde. Si cette valeur de z est imaginaire, la surface se projettera à l'extérieur de l'ellipse et sera un hyperboloïde à une nappe.

Exemples. — I. Prenons d'abord l'équation déjà traitée aux n°° 738 et 746, savoir :

$$25x^2 + 22y^2 + 16z^2 + 16yz - 4xz - 20xy - 26x - 40y - 44z + 44 = 0.$$

On a reconnu que la surface avait un centre unique.

On tire de l'équation proposée

$$z = \frac{2x - 8y + 22 \pm \sqrt{-288y^2 + 288xy - 396x^2 + 504x + 288y - 220}}{16}.$$

La projection de la surface, sur le plan des xy, est donc limitée par la courbe qui a pour équation

$$288y^2 - 288xy + 396x^2 - 504x - 288y + 220 = 0. \qquad [E]$$

Cette courbe est une ellipse dont le centre a pour coordonnées $x = 1$, $y = 1$; de plus, le z qui correspond à ces valeurs de x et de y est réel. Donc la surface proposée, se projetant dans l'intérieur de l'ellipse [E], est un ellipsoïde.

II. Soit l'équation

$$2x^2 + 4y^2 - z^2 + 4yz - 8xz - 4xy + 2x - 4y - 22 = 0.$$

Au moyen du tableau mnémonique

$$\begin{array}{ccc} 2, & +4, & -1 \\ 2, & -4, & -2 \\ 2, & -4, & -2, \end{array}$$

on trouve

$$R = 2.2^2 + 4.4^2 - 1.2^2 + 2.4.1 - 2 \ 2.4.2 = -16.$$

La surface a donc un centre unique. On tire de l'équation proposée

$$z = 2(y - 2x) \pm \sqrt{2y^2 - 20xy + 18x^2 - 4y + 2x - 22} \ ;$$

par conséquent la projection de la surface, sur le plan des xy, est limitée par la courbe qui a pour équation

$$8y^2 - 20xy + 18x^2 - 4y + 2x - 22 = 0.$$

Cette courbe est une ellipse, dont le centre a pour coordonnées $x = \dfrac{3}{11}$, $y = \dfrac{13}{22}$. La valeur correspondante de z étant imaginaire, on en conclut que la surface se projette à l'extérieur de l'ellipse et, par suite, que cette surface est un hyperboloïde à une nappe.

REMARQUE. — Si l'ellipse se réduisait à un point, la surface serait un cône, ou elle se réduirait à un point. En effet, le radical qui entre dans la valeur de z est alors de la forme

$$\sqrt{m[(x - x')^2 + (y - y')^2]}.$$

Si m est négatif, on voit que z n'a qu'une valeur réelle, celle qui correspond à $x = x'$, $y = y'$. La surface se réduit donc à un point.

Si m est positif, z sera réel pour toutes les valeurs de x et de y, de sorte que la projection de la surface couvrira tout le plan des xy ; et comme cette surface contient le centre, c'est un cône.

838. 2° *L'équation* [1] *représente une hyperbole.* — Dans ce cas, la surface ne peut être un ellipsoïde ; ce ne peut être qu'un hyperboloïde à une nappe ou à deux nappes. Le premier cas aura lieu évidemment si la projection de la surface contient le centre de l'hyperbole, et le second si elle ne le contient pas. On reconnaîtra encore lequel de ces deux cas a lieu en cherchant si la valeur de z, qui correspond au centre de l'hyperbole, est réelle ou imaginaire.

Exemples. — I. Soit l'équation

$$2x^2 + y^2 + z^2 + 4yz - 2xz - 2xy + 2y - 5 = 0.$$

En appliquant la règle connue, on voit que la surface a un centre. De l'équation proposée on tire

$$z = x - 2y \pm \sqrt{3y^2 - 2xy - x^2 - 2y + 5}.$$

La projection de la surface est donc limitée par l'hyperbole

$$3y^2 - 2xy - x^2 - 2y + 5.$$

Les coordonnées du centre de cette hyperbole sont $x = -\dfrac{3}{4}$, $y = \dfrac{1}{4}$, et la valeur correspondante de z est réelle. Donc la surface proposée est un hyperboloïde à une nappe.

II. Soit l'équation

$$x^2 - 2y^2 + z^2 + 2xy - 4xz + 4y + 4z - 9 = 0.$$

Le lecteur reconnaîtra sans peine, par un calcul analogue à celui que nous venons de faire, que cette équation représente un hyperboloïde à deux nappes.

Remarque. — Si l'hyperbole qui limite la projection de la surface se réduisait à deux lignes droites, la surface serait évidemment un cône.

839. 3° *L'équation* [1] *représente une courbe imaginaire.* — Dans ce cas, le premier membre de l'équation [1] est toujours positif ou toujours négatif, quelles que soient les valeurs de x et de y. S'il est positif, la valeur de z, tirée de l'équation proposée, est toujours réelle, et la surface, se composant de deux nappes séparées par le plan diamétral

$$z = mx + ny + p,$$

est un hyperboloïde à deux nappes. Si le premier membre est toujours négatif, la valeur de z est toujours imaginaire et la surface est elle-même imaginaire.

840. Cas particulier. — Ce qui précède suppose que l'équation proposée renferme au moins le carré de l'une des variables ; car, s'il en était autrement, en la résolvant par rapport à l'une quelconque des variables, on obtiendrait une expression dépourvue de radical.

Quoique ce cas particulier ait déjà été examiné, nous allons le traiter de nouveau, afin de rendre notre second mode de discussion indépendant du premier. Nous nous fonderons sur ce théorème du n° **771**, savoir : que *l'hyperboloïde à une nappe contient toujours une parallèle à une génératrice quelconque de son cône asymptote*, propriété qui n'appartient pas à l'hyperboloïde à deux nappes.

Soit

$$2Byz + 2B'xz + 2B''xy + 2Cx + 2C'y + 2C''z + F = 0 \qquad [1]$$

l'équation proposée, qui, par hypothèse, représente une surface à centre. Cette surface ne peut être un ellipsoïde, car pour toute valeur réelle de x et de y, la valeur tirée de l'équation [1] est toujours réelle ; donc la projection de la surface recouvre tout le plan des xy, ce qui ne peut convenir à un ellipsoïde. La surface proposée ne peut donc être qu'un hyperboloïde à une nappe ou à deux nappes, ou un cône. Pour distinguer le genre de la surface, je transporte l'origine au centre. L'équation proposée prend la forme

$$Byz + B'xz + B''xy = T.$$

Si $T = 0$, l'équation, étant homogène, représentera un cône. Si T est différent de *zéro*, la surface sera un hyperboloïde dont le cône asymptote aura pour équation

$$Byz + B'xz + B''xy = 0.$$

L'axe des z étant évidemment une génératrice de ce cône, la surface devra contenir une parallèle à l'axe des z, si c'est un hyperboloïde à une nappe. Or, si l'on fait

$$x = \alpha, \quad y = \beta,$$

dans l'équation réduite, on aura

$$(B\beta + B'\alpha)z + B''\alpha\beta = T,$$

équation qui ne peut être satisfaite, quel que soit z, que si l'on a en même temps

$$B\beta + B'\alpha = 0 \quad \text{et} \quad \alpha\beta = \frac{T}{B''},$$

d'où

$$\alpha^2 = -\frac{B'}{BB''} \cdot T.$$

Cette valeur de α est réelle ou imaginaire, suivant que $\frac{B'}{BB''}$ est de signe contraire à T ou de même signe. Donc, dans le premier cas, la surface sera un hyperboloïde à une nappe, et dans le second, un hyperboloïde à deux nappes.

841. Surfaces qui admettent une infinité de centres. — Ce cas ne peut offrir aucune difficulté. Si les équations qui donnent le centre se réduisent à deux équations distinctes, la surface est un cylindre. Si elles se réduisent à une seule, la surface est composée de l'ensemble de deux plans parallèles.

La section faite par un des plans coordonnés apprendra si la surface est un cylindre elliptique ou hyperbolique, ou bien si elle est imaginaire.

842. Surfaces dépourvues de centre. — Ce troisième cas n'offre pas non plus de difficulté. On sait d'abord que la surface ne peut être qu'un paraboloïde elliptique, un paraboloïde hyperbolique, ou un cylindre parabolique, et la nature des sections faites par les trois plans coordonnés apprendra le genre de la surface.

En effet, si parmi ces trois sections il y a des ellipses, la surface sera un paraboloïde elliptique; car le paraboloïde hyperbolique et le cylindre parabolique n'admettent pas des sections elliptiques (**756, 755**).

Si parmi ces sections il y a une hyperbole, la surface sera un paraboloïde hyperbolique; car le paraboloïde elliptique et le cylindre parabolique n'admettent pas de sections hyperboliques (**755**).

Enfin, si les trois sections sont des paraboles, la surface sera un cylindre parabolique; car les paraboloïdes ne peuvent être coupés suivant des paraboles que par des plans parallèles à leur axe.

EXEMPLES. — I. Soit l'équation déjà traitée au n° **824**, VI, savoir :

$$5x^2 - 5y^2 + 8z^2 + 4zy + 4zx - 8xy + 6x + 6y - 5z = 0.$$

Nous avons vu que la surface représentée par cette équation est dépourvue de centre. Or, si l'on fait $z = 0$, on trouve

$$5x^2 - 8xy + 5y^2 + 6y + 56 = 0;$$

cette équation représente une ellipse; la surface proposée est donc un *paraboloïde elliptique*, ainsi que nous l'avions reconnu par la première méthode.

II. Soit l'équation

$$x^2 + y^2 + z^2 + 2yz + 2xz + 2xy - 4x - 2y - 2z = 0.$$

On trouve $R = 0$, et, de plus, les équations qui déterminent le centre

$$\left. \begin{array}{l} x + y + z = 2 \\ x + y + z = 1 \\ x + y + 2z = 1 \end{array} \right\}$$

sont incompatibles; donc la surface est privée de centre.

Pour $z = 0$, on a

$$y^2 + 2xy + x^2 - 2y - 4x = 0,$$

équation d'une parabole, ce qui n'apprend rien sur la nature de la surface.

Pour $y = 0$, on a

$$x^2 + 2xz - 2z^2 - 4x + 2z = 0,$$

équation d'une hyperbole; donc la surface est un *paraboloïde hyperbolique*.

III. $$x^2 + y^2 + 9z^2 + 6yz - 6xz - 2xy + 2x - 4z = 0.$$

On trouve que la surface est dépourvue de centre; et comme les sections faites par les trois plans coordonnés sont trois paraboles, on en conclut que la surface est un *cylindre parabolique*.

843. Nous engageons le lecteur à résumer la discussion précédente de l'équation du second degré à trois variables, en dressant un tableau analogue à celui de la page 526, et à déterminer les conditions que doivent remplir les coefficients $a, b, \ldots, f,$

pour que l'équation

$$z = mx + ny + p \pm \sqrt{ay^2 + bxy + cx^2 + dy + ex + f}$$

représente : 1° un *cylindre elliptique*, un *cylindre parabolique* ou un *cylindre hyperbolique* ; 2° un *ellipsoïde* ; 3° un *hyperboloïde à une ou deux nappes* ; 4° un *paraboloïde elliptique ou hyperbolique* ; 5° *deux plans qui se coupent* ou *deux plans parallèles*.

EXERCICES. — *Si l'équation générale du second degré représente un paraboloïde, quand on fait disparaître le rectangle des variables, un des carrés disparaît.*

Lorsque l'ensemble des termes du second degré d'une équation du second degré à trois variables forme un carré parfait, la surface est un cylindre parabolique.

Que représente l'équation $P^2 + AQ = 0$, *P et Q étant des fonctions linéaires de* x, y, z ? *Position des plans* $P = 0$ *ou* $Q = 0$ *par rapport à la surface.*

On donne l'équation $AP^2 + BPQ + CP^2 = 0$, *dans laquelle P et Q sont des fonctions linéaires de* x, y, z. *Quelle est la condition pour qu'elle représente deux plans parallèles ?*

Que représentent les équations

$$z = Ay^2 + Bxy + Cx^2 + Dy + Ex + F, \quad ou \quad z^2 = Ay^2 + \dots + F^2$$

en supposant

$$B^2 - 4AC = 0, \quad B^2 - 4AC > 0 \quad ou \quad B^2 - 4AC < 0 ?$$

Trouver le lieu des centres des surfaces représentées par l'équation

$$x^2 + y^2 - z^2 + 2pxz + 2qyz - 2ax - 2by + 2cz = 0,$$

où a, b, c *sont des nombres positifs connus :* 1° *lorsque* p *et* q *varient de toutes les manières possibles ;* 3° *lorsque* p *et* q *varient de manière à remplir les conditions nécessaires pour que l'équation proposée représente un cône. On indiquera ensuite la partie du lieu qui répond à des hyperboloïdes à une nappe et celle qui correspond à des hyperboloïdes à deux nappes.*

EXEMPLES :

$$10x^2 + 13y^2 + 13z^2 + 8zy - 4zx - 4xy + 20x - 4y - 4z + 1 = 0,$$
$$3x^2 + 3y^2 - 6z^2 - 12zy - 12zx + 24xy + 6x + 24y - 12z + 12 = 0,$$
$$3x^2 - 3y^2 - 12z^2 + 12zy - 8xy - 6x - 6y + 3z = 0,$$
$$12x^2 + 6y^2 + 9z^2 - 12yz + 12zx + 24x + 12z + 3 = 0,$$
$$4x^2 - 2y^2 + 9z^2 - 4yz + 20zx - 16xy + 8x + 16y + 20z - 5 = 0,$$
$$4x^2 + y^2 + 4z^2 - 4yz + 8zx + 4xy + 14x + 10y + 5z + 10 = 0,$$
$$11x^2 + 5y^2 + 2z^2 - 20yz + 4zx + 16xy + 22x + 10y + 4z + 11 = 0,$$
$$10x^2 + 13y^2 + 13z^2 + 8yz - 4zx - 4xz + 20x - 4y - 4z + 10 = 0,$$
$$10x^2 + 13y^2 + 13z^2 + 8yz - 4zx - 4xy + 20x - y - 4z + 19 = 0,$$
$$x^2 + y^2 + z^2 + 2yz + 2zx + 2xy + x + y + z - 2 = 0.$$

CHAPITRE VI

§ **1.** — DU NOMBRE DE CONDITIONS NÉCESSAIRES POUR DÉTERMINER UNE SURFACE DU SECOND DEGRÉ.

844. *Une surface du second degré est généralement déterminée quand elle est assujettie à des conditions géométriques donnant lieu à neuf équations distinctes entre les coefficients de son équation générale.*

Cela résulte de ce que l'équation générale du second degré à trois variables

$$Ax^2 + A'y^2 + A''z^2 + 2Bzy + 2B'zx + 2B''xy + 2Cx$$
$$+ 2C'y + 2C''z + F = 0 \qquad [1]$$

ne renferme réellement que neuf coefficients. Il faudra donc neuf équations pour déterminer ces coefficients quand ils seront inconnus.

REMARQUE. — Le *paraboloïde*, le *cône*, le *cylindre elliptique*, le *cylindre hyperbolique* et le *cylindre parabolique* ne peuvent jamais être assujettis à neuf conditions arbitraires, à cause des relations qui existent entre les coefficients de l'équation [1], lorsque cette équation représente l'une de ces surfaces.

Par exemple, pour que l'équation [1] représente un cône, il faut qu'elle soit vérifiée par les coordonnées du centre, ce qui donne une condition. Un cône sera donc déterminé, en général, par *huit* conditions arbitraires.

Un *paraboloïde* est aussi déterminé en général par *huit* conditions arbitraires ; car, pour que l'équation [1] représente un paraboloïde, il faut que les trois équations qui déterminent les coordonnées du centre soient incompatibles, ce qui donne la condition R = 0.

Le cylindre elliptique et le *cylindre hyperbolique* sont déterminés, en général, par *sept* conditions ; car, ces surfaces ayant une infinité de centres en ligne droite, pour que l'équation [1] représente l'une de ces surfaces, il faut que les équations qui déterminent le centre se réduisent à deux, ce qui donne deux relations.

Enfin le *cylindre parabolique* est déterminé en général par *six* conditions arbitraires ; car les sections de cette surface par les plans coordonnés devant être des paraboles, il en résulte trois conditions. On arrive au même résultat en exprimant que tous les plans diamétraux sont parallèles.

En résumé, il n'y a que l'*ellipsoïde* et l'*hyperboloïde à une ou deux nappes* qui puissent être assujettis en général à *neuf* conditions arbitraires.

Indiquons maintenant le nombre de relations entre les coefficients de l'équation [1] qui correspondent à certaines conditions géométriques imposées aux surfaces qu'elle représente.

845. Assujettir une surface du second degré à passer par un point équivaut à une relation. Cette relation s'obtient en exprimant que l'équation de la surface est vérifiée par les coordonnées du point donné.

Si le point donné est un centre, un sommet, etc., il équivaut à *trois* conditions, que l'on obtient en égalant aux coordonnées de ce point ces mêmes coordonnées exprimées en fonction des coefficients de l'équation de la surface.

846. Assujettir une surface du second degré à passer par une droite donnée équivaut à *trois* conditions que l'on exprime en éliminant x et y entre les équations de la droite et celle de la surface, et en égalant à zéro les trois coefficients de l'équation en z ainsi obtenue, car cette équation doit être vérifiée quelle que soit la valeur de z.

847. Assujettir une surface du second degré à passer par deux droites équivaut à *six* conditions si les deux droites appartiennent à un même système de génératrices rectilignes, auquel cas les deux droites ne se coupent pas, et à *cinq* conditions si les deux droites se coupent.

Assujettir la surface à passer par trois droites appartenant à un même système de génératrices, c'est-à-dire par trois droites ne se coupant pas, revient à l'assujettir à *neuf* conditions. Si deux des droites appartiennent à l'un des systèmes de génératrices rectilignes et l'autre droite à l'autre système, elles n'équivalent qu'à *sept* conditions, car l'une de ces droites, rencontrant les deux autres, est alors déterminée par une seule condition.

848. Assujettir une surface du second degré à être tangente à un plan donné revient à *une* condition, que l'on obtient en identifiant l'équation du plan donné et l'équation du plan tangent à la surface, et en éliminant les coordonnées indéterminées du point de contact entre les équations de condition qu'on obtient et l'équation de la surface. Si l'on donne en même temps le plan tangent et le point de contact, cela équivaudra à *trois* conditions. L'une d'elles s'obtiendra en exprimant que l'équation de la surface est vérifiée par les coordonnées du point de contact, et les deux autres en identifiant l'équation du plan tangent avec l'équation du plan donné.

849. Assujettir *un paraboloïde* à avoir un plan donné pour plan directeur équivaut à *deux* conditions; on les obtiendrait en exprimant que les génératrices rectilignes de l'un des deux systèmes sont parallèles à ce plan.

850. Assujettir une surface du second degré à passer par une courbe du second degré, c'est l'assujettir à *cinq* conditions.

En effet, en assujettissant la surface à passer par cinq points quelconques de cette courbe, on a cinq relations entre les coefficients de l'équation [1] ; et on n'en a pas davantage, car dès qu'une courbe du second degré a cinq de ses points situés sur la surface, elle y est située tout entière, puisque, d'une part, une courbe du second degré est déterminée par cinq points, et que, de l'autre, ces cinq points appartiennent aussi à la courbe du second degré, intersection de la surface avec le plan de la courbe donnée.

851. Assujettir une surface à passer par deux courbes du second degré dont les plans se coupent n'équivaut qu'à *huit* conditions, parce que deux courbes du second degré dont les plans se coupent ont toujours deux points communs, réels ou imaginaires, situés sur l'intersection de leurs plans.

Lorsque les deux courbes sont situées dans deux plans parallèles, on ne peut pas, en général, faire passer une surface du second degré par ces deux courbes ; car les sections parallèles d'une surface du second degré doivent être semblables et avoir leurs centres en ligne droite.

852. Assujettir un *hyperboloïde* à avoir un cône donné pour cône asymptote revient à l'assujettir à *huit* conditions ; car tous les coefficients de l'équation de la surface, excepté le terme constant, doivent être égaux à ceux de l'équation du cône.

Nous verrons, plus loin, qu'assujettir une surface du second degré à être de révolution revient à l'assujettir à *deux* conditions.

§ 2. — ÉQUATIONS GÉNÉRALES DE TOUTES LES SURFACES DU SECOND DEGRÉ SATISFAISANT A DES CONDITIONS GÉOMÉTRIQUES DONNÉES.

853. *Étant données les équations de deux surfaces du second degré, trouver l'équation générale des surfaces du second degré qui passent par l'intersection des surfaces proposées.*

Soient

$$f = 0 \qquad [1]$$

et

$$\varphi = 0 \qquad [2]$$

les équations données ; l'équation

$$f + \lambda\varphi = 0, \qquad [3]$$

dans laquelle λ est un paramètre arbitraire, est l'équation demandée.

D'abord il est évident que toutes les surfaces représentées par l'équation [3] passent par l'intersection des surfaces proposées, et n'ont pas avec ces surfaces d'autres points communs. Il suffit donc de démontrer que toute surface du second degré passant par l'intersection des surfaces [1] et [2] peut être représentée par l'équation [3], en déterminant convenablement λ.

Soient S une surface du second degré passant par l'intersection des surfaces [1] et [2], M un point de cette surface non situé sur cette intersection, et λ_1 la valeur de λ tirée de l'équation [3] où l'on a substitué les coordonnées du point M ; l'équation

$$f + \lambda_1 \varphi = 0 \qquad\qquad [4]$$

est celle de la surface S. En effet, le point M est sur la surface [4], puisque son équation est satisfaite par les coordonnées de ce point. Par le point M, menons un plan P qui coupe les surfaces [1] et [2] suivant des courbes que nous désignerons par A et B ; ce plan coupera la surface S suivant une courbe du second degré C, qui passera par le point M et par les quatre points d'intersection réels ou imaginaires des courbes A et B. Mais ce même plan P coupera la surface [4] suivant une courbe du second degré C', qui passera aussi par le point M et par les quatre points d'intersection des courbes A et B, puisque la surface [4] passe par les points communs aux surfaces [1] et [2]. Les courbes C et C' auront donc cinq points communs ; et puisqu'elles sont du second degré, elles coïncident. Il en résulte que tous les plans menés par le point M coupent les surfaces S et [4] suivant des courbes identiques deux à deux ; donc ces deux surfaces coïncident, et l'équation [4] est celle de la surface S.

854. *Étant données les équations d'une surface du second degré et celle de deux plans, trouver l'équation générale des surfaces du second degré passant par les intersections de la surface proposée avec les deux plans.*

La solution de cette question se déduit de la précédente. En effet, soient $f = 0$ l'équation de la surface, et $P = 0$, $P' = 0$ celles des deux plans. L'équation $PP' = 0$ pouvant être considérée comme celle d'une surface du second degré, l'équation demandée est

$$f + \lambda PP' = 0.$$

Si $Q = 0$ et $Q' = 0$ sont les équations de deux autres plans, l'équation

$$QQ' + \lambda PP' = 0$$

est *l'équation générale de toutes les surfaces du second degré passant par les quatre droites, intersections des deux plans* $Q = 0$, $Q' = 0$ *par chacun des deux plans* $P = 0$, $P' = 0$.

855. *Trouver l'équation générale des surfaces du second degré tangentes à une surface du second degré donnée, suivant une courbe du second degré donnée.*

Soit $f = 0$ l'équation de la surface, et $P = 0$ le plan de la courbe des contacts; en vertu de ce qui précède, l'équation demandée est

$$f + \lambda P^2 = 0.$$

Car la surface représentée par $f + \lambda PP' = 0$ devient tangente à la surface proposée $f = 0$, lorsque les deux plans $P = 0$ et $P' = 0$ se confondent en un seul.

856. Comme exemple, cherchons l'*équation du cône circonscrit à un ellipsoïde donné et dont le sommet soit en un point donné.*

Soient

$$\frac{x^2}{a^2} + \frac{y^2}{b^2} + \frac{z^2}{c^2} = 1 \qquad [1]$$

l'équation de l'ellipsoïde, et (α, β, γ) le sommet du cône dont on cherche l'équation.

Le lieu des points de contact du cône cherché avec l'ellipsoïde est le même que celui des points de contact des plans tangents à cet ellipsoïde menés par le point donné, plans qui sont aussi tangents au cône cherché. Or, en désignant par x, y, z les coordonnées du point de contact des plans tangents, ce dernier lieu est la courbe du second degré intersection du plan

$$\frac{\alpha x}{a^2} + \frac{\beta y}{b^2} + \frac{\gamma z}{c^2} = 1 \qquad [2]$$

avec l'ellipsoïde proposé. D'ailleurs, l'équation de toutes les surfaces du second degré tangentes à l'ellipsoïde suivant cette courbe est

$$\frac{x^2}{a^2} + \frac{y^2}{b^2} + \frac{z^2}{c^2} - 1 + \lambda \left(\frac{\alpha x}{a^2} + \frac{\beta y}{b^2} + \frac{\gamma z}{c^2} - 1 \right)^2 = 0 ; \qquad [3]$$

et comme le cône est la seule surface du second degré dont tous les plans tangents passent par un même point, il s'ensuit qu'on aura l'équation du cône cherché en remplaçant, dans l'équation [3], λ par sa valeur tirée de cette même équation, après y avoir remplacé x, y et z par les coordonnées α, β et γ du sommet du cône.

857. *Trouver l'équation générale des surfaces du second degré passant par une courbe du second degré dont les équations sont données.*

La courbe du second degré dont il s'agit, pouvant être considérée comme l'intersection d'une surface du second degré et d'un plan, a pour équations

$$f = 0 \quad [1] \quad \text{et} \quad P = 0, \qquad [2]$$

équations qui représentent respectivement une surface du second degré et un plan.

Cela posé, l'équation cherchée est

$$f + (\alpha x + \beta y + \gamma z + \delta)\,P = 0, \qquad [3]$$

α, β, γ et δ étant quatre paramètres arbitraires. En effet, l'équation [3] est du second degré, et les surfaces qu'elle représente passent toutes par la courbe proposée, puisque cette équation est vérifiée par les solutions communes aux équations [1] et [2]. En second lieu, cette équation représente toutes les surfaces du second degré qui passent par la courbe donnée. Pour le démontrer, prenons une surface S qui passe par cinq points pris sur la courbe donnée et par quatre autres points pris hors de cette courbe ; on pourra déterminer les paramètres α, β, γ, δ de manière que la surface [3], qui déjà passe par les cinq points pris sur la courbe donnée, passe en outre par les quatre autres points. La surface S et la surface [3] satisferont donc toutes les deux à neuf conditions distinctes ; donc elles coïncideront. Donc l'équation [3] peut représenter toute surface passant par la courbe donnée.

Ainsi, l'équation générale des surfaces du second degré passant par l'intersection de l'ellipsoïde $\dfrac{x^2}{a^2} + \dfrac{y^2}{b^2} + \dfrac{z^2}{c^2} = 1$ et du plan $mx + ny + pz + q = 0$ est

$$\frac{x^2}{a^2} + \frac{y^2}{b^2} + \frac{z^2}{c^2} - 1 + (mx + ny + pz + q)(\alpha x + \beta y + \gamma z + \delta) = 0.$$

On peut se proposer de déterminer les paramètres α, β, γ et δ

par la condition que cette équation représente une surface du second degré d'espèce donnée. Si l'on veut, par exemple, qu'elle représente un cône ayant pour sommet un point donné, il suffira d'exprimer que les coordonnées de ce point vérifient l'équation de la surface et les équations qui déterminent le centre. Observons que l'équation ainsi obtenue pourra représenter un cône réel ou *imaginaire*, ou une variété du cône, savoir : un point ou une droite.

§ 5. — INTERSECTION DES SURFACES DU SECOND DEGRÉ.

858. Deux surfaces du second degré se coupent, en général, suivant une courbe à double courbure, dont les projections sur les plans coordonnés sont des courbes du quatrième degré. Cela résulte de ce que l'élimination de l'une quelconque des variables x, y, z entre les équations des deux surfaces du second degré, conduit en général à une équation du quatrième degré entre les deux autres variables.

Cependant il y a des cas où l'intersection de deux surfacs du second degré se compose de deux lignes planes du second degré. Voici sur ce sujet, deux théorèmes importants, qui sont particulièrement d'un grand usage dans la Géométrie descriptive.

859. Théorème. — *Si deux surfaces du second degré se coupent suivant une première ligne plane, elles se coupent généralement suivant une seconde ligne également plane.*

Prenons, en effet, pour plan des xy le plan de la première ligne plane. Les équations des deux surfaces pourront être mises sous la forme

$$Az^2 + Bxz + Cyz + Dz + \varphi(x, y) = 0,$$
$$A'z^2 + B'xz + C'yz + D'z + \varphi(x, y) = 0,$$

[1]

la fonction $\varphi(x, y)$ étant une fonction du second degré de x et de y, qui, égalée à zéro, donnerait l'équation de la ligne plane commune considérée. Car, pour $z = 0$, les deux équations [1] se réduisent toutes deux à

$$\varphi(x, y) = 0.$$

Si l'on retranche ces équations membre à membre, l'équation

résultante sera celle d'une surface passant par les points communs aux deux surfaces proposées.

Or cette équation résultante peut s'écrire

$$z \left[(A - A')z + (B - B')x + (C - C')y + (D - D') \right] = 0,$$

elle est donc satisfaite par $z = 0$, qui représente le plan des xy, et par

$$(A - A')z + (B - B')x + (C - C')y + (D - D') = 0, \quad [2]$$

qui est aussi l'équation d'un plan. L'intersection des deux surfaces se compose donc de deux courbes planes, ce qu'il fallait démontrer.

Remarque. — Le plan [2] serait transporté à l'infini si l'on avait à la fois

$$A = A', \quad B = B' \quad \text{et} \quad C = C'.$$

860. Théorème. — *Si deux surfaces du second degré ont un plan principal commun, la projection de l'intersection de ces deux surfaces sur un plan parallèle au plan principal commun est une courbe du second degré.*

Prenons, en effet, pour plan des xy le plan principal commun; les équations des deux surfaces ne contiendront point de termes du premier degré en z, et seront par conséquent de la forme

$$\begin{aligned} Ax^2 + A'y^2 + A''z^2 + B''xy + Cx + C'y + D &= 0, \\ ax^2 + a'y^2 + a''z^2 + b''xy + cx + c'y + d &= 0. \end{aligned} \quad [1]$$

Si l'on élimine z entre ces deux équations, en multipliant la première par a'', la seconde par A'', et retranchant membre à membre, on obtient évidemment une équation du second degré en x et y; ce qui démontre la proposition énoncée, puisque la projection de la courbe d'intersection sur un plan parallèle au plan des xy est égale à sa projection sur le plan des xy lui-même.

Remarque. — Ce théorème subsiste pour un plan diamétral commun quelconque, pourvu que la projection se fasse parallèlement aux cordes conjuguées à ce plan diamétral.

861. — *Théorème. Quand deux surfaces du second degré sont tangentes (inscrites ou circonscrites) à une même surface du second degré S, elles se coupent suivant deux courbes planes, réelles ou imaginaires, dont les plans passent par la droite d'intersection des plans des deux courbes de contact de chacune des deux surfaces données avec la surface S.*

En effet, les équations des deux surfaces tangentes à la surface S (inscrites ou circonscrites), sont de la forme (**855**)

$$S + \lambda P^2 = 0 \quad \text{et} \quad S + \lambda_1 Q^2 = 0.$$

En les retranchant membre à membre, on a l'équation

$$\lambda P^2 - \lambda_1 Q^2 = 0, \qquad\qquad [1]$$

qui représente deux plans, réels ou imaginaires. Les deux surfaces considérées se coupent donc suivant deux courbes planes, réelles ou imaginaires ; et comme l'équation [1] est vérifiée pour $P = 0$ et $Q = 0$, les plans de ces courbes de section passent par la droite d'intersection des plans des courbes de contact ; ce qui démontre le théorème énoncé.

Corollaire. *Les plans des courbes de contact et les plans des courbes de section, forment un faisceau harmonique.*

D'abord les quatre plans passent par une même droite. Prenons les deux plans de contact pour plans des xz et des yz ; leurs équations seront alors

$$x = 0 \quad \text{et} \quad y = 0, \qquad\qquad [2]$$

et les équations des plans de section seront :

$$x\sqrt{\lambda} + y\sqrt{\lambda_1} = 0 \quad \text{et} \quad x\sqrt{\lambda} - y\sqrt{\lambda_1} = 0. \qquad [3]$$

Les mêmes équations représentent les traces des quatre plans sur le plan des xy, lesquelles se coupent en un même point. Or, si l'on prend pour axes les droites représentées par les équations [2], les droites représentées par les équations [3] ont leurs coefficients angulaires égaux et de signes contraires ; donc les quatre traces forment un faisceau harmonique (112, II), et, par suite, les quatre plans forment aussi un faisceau harmonique, ce qui démontre la proposition énoncée.

862. Nous nous bornerons à énoncer quelques autres théorèmes d'une application fréquente en Géométrie descriptive.

THÉORÈME. — *Quand deux surfaces du second degré ont deux plans tangents communs* (la droite joignant les deux points de contact n'étant pas une génératrice commune aux deux surfaces), *elles se coupent suivant deux courbes planes, réelles ou imaginaires, dont les plans passent par la droite qui joint les deux points de contact.*

THÉORÈME. — *Lorsque deux surfaces du second degré ont une génératrice commune, elles se coupent en général suivant une cubique gauche qui rencontre la génératrice commune en deux points. En ces deux points les deux surfaces ont mêmes plans tangents.*

THÉORÈME. — *Lorsque deux surfaces du second degré ont une génératrice commune et les mêmes plans tangents tout le long de cette génératrice, elles sont tangentes suivant cette génératrice et sécantes suivant une conique, réelle ou imaginaire.*

THÉORÈME. — *Si deux surfaces réglées du second degré ont en commun deux génératrices du même système, elles ont encore en commun deux autres génératrices de l'autre système, formant un quadrilatère gauche commun aux deux surfaces*

THÉORÈME. — *Si deux surfaces du second degré et de révolution ont leurs axes dans un même plan, la projection sur ce plan de l'intersection des deux surfaces est une courbe du deuxième degré, savoir :* parabole, *toutes les fois que les deux surfaces ont leurs axes parallèles;* ellipse, *lorsque l'une des deux surfaces, mais une seule, est un ellipsoïde aplati (c'est-à-dire de révolution autour de son petit axe), et* hyperbole *dans tous les autres cas.*

THÉORÈME. — *Tout plan coupant deux surfaces du second degré suivant deux courbes homothétiques, coupe aussi suivant des courbes du second degré homothétiques aux premières, toutes les surfaces du second degré passant par l'intersection des deux surfaces données.*

THÉORÈME. — *Le lieu géométrique des normales à une surface réglée du second degré, aux divers points d'une même génératrice rectiligne, est un paraboloïde hyperbolique isocèle* (c'est-à-dire à plans directeurs rectangulaires).

Ce théorème est vrai pour une surface réglée quelconque.

§ 4. — DES SURFACES CYLINDRIQUES.

863. On nomme en général *surface cylindrique* la surface engendrée par une droite qui glisse sur une ligne fixe, en restant constamment parallèle à une même direction. La ligne fixe s'appelle la *directrice* de la surface, et la droite mobile la *génératrice*.

864. Proposons-nous de trouver l'équation d'une surface cylindrique connaissant la directrice et la direction de la génératrice.

Soient

$$\left. \begin{array}{l} f(x, y, z) = 0 \\ f_1(x, y, z) = 0 \end{array} \right\} \qquad \text{[D]}$$

les équations de la directrice;

$$\left. \begin{array}{l} x = az \\ y = bz \end{array} \right\} \qquad \text{[1]}$$

celles d'une droite déterminée, à laquelle la génératrice doit rester constamment parallèle. Les équations des parallèles à cette droite sont

$$\left. \begin{array}{l} x = az + p \\ y = bz + q \end{array} \right\} \qquad \text{[G]}$$

p et q étant indéterminés; mais, pour qu'elles représentent les parallèles qui s'appuient sur la génératrice, il faut et il suffit de donner à p et à q des valeurs qui rendent compatibles les quatre équations [D] et [G]. Soit

$$\varphi(p, q) = 0 \qquad \text{[2]}$$

l'équation qui exprime cette condition.

En éliminant p et q entre cette équation de condition et les équations [G], il vient

$$\varphi(x - az, y - bz) = 0, \qquad \text{[3]}$$

relation constante entre les coordonnées d'un point quelconque de l'une quelconque des parallèles à la droite [1] et s'appuyant sur la directrice [D]; c'est donc l'équation de la surface cylindrique cherchée.

Remarque. — La recherche de l'équation du cylindre se simplifie considérablement quand la directrice est la trace du cylindre sur l'un des plans coordonnés. En effet, supposons que la directrice soit la trace du cylindre sur le plan des xy par exemple; ses équations sont alors de la forme

$$f(x, y) = 0, \quad z = 0, \qquad [d]$$

et l'équation de condition pour que les équations [G] représentent des droites qui rencontrent la directrice [d] est

$$f(p, q) = 0.$$

L'équation de la surface cylindrique est donc, dans ce cas,

$$f(x - az, y - bz) = 0.$$

C'est l'équation de la trace du cylindre sur le plan des xy dans laquelle on a remplacé x et y respectivement par les premiers membres $x - az$, $y - bz$ des équations de la direction des génératrices, égalés à zéro.

En appliquant cette règle aux équations

$$x^2 + y^2 = r^2, \quad y^2 = 2px, \quad y = c^x,$$

on obtient

$$(x - az)^2 + (y - bz)^2 = r^2, \quad (y - bz)^2 = 2p(x - az), \quad y - bz = c^{x-az},$$

équations des cylindres dont les génératrices sont parallèles à la direction [1] et dont les traces sur le plan des xy, sont respectivement une circonférence, une parabole et une courbe transcendante.

865. Le premier membre de l'équation [3] est une fonction des premiers membres des équations qui déterminent la direction des génératrices. On peut démontrer que réciproquement toute équation de cette forme représente un cylindre, et, plus généralement, que

Toute équation de la forme

$$\varphi(X, Y) = 0, \qquad [1]$$

X et Y désignant deux fonctions quelconques du premier degré par rapport aux variables x, y, z, *représente, en général, une surface cylindrique dont les génératrices sont parallèles à la droite* X = 0, Y = 0.

En effet, posons

$$X = p, \quad Y = q, \qquad [2]$$

p et q désignant deux paramètres assujettis à satisfaire à la condition

$$\varphi(p, q) = 0. \qquad [3]$$

Chacune des équations [2] représente une infinité de plans parallèles ; en faisant varier p et q d'une manière continue, leur intersection se déplacera d'une manière continue, en restant constamment parallèle à la droite $X = 0$, $Y = 0$, et décrira par conséquent une surface cylindrique, dont l'équation s'obtiendra en éliminant p et q entre les équations [2] et [3] ; ce qui ramène à l'équation [1].

REMARQUES. — I. La démonstration précédente suppose que les plans $X = 0$, $Y = 0$ se coupent. S'ils étaient parallèles, on aurait $Y = \mu X + \nu$ et l'équation [1] serait fonction de X seulement, et représenterait un ensemble de plans parallèles.

II. Si l'équation [3] n'admettait qu'un nombre limité de valeurs réelles pour p et q, l'équation [1] représenterait alors un ensemble de droites parallèles. Enfin, si l'équation [3] n'admettait pour p et q que des valeurs imaginaires, l'équation [1] représenterait un cylindre imaginaire.

866. *Étant donnée l'équation*

$$f(x, y, z) = 0, \qquad [1]$$

reconnaître si elle représente une surface cylindrique.

La trace sur le plan des xy de la surface [1] a pour équation

$$f(x, y, 0) = 0 ;$$

et, d'après ce qui précède, l'équation générale des surfaces cylindriques qui ont cette trace pour directrice est

$$f(x - az, y - bz, 0) = 0. \qquad [2]$$

Donc, pour que la surface [1] soit cylindrique, il faut et il suffit qu'il existe des valeurs réelles de a et b qui rendent identiques les équations [1] et [2]. Si cette identification est possible, l'équation [1] représentera une surface cylindrique dont la génératrice sera parallèle à la droite

$$\left. \begin{array}{l} x = az \\ y = bz \end{array} \right\}.$$

EXEMPLE. — *L'équation*

$$f(x, y, z) = x^2 + y^2 + 2z^2 - 2xz + 2yz - 1 = 0$$

représente-t-elle une surface cylindrique ?

On a ici

$$f(x - az, \; y - bz, \; 0) = (x - az)^2 + (y - bz)^2 - 1.$$

Pour que cette équation soit identique à l'équation proposée, il faut que l'on ait

$$a = 1,$$
$$b = -1,$$
$$a^2 + b^2 = 2.$$

Ces conditions étant compatibles, la surface proposée est un cylindre dont les génératrices sont parallèles à la droite

$$\left. \begin{array}{l} x = z \\ y = -z \end{array} \right\}.$$

On verra de même que l'équation

$$4x^2 + 9y^2 + 97z^2 - 16zx - 54zy = 36$$

représente un cylindre dont les génératrices sont parallèles à la droite

$$\left. \begin{array}{l} x = 2z \\ y = 3z \end{array} \right\}.$$

867. *Trouver l'équation d'un cylindre circonscrit à une surface donnée, connaissant la direction de la génératrice.*

Soient

$$f(x, y, z) = 0$$

l'équation de la surface donnée, et

$$\left. \begin{array}{l} x = az + p \\ y = bz + q \end{array} \right\}$$

les équations de la génératrice. La question revient évidemment à trouver la relation qui doit exister entre p et q pour que la génératrice du cylindre soit constamment tangente à la surface donnée. Car, si

$$\varphi(p, q) = 0$$

était cette relation,

$$\varphi(x - az, \; y - bz) = 0$$

serait l'équation du cylindre circonscrit à la surface proposée.

On obtiendra cette relation en exprimant que, si l'on coupe la surface par un plan quelconque passant par la génératrice, celle-ci est tangente à la section faite par ce plan. Pour simplifier, on prendra l'un des plans projetants de la génératrice, le plan

$$y = bz + q \qquad [1]$$

par exemple, et on exprimera que la droite

$$x = az + p$$

est tangente à la projection, sur le plan des xz, de la section de la surface faite par le plan [1], projection qui a pour équation

$$f(x,\ bz + q,\ z) = 0.$$

Exemple. — *Trouver l'équation du cylindre circonscrit à la sphère qui a pour équation*

$$x^2 + y^2 + z^2 = r^2,$$

et dont les génératrices sont parallèles à la droite

$$\left.\begin{array}{l} x = az \\ y = bz \end{array}\right\}.$$

On a ici

$$f(x, bz + q, z) = x^2 + (bz + q)^2 + z^2 - r^2 = 0. \qquad [1]$$

Pour que la droite

$$x = az + p \qquad [2]$$

soit tangente à la ligne [1], il faut que l'équation

$$(a^2 + b^2 + 1)z^2 + 2(ap + bq)z + p^2 + q^2 - r^2 = 0,$$

obtenue en éliminant x entre [1] et [2], ait ses racines égales. On doit donc avoir

$$(aq - bp)^2 + p^2 + q^2 = r^2(a^2 + b^2 + 1).$$

L'équation du cylindre circonscrit à la sphère donnée est donc

$$[a(y - bz) - b(x - az)]^2 + (x - az)^2 + (y - bz)^2 = a^2 + b^2 - r^2,$$

ou, en simplifiant,

$$\left.\begin{array}{l} (b^2 + 1)x^2 + (a^2 + 1)y^2 + (a^2 + b^2)z^2 \\ - 2abxy - 2axz - 2byz \end{array}\right\} = a^2 + b^2 - r^2,$$

868. *Tout plan tangent à un cylindre est tangent tout le long de la génératrice qui passe par le point de contact.*

Soit

$$\varphi(x - az,\ y - bz) = 0$$

l'équation du cylindre, et (x_0, y_0, z_0) le point de contact; l'équation du plan tangent est

$$(x - x_0)\varphi'_{x_0} + (y - y_0)\varphi'_{y_0} + (z - z_0)\varphi'_{z_0} = 0, \qquad [0]$$

avec la relation $\varphi(x_0, y_0, z_0) = 0$. Pour calculer φ'_{x_0}, φ'_{y_0}, φ'_{z_0}, posons

$$x - az = u, \quad y - bz = v;$$

l'équation du cylindre deviendra $\varphi(u, v) = 0$, et, en remarquant que u et v sont des fonctions de x et de y, et en ayant égard à la règle des fonctions composées et à celle des fonctions de fonctions, on aura

$$\varphi'_x = \varphi'_u(u, v), \quad \varphi'_y = \varphi'_v(u, v), \quad \varphi'_z = \varphi'_u(u, v)(-a) + \varphi'_v(u, v)(-b).$$

Substituant ces valeurs dans l'équation [0] et réduisant, on trouve

$$(x - az - u_0)\varphi'_{u_0} + (y - bz - v_0)\varphi'_{v_0} = 0,$$

équation d'un plan qui contient la génératrice $x - az - u_0 = 0$, $y - bz - v_0 = 0$, passant par le point de contact; ce qui démontre la proposition énoncée.

<h3 style="text-align:center">§ 5. — DES SURFACES CONIQUES.</h3>

869. On appelle en général *surface conique* ou simplement *cône*, la surface engendrée par une droite qui passe constamment par un point fixe, appelé *sommet*, en s'appuyant sur une ligne donnée appelée *directrice*. Une telle surface se compose de deux parties ou *nappes* s'étendant indéfiniment, et qui sont évidemment symétriques par rapport au sommet. Lorsque le sommet est rejeté à *l'infini*, le cône devient un cylindre; les surfaces cylindriques sont donc des cas particuliers des surfaces coniques.

Proposons-nous de trouver l'équation d'un cône dont on connaît le sommet (x', y', z') et la directrice

$$\left. \begin{array}{l} f(x, y, z) = 0 \\ f_1(x, y, z) = 0 \end{array} \right\} . \qquad [D]$$

Toutes les droites passant par le sommet donné sont représentées par les équations

$$\left. \begin{array}{l} x - x' = a(z - z') \\ y - y' = b(z - z') \end{array} \right\}, \qquad [G]$$

en y regardant a et b comme des paramètres indéterminés. Pour avoir les équations de celles de ces droites qui s'appuient sur la directrice donnée, il faut donner à a et à b des valeurs qui vérifient l'équation de condition nécessaire pour que les quatre équations [D] et [G] soient compatibles. Soit

$$\varphi(a, b) = 0 \qquad [1]$$

cette équation de condition. En éliminant a et b entre cette équation et les équations [G], il vient

$$\varphi\left(\frac{x - x'}{z - z'}, \frac{y - y'}{z - z'}\right) = 0 \, ;$$

c'est l'équation de la surface conique demandée. C'est une équation *homogène* entre les différences $x - x'$, $y - y'$, $z - z'$ qui, égalées à zéro, déterminent les coordonnées du sommet.

Remarques. — I. Si l'on prend le sommet pour origine, l'équation du cône devient

$$\varphi\left(\frac{x}{z}, \frac{y}{z}\right) = 0.$$

II. Si la directrice donnée était la trace du cône sur le plan des xy, ses équations seraient de la forme

$$f(x, y) = 0, \quad z = 0,$$

l'équation [1] se réduirait à

$$f(x' - az', y' - bz') = 0$$

et, par suite, l'équation du cône serait

$$f\left(\frac{x'z - z'x}{z - z'}, \frac{y'z - z'y}{z - z'}\right) = 0. \qquad [3]$$

Ainsi l'on obtient l'équation de la surface conique, en remplaçant, dans l'équation de sa trace sur le plan des xy, x et y respectivement par $\dfrac{x'z - z'x}{z - z'}$ et $\dfrac{y'z - z'y}{z - z'}$, x', y', z' étant les coordonnées du sommet du cône.

Exemple. — Le cône qui a pour sommet le point (x', y', z') et pour trace, sur le plan des xy, le cercle

$$x^2 + y^2 = r^2,$$

a pour équation

$$(x'z - z'x)^2 + (y'z - z'y)^2 = r^2(z - z')^2.$$

Si le cône était droit, on aurait $x' = 0$, $y' = 0$, et, par suite, son équation serait

$$x^2 + y^2 = \frac{r^2}{z'^2}(z - z')^2.$$

870. *Réciproquement, toute équation homogène entre trois fonctions quelconques du premier degré par rapport aux variables représente en général une surface conique, dont le sommet s'obtient en égalant à zéro ces trois fonctions.*

En effet, si X, Y, Z désignent les trois fonctions du premier degré, une telle équation sera de la forme

$$\varphi\left(\frac{X}{Z}, \frac{Y}{Z}\right) = 0. \qquad [1]$$

Posons

$$X = \lambda Z, \quad Y = \mu Z, \qquad [2]$$

λ et μ désignant deux paramètres assujettis à satisfaire à l'équation

$$\varphi(\lambda, \mu) = 0. \qquad [3]$$

Les équations [2] représentent deux séries de plans qui ne dépendent que d'un seul paramètre indéterminé à cause de l'équation [3], et dont les intersections successives décrivent, par conséquent, une surface réglée; et cette surface est un cône, puisque toutes ces intersections passent par le point $X = 0$, $Y = 0$, $Z = 0$. Pour obtenir son équation, il faudrait éliminer λ et μ entre les équations [2] et [3], et l'on obtiendrait l'équation [1]; ce qui démontre la proposition énoncée.

Remarque. — La démonstration précédente suppose que les plans $X = 0$, $Y = 0$, $Z = 0$ se coupent, ce qui a lieu en général.

Si le plan X était parallèle à l'intersection des deux autres, on aurait $X = \alpha Y + \beta Z + \gamma$, et l'équation [1] n'étant alors fonction que de Y et de Z, représenterait un cylindre dont les génératrices sont parallèles à la droite $Y = 0$, $Z = 0$.

Si les trois plans se coupaient suivant une même droite, on aurait $X = \alpha Y + \beta Z$, et l'équation [1] ne dépendant alors que du rapport $\dfrac{Y}{Z}$ représenterait une série de plans passant par la droite $Y = 0$, $Z = 0$.

Enfin, si les trois plans étaient parallèles, on aurait $Y = \alpha X + \beta$.

$Z = \gamma X + \delta$ et l'équation [1] ne serait fonction que de X, elle représenterait donc une série de plans parallèles.

871. *Étant donnée l'équation d'une surface, reconnaître si cette surface est un cône.*

Soit

$$F(x, y, z) = 0 \qquad [1]$$

l'équation de la surface donnée. Pour que cette équation puisse représenter un cône, il faut qu'elle soit homogène, ou bien qu'en changeant l'origine des coordonnées on puisse la rendre homogène. Dans le premier cas, l'équation [1] représente un cône, réel ou imaginaire, ayant pour sommet l'origine actuelle, ou une des variétés du cône ; et dans le second cas, un cône ayant pour sommet la nouvelle origine, ou l'une des variétés du cône. Quand elle représentera un cône, ce cône sera réel ou imaginaire, selon que la section obtenue en le coupant par un plan quelconque sera réelle ou imaginaire. Pour simplifier, on prendra le plan sécant parallèle à l'un des plans coordonnés.

On pourrait encore reconnaître si la surface proposée est un cône, en examinant s'il existe des valeurs réelles de x', y', z' qui rendent identiques l'équation [1] et l'équation

$$F\left(\frac{x'z - z'x}{z - z'}, \ \frac{y'z - z'y}{z - z'} \right) = 0,$$

Exemple. — Soit donnée l'équation

$$3x^2 + 2y^2 - 2xz + 4yz - 4x - 8z - 8 = 0.$$

Cette équation n'est pas homogène, mais si l'on change l'origine des coordonnées, en remplaçant x, y, z par $x + x'$, $y + y'$, $z + z'$, on trouve que pour

$$x' = 0, \qquad y' = 2, \qquad z' = -2$$

l'équation proposée devient

$$3x^2 + 2y^2 - 2xz + 4yz = 0.$$

Cette dernière équation étant homogène, représente un cône réel ou imaginaire. Or, si l'on coupe ce cône par le plan $x = 1$, la section

$$2y^2 + 4yz - 2z + 3 = 0$$

est une courbe réelle. Donc l'équation proposée représente un cône réel.

872. *Trouver l'équation d'un cône qui ait pour sommet un point donné et qui soit tangent à une surface donnée.*

Ce problème se résout par les mêmes considérations que celui du n° **867.**

EXEMPLE. — *Trouver l'équation d'un cône qui ait l'origine pour sommet et qui soit tangent à la sphère qui a pour équation*

$$(x-\alpha)^2+(y-\beta)^2+(z-\gamma)^2=r^2.$$

Les équations de la génératrice du cône sont ici de la forme

$$x=az \atop y=bz$$

et la projection sur le plan des xz de la section de la sphère par le plan

$$y=bz$$

a pour équation

$$(x-\alpha)^2+(bz-\beta)^2+(z-\gamma)^2=r^2.$$

Pour que la droite

$$x=az$$

soit tangente à la courbe représentée par cette équation, on doit avoir

$$(a\alpha+b\beta+\gamma)^2=(a^2+b^2+1)\,(\alpha^2+\beta^2+\gamma^2-r^2)\,;$$

par suite, on obtiendra

$$(\alpha x+\beta y+\gamma z)^2=(x^2+y^2+z^2)\,(\alpha^2+\beta^2+\gamma^2-r^2)$$

pour l'équation du cône demandée.

Si le centre était à la distance r de l'origine, on aurait $\alpha^2+\beta^2+\gamma^2=r^2$, et le cône se réduirait à un plan, ce qu'on pouvait prévoir.

873. *Tout plan tangent à un cône est tangent tout le long de la génératrice qui passe par le point de contact.*

Même démonstration que pour le cylindre.

§ 6. — DES SURFACES DE RÉVOLUTION.

874. Une surface de révolution est, comme on l'a vu, une surface engendrée par une ligne, généralement plane, qui tourne autour d'une droite fixe appelée *axe*. Proposons-nous de trouver l'équation générale des surfaces de révolution.

Soient

$$X=aZ+p$$

et

$$Y=bZ+q \qquad\qquad [1]$$

les équations de l'axe. La surface peut être considérée comme engendrée par un cercle variable perpendiculaire à l'axe et ayant son centre sur cet axe. On peut regarder ce cercle comme l'intersection d'une sphère de rayon variable, ayant son centre en un point déterminé de l'axe, par exemple sa trace sur le plan des xy, dont les coordonnées sont $X = p$, $X = q$ et $Z = 0$, et d'un plan variable perpendiculaire à cet axe. Ce cercle peut donc être représenté par l'ensemble des deux équations

$$(x - p)^2 + (y - q)^2 + z^2 = \rho^2,$$
$$ax + by + z = k, \qquad [2]$$

les variables ρ^2 et k étant liées par une relation arbitraire

$$\rho^2 = \varphi(k) \qquad [3]$$

qui déterminera la loi suivant laquelle varie le cercle générateur. Ainsi la surface de révolution peut être représentée par l'équation

$$(x - p)^2 + (y - q)^2 + z^2 = \varphi(ax + by + z) : \qquad [4]$$

c'est l'équation générale des surfaces de révolution.

Réciproquement, si une équation à trois variables peut être mise sous cette forme, elle représente une surface de révolution, et son axe est déterminé par les équations [1].

875. On pourrait se servir de ce caractère pour reconnaître si une surface dont l'équation est donnée est une surface de révolution. Mais il est plus commode d'employer les considérations suivantes.

Supposons les axes rectangulaires. Si la surface représentée par l'équation

$$f(x, y, z) = 0 \qquad [1]$$

est une surface de révolution, en décrivant d'un point quelconque (x, y, z) de son axe une sphère d'un rayon convenable, on trouvera pour intersection deux circonférences de cercles, dont les plans seront perpendiculaires à l'axe et par conséquent parallèles.

Réciproquement, si une surface est coupée par deux plans parallèles quelconques à une direction fixe suivant deux cercles.

dont les centres soient sur une même perpendiculaire à ces plans, la surface est une surface de révolution.

Par conséquent, si l'on veut s'assurer, qu'une surface donnée [1] est une surface de révolution, il faut exprimer que son intersection avec la sphère

$$(x-x_1)^2 + (y-y_1)^2 + (z-z_1)^2 = R^2 \qquad [2]$$

se compose de deux cercles parallèles.

Nous appliquerons cette méthode aux surfaces du second degré.

876. Soit

$$Ax^2 + A'y^2 + A''z^2 + Bxz + \ldots + D = 0 \qquad [3]$$

l'équation d'une surface du second degré. L'équation générale des surfaces du second degré passant par l'intersection de la surface [3] avec la sphère [?] sera

$$Ax^2 + A'y^2 + A''z^2 + Bxz \ldots + D + \lambda[(x-x_1)^2 + (y-y_1)^2 + (z-z_1)^2 - R^2] = 0. \;[4]$$

Pour que cette équation représente deux plans parallèles, il faut qu'on puisse disposer des paramètres arbitraires de manière à réduire à une seule les trois équations qui déterminent les coordonnées du centre (**480**, 2°). Ces équations peuvent se réduire à une seule de plusieurs manières : ou bien les trois équations sont équivalentes; ou bien l'une est une identité et les deux autres sont équivalentes; ou bien deux des équations sont identiques. Les trois équations qui déterminent le centre d'une surface représentée par l'équation [1] sont

$$Ax + B''y + B'z + C + \lambda(x-x_1) = 0,$$
$$B''x + A'y + Bz + C' + \lambda(y-y_1) = 0,$$
$$B'x + By + A''z + C'' + \lambda(z-z_1) = 0,$$

et, pour que ces équations se réduisent à une seule, il faut que l'on ait

$$\frac{A+\lambda}{B''} = \frac{B''}{A'+\lambda} = \frac{B'}{B} = \frac{C-\lambda x_1}{C'-\lambda y_1} \quad \text{et} \quad \frac{A+\lambda}{B'} = \frac{B''}{B} = \frac{A''+\lambda}{B'} = \frac{C-\lambda x_1}{C''-\lambda z_1},$$

d'où l'on tire, en égalant les valeurs de λ,

$$A - \frac{B'B''}{B} = A' - \frac{BB''}{B'} = A'' - \frac{BB'}{B''} \qquad [5]$$

Ces deux relations, ne dépendant ni de R ni de x_1, y_1, z_1, doivent être vérifiées d'elles-mêmes; donc ce sont les conditions nécessaires pour que la surface représentée par l'équation proposée soit de révolution.

Nous disons qu'elles sont suffisantes. En effet, lorsqu'elles seront remplies, l'équation [4] représentera deux plans parallèles; et, comme les valeurs de λ et de x_1, y_1, z_1 sont indépendantes de R, on pourra toujours décrire une sphère du point (x_1, y_1, z_1), comme centre, avec un rayon R tel, que cette sphère coupe la surface proposée, supposée réelle. La surface proposée pourra donc être coupée par deux plans parallèles suivant deux cercles ; donc elle sera de révolution.

Lorsque les conditions [5] sont remplies, les équations de l'axe de la surface de révolution sont

$$\frac{C - \lambda x_1}{B'B''} = \frac{C' - \lambda y_1}{BB''} = \frac{C'' - \lambda z_1}{BB'}.$$

Il resterait à y mettre pour λ sa valeur.

877. Ce qui précède suppose qu'aucun des coefficients B, B', B'' n'est égal à zéro. Examinons maintenant les différents cas particuliers qui peuvent se présenter.

Soit B = 0 ; les équations qui déterminent le centre deviennent

$$(A + \lambda) x + B''y + B'z + C - \lambda x_1 = 0,$$
$$B''x + (A' + \lambda) y + C' - \lambda y_1 = 0,$$
$$B'x + (A'' + \lambda) z + C'' - \lambda z_1 = 0.$$

Pour que ces trois équations puissent se réduire à une seule, il faut qu'avec B = 0 l'on ait en même temps B' = 0 ou B'' = 0, ou B' = B'' = 0 ; car, s'il en était autrement, il est évident que la première de ces trois équations ne pourrait ni être identique, ni être identifiée à la fois avec chacune des deux dernières.

Supposons B' = 0. Alors on doit avoir ou B'' = 0 ou B'' ≷ 0.

Soit B'' = 0. Les équations du centre sont

$$(A + \lambda) x + C - \lambda x_1 = 0,$$
$$(A' + \lambda) y + C' - \lambda y_1 = 0,$$
$$(A'' + \lambda) z + C'' - \lambda z_1 = 0.$$

Ces équations, représentant des plans respectivement parallèles aux axes, ne sauraient être identifiées entre elles. Donc, pour qu'elles puissent se réduire à une seule, il faut que deux d'entre elles soient vérifiées d'elles-mêmes. Si ce sont les deux dernières que l'on rend identiques, il vient

$$A' + \lambda = 0, \quad C' - \lambda y_1 = 0 \quad \text{et} \quad A'' + \lambda = 0, \quad C'' - \lambda z_1 = 0,$$

d'où résulte la condition

$$A' = A''.$$

Les équations de l'axe de la surface de révolution sont, dans ce cas,

$$C' - \lambda y_1 = 0, \quad C'' - \lambda z_1 = 0.$$

Si l'on rendait identiques la première équation et la seconde, ou la première et la troisième, on aurait de même

$$A = A' \quad \text{ou} \quad A = A''.$$

878. Enfin, soit $B'' \gtrless 0$. Les équations du centre sont

$$(A + \lambda) x + B'' y + C - \lambda x_1 = 0,$$
$$B'' x + (A' + \lambda) y + C' - \lambda y_1 = 0,$$
$$(A'' +) \lambda z + C'' - \lambda z_1 = 0.$$

La troisième de ces équations, représentant un plan parallèle au plan des xy, ne peut être identifiée avec aucune des deux autres équations; il faut donc qu'elle soit identique, et que les deux premières rentrent l'une dans l'autre, ce qui donne

$$A'' + \lambda = 0, \quad C'' - \lambda z_1 = 0 \quad \text{et} \quad \frac{A+\lambda}{B''} = \frac{B''}{A'+\lambda} = \frac{C - \lambda x_1}{C' - y \lambda_1};$$

d'où résulte l'équation de condition

$$B''^2 = (A - A'')(A' - A'').$$

Cette condition étant satisfaite, les équations de l'axe de la surface seront

$$C'' + A'' z_1 = 0, \quad (C' + A'' y_1)(A - A'') = B''(C + A'' x_1).$$

On retrouve ainsi les conditions déjà obtenues au n° 740.

REMARQUE. — On arrive aux mêmes conditions en coupant la surface proposée $f = 0$ par deux plans parallèles $P = 0$, $P' = 0$, et en exprimant que l'équation $f + \lambda PP' = 0$, qui représente toutes les surfaces du second degré passant par les intersections de la surface proposée avec les deux plans parallèles, représente une sphère.

879. EXERCICES. — *Lieu des points de l'espace tels, que la somme ou la différence de leurs distances à deux points fixes est constante : 1° géométriquement, 2° par le calcul. — Montrer l'identité des résultats.*

Lieu du milieu d'une droite de longueur constante dont les extrémités glissent sur deux droites quelconques. En déduire le cas où les deux droites directrices sont dans un même plan et rectangulaires : 1° géométriquement, 2° par le calcul.

On donne une parabole $z = 0$ et $y^2 = 2px$, et un point (α, β, γ); on prend ce point pour sommet d'un cône dont la base est la parabole. Trouver l'équation du cône. Ce cône peut-il être de révolution?

Même question en remplaçant la parabole par une ellipse ou une hyperbole.

Lieu des points également distants de deux droites qui se coupent.

Lieu des points également distants de deux droites non situées dans un même plan.

Lieu décrit par l'arête d'un angle dièdre droit, dont les faces passent constamment par deux droites données non situées dans un même plan.

Lieu des points tels, que la somme de leurs distances à deux axes rectangulaires soit égale à une ligne donnée.

Lieu des points tels, que le rapport de leurs distances à une droite fixe et à un plan fixe soit constant.

Lieu des centres des sphères tangentes extérieurement à deux sphères données. Idem à trois sphères données (coordonnées rectangulaires).

Lieu des points tels, que la somme des carrés de leurs distances à m points fixes est constante.

Lieu décrit par une droite qui glisse sur deux autres droites non situées dans un même plan, et qui fait, à chaque instant, avec ces droites, deux angles égaux entre eux.

Lieu décrit par une droite qui glisse sur deux cercles parallèles et sur une droite perpendiculaire aux plans de ces cercles.

Lieu des points tels, que la distance de chacun d'eux à un point quelconque d'une ellipse donnée soit une fonction rationnelle des coordonnées de ce point.

Si une ellipse et une hyperbole, situées dans deux plans perpendiculaires, sont telles, que les sommets de l'une soient les foyers de l'autre, tout cône ayant pour base l'ellipse et pour sommet un point de l'hyperbole est un cône de révolution.

Si l'on coupe un ellipsoïde de révolution par un plan quelconque, le cône qui a pour base la section obtenue et pour sommet un foyer de l'ellipsoïde est un cône de révolution.

On donne trois axes rectangulaires, un point situé sur l'un d'eux et une droite quelconque. Trouver le lieu géométrique des points de contact des plans tangents menés par cette droite à toutes les surfaces du second degré qui auraient pour axes les trois axes donnés et pour un des sommets le point donné.

Lieu géométrique des centres des surfaces de révolution qui passent par trois points fixes, ces points étant les extrémités de trois diamètres conjugués.

Étant donné le paraboloïde $\dfrac{y^2}{p} - \dfrac{z^2}{q} = x$, par une génératrice quelconque on mène un plan perpendiculaire au plan directeur correspondant ; ce plan est tangent. Trouver le point de contact et le lieu de ces points quand la génératrice varie.

Étant donnés trois axes rectangulaires et la parabole $z = h$, $y^2 = 2px$, trouver l'équation de la surface engendrée par une droite s'appuyant sur l'axe OX, sur la parabole, et à une distance constante de l'origine.

Par un point fixe on mène trois droites rectangulaires déterminant six points sur un ellipsoïde ; trois de ces points déterminent une section plane dans l'ellipsoïde ; trouver le lieu des centres de cette section.

Étudier la surface engendrée par une droite tangente à une sphère et rencontrant deux autres tangentes à cette même sphère, les deux points de contact étant diamétralement opposés.

On coupe un ellipsoïde par un plan, et l'on mène la normale tout le long de cette section ; étudier la surface ainsi engendrée, et sa trace sur le plan des xy.

Par un point d'un des plans coordonnés on mène des normales à une série d'ellipsoïdes homofocaux ; trouver 1° le lieu des pieds de ces normales ; 2° l'enveloppe des plans tangents menés par tous les pieds de ces normales.

On donne une droite et un plan, trouver dans ce plan une droite dont la plus courte distance à la droite donnée soit égale à une longueur donnée. Trouver l'enveloppe de ces droites.

Étant donnés trois plans parallèles à une même droite, trouver le lieu des points tels, que les rapports de leurs distances aux trois plans soient constants.

Si par le centre d'un tore on lui mène un cône tangent, tout plan tangent à ce cône coupe le tore suivant deux cercles.

Lieu géométrique des centres des sections faites dans un cône du second ordre par une suite de plans passant 1° par un même point, 2° par une même droite.

Lieu des centres des hyperboloïdes à une nappe qui passent par un point donné et par deux droites fixes, non situées dans un même plan.

Par deux droites fixes, non situées dans un même plan, on mène des paraboloïdes hyperboliques, à chacun desquels on mène un plan tangent parallèle à un plan donné. On demande le lieu des points de contact.

Lieu des normales à un ellipsoïde menées par les différents points d'une section circulaire passant par le centre.

Lieu du centre d'une sphère de rayon constant, qui se meut de manière à rencontrer toujours une surface du second degré donnée, suivant une section circulaire.

Étant donné un prisme triangulaire droit, on coupe ce solide par un plan qui rencontre ses trois arêtes latérales et le divise en deux parties dont les volumes sont dans un rapport donné. Trouver l'équation de la surface décrite par le centre de gravité de l'un des troncs de prisme quand le plan sécant se déplace sans cesser de rencontrer les trois arêtes latérales. — Déterminer les lignes qui forment le contour de cette surface. On examinera en particulier le cas où les bases du prisme sont des triangles équilatéraux.

(Concours général, 1872.)

Par un point fixe A pris sur une surface du second degré donnée, on mène tous les plans qui coupent la surface suivant des courbes dont l'un des sommets est en A :

1° Trouver le lieu de celui des axes de la section qui passe par le point A ;

2° Trouver le lieu du point où le diamètre conjugué du plan sécant, relativement à la surface donnée, rencontre le plan tangent à cette surface au point A ;

3° Construire ce dernier lieu dans le cas où le plan tangent en A coupe la surface donnée suivant deux droites rectangulaires.

(École normale supérieure, 1872.)

On donne deux axes de coordonnées rectangulaires et deux droites A et B, respectivement parallèles aux axes, et on demande :

1° De former l'équation générale des courbes du second degré, qui ont pour centre l'origine des coordonnées et qui admettent comme normales les droites données A et B ;

2° De démontrer que, par un point du plan, il passe en général trois de ces courbes, à savoir deux ellipses et une hyperbole;

3° De faire connaître les points du plan pour lesquels cette règle générale souffre une exception.

(École polytechnique, 1872.)

On donne deux droites fixes Δ et Δ_1 qui ne se rencontrent pas; par ces deux droites on fait passer des surfaces (S) du second ordre pour lesquelles la somme des carrés des longueurs algébriques des axes ainsi que le produit de ces mêmes longueurs sont des quantités constantes et données.

1° Trouver le lieu des centres des surfaces (S).

2° Considérant une quelconque des surfaces (S) et le centre I de cette surface, on mène par le point I une droite rencontrant les deux droites fixes en D et en D_1; calculer la distance DD_1.

3° Par les points D D_1 on mène des plans respectivement perpendiculaires aux droites Δ et Δ_1; trouver le lieu des intersections de ces plans.

(Concours d'agrégation de 1872.)

On donne un cercle et un point A, et l'on demande le lieu des centres des hyperboles équilatères assujetties à passer par le point donné A et à toucher en deux points le cercle donné.

On discutera la courbe obtenue pour les différentes positions du point A, et l'on démontrera que, dans le cas général, les points de contact des tangentes qu'on peut mener au lieu par le point A sont situés sur une circonférence de cercle.

(Concours d'admission à l'École polytechnique, 1873.)

Une surface du second ordre S étant donnée, ainsi que deux points A et B sur cette surface, il existe une infinité de surfaces du second ordre Σ, qui sont tangentes en A et en B à la surface S. On propose de trouver :

1° Le lieu géométrique des centres des surfaces Σ;

2° Le lieu géométrique des points de contact de ces surfaces avec les plans tangents qu'on peut leur mener parallèlement à un plan donné;

3° Le lieu géométrique des points de contact de ces mêmes surfaces avec les plans tangents qu'on peut leur mener par une droite donnée.

(Concours général de mathématiques spéciales, de 1873.)

Étant donné une ellipse A et un point P dans son plan, de ce point P on mène des normales à l'ellipse A et l'on considère la conique B qui passe par le point P et les pieds des quatre normales :

1° Trouver les coordonnées du centre de cette conique B et celles de ses foyers;

2° Trouver le lieu C du centre et le lieu D des foyers de la conique B, lorsque l'ellipse A varie de manière que ses foyers restent fixes;

3° Trouver le lieu des points d'intersection du lieu D et de la droite OP, lorsque le point P décrit un cercle de rayon donné et ayant pour centre le centre O de l'ellipse A.

(École normale supérieure, 1873.)

On donne un hyperboloïde à une nappe, sur lequel on prend une génératrice déterminée G. En un point quelconque de cette génératrice, on mène la normale à la surface ; on suppose que cette normale, considérée comme rayon incident, se réfléchit, suivant la loi connue, sur le plan de l'ellipse de gorge. On demande

1° La surface engendrée par le rayon réfléchi, lorsque le point P se déplace sur la génératrice G ;

2° L'enveloppe des sphères ayant pour centre le point d'incidence et pour rayon la distance du point d'incidence au point P.

(Concours d'agrégation de 1873.)

Par les trois sommets d'un triangle rectangle on fait passer des paraboles, on mène à ces paraboles des tangentes parallèles à l'hypoténuse du triangle donné. On demande :

1° Le lieu des points de contact ;

2° Le lieu cherché est une conique qui coupe chacune des paraboles en quatre points : on demande le lieu décrit par le centre de gravité du triangle formé par les sécantes communes qui ne passent pas par l'origine.

(École normale supérieure, 1874.)

Trouver le lieu géométrique de l'intersection de deux normales menées à la parabole aux deux extrémités de toutes les cordes dont les projections orthogonales sur une perpendiculaire à l'axe ont une même valeur.

Que dire du cas où l'on fait tendre vers zéro cette valeur de la projection ?

Revenant au cas général, on propose de mener, par un point quelconque du lieu, trois normales à la parabole.

Application particulière au point maximum du lieu.

(Concours d'admission à l'École polytechnique, de 1875.)

Trouver le lieu des pieds des normales menées d'un point donné P à une série d'ellipses qui ont un sommet commun B, la même tangente en ce point, et telles que, pour chacune d'elles, le rapport de l'axe parallèle à la tangente commune au second axe soit égal à une constante donnée K.

Construire le lieu dans les cas particuliers suivants : on prendra le point P sur la bissectrice de l'un des angles formés par la tangente et la normale communes à toutes les ellipses en B et l'on attribuera à K successivement l'une des valeurs $\sqrt{3}$ et 2.

(École normale supérieure, 1875).

Étant donné un ellipsoïde, un plan P et un point A dans ce plan, trouver le lieu des sommets des cônes circonscrits à l'ellipsoïde et tels que la section de chacun de ces cônes par le plan P admette pour foyer le point A.

(Concours général de 1875.)

Une conique donnée de forme et de grandeur se déplace de manière que chacun de ses foyers reste sur une droite donnée. Dans chaque position, on mène

à la conique des tangentes parallèles à la droite que décrit l'un des foyers.
Déterminer le lieu des points de contact.

(École polytechnique, 1875. Question retirée.)

On considère une hyperbole équilatère fixe et une infinité de cercles concentriques à cette courbe. A chacun des cercles on mène des tangentes qui soient en même temps normales à l'hyperbole. On prend le milieu de la distance qui sépare le point de contact avec le cercle variable du point d'incidence sur l'hyperbole fixe. On demande le lieu géométrique de ces milieux.

Si l'équation se présente sous une forme irrationnelle, on aura à la rendre rationnelle.

En second lieu, on exprimera en fonction du rayon du cercle les coordonnées du point d'incidence, en s'attachant à spécifier les solutions réelles distinctes.

(École polytechnique, 1876.)

On considère toutes les paraboles tangentes à deux droites rectangulaires OX, OY, et telles que la droite PQ qui joint leurs points de contact P, Q, avec les deux droites, passe par un point fixe donné A :

1° On demande le lieu du point d'intersection de la normale en P à l'une de ces paraboles avec le diamètre de la même courbe passant en Q ;

2° On demande de déterminer le nombre des paraboles réelles qui passent par un point quelconque du plan ;

3° On demande l'équation du lieu des points de rencontre de deux paraboles satisfaisant aux conditions proposées et dont les axes font un angle donné.

On construira ce lieu dans le cas où l'angle donné est un angle de 45° et où le point donné A est sur la droite OX.

(École normale supérieure, 1876.)

A un ellipsoïde donné on circonscrit une série de surfaces du second ordre Σ, la courbe de contact étant l'intersection de l'ellipsoïde par un plan fixe P. On circonscrit ensuite à chaque surface Σ un cône ayant pour sommet un point donné A :

1° Trouver le lieu des courbes de contact des cônes et des surfaces Σ ;

2° Classer les surfaces qui forment le lieu quand on suppose le plan P fixe et le point A mobile dans l'espace.

(On construira pour chacune des variétés du lieu les surfaces qui limitent les régions de l'espace où se trouve alors le point A).

(Concours d'agrégation, 1875.)

On donne une parabole P et un point H dont la projection orthogonale sur le plan de la parabole se fait au sommet de cette courbe :

1° Former l'équation générale des surfaces de révolution du second degré qui passent par la parabole P et par le point H ;

2° Déterminer le nombre de celles de ces surfaces dont l'axe passe par un point A donné dans le plan Q déterminé par le point H et l'axe de la parabole ;

3° *Classer ces mêmes surfaces quand le point A se déplace dans le plan Q.*

(Concours d'agrégation, 1876.

Étant donné un parallélipipède, on considère trois arêtes qui n'ont pas d'extrémités communes et les deux sommets non situés sur les trois arêtes :

1° *Trouver l'équation du lieu d'une courbe plane du second degré passant par ces deux points et s'appuyant sur les trois arêtes;*

2° *Chercher les droites réelles situées sur la surface;*

3° *Étudier la forme des sections faites dans la surface par des plans parallèles à l'une des faces du parallélipipède.*

(Concours général, 1876.)

Rechercher les surfaces S du second degré, sur lesquelles existe une droite D, telle que l'hyperboloïde de révolution H, qui a pour axe une génératrice rectiligne quelconque, G, de la surface S, et du même système que D, et qui passe par la droite D, coupe orthogonalement la surface S en tous les points de cette droite.

Si l'on considère tous les hyperboloïdes H qui se rapportent à une même surface S, jouissant de la propriété énoncée :

1° *Trouver le lieu des sommets A et celui des foyers F des hyperboloïdes H' conjugués des hyperboloïdes H;*

2° *Par l'un des foyers F de l'hyperboloïde H' on mène un plan P parallèle à la perpendiculaire commune aux deux droites G et D, et faisant avec cette dernière un angle supplémentaire de celui que fait avec cette même droite l'axe G de l'hyperboloïde H; trouver le lieu de la droite qui joint le point où le plan P coupe la droite D à l'un des points où ce plan coupe la courbe d'intersection de la surface S et de l'hyperboloïde H.*

(Concours général, 1877.)

On considère toutes les coniques circonscrites à un triangle ABC rectangle en A et telles que les tangentes en B et C à ces coniques aillent se couper sur la hauteur du triangle.

On demande :

1° *Le lieu du point de concours des normales en B et C à ces coniques;*

2° *Le lieu des centres de ces coniques. On distinguera les points du lieu qui sont centres des ellipses de ceux qui sont centres des hyperboles;*

3° *Le lieu des pôles d'une droite quelconque D. Ce lieu est une conique; on considère toutes les droites D pour lesquelles cette conique est une parabole, et l'on demande le lieu des projections du point A sur ces droites.*

(École normale supérieure, 1877.)

On donne une surface rapportée à un système de plans coordonnés rectangulaires :

$$5x^2 - 3y^2 + z^2 - 2yz - 4zx + 8xy + 8x - 6y + 2z = 0.$$

Trouver l'équation de la même surface par rapport à un même système de plans principaux.

Opérer directement en supposant l'équation du plan diamétral connue.

(École polytechnique, 1877.)

On donne un ellipsoïde et un point A :

1° Trouver un point B tel que, en menant par ce point un plan quelconque P, la droite AB soit toujours l'un des axes du cône qui a pour sommet le point A et pour base la section de l'ellipsoïde par le plan P ;

2° Le problème a en général trois solutions; trouver pour quelles positions du point A le nombre de solutions devient infini;

3° Le point A restant fixe, on suppose que l'ellipsoïde se déforme de façon que les trois sections principales conservent les mêmes foyers, et l'on demande le lieu que décrit alors le point B.

(Concours d'agrégation, 1877.)

On donne un triangle AOB, rectangle en O, et on considère toutes les hyperboles qui passent aux points A et B, et ont leurs asymptotes parallèles aux côtés OA, OB.

1° Former l'équation générale de ces hyperboles ;

2° Former l'équation du lieu des sommets de ces hyperboles et construire ce lieu ;

3° Prenant un point P sur le lieu trouvé, construire celle des hyperboles considérées qui a un sommet en P, et reconnaître sur quelle partie du lieu doit être ce point P, pour que A et B appartiennent soit à une même branche, soit aux deux branches de cette hyperbole.

(École centrale. Concours de 1877, 1re session.)

On donne un trapèze isocèle ABCD dont la hauteur est 2h, la demi-somme des bases 2a, et les angles obtus α. On considère toutes les coniques circonscrites à ce trapèze.

1° Former l'équation générale de ces coniques ;

2° Trouver le lieu des points de contact des tangentes menées à chacune d'elles parallèlement au côté BC (l'un des côtés non parallèles), et construire ce lieu, après avoir vérifié que le côté BC en fait partie;

3° Étant donné un point de ce lieu, reconnaître le genre de la conique circonscrite au trapèze, qui passe par ce point.

(École centrale. Concours de 1877, 2e session.)

Les droites A'OA, B'OB, C'OC sont trois axes de coordonnées rectangulaires; on suppose OA' = OA = a, OB' = OB = b, OC' = OC = c.

Déterminer : 1° le lieu des axes de révolution des surfaces de révolution du second degré qui passent par les six points A', A, B', B, C', C;

2° *Le lieu des extrémités D de ces axes.*

On construira la projection du lieu des points D sur le plan AOB, en supposant a > c > b, *et l'on partagera la courbe en arcs tels que chacun d'eux corresponde à des surfaces de même espèce.*

(Concours général, 1878.)

On donne une conique et deux points fixes A et B sur cette conique. Sur AB comme corde on décrit une circonférence qui rencontre la conique en deux nouveaux points C et D; on joint AC, BD qui se coupent en M; AD, BC qui se coupent en N :

1° *Trouver le lieu des points M et N;*

2° *Trouver le lieu des points de rencontre de MN avec le cercle variable AB;*

3° *Construire et discuter ce dernier lieu.*

(École normale supérieure, 1878.)

On donne une droite D dont l'équation, par rapport à deux axes rectangulaires OX et OY, est

$$\frac{x}{p} + \frac{y}{q} = 1.$$

On considère les différentes coniques qui, ayant pour axes OX et OY sont normales à la droite D. Chacune d'elles rencontre cette droite en deux points; en ces points, on mène les tangentes à la conique. Trouver l'équation du lieu du point de rencontre de ces tangentes. Démontrer : que ce lieu est une parabole ; que la distance du foyer de cette parabole à son sommet est le quart de la distance du point O à la droite D.

On construira géométriquement l'axe et le sommet de la parabole.

(École polytechnique, 1878.)

On donne une sphère S, un plan P et un point A ; par le point A on mène une droite qui rencontre le plan P en un point B, puis sur AB comme diamètre on décrit une sphère S' ; le plan radical des sphères S et S' rencontre la droite AB en un point M :

1° *Trouver le lieu décrit par le point M quand la droite AB tourne autour du point A ;*

2° *Discuter le lieu du point M en supposant que le point A se déplace dans l'espace, le plan P et la sphère S restant fixes.*

(Concours d'agrégation, 1878.)

On donne dans un plan une droite LL', un point F et un point A. On considère toutes les coniques pour lesquelles le point F est un foyer et la droite LL' la directrice correspondante. Par le point A on mène des tangentes à toutes ces coniques et on demande :

1° *Le lieu de la projection du point A sur toutes les cordes de contact;*

2° *Le lieu des points de contact.*

Ce dernier lieu est une conique; reconnaître quel est son genre d'après la position du point A et, pour une position donnée de ce point, chercher à obtenir, par des constructions simples, un nombre de points et de tangentes suffisant pour déterminer la conique.

(École centrale. Concours de 1878, 1re session.)

1° *On donne, dans un plan, une droite P et un point F pris en dehors et à une distance a de cette droite; on demande d'écrire l'équation générale des hyperboles, admettant le point F pour un de leurs foyers et la droite P pour une de leurs asymptotes.*

2° *Du centre de chacune de ces hyperboles, on mène à la droite P une perpendiculaire qu'on prolonge jusqu'à son intersection M avec la directrice correspondant au foyer F. On propose de trouver l'équation de la courbe, lieu des points M, et d'indiquer la position de cette courbe.*

3° *On propose enfin de former l'équation du lieu des projections du foyer F sur la seconde asymptote de chacune des hyperboles.*

(École centrale. Concours de 1878, 2e session.)

Étant donné un hyperboloïde à une nappe et un point P dans le plan de l'ellipse de gorge, par le point P on mène une parallèle PH à une position G de l'une des deux génératrices rectilignes de l'hyperboloïde, et on considère le cylindre de révolution ayant pour axe la droite PH et passant par la droite G. La projection sur le plan de l'ellipse de gorge de l'intersection du cylindre et de l'hyperboloïde est une courbe du troisième degré, ayant un point double; trouver le lieu de ce point double quand la droite G décrit l'hyperboloïde.

(Concours général, 1879.)

Étant donné un tétraèdre OABC, défini par l'angle trièdre O et les longueurs 4a, 4b, 4c des trois arêtes OA, OB, OC :

1° *Démontrer que l'ellipsoïde qui admet pour diamètres conjugués les trois droites qui joignent les milieux des arêtes opposées deux à deux est tangent aux six arêtes du tétraèdre;*

2° *Trouver l'intersection de cet ellipsoïde et de l'hyperboloïde engendré par une droite mobile qui s'appuie sur trois droites menées, l'une par le milieu de l'arête OA parallèlement à OB, la seconde par le milieu de l'arête OB parallèlement à OC, la troisième par le milieu de l'arête OC parallèlement à OA;*

3° *Par chacun des points où la droite mobile perce la surface de l'ellipsoïde, on mène un plan parallèle au plan tangent à l'ellipsoïde en un autre point; démontrer que ces deux plans passent par le centre de l'ellipsoïde et trouver le lieu de l'intersection des deux plans.*

(École normale supérieure, 1879.)

On donne une conique rapportée à ses axes

$$\frac{x^2}{a} + \frac{y^2}{b} = 1$$

et un point M sur cette conique. Par les extrémités d'un diamètre quelconque de la conique et le point M on fait passer un cercle ; prouver que le lieu décrit par le centre de ce cercle est une conique K passant par l'origine O des axes. Si autour du point O on fait tourner deux droites rectangulaires, elles rencontrent la conique K en deux points ; prouver que le lieu des points de rencontre des tangentes menées en ces points est la droite perpendiculaire au segment OM, et passant au milieu de ce segment. Par le point O, on peut mener, indépendamment de la normale ayant son pied en O, trois autres droites normales à la conique K. 1° Dans le cas particulier où la conique donnée est un hyperbole équilatère, et où $a = 1$, $b = -1$, montrer qu'une seule de ces normales est réelle ; 2° trouver l'équation du cercle circonscrit au triangle formé par les pieds des trois normales.

NOTA. — *Le pied de la normale est le point de la courbe d'où part la normale.*

(École polytechnique, 1879.)

On donne un hyperboloïde à une nappe et un point A. On considère un paraboloïde circonscrit à l'hyperboloïde et tel que le plan P de la courbe de contact passe par le point A ; soit M le point d'intersection de ce paraboloïde avec celui de ses diamètres qui passe par le point A ; soit Q le point de rencontre du plan P avec la droite qui joint le point M au pôle du plan P par rapport à l'hyperboloïde.

Le plan P tournant autour du point A, on demande :

1° Le lieu du point M ; 2° le lieu du point Q : ce second lieu est une surface du second degré S que l'on discutera en faisant varier la position du point A dans l'espace ; 3° le lieu des positions que doit occuper le point A pour que la surface S soit de révolution.

(Concours d'agrégation, 1879.)

On donne deux axes rectangulaires, Ox et Oy, et un point A sur Ox, un point B sur Oy

1° Former l'équation générale des hyperboles équilatères tangentes à l'axe Ox au point B, et passant par le point A.

2° Lieu des points de rencontre des tangentes à ces hyperboles au point A, avec les parallèles aux asymptotes menées par le point O.

3° Ce lieu est une parabole ; trouver l'équation de l'axe et de la tangente au sommet ; construire géométriquement le paramètre de cette parabole.

4° Trouver le lieu du sommet de cette parabole lorsque le point A se déplace sur l'axe Ox.

(École centrale. Concours de 1879, 1re session.)

Sur une courbe donnée du troisième degré, ayant un point de rebroussement O, on considère une suite de points :

$$A_{-n}, A_{-(n-1)}, \ldots, A_{-2}, A_{-1}, A_0, A_1, A_2, \ldots A_{n-1}, A_n,$$

tels que la tangente en chacun de ces points rencontre la courbe au point suivant :

1° Étant données les coordonnées du point A_0, on propose de trouver les coordonnées des points A_{-n}, A_n, et de déterminer les limites vers lesquelles tendent ces points quand l'indice n augmente indéfiniment ;

2° On demande le lieu décrit par le premier point limite lorsque la courbe du troisième degré se déforme en conservant le même point de rebroussement O, la même tangente en ce point, et en passant par trois points fixes P,Q,R ;

3° On étudiera comment varient les points d'intersection de ce lieu et des côtés du triangle PQR, quand les sommets de ce triangle se déplacent sur des droites passant par le point O.

(Concours général, 1880.)

Étant donné un paraboloïde hyperbolique, on considère une génératrice rectiligne A de cette surface et la génératrice B du même système qui est perpendiculaire à la première ; par les points a et b où ces droites sont rencontrées par leur perpendiculaire commune passent deux génératrices rectilignes A′ et B′ de l'autre système ; soient a′ et b′ les points où les deux droites A′ et B′ sont rencontrées par leur perpendiculaire commune :

1° Trouver le lieu des points a et b, et celui des points a′ et b′, quand la droite A décrit le paraboloïde ;

2° Trouver le lieu du point de rencontre des droites A et B′, ou A′ et B ;

3° Calculer le rapport des longueurs a′b′ et ab des perpendiculaires communes, et étudier la variation de ces longueurs.

(École normale supérieure, 1880.)

Soient M et N les points où l'axe des x rencontre le cercle

$$x^2 + y^2 = R^2 ;$$

considérons une quelconque des hyperboles équilatères qui passent par les points M et N ; menons par un point Q, pris arbitrairement sur le cercle, des tangentes à l'hyperbole ; soient A et B les points où le cercle coupe la droite qui joint les points de contact. Démontrer que, des deux droites QA et QB, l'une est parallèle à une direction fixe et l'autre passe par un point fixe P.

Le point P étant donné, l'hyperbole équilatère correspondante qui passe par les points M et N est déterminée ; on construira géométriquement son centre, ses asymptotes et ses sommets. Si le point P décrit la droite $y = x$, quel est le lieu décrit par les foyers de l'hyperbole ? On déterminera son équation et on la construira.

(École polytechnique, 1880.)

On donne un ellipsoïde et l'on considère un cône ayant pour base la section principale de l'ellipsoïde perpendiculaire à l'axe mineur; ce cône coupe l'ellipsoïde suivant une seconde courbe située dans un plan Q.

1° Le sommet du cône se déplaçant dans un plan donné P, trouver le lieu décrit par le pôle du plan Q par rapport à l'ellipsoïde.

2° Le lieu est une surface du second degré Σ; on demande de déterminer les positions du plan P pour lesquelles le cône asymptote de cette surface a trois génératrices parallèles aux axes de symétrie de l'ellipsoïde.

3° Le plan P se déplaçant de façon que la surface Σ satisfasse aux conditions précédentes, trouver le lieu des foyers des sections faites dans les surfaces Σ par un plan fixe R perpendiculaire à l'axe mineur.

4° Trouver la surface engendrée par la courbe lieu de ces foyers, quand le plan R se déplace parallèlement à lui-même.

(Concours d'agrégation, 1880.)

Soient Ox, Oy, deux axes rectangulaires; sur Ox, un point A, sur Oy, un point B. On mène par le point A une droite quelconque, AR, de coefficient angulaire m.

1° Former l'équation de l'hyperbole H, qui est tangente à l'axe Ox au point O, qui passe par le point B, et pour laquelle la droite AR est une asymptote.

2° On fait varier m, et on demande le lieu décrit par le point de rencontre de la tangente en B à l'hyperbole avec l'asymptote AR.

3° On considère le cercle circonscrit au triangle AOB; ce cercle coupe l'hyperbole H aux points O et B et en deux autres points, P et Q. Former l'équation de cette droite PQ; puis, faisant varier m, trouver successivement les lieux des points de rencontre de cette droite PQ avec les parallèles menées par le point O, soit à l'asymptote AR, soit à la seconde asymptote de l'hyperbole H.

(École centrale. Concours de 1880, 1re session.)

Écrire l'équation générale des paraboles passant par deux points donnés A et B, et dont les diamètres ont une direction donnée.

Donner l'expression des coordonnées du sommet et du foyer de chacune de ces paraboles.

On mène à chaque parabole une tangente perpendiculaire à la droite AB trouver le lieu des points de contact et construire ce lieu.

(École centrale. Concours de 1880, 2e session.)

Trouver le lieu des points tels que les pieds des six normales qu'on peut mener de l'un quelconque d'entre eux à un ellipsoïde donné, à trois axes inégaux, se séparent en deux groupes de trois points dont les plans respectifs soient parallèles entre eux

Montrer que, si l'on donne un point P du lieu, la solution de ce problème

« mener du point P les normales à l'ellipsoïde » dépend de la résolution de deux équations du troisième degré. Discuter ces équations.

(Concours général, 1881.)

On considère la courbe du troisième ordre

$$27y^2 = 4x^3.$$

1° On demande la condition à laquelle doivent satisfaire les paramètres m et n pour que la droite

$$y = mx + n$$

soit tangente à cette courbe ; 2° On demande le lieu des points d'où l'on peut mener à la courbe proposée deux tangentes parallèles à deux diamètres conjugués de la conique représentée par l'équation

$$x^2 + y^2 + 2axy = B;$$

3° Par un point A pris sur la courbe on mène des sécantes coupant cette courbe en deux points variables M, M'. On demande le lieu du milieu du segment MM'. Discuter la forme de ce lieu et indiquer les arcs qui répondent à des sécantes pour lesquelles les points M et M' sont réels.

(École normale supérieure, 1881.)

On considère une parabole P et une droite AB normale au point A à cette courbe (ce point A se projetant d'ailleurs sur l'axe au foyer même de la courbe). Trouver le lieu des sommets des sections faites dans le cylindre droit qui a pour base P, par des plans passant par AB.

(École polytechnique, 1881.)

On donne une ellipsoïde et l'on considère les droites D telles que, si par chacune d'elles on mène des plans tangents à l'ellipsoïde, les normales aux points de contact M, M' soient dans un même plan.

1° Démontrer que la droite D et la corde MM' sont rectangulaires.

2° Trouver le lieu des droites D qui passent par un point fixe A donné.

3° Ce lieu est un cône du second degré ; lieu des positions du point A pour lesquelles le cône est de révolution.

4° Trouver l'enveloppe C des droites D qui sont contenues dans un même plan donné P, et la surface S engendrée par la courbe C, quand le plan P se déplace parallèlement à un plan donné Q.

5° Trouver pour quelles directions du plan Q la surface S est de révolution.

(Concours d'agrégation, 1881.)

Soit

$$a^2y^2 + b^2x^2 = a^2b^2 \qquad [1]$$

l'équation d'une ellipse rapportée à son centre O et à ses axes ; soient α et β les coordonnées d'un point P situé dans le plan de cette ellipse.

1° *Démontrer que les pieds des normales menées à cette ellipse par le point P sont situées sur l'hyperbole représentée par l'équation*

$$c^2 xy + b^2 \beta x - a^2 \alpha y = 0, \qquad [2]$$

dans laquelle $c^2 = a^2 - b^2$.

2° *On considère toutes les coniques qui passent par les points communs aux courbes [1] et [2]; dans chacune d'elles, on mène le diamètre conjugué à la direction OP, et on projette le point O sur ce diamètre : trouver le lieu de cette projection.*

3° *Par les points communs aux deux courbes [1] et [2] on peut faire passer deux paraboles : trouver le lieu du sommet de chacune d'elles, quand le point P se meut sur une droite de coefficient angulaire donné* m, *menée par le point O. On examinera en particulier le cas où* $m = \dfrac{a^3}{b^3}$ *et le cas où*

$$m = -\frac{a^3}{b^3}.$$

(École centrale. Concours de 1881, première session.)

On donne une parabole $y^2 = 2px$ *rapportée à son axe et à son sommet, et un point* P (α, β) *dans le plan de la courbe.*

1° *Démontrer que, du point* P, *on peut en général mener trois normales à la parabole; former l'équation du troisième degré qui donne les ordonnées des pieds* A, B, C *de ces normales;*

2° *Démontrer que chacune des deux courbes*

$$xy + (p - \alpha) y - p\beta = 0$$
$$y^2 + 2x^2 - \beta y - 2\alpha x = 0$$

passe par les quatre points A, B, C, P, *et trouver l'équation générale de toutes les coniques passant par ces quatre points;*

3° *Chacune de ces coniques coupe la parabole donnée aux trois points fixes* A, B, C, *et en un quatrième point* D. *Trouver les coordonnées de* D;

4° *Par le sommet de la parabole donnée, on imagine deux droites parallèles aux asymptotes de l'une quelconque des coniques précédentes; on mène la droite joignant les points d'intersection de ces deux droites avec la conique; et on la prolonge jusqu'à sa rencontre avec la parallèle* DD' *menée à l'axe de la parabole par le point* D. *Trouver et discuter l'équation du lieu de ce point de rencontre.*

(École centrale. Concours de 1881, seconde session.)

Par un point quelconque P *pris dans le plan d'une parabole donnée, dont le sommet est en* O, *on mène à cette courbe trois normales qui la rencontrent aux points* A, B, C. *Les longueurs* PA, PB, PC, PO *étant représentées respectivement par* a, b, c, l; *on demande de former l'équation du troisième degré dont les racines sont* $l^2 - a^2$, $l^2 - b^2$, $l^2 - c^2$, *et indiquer les signes des racines d'après la position du point* P *dans les diverses régions du plan.*

(Concours général, 1882.)

Soit un point fixe donné P, ayant pour coordonnées a et b par rapport à deux axes rectangulaires OX, OY; et soient A et B les pieds des perpendiculaires abaissées du point P sur ces deux axes. On considère les courbes du second ordre tangentes aux deux axes en ces points A et B. Du point P on mène à chacune de ces courbes deux normales variables PM et PM'.

1° Déterminer l'équation de la droite MM' qui joint les pieds des normales variables, et démontrer que cette droite passe par un point fixe;

2° Déterminer l'équation de la courbe C, lieu des points M et M'. Construire la courbe C, dans l'hypothèse a = 2b, au moyen de coordonnées polaires ayant le point O pour pôle.

(École normale supérieure, 1882.)

On donne deux cercles se coupant aux points a et b.

Une conique quelconque, passant par ces points et tangente aux deux cercles, rencontre l'hyperbole équilatère, qui a ces points pour sommets, en deux autres points c et d :

1° Démontrer que la droite cd passe par un des centres de similitude des deux cercles donnés;

2° Si l'on considère toutes les coniques qui, passant par a et b, sont tangentes aux deux cercles, démontrer que le lieu de leurs centres se compose de deux circonférences de cercle E et F;

3° Soit une conique satisfaisant à la question et ayant son centre sur l'une des circonférences E ou F; démontrer que les asymptotes de cette conique rencontrent cette circonférence en deux points situés sur l'axe radical des deux cercles donnés.

(École polytechnique, 1882.)

On donne une ellipse et un point P situé dans son plan.

1° Trouver le nombre de cercles osculateurs à l'ellipse tels que chacune des cordes communes à l'ellipse et à ces différents cercles passent par le point P.

2° Trouver pour chaque position du point P combien de ces cercles osculateurs sont réels.

3° Démontrer que les points de contact de ces cercles osculateurs et de l'ellipse sont sur un même cercle C.

4° Trouver l'enveloppe E des cercles C quand le point P décrit l'ellipse donnée.

5° La courbe E peut être considérée comme l'enveloppe d'une série de cercles qui coupent à angle droit un cercle fixe et dont les centres sont sur une conique. — Chercher de combien de manières différentes la courbe E est susceptible de ce mode de génération.

(Concours d'agrégation, 1882.)

Soit $\dfrac{x^2}{a^2} + \dfrac{y^2}{b^2} - 1 = 0$ l'équation d'une ellipse rapportée à son centre et ses axes, et soit α et β les coordonnées d'un point P situé dans le plan de cette ellipse.

Former l'équation générale des coniques qui passent par les points de contact M et M' des tangentes menées du point P à l'ellipse, et par les points Q et Q' où cette ellipse est rencontrée par la droite $\dfrac{\alpha x}{a^2} - \dfrac{\beta y}{b^2} + \mu = 0$. — Disposer du paramètre μ et de l'autre paramètre variable que contient l'équation générale, de manière qu'elle représente une hyperbole équilatère, passant par le point P.

On fait mouvoir le point P sur la droite représentée par l'équation $x + y = l$, et on demande : 1° le lieu décrit par la projection du centre de l'ellipse sur la droite QQ'; 2° le lieu décrit par le point de rencontre des cordes MM' et QQ'. — Démontrer que ce dernier lieu passe par deux points fixes, quel que soit l, et déterminer ces points. — Chercher pour quelles valeurs de l ce lieu se réduit à deux droites, et déterminer ces droites.

(École centrale. Concours de 1882, première session.)

On donne dans un plan deux axes de coordonnées rectangulaires, Ox et Oy, et deux points H et H', le premier défini par ses coordonnées a et b et le second symétrique du premier par rapport au point O. Par ce dernier point O on mène une droite indéfinie DOE, formant avec l'axe Ox un angle $\mathrm{DO}x = \theta$; on projette les points H et H' sur cette droite en h et h'. On projette le point h en u sur l'axe Ox, le point u en u_1, sur la droite DOE; on projette le point h en v sur l'axe Oy, et le point v en v_1 sur la droite DOE; toutes ces projections sont orthogonales. Enfin, sur la longueur $u_1 v_1$ comme hypothénuse, on construit un triangle rectangle $u_1 v_1 S_1$, en menant $u_1 S$ parallèle à Ox, et $v_1 S$ parallèle à Oy. Cela posé, on demande :

1° De trouver les coordonnées du point S, en fonction des trois constantes a, b, θ;

2° D'écrire l'équation d'une parabole ayant le point S pour sommet et la droite DOE pour directrice;

3° De démontrer que le lieu des foyers de toutes les paraboles, en faisant varier l'angle θ, se compose d'un système de deux circonférences de cercle;

4° De démontrer que toutes ces paraboles sont tangentes aux axes de coordonnées;

5° De démontrer que les cordes de leurs contacts avec ces axes se croisent en un même point.

(École centrale. Concours de 1882, 2e session.)

D'un point P, pris sur une normale en un point A d'un paraboloïde elliptique, on peut mener à la surface quatre autres normales ayant pour pieds des points B, C, D, E.

1° *Trouver l'équation de la sphère S passant par les quatre points B, C, D, E;*

2° *Trouver le lieu des centres I des sphères S quand le point P se déplace sur la normale au point A, ainsi que la surface engendrée par la droite PI.*

(Concours général, 1883.)

On donne la cissoïde qui, rapportée à des axes de coordonnées rectangulaires, a pour équation

$$(x^2 + y^2)x = ay^3.$$

Soient x', y' *les coordonnées d'un point M du plan. On propose de former :* 1° *l'équation du troisième degré qui a pour racines les coefficients angulaires des droites qui joignent l'origine aux points de contact des trois tangentes à la cissoïde issues du point M;* 2° *l'équation du cercle qui passe par ces points de contact.*

Montrer que si ces trois tangentes sont réelles, le point M est intérieur au cercle.

On considère l'ensemble des cercles (C_m) *dont chacun jouit de cette propriété que les tangentes à la cissoïde en trois des quatre points où il la rencontre concourent en un même point ; soit M ce point de concours pour le cercle* C_m.

On demande le lieu des centres des cercles C_m *qui passent par un point donné P du plan, ainsi que le lieu des points M relatifs à ces cercles. On examinera en particulier le cas où le point P est situé sur la cissoïde et ne fait pas partie des trois points communs au cercle* C_m *et à la cissoïde pour lesquels les tangentes concourent.*

Combien passe-t-il de cercles C_m *par deux points donnés P, Q du plan?*

Peut-on disposer de ces deux points de façon qu'ils appartiennent à une infinité de cercles C_m *?*

(École normale supérieure, 1885.)

On donne une parabole P et une droite D. On demande le lieu des points tels que les tangentes menées de ce point à la parabole forment avec la droite D un triangle de surface donnée.

(École polytechnique, 1883.)

D'un point donné P, on mène des normales à un ellipsoïde donné.

1° *Démontrer que par les pieds des six normales on peut faire passer une infinité de surfaces S du second ordre, concentriques à l'ellipsoïde.*

2° *Trouver le lieu que doit décrire le point P, pour que les surfaces S soient de révolution.*

3° *Déterminer le cône, lieu des axes de révolution des surfaces S.*

4° *Sur la section de ce cône par un plan perpendiculaire à l'axe mineur de l'ellipsoïde, indiquer les points pour lesquels passe l'axe de révolution quand la surface S est un ellipsoïde, un hyperboloïde à une ou à deux nappes, un cône, un cylindre ou un système de plans parallèles.*

(Concours d'agrégation, 1885.)

On donne deux axes Ox, Oy, un point A sur Ox, un point B sur Oy.

1° Former l'équation générale des paraboles telles que, pour chacune d'elles, Oy soit la corde des contacts des tangentes menées du point A, et Ox la corde des contacts des tangentes menées du point B.

2° Trouver le lieu des points de rencontre de chacune de ces paraboles avec celui de ces diamètres qui passe par un point H donné sur Oy.

On déterminera un nombre de conditions géométriques suffisant pour pouvoir tracer le lieu et on cherchera comment doit être placé le point H, pour que ce lieu se réduise à des droites.

3° Déterminer le paramètre variable que renferme l'équation générale du n° 1, de façon qu'elle représente une parabole passant par un point donné P, et chercher dans quelles régions du plan doit se trouver le point P, pour que le problème soit possible.

(École centrale. Concours de 1883, 1re session.)

On donne, dans un plan, un rectangle ABCD et un point quelconque P; par ce point, on mène une droite de direction arbitraire PR; des quatre sommets du rectangle on abaisse des perpendiculaires AA', BB', CC', DD' sur cette droite.

Ceci posé, on demande de démontrer :

1° Que, parmi toutes les droites PR, issues du point P, il en existe une, PR', pour laquelle la somme r^2 des carrés des distances des quatre sommets du rectangle à cette droite est maxima, et une autre, PR", pour laquelle cette somme est minima ;

2° Que les deux droites PR' et PR" sont rectangulaires ;

3° Que le lieu des points P, pour lesquels le maximum de r^2 conserve une valeur donnée μ^2, est une conique, et que la tangente à cette conique au point P est la droite PR'. — Que de même, le lieu des points P, pour lesquels le minimum de r^2 conserve une valeur donnée λ^2, est une conique, et que la tangente à cette conique au point P est la droite PR" ;

4° Que ces deux coniques sont homofocales et que leurs foyers communs sont indépendants des valeurs attribuées aux paramètres μ^2, λ^2. Donner la position de ces foyers et examiner en particulier le cas où l'une des deux dimensions du rectangle s'annulerait.

(École centrale. Concours de 1883, 2e session.)

Par le centre d'un ellipsoïde donné, on mène trois diamètres conjugués quelconques, et, par les points où ces droites rencontrent la sphère circonscrite au parallélipipède formé par les plans tangents aux sommets de l'ellipsoïde, on fait passer des plans.

1° Trouver le lieu des pieds des perpendiculaires abaissées d'un point donné P sur ces plans variables;

2° Ce lieu est une surface de quatrième ordre, dont l'équation peut être ramenée à la forme

$$(x^2 + y^2 + z^2)^2 + 4Ax^2 + 4A'y^2 + 4A''z^2 + 8cx + 8c'y + 8c''z + 4D = 0.$$

Trouver toutes les sphères telles que chacune d'elles coupe la sphère suivant deux cercles;

3° Ces sphères forment cinq séries, parmi lesquelles deux ne sont pas distinctes.

Démontrer que les sphères de la série double passent toutes par un même point, et trouver le lieu de leurs centres.

Démontrer que les sphères des trois autres séries coupent respectivement à angle droit les sphères fixes S_1, S_2, S_3;

4° Trouver le lieu des centres des sphères de ces trois séries.

(Concours général, 1884.)

a et b désignant les coordonnées rectilignes rectangulaires d'un point M quelle est pour chaque position de ce point la nature des racines de l'équation

$$3t^4 + 8at^3 - 12bt^2 + 4b = 0 ?$$

On construira en particulier, le lieu des positions du point M pour lesquelles l'équation admet une racine double, en calculant les coordonnées d'un point du lieu en fonction de cette racine.

(École normale supérieure, 1884.)

On donne une conique

$$\frac{x^2}{a^2} + \frac{y^2}{a^2 - c^2} = 1.$$

On joint un point M de cette conique aux deux foyers F et F'.

1° On demande d'exprimer les coordonnées du centre du cercle inscrit dans l'intérieur du triangle MFF', au moyen des coordonnées du point M.

2° Dans le cas où la conique donnée est une ellipse on démontrera que, si l'on considère les cercles inscrits dans deux triangles correspondant à deux points M et M' de la conique, l'axe radical de ces deux cercles passe par le point milieu du segment MM'.

3° Pour chaque position du point M, le rayon vecteur FM touche le cercle correspondant en un point P. On déterminera, en coordonnées polaires l'équation du lieu décrit par le point P. On prendra le foyer F pour origine des rayons et l'axe des X pour origine des angles.

(École polytechnique, 1884.)

On donne une ellipse et une hyperbole situées respectivement dans deux plans rectangulaires, P et Q, et pour chacune desquelles la droite d'intersection de ces deux plans est axe de symétrie.

1° On considère tous les plans R tangents à la fois à l'ellipse et à l'hyperbole, et l'on propose de démontrer qu'il existe une infinité de surfaces du second ordre S tangentes à la fois à tous les plans R;

2° Trouver le lieu des centres des surfaces S et déterminer la nature de chacune de ces surfaces suivant la position occupée par son centre;

3° Trouver les conditions nécessaires et suffisantes pour que les surfaces S soient homofocales.

(Concours d'agrégation, 1884.)

On donne l'équation

$$a^2 y^3 - b^3 x^2 + a^2 b^2 = 0$$

d'une hyperbole rapportée à son centre et à ses axes, et l'équation

$$y - kx = 0$$

d'une droite menée par le centre de cette hyperbole.

1° Former l'équation générale des coniques qui passent par les points réels ou imaginaires communs à l'hyperbole et à la droite données, et qui, de plus, sont tangentes à l'hyperbole en celui des sommets de cette hyperbole qui est situé sur la partie positive de l'axe des x. — Discuter cette équation générale et reconnaître la nature des coniques qu'elle peut représenter.

2° Trouver le lieu des centres des coniques représentées par l'équation générale précédente. Ce lieu est une conique Δ. Chercher un nombre de points et de tangentes suffisant pour déterminer géométriquement cette conique Δ.

3° Trouver le lieu des points de contact des tangentes menées à la conique Δ parallèlement à la droite de coefficient angulaire $\dfrac{b}{a}$, quand on fait varier k.

On vérifiera que l'équation de ce dernier lieu, qui est du troisième degré, représente trois droites.

(École centrale. Concours de 1884, 1re session.)

On donne, dans un plan, deux axes de coordonnées rectangulaires Ox, Oy, et une droite quelconque coupant ces axes respectivement aux points A et B.

On prend sur cette droite un point m dont les coordonnées sont α et β, et l'on construit, dans le plan, un point correspondant M, ayant pour coordonnées

$$x = \frac{f^2}{\alpha}, \qquad y = \frac{g^2}{\beta},$$

f et g étant deux longueurs constantes données. Cela posé :

1° On demande d'écrire l'équation du lieu des points M, lorsque le point m se déplace sur la droite indéfinie AB. Ce lieu est une hyperbole qu'on désignera, dans ce qui va suivre, par H.

2° On demande de déterminer les éléments nécessaires à la définition complète de cette hyperbole H et d'en construire géométriquement un point quelconque, ainsi que la tangente en ce point.

3° On suppose que la droite AB se déplace dans le plan, de façon telle que la somme des inverses de ses coordonnées à l'origine reste constante, soit de façon que

$$\frac{1}{\overline{OA}} + \frac{1}{\overline{OB}} = \frac{1}{I} = \text{const.}$$

A chaque point de la droite répondra une hyperbole H.

On demande de montrer que toutes ces hyperboles ont une corde commune et de trouver le lieu des pôles de cette corde relativement aux diverses hyperboles (c'est-à-dire le lieu des points pour lesquels elle est corde de contact des tangentes menées de ce point à l'une des hyperboles).

4° On projette le centre C de l'hyperbole H répondant à la droite AB, sur cette droite, en D; et l'on demande de trouver le lieu des points D lorsque la droite AB se déplace, non plus selon la loi ci-dessus définie, mais en restant parallèle à elle-même.

(École centrale. Concours de 1884, deuxième session.)

Étant donné un hyperboloïde à une nappe, on considère toutes les cordes D qui sont vues du centre de la surface sous un angle droit.

1° Lieu de celles de ces cordes qui passent par un point fixe S. Pour quelles positions du point S ce cône est-il de révolution?

2° Si on considère toutes les cordes D qui sont situées dans un même plan P, trouver la courbe à laquelle sont tangentes toutes ces cordes. Pour quelle position du plan P cette courbe est-elle une parabole ou une circonférence de cercle?

(Concours général, 1885.)

Soit une ellipse E dont le grand axe et la distance focale sont respectivement égaux à $2a$ et $2c$. Du foyer F de cette ellipse comme centre on décrit une circonférence C dont le rayon est égal à $\sqrt{2(a^2 + c^2)}$.

D'un point quelconque P_1 de la circonférence C on mène une tangente $P_1 P_2$ à l'ellipse, P_2 désignant le second point de rencontre de cette droite avec la circonférence. On mène de même la tangente $P_2 P_3$ à l'ellipse, puis la tangente $P_3 P_4$.

On demande de démontrer que la seconde tangente menée à l'ellipse par le point P_4 va passer par le point initial P_1.

(École normale supérieure, 1885.)

Par les deux foyers d'une ellipse fixe on fait passer une circonférence variable.

1° A quelles conditions doit satisfaire cette ellipse pour que la circonférence puisse la rencontrer réellement en quatre points? Et dans quelle portion du petit axe de l'ellipse doit-on placer le centre du cercle pour qu'il y ait quatre points réels d'intersection?

2° En chacun des points d'intersection on mène les tangentes à l'ellipse. Ces quatre droites forment un quadrilatère. Lieu de ses sommets quand le cercle varie.

3° Lieu de l'intersection des côtés de ce quadrilatère avec ceux d'un autre quadrilatère symétrique du précédent par rapport au centre de l'ellipse.

4° On mène les tangentes communes au cercle de l'ellipse. Lieu des points de contact de ces tangentes avec le cercle.

(École polytechnique, 1885.)

On donne un cercle C et un point T sur une sphère; on considère les paraboloïdes passant par le cercle et tangents à la sphère au point T.

1° Démontrer qu'il y a deux de ces paraboloïdes; montrer que leurs axes sont dans un même plan;

2° Trouver le lieu du point de rencontre de ces deux axes quand le point T varie sur la sphère;

3° Trouver le lieu des sommets de ces paraboloïdes lorsque le point T varie sur la sphère;

4° On considère deux points T et T' diamétralement opposés sur la sphère; au point T correspondent deux paraboloïdes P et Q, de même au point T' correspondent deux paraboloïdes P' et Q'. Trouver le lieu des intersections de chacun des paraboloïdes P et Q, avec P' et Q', quand le diamètre TT' tourne autour du point O, centre de la sphère.

(Concours d'agrégation, 1885.)

On donne deux axes rectangulaires Ox, Oy et le cercle représenté par l'équation

$$(x - a)^2 + (y - b)^2 - r^2 = 0.$$

On considère la corde fixe AB menée par l'origine et partagée par ce point en deux parties égales, et une corde mobile CD, de direction constante, dont le coefficient angulaire est égal et de signe contraire à celui de la corde AB.

On sait que par les quatre points A, B, C, D on peut faire passer deux paraboles, P, P'.

Trouver, quand la corde CD se déplace parallèlement à elle-même :

1° Le lieu du point de rencontre des axes des deux paraboles P et P';

2° Le lieu du sommet et le lieu du foyer de chacune de ces paraboles.

(École centrale. Concours de 1885, première session.)

On donne, dans un plan, deux axes de coordonnées rectangulaires OX, OY et une droite AB définie par son coefficient angulaire m et son ordonnée à l'origine b et l'on demande :

1° De trouver la direction des diamètres des paraboles tangentes à l'axe des y au point B où il est coupé par la droite AB, et ayant leurs foyers sur cette dernière droite ;

2° D'écrire l'équation générale de ces courbes ;

3° De construire le lieu des sommets ;

4° De construire le lieu des points où leurs tangentes sont parallèles à l'axe des x ;

5° De construire le lieu des pôles de l'axe des x relativement aux paraboles considérées, c'est-à-dire le lieu des points d'intersection des tangentes menées à chacune de ces paraboles par les points où elle est coupée par l'axe des x.

(École centrale. Concours de 1885, deuxième session.)

1° Étant donnée une surface du deuxième ordre S et deux points A et B, on mène par le point B une sécante qui rencontre la surface S aux points C, C' et le plan polaire du point A au point D.

Soient M et M' les points où la droite AD rencontre les plans qui touchent la surface S aux points C et C'. La sécante BD tournant autour du point B, on demande le lieu décrit par les points M et M'.

2° Ce lieu se compose de deux surfaces de 2ᵉ ordre dont l'une est indépendante de la position occupée par le point B dans l'espace et dont l'autre Σ dépend de la position de ce point. Chercher ce que devient la surface Σ quand dans la construction qui donne les points de cette surface on fait jouer à A le rôle de B et inversement.

3° Le point A restant fixe, déterminer les positions occupées par le point B quand la surface Σ n'a pas un centre unique à distance finie.

(Concours général, 1886.)

On considère les courbes du troisième degré C, représentées par l'équation

$$x^2 y + a^2 x = \lambda,$$

où λ désigne un paramètre variable.

On demande de démontrer qu'il existe deux courbes de cette espèce tangentes à une droite quelconque D du plan, ayant pour équation

$$y = mx + p,$$

et de calculer les coordonnées des deux points de contact M et M'. Distinguer les droites D, pour lesquelles ces deux points sont réels, des droites pour lesquelles ils sont imaginaires. Examiner pour quelles positions de la droite D les deux points M et M' viennent se confondre en un seul, et trouver, dans ce cas, le lieu décrit par le point de contact.

Connaissant les coordonnées α, β d'un point de contact M d'une courbe C

avec une droite D, trouver les coordonnées α', β' du second point de contact M'
situé sur D. Construire la courbe décrite par le point M' lorsque le point M
décrit la ligne droite

$$\beta = \alpha - 2a.$$

(École normale supérieure, 1886.)

On donne un rectangle ABA'B'. Deux hyperboles équilatères H et H_1 ayant
toutes deux leurs asymptotes parallèles aux côtés du rectangle passent :
l'une H par les sommets opposés A et A', l'autre H_1 par les sommets opposés
B et B' du rectangle.

1° Démontrer que le centre de l'hyperbole H a par rapport à l'hyperbole H_1
la même polaire P que le centre de l'hyperbole H_1 par rapport à l'hyperbole H.

2° Le rectangle restant fixe, on fait varier en même temps les deux hyperboles de manière qu'elles soient égales entre elles sans être symétriques par
rapport à l'un des axes de symétrie du rectangle. Examiner si elles se coupent
en des points réels. Trouver le lieu du milieu de la droite qui joint leurs centres,
et prouver que la droite P est constamment tangente à ce lieu.

3° Si l'on prend une quelconque des hyperboles H_1, il existe une infinité
de rectangles ayant, comme le rectangle donné, deux sommets opposés sur
chacune de ces hyperboles et les côtés parallèles aux asymptotes. Trouver le
lieu des centres de ces rectangles.

(École polytechnique, 1886.)

Étant donnés dans un plan, une droite D, un point O sur cette droite et une
droite D' :

1° Former l'équation générale des coniques qui touchent la droite D au
point O et qui ont D' pour directrice;

2° Démontrer que deux de ces coniques passent par un point quelconque P du
plan; déterminer les régions du plan où doit se trouver le point P pour que
ces deux courbes soient réelles, et dans ce cas en reconnaître le genre;

3° Les deux coniques du faisceau considéré se coupent en outre en un
point P'; calculer les coordonnées du point P' en fonction de celles du point P
et, en supposant que le point P décrive une ligne C, trouver quelle doit être la
forme de l'équation de cette ligne pour que le point P' décrive la même ligne.

(Concours d'agrégation, 1886.)

On donne une ellipse rapportée à son centre et à ses axes, et, dans son plan,
un point P dont les coordonnées sont α et β, et on considère toutes les paraboles bitangentes à l'ellipse en des points tels que la corde des contacts passe
par le point P.

1° Former l'équation générale de ces paraboles.

2° Montrer qu'en général, par tout point Q du plan, passent deux des
paraboles considérées et reconnaître que les régions du plan, dans lesquelles
doit se trouver le point Q pour que ces deux paraboles soient réelles, sont
limitées par l'ellipse donnée et par une droite.

3° Trouver le lieu des positions que doit occuper le point Q pour que les axes des deux paraboles considérées qui passent par ce point, soient rectangulaires.

4° Trouver le lieu du point de rencontre de l'axe de chacune des paraboles considérées avec la corde des contacts de cette parabole et de l'ellipse. — L'équation de ce lieu est du 4° degré ; on transportera les axes de coordonnées parallèlement à eux-mêmes, en prenant pour nouvelle origine le point P, et, cela fait, on montrera que l'équation du lieu peut être décomposée en deux équations du second degré.

(École centrale. Première session, 1886.)

Soit un rectangle OACB dont les côtés $OA = a$ et $OB = b$, prolongés, sont pris, le premier pour axe des x, le second pour axe des y.

On considère toutes les coniques qui passent par les trois points O, A, B, et pour lesquelles la polaire du point C est parallèle à la droite AB.

1° Former l'équation générale de ces coniques. Trouver le lieu de leur centre, et, sur ce lieu, séparer les parties qui contiennent des centres d'ellipses de celles qui contiennent des centres d'hyperboles.

2° A chacune de ces coniques on mène la normale au point A et la normale au point B ; trouver le lieu du point de rencontre de ces deux normales.

3° Soit Δ une quelconque des coniques considérées ; si par le point C on mène à cette conique des normales, on sait que les pieds de ces normales sont les points de rencontre de la conique Δ et d'une certaine hyperbole équilatère.

Former l'équation de cette hyperbole équilatère, et chercher le lieu du centre de cette hyperbole quand la conique Δ varie.

(École centrale. Deuxième session, 1886.)

On considère la surface (dite cylindroïde) qui, rapportée à des axes rectangulaires a pour équation :

$$z(x^2 + y^2) - m(x^2 - y^2) = 0$$

Soit M un point de l'espace dont les coordonnées sont x', y', z' ; on propose de mener de ce point des normales au cylindroïde.

1° Désignant par α, β, γ les coordonnées du pied de l'une quelconque des normales abaissées du point M sur le cylindroïde, on formera l'équation du quatrième degré (I) ayant pour racines les valeurs de $\dfrac{\beta}{\alpha}$, l'équation (II) ayant pour racines les valeurs de γ, et l'on montrera comment, des racines de l'une ou de l'autre de ces équations, on déduirait les coordonnées des pieds des normales cherchées ;

2° Sur quel lieu doit se trouver le point M pour que l'équation (I) soit réciproque. Trouver, en supposant le point M situé sur ce lieu, les coordonnées des pieds des normales ;

3° Sur quel lieu doit se trouver le point M pour que l'équation (II) ait une racine double égale à z' ? En supposant le point M situé sur ce lieu, reconnaître si les racines de l'équation (11), différentes de z', sont réelles ou imaginaires.

4° Que représente l'équation (11) quand on y regarde l'inconnue comme une constante et x', y', z', comme les coordonnées d'un point variable.

(École normale supérieure, 1887.)

On donne dans un plan un point ω fixe et deux axes rectangulaires fixes OX, OY. Par le point ω on fait passer deux droites rectangulaires rencontrant OX en B et D; OY en A et C; par les points A et B on fait passer une parabole P tangente aux axes OX et OY en ces points; par les points C et D on fait passer une parabole P' tangente aux axes OX et OY en ces points. On fait tourner les droites rectangulaires AB, CD autour du point ω, et l'on demande :

1° Les équations des paraboles P et P', de leurs axes et de leurs directrices;

2° L'équation du lieu du point de concours de leurs axes et des directrices;

3° L'équation du lieu du point de concours de leurs axes, qui se compose de deux cercles.

4° On prouvera que la distance des foyers est constante.

(École polytechnique, 1887.)

1° Démontrer que le lieu des points tels que les tangentes menées de chacun d'eux à une conique S soient conjuguées harmoniques par rapport aux tangentes menées du même point à une autre conique S' est une troisième conique Σ qui passe par les points de contact A, B, C, D et A', B', C', D' des tangentes communes aux deux coniques S et S';

2° La conique S étant une ellipse donnée, et la conique Σ un cercle donné, trouver l'équation de la conique S';

3° Démontrer qu'il existe quatre circonférences de cercles réels, passant chacune par deux des foyers de la conique S et deux des foyers de la conique S';

4° Soient A et A' les points de contact des coniques S et S' avec une de leurs tangentes communes; démontrer que si le point A' est la projection du centre de la conique S sur la tangente AA', les normales à la conique S' aux points B', C' D', se coupent en un point M qui reste fixe quand le cercle Σ varie en passant constamment par les points A et A'.

(Concours d'agrégation, 1887.)

On considère toutes les coniques qui ont un foyer en un point donné F et qui passent par deux points donnés A et B.

1° Montrer que ces coniques forment deux séries telles que pour toute conique d'une série la directrice correspondant au foyer F passe par un point fixe de la droite AB situé entre A et B, tandis que pour toute conique de l'autre série la directrice correspondante au foyer F passe par un point fixe de la droite AB, non situé entre A et B.

2° Trouver le lieu des centres des coniques considérées et montrer qu'il se compose de deux coniques homofocales.

3° Prenant un point C sur le lieu précédent, reconnaître, d'après la position qu'il occupe sur ce lieu, si la conique considérée dont le point C est centre est telle que les points A et B soient sur une branche ou sur deux branches différentes de cette conique.

4° Si le point C est tel que les points A et B soient sur une même branche de la conique considérée, reconnaître, d'après la position du point C, si cette conique est du genre ellipse, ou du genre hyperbole, et dans ce dernier cas, si les points A et B sont sur la branche voisine du point F, ou sur l'autre.

Nota. On prendra pour axe des x la droite AB et pour axe des y la perpendiculaire à cette droite menée par le milieu de AB.

(École centrale. Première session, 1887.)

On donne deux axes rectangulaires OX, OY, un point A sur OX, un point B sur OY. OA $=$ a, OB $=$ b.

1° Écrire l'équation générale des paraboles qui passent par les trois points O, A, B. Montrer qu'en général il passe, par chaque point M du plan, deux de ces paraboles. Trouver le lieu des points M pour lesquels ces deux paraboles sont confondues et indiquer la région du plan qui contient les points où il n'en passe aucune réelle.

2° Trouver le lieu des points M tels que les axes des deux paraboles qui y passent forment entre eux un angle donné α. Construire le lieu pour le cas où $\alpha = 90°$.

3° Trouver le lieu du point de chacune de ces paraboles pour lequel la tangente est parallèle à OA, celui du point où la tangente est parallèle à OB, celui du point où la tangente est parallèle à AB.

Ces lieux sont trois coniques. Construire ces coniques; vérifier que deux quelconques d'entre elles n'ont pas de point commun réel à distance finie, marquer leurs centres D, E, F, et comparer le triangle DEF au triangle OAB.

4° On joint l'origine O au point F, centre de la conique, lieu du point de contact des tangentes parallèles à AB, et à cette droite OF, on élève au point O une perpendiculaire qui rencontre la droite AB en P. On demande le lieu du point P lorsque, le point A restant fixe, le point B parcourt l'axe des y.

(École centrale. Deuxième session, 1887.)

Soient C la courbe, lieu géométrique des sommets des angles de grandeur constante circonscrits à une ellipse donnée E, et D une droite également donnée.

1° Démontrer qu'il y a trois coniques tangentes à la droite D et touchant en quatre points la courbe C. Déterminer la nature de ces trois coniques.

2° Soient α_1, α_2, α_3, α_4, les points où la droite D rencontre la courbe C; par deux de ces points, α_1, α_2 par exemple, on fait passer une série de cercles coupant la courbe C en deux nouveaux points variables M, M'. On demande de trouver la courbe enveloppe des droites MM'.

3° On suppose la droite D tangente à l'ellipse E, et par les points α_1, α_2, α_3, α_4, où cette tangente rencontre la courbe C, on mène à l'ellipse des tangentes autres que la tangente D. Trouver le lieu décrit par les sommets du quadrilatère formé par ces quatre tangentes quand la droite D roule sur l'ellipse E.

(Concours général. 1888.)

I. Un polynome $f(x)$ du degré n vérifie l'identité

$$nf(x) = (x - a)f'(x) + bf''(x):$$

1° Chercher les coefficients de $f(x)$, ordonné suivant les puissances de $(x - a)$;

2° Chercher les conditions de réalité des racines;

5° Prouver que si b_0 est la valeur absolue de b, les racines de $f(x)$ sont comprises entre

$$a - \sqrt{\frac{n(n-1)}{2}}\,b_0 \quad \text{et} \quad a + \sqrt{\frac{n(n-1)}{2}}\,b_0.$$

II. Construire la courbe représentée par l'équation :

$$x(x^2 - y^3)^2 + 4xy(x - y)^2 - 4y(2y - 3x) = 0.$$

(École normale supérieure, 1888).

On donne un quadrilatère plan OACB et deux séries de paraboles, les unes tangentes en A à AC, les autres tangentes en B à BC; les premières ont pour diamètre OA, les secondes OB; on demande :

1° Le lieu du point de contact M d'une parabole de la 1ʳᵉ série avec une parabole de la 2ᵉ série ;

2° D'indiquer, en laissant le triangle OAB invariable, dans quelle région du plan il faut placer le point C pour que le lieu soit une ellipse, dans laquelle autre pour qu'il soit une hyperbole ;

5° De démontrer, dans l'hypothèse où OACB est un parallélogramme que la tangente commune en M aux deux paraboles, pivote autour du point de concours K des médianes du triangle ABC ;

4° De trouver, dans la même hypothèse le lieu du point d'intersection P de la tangente commune en M aux deux paraboles avec l'autre tangente commune DE que l'on peut mener à ces deux courbes.

Nota : on représentera la longueur OA par a et la longueur OB par b.

(École polytechnique, 1888.)

On donne un ellipsoïde S et deux points P et P' et on considère les ellipses C et C' suivant lesquelles l'ellipsoïde est coupé par les plans polaires de P et de P'.

1° Démontrer que les coniques C et C' et les points P et P' sont situés sur une quadrique Σ qui est en général unique.

2° Discuter cette quadrique en supposant que P' se déplace dans l'espace, le point P et l'ellipsoïde S restant fixes.

5° Les points P et P' étant supposés fixes et situés de façon que la quadrique Σ soit indéterminée, trouver le lieu du centre de cette quadrique.

4° En supposant que les points P et P' se déplacent de façon que la quadrique Σ soit une sphère, trouver l'enveloppe E de ces sphères.

5° Peut-on déterminer un point A tel que la transformée par rayons vecteurs réciproques de E, en prenant A pour pôle de la transformation, soit un cône du second degré?

(Concours d'agrégation, 1888.)

Étant donnés deux axes rectangulaires OX, OY et un point A sur l'axe des x, on considère le faisceau des coniques pour lesquelles l'axe des y est une directrice et le point A un sommet de l'axe focal. Par un point quelconque M du plan des axes passent deux coniques de ce faisceau, réelles ou imaginaires.

1° Déterminer les parties du plan dans lesquelles doit être le point M pour que les deux coniques du faisceau qui passent par ce point soient réelles, et celles où il doit être pour que les deux coniques soient imaginaires. (La ligne de séparation est de degré supérieur au second.)

2° Reconnaître, d'après la position d'un point par lequel passent deux coniques réelles, le genre de ces coniques.

3° Trouver le lieu des points de contact des tangentes menées de l'origine des coordonnées à toutes les coniques du faisceau considéré.

(École centrale. Première session, 1888.)

TABLE DES MATIÈRES

PREMIÈRE PARTIE

GÉOMÉTRIE ANALYTIQUE A DEUX DIMENSIONS

CHAPITRE XII. — DES COORDONNÉES POLAIRES, DES COORDONNÉES TRILINÉAIRES ET DES COORDONNÉES TANGENTIELLES.

DEUXIÈME PARTIE

GÉOMÉTRIE ANALYTIQUE A TROIS DIMENSIONS

CHAPITRE PREMIER. — NOTIONS SUR LES PROJECTIONS. — COORDONNÉES D'UN POINT DANS L'ESPACE. — REPRÉSENTATION DES SURFACES ET DES LIGNES. — TRANSFORMATION DES COORDONNÉES.

CHAPITRE II. — DE LA LIGNE DROITE ET DU PLAN.

CHAPITRE III. — THÉORIE GÉNÉRALE RELATIVE AUX SURFACES COURBES.

CHAPITRE IV. — DES SURFACES DU SECOND DEGRÉ.

TABLE DES MATIÈRES.

Coulommiers. — Imp. PAUL BRODARD. — 380-99.

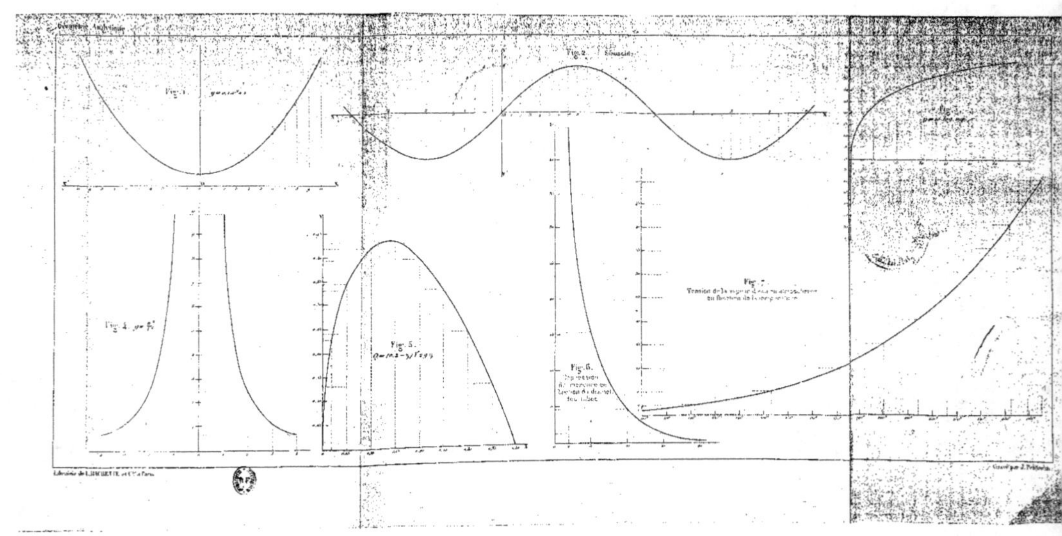

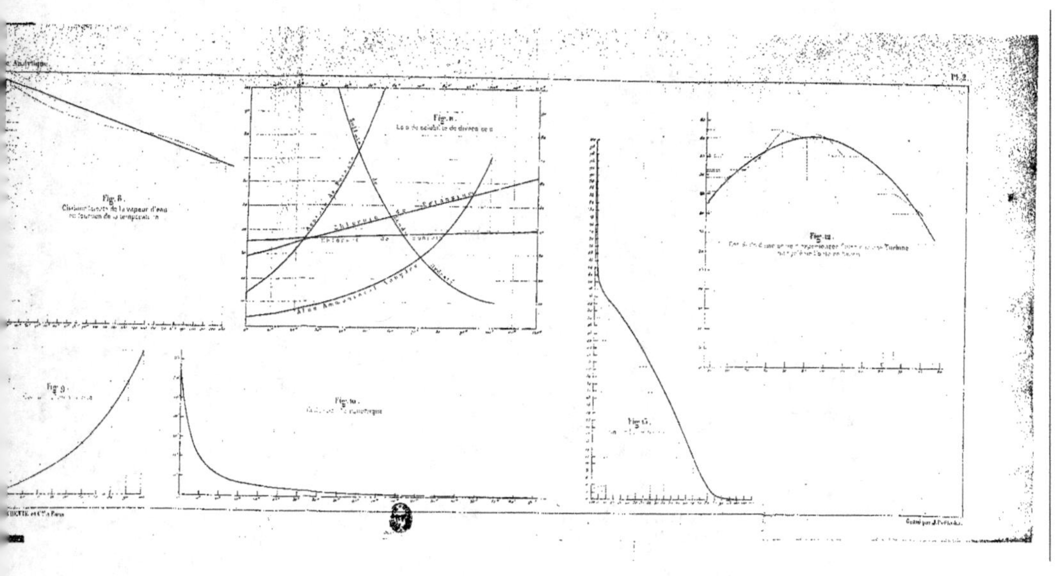

Fig. 8.
Chaleur latente de la vapeur d'eau en fonction de la température
Fig. 11.
Lois de solubilité de divers sels
Sulfate
Azotate de Potasse
Chlorure de Potassium
Chlorure de sodium
Azotate ammoniacal
Fig. 9.
Fig. 10.
Courbe thermométrique
Fig. 6.
Fig. 12.
Pl. 2
Gravé par J. Poitevin